U0421009

自我效能

Self Efficacy
The Exercise of Control

[加] 阿尔伯特 · 班杜拉（Albert Bandura）◎著
缪小春　李　凌　井世洁　张小林◎译
缪小春◎审校

华东师范大学出版社
· 上海 ·

图书在版编目（CIP）数据

自我效能：单行本 /（加）阿尔伯特·班杜拉著；缪小春等译. —上海：华东师范大学出版社，2021
ISBN 978-7-5760-1346-7

Ⅰ.①自… Ⅱ.①阿… ②缪… Ⅲ.①自我评价—研究 Ⅳ.①B848

中国版本图书馆 CIP 数据核字(2021)第 271570 号

自我效能

著　　者　[加] 阿尔伯特·班杜拉
译　　者　缪小春　李　凌　井世洁　张小林
审　　校　缪小春
责任编辑　彭呈军
责任校对　廖钰娴　时东明
装帧设计　卢晓红

出版发行　华东师范大学出版社
社　　址　上海市中山北路 3663 号　邮编 200062
网　　址　www.ecnupress.com.cn
电　　话　021-60821666　行政传真 021-62572105
客服电话　021-62865537　门市(邮购)电话 021-62869887
地　　址　上海市中山北路 3663 号华东师范大学校内先锋路口
网　　店　http://hdsdcbs.tmall.com

印 刷 者　上海锦佳印刷有限公司
开　　本　787×1092　16 开
印　　张　45.75
字　　数　888 千字
版　　次　2022 年 3 月第 1 版
印　　次　2022 年 3 月第 1 次
书　　号　ISBN 978-7-5760-1346-7
定　　价　158.00 元

出 版 人　王　焰

（如发现本版图书有印订质量问题，请寄回本社客服中心调换或电话 021-62865537 联系）

Self-Efficacy：The Exercise of Control

By Albert Bandura

First published in the United States by W. H. Freeman and Company

Copyright © 1997 by W. H. Freeman and Company

Simplified Chinese Translation Copyright © 2003，2022 by East China Normal University Press Ltd.

All rights reserved.

本书英文原版由 W. H. Freeman and Company 在美国首次出版。
© 1997 by W. H. Freeman and Company

中文简体字版由华东师范大学出版社出版。
©华东师范大学出版社，2003，2022

上海市版权局著作权合同登记号　图字：09－2020－628 号

目　录

CONTENTS

译者前言

自我效能是心理学家阿尔伯特·班杜拉(1925—2021)最早于1977年提出的一个概念。经过20年的理论探索和实证研究,他在1997年出版了《自我效能》一书,对自我效能问题进行了全面系统的论述。在班杜拉的论著中,自我效能(self-efficacy)是和自我效能感(sense of self-efficacy)、自我效能信念(self-efficacy beliefs)、自我效能知觉(perceived self-efficacy)及效能信念(efficacy beliefs)等术语交替使用的,指的是个体对自己具有组织和执行达到特定成就的能力的信念。因此,它是个体对自己能力的一种主观感受,而不是能力本身。自我效能感是班杜拉创建的社会认知理论中的一个重要概念。在这一理论中,班杜拉特别强调人是行动的动因(agent),特别强调人所具有的动因作用(agency),即人的能动性。因此,他认为个体与环境,自我与社会之间的关系是交互的,人既是社会环境的产物,又影响、形成他的社会环境。自我效能感就是人对自己作为动因的能力信念,它控制着人们自身的思想和行动,并通过它控制着人们所处的环境条件。所以,自我效能是自我系统中起核心作用的动力因素。在本书中,班杜拉对这一思想进行了深入的论述,并根据这一思想对自我效能的性质、结构、来源、自我效能感在个体一生中的发展、自我效能感起作用的途径和过程等基本问题进行了全面的阐述。同时,班杜拉把自我效能感思想扩展到集体,分析了集体效能感在学校、社区、各种社会机构的成就,以至国家政治活动中的作用。

自我效能感不仅是一个理论问题,它和人类实践的各个领域都有密切关系。班杜拉除了对自我效能的理论问题进行研究外,还非常关注自我效能感的应用研究。《自我效能》的近一半内容是有关这方面研究的总结，阐述自我效能感在学校教育、提高健康水平、临床治疗、职业活动、管理和体育运动等领域的功能。

不论是理论探讨，还是应用问题，作者都以实证研究的结果作为论证的基础。书中介绍了大量实验研究的材料。这些实验在方法上也具有特色，实验设计和统计分析都相当严格，研究结果可确切地分离出自我效能和其他相关因素在行为成就中的作用。建议读者对此也加以注意。

该书是一本自我效能感的专著，但它涉及归因、动机、目标、期望等许多有关人的心理特性和行为的理论问题。因此，该书可供所有对人的心理特性与行为问题感兴趣的心理学工作者和其他专业的学者阅读。在书的应用部分，作者不仅阐述了自我效能在各个实践领域的作用，而且广泛地阐述了如何解决各实践领域中的问题。这部分内容对各部门的实际工作者（如教师、教练、社区工作者、临床工作者、管理人员、各级领导等）如何做好工作、提高工作效率都有参考价值。

该书的翻译是集体完成的。中文版序，第三、四、五、六、九章由李凌翻译；序，第一、七、八、十章由井世洁翻译；第二、十一章由缪小春、张小林翻译；缪小春和李凌译出了主题索引。译稿经缪小春统一审校。该书内容广泛，除心理学外，还涉及哲学、教育、医学、社会、政治、管理、体育等许多学科和领域的概念及理论。书的文字也有相当难度。这对我们是一个挑战。我们试图在忠于原著（包括作者的文字风格）、准确表达原著内容意义的基础上，尽力使译文便于我国读者阅读。但由于专业、英语和中文水平的限制，我们未能完全如愿。

感谢华东师范大学心理学系研究生刘俊升和单敏月帮助我们完成部分译稿的打印工作。华东师范大学出版社编辑彭呈军为书稿的翻译和出版付出大量精力，在此向他表示深切谢意。

缪小春

2021 年盛夏

中文版前言

电子技术革命性的发展以及人类联通度的日益全球化，正在从根本上改变着我们的世界。瞬间可以通达世界的通讯正在改变着人类影响的本质、范围、速度以及轨迹。这改变着人们的交流、教育、工作、与彼此的关系以及经营生意和处理日常事务。这些快速发展的现实，呈现出新世纪的新挑战，并极大地扩展了人们塑造个人发展和国家生存状态的机会。

个人因素在人类自我发展、适应以及社会和个人改变中的主导作用日益增强，其中，人们对其效能的信念发挥着关键作用。除非人们相信能够通过自己的行为产生期望的结果，阻止有害的结果，否则当面对困难的时候，没有什么能激励他们行动或坚持。其他任何可能作为引导或动机的因素，都是基于一个人拥有通过自己的行为产生影响的力量这一核心信念的。本书展现了个人和群体效能感知在生活的各个领域中的中心地位。

在教育领域，现在的学生可以对自己的学习实施更大的个人控制。过去，他们的教育发展极大地依赖于他们所进入的学校。现在，他们拥有最好的图书馆、博物馆，而且只要手指轻轻一点，就可以通过全球互联网随时随地运用多媒体教学进行自我教育。

在以知识为基础、日新月异的全球社会中，人们的希望和未来在于其不断地自我发展与自我更新的能力。教育技术并非是智力发展的万用良方。如果学生不能激励自己利用互联网所提供的便利，那么互联网上的辅导者也就形同虚设。因此，对于一个多产而创新的社会，自我指导教育变得至关重要。

在职业生活中，自我指导也正在成为一个关键的因素。过去，雇员学会了某一特定的行当，就一辈子在同一机构中做相同的事情。在现代工作中，以信息为基础的技术将使以前手工操作的生产和服务系统得以自动化运营。从工业向信息时代的这一历史性转变，要求高级的认知和自我控制能力。随着飞速的变化，知识和专门技术如果不适应新的工业技术而更新，很快就会过时。雇员们必须在整个工作生涯中，对各种各样位置和职业中的自我发展把握主动性。

有效的适应性在组织水平上也已经成为一种奖赏。组织必须不断创新以在快速变化着的全球化市场中生存并繁荣。他们面临着在成功的至高点上为变化作准备的悖论。许多组织成为成功惯性的受害者。他们被束缚在为他们带来成功的技术和产品上，没能就未来的技术和市场作出足够迅速的变化，变得慢的成为大输家。随着既不考虑时间、也不考虑地点的无线通讯系统的发展，工作的要求越来越多地闯入家庭、社会和娱乐生活。现在，人们无论在哪里都可以和他们的工作地连线。这些电子技术对权衡各种事情的轻重利弊提出了新的挑战。

近些年来，从疾病模式转向健康模式，健康概念有一个较大的改变。人类健康很大程度上有赖于生活方式和健康的环境条件。通过控制健康习惯，人们能够活得更长、更健康，能延缓老化的进程。通过个人和群体效能的发展，使人们控制自己的健康习惯，创设健康的身体和社会环境，能产生巨大的健康益处。如果这为数不多的习惯所带来的巨大健康益处被植入一种药片的话，这些健康结果该被宣布为医学领域中的里程碑了。

互联网技术正在改变着社会和政治进程。它给人们提供大量机会参与支持人类共同渴望的有关事项和活动。这些先进的技术将交流能力散布到全社会并跨越国界，但该系统不决定它们将被如何使用或它们具有什么类型的社会影响。个人和群体效能的发展，决定人们是否能让自己所言掷地有声以及能在多大程度上发挥积极作用、给自己的生活带来有意义的改变。

人们并非自顾自地生活。人们一起工作以使生活变得更加美好。因此，本书相当关注引起有意义的社会变化的群体效能的训练。随着日益增长的跨越国界的相互依存，国外的事件会对国内的职业、社会和经济生活产生影响。全球化越来越深入人们的生活，使得社会系统能为自己服务的强烈的群体效能感，在促进他们的共同利益上变得至关重要。

判断一个心理学理论的价值，不仅要看它的解释性和预测力，还要看它影响人类活动变化的操作力量。本书收录的大量有关效能信念本质和功能的知识，就如何为了人类而改善提高个人和群体效能，提供了明确的指导。

十分高兴有机会向翻译本书的缪小春教授、为此书中文版作准备的彭呈军及华东师范大学出版社，致以深切的谢意。他们通过慷慨努力，已经对观点的分享作出了极大的贡献。

阿尔伯特·班杜拉

斯坦福大学

序　言

当代社会正在经历着非凡的信息、社会和技术变革。在整个历史进程中社会变革本身并非新生事物，新的是变革的强度和不断加快的速度。巨大变革的快速周期需要连续的个人和社会更新。这些挑战性的现实促进了人们塑造自己未来的效能感。当代的许多理论将人们描述为由环境事件协调的内部机制的旁观者，人被剥夺了任何主体感。而实际上，人是自发的、具有抱负的有机体，他们能够塑造自己的生活，并能影响组织、引导和调节社会事件的社会制度。

本书探讨了人们通过自己的行动产生所期待结果的能力信念实施人类动因作用的问题。它相当详细地回顾了效能信念的起源、结构，其影响人类健康和成功的过程以及这些过程如何发展起来并有助于人的改善。自我效能知觉在多侧面的社会认知理论中具有重要作用，但它并不是行动的唯一决定因素。本书证明了效能信念与其他社会认知因素共同起作用以调节人类的适应和改变的许多途径。

社会中发生的剧烈变革正在形成新的自相矛盾。一方面，人们具有更多的知识、方法与社会权利对自身的发展及影响他们生活的条件实施个人和集体性的控制。另一方面，随着国家间相互依赖的不断增加，当今社会的社会和经济生活主要受远方事件的影响。人们相互之间联系的全球化为人们对个人的命运和国家的生活进行控制提出了新的挑战。这些跨国的现实正在创造一种新的世界文化，它对影响生活质量和社会未来的集体效能提出越来越多的要求。

在本书所提到的人类动因概念中，自我效能知觉在社会结构影响的宽泛网络中发挥作用。然而，这种分析超越了情境主义观点，这种观点认为人们将其行动适应于他们从中发现自己的社会情境。人既是社会环境的产物也是其生产者。简言之，他们有能力选择和形成自己所处的社会环境。较之情境主义观点，交互观点能更好地解释人的特征与所处环境之间的交互式因果关系。在这一观点中，社会结构影响主要通过自我系统起作用而不是表现关于人类行为的相互竞争的概念。由于影响是双向的，社会认知理论不接受自我和社会之间以及社会结构与个人动因之间关系的二元论观点。

人类的生活是高度相互依赖的。人们的个人行为会对他人的幸福产生影响，同样，他人的行为也会影响自己的幸福。人们必须协同工作以便使自己能生活得更好。因此，社会认知理论将对人类动因的分析延伸到集体动因的运用。它通过家庭、社区、组织、社会机构甚至国家的共同效能信念和志向起作用，于是人们能够解决面临的问题，并通过一致的努力改善生活。本书考察了当前破坏集体效能发展的生活条件以及人们努力重新获得一些对生活进行控制的方法的新的社会条件。

理论根据解释力和预测力进行判断。在最后的分析中，心理学理论的价值也必须通过它改善人们生活的能力进行评判。自我效能理论为在各种生活条件下进行社会应用提供了大量的知识。应用的范围和种类证明了这一观点的解释和作用的普遍性。我希望对个人和集体能力的更好理解能有助于指引人类发展和变化的理想进程。

知识的发展和它们引起的技术进步已经极大地提高了人类改造环境的能力。人们越来越多地使环境适应自己而不仅仅是要自己适应环境。通过改革行动，人们已经更有力地控制了双向的进化进程。提高了的效能对生活性质和质量的影响依赖于所设定的目标。越来越多的公众开始关注于我们的激励系统和我们创造的一些技术会将我们引向何方的问题。如果我们使用建立在短视观点基础上的激励系统继续破坏维持生活的、相互依赖的生态系统，那么应引起我们注意的是一个“非自然的文化选择”理论。人类对环境控制的不断增加产生了有趣的自相矛盾效应。人类创造出来以改变和控制环境的技术变成了限制性力量，这反过来又控制人的思维和行为。本书的最后一章提出了这些更普遍的话题和关于它们的以效能为基础的观点。

这本书中的一些材料已经发表在我以前的一些书籍和期刊文章中：人类动因中的自我效能机制，《美国心理学家》，1982；个人动因运用中的自我效能知觉，《心理学家：英国心理学会公报》，1989；《通过目标系统对动机和行动进行自我调节》，克拉沃学术出版社(Riuwer A Cademic Publishers)，1988；生理激活和健康促进行为中的自我效能机制，《雷文》(*Raven*)，1991；认知发展和机能中的自我效能知觉，《教育心理学家》，1993。这些材料已经被修订、扩展和更新。

很高兴在这里我能有机会感谢许多在这一工作中以各种方式帮助过我的人。我还要感谢斯宾塞基金会和约翰尼·雅各布斯基金会对我的研究方案和手稿准备的慷慨支持。虽然这本书只具了一个作者的名字,但它是以往许多学生与同事合作努力的成果。他们的创造性的贡献体现在这本书大量的引用文献中。我感谢他们丰富了我的学识,同时感谢他们多年来的热情友谊。我还希望表达出我对许多为效能信念系统的研究工作提供了新证据和新颖洞察力的学者的感谢。如果没有他们提供信息,这本书不会有如此的广度和深度。

自我效能可以应用于人类机能的各种不同领域。这种多样性的调查研究是一个漫长而曲折的历程,要通过许多学科领域的工作来完成。我深深地感激戴维·阿特金森,他利用不计其数的时间呆在图书馆中不知疲倦地寻找常常是已丢失和晦涩的期刊文章。我要特别感谢莉莎·海尔里奇,她不但把我的工作生活管理得井井有条,而且她的无价的帮助使其有所改善。我们一起富有幽默感地度过了工作时间。

一本书的写作不仅是作者的心血,其中还包含了一家人的无私奉献。我要感谢我的家庭对我的信任,以及他们在我写作中,特别是这本书写作的最后阶段所表现出的克制态度。我要把这本书献给我的家人。

/第一章/
理论观点

人们总是努力控制影响其生活的事件。通过对可以控制的领域进行操纵，能够更好地实现理想，防止不如意的事件发生。在原始社会，人们对周围世界的认识极其有限，因而基本上没有能力改变生活现状，他们只能求助于超自然的力量，并且认为这些动因操纵着他们的生活。人们举行精心安排的仪式并执行各种行为准则，试图得到超自然力量的垂青或免受超自然力量的惩罚。即使在当代社会，当遇到极其不能确定的重要事件，许多人仍然采用迷信的仪式祈祷事态的发展能如其所愿。当偶尔有几次不相干的仪式与成功的后果相伴出现，人们便很容易相信是仪式影响了后果。

在人类历史进程中知识的增长极大地提高了人们预测事件并对事件进行控制的能力。对控制超自然系统的信念已让位于承认人们具有塑造自身命运力量的观点。人类自我概念的变化和生活由超自然控制变为个人控制的生命观的变化带来了因果思维上的重大转变，新的启发使人类力量的运用快速地扩展到越来越多的领域。人类的独创性和努力取代了对神灵的安慰性仪式，成为改变生活条件的手段。利用所掌握的知识，人类建立了物理技术，使得日常生活得到巨大的改观。人类发展出的生物技术能够改变动物和植物的基因构成。人类创造的医学和社会心理技术提高了身体及情绪生活的质量。人类设计出了社会系统，对易受强迫性或惩罚性制度控制的信念和行为类型进行限制。这些权利与制度性保护扩展了信念和行为的自由空间。

对生活环境进行控制的努力几乎渗透于人一生的所有行为之中，因为它提供了无数的个人和社会利益。重大事件的不确定性使人高度不安。就人们能对重大后果的产生发挥作用来说，人们能够更好地预测后果。预测能力培养了适应的准备性。不能对事件施加影响会对生活造成不利的后果，它将滋生忧惧、冷漠和绝望。因此，保护所期待的结果并避免不受欢迎的后果发生的能力对个体控制的发展和运用起到了有力的促进作用。人们越能够对生活中的有关事件施加影响，就越能够将自己按照自己喜爱的那样进行塑造。通过选择和创造对自己希望成为怎样的人的环境支持，人们对自己生活的方向产生影响。当然，人类的作用处于社会条件之中。因此，环境对有价值的生活道路的支持是由个体自身以及与其他人一起创造出来的。通过集体行动，人们能够调节社会系统的特性和实践以改善生活。

人类运用控制的能力是混合的赐福。个人效能对生活质量的影响要依赖于生活的目标。例如，由不可动摇的效能所驱动的革新者和社会改革家的生活，不是轻松的生活。他们常成为讥笑、谴责和迫害的对象，即使社会最终在他们的不懈努力中获益。许多获得了认同和盛名的人通过克服表面上难以克服的困难来塑造自己的生活只是为了进入新的社会现实，但对这些新的社会现实，他们只能实行较少的控制，进行拙劣的处理。确实，有关名人和无名之辈的历史中充满着既作为生活的建设者又作为生活的牺牲品的个体。

人类改造自然的能力得到极大提高，这不仅对当前生活、同时也对后代产生了普遍性的影响。许多提供当前利益的技术也包含着危险性，对环境造成巨大损失。我们的技术能力对地球进行破坏或使地球上的许多地方变成无人居住的地区，表明了人类力量的强度在不断增加。当前公众极为关注的一个问题就是我们所创造的技术将把我们带向何方。对自我利益的贪婪追求会给社会造成长期的破坏效应。运用社会力量将个体利益置于大众的共同利益之上，会引起大量的特殊利益，不再为解决更广泛的社会问题付出努力。如果没有对超越狭隘的自我利益的共同目标的承诺，控制的运用会退化为个人和派别力量的冲突。人们要想实现所期待的共同理想并为后人保持一个适合生存的环境就必须同心协力。简言之，人类控制的能力既可以产生积极的效果，也可以导致不良的后果。

由于控制在人类生活中处于核心地位，多年来，出现了有关它的许多理论。个体的动机水平、情绪状态和行动更多依赖于他们相信什么，而不是客观上什么是正确的。因此，研究的重心一直放在人们将自身作为原因的能力信念上。大多数理论隐含着控制是先天内驱力的观点。任何一种广泛有益的——而且因此是高度普遍的——能力很快就被解释为是自我决定的或自我掌握的先天内驱力。但是主张个人控制的努力是先天内驱力的表现的理论，削弱了对人类效能是如何发展起来的这一问题的兴趣，因为这种内驱力是人们生来就具有的。这些理论反而非常详细地描述了这些内驱力如何受到社会的阻挠并不断减弱。实质上,所有人都在尝试证明至少对影响他们的一些事件施加影响的事实并不必然表示先天动机的存在。控制本身也不能被看作是终结。实施控制以保证获得期待的结果并防止非期待的结果产生具有巨大的功能价值,并且是激励性动机的强大来源。关于控制的运用到底是先天的驱力还是由期待的利益所驱动的问题,在后面将得到相当多的关注。

人们通过个人动因的机制为自身的社会心理机能施加着原因性作用。在动因的各种机制中,没有一种比个人效能信念更处于核心地位、更具普遍意义。一个人除非相信自己能通过自身的行动产生所期待的效果,否则他们很少具备行动的动机。因而,效能信念是行动的重要基础。人们使用个人效能信念指引自己的生活。*自我效能知觉指的是相信自己具有组织和执行行动以达到特定成就的能力的信念。*可是,能对之实施个人影响的事件多种多样。影响可能包括调节自己的动机、思维过程、情绪状态和行为,或者它也可以包括改变环境条件,这些都依赖于一个人想要控制什么。

3

个体的效能信念具有不同的作用。它影响人们选择追求的行动进程、在特定意图中付出多大的努力、在面临障碍和失败时能坚持多长时间、从不幸中恢复的能力、他们的思维方式是自我妨碍的还是自我帮助式的、在应对高负荷的环境要求时体验到多大程度的应激和抑郁,以及所能实现的成功的水平。这一章将考察人类动因的性质和个人因果作用的其他概念。

人类动因的性质

人们可以对他们所做的事施加影响。当然,大多数人类行为决定于许多交互作用的因素,因而人们可以对发生在他们身上的事件产生作用,但不是唯一的决定因素。使某一事件发生的力量应该与事件如何发生的机制相区别。例如,在体育比赛中,运动员追求特定策略,但他不会让神经系统中的运动神经元命令骨骼肌按指定模式运动。人们会根据什么是处于自己能力范围之内的和关于自身能力的信念的理解,尝试做出符合目标的行为,而不具有自己的选择如何与有益于努力的神经生理事件相协调的最模糊观念。

在评价人类动因的意图性的作用时,必须要区别为达到所要结果的个体行为的产物与所执行的行为实际产生的效果。动因指的是有意图的行动。因此,在瓷器店中因为被另一个店员绊倒而打碎了一套不稳的盘子的人不能被看作是事件的施动者。然而,戴维森(Davidson, 1971)提醒我们,为某一目的服务的行动会导致完全不同的结局。他引用哈姆雷特的例子来说明。忧郁的哈姆雷特想要刺死藏在挂毯后的人,因为他认为这个人是国王，但令他恐惧的是，他发现他杀死的竟然是波罗纽斯。杀死躲在挂毯后的人是有意图的，但受害对象却发生了错误。效果不是动因性行动的特征，它们是行动的结果。许多行动是在行动将带来所期待后果的信念指引下执行的，但实际产生的结果既不是想达成的也不是所需要的。例如，人们通过自己对结局的错误估计而导致的有意违规行动使自己变得痛苦，这是很寻常的事。一些造成伤害的社会实践与政策在最初设计和实施时往往出于良好的用意，其有害效果是无法预见得到的。简而言之，为达到某一目的而产生行动的力量是个人动因的关键特征。动因的运用产生有益还是有害的效果，或导致意想不到的后果则是另一回事。

个人效能信念是构成人类动因的关键因素。如果人们相信自己没有能力引起一定结果，他们将不会尝试让事件发生。在社会认知理论中，个人效能感是以命题性信念来表征的。我们将在后面看到这些信念与其他在处理不同现实的过程中共同起作用的因素一并包含在同一个功能性关系网络中。用心理语言描述信念的事实引起了对本体论的还原主义和调节系统多样性的哲学争论。心理事件是脑的活动，而不是脱离神经系统的非物质实体。如果邦格(Bunge, 1980)的脑移植假设可以执行的话，那么大脑捐献者独特的精神生命毫无疑问将伴随移植的大脑进入新的躯体，而不是作为独立领域中的心理实体留在捐献者身上。然而，物质性并不意味着还原主义。思维过程是在本体论中不可还原的脑活动。斯波林(Sperry, 1993)在他关于向认知主义的范式性转变的论述中清楚地说明了非二元的心灵主义的一些特征。心理状态是脑加工活动产生时出现的特性。这种特性与创造它们的元素在许多新的方面上有所不同，而不仅仅是相同特性复杂程度的提高。使用邦格(Bunge, 1977)的模拟来说明，水的特性(如流体性、粘度和透明)并不仅仅是其微观成分——氧和氢的特征的集合体。

4

思维过程不仅仅是自然发生的脑活动，它们也能产生决定性的作用。许多神经系统有益于人类的机能活动。这些系统在不同的位置和水平交互式地运作，通过大量信息加工活动产生连贯的经验。在本体论的多元性观点看来，某些脑结构是专门为心理活动服务的。由较高级的皮层系统产生的思维加工被包括在对内脏、肌肉运动和其他较低水平亚系统的调节之中。例如，许多微感觉、知觉和信息加工活动引起对个人效能的判断。然而，效能感一旦形成，就会调节抱负、行动进程的选择、努力的动员和保持以及情感反应。在微观事件和自然发生的宏观事件之间的作用可以是自下而上也可以是自上而下的。因而，自然发生的交互作用的动因采取从复杂事件到较简单事件的本体论的非还原主义和身体调节亚系统的多元性，这些亚系统在一个层次性的结构系统中相互联系以行使功能，其中较高级的神经中枢控制较低级中枢。

认知活动是人脑皮层的产物这一事实并不意味着心理学理论中表达功能性关系的法

则能还原为神经生理学理论。必须将皮层系统如何起作用与能使这些系统协调一致以产生服务于不同目的的行动过程的个体和社会手段相区别。许多心理学关心的是发现如何构造环境影响，进行认知活动以提高人类的适应性和改变能力的法则。关于心理社会因素的大多数心理学理论还没有相对应的神经生理理论，因此，不能从神经生理理论中引出。之所以这些因素没有出现在神经生理理论中，是因为许多心理社会因素包括对机体外部的事件的建构和组织。例如，有关学习时大脑回路的知识并不能告诉我们如何更好地根据抽象性、新奇性和挑战性的水平设计出学习条件；如何提供激励使人们参与、加工和组织的相关信息；以何种方式呈现信息；学习是在独立、合作还是在竞争条件下效果最好。理想的条件必须根据心理学规律来特别界定。理解大脑如何活动也不能为如何产生高效的父母、教师或政治家提供规则。虽然心理学原理不能违背为其服务的系统的神经生理能力，但它仍需要探索心理学本身的原理。如果走一条还原主义的老路，我们将在生物学和化学之间来回走动，最终会以原子微粒结束，中间的地点和最后的终点都不会提供人类行为的心理法则。

对心理进行生理学解释的一个重要挑战在于要详细说明大脑产生心理事件的机制并解释这些事件如何产生决定性作用。人类的心理是生产性的、创造性的和前摄性的，而不仅仅是反应性的。因此，一个甚至更难以克服的挑战是解释人类如何成为新奇的、有创造性的或梦幻般的，或完全脱离现实的思想的产生者。一个人可以有意图地产生新奇、连贯的思想，例如，穿着黄绿色晚礼服的河马吊在绳索上滑过月球上的陨石坑。与之相类似，一个人可以构思几种新奇的行动并选择其中之一来执行。人们通过有意实现个人动因将认知产品变成现实。有意性和动因提出了一个关于人们如何激发作为动因运用的特征、导致特定意图实现的皮层加工活动的基本问题。这一问题超越了感觉输入和运动输出之间的皮层联系，它是个体在思考未来行动进程、评价不同环境条件下可能的功能价值、组织和引导执行所选行动时皮层事件的有意图产物。认知的产物具有目的性、创造性和评价性的特点，它与根据预先形成的认知的外部线索来解释新奇想法相悖。除了人类如何产生思想和行为这一问题外，人类如何产生自我知觉、自我反思和自我改正的活动也是非常有趣的问题。

5

罗特斯奇弗(Rottschaefer, 1985)对通过有意性和产生性认知起作用的人类动因进行了有创见性的分析，它与排除性的唯物论者所偏爱的人类行为的非有意性观点有关。人在一生中是动因的操作者，而不仅仅是由环境事件安排的脑机制的旁观者。感觉、运动和皮层系统只是人类用来完成给生活以意义与方向的任务和目标的工具(Harré & Gillet, 1994)。通过有意性的行为，人们形成了神经生理系统的功能性结构。通过调节自身动机和所追求的行动，人们产生出形成符号的、心理动作的和其他技能的神经生理基质的经验。如果人类在躯体系统中的任何环节上体验到损伤或下降，他们总会设计出另外的方式参与和管理周围的环境。

自我作为动因和对象这种二元性渗透在人格研究领域的许多理论之中。自我的双重性质也融合进自我影响之中。人们在日常的事务中，分析面临的情境，思考另外的行为进程，判断自己获得成功的能力，并估计行动可能产生的结果。他们按自己的判断行事，而后反省他们的想法在处理手头工作中的效果如何，并且相应地改变想法和策略。人们被说成在作用于环境时是动因，而反省和对自身发生作用时就是对象。

社会认知理论反对自我的二元论观点。对自己的功能进行反省需要转变对同一动因的视角而不是将自我从动因变为对象或使相互调节的不同内部动因或自我具体化。是同一个人对如何调控环境进行策略性思考，随后评价自身知识、思维技能、能力和行动策略的适当性。视角的转换并没有如自我的二元论观点要我们相信的那样，将个体从动因变为对象。一个人在反省自己的经验和向自身施加影响时，与他执行动作时一样也是动因。在社会认知理论中，自我不能分离为动因和对象；相反，个体在自我反省和自我影响过程中既是动因又是对象。

三元交互因果关系中的人类动因

“因果关系”这一术语用在当前的情境中指的是事件之间的功能性相互依赖。在社会认知理论中，人类动因是在一个包含三元交互因果关系的、相互依赖的因果结构中发挥作用的(Bandura, 1986a)。在这种关于自我和社会相互作用的观点中，以认知、情感和生理事件形式存在的个体内在因素，行为和环境事件作为双向相互影响的互动决定要素都起作用(图 1.1)。存在交互作用并不意味着这三组互动的决定因素具有相同的强度。它们的相对影响在不同活动和不同环境下会发生变动。相互影响和它们之间的交互效应也不会作为整体性的实体同时出现。某一原因性因素需要一定的时间才能发挥作用。由于三组因素起作用的时间存在滞差，我们有可能了解交互因果关系中不同的成分是如何起作用的，而不必费力同时评定每一种可能起相互作用的因素。

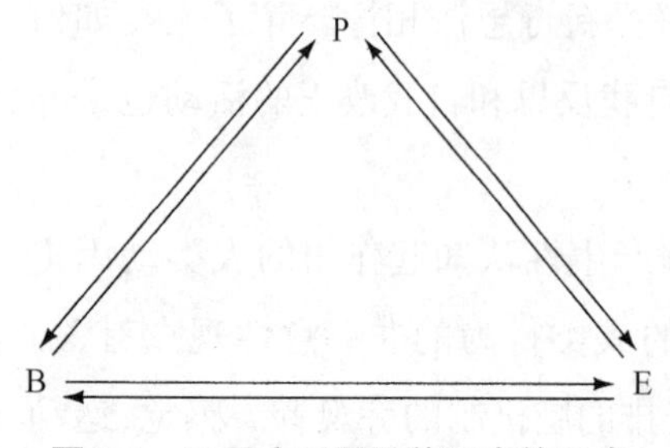

图 1.1　三元交互因果关系中的三类主要决定因素之间的关系。B 代表行为；P 是以认知、情感和生理事件形式存在的内在个人因素；E 是外在环境(Bandura, 1986a)。

人类的适应和改变以社会系统为基础。因而，个人动因是在一个社会结构性影响的大网络中发挥作用的。在动因性的作用中，人们既是社会系统的生产者，又是社会系统的产物。社会结构——它为了在特定领域中通过权威规则和法令来组织、引导、调节人类的各种事务——并不是由某种完美的观念产生的；它们是由人类的行动创造出来的。反过来，社会结构对个人的发展和日常功能强加了许多限制并提供了一些资源。但结构性限制和始动性资源都不能预先注定个体在某一情境中成为什么样的人或做出什么样的行为。在绝大多数情况下，社会结构代表的是由扮演指定角色的人所执行的社会许可的实践活动(Giddens, 1984)。这样，它并不强求统一行动。在规则结构中，解释、实施、采纳、防止或积极的反抗都存在许多个体差异(Burns & Dietz, in press)。高效能的人会迅速利用机会结构并找到克服制度上的限制的方法或者通过集体行动改变它们。相反，缺乏效能的人较难利用社会系统提供的机会，由此很容易因制度上的阻碍而失去勇气。没有脱离现实的社会结构和情境的个人动因，在个体和对社会系统的制度化运作负责的那些人之间存在着动力性相互作用。这种相互作用包括代表制度的工作人员与努力寻求适应或改变自己的实践的人之间的动因性作用。动因无论对于制度的工作人员还是自由职业者都是一个整体。社会认知理论因此回避个人和社会间及社会结构与个人动因间的二元论。

社会结构理论和心理学理论常被看作是关于人类行为的对立概念或它们代表因果关系的不同水平。这种观点同样是二元论的。人类行为不能单独根据社会结构因素或心理因素被完全理解。彻底理解人类行为需要一种认为社会影响通过产生行动的自我过程来实现的整合性因果观点。自我系统并不像结构还原论者所声称的那样，它不仅仅是外部影响的渠道。自我是通过自我影响的运用而社会性地构成的，个体对自己要成为什么人和要做什么起部分作用。而且，人类动因是以生产性和前摄性方式发挥作用而不仅仅是反应性的。因此，在三元交互因果关系理论中，社会结构和个人决定因素被看作是在统一的因果结构中相互作用的协同因素。

动因性因果关系的各个概念已经结合成个人的动因作用。社会认知理论采用一个更宽泛的动因观。人们不是孤立地生活，他们在一起工作产生出所期待的结果。社会和经济生活之间相互依赖的不断加深进一步强调需要开拓探究的重点，不仅仅要研究个体影响的实施，同时，要研究旨在影响事件发展进程的集体行为。因此，社会认知理论将对人类动因机制的分析扩展到集体动因的实施。人们所共有的集体性地产生效果的能力信念是集体动因的关键部分。集体效能不单纯是个体效能信念的总和，而是群体水平的特性，这种特性是协作性和互动性动力的产物。后面的章节将进一步分析个体和集体效能信念如何为人的适应及改变作出贡献。个人和社会改变在提高生活质量上是互补的而不是对立的。

决定论和自我影响的实施

动因性因果关系的讨论引发了决定论和对自己的生活进行一定控制的自由这一基本问题的争论。*决定论*这一术语用在这里表示的是事件效果的产生而不是在教条的意义上意味着行为完全决定于独立于个体的先前一系列原因。因为大多数行为是由许多交互作用地运作的因素协同决定的，某一事件只是有可能产生效果而不是在交互作用的决定系统中必然地产生效果。

自由往往被认为对立于决定论。从社会认知的观点看，自由和决定论之间不是不相容的。自由不能被消极地理解成社会影响或情境限制的例外。它应被积极地定义为达成所期望的结果而进行的自我影响。这种动因性因果关系非常依赖认知上的自我调节。它通过反省思维、创造性使用掌握的知识和技能以及选择和执行行动所需的其他自我影响方法来实现。自我影响以与外部影响相同的方式决定性地对行为起作用。假设在相同环境条件下，有能力进行各种选择并调节自己动机和行为的人比那些只具有有限的个人动因手段的人更具有使事件发生的自由。之所以某种程度的自由是可能的，是因为自我影响决定性地对行动起作用。

从各种可能的对象中进行行动选择并不是完全和偶然地由环境事件所决定的。做出选择需要反省思维的帮助，通过反省思维，自我影响充分发挥作用。人们可以通过思考其他的选择、如何预见和权衡包括他们自己的自我评价反应的具体后果以及如何评价执行自己的选择的能力，对自己所做的事件施加影响。思维引导行动这种说法只是方便的简化描述，而不是把动因授予思维。不是个体产生思维而后成为行动的动因。认知活动构成自我影响的过程，它对采取的行动进程施加影响。因此，举个例子来说，一个人可能在有效和无效的精神状态中表现出不同的行为。但是，个体仍是思维、努力、行动的动因。省略性的表达不应被错误地理解为动因从个人转移到思想。

动因性因果关系包含着以不同于环境力量规定的方式行动，而不是必须屈从于它们的能力。在吸引人的和强制性的条件下，个人动因表现为抑制力。人们建立起用以指导、激发和调节自己行为的个人标准（Bandura，1986a；1991b）。对符合个人标准的行动的预见性自尊和对违反个人标准的行动的自我指责起着调节性的影响作用。人们总是倾向于做那些能给予他们自我满足和自我价值感的事情。他们避免做违反个人标准的事，因为这会带来自我谴责。在自我反应能力发展起来后，行为通常会产生两种结

8

果——外在的结果和自我评价反应——它们可以对行为产生赞美的或反对的影响。有的人深信自己的自我价值以至能忍受长期的错误对待而不去同意他们所认为是不公正或不道德的事，这是常见的现象。托玛斯・莫尔(Thomas More)就是历史上一个著名的例子。人们在日常生活中，常会遇到各种不得不为自尊而放弃期待和物质利益的困境。

自我影响不仅影响所做的选择，而且决定所执行的选定行动是否能够成功。对个体动因机制的心理学分析表明人们通过认知上的指导和自我激励以及选择并建构适合自己目的的环境对实现所预期的未来发挥作用(Bandura，1986a)。作为可习得的技能，深谋远虑、熟练和自我影响手段越高明，一个人越有可能获得成功。由于具有自我影响的能力，人们至少是自己命运的部分建设者。不是决定论法则应该受到怀疑，而是决定论应被看作是单向还是双向过程的问题。假设人与环境之间存在相互作用，决定论并不含有人只是外部力量的工具这样的宿命论观点。相互作用的因果关系为人们提供了一个对自己的命运进行控制和对自我定向设定限制的机会。

反对思维和其他自我影响方法的原因性效能的论点常常会引起原因的选择性回归。在操作性观点中(Skinner，1974)，人仅仅是过去刺激的储藏室和外部刺激的渠道——他们不能对行动施加任何影响。通过要概念花招，人类行动的决定因素退回到环境中的"始动原因"。于是，人类的思想完全是从外部移植的、非原因的和多余的。对这一概念图式的详细批评在其他地方另外进行(Bandura，1996)。很显然，思想部分受经验的影响，但思想不完全由过去的刺激输入所塑造。操作主义的分析强调人类的判断和行动如何由环境因素决定，但否认了环境本身部分由人类的行动决定这一事实。环境与行为一样，也是有原因的。人类通过自身的行动创造、改变并破坏着环境。这一交互因果关系的社会认知分析并没有引起原因的无限度的回归，因为个体根据经验和反省思维产生行动而不仅仅是经历作为过去的移植的行动。突然出现的创造不能还原为环境输入。例如，巴赫的杰作，满满六十卷富有创造力的成果，不能还原为他的先前所受的作曲技术教育、前辈的音乐作品和他的日常环境中正在发生的事件。既然没有赋予巴赫以布莱登伯格管弦协奏曲和数百支教堂合唱曲，环境的强化是从哪个宝库中选择到这些艺术精品的呢？强化不能选择根本不存在的事物。当然，一个人可以等待随机变化产生一些近似的元素去奖赏创造出的新反应。但要创作出像巴赫这样丰富的作品，人们不得不等待无尽的时间通过对随机变化的选择性强化形成像他的作品那样的创作，如果它可以通过缓慢的、费力的过程实现的话。虽然人类的创造力结合了过去经验的一些方面，但人们改变它、为其增加新的特征并因此创造出某些不仅仅是过去的复制或组合的东西。简言之，人类行为是由一些因素决定的，但它部分由个体决定而不单纯由环境决定。我们不能通过将其归因于过去的环境来解释举世无双的音乐作品。作曲应该是一项新出现的创作。

对自由的旷日持久的争论由于斯金纳(Skinner, 1971)的理论观点的提出又活跃起来,他认为排除了遗传的作用,人类的行为是由环境的偶然性影响和控制的。这一类分析的主要问题在于它将人与环境之间的双向因果关系描述为由自主性的环境所进行的单向控制。在斯金纳看来,自由是一种幻想。并不是个人和环境影响之间的相互依赖关系从没被这一观点的提倡者所承认。实际上,斯金纳(Skinner, 1971)常常谈及人们反控制的能力。然而,反控制的观点将环境描述为个体能对其作出反应的刺激者。实际上,人是事先活动的,而不单纯是反作用的。由单向论者的含糊其辞进一步产生了概念上的模糊。斯金纳(Skinner, 1971)在承认双向影响的现实后,通过再次主张由环境对行为进行卓越控制而否定了它:"一个人并不对世界产生作用,而世界能对人起作用。"因此,环境作为自动地选择、影响和控制行为的自主力量重新出现。无论将双向影响暗指为什么,在这种现实观中,环境规则都很显然作为起支配作用的隐喻出现。

行使着由自由制度所保证的权利的人们将自由贬为幻想,这真是一件讽刺的事。在历史进程中,无数人为了创造和维护阻止统治者强迫人们顺从于未经认可的命令的自由制度而献出了他们的生命。为自由而战的目的是建立使某些行为形式免受强迫和惩罚性的控制的制度性保护。在某一活动范围内社会控制越少,自我影响对这一领域中行动选择的原因性作用越大。当保护性法律在社会系统中建立起来后,针对那些挑战传统价值观或既得利益,有些事社会也许就不会去做了,无论它可能有多么多。对未经许可的社会控制进行合法禁止产生了个人自由,这是现实而不是幻觉性的抽象。不同的社会在公民权制度和正式免除惩罚性控制的活动的数量和类型上有所不同。例如,保护新闻记者免于因批评政府公务员及其活动而受刑事制裁的社会系统比允许用权威力量压制批评或其表达工具的社会更为自由。司法部独立于其他政府机构的社会比其他社会更能保证社会自由。

当社会发生变革时,彻底的环境决定论者强烈地倡导人们具有通过应用提倡者的心理技术改变自己生活的能力。例如,斯金纳耗费后半生的大量精力,怀着传教士般的热诚将操作技术作为针对世界上的不幸的治疗方法。甚至是适度应用操作条件反射的人都会感到其理论的缺点,更不用说要它提供万灵药治疗不断增加的世界范围内的问题了。要人们去改变狂热的环境决定论者有趣地具有自我否定特点,因为它与环境论学说的基本前提相矛盾。如果人类实际上不能作为原因性动因,他们能描述在对环境指示作出反应时经历的改变,但他们既不能根据理性的计划和对结果的预见选择行动,也不能有意图地使渴望的事件发生。他们可以是环境力量的渠道,但他们自己不会是环境变化计划的创建者。波林(Boring, 1957)提供了一个对于"自我中心困境"的颇有创见的分析,环境决定论的鼓吹者通过将自己比作是自我指导性动因，把其他人看作是由外因决定的，而使自己陷入困境。环境决定论的鼓吹者使自己免受压倒性的环境控制，而这个控制指导着其他人。否则，这些鼓吹者自己的观念仅仅是由他们与世隔绝的环境所造成的，因此，没有什么特别的价值。然而，如果大众中的成员采用了鼓吹者的技术，他们就会突然之间转变成为能够改善自己的生活并规划自己将来的有意性动因。

个人效能的相关观点

自我对象性的思维在当代大多数关于人类行为的理论中具有最重要的作用。当然，自我概念具有不同的方面。虽然它们都是与自我有关的，但并不是所有的方面都与个人效能有关，同时这也成为文献中一些困惑的根源。甚至是明确谈到个人效能问题的理论，在它们如何看待效能信念的性质、来源、它们所具有的效果、它们的可变性以及它们影响社会心理功能的干预过程等方面也有不同的看法。各种关于自我的理论不仅在概念取向上，而且在全面性上有所不同。各种理论观点很少能包括效能信念的所有重要方面。由各种理论所产生的许多研究与控制感的多个方面相关联并致力于探索它们之间的相关性。对个人因果关系的完全理解需要一种综合性的理论，它能在一个统一的概念框架中解释效能信念的起源、它们的结构和功能、它们产生各种效果的过程和它们的可变性。自我效能理论既在个体水平又在集体水平上论述所有这些亚过程。

关于自我效能知觉的起源和功能的社会认知理论具有另外某些分析和操作的优势。它详细说明了集合性的自我系统的其他方面，包括个人抱负、结果期待、对机会结构和限制的知觉、个人效能的概念。对于这些构成因素如何协同工作及它们对适应和改变的相对作用的分析提供了关于自我的综合观点（Bandura，1986a）。这些社会认知决定因素是以大量关于它们激发和调节行为机制的经验性证据为基础的。其他决定因素与自我效能知觉之间的概念性和经验性联系加深了对人类如何引导并影响自身命运的理解。通过将自我效能信念系统放入到一个统一的社会认知框架中，该理论能综合不同的功能领域中的各种发现。

理论的价值最终要通过它产生的方法影响改变的力量来判断。自我效能理论为如何使人们对他们怎样生活施加影响提供明确的指导。能用来提高人类效能的理论比仅仅能提供与控制感相关但对如何促进期待发生的改变没有意义的理论更有社会价值。以下的部分将要回顾有关个人效能的其他概念以及有时错误地与自我效能组合在一起的概念，这些概念实际上关注不同的现象，但似乎彼此相似。

自我概念

自我评价常常根据自我概念进行分析(Rogers，1959；Wylie，1974)。自我概念是一种关于自己的复合性的观点。它被假定是通过直接经验和来自重要他人的评价形成的。11 自我概念是通过让人们评定各种不同特性的描述性陈述是否适用于自己来测定的。自我概念对个人功能的作用可以通过复合性自我概念、或现实自我和理想自我之间的不一致、与适应、态度和行为的各种指标间的相关进行测定。

根据自我概念来考察自我指向过程有助于人们对自己的态度以及这些态度如何影响人们对生活的一般看法的理解。然而，这种类型的理论有几个特征损坏了它们解释和预测人类行为的能力。这些理论在极大程度上都关注整体性的自我意象。将各种特质结合成单一指标会造成到底被测量的是什么以及某一特质在概括性判断中到底有多大作用的困惑。即使整体性的自我概念与功能的特定领域相联系，也不可能适当处理在活动的不同领域之间、在不同难度水平的同一活动领域中及在不同的环境中发生改变的效能信念的复杂性。自我意象的不同成分之间具有微弱的相关性，但这不能以某种准确度预测行为的广泛变动，这种变动一般发生在某一活动领域中的不同条件下。这些理论不能解释相同的自我概念如何导致不同类型的行为。在对预测能力的差异检验中，效能信念对行为具有高度的预测能力，而自我概念的预测效力是较弱的和不肯定的(Pajares & Kranzler，1995；Pajares & Miller，1994a，1995)。当效能知觉的影响作用被分离出去时，自我概念即使不是全部，也是失去了大部分的预测力。这一结果说明自我概念主要反映的是人们对自己个人效能的信念。

区分自我效能与自尊

自尊和自我效能知觉的概念常常互换使用，就好像他们代表相同的现象。事实上，它们指的是完全不同的事物。自我效能知觉与对个人能力的判断有关，而自尊与自我价值的判断有关。在一个人对自己能力的信念和他是否喜欢自己之间不存在固定的关系。个体可以判断自己在某一行动上效率很低，但没有遭受任何自尊的损害，因为他们没有赋予活动以自我价值。我承认我在舞厅中跳舞完全无能并不会使我经常发生自我贬低。相反，一个人可以认为自己在某一活动上具有较高的效能但却并不以这一活动完成得好为骄傲。陷入困境的家族把房产抵押出去，熟练地取消抵押赎回权的人不可能因熟练地将此家族赶出他们的家而感到自豪。然而，人们确实会尝试培养能带给自己自我价值感的活动能力。如果经验性的分析仅限于人们赋以自我价值感的行动，这会夸大自我效能与自尊之间的相关，因为这种分析忽视了两个功能领域：一种是人们判断自己无用但却不能不在意；另一种是人们感受到较高的效能但因为它造成了对社会有害的结果，所以并没有因为很好地完成活动而感到自豪。

在某些活动中人们要获得出色的表现需要的不仅仅是高水平的自尊。许多成功者对自己要求严格是因为他们采用的是不能轻易达到的标准，而另一些人因为对自己要求不高或者是从其他资源而不是从个人成就获得尊重，也能享有高水平的自尊。结果，自我欣赏并不一定导致成绩的提高。它们是辛苦地自我约束努力的产物。人们需要对他们效能的坚定信心以发动和保持成功所需的努力。因此，在正在处理的事务中，个人效能知觉可以预测人们为自己设定的目标和他们获得的成绩，而自尊既不影响个人目标也不影响成绩（Mone，Baker & Jeffries，1995）。

将自尊不恰当地等同为自我效能知觉是方法学和概念上的原因造成的。一些设计用来测量自尊的工具不但包括对于自我价值的自我评价，也包括对个人效能的自我评价，这样一来，就将本来应该分开的因素混在一起（Coopersmith，1967）。一些作者错误地将自尊作为自我效能知觉的概括形式。例如，哈特（Harter，1990）将对自我价值和个人能力的判断看作是代表了同一现象中概括性的不同水平。自我价值被说成是整体性的，能力知觉则被说成是领域特殊性的。整体性的自我价值不仅仅被看作是领域特殊性的能力总和的上位特性。对整体性的自我价值感的评定与在不同程度上对一个人的自豪感和自我厌烦感起作用的特定的功能领域相脱离。也就是说，询问人们他们多么喜爱或不喜爱自己，而不考虑什么是他们喜欢或不喜欢的事物。对于自我价值的非情境性测量和对能力知觉的领域特殊性的测量可能将一维观和多维观结合成自我评价的层次模型。

正如前面提到的，对自我价值和个人效能的判断代表不同的现象，而不是同一现象中部分与整体的关系。而且，自尊与效能知觉一样是多维的。人们从工作、家庭生活、社区和社会生活与娱乐活动中获得不同程度的自我价值感。例如，一些学生会为学业成就感到骄傲，但对自己的社交能力评价不高；拼命工作的总经理对自己的职业追求评价很高，但认为自己不是一个好父亲。与领域相联系的自我价值的测量揭示了人类自尊的模式和自我贬低的易感性领域。不存在整体性地解释自我价值的概念性或经验性的理由。自尊也不是特殊效能信念的一般体现。

以下是自尊或自我价值的几个来源（Bandura，1986a）。自尊来自基于个人能力或拥有在文化上带有积极或消极价值特质的自我评价。当人们从个人能力中获得自尊，他们会因实现价值标准而感到骄傲。他们在工作圆满完成时会体验到自我满足，但在没能达到价值标准时会不愉快。提供获得有价值成就方法的个人能力为自尊提供了真正的基础。自我评价的这种来源使人们通过发展从个人成功中带来自我满足的潜能，从而对自己的自尊施加影响。

人们常常会表达反映出对他人所拥有特质的喜好与否的评价，而不是根据他人的成就进行判断。在这些情况下，社会评价是与个人特征、社会地位，而不是与个人能力相联系的。例如，在社会上处于从属地位的人会受到蔑视；在充满冲突的家庭中，父母会轻视拥有与他们不喜欢的配偶相似特质的子孙。社会评价会影响接受者如何评价他们自己的自我价值感。而且，当人们不能遵守他人强加在自身的观点和抱负标准时，常常会受到批评或反对。由于采取了苛刻的标准，若不能达到，他们大多数成就将只能带来自我贬低。自尊发展过程中个人能力和社会评价所起的作用得到库柏史密斯（Coopersmith，1967）所做研究的支持。他发现那些表现出高自尊的孩子的父母是接纳性的，为孩子提供的是明确的、可达到的标准，他们为孩子提供相当多的支持和自由度以使孩子获得能为自己服务的能力。

文化性刻板印象是评价性社会判断标准影响自我价值感的另外一种方式。人们常常在种族、性别和身体特征的基础上被划分为有价值群体和无价值群体。然后，他们不是在真实个性的基础上却是根据社会刻板印象却受到不同的对待。在强调刻板印象的情况下，那些刻板印象的受害者遭受到自尊的损伤（Steele，1996）。贬值性的社会实践常常穿着有正当的社会理由外衣，挑剔不喜欢群体的缺点，为粗暴地对待他们进行辩护。有理由的贬低会比公认的反感对自我价值的判断产生更大的破坏作用。当过错的责任被有说服力地归咎于受贬低群体时，群体中的许多成员最终会相信他们自己具有丧失体面的特征（Hallie，1971）。歧视性的社会实践会产生一些弱点，这些弱点可用来作为贬低的理由。因此，相对于不企图为自己进行辩护的非人道行为而言，对非人道行为的辩护更可能使受歧视群体出现自我贬低。那些具有受社会歧视特征以及接受了来自他人的定型化消极评价的人不论自己的才能如何，对自己的尊重程度都将会很低。

由于自尊有许多来源，不存在单一的治疗低自尊问题的办法。那些能力有限、自我评价标准严格以及具有受社会轻视特征的人最可能怀有普遍性的无价值感。自我贬低的不同来源要求不同的矫正性措施。无能力所导致的自我贬低需要培养能力以实现带来自我满足感的个人成就。判断自己不能达到过高标准而遭受自我贬低的人在得到帮助而采用更为现实的成就标准后，变得较为自我接受和自我奖励（Jackson，1972；Rehm，1982）。由于低社会评价所导致的自我贬低需要他人肯定其自我价值的人道主义的对待。来源于对特征的歧视性贬低的自我贬低需要在这些特征上给予自豪感的示范和奖励。少数民族为自己灌输种族特征自豪感的努力（例如，“黑人漂亮”）就体现了这种倾向。当自我贬低由多种原因引起时，就需要多种矫正性措施：例如，培养对自己特征的自豪感，并培养能产生对个人成就的高水平的和有弹性的个人效能感的能力。

指向效果的动机

怀特(White，1959，1960)在研究探索性行为的动机时，假定存在指向效果的动机。这种动机被定义为有效应对环境的内在需要。通过探索性活动产生的效果可以建立起能力，同时凭它自身也能令人满足。指向效果的动机可能是在控制环境的过程中通过知识和技能的积累性获得发展起来的。在这些概念性的论述中，怀特有说服力地提出了一个以非生物性驱力为基础的人类发展能力模型。之所以会继续从事行为，是因为得到源自行为的效能感。然而，怀特仅仅提供了一个一般性的概念框架，而不是能进行验证性推断的特定理论。效果动机是如何通过与环境的有效作用引起的却从没有得到研究。失败努力的打击是很常见的现象，但却没有提到。有效行动的内在奖励的性质也没有提及。哈特(Harter，1981)将怀特的阐述完善成为内在掌握性动机的发展模型。

要证明指向效果的或掌握动机的存在比较困难，因为这种动机是从可能导致它的探索性行为中推断而来。这引起循环论证的问题。没有对于动机力量的独立测量，就不能确定人们对事件进行探索和操纵，是因为能力动机的驱动，还是为了从活动中得到的满足和对满足的期待。由内在的效果动机驱动和由期待的后果所驱动具有显著的差别。我们将在第六章探讨这个问题，第六章对内在动机提供了一个社会认知理论框架中的概念性解释。

14

许多年过去了，理论家们已经对是由于厌烦和忧虑的推动还是由于新奇事物的推动引起机体的探索行为进行了探讨(Berlyne，1960；Brown，1953；Harlow，1953；Mowrer，1960b)。探索性驱力的评论家已能够通过其产生的后果而无须求助于基本的驱力解释和改变一些形式的探索性行为(Fowler，1971)。然而，单纯关注外在激励和对行为的即时奖励的理论强调要解释当实时的情境性诱因很微弱、缺乏或甚至是否定时，行为在长时期内的指向性和坚持性。这种持久性的行为卷入需要先行运作的自我调节能力。效能信念在动机的自我调节中起着关键性的作用，这将在以后作阐述。

效果动机理论还没有详细、系统地得到陈述，因而不能进行广泛的理论比较。不过，效果理论与社会认知理论在几个论点上明显不同。在社会认知观看来，选择性行为、努力和持久性是由个人效能信念而不是由效果驱力所调节。由于效能信念是以与行为表现相独立的方式被定义和测量的，它们为预测行为的发生、普遍性和持久性提供了基础。与此不同的是，根据总体的内在动机驱力解释人类行为的变异性是困难的(Bandura，1991b)。人们会在他们能力感范围之内去处理、探索和试图操纵情境，但是如果不受到外在强制，他们总会回避与他们认为超出自身应对能力之外的环境中的一些事物打交道。

这些观点在它们如何解释个人效能的起源上也有所不同。在效果理论中，效果动机是通过与环境的长期相互作用发展起来的。因而，这一理论几乎唯一地集中于探索性行为，将探索行为作为效用的来源。社会认知理论则认为，效能信念不仅仅通过直接的掌握经验，而且可以通过替代性经验、重要他人的社会评价和生理状态的改变或如何解释它们来发展和改变。这些理论方向上的差异对于一个人如何创造出较强的效能感具有重要的意义。

个人效能信念不能作为与情境性因素无关的性格决定因素来发挥作用。一些情境需要比其他情境更高的自我调节技能及更艰苦的行动。效能信念也会相应发生变化。于是，举个例子来说，公开发表演讲的自我效能的水平和强度将根据演讲的问题、演讲是即兴的还是有准备的、听众的评价标准而不同，这些只是几个条件性因素。因而，对效能信念影响行为的分析依赖于微观分析性标准而不是根据人格特质或效果动机的整体指标。用笼统的术语谈及自我效能，并不比谈论非特异性的社会行为能提供更多的信息。

在效果理论中，对环境的影响能激发效能感和愉快的情绪。虽然这些感受可以来自于活动上的成就，但成就并不一定能提高自我效能知觉。成就可能提高、降低自我效能感或使其保持不变，这依赖于这些成就由什么构成。成功地运用个人效能也不一定带来愉快或提高自尊，它依赖于获得的成就是否符合内在的标准。如果所实现的效能水平达不到奖赏的个人标准，实际上，成功可能使人对自己不满意。具有严格学业标准的学生不会在对他们很重要的学业活动中因为一点点进步就沾沾自喜。行为被掌握的速度剧烈地改变自我评价性反应(Simon, 1979a)。超越以往成就的成功会带来持续的自我满足感，但是人们几乎不能从较小的成功中得到满足，或者甚至在取得较大进步后仍对它们进行贬低。早期反映熟练能力的巨大成功甚至在遇到连续的成功时也会助长以后的自我不满。如果行为偶然得到贬低性评价时，活动中的高自我效能也不会提高自我满意。当能力被用于非人道的目的时，实行者会在凯旋时体验到自我效能，但因为自己造成的悲伤仍旧不愉快。

个人的成功和自我满足之间的关系显然比效果理论要我们相信的那样更复杂得多。效果理论必须考虑个人标准和对成功的认知评价在人们对自己成绩的情绪反应中的重要作用。这些是决定行为的成功会带来快乐还是不快的一些机制。内在标准和效能信念作为个人动因与情感的自我反应相互联系的机制而运行的方式在下一章探讨。

效果动机被看作是只在某些特定条件下才能发挥作用(White, 1959)，而在将这一理论过度扩展到关于行为的更广的范围时往往被忽视。效果动机被认为是机体在其他方面空闲无事或仅仅是被机体驱力微弱地刺激时激起的。用怀特(White, 1960)的话讲，效果促进了“余暇行为”。社会认知理论认为，效能信念变得常规化并成为习惯性的模式时，才会调节所有种类的活动。虽然效果动机理论缺乏可证明的细节，但相当多的研究对它的两个基本前提提出疑义：人是由内在驱力所驱动对环境进行控制，控制的结果是内在的自我满足(Bandura，1986a；Rodin，Rennert & Solomon，1980)。后面我们将对内在动机的话题进行较为详细的探讨。

亚荣和他的同事用较为可验证的形式对效果动机进行改动(Yarrow et al.，1983)。他们称其为掌握动机并将其作为力求获得能力的努力，反过来，它又被定义为在处理环境时的有效行为。掌握动机是在注意、探索行为和坚持进行指向目标的活动中表现出来的。对于这个假定的动机系统的性质和关系的发展性检测得到的是不确定的结果。掌握动机的各行为指标之间仅存在微弱的相关，随着被试年龄的增加，变得更加异质。不能结合在一起的掌握动机导致了概念上的问题。同一个掌握动机甚至在很短的时间内仍然表现出很小的一致性，反映出了令人惊奇的不稳定性。而且，掌握动机的各个指标与实际能力不存在一致的联系。然而，作者却对这一多方面的不相关联进行了积极的解释。掌握动机仅仅具有经验性发现的形式。支持者认为在同一动机的不同指标之间的微弱相关可以作为说明掌握动机是多维度的证据。不断增加的异质性说明动机随年龄而越来越分化。缺乏行为的连续性表明动机进行着发展性的改变。掌握动机和真实的能力之间的不一致的关系被人作为二者相互生成的证据，虽然我们可能期待存在交互性的因果关系会产生强的关系。

由无关联性所得出的比较可能的结论是为能力而进行的努力并不是由总括性的掌握动机所驱动，而是由所能胜任的行为的各种利益所驱动。能胜任的功能随着时间、社会环境、社会标准和活动领域的变化而变化。能力需要适当的学习经验，它不能自发产生。因此，人们依赖于效能信念与环境要求的匹配和对成果的期待发展出不同模式的能力并有选择地使用它们。对力求胜任所进行的功能性分析比人们根据总括性的掌握性动机进行思考，前者能更好地解释人类能力模式的变化。

个人控制的实施：是天生的驱力还是普遍的诱因

16

正如前面所提到的，个人控制使一个人能预期事件并使其成为所期待的样子。争论的一个主要问题为个人效能的实施是由先天的控制驱力所推动，还是由所期待的利益所驱动。这二者之间存在着根本的区别。驱力推动行为，期待性的诱因吸引行为(Bolles，1975a)。例如，许多人被吸引看电视，并将无数时间花在看电视上，为的是获得快乐，但不能说看电视是由内在驱力所推动。被剥夺看电视不会导致形成观看电视节目的驱动压力。控制驱力是从假设由驱力导致的行为中推断出来的，这一理论存在一定的困难。如果驱力的测量独立于假设由它们激发的行为，驱力理论就变得可以验证。如果行为控制的变化被作为控制驱力强度变化的证据，循环论证就剥夺了理论的任何解释和预测价值。除非驱力强度与它假定的效果分离测量，否则起因于驱力的功能性质在经验上是不能证明的。

有些理论家认为力求控制是内在驱力的外在表现(Deci & Ryan, 1985; White, 1959)。对于其他人来说,力求控制用基本驱力的语言来描述而没有明确指出它就是内驱力。这样,它就成为"生命的内在需要"(Adler, 1956)、"基本的动机性倾向"(DeCharms, 1978)、推动机体的"动机系统"(Harter, 1981)、对能力的普遍性"先天愿望"(Skinner, 1995),诸如此类。这些特性描述在控制动机是习得的倾向性还是遗传所赋予的这一问题上存在相当大的含混不清。在社会认知理论中,人们对他们所获得的利益进行控制。这些利益中的一部分包括生物性的满足,但力求控制本身不是一种驱力。关于控制知觉和控制行为的论文大多强调控制内在价值的重要性。但是应该看到的是控制不总会带来令人愉快的结果。很多时候,人们会回避控制;这一事实对先天驱力理论来说是一个严重问题,但它与激励性动机理论相一致。

顺利地运用个人控制,并因此而有效地处理日常生活中的各种要求时,这个结果是我们所期望的。事实上,在实验室研究中人们可以不需多少技术、努力和冒险,就能通过简单行动控制令人反感的事件,个人控制无疑是受喜欢的(Miller, 1979)。然而,个人控制既不是普遍欲求的,也不是按常规进行的。个人控制所具有的艰巨性一面使人们很快失去控制的兴趣。个人效能的自我发展需要在长期繁重的工作中掌握知识和技能,这要求牺牲许多喜悦心情。而且,保持对一个人事业的精通,其中许多时候需要不断在快速的社会和技能进步中提高自身的技能水平,这要求连续不断的时间、努力和资源上的投资。一个著名的作曲家简洁地概括道:"获得成功所需要的最困难的事是一直做一个成功者。"

除了不断进行艰苦的自我发展外,在许多情况下,实施自我控制需要负责任和冒险。例如,管理者被认为具有相当高的控制力,但他们必须为自己的决定和行为结果负责,其中一些具有广泛的影响。常常是最具自我效能的个体担任需要承受更高的潜在压力和负荷的领导职位。他们负责任但必须依靠他人工作才能把事情完成。如果他们不得不统辖相互冲突的社会期望、压力和要求,生活会是很难受的(Kahn, Wolfe, Quinn & Snoek, 1964)。个人控制的这些烦人的方面会减少自我控制的吸引力。因而需要有吸引力的刺激、特权和令人兴奋的社会奖励使人们能够追求对包括复杂的技能、艰巨的责任感和繁重的冒险的控制。

17

代理性控制

人们常常会愿意放弃控制影响其生活的事件,从而将自己从控制所带来的各种要求和危险中解脱出来。不是努力争取直接控制,他们通过代理性控制获得健康和安全。在控制的这一社会中介模式中,人们尝试使那些实施影响和行使权利的人代表他们行事以实现他们所期待的变化。儿童对父母施加压力从而获得想要的东西；职员通过各种媒介来改变组织实践；公民通过影响政府代表和其他政府官员的行动塑造社会的前景。有效的代理性控制需要高度的个人效能感来影响媒介物，这又可以作为期望得到进步的施动者起作用。

在生活中的许多领域，个体不能对变革的各种制度、机制进行直接控制，因而必须求助于代理性控制使生活得以改善。然而，通常人们会在他们能具有一定直接控制的领域中放弃对各种媒介的控制。他们并不选择进行直接控制，是因为没有找到解决问题的方法，他们相信别人会做得更好，或者他们并不想把个人控制所包含的繁重责任担在自己肩上。代理性控制的部分代价在于它的可靠性脆弱，要依赖于他人能力、力量和喜爱。

低效能感会促进对代理控制的依赖，这进一步减少了建立效能行为所需技能的机会。在代理控制中比较性效能评价的作用由米勒和其同事们的研究所揭示（Miller，1980）。那些认为自己具有较强应对能力的人靠自己解决令人反感的问题，而那些认为自己缺乏能力的人会通过控制他人来应对令人厌恶的环境。具有依赖性的个体喜爱没有工作要求和随之而来压力的保护性利益，而控制者努力工作并因繁重的工作要求和承受失败的冒险而遭受苦恼。

习惯于进行个人控制的人不喜欢把自己的命运掌握在他人手中，甚至当这样做对他们有利时亦如此。具有竞争性、A 型性格的个体为了掌握任务的要求不断奋斗，他们具有时间紧迫感（Glass & Carver，1980）。米勒、莱克和阿斯罗夫（Miller，Lack & Asroff，1985）发现具有 A 型应对方式的人宁愿遭受令人厌烦的体验也不会放弃控制能更好地控制情境的他人。B 型的人比较放松、懒散，在相似的条件下更容易放弃控制。具有 A 型性格的女性如果能够随意改变的话，她们会暂时放弃对较有能力者的控制；但是许多 A 型男性甚至不会暂时放弃控制。

个人控制的无意放弃

在日常生活中有许多因素破坏着人们对所拥有知识和技能的有效使用，结果却是他们不能对完全处于其能力范围内的事件进行个人控制。在关于错觉性无能的研究中，兰格（Langer，1979）使我们了解了人们如何根据经验进行不正确的推理或由于不经意的行为而放弃个人控制。当作出某一行为时，人们并没有感到他们是在放弃控制，他们也没有意识到他们的行动可能阻碍将来能力的发展。因为这种自我弱化大部分没有被注意到，所以也就没有抵制它的理由。

人们常常会通过自己的行动放弃个人控制，因为这是一件轻而易举的事。兰格（Langer，1979）对有可能放弃自我控制的各种条件进行了描述。有时，掌握某一行动的

18 努力似乎会压倒知觉到的潜在利益。有时，当人们通过要他人为自己做事而较为容易地获得收益时，就会产生自我引起的依赖性。个体自己偶尔成绩不佳的场景会激发出无能感，这会破坏将来在这些特定情境中的活动。运动员的运动成绩能很好地说明低效能感的情境性激活。获胜的运动员如果经常在某些情况下负于比他差的对手，他们会由于过去的不安经历而期待困难的出现。对手仅仅表现出高自信就会破坏他技能的正常发挥。专注于新任务中的新奇之处，而不是注意他们已习惯和处于自身能力之中的方面也同样会阻碍技能的有效运用。呆板的心理定势阻碍知识和技能在新情境中的创造性运用。当人们扮演从属角色或者给他们一个低等的称呼，其中含有他们能力有限的意味时，他们原来很熟练的行为会比没有处于从属地位或消极称呼时要差。种族和性别刻板印象也会破坏认知技能的有效运用（Steele，1996）。在大学标准化入学考试中被要求写明种族时，非裔美国学生要比没有要求填写种族身份的学生的成绩差。女学生在以对性别差异敏感为特征的数学测验上成绩不如男生，但如果她们被描述为对性别不敏感时，她们在同一个测验中的成绩与男性一样好。提供不必要的帮助也会减弱能力感从而破坏技能的执行。

兰格和帕克（Langer & Park，1990）假设不注意是错觉性无能的基础。当不再认真考虑常规性情境时，使人联想到个人缺陷的环境线索被看作是导致低成绩的原因。毋庸置疑，一些技能运用能力的缺乏通常反映的是对行动的常规化情境性控制。但情境影响也会激发损害有效运用技能的其他过程，这会降低技能的有效运用。如果中介过程得到测定而不是仅仅假定为在起作用，解释机制的验证会得到很大的帮助。对不注意的假定性调节作用可以这样检验：评定人们思考他们情境条件的程度是否能解释他们的行为表现有多少受使人想起个人缺陷情境的影响。活动中的注意卷入程度也会发生系统变化，它对已存在技能的有效运用具有影响。

从其他研究中我们获悉产生错觉性无能的情境条件会降低自我效能知觉，同时对选择行为、动机、应激和自我弱化观念都有一定作用。例如，看起来令人生畏的对手会比印象不深刻的对手引起较低的效能知觉（Weinberg，Yukelson & Jackson，1980）。与对手有关的个人效能的错觉性信念加强会提高竞赛成绩和复原力，而因为错觉而减弱的效能信念则会降低竞赛成绩并增加对失败的有害效果的易感性（Weinberg，Gould & Jackson，1979）。效能信念削弱得越多，成绩下降得越厉害。

暂时性的情境因素、缺乏影响能力的信息都会影响效能信念（Cervone & Peake，1986；Peake & Carvone，1989）。错觉性效能信念对活动的动机水平具有很强的作用。脑子里一直想着任务难以克服的方面会减弱人们的效能信念，但是关注于同一任务切实可行的方面会提高自我效能信念（Carvone，1989）。效能信念越强，人们在重复的失败面前坚持的时间越长。在各种实验中，自我效能知觉的变化可预测相同条件下和不同条件之间的动机变化。有偏向性的外部影响通过对效能信念的影响而非直接地损害行为表现。一旦人们发展出关于某一情境的效能的心理定势，他们会按照已建立起的自我信念行事而不必对自己的能力进行进一步评价。

后果期待理论

随着行为的认知理论占据优势，期待的概念在解释人类机能时占据越来越重要的地位。假定期待影响行为的心理学理论几乎都关注后果期待。爱尔文（Irwin，1971）的动机和有意行为理论是根据活动—后果期待进行系统陈述的。鲍利斯（Bolles，1975b）认为学习在本质上来讲包括获得特定的情境事件或行为将产生特定结果这样的期待。罗特（Rotter，1966）的概念性图式关注于行为与后果之间关系的因果信念。谢里格曼（Seligman，1975）具有相同的思路，认为当人们获得这样的期待，即他们不能通过自己的行动影响后果时，人们的行为会变得很顺从。根据期待—效价理论，活动是由特定方式的行为将导致特定后果的期待和对该后果的满意共同影响的（Atkinson，1964；Feather，1982；Vroom，1964）。

对后果期待的着重强调在很大程度上应追溯到这一理论体系的本源——托尔曼（Tolman）的研究。当相互对抗的心理学理论试图通过观察动物如何学会走迷津来解决关于学习的争论时，托尔曼提出了他的概念体系。当时流行的理论将学习主要看作是习惯的习得（Hull，1943；Spence，1956）。托尔曼（Tolman，1932，1951）将学习解释为行为将产生某种后果的期待的发展。当然，在动物是否具有达成目的的能力这一问题上，从来没有争论过。动物完全具有为通过前面路径所需的平凡的行为技能。因此，动物所期待在目标盒中发现的东西被看作是选择性行为的决定因素。在动机和行动的调节中，自我指向性思维的影响作用自然就不予关注，因为动物没有自我反省，它们不能根据自己能或不能做什么的自我信念组织生活中不多的选择。相反，自我指向的信念系统是人类适应性机能的基础。人的效能信念几乎影响人所做的一切事：思考、自我激励、情感和行为。

一些与后果控制能力有关的理论有时喜好效能知觉的观念。根据罗特（Rotter，1966）提出的人格理论，行为受一般性的期待所影响，后果既决定于一个人的行动，也决定于超出个人控制能力之外的外在力量。这种对行为的工具价值的期待被认为主要是一个人强化历史的产物。这一传统下的大多数研究关注在多大程度上行为能由倾向于把后果看作是由个人还是外在因素决定的个体差异所预测（Lefcourt，1976，1979；Phares，1976；Rotter，Chance & Phares，1972）。总之，认为后果由行为决定的人比持宿命论的观点看待后果的人更加积极一些。

外在的因果关系常按照后果依赖于偶然性因素的信念加以考察。古林(Gurin)和她的同事主张个人控制的缺乏常常不是由机遇或奇想而应看作是由于社会系统的不敏感以及它们建立起来以保护既得利益和现状的壁垒所引起的(Gurin & Brim，1984；Gurin，Gurin & Morrison，1978)。社会系统可能是不敏感的,因为还没有解决问题的适当方法。然而,这常常是因为他们对某些阶层有消极的倾向性但对所偏好的成员的能力有所鼓励和奖励。制度上的偏向或者妨碍了获得机会,或者对尝试获得有价值成果的受冷待群体的成员强加了更高的能力要求。提出更高水平的能力要求在关于组织中管理角色的社会习俗变化中得到了说明。一度,管理职位对少数民族和女人是关闭的,而无论他们多么有才能。后来,具有非凡才能的人才能做较低等级的领导工作。更后来,不同的能力要求在低等级的工作中大多被取消,而在上层管理人员水平上仍然发挥作用。

20

自我效能知觉和控制点有时被错误地看作在不同水平上测量的本质上相同的现象。而事实上,他们代表的完全是不同的现象。对一个人是否能够产生特定行动的信念(自我效能知觉)不能被看作是与行动能否影响后果的信念(控制点)一样的东西。这一概念上的区别可以由实验所验证(Bandura，1991b)。下一章中的一些证据表明自我效能知觉与控制点之间很少或根本没有关系。关于两者与行为的相互关系,自我效能知觉是各种形式行为的良好预测者,而控制点通常是同样这些行为的微弱或不一致的预测者。这并不是说后果预期对行为没有影响。如果与产生他们的行动联系起来进行详细说明和评价的话,后果期待也会影响行为。社会认知理论确认了期待后果的不同类别,同时以与处于情境中活动相联系的有区别方式而不是以一般性的去情境化的方法进行测量。

个人行为决定后果的信念引起效能感和力量,而无论一个人如何做后果都会发生的信念则会产生冷漠,这一观点已得到广泛的采纳。然而应该提到的是罗特(Rotter，1968)的概念图式主要关注的是行为和后果之间关系的因果信念而不是个人效能。对后果因果关系的控制点的信念必须与个人效能的信念相区别。后果由一个人自己的行为所决定的信念既可以是令人泄气的,也可以是能促进实现的,这依赖于一个人是否相信自己能做出所需要的行为。一个将后果看作由个人决定但又缺乏必需技能的人会体验到较低的效能感并带着无用感看待行动。因此,举例来说,那些不能理解数学概念并认为学业成绩完全依赖于他们数学活动质量的儿童有理由陷入混乱的境地。当人们有把事做好的效能,那么后果依赖于行动的信念将会产生能力感。

人类行为和情绪状态可以通过某一社会系统中效能信念与所期待活动后果的类型的联合影响而得到最好的预测。关系特别密切的社会系统的结构性质关注其提供的机会和他们所强加的限制。如图 1.2 所示，不同类型的效能信念和后果预期会产生不同的社会心理和情绪效应。处在奖励有价值的成果的敏感环境中的高个人效能感将会培育出抱负、活动的积极性和使命感。正是这些条件使人们在自我发展过程中对自己的生活进行实质性的控制。

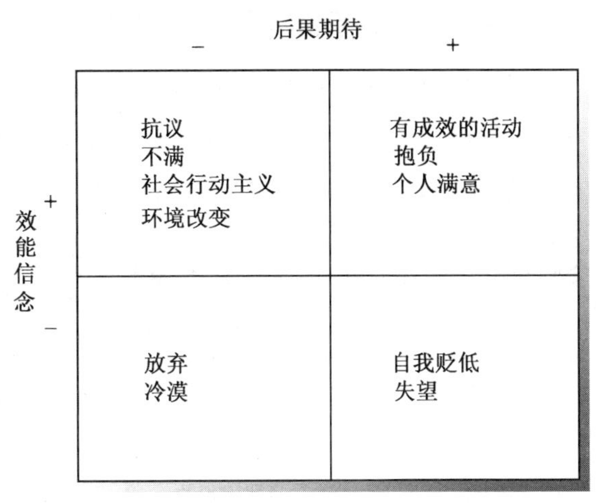

图 1.2 不同模式的效能信念和行动后果期待对行为和情绪状态的作用。加号和减号代表效能信念和后果期待的积极和消极性质。

下面考虑一下高个人效能与低环境应答相结合的方式。高效能个体通过个人的努力不能获得有价值的后果时，他们不一定会停止尝试、而那些低效能知觉的人当自身努力不能达成所需结果时会很快放弃。但是高自我效能个体会加强他们的努力，并且如果必须，则会试图改变不公正的社会惯例。能力没有得到奖励或受到惩罚的模式强调对两种不同水平控制进行区分的需要：一种是对成功所带来的成果的控制；另一种是控制社会系统的，社会系统规定了特定的努力会实现什么样的结果。领取计件工资的工人可以通过自己付出的努力控制自己的收入，但不能对系统所设定的单位工资率进行控制。古林和布里姆（Gurin & Brim，1984）以及拉西（Lacey，1979a）谈到过对社会系统的控制这一问题。这个问题在对控制能力的心理学分析中很少受到关注。高个人效能和环境的无应答结合起来的条件会产生怨恨、抗议和改变现有制度的群体性努力（Bandura，1973；Short & Wolfgang，1972）。如果改革难以实现的话，如果有更好的选择，人们放弃对其努力无应答的环境而到他处从事他们的活动。

效能信念与后果期待的联合性影响为区分助长冷漠和可能驱使人们同失望抗争的条件提供了基础。当人们具有低的个人效能感且他们自己或和他们相似的人的大量努力也不能产生有价值的结果时，他们会变得冷漠并陷入阴郁的生活。如果没有人能够成功，人们开始怀疑他们无能力改善人的生存条件。结果是他们不会投入多少努力以产生变化。

人们认为自己是无能力的，但将与自己相似的他人看作是能享受成功的努力带来的利益，这种模式会导致自我贬低和抑郁。与自己相似的他人获得成功将很难避免他们进行自我批评。在对个人效能和他人成功形成不同信念的研究中，认为自己没有能力获得与自己处于相同环境中的他人很容易获得的有价值结果的信念最能助长抑郁情绪和行为的认知性退化（Bloom，Yates & Brosvic，1984；Davis & Yates，1982）。

自我效能、后果期待和控制

后果是由行动引起的。一个人如何行动在很大程度上取决于他所体验到的结果，行动是先于后果发生的。与之相似，人们所期待的结果在很大程度上依赖于他们对自己在某些情况下做得如何的判断。正如一些作家所言（Eastman & Marzillier，1984），人们设想后果并从想像的结果中推断自己的能力，这样一来，人们会获得一个逆向因果关系的特殊系统，在这个系统中来自于行动的后果先于行动发生。人们不会在跳入深水中之后才判断自己会被淹死，并且推断自己一定不会游泳；判断自己不会游泳的人会设想到如果自己跳进深水中会被淹死。个人效能信念与后果期待之间的因果关系请参考图 1.3。自我效能知觉是对一个人组织和执行某些行为的能力的判断，而后果期待是对这些行为将产生什么样的可能后果的判断。

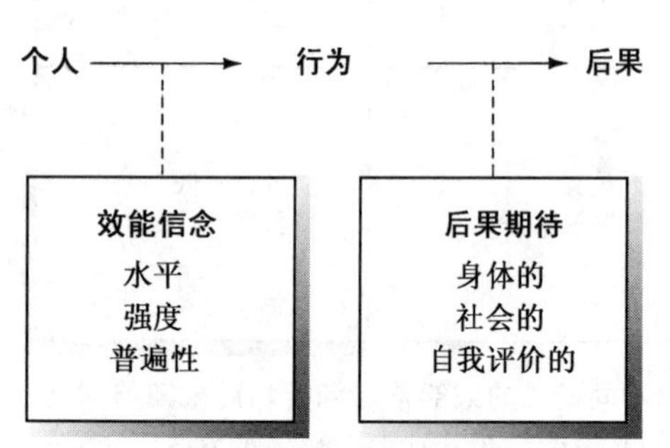

图 1.3 效能信念与后果期待之间的条件性关系。在某些功能领域，效能信念在水平、力量和普遍性上发生改变。来自于某一行动进程的后果可以采取积极或消极的身体、社会和自我评价效应的形式。

后果期待有三种主要形式（Bandura，1986a）。在每种形式中，积极的期待是诱因，而消极的期待具有阻碍作用。一种独特的后果是伴随行为的积极和消极身体效应。它们包括属于积极形式的愉快感觉经验和躯体上的快乐，还包括厌恶的感觉体验、疼痛和身体不适等消极形式。人类的行为部分由它所激发的社会反应调节。积极和消极的社会效应形成第二种重要后果。在积极的方面，包括他人的社会反应，如兴趣的表达、赞扬和社会接纳、金钱补偿和地位、权利的授予；消极的方面则包括无兴趣、不赞同、社会排斥、指责、剥夺特权和惩罚。

社会认知理论反对认为行为仅仅由外在奖励和惩罚所调节的粗糙的功能主义观点。如果人们仅仅是因为期待外在奖励或惩罚才执行某种行为，他们只能不断转换方向来服从随时变化的作用于他们的任何影响，就像风向标一样。而实际上，人们在面对各方影响时表现出相当大的自我指向性。任何想把一个有献身精神的和平主义者改变为残暴的侵略者或把宗教信徒变为无神论者的人都将很快体验到在调节人类行为中的自我反应性影响的力量。一旦人们采用个人标准，他们会通过自我约束调节自己的行为。他们会做那些能带给他们自我满足、自豪感和自我价值感的事，而回避做那些会产生自我不满、自我贬低和自我指责的事。第三种重要后果为对自身行为的积极和消极的自我评价性反应。用一个运动员的例子来说明，在运动比赛中能跳 7 英尺高的信念是一个自我效能判断，而不是对后果的期待。而如果这一成绩代表较高的水平，个体会期待社会认同、表扬、物质奖励、胜利感和自我满意，但如果这一成绩代表低水平发挥，会引起个体产生失望、失去物质奖励和自我批评的期望，这些就是后果期待。综合性的功能主义观点包括所有这些不同形式的后果。

在传统的定义中，成绩是成就；而后果是与其相伴而生的某种东西。简言之，后果是成绩的结果，而不是成绩本身。当成绩被错误地看作是它自己的后果时，比如跳了7英尺被看作是跳高的后果，这无疑会产生严重的概念性问题。成绩必须由描述性的标志来详细说明，如跳高可以跳5、6或7英尺。去掉指定的标志，人的行动则难以描述。由于将成绩的不同水平的标志错误地解释为行动的后果，文献中就曾产生了一些不必要的混乱（Eastman & Marzillier，1984）。下面看一个成功领域中的例子，A、B、C、D和F标志成绩的不同水平而不是后果，成绩水平不一定产生某一固定的后果。A水平的成绩在看重学业成就的环境中会带来自我满足并得到社会赞许，而在认为学业成绩无用并嘲笑、折磨和排斥高学业成就的同辈群体中，A则会带来社会责难（Ogbu，1990；Solomon，1992）。

23

不同成绩水平的标志随不同的机能领域而有所不同。在学业成绩中，标志是字母等级或百分等级；在与健康相关的行为中，标志是体重变化的量、运动、吸烟或营养习惯；在恐惧行为中，则以所处理的威胁水平为标志；在运动领域中，是活动的速度和准确性；在组织机能中，是群体生产力的大小。但是不同成绩水平的标记无论如何都不是对后果的期待。当然，所期待后果的动机性潜力基本上由给予它们的主观价值所决定。两个人可以相信某一行为成就会产生特定的后果，但对后果吸引力的评价却很不相同。

将成绩指标误解为后果的人会陷入无止境的回归之中。以跳高为例，6英尺高度是以前肌肉活动模式的后果，反过来它又成为调节肌肉活动的先前行动所产生的后果，这接下来又变成动因先前所做的其他事带来的后果，这样一直无穷无尽地持续下去使得每一个成就成为前身的后果，这又成为其前身的后果。与之相似，A水平的学业成绩成为某一水平的学习行为的后果，但而后学习行为本身成为学生为使其发生而做的其他事的后果。

由将一系列成绩的一部分转换成后果所导致的概念上的混淆可以用其他方式进行阐述。行为及其所带来的效应属于事件的不同种类，可以用后者来影响前者。也就是说，行为可以由它所产生的后果来改变，这些后果可以是生理的、社会的或自我评价性的效应。当要求一个人通过对后果的使用将学业成绩提高到A时，将标志重新命名为后果会产生逻辑上和过程上不可能的困境。要完成这一任务需要使用A水平的成绩（所谓的后果）来产生A水平的成绩！将成绩错误地解释为它本身的后果以及所导致的无限回归问题可以简单地通过关注于由特定行为成绩所产生的生理、社会和自我评价后果的调查来回避。

将成绩和后果进行概念与操作上的区别可以用一个减肥的例子来说明。人们并不仅仅为了降低体重而减肥。他们减肥是为了实现一定的目标，其中包括身体健康、社会利益和自我评价性的利益。如果减肥没有身体上的效果，如果别人不在意自己胖还是瘦，如果体重与自己的满意与否没有关系，人们不会仅仅为了减肥而无休止地使自己挨饿。这样减肥和节食工业将快速破产。这就是由于错误地将成绩的指标解释为后果所产生的概念性混乱。如果研究者将成绩的指标解释为后果，这一解释就成为他们要捍卫的理论和方法论问题。自我效能理论反对的后果观不应该强加于自我效能理论上，而后又把它描述为在把成绩与后果分离开来时自我效能理论的问题所在。

自我效能理论区别通过个人的方法实行控制的能力等级。控制能力影响着效能信念决定后果期待的程度，并影响着后果期待逐渐增加对成绩的预测力程度。在效能信念和后果期待之间不存在单一的关系。它依赖于在某一特定的功能领域中行动和后果之间在内在或社会上建立多么紧密的联系。在后果与行为的性质高度相关的活动中，人们所期待的后果类型主要依赖于他们认为自己在某一情境中能做得多好。例如，学习不好的学生不会期待得到学业上的荣誉；承认自己不能战胜难以对付的对手的运动员不会期望获得冠军。在大部分社会、智力和体育活动中，那些将自己判断为有高效能的人将会期待良好的后果，而认为自己成绩差的人呈现于脑际的是消极的后果。

24

在行为决定后果的地方，效能信念可解释所期待的后果中绝大多数变异。当效能信念上的差异被控制起来，某一行为所期待的后果对预测行为很少或根本没有独立的作用。在各种机能领域中都是这样，其中包括学业成就（Barling & Abel，1983；Lent，Lopez & Bieschke，1991；Shell，Murphy & Bruning，1989）、社会行为（Gresham，Evans & Elliott，1988）、体重调节（Shannon et al.，1990）、健康习惯（Carey，Kabra，Carey，Halperin & Richards，1993；Godding & Glasgow，1985）、疼痛处理（Jensen，Turner & Romano，1991；Lackner，Carosella & Feuerstein，1996；Williams & Kinney，1991）、恐怖行为（Lee，1984a，b；Williams & Watson，1985）、过早退出咨询（Longo，Lent & Brown，1992）、职业表现（Barling & Beattie，1983）、选择从事职业活动的文化环境（Singer，1993）。

缺乏独立的预测能力并不意味着后果期待对人类行为不重要。相反，如果效能信念预言了期待的后果，后果就变成多余的预测因素。然而，预测因素多余不能错误地解释为对所期待的后果不重要。学生的学业效能知觉决定他们是否期待得到学业上的奖励，这一事实并不意味着他们认为学业奖励无价值或他们不能被奖励所激励。由于人们将后果看作是随他们行为表现的适当性而变化，并关心这些后果，所以他们依靠效能信念决定追求什么行为并持续多长时间。他们避免追求自己认为不能成功和预期可能带来麻烦的事，但是他们积极地从事自己判断为可以获得成功并确认能得到有价值奖励的行为。简言之，当人们具有效能信念和使努力有价值的后果期待时会采取行动。他们期待某些行为能产生所希望的后果并相信自己能胜任这些行动。

当后果并不完全由成绩的性质所控制时，效能信念只能部分说明所期待后果的变化。当与成绩性质无关的因素也影响后果或当后果与最低水平的成绩相联系时，会出现这种部分分离，因而在标准之上的成绩性质进一步变化不会产生不同的后果。例如，裁判员授予骑手奖赏可能会受马的外在形象和骑手的技能影响。在工作情境中，酬劳常常由一些行为标准确定，但更高水平的生产力不会使人得到更多的工资。相信自己能达到要求的信念比认为自己不能达到标准的效能信念产生较好的期待性后果，然而，认为自己能超过最低标准的信念将不会产生不同的期待性后果。认为自己不能达到最低标准的信念会产生失业的期待。

当相关联因素受到限制性安排，因而不论某一群体的能力水平如何都不可能产生期望的后果时，期待的后果就独立于效能信念。在严格地按性别、种族、年龄或其他因素分离的活动中，这种独立性就会出现。在这种环境下，排除在外群体中的成员都期待消极的后果，而无论他们是否认为自己是有能力的。在职业运动被严格地按种族划分的时代，少数种族棒球运动员不能进入主要球队，无论他们的球技多高，不能进行赢利性活动。在社会障碍被取消后，效能知觉能很好地说明期待性后果了。

通过想像的可能自我进行自我引导

25

马库斯（Markus）和她的同事提出了自我概念的动因理论，这个理论认为想像的可能自我具有有力的调节功能（Markus & Nurius，1986）。按这种观点，人们能对将来的成功和失败产生特定的自我意象。这些可能自我是从个人经验、大量的真实和象征性榜样与塑造生活追求的社会文化影响中建构起来的。清晰的可能自我有几种功能：为解释我们的经验提供了概念框架；影响我们思考潜能和选择的方式；指引行动过程、激发对所选择目标的追求。当自我意象被精细化而包括为实现期待的将来而做出相关计划和程序性策略时，自我意象能很好地执行这一功能。含糊的可能自我也保持下来，但它是没有用处的幻想。不确定的自我具有非规定性，这一特点可以用戏剧中的一个角色来描述，这个角色从没有设法有条理地工作（Wagner，1987）。沉浸在她不现实的抱负中导致她明确地洞悉其中的道理："在我的一生我总想成为某个人。但我现在明白我应该做一个比较具体的人。"

在这一概念图式中，个人的全部储存包含各种可能自我，它反映每个人的希望和恐惧。积极的自我激发和引导人们实现愿望。恐惧性的不需要的自我会阻碍行动或使人回避自己担心害怕的事件发生。然而，如果它们与积极的意象结合起来，可以作为附加的动力，它能避免不期望出现的结果出现或为应付它作好准备。由于这种附加的动机效应，积极和消极的可能自我之间的平衡在塑造理想自我上比单纯的积极的想像自我或消极的想像自我影响更大。社会环境会激发可能自我中的某些成分，反过来，它又提高了能产生所期望的自我的行为模式。

马库斯和她的同事将期待性的认知模拟看作是自我意象转变为行为能力的关键性机制(Markus, Cross & Wurf, 1990)。按照知觉、意象和行动具有平行结构特性的假设，他们认为认知模拟可以协调知觉和行动图式。然而从社会认知观点看来，应该是个体而不是神经生理结构的相似性，通过努力将思维和行动相联系。如果结构上的相似性使认知图式自动转化为行动图式，能力的发展会是一件很容易的事情。一个人只需要将技能设想一下就能使其表现在行为上。而事实上，精通通常需要长期、艰巨的过程才能实现，特别是包含复杂的技能时。根据知觉和行动图式的跨通道协同活动进行的解释不能解释认知转换成流畅的行动的机制。

一种受到广泛认同的针对转换问题的解决方法依赖于双重知识系统：陈述性知识和程序性知识(Anderson, 1980)。陈述性知识提供了适当的事实信息；程序性知识提供了产生式系统，这种产生式包含了任务解决中的决定规则。从事实性和程序性知识的角度来说，解释能力的获得非常适合认知性的问题解决，因为问题解决是在认知上产生的，其中没有行为参与或行动非常简单。然而，一个人必须能区分知识和活动技能。如果教给新手如何滑雪的事实性知识和整套程序性规则，然后让他从山顶向下滑雪，最后的结果很有可能是躺在整形外科或地区医院的重病特别护理病房里。单纯的程序性知识并不能使新手变成小提琴家、能迷惑人的演说家或幽雅的芭蕾舞演员。需要建构和执行复杂技能的活动要求另外的机制使知识结构转化为熟练活动。程序性知识和认知技能是胜任某一行为的必要但不充分条件。

在社会认知理论中(Bandura, 1986a)，将思想转化为行动的机制是通过概念匹配过程实现的。技能的概念可以作为发展能力的指南和提高能力的内在标准。在最初尝试的过程中概念很少能转化为适当的行为而没有错误。熟练行为通常是根据引导性概念不断地纠正调整而发展起来的，在这个过程中技能不断地在行为水平上建构和改善(Carroll & Bandura, 1987, 1990)。观察一个人的动作为检验和修正概念与行动之间的不匹配提供了信息。如果人们不监控他们的行为，执行一个良好概念的努力将不会产生熟练行为。

多重自我理论将一个人抛入了哲学的海洋。它需要将自我回归到统帅性的超级自我，超级自我对一组可能自我进行选择和处理使之适应特定的目的。实际上，只有一个自我能想像期望和不期望的未来，并选择一定的行动以获得所珍视的未来，逃避令人恐怖的事件。行动是由人调控的，而不是由一簇进行选择和引导的自我调控的。所期待的未来自我与长远的生活目标很相似，而且较近运作中的自我概念类似于短期的亚目标，通过它长期的抱负得以实现。抱负与对能力的自我评价结合起来影响生活。人的个人效能信念决定他们排除的人生追求，和他们选择的人生追求以及兴趣水平、持久力水平和自身的成功(Lent & Hackett，1981)。

把自我分成几个部分产生了另外的概念性问题，因为一旦开始分解自我，到何处才能停止呢？例如，一个运动员的自我可以分为网球自我和高尔夫自我。这些分离的自我，还具有它们的亚自我。高尔夫自我又被分为运动能力的不同方面，包括抽球自我、平坦球道自我、沙土障碍自我和击球自我。一个人如何决定到什么地方停止分解自我呢？而且，只有一种自我能鼓舞个体完成想像的多方面的追求所包含的不同的亚技能。多样性不是来自于各个动因性自我的集合而是来自于由一个或相同的动因性自我所考虑的不同选择。

努力实现想像的自我的人通过一套自我调节机制引导和激发自己的努力。这些机制受人们对不同活动中的个人能力的评价、与导致抱负的最近亚目标结合在一起的长期抱负、对不同的生活道路的积极和消极的后果期待、展望性后果的价值及所知觉到的环境限制和机会结构的调控。它们代表了一些对生活进程有影响力的社会和认知因素。同一个人会在不同的活动领域和不同社会情境中有差别地运用这些自我影响因素。

关于自我意象的研究主要集中在适应模式上存在差别的个体，他们的积极和消极可能自我如何混合，他们的想像自我如何影响信息的加工和意象的充实上。那些应对能力良好的人具有平衡的可能自我意象，而表现出适应性问题的人以消极性自我占优势。目前，想像自我与动机和行为之间的关系还没有受到很大的关注。核心问题是除了前面提到的社会认知因素所提供的预测作用外，对可能自我的评定是否也对将来行为的预测起作用。社会认知研究详细说明了它如何影响及如何预测人生的问题。

控制信念

控制事件包括使用某种手段导致活动成功从而产生各种后果的动因力量。斯金纳和她的同事为控制知觉提供了一个概念框架，她们将这一四重序列分为三个部分(Skinner，1991；Skinner，Chapman & Baltes，1988)。这一切分的结果是产生了三套关于控制执行的信念。动因信念指一个人是否具有或已经使用了适当的手段。手段中包括努力、能力、运气和重要他人的影响或不可知的因素。手段—目的信念指的是这些手段在产生期望的事件或阻止不情愿事件发生时是否有效。控制信念指一个人是否能产生期望的事件或避免不情愿事件的发生而与任何手段无关。这一控制知觉的观点在归因理论所指出的标准原因性因素之外又增加了一个行动者。正如前面已提及的，缺乏控制可能来自于个人的无能或与后果相关联的社会结构。这两种不同的控制点在社会认知理论中是加以区分

27

的，因为它们具有不同的动机、情感和行为效果，同时表明是否需要个人或社会的补救方法。

由三部分构成的图式导致了对于控制的不同方面及其来源的一些概念性的迷惑。首先，图式中只包括控制执行中的四个基本要素的三个方面。所缺乏的要素的性质依赖于"目标"如何被概念化。如果积极和消极的事件代表来自于行为成果的奖励和惩罚性后果，行动就被从三成分图式中遗忘了。手段不能直接作用于后果，相反，手段会引起某些行动而后产生后果。努力不是产生图书版税的手段，而是由努力制造出的小说带来版税。我几乎不能向我的出版商要求版税，因为我付出了大量的努力但并没有生产出一本书来。如果积极或消极的目标代表行为成就中的变异，那么三成分图式中就少了后果。行为是不能在没有目的的条件下产生和执行的。人们努力进行行为控制为的是保护有价值的后果并阻止或逃避不喜欢的后果。在三成分图式中，积极和消极的目标要根据学业成就水平的变化来测量。正如前面提到的，不管是高分还是低分都只是所获成绩的标志，而不是后果。某一学业成绩会根据行动者和参照群体赞同的价值系统的不同带来奖励或惩罚性的后果。

除了在控制的过程中忽视后果外，也存在手段上的问题。斯金纳认为有些手段是人们能做的（努力），另一些是人们所可能具有的（能力），还有些手段是施加非特指影响的外在力量，如有威望的他人和运气。或者它们只是某些未知的决定因素。把偶然性看作是供人使用的产生某一行为成就或后果的方法引起了概念性问题。运气可以被看作影响事件的力量，但好运气和坏运气不是一个人能控制的手段。因此，运气使动因对自己的经验失去个人控制。后果是通过难以言传的好运气或坏运气而不是目的性行为发生的。动因必须根据行动而不是经历来确定（Thalberg，1972）。

社会认知理论赞同一种关于手段的更加动力性的概念和一种操作性动因的观点。操作性动因不仅包含拥有三成分图式所认为的不同种类的手段。手段不是一个人所具有的固定实体。控制的有效运用需要知识、亚技能、资源的协同活动以处理变化的情境。手段不仅包含认知和行为技能，而且包含情绪性和动机性的自我调节技能，它们谋取支持性动机并处理破坏性的情绪激起。而且，人们产生的后果依赖于他们使用可利用的手段的程度和这些手段的潜在效用，其起工具作用的方面是动因的必须组成部分。具有相同手段的个体在艰难的条件下可能表现出适应性的行为，也可能表现很差，因为他们的效能信念影响了他们在处理问题时如何使用手段（Bandura，1990a）。在以上例子中，问题不在于缺乏手段，而在于人们不能充分地应用它。控制的操作方面与传统上把动因定义为产生后果的力量而不仅仅是拥有一套手段相一致。

28

控制信念还存在重要的概念问题。被剥夺了一切手段的动因如何能进行对后果的控制呢？这可能与纯洁的想法相类似。当没有给人们提供任何手段，而被问及是否能得到期望的后果时，他们毫无疑问会考虑他们在进行判断时可使用的手段。简言之，他们将手段附加到动因的运用上。人们通过两种基本方法执行控制：通过直接个人控制和通过社会中介的代理性控制。在直接的个人控制中，人们动员他们掌握的技能和资源以产生保证所期望的后果的行为，在代理性控制条件下，他们对能使其达到目标的人施加影响。通过中介得到的后果包括动因的运用，正如动因在直接控制中的作用一样，而代理性控制则主要依赖劝说或社会强制。虽然控制的两种形式需要不同类型的手段，但两者都是动因性的。

人们可能会认为不论是好事还是坏事都将发生，或是偶然性地发生或是通过掌握权利的人、神或其他至高无上的力量。但是这些事件是否包括控制信念要依赖于人们将后果看作是独立于他们的行为而发生的还是由他们对操纵动因的作用所影响的。有些人尝试对他们信仰的超自然动因施加影响，一般通过以下方式：向神灵企求、举行宗教仪式、向他们提供祭品、按自己以为的能避免神的惩罚和带来尘世的奖赏或幸福的来世的方式行事。

在日常生活中，人们不断通过自身行动产生各种效应。由于他们使所有的事件都产生在与他们直接相关的环境中，他们有理由相信他们的行动将不断对所遇到的新情况至少施加一些作用。兰格（Langer, 1983）发现人们会被轻易地误导，相信他们甚至对完全由偶然事件决定的后果进行控制，如果行动中包含能提高成功机会的要素。例如，如果给个体一个选择机会或允许他们积极参加和实践一个偶然性的工作，虽然这对会发生什么毫无影响，但会产生认知上的心向，在这一心向中，执行这些技能程序将会对偶然性后果产生某种程度的控制。很显然，人们可以通过自己的行动感受到自信，他们对可能发生的事件施加一定的影响。然而，如果他们相信自己对发生的事件没有实施影响，他们就不会将情境看作是包含个人动因的。

总之，在三成分的评定体系中，当要求人们判断自己对生活事件的控制力，但不提及各种手段时，他们无疑会提供在能进行直接控制的情境中自己的手段，在不得不依赖中介物才能获得想要的东西时，激活代理性控制，或者在对动因的幻想中进行操作。他们必须将动因与手段结合；否则，控制信念会产生这样的如意算盘，好事情会在没有任何原因性影响的作用下发生。

在预测力的检验中，动因信念预测了儿童的学业成绩，而控制信念和手段—目的信念与成绩很少或没有关系（Chapman, Skinner & Balts, 1990; Little, Lopez, Oettingen & Bales, 1995）。动因信念与成绩之间的关系强度随年龄提高而增大。这些研究发现与其他证据相一致，共同支持这样的结论——效能信念的预测作用大于后果期待。如果个体对他们能在充满困难的情境中发展出所需要的手段或熟练地使用这些手段充满怀疑，那么，特定类型手段的有效性信念不驱使人去获取成功。同样，个体不会在自己没有任何努力或智谋时单纯因为看到良好的事态而驱动自己趋向成功。

29　威茨和凯默伦（Weisz & Cameron，1985）通常将控制过程分解为两个成分：能力知觉和行动—后果期待。他们研究了控制的概念如何由这两个信念系统的联合作用而发生变化。年幼儿童在区分由偶然事件所决定的后果和由个人控制所带来的后果时存在困难。当他们获得了关于因果关系的知识时，他们会不断认识到行动可能而不是一定影响后果，因为后果常常是随时间、地点和环境而不断改变的交互作用性因素的产物。随着自我知识和推断能力的发展，儿童在分析与机遇事件相反的动机和技能而非在多大程度上影响对后果的控制能力上越来越好。在对自己能力的判断上，随着自己的成熟，儿童从夸大自己的能力感变为对自己的能力具有比较合理的看法。

对儿童判断自己能力的正确性的发展倾向进行解释时需要谨慎。研究常常会混淆两个因素的影响：能力的自我评价和任务要求的知识。能力知觉会胜过实际的成绩，原因有三：儿童由于会高估能力因而表现出过高的成绩期待，他们能正确判断自己的能力但低估任务要求，或者他们怀有两种错误判断；随着儿童不断成长，他们越来越熟悉任务要求的水平和任务所需要技能的类型以及关于自身能力的知识；随着时间推移，他们会越来越现实，因为他们更清楚地理解环境的复杂性，而不是因为他们失去了万能感。这也是我们后面要详细讨论的部分。

初级控制和次级控制

人们会使用效能去适应或改变环境。一些理论家将改变现实条件的努力作为初级控制，而将对现实的适应作为次级控制（Rothbaum，Weisz & Snyder，1982）。次级控制包括两个方面：适应当前现实和改善现实带来的烦恼。对个人适应和社会改变进行区分是十分有必要的，但两者不是相互排斥的。也不应该赋予它们不同的固有地位，正如初级和次级的术语似乎暗含的意义一样。在双重观点中，人们首先尝试改变环境；当他们的努力失败了，他们放弃并使自己进行适应。威茨（Weisz）和他的同事将这一概念上的区分与皮亚杰（Piaget，1970）的认知发展理论——其中的认知不和谐是通过同化和顺应来解决的——相比拟。在同化过程中，人们按照适合他们头脑中已存在的信念解释现实；在顺应过程中，他们改变原有的信念以符合现实环境。在双重概念图式中，控制的不同形式被赋予不同的价值和情绪结果。在初级控制中，人们可能会体验成功的满足感；在次级控制中，他们尝试充分利用不可改变的现实并减少挫败带来的消极情绪影响。

对初级和次级控制的传统区分并不是不存在问题。对于适应性控制的描述是很刻板、局限的，适应和社会改变的情绪后果没有完全表达出来，同时皮亚杰式的类比也是不合适的。在皮亚杰的认知适应的两种形式中，人们尝试通过重新解释现实或改变自己的观点使自己适应于所知觉到的不一致的现实。在这两个过程中个体都没有改变生理或社会环境本身。相反，在运用所谓的初级控制时，人们实际上改变了环境的特征而不仅仅是区别性地看待环境。在内在的精神变化与社会变化之间存在着大量的差异。

适应不一定是从属性地默认，也不一定是环境的巨大变化。次级控制的概念将对现实的适应描述为战胜失败的默认性适应。但默认只是对现实适应的一种形式。实现生活追求的角色和任务要求的许多努力代表对社会系统适应，这些努力是由抱负所激发的，并通过能力的提高和圆满完成工作的满足得到奖励。为自我发展服务的适应不是安慰性的退却策略。适应和环境改变都需要获得成功所需的技能和自我调节效能。如果一个人已经拥有完成环境系统要求的能力，适应主要是运用能力的过程。然而，如果一个人缺乏必要的知识和能力，当完成新职业要求时，适应是一个自我发展的长期、复杂的过程。对现实的有效适应需要对现实的要求进行控制而不是放弃控制。例如，航空飞行员在适应了固定的角色、路线和时间表后，必须谨慎地进行控制。因此，需要掌握新能力的适应加强了自我发展，角色的成功扮演提供了个人成就感。事实上，一个人的兴趣与技能和某一职业中那些最高成就者越接近，他或她对所选职业的满意度越高（Holland，1985）。正如适应不局限在不愉快的默许一样，环境改变并不总是令人满意的成功。结局的错误预见所产生的变化会比要纠正的变化产生更多的问题和困扰。甚至是有益的社会变化也不是不存在问题的。

30

我们能够区分对现实要求的控制和对现实的情绪影响的控制。但这是被控制的是什么的不同，而不是在个人适应和社会改变之间的差异。变革社会的努力要求较高的自我效能感用以调控受干扰的情绪，因为改变环境特征的道路常常受到制度的阻碍，来自既得利益集团的社会极度抵制甚至是压制性的威胁和惩罚。一般来说，相对于适应当前环境的人来说，那些试图改变未来现实条件的人不得不驾驭更为严重的个人烦恼——这是由对他们的变革努力的社会反应所引起的。社会变革者在面对障碍和社会抵制时必须努力克服挫折感、忧虑、不确定性、自我怀疑和失望。改造者不是仅仅偶尔有些失望地平静改变环境，适应者也不是不断地平定自己的苦恼以适应周围环境。进一步使问题复杂化的是，人们必须共同协作才能完成大多数的社会变革，而不是试图通过个人力量来实现它。社会变革中的尝试所带来的最终后果是高度不确定的，因而不必经历很多的困苦就可以使人们相信进一步努力是徒劳的。虽然个人适应和社会变革包括许多共同的过程，但改变已经形成的环境需要另一些形式的个人效能。

次级控制中所包含的许多问题与对个人思想进行影响有关，通过这种影响可以减少对被认为非常难以改变的生活情境的厌恶。改善应激的认知策略有各种形式(Pearlin & Schooler, 1978)。其中包括减少抱负、降低期望、通过寻找积极因素利用现实条件、将自己的困境与他人的情况相比较、将当前的生活环境看作是在过去基础上获得了改善或者作为美好未来的前兆、重新组织优先考虑的问题、或对未来生活保持乐观的信念。对烦恼情绪的自我调节不局限在对惨淡现实的积极重新评价或逃避现实的权宜之计。生活是多侧面的,甚至在最困难的条件下,生活中的某些方面也是可以进行个人控制的。对能给一个人的生活产生影响的事件进行行为控制是调节情绪状态的有效方法。有价值变革的成功带来满足感,一个人可控制的问题的减少会带来应激和失望的减轻。关注生活中的可控制的方面使不可控制的事件变得较可忍耐。

31

个体与社会环境之间是交互决定的而非相互独立的(Bandura, 1986a)。他们相互形成。人的行为产生了不同水平的交互作用和力量的平衡。如果人们默许了环境的支配作用,他们就会放弃权力的力量从而使制度性环境更加强有力。沉默即同意。在艾德默德·伯克(Edmund Burke)的理论看来,暴君成功所必需的只是要人民无所事事。因为适应包括两方面的影响,而不仅仅是对自主环境的个人适应,所以甚至在默许时人群也在改变环境,虽然他们显然没有意图这样做。再者,绝对不会有两个人以完全相同的方式对同一客观环境进行适应,他们可能会勉强地、冷淡地、愉快地或迫切地适应。不同的适应风格产生不同的环境。

简言之,人类的机能作用不能简单地区分为改变环境或改变自身,个人变化也不必然是社会变革失败后的退却。不能只是把人们分成适应者或变革者两种,因为环境是多层面的而不是统一的总体。人们在寻求改变环境的过程中,努力适应他们喜欢的方面,同时尝试着改变他们不期望出现的方面。在对社会变化进行影响时,人们必须通过发展信念和技能改变自己,并且驾驭由与他们的努力相对抗所产生的厌恶性情绪效应。因此,人类适应和变革可以用不同应对策略的动力性的相互影响来更好地进行解释,这比用把策略分成不同类型并将类型与特定的适应后果联系起来好得多。这种类别性研究的产物是各种类型学的分类,并对哪一个是最佳进行的争论。我们将在分析问题指向应对与情绪指向应对的区别时再次讨论这一问题。

个人主义和集体主义社会系统中的自我效能

人们生活在各自的社会文化环境中,这些社会环境具有不同的共享价值、社会实践和机会结构。个人主义取向的文化崇尚自我进取、追求自我利益,而集体主义取向的人将群体利益和共有的责任放在高于自我利益的位置上(Triandis, 1995)。然而,这种笼统的分类掩盖了多样性和可变性。二元文化比较,将单一的集体主义文化与单纯的个体主义文化进行比较，会产生许多误导性的概括。首先，文化二分法依据有问题的一致性假设。虽然集体主义制度，如在儒家文化和佛教的基础上建立起来的东亚社会赞成公有的道德规范，但他们在特定的价值观、内涵和风俗上彼此有显著差别（Kim，Triandis，Kăğitcibasi，Choi & Yoon，1994）。所谓的个体主义文化同样也不是统一的模式。美国、意大利、德国和英国的个人主义有不同的特点。甚至在一个个人主义取向的文化中，如在美国，新英格兰式的个人主义与加利福尼亚式的或南部区域的个人主义又有所不同。除了在同一类别中的文化内和文化间存在多样性外，甚至同一民族文化中的各个成员也会根据社会环境采用不同的取向。因而，如集体主义取向社会中的成员在同一群体内是高度共同的，而与群体外成员在一起则不是这样。但是在制裁不遵守交通规则的骑车人的时候，人们变得与个人主义文化中的人们一样与旁观者具有共同性（Yamagisshi，1988）。因此，人们是条件性地而不是不变地表现他们的文化取向。行为方式的文化内和情境性变异都强调需要详细说明文化影响发挥作用的机制。文化取向在探索效能信念如何在相互独立与相互依存的社会系统中调节人的机能上应被看作是多侧面的动力性影响。在任何社会中，人们既不是完全自主也不是完全相互依赖地生活。他们独立地做许多事但也必须协同工作以得到期待的结果。相互依赖并不能抹去一个人自我的作用。自我概念体现了个人和集体两个方面，虽然他们强调的重点会随着人们生长的文化类型而改变。效能信念具有相似的多侧面特性。

32

一些作者认为在心理学理论中凡是涉及到“自我”就是具有致命的个人主义的偏向，就是与集体主义相对立。在这种有偏见的观点中，个人控制的运用被看作是自我纵容的表现。例如，谢里格曼（Seligman，1990）第一个将这一所谓的自我中心特征称为“加州自我”。就事实而论，个人效能可以服务于不同的目的，许多自我效能使自我利益服从于他人的利益。甘地提供了一个运用个人效能而做出自我牺牲的显著例子，他通过不停的非暴力抵抗战胜了暴虐的规则并通过对生命产生威胁的绝食来迫使统治阶级让步。他是禁欲主义者，不会自我放纵。如果不具有有弹性的自我感，人们在通过群体努力提高群体生活的尝试中很容易会被苦难所压倒。

由于效能信念包含自我指向过程，自我效能有时会被不适合地完全等同于个人主义（Schooler，1990）。但是高个人效能感对群体指向和对自我指向来说同样重要。在集体主义取向的制度中，人们协同工作生产出所需求的利益。群体追求同个人追求一样需要个人效能。同样，在集体主义社会中，相互依存地工作的人与个体主义社会中的个体一样期待在他们所做的特定工作中是高效能的。个人效能是重要的，并不是因为崇敬个人主义，而是因为无论人们是通过个人努力而成功还是由于群体成员使他们的个人能力得到最大限度的发挥，高个人效能感对成功地适应和改变都至关重要。对群体的忠诚使人们产生很强的个人责任感，尽可能有效地完成群体追求中自己的工作。群体中的成员会因为对群体成就所作的个人贡献而受到尊重。效能信念是以复杂的、多层面的方式起作用的，然而文化追求是由社会所组织的。在过分简单化的跨文化比较过程中，复杂性和敏感性常常会丧失掉。

群体成就和社会变革植根于自我效能。厄利（Earley，1993，1994）的研究证明了效能信念功能价值的文化普遍性。普遍性并不意味着与文化无关。在所有文化中，对一个人的能力能产生期望效果的信念都会导致成功。但文化价值和实践影响效能信念如何发展、设定什么目标和在特定文化环境中如何更好地发挥作用的方式。因此，在跨文化的分析中，效能信念对无论是集体主义还是个人主义文化中的个体生产能力都起作用。当人们自己能处理事物时，个人主义者最有效和多产，而在人们共同工作时，集体主义者更有效一些。然而集体主义者倾向于对外人谨慎，而且因此不总是群体定向的。事实上，集体主义者在种族混合的群体中具有低效能感，并且行为表现不佳。

个人主义和集体主义取向对行为表现的影响主要通过个人效能信念、群体效能信念和他们的动机性影响发挥作用。对这一问题的争论常忽略文化内的重要差异，这种差异常常至少与文化间的差异同样有趣。效能信念对于个人主义社会中的集体主义者和集体主义社会中的个人主义者有调节作用，而无论这种取向是在文化水平还是在个体水平进行分析。厄利的有启发意义的研究暴露了认为效能信念是西方个人主义特有的简单化的观点。当个人和群体效能知觉的影响作用没有考虑进去时，社会结构化的方式则不能很好地说明它的成员如何活动。

33

效能信念的适应机能的跨文化普遍性在情绪状态、动机和行动上都很明显。低应对效能感在集体主义文化中与在个人主义文化中一样会导致工作退化和应激（Matsui & Onglatco，1992）。受自我怀疑折磨的人不会成为社会改革者或鼓舞人的良师益友、领导和社会革新家。因为社会改革者遇到相当多的抵制和报复性的威胁，他们必须具有坚定的信念，相信他们有能力通过集体的努力使社会发生变革。如果他们不相信自己，他们就不可能使他人相信他们能成功地面对和改变那些对生活产生有害影响的条件。对群体或社会系统中的其他成员而言，这同样是正确的。顽固的自我怀疑者不易组织成集体的效能力量。的确，如果一个集体主义社会，其成员对自身能力持完全的自我怀疑态度，而且他们对塑造未来的任何努力都没有期望，这样的社会会是一个阴沉的存在。

使能和道德化

有些作家表达出一种矛盾的观点，认为人们因为害怕他们会因自己的问题受到责备而对生活作出原因性的贡献（Myers，1990）。当然，受害是一个很普遍的社会现象，有必要对其进行关注。然而，承认人类效能会导致受害的信念根据的是增添一些道德色彩的因果过程的简单观点。自我效能关注人类使能(enablement)而不是道德判断。如果人们怀有自我阻碍的信念，这并不意味着问题就完全出在个体身上，解决办法只能依赖于个人改变。

人类行为是由人与环境影响的交互作用多维决定的。人们对自己的生活施加原因性作用，但他们不是命运的唯一原因。其他的大量影响——社会的、地理的和制度的——也对生活过程发生作用。人的生活道路由多重影响所决定。在多重因果关系中，人们能通过在他们具有一些控制能力的领域产生影响改善生活。人们对影响其生活的可改变条件施加的影响越多，他们对自己的将来的作用就越大。反对承认行为是由个人和社会影响的动力性相互作用协同决定的观念是自我挫败式的。

人们为使自己生活得更好，不仅可以通过自我发展，而且可以通过联合起来改变不利的制度条件。如果社会系统的实践阻碍或破坏了社会某些部门的个人发展，那么大部分的解决办法是通过运用集体效能改变社会系统的不良实践。人们为了塑造自己的社会未来，必须相信自己有能力完成重要的社会变革，虽然变革很少是轻而易举的。用约翰·加德纳(John Gardner)的话来讲，“使事情在社会上解决不是简短的游戏”。无论努力是指向个人还是社会的改良，自我效能理论的主要信息是为人提供条件而不是个人责备。个人和社会变革是互补的而不是相互竞争性的，目的是提高生活的质量。因为社会变革是一个缓慢的、曲折的过程，人们不能停止对生活中可以改变事件的控制，直到社会变革最终实现。否认人们对自己生活道路具有因果作用的观点使人感到沮丧，因为它认为人们没有能力对生活中的个人改变施加影响。这是对冷漠和失望的保护性处方。

社会认知理论中的自我效能成分

34

区分社会认知理论和这一理论中的自我效能成分非常重要。自我效能与理论中的其他决定因素一起共同调控人的思想、动机和行为。社会认知理论提供了一个多层面的因果关系结构，它关心能力的发展和行为调节两方面(Bandura，1986a)。决定因素和中介机制的不同种类在这里只是简要地概括，因为在后面的章节中要详细讨论。表现有效行动的规则和策略的知识结构是建构复杂行为方式的认知指导。这些知识结构是从观察学习、探索活动、言语指导和已习得知识的革新性认知综合的结果中形成的。知识结构通过转换和产生性操作变成熟练的行动。认知模式可以作为产生熟练行动的指导，也可作为在发展行为熟练性过程中进行纠正性调整的内在标准。人们必须面对的情境很少是完全相同的。执行一种技能必须随着环境的变化而改变并为不同的目的服务。因而适应性功能需要产生性理解以使个体能以各种不同方式而不是以刻板的固定的方式执行技能。

认知指导在技能发展的早期和中期具有特别的影响作用。知识结构详细说明了适当的亚技能如何被选择、综合并按顺序排列使之适应特定的目的。经过不断地实践，技能得到整合并能轻易执行。人类行动是由控制的多水平系统调节的。一旦熟练的行为方式变得程序化，他们就不再需要更高水平的认知控制。在处理重复发生的任务要求时他们的行为大部分由较低水平的感觉运动系统进行调节，除非出现一些错误。实际上，在行为达到熟练之后，注意于行为的构成有可能干扰熟练的行动。

思维从熟练行动中部分分离出来具有相当大的功能价值。在重复发生的情境中执行每一熟练行动之前，思考其细节会消耗掉一个人大部分宝贵的注意和认知资源，同时使人的内心活动变得单调厌烦。在人们发展出处理按规律出现的情境的适当方法后，他们能在不需要连续的指向性思维或反省思维条件下按照效能知觉行事。举一个常见的例子，在人们正在形成驾驶技能时，他们依赖效能知觉来选择进入什么样的交通状况。但在他们已经将驾驶技能形成惯例后，如果他们每次在常经过的路线上开车时还要重新评价自己的驾驶效能，这将对认知资源造成相当大的浪费。这并不意味着效能信念对技能发展很重要，而在技能形成后就不太重要了。正相反，只要人们一直相信他们有能力执行某一行为，他们就习惯性地按照信念行事，而不必回忆信念本身；如果他们不再相信自己的能力，他们的行为会变得很不相同。如果任务要求或情境性环境发生了显著的改变，个人效能在已改变了的条件下会被迅速重新评价并作为行动的引导。

当已习得的技能是最理想的并在各种环境中都保持为最适宜的，惯例化就很有帮助。然而当人们对需要差别性运用适应能力的情境以固定的方式作出反应时，惯例化会损坏个人能力的运用。当人们在对效能的自我怀疑基础上解决低水平问题，而且不再重新评价自己的能力或提高对自己的评价时，按惯例办事也有自我限制的作用。

35

当惯例行为重复地不能产生所期待的后果时，认知控制系统将重新发挥作用。人们会对行为和不断变化的环境条件进行监控以确认问题的来源。新的方法被思考和检验。当发现了新的方式并成为习惯性的方式后，控制系统的控制又降低。

社会认知理论包括大量因素，这些因素可以作为已建立的认知、社会与行为技能的调节者和动力。这些因素通过预先思考的期待机制进行操作。对于所期待的未来的工具性思考有助于促进可能导致其现实的那些行为类型。预先思考以各种不同的方式体现出来。关于如果特定事件出现时可能发生什么情况的预期性知识会促使计划性和前瞻性适应的形成。而对行动进程中的可能后果进行展望的能力是对人类动机和适应作出贡献的期待性机制的另一表现形式。这些后果期待可能以行为所产生的外在后果的形式，或者以所观察到的发生在他人身上的代价和收益中的替代性后果的形式，还可能以对自身行为的自我评价反应的形式存在。这些不同种类的后果协同影响人类行动的进程。植根于价值体系中的目的和内在标准的认识，进一步产生自我激励并通过自我调节引导行动。

因为自我效能知觉对其他决定因素产生作用，因此，它在社会认知理论中占有重要地位。通过影响行为的选择和动机水平，个人效能信念对作为技能基础的知识结构获得具有重要作用。确定的效能感支持有效的分析性思维，使人能从许多因素共同作用导致某一结果的因果不明确的复杂环境中找到预期性知识。个人效能信念也通过塑造抱负和对某个人的努力进行后果期待的方式调节动机。能力与对它的执行几乎是一样的。个体对对待和处理困难任务的自我确信决定他们是否能很好地利用他们的能力。隐含的自我怀疑会轻易地对绝大部分技能产生影响。虽然本书集中于个人效能信念，但这些信念是在一个多重因果联系的大系统中运行的。下一章着重讨论效能信念的基本特征及其在因果性结构中所起到有影响的作用。

/第二章/

自我效能的性质与结构

人的能力发展与表现采取不同的形式，不同功能领域需要不同的知识与技能。人不是万能的，掌握人类活动的各个领域需要大量时间、资源和努力。因此，人们培养效能的领域甚至在某一活动内效能发展的水平都是不同的。人们习得的能力之特定模式是上天赋予、社会文化经验和改变能力发展轨迹的各种偶然环境的综合产物（Bandura，1986a）。自我认识结构就是在这些不同构成因素影响下形成的。

自我效能的理论承认人与人的能力不同，因此，它把效能信念系统视为与不同功能作用领域相联系的一组有区别的自我信念，而不是笼统的特质。而且，效能信念在活动领域内的各种表现系统是不同的。以歌剧明星为例，他们对声音、情感、剧本等方面有着不同的效能知觉，并把这些效能融入戏剧表演。效能信念不仅与行为控制有关，还与思维过程、动机以及情感和生理状态的自我调节有关。本章分析效能信念的性质与结构以及它们对人类幸福和成就的作用。

自我效能知觉是一种生成能力

人的有效功能不仅仅是知道做什么和被激发去做什么。效能也不是在个人行为中有或没有的一种固定能力，就像是只知道一堆单词和句子，不能被视作为有语言效能一样。应该说，效能是一种生成能力，它综合认知、社会、情绪及行为方面的亚技能，并能把它们组织起来，有效地、综合地运用于多样目的。拥有亚技能和能把它们综合运用于适当的行为中并在逆境中加以实现有显著不同。人们常常不能把事情做得最好，即使在他们完全明白做什么并有必须的技能去做的时候(Schwartz & Gottman, 1976)。自我指向思维能激发认知、动机和情感过程，这些进程支配着从认知和能力到熟练活动的转化。简言之，自我效能知觉不是和你所具有的技能多少有关，而是与你相信在各种不同情况下能做什么有关。

效能信念在人类能力的生成系统中是一个很重要的因素。因此，有相同技能的人或是同一个人在不同环境之下，可能表现得很差，也可能表现得一般或优秀。这取决于他们个人效能信念的起伏。柯林斯(Collins, 1982)对孩子解决问题的水平做了研究，这些孩子的数学能力有三种水平，每一水平儿童数学自我效能感有高有低。能力对成绩起作用，但在每个水平中，那些认为自己有解决问题能力的孩子比起那些认为自己没有能力的孩子较为成功。自我怀疑很容易使技能得不到展示，以至于那些有天资的人在不信其能力的情况下无法发挥出他们的才能(Bardura & Jourden, 1991; Wood & Bandura, 1989a)。同理，弹性的效能感使人能在许多障碍面前超水平地运用他们的技能(White, 1982)。正如许多研究揭示的那样，自我效能知觉在任务完成中起着很大的作用，无论个人的技能如何。

有效的功能作用既需要技能，也需要很好地运用技能的自我信念。这需要多种亚技能的临场发挥以处理多变的环境，这些环境大多模糊、不可预料且令人紧张。先存技能常常要以新的方式结合起来以适应变化环境的需求。即便是日常生活也很少每次都相同，处理环境的起始与调节也由此在一定程度上取决于对操作能力的评价——人们相信在一定环境与任务下能做到什么。自我效能知觉并非一个人对其所具能力的评价，而是他在不同环境下，对其所能做的事的一种信念，不管他有什么样的技能。

有些作者把个人效能误认为对全部行为中运动动作的判断，或是可以脱离环境的能力知觉(Eastman & Marzillier, 1984; Kirsch, 1995)。他们把基本的运动动作与其复杂的适应活动分离开来，然后推断，因为每个人在他们全部行为中都有运动动作，所以个人效能就没有什么不同。例如，把防止自己患上性病的效能知觉归结为戴上安全套的孤立动作。但实际上，它涉及自我调节的效能知觉以克服使用安全套的众多人际障碍。它包括当陶醉于服用药物时，或被对方强烈吸引时，或当没有安全套却正激情上扬时，协商使用安全套和抵制来自对方无防范的性行为压力的能力知觉，假如所有其他方法都无用，就只有进行控制，拒绝同不使用安全套的性伴侣发生无防范的性行为。在上述个人效能概念中，那个炽热的器官与决定其是否被套上安全套的人际动力基本上是分离的。这是自我效能理论所不认同的非常空虚的能力知觉概念(Bandura, 1995a)。

另一个例子，在对人们驾驶效能信念的测量中，并不要求判断他们是否会发动汽车、换挡、使用方向盘、加速、停车、按喇叭、识路标、改换车道，而是要他们判断在不同挑战水平的交通条件下驾驶汽车的效能知觉。驾驶亚技能并不重要，重要的是在拥挤的城市交通中左右有并行的车辆或在狭窄弯曲的山路中，有驾驶汽车的生成能力。在车辆众多、快速变化的交通环境中驾驶需要高度熟练的协调能力、敏锐的警觉、对交通标志的预先判断和闪电般的决定能力。脱离情境的亚技能效能知觉会误导对操作能力知觉的测量。把效能知觉视作各种组成技能的总和或能力的固定特性，对此已有过批评，这里不再评述（Bandura，1984，1995a，b）。

行为所必需的亚技能对操作效能的评价有影响，但不能取代它。蒙纳（Mone，1994）报告了他在这方面的研究发现。他比较了学生在学术性课程中达到不同成绩水平的效能信念和执行各种认知亚功能，如在课堂上认真听讲、记忆和理解材料、记笔记等的效能信念的相对预测性。亚功能效能信念独立于过去成绩对学业成就的效能信念起作用。然而成就效能比亚功能效能更好地预测学业志向和成绩的水平和变化。这是因为产生不同成绩水平的效能知觉可能包括通常的亚功能的效能和其他亚功能的效能。成就效能的判断不仅内容更为广泛，而且可能包括那些个体特有的、但未被评价者发觉的实施控制的某些方式。自我调节效能信念——决定亚技能利用、融合和持续的程度——也对控制行为成就的效能信念起重要作用。

另一些作者误以为行为成绩是这些成绩产生的结果（Devins & Edwards，1988；Rooney & Osipow，1992）。不是测量不同成绩水平的自我效能知觉，他们把一定的活动分成组成它的各个亚技能，并测量人们完成这些分离的亚技能的效能感。如前面例子所阐明的那样，亚技能的效能可能高，而在复杂环境中综合运用它们的效能信念却很低。关于把亚技能运用于实践的信念随这些亚技能能有助于什么活动不同而变化，因此，同样技能的个人效能信念可能在运用于技术目的时要比运用于非技术目的时低（Matsui & Tsukamoto，1991）。研究者们最好还是遵循整体比部分的总合大这一格言。这种评论不应被误认为是要求进行模糊的整体测评。问题在于能力是否能分割并与情境脱离。效能信念的细微测量把操作能力和特定功能领域的挑战水平联系了起来。

行为的积极产生者和消极预言者

自我效能信念并非像一些作者暗示的那样是未来成绩的无作用的预测者。例如，行为主义教条的忠实拥护者把思想视作仅仅是条件反应的残余，并不能影响人的动机和行为。在这样一种无主体的观点中，自我信念只是作为以某种非特定方式实现的未来行为的预言者而寄居于有机体中。能预测未来行为但不能使行为产生的有机体，将完全受环境力量的支配。排除任何个人原因去抑制心理学的探索，没有比这更肤浅了。行为不只是发生在我们身上，我们做很多事使其发生。人们对自己的行动发挥作用，而不仅仅是预测自己的行动。在从事活动和经历活动之间有很大的差别。

在本章的后面部分，我会列出许多证据，表明效能信念影响思维过程、动机水平和持续性以及情感状态，以上这些都对所实现的各种行为起重要作用。那些怀疑在特殊活动领域具有能力的人会回避这些领域中的困难任务。他们很难激励自己，遇到障碍就松懈斗志或很快放弃。他们的抱负很低，对自己选定的目标并不是很投入。在艰难的环境下，他们停留于自己的不足和任务的严峻以及失败的负面后果。如此忧人的想法会因把注意从如何使活动完成得最好转移到关注个人的缺陷和可能的灾难而进一步削弱其意志与分析性思维。在遭遇失败或挫折后，他们的效能感恢复得很慢。因为他们易于把未完成目标归咎于能力缺陷，所以并不需太多失败，他们就会失去对自己能力的信念。他们很易深受紧张和抑郁之害。

相反，弹性的效能感通过许多方式加强相关领域中的社会认知功能。具有很强能力信念的人视困难为要加以战胜的挑战，并非视其为威胁而避开它。这样一种坚定的方向使他们对活动产生兴趣并完全投入活动。他们为自己设定挑战性目标，并对此负有强烈的责任。他们全力以赴，在失败或挫折面前提高自身努力程度。面对困难他们仍以任务为中心，想方设法，克服困难，他们把失败归因于努力不够，这支持着他们向成功的方向前进。在遭遇失败或挫折之后，他们很快能恢复效能感。他们抱着能控制压力源或威胁的信心去对待压力源或威胁。如此自信的观点促进了行为的完成，并减少了压力和消沉的倾向。这些发现为个人效能信念是人类成就的主动作用者，而不仅是无作用的预言者这样的观点提供了有力的支持。是人们使事情发生而不是被动地看着自己经历行为发生。

对个人因果作用的自我效能观点

企图发现个人决定因素如何对心理社会功能起作用的努力一般依靠旨在为各种目的服务的个人特性的综合测验。量表中的项目因省略了关于人们所处理的情境的信息而与情境分离了。例如，侵犯形式、对手是谁、激怒类型和水平、社会场合和其他环境条件都能强烈地影响一个人的侵犯倾向，但只要求人们判断在没有提及这些因素的真空情境中他们的侵犯性如何。这样的综合测量包含了一套固定的项目，其中许多可能和感兴趣的功能领域没有什么关系。而且，为了要得到一个全面性的度量，项目通常采用一般的形式，需要回答者猜测未指明的特殊情境可能是什么。项目越是笼统，回答者思考他们的问题是什么的负担越重。例如，考虑一下广泛使用的人格测验控制点量表中的一个项目（Rotter，1966）："平民能影响政府决定。"什么是平民？对由于政见不同、玩世不恭或处于特权地位而脱离平民身份的回答者来说，这个项目测量的是他们对一般平民会相信什么的认识，而不是他们个人能行使多少控制的信念。这个项目还没有确定哪一级水平的政府是影响的对象，是城市、州，还是联邦？各种政府系统在是否容易接受影响方面可以有很大的不同。还有，什么是影响？纠正不平，保证社区计划和服务的实施，法律的制定，还是现行法令的执行？是关于什么的决定？有些政府的决定很易受到影响，有的只对一致的社会压力作出反应，还有一些甚至在强烈的公众疾呼声中也拒绝改变。项目中每一个关键用语的不确定性在各人认为测量的是什么这一问题上有很大的模糊和变异。人们无疑对他们影响政府的能力有不同的信念，这取决于决定的性质和他们所对待的政府系统的种类和水平。笼统的测量既产生了关于评定什么的模糊性，也产生预测恰当性问题。在一个普遍适用的测验中大部分项目可能与特定领域无关。关于政府决定的可影响性方面的信念怎么会同人们在田径场上、在学业课程中、在抚养儿童问题上或者音乐会的舞台上的表现相似呢？

希望一般性的人格测验能够说明在不同的任务领域和不同环境条件下，个人因素对心理社会功能的作用是不现实的。学术领域中的效能信念是一个典型例子。一个自我效能的通用测验会这样表述：他们是否具有能使事情发生的一般信念，而不具体说明是什么事情。这样的测验最多只能微弱地预测在某一特定学术领域中，如数学的成就。一般学术领域的自我效能测验会比较具有解释性和预测性，但这样的测验仍有缺陷，因为科学、数学、语言、文学和艺术等亚领域在它们所需要的能力类型上有很大不同。适用于数学领域的自我效能测验能更好地预测对数学活动的选择、探索活动的强烈程度以及数学成就的水平。具体化的效能信念最具预测性，因为这种信念支配着人们从事什么活动和完成这些活动的情况。因此，在数学领域，人们依照它们的数学效能信念，而不是依照其写十四行诗或烤香奶酥饼的效能行事。

以为人们判断他们的一般能力的综合量表测量的是性格或特质，这是一个普遍的误解。对这种假定有很大争论。模糊的项目使得实际上被测的是什么也变得模糊。在作出一个笼统的判断时，回答者不仅必须权衡和平均自我指向的信息，而且要划定活动的范围，并想像出挑战的水平。他们所作判断的一般性程度会有很大的差异，这取决于他们所考虑到的活动范围和情境要求。为了说明问题，请考虑一下，对运动效能的笼统判断。如果要求径赛运动员一般地判断他们的运动效能，他们可能主要想到他们在有密切联系的运动项目中的能力，而不是各种不同运动领域中的能力，如推铅球或举重。同样，如果要体操运动员判断其总的运动技能，他们肯定不会产生滑雪橇或摔跤的意象。实施笼统测量的场合可能不经意地把某一个情境移植到非情境化的项目中去。因此，在学术情境中判断他们能力的一般信念最可能想到他们的学术技能，而非运动或做父母的技能。不确定的笼统度量的预测性取决于心理上产生的想像活动与所研究功能领域的重合程度。

真正的运动效能的特质测量应该评定明确指明的各种各样的体育活动，如短跑、高尔夫球、摔跤和滑雪中的能力知觉。各种不同体育活动之间的相互关系决定运动效能知觉的一般性水平。各个领域的分数提供了效能知觉的模式，不同领域的均数是整合性的总的指标。除了广泛的评定，特质论者还必须有共同的标准和有说服力的原理说明为产生一个特质，各种不同活动领域中需要有多大程度的共同性。完全的共同性？中等程度的共同性？各种不同领域的不同是否意味着人是无特质或无性格的？在含糊的项目中，要求通过心理上的平均，减少不同活动领域的变异，产生的是一个假冒的特质。于是就很少提出是什么构成特质这样的概念问题，更不用说回答了。在很大程度上，所谓特质或总体的人格倾向是众所周知的模糊评定的产物。

综合的特质测量可能具有实践价值，因为得到某些预测，虽然预测性很小，但总比纯粹的猜测强。但理解个人因素在因果结构中如何发挥作用需要对与一定的功能领域有密切关系的特定个人决定因素进行清晰的测量。令人遗憾的是综合性的人格测验在解释和预测人的功能作用中并没有取得巨大成功，如果人们能用一个简单且广泛适用的工具预测各种不同场合中，不同环境条件下一切种类的行为，那么测量个人决定因素的任务就会被大大简化。但生命是如此多姿，这样的途径是不能获得多少成功的。人类的能力在不同活动领域有不同的结构和表现，个人决定因素通用测验的方便要以低解释性和预测力为代价。

效能信念的多重性质提出了个人因果关系如何概念化以及如何测量这样一个更为广泛的问题。个人因素对人类功能的影响常常没有得到充分认识，因为人们常常从个别差异而非从个人决定因素角度来理解这个问题。这些概念之间的差别可以用这样一些例子加以说明，在这些例子中，某一个人因素为某些行为类型所必需，但它在不同个体中都发展到同样高的水平。其中，个人之间的差异可以忽略，因此，与行为表现没有关系，但事实上个人能力对成功的行为至关重要。例如，所有图书管理员都对如何阅读有很好的了解并在这方面没有差别，但具有阅读能力对执行图书管理员角色非常重要。个人决定因素作为因果结构中多方面的动力因素而不是作为人们具有的不同量的静止实体而起作用。

个人因果关系上的不同观点不仅仅反映语义称呼上的差异。个别差异观点来源于特质理论，而个人决定因素观点则基于动态的个人因素和人类适应及变化性质的功能关系模型。这些不同概念对测量和分析个人决定因素如何在因果结构中起作用的含义在本章其余部分会得到说明。

有时候会错误地假定控制知觉的人格素质产生效能信念。这些因素之间的任何联系很可能反映出各个名称的某些重叠而非效能信念的因果关系。实际上，多元分析表明，所谓素质量度，如控制知觉和乐观主义，其预测性大部分来自它们在效能信念上的冗余性。当控制效能信念的影响时，控制知觉、乐观主义和心理功能作用的关系基本上消失了。

一个与此相关的普遍误解是一般效能信念产生特殊效能信念。经验性证据对这种观点和对与其他总体人格素质可能存在联系的观点同样不利。个人效能的一般指标和有关特定活动领域的效能信念没有关系，与行为也没有关系（Earley & Lituchy，1991；Eden & Zuk，1995；McAule & Gill，1983；Pond & Hay，& 1989）。如果效能的一般指标包括与特殊化的效能信念内容的某些重叠，那么可能会有某种微弱的关系。但这更多是由于机遇而不是因果关系。当总体效能信念和行为表现有关时，证据表明特殊效能信念可解释这种关系（Martin & Gill，1991；Pajares & Johnson，1994）。当特殊效能信念去除时，总体信念就失去其预测性。

42

社会认知理论并不把“素质”构念转让给特质理论。显然，在某一领域具有了弹性效能感的个体具有这样的倾向：在这个领域中的行为不同于为自我怀疑所困扰的领域中的行为。效能信念的范型在不同个体身上不同。说人格素质促进效能信念是在说效能素质引起它自身。争论的问题不是人们是否有人格素质，而是这些素质如何概念化和操作化。在社会认知理论中，有效能的人格素质是动力性的、多方面的信念系统，在不同活动领域和不同情境要求下，选择性地发挥作用，而不是一个与情境无关的混杂物。效能信念范型式的个人特征代表某一个人效能的独特素质结构。

自我效能信念系统的多维性

自我效能理论沿着前面已指出的路线详细说明适当的测量模式。效能信念应该按照特殊的能力判断加以测量，这种能力判断在不同活动领域中、在某一活动领域内不同水平的任务要求下、在不同的情境条件下可能不同。个人效能不是由一个混合测验测试出来的一个无情境的总体素质。它是一个多方面的现象，在一个活动领域的高效能感不一定伴随着另一领域的高自我效能。因此，为取得解释力和预测力，个人效能的测量必须针对功能领域，必须表现出这些领域内任务要求的逐渐变化。这需要对所研究的活动领域有明确的定义，对它的不同方面、它所需要的能力类型和这些能力可以在其中应用的情境范围进行充分的概念分析。

自我效能量表的结构

效能信念在具有重要行为含义的几个维度上各不相同。首先，它有水平的不同，不同个体的个人效能知觉可能局限于某一特殊功能领域内的简单任务要求，可能扩大至中等困难要求，或者包括最艰巨的行为要求。某一个人能力知觉的范围是根据任务要求水平来测量的，这些任务要求的水平代表着对成功行为不同程度的挑战和阻碍。如果没有要克服的障碍，活动就易于完成，每一个人都一致对它具有高自我效能知觉。例如，在测量跳高效能时，运动员们判断他们能越过设置在不同高度的横竿的信念强度。可以使效能信念的评定更加精炼。通过把对行为施加挑战或阻碍的情境条件包括进来而加强其预测性。效能信念不是一个去情景化特征，情景条件对它产生影响。情境条件也不"决定"效能信念。继续跳高的例子，横竿不断升高的任务要求并不是效能信念的"决定者"。情境条件是行为要求，根据这种行为要求进行效能知觉的判断。

43

在形成效能量表时，研究者必须依靠概念分析和某一活动中为成功而必须的专门知识(Bandura，1995c)。用访谈、开放式调查和结构化问卷来补充这种信息以确定对成功执行所需活动进行的挑战水平和阻碍。根据其进行个人效能判断的挑战性质各不相同，这取决于活动的领域。挑战可按照新颖性、努力程度、精确性、生产性、威胁程度或所需的自我调节而分成等级，这只是行为要求的少数几个维度。许多功能领域主要关注引导和激励自己完成知道如何做的事情的自我调节效能。问题不在于一个人是否能偶然地做这些事，而是他是否有效能使自己在面对不同劝阻条件时一贯地完成这些事情，例如考虑一下坚持促进健康的日常锻炼的自我效能测量。个体判断他们能在各种不同的障碍条件下有规律地进行锻炼的程度，如在工作有压力、疲劳或抑郁时，在恶劣天气时，或者有其他承诺或有更有趣的事做时。在建构自我调节效能量表的初步调查时，要求人们描述使其难以有规则地完成所要求活动的因素。在正式量表中参加者判断他们克服各种障碍的能力，应该把足够的障碍和挑战编入效能项目以避免天花板效应。缺乏基本技能时，调节动机和学习活动的效能知觉为掌握所需技能提供了动机支持。

效能信念在普遍性上也有差异。人们可能判断自己在各种各样的活动领域中都有效，或者只在某一些功能领域中有效。普遍性可以在几个不同维度上表现出差别，包括活动相似性程度、能力表现的形式(行为、认知、情感)、情境的特征和行为指向的人的特征。

与活动领域及情境相联的评定可揭示人们效能信念普遍性的范型和程度。在效能信念网络内，有些效能信念比其他的重要。最基本的自我信念是人们用以组织自己生活的那些自我信念。

此外，效能信念在强度上各有差别，微弱的效能信念易被经验否定；而对自己能力具有坚强信念的人尽管有无数困难和障碍，也会坚持努力，他们不容易为不利条件压倒。自我效能知觉强度不一定与行为选择有线性关系（Bandura，1977）。自我确信的一定阈限是企图进行一个活动所必需的，但较高的自我效能的强度会产生同样的努力。个人效能感越强，坚持性就越强，所选活动成功完成的可能性越大。

在测量效能信念的标准方法中，向个体呈现描述各种不同水平任务要求的项目，他们评定自己执行这些活动的能力信念的强度。各个项目用“能做”而不是“要做”的词汇表达。“能”是对能力的判断，“要”是对意图的陈述。自我效能知觉是意图的主要决定因素，但这两个构念在概念和经验上是可分离的（Ajxen & Madden，1986；Arch，1992b；Devries & Backbier，1994；Dzewaltowski et al.，1990；Kok et al.，1991；Wulfery & Wan，1995）。效能信念既直接又通过影响意图而影响行为表现。效能信念就是意图的观点在概念上是前后矛盾的，在经验上是有争论的。

在标准方法中，个体在一个 100 点量表上报告他们信念的强度，每个间隔为 10，从 0（“不能做”），经中等程度的确信 50（“适度肯定能做”），到完全确信 100（“肯定能做”）。效能量表是单极的，从 0 到最强。它不包括负数因为没有比完全不能的判断（0）更低的等级了。有些研究者保留了同样的量表结构和描述，但使用从 0 到 10 单一的单位间隔。只有少数几个步子的量表应该避免，因为它敏感性和可靠性较差（Streiner & Norman，1989）。包括太少步子会丧失分化信息，因为如果包括中间步子，使用相同的反应类别的人会得到区分。

44

开始的指导语应该建立适当的判断定向。要求人们判断他们现在的操作能力，不是潜能或期望将来的能力，在自我调节效能情况下，人们判断对他们能在整个指定的时期按时完成活动的确信程度。例如，已复原的酗酒者判断他们在指定的时间间隔中戒酒的能力知觉。实际活动的项目，如举起不断增加重量的各个物体，有助于使反应者熟悉判断效能信念强度的量表，并显示出关于如何使用量表的误解。

可以用两种形式测量自我效能强度。在双重判断形式中，个体首先判断自己是否能完成某一活动。对他们判断为能的任务，然后用效能强度量表评定他们效能知觉的强度。在单一判断形式中，他们仅评定一个活动领域中每一个项目从 0 到 100 或从 0 到 10 的效能知觉强度。单一判断形式基本上能提供同样的信息，且使用起来比较容易、方便。效能强度分数加起来除以项目总数，表示该活动领域自我效能知觉的强度。效能水平的测量可以通过选择一个临界值推断出来，低于这个值人们会判断自己不能完成这个活动。

效能量表的结构随某一功能领域中能力形式和能力分等的不同而不同。有些量表整个都排序，如当教师评定他们使学生掌握特定学科内容的效能知觉时，各个项目表示掌握百分比的不断增加。其他有些量表在较低部分排序但在量表的上面区域不排。例如，测量恐惧蛇的应对效能知觉时，接近、能摸和拿着一条蛇是排定等级的，但在一个人能抚弄这个爬虫后，再高水平的活动就不再有固有的次序了。还有一些量表包括一组异质活动，它们没有一定的次序。在测量酗酒者抵制喝酒渴望的效能知觉时，各效能项目代表各种各样刺激喝酒的情境和情绪因素。这些情境对各个个体自我调节能力要求的程度各不相同，对一个人来说是可以调控的，另一个人可能就不能控制。

正如已经指出的那样，自我效能量表应该测量人们对我们所研究的心理领域内完成各种不同水平的任务要求之能力的信念。许多任务要求可确定人们能力信念的上限和低于此上限的自我效能知觉强度的逐渐变化。有些研究者依靠评定单一水平任务要求的一个项目的测量。这种测量不仅只得到范围有限的分数，而且往往不能区分事实上个人效能信念不同的个体。例如，一个项目的测量不能区分这样两个个体，他们同样判断自己不能实现一个困难的任务要求，但他们对较低要求的效能知觉是不同的。与此类似，表示相对较易的任务要求的单一项目，不能区分判断自己完全有效能完成这个任务，但在完成较难任务的自我效能知觉上有差异的两个个体。缩减的分布会降低相关的大小。在一个效能测量的比较中，李和鲍柯(Lee & Bobko，1994)发现一个项目的效能测量不仅与实现各种等级任务要求的效能复合性测量只有微弱的相关，而且预测价值也较低。　45

自我效能评定的精确性和全面性上的差别在关于记忆效能信念对记忆成绩的影响的研究中得到了很好的说明(Bandura，1989a)。在单一项目的测量中，只要求人们判断他们对中等或高难度记忆任务的效能或者判断他们相信自己能回忆多少材料。与这种测量不同，贝利、威斯特和戴尼黑(Berry，West & Dennehey，1989)设计过一些很符合自我效能理论和方法论指导原则的多维自我效能量表。各种自我量表旨在用于各种不同的记忆类型。它们的相互关系证实这组量表表现了一个共同领域，但涉及记忆的不同方面。这些量表测量的是对不同等级记忆要求的自我效能强度而不只是是否能完成某一水平记忆活动的范畴式判断。它们高度可信，并可解释记忆成绩中相当部分的变异。这种量表形式可容易地扩展到用于其他类型的记忆。

效能信念并没有人格特质所具有的一些重要特征。这就提出了关于某些以特质为基础的评价自我效能的心理测量程序的合适性问题。考虑一下由时间的不变性所估计的信度问题，效能信念并不必然在各个时间保持不变。这些信念在可变性方面各不相同，这取决于以后考察的因素。虽然效能信念通常相当持久，但自我效能知觉的精确测量并不一定要求时间的稳定性。自我效能量表包括逐渐变化的能力要求，所以对能力没有什么要求的项目和有艰巨的能力要求的项目不能相互交换。

效能信念涉及不同类型的能力，如思想、情感、行动和动机的调控，某些活动可能比其他活动更依靠效能知觉的某些方面。而且，在掌握发展期间起作用的效能知觉的一些方面与进行行为自我调节所需的那些方面可能不同。把多方面的效能信念作为支配所有功能的单一特质牺牲了内部一致性的效度。限制在彼此高度相关的项目结果会产生只测量效能信念的一部分，且可能是一个狭小部分的自我效能量表。如果建构效能项目时由一个良好的概念图式指导，因素分析可有助于验证效能信念的多侧面结构。

自我效能量表的项目内容必须表述产生一定行为水平的个人能力信念，不应该包括其他特征。信念没有绝对的指标，不能根据这样一个绝对指标来测量用于评定信念的某一测量的精确性。然而，自我效能测量的合适性可独立地由这样的证据来进行评价：它们测量的是意欲测量的东西，测量的特异性水平以及测量所包含的任务要求范围。不确定的项目和那些只包含少数任务难度水平的项目是效能知觉相对并不敏感的测量。自我效能测量的精确性也可使用这样的程序给以加强，这种程序使对个人自我评价可能会有什么样社会反应的担心降低到最小程度。效度证据主要依赖于构想效度分析。自我效能知觉的根据是自我效能信念影响人类功能的不同方式的理论。自我效能测量效度来自成功地预测到社会认知理论所说明的效果。这种理论预测在思想、情感、行动和动机上的各种各样的效果。因此，没有单一的效度系数。本书中所考察的大量研究说到的是构想效度。

46

自我评定的效应

在能随意志而产生的简单行动中，陈述效能判断的本身可以影响行为表现。然而，大部分活动如果要得到意欲得到的成绩，都包含了要求努力、机智和持久性的各种障碍。仅仅用言语表述可能并不反映一个真正信念的效能判断，不会立即产生行为上的成绩。如果仅仅报告一个效能水平就会达到这个水平，那么个人的变化就会非常容易。人们常常认为自己会有伟大的成就。尽管如此，还是会产生这样一个问题：进行效能判断是否会产生某些动机引发作用，增进自我判断和行为表现之间的一致程度。

认知一致性理论假定信念和知觉到的行为之间的差距是令人不愉快的，因此，它促使人们去减少体验到的差距（Abelson et al., 1968; Festinger, 1957）。虽然常常会引发出一致性驱动，但已经证明它在经验搜集中难以捉摸。而且，有证据表明，当人们的自我判断错误时，他们的效能信念一般是超过他们的行为。

这个证据说明，与定向于仅仅维持信念和行为的一致相比，效能信念更定向于自我挑战。然而，自我评定可以有必须排除的其他反应效应。

测量个人效能信念的标准程序包括一些预防，以便使自我评定的任何可能的动机效应降至最低。自我效能判断是私人报告的，不必关心要减少社会评价。人们对一个活动领域内所有各种任务要求的效能进行多重判断，而不是在每个行为之前即时进行每个判断。效能知觉和行为的评定在不同的场合及由不同的评定者进行，以消除一个因素评定上的社会影响延续到另一个因素评定。最后，自我评定的指导语强调坦率判断的重要性。

关于自我评定反应效应的许多研究表明，不管人们有没有进行先前的效能判断，人们的情感反应和行为成绩都是相同的。自我效能评定的无反应性在各种活动中都得到证实，包括应对行为和焦虑激起（Bandura，Adams，Hardy & Howells，1980）、动机的调节（Bandura & Cervone，1983，1986；Cervone，1989）、疼痛忍耐（Thomas，1993）、认知成绩（Brown & Inouye，1978）、心脏手术后的功能恢复（Thomas，1993）以及坚持锻炼（Lyons，Harrell & Blair，1990）。人们私下或是公开进行效能判断也不影响行为表现（Gauthier & Ladouceur，1981；Weinberg et al.，1980）。效能判断也不受要想得到社会赞许的反应偏向的影响，不论活动领域涉及性行为、喝酒、吸烟、饮食活动，还是糖尿病的自我处理（Grossmsn，Brink & Hauser，1987；Seltenreich，1989，1990；Velicer et al.，1990；Stotland & Zurott，1991；Wulfert & Wan，1992）。

私下报告效能判断可能会减少对受到评价的担心和一致性要求，但可能有人认为它们并未完全消除。就人们假定他们的私人报告会在以后得到评价而言，他们可能会保留对受到评价的某些担忧。特尔奇（Telch）和其同事们提供了进行效能判断并不增强效能知觉和行为间一致性的最有力证据（Telch，Bandura，Vinciguerra，Agras & Stout，1982）。恐怖病患者或者在对一致性有高社会要求条件下或者在相信他们的效能判断不会被任何人知道条件下进行效能判断，因为他们的效能判断是在保守秘密的条件下进行的，因此，消除了一致性的社会压力。然而，不为后一种参加者知道在一张白的复写纸上留下他们的效能判断。与一致性理论不同，高社会要求减少而不是增加了效能判断和行为之间的一致性。在高社会监视和评价威胁条件下，人们的效能评价变得较为保存，并在行为上超过他们的自我评价。要是行动受一致性驱动的支配，那么在他们的行为表现和效能判断相符合后，行动就会中止，这样就很容易达到高度一致。但是他们继续进行另外的任务。在威胁的确切性质和要完成的任务模糊不清时，对社会评价的担心会产生自我评价的保守主义。在人们获得有关这些问题的某些信息后，他们就依赖其自我了解，不让外部的评价因素侵入他们的自我评价。结果，他们的行动就和他们所陈述的效能信念非常相近。

47

自我效能的评定不应和有效的行为方式的教授相混淆。阿列松、布鲁切和海姆伯格

(Arisohn, Bruch & Heimberg, 1988)的一个关于拒绝不合理要求的效能知觉的研究阐明了这种混淆。每一个测验项目提供一组有效的拒绝反应,这些反应适用于各个不合理要求情境,要求人们判断自己作出这些反应的效能。因此,在评定自我效能这方面来说向个体传授了他们以前不知道的各种各样有效的拒绝策略。言语策略特别易于用语言教授,毫不奇怪,这样的效能评定提高了拒绝无正当理由要求的效能知觉。给予人们有效的策略越多,他们的效能感提高得越多。这是教授效应的例子,不是自我评定的反应效应。非混淆的评定是在没有教授人们有效方法条件下要他们判断拒绝不合理要求的效能。

自我效能量表常按照提高任务要求的方式有等级地组织起来。一系列项目的最初参照点可能对效能判断有锚定影响(Peake & Cervone, 1989)。由于每组项目必须在某一地方开始,较好的形式应把锚定影响降至最小。贝莉(Berry)和她的同事们发现,把项目按任务要求从最困难到最容易的次序排列会比按要求提高或任意排列的方式产生稍高一些的自我效能评价,而后两种排列方式没有差异(Berry et al., 1989)。但由于要求增高的呈现次序并没有产生自我效能判断的偏向,所以要求增高或任意的排列似乎是较好的形式。

综合的和与领域相关的测量

许多研究曾比较了与领域相关的效能知觉测量的预测力和综合的控制点量表的预测力。证据相对一致地表明自我效能知觉是良好的预测者,而控制点或者是微弱的预测者或者没有预测力。这类发现在各种不同活动中都得到重复,看一下几个有代表性的例子。效能信念可预测学业成绩、焦虑倾向、疼病忍耐力、糖尿病的代谢控制和政治参与,而控制点则不能(Grossman, Brink & Hauser, 1987; Manning & Wright, 1983; McCarthy, Meier & Rinderer, 1985; Smith, 1989; Taylor & Popma, 1990; Wollman & Stouder, 1991)。较为限定的但仍是一般的控制点测量并没有好得多。较为具体的健康控制点知觉测量(Wallston, Wallston & Devellis, 1978)曾用于某些比较研究。它测定人们相信健康主要由自己控制、由机遇因素还是由健康专业人员控制。效能信念可预测预防牙病活动的采用、肺功能的改进、有效的胸部自我检查检测损伤、健康的营养和锻炼习惯的采用、吸烟的治疗和长期保持戒烟,而人们能控制自己健康的一般信念不能预测任何这些健康行为(Alagna & Reddy, 1984; Beck & Lund, 1981; Brod & Hall, 1984; Kaplan, Atkins & Reinsch, 1984; Sallis et al., 1988; Walker & Franzini, 1983)。考虑到人们能坚持预防牙病的日常活动但抵制吸烟渴望却很困难,所以没有多少理由可预期关于个人控制健康能力的一般项目在预测其中一个或两个行为上会有很大成功。

48

个人控制知觉的其他综合测量也只有相似的低预测性。例如,控制知觉的一般测量不能揭示随年龄增加而发生的变化，而较为敏感的与领域有关的测量却可以（Lachman & Lelt，1989）。与此类似，适用于不同领域的效能知觉测量比成败的内部归因（Collins，1982）、自我控制能力知觉（Barrios，1985）、能力的自我概念（Pajares & Miller，1994a）的综合测量有好得多的预测力。关于预测性的这些不同的比较检验证明了控制知觉的模糊的特征似的测量并不能恰当地检验自我效能理论。自我效能总体测量的不利之处还不仅仅在于与所研究的功能领域关系的不确定和不可靠。它们一般包括混淆的混合项目，这些项目不仅评定人们对他们能力的信念，而且评定效能信念的情绪和动机效应及对过去行为的报告。基/鉴于这个原因，本书不采用混淆的总体测量的研究材料。

哈特（Harter，1981）采用了能力知觉评定的多维途径，测量能力知觉的三个一般领域——认知、社会和身体。区分各个主要种类的活动并与多维方法的某些特征结合起来。然而，这些领域过于广泛，项目过于一般，不能公平对待人类能力的各种不同方式。随着人们通过选择性活动发展他们的能力，他们的能力信念变得越来越分化。这种多样性需要各主要活动领域内的区分。以学业能力知觉为例，中学生认为自己在数学、物理科学、文学、社会科学和人文学科上有才能的程度常有不同。在哈特的认知能力知觉测验的一个项目中，要求学生通过评定他们是否善于学业活动来判断其学业能力。因为学科是不具体说明的。他们必须从判断时刻跃入脑海的学业活动或猜想评定者头脑中的学业活动来提出有关他们能力的单一判断。否则，他们必须对各种各样的学科进行主观的权重和总计。因为对各种不同类型“学业活动”的学业效能知觉的范型可能各个学生有所不同，所以相同的能力知觉分数可能有不同意义。

与主要活动领域相联系的一般项目是对综合测量的一种改进，综合测量与确定的活动情境因素无关。但是不确定的项目仍牺牲了解释力与预测，即使它们可能与某一指定的领域相关联。对人类能力的多样性敏感的微观分析途径能较好地阐述自我信念如何影响人类的思想、动机、情感和行动，比较性检验能揭示自我效能测量是否比哈特的半综合测量有较大的预测效力。

有些研究者曾编制过一个自我效能知觉的全面测量和社会及身体自我效能的一般测量（Ryckman et al.，1982；Sherer et al.，1982）。这种工具违反了自我效能信念多维性的基本假定。它们不是检验自我效能理论的适当的测量，也没有很大的预测效力。这些一般的测量不能说明人类动机或行为的变异。而领域的自我效能测量是良好的预测者（Earley & Lituchy，1991；Eden & Zuk，1995；Laguardia & Labbe，1993；Mcauley & Gill，1983）。有时候有这样的证据：总体测量不能很好地预测特定行为，但作为对行为的总体评定却比较好，其含义是总体和多维测量可能是互补的。这类发现最可能反映的是效能测量模糊性与行为表现测量模糊性的关系，而不是互补。把综合测量作为用不确

49

定的项目测量许多功能领域的粗略样本比把它作为对自我信念一般性的全面测定较为准确。根据相对重要性进行加权，把从多维测量得来的分数综合起来是全面的功能水平的比较敏感的综合预测者。对自我信念一般性的这类综合研究途径既包括评定的深度，又包括评定的广度问题。预测合成行为的一个重大关系的问题不是测量的具体性对总体性问题，而是模糊的综合测量对整合的多维测量问题。

一般把自我效能误认为仅仅关注"特定情境中的特定行为"，这是一种错误的描述。领域特殊性并不必然意味着行为特殊性。可以把评定的一般性区分为三种水平：最具体的水平测量在特定条件下特殊行为表现的自我效能知觉；中间水平测量在共同具有某些特点的一类条件下同一活动领域内一类行为表现的自我效能知觉；最后，最一般和总括的水平测量既没有明确什么活动，也没有明确活动必须在其中完成的条件时的个人效能信念。

我们已经见到，作为一条规律，不分化的、无情境的个人信念测量只有微弱的预测价值。评定自我效能最理想的一般性水平随人们要想预测什么和事先对情境要求的了解程度而不同。如果目的是解释和预测在某一情境中一个特定水平的行为表现，那么高特殊性的效能测量是最恰当的。例如，要评价一个团队的效能感对他们在冠军决赛中行为表现的影响，应该测量根据运动员应对特定对手时他们完成比赛的各个不同方面活动效能知觉，而不是根据联赛的整个团队或某些不明确的对手。相似地，在检验关于效能信念影响行动特定过程的理论命题时，必须考察特定活动水平上的微观关系。

在许多情境中，自我效能理论企图解释在某些一般或典型场合内某些种类的行为表现。为此目的，人们用中间水平一般性的项目判断在某一功能领域内对全部各种各样任务要求的效能。考虑一下广场恐怖病患者驾驶能力损坏的临床事例。当评定他们在这个功能领域的效能知觉时，他们判断在多种普通情境中驾驶汽车的效能，从居住区驾驶到近郊商业区、繁忙的高速公路上、市中心和弯曲的山路上驾驶(Bandura et al., 1980)。市中心情境则明确为在城市交通中而不是在高度特殊的情境，如在旧金山星期五交通高峰时间的倾盆大雨中在缆车后上 Nob 山时驾驶。

某一个一般情境内的变化在代表性程度上有所差异。就市区驾驶的一般情境而言，与险峻的山路相比，平路是比较典型的道路。特定功能领域的自我效能通常用中间水平的一般性加以评定，因为在某些特殊场合的自我调节要求不能代表人们通常完成活动时条件的要求。继续讨论我们驾车者的例子，攀登旧金山险峻的山路比在平坦的城市街道上行驶要求有大得多的自我调节效能。因此，在非典型的陡峭道路情境中的效能知觉，与平坦街道一般情境中的效能相比，对整个城市驾驶情境的预测性要差。

50

当人们对可能遇到的情境不全了解时，人们从普通情境的效能知觉比从独特情境的效能知觉能得到更好的预测。然而应该指出，共同条件的效能预测性的获得，同时是对在同一一般情境内具有较少共同特征条件的预测性之降低。如果任务是预测在旧金山开车的危险性，那么自我效能探查应该与在旧金山险峻道路上驾驶的个人效能有关，而不是与较为平常的平坦城市地带有关。有些情境变异不能事先确定，即使它们是已知的，评定一个一般情境中一切变异条件下的效能知觉可能很花费时间。因此，实际上，中间水平一般性的效能项目扩大了预测性范围。简言之，效能信念是多方面的和情境性的，但某一功能领域内效能项目的一般性水平随任务要求的情境相似性和可预见性程度不同而不同。但不管一般性水平如何，效能项目不会与情境及任务要求水平无关。

不管怎样，研究策略常决定自我效能评定的深度与广度。旨在阐明支配人类动机和行动特定机制的研究不同于另一些研究，前者企图使由对行为起作用的一组因素解释的行为变异百分比增至最大。目的主要在于证实效能知觉和动机及行动的因果作用的研究，系统地改变效能信念，而其他决定因素通过随机化或评定和统计方法加以控制。因为研究高度集中于阐明效能信念如何对人类功能产生作用，所以相当详细地测量效能知觉。

把行为中加以说明的变异百分比最大化的大规模努力通常包括相当大的一组决定因素。因为人们的时间和耐心是有限的，所以研究者常常不得不把简短的总体测验应用于每个不同因素。有些情况下，效能知觉用一个项目加以评定，它所产生的分数在有效范围上有严重局限性，且信度可疑。此外，由于使用一般的简短测量，可能牺牲了精确性，这些测量在判断自我效能的任务要求上变动范围较小，并去除了进行活动的情境。由于非分化的无情境的测量缺乏良好追踪记录，这样一种研究策略可能牺牲对操作可行性的预测力。用不太理想的测量得到的关系网络可能低估或实际上歪曲了某些因素的因果作用。在人类功能测量充分地反映所预测行为的多样性时，特殊的、多项目测量的优越性最为明显。然而，在使用人类功能混合的不明确的测量时，敏感的预测者的解释和预测优点就丧失了。

自我评价的区别性概括化

多维途径并不意味着没有结构或效能信念的概括性。如果效能信念绝对不存在各种活动与场合之间的迁移，那么能力的发展和实现就会受到严格的限制。人们就必须对每一个与熟悉的活动有一个不相似因素的活动重新建立效能感。这种极端的特殊性是不具备适应性的，效能信念没有区分地迁移也没有适应性。如果是这样，那么具有低效能感的人会避免所有新的追求，或即使试图从事新的活动，他们的努力也会很快受到损害。相反，带着无约束的信念探索每一个新活动，极其愉快地摆脱任何个人限制感的人，必定会经历许多猛烈的激动。极端的特殊或无区分地概括都不会对人有什么好处，适应功能需

51

要效能信念有区别的概括。

效能信念是由经验和反思性思维组织而成的，它不仅仅是各个高度特殊的自我信念互相分离的集合。至少有五个过程，通过这些过程掌握经验能产生个人信念的某些概括。当不同种类的活动由相似的亚技能控制时，某一种过程就发生了。因此，经理们对他们经营一个公司和主办社区资金筹集运动的能力会有相似的信心，因为这些活动主要依赖相似的组织和问题解决技能。当然，对任务要求相似性的认识基本上是一种个人的建构，它不只是由客观的共同特征的数量所支配，很少活动是完全新的。大部分包含熟悉方面和新方面的各种混合。集中关注新活动的熟悉方面的人比集中注意较新特征的人会更加表现出自我效能知觉较大的迁移（Cervone，1989）。

效能知觉的概括化曾被作为各种活动质的特征相似性程度和它们所需技能的相似性程度的函数以进行研究。通过应对技能的发展而获得个人效能知觉的加强会在同一活动领域内各种不同应激源间概括（Bandura，Adams & Beyer，1977）。然而，活动的相似性越小，效能知觉的概括性也越小。因此，如掌握高危险的身体活动提高了概括至其他类型的身体应激源的效能知觉，但不会概括到很不相似的社会和认知应激源（Brody，Hatfield & Spalding，1988）。

共同发展是建立概括性的另一过程。即使不同的活动领域不受益于共同的亚技能，如果能力发展是由社会组织的，不同领域中的技能因此一起获得，那么也会产生效能知觉的某些概括。例如，如果对学生的语言和数学教学进行得同样恰当，这两个学科的效能知觉水平会有正相关，即使它们依赖不同的认知技能。这样，在优秀的学校中，学生可能对这些不同的学科领域形成相对较高的效能知觉，但在无效率的学校中形成较低的效能知觉，这样的效能知觉不会促进任何学科的学习。埃瓦特和他的同事们提供了亚技能的共同性与共同发展变化两者都促进效能知觉概括的证据（Ewart et al.，1986），这个研究也证实了与领域相关的效能测量在预测上的优越性。

各种效能信念的重要性有很大不同。某些效能比其他效能对人的生活追求更为重要。生活追求是围绕着各种角色而组织的，这些角色一般要求有必须共同发展的多种技能，而不是依靠单一的分离技能。大部分人都努力工作以掌握他们职业不同方面的技能。因此，角色要求群部分地决定效能信念在某一生活追求中如何组织。因为不同角色的结构特征有很大差异，所以领域特殊的各个效能信念的关系在各种生活追求中也会不同。

熟练的行为不只是行为技能的一种机械表现。它要求由较高级的自我调节技能所支配的选择性及协调的亚技能。这些亚技能包括判断任务要求、建构和评价各种行动过程，设置近期目标以引导人们的努力，形成自我激励以坚持艰难的活动和处理压力以及弱化侵入性思维的一般技能。这样一些可概括的自我调节技能使人们能改进在多种活动中的行为表现(Meichenbaum & Asarnow, 1979; Zimmerman, 1989)。在一种活动领域学得的能广泛应用的元策略可用于其他活动领域(Bandura, Jeffery & Gajdos, 1975)。此外,人们学习能力的信念影响着他们如何对待新的挑战。掌握了某些新的技能,人们就能够发展在其他生活情境中学习的比较一般的效能感。就人们在自我评价中会考虑其自我调节能力而言,他们至少会表现出在不同活动中个人效能感的某些一般性。但调节的某些共同性并不必然意味着对能力有不同要求的各种任务的效能知觉高度一致。

多维测量可揭示人们个人效能感的一般性范型和程度。有些人判断自己在多种多样功能领域中都高度有效。他们相信能在自己从事的大部分事情上都取得成功。其他有些人为强烈的自我怀疑所困扰,预料不论他们尝试什么,都会出现问题。但大部分人判断自己在已培养了能力的领域中比较有效能,在他们不大精通的领域中有效,在严重超越他们能力的活动领域中无效。因此,个人动因结构的社会认知研究途径提供了多种功能领域中效能信念的几个侧面,而不是通过使用一般的测验回避人类信念系统的不同范型。人们能从多维量表推断出效能知觉的一般性程度,但无法从不明确的混合的测验中得出效能知觉的范型。

掌握取向的治疗方式通过培育能使人们对多种威胁进行控制的可概括的应对技能而竭力扩大成功经验对效能信念的积极影响。让我们考虑一些例子,如果教会女性强有力的身体技能使身体和性的袭击者无计可施,在各种各样潜在的威胁情境发生作用以前,她们会表现出控制这些情境的个人效能的增强。结果,她们会过上比较安全、主动、丰富的生活(Ozer & Bandura, 1990)。对个人效能的影响是广泛的,因为自我防护技能可高度概括至不同个体、不同场合和不同的活动。妇女一般身体力量的加强使自我效能提高也在其他一些生活领域的个人效能上有积极的后果,这些领域中身体能力使人们能对社会情境进行较好的控制(Holloway, Beuter & Duda, 1988),当教会恐怖症患者可概括的应对技能时,他们加强了的自我效能和应对行为就超越了这些技能得到发展的特定威胁情境(Bandura, et al., 1975; Williams, Kinney & Falbo, 1989)。相似地,掌握可用于各种活动领域的处理紧张的技能会产生效能知觉的普遍加强(Smith, 1989)。

成功经验对效能信念的影响也能因强调活动的共同性而得以概括化。在这一过程中,概括性是通过在认知上组织各种各样活动的共同性而达到的。结构的建立形成了各活动之间的自我效能联系(Cervone, 1989)。举一个效能信念的广泛概括性的例子,有轻微心脏病的人,因为他们相信自己的心脏有永久性的损伤,所以常过着不必要的贫乏生活。通过掌握踏车的重工作负荷而提高他们对心脏能力的信念,可以帮助这些病人中的某些人重新开始积极的、有效率的生活(Tylor, Bandura, Ewart, Miller & Debuck, 1985)。他们在踏车上的成绩被解释为他们心血管能力的一般指标,他们相信在踏车上自己的心脏能经受得住的紧张超过了他们日常活动中可能遇到的紧张。通过强调各种活动要求心血管强健的共同性，踏车的经验不仅提高了病人对心血管能力的信念，而且提高了他们恢复涉及身体和情绪紧张的各种各样活动的效能信念。其心血管效能知觉越强，其心血管功能的恢复也越明显。如果踏车只是被当作一个孤立的运动任务，特定活动之外的效能知觉就不可能受这种经验的很大影响。

53 有些强有力的掌握经验能明显地证明一个人具有影响个人变化的能力，这样的掌握经验也能产生表现在各种功能领域效能信念的转换重构。这种个人成就有利于经验的转换。概括的是一个人能调动自己的努力以求在各种不同事业中得到成功的信念。实际上，我最初对人类适应和变化的效能信念因果作用的研究是另一条研究路线的无意产物。我们启动了一系列研究以扩大、以掌握为基础的处理方式的心理影响和减少对恐惧威胁的消极经验的易感性，如果威胁要在将来发生的话。我们推论，这些附加的收益可通过使恐惧患者在他们的应对能力得到充分发展之后追求对各种不同形式的恐惧威胁的自我指导性掌握经验而得到(Bandura et al.，1975)。对各种各样威胁进行控制的多重经验可进一步加强和概括他们的应对能力。大量的积极经验会弱化任何随后消极经验的影响。大部分时间过着抑制和痛苦生活的严重蛇恐惧者进行了几个小时的治疗就永久地摆脱了恐惧的行为、沉思的畏惧、焦虑的苦恼和反复发生的噩梦。快速地对长期无能进行控制有转换效果，它使参加者能较好地控制生活的个人效能信念发生深刻变化。他们自己也很惊奇，在使自己经受克服其他困难的考验并在享受成功的乐趣。

在追踪评定中，我们发现参加者在与受治疗障碍完全无关的其他领域的功能水平也得到了提高。显著地控制住对蛇的恐惧会减少社交胆怯，提高自我表现力以及增加对个人能力冒险性的自我检验："在克服了对蛇的害怕后，我体验到的成就感给了我克服害怕在公众场合讲话的信心。""我比以前总的来说较少胆怯了。""治疗的成功对我最大的益处是感到如果我能打蛇，我就能打任何东西。它给了我也能成功地对付其他某些个人问题的信心。"个人效能的这种概括化的增强并不是沿着任何物理或语义共同性的梯度进行的。爬虫不是良好的交谈者，也不提供练习演说技能的机会。刺激概括性的梯度不能说明为什么克服了对蛇的恐惧会使人成为敢冒险的演说者。在所举的例子中，效能的概括主要源自人们对自我改变的动因力量信念的元认知变化，而不是源自技能共同性、认知建构的相似性、时间上的协同发展或策略迁移。

问题不在于效能信念是否能概括到一定程度，而是概括发生的过程是什么及它如何测量。这需要一个关于概括的结构和过程的理论与个人效能的特殊测量。前面的讨论确定了效能信念在功能领域间进行概括的五种过程。过程取向的研究途径在评定上的含义能够用通过使用自我调节技能而达到自我效能的概括加以阐明。对个人效能起作用的这个因素可以用对活动的计划和组织；谋求需要的资源，通过近期的挑战和自我激励对动机的调节；对障碍、挫折和应激的情绪及认知破坏效应的调控这样一些自我调节效能知觉的多因素量表进行评定。各种活动领域的效能信念各不相同的经验性证据应该淡化心理学上对概括性的追求。继续以自我调节作为例子，高自我调节效能有助于不同领域的行为表现，但各种活动在所需的特殊能力上各不相同，生活某些方面的改变比其他方面要困难得多。某一领域效能的自我评价无疑部分地基于人们对一般自我调节能力的判断。因此，一般的和领域的自我效能不是完全独立的。概括性的过程研究途径还有这样的优点：它可以为如何组织个人变化的方案以加强它们对个人效能的一般信念的影响提供有益的指导。 54

自我效能的因果关系

有关动机和行动认知调节的任何理论的中心问题是因果关系。效能信念是否作为人类功能的原因起作用？各种心理学理论都假定有一些中介机制，外部因素通过这些中介机制影响行为。因果性的各种经验性检验在假定的因果链中所验证的联系数量可能各不相同。最弱的检验提供这样的证据：行为与外部条件共同变化，这些外部条件被认为影响着假定的中介因素，但它们并不独立地测量中介因素。许多研究依靠关于中介的这种推定证据。条件和行动之间的共变增加了这种理论的可靠程度，但它并不能确立理论的效度，因为共变可以为能产生相似效果的其他机制所中介。

需要评定中介联系，而不仅仅是推定中介联系，这可以由内在动机的归因理论和自我知觉理论的经验性检验加以阐明。根据这一理论，儿童从他们行为的条件判断自身的动机。如果他们因从事某一活动而得到奖偿，他们就把行为表现的改进归之于外部诱因并丧失内部兴趣；如果他们没有外部诱因而行动，那么他们就判断自己受内在动机驱动，并积极从事活动。因果归因被认为是随后行为表现的中介决定因素。然而，在对这个理论的经验性检验中很少测量实际上由外部奖偿引发的归因。由于奖偿能通过各种各样的机制改变行为(Bandura，1986a)，所以能影响因果归因的奖偿影响着行为的证据只是一种微弱的经验性验证。激励活动和原因归属之间存在联系及归因和活动兴趣之间存在联系的证据才是对这种理论的有力验证。外在奖偿如何影响原因归属的发展分析，与假定不同，揭示了这样一个现象：与一个活动没有受到奖偿相比，当一个活动得到奖偿时年幼儿童实际上更多地把它归因于内在兴趣(Karniol & Ross，1976；Kun，1978)。而且，摩根(Morgan，1981)发现不管行为质量如何就给予奖偿会降低兴趣，不论认同奖偿提高兴趣的原则，还是认同奖偿减弱兴趣的原则，都是如此。这类发现向这样的观点提出了挑战：对年幼儿童来说，奖偿通过减弱的归因过程而降低兴趣。控制非依随奖偿的减弱效应的中介机制尚未确定。如这个例子所示，仅仅是外部影响与活动的联系还不能确定产生效应的机制。

双重因果联系

当因果的验证依靠中介的评定而不是假定时，它的说服力就要强得多。假定的认知中介因素不是可直接观察的，但除了它所控制的行动之外，还有一些可观察的标志。就效能中介而言，人们能报告他们的信念，这一可观察的标志使人们能了解效能信念的起源和功能。一个理论最严格的检验需提供因果过程双重联系的证据——外部影响与独立测量的内部中介因素标志的变化之间存在联系，内部中介又反过来同行为存在联系。可以进行进一步检验以确定外部影响对行动的影响作用是完全还是部分地通过效能信念的中介(Judd & Kenny, 1981)。如果控制了效能的变化，外部影响和行动之间没有关系了，那么外部影响就完全通过效能信念而发挥作用。由于控制了效能信念，它们之间的关系减弱而非消除，那么外部影响就是部分地通过效能信念起作用的。

55

效能和行动的关系可通过两条途径加以证实。第一条是通过验证效能信念和相应行动之间的微观水平关系。一致性的这种测量可通过记录个体是否判断他们自己能完成各种水平的行为，并计算自我效能判断和实际行为之间完全相符的百分比而获得。效能判断和行为之间的不匹配——把以后失败的行为判断为有效能和把成功的行动作为无效能判断——是不一致的例子。赛冯(Cervon, 1985)进行了一个随机化检验，评价所获得的各种微观水平一致性的重要性程度。这种微观分析手段很适用于考察自我指向思维和行动的关系以及自我评价精确性的过程等理论问题。

前面我们谈到效能信念有强度的差异，在应用微观分析手段时，个人效能判断必须根据信念强度的某一临界值而分为积极的和消极的。根据最小强度值来区分信念强度的连续度量不可避免地会丧失某些预测信息。例如，如果选择一个低效能强度值作为自我判断有效能的标准(如 20)，那么微弱的效能感(30)就会得到与完全自信(100)相同的对待。这样的低标准会产生人为的不相匹配。相反，如果临界标准设置在高效能强度上(如 70)，那么中等强度的效能(60)会被确定为低效能。这也会产生人为的不一致。理想的临界标准必须按照不同功能领域经验性地加以确定。计算随自我效能知觉强度而变化的行为成功概率是比较精炼的一致性微观分析(Bandura, 1977)。这种微观水平分析保留了效能信念强度各种变化的预测价值。因为效能强度包含了效能水平以及高于阈限值的确定性等级，所以信念强度一般来说是比效能水平更为敏感、更具信息的度量。

有一些条件下，微观水平一致性方法不适合于验证效能信念的效应。在某些情况下自我效能运用的方式与效应表现的方式不同。例如，效能判断可能集中于行为应对能力，但其影响是按照焦虑和抑郁的情感反应或自主、儿茶酸胺、类鸦片活性肽或免疫系统的生理激活而加以评定的。效能判断和情感及生理反应的变化用不同的等级量表测量。在另一些情况下，效能判断是关于在规定的时间内产生一个不同种类结果的中间活动的判断。减少饱和脂肪消费的自我调节效能知觉和血浆胆固醇水平的降低之间的关系即是一个例子。在还有些情况下，判断不同行为成就的自我效能，其效应是由努力的强度和坚持性所表示的动机水平。兴趣常常在于从某一领域内各种不同的功能水平或方面评定的效能信念来预测各种各样的活动。例如调节动机和学习活动的自我效能知觉对平均学业成绩的影响。在后一例子中，自我效能知觉和随后行为成就的联系由总体的效能信念与总体学业成绩的微观水平关系加以验证。

因果关系的多种检验

56

有关效能信念对人类功能水平和性质之作用的研究检验了每一种假定的因果联系。为达到此目的，已使用了多种实验方法。在一种研究途径中，将自我效能知觉培养到预选好的不同水平，并测量它对行为的效应。在这样的一个实验中（Bandura，Reese & Adams，1982），自我效能知觉仅仅通过模仿，从而产生从实际上不存在到低或中等高的水平。效能诱导的这种替代方式是让恐惧患者观察示范的应对策略，但他们自己并不执行任何动作，因此，他们必须完全依靠其自身之所见来形成对自己效能的概括化的信念。研究的第二阶段，在测量了具有不同水平自我效能知觉的群体的行为后，每一个体的效能知觉提高到较高水平，再后测量他们在新水平时的行为。这种两阶段实验设计通过在恐惧患者的应对效能信念提高到各种不同水平后，他们如何行事的个体内重复，为组间比较提供了信息。

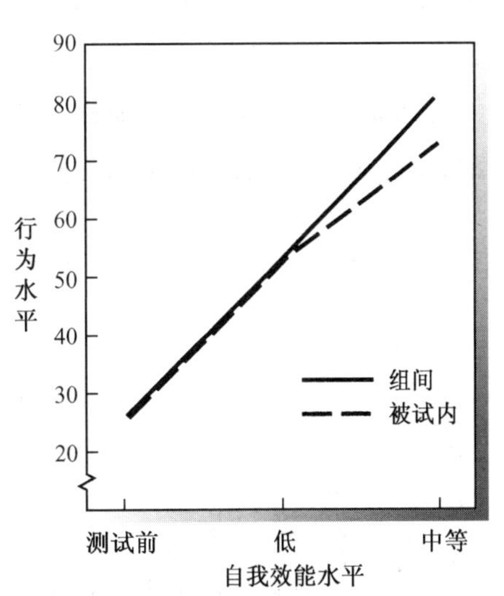

图 2.1　随着由替代经验形成各种水平的自我效能知觉而变化的平均行为成绩。组间线表示效能信念提高到各种不同水平的恐惧组的行为成绩；被试内线表示同一些恐惧患者在他们的效能信念依次地提高到不同水平后的行为成绩（Bandura，Reese & Adams，1982）。

图 2.1 表明，较高水平的自我效能知觉伴随着较高的行为成就。效能与行动的关系在比较效能知觉的组间和个体内水平上的变化中得到重复。效能行动一致性的微观分析显示个体任务上的效能信念和应对行为密切相符。人们成功地完成在

自我效能知觉范围之内的任务，但在超过他们能力知觉的任务上，他们回避或遭到失败。

从替代方式得到的结果特别有力地证实了效能信念对行为所起的原因作用。个体只是观察了榜样的行为表现，从示范关于自己应对效能的信息进行推论，以后就能按照他们的效能信念行动。有些个体在前测评定中恐惧到不能完成一个简单的反应，因此，他们没有治疗前的行为信息，可据此预言在观察榜样示范之后他们能做些什么。对于这样的人也存在上述效应。他们的测验前行为唯一能告诉他们的就是他们不能做任何事情。

57

另一种检验因果关系的途径是引入一个不重要的因素，它不提供影响能力的信息，但可改变自我效能知觉。然后测量改变了的效能信念对动机的影响。锚定影响的研究表明向上或向下调整判断任意参照点能使判断有所偏向(Tversky & Kahneman，1974)。因此，例如，随意挑选的小数字作为起点与大的起点数字相比，能使人们估计体育场中的人群较少，任意的起点使判断有偏向，因为根据这点作出的调整通常是不合适的。

赛冯和皮克(Cervone & Peake，1986)采用任意的参照数来影响效能的自我评价。根据任意的高起点作出的个人效能判断提高了学生的效能知觉，而任意的低起点则降低学生的效能评价(图 2.2)。测量完成不同水平活动个人效能的一系列分等级的项目，其起始水平同样可影响自我效能评价。皮克和赛冯(1989)仅仅通过让人们与逐渐上升或下降的行为成绩水平相联系来判断他们的效能，也使效能判断产生偏向。人们对上升的安排比对下降的安排，效能判断得较低。这里环境输入只是量表项目的物理安排，它既不提供关于能力的任何区分性信息，也不涉及任何社会影响。在一个进一步的研究中，赛冯(Cervone，1989)通过使认知集中于任务的不同方面，这些不同的方面可能使任务成为困难的或容易处理的，从而影响人们的效能评价。停留在非常艰难的方面减弱了人们的效

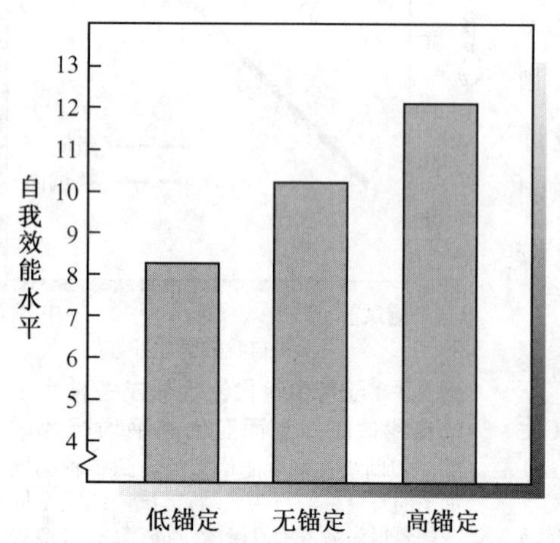

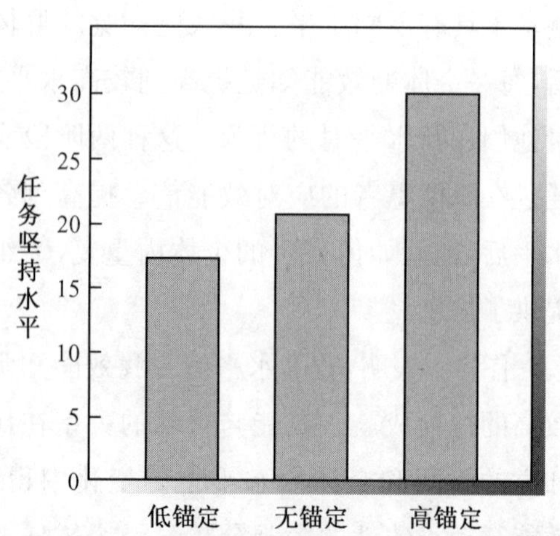

图 2.2　由任意的起点或锚定影响引发的自我效能知觉的平均变化及效能信念对坚持努力水平的相应影响(Cerrone & Peake, 1986)。

能信念,集中于能做到的方面提高了他们的效能知觉。在这些实验中形成的效能信念越强,个体对困难与无法解决的问题的坚持时间越长。中介分析显示当自我效能知觉得到控制时,锚定影响和认知关注都对动机没有任何影响。因此,外部影响对行为动机的效应完全由它们改变效能信念的程度中介。

58

已经进行过若干研究,这些研究通过与一个人的实际行为表现无关的虚假反馈,改变人们的效能信念。如同我们将看到的,人们部分通过社会比较判断他们的能力。采用这类诱导程序,威伯格、古尔德和杰克逊(Weinberg, Gould & Jackson, 1979)表明竞争情境下的身体耐力受自我效能知觉的中介。通过告诉一组人他们在肌肉力量的竞争中获胜,从而提高他们的效能信念;通过告诉另一组人他们被他们竞争对手超过而降低他们的效能信念。然后在另一个测量身体耐力不是力量强度的竞争任务中测验这些参加者。身体力量的虚假信念越强,在竞争期间被试表现出的身体耐力也越持久(图 2.3)。在随后的竞争中失败会激励那些具有高效能感的人,使他们作出更大的努力;而对那些效能信念已受损害的人,失败会进一步破坏他们的行为。女性虚假地得到加强的身体信念和男性虚假地减弱的效能信念会消除身体耐力方面先前存在的性别差异。

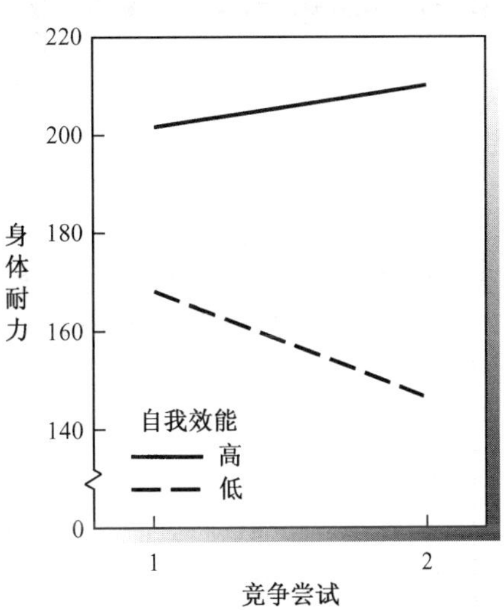

图 2.3 随虚假的高或低身体效能信念而变化的,在竞争情境中调动起来的身体耐力平均水平,第二次表示高和低效能信念的竞争者在一次失败后的忍耐力水平。

通过用于加强或减弱效能信念的社会比较进行自我评价的另一个变式依赖于虚假的标准比较。在这些研究中,使个体相信他们的行为表现处于相关的参照组中最高或最低百分位中,不管他们的实际表现如何。列特(Litt, 1988)的一个关于疼痛忍耐的研究显示受虚构的标准比较影响的效能信念具有调节作用。用气压测验疼痛忍耐力之后,使各人相信与一个假称的标准组相比,他们疼痛忍耐力处于高(90)或低(37)百分位上,不管他们的实际表现如何。假造的标准信息产生了不同水平的自我效能知觉,这又伴随着疼痛忍耐力的相应变化(图 2.4)。自我效能知觉的变化越大,疼痛忍耐力的变化也越大。在研究的下一阶段,虚假的标准反馈与原先提供的相反,假定反映了忍痛的持久能力。使之相信他们丧失了比较优势的人降低了自我效能知觉,而使之相信他们获得了相对优势的人则提高了忍耐疼痛的能力信念。他们以后的疼痛忍耐水平按他们效能信念改变的方向变化,涉及说成是从高到低标准位置变化的条件令人特别感到兴趣,因为作为以后行为表现的预测者,效能信念的作用超过过去的行为表现。

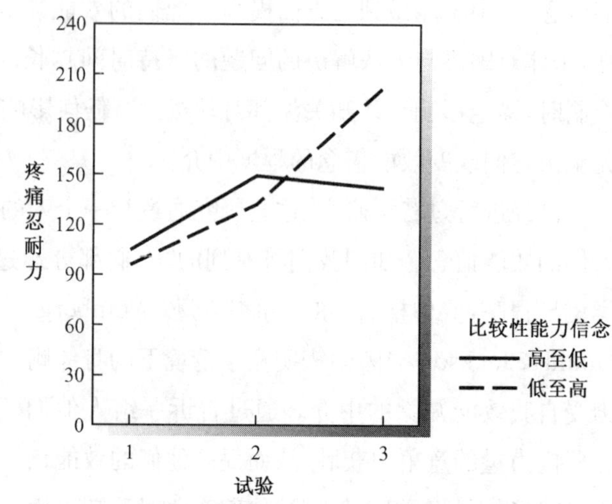

图 2.4 由于和一个虚假的标准组比较因而处理疼痛的效能信念提高或降低的个体，他们疼痛忍耐力的变化，试验 1 是前测水平；试验 2 和 3 中，任意提高或降低了效能信念(Litt，1988)。

为进一步验证效能信念在明显不同的各功能领域中的原因作用，博法特-博查特(Bouffard-Bouchard，1990)通过与同伴标准的比较，而不管实际表现如何，诱发学生高或低的自我效能知觉。效能感得到虚假提高的学生与相信自己缺乏能力的学生相比，为自己设置较高的目标，使用较有效的解决问题策略，达到较高的智力成绩。雅各布斯(Jacobs)和他的同事们相似地证实了因与虚假的标准比较而提高的效能信念加强了解决困难问题的持久动机(Jacobs，Prentice-Dunn & Rogers，1984)。形成的虚假效能信念在集体和个体水平都发挥着原因作用。任意地给群体以他们的行为表现优于或差于一个比较标准这样的反馈改变了他们集体的能力信念(Prussia & Kinick，1996)。这种虚假反馈对群体的抱负和行为成绩的影响完全以它产生的集体效能知觉为中介。

还有一种验证因果关系的途径采用抵触性实验设计。在这种实验中，运用会破坏功能的程序，但它提高自我效能知觉。对于发生的变化形成个人效能信念的作用，如果不是超过传授特殊技能的作用，至少也和传授特殊技能的作用相同。如果人们的应对效能信念得到加强，他们会更自信地接触情境并更好地运用自身具有的技能。霍尔路特和他的同事(Holroyd et al.，1984)用张力引起头痛证实了生物反馈训练的效益可能更多来自于应对效能知觉加强，而不是肌肉练习本身。在实施生物反馈时，他们训练一组被试成为良好的放松者。另一组接受假造的反馈，每当他们拉紧肌肉时，却发出他们是在放松的信号。这样，他们很能拉紧面部肌肉，这会加剧紧张引起的头痛。不论人们是在拉紧还是放松他们的肌肉，他们对肌肉实施控制的虚假反馈会形成强的效能感，即他们能在各种紧张条件下防止头痛的发生。他们的效能知觉越强，他们体验到的头痛越弱。在治疗中得到肌肉活动变化的实际量和以后头痛的发生无关。

主要依靠诱说方式的这些实验发现，不应该被用来说明运用任意的诱说信息是形成日常生活活动强效能信念的良好方法。相反，这些研究和因果性问题有特殊的关系，因为效能信念独立于行为表现而得到改变，因此，不能把它低估为行为的副产品。它们证明了效能信念的变化调节着动机和行动。然而在实际社会活动中，通过掌握经验使人具有能力是形成弹性的强效能感的最有力的途径（Bandura，1986a，1988a）。使人具有能力是通过赋予人以知识、亚技能和实现个人控制的自我肯定经验而达到的。这并不是说像有时错误地认为的那样，如果通过提供经验或培育技能来改变信念，就不能分析效能信念的原因功能。效能信念不是子虚乌有地建立起来的，它们部分地根据一个人对知识和技能的判断而形成，但效能信念独立于实际技能或过去行为表现而对行为表现起作用。因为效能信念基于对多种来源信息的加工，实际技能常只可解释个人效能信念中相对一小部分变异。

验证效能信念对人类功能的原因作用的最后一种方式是用分层回归分析或因果模型技术检验在理论因果模型中相关决定因子和行为成绩间的多变量关系。这些分析工具表明当控制其他因子的影响时，行为表现中多少变异可用自我效能知觉加以解释。而且这些方法可表明效能信念直接和间接通过它对其他因子的影响而影响人类功能的程度。

多变量研究涉及镶嵌设计，在这种设计中，效能信念、其他可能因子和行为成绩在两个以上时间点上进行测量，以确定这些因素相互可能会有什么影响。在某些这类研究中，效能信念由于干扰期间自然发生的影响而产生改变。更为常见的是，通过适当的影响而实验地改变效能信念。在预期的行为之前效能信念的系统变化有助于消除因果关系来源和方向的模糊性。除了诱导效能改变和使效能改变发生时间在先之外，对其他可能的影响因素也进行控制。这类研究的结果显示，效能信念对动机和行为成绩通常有相当大的独立贡献（Bandura & Jourden，1991；Dzewaltowski，1989；Locke，Frederick，Lee & Bobko，1984；Ozer & Bandura，1990；Wood & Bandura，1989a）。效能信念对人类功能的原因作用在社会认知理论和其他概念模型预测力的比较检验中得到了进一步证实（Dzewaltowki et al.，1990；Lent，Brown & Larkin，1987；McCaul & O'Neil & Glasgow，1988；Siegel，Galassi & Ware，1985；Wheeler，1983）。

极端的行为主义者一般挑选通过动作影响方式来改变效能信念的研究，因为这里有一个行为。他们认为自我效能知觉是先前行为表现的反映。这种主张早已失去其可信性。因为无数研究证实，当控制先前行为表现的变异后，自我效能知觉对以后行为表现有独立的作用。行为分析者广泛使用的反对认知决定因素的另一个论点是，认知是从它们试图解释的行为中推论出来的。这一陈腐的论点不适用于自我效能理论的因果检验，因

61 为个人效能在概念和作用上不同于要解释的行为。实际上，在检验没有任何行为的条件下效能信念发生改变的原因时，没有可从中推论出个人效能的有关或具有信息的行为。

这一节中评述的多种因果检验是这样进行的：它们使用了各种不同的效能诱导方式，各种不同的人群包括儿童和成人，所有功能领域和反应系统，比较了效能知觉提高到不同水平的组群或比较了效能知觉逐渐提高到较高水平的同一些个体；对其结果进行了微观水平和宏观水平的分析。而且，效能信念用各种方式和与领域有关的量表加以测量，因此，结果不是为特定的工具所独有，证据相对一致地表明效能信念对动机和行为表现水平有重要作用。它们不仅预测随不同环境影响而发生的行为变化，而且预测接受相同环境影响的个体之间的行为差异，甚至预测同一个体在执行的任务和回避的任务或试图从事但失败的任务中的变异。各种不同程序在异质的功能领域产生趋同结果的证据增强了效能决定因素的解释和预测的一般性。

效能判断和行动间不一致的原因

人们对他们的效能进行判断，因为这些判断具有功能目的。按照对能力的良好评价行动能增加成功的可能性，而按照对一个人能做什么的严重错误判断行事可能会使一个人的精神、身体和金钱付出重大代价。实际上，在失策会使身体遭受伤害或致命打击的情境中，人们必须在对他们的能力有良好评价的基础上行动，否则，他们会受到重大损伤甚至造成减少寿命的悲剧。

虽然效能信念在功能上与行动有关，但有若干因素能影响它们关系的强度。效能信念单独能使动机得到加强和维持，但如果完全缺乏为实现个人动因作用所必需的亚技能，那么效能信念不会产生新奇的行为。当然，人们不会持有空虚的效能信念而缺乏作为其基础的能力。自我效能知觉也不会只包含对亚技能的单向依赖。人们通常具有形成适应行为的许多基本亚技能。如果缺乏某些亚技能，这并不意味着效能信念不能发挥任何作用。通过效能信念在自我发展中的自发作用，潜能就转化成为能力。一个人的学习效能信念会激发并维持为发展技能所需的努力和思维。反之，无自我效能思维会延缓比较复杂的行为所依赖的亚技能的发展。因此，效能知觉对知识的习得和亚技能的发展起着作用，同时也在依靠这些知识和亚技能建构新行为型式中起着作用。

前一节分析效能信念对思维过程、动机、情感和行动的独立贡献。然而，一些条件能造成效能信念和行动间的不一致。某些不一致源自评定的缺陷，有一些产生于任务要求或行为成绩的模糊不清，另一些违背了关于思想和行动发生关系的条件的命题，还有一些则反映自我指向思维和行动的真正不一致。

自我效能评定的有限范围

大部分行为有多重决定因素。因此，评定个人效能对功能水平的全部作用需要一个关于支配活动的各种因素的良好理论。理论告诉我们目标应针对哪种形式的效能。自我效能理论常在只对行为实施部分影响的因素上进行检验。如果目标因素对某一行为表现起相对较小的作用，那么效能知觉不能作为强的预测者。因为这个因素在因果结构中只具有限的权重。控制饮食习惯的效能知觉预测减重的成功是一个普通的例子。体重决定于人们吃什么，人们锻炼的水平（这消耗热量并能加强身体的新陈代谢）和调节新陈代谢的遗传因素。因此，可改变的行为因素（即食物摄入和锻炼）只对减轻体重起部分控制作用。如果效能信念只针对饮食习惯，即使可由行为因素预测的体重减轻也是有限的。有一个体重控制计划把饮食习惯的改变和锻炼结合起来，但只测量坚持改变饮食的效能（Stotland & Zuroff，1991）。假定锻炼对体重减轻的维持起作用，那么也测一个人进行和坚持日常锻炼的能力信念，会使自我效能理论的预测性得到增强。如同这个例子所说，有多方面决定因素的行为需要多方面的自我效能预测因素。

62

当只测多重能力的某一功能成分的自我效能，而不是能力的整合运用的自我效能时，会产生类似的评定范围问题。这一点在前面关于驾驶的例子中已作过说明。自我效能知觉是一整合的判断，而不只是各个微成分功能的总和。在需要各种能力的复杂活动的评定中包括个人效能较多的方面会增加预测力。效能知觉对学业成就起多方面作用是一个极好的例子。从事能促进智力发展的活动受多种心理社会因素的影响。随着测量的方面增多，效能知觉的预测力就加强。因此，调节学习活动的学业效能知觉、建立支持性社会关系的社会效能、抵制参加破坏学业追求的活动的自我调节效能一起与仅仅是学业效能知觉相比，可解释的学业成就变异要多得多（Bandura，Barbaranelli，Caprara & Pastorelli，1996a）。效能多方面测量的预测力得到改进在其他功能领域也得到过证实（Arch，1992a；Lent et al.，1986）。

使情况进一步复杂的是不同种类的自我效能知觉可能在某一活动的不同阶段发挥作用（Poag-Ducharme & Brawley，1993）。因此，在某一情境中人们能从事为得到成功所需的任何活动的能力信念比仅仅某一方面的自我效能信念能较好地解释人的行为。因为人类的功能是多方面的以及自我效能评定极少能包含所有方面，所以，在正式测验中可能低估效能信念对适应变化的作用。因此，我们应该对在任何研究中把自我效能知觉可解释的行为变异说成是它的最大贡献抱谨慎态度。

自我效能和行为领域的不匹配

建立效能信念和行为的关系需要两者触及相似的能力。效能信念中测量的能力在一些重要的方面不同于支配行为的能力，就此而言，人们不会期望效能信念和行为高度相关。它们测量的是不同类型的能力。帕贾斯和米勒（Pajares & Miller，1994b）根据在信念评定中的能力和行为中能力的一致性程度系统地比较了效能信念的预测力。效能信念在良好匹配条件下比在部分匹配条件下的预测力强。拉切曼和列夫（Lachman & Lelf，63 1989）晚年所进行的一项关于控制知觉和智力功能的追踪研究说明了不匹配的问题。从完成日常认知任务和学习新事物的能力知觉测量自我效能，而智力行为则按照词汇和归纳推理进行测量。虽然这些不同的活动可能包含某些重叠的认知功能，但人们可能在学习普通的认知任务时是有功效的，但却缺少广泛的词汇。

加强人类功能和幸福的努力通常受关于如何能达到所想望成就的理论指引。例如，各种理论认为掌握一般问题解决策略会改进不同领域活动中的决策。例如，独立于特定学科的元认知技能训练会提高学习成就，饮食改变会减少血浆胆固醇，肌肉放松会缓解疼痛，能使人保持清醒的对困扰性思维的控制会减轻失眠。在把使用规定手段的个人效能作为假设的因果模型的预测者时，人们不仅在测效能信念的预测力，而且在测因果模型中规定的手段对成就影响的效度，例如，假定肌肉放松并不影响疼痛，那么诱发放松的高效能感与痛的预测不会有关。如果针对的手段对所想望的成就没有什么影响，那么即使效能知觉对规定手段执行得如何具有高预测性，预测相关系数也很低。在这样的例子中，当事实上有关手段的因果模型之效度可疑时，自我效能理论的预测性会受到错误的指责。

当产生一定行为成就的手段只是部分地得到了解或尚未充分验证时，效能信念应该在两个水平上加以测量：成功地执行规定手段的效能和用人们选择的任何手段以达到不同水平行为成就的效能。按照成就的各种等级测量的效能信念有良好的预测效度（Bandura & Cervone，1986；Wood & Bandura，1989a）。如果选出进行评定的手段只是有助于行为成就的手段的一部分，那么成就效能也比手段效能更具预测性（Mone，1994；Stotland & Zurolt，1991）。在判断成就效能时，个体能考虑可供他们使用于实行控制的所有手段。因为成就效能比手段效能较为全面，有较高的效度，所以优先考虑成就效能。在理想手段的因果模型尚未得到充分验证和能进行测量的因素数有限时，尤其如此。

自我效能或行为表现的错误评定

为所研究的功能领域的效能信念特地编制的微观分析测量能最好地阐明因果过程。这种专门化的测量能了解到人们在不同类型的活动中和不同环境条件下效能信念的变异。我们已经看到，专门的与领域相联系的自我效能知觉测量在解释和预测力方面超过总体测量。自我效能理论的某些检验违背了效能信念系统的多维性。在有些研究中，用一个一般项目测量效能知觉；另一些研究中，把它作为一个总的特征加以评定；还有一些研究，为测与效能似乎有些相似性的其他构念而设计的总体度量代替了个人效能的特殊指标（Rebok & Balcerak，1989；Rosenbaum & Hadari，1985）。这类总体或代替性的测量会产生它们是否适用于动机和行动的自我效能控制的疑问。

日常生活活动充满着挫折、厌倦、压力和其他引起厌恶的成分，这是日常生活的部分。在许多功能领域，人们完全了解如何实行所需的行为。这里，相关效能信念关注的是自我调节能力——假定面临许多劝阻，他们是否能坚持？具有高效能感的人接受麻烦的、令人厌恶的成分，把它们作为对问题进行控制的代价的一部分。相反，那些不相信他们有能力克服不愉快因素的人缺乏使自己通过苦难的理由。在为了得到想要的结果而必须进行的熟悉活动中，关系最密切的是自我调节效能知觉而不是活动效能知觉本身。例如，在预测对不同疾病的自我调控中，适当的效能度量不是个体是否相信他们能实行琐细的结果运作（McCaul，Sandgren，O'Neill & Hinsz，1993），而是他们是否相信其有自我调节能力，使他们能在面临干扰他们努力的条件下，每天都这样做。不重要的测量会产生提供错误信息的结果。 64

因果关系中的行为表现部分也必须在适当的情境条件下评定。行为表现几乎没有得到如同信度系数那样完全精确的测量。外在的情境波动、短暂的生理状态和不完善的记分使行为表现的指标不精确。测量的错误为效能信念与行为表现的相关设置了上限。因此，不应认为行为表现的度量没有错误而对相关量进行解释。

效能信念和行为表现的关系能由于行为表现测量的可靠程度，也可由于行为表现的选择而减弱。复杂的行为型式不容易评定。正确地测量这些复杂的行为需要时间、努力、资源和灵敏度。结果，有些研究依赖于这样一些有问题的代替性测量，如人们报告自己做了什么或他人的评定。即使是这类评定也常依靠总体判断，它们掩盖了要预测的行为的多样性。人们并不是总体地行动。行为的多样性和复杂性问题不是通过简化总体判断能解决的。有时，当直接测量行为时，仅仅包括了很有限的、代表性有问题的样本，因为其他测验花费太多时间和金钱，而且过于麻烦。自我效能知觉的总体测量或行为表现得有缺陷的评定会产生两者之间的不一致。

任务要求的模糊性

自我效能判断需要对任务要求的认识，如果一个人不知道某一活动中必须达到的要求是什么，他就不能精确地判断自己是否有完成这个任务的必要能力。各个活动在困难程度和所需亚技能方面有很大不同。它们可能对认知和记忆技能、操作熟练程度、力量、持久性与处理应激的能力有不同要求。甚至同一活动也可以在不同环境条件下涉及不同的能力。发表一个准备好的演说所需要的概括和记忆技能比自发的演讲少。听众越有知识和越重要，对处理扰乱性应激反应的情绪技能的要求越高。当任务或完成任务的环境条件模型不清时，会产生效能信念和行为表现的不一致。当行为要求不清楚时，低估任务要求产生的错误是明显的过于自信；过高估计任务要求产生保守方向的错误。两类不一致都源于任务的模糊而不是真正的个人效能的错误评价。甚至是已经充分了解了任务要求，但如果情境有相当的不可预测性，人们也不能预料到不得不克服的障碍，没有充分考虑可能发生的障碍会产生过于自信的判断。

对认知活动的自我效能判断提出了一些特殊的问题，因为解决特定问题所需的认知操作并非总是显而易见的。当复杂的认知操作包含在表面上很容易的任务中时，表面现象可能很起误导作用，实际情况常常如此(Bandura & Schunk, 1981)。而且，问题解决一般需要多重认知操作。即使这些操作很容易认识到，如果某些操作已完全掌握而其他有些操作只是部分了解，那么对某一活动的认知能力判断就复杂了。选择性地注意已掌握的成分会突出一个人的能力，而集中于没有很好了解的成分会强调一个人的短处(Cervone, 1989)。甚至对任务所有方面都同样的注意也会产生个人效能判断的变异，这取决于给不同掌握程度的认知技能以多少权重。

在许多活动中，行为表现适当性的判断具有社会性，而不仅仅根据行为表现的客观性质。评价者在他们喜欢和不喜欢什么风格特征与策略特征上各不相同。体操运动员在良好的自我效能控制条件下可能产生日常的技能程序，却发现他们的成绩被一个采用独特标准的评判员贬低了。效能信念和行动间的人为不一致在行为和艺术活动的社会风格问题上也会遇到，如果行为实现者关于恰当性标准和评价成就水平的他人采用标准不同。甚至外在因素，如民族、种族和性别也能支配行为表现的评判。因此，效能信念的精确性部分取决于对判断行为表现的主观标准认识。当缺乏关于什么是良好的行为表现的一致意见时，行为的实现者必须了解评价他们行为表现的标准是什么，这样他们才能判断实现标准的效能。在受社会评价的行为表现中产生效能信念和行为成就的不一致，不是因为人们错误地判断了他们的能力，而是由于他们不了解评价者的倾向。

最普遍的判断不一致是个人效能信念超过了行为表现。自我效能的乐观评价并不必然像一般认为的那样，意味着个体过高地看待自己的能力。这种不一致可能产生于夸大了能力，也可能产生于对任务要求或社会体系如何起作用的认识不充分。一个相关的例子是学业准备不足和学业成就低下的贫困学生有过高的学业期望。这样的期望反映了不充分了解进入大学和在大学获得成功需要有什么样的学业成绩，而不只是高估了个人能力(Agnew & Jones, 1988)。来自低收入家庭的学生与来自较为优越的家庭的学生相比，较少可能接受关于进入大学和实现职业志向需要掌握什么条件的信息指导,不充分的信息导致不良的学业准备,这会妨碍需要高级能力的各种活动。

道巴什(Dornbusch, 1994)提供这样的证据：大部分学生都对他们将面临的学业方面的现实情况大体上表现得无知。许多学生不知道入大学时需要做什么准备。有些甚至得到了关于他们体验到成功课程的错误信息。许多有能力和努力学习的学生想进入大学,并认为自己在为此进行准备,却不为他们所知地被分派到较低的学业轨道,使他们没有资格进入四年制的大学。当评定不同民族的学生的能力时,贫困的少数民族学生较有可能被错误地分配到低的学业轨道,特别是如果这些学生表现出消极的社会行为和缺少父母对学业追求的指导。基于初等课程成绩的自我评价可能正确,但如根据较高水平的学业要求进行评价,似乎是言过其实。简言之,在许多情况下,学生据以判断他们能力的学业要求掩盖在迷雾之中。像一般所做那样,把判断错误完全归之于对能力的错误评价，实际上是研究者的判断错误。对成功的相同的夸大判断因此可产生于不同原因。在有些情况下,个人能力的判断相当正确,但低估了任务要求。在另一些情况下夸大了能力判断而对任务要求有很好了解。还有些情况则是高估了个人能力低估了任务要求。因为,为确定人们是否夸大了对自己能力的评价,还必须测量他们认为任务要求是什么和这些看法的精确性。对成功的挑战通常不仅包括特定的任务要求。包含在公共机构实践中的大部分活动,必须由社会协调而不是孤立地进行的。因此,判断一个人能获得多少成功需要充分了解社会体系如何起作用和评价一个人处理公共机构要求的能力。

66

目的不确定和行为表现信息的缺陷

和其他认知决定因素一样,效能信念在真空信息中不可能作为调节影响因素发挥作用。动机和行动的认知调节要求行为的实现者具有他们试图得到什么的观念和关于他们在干什么的信息反馈。如果他们没有任何特定的目的或他们不能监控他们的行为,他们就不知道要利用什么技能、要动员多少力量、要坚持多久,不知道何时应正确地调整他们的策略(Bandura & Cervone, 1983; Cervone, Jiwani & Wood, 1991)。假定有明确的目的和关于行为的反馈,效能信念就成为动机的行为成就的有影响的调节者。

当自己不能观察到某种行为的一些重要方面时,就会产生行为含糊问题。在一个人的行动结果可加观察,但行动本身在视野之外实现时,操作和运动技能的自我调节尤其如此(Crroll & Bandura, 1982, 1987; Feltz, 1982)。在协调性技能中,如打网球和游泳动作发出者不能见到他们正在进行的许多活动,必须主要依靠动觉反馈和旁观者的言语报告。结果,他们的动作可能有缺陷,而同时又假定他们在正确地完成动作。社会行为也是如此，人们在观看他们社会行为的录像时，常常感到惊奇，因为这时他们观看的是他人的行为而不是自己的。很难指导仅仅部分可加观察的行动或对不能很好监控的行为进行调整。当行为的恰当性根据含糊的标准由社会判断时，像前面指出的那样，也会产生效能信息和行动的不匹配。

关于一个人行为表现的信息可以在影响对动机和行动的认知调节的许多维度上有所差异。对提供恰当性客观指示的活动，行动者能见到他们正在做什么。但对由社会标准判断的活动，行动者必须依靠他人告诉他们活动进行得如何。行为反馈可在若干维度上有所变化。它可以由行动本身内在地产生，或者由外部提供，如网球运动员看见他们击的球落在何处或人们依靠录像或观察者的报告。它可集中于行为的不同方面如何执行或行为的最后结果是成功还是失败。它可以是质的或是量的，内隐的或是外显的反馈可以以粗略的范畴形式提供，如高于或低于一个最低标准，或以精细的等级方式提供如百分位数。它可以间歇地或定期地提供，在时间上接近正在进行的行为或延迟到一个长期活动的结束。当在头脑中有某个目标，关于行为的反馈及时和精准时，效能信念较易转化成相应的行为。如一个人不知道应该走向何处或没有任何正在做什么的观念时，就缺少把努力和行动调整到适合于效能知觉的基础。

67

时间不一致

效能信念和行动表现评定的时间是另一个影响关系程度的重要因素。在日常生活进程中，人们的能力如果不是在增长，也是在重复地得到考验，这促进人们定期地对个人效能进行再评价。行为由行为进行时起作用的效能信念调节，而不是由以前持有的效能信念调节，除非在这期间它保持不变。

当效能信念和行动在时间很接近时测量，那么它们的关系就能得到最精确的揭示。时间越接近，因果检验越好。把过时的效能信念和行动联系起来会形成人为的不一致，如果人们在根据变化了的自我信念行事。例如，记忆功能的效能知觉可预测以后的记忆成绩，即使控制了以前记忆的成绩水平(Bandura，1989c；Berry，1989；Rebok & Balcerak，1989)。但效能信念和行为表现评定的长时间距离可能会歪曲这些因素之间的关系。拉切曼和列夫(Rutschman & Lev，1989)总结说效能信念不影响记忆成绩，因为成绩与五年前测量的效能信念无关。由于效能信念在这长时期内有某些变化，以前的效能信念与记忆能力信念是否影响记忆成绩问题就没有什么关系了。使用比较接近的效能信念评定，相关研究显示效能信念和记忆成绩之间有双向影响(Bandura，1989c)。这些发现与其他能力领域交互因果关系的大量证据是相符的(Bandura，1986a)。

一些专题追踪研究，比较了过去效能信念和当前效能信念的相对预测性，产生了涉及长时间延迟条件下关系的解释问题。当先前信念的预测性不如当前信念时，有些作者曾下结论说当前的效能信念过高地估计了关系的强度（Krampen，1988）。这不一定是如此。效能信念在这期间已经发生变化的证据支持相反的解释，即低估了过去信念的原因作用，因为它们不再代表当前调节功能水平的效能信念。

这并不是说效能信念不能长时期地预测行为。虽然效能知觉的即时测量比以前的测量更有预测力，但效能信念也同样能在比较长的间隔条件下预测行动（Holden，1991；Holden，Moncher，Schinke & Barker，1990）。最有意义的因素不是过去的时间量本身，而是效能信念是否因中间的经验而发生了变化。效能信念的时间稳定性基本上由它们获得的方式、它们的强度和中间经验的力量决定。

效能信念表现出不同程度的强度，它随时间上和物理上与有关行动的接近性而变化，特别是活动涉及威胁成分时。当行为时间来临时，效能强度可能发生动摇。这时任务看起来更为令人生畏，个人局限性在人的思想中会变得更为突出（Gilorich，Kerr & Medvec，1993）。重要的是自我效能梯度的高度和斜率以及对一个人的信念起作用的效能强度阈限。自我信念的这些特征受作为其基础的效能信息的可靠性和其弹性的影响。 68
牢固建立的效能信念会持续地坚强，不论艰难的或有威胁性的活动是遥远的还是即将来临的。这类信念只有通过强制性的否定经验才能改变。因此，已经表明强效能感能预测五年后的应对行为，四年后的健康功能，并在整个长时间间隔中保持习惯的改变（Coletti，Supnick & Payne，1985；Derins & Edward，1988；Holman & Lorig，1992）相反，弱效能信念高度易变。当艰难活动临近时，会产生自我怀疑（Kent，1987；Kent & Gibbons，1987）。消极经验很容易恢复对一个人能力的不信任。

错误判断的后果

失误的严重程度也能影响自我效能判断的精确性。能力的错误判断没有带来什么后果的情境，不会激励人们去认真地评价个人效能。如果这样的判断是公开进行的，谦虚或自我夸大会优先于精确性得到考虑。关心他人会怎么想变得比关心一个无后果的活动完成得如何更为重要。当人们必须在有重要个人后果的几个行动间进行选择，或当他们必须决定消耗他们的时间、力量和资源而没有明显收益的活动继续多久时，人们会认真地对待自我评价。事情重要时，精确的自我评价是行动有价值的指导，有后果的错误判断不会长时间地不受注意或不加改变，除非它们由于顽固的偏向而视而不见。

抑制因素和行为制约

人们可能具有完成一个任务所需的技能和能够运用这些技能的高效能感，但仍不从事活动，因为他们没有受到激励。在这种情况下，不一致来自按照效能信念行动的抑制因素。此外，如果人们缺乏适当地进行活动的必要装备或资源，效能信念就不会表现在相应的行动中。有自我效能的手艺人和运动员不可能用不完善的设备作出优秀的表演。有自我效能的经理，如果缺乏充足的财政和物质资源，就不能完全发挥他们的才能。物质或社会制约也为人们在特定情境中能做些什么设置了限制。在行为表现受抑制因素、不充分的资源或外部制约的阻碍时，效能信念会超过实际成绩。在由对行动的制约而产生的不一致中，不是人们不了解他们的能力，而且外部障碍阻碍了他们的行为达到效能信念的水平。

决定因素的因果次序

人类功能的分析常涉及决定因素的多重性。某些决定因素不易经受实验变化的控制，因此，必须在现实生活条件下在它们同时和互动地发挥作用时进行研究。分析的任务是从各种决定因素的关系范式中抽取出因果结构，这种分析要求对次序进行理论论证，评价各种可能的决定因素的相对作用。例如，社会认知理论认为具有强效能感的人为自己设置高目标，在面临困难时仍保持强烈的承诺。像假设那样，自我效能的贡献在多元回归分析中先于目标进行评定比分析次序逆转时，其效应要大。因果优先性相反或让计算机进行决策的研究可能会低估效能信念对行为成绩的作用。

69

统计的过度控制

在考虑过去行为的研究中，很容易惯常地运用统计控制，但这要求适当地使用它们的谨慎的分析思维。行为不是行为的原因。以前和以后行为的相关反映它们有共同的决定因素。如果在各个时间决定因素是相似的，行为表现将会高度相关；如果决定因素随时间变化，由此产生的行为表现将会不同。在因果分析中，过去行为是将来行为的预测者的证据，使如下的观点成为一种很平常的看法：在不同时间起相似作用的未特指原因会产生相似的行为表现。统计控制不是消除过去行为的“效果”，而是消除支配过去行为的决定因素的效果。

许多动机和自我调节影响因素对行为表现水平产生作用。这个事实使人们对采用过去行为表现水平作为能力代表的普通实践产生怀疑。这样做混淆了能力和非能力因素。过去行为表现本身受个人效能信念的影响。效能信念不是只对以后的行为表现起作用，而完全不是以前行为的一个决定因素。因为效能信念通常既影响以前也影响以后的行为，使用未经调整的过去行为表现分数作为能力的代表也会消除效能信念对将来行为的某些效果。正如过去行为表现不是能力的明确指标，它也不是独立于效能决定因素而起作用的未知原因的一个明确指标。效能信念可能是一群未确定的原因中的重要部分。控制过去行为表现水平而不考虑支配它的决定因素会模糊而不是澄清调节人类行为的各个因素。理论思考应确定因素分析中控制哪些决定因素，这不同于要机器不加区分地控制决定过去行为的一切因素。为避免过度校正，自我效能对先前行为的作用应该在把先前行为引入到自我效能对以后行为的作用分析之前消除（Wood & Bandura，1989）。否则，就不仅控制了能力，而且控制了效能信念和其他动机因素对从中推论出能力的行为的先前影响。相似地，效能信念的作用必须在使用过去行为作为对未知因素的一种控制之前从过去行为中抽取出来。

在行为条件中有某些变化时，人们重新评价他们的效能并相应地引导他们的行动，现在条件和过去条件越不相似，它们包含的不确定成分越多，那么就越需要判断个人调控活动的能力或判断人们是否理解这些活动。当人们必须在同一段时间内在相似条件下一再重复相同的行动时，过去的行为表现就成为随后行为表现的一种高度夸大的预测者。如同预期的那样，在判断下一次能做什么时，人们只是从先前的行为表现水平进行推断。在这种不变条件下，自我效能知觉指导着掌握初始阶段的行为，这时行为执行者必须选择从事什么活动，组织适当的行为过程，根据行动进行得如何作出校正性调整，在面对障碍和进展缓慢时，维持他们的动机。在不变条件下，效能知觉和行为表现很快稳定下来，所以没有多少变化需要解释。邻近的行为高度相关因为它们的决定因素相似。只是证实在相同条件上一再地做许多相同的事并没有给我们关于原因的信息。在日常生活中，人们必须处理不仅有不同要求，而且包含许多需要判断不确定、不可预测和紧张成分的情境。在这种条件下自我效能知觉对人们从事的活动和他们对这些活动处理得如何产生影响。

错误的自我了解　70

在至今讨论过的许多条件下，效能的自我评价是正确的，但它们与行动有差异，因为人们不完全了解他们将要做什么，他们缺乏调节策略和努力水平的信息反馈，他们是在关于什么是良好的行为表现的不同标准（不同于评价者的标准）下工作的或者他们受外部障碍的阻碍，无法从事他们能完成的活动。此外，不一致常常产生于个人效能的错误判断而不是行为的含糊或限制。错误的自我判断可有各种不同的来源。

在新的活动中，人们只有有限的根据来评定他们自我评价的适当性。假定对新活动的熟悉程度有限，他们就部分根据在相似情境中能做些什么的了解来进行自我效能判断。然而相似或不相似的表面现象能产生误导。缺乏经验依据，自我效能判断易受最易在头脑中出现的过去有效或无效行为的事例所支配。当个人因素歪曲了自我评价时，自我效能也可能判断错误。歪曲可能发生在感受一个人的经验时，也可能发生在对经验进行认知加工期间，或在回忆与效能有关的经验期间。在这一过程的初始阶段，人们可能错误地理解他们行为的性质，因此，在判断效能时产生推论的错误。或者他们可能正确地理解他们的经验，但通过他们如何在认知上选择、组合和权衡可供利用的多重形式的效能信息而产生曲解。最后，与效能有关的经验和经验发生条件的记忆的错误会产生错误的自我评价。个人效能判断可由于选择性地回忆个人成功而夸大，由于选择性地记住个人失败而降低。下一章将较为详细地讨论效能信息的认知加工问题。不论曲解的来源是什么，当人们根据他们效能的错误判断行动时，他们会遭受不利后果的影响。

前面我们看到人类行为受多水平控制系统的调节。一旦技能在一再发生的情境中得到发展和常规化，人们就按照他们相信自己能做什么和不能做什么行事，而不再有很多进一步的思考。然而，低估个人效能若导致经常轻率地逃避在他们的能力范围之内的活动，而这些活动能扩大个人的才能或丰富人们的生活，这时个人就要付出代价。兰格(Langer，1979)证实了当人们在使他们想起个人缺陷的情境中判断自己无能力和行为无效能时，会产生自我弱化的效应。

已发表的某一领域的研究各有所长。它一般包括某些富于想像的并巧妙地实施的研究；许多有助于这个领域进展的在概念和程序上高质量的研究；其他的有一些缺点但也有优点，足以在评论家的批评中逃生。有些在方法学上是良好的但依靠了错误的假设；还有一些则有严重缺陷但由于笔头灵巧而得到了挽救或由于编辑的失误而得以发表。前一节中已经表述的概念和程序标准使读者能自己判断已发表的作品的适当性。因此，它们是对有着测量上的缺陷或实验设计上错误的研究的宽容且详细方法学上的事后剖析。

自我评价的真实性：自我帮助还是自我限制?

自我评价正确性的评定一般用行为作为标准，根据这些标准对个人效能判断进行评价。自我评价超过行为表现可能反映过于自信，而未达到行为表现表示过分保守。然而，使用行为表现作为实际能力的完全指标应该非常谨慎，因为行为表现常与互相作用的动机，自我调节以及非能力的情感决定因素相混淆。因此，具有相同能力的个体的行为表现可能处于平庸、适当或显著的水平，这取决于非能力作用因素的性质和强度的波动。这些不同的成绩不仅仅由于偶然事件，而是由于起作用的自我调节影响的系统变化。行为表现对非能力影响因素的敏感性取决于技能发展水平、活动的复杂性、活动周围环境的不确定性。非能力影响因素包含一定复杂性，当它们可通过自我指导和自我激励而改进以及当环境有不确定性、障碍或应激源时，非能力影响因素在行为表现中的作用最为明显。

由于行为表现有起落，确定效能判断和行动间的不一致是反映对能力的错误判断还是特定行为样本不具代表性，并非易事。当行为质量由他人的一致意见而不是客观标准测定时，评定效能评价的正确性问题就复杂起来。这类活动是人类活动的大部分。革新成就史证实了社会舆论常常是错误的，而革新者较好地掌握他们能达到什么目标。

人们广泛地认为错误判断产生功能失调。确实，效能估计的严重错误肯定会使人陷入困境。持久地按照能控制事件的信念行事，但实际上这些事情是不可控的，是企图战胜假想的对手。然而，真实的自我评价的功能价值取决于冒险的性质。在错误的边缘地带狭小和失误会产生代价很高或伤害性后果的活动中，个人幸福最好要有高度精确的自效能评价。例如，在从事猛烈的冲浪运动时严重地错误判断游泳能力的人可能活不到下次进行比较小心的冲浪。通过言过其实地判断决策能力而使自己地位变得高于上司的管理人员会造成组织的混乱局面。许多研究目的在于设计降低过于自信的策略，这些研究出自于由错误判断产生身体危险和经济损失的担忧。

自信心低也同样会带来损失重大的后果。然而，过于保守的自我评价不会受到注意，因为若因失去机会和潜能而没有得到充分发展的不利影响通常比冒险失误的影响发生得迟，并且不那么明显。采取错误行动的代价已有广泛的研究，而没有采取有希望行动的代价基本上被忽视了。但遗弃机会产生的后悔要比采取行动的后悔更为显著（Hattiangadi, Medvec & Gilovich，1995）。个人发展需要冒险。人们的后悔一般集中于遗弃受教育机会，没有追求有价值的职业生涯，没有培育人际关系，没有冒险和在形成生活道路时没有采用更强有力的手段。集中注意于乐观的自我评价的危险会促使对人的发展采取保守态度。

当完成困难的任务会产生巨大的个人或社会效益以及个人代价包含时间、精力和资源时情况就不同了。个人必须为自己决定要培养什么样的创造能力，是否要把自己精力和资源投入到难以完成的冒险中，在充满障碍和不确定的活动中忍受多少苦难。把目光转向现实是一个结果不确定的艰苦过程。社会享受着坚持者和冒险者在艺术、科学和技术上的最后成就带来的巨大效益。现实主义者利用从革新坚持者创造中涌现出来的商品化产物。把萧伯纳敏锐的观察加以释义，由于有理智的人适应世界而非理智者企图改变世界，所以人类进步依赖于非理智者。

72

在人们的自我评价发生错误时，一般是过高估计自己的能力。在非灾难性活动中，乐观的效能评价会有益处，而真实的判断会产生自我限制。如果效能信念是仅仅反映人们日常能做什么，他们会一直坚定地执著于对自己能力的过于保守的判断，这只能产生日常习惯的行为。在谨慎的效能评价下，人们很少提出超过自己立即能达到的志向，也不会进行特别的努力以超过他们日常的行为表现。人们很容易仅仅因降低了自我信心而产生真实的判断，虽然其代价是失去通过自我挑战而达到的个人成就。实际上，在儿童因对自己能力的乐观信念而受到惩罚的社会制度中，他们的成就和对自己期望的保守观点非常一致(Little, Oettinen, Stetsenko & Baltes, 1995; Oettingen, 1995)。

人类现实的困难性质使乐观的自我效能成为一种适应性的判断倾向,而不是在认知上无法做到真实。越来越多的讨论显示人类成就和幸福需要乐观的个人效能感(Bandura, 1986a)。这是因为,一般的社会现实通常到处是困难。生活充满着失望、障碍、苦难、失败、倒退、挫折和不平。自我怀疑能在失败或倒退后很快产生。重要的不是困难引起自我怀疑,这是自然的、立即的反应,重要的是在一个人遇到困难时效能知觉恢复的速度。有些人自信心很快得到恢复,但也有其他人对自己的能力丧失信心。知识和能力的习得一般要求在面对困难和挫折时坚持努力。因此,克服许多劝阻性障碍以获得重要成就需要具有弹性的个人效能感。在布满障碍的活动中,现实主义者抛弃冒险,当产生困难时过早地放弃努力,或变得对于产生重要变化的前景玩世不恭。因此,效能的乐观信念是一种必需,不是一种性格的缺陷。对能力的乐观评价能提高人的志向和维持动机,使人们能从他们的才能中获益最多。

乐观的自我效能信念对情感和动机的益处

通往革新成就的道路与比较普通的活动相比更是充满了障碍和内在的抑制因素。革新要求更多的时间、精力和资源投入,收益常常是逐渐通过具有许多挫折的长期发展提炼过程而实现的。实际上,许多革新家在他们的有生之年见不到他们劳动的成果。不仅制止革新活动的因素令人沮丧,而且对非常规思维的社会反应能很快吓倒怯懦者。革新与现存的偏爱和实践活动不相协调,并对那些维持传统方式可有既得利益的人构成威胁。因此,革新的努力比名声和财富更可能带来社会抵制。革新者还面临一个自我证实的独特问题。他们不能轻易地根据赞成常规思维和活动的他人的判断来评价自己的观点与才能。革新者常常拒绝考虑基于错误标准的批评。反之,批评者也把革新者当作顽固地追求奇异观点、寻求别人注意或自我欺骗的怪人而加以拒绝。这里不乏方向错误的强化对革新者的社会怀疑的事例。

显然,革新者必须有良好的准备以便忍受苦难和坚持不懈。怀特(John White, 1982)在标题为"拒绝"的著作中评论了社会对人类创造发明的反应。他提供了生动的证明,说明了在自己的领域中获得卓越成就的人的明显特征是不可动摇的效能感和对他们正在做的事的价值之坚定信念。这种弹性的自我信念系统使人们能战胜对他们工作的早期再三抵制。

73

许多文学名著的作者遭受过无数的拒绝。小说家萨罗扬(Saroyan)在他第一本文学作品出版之前积累了一千个以上的拒绝。乔伊斯(Joyce)的《都柏林人》受到过22个出版公司的拒绝。斯坦因(Stein)的一首诗在最后被接受之前,把他的诗作投给编辑有20年之久。(这是不能征服的自我效能!)试着用强化理论或成本效益分析来解释这种弹性。十五个出版拒绝过卡明斯(Cummings)的一份稿件。当它最后由他慈爱的母亲出版时,他在用大写字母排印的题词上写道:不感谢,后面紧随着一系列曾拒绝过他获奖的作品的出版人的名字。

在其他创造活动中早期拒绝是一个规律,而不是例外。印象派艺术家不得不自己安排他们的艺术展览,因为他们的作品受到巴黎沙龙的拒绝。当毕加索(Picasso)询问是否可以把他的画带入巴黎沙龙以免遭雨淋时,一个巴黎商人拒绝他的躲避。凡高(van Gogh)在他生前只售出过一幅画。路丁(Rodin)遭到过美术学院三次拒绝。最著名的作曲家的音乐作品最初也受到过嘲笑的接待——斯特拉文斯基(Stravinsky)在最初演奏《春之祭》后被一个激怒了的听众和一些批评者赶出了城。其他许多作曲家遭受过同样的命运,特别是在他们职业生涯的早期。卓越的建筑师赖特(Wright)在他生命的大部分时间内受到广泛排斥。

现代文化中专业演员的遭遇也并不好多少。好莱坞最初排斥无与伦比的阿斯丹(Astaire),把他说成是"脱发的、皮包骨头的不能跳舞的演员"。德卡唱片公司由于非预言性的评价而拒绝和甲壳虫乐队签订录音合同,"我们不喜欢他们的声调。吉他团体即将过时"。在德卡唱片公司拒绝了甲壳虫乐队后,哥伦比亚唱片公司也跟着这样做。迪斯尼提出的主题公园建议受到过阿纳汉姆市的拒绝,其根据是它只能吸引屑小之徒。他(们)坚持着并最后战胜了拒绝者们。

经典科学作者的观点如果和流行的观点太不一致,他们的著作最初受到一再的拒绝,并且常常是敌意的拒绝,也是平常的事。他们的智力贡献以后成为这一研究领域的主要依靠。例如加西亚(Garcia)最后由于他的基本心理学发现而受人尊敬,一个评阅他常受拒绝的稿件的人曾告诉他和不可能在声似鸟叫的闹钟中找到鸟粪一样,人们也不能找到他发现的现象。科学家们常拒绝超前于他们时代的理论和技术。工作越是创新,被拒绝的危险越大。火箭研究的先驱戈达德(Goddard)的观点被他的科学伙伴以火箭在外层空间的稀薄空气中不会推进而遭受剧烈的排斥。甚至诺贝尔获得者的学术也曾面临抵制,这学术以后为他赢得令人垂涎的光荣(Gans & Shepherd, 1994; Shepherd, 1995),科学期刊和它们的顾问小组一般在新观点得到接受以前都采取谨慎小心的态度。技术革命的遭遇也不比这好。当贝尔电话在为启用而奋斗时,它的拥有者以十万美元把所有权利出售给西部联盟。这受到了蔑视性的拒绝,"这个公司的电子玩具能有什么用处"。因为给大部分革新都是淡漠的待遇,所以孕育和技术实现之间的时间一般要几十年。

不应轻易地接受拒绝,把它作为个人失败的指标,这样做是自我限制。下一次你的一个观点、计划或稿件受到拒绝时,不要太绝望。要从这样的事实中寻求安慰,那些已经获

74 得名声和财富的人曾经有过非常艰难的经历。与传统思维不相符合的革新家毕生既没有获得名声也没有获得财富。

实验室研究的发现支持自我效能信念的动机作用在人类成就中的中心地位，需要弹性的效能感以克服无数障碍来获得重要的成就。在革新家和有伟大成就的人中不会发现许多实用的现实主义者。

证据表明常常是所谓正常人的自我评价不真实，但是在积极方向上的不真实（Taylor，1989；Taylor & Brown，1988）。乐观的效能感除了有助于行为成就还有助于心理健康。曾比较过焦虑和抑郁者与没有这些负担的人的技能和自我信念，两组人在技能方面没有多少区别，但他们的效能信念差别很大。有社会焦虑的人和比较好社交的人常常有同样的社会技能，但社交积极的人对自己熟练程度的判断大大超过实际情况（Glasgow & Arkowitz，1975）。施瓦茨和高特曼（Schwartz & Gottman，1976）也同样表明谦逊的人知道怎么做，但缺乏把知识转化为果断行动的效能。

抑郁的人常表现出对自己社会才能的现实评价。但没有抑郁的人把自己看成比实际情况更机敏。随着抑郁者在治疗中取得进步，他们表现出非抑郁者所具有的自我增强倾向（Lewinsohn，Mischel，Chaplin & Barton，1980）。在实验室任务中也显示出有利的自我评价的相似范式，在这种任务中人们从事活动，产生结果，但活动对结果不进行控制。抑郁者在判断他们缺乏控制时相当现实，相反，非抑郁者则认为在这种情境中他们实行了许多控制（Alloy，Clements & Koenig，1993）。在非抑郁者形成暂时抑郁后，他们在判断个人控制时也变得现实了。使抑郁者感到快乐时，他们也高估他们进行控制的程度（Alloy，Abramson & Viscusi，1981）。因此，抑郁者表现得如同现实主义者，非抑郁者自信地歪曲事实。当然，在严重抑郁情况下，就是另一回事了。临床抑郁的人不会是现实主义的（Dobson & Pusch，1995）。责备自己造成世界的不幸，把自己看成完全无用的抑制型精神病患者不是现实主义者。

社会改革家强烈地相信他们能动员为使社会发生变化所需的集体力量（Bandura，1973；Muller，1979）。虽然他们灌输给别人的集体效能感很少完全实现，但他们坚持着收获不多的改革。完美的幸存者具有长生鸟似的能力，能在挫折后迅速恢复信心。如果社会改革家对改变社会制度的前景完全抱现实主义态度，他们就会放弃努力或成为失望的牺牲品。现实主义者可能对现存现实适应得很好，但具有顽强效能的人则可能去改变这些现实。

已有的证据表明成功者、革新者、喜爱社交的人、不焦虑的人、非沮丧者和社会改革家对影响自己生活的事件进行控制的个人效能抱乐观看法，如果不是非现实地夸大。这种自我信念维持着为达到个人和社会成就所需的动机。

确定乐观的效能感是有利的，要关注一些重要的区别。坚决斗争的人应该和沉思的梦想家有所区别。沉思的乐观者缺乏效能力量和对经历不确定、失望和单调乏味的承诺，而这些是高成就的一部分。坚决奋斗的人充满激情地信任自己，因此，他们愿在追求梦想时发展非凡的努力和遭受无数的挫折。在考虑正常的现实时，他们遵守客观的现实主义；当考虑他们个人成功的机会时，他们就信奉主观的乐观主义。这就是在获得高成就会有艰难的问题上，他们不欺骗自己，但他们相信自己具有击败这些艰难的能力。只要主观的乐观主义者相信想要获得的成就是可能的，他们的信念就会经受得起否定事例的考验，因为这些事例并不真正说明这成就不可获得。因此，承认很少有人可达到最高水平，但坚定相信他能做到这一点的有追求的演员，比承认有很大可能性但把自己看成没有机会成功的演员，表现出更强的持久并取得更大的成就。具有双重信念，认为进入最高水平是容易的，他们达到这个水平也是容易的，这种人必定会经历猛烈的醒悟。他们没有好好地准备去忍受追求的成功率很低的许多不幸。简言之，否认现实艰难的幻想必须与承认艰难但认为它们是能够克服的坚定效能相区别。不同类型活动中效能知觉的个人变异和把人分为乐观与悲观型也应加以区别。同一个体在某些活动中可能是坚定的乐观主义者，但在另一些活动中却自我怀疑。类型学观点支持选择的做法，这很容易误用，从而使人陷入自我限制。

75

过于乐观的自我评价对成就的积极效应有时被解释为反映由害怕激发的防御（Clance，1985；Phillips & Zimmerman，1990）。人们可能驱使自己去达到高成就以避免证实他们最糟的担忧：他们是无才能的江湖骗子？是否应该把间歇地蒙上自我怀疑阴影的对自己能力的乐观主义当作欺骗？甚至最有才能的人也会不时地为自我怀疑所困扰，因为没有人会永远达到不断提高的成就。追求难以实现的标准提供了挑战，使人坚持对活动的全神贯注，但也会产生周期性失望。他人看来是很优秀的成就可能会自我扫兴，如果这些成就不能达到严格个人标准。许多高成就者的存在会产生自我贬低的比较，这使积极的自我评价增加了进一步的负担。

按照积极、肯定的过程比按照源于自命“不是什么”的消极、防御性过程来分析乐观的个人效能在动机上的收益更有成效。这是来自不可动摇的自我信念的动机和来自担心被揭发为智力骗子的动机的差异。在后一情况下，人的奋斗基本上成为防御性的印象处理。本章评述的大量证据支持这样的观点：乐观的效能感通过自我挑战、承诺、动机介入、非侵扰性的任务取向而不是通过害怕的自我保护促进心理健康和个人成就。

心理学分析曾主要集中于人类战胜苦难，这项工作强烈地证实了弹性效能感如何使人们忍受艰难和坚持不懈。在追求自我发展中克服丰富的物质利益的诱惑也需要强的自我调节效能感。当很容易得到一个人想要的东西，缺乏严峻的挑战，总是存在着各种各样相互竞争的引诱力时，忍受为发展个人潜能所需要的长期艰苦工作就缺乏动机。为获取成功而努力奋斗的人发现他们的孩子不太注意发展自己的才能，尽管他们有充足的资源可以利用，这是平常的事。在这种条件下成功的自我发展要求自我调节去战胜不需多少努力就可富裕的消极影响。

准备效能和执行效能的不同功能

自我效能理论把在发展技能时和使用已形成的处理情境要求的技能时效能信念强度的影响加以区分(Bandura，1986a)。在技能的发展阶段，把自己看成在事业中高度有效能的人缺少投入许多准备性努力的动机。例如，大大低估学科要求的困难，一直乐而忘忧，没有自我怀疑的学生较可能去举行聚会而不是碰一碰书以掌握学科内容。孔子的至理名言对准备性的自我评价有过告诫。所罗门(Solomon)也提供了有关这个问题的一些证据，他发现强烈地相信自己的效能的儿童对他们认为困难的教学媒体投入高度的认知努力，从它们那里学到很多，但对他们认为容易的同样信息投入较少努力，学到的东西也较少。因此，对效能的一定怀疑激励人们去获得成功所需的知识和技能。然而，在运用已形成的技能时，强效能信念对动员和坚持努力非常重要，这是在困难任务中取得成功所需的。人们不可能对他所知的东西完成得很好而同时与自我怀疑进行斗争。简言之，自我怀疑产生获得知识和技能的动力，但它妨碍已形成技能的熟练运用。准备性的效能和执行效能的社会处理是体育运动中的标准实践活动。教练们夸大他们对手的能力，强调自己队的缺点以激励他们运动员为即将来临的比赛认真训练。但在比赛时，教练不使他们的队在运动场上处于自我怀疑的状态。他们使运动员具备有效能的心理状态，以便使他们把自己的能力发挥到最高水平。

诺列姆和坎特(Norem & Cartor，1990)表达了似乎是矛盾的观点，即悲观的思想会产生良好的成绩。他们发现有些人采用悲观的成绩预期作为激励自己和减少失败对他们自尊的威胁的策略。预先的悲观是一种与领域相关的策略而不是一种全面的人格特征。这些发现在消极思想一般会损害行为成就的大量证据面前似乎无法立足，没有人会建议人们怀着对自己能力的强烈不信任对待任务，并预料自己的努力无效，以此作为促进成功的方式。在活动的准备和行动阶段自我怀疑的功能价值不同为这个明显的悖论提供了一个答案。

预先的悲观也部分反映迷信思想而不是真正不信任个人能力。乐观的预料突然被粉碎的例子持久地铭刻在人们心中。他们求助于预先悲观作为迷信的手段试图支配将来的结果。他们不让自己去期望最佳的结果，因为这种乐观思维会以某种神秘的方法带来失望。从兰格(Langer，1975)的研究中我们得知完全与发生的事情无关的礼仪被人视作对完全决定于机遇的结果实行控制的手段。预先的悲观思维是一种认知礼仪，在幻想控制中负有重大职责。

关于防御性悲观的研究大部分局限在成功的和学术上具有天赋的学生身上，这意味着他们的悲观是自我保护的而非现实的。当然，集中于高成就者排除了令人苦恼的、破坏行为的消极思维。对自己能力真正悲观的学生会把努力减弱，使能力不可能达到进入优秀大学的水平。成功个体的预先悲观最可能反映迷信思想而不是真正相信自己缺乏成功的能力。他们设想最坏的事态，夸大任务要求的难以达到，然后花费许多时间准备对他们面对的挑战实施控制。有些证据表明有效能的悲观者在他们早期家庭生活中缺少有结构的指导，这要求他们发展自我调控技能。然而，如果做得过分，消极思维会转化成应激源和弱化因素而不是激励因素。诺列姆和坎特报告，学术上的悲观思想最终对心理社会功能造成严重危害。那些持续不断地竭力防止预料不幸的人，对自己的要求很高，驱使自己紧张准备而筋疲力尽，把自己弄得很苦恼，限制自己的社会活动，从自己从事的活动中很少得到满足，并开始逐渐破坏自己的成绩。长远来看，乐观主义者在心理社会健康和学术成就方面要成功得多。

77

自我肯定和自我欺骗

包含不正确观念的不实际判断应该和强烈地承诺要实现可能性很少的成就加以区别。如同我们已见到的，伟大的革新家和成就获得者得到想像中不可能获得的成就，不是靠热情与希望，而且靠面临无数障碍时不可动摇的信念和顽强的努力。只有很少成功机会的事业要消耗大量时间、精力和资源，把这些时间、精力和资源应用于比较现实的活动中获益的可能性就大得多。对自己有很高期望的人在他们顽强的效能信念产生的努力无成效时，会遇到困境。他们应继续坚持最后成功的希望，还是把精力投向他处？有些人坚持对能力的不可动摇的信念。但大部分人判断个人不可获得卓越成就，并到不需很大努力就可做得相当好的事业中去寻求满足。人们通常强调夸大的自我评价的代价，但在面临巨大障碍时由于坚持而产生的重要革新和社会变化，从中得到的个人和社会效益却很少受到注意。人类的进步更多由坚持者而不是由悲观者推动。自我信念并不一定保证成功，但自我怀疑肯定酿成失败。这一点在前面提到的关于不实际的学术期望的研究中已得到说明(Agnew & Jones，1988)。在根据客观基础很少有机会获得学术成功的儿童中，夸大自我评价的儿童比具有低的现实期望的儿童升入大学的可能性大得多。埃利奥特(T. S. Eliot)简明地指出："只有那些冒险走得很远的人才有可能发现他能走多远。"

把从过去经验中得到的自我认识根据观察到的相似性概括到新活动中去的能力在成功的适应中起着根本的作用。因为情境极少完全相同，所以如果人们在每个稍有差异的情境中必须重新评价自己的效能，那么他们就会把自己的努力浪费在不必要的重新评价上，并得不到多少成就。各种日常生活情境相互不是绝对相似或不相似，他们通常包含某些相似，也包括某些不相似，相似和不相似的各个不同方面与效能感的关系并不总是立即很明显的。它需要对新情境的某些初步经验以识别它所要求的能力和它提供的实现个人能力的机会。

积极的效能信念的适应性前摄功能在短时内可产生看似虚幻的自我信念。幸运的是，人们不像气候风向标那样不断地改变自我评价以适应从他人那里时刻接受到的任何反馈。他们的自我信念较为牢固地建立在过去掌握经验的基础之上，通过在新情境中按照由重复的经验所证实的自我信念行动，人们激发自己并以预先的前摄的方式建构行动的有效过程。人们相信自己在不确定的情境中实行控制，但实际上没有控制，这样的证据并不意味着他们是习惯的自我欺骗者。完全依靠变化无常的短暂经验判断个人能力会产生适应功能的严重混乱。这意味着得到证实的效能信念并不保留到新情境，即使保留也是非常脆弱以至很容易被暂时的影响否定。成功的功能需要在即时的结果不特别有助于预见的行为时，支持这种预见性行为的效能信念。因此，得到证实的效能信念在新活动中保留着它的作用，直至有充分的证据表明有重新评价的需要。因为大部分情境都允许有某种程度的控制，所以积极的效能信念的迁移比把自我限制信念转移到新活动中更具适应性。只有在人们的自我信念对大量否定证据一直固执地不作出反应时，他们才会被说成是在根据幻想行动。

78

问题是没有根据的个人控制信念是否涉及自我欺骗。因为不可能同时既是一个欺骗者又是一个被欺骗者，所以不可能存在确实的自我欺骗（Bok，1980；Champlin，1977；Haight，1980）。欺骗自己使自己相信某事，而同时又告诉他这是虚假的，这在逻辑上不可能。一个人如何可能同时既是欺骗的动因，又是欺骗的对象，解决这个悖论的努力没有取得什么成功（Bandura，1986a）。这些努力通常涉及要形成分裂的自我，并使其中之一成为无意识的。分裂自我的解决方法无法说明有意识的自我如何能对无意识的自我说谎，而没有这个其他自我相信什么的某种觉知。骗人的自我为了知道如何策划欺骗，必须觉知被欺骗的自我相信什么。不同水平的觉知有时候被当作对悖论的另一个可能的解决方法。人们的内心深处实际上知道他们相信什么。这种重新认识分裂的自我的企图只是重新表述一个人如何能既是一个欺骗者，同时又是一个受欺骗者的悖论。当然，人们可能错误解释自己的行为表现，导致自己由于经过偏向和错误信念过滤的效能信息误入歧途，或用关于某些活动要求哪些种类能力的有缺陷的知识来判断他们的效能。然而，为一个人的偏向或无知误导并不意味着一个人在欺骗自己。

当人们要想忽视可能的否定证据时，常会发生自我欺骗。可以认为为了避免它，他们必须相信它的效度,否则他们就不会知道回避什么。但并不必然如此。有坚定自我信念的人常常不浪费时间去详细检查对他们进行的批评性的社会评价,因为他们完全相信对其进行评价的人得到了错误信息或完全有偏向性。例如,印象派艺术家没有进行自我保护式的回避或由于自我怀疑而不能自拔。当他们的绘画受到控制着美术展览馆的传统主义者拒绝时,他们也没有放弃他们的创造倾向。他们形成了自己的判断艺术才能的标准。在人们热情投入的活动中,当遇到反对坚定自己的自我信念的证据时,人们怀疑它的可靠性、拒绝考虑它的意义或把它曲解以符合自己的观点。然而,如果证据有令人信服的说服力,大部分人最终会改变自己的自我信念。

/第三章/

自我效能的来源

人们对自己个人效能的信念，是其自我认识的一个主要组成部分。建构自我效能有四个主要的信息来源：作为能力指标的动作性掌握经验；通过能力传递及与他人成就比较而改变效能信念的替代经验；使个体知道自己拥有某些能力的言语说服及其他类似的社会影响；一定程度上人们用于判断自己能力、力量和机能障碍脆弱性的身体与情绪状态。所有特定的影响根据其不同形式，都可以通过这些效能信息来源中的一个或多个发挥作用。

与判断个人能力有关的信息——无论传递形式是动作性的、替代的、说服的还是生理的——都不会自己发挥作用。只有通过对效能信息进行认知加工和反省，思维才会有所影响。因此，必须区分经历过的事件所传递的信息与被选择、权衡并整合进自我效能判断中的信息。许多个人、社会以及情境因素会影响人们对直接经验及受社会调节的经验的认知解释。

对效能信息进行的认知加工包括两个可以分离的机能。其一有关人们注意和用作个人效能指标的信息类型。传达个人能力信息的四种形式各有一套与众不同的效能指标，所选的一些因素为自我评价加工提供了信息基础。第二个机能有关人们用来权衡与整合不同来源的效能信息以建构其个人效能信念的组合规律和直观推断。本章将考察效能信念的主要来源以及支配选择、解释与整合效能信息进行个人效能评价的过程。

动作性掌握经验

80

动作性掌握经验是最具影响力的效能信息，因为它可以就一个人是否能够调动成功所需的一切提供最可靠的证明。成功使人建立起对个人效能的健康信念，失败——特别是在效能感尚未牢固树立之前发生的失败——则会削弱它。如果人们经历的只是轻而易举的成功，他们就会急于求成，并很容易被失败所挫伤。要有通过坚持不懈的努力克服障碍的体验才能形成一种效能恢复感。工作中遇到的某些困难和挫折可以教会人们，成功常常需要锲而不舍的努力。困难让人们有机会学会如何通过磨砺自己的能力，来更好地控制事态，转败为胜。当人们相信自己具备成功所需的条件时，面对困难会坚持不懈，遭遇挫折也会很快走出低谷。咬牙挺过难关，人们就会变得更加强大而有力。埃尔德和莱克（Elder & Liker，1982）就大萧条的艰难岁月对女性生活产生的持久影响所作的解释为此提供了一个很好的例证。在拥有一些适应资源的女性中，早期经济困难使她们比那些一帆风顺的人更加自我肯定和随机应变。但对于那些缺乏应对不良事件准备的女性，严重的经济困难则使她们后来缺乏机智，并有严重的无力和顺从感。

研究者曾就有指导的动作性掌握经验在建立和加强效能信念中的相对力量，同其他形式的影响——如策略示范、成功行为表现的认知模拟以及个别指导等——进行了比较（Bandura et al.，1977；Biran & Wilson，1981；Feltz，Landers & Raeder，1979；Gist，1989；Gist，Schwoerer & Rosen，1989），发现比起单纯依靠替代经验、认知模拟或言语指导等的影响模式，动作性掌握经验能够产生更强、更普遍化的效能信念。

复杂的行为表现既非意志行为的产物，也非外部奖赏和惩罚经验注入后的简单产物，而是很大程度上受认知及其他自我调节亚技能组织和控制的建构。通过掌握经验以建立个人效能感，并不是一件可以按部就班的事。它包括获取认知、行为和自我调节工具，来创立和执行有效的行为过程，以控制不断变化的生活环境。通过动作性经验得到发展的效能信念，从认知和自我调节两方面为有效行为表现创设了便利。随后几章我们将会看到，以特别有利于获取生成技能的方式组织掌握经验，是获得这一发展的最佳途径（Bandura，1986a）。了解了建构有效行为过程的规则和策略，人们就有办法应对日常生活的要求。将复杂技能分解为易于掌握的亚技能并按等级进行组织，可以促进人类能力的认知基础之发展。

人们不仅需要有效的规则和策略，而且还需要相信如果能一贯坚持运用这些规则和策略，就能实施更好的控制。前面我们看到，如果人们具备知识和技能而缺乏用好它们的自信的话，就不会有很高的成就。的确，受损的机能更多是源自对认知技能的废弃不用而非缺乏(Flavell，1970)。对策略训练的好处的研究就是一个很好的例证。舒恩克及其同事教给存在严重学习问题的儿童，面对认知任务如何审度要求、构思答案、监控适当性以及在发生错误的时候能予以纠正(Schunk & Rice，1987)。对认知策略的指导以及运用它们进行的实践，既没能提高儿童的个人效能感，也没有改善他们的学业成绩。即便是持续的成功反馈也无济于事。但当提醒他们通过运用策略更好地控制了学业任务，并以成功反馈证明他们策略运用得很好时，就可以根本提高儿童的效能信念及其后继的智力成就。他们的个人效能信念提高得越多，行为表现也越好。因此，对那些为自己的能力深表疑虑的个体来说，单纯的技能传授和成功反馈收效甚微，而技能传授伴随对个人效能的社会确认则可以使他们获益匪浅。如果在技能发展中强调个人运用这些技能产生特定结果的力量，功能的改善也更可能持久。

81

人们根据自己的效能信念行事，并从设法赢得的成就中确定自我评价的恰当性。行为表现成功一般能提高个人的效能信念，反复失败则会使之降低。特别当失败发生在事情的早期阶段，又反映不出是缺乏努力还是环境不利而导致失败的时候，更是如此。虽然行为表现成功具有强劲的说服力，但不一定提高效能信念，同样，失败也不一定降低效能信念。效能知觉的变化源自于对行为表现所传递的有关能力诊断信息的认知加工，而不是行为表现本身。因此，行为表现的成绩对效能信念的影响有赖于对那些行为表现的了解。相同水平的成功，既可能提高，也可能不影响，或是降低知觉到的自我效能，这要视人们对各种个人和情境因素的不同解释与权重而定(Bandura，1982a)。一次小小的成功，如果能让个体相信自己具备了成功所需的条件，往往能使他们超越现在的行为表现成绩达成更高的成就，甚至会在新活动中或在新条件下取得成功(Bandura，1978b；Bandura et al.，1980；Williams et al.，1989)。

由于许多与能力无关的因素会影响行为表现，所以单单行为表现不足以用来判断个体的能力水平。因此，行为表现与自我效能知觉间不能简单地等同。个人效能评估是一个推理过程，需要对影响成败的各种能力和非能力因素的相对作用进行权衡。人们多大程度上可以通过行为经验改变其效能知觉，有赖于他们对自己能力的预见、对任务难度的知觉、他们所花费的努力、所接受的外部帮助、完成任务时的环境、其成败的时间模式以及这些动作性经验在记忆中被认知组织和重建的方式与其他一些因素。这样，就很难确定单独的行为表现可以传递多少有关个人能力的信息。在不确定的状况下，自我效能知觉往往比过去的行为表现具有更好的预测力，因为效能判断包含有更多的信息，而并不只是完成了的行动。认为效能信念只反映过去行为表现的简单化的观点经不起实证检查。了解了各种因素如何影响对行为表现信息的认知加工，就可以弄清楚在什么条件下人们可以从其掌握经验中获益最多。

处理预先存在的自我认识结构

自我认识的发展是一种认知建构，而非对自身行为表现的简单、机械的审查。人们不会完全不借助对自己或周围世界的概念处理任务。凭借交往经验，人们发展了一个结构化的自我系统和一套丰富的语义网络系统。这些个人效能的自我图式影响人们期待什么、如何解释和组织应对环境时产生的效能信息以及在作效能判断时记起的是什么。有些事务提供的信息对个人效能来说是老调重弹，不会改变人们的自我评价。许多事项则产生混合的关于时空的证据，为解释偏向发挥作用留有余地。人们赋予新经验多大的权重以及如何对它们进行记忆重组，一定程度上有赖于必须将它们整合进去的自我信念之性质和强度(Bandura，1992c)。因此，效能信念既是经验的产物，又是其构建者。

82

由预先存在的、有关效能信息认知加工的自我图式所产生的偏向，有助于其稳定性。将冗余指标看成对个人效能的进一步证明，并以自我肯定的方式解释混合的效能指标，就可以加强个体已经持有的效能信念。记忆重组时，人们会将与自我信念不一致的经验降至最低限度、贬低或是遗忘。相反，对那些与自我信念相一致的经验则容易被注意、赋予重要的意义并牢记在心。因此，怀疑自己效能的人，较可能将不断的成功视为是艰苦努力的结果，而不是对自己能力的证明；而自我肯定的人在取得同样的成功之后，会更加相信自己的能力(Alden，1987)。

随意地告诉人们他们在一项新活动中行为表现好或者不好，从而提高或降低其效能信念的有关研究，清楚地表明了已有效能信念在降低不一致效能信息影响上所具有的力量(Ross，Lepper & Hubbard，1975)。他们持续坚持逐渐建立起来的虚构效能信念，甚至当这些信念的说服基础已经完全不具权威性时仍然如此。随意建立起来的效能信念会让与其相抵触的行为经验残存一段时间(Cervone & Palmer，1990)。劳伦斯(Lawrence，1988)提供的证据表明，由虚构成功产生的效能信念会通过自我劝导的认知过程得到加强。根据被告知的所谓成就，人们会从以往的成功经验中搜罗支持性的证据，并由此说服自己有从事该活动的能力。稍后，相反的说服证据不会根除他们已经确立的自我信念。如果在判断一个人的行为表现是否恰当时有很大的主观性——比如在社会能力方面，那么，即便行为表现反复表明个体所具有的能力，人们仍会保持虚构建立起来的低效能感(Newman & Coldfried，1987)。要想驱除低的个人效能感，就需有明确的、迫人的反馈，来有力地反驳个体预先存在的对自身能力的不信任。

虽然注意和解释偏向会把人引入歧途，但也为个体的自我概念提供了必要的连续性。

没有其稳定作用，人们对自己的看法会随一时的成败而不断变化。如果稳定的自我图式是有利的，就会很好地服务于人。凭借反复成功建立起强烈的效能感之后，人们不会因偶尔的失败或挫折削弱对自己能力的信念。效能感高的人，倾向于把环境阻碍因素、努力不够或策略糟糕看作行为表现有缺陷的可能原因。当人们把糟糕的行为表现归因为策略失误而不是自己无能时，面对失败反而会让他们相信，只要采用好的策略未来就会取得成功，从而提高了他们的效能（Anderson & Jennings，1980）。自我加强的肯定偏向可能会在行为成就中获得回报，而人们若固执地不肯相信自身的能力时，情况就完全不同了。确信自己无效能的偏向会产生糟糕的行为表现，这又会进一步削弱个人的效能感。

诊断行为表现信息时的任务难度和背景因素

成败对个人效能判断所具有的自我诊断价值，有赖于对任务难度的知觉。在容易任务上取得成功在个体是料之所及，因此也不会引起任何效能重估。而掌握困难任务则为83提高个体的能力信念传递了新的信息。在行动中，人们不仅对自己，而且对任务都会有新的发现。这些发现有时会产生看上去自相矛盾的效果，即成功降低自我效能知觉。比如，若是在完成挑战任务的过程中，行为者发现任务本身可能具有某些难以克服的困难，或自己的应对方式可能存在一定局限性，那么，即便行为成功其效能知觉也会降低（Bandura，1982a）。这种情况下，异常的成功反令他们动摇而不是受到鼓舞。

人们往往不完全了解大部分新而复杂的任务的难度。另外，复杂活动需要各种重要程度和发展水平不同的亚技能。推断任务难度就不能仅根据任务特征，还有赖于对当前任务与难度及技能要求已为人们所熟知的其他任务的相似性的知觉（Trope，1983）。任务要求的模糊性增加了人们从动作性经验评估个人效能的不确定性。在评估任务难度时，人们常常求助于其他从事过该项活动者的成功率这一标准信息。对任务难度估计的变化，会使人们从行为成就中产生不同的个人效能评估。

行为表现发生的背景往往包含有一组因素：对成就或是阻碍或是促进。这些背景因素有：情境障碍、他人提供的帮助、可加利用的资源或设备是否充分以及执行行为的条件等。在外部帮助下获得的成功，由于可能被归功于外部帮助而非个人能力，因而所具有的效能价值很小。同样，不利条件下的不完美行为表现，也比发生在最佳条件下寓含的效能意义小得多。对行为表现产生作用的非能力因素越多，人们越少将行为表现推断为个人能力的结果。但判断某一行为表现多大程度上可以反映个体的效能，则受人们注意到多少非能力因素以及赋予它们的权重如何的影响。支配这一评价过程的是人们对特定活动领域中决定行为成就的因素所持有的直观因果模式（Trope，1983）。

摈弃多年来发挥保护功能的自我信念也非一朝一夕之事。怀疑自己应对效能的人较可能不相信自己的成功经历，而不会冒险对抗自认为不能充分控制的威胁。当经验同根深蒂固的效能不足的信念相冲突时，人们只要能找到贬低成功经验之推断价值的理由，就会拒绝改变对于自己的看法。这种情况下，要想使个体效能产生持久、普遍的变化，必须要有强有力的经验来证实，其中人们在各种条件下能够成功应对的任务要求，远远超过日常生活中通常会碰到的问题(Bandura，1988b)。他们以一种暂时状态持有效能信念，要在判断自己能做什么、不能做什么之前，检验自己新近获得的知识和技能。随着预测和处理可能威胁的能力日益增长，他们发展出强有力的效能感，使其能更好地掌握新的挑战。

付出的努力

一定程度上，行为成就决定于个体在特定活动中的努力程度。因此，付出努力的大小影响人们根据行为表现作出的能力推断。尼科尔斯和米勒(Nicholls & Miller，1984)报告，努力对儿童和成人有不同的能力含义。在幼儿看来，高度努力意味着可以获得更多的能力；成人则认为，如果做成某事需要付出很大的努力就意味着能力低下。由于能力和努力被人们视作相互依赖的决定行为表现因素，所以付出努力的量影响到人们从行为成就得到多少效能知觉。但另有研究者发现，虽然有些人认为努力可以弥补能力的局限，但也有许多成人相信通过努力能够提高能力(Surber，1985)。所以，坚实的努力究竟意味着能力高或低，是一种个体间差异，而非年龄群体间差异。　84

从任务表现判断基本能力的推论规则，除努力水平外，可能还包括对任务和环境之标准难度的知觉。如果个体在他人认为困难的任务上花费很小的努力就能取得成功，表明他具有较高的能力；而若取得同样的成就需经过艰难的奋斗，则暗示其能力较低，因此，也不太会提高其自我效能感。即便没有有关他人行为表现如何的信息，通过坚苦卓绝的努力才取得的成功也会降低人们再次集结同水平努力的效能信念(Bandura & Cervone，1986)。

根据失败进行效能自我评价时，努力也是一个重要因素(Trope，1983)。微弱的努力使人们无法用失败来推断个人能力，即没有真正努力而导致行为表现糟糕，并不能表明一个人究竟能做什么。个体如果在有利于取得高成绩的条件下付出大量努力，却仍然在高或中等难度的任务上失败的话，就比较强烈地证明了其基本能力如何。艰苦努力若在最佳条件下以失败告终意味着个体能力有限。当然，这样条件下若在已知相对简单的任务上失利，对个人效能知觉具有决定性的影响。

有关努力和任务难度的原因判断如何影响行为表现，归因框架下开展的研究(Frieze，1980；Weiner，1986)已对此进行过考察。归因系统挑选了两个因果维度：因果控制点及其时间稳定性。分析过程通常限于四类信息，代表能力、努力、任务难度和运气。

能力被视为稳定的内部原因，任务难度则是一个稳定的外部原因，努力被看作不稳定的内部原因，而运气则是不稳定的外部因素。归因理论激发了相当多的对因果判断的研究。这些研究大多基于对假设情境的判断，而没有多少阐述因果归因和行为之间的关系。

这种研究途径还引起许多概念和方法论的问题。在概念方面，它倾向于将判断因素当作分离的实体，而事实上它们从关系中获得其重要性。例如，任务难度不是一个稳定的外部原因，而是一种关系特性，涉及知觉到的能力和任务要求间的匹配。同样的算术题，对一位成就卓越的数学家来说是小菜一碟，而对于一个缺乏基本算术技能的人而言则具有一定难度。同样，能力也不一定是一种稳定的内部特性，因为能力是可变的。甚至连努力也不是归因理论所认为的那样轻易可控。人们常常怀疑自己是否有效能去增加和维持艰难尝试中成功所需的高度努力。许多失败反映了人们调节自身动机时的无能，而不是缺乏知识或是基本技能。人们控制自己努力水平的效能感越弱，其行为动机也越低(Bandura & Cervone，1986)。努力的可控性和能力的增长，都深深根植于一种牢固的自我调节效能感(Bandura，1991b，1993)。

归因理论通常只包含若干类与个人效能判断相关的信息。以社会认知的观点来分析，这几类因素只是效能信息的传递者，而非行为原因的种类。而且，除知觉到的努力、任务难度和运气之外的其他因果因素，对人们判断能力也很重要，如情境条件、身体和情绪状态、背景影响以及成就表现的时间模式等。此外，人们形成自己的个人效能信念时所用的信息，既有来自于行为经验的，也有从示范、社会比较和社会评价中获取的。因此，要想更好地阐明支配效能自我评价的推论过程，就应该分析人们如何选择与整合多维度的效能信息，而不是让他们对几个预先选定的因素权轻度重。效能信念会使人们对归因理论家挑选出的因素子集的注意和权衡产生偏向性。因此，效能感高的人倾向于将失败归因为努力不足或环境不利，而那些自认为无效能的人则认为失败源自能力低下(Alden，1986；Grove，1993；McAuley，Duncan & McElroy，1989；Silver，Mitchell & Gist，1995)。对努力、任务难度和环境等因素进行权衡，不是塑造效能信息的归因问题，而是运用与效能有关的信息评价个体的个人效能问题。

85

效能信念的形成，是整合各种可用以判断个人能力的信息来源的过程，而不是整合社会认知理论及归因理论的问题。社会认知理论支持对判断过程进行动力整合的方法，而非有限的范畴方法。因此，归因与信息整合两种方法的区别，不仅在于所包含判断因素的数量，还在于采用什么分析方法决定人们进行效能判断时使用哪些因素以及赋予它们的权重如何。归因法依靠个体对权重的自我报告，仅仅要他们评定能力、努力、任务难度和运气对自己行为表现的相对贡献。让人们重新构建判断过程与让他们辨别出反映在其实际判断中的判断过程，是绝然不同的。这不仅关系到人们能否洞察自己判断过程的问题。

回溯报告不能确定,究竟反映的是个体对自身某种程度上行为表现的原因判断,还是对此的社会嘉许的解释(Covington & Omelich, 1979)。信息整合法支持采用方差分析、多元回归技术或能够揭示简明判断中认知整合过程的代数模型进行的推论性加权(Anderson, 1981; Surber, 1984)。行为表现情境中有许多因素可以传递效能信息。人们选择哪些因素以及如何权衡与联合它们,通过不同的诊断因素及其相互作用能够解释的效能判断的变异量可予以揭示。这一程序明确了人们形成效能判断时真正使用的判断规则。本章的结论部分将更加详尽地讨论,决定人们如何整合多种效能信息、达成个人效能信念的分析方法。

稍后我们将会看到,归因理论家挑选的因素对行为表现的影响,很大程度上是通过对个人效能信念的干预得以实现的。例如,只有当个体相信自己有能力成功时,将行为表现不良归因为努力不足才可以提高动机;那些不相信自己效能的人则预期增加努力也徒劳无用。由于形成效能信念的过程中,人们通常会考虑归因因素之外的更多因素,所以,自我效能知觉具有更大的预测力。

选择性自我监控和动作性经验的重构

自我效能知觉不仅受人们对行为表现成败解释的影响,而且还受人们对行为本身进行自我监控时存在的偏向的影响。每种努力都涉及行为性质的某些变化。许多因素都对这种可变性起作用,例如,注意的、身体的和情绪状态的起伏以及思维过程、背景影响和情境要求的改变。在发展的早、中阶段,技能尚未得到充分的组织和提炼,行为特别容易受到这种影响。人们观察得最仔细、记忆得最好的是自己良好的或是糟糕的行为表现,具有很大的可变性。选择性地注意和回想自己较差行为表现的人,虽然可能对所记内容加工正确,但还是会低估自己的效能。这种情况下,问题出在注意和记忆过程的偏差,而非对自己成败原因的推论判断。 86

如果一个人对自己的成功给予特别的关注和记忆,选择性的自我监控就能够提高个人效能信念。有关自我模仿的研究表明,可以通过选择性地关注个人成就来提高效能。研究中,被试观看反映自己成功行为表现的录像,过失和有外部帮助的部分则被剪辑掉。这些有关效能的自我描绘并未就改善真实技能传达任何新的事实信息(Dowrick, 1983; Schunk & Hanson, 1989a)。但人们在观看了剪辑过的关于自己成功的录像之后,效能知觉和行为表现上都有很大的提高。

成就轨迹

大多能力的发展都旷日持久。复杂能力的获得,更需要人们在不断变化的条件下——既可能改进特定行为表现，也可能损毁它们——习得、整合并依等级组织不同的亚技能。许多相互作用的过程决定着人们取得的成就，所以通往精熟的道路上有冲刺、挫折，也有进步了或一无进步的时期。技能习得的不同阶段进步速率各不相同。初期很容易取得进步，但后期则很难获得迅速的提高，因为这时候显而易见的错误已经消除，所需要的技能也比早、中期更为复杂。高原期时则花费许多时间也收获甚少。

成就随时间的变化带有效能含义。人们将自己成就的速度和模式作为个人效能的指标。那些虽然经历一个时期的失败但仍然不断进步的人，比起那些虽然取得成功但看到自己的进步速度日不如前的人，更易于提高自己的效能感。如果人们将一时的高原期解释成正在接近自己能力的极限，就不会对自己的特定活动抱更多期望，也就不会投入更多的时间和努力去获取更高的熟练水平。

累积经验对效能自评的影响方式，有赖于人们对这些经验的认知表征，包括对成败的相对频数、时间范式以及发生情境等的记忆。正如邦奇（Bunge，1980）的简明概括：记忆是对过去的重新建构，而非简单再现。人们对那些在时间、空间上散布广泛的经验加以整合的能力将会随发展而变化。幼儿认知整合能力的发展不及成人，所以很难根据时间跨度较大的经验评价自己的效能。越是近期的经验越容易被人们记起，所以也越重要。如果这些经验不能充分代表个人的能力，就为自我评价提供了一个有偏向的信息基础。随经验而发展的记忆技能，使得人们可以更好地重新建构长久以来的成败模式及其得以发生的可变条件。

替代经验

动作性经验并不是人们能力信息的唯一来源。以榜样成就为中介的替代经验，也对效能评价有一定程度的影响。所以，示范是促进个人效能感的另一个有效手段。人们在那些有独立的客观指标证明胜任程度的活动中，比较容易判断个人的能力。一个人是否会游泳、驾飞机或算账，都是一目了然的。跳高运动员也可以根据自己所跳过的高度估计自己的熟练性和进步率。可是大多活动对胜任程度没有绝对的度量。因此，人们必须根据自己与他人成就的关系来评价自己的能力。一个学生在一次考试中得了115分，但如果不知道其他人成绩如何，就无法判断这个分数是好是坏。如果胜任性很大程度上要靠个体与他人行为表现的关系进行评估时，社会比较就成了能力自评中的一个根本性因素（Festinger，1954；Goethals & Darley，1977；Suls & Miller，1977）。

87

不同活动中，个体可能以不同形式与他人进行推论性比较。某些常规行为中，以有代表性的群体在给定活动中的标准来确定个体的相对地位。有关研究中，根据情况相同的参照群体的标准，用虚假反馈告诉被试其成就处于一个较高或较低的等级，结果很好地表明了与标准的比较对效能自评的影响（Jacobs et al.，1984；Litt，1988）。被告知行为表现优于群体标准的个体，效能信念得以提高，反之则降低。日常生活中更是如此，人们常常在同一条件下将自己与特定他人——如同学、同事、对手或在其他环境中从事相同努力的人们——进行比较，自己胜出则效能信念提高，反则亦反（Weinberg et al.，1979）。根据所选择社会比较对象的才能不同，人们的自我效能评价也发生很大的变化（Bandura & Jourden，1991；Wood，1989）。

支配示范影响自我效能的过程

示范通过几个过程影响效能信念。如前所述，通过社会比较推论，与自己相似的他人的成就可用以判断个体自身的能力。因此，目睹或想像相似于他人的成功行为表现，往往能提高观察者的效能信念，使其相信自己拥有掌握相应行为的能力。他们会劝导自己，如果他人能行，自己也有能力提高成绩（Bandura，1982a；Schunk，Hanson & Cox，1987）。同样的道理，看到能力相似的他人虽高度努力却仍然失败，就会降低观察者对自己能力的判断，并削弱其努力（Brown & Inouye，1978）。设想的相似性越大，榜样的成败越具说服力。如果人们认为榜样与自己迥然不同，那么榜样的行为及其结果就不会对其个人效能信念产生太大影响。自我示范，即人们观察自己在经过特别安排、有利于发挥最佳水平的条件下取得的成功，可用于直接诊断一个人有能力做些什么。这种示范形式也可以加强对个人效能的信念（Schunk & Hanson，1989a）。

在几种条件下，自我效能评价对替代信息尤为敏感。对自己能力的不确定程度就是其中之一。如果人们没什么先前经验作为自身能力的评价基础，其效能知觉就易于受相关示范的影响而改变。缺乏对自己能力的直接了解，人们就更加依赖示范性指标（Takata，1976）。但这并不是说，大量既有经验就一定能抵消社会示范的可能影响。恰恰相反，生活实在变化无常，不可能产生如此固定性。有成有败的经验会让人们一点点产生自我怀疑，需要对自己进行周期性的重新评价。而且，活动与伙伴也在不时变化，所以社会比较信息持续具有自我诊断价值。对于有无数经验证明自己无效能的个体来说，传授有效应对策略的示范能促进他们的自我效能（Bandura，1977）。甚至对于那些高度自信的人来说，如果榜样能教会他们更好的处事方式，也会提高他们的效能信念。

不同形式的效能影响很少是分别单独发挥作用的。人们不仅感受自己努力的结果，而且也看到他人在类似活动中如何行动，还不时地接受有关自己行为是否恰当的社会评　88

价。由于这些因素彼此影响，所以某一个效能影响方式的影响力会随其他影响方式的强度而发生显著变化。因此，对不同效能影响方式相对影响力的概括，必然受到互动影响波动的限制。

一个很好的例证就是替代经验增强或抵消直接经验的影响力。尽管一般说来，替代经验要弱于直接经验，但在某些情况下，替代影响可能压倒直接经验的作用。示范所传递的比较信息会改变失败经验的诊断，而促进证实以替代性经验为基础的自我概念的行为。这样，看到类似的他人失败而确信自己无效能者，便会很快接受自己随后的失败，作为个人能力不足的佐证。相反，使人们相信自身效能的示范影响，会弱化直接的失败经验的影响，使人们面对反复失败仍能保持相应的努力（Brown & Inouye，1978；Weinberg et al.，1979）。这样，某一特定的影响方式可以启动加强其效应的过程，或削弱其他强有力的影响因素的作用。

示范影响的作用并非简单地提供一个可资评价个人能力的社会标准。人们会主动寻求那些拥有自己梦寐以求之能力的驾轻就熟的榜样。能干的榜样通过行为和行为表现出来的思维方式传递知识，并教给观察者应对环境要求的有效技能和策略（Bandura，1986a）。有效手段的获得可以提高个人效能信念——特别是当效能知觉反映的是技术不足而非对已有技能的错误评价时，示范的教育作用尤为重要。有抱负的榜样指导并激发自我发展。

榜样不像沉默不语的机器人，除行动之外，他们还通过言语进行效能示范。在奋力解决难题时，他们会表达成功有望的决心、克服困难赢取重要目标的信心，或是继续努力的扫兴和徒劳。面对困难信心十足的榜样比遇到问题就自我怀疑的榜样，灌输给人们的是更高的效能感和毅力（Zimmerman & Ringle，1981）。坚持不懈的榜样在应对不断出现的拦路虎时表现出的大无畏态度，比特定技能示范更能给人们以能力。向梦寐以求的标准不断进步，是自我效能和自我满足的来源之一。示范事件除起到教育和动机作用之外，还传递有关外界任务性质及其存在困难的信息。比起观察者的最初所想，示范反映出的任务难度及潜在威胁的可控性都可能更大或者更小。采取有用的策略及改变对任务难度的知觉，都会使个体改变对自己能力的信念。

旨在改变应对行为的示范，强调有助于提高效能信念的两个因素——可预测性和可控性（Bandura et al.，1982）。证明可预测性时，榜样不断参与有威胁的活动，现身说法，例证恐惧的人或物在诸多不同的情境中最可能如何行事。可预测性能减小压力，加强应对威胁的准备状态（Averill，1973；Miller，1981）；证明可控性时，榜样演示无论出现什么情况都能应对威胁的高度有效的策略。教育性示范可以使得恐怖思维引起害怕的东西变得可以预测和控制。

几种条件下，所示范的策略信息能够改变社会比较信息的通常效能作用。比如看到一个技艺谙熟的人因使用有缺陷的策略而失败，只要观察者认为自己拥有更加切合需要的策略，那么也会推进其效能知觉。看出他人未曾尽力可以增强观察者作出更好选择的信心，这种情况下观察到失败最可能提高效能知觉。相反，要是看到一个训练有素的人虽然运用最为精熟的策略也还只是勉强成功，观察者就会重新评价任务，认为实际比预想要困难得多。要想弄清示范行为表现中的各因素如何影响自我效能评价，除能力的社会比较指标之外，研究者还应关注策略示例和任务评价。

社会比较理论最初是用来解释没有客观标准的情况下人们如何进行能力自评以及人们如何通过与比自己更糟或更好的人的比较来对痛苦和自尊进行自我调节（Festinger，1954）。这一理论随后被扩大为包含其他社会调节的心理功能（Wood，1989）。随着领域的扩展，该理论失去了区分、解释和预测力。比如，组合功能之一是能力的自我改进。人们向技艺纯熟的榜样学习知识、技能和有效的策略。社会比较理论几乎没提及人们如何通过观察技艺纯熟的榜样而获得社会认知技能。与此相反，关于在行为和社会能力、认知技能以及情感倾向中的观察学习，起主导作用的决定因素和心理机制，社会认知理论提供了大量已经证实的知识（Bandura，1986a；Rosenthal & Zimmerman，1978）。

观察学习由四项子功能所支配，这概括在图 3.1 中。注意过程决定个体在大量示范影响因素中对什么进行选择性观察以及从发展着的示范事件中抽取哪些信息。许多因素影响到人们对社会和象征环境下所做示范的探索与分析。观察者的认知能力、偏向和价值偏好就是其中的几个。另有一些与示范活动本身的显著性、吸引力及功能价值有关。

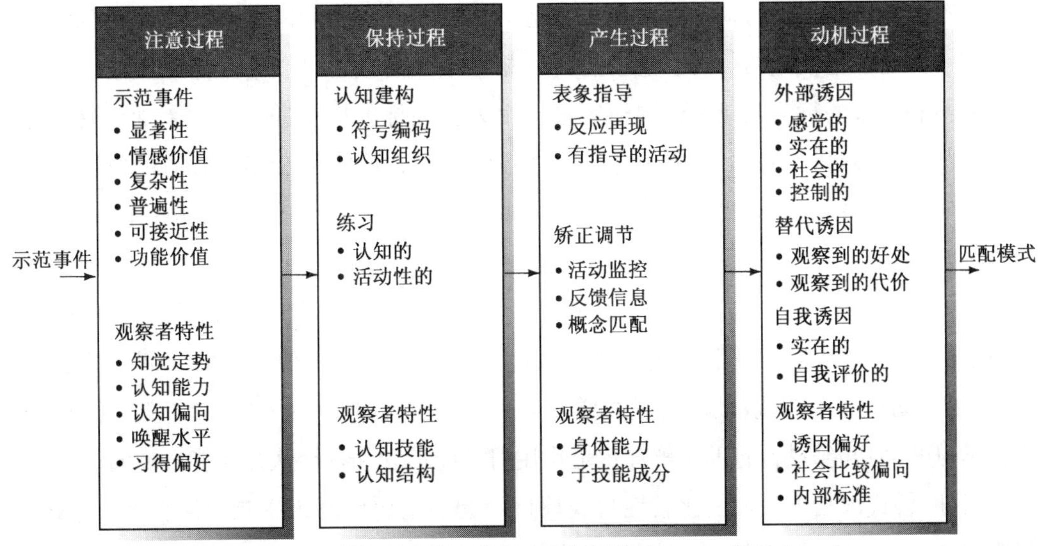

图 3.1 支配观察学习的四个子过程（Bandura，1986a）。

90 还有一些属于人类交往的结构安排。联想网络很大程度上决定,人们对什么类型的榜样易于接近以及对什么样的行为风格进行反复观察和学习。

如果人们没记住示范事件也就不会受其影响。第二个支配观察学习的主要子功能与认知表征过程有关。保持涉及转化和重建事件信息,并以规则和概念形式进行记忆表征的积极过程。人们应该区分行为概念和程式,后者有时被用于描绘对示范的行为风格的认知表征。体现着生成规则的行为概念是人们建构行为适应环境变化的生成指南,而程式则类似于机器人设定的固定行为序列。将示范信息经符号转化成为记忆代码及对编码信息进行认知运演,都对记忆有很大帮助。从特定行为实例中抽取底层结构的生成代码,使得观察者能够形成符合该结构但又超越所见所闻的新行为变式。先入之见和情感状态对这些表征活动施加偏向性影响。同样,回忆也是一个重建过程,而非对登录事件的简单恢复。

在示范的第三个子功能——行为产生过程中,概念被转化为适当的行为过程。早些时候我们看到,这种转换是通过概念匹配过程得以实现的。概念指导行为方式的建构和执行,行为的适当性要与概念榜样相对照。然后在比较信息的基础上修改行为,以获得概念和行为间的密切相符。人们拥有的亚技能越是广泛,就越容易根据示范信息将它们加以整合,产生新的行为方式。当存在不足时,必须首先通过示范和有指导的行动来发展复杂行为表现所需的亚技能。

示范的第四个子功能是动机过程。人们并非把学到的每一样东西都表现出来,所以社会认知理论对获得和行为表现进行了区分。对观察习得之行为的表现主要受三种诱发动因的影响:直接的、替代的和自我生成的。人们更可能表现结果有价值的示范行为,而非那些没有奖惩后果的行动。观察他人遭遇的利弊与直接体验的结果,以极其相似的方式影响个体对示范模式的行为表现。与自己相似他人的成功可以给个体以激励,而经常看到有不利结果的行为则让个体退避三舍。个人行为标准提供进一步的激励动机来源。观察习得的诸多行为中,哪一些最可能被人们追随,这受人们对自身行为的评价反应的调节。人们从事那些能够寻找到自我满足并获得自我价值感的活动,拒绝那些个人不赞成的行为。

正如本讨论所表明的,通过替代影响改变效能信念并非只是使人们接触榜样的问题。示范要通过一套复杂、相互联系的子功能发挥作用。社会认知理论就如何调动注意、表征、产生及动机等子功能,以替代手段增强个人效能发展提供了一个概念框架。同样,对观察学习的多功能分析,有助于解释示范作用对效能信念和社会认知功能影响的多样性。

另外,替代因素还通过由比较性自我评价唤起的情感状态来影响效能自评。个体选择观察或被迫观察他人的特征具有情感后果(Bandura & Jourden, 1991; Goethals &

Darley, 1987)。看到类似的他人成就既可能让人高兴,也可能令人沮丧,这要视观察者在社会比较中的表现而定。与表现优秀者的竞争比较会导致妄自菲薄和伤心沮丧,而与才能相当者的有利比较则产生积极的自我评价。对自己缺乏安全感的个体,一般逃避可能对自尊构成威胁的社会比较。当受到威胁时,他们要么和等而下之的人比较,衬托出自己的好;要么与卓然超群的人比较,因其高不可攀而不会有什么评价的威胁。梅杰(Major, 1990)证明,失败后与优于自己的人比较,主要是在伴随有低个人控制感的情况下才会造成情绪和动机上的衰弱。看到他人干得不错而认为自己无力做得更好,是令人沮丧、气恼并丧失动力的。相反,只要人们相信自己能够有所改善,失败后的向上比较就既不会带来挫伤,也不会产生动机性阻碍。

观看自己以前示范积极情感状态的录像,也同样会降低青少年及成人的抑郁情绪(Dowrick & Jesdale, 1990; Kahn, Kehle, Jenson & Clark, 1990)。效能信念在积极心境下得以提高,在沮丧心境下受到削弱,后面将评述相关证据。自我示范能够激发其他影响个体个人效能感的过程。克里尔和米克里奇(Creer & Miklich, 1970)发现,观察自己的成功表现,不仅可以改善目标行为,而且还可以使人们更好地控制日常生活中的其他活动。这些发现表明,成功的自我示范可能引起自我效能的普遍提高,对多种活动起到积极影响。

即便是婴儿和学步儿童,通过观察技艺纯熟的榜样获得对技能和策略的了解也是显而易见的(Bandura, 1986a; Kaye, 1982; Meltzoff & Moore, 1983)。支配观察学习的子功能当然也随着个体的成熟和经验而不断改善。虽然成长会使个体从替代影响中获益渐多,但在所有年龄,个体都可以凭借示范的教育功能提高效能感。不过,运用社会比较信息进行能力自评会受到发展水平的限制。对能力比较性评价的发展研究表明,幼儿很少运用社会比较信息。因此,幼儿对自己能力的判断受自己行为表现如何的影响,而不受同龄孩子行为表现好坏的影响(Ruble, 1983)。即便为了让儿童准确判断自己的相对能力而提供强大的诱因,情况也是如此。随着孩子年龄的增长,他们对自己能力的评价将会受到其他儿童行为表现得如何的影响。

儿童在什么年龄开始使用社会比较信息进行自我评价,这一定程度上有赖于活动性质及比较人群的可及性。幼儿易于忽视那些以一般社会标准形式出现的比较信息,如大多数同龄孩子如何表现或什么时候活动对他们来说意义不大。在能保证同伴认可的日常活动中,儿童在较小的年龄就认识到比较信息与个人能力评估间的相关性(Morris & Nemcek, 1982)。可是,运用这种比较信息进行自我诊断则滞后于他们对同伴能力的区分。

鲁布尔(Ruble, 1983)在对相关文献的评述中表明,幼儿已经具有一定的认知能力,能够进行社会比较，时常检查同伴的表现，并知道哪些比较信息最有助于了解自己的能力水平。鲁布尔引述的证据表明，比较性自评的发展滞后更多地产生于其他认知局限。形成对自己能力的信念需要有推理判断和信息整合技能。幼儿在由具体行为表现推论内在特质方面存在困难。当这种判断需要整合来自多种行为表现、往往模糊不清或在时空上不尽一致的信息时，更是如此。幼儿并不认为决定行为表现的个人因素是经久不变的。很幼小的孩子也不习惯对种种比较经验与其个人能力间的相关进行自我反省。这诸多认知因素将降低个体对社会比较信息的自我诊断价值的知觉。这还可能涉及一个动机因素。儿童可能只是简单逃避对自己相对位置的确定，因为很多时候结果并非他们所愿。不过，无论儿童喜欢与否，学校中进行评价的惯例，都会很快将比较评价强加给他们。由于在同伴中所处的相对位置具有社会意义，所以个体不可能长期忽视社会比较。

比较性自我评价技能的发展有利有弊。社会比较形式多样，所起作用可能积极也可能消极。有根据的个人能力评价具有相当大的适应价值。个体不估计自己的效能就采取行动，会使自己身陷困境。失误会使得努力枉费，可能会造成巨大的或无可挽救的危害。另一方面，过多集中在与高成就者的比较上，会使技能稍逊者自愧不如，破坏他们的效能感。使人相形见绌的超级巨星大有人在。尼科尔斯(Nicholls, 1990)提醒人们注意这样的悖论，那种比照他人成功等级评价自身能力的发展成熟，往往起自我弱化的作用。

在分析比较性自我评价时，鲁布尔和弗雷(Ruble & Frey, 1991)证明，技能和知识获取的不同阶段，人们对社会比较信息的兴趣和运用也不尽相同。技能在发展时，人们对跨时或自我比较尤感兴趣。不断增长的进步支持人们的个人效能感，并成为人们自我满足的不尽源头。而当技能已经形成或是进步趋缓之后，人们转而依赖社会标准评价和证实自己的能力。在技能发展的更高阶段，人们根据自己与他人相比行为表现如何来衡量自己的能力。

根据自我评价的社会认知理论(Bandura, 1986a)，人们在判断个人效能时，对不同来源的比较信息——标准比较、特殊社会比较以及个人比较——进行权衡与整合。自我诊断策略的转换反映在对不同形式比较信息的权重上，而不是从单纯依靠自我比较标准转向社会比较标准。在整个技能获得过程中，评价性社会实践迫使人们将自己的进步速度与他人相比。进步慢于他人意味着低效能，与他人相比进步迅速则表示具有高效能。除能力发展阶段外，对不同形式比较信息的权重还随功能领域和社会评价惯例而异。

可以通过一定方式组织示范影响，逐渐灌输和加强个人效能感，避免不利的社会比较造成的个人损失。这可以通过将示范的教育功能最大化，将其比较评价功能最小化而得以实现。示范情形应被解释为一次通过娴熟榜样的帮助发展自身知识和技能的机会。在这一认知定势下，观察者将自己特定时间的技能都视为成长过程中的暂时水平，而非基本能力的指标(Frey & Ruble, 1990)。尽管当前技能仍有缺陷,但技能改进的自我比较同先行的与尊敬的、娴熟榜样的向上比较相结合,有助于保持乐观的自我评价。

示范影响的方式

根据传递信息的类型不同,示范影响形式不同,作用各异(Bandura, 1986a)。每天的联系网络中,都发生着大量的心理示范。与个体有定时联系的人,通过优先选择或是强迫接受,决定人们反复观察到的能力、态度和动机倾向类型。一个社会的建构方式及其根据年龄、性别、种族和社会经济进行社会区分的方式,都在很大程度上决定了其成员易于获取的榜样类型。

替代影响的另一个普遍来源是电视及其他可视媒体提供的丰富多样的象征示范。加速发展的电视技术极大地扩展了人们每日能够接触到的榜样范围。以前,示范影响很大程度上局限于个体所处圈子中显示出来的行为;而如今,象征示范使得人们可以突破即时社会生活的限制,观察到其他文化及所处社会其他部分成员的态度、能力风格和成就。接触展示有用技能和策略的真实的或象征化的榜样,可以提高观察者对其自身能力的信念(Bandura, 1982a; Schunk, 1987)。在群体水平上也是如此。对榜样示范的有效问题解决策略的观察,一定程度上是通过提高成员的群体效能感来提高群体行为表现成绩的(Prussia & Kinicki, 1996)。象征示范对效能信念的影响还可以通过认知演练得到进一步提高。想像自己成功运用榜样示范的策略,可以加强个体真正付诸实践的自我信念。因此,示范伴随认知演练比单纯示范所建立的效能感更强,而单纯示范又超过对相同策略的言语指导(Maibach & Flora, 1993)。

示范并不限于行为能力,也并非只是一个行为模仿过程。一种文化中,人们会以与榜样基本一致的形式,采取作为已经证实的技能及已经建立的风俗之组成部分的极有功效的行为方式。即兴表演车辆驾驶或数学解题都不允许有什么变化。但在许多活动中,必须临时发挥各种亚技能来适应不同的情境。示范作用还可以传递生成规律和创新行为。抽象示范中,人们通过推论榜样在解决问题时所用规律和策略,习得思维技能及其运用。观察者一旦习得规则,就会运用它们产生超越原来所见所闻的新的行为(Bandura, 1986a; Rosenthal & Zimmerman, 1978)。提供大量榜样例证可以表明,如何能广泛运用和调整规则以适应不断变化的环境条件。

人类很多学习都涉及发展认知技能,以获取和运用知识达成各种目标。如果隐蔽的思维过程并未在示范行为中得到充分反映,那么就很难通过示范获得认知技能。不过,只要让榜样在问题解决过程中,大声说出他们的思维过程和策略,就可以克服可观察性的问题。这可以使支配行为的内隐思维通过外显表现变得可以观察。在对思维过程进行言语示范以传递认知技能的过程中，榜样要用言语表述自己如何运用认知计划和策略审题解题、生成备选方案、监控行为效果、纠正错误、运用自我指导推翻自我怀疑、运用自我赞赏为自身努力提供动机性支持，以及如何应对压力(Meichenbaum，1977，1984；Schunk，1989)。在复杂活动中，言语表述的引导行为的思维技能比示范行为本身更有信息价值。缺乏问题解决技能的人，观察他人与行为相结合的自我指导的思维示范，比单纯观察他人行为获益更多(Sarason，1975b)。认知技能的言语示范可以建立自我效能并推进认知技能发展(Schunk，1981；Schunk & Gunn，1985；Schunk & Hanson，1985)，而且在同样的认知操作中比直接指导更为有效(Correll & Capron，1990)。认知示范伴随技能实施比单纯认知示范更能提高效能信念和成就(Fecteau & Stoppard，1983)。

94

能力的自我示范也可以提高个人效能信念和成绩。道里克(Dowrick，1983，1991)开发并广泛使用的这一方法，为技能或应对能力不足的个体提供多种帮助，使其超越自己的通常成就。然后从相关录像中剪去迟疑、错误以及外部帮助，使个体看上去比平时所为熟练许多。有时候，剪辑版本包括将成功行为同比原来要求更高的情境进行重新连接。观察了自己的有效行为之后，与基准水平或其他制成影片但未曾观看的行为相比，人们的行为表现有根本改善。自我示范比教育训导对效能知觉的提高更为有效(Scraba，1990)。伴随成功自我示范的行为改善受个人效能信念提高的调节(Bradley，1993)。自我示范有相当广泛的应用价值，当其他指导、示范和激发方法对根深蒂固的自我怀疑者无能为力时常能奏效(Dowrick，1991；Meharg & Woltersdorf，1990)。显然，很难再有什么比观察个人成就更能让个体相信自己的能力。

无须大量剪辑也可以有效使用自我示范。组织任务以保证循序渐进的掌握，或者安排条件以发挥个体最大的能力，都能够达成这一目的。成功是真实的而非有所设计。捕捉录像带上这些好的行为表现以后重放，以提高和加强个人效能感。舒恩克和汉森(Schunk & Hanson，1989)运用这种自我示范策略发展儿童的认知技能。那些在学习的初始阶段观看自己成功行为表现从而获益的个体，发展出更为强烈的学习效能信念。结果，他们很快掌握了全部认知技能，最终拥有更高的认知效能感，并且比接受同样的教育指导但未曾观看自己早期成功回放的同伴行为表现更优秀。成功的自我示范与观察成功的同伴示范同样有效。

应该将积极的、有组织的自我示范与未经剪辑而回放个体行为表现区分开来。观察个体先前的成功可以提高操作水平，而仅仅观察不经剪辑、有长处也有不足的个体行为表现回放，则会出现混杂的结果(Dowrick，1986；Hung & Rosenthal，1981)。除非个体通过观察想出未曾发挥作用的更好的策略，否则对自己不完善行为表现的观察倾向于削弱其效能信念，损害其行为表现。已经获取一定能力的个体或许拥有足够的自信和知识，能够从未经剪辑的录像回放中观察自己所犯错误里获益。但那些深受自我怀疑折磨的个体则不可能将失败视为成功策略的丰富源泉。不过，如果缺陷发生在掌握过程的早期阶段，那么自我示范缺陷的消极影响就会减小。只有在提高自我效能和能力时，技能获得进步的自我示范才与成功的自我示范同样有效(Schunk & Hanson, 1989a)。

留心自己的成功行为表现，至少可以从两方面提高个体的熟练性：一是明确告知个体如何最好地实施技能；二是加强个体对自己能力的信念。在一项区分两种效应的研究中，冈扎莱斯和唐瑞克(Gonzales & Dowrick, 1982)让被试观看自己熟练的行为表现及其良好结果，或是表现平平但在录像中拼接上好的结果，产生出熟练的假象。对虚假与真实熟练性的自我观察，在改善行为表现方面同样有效。这些发现表明，熟练性的自我示范，在很大程度上是通过提高个体的能力信念而非改善其技能而发挥作用的。这些发现进一步为舒恩克和汉森(Schunk & Hanson, 1989a)所证实。在刚才引述的研究中，录像带描绘的技能，观察者已经完全习得，因此不能再有改善。个体通过对成功的自我观察，增强对自身学习能力的信念，就会更快地获取新的技能，并从后继经验中获益更多。　95

唐瑞克(Dowrick, 1991)区分了重构的和建构的自我示范。在重构方式下，个体行动时得到促进性的帮助，其行为表现经剪辑去除不足之处。在建构方式下，个体从事活动，并从录像中抽取出相关的亚技能。然后通过将已有亚技能拼接成新的能力形式，产生出尚未获得的能力。看了剪辑过的自己的录像，个体通过从事以前完全没有做过的事情而认识到自己的潜力。对已建构能力的自我回顾，可以提高效能信念和行为表现水平(Dowrick, Holman & Kleinke, 1993)。效能改变程度预示着行为表现改善的总量。

认知自我示范是提高效能信念另一个手段。在此种自我影响的特殊形式中，人们想像自己不断遭遇并逐一制服更具挑战性或威胁性的情境。对熟练行为表现的认知模拟可以提高后继的行为表现(Bandura, 1986a; Corbin, 1972; Feltz & Landers, 1983)。认知自我示范的好处，一定程度上受自我效能知觉提高的调节——虽然只是略有收益(Bandura et al., 1980; Kazdin, 1979)。

面对挫折、困境，即便是最具弹性的个体也常常发现自己要与自我怀疑作斗争。后面我们将会看到，从挫折和失败中恢复自我效能的速度是区分高、低成就者的因素之一。唐瑞克报告，对先前成功的自我示范的回顾，可以帮助人们保持效能信念，度过艰难岁月。带着过去的成功面对眼前的困难，会削弱后者的不利影响。自我示范的这一作用是以效能为中介提高动机，还是由于减弱消极情感状态，尚不得而知。在录像带上回顾自己先前的积极情绪或熟练的社交行为，可以使抑郁者降低焦虑和抑郁(Dowrick & Jesdale, 1990)。不过，仍需要进一步研究，如何组织个体的自我示范性回顾，以确保其在对比自己的美好过去和棘手的现在后，感到振奋而非沮丧。

所有替代性的影响方式——无论传递形式是给人深刻印象的真实示范、象征示范、录制下来的自我示范，还是认知自我示范——都会提高效能信念，改善行为表现。效能知觉的提高水平始终可以很好地预测后继行为表现。自我效能知觉越高，行为成就越大。

新技术改变了示范模式，更增强其教育力量。例如，通过电脑图解的示范就越来越多地被用来培养身体技能。有些技能由于组成行为瞬间发生而难以掌握和完善。由于许多动作的发生超出个体的视野，因此，学习者不仅难以看到所示范的行为，也难监控自己的活动。用超高速照相机可以捕捉目所难及的示范行为（Gustkey, 1979），然后把图片转换为计算机屏幕上活动的行为图形，使得观察者可以发现活动的任何瞬间可以达到的最佳状态。行为表现反馈的教育意义也可由此得以增强。把行为拍成电影进行电子分析，可以以图形的形式确定技能实施过程中的失误。

与直接的掌握经验情形相同，示范信息——无论是以规范形式还是个人形式传递——对效能自评的影响，都有赖于对该信息的认知加工。后面将考察与示范信息的认知加工特别有关的因素。

96

行为表现的相似性

对替代信息的认知加工，有赖于示范事件所传递的个人效能标志。前面我们已经注意到，人们对自己能力的判断一定程度上是通过与相似他人的比较来实现的。个体与榜样的相似性，是提高所示范的行为表现信息与观察者自我效能信念间关联程度的因素之一。能力相近或稍高的榜样，为个体能力判断提供最为丰富的比较信息（Festinger, 1954；Suls & Miller, 1977；Wood, 1989）。比能力差的人做得好，或被能力极强的人超越，都不能就个体自身的能力水平提供多少信息。一般来讲，相似的他人示范的成功可以提高观察者的效能信念，而示范失败事件则会使其降低。

通过社会比较判断个人效能时，观察者可能依据自己与榜样或是在过去行为表现上、或是在可能预测所指能力的特性上的相似性。布朗和伊诺耶（Brown & Inouye, 1978）进行的一项研究，揭示了先前行为表现的相似性对替代效能估计的影响作用。观察者与榜样一起完成一项认知任务，然后接受预先设定好的反馈，得知自己与榜样能力相当或者比榜样更胜一筹。当后来看到榜样反复失败的时候，那些相信自己优于失败榜样的个体，在类似的高难任务上保持了高度的个人效能，虽经受失败也努力不懈。相反，那些感觉自己与失败榜样旗鼓相当的个体，失败示范对他们的效能信念产生影响巨大，他们表现出很低的个人效能感，碰到困难就马上放弃。他们参与活动时间越长，个人效能感和动机就衰退越多。图 3.2 显示了以替代方式建立的自我信念在强化或减弱失败对行为表现动机的消极影响上的有力作用。

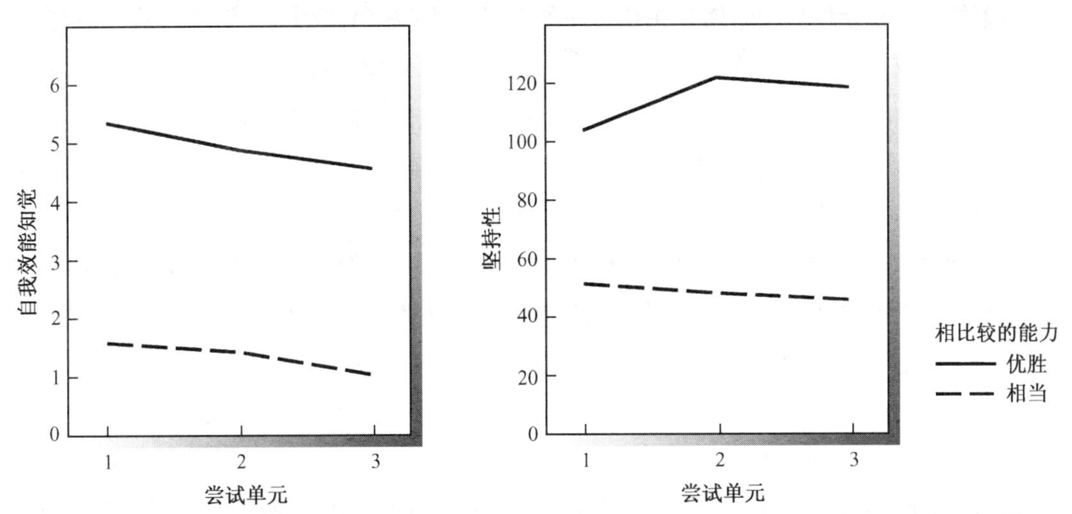

图 3.2 学生看到一个据称与自己能力相当或比自己差的榜样，在尝试解决认知问题时反复失败之后，在同类任务上的自我效能知觉和坚持水平。 每一尝试单元包括五个问题(Brown & Inouye，1978)。

过去经验中，哪怕只有蛛丝马迹显示个体与榜样的相似或不同，也会根本改变教育示范对效能知觉和相应行为的影响。学生们观看电影中与自己一样没有多少数学经验的榜样成功完成数学运算，就会提高对自身数学能力的信念(Prince，1984)。但如果他们假定榜样与自己迥然不同，对数学相当精熟，那么即使看到榜样成功，其效能知觉也不受影响。通过替代影响矫正恐怖行为的研究进一步表明，知觉到不同会压倒示范策略所起的良好作用。简短告诉蜘蛛恐怖者说榜样曾在宠物店里喂养过毒蜘蛛，会让他们觉着与榜样并非同类，这就大大降低电影中示范的有效应对策略对恐怖症患者的应对效能感及逃避行为的影响。但如果看到同一榜样执行同样的应对策略，只是该榜样也被描绘成是害怕昆虫的，则会减少观察者的畏惧和恐怖行为。

97

一些作者曾就个体运用先前对相似性的了解确定能力相似性时显而易见的矛盾进行评论(Goethals & Darley，1977)。只有当新旧行为完全相同、情境要求保持不变时，这一矛盾才会存在。但现实往往并非如此，活动及开展活动的环境都会有所变化。因此，要想得出自我效能评价，观察者必须根据过去行为表现的相似性以及对榜样在新情况下所获成就的了解作出推断。例如，学生们根据与自己物理水平相当的同伴在化学学习上的行为表现，来判断自己可能的化学水平。

有关人们根据社会标准进行能力自评的研究，主要关注人们为什么会参与社会比较、选择谁来进行比较、行为表现和特性相似性在社会参照对象选择中的作用以及这些选择在自我评价上产生的后果(Suls & Miller，1977；Suls & Mullen，1982；Wood，1989)。这些研究的结果有助于人们弄清楚比较性自评的某些重要方面。不过，实验室情境往往与自然条件下的社会性比较作用存在几方面的差异。实验室情境中，人们可以从一项自己想要了解其成就的社会对象中进行选择，决定他们是愿意作上行比较还是下行比较，而且这种比较性自评往往只作一次。相反，自然条件下，无论人们要求与否，都要不断面对比较信息及其社会结果。他们目睹同伴所取得的成就及其进步速度，并不时地看到情况类似的他人是如何行事的。而且，比较性评价是一个进行性的过程，常常包括行为表现差异的水平、速率和方向的变化。因此，比较性自评需要解释比较信息随时间而不断变化的模式所蕴涵的能力含义。而且，要想充分理解社会比较因素对人类活动的影响，还应该关注这些因素对进行中的行为活动的影响以及它们产生行为表现效果的调节机制。

一项针对模拟组织的管理进行的研究，突出显示了不同形式的社会比较对效能信念和功能水平的影响(Banduar & Jourden，1991)。管理人员作为组织决策者，并接受有关自己指导下的组织运行情况的精确反馈及四种预先安排好的比较反馈。让他们相信自己和某一比较群体的决策者或行为表现相当；或一直超过对方；或开始时比对方差，但不断进步，逐渐弥补差距并最终超过对方；或开始时超过对方，而后却越来越落后。

98

相形之下衰退的个体，表现出效能感急转直下，分析思维反复无常，组织业绩也日益退化；相反，相形之下获胜的个体，则增强了自身的效能感，改进了对有效分析策略的运用，并提高了组织业绩。后者更倾向于采用能确保成功的任务诊断视角；而前者则更易于关注自己工作上的无能，因为不断失败而感到绝望；那些与情况相似的他人行为表现相同的个体，则可以维持一种效能感。

比较那些所谓轻松获取优胜的管理者和所谓不得不经过艰苦奋斗才得以掌握优势的管理者，显示比较轻松地获胜可以支持效能感和良好的分析思维，但会削弱动机。轻松获胜者为自己设定挑战性较低的目标，由于偶尔超越对方而对自己日益衰退的表现成就沾沾自喜。自鸣得意不会激励个体加倍努力以获取更大的业绩。

特性的相似性

个体自我效能评价往往不仅基于相对的行为经验，还基于与榜样在可能预测行为表现能力的个人特征上的相似性(Suls & Miller，1977)。人们根据年龄、性别、教育程度、社会经济水平、种族以及人种名称等，形成有关行为能力的先入之见——虽然这些群体内的个体在能力上存在广泛的差别。这些先入之见的产生，往往与文化刻板印象以及对突出经验的过度泛化相联系。被赋予预测意义的特性在比较性自评中发挥着影响作用。

在影响示范行为对个人能力特征知觉的诸特性中，年龄和性别往往十分重要。因此，同样是身体耐力，由一名非运动员女性作示范会提高妇女的身体效能感和肌肉耐力，而男运动员的示范则起不到这种作用(Gould & Weiss，1981)。非运动员个体在观察坚忍的非运动员榜样之后，比观察同样强壮的运动员榜样，表现出更高的效能信念和更好的身体耐力（George，Feltz & Chase，1992）。儿童面对示范同一认知技能的熟练同伴或成人榜样，从同伴示范中会获得更强的个人效能感（Schunk & Hanson，1985）。他们会更加确信自己的学习效能，从自身的发展进步中推知更高的效能水平，认知活动也更加熟练。不过，如果活动与性别没有刻板联系，所示范技能的功能价值就会压倒榜样的性别，影响观察者对自己效能的判断。虽然与示范者的年龄差异对效能知觉的影响较弱，但当不同年龄的榜样提供有价值的技能时，它还是会参与效能建构的。由健康交流促进的健康自我诊断的实践，进一步显示了榜样相似性的高说服力（Anderson & McMillion，1995）。人们认为种族和性别相同比不同的榜样更加可靠，能逐渐灌输更强的效能信念和行为意图。

特性相似性通常会提高示范的影响力，即便个人特征只是行为能力的虚假指标时也是如此（Rosenthal & Bandura，1978）。比如，与应对榜样在年龄和性别上的相似可以让观察者壮胆，虽然这些特征并不能真正影响个体在害怕活动中的行为表现。这种错误判断至少在一定程度上反映了对可以从这些特性预测行为表现的其他活动的过度泛化。的确，当与新任务无关的榜样特性的预测价值十分突出并受到过度关注时，这些无关特征比能力相关指标更能改变观察者的看法（Kazdin，1974c）。当拥有类似特性的榜样的成功导致他人做出本应回避的尝试时，虚假指标能产生有益的社会效应。但以错误的先入之见进行比较性效能评价，往往使得那些不确信自身能力的个体认为，颇有价值的工作超出自己的能力范围。这种情况下，根据无关特性通过社会比较判断个人效能是自我约束的，尤其当榜样对自己的能力行为表现出自我怀疑时，更是如此（Gould & Weiss，1981）。

99

示范的丰富性和多样性

日常生活中，个人效能评价不太会只根据单个榜样的行为表现。人们有大量机会观察到许多情况相似的个体的成就。特殊个体的成败容易被人们认为不具典型性，而许多人作出同样的成就则颇具说服力。通过人数的说服力，示范的丰富性扩大了替代影响的强度（Perry & Bussey，1979）。的确，面对多个技能娴熟的榜样比观察单个熟练榜样，能产生更强的学习效能信念、更高的获得显著成就的效能知觉以及更大的能力发展（Schunk，Hanson & Cox，1987）。

变化多样的示范中，由不同的人征服困难任务，这比面对单个榜样的同样的行为表现效果更好（Bandura & Menlove，1968；Kazdin，1974a，1975，1976）。如果特征大不相同的人们都可以成功，那么观察者理所当然提高自己的效能感。起增强作用的并不是多样性本身。如果被观察的人碰巧全都能力卓越，那么对其行为表现的观察并不一定会提高观察者的效能信念。变化范围之内能力相当或较低的个体所示范的成功，才是示范效应的主要载体。因此，认知技能不足的观察者，通过观察单个相似榜样经过执着努力最终达到熟练比观察多个技能娴熟的榜样，获得更多的效能知觉和认知能力。

应对困难的与熟练的示范

示范格式可能有赖于熟练的——行为表现平静而完美的——榜样，也可能有赖于应对困难的榜样——开始时战战兢兢，但逐渐通过坚决的应对努力克服了困难。与单单观察能干榜样的熟练行为相比，观察者可能通过观察榜样经过执着努力克服困难获益更多（Kazdin，1973；Meichenbaum，1971）。应对困难的示范可以从几个方面促进效能信念。不相信自己的观察者可能认为应对困难的榜样比熟练榜样更接近自己。展现通过坚持努力而获取的成就，由于表明坚持终会带来成功而可以减小失败和挫折带来的负面影响。这种行为表现有助于建立认知定势，使人们觉得失败反映了努力不足或经验局限，而非缺乏基本能力。这一定向有助于人们在困难时期保持动机。如果应对困难的榜样在同困难作斗争时说出其对自我改善能力的信心，就可以直接通过他们所示范的效能信念促进观察者的有效思维。

通常归因为应对困难的示范的某些好处可能被夸大了。因为事实上，应对熟练维度上的变化产生的行为结果是混杂的。某些研究中，应对困难的优于熟练的示范（Kazdin，1974d；Meichenbaum，1971）；另一些研究中，应对困难的示范要与榜样的个人特性相似性相结合，才有助于观察者的改变过程，只是榜样示范则不能（Kazdin，1974c）；还有一些研究中，应对困难的和熟练的示范同样有效（Kato & Fukushima，1977；Klorman，Hilpert，Michael，LaGana & Sveen，1980）。如果不同研究中各因素的相对权重出现非系统性的变化，那么包含强度各异的多个因素的社会影响就会产生混杂的结果。

100

应对困难的示范通常包含若干可以分离的因素：榜样行为表现出在与困难或威胁抗争时的痛苦越来越小；演示应对困境的策略；表达自我有效性信念。应对策略的指导比情绪性的示范更有助益。因此，应对困难的示范与熟练的示范相比，是更弱、势均力敌还是更强有力，很大程度上有赖于两者传递的有用策略的数量。传递有关如何控制环境要求的大量实用信息的熟练示范，在提高和强化效能信念上具有同样的效力（Bandura，1986a；Rosenthal & Steffek，1991）。在认知能力的培养中，当观察者的注意明显集中于所示范的认知技能时，应对的和熟练的示范要么对提高效能信念和能力具有相同效力，要么多种应对性示范配以自我有效性的示范表情更具影响力（Schunk & Hanson，1985；Schunk et al.，1987）。熟练的自我示范在提高效能感和成绩上，与进步的自我示范同样有效（Schunk & Hanson，1986a，b）。

受自我怀疑困扰的个体如果想从示范信息中获益更多，就必须坚信自己的学习能力。

应对困难的示范中，个体看到和自己一样能力有限的人凭借耐心渐趋熟练，这比熟练的示范更有助于建立较为强烈的学习效能感。不过应该注意到，这种区分细微而且不确定，因为哪怕榜样与自己不像而且技艺精湛，但如果他们能以明确而易于掌握的步调展示有用的技能，也可以提高根深蒂固的自我怀疑者的学习效能感（Schunk & Hanson，1985；Schunk et al.，1987）。这些发现表明，人们应该更多地关注如何建构示范影响以提高其指导价值，而不是安排人为的应对活动。对自己的能力已经持有一定信念的个体，会通过对榜样技能和策略的观察学习，将最初与榜样能力上的不同转化为最终的相同感（Schunk & Hanson，1989b）。熟练的示范与应对示范对于提高他们的学习效能感以及最终的效能知觉和行为水平有相同的效果。

如果示范渐进的掌握可以通过提高榜样相似性而帮助个人改变，那么就有可能利用过去示范相似性的动机收益，而无须由最初示范痛苦和无能的表现以临时加剧问题。例如，在演示有效的应对手段时，榜样可以描述甚至展示自己曾经如何遭遇相同的问题，但通过坚决努力予以克服。这种方法对问题的渐进控制都是历史描述而非即刻活动，特别是在自助群体中这是一种普遍的复原做法。已恢复的酗酒者无须通过先醉酒再示范如何禁酒，来传授摆脱酗酒的自我调节技能。同样，外科手术教师也无须先示范哆哆嗦嗦的不适应来激发和指导那些踌躇满志的学生的手术技巧。通过列举过去的相似性与熟练的示范相结合，能够提高示范影响。

在困境之中，成功之路漫长而遍布阻碍、艰难和挫折，迟迟看不到进步，这是改革者和那些谋求社会根本变革的人经常要面对的情况。应对困难的示范更可能对处于这样困境中的个体之个人效能的恢复起到作用。志向高远、具有弹性的坚持者能够促进群体效能感的保持，使大家在逆境中继续前进。

101

榜样能力

榜样所展示的技能和策略对应对环境要求的效能价值各不相同。在榜样的诸多特征中，其能力水平尤为重要。能干的榜样比不能干者吸引更多的注意，并发挥更大的教育影响（Bandura，1986a）。事实上，所有考察榜样特性对效能信念的影响的研究中，榜样都是很能干的，但年龄、性别或其他个人特性有所不同。将这些特性嵌入能干的榜样，就会赋予他们超乎寻常的更大的影响力。因此，比如当榜样的能力和年龄都发生变化时，榜样能力在推进效能信念和技能发展中所起作用压倒年龄的不同（Lirgg & Feltz，1991）。当观察者有许多东西需要学习，而榜样又可以通过技能和策略的教育演示来教授给他们时，榜样的能力尤具影响力。人们不会仅仅因为榜样与自己不相像，就拒绝可使自己更具效力的信息。

真实生活中，能力有限的个体利用成功的榜样发现的技能和策略，寻求发展自身的知识和能力，对榜样特性进行的大多研究都是模仿这一状况的。在志向的示范中，人们积极选择技能娴熟的榜样，学习如何成为渴望成为的人。如果相信自己的学习能力，为了在看过榜样如何有效处理问题之后提高自己的个人效能感，他们无须观察应对困难的榜样从痛苦无能变为无往而不胜。通过观察学习逐渐掌握所示范的技能和策略，可以增加与原本不相似的熟练榜样的相似感。

言语说服

社会说服作为另一种手段，加强人们有能力实现所求的信念。当重要的他人对个体的能力表示信任而非怀疑时，比较容易维持一种效能感，在与困难抗争时尤为如此。单是言语说服在建立持续增长的效能感上可能作用有限，但只要积极评价是在现实范围之内，就能助长自我改变。被人口头劝说有能力掌握特定任务的个体会比出现困难时对自己心怀疑虑、固着于个人不足的个体，更可能调动和保持较大的努力并坚持不懈。就效能知觉的说服鼓动促使人们付出足以获取成功的努力而言，自我肯定信念促进技能和个人效能感的发展。因此，说服性效能归因对那些有理由相信通过自身行动导致结果的人的影响最大（Chambliss & Murrary, 1979a, b）。不过，如若提高对个人能力不现实的信念，则只会招致失败，降低说服者的权威性，并进一步削弱接受者对其能力的信念。

行为表现反馈的构架

说服性效能信息往往在给操作者的评价反馈中进行传递。其传递方式可能削弱或是增强效能感。舒恩克及其同事就评价反馈对效能信念的影响进行过广泛的考察。这些研究中，有数学或阅读缺陷的儿童参加一项自我指导教育计划，在此过程中，他们接受预先安排好的归因反馈，而这些反馈与他们的实际表现无关，且具有效能意义。他们不时地被告知，其工作表明他们是有能力的、很卖力的或还需要进一步努力（Schunk, 1982; Schunk & Cox, 1986）。强调个人能力的评价性反馈可提高效能信念。儿童通过努力改善能力的反馈，虽作用不及被告知进步表明他们具有从事该活动的能力，但也提高效能知觉。技能发展的早期阶段，能力反馈对个人效能感的发展有尤为突出的影响（Schunk, 1984b）。

将进步归因为努力常常被作为一种优先运用的矫正策略：努力工作导致进步。这在短时期内可能维持动机。但反复告知某人进步是其高度努力的结果，最终传递的信息是

102

其才能必定十分有限，所以才需要无休止地辛勤工作(Schunk & Rice，1986)。的确，告诉人们他们有能力而且这是通过努力工作获得的，与告诉他们进步表明他们具备能力但不提及他们必须付出的努力相比，前者产生的效能感较低(Schunk，1983b)。

在这些研究中，说服反馈使儿童的效能信念提高越多，他们坚持越久，最终达到的能力水平也越高。由于效能判断受许多因素的影响，技能发展只是部分地影响儿童的个人效能信念。自我效能知觉对行为成就的作用超过技能发展的影响。

对于被认为是才能有限的个体，传达有关能力的社会评价往往是间接而微妙的。当社会习俗不赞成发表对他人的贬责时，人们通常就以不真诚的评价或是在社会实际中对某人不抱太大期望，来掩饰对其的低社会评价。分配给他们不具挑战性的任务，对其平平行为表现过分称赞，而对其有缺陷的行为表现则淡然处之，不断给予多余的帮助，或当他们与他人有同样好的行为表现时却给予较少的认可。接受此类间接评价的个体，往往一眼就看穿其中掩藏不深的贬低。这会降低接受者对其能力的判断(Lord，Umezaki & Darley，1990；Meyer，1992)。然而，幼儿不善于解释间接评价的意义，会将他人对其平常行为表现的高评价理解为高能力的标志(Lord et al.，1990；Meyer，1992)。

说服性影响和行为反馈的组织或建构方式，会影响个人效能评价。人们一般更容易受激发去避免当前的可能损失，而不是赢得将来可能有的收获(Tversky & Kahneman，1981)。如果人们认为远期利益比起当前的不利损失来，更不确定、更不明显、也更少情感上的强制性，那么前者所起的作用就更小。一定程度上，人们相信自己更能控制短期的消极困境，而非未来的积极回报。对同样的行为过程，人们若认为是起保险作用的，就比认为可起获利作用时判断自己更为有效。

使人们采取健康促进行为的努力，就架构对效能知觉的影响作用提供了一定的实证支持。麦耶罗威兹和蔡肯(Meyerowitz & Chaiken，1987)报告，强调不坚持自我保护习惯就会损坏健康的信息比强调坚持这一习惯可使健康长期受益，更能成功地提高效能信念，增加适应性行为。不坚持健康的习惯可能造成的损害是否比坚持健康习惯以期获益更具行为说服力，取决于预先的效能信念强度(Wilson，Wallston & King，1990)。按照有可能丧失健康的威胁组织起来的说服性影响，使得效能感高的人加大自我指导下进行改变的努力，但对那些不相信自己能很好地控制自身威胁健康行为的人，则会削弱其努力。

对自我效能评价有直接影响的说服性影响作用的构架，在对行为成就进行社会评价中最为明显。人们在各种活动中，为达成特定目标或行为水平而奋斗。这些理想成就的获得是循序渐进的，绝非一蹴而就。对后继成就进行社会评价所选择的参照点，会影响到个人能力评价。社会评价关注个体所取得的进步，便强调了个人能力；若关注和远期目标的差距则突出了现有能力的不足。

在对构架效应的各种系统检验中，行为表现反馈实际上是相同的，唯一的差别在于评价参照点选择的是个体的初始行为表现还是已完成的行为表现水平。因此，比如某一个体的行为表现处于所选标准75%的水平，收获构架强调已经获得的75%的进步，而缺陷构架则强调25%的不足。作为收获来构架的反馈会支持自我效能发展，而按照不足来构架的信息反馈，虽然客观上与前者相同，却倾向于削弱个人效能感。朱登（Jourden, 1991）曾证实了这些效能作用。研究中，人们管理一个虚拟的组织，并接受有关组织成就的反馈——针对理想标准，或是以进步率，或是以欠缺率。相同的成就，根据行为表现提高安排的评价反馈提高了效能信念和后继的成就水平；而集中于前面的路还有多远的评价反馈降低了个人效能感和成就（图3.3）。后面一种方式中，做得好被认为是理所当然，稍有不足则招致批评，这在日常生活中也是司空见惯的。

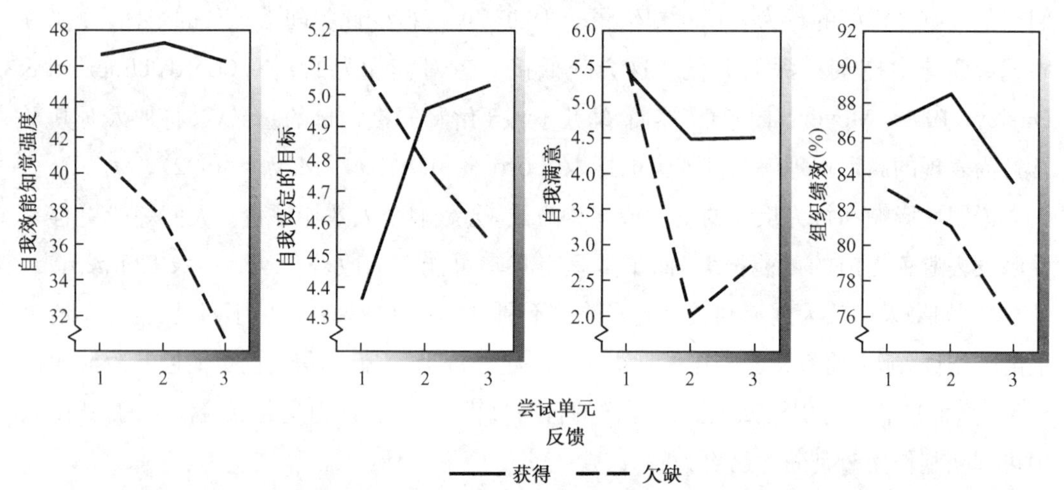

图3.3　根据所给行为表现反馈是向某一选定标准的进步水平（熟练）还是针对同一标准的欠缺（不足），自我调节因素和行为成就产生的变化。每一组尝试包括6个不同的生产任务（Jourden, 1991）。

不足的行为表现常常招致严厉的批评，这只是斥责行为表现者而对如何改进行为表现没有任何有益的指导。贬低性的反馈不只造成了社会疏离，而且削弱了人们对自己的信念。就相同的行为表现水平而言，贬低性批评降低人们的效能感和抱负；而建设性的批评则会支持人们的抱负，维护甚至提高其个人效能感（Baron, 1988）。由于评价性反馈的致弱和使能效应对不同类型的活动都具有普遍性，所以这些发现更显重要。

单凭说服逐渐形成持久的高个人效能信念比削弱该种信念更加困难。不现实地夸大效能很容易被令人失望的行为结果所否定。根据高度膨胀的自我效能信念行事，个体很快会发觉自己对什么是无能为力的。但被说服是缺乏能力的个体，则倾向于逃避本可以用来培养能力的挑战性活动，并在面对困难时会很快放弃。怀疑个人效能会通过限制行为选择、削弱动机以及阻碍能培养兴趣和能力的探索等，使它得到行为上的证实。

知识丰富和可信性

在许多活动中，人们不能单靠自己来评价自身的能力水平，因为这类判断需要根据才能指标进行推论，而他们对此的了解却极为有限。这种推论评价之所以复杂，是因为相关指标的预测作用不够完善，而且还要以深具洞察力的方式对其进行综合和权衡。在特定活动中获得成功并非只靠自然天赋，许多天资极好的人无所成就。自我发展的一个关键预测指标，是激发和维持把可能转变为行为实践时所需要之不懈努力的自我调节能力。即便人们的确逐渐展现出他们的天资，但如若不能很好地处理压力和失败，学习潜力也会长期得不到充分发挥。因此，自我激发和自我管理能力是诊断分析中的重要因素。

人们的自我评价一定程度上是根据被认为有诊断能力的他人的观点作出的，那些人凭借与特定领域中的有志者多年的交往经验而获得这个能力。当然，人们并非始终相信他人对自己能力的说法。怀疑源自个人经验常与他人告知相背离。如果事情总是如此，行为者最终会对说服充耳不闻。但许多情况下，如果个体被说服去尝试其按惯例会避开的事情，或坚持本准备中断的任务，就会惊异地发现自己能够掌握它们。这是因为许多任务上的行为成就，更多是由个体投入多少努力而非其固有能力决定的。

说服性效能评价由于被用于不同目的而带来混合的感受，这是司空见惯的。一说服者赞扬他人的才能，除去是对他人处理任务要求能力的现实评估之外，还可能是为了奉承、敷衍地鼓励、自我迎合或是操控的大肆宣传。因此，权衡说服性的效能评价必须要看说服者是谁、他们的可信性如何以及他们对活动性质的了解程度怎样。遵从所谓的客观能力指标，能促进说服者对人们效能信念的影响。教人们如何通过自我放松缓减压力和疼痛的研究，最令人瞩目地揭示了这一点（Holroyd et al., 1984; Litt, 1988; Litt, Nye & Shafer, 1993, 1995）。随意告诉一些人，所记录的生理反应表明他们是很好的放松者，另一些人则没接受社会反馈。对能力的说服性肯定，虽然与实际生理指标无关，但提高了人们控制疼痛的效能信念。效能信念提高越多，人们对剧痛的耐受越好，在口腔手术中身体和情绪上的痛苦感受越少，对紧张性头痛的缓减越成功。

个人和社会效能评价的差异引发出一个问题，即哪一种判断更准确。大多数人认为自己比他人更了解自己和自己的处境，这种信念导致对社会说服的拒绝。说服性观点对效能信念的影响倾向于只是与接受者对发出者的信赖程度相当。这种信赖以人们对说服者的可信性和专业性的知觉为中介。有关自己能力的信息来源越可信，个人效能判断就越可能改变和牢固地持有。人们倾向于相信那些自身技能娴熟、已经接近行为能力的某些客观预测指标的人，或者通过对许多各不相同的有志者及其以后成就的观察和比较而获得丰厚的知识基础的人，对自己能力作出的评价（Crundall & Foddy, 1981; Webster & Sobieszek, 1974）。

105

当然，在特定活动中驾轻就熟并不一定会赋予人们估计其中才能的能力。比如，并非所有的运动巨星都具有判断运动才能的洞察力。良好的诊断与说明的技能要求人们对特定活动中熟练程度发展的错综复杂有所了解。对于意识到这一点的行为者来说，成功判断才能被视为有关一个人评价能力更令人信服的指标。他人在讲行为者有能力做某事时，往往并不完全熟悉任务的难度或任务必须要在怎样的条件下进行。因此，是否了解行为者必须处理的现状，是评价社会说服者之可信度的另一个考虑因素。即便是在其他方面判断可信的顾问，也会因不完全理解任务要求而不受重视。当个体对自我评价比他人判断更为信任时，就不会因他人告诉自己能力如何而摇摆不定。

评价的差异程度

社会评价与人们自我能力信念间的不相符程度是变化不定的。他们所听到的与他们对自己的看法可能存在很小、中等或者显著的差异。最适当的差异水平将有赖于时间上的接近性以及活动的性质。与个体对其当前能力的判断迥然不同的社会评价，会被认为在遥远未来而非短期之内是可信的。因此，近期发挥作用的最佳差异水平要比针对未来的低很多。

适当高于个体目前能力水平的说服性效能评价可能最为可信。在此差异范围内，个体可以通过选择更好的策略并付出更多的努力来获取更好的行为表现。那些被说服相信自己能够取得成功的人比起受不确定性困扰的人来，更可能检验不同的策略并增加必要的努力。成功的行为表现又会转而提高对说服者诊断能力的知觉。使行为者不断遭遇失败的夸大的说服性评价，会削弱说服者诊断的可信度，并进一步强化行为者对其固有局限的信念。

根据有缺陷的行为反映的是基本技能缺陷，还是对已有技能不成功的使用，最佳的差异水平也有变化。在运用不当的情况下，可以通过让人们相信自己具备取得成功的条件而提高其成绩。但如果缺乏所需技能，仅是社会说服不能替代技能发展。仅仅告诉人们他们实际上比自己所以为的要能干得多，并不一定真能奏效。呈现依靠获得的技能的工作，提高行为者对自己获取这些技能之能力的信念，示范必需的技能，以能够掌握的步调来组织活动确保开始时就有较高水平的成功，并对不断取得的进步提供明确的反馈，这是逐渐形成效能信念的最好办法。社会说服可以作为自我发展的多层面策略的一部分发挥最佳作用。如果判断关注的是自我发展效能而非当前的高成就，那些与主要因技能不足而产生的自我怀疑相抗争的人，可能认为乐观的社会评价更为可信。

106

以说服方式灌输效能感不应被错误地局限在简短的言语影响尝试上。社会说服所涉及的远不只是匆匆消逝的激励话语。个性形成时期，生活中的重要榜样在灌输人们影响自己生活方向的潜能和力量的信念中发挥着关键作用。这些自我信念塑造了基本的生活方向。战胜逆境的人,最为突出地表明了持久的说服影响作用。只引述一个例子(Mandel, 1993),一名少数民族的单身母亲,只靠做厨师每小时挣得2美元来养活她的9个女儿,但她拒绝不利处境对她生活的摆布。在那些艰难的日子里,她哼唱布鲁斯歌曲哄女儿们入睡,“我们可能身无分文,付不起租金,但我们将来会好的”,她秉承这一鼓舞人心的效能面对严峻的困境。凭借过人的机敏和巨大的自我牺牲,她不仅得以好转,而且掌管了五家烧烤饭店,吸引着远远近近的大量客人。她将自己的弹性回溯于她的母亲,母亲使她形成了坚定的个人能动感,“努力工作你就会事事遂愿,不要指望坐享其成”。

社会说服是更强有力的效能促进因素的有益辅助。因此,老练的效能建构者,并非仅仅传递积极的评价或作鼓动性的说教,除培养人们对自身能力的信念之外,他们还精心组织活动,让个体感受成功,避免过早地使其置身于可能不断经历失败的情境中。要想有效地实施这一些,作为说服工作的辅导人员必须能很好地诊断强项和弱项,对如何编排活动使潜能变为现实十分在行。而且,为确保个人发展中的进步,老练的效能建构者还鼓励人们根据自我提高而非超越他人来衡量自己的成功。仅仅声称个体有能力改变自己的生活道路,而在此过程中不提供肯定效能的经验便成了空洞的说教。

生理和情感状态

人们在判断自身能力时,一定程度上依赖生理和情绪状态所传达的身体信息。在涉及体育成就、健康功能和应激应对等领域中,个人效能的身体指标特别有意义。人们常把自己在紧张和疲劳情况下的生理活动理解为功能失调的征兆。由于高度唤起能削弱行为表现,所以人们在不受消极唤起困扰的情况下比紧张不安和内心焦躁的时候,更倾向于期望成功。对无效能控制产生的应激反应通过预先的自我唤起形成进一步的应激。人们回想起有关自己的无能和应激反应的不利想法后,就会唤起自己更高的痛苦水平,而这恰好能导致他们所担心的失调。通过掌握经验消除人们对主观威胁的情绪反应,可以提高其应对效能信念,行为表现也有相应的进步(Bandura, 1988c)。效能的生理指标并不只限于自主唤起。在涉及力量和韧劲的活动中,人们将疲劳、喘气、疼痛以及不适理解为身体无效能的标志。情绪状态也影响人们对其个人效能的判断。效能的生理指标在健康功能以及要求身体力量和韧劲的活动中发挥着特别的影响作用。情感状态在不同活动领域中都具有广泛而普遍的作用。因此,改变效能信念的第四个主要途径是,增强身体状况、降低应激水平、减少消极情绪倾向，并纠正对身体状态的错误解释（Bandura，1991a；Cioffi，1991a）。

107 对身体状态和反应的考虑因人而异。有些人易于内在地关注自己的感觉体验，另一些人则更多外在定向（Carver & Scheier，1981；Duval & Wicklund，1972）。除注意偏向外，还有许多条件会提高效能的身体指标的显著性，活动中的注意投入水平就是其中之一。注意是一种十分有限的能力，所以任何时候个体只能注意一部分事物（Kahneman，1973）。在注意情境问题时，个体的注意不能同时既投向于内，又投向于外。因此，人们对活动及周围所发生的事件关注越少，对自己的关注就越多，对自己在烦人情境中的不良身体状态和反应的关注也越多（Pennebaker & Lightner，1980）。

对自己易于产生心理应激的知觉会提高个体生理反应的水平和显著性。一个人大肆宣泄、汗流浃背、肌肉紧绷、浑身发抖、心跳加速、胃部不适并受失眠困扰时，很难不注意内心的忧虑。自我指向的注意又进一步突出了内在忧虑（Scheier，Carver & Matthews，1983）。高水平的身体活动也产生了大量带有效能意义的身体信息（Bandura，1992b）。在体力工作中，力量和韧劲的明显标志——疲劳、疼痛和不适——是逃不脱人们的注意的。在试图进行自我评估时，有些人将自己推至极限以了解自己的身体能力。越来越多久坐的人都不愿意了解自己能力的下降程度，并缩减身体活动尽量减少对无效能的提示。最后，身体疾病和功能失调会让人们沮丧地注意到身体的局限（Cloffi，1991a）。患此类失调的人，往往对身体状况作出警觉地自我监控，并倾向于将缘于其他——如久坐或自然的身体状态突变——障碍单单归为身体损坏。

与其他影响方式一样，由身体状况和反应传递的信息本身并不能诊断个人效能。此类信息通过认知加工影响自我效能知觉。许多因素——包括对生理活动起因的认知评价、其强度、活动所发生的环境以及解释偏向——影响对生理状况的了解。在对身体效能信息进行认知加工时，对由表现水平提高或弱化而引发情绪唤起的假定诊断性也是一个重要因素。

激活来源的知觉

活动进行的情境中通常包含各式各样的唤起事件，致使产生生理反应的原因模糊不清。环境因素强烈地影响着人们对内部状态的解释。因此，生理唤起对自我效能的影响，随人们所选择的情境因素以及赋予它们的不同意义而变化。将出汗归因为由房间引起身体不适的人，与那些认为这反映了个人缺点而感到窘迫的人，对自己生理的解释大相径庭。

以唤起线索进行效能自评引发了许多有趣的发展问题。幼儿是如何开始将身体状态视为情绪状况的？他们如何能学会讲述自己所体验到的情绪？他们如何学会表明特定情绪的唤起线索可以预测活动水平？按照社会认知的观点（Bandura, 1986a），对身体状态的了解，很大程度上是通过与经历过的事件相一致的社会定名而获得的。唤起经验包括三项重要事件，其中一件是隐秘的，另外两件则可以公开观察得到，即环境诱因、行为表现反应和社会定名。可以观察到的情境性感情诱因激发起内在唤起以及表明积极或消极体验的可以观察到的行为表现反应。可以观察到的情境事件和行为表现反应对观察者而言都带有感情含义。这使得他们可以理解儿童当时可能的情绪体验。

108

由于内在唤起对他人来说是不可观察的，所以其本身在情绪的社会定名中并不能起到区分作用。而且，现象学上本来存在差异的情绪行为表现出许多类似的生理反应，体验者本人都难以区分。因此，成人必须通过幼儿的行为表现反应和已知可以产生特定情绪类型的环境诱因来推断他们内在的情感状态。利用这些可以观察的事件，成人描述并区分儿童的情绪体验（如高兴、悲伤、生气和害怕），还对其原因作出解释。因此，对于孩子的身体紧张和其他身体激动，在威胁情境下父母将其定名为害怕，在激惹或阻碍情境下则定名为生气。

通过情境诱因、行为表现反应以及内在唤起间反复的社会联结，儿童学会了解释和区分自己的情感体验。生命的头几年里，儿童开始理解什么样的情境产生什么样的情绪（Harris, 1989）。为情绪状态赋予自我效能含义的最后一步，涉及对所推论的情绪与行为成就间关系的认识。通过对自己在不同情绪状态下行为表现好坏的观察，儿童最终就情绪唤起如何影响个人效能形成一种信念。对内部唤起的不同解释（如“害怕”、“激动”、“生气”），将对自我效能知觉产生不同影响。

突出的情境因素通过控制人们的注意，强有力地决定了人们对生理唤起的判断。的确，由于大多数身体活动是弥散性的，人们判断自己的感受时更多地依赖情境因素而非来自内心的信息。因此，内心唤起发生在包含威胁线索的情境中就被解释为害怕，在挫折情境中就被解释为生气，而由于宝贵的东西无可挽回地丧失所导致的唤起被感受为难过（Hunt, Cole & Reis, 1958）。许多情况下，人们的情绪体验是混合而非单一的。他们常常在焦虑和抑郁、害怕和生气、忧虑和兴奋之间快速转化，变换不定。来自先前经验的混合的情绪唤起或残余唤起，会被错归为新情境中的某一个突出的因素。比如，在存在生气激惹线索时，残余下来的性唤起会被错误判断为生气（Zillmann, 1983）。即便是生理唤起的同一来源，在模糊情境中，也会因同一背景下他人的情绪反应而给以不同的解释（Mandler, 1975; Schachter & Singer, 1962）。由于对威胁线索的选择性注意，那些自我感觉无效能的人，特别容易把其他原因引发的唤起，错误判断为应对缺陷的征兆。

激活水平

情绪和身体反应的绝对强度并不重要，重要的是人们对其的知觉和解释。生理唤起对自我效能的诊断意义，发端于有关被定名的唤起如何影响行为表现的既往经验。对于通常易于唤起的个体和唤起已经衰退的个体，唤起具有不同的效能含义。的确，高成就者将唤起视为增能加力的助动器，而低成就者认为它是弱化器（Hollandsworth，Glazeski，Kirkland，Jones & van Norman，1979）。由于在判断个人能力中，更为重要的并非唤起本身，而是具有较大权重的唤起水平，所以判断过程是复杂的。一般来讲，中等程度的唤起提高注意力并促进技能的有效运用，而高度唤起则破坏活动的性质。最佳激活水平有赖于活动的复杂性。简单的和过度学习过的活动不容易受到干扰。但需要精致地组织和109 精确地执行的复杂活动中的行为表现，比较容易被伴有高度情绪激活的干扰过程所损害。

解释偏向

与在其他效能信息来源中一样，预存的效能信念在对身体信息的加工中也会引起注意、解释和记忆的偏差。当人们在某活动领域中不相信自己的应对能力时，低效能感可能增强人们对身体唤起状态的敏感性。生理唤起的变化给予人们错误的反馈，就可以生动地显示人们在解释身体感觉时的认知偏向。一项有关研究中，让倾向于将身体感觉错误解释为恐慌发作征兆的个体，接受虚假反馈——一阵无法解释的突然心跳加速（Ehlers，Margraf，Roth，Taylor & Birbaumer，1988）。因为患有恐慌症的个体感觉自己对恐慌发作无能为力，所以他们会想像灾难性的后果，焦虑增高、心跳加速、血压上升；相反，安全的个体认为同样的心跳加速是无危险的，仍能保持生理上不受干扰。实验性地引发解释偏向而非任其自然发展，人们对身体感觉的体验也会不同（Salkovskis & Clark，1990）。同样增强的身体感觉，根据积极的解释偏向会被体验为愉快状态，而根据消极的解释偏向则成为令人厌恶的状态。生理感觉越强烈，与解释偏向相一致的情绪反应也越强烈。因此，问题并不在于唤起本身，而是个体对它的看法。事实上，将唤起视为挑战能够促进效能知觉。恐慌的个体易于错误理解身体状态，改变其灾难性看法或授以控制情绪唤起的方法等治疗，可以降低他们解释身体感觉时的消极偏向（Westling & Ost，1995）。

生理活动通常涉及多种身体事件。人们如何理解自己的身体状态，一定程度上有赖于他们观察的是多层面身体感受的哪些方面。而且，许多身体事件所传递的意义并没有区别。比如，所有情绪都具有自主唤起升高的特点。不同情绪的自主活动的广泛相似性，使任何小的差异都遮蔽其中（Frankenhaeuser，1975；Levi，1972；Patkai，1971；Schwartz，Weinberger & Singer，1981）。害怕、兴奋以及剧烈的身体运动中，心率是一样的。在其他方面都共同的自主激活模式的提高中，任何微小的差异都不足以区分当时所体验的是怎样的情绪。所以，预存的认知偏向能够把同一自主激活模式转变为不同的情绪体验，把同样的触觉转变为痛苦的或愉快的体验，把同样的身体状态转变为无关大碍的身体行为表现或疾病症状（Cioffi，1991a；Schachter，1964；Skelton & Pennebaker，1982）。当然，如果存在可以确认的决定身体状态的情境因素，解释偏差就会受到限制。比如一个因看到狂吠的狗而内心忐忑的人，不会认为自己在体验一种愉快和兴奋。

最佳激活水平的构成，不仅有赖于活动的性质，还有赖于人们对唤起的解释。人们对情绪唤起的来源及其对行为表现的影响所持信念不一而足。那些倾向于将唤起解释为源自个人不足的人比那些视唤起为普通的紧张反应、即便最能干的人也时有体验的人，更可能降低其效能知觉。技艺精湛的戏剧演员演出前也常常会高度紧张，而一旦登台就把忧虑担心抛之脑后。他们很可能将预先的唤起归为正常的情境反应而非个人不足。著名演员劳伦斯·奥立弗（Laurence Oliver）运用自我效能演说对抗自己的舞台恐惧，他在每场演出前登台，躲在幕布后宣告，自己是一名杰出的演员，自己的行为表演会令当晚的观众着迷。具有将唤起归为个人缺陷的偏好，对内脏线索的注意增强，会导致唤起交互式地提高（Sarason，1975a）。

110

在一项有关身体信息解释颇具洞察力的分析中，乔菲（Cioffi，1991a）有理有据地指出，重要的不是身体感觉的绝对强度或给予它们的注意量，而是如何对它们进行知觉和解释。身体信息被加工为知觉，而知觉正是判断的信息基础。知觉的与真实的自主反应间的相关之低令人诧异，并且在不同类型的身体感觉上变动极大（Pennebaker，Gonder-Frederick，Cox & Hoover，1985；Steptoe & Vögele，1992）。假定有这种差异，就可以预期在风险情境下个人效能是受知觉到的而非真实的自主激活的影响（Feltz & Albrecht，1986）。

身体信息以不同形式出现，即便在同一通道中其感觉特性甚至也各不相同。人们在解释自己的生理状态和反应时，根据对不同感觉特性的选择注意，对同一身体激活可能会产生不同的感受。因此，如果人们关注正在体验的感觉的具体特征而非其令人讨厌的一面，或设法从感觉上分散注意，就会发现体力消耗带来的疼痛和不适不再那么痛苦，而是可以忍受的了（Ahles，Blanchard & Leventhal，1983；Cioffi，1993；Leventhal & Mosbach，1983）。在大体力消耗中，老练的马拉松运动员会监控自己的身体感觉，并依此调整步调，以免精疲力竭或是受伤；而不太老练的运动员则把劳累感视为不佳状态，不断试图通过认知分散策略分散注意（Morgan & Pollock，1977）。在存在或没有不可控威胁的情况下，进行某项剧烈的身体运动，对此的研究进一步证实，对同一身体感觉的注意增强，可具有明显不同的意义（Cioffi，1991b）。虽然两种条件下的感觉都明显可见，但在不可控的威胁之下，密切的感觉监控导致个体对自己的身体感觉作出消极解释，而在没有威胁的情况下，则作出比较积极的解释。身体解释和个人效能涉及双向因果关系。在控制了需氧运动的能力之后，与自我判断身体无效能的个体相比，具有较高身体效能感的个体在相同水平的疲劳消耗中，感觉到较少身体紧张，对身体激活的体验也更积极（McAuley & Courneya，1992；Rudolf & McAuley，1996）。高度的身体紧张感以及对身体激活的不良体验，都会转而削弱个体的身体效能信念。

在费力的活动中，人们必须加工大量身体效能的生理指标。他们赋予积极和消极指标的相对权重将影响到他们对自己能力的判断。对由心血管能力单调乏味的测试产生的效能信息进行的认知加工，可以为此提供例证（Juneau，Rogers，Bandura，Taylor & DeBusk，1986）。单调乏味的操作产生许多消极的体征，如疲劳、疼痛和呼吸急促，且随任务的进展而加剧。给予操作者反馈突出其在该任务上取得的身体成就，可以提高妇女对自己心脏能力的判断。若没有这种反馈，妇女就会把任务中伴随着越来越高的消耗而出现的越来越严重的消极感觉理解成心脏缺陷，并降低对自己心脏效能的判断。

身体信息与其他自我效能诊断指标有关，如先前的掌握经验、与他人比较的能力的确定，以及由博学他人所做的评价。这些指标有时是相互冲突的。比如确信自身能力的人在即将面对吹毛求疵、评头品足的观众时，也会预先感受到唤起。另一些自我效能指标通常被赋予比较高的权重，因为它们比弥散而短暂的内心状态更能可靠地用来推断个人能力。卡茨及其同事（Katz，Stout，Taylor，Horne & Agras，1983）在一项对恐怖症的研究中证实了这一点，他们比较了掌握经验和自主唤起对应对自我效能判断的作用。掌握经验极大地提高了效能信念，在此背景下，通过 beta 阻断药物降低外围自主唤起对应对自我效能判断没有影响。初次尝试一项危险的活动时，自主唤起知觉可能会影响个人效能判断。但随着任务的进展，掌握经验增加，自主唤起知觉对效能信念的决定意义就会下降（Felz & Albrecht，1986）。

111

其他时候，身体来源提供的效能信息是支持性的或是多余的。举一个很普通的例子，当个体陷入由其他效能指标引起的自我怀疑的时候，就会体验到强烈的情绪唤起。在极大地利用身体资源的功能领域内，生理状态和反应作为唯一的效能信息用以判断个体生物系统的活动能力以及个体的身体能力（Bandura，1992c）。对这些信息进行认知加工的方式会影响到一个人生活的积极程度。那些将疲劳、疼痛和体力降低视为是体力衰退征兆的人比视之为久坐后果的人，更可能减少自己的活动。

对生理信息的认知加工在身体疾病的心理康复中尤为突出（Ewart et al.，1983；Taylor et al.，1985）。比如，发作过心脏病的人，会从疲劳、气短、疼痛、体力下降等可以观察的征兆推论自己的心脏能力，然后据此决定自己的活动水平。不同的身体状况，包括久坐的生活方式，都会导致这些相同的效果。因此，这些征兆很容易被误认为是心脏损伤的标志。当病人进行单调乏味的测试时，那些选择性地关注测试中伴随剧烈消耗出现的疲劳和不适的人，会感觉到心脏能力的衰弱；而那些关注自己已经完成了的紧张的工作负荷的人，则会感受到较为强健的心脏能力。对生理信息的不同认知加工会导致人们对自己身体能力极为不同的知觉。

心情对自我效能判断的影响

迄今为止的大多数讨论，都集中在人们如何将生理激活理解为个人效能指标。心情由于常常与活动性质的改变相伴，而成为个人效能判断的另一个感情信息来源。心情状态会使注意具有偏向性，并影响人们对事件的解释、认知组织和记忆提取（Bower，1981，1983；Eich，1995；Isen，1987）。如果人们学习的内容与他们当时所处的心情相符，就会学得比较快；如果人们回忆时与当初习得时的心情一样，回忆效果也会更好。强烈的心情比微弱的心情具有更大的影响力，当然沮丧除外，因为它几乎总是起着阻碍作用。人们假定情绪唤起启动情感主题，这使得一致的信息更为突出，可以学会和记得。记忆涉及概念和以命题编码的事件的关联网络。在鲍尔（Bower）关于情绪唤起如何影响思维过程的网络理论中，情绪在记忆中与不同事件相联系，这在关联网络中创设了多重联系。激活记忆网络中的特定情绪单元，将促进对相关事件的回忆。

受心情左右的回忆同样影响到人们对其个人效能的判断。假定有两种偏向过程：情感启动和认知启动。根据鲍尔提出的情感启动理论，既往的成败与相应的情感一起被储存在记忆中（Bower，1983），成为判断的资料基础。心情通过相关的心情网络激活与之相符的那部分记忆。所以，消极心情激活人们对过去缺憾的关注，积极心情则使人们回想起曾经的成就。由情绪节点传播开来的激活，使得与心情相符的记忆突现。个人效能评价因选择性回忆既往成功而提高，因回忆失败而降低。据蒂斯代尔（Teasdale，1988）研究，消极片段和抑郁心情激活的并非只是不愉快的记忆，而是从整体上使得个体认为自己力不从心，一文不值。力不从心的感觉与无效能知觉有关，由于个体感觉想要控制自己生活状况中任何不利的方面都是徒劳无益，所以加剧并延长了抑郁。按照认知启动观点，引起情感的特定成败同样也会产生认知，直接提示人们想起过去的其他成败。此观点更加强调，启动其他积极或消极观念的是诱导事件的思维内容而非唤起的情绪。认知有效性左右着自我效能判断。 112

情感状态对评价性判断的影响，既可以直接通过对其信息价值的知觉，也可以间接通过选择性激活与心情相符的记忆（Schwartz & Clore，1988）。这一过程中，人们运用自己知觉到的情感反应而非回忆起的信息来形成评价。心情好时，他们作出积极的判断；心情糟时，则作出消极的判断。因此，人们可以通过改变由情感状态本身提供的信息来改变心情对评价性判断的影响。这样一来，如果人们将某一感情状态归因为一种非情绪性的或稍纵即逝的原由，从而改变其含义，那么该状态就会由于把它认为对手头的判断不起信息作用而不会影响评价性判断。比如，接受面试的人如果将心跳加速归因为奔了几层楼梯，就会比那些视心跳为不安行为表现的人更少怀疑自己控制会谈的能力。影响判断的并非是唤起状态本身，而是人们赋予它的意义。当时的心情会超越引发这种心情的内容，不管内容领域是什么，对评价性判断产生同样广泛的影响。最后，不管记忆中对以往同样事件的心情体验如何，作判断时的心情感受都会左右判断。

施瓦茨和克雷洛(Schwartz & Clore, 1988)罗列了许多导致人们根据自己的情感状态进行判断的情况——主要是以紧张、压力、复杂性和模糊性等形式出现。当人们面对需要整合大量信息的判断任务时，当要作整体而非特殊判断时，当情感并非清晰可辨还包括弥散的心情时，当相关信息不能轻易被记起时，当情感极为强烈会掩蔽对问题的其他想法时以及当必须作出迅速判断时，人们特别倾向于依靠自己的“内脏反应”。仅仅使用个体感受可简化判断任务。不过，曾经提出的许多限定因素极大地限制了心情本身影响判断的条件。许多不易识别和测量的限制条件为滋生相互冲突的结果提供了沃土。

引发的积极心情增强效能知觉，沮丧心情则相反(Forgas, Bower & Moylan, 1990; Salovey & Birnbaum, 1989)。引发的心情越激烈，对效能信念的影响越大。而且，卡瓦纳夫和鲍尔(Kavanagh & Bower, 1985)已经证明，引发的心情对效能信念的影响广泛而普遍，并非局限在体验快乐或悲伤的特定领域中。让个体回忆或喜或悲的爱情经历，由此唤起的心情不仅影响他们的恋爱效能知觉，而且影响社会效能、运动及其他应对效能(图 3.4)。但这些作者注意到，记忆中所表征的过去失败和成就的范围，限制着心情可以使自我评价发生多少变化。因此，激越的心情并不会将一个成就平平者提高到超级明星的效能知觉水平，悲伤心情也不会使超级明星降低到一般的效能知觉水平。或者，使用作者更为形象的比喻，心情不会将一只老鼠变为一头雄狮，也不会将一头雄狮变为一只畏畏缩缩的老鼠。

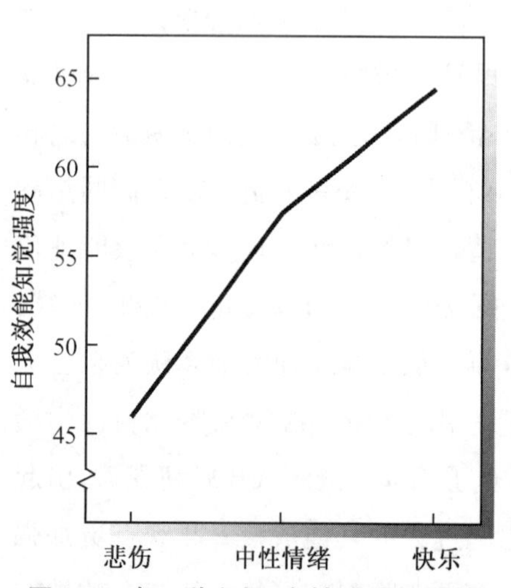

图 3.4 在一种积极、中性或消极的情绪状态下判断自我效能时，异性恋、社会以及运动等功能领域自我效能知觉的平均强度(Kavanagh & Bower, 1985)。

赖特和米歇尔(Wright & Mischel, 1982)进一步证明，心情可以左右自我效能知觉有113 多少是源自于进行中的成败经验的。积极心情下的成功可以涌现高水平的效能感，而消极心情下的失败则产生低效能感。在心情与行为成就不相搭配时，心情的效能偏向作用尤为明显。愉快心情下失败的个体会高估自己的能力，悲伤心情下成功的个体则会低估自己的能力。人们从发生在愉快而非悲伤心情下的事情，忆起的成功要多得多。这些发现表明，心情对效能信念的影响至少在一定程度上受到人们对过去成败的选择性回忆的调节。

卡瓦纳夫(Kavanagh，1983)验证了诱发事件是通过感情启动还是认知启动影响效能信念。通过对个人成败的生动回忆，或者毫无成败努力的积极或消极的巧合经历，可以诱发愉快或悲伤的心情。比如，想到抽彩中奖会产生愉快、兴奋的感觉，而丢失宠物则唤起悲伤。如果思维内容是主要的影响因素，那么在强调个人成败的情况下，比个体被无力控制之事弄得兴高采烈或忧愁烦恼时，判断偏向行为表现得更为明显。结果表明，起主要作用的是情感而非成就认知，尽管这受性别差异的限制。效能信念在积极的感情状态下得以提高，在消极的情感状态下则被降低，而不管这心情是由偶发事件还是由成功失败所引发的。人们然后就按照因心情而改变的效能信念行事，在自我效能的心理框架下，在怀疑自己的效能时，选择更具挑战性的任务。偶然激发的情感下，效能知觉和寻求挑战间的相关最大。

沮丧能降低效能信念，降低了的效能信念又进而削弱动机，产生糟糕的行为表现，导致更深的沮丧，形成恶性循环；相反，好心情则可以增强效能信念，进而提高动机和成绩，启动一个互相肯定的过程。来看一个康复领域的例子，患冠状动脉心绞痛后，病人的心情越积极，其个人效能感越高，参与恢复心血管功能、帮助防止将来冠状动脉疾病的活动就越多(Jensen，Banwart，Venhaus，Popkess-Vawter & Perkins，1993)。心情和效能信念间的相关既是同时的，又是预测性的。

前面的分析只考察了心情状态对效能信念的影响。下一章将回顾的另一些研究则显示了效能信念和抑郁之间的双向影响。获取生活中能给人带来自我满足和自我价值的东西时的低效能感导致抑郁，而抑郁又转而会削弱对个人效能的信念。

效能信息的整合

至此，我们的讨论已经探索了四种主要影响方式各自独特的诊断因素所具有的效能含义。在形成效能判断的时候，人们不仅要处理由特定方式所传递的与效能信念相关的不同信息结构，而且还需权衡与整合这些来源多样的效能信息。不同活动领域中，人们赋予不同类型效能信息的权重可能不同，这使问题变得复杂了。比如，对认知能力最具诊断

114

力的指标，可能和对身体能力最有意义的指标，存在重要差异。就人们如何加工多维度效能信息所作的研究寥寥无几。不过，有种种理由可以相信，效能判断受控于某些共同的判断过程。

带有效能意义的各个因素，在其传递的信息量相互关联程度上不尽相同。有些是高度可信的个人能力指标，有些则不然，理应不受重视。有些因素提供独特的信息；其他则可能千篇一律，不能增加任何新的自我诊断信息。相关因素在其与个人能力判断间的关系的复杂性上也各不相同。有些是线性相关，即特定因素的水平越高，效能知觉越强；另一些则呈曲线关系，比如中等唤起被认为是对有效行为表现的最佳激活，而低水平激活被认为无动机影响，高水平则具有破坏性。线性关系的习得比曲线关系的要容易得多。在社会判断理论的框架内，人们已经对这些一般判断过程中的大部分作过广泛的研究（Brehmer，1980；Brehmer & Joyce，1988；Brunswick，1952；Hammond，McClelland & Mumpower，1980）。

形成效能判断时人们所用的整合规则也因人而异。有些人以添加的方式组合与效能有关的因素——指标越多，其对个人能力的信念越强。另一些人使用相对权重的规则，即某些因素较其他因素更重要。还有些人使用多重组合律，即因素的联合影响较它们简单相加对效能信念的作用更大。与效能有关的因素也可以进行结构性组合，在这类整合规则中，人们根据其他可及的效能信息来源对特定因素赋予不同权重。比如，看到一个能力低于自己的人在同类问题上失败，个体虽然也反复失败但并不会影响到效能知觉；但如果看到一个假定与自己能力相当的人失败，个体的效能知觉就会因失败而大大降低（Anderson，1981；Surber，1984）。

在分析认知整合规则时，研究者对不同判断因素作析因变化，让人们对因素的每一特定组合作一即刻判断。根据人们对不同信息结构所作的判断，可以推论他们如何权衡不同因素以及整合这些因素时所用的规则。在只涉及几个判断因素的情况下，这类整合分析易于操作。但当存在一大堆判断因素、每个因素又呈现出若干水平的时候，就会产生大量不同的信息结构。多种判断情形产生了棘手的评估任务。为方便起见，有关人类判断的大多数研究只考察几个因素，而且很大程度上依靠假定的场景。这里就有一个问题：从平和的假定情境中得出的结果，是否可以概括到涉及情绪投入、心理疲劳和有社会后果的真实情境中？埃布森和科内克尼（Ebbesen & Konecni，1975）提供一些证据表明，人们对假设场景的判断比对动荡的日常生活的判断更为复杂。在判断假设情况时，他们运用范围宽阔的一系列因素，而在真实情境中则只求助于几个突出的因素。

虽然共同的认知加工在自我效能和非个人判断中，无疑都发挥着作用，但形成关于个115 体自己的概念还无疑涉及某些独特的过程。只有奇人才能对自己无动于衷。自我参照经验比涉及他人他物的经验,更可能威胁到自尊和社会评价。这类威胁在判断个人能力时会导致自我夸大或自我贬低。感情对个人和社会判断会有截然不同的作用。因此,抑郁心情降低个体对控制重大事件之效能的判断,但在结果反馈完全相同的情况下却提高对他人控制效能的判断(Martin, Abramson & Alloy, 1984)。自我参照过程的激活可能歪曲个体对多种经验的自我监控及对其记忆、组织和提取的方式。前述研究证明了情绪状态左右这些不同认知过程的方式。

除情绪状态有判断偏向作用外,人们还不善于权衡和整合多维度信息(Nisbett, Ross, 1980; Slovic, Fischhoff & Lichtenstein, 1977; Tversky & Kahneman, 1974)。面对多种信息,人们处理认知张力的典型做法是仅依靠几个因素,并简化判断规则,而非对所有可能的相关因素都进行详细分析。他们很少注意由不同因素传递的诊断信息的多余性,于是根据并无增益的信息提高了自信。他们很容易随快速跃上心头的明显例证而动摇。偶然碰到的或随意选择的他人所示范的成就标准,都会不恰当地左右他们的判断。这类倾向会导致人们忽视或错误权衡相关信息。虽然简化探索方法往往有助于判断,但因此产生的认知偏差也会轻而易举将人引入歧途。有人曾经比较过人们对自己作判断时所用因素的描述,和估算出来的不同因素在其真实判断中的权重程度。结果发现,当人们描述自认为影响其判断的因素时,倾向于低估对重要因素的依靠,而高估那些不太重要的。

识别、权衡和整合效能信息相关来源的能力,随加工信息的认知技能发展而提高。这包括形成效能自我概念时的注意、记忆、推论和整合等认知能力。自我评价技能的发展还有赖于评价个体自我评估适当性的自省性元认知技能的增长。评价一个人的自我诊断技能,不仅需要能力自知,还要了解不同活动所需的技能类型。通过比较自我评价和真实成就间的匹配程度来检验个人自我评估的适当性。良好的匹配加强个体的自我评价技能,反复的错误匹配则对个体的自我判断能力提出质疑。不断的错误判断要求个体对效能信息的选择和认知加工方式进行自我纠正。后面有关个人效能一生发展变化的章节中,将会分析自我评价技能的发展。以后几章还会提到如何改变自我效能评价失调的问题。

强烈的个人效能感的多样好处并非只是产生于能力的魔力。不应该混淆所说与所信。只是说一个人能干,并不一定是自信,当它有悖于预存信念时尤为如此。比如,无论多少有关自己会飞的声明,都不会具有个人说服力以让个体相信自己有在空中飞行、停留的效能。个人效能感是通过一个复杂的自我说服过程得以建构的。效能信念是对活动的、替代的、社会的和生理的多种来源的效能信息进行认知加工的产物。一旦形成,效能信念就以多种方式对人类活动的性质添砖加瓦。这些信念通过获取成就所要依靠的认知、动机、情感和决策过程而发挥作用。下面将考察这些受效能调节的过程。

/第四章/

调节过程

至此,讨论中已经提及有关效能信念系统的本质和结构、它们在因果结构中所发挥的作用以及个人效能的经验来源等问题,本章则关注效能信念产生影响的过程。该信念影响人们的感觉、思维、自我激励以及行动。大量文献表明,效能信念通过四种主要过程调节人类活动:认知、动机、感情和选择过程。这些由效能激活的事件中,有些并不只是作为介入行为的影响因素,而是就其本身来说就很有意义,比如情感状态。在对人类活动所进行的调节中,这些不同过程通常是协同运作而非孤立进行的。

认知过程

效能信念影响能增强或削弱行为表现的思维模式。这些认知影响形式多样。具有高效能感的人在建构生活时采用的是面向未来的观点。许多有目的的人类行为,是受包含目标认识的事先计划考虑调节的。个人目标设定受能力自我评价的影响。自我效能感越强的人,为自己设定的目标越高,承担责任越坚定(Bandura & Wood, 1989; Lock & Latham, 1990)。同样,集体效能感也可以提高群体在共同努力中为自己设定的目标

(Prussia & Kinicki, 1996)。具有挑战性的目标提高动机和行为成绩。

认知建构

大多行为过程最初形成于思维。所以在熟练性发展中认知建构是行为的指南(Bandura, 1996a; Carroll & Bandura, 1990)。人们对自己效能的信念,影响他们对情境的解释以及对预期情况和想像未来的建构类型。具有高效能感的人把当前情境视作提供实现的机会。他们想像成功的场景,给行为表现提供积极的指导;那些判断自己无效能的人则将不确定的情境解释为冒险,倾向于设想失败的场景(Krueger & Dickson, 1994)。全神贯注于个人缺陷,细细琢磨事情如何可能出错,这些认知的消极性是削弱自我动机和行为表现的好办法。与自我怀疑相抗争时很难有大的成就。大量研究已经表明,通过认知模拟让个体想像自己熟练地完成活动,可以改进后继行为(Bandura, 1986a; Corbin, 1972; Feltz & Landers, 1983; Kazdin, 1978)。想像成功行为提高行为成绩,想像错误行为则损害成绩(Powell, 1973)。自我效能感和认知模拟双向作用,彼此影响。高效能感促进对行为有效过程的认知建构,有效行为的认知动作转而又强化效能信念(Bandura & Adams, 1977; Kazdin, 1979)。

117

推论性思维

思维的一个主要功能是使得人们能够预测不同行为过程的可能结果,并产生相应手段对其中影响自己生活的那些东西施予控制。许多活动包括关于行为如何影响结果的推论性判断。这类问题解决技能要求对包含有许多复杂性、模糊性和不确定性的多侧面信息进行有效的认知加工。事实上,预测因素与未来事件间的关系通常是可能的而非不变的,这导致了一定程度的不确定性。同一预测因素可能产生不同的效应,同一效应可能有多种预测因素,这又增加了在可能环境中孰因孰果的不确定性。在探寻预测规则时,人们必须运用已有知识来构建备择项,权衡并将预测因素整合进组合的规则中,以其行为的即时和远期结果验证和修改自己的判断,记住哪些因素已作过检验、其作用又如何。面对因果模糊性、有压力的情境要求及可能具有重要的个人意义和社会意义的判断失败,需要有强烈的效能感来保持完全的任务定向。

一项对复杂组织决策的研究揭示了效能信念对自我调节认知加工的有力影响(Wood & Bandura, 1989a)。有关人类决策的许多研究都是在并不繁重的条件下,在静止的环境中让人作出非连续性判断的(Beach, Barnes & Christensen-Szalanski, 1986; Hogarth, 1981)。这种情况下的判断可能无法提供充足的基础,来发展在动态性自然环境中作决策的描述性或准则性的模型。自然条件下,人们必须在一定的时间限度内,根据社会和个人评价的结果，在持续进行的一连串行为所包含的广阔信息中作出决策。而且，以前的决定影响或制约后继决定。组织决策还要求通过他人，并协同、监控和处理集体的努力，这使得问题更为复杂。有效控制动态环境的许多决策规则必须在不断应对组织活动的过程中，凭借探索经验来获得。在这些较为复杂的处理条件下，自我调节、情感和动机因素能对决策性质起到根本性的影响作用。

在涉及决策的这些动态性方面的研究中，让商业学校的毕业生管理一个由伍德和贝利（Wood & Bailey, 1985）设计的计算机模拟组织。他们必须根据雇员独特的技能、经验和工作偏好，使雇员和各职责匹配。他们还必须决定如何运用三个可用的激励因素使群体行为最优化，对每一个雇员，他们必须决定设定什么目标、提供什么类型及多少监控反馈以及如何运用社会诱因提高动机。他们根据管理决策的特性管理变化着的生产活动，接受有关组织绩效水平的反馈。简言之，管理者必须了解个人任务和动机因素如何影响群体绩效。这其中一些因素涉及非线性规则。例如，提供挑战水平最佳的目标可以激人奋进，但太容易或太难以企及的目标则会失去激励作用。另一些决策必须同时考虑数个因素，涉及复合规则。这样，奖励水平的确定不仅必须考虑工作的特性，还得考虑群体作为一个整体的对等性。决策行为和群体绩效间的这类关系比起因素越高、结果越好的线性关系来，更难了解（Brehmer, Hagafors & Johansson, 1980）。而且，在有条理的管理工作中，管理者必须想出整合各种规则的最佳方式，并有识别地将其应用于群体中的每一个成员。在各个阶段间的间隔期，管理者要就其管理效能知觉、所寻求的目标、在认识管理规则中分析思维的适当性以及其实现的组织绩效水平等方面接受评估。

118

为评价自我调节因素对复杂决策的影响，实验中要改变能够提高或降低认知功能的组织特征和信念系统。一个重要的信念系统与能力的概念有关（M. Bandura & Dweck, 1988; Dweck, 1991; Nicholls, 1984）。有些人视能力为可以获得的技能，随着知识的获得和能力的完善能得以提高。他们采用功能性的学习目标，寻求挑战以获得扩展自己知识和技能的机会。他们将错误视为学习过程中的一个自然部分，认为人可以吃一堑长一智。他们不把失误和挫折视为个人的失败，而是作为学习经验，表明成功需要更大的努力或更好的策略。这类人判断自身能力和测量自身成功的时候，更多根据个人进步而非与他人成就作比较。当技能被视为可变之物时，自我提高速度比个体与他人相比暂时的成就水平更令人感兴趣。失败引导个体寻求更多有关自身能力的信息，使自己得到进一步的自我发展（Dunning, 1995）。相反，将能力视为或多或少是内在倾向的人，则认为行为表现水平可用于判断天赋能力。错误和有缺陷的行为，由于意味着智力上的局限而带有极大的评价性威胁。因此，这类个体偏爱使错误最小化的任务，只允许容易地显示其知识的精通，而以牺牲知识能力的扩展为代价。在自我保护中，在行为表现糟糕时他们会逃避更多了解自己的熟练程度的机会。高度努力由于可能是低能力的反映，所以也具有威胁性。这些人倾向于通过社会比较测量自己的能力，当他人超过自己时，倾向于贬低自己的成就。

通过实验，使被试形成能力是可获得的技能或内在倾向的观点，强烈地影响着控制认知功能和行为成就的自我调节机制（Wood & Bandura，1989b）。这些能力概念使得对不合理行为的认知加工具有倾向性。将低成就解释为个人的固有缺陷破坏了效能感，而将同样的低成就解释为提高个人能力的教育引导则会维持效能感。这种逐渐形成的自我信念进一步影响了对成就的认知加工，并促使人们行动起来，产生证明其正确的行为。这使得在内在倾向观之下，形成了动机和行为损害的恶性循环；而可获得技能观，则产生良性运转。因此，认为决策能力反映了内在认知倾向的管理者在碰到问题时，会因对自身效能越来越大的自我怀疑而受到困扰(图 4.1)。他们的分析思维越来越无常。他们降低了组织抱负，所管理的组织也鲜有进步。相反，将能力解释为一种可以获得的技能，培养了具有高度弹性的个人效能感。在这一信念系统下，管理者甚至在行为标准难以实现的时候，仍能保持对其管理效能的坚定信念。他们不断为自己设定具有挑战性的组织目标，有效运用有助于发现最佳管理决策规律的分析策略。这种自我有效性定向赢得了很高的组织成就。

119

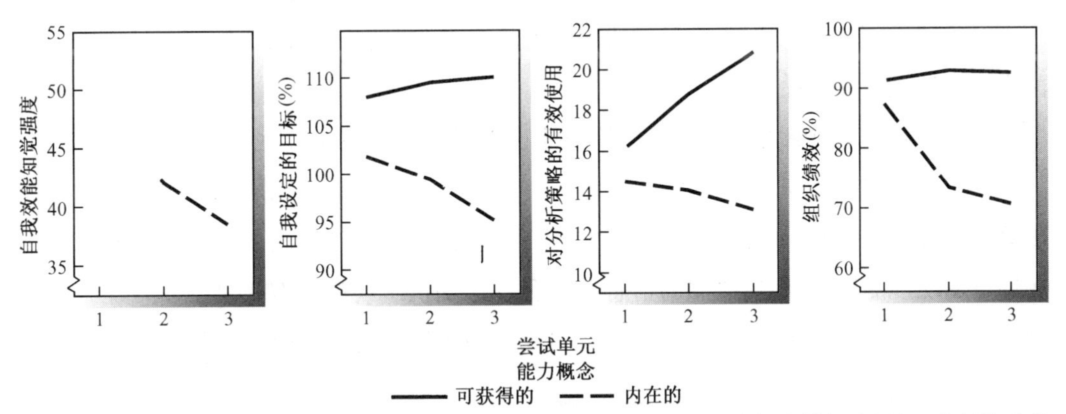

图 4.1　在各组生产任务中，管理自我效能感、为组织设定的相对于现有标准的行为目标、分析策略的有效运用、所获得的组织绩效水平等，在形成将能力作为可获得的技能或作为内在智力倾向的观念时的变化。每一尝试单元包括六个不同的生产任务（Wood & Bandura，1989b）。

人们常常放弃可以实现的挑战，因为他们认为那还需要超乎寻常的才能。当然，与生俱来的能力限制着人们力所能及的范围。但通过广泛的有指导的努力，潜能可转化为功能现实。人们看到他人的非凡技艺，但没有看到他人为此毫不犹豫的献身和难以计数的坚持努力。这种偏颇的信息一般使得人们过高估计固有天赋而低估人类成就中的自我调节因素。将才智视为固有能力降低自我效能感，阻碍技能发展，减弱活动兴趣（Jourden，Bandura & Banfield，1991）。尽管相信才能是可以获得的将有助于个人的高度发展，但并不必然能保证这一点。许多人不情愿经历完善技能时的繁重乏味，但那可以使其表现出不同寻常的行为水平。

能力观不应被视为主导整个生命的坚如磐石的特质。同一个人在不同功能领域中对能力的看法也会不同。例如，小说家可能认为写作是一项可臻完善的技巧，而数学才能则极大地有赖于天生才智；但一个数学家对这两个领域能力获取难易的区分则正好相反。预存的能力观可以通过社会影响加以改变。因此，说服那些认为失败标志着自身固有不足、而易于被失败致弱的儿童，说能力是可以获得的技能，就会使他们从容地对付失败，表现得较为胜任(Elliott & Dweck，1988)。以上讨论的研究表明，能力观影响学习和行为表现的自我调节机制。

120 我们在第三章中看到，社会比较在能力自评中发挥着普遍性的影响。对组织决策的研究结果证实：比较作用对行为成就的影响以自我调节机制为中介(Bandura & Jourden，1991)。商科毕业生管理虚拟组织并接受关于自己行为成就的精确反馈，但关于他人承担该角色时行为表现如何的反馈是预先设定的。在相似条件下，比较信息表明管理者同决策者参照群体行为表现一样；在优秀条件下，他们一直领先于比较群体；在逐渐优胜条件下，使管理者在开始时比参照群体行为表现糟糕，但逐渐缩小差距并最终后来居上；在逐渐衰退条件下，管理者看到自己最初比对方略胜一筹，但随后就开始跟不上，最后则远远落后于比较组的决策者了。

相对优胜和相对衰退这两种相反的条件在心理学上特别令人感兴趣(图 4.2)。相对衰退的人管理效能感表现为急转直下，他们的分析思维仍然反复无常，而且对自己的行为成就不断地妄自菲薄；相反，相对优胜者则提高了其自我效能感，改进对有效分析策略的运用以发现预测规律，而且他们的情感性自我反应提供了动机的双重来源——即因相对低于标准的行为而自我不满，对不断提高的成就则产生具有自我奖励价值的满意感。与

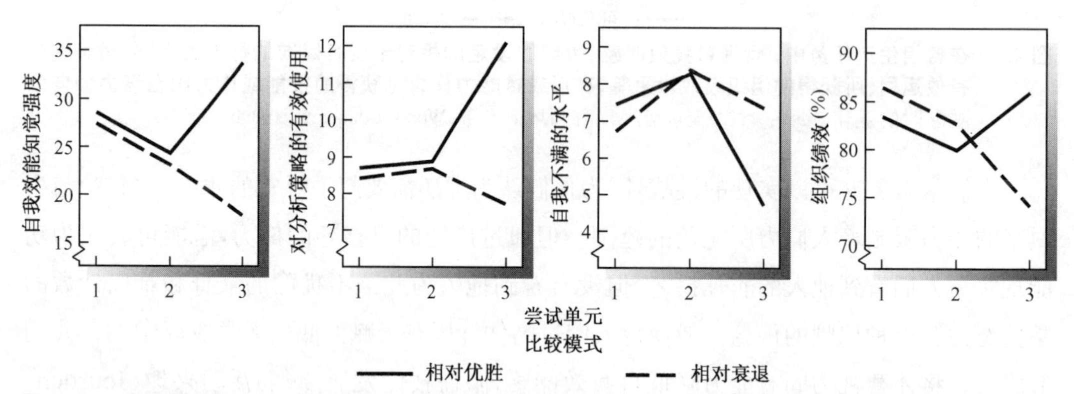

图 4.2 比较评价显示，个体相对于一个类似的比较管理者群体，是相对优胜还是相对衰退，两种情况下，在各组生产任务中，管理自我效能感、分析思维的特性、自我满意水平以及获得的组织绩效水平等的变化。每一尝试单元包括六个不同的生产任务(Bandura & Jourden，1991)。

这些自我调节影响的不同模式相伴随的，是行为成就相应的不同变化。衰退者的群体行为日趋恶化，而优胜者的群体行为随着其比较地位的显然提高而提高。路径分析证实了以前的发现，即随着经验的积累，效能信念对行为成就的影响也增加。

另一个影响效能信念认知加工的重要信念系统是人们对其环境可以影响或可以控制的程度的信念。受自我怀疑困扰的人，预期改变其生活境况的努力是徒劳的。比起坚决相信自己能引起有意义的社会变化的人，他们从事并坚持用以改善环境的行动的可能性要小得多。组织模拟研究强调，可控知觉对自我调节因素有强大作用，这些因素控制着能加强或阻碍行为的决策(Bandura & Wood, 1989)。形成组织不易改变之认知定势的虚拟组织管理者，即便行为标准轻易可及，也会很快就对自己的决策能力丧失信心(图 4.3)。他们的抱负降低，群体行为恶化。而形成组织可控认知定势的人，即便面临许多困难，也会表现出高度的自我效能弹性。他们为自己设定越来越有挑战性的目标，并运用良好的分析思维来发现有效的管理规律。他们的群体表现良好并且日臻完美。

121

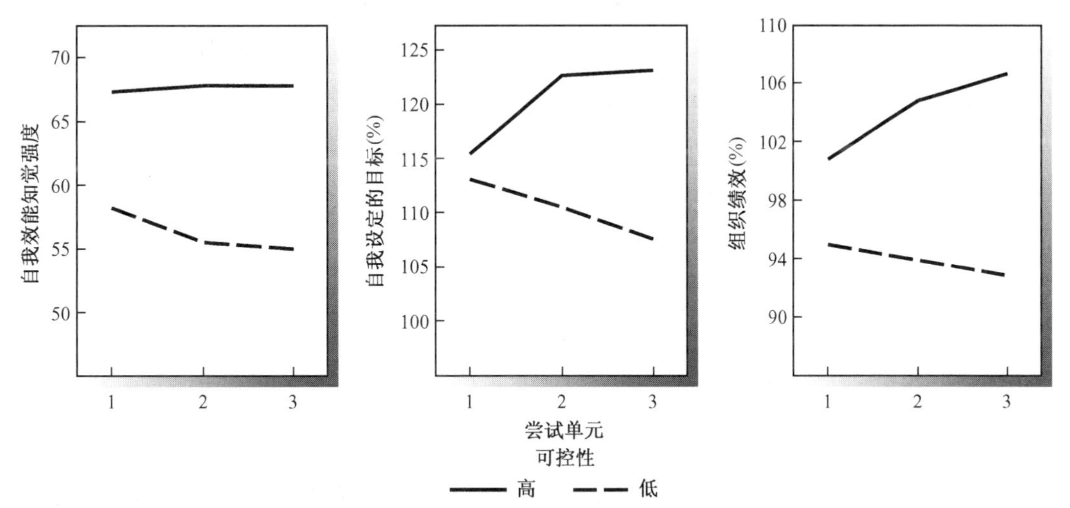

图 4.3 对组织可控或难以控制已经形成认知定势的管理者的管理自我效能感强度、为组织设定的绩效目标以及组织绩效水平的变化。每一尝试单元包括六个不同的生产任务(Bandura & Wood, 1989)。

对影响模式的路径分析证实了自我调节因素的因果顺序。在最初面对一个复杂且不熟悉的环境需要处理时，人们对自己效能的判断和个人目标的设定，很大程度上有赖于过去的成绩。但当他们凭借进一步的经验开始形成有关效能的自我图式后，行为系统就更强烈更错综复杂地受效能信念的影响(图 4.4)。自我概念随着经验的增长而逐渐确定后，行为就更多地充盈着非能力的自我调节因素。效能信念对行为的影响既是直接的，又是通过对个人目标设定和熟练的分析思维的强大作用而发挥的。个人目标转而通过分析策略的中介作用提高行为成就。

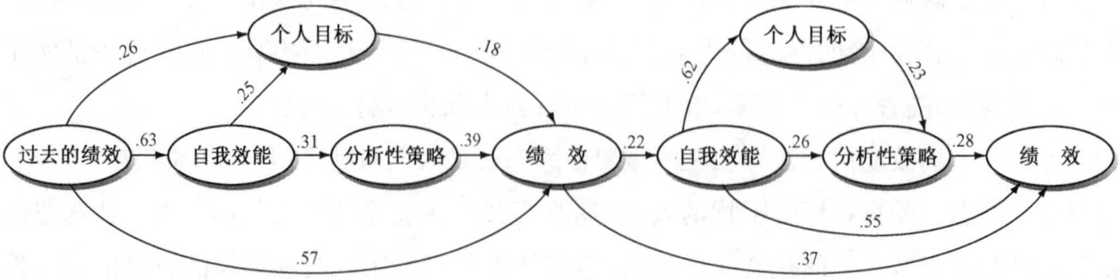

图 4.4 对组织管理因果结构的路径分析。影响路径上的数据是显著的标准化路径系数。图左边的关系网络是针对最初的管理努力的，图右边的关系网络是针对后来的管理努力的（Wood & Bandura，1989a）。

这一系列实验的结果表明，不同心理社会影响改变效能信念，后者又转而影响行为成就——既有直接的，也有通过对可识别的目标和分析思维效能的影响来发挥作用的。无论是能力观、社会比较还是对环境可影响性的信念，这些影响都一定程度上通过效能信念及其所推进的抱负和策略思维发挥作用。其他研究进一步证明效能信念影响问题解决策略的产生和运用。在能力相等、自我效能感不同的学生中，那些效能感强的人很快丢弃错误的认知策略，而寻找更好的，不太会过早地拒绝好的解决方法（Bouffard-Bouchard，Parent & Larivée，1991；Collins，1982）。本章我们的讨论集中在效能信念对认知性指导与技能之运用的影响。第六章中我们将会看到，除如何有效运用已有的认知能力外，效能信念还影响认知技能的获得速率。

动机过程

自我激励和目的性行为的能力根植于认知活动。未来状态不可能是当前动机或行为的原因。但规划的未来能通过预想被带入现在。通过当前的认知表征，想像的未来状态可转换成当前行为的动机和调节器。在这种目的性行为的功能解释中，人们采用特定目标后就为实现它而付诸行动。但目标并不是实现其自身的主体。预想在自我调节机制的帮助下被转化为诱因和行为过程。大多人类动机的产生是认知性的。在认知动机中，人们通过预想在事前就激励自己，指导自己的行为。他们形成自己能做什么的信念，预测不同追求之可能的积极和消极结果，并为自己设定目标，计划行为过程，以实现有价值的未来而避免不利。效能信念在动机的认知调节中起着核心作用。

人们能区分不同理论赖以建立的三种形式不同的认知激励因素，它们是归因、结果期望和认识到的目标。相应的理论是归因理论、期望—效价理论和目标理论。图 4.5 以图解的形式概括了认知性动机的这些不同的概念。结果和目标激励因素显然通过预期机制进行运作。回溯先前成就而构想的因果推理，也能通过改变个人能力判断和任务要求知觉而预先影响未来的行为。个人动因的效能机制以认知动机的所有这些不同形式发挥作用。

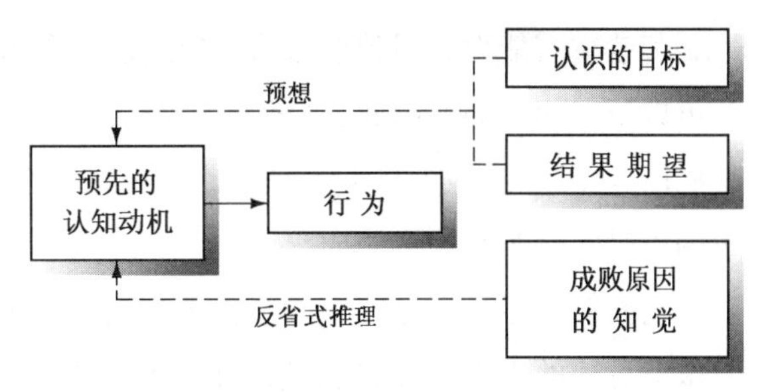

图 4.5 以认识的目标、结果期望和归因为基础的认知性动机概念图解。

归因理论

根据动机的归因理论，对个体行为原因的回顾性判断具有动机效果。将成功归于个人能力、将失败归为努力不足的个体，会承担困难任务，并在面对困难时坚持不懈，这是因为他们认为自己花费的努力可以影响结果。相反，那些将失败归为能力不足、将成功归为情境因素的人，表现出较低的努力，并在碰到困难时轻易放弃。

有些作者争辩说，回溯提供的理由不能被认为是原因。对过去的行为这显然是对的，过去的行为先于被归的原因，所以包括了向后的因果关系。但影响个人能力信念的过去行为的理由，能够作为未来行动的原因。因此，认为失败是由于自己没有努力工作的人可能更加奋发，而那些认为失败是由于缺乏能力的人则易于懈怠和泄气。但原因归属能服务于不同的目的。例如，考文汤恩和奥米利希(Covington & Omelich，1979)证明，原因归属有时是作为为自己服务的借口而不影响未来行为。原因归属何时是借口，何时是激励因素，是一个应该研究的问题。

归因判断在人类动机中的作用如何，有研究对这个问题进行了阐释。在这个研究中，通过对成败提供任意解释，被试对不断进行的行为的归因发生了系统的变化。然后测量效能信念和行为成就。结果表明，原因归属可影响成就努力，但几乎全部是以自我效能感的变化为中介的(Relich，Debus & Walke，1986；Schunk & Gunn，1986；Schunk & Ricce，1986)。任意理由使效能信念提高得越多，随后的行为成就也越高。

成功的能力归因伴随着个人效能信念的提高，进而预测后继行为成就。另一方面，努力归因对效能信念的作用是可变的。这些不同发现对归因理论所支持的能力观及其与努力之间的关系提出质疑。归因理论家通常将能力看作一个稳定的或持久的个人内部特征。获取成功时的高努力意味着能力低下(Kun，1977)。事实上，随着经验的增长，人们的能力观发生着变化，对努力和能力间关系的看法也会改变(M. Bandura & Dweck，1988；Dweck & Leggett，1988；Nicholls & Miller，1984)。归因理论的假设适合将能力视为稳定的内在品质的人群。但许多个体将能力解释为通过努力可以获得的技能：工作越刻苦就越有能力。对他们来说，错误反映了活动中没有经验而非固有的无能，通过努力是可以予以纠正的。因此，高努力导致成就提高可以提高效能信念（Schunk & Cox，1986）。我们已经看到，把能力作为一种稳定的内在特性的观点常常妨碍复杂能力的发展，增加面对困难时的痛苦和失调倾向。

124

正如能力不一定是固定的个人不可控的一样，努力也并不一定轻易可控。工作努力但未能成功的人不相信自己能增加和维持更大的努力（Bandura & Cervone，1986）。许多通过特别努力获得成功的人，对自己再次成就伟绩深表怀疑。努力归因对效能信念的影响在不同的能力观和对努力的可控性抱不同看法的条件下是不同的。比如，对认为能力可以通过艰苦工作获得的人，高努力和个人效能信念正相关；但对那些认为能力与生俱来因此奋斗表明能力不足的人，两者间则是负相关。由于人们对因素间条件关系的看法各不相同，所以努力归因与效能信念间关系不一也就不足为奇了。但无论努力归因同效能感的相关是正是负，效能信念越强，后继行为成就也越高（Schunk & Cox，1986；Schunk & Gunn，1986；Schunk & Rice，1986）。

由行为成就判断效能时，人们运用动作效能的多种信息来源，而远不只归因研究中通常评估的四个因果因素（努力、能力、任务难度和机会）。回忆先前讨论，除了任务难度知觉和花费努力的量外，人们还会考虑自己是在有利还是不利条件下行动、得到外在帮助的多寡、当时的身体和情绪状态、不断参与活动的成败模式等。自我监控、认知表征以及对过去成败的提取中的积极或消极倾向，也影响对个人效能的判断。归因理论只关注知觉到的行为成败的原因，自我效能理论则除动作来源外，还包括效能信息的示范和说服及情感来源。榜样行为展现的能力和策略以及他们所传递的能力比较信息在人们对自己的效能判断中作用突出。的确，在通常情况下，个人能力评价是相对的，榜样示范的效能信息会在个人效能评估中超过行为经验的影响力（Brown & Inouye，1978）。而且，重要他人的评价、身体感觉以及情感状态，也进入个人效能判断的过程。

赋予熟练感、努力、任务难度及情境状况等信息的相对权重将影响个人效能感的评定。效能信念又转而会影响因果归属。自我有效的个体认为成就是个人可控的，因此，自认为高度有效能的个体倾向于把失败归为努力不足或情境阻碍，而那些效能感低的个体则认为失败源于能力欠缺。效能信念对因果归属的影响在各种认知成就（Matsui，Konishi，Onglatco，Matsuda，& Ohinnishi，1988；Silver et al.，1995）、人际交往（Alden，1986）、身体活动（Courneya & McAuley，1993；McAuley et al.，1989）以及健康习惯的处理（Grove，1993）等方面具有高度可重复性。同自我效能知觉不一致的行为表现反馈比起与个体效能感相一致的反馈来，由于被认为不太准确而不予考虑，且较倾向于被归为外在因素。

总的证据揭示，归因——无论是以能力、努力还是任务难度的形式——一般对行为动机影响甚微或是没有独立作用。在诸如学业活动(Relich et al., 1986; Schunk & Gunn, 1986)和职业停顿(Chwalisz, Altmaier & Russell, 1992)等不同活动中,自我效能知觉调节归因对行为的影响。归因理论选出的各类因素传递与效能有关的信息,这些信息主要通过改变人们的效能信念影响行为成就。间或,能力归因会独立影响行为动机,但这种直接作用通常很小或是含糊的。

设计单凭改变原因归属来提高人类动机和成就的干预并非易事。预测研究很多,但通过重新训练归因产生持久的个人改变的干预研究却难以获得。首先,对应该鼓励的原因归属类型尚有分歧(Grove, 1993)。如果引导人们相信困难源自其内部可变的因素,而个人阻碍没能使他们在没有额外资源和掌握行为的帮助下发生改变的话,实际结果就可能是自责,而不是提高动机。相反,如果困难被归于外部可控因素,在情境没有改善时,人们就较少建构自己能力的动机,就易于求诸于情境理由。原因归属可以暂时提高动机,但当没有肯定性成绩时,这一提高难以长期生存。不断告诉缺乏必要技能的个体,他们的失败是由于努力不足,会挫伤士气。不断告诉他们具有高能力,而反复的失败却证明的是另一回事,只会让人怀疑归因者的威信。不足为奇,单凭重新训练归因改变难以控制的行为收效甚微,而鼓励个人能动的社会认知计划则一致产生有益变化(Bandura, 1986a)。说服性归因可以作为一个辅助的动机源,但不是产生人类动机和成就的基本形式。

期望—效价理论

人们还通过预先期望的特定行为过程产生的结果激励自己、指导行动。期望—效价理论就是用以解释这种形式的激励动机的(Ajzen & Fishbein, 1980; Atkinson, 1964; Rotter, 1982; Vroom, 1964)。这些各种各样的阐述都假设,动机强度受特定行为会产生特殊结果的期望及那些结果的吸引力联合控制的。他们的主要区别在于,另外什么因素同期望及结果效价相结合。阿特金森(Atkinson)加入一个成就动机;罗特(Rotter)加入一个行为控制结果的一般化的期望;阿吉森和菲什拜因(Ajzen & Fishbein)加入执行行为的社会压力感和依存倾向;弗洛姆(Vroom)加入通过努力行为可以完成的信念。

期望—效价理论的基本观点预测,特定行为保证特殊结果的期望越高和结果越有价值,进行活动的动机就越强。研究发现一般表明,通过补充或增加这些认知因素所获得的结果期望,能预测行为动机(Feather, 1982; Mitchell, 1974; Schwab, Olian-Gottlieb & Heneman, 1979)。但由这一模型解释的行为动机的变异量可能比预期的要小。这已经激起对期望—效价理论的范围、其主要假设以及评定和联合认知因素时所使用的方法论等的激烈讨论。

根据期望最大化模型,人们寻求最佳结果。但人们并不像期望—效价模型所假设的那样,系统条理地考虑各种行为过程,权衡其可能结果。讨论的问题不是判断过程的合理性,人们往往对于可能的选择及其可能结果的了解是不完全的甚至是错误的,他们根据认126 知偏向加工信息,他们所看重的东西可能也颇为奇特。某一行为者主观认为合理的决定,就其基础而言,对他人可能并不合理。主观合理性往往引起错误的选择。判断过程中有太多方面会使人误入歧途,难以获得客观的合理性(Brandt, 1979)。争论的主要问题是,假定的判断过程和人们实际上如何评价和权衡可供选择的行为过程的可能结果间的不一致。第十章将会比较详细地阐述这个问题。

选择出加以注意的激励类型,往往是期望—效价理论与现实相背离的另一个维度。活动的某些最有价值的回报是实现个人标准所带来的自我满足。对个人成就的自我满足比切实的奖励可能更受重视。当这两种激励相冲突时,自我评价结果往往超过实际奖励的影响(Bandura, 1986a)。由于动机的激励理论常常倾向于忽视情感性自我评价结果,所以自我激励在选择—结果分析中很少受到应有的重视。如果忽视了具有影响力的自我激励,就会牺牲预测性。就期望—效价模型的范围,即便其最详尽阐述的观点也只包括一些认知激发因素。事实上,对结果的预想通过另外的干预机制影响努力和行为表现。

除了对各种行为之可能效果的信心外,人们还根据自己能做什么的信念来行事。结果期望所激发的潜力,一定程度上受个人能力信念控制。许多活动,只要好好地干就可以保证有价值的结果,但如果人们对自己能否成功表示怀疑也就不会去从事它们(Beck & Lund, 1981; Betz & Hackett, 1986; Dzewaltowski et al., 1990; Wheeler, 1983)。例如,一个学生期望医学学位带来尊贵的社会地位和丰厚的物质收益,但却由于自认为无力掌握沉重的医学院预科课程而敬而远之。因此,低效能感会使诱人的结果期望丧失激发潜力。相反,对自己效能的坚定信心,可以在面对不确定的或是反复的消极结果时仍能在很长一段时间里继续努力。的确,由于通往胜利的道路上充满艰难险阻,要想取得高成就,就必须具有弹性的个人效能感。

在需要能力的活动中,效能信念影响人们遵循结果期望行事的程度。因此,在结果有赖于行为性质的活动中,效能信念决定着预见的结果类型。如以前所表明的,对效能信念进行统计控制后,特定行为的预期结果对行为预测的作用甚微。有些期望—效价理论包括这样的期望:努力会产生所需的行为表现(Vroom, 1964)。在这些理论中,通常将努力因素解释为一个一般性的期望,即努力能够招致特定行为表现。相反,效能信念关系到产生特定行为表现的个人能力。对努力的一般意义的期望与个人效能信念没多大关系(Danehower, 1988)。人们调节其行为时,更多是靠自己能做什么的信念,而不是努力可以起什么作用的期望。达尼豪沃尔(Danehower)证明了这一点,效能信念有助于行为表现,而泛化的努力期望则没有作用。

还应该注意，自我效能知觉是比努力期望更为宽广的构念，因为它所包括的远不止决定行为表现的努力因素。努力只是掌管行为表现水平和质量的诸多因素之一。人们根据自己所拥有的知识、技能和策略，而非仅仅是自己投入多少来判断自己从事挑战性活动的能力。要求独创性、足智多谋和适应性的行为更多地有赖于对技能、专门知识和分析策略的熟练运用，而不只是努力（Wood & Bandura，1989a）。而且，拙于应对应激事件的人，预期威胁情境中有瑕疵的行为表现更多的是受其自弱思维模式而非增加多少努力来决定的。实际上，他们越是努力，就越可能损害活动的完成。期望理论家们可能选择努力作为行为的单一原因，因为该理论通常关心的是人们在没有任何艰难险阻的情况下如何努力进行常规活动。因此，自我效能同成就大小关系最密切的方面是人们对坚持能力的知觉，即他们对自己能充分发挥作用以达到必需的创造力水平的信念。

近来，为提高期望—效价模型的预测性，在通常的一套预测指标中增加了一个与效能相似的因素。例如，在阿吉森和菲什拜因（Ajzen & Fishbein，1980）的推理行为模型中，从事一项活动的意图受两个因素的控制：一是个人决定因素，表现为对结果及其价值的知觉；一是主观准则决定因素，结合由重要他人施加的从事或不从事特定行为的社会压力感及个体达到他们期望的动机。阿吉森（Ajzen，1985）通过纳入在执行某一行为遇到困难时可能发挥作用的行为控制感扩展了这一模型，这一观点被叫做计划行为理论。阿吉森及其同事已经显示，行为控制感对行为表现的作用既是直接的，也有通过作用于意图而间接发挥的（Ajzen & Madden，1986；Schifter & Ajzen，1985）。自我效能知觉同结果知觉和社会压力知觉结合一起，对行为发挥着类似的直接和间接作用（deVries & Backbier，1994；deVries，Diikstra & Kuhlman，1988；Dzewaltowski et al.，1990；Kok，deVries，Mudde & Strecher，1991；Schwarzer，1992）。因此，当在最初的一套期望预测因素中加入自我效能知觉时，控制感对行为动机没有独立贡献（Dzewaltowski，1989）。在没有受到许多社会压力的活动中，效能信念具有大部分的解释力，结果知觉和准则影响不能解释动机的变化（Dzewaltowski et al.，1990）。期望—效价理论的其他观点也因包含了自我效能决定因素而提高了预测性（McCaul et al.，1988；Wheeler，1983）。

在有关推理行为的理论中，以执行必须行为时的难易感来定义和测量行为控制感。当然，困难感是一个关系概念，包括完成知觉到的任务要求的能力感。人们判断自己的效能越低，任务对他们似乎越难。实际上，德泽沃尔托沃斯基（Dzewaltowski）及其同事的研究表明，正如阿吉森所显示的，行为控制感相应于自我效能因素。在某些研究中，构念似乎不同，但对行为控制感的测量都是令人混淆的，与难度知觉没什么类同之处。例如，有些研究者将意图同行为策略的效能知觉相结合，而非测量困难感（McCaul et al.，1993）。

另一些人则包括了对做什么的了解、影响结果的能力及对社会期望的理解等的混合，具有这些也与困难知觉关系不大(Stevens，Bavetta & Gist，1993)。也有些人将效能知觉视作对任务难度的看法，这事实上是对阿吉森控制感的操作化(Terry & O'Leary，1995)。除非是不可克服的环境限制，自我有效性高的个体认为某些事业固有困难，但坚决相信靠自己的独创性和执着努力定能胜出。这正好是卓有成就者、革新者和社会改革者的特征。对两种构念进行比较检验时所用的测量，应该范围等同，而关注点有别——是能力知觉还是难度知觉。而且效能信念测量应该根据挑战水平而不是一些不明确的项目。

128 效能信念对基于激励的动机的作用，在给予人们行为成就实际的金钱激励而不只是评估他们预期特定行为可以带来的好处类型的情况下，也已经予以评价。李、洛克和法恩(Lee，Locke & Phan，in press)在依靠达到各种不同的行为标准而进行小时制、计件制或红利补偿等情况下考察了行为表现，还测量了许多可能具有激励作用的调节因素。在控制了能力之后，效能知觉和个人目标是关键的调节因素，薪水激励由此影响行为表现水平。不论激励系统是什么，具有高效能和高目标的人总会比那些怀疑自己达到困难标准的效能并相应降低其抱负水平的人，行为表现更好。

目标理论

通过对自己行为表现的个人挑战和评价性反应来实施自我影响的能力，为动机和自我指导提供了一个主要的认知机制。在这种形式的预先自我调节中，行为受认识到的目标的激发和指导，而非被未实现的未来状态所吸引。因果力量存在于预想之中，也存在于使预想转化为目的性行为的激励和指导的自我调节机制之中。有关目标设置的大量研究都将追求挑战性标准的动机作为研究对象。许多实验室和现场研究的证据表明，明确而具有挑战性的目标可以提高动机。这是一种相当强健的作用，在不同活动领域、情境、人群、社会水平和时间跨度间都得到重复(Locke & Latham，1990；Mento，Steel & Karren，1987)。很大程度上，目标通过自我反应影响发挥作用，而不是直接调节动机和行为。自我效能知觉是这些重要的自我影响之一，由此，个人标准产生有力的动机作用。

基于个人标准的动机包括一个将知觉到的行为表现同所采用的个人标准进行认知比较的过程。通过与标准匹配而形成自我满足，人们为自己的行为定向，并形成自我激励以坚持不懈直到其行为表现同目标相匹配。他们通过达成有价值的目标来寻求自我满足，由于不满意未达标的行为表现而促使自己加大努力。由认知比较激发自我评价过程必需有两个比较因素：个人标准和对自己行为表现水平的了解。只采用目标但不知道自己做得如何，或是知道自己的行为表现但没有目标，均没有持久的动机作用(Bandura & Cervone，1983；Becker，1978；Strang，Lawrence & Fowler，1978)。而目标和对行为表现的了解的联合作用却可以根本上提高动机。

作为目标动机中介的自我反应性影响

基于目标或标准的认知动机受三种自我影响的调节。这包括对自己行为表现的情感性自我评价反应、达成目标的自我效能知觉以及根据自己的成就调整个人标准等。如前所述，目标通过谋取自我评价性投入而具有动机作用。由于达成有价值的目标而获得预期的自我满足是个人成就的激励动机源之一。对未达标行为的自我不满是加大努力的另一个激励动机。虽然当行为同个体追求完全或有中度不符时，不满会更加突出，但积极和消极的情感性自我动机源在人类活动中都起作用。但如果没有从个人成就获得自我满意的指望时，不断的不满终究会让自我动机付出代价（Bandura & Jourden，1991）。

效能信念以几种方式对动机起作用。一定程度上，人们根据个人效能信念选择其所要担负的挑战、所要投入的努力以及在面对困难时坚持多久（Bandura，1986a，1991b）。个人标准和成就间的负面差距是激励性的还是挫伤性的，一定程度上由人们能够达到自己设定的目标的信念所决定。面对阻碍和失败，不相信自己能力的人过早地减少努力或放弃尝试，满足于普普通通的解决方案。而那些对自己能力有强烈信念的人，则在未达到意图时会加大努力，并坚持不懈直至成功（Bandura & Cervone，1983；Cervone & Peake，1986；Jacobs et al.，1984；Peake & Cervone，1989；Weinberg et al.，1979）。坚定不移往往会获得行为成就。

根据人们对自己所获进步的模式和水平的不同解释，努力开始时自设的目标可能有所改变，人们也相应对自己的抱负做出重新调整（Campion & Lord，1982）。他们可能保持初始目标，可能因进展不大而降低志向，或是采用一种更具挑战性的目标。当人们趋近或是超过所选择的标准时，常会为自己设定新的目标作为另外的动机源。自设的挑战越高，投入的努力越大。因此，卓越的成就带来暂时的满足，但确信自己能力的人谋求新的挑战作为更高成就的个人动机源。因此，在不断进行的动机调节中，自我影响的第三个组成成分是按照所取得的进步重新调整个人目标。克西克曾米哈依（Csikszentmihalyi，1979）考察了活动中什么促使人不断深入地执着于生活的追求，发现有助于持久动机的共同因素包括根据自己的能力知觉采用个人挑战以及取得进步的信息反馈。

系统地变化行为同指定的困难标准间不一致的方向和幅度，可以显著揭示这些自我反应影响对动机的作用（Bandura & Cervone，1986）。在进行了一项费力的活动之后，个体接受事先安排的反馈：其努力显著、中等，或稍许达不到采用的标准，或者超过标准。然后记录他们的目标达成效能知觉、他们的自我评价和自设目标，由此测量他们的动机水平。审视图 4.6 表明，个体施与自己的自我影响源越多，投入的努力就越大，越能坚持获

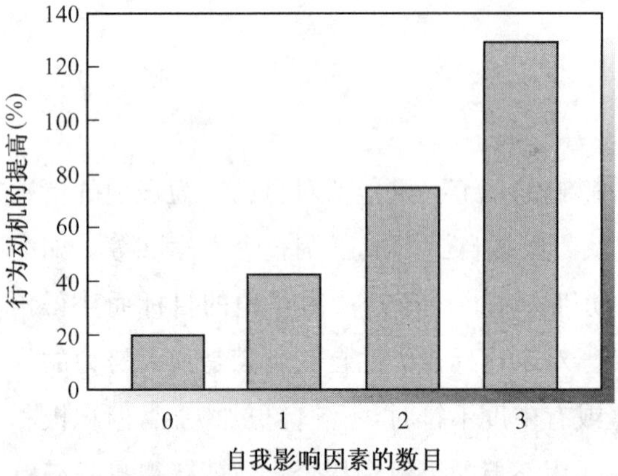

行为动机的提高(%)

自我影响因素的数目

图 4.6 动机水平作为在特定个体身上起作用的自我反应性影响因素之数量的函数，其均数的变化。三个自我反应性因素是：强烈的对目标成就的自我效能知觉，对实际行为的自我不满，以及对挑战性标准的采用(Bandura & Cervone，1986)。

130

取他们的追求。总的来说，这一些自我反应影响解释了动机变化的主要部分。

三种自我影响一起作用调节动机的方式，根据行为同有价值的标准间的不符程度而有一定程度的变化。效能知觉在所有不一致水平下都对动机有所作用。人们越是相信自己能够达到挑战标准，就越会加强努力。当成就严重或中度低于比较标准时，不满就成为一个有影响的情感动机源。人们对自己未达标准的成就越是不满，提高的努力就越多。但如果人们重新满足于接近或符合标准，他们就不会投入更多的努力。当人们趋近或是超过初始的标准时，就会为自己设定新的目标作为进一步的动机源。他们自我设定的目标越高，投入活动的努力越大。

通常假设，成就提高行为标准。对抱负水平的研究表明，实际上人们一般将目标设定为高于其最近的成就水平(Festinger，1942；Ryan，1970)。但运用要求较小努力的简单任务，限制了这些发现的普遍性。这是因为，日常生活中，困难的成就通常要求在很长一段时间里辛勤努力。人们不一定期望在不断提高的成功中超越过去的每一次成就。通过艰苦卓绝的努力获取的极高成就是很难被重复或超越的。

成就同效能知觉和个人目标设定间的关系，比直观感受更加复杂。认识到通过艰苦努力超越了要求的标准，并不自动加强效能信念，提高抱负水平。许多人对成功的反应是，确定了强烈的效能感，并为自己设定更具挑战性的成就目标。但有些人则怀疑自己能否再集结起同样水平的艰苦努力，并将目光集中在仅仅尝试符合他们以前所超越的标准。在驱使自己成功时，另一些人则判断自己没有重复功绩的效能并降低其抱负。

除失败外，自我反应影响还预测成功对动机的影响(Bandura，1991b)。在一次艰难的成就之后，对自己的效能有强烈信念的人会通过设定更高的目标，创设新的需要掌握的挑战激励自己。因此，卓越的成就带来临时的满足，但人们谋求新的挑战作为更大成就的个人动机源。那些怀疑自己可以再次集结相同努力水平的人，会降低目标，减弱动机。

努力奋斗但仍未达到某一困难标准的经验产生若干有趣的自我反应模式。有些个体变得消沉沮丧，他们的效能知觉急转直下，并放弃对目标的追求；另一些人保持自我有效性和宏图大志，但还不足以不满到激发自己做得更好；还有些人虽然有些不确信自己的能力但还是踌躇满志，并为自己做得和以前一样好而高兴；许多人变得过分自满，他们认为自己迎接挑战高度有效，但他们太满足于几近的成功而不能动员所需努力做得更好。民谚告诫我们太多信心欺瞒了许多人。的确，萨洛蒙(Salomon，1984)曾经发现，学习者高水平的自我效能知觉，会使他们在自认为困难的任务上投入更多的认知努力和学习；而在自认为容易的任务上则投入较小努力和很少的学习。经受得起失败的强烈效能感及与此相联系的某种不确定性——这归于任务的挑战性而不是对自己是否有能力付出完成个人挑战所必需的努力的根本怀疑，可能会最好地维持动机。形形色色的人类活动中对创造力的现场研究，进一步证实了效能信念可以增强动机(Barling & Beaattie，1983；Earley，1986；Taylor，Locke，Lee & Gist，1984)。

自我调节及负反馈模型

许多自我调节理论都基于负反馈控制系统。在控制理论(Carver & Scheier，1981；Lord & Hanges，1987；Poweers，1973)、精神生物动态平衡理论(Appley，1991)以及米勒、加兰特尔和普里布拉姆(Miller，Galanter & Pribram，1960)提出的控制论模型中，负反馈都是基本的调节因素。平衡也是皮亚杰(Piaget，1960)理论中的唯一动机机制。这类调节系统的基本结构包括一项行为感觉活动、一个内部比较器以及一项错误矫正程序。该系统通过差异性降低机制发挥激励和调节作用。行为表现反馈同内在参照标准间的差异感会自动引起调整，以减小不一致。

131

将人类描绘为锁定在负反馈环路中，受驱使降低感觉到的反馈同内部参照间的不一致的无意识机体的控制理论开始受到攻击。洛克(Locke，1991a，1994)认为，控制理论大多是将目标理论的原理和知识转化为非自然的机器语言而未提供任何新的观点或是预测优势。他进一步表明，控制理论的拥护者现在嫁接了其他关于负反馈环路理论的诸多观点来弥补其预测问题，使控制理论的特色丧失殆尽。不同拥护者信奉控制理论的不同版本。例如，在名为理论性整合的一个控制理论的新扩展中，反馈环路中的标准或是参照被重新定义，实际上包括了所有事情和任何方面(Lord & Levy，1994)。这一扩展后的控制论类比被赋予了其他版本所不具备或是不予承认的意识，甚至还有更难以理解的“意志”。在缺乏一组确定的命题的情况下，“控制理论”能够验证吗？

在所有自我调节系统中，不一致性降低显然起着重要作用。但在负反馈控制系统中，如果感觉到行为表现与标准相匹配，个体就不再做什么。与标准匹配引起活力丧失的调节过程并非人类自我动机的特征。这样一个反馈控制系统将产生循环行为，了无成就。除非人们接受有关缺点的反馈，否则就不会受激励采取行动。虽然比较反馈在动机调节过程中是重要的，但人们最初在没有接受任何有关其初始努力的反馈时通过选定目标提高其动机水平(Bandura & Cervone，1983)。通过负面不一致性进行自我调节只说明了一半，而且不一定是比较有意义的一半。人是行动前有计划、有追求的有机体。他们的预想能力使其预先行使适应性控制，而不是仅仅对自己努力的效果做反应。

不同自我调节系统控制着动机的激发及其持续的调节。人类自我动机既有赖于*不一致性的产生*又有赖于*不一致性的减少*，既需要*前摄控制*，又需要*反应性控制*。最初，人们通过为自己设定有价值的行为标准，创设一种不平衡状态以实行前摄控制来激发自己。然后根据他们对达到标准需要做什么的预先估计来动员其力量。在随后为达到向往的结果而调节作出的努力时，反应性反馈控制开始发挥作用。当人们达到其所追求的标准之后，效能感强的个体为自己设定了更高的标准。迎接更大挑战产生了具有激励意义的新的不一致性。与此相同，超越标准更可能提高抱负，而不是削弱后继行为以适合已超越的标准来减少不平衡。因此，对动机和行为的自我调节包括双重等级控制过程：去平衡化的不一致产生和随后的起平衡作用的不一致减少。

当然，带有一个前摄成分的评价性执行控制系统，可以加在负反馈操作之上，根据对行为成就的不同解释不断提高或降低抱负标准。为了捕捉人类自我调节的复杂性，必须向这一执行系统注入评价和能动特性——如前所述，这在自我指导中发挥着重要作用，这包括：(1) 前摄地采用根植于价值系统的抱负标准和起促进作用的有利目标；(2) 完成特定目标挑战性的个人效能之自我评价；(3) 预先调节将认识到的标准变为现实所需的策略和努力；(4) 对完成或未完成标准的物质和社会结果的期望；(5) 对自己行为表现的情感性自我评价反应；(6) 集中于效能评价的准确性、标准设定的恰当性以及策略的充分性等问题上的自省性元认知活动。相对于任务要求的个人效能评价可显示，所追求的标准是在可及范围之内还是难以企及。

132

在人类努力中，目标调整并非遵循一种简单的模式，即个人成就不一定总是提高标准，失败也不一定就降低抱负。相反，由于认知和情感因素的互动，不一致性反馈对调节动机和抱负的自我反应影响有不同作用(Bandura & Cervone, 1986)。在没能成功实现某一挑战性标准的情况下，有些人不太相信自己的效能，有些人对自己的能力丧失信心，但许多人仍坚定地相信自己可以达到标准。通过艰苦卓绝的努力超越某一困难的标准并不一定加强效能信念。虽然对大多数人而言，高成就加强个人效能信念，但相当多驱使自己赢得艰难成功的人会怀疑自己能否再次获得如此伟绩。这些发现提出了面对困难时效能信念弹性这一重要问题。

作为自动动机源的负面不一致性

某些理论家以通过减小认知不协调而发挥作用的与生俱来的自动动机源来解释自我动机。皮亚杰(Piaget, 1960)认为，已有认知图式与事件知觉间的不一致性造成了内在冲突，激发人们探索不一致性的来源，直到内在图式被改变从而适应了相矛盾的信息。在这一观点中，中等的不一致体验，而非显著的或极小的不一致，可能唤起认知改变所必需的认知混乱。

与这一平衡模型相关的概念和实证问题已经在其他地方作过较为详尽的阐述，这里就不再回顾(Bandura，1986a；Kupfersmid & Wonderly，1982)。这些发现表明，兴趣的唤起并不只限于同个体所知相去甚小的那些事件。而且，单单具有中等不一致的体验也不能保证认知学习，知识获得也并非必然基于内在认知冲突。仅仅证实，人们受其所知的困扰并易于为超过其认知加工能力的信息所挫伤，这是可以为无须自动激发不匹配机制的任何理论所解释的平淡无奇的发现。还有许多其他激励因素改善个体的知识和思维技能。能够预测事件，并能控制影响自身或重要他人健康的那些事件，根本的好处在于为获取知识和适应能力提供积极诱因(Bandura，1986a)。由逐步掌握和实现个人挑战而获得的自我满足是另一个持久激发追求的动机源。人们常常为物质利益、社会赞誉或追求卓越而驱动自己。

还有其他理由质疑皮亚杰提出的这类自动动机系统。一个自动的自我动机源所能解释的不只是那些曾经观察到的。如果知觉到的事件和心理结构间的不一致事实上起自动激发作用，学习就应该从不间断而且比实际更不加区别。但通常，人们不会坚持探索与自己所知或是可为有适度差异的大多活动。实际上，如果他们受日常生活中碰到的每一件适度不一致事件的驱动，他们很快就会被许多强制的认知改变所淹没。有效地起作用需要有选择地配置注意和努力。面对事实证据及其观念间的矛盾，人们更可能贬低或重新解释“事实证据”，而不是改变自己的思维方式。如果人们是受减小负面不一致性所激发的内在认识驱力的推动，他们全都应该对自己周围的世界有渊博的知识，并且不断向更高的推理水平前进，但事实并非如此。

从社会认知的观点来看，人们在其自身动机中是起积极作用的主体，而不是仅仅对产生认知困扰的不协调事件作被动反应。通过认知比较进行自我激励需要区分个体所了解的标准和他所想要了解的标准。正是抱负标准与自我效能知觉一道，选择性地影响着个体将会积极从事的诸多活动。抱负标准决定哪些不一致性具有激励作用，哪些活动人们将奋力掌握。

目标特性和自我动机

目标意图并不能自动激活支配动机水平的自我反应性影响。目标结构的某些属性决定在任何特定努力中自我系统的参与力度。下面阐述有关的目标特性。

目标的特殊性。目标的特殊性一定程度上决定了目标产生个人激励并指导行为的范围。明确的标准通过标明达到这些标准所需的努力类型和数量来调节行为，并通过为个人成就提供清晰的标识来产生自我满足和建立个人效能。一般性的意图对所要达到的成就水平不甚明确，不能为调节个人努力或评价个人能力提供多少依据。对特殊性不同的目标的调节作用研究表明，明晰、可及的目标可以产生更高水平的成绩，而尽己所能的一般性意图则往往作用不大或了无影响（Locke & Latham，1990；Bandura & Cervone，1983）。特殊的行为目标为没有积极性的人提供激励，培养他们对于活动的积极态度（Bryan & Locke，1967）。

目标的挑战性。伴随不同目标的努力和满意量有赖于目标的设定水平。挑战引发强烈的兴趣和对活动的投入。比如对登山者来说，内在满足并非在于在恶劣的天气下攀登陡峭的悬崖，而是源自自己战胜无限巅峰的满足使得他们全身心地投入这项活动。当自我满足同挑战性目标的达成相关联时，个体会比只采取轻易可及的目标时投入更大的努力。洛克假设在目标水平和行为动机间存在线性正相关。的确有许多证据表明，目标越高，人们为之花费的努力越大，行为表现也越好（Locke & Latham，1990）。但只有当行动者接受并一直强烈致力于该目标时，线性关系才可能存在。当然，大多数人最终会拒绝他们认为不现实或者难以企及的行为目标。然而，即便当人们获知他人认为特定目标不可实现而予以拒绝时，他们还会孜孜以求，毫不动摇（Erez & Zidon，1984）。当指定目标超出能力以及当未达成目标毫无损失时，人们会尽量接近高标准而不是统统放弃（Garland，1983；Locke，Zubritzky，Cousins & Bobko，1984）。结果，即使远期目标抱负难倒他们，他们还是获得了显著的进步。

但是，实验室模拟与日常生活条件在若干重要方面存在差异的事实，必然限制着毫不动摇地追求不可企及的目标这一现象的普遍性。模拟通常只包括一次短暂的努力，即便失败也毫发无损，而且也没有选择其他活动的机会。然而在活动需要投入大量的努力和资源、达不成目标会产生负面结果以及有其他活动能够使个体投入的努力更具成效等情况下，人们较可能放弃不可企及的目标。如果所设目标不切实际、高不可攀，坚定的努力只会导致一次又一次的失败，最终会夺走个人效能。以社会认知的观点来看，自我动机的强度随目标和成就间不一致性水平的变化而呈曲线变化。相对容易的目标不足以唤起太高的兴趣或太大的努力；中等难度的目标通过亚目标的达成继续保持高度努力，并带来满意感和越来越高的效能感；高不可攀的目标则由于破坏个体的效能信念而削弱动机，使人气馁。

134

大多数有关目标挑战性水平的实验只涉及达成个别目标的一次努力。社会认知理论区分了远期目标的补充调节作用和持续努力中近期亚目标的等级系统（Bandura，1986a）。高位的远期目标使某一活动领域具有目的性，起到一种一般导向的作用，而亚目标更适合切近地决定选择什么特定活动和投入多少努力。通过将一系列近期亚目标按等级进行组织以保证向高位的目标不断前进，是维持自我动机的最佳途径。目标达成的可能性与所花费努力间的关系，对亚目标和终结目标来说有所不同。如果将一个艰巨的远期目标分解为既具有挑战性又通过特别努力可以获取的亚目标来追求，就能够维持高水平的动机（Bandura & Schunk，1981）。争取不可及的亚目标会把自己驱向无情的失败。通过将复杂任务分解为较易于掌控的单元，人们能够保持目标对复杂任务的影响力不弱于对简单任务的作用（Wood，Mento & Locke，1987）。挑战性目标对复杂活动并非一定是无效的或是致弱的，但在组织复杂活动时，必须要使目标能对努力起到提高和有益的引导作用，而不至于误导。当对复杂任务进行妥善的组织后，挑战性目标就从行为致弱因素变为促进者了（Earley，Connolly & Ekegren，1989；Earley，Connolly & Lee，1989）。

日常生活的大多数努力都表现出可及性不同的具有等级性的目标对动机的补充调节。远大抱负可能尚未达成，但在成功奋斗的过程中已经实现了个人和社会的进步。当然，在不断的追求中，对高位目标难度的知觉也并非恒定不变。向遥远未来高位目标的前进改变着对最终成功的主观评价。当远期目标实现在即时，个体对它们的感觉就没有原初那般遥不可及了。

目标的切近性。如前面讨论中曾经提出的一样，目标意图在调节动机和行为时的效力，极大地有赖于目标规划得多远。切近的亚目标动员了自我影响，指导个体此时此地的所作所为。单纯远景目标从时间上来说太过遥远，不能为当行动提供有效的激励和指导。在面对诸多诱惑时，关注遥远未来易于让人们拖延眼前问题，以为后面总会有充足的时间来着手努力。当没有切近目标集聚努力时，人们会推迟采取必要的措施；在其他活动中发现近便的迂回路线；而且，即便他们确已走上轨道，也一路上吊儿郎当。

亚目标不仅谋取到自我反应激发因素，而且在自我效能感发展中也作用突出（Bandura & Schunk，1981）。人们测量自己的成绩时如果没有一定的参照标准，就无法评估自身的能力。亚目标的达成提供了越来越多的掌握证据，进而提高效能信念。相反，远景目标时距太远，不能一直作为进步的指标，确保个人效能感不断增长。通过可以达成的近期目标来提高动机，受到自我效能知觉增长的控制（Stock & Cervone，1990）。在极度复杂的活动中，高高在上的远景目标会因为将人们的注意由计划有效的策略转向关注失败的自我挫伤而削弱行为表现。同样的远景目标如果配以具有挑战性的阶段目标，就会建造起效能感，而这效能感会伴随行为成就的提高（Latham & Seijts，1995）。

135

切近的自我动机的不同作用在一项研究中得到揭示：让数学方面存在严重不足而且了无兴趣的儿童，在涉及由近及远的目标、只涉及远景目标或根本不提及目标等情况下，参加一项自我指导学习计划（Bandura & Schunk，1981）。在各种目标情况下，儿童可以观察到自己已经完成的每一部分的作业单元量和累积成就。在近期亚目标条件下，儿童的自我指导学习进步迅猛，他们掌握了数学的基本运算，并且提高了效能感(图 4.7)。远景目标的作用未得到证实。亚目标的达成还引发了对算术的内在兴趣，而这最初对儿童几乎没有什么吸引力。摩根(Morgan, 1985)在一项旨在改进大学生学业能力的大范围现场实验中，进一步证实了切近的亚目标在培养内在兴趣和增进学业成就上的价值。人们不仅在目标接近的情况下会表现得更好，而且他们的关注点也宁愿切近不愿太远(Jobe, 1984)。

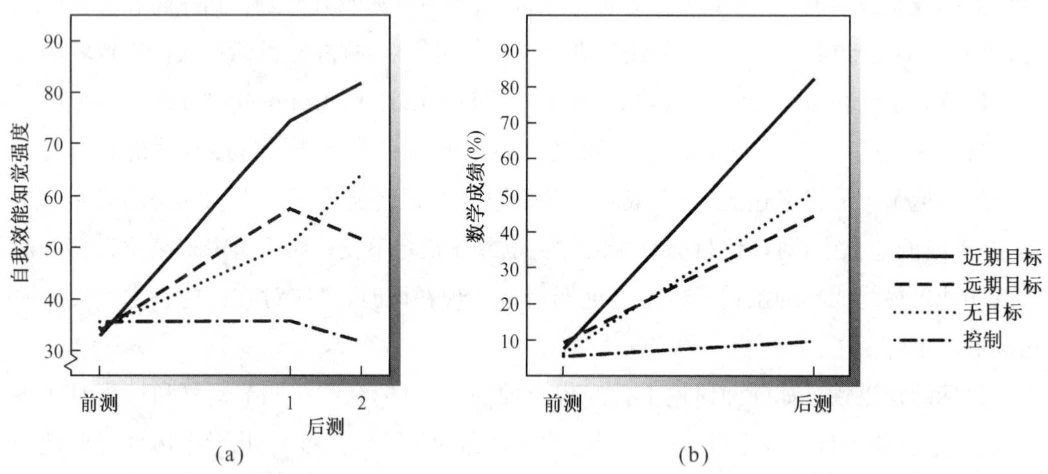

图 4.7　(a) 研究开始时(前测)、完成自我指导学习后(后测 1)以及进行完数学后测后(后测 2)，儿童数学效能感的强度。在没有自我指导学习的干预下评估控制组儿童。(b) 自我指导学习之前及之后，儿童的数学成绩水平(Bandura & Schunk, 1981)。

136

目标系统的等级结构

迄今为止，讨论都集中于将目标系统视为指导和动机装置，集中于这些系统得以发挥作用的自我参照机制。当然，目标系统通常包括一个等级结构，其中作为动机和行为最切近的调节者的目标，有利于反映个人重要性和价值的较广泛的目标。但并非像机械的等级控制系统中通常所描述的那样，近期目标单单只是高远目标的附属。通过自我系统的参与，亚目标赋予活动以个人意义。近期目标从个人成就中产生自我满足，它在追求更高水平的目标中起自我奖赏作用。当个人成就的奖赏与进步的标志相联系时，除高远目标的激励外，个体还提供持续的自我动机。的确，作为不断发展的动机因素，亚目标的挑战性常常超过高位目标的诱惑(Bandura & Schunk, 1981)。在这一动机过程中，人们因逐渐掌握一项活动而感到满足，而不是要达到高位目标后才产生努力的成功感。简而言之，奖赏来自不断进行的掌握过程，而非终极目标的达成。把自我动机作为经常发生的切近的自我挑战和评价性奖赏过程的模式，不同于线性系列的次级目标完全受高位目标推动的模式。

通过切近的自我影响进行自我激励，丝毫不意味着要限制放眼未来的抱负。关注掌握过程也并非意味着对个人努力的结果不感兴趣。获得通向宝贵未来的进步的最佳途径，就是将远期抱负同近期自我指导结合起来。掌握过程中逐渐进步比一心只想着目的地，可能产生更好的结果和获得更大的自我满足。人们必须区分作为自我激励装置的目标和作为艰巨的外部指令的目标。人们会拒绝外界强加来提高生产率但成绩提高对个人没有丝毫好处的目标。当个人利益同目标成就相联系时，人们会乐意采用并执着于目标。他们认识到，设定目标比漫无目的强。

效能和目标影响的因果顺序

大量证据表明，效能信念对个人目标的作用有若干影响，其中大部分都已经作过评述。效能信念影响目标设定水平、承诺力度、所用策略、集结的努力以及当成就达不到抱负时的努力强度。有些作者假设目标设定影响效能信念（Garland，1985）或两者之间双向彼此影响（Eden，1988）。效能信念转而影响行为表现。

在评价效能信念与目标设定间的影响方向时，区分能力获得期间与动机和行为持续调节期间两者的因果顺序非常重要。在行为调节中，个人目标以能力知觉为基础具有相当大的功能意义。否则，人们会给自己背上难以实现的重负。从个体偶然选择的目标判断个人效能，不仅是一种特殊的因果顺序，而且承载着巨大的代价。人们不会选择游过有暗流的水域作为目标，然后怀疑自己是否有能力游到对岸。相反，他们倾向于选择自认为力所能及的最近目标。但社会指定的目标会对效能信念有所影响。给他人设定挑战性任务，涉及对他人能力的信任。这不仅提高了个体对自身效能的信念，还提高了对其参照群体效能的信念（Gellatly & Meyer，1992）。承载此效应的并非目标本身，而是个体具有成功所需的说服性信息。

137

在获得能力的过程中，目标通过组织活动、提供动机以及评估个人能力的指标，帮助个体建立效能感。子目标指标的达成，提高效能感和自我满意感；同样的成就，但没有用来评价进步的子目标却收效甚微（Bandura & Schunk，1981；Schunk，1991；Stock & Cervone，1990）。随着效能信念的发展，效能信念会影响到目标的作用，因此，动机和成就是交互因果的产物。厄利和利图奇（Earley & Lituchy，1991）在一系列有关行为调节的实验中检验了个人目标和效能信念间各种可能的因果关系。这一比较最强有力地支持了效能信念影响个人目标而不是相反方向的因果序列。

对个人效能感的动机作用所做的研究，通常集中在成就和职业活动中。其实在社会领域中，效能信念也发挥着动机作用。对组织决策中说服努力的研究证实了此效应的普遍性(Savard & Rogers, 1992)。高效能的管理者在遇到阻力时,会不断设法使他人相信自己提议的解决办法多么有价值;而那些低效能者很快就得出结论,认为多余的努力也是徒劳。无论交往对象是上级、同事或是下属,效能感都使人坚持不懈。由于改革之初都会遭遇强大的阻力,所以组织要想不断繁荣昌盛就需要有深谋远虑且坚忍不拔的人。

情感过程

自我效能机制在对情感状态的自我调节中也发挥着关键作用。人们可以区分出效能信念影响情绪体验性质和强度的三种基本方式:通过对*思维*、*行动*和*感情*实施个人控制。思维定向的模式以两种形式调节情感状态:其一,效能信念导致注意偏向,并影响人们对生活事件的解释、认知表征,以及回忆的方式是温和的还是情绪上令人心烦意乱的;第二种影响方式集中在,当令人烦乱的一连串思维侵扰意识流时,对其施以控制的认知能力知觉。在行动定向的影响模式中,效能信念通过支持有效的行动过程,以改变其情绪可能性的方式改变环境,从而调节情绪状态。情感定向的影响模式涉及不良情绪一旦唤起即可加以改善的效能知觉。情感调节的这些不同途径,充分体现在对焦虑唤起、抑郁心情和生物应激反应的控制中。在分析这三种情感调节模式之前,我们先来简短地考虑一些有关焦虑唤起的不同观点。

焦虑被定义为对可能有害的事件预先担忧的一种状态。不过,有些理论家赋予焦虑概念以假定的原因和结果,似乎这些因果构成了这个概念本身的定义特性。因此,在三要素概念中(Lang, 1977),焦虑被描绘为一套松散连接的成分,包含忧虑的认知、生理唤起和逃避行为。由于这三种表现方式被认为只是松散连接的,所以它们可能出现在各种不同的相互联系中。的确,有关害怕、脏器反应和逃避行为的报告可能彼此一致、互有分歧或相互独立(Eriksen, 1958, 1960)。即便是所谓的成分本身也多种多样、互动复杂。生理指标间的相关往往很弱(Lacey, 1967)。行动有很多特异性,当它们的确集结成群后,行为共变的方式因社会环境的不同而不同(Wahler, Berland & Coe, 1979)。三要素观点预先假定了模块内指标的协调一致,但事实显然并非如此。由于三系统各自内部的反应性有如此多的层面以及不一致性,任何以某一特定的模块指标获得的三要素模式,都会因选择相同表现模块的其他指标而发生显著变化。其他与焦虑三要素概念相联系的概念和实验问题,其他地方已作过比较详细的表述(Bandura, 1986a; Williams, 1987)。

从根本上说,三要素观点是一种焦虑结构的概念,而不是关于其成因、机制或效应的理论。即便是作为对焦虑的一种说明，它也存在概念问题。认为认知、感情和行动是焦虑的全部，会妨碍对其起源和功能的有意义的理论分析。如果逃避行为是焦虑，那么，焦虑是否导致逃避行为这一理论问题就变成了焦虑是否导致其本身这样毫无意义的问题了。后面的章节中会分析焦虑唤起控制逃避行为的假设。把认知视为焦虑会出现类似的概念问题。忧虑的认知会导致焦虑唤起，但其本身不是焦虑。如果焦虑被描述为忧虑的认知，就会使得认知产生焦虑这一观点变得没有意义，因为两者都被定义为同一件事的组成部分。

尽管从定义上，焦虑常常被赋予多层面的特性，但在对它建立有关理论及验证其起源和结果的时候，令人迷惑的认知和行为特性就被恰当地抛弃了。焦虑就被有意义地概念化为以生理唤起或主观不安感为指标的惊恐情绪。这样，关于焦虑是否控制自我保护行为及忧虑想法是否产生焦虑等的理论就是可以检验的了。

朗(Lang, 1985)已在焦虑的生物信息理论中体现了多系统概念。根据这一观点，焦虑是一种活动倾向，主要是由关于产生联想的刺激、多系统反应及其意义的以命题编码信息的联合网络进行表征的。此信息被组织成一种情绪原型。输入信息与情绪原型匹配越密切，就越可能削弱整个网络，包括内脏和运动系统。但这个理论不容易检验。它没有提供情绪原型的量度及其命题内容；它没有解释情绪原型是如何获得的；它也没有详细阐述有关人们如何选择、权衡和整合——是添加式的还是结构排列式的——输入因素，以产生某些可与原型相比的东西的加工模型。鉴于三要素反应系统中各成分的相当大的分离性，我们还不清楚同一情绪原型如何引发这些通常并非共变的混合的情绪表达。

对生物信息理论的实证检验，很大程度上都集中于既非该理论独特的、又非与其原型匹配和激活的基本假设特别相关的预测。这些检验包括对想像不同主题内容产生不同生理反应的论证：激起害怕的描述比中性描述诱导出的生理反应更强；对恐蛇症患者，蛇比当众讲话产生的情绪唤起更大，而演讲恐怖症患者的情况正好相反；想像生龙活虎的体育锻炼比想像令人害怕的情况能产生更高的肌肉潜力水平；在想像可怕的情景时，告诉人们关注生理反应会使他们产生更强的生理激活，而且善于想像的人比贫于想像的人做得更好；直接接触可怕的活动比单听对它们的描述更能产生生理唤起。许多更节省、更可检验的理论都能够轻易地解释这些发现。生物信息理论应该建议通过改变情绪原型来消除焦虑。但它却对如何操作鲜有指导，对这一途径的效能也没有任何证明(Williams, 1996)。

焦虑涉及认知上被称之为惊恐状态的预期性情感唤起。将个体的情感唤起状态称之为焦虑或其他情绪的过程，受到唤起所发生的认知和情境背景的极大影响。情境诱发因素使生理上的共同性具有情绪特殊性。这样，在感觉有威胁时，情感唤起被体验为焦虑或害怕；受到阻挠或是侮辱时的唤起被体验为生气；因极有价值的东西遭遇无可挽回的损失而产生的唤起被体验为悲痛(Hunt et al., 1958)。

根据沙克特(Schachter, 1964)提出的情绪的二因素理论,不同情绪具有相似的生理状态。人们对没有差异的内脏反应的感受,有赖于他们对其原因所作的解释。当人们对所体验到的唤起没有什么合理解释的时候,他们对情境因素所作的认知评价就将决定他们的情绪感受。生理唤起在敌对环境下被称作和感受为生气,而在快乐环境下则是兴高采烈。沙克特的情绪的认知称谓观点后来以归因术语进行了改造。人们如何解释自己的情绪状态有赖于他们对其原因的知觉。这样,如果运动员将心跳加速归因为情境威胁,就会认为自己是害怕了;而若归因为"做好了精神准备",则认为是处于备战状态。

对同一唤起状态进行认知重释是有所限制的。唤起的来源必须是模糊的。如果外部诱因十分明显,就不太容易由于社会影响而对唤起状态作出随意解释,这些社会影响可说明人们会有其他什么感受。很难说服因看到可怕爬虫而焦虑烦乱的个体相信自己所处的是愉快和兴奋的状态。而且,影响认知评价的社会因素必须发生在唤起之前,否则唤起将被归为刚刚发生的事。考虑到人们对事件作解释的倾向,他们不可能长时间体验唤起而不对其作解释。一般归因的假设是来自正在运作的情境因素而非在唤起时所做的实际测量。当评定归因时,通常是在事情发生之后。假设的因果和事后的评定产生了一个理论的可证实性问题。

大部分焦虑理论认为,认知评价在决定人们如何对内脏反应进行现象学上的体验上,发挥着重要作用。但在涉及唤起的错误归因或错误称谓的理论方面,存在一些争论。问题在于,告知错误的唤起原因是否能使那些生理上被唤起的人在不同情绪背景——如敌意的、滑稽的或可怕的——中,将唤起感受为不同情绪(Marshall & Zimbardo, 1979; Maslach, 1979; Schachter & Singer, 1979)。不能解释的唤起倾向于被人们感受为消极情感。如马斯拉克(Maslach, 1979)所言,这意味着缺乏个人控制,这令人极为难堪。因此,不能解释的唤起并非轻而易举就可以被错误地称之为一种积极情感。通过把危险引发的唤起错误地归因为温和的来源,以减小焦虑和恐怖行为的努力也很少有成功的(Bootzin, Herman & Nicassio, 1976; Gaupp, Stern & Galbraith, 1972; Kellogg & Baron, 1975; Kent, Wilson & Nelson, 1972; Nisbett & Wilson, 1977; Rosen, Rosen & Reid, 1972; Singerman, Borkovec & Baron, 1976; Sushinsky & Bootzin, 1970)。

认知在人类情绪中具有比较广泛的作用,而不单单是提供生理状态的称谓。情绪的认知观几乎仅仅集中于对外部产生的唤起的评估。社会认知理论强调认知的自我唤起力量。实际上,生理唤起本身常常由唤起一系列的思维从认知上产生的(Beck, 1976; Schwartz, 1971)。人们由于恐慌性想法而吓唬自己,由于反复咀嚼自己在社会中的卑微地位和所受到的不公正对待而生气,由于性幻想而产生性唤起,由于全神贯注于令人忧虑的未来而抑郁。因此，占据个体意识的一系列思维除帮助阐释个体之所感外，还产生生理唤起。有关自己应对效能的想法在焦虑的自我唤起中位置显著。

心理动力理论通常将焦虑归为表现受禁忌的冲动时的内在心理冲突。由冲动引起的威胁被人们假设性地置换或投射到外物，人们就对这些被选择出的物体或情境表现出非理性的害怕和恐慌性的逃避。例如，对恐蛇症的心理分析理论认为，扮演检查官的自我将性本能冲动投射到蛇上，因此，"意识当中的蛇代替了无意识中的阴茎"(Fenichel，1954)。焦虑的外部对象被认为是没有特殊意义的，因为威胁可以被投射到任何外物之上。在这种方法看来，焦虑根植于对被禁止的冲动的无意识冲突之中。外部威胁随着被选中视作危险的对象的不同而不同，但不同类型的恐怖症的内在威胁却是相同的。

削弱个人控制感的直接的和替代性的不良经验，比诉诸受压抑的内在危险，更能够解释恐怖反应的模式(Bandura，1969a；Bandura，Blanchard & Ritter，1969)。心理动力理论的运用在预测和治疗上都没有获得成功(Erwin，1996；Rachman & Wilson，1980；Zubin，Eron & Schumer，1965)。虽然心理动力观点曾经一度是有关焦虑的决定因素的理论主流，但现在已是江河日下、风光不再了。

条件反射理论假设，原先的中性事件与痛苦经验相联结就会获得唤起焦虑的特性。如果一个中性事件和一个痛苦事件相匹配，那么先前的中性事件据说就变得令人讨厌了(Hineline，1977)。此理论本质上是将原因外化为刺激——正是这些刺激被假定是获得了令人讨厌的特性。是痛苦经验，而非刺激本身，改变了人们对自己的控制能力的判断和对外部刺激的评价。这就好比个体由于在一U形转弯处发生过不幸而恐惧高山开车，并不是山路获得了令人嫌恶的特征，而是个体对自己处理驾驶中危险情境的能力的信念以及头脑中喷涌而出的预先存在的思维模式经历变化。要想消除人们对盘山公路的恐怖，就要重塑他们对自己驾驶能力的信念，而不是通过与无害刺激配对来改变公路的效价。

通过注意和解释过程对焦虑进行效能调节

在社会认知理论中(Bandura，1986a)，对潜在威胁进行调节控制的效能感在焦虑唤起中起着核心作用。威胁并非情境事件的一个固有特性。对不良事件发生可能性的评价也不单单依靠对安危外部征兆的理解。威胁是一个关系问题，与应对能力知觉和环境中可能有害的方面之间的匹配有关。因此，要理解人们对外部威胁的评价以及对它们的情感反应，有必要分析他们对自己应对能力的判断。效能信念很大程度上决定环境事件的主观危险性。

效能信念影响人们对潜在威胁的警惕性和对它们的知觉及认知加工。相信自己可以控制威胁的人不会想到灾难并吓唬自己。但那些认为潜在威胁不可控制的人，则认为周围环境充满危险。他们细细琢磨自己的应对缺陷，夸大潜在威胁的严重性，并对很少（如果曾经）发生的危险忧心忡忡。这样一系列的无效能想法，使他们感到痛苦，并限制和削弱自己的活动水平（Lazarus & Folkman，1984；Meichenbaum，1977；Sarason，1975b）。

几条殊途同归的证据都证实控制感在焦虑和应激反应中的影响作用（Averill，1973；141 Levine & Ursin，1980；Miller，1980）。认知控制中，个体在活动时相信危险情况一旦产生自己即有能力处理。受引导相信自己能对痛刺激实施一定控制的个体，与那些自认为缺乏个人控制的人相比，即便受到同样的痛刺激，也表现出较低的自主唤起和较少的行为阻碍（Geer，Davison & Gatchel，1970；Glass，Singer，Leonard，Krantz & Cummings，1973）。当人们把反复失败归因为个人无能时会唤起焦虑，但同样的痛苦经验如果归为情境因素就不会使人们遭受困扰（Wortman，Panciera，Shusterman & Hibscher，1976）。

灌输虚假的应对效能信念能够提高普通的止痛方法的改善作用。给将要进行口腔手术的病人吞服镇静药、进行放松训练或是把放松和他们是高效的放松者这样虚假的生理反馈结合起来以提高其自我效能（Litt，Nye & Schafer，1993，1995）。虚假反馈提高了病人对自己应对口腔手术不同方面的效能信念。除口腔医生和牙医助理评定的焦虑和行为烦扰外，效能提高在减少自评焦虑中的作用也超过放松训练和镇静药。不论何种处理条件，预先的效能信念越高，信念提高越多，焦虑困扰就越低。控制看牙医的焦虑后，应对效能信念仍然保持改善作用。在可能对认知应激源实施一定控制的情况下，虚假形成的效能信念同样可以减弱对这些认知应激源的心血管反应（Gerin，Litt，Diech & Pickering，1995）。

桑德森、拉皮及巴洛（Sanderson，Rapee & Barlow，1989）对旷场恐怖症患者进行的一项实验室研究生动地表明，控制感可以从认知上将威胁情境转变为安全的，从而排除焦虑。吸入富含二氧化碳的空气一般地会引起旷场恐怖症患者的恐慌。旷场恐怖症患者的各个比较组，在不同控制信念的条件下，接受等量二氧化碳。一组无力控制自己接受的二氧化碳量，另一组被引导相信自己可以通过关闭一个阀门来调节摄入的二氧化碳量。事实上，该阀门对二氧化碳的流量无影响，所以控制是假的。相信自己正在实施控制的患者能保持平静，很少体验到恐慌发作或灾难性想法（图 4.8）。但那些知道自己无力控制局面的个体，焦虑体验越来越重，并且有高比率的恐慌发作和死亡、失控及发疯等灾难性思维。

效能信念对解释过程的影响力，在根本不同的应激源——移民到一个不同的社会环境中寻求建立新生活——中得到进一步证实（Jerusalem & Mittag，1995）。那些效能感高的人视新生活为挑战，而效能感低的人则视之为威胁。较为温和的解释降低适应的压力；相反，将新环境解释为威胁，随之而来的是高焦虑和健康问题。无论社会支持和职业状况如何，应对效能信念都发挥着保护性的功能。

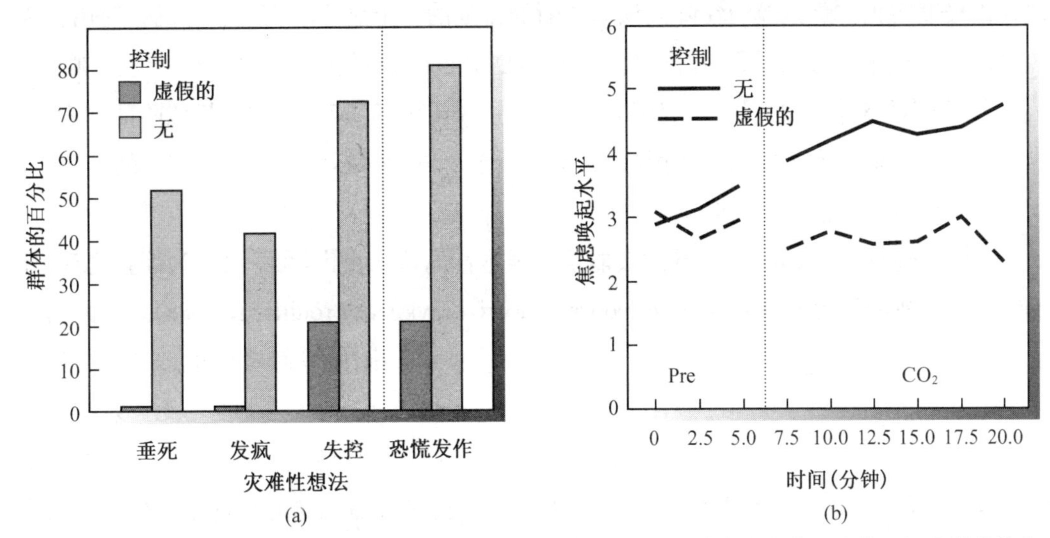

图 4.8　虚假控制或不能控制有威胁的身体事件的情况下，旷场恐怖症患者表现出的(a) 恐慌发作和灾难性想法以及(b) 焦虑水平的比例(Sanderson, Rapee & Barlow, 1989)。

通过转化行为对焦虑进行效能调节

应对效能感高的人采用的是那些用以将灾难性环境变得比较无害的策略和行为过程。在这种情感控制模式中，效能信念通过影响应对行为来调整压力和焦虑。人们的效能感越强，就越有信心承受构成压力的问题情境，也就越能成功按照自己的喜好去塑造情境。通常，是通过实施集体而非个体效能来获取不良社会惯例的重大变化的。我们将在分析群体效能知觉时再回到这种降低人类焦虑的模式上来。

142

有效实施控制通过降低或阻止痛苦体验来消除焦虑(Notterman, Schoenfeld & Bersh, 1952)。但由行为控制来降低焦虑不仅仅是削弱痛苦事件。在某些行为控制研究中，威胁事件的发生没有消除，但当个人能控制其发生时，就立即把它们主观上转变为并非不利的事件(Gunnar-von Gnechten, 1978)。婴儿害怕那些自己控制不了的会动的发声玩具，但如果自己能发动它的话就会喜欢。在这类例子中，使焦虑降低的只是实施自主控制，而非削减事件本身。如果一个人能控制事件，就能预测事件何时会发生。可预测性的作用必须与可控性分开。证据表明，焦虑降低更多是基于个人控制感而非增大对不良事件的预测性(Gunnar, 1980b)。

即便在显著不同的功能领域中，控制感也能够消除焦虑。由迈纳卡、冈纳和钱波克斯(Mineka, Gunnar & Champoux, 1986)进行的一项发展研究有力地证明了这一点。从出生起就被养在自己可以控制食物获取的条件下的猴子，几个月后很少表现出害怕或逃避新的威胁。而那些因食物供给与其行为无关而没有发展出控制感的猴子则对同样的威胁表现出极度害怕。这是控制在降低焦虑方面的益处的一个显著转化。在有机会使用行为控制却没有使用的情况下，能降低焦虑反应的是对自己如若选择去做就能实施控制的自我认识，而不是对控制的实际运用(Glass，Reim & Singer，1971)。这些相似的证据表明，行为控制在降低焦虑中的诸多作用，预先就产生于个体能对不良事件发挥控制的信念中，而非简单地源自于事件发生时削弱它们。

143　伴随实施行为控制的经验，导致效能信念根本性的认知变化，在一段行为停止之后，还继续影响着效能信念的自主唤起(Bandura，Cioffi，Taylor & Brouillard，1988)。在此研究中，通过对问题解决要求实施充分控制而使效能感加强，而由于无力发挥足够的控制而使效能感大大削弱。那些感觉自己有效能的人在问题解决中很少表现出自主唤起，而效能感弱的人则体验到高度的主观压力和自主唤起(图 4.9)。应对无效能知觉不仅在问题解决中伴有较高的自主唤起，而且留给个体一种无效能感，影响经验之外的自主唤起。此后，在问题解决活动结束后判断个体的能力会激发相悖的自主反应——效能感低者自主唤起升高，效能感高者唤起陡降；应对效能感提高越多，自主唤起下降越多。

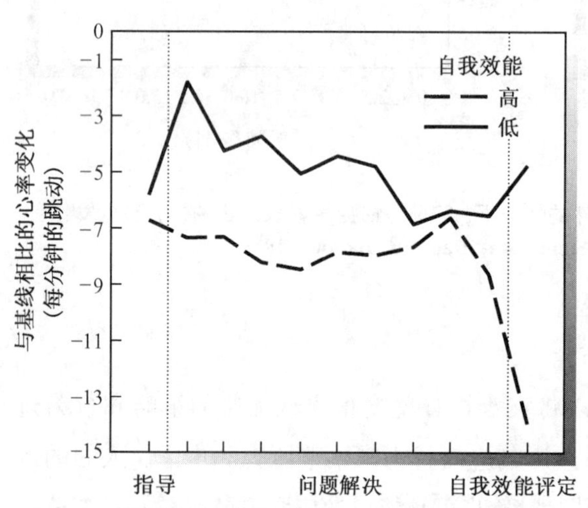

图 4.9　效能知觉高和低的学生，在接受对一项认知问题解决任务的指导，应对任务要求，以及稍后评价他们的自我效能知觉时的心率变化(Bandura，Cioffi，Taylor & Brouillard，1988)。

效能信念和焦虑唤起的微观关系

可控性研究创设虚假的或真实的控制条件，但并不测量那些条件实际在多大程度上改变人们对自己管理环境威胁和压力之效能的信念。对情感唤起之认知调节更为严格的证实需要关于应对能力测量的思考。通过在恐怖症中创设不同效能知觉水平，并将它们在一微观水平上与个体在应对威胁程度不同的恐怖刺激时显示出的不同焦虑相联系，直接验证自我效能感作为焦虑唤起的一个认知调节因素在运作。本研究中，应对效能知觉不仅与主观情绪反应，还与情绪状态的神经生理方面相联系。人们在应对以高效能关注的可能威胁时，很少表现出焦虑唤起。但当他们碰到不相信自己应对效能的威胁时，他们的预期和表现的主观焦虑就攀升，心率加快，血压升高(Bandura et al.，1982)。这一激活模式在伴有主观压力的不同恐怖失调以及不同的焦虑唤起的生理指标中，都得以重复。结果的一致性增加了无效能感和焦虑影响的普遍性。

通过将效能感强度和儿茶酚胺释放联系在一起，使人们进一步了解了效能信念借以影响焦虑唤起的生理机制（Bandura，Taylor，Williams，Mefford & Barchas，1985）。恐怖症患者在其效能知觉高的范围里进行应对活动时，表现出低肾上腺素和去肾上腺素。当威胁性活动接近他们应对效能感的上限时，这些儿茶酚胺出现很大的提高。当他们脱离超过其应对能力感的威胁时，儿茶酚胺就会急剧降低。

144

在这些实验中，将焦虑水平作为不同效能感强度的函数进行测量之后，运用有指导的掌握程序强化应对效能感，使之达到先前所有应对行为的最高水平。在形成了强烈的应对效能感之后，先前令人惊恐的威胁不再会诱发不同的自主或儿茶酚胺反应。这些结果一致表明，对应对活动的焦虑反应随自我效能感的不同而不同。但当自我效能感被提高到同样的最高水平时，对相同活动的焦虑反应一律都低。因此，焦虑反应发生变化的根源是应对效能信念和任务要求间的不相符感，而非任务本身的固有特性。效能信念决定了情境的主观危险性。当人们不相信自己可以安全应对潜在的威胁时，就会把与之遭遇视为如临大敌，但当他们相信能对其施以控制时就会处之泰然。

微弱的应对效能感对焦虑唤起的作用，在不同功能领域中有充分的体现。莱兰德（Leland，1983）考察了竞赛前的焦虑水平，把它作为自我效能感、竞赛焦虑倾向以及能激发焦虑的一组经验因素和情境应激源等的函数。在一项各因素都处于同等地位的多元回归分析中，自我效能感作为焦虑选手在运动比赛前感觉如何的主要预测指标脱颖而出。焦虑倾向的预测性比较微弱。运动员越是自我怀疑，烦扰就越大。在一项长期研究中，克拉姆朋（Krampen，1988）同样发现，能力知觉而非一般焦虑倾向可以预测学业考试焦虑。随着时间的推移，与控制烦扰思维的效能感降低相伴随的是越来越高的学业焦虑，而对消极结果的预期则与焦虑的变化无关（Kent & Jambunathan，1989）。在社会情境中，自我效能知觉预测人际交往中体验到的和显示出来的焦虑水平（Alden，1986）。

环境可控性和焦虑唤起

许多不良事件并不能完全为个人所控制。虽然应对效能感对预期的焦虑和应激反应起主要作用，但并非唯一的决定因素。例如，人们对自己驾驶效能的判断越高，在车来车往的大街上开车的焦虑就越低。但即便是效能极高的司机，也会有所担心，因为他们并非总是能觉察或是抢先于那些鲁莽的司机以避免因后者无视交通标志而撞上来。在犯错误的界线不太清楚、错误导致严重后果、个体对潜在威胁能实施多少控制有所限制等情况下，高效能感的运用会伴有一些忧虑。不良事件的可预测性及个体的可控性越大，外来因素对焦虑唤起的作用越小。但判断自己效能高的人倾向于从事冒险活动。继续来看驾驶的例子，高效能个体敢于闯进拥挤不堪的高速公路和市区交通，因此，也比那些只在相对安全情境中驾驶的人，使自己置身于更危险、更可怕的环境。这也同样适用于其他应激源。当人们能将高行为要求强加于自己时，那些效能信念被虚假提高了的人，会比那些因效能信念被虚假降低而放弃困难要求的人更加努力，并伴随有更大的自主唤起(Gerin et al., 1996)。因此，在判断应对效能感在焦虑唤起中的作用时，我们必须考虑人们所选择的活动的危险程度大小和要求高低。

145 尽管自我效能感为冒险壮胆，但它并不鼓动鲁莽。效能感低的人，会把环境中安全和危险的部分都视为充满危险，而对自己应对能力的自信则可提高判断环境潜在危险的能力(Ozer & Bandura, 1990)。在无效能个体发展了强烈的应对效能感之后，他们就会改变僵化的自我保护，而代之以在认知上受控于对未来行动之可能效应所作判断的、灵活的适应行为。相对安全时，他们对参与感兴趣的活动，如果有危险就避而远之。

以改变环境威胁的行动来缓解人类痛苦决不仅限于个人水平的努力。许多压力和沮丧缘起于不利于人类福祉的制度习俗。因此，自我效能理论同样关心如何使人们同心协力创造更美好的生活。感觉无力改变不利生活条件的人只能接受事物，而那些具有群体效能弹性感的人在面对似乎不可逾越的障碍时，则想方设法改善自己的生活条件。第十一章将提到社会变革中群体效能的发展和运用。

通过思维控制效能调节情感状态

人们有能力控制自己的思维过程。由于个体每时每刻都必须处于一种很大程度上由自己所营造的心理环境中，所以，就个人健康而言，个体对自己意识的控制相当重要。在人们能够调节自己所思所想的范围里，能影响自己的感受和行为。有些人能控制自己想些什么，有些人感到无力驱除令人烦恼、沮丧的思维侵扰。许多人类的痛苦都是由思维控制失败而加剧的——如果不是由此而产生的。因此，思维过程的自我调节在保持情绪健康中发挥着重要的作用。

人类活动很少是毫无危险的，所以在担负任务时对可能的危险有所考虑或是有所忧虑都是很自然的。但在危险极低时唤起夸大了的主观危险或忧心忡忡地反复思考极不可能发生的危险以至于自加痛苦，并损坏心理社会功能，就属于是失调了。控制有一定风险的活动中的焦虑唤起不仅需要发展应对效能，而且还需要发展控制不正常的忧虑认知的效能。一句中国谚语很好地概括了有效的认知控制的过程：“你不能阻止忧愁和烦恼之鸟从头顶飞过，但你可以阻止它在你的头发中筑巢。”当个体能充分控制思想和应对行为时，就可能将由自我而生的痛苦降到相对较低的水平。

一系列有趣的研究考察了烦恼认知的不同特性以及他们的情感关联，证实了思维控制效能在焦虑唤起中的影响作用。侵扰性认知的特征包括频率、强度、可接受性和可控性。结果表明，解释焦虑唤起的并非不良事件本身的发生频率，而是控制或摒弃它们的效能感的强度(Kent，1987；Kent & Gibbons，1987)。因此，去除思维控制感的影响之后，不良认知的频率与焦虑水平无关；而去除不良认知的限度后，思维控制效能感与焦虑水平有强相关。

丘奇尔(Churchill，1991)设计了对有害思维进行控制的能力的多侧面测量。它评估从有害思维转移开注意、忍受这些思维及以温和方式对其进行重释等能力知觉。在这套认知控制技能中，控制注意转移的效能感所具权重最大。控制自己思维的效能感低的人体验到更多有害思维侵扰，觉得更加痛苦，更经常受其困扰，参加更为摆脱不了的、强迫性的活动。思维控制效能可预测侵扰性思维给人带来的痛苦。当控制处理侵扰性思维的效能知觉时，侵扰思维的发生频率或其不愉快程度对痛苦几乎没什么影响(Churchill & McMurray，1989)。似乎那些对控制自己思维过程有高效能感的人受忧虑认识的侵扰相对较小，因为他们相信自己能终止这些认识的升级或持续。有害的思维反复入侵是强迫性失调的一个主要特征。对强迫性思维的分析进一步支持了在调节认知引发的唤起中，有效的思维控制是一个关键因素(Salkovskis & Harrison，1984)。并不单纯是入侵思维的频率，而是驱除它们的无效能感是强迫思维所致痛苦的主要来源。

韦格纳(Wegner，1989)曾在一系列研究中考察了不同的思维控制策略及其效果。但靠压抑来摒弃有害的思维不仅可能是无效的，还可能使问题恶化。因为对一种思维的否认也正包含了这种思维。所以，压抑性的自我指示"别想长颈鹿"，总会激活人们想到不愿意想的高大的长颈鹿。直接被压抑的想法会占领后继的思考，原因在于通过反复联结，思维压抑发生的情境成了有害思维的提示，不断使之激活。使用多种分散物会产生许多对有害思维的提示，这只能增加认知控制的麻烦。

有人详尽地阐述这个理论，限定了什么时候有意识压抑有害思维的努力反而会起了激发作用(Wegner，1994)。有人认为，心理控制包括双调节系统：一是努力操作的过程，企图产生想要的心理状态；二是自动监控过程，注意失败的例证从而通过恢复有害的思维来削弱控制努力。其他对心理资源、压力和时间紧迫性的要求会使起作用的控制过程地位下降或削弱其效果。在控制减弱的情况下，有害的思维变得更为突出。因此，思维控制努力在认知或情绪紧张的条件下可能事与愿违，但在非紧张状态下则不会。在需要证实的紧张条件之下对思维过程的认知控制失败有几种可能的解释。失败应归咎于审视有害的心理内容的警觉监控系统，还是认知和情绪紧张的直接破坏作用，或是在艰难条件下实施思维控制的无效能感削弱努力并产生压力及一系列失调的思维？

在排除有害的思维时，通过集中注意其他思维系列来自我分散注意可能比压抑更有效。分散注意避免适得其反的激活，是因为将个体的思维引开到个体所寻求的替代性的思维上。但韦格纳(Wegner, 1989)曾表明,通过联想分散注意的认知对象会成为有害思维的提示。他主要以回避性的消极术语描绘了思维控制的过程。有害的思维有力地入侵个体的意识。在试图让自己从中脱身时,情境线索和分散注意的认知对象都会成为提示物,招回有害的思维使其不断浮现于脑际。但应该注意到,对有害思维的压抑并不总是增加其侵入性(Mathews & Milroy, 1994; Roenor & Borkovic, 1994)。被压抑的情绪性思维也并非比中性思维更可能反弹。所以,思维压抑何时会事与愿违还不太清楚。入侵思维常以忧虑的形式出现,人们由于不断地考虑即将到来的想像的或真实的威胁而折磨自己。通过产生可能的问题解决办法而起到一种预期保护作用的思维,在长期忧虑中成为一种致弱因素。忧虑的原因更多来自于实施解决方案的无效能感而非产生方案的无效能感。的确,戴维、贾伯和卡梅伦(Davey, Jubb & Cameron, 1996)以实验证明,对自己解决生活难题的能力的信念,与灾难性忧虑有因果关系。因与能力卓越者的假设性比较而削弱效能感的人比通过有利的社会比较而提高能力信念的人,在考察令人烦恼的生活事件时,会体验到更多的焦虑和灾难性的担忧。问题解决效能感低可以预测灾难性忧虑,而焦虑水平则不能。这些发现与其他表明效能知觉比焦虑更能预测各种功能作用的研究结果完全一致。

147

博科万科及其同事检验了以延迟为手段切断忧虑想法的效果(Borkovec, Wilkinson, Follensbee & Lerman, 1983)。指导长期忧虑者不要整天都忧心忡忡,而是将其延迟到每天特定的时间和地点。通过应用这一思维控制模式,他们比没接受这种思维控制模式的人用于担心的时间更少,痛苦更小。

人类思维既可能是回避的反应性的,也可以是积极的前摄性的。通过产生一系列需要思维的思维控制包括自我吸引到意欲的思维,而不只是从有害的思维上自己分散注意力。各种活动都情同此理。忙于不去想不愉快的事和全神贯注于活动并享受其所提供的快乐是迥然不同的。在不同类型思维间形成联想时,联想学习律将表明,由不想要的思维产生顺向提示的积极转向,比由积极转向产生的不想要的思维的反向提示更为可靠。韦格纳强调反向提示效应,但不能解释为何通过认知联想不想要的思维未能成为积极转向的提示。为什么情境线索不应该成为成功的转向思维的提示而只是替代思维的促进者,对此也没有任何原由。

人们常常会谋取外在帮助进行思维控制,而不单单通过认知转移来控制自己的思维(Wegner, 1989)。控制注意的情境线索影响着思维。环境的变化会即刻改变一个人的所思所想。同样地,一头扎入小说、戏剧或电视可以迅速避开工作日结转下来的消极认知。这类注意转移表明情境事件对思维的影响力。借助于占据其注意的事件或通过使自己置身于能产生有益专注的即时环境中,人们能够影响自己的思想。

通过沉浸在令人全神贯注的活动可以获取一个更为有效的思维控制的动作模式。人们能连续数小时沉浸在职业、社交或休闲活动中。不良的反复思考会被积极的专注所代替。威胁生命的疾病(如癌症)会唤起人们不断地受有关疾病和可能死亡的思考所困扰。应对死亡的想法及参与给自己日常生活带来意义和满意的活动等方面的自我效能感有助于减少令人忧虑的侵入思维和沮丧(Joss, Spira & Speigel, 1994)。诺伦-赫科西玛(Nolen-Hocksema, 1990)根据个体运用专注活动阻止抑郁沉思的能力来解释抑郁的自我持续和性别差异。非抑郁者倾向于沉浸在能使自己从问题上转移注意或使问题有所好转的活动中,从抑郁中突围出来;而抑郁者则更倾向于对其焦虑状况反复思考,维持或加剧沮丧心情。在有控制的研究中,抑郁的沉思者继续抑郁,而抑郁分散者则使自己摆脱沮丧状态和悲观思维。对自己的懊丧状态不停反省、耿耿于怀,显然对治疗沮丧无济于事。

148

当抑郁个体试图通过从认知上的自我注意转移摆脱抑郁沉思时,他们往往求助于自败策略。当非抑郁者用积极思维自我转移时,抑郁者则运用消极自我转移,而那只可能恢复抑郁思维链(Wenzlaff, Wegner & Roper, 1988)。抑郁的人知道忧虑思维更易为积极而非消极的自我转移所扭转,但他们不能使自己实施必要的思维控制。即便给他们提供积极的转移物,他们也难以坚持。可以减轻抑郁并为日常生活带来欢乐的行动,其实施的无效能感制约着它们的作用(Lyubomirsky & Nolen-Hoeksema, 1994; Ross & Brown, 1988)。

迄今为止所讨论的思维控制策略基本上基于对思维过程的注意调节。对抗性的想法和有害的想法作斗争。即便以行为来改变思维,关注点仍在注意转移。这些都是反应性策略,而没有去除烦恼思虑的根源。消除侵扰观念最为有力的途径是控制反复启动烦恼思维链的威胁和压力源。后面我们将会看到,最佳的获取途径是给予人们有关的知识、技能以及对处理困扰自己之事的个人效能,使他们具备有指导的掌握经验。凭借个人获得能力,人们在某种程度能掌握自己。那些确信自己具有应对威胁之能力的人,没什么理由为此忧心忡忡。

一项有关个体控制普遍社会威胁的机制的研究,揭示了应对效能感和思维控制效能感对焦虑和行为的双重控制(Ozer & Bandura,1990)。对妇女的性暴力是一个普遍性的问题。因为任何妇女都可能成为牺牲者,所以许多女性都因一种无效能应对性袭击威胁的感觉而痛苦和畏缩。在自我保护的水平上来谈论这一问题,妇女们参加一个掌握示范项目,从中熟练掌握可靠的身体技能,使自己在遇到无武器袭击者时可以立即通过重击其身体致命部位来制服他。掌握示范提高了应对效能感和认知控制效能感,降低了易被袭击的感觉,并减少了烦扰的不良思维和焦虑唤起,这些改变具有解放性的效果。女性们扩展了活动范围,减少了因感觉易受伤害而避开的日常活动。能对自己进行身体保护的效能，除行为上之外，还从情绪和心理上解放了女性。这种自信也帮助她们在言辞上设定了严格的限制，有助于她们制止强迫或袭击。对因果结构的路径分析揭示了自我效能感的加强对逃避行为和积极参与活动的双调节途径（图 4.10）。

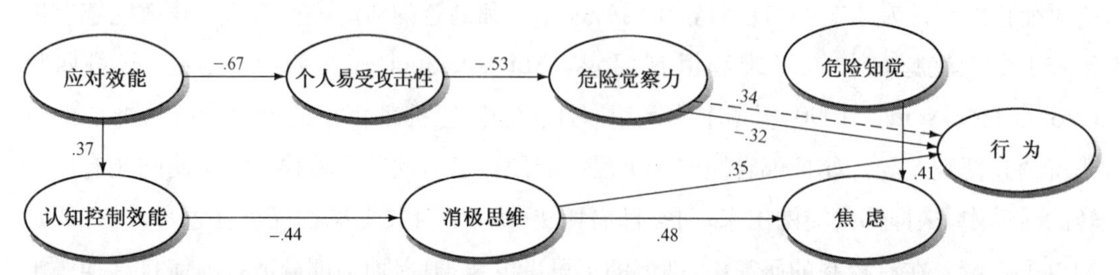

图 4.10　关于涉及人际威胁的应对行为之因果结构的路径分析。影响路径上的数据是显著性的标准化的路径系数。指向行为的实线代表逃避行为，虚线代表参与行为（Ozer & Bandura，1990）。

影响路径之一是以作用于个体易受攻击感和危险觉察力的自我保护效能感为中介的。许多危险知觉方面的研究，都关注人们对个人不可控之未来环境事件的可能性估计。旨在探明影响危险知觉的决定因素的研究，主要集中在心理状态及事件之突出例证的可理解性（Bower，1983；Kahneman，Slovic & Tversky，1982）。在涉及运用个人能力的情况下，对危险的估计要求对应对能力感和环境挑战性间的匹配关系作出判断。效能感在判断环境条件的危险性及个人对社会威胁的易受攻击性方面是一个关键因素。在缺乏自我保护效能时，大多数情况都显得令人恐慌、充满危险。但在获得了强烈的效能感之后，人们能更好地区分危险和安全状况，也能更好地根据实事求是的预防措施调节自己的行为。

149　影响路径之二是通过影响侵扰性不良思维的认知控制效能感来发挥作用的（图 4.10）。当人们对控制自己的思维有很强的效能感时，就不太受消极思维的重压，焦虑体验较低。根植于行为能力的强烈的应对效能感提高了控制恼人认知的升级或固着的效能感。因此，相信自己可以控制可能的威胁，就容易遣散入侵的不良思维。思维控制效能的情感意义，不仅源自对个体意识更好的调节，还源自其对解释过程的作用。同样是有害的想法，如果个体能够轻易遣散它，就觉得没什么大不了的；但如果个体无法排除它，有效思维又不断遭其侵扰时，就会认为它是破坏性的。

在焦虑和恐怖等机能障碍的信息加工模型中，环境威胁激活个人易受攻击性的自我图式，后者又进而指导信息的加工和执行。但自我图式如何引起行为和情绪状态尚不清楚。在社会认知理论中，如图 4.10 所示，个人无效能信念是易受攻击性知觉的基础。该理论较为详细地解释了控制焦虑唤起的因果结构及应对的回避反应风格。了解如何建立起应对效能的弹性感，为根除使人虚弱的恐怖障碍提供了明确的指导方针。运用拉扎勒斯和福克曼(Lazarus & Folkman，1984)的应对概念，作者们常常将应对过程分为问题处理和情绪处理两部分。在前一种情况下，他们试图消除问题；在后一种情况下，他们试图摆脱由问题引发的痛苦。当困难处境可变时，人们可能凭借问题解决应对方式，但当人们不能改变艰难处境时，就会转向认知重估和转移来进行减压应对。当这些备择策略依赖于情境的可变性时，这就成了一种导向错误的二分法。事实上，成功应对往往既需要问题解决，也需要压力处理，因为大多数可变的困难处境都涉及一定程度的压力。因此，在学业考试中，学生必须不断阻止预先的焦虑，并控制解决问题时的痛苦侵扰。在实行问题解决策略时，网球选手必须使自己摆脱侵扰思维和应激反应，事态不利时尤应如此。相反，几乎没有什么问题情境是绝对无法改变的。生活并非只有一个维度，即使是那些病入膏肓的人，也尽力使日常问题变得轻松，为自己剩余的生命增添意义。对生活中可控方面实施的影响，削弱了不可控事件产生的不良情绪影响。因此，那些患有危及生命的肾病而自己又束手无策的人当中，在社交、职业、团体等活动中秉承效能感的人，比在生活的方方面面都逆来顺受的人，遭受的抑郁较小(Devins et al.，1982)。

150

将应对二分为问题处理和情绪处理也混淆了手段和结果。减压策略需要必须策略性地、坚持不懈地学习和运用的认知与行为技能。任务处理和情绪处理都涉及问题解决但位点有所不同。在任务处理中，人们主要解决的是一个外部问题；在情绪处理中，则解决的是内部问题。如图 4.10 所示的因果结构，人类适应要求同时调节思维、情感和行为。

对严重恐怖症的治疗，生动地显示了掌握经验对不安观念的有力影响(Bandura et al.，1985；Bandura et al.，1977；Bandura et al.，1975；Bandura et al.，1982；Wiedenfeld et al.，1990)。实际上，所有的参加者都被自感无力控制的侵扰思维和周期性的噩梦所折磨："有 10 到 15 年了，我每周至少要做一次有关蜘蛛的噩梦。晚上，当我必须在一个黑暗的房间中打开灯时，它们总是在我的脑袋里。""我每次出门都要小心翼翼。我清醒时，满脑子都是关于蛇的种种假想。"持续的忧虑警戒有损日常活动的快乐，并导致长期的痛苦。"由于我总是不自在，总要警防房间里有蜘蛛，所以我几乎不能看电视、不能阅读、不能高高兴兴地在家里正常地做任何事情。"甚至一张照片或只是提到恐怖对象，都会激发起令人不安的反复思考。

在掌握应对的过程中，恐怖思维的习惯模式被转化为对以前威胁的平和的重新评价。如这些恐蛇症患者所言："我的整个思维方式都改变了，我以前一直都厌恶它们，但现在我欣赏它们，赞美它们的精美工程！""我已经从害怕转为入迷了。以前，我把它们看作吓人的怪物。"看见或提到恐怖对象也不再像过去一样激起不安的反复思考了："我碰到一条蛇，事后不再会多想了。"恐怖症患者还报告了奇妙的梦的转变。治疗开始时，蛇在他们梦里是令人害怕的："计划开始时，我梦到可怕的蛇越变越大。现在就不再有这种梦了。"以前的威胁物开始具有积极的特征。“我做了一个梦，一条大蟒蛇成了我的朋友，甚至还洗盘子。这对我经常为蛇所恐的梦是一个显著的改善。”随着自我效能感的进一步增长，个人掌握的场景取代了对蛇的特征的关注：“我做了一个梦，但梦到的只是那一天我所做的事。”最终，为恐怖对象所占据的梦完全被终止了：“我没再梦到过蛇。”在几次有指导的掌握之后，长期困扰所有恐怖症患者的反复思考都消失了。

在获得了极大的应对效能感之后，参加者感到完全从不安思虑和梦魇中解脱出来。凭借对碰到的威胁和应激源实施控制的信心，他们得到心理的平静：“我现在不担心会碰到蛇了，即便碰到我也能对付得了。”通过掌握经验建立起来的应对效能不仅对侵扰性思维，而且对情绪痛苦和行为都有深刻影响。如这些结果表明的，根除难以控制的思虑，赋予个人能力比以竞争性想法对抗有害的想法更为有效。最受关注的认知性思维控制策略通常成效有限。

有关侵扰性思维的理论一般关注思维内容的消极效价。它们的反复重现和持久存在被假定为是由紧迫的问题、冲突或禁止寻求表现的冲动而激发的。由于这些想法令人厌恶，或是人们害怕自己的想法会引起愚蠢、有害或者危险的行为，所以想努力摆脱它们。证据表明，人们可能错误地强调了思维的内容和频率。其实，令人不安的是无效能感本身。先前我们看到，痛苦的重要来源并非消极思维的频率，而是控制它们的无能力感。思维控制中的无效能感通过几种途径使人痛苦和抑郁。首先，控制自身思维的无助感本身是极其令人心烦意乱的，因为它经常提示人们在自我调节中的软弱无力；第二，不可控思维通过不断入侵手头任务、破坏对手头任务的注意和完成而产生压力；第三，不可控制的侵扰可能会涉及令人心烦意乱的内容；最后，控制涉及禁忌行为的侵扰性思维的无效能感，会使人们怀疑自己自我约束、以使自己在现实生活中不将这些想法付诸实践的个人效能。

151

对无效能控制积极和消极入侵所致压力的比较表明，头两个过程可能是痛苦的主要影响源。思维控制的难度似乎不在于其内容是否令人不快。令人愉快的侵入思维与令人不快者同样难以遣散，两种形式都比中性思维持久(England & Dickerson, 1988)。而且，无力控制愉快侵扰的感觉与无力控制不愉快的侵扰一样令人抑郁(Edwards & Dickerson, 1987)。两者都意味着一种无能力的感觉，都会破坏行为。这些不同证据强调了效能知觉在由思虑想法产生的焦虑唤起中的重要性。

情感控制效能

至此，分析集中在通过对潜在威胁和压力源实施行为控制以及对令人不安的侵扰思维实施认知控制等来调节情感状态。此外，人们还可以以缓和的方式控制其情感状态，而不改变情绪唤起的环境或认知来源。自我放松、安神静心的自言自语、全神贯注于各种休闲活动以及在社会支持中寻求抚慰等,都是缓减焦虑、平息怒气的方法(Meichenbaum & Turk, 1976; Novaco, 1979)。人们对自己能够减轻不愉快情绪状态的信念——不论其来源如何——会使这些状态不再那么令人讨厌。

阿奇(Arch, 1992a)曾对情感性控制效能给予特别的关注。她的一些研究考察了繁重的成就情境中,个人效能信念在控制活动的行为、认知和情感方面的独立作用。这些方面包括完成紧张的任务要求、控制忧虑想法以及处理与行为相伴随的情绪痛苦的行为效能感等。每一效能侧面预测了预期焦虑的水平。效能感越强,焦虑预期越弱。个人效能三层面中的每一个都可以预期人们采取活动的意愿。男女两性在决定是否从事紧张活动时,对个人效能不同侧面的权重似乎不同(Arch, 1992b)。男性主要考虑其适当地进行工作的效能,而女性则更看重其在实行情境中控制自己情感唤起的效能感。

积极的娱乐和有益的生活方式观,为应对日常生活的压力提供了进一步的手段(Rosenthal, 1993)。体育锻炼、休闲活动以及令人愉快的业余活动都有助于缓减压力,回归宁静的生活平衡。幽默能调和令人讨厌的人和事造成的伤害。欧文概括得很好:"幽默减轻了我们重负,抚平了我们道路上的崎岖坎坷。"人类的许多痛苦是因为要求难以企及的成就而咎由自取的。放宽强加给自己的苛刻标准就会减轻压力。在多种活动中要分出轻重,以使全部注意能投向手头的任务,而不必为将来要做的事担心,这样会减轻工作负担和时间的压力。在较大的计划中少一点担心会使事情的压力变小。 152

生活方式的方向易于规定但难于遵循,对容易紧张的个体尤为如此。人们不愿意从满满当当的日程表中花费时间重新安排生活中的压力。人们在采用能为其令人烦恼的生活带来平衡和宁静的生活方式方面的效能感存在广泛的差异(Rosenthal, Edwards & Ackerman, 1987)。虽然改变生活方式习惯的效能感能对紧张和焦虑产生一种普遍的影响,但其对情感唤起的调节作用还是被大大忽视了。诚然,某些生活方式定向不容易觉察,但大多数涉及具体的活动。这种相对忽视可能反映了焦虑研究的病理偏向,即对人类适应和变化中有益的观念和行为方向的关注极少。

互动但不对称的关系

社会认知理论提出,应对效能信念同焦虑唤起间存在一种虽不对称、但彼此互动的关系,效能信念的影响要大得多。换言之,处理潜在威胁的无效能感使人们在接近这类情境时焦虑万分,破坏性的唤起体验会进一步降低个体能熟练地行动的效能感。但人们更可能根据从表示个人能力的其他可靠信息来源所推论出的效能信念来行事,而非主要基于内脏的线索。这不足为奇,因为基于对自己应对技能、既往成就及比较性评价的自我认识,比模糊的内脏唤起更加可靠。老练的戏剧舞台演员、运动员及巡回演讲者,将事先的担心解释为正常的情境反应,而不是个人无能的表示。一旦上场,他们就知道自己能做些什么,不过,其大部分内脏反应会事前令人不安。

应对无效能对焦虑唤起的影响相当确定,但焦虑唤起对个人效能信念的影响却模棱两可。生理唤起的实际水平对个人效能判断真正的影响很小或是没有。但知觉到的自动唤起会影响这种判断(Feltz & Mugno, 1983)。在预期的研究中,自我效能感预测后继的焦虑水平,而焦虑水平与后继的个人效能信念则只有微弱的相关(Krampen,1988)。有关个人能力的内脏信息的不确定的特征诊断,或许可以解释生理唤起对效能信念的影响为何是模糊和不一致的。

最初关于效能信念对应激和焦虑的影响,只是关注控制应激源的效能。后继研究表明,情感唤起受思维控制效能的调节。该效能有三种形式:抑制令人烦恼的思维;向积极思维链的认知转移;对可怕情境的认知重释,比如将问题视为挑战而非威胁。自我效能理论扩展到情绪唤起控制,解释了焦虑中的其他变化。因此,在情感领域对自我效能理论进行充分的检验,应该包括调节焦虑唤起水平的效能感的所有三个方面——对应对行为、思维和情感的个人控制。

灾难性的结果期望常常被用来解释严重的临床机能失调。例如,旷场恐怖症患者由于害怕遭遇恐慌发作而限制了自己的生活。将身体感觉灾难性地错误解释为身体和心理衰弱的征兆,被认为是决定恐慌反应的关键因素(Barlow, 1986; Clark, 1988)。在向上的环路中,预期的灾难性结果进一步提高焦虑和生理性唤起,最终导致恐慌。因对害怕的解释而提心吊胆——这只是对担心恐慌观念的一种比较温和的说法——的旷场恐怖症患者会避开活动,因为他们预期自己会焦虑。通常引起的预期结果的另一个变量是就危险知觉而言的。由于旷场恐怖症患者认为所有不良结果都会降临到自己头上,因而可能会放弃活动。

是什么加强了灾难性思维?根据不良或灾难性结果期望所作的解释回避了问题的实质。简言之,结果期望本身也需要解释。认为自己对潜在威胁或情绪状态能实施控制的人,脑海中不会浮现出灾难性的结果(Ozer & Bandura, 1990; Sanderson et al., 1989)。实施行为、认知和情感控制的效能感越强,焦虑期望就越弱。控制了效能信念的影响之后,预期的恐慌、预期的焦虑或知觉到的危险,都不能预测治疗后旷场恐怖症患者的反应变化程度。相反,效能信念对旷场恐怖症患者的反应变化则具有极高的预测力,而不论预期的恐慌、预期的焦虑、知觉到的危险、治疗中的最高成绩以及与行为相伴随的焦虑唤起水平等是否得到控制(Williams et al., 1989; Williams & Watson, 1985)。

自我无效能知觉和抑郁

对显著影响自己生活的事件和社会条件无能为力，不仅会产生焦虑，还会产生无用和失望感。一种理论必须阐明无效能感何时产生焦虑，何时产生抑郁。从中寻求个人控制之结果的性质是一个重要的区分因素。当人们觉得自己在处理可能的有害事件上准备不足时，体验到焦虑。不良结果的减弱或控制是焦虑的中心。当人们在获取极有价值的结果方面感觉到无效能时则会悲哀和抑郁。无可挽回的损失或没能获取所渴望的、有价值的结果在失望中作用突出。在极端的例子中，个人长期受自我贬低和无价值感的困扰，对个人满足的追求变得徒劳无用(Beck，1973)。

临床上有一种两分法的观点，即焦虑者对威胁有一种注意偏向，而抑郁者对既往失败及其他消极事件有一种记忆偏向。信息加工中的这两种偏向可能是所呈现事件的类型以及个体对其考察是预先的还是事后所人为造成的。如果呈现损失与机会并存的选择情形，种种迹象表明，抑郁者对未来风险可能带来的损失表现出悲观的注意偏向。抑郁者也并非单单陷入对既往的消极回想。的确，对未来无望是抑郁的一个主要特征。

人类痛苦并非以分离的形式包装起来的。获取极有价值的结果的无效能感也常常唤起焦虑。当个体在极具重要意义的事情上遭受损失产生不良后果时，如没能有一份安全工作而危害到个体生活时，无力控制自己生活之关键方面的感觉既是苦恼的也是令人压抑的。预示不良后果的失败和损失既令人苦恼也使人感到压抑，这一事实可能会令疾病分类学家和提倡情绪分离的学者们烦乱，但对社会认知学家来说则不觉得复杂。由于丧失和威胁一般都同时发生，忧虑和绝望也常常伴随着改变悲惨生活状况的无效能感。

人们变成抑郁的过程不止一个。在三元交互因果模型中，三类原因——认知及其他个人因素、行为以及环境事件——交互作用，影响抑郁的产生。不良生活事件——表现为失败、困难，以及感情关系的残缺或丧失——会逐渐形成无价值感及对自身生活状况的失望感(Krantz，1985；Lloyd，1980；Oatley & Bolton，1985)，这是环境因素。但与消极现实抗争的大多数人并没有坠入长期的抑郁。不良生活事件的情绪作用很大程度上决定于人们对它们作何解释。形成了有消极偏向的自我系统者倾向于以悲观的方式解释不良生活事件，从而产生、加剧并延长抑郁的发作(Beck，1984；Kuiper & Olinger，1986；Peterson & Seligman，1984；Pehm，1988)，这是认知因素。抑郁者以其行为创设了抑郁环境。社会能力显著欠缺的人感受到贫乏、排斥的关系，从而产生沮丧、不足和无价值感(Lewinsohn，Hoberman，Teri & Hautzinger，1985)。在与他人交往时，他们令人灰心的疏离行为使周围的人郁闷、敌意、拒绝和内疚(Coyne，1985；Joiner，1994)。由他们引出的他人消极的社会评价和反应证实了其闷闷不乐的生活观，这是导致失望的行为作用因素。因此，抑郁的人不仅认为其环境布满阴霾，而且还主动创设这样一个布满阴霾的社会

154

环境供自己仔细观看。

围绕三个作用于抑郁的主要因素，已经建立了不同的抑郁理论——认知、行为和环境理论。从交互作用的观点来看，要想更好地理解抑郁，就应该考察这几类主要的决定因素是如何共同作用导致失望的，而不应视之为各自独立产生抑郁反应的竞争因素。现在，我们转而分析效能信念如何塑造并调节抑郁的认知、行为和环境决定因素。

无效能感和对经验的有倾向性的认知加工

微弱的个人效能感以若干方式作用于抑郁的认知来源。认知影响路径之一涉及效能信念对积极和消极体验的认知加工影响。低效能感使对个人相关经验的认识、组织和回忆产生消极偏向。对利于产生抑郁的自我调节思维失调的研究已经阐明了这一过程的不同方面。抑郁的产生往往由于对具有自我评价意义的行为进行自我调节的亚功能中的消极偏向(Kanfer & Hagerman, 1981; Rehm, 1982)。三个主要的亚功能包括对个人成败的自我监控和认知加工，根据所追求的标准判断自己的行为进展以及对自己成就的自我情感反应。

个人无效能信念在这些不同的亚功能中通过提高抑郁的易感性来发挥作用。在自我监控领域，有抑郁倾向的人会向自我轻视的方向错误知觉自己的行为成就或歪曲对它们的回忆。他们会细细品味失败而不会尽情享受成功。相反，非抑郁者则表现出自我加强的偏向，他们清楚地记着自己的成功，而对失败的回想则少于曾经有过的经历(DeMonbreun & Craighead, 1977; Nelson & Craighead, 1977; Wener & Rehm, 1975)。将成功最小化却关注自己的失败会引起失望。非抑郁者对其社会效能及控制积极结果的程度也持有夸大的信念(Alloy & Abramson, 1988; Lewinsohn et al., 1980)。个人控制信念是对抗对不良生活事件的抑郁反应的保护因素(Alloy & Clements, 1992)。

155 效能信念影响对行为成就的原因解释(Alden, 1986)。效能感高的人们将成功作为其能力的标志，而无视失败的诊断意义，将其归为外部的妨碍；那些受低效能感困扰的人则认为失败证实自己的缺陷，而成功则有赖于外界的帮助。在抑郁性机能失调中，这些不同的解释模式十分明显。非抑郁者将成功归为自己而将失败归为情境因素。这种有利的因果评价加强了积极情感。抑郁者在判断自己的行为决定因素时对自己并不特别宽厚。虽然并非总不相信自己对成功的贡献，但他们更急于因失败而自责自怨(Kuiper & Higgins, 1985; Peterson & Seligman, 1984; Rizley, 1978)。

在对个人有重要意义的事情上被他人超越会唤起自我贬低的情绪反应(Bandura & Jourden, 1991)。烦躁不安的个体尤其倾向于以自我贬低的方式使用不利的社会比较信息。面对他人的高成就，抑郁者比非抑郁者更认为自己的成就不值得称赞(Ciminero & Steingarten, 1978)。对落于他人之后的行为表现进行自贬，抑郁女性比抑郁男性表现得更为突出(Garber, Jollon & Silverman, 1979)。戴维斯和耶茨(Davis & Yates, 1982)创设条件,提高或降低人们对其认知效能的信念,并告知他们别人在同一智力活动中表现很好或是糟糕。认为自己不能实现有价值的成就而他人易于获得的体验,使个体产生抑郁情绪并弱化其智力表现。糟糕的行为表现之后能够选择比较对象时,失望和不失望个体也表现出类似的与情绪相关的偏向(Swallow & Kuiper, 1993)。选择行为表现良好的人有机会提高自己的能力。但如果只与成就卓越者相比,而不考察那些成功是如何获取的,就可能永远有一种不足和失望感。

为了降低社会比较的有害效应,常常劝告人们进行努力,根据自身的能力和标准作自我判断,而不是将自己同他人进行比较。在这一过程中,人们为自己设定逐渐进步的目标,根据个人标准判断自身的成就。自我比较标准有个人挑战性和自我发展的成功体验之利而无不公平的社会比较之害。但在竞争性的、个人主义的社会中,一个人的成功即意味着另一个人的失败,社会比较不可避免地要进入自我评价之中。

在一项重要活动中不断进步并不能确保永久的自我实现。掌握活动的步调会彻底改变自我评价反应(Simon, 1979a)。成就超过以往将带来一种持续的自我满足感。但人们对大幅进步之后的微小成就很少满意,甚至会贬低其意义。因此,即便面对不断取得的个人成就,先前反映个体令人瞩目的、熟练性的辉煌成就反而会助长以后的自我不满。例如,为数不少的成绩卓越者会在接受表彰时,由于认为自己当前成就不及先前曾带来过社会赞赏的成功而感到抑郁。这是先前成功的代价。当问及利纳斯・波林一个人赢得诺贝尔奖之后会做些什么时,他回答:"当然是另辟蹊径了!" 比蒙在以双脚打破现有跳远记录创出非凡成绩之后,为避免高处不胜寒而从此引退。简言之,自我比较标准与社会比较标准一样,可以导致自我不满。

对未酬之志的无效能感造成的抑郁

156

实现未酬之志的低效能感是调节抑郁的另一个认知途径。人们从自己所作所为获得的满足很大程度上由他们的自我评价标准来决定。强加给自己要获得自我价值感的提高标准或笼统的模糊标准,肯定会产生自我挫伤和个人无效能感。证据表明,目标设定错误的确容易使人心情沮丧、表现下滑。同非抑郁者相比,抑郁者为自己设定的标准往往相对高于其成就(Golin & Terrill, 1977; Loeb, Beck, Diggory & Tuthill, 1967; Schwartz, 1974; Simon, 1979a)。目标难度并非一个绝对水平,而是反映了个人能力和目标间的匹配关系。所以,一个中等水平的目标,如果超过某人的能力所及就是困难的;而如果在个体力所能及的范围里,即便很高的目标也是简单的。当个体设定的价值标准恰好在其达到标准的个人效能感之上时,最可能导致抑郁(Kanfer & Zeiss, 1983)。实现有价值标准的无效能感导致自我贬低。

有关动机和有关抑郁的自我调节理论在预测成就和标准间不一致的影响时似乎相互矛盾。据称超越成就的标准可以通过目标的挑战性来增强动机，但负性的不一致也会激发沮丧情绪。而且，当负性不一致的确具有不良作用时，就可能导致万念俱灰而不只是垂头丧气。需要建立一个概念模式，描述负性不一致性在怎样不同的状况下会分别导致激励、抑郁或是万念俱灰。

根据社会认知理论，可以从达成目标的效能感与个体自我设定的目标水平间的关系，预测负性的目标不一致性具体的导向作用（Bandura & Abrams，1986）。当人们相信自己有效能完成困难的目标并不断为之努力时，失败导致较高的动机和较低的沮丧心情（图 4.11）。当人们判断自己缺乏达到困难目标的效能，但又继续想要从获得那些困难成就中寻求某种满足感或成功感的时候，失败就会降低动机和产生沮丧心情。而那些自认为缺乏达到困难目标的效能并因不现实而放弃困难目标的人们，就会漠然处之而不会抑郁。

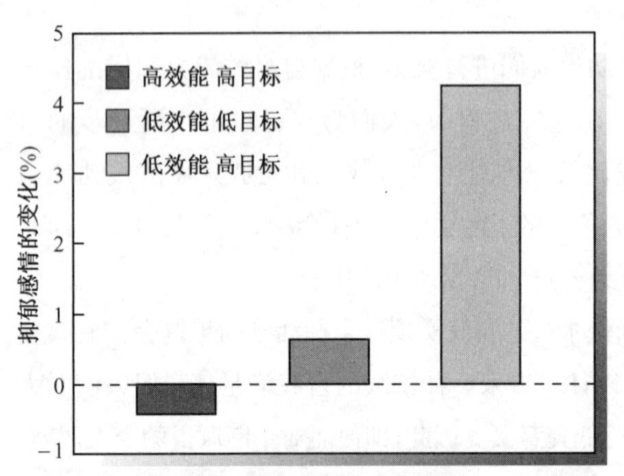

图 4.11 强自我效能知觉结合目标坚持，弱自我效能知觉结合目标坚持，以及弱自我效能知觉结合目标放弃的人们，抑郁心情的变化（Bandura & Abrams，1986）。

对自己没有肯定判断的人，不会积极地对待自己。这种负性倾向性蔓延到自我调节的情感性自我反应因素中，也不足为奇。与不抑郁的人相比，面对同样的成功，那些倾向于抑郁的人，较少自我奖励性的反应；而对同样的失败，则较多自我批评的反应（Gotlib，1981；Lobitz & Post，1979；Nelson & Craighead，1977；Rehm，1982）。在自我挫伤的怪圈里，自我贬低和抑郁心情相互支持。反复的自我贬低产生抑郁心情，后者又进而减少自我奖赏性反应，增强自我批评性反应。在活动中，如果行为主要是产生自我贬低的话，人们就难以对这些活动保持兴趣和参与其中。

157

思维控制无效能感产生的抑郁

以前对认知因果性的分析主要集中在个人无效能如何通过产生令人沮丧和自我贬低等想法导致抑郁。效能信念影响抑郁的认知来源的另一种方式是控制抑郁想法本身。前面我们看到，当个体感到无力扭转反反复复的思考时就会产生抑郁。极易抑郁者显著地表现出对消除自己的消极想法无能为力。当他们试图自我转移注意时，却往往使用了错误的认知策略，适得其反，进一步引发消极的思维链（Wenzlaff et al.，1988）。即便他们知道积极的分心事物比消极的更为有效，但往往还是试图以其他消极的想法来消灭占据其思维的消极想法。通过认知和感情联系，消极的认知分心物可能激活能重新点燃有害的想法的思维链。当抑郁者不能有效放弃消极想法时，反倒是擅长削弱积极思维了。思维控制的失败可归因于抑郁心情下消极认知更为突出且方便易达。

作为对拒绝、失落、失败以及挫折的反应，所有人都会时不时地体验到片刻的抑郁，但从中恢复的速度则因人而异。大多数人可以迅速恢复，但有些人则长久地陷入深深的失望之中。诺伦-赫科西玛（Nolen-Hoeksema，1990，1991）曾在一系列实验室和现场研究中证明，对不良事件的反复思考反应一定程度上决定了抑郁的严重性和持续时间。经常沉溺于令人沮丧的生活事件和自己的失望状态，会增强和延长抑郁反应，而致力于需要关注或能改善自身生活的活动中，则可以终止抑郁状态。细想消极事件只会挖取更多消极旧事，激活错误的思维模式，并削弱动机和行为，这所有一切又进一步成了失望之由。

在实验室检验中，降低侵扰的消极想法会减轻抑郁（Teasdale，1983）。对认知行为疗法缓减抑郁之机制的深入研究揭示，控制反反复复地思考问题的无效能感对抑郁的发生、持续和复发作用突出。卡瓦纳夫和威尔森（Kavanagh & Wilson，1989）发现，调节反反复复地思考问题的效能感越弱，抑郁越高。通过治疗逐渐建立的思维控制效能感越强，抑郁缓减越大，抑郁复发的可能性越低。控制先前的抑郁水平，自我效能感仍保持其对改善症状和降低复发可能性的预测。

社会无效能感带来的抑郁

导致抑郁的另一条途径是由于在发展人际关系方面的低社会效能感，这种人际关系能提供应对能力的榜样、缓冲长期压力的消极影响以及给人们的生活带来满足。社会支持关系可以降低压力、抑郁和身体疾病的易感性，这一点已经非常确定。对影响路径的分析表明，社会能力和环境应激源根本上是以自我效能感为中介影响抑郁。因果调节的支持性证据来自对存在显著差异的社会应激源的抑郁反应。卡特罗纳和特罗特曼（Cutrona & Troutman，1986）考察了随婴儿的气质困难和母亲关系网络中社会支持的性质而变化的产后抑郁。图 4.12 表明了影响的路径。婴儿的气质困难削弱了母亲对自己为人母的能力的信念，社会支持则通过加强父母效能信念间接地发挥其保护

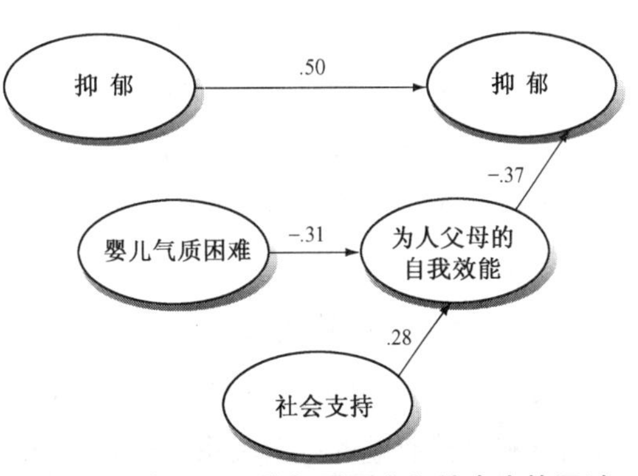

图 4.12 表明婴儿的气质困难和社会支持通过母亲对自己为人母之效能信念的中介作用影响产后抑郁的路径分析（Cutrona & Troutman，1986）。

158 功能，可以向他人寻求支持和指导的母亲更加确信自己为人母的能力，高效能感又转而防止她们由于每天照顾婴儿的激战而变得抑郁。奥利奥夫和阿布德（Olioff & Aboud, 1991）进一步证明，对履行父母角色要求的无效能感会事先影响和维持抑郁。分娩前测得的为人父母效能感的强度，在先前的抑郁和自尊水平保持恒定的情况下，可以预测产后抑郁。产后抑郁也表现出对父母效能的一致性依赖。

在一项对堕胎适应性的研究计划中，梅杰及其同事表明伴随高应对效能感的是堕胎后即刻及后继调整中不良身体反应较少和抑郁水平较低（Major, Mueller & Hildebrandt, 1985）。效能信念比对意外怀孕能更好地预测成功应对。而且，即便控制了对堕胎的即刻反应，高效能感仍有助于应对。控制堕胎前抑郁，低应对效能感预测堕胎后抑郁的持续时间，而堕胎前抑郁直接以及通过应对效能感与堕胎后即时抑郁相关，与后继抑郁则无关（Cozzarelli, 1993）。提高女性对其应对效能的信念进一步证实了个人效能感作为一保护性个人因素可以抵抗抑郁（Mueller & Malone, 1989）。堕胎前，女性接受一项旨在提高其应对效能感或促使其对意外怀孕的归因由性格弱点转变为个人可控的异性行为的咨询。两种干预都有助于调整，但其中用以提高效能信念的方法对抑郁有更大的影响。效能感高的女性比应对效能感低者较少琢磨可能的负面困难，抑郁水平也较低。

因为围绕堕胎有诸多个人和社会性冲突，所以社会支持在终止意外怀孕后的调适中可能是一个特别重要的因素。的确如此，但它是通过应对效能感而非直接发挥作用的（Major et al., 1990）。根据女性重新开始正常生活、维持较好的性关系以及应对堕胎的情境性提示线索等方面的能力知觉来测量效能信念。女性在做决定时得到的社会支持越大，她们预期从配偶、家庭和朋友那里得到的支持越多，对自己的应对效能信念就越强。与高效能感相伴随的是低抑郁反应。社会支持完全通过对应对效能感的影响减轻抑郁。社会支持只有通过加强个人效能信念来提高行为模式的证据，增加其在支持性影响中起中介作用的普遍性（Duncan & McAuley, 1993）。

作为社会认知理论特点的前摄的、交互性的因果模型适用于社会支持对抑郁的作用。159 个人效能感不仅调节社会支持对抑郁的影响，而且还是社会支持的一个决定因素。社会支持并非一个自己形成的实体，等待着为受折磨的人缓冲压力。相反，人们必须走出去寻找或是为自己创设支持关系。由于普遍存在的社会谨慎性，这绝非易事（Zimbardo, 1977）。社会效能感越低，人们越不轻易暴露自己的思想或感情，即便他们知道如何进行社会行为（Hill, 1989）。他们的效能信念压倒了他们的认识。需要有强烈的社会效能感来培养和维持有益的社会关系（Glasgow & Arkowitz, 1975; Leary & Atherton, 1986）。

坎托和哈洛（Cantor & Harlow, 1994）的研究，强调了人们奋力谋求他人帮助以克服其追寻生活目标中所遇到的挫折时，寄予社会效能的巨大要求。如果以错误的方式，向错误的人，在错误的时间、错误的背景下寻求支持，对他人的需求又不敏感时，就会损伤关系，最终耗尽支持网络。社会效能高的个体比在社会能力上自视颇低的个体，为自己创设了更多的支持性环境。支持性环境又转而会提高个人效能。支持者通过几种方式可以提高他人的效能。他们可以示范处理问题情境的有效的应对态度和策略，显示持之以恒的意义，并为有效应对提供积极的诱因和资源。

在生活的转折阶段，当已有的情绪纽带被遗弃而必须形成新的联系时，效能知觉的社会培养作用变得尤为重要。霍拉汉夫妇曾经对社会无效能感到社会疏离到抑郁的影响路径进行过纵向研究(Holahan & Holahan，1987a，b)。由于退休、迁徙、老朋友和配偶去世等状况，老年人常常会感受到亲密关系的损坏或丧失。随增龄而丧失的社会支持对老年人发展可以依靠的社会网络的社会能力提出了新的要求。与所提出的因果模型相一致，社会效能感可以预测一年之后获取的社会支持水平(Holahan & Holahan，1987a)。个人效能感对抑郁的影响既是直接的，也有通过助长可以减轻对慢性应激源的抑郁反应的社会支持间接起作用的(图 4.13)。

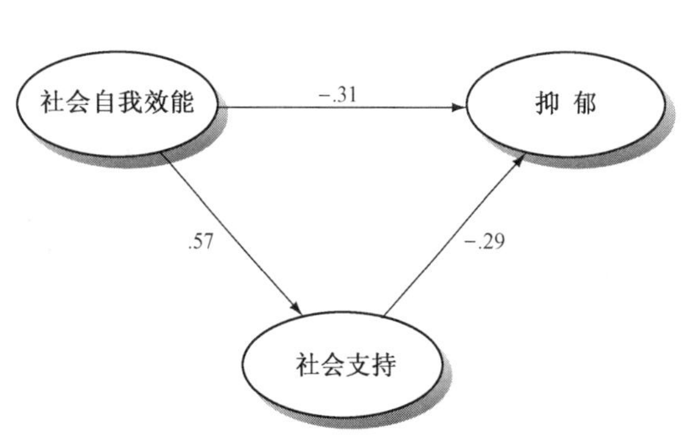

图 4.13 社会无效能知觉直接以及通过对社会支持关系之发展的影响作用于抑郁的路径分析(Holahan & Holahan，1987a)。

至今的分析证实了在获取自己所渴望的东西上的无效能感到抑郁的影响路径。因果作用既可以实验性地通过灌输不同的效能信念改变抑郁水平，也可以在自然条件下烦躁不安通过影响效能信念产生抑郁加以确定。对几种可能的调节因素的检验显示，单单有乐观的倾向并不影响抑郁，而无力控制生活事件的感觉则会产生失望(Marshall & Lang，1990)。人们免于抑郁不是由于有乐观的性格，而是由于相信自己事到临头时的掌握能力促进了对未来结果的乐观展望。控制了效能知觉的变化，乐观主义对抑郁没有独立影响。光是乐观而缺乏产生渴望结果的个人效能感无异于痴心妄想，在经常出现的逆境中无法维持长久的应对努力。在其他多视角的研究中，当对先前的抑郁、社会支持、应激性生活事件以及错误的自动化思维等实施多重控制后，掌握对个人有重要意义的活动的无效能感可以预测抑郁(Olioff，Bryson & Wadden，1989)。

160

把无效能感和易产生无效及失望感受联系起来的研究，几乎都集中在成人方面。青春期是一个关键的发展阶段，同时要处理生物、教育和社会等诸多压力变化。受自我怀疑困扰和缺乏支持性指导的儿童在这一易感期内有许多能引起抑郁的事物。的确，智力和社会无效能感对儿童与对成人一样压抑。那些认为自己不能达到学校要求以及形成和维持满意的同伴关系的儿童，经常遭受抑郁的困扰（Bandura et al.，1996a）。青春期出现性别差异，女孩比男孩更容易抑郁。考察个人效能感的不同方面，可使人们得以洞察抑郁的不同危险。男孩主要因为完成学业要求方面的无效能感而抑郁，女孩则由于学业、社会以及生活中的自我管理方面的无效能感而抑郁（Pastorelli，Barbanelli，Bandura & Caprara，1996）。效能信念对成人和儿童抑郁有类似作用，这一证据支持了在抑郁中自我效能机制的普遍性。

在前面一章中我们看到，心情使对事件进行解释、认知组织以及回忆的方式产生倾向性。因此，心情和效能感可以彼此双向影响。无效能感引起抑郁。失望情绪削弱效能感，积极情绪则加强它（Kavanagh & Bower，1985）。人们根据随心情变化的效能信念行事，在自我有效的心理框架下比怀疑自身效能时会选择更具挑战性的活动（Kavanagh，1983）。失望因此会降低效能信念，这又削弱动机并产生大量有缺陷的行为，导致甚至更深的失望。相反，通过提高可促进动机、有益的认知自我指导和成就的效能信念，积极的心情就能够起动肯定的交互过程。

选择过程

到此为止，我们已经讨论了使得人们创设有利环境并对其施以控制的效能激活过程。人们一定程度上是其所处环境的产物。通过对自己环境的选择，人们能部分地决定自己要成为一个怎样的人，而选择受个人能力信念的影响。因此，个人效能信念在塑造个体的生活道路上能起极其重要的作用，这是通过影响个体所创设的环境类型和通过影响人们选择投入的环境及活动类型来达到的。在凭借选择过程进行自我发展时，个体通过选择能培养某些潜能和生活方式的环境来塑造命运。他们避开自认为超越其能力的活动和环境，而积极担负自己有能力从事的活动，选择自己能应对自如的社会环境。他们的自我效能感越高，所选择的活动的挑战性就越大（Kavanagh，1983；Meyer，1987）。

效能高者不仅偏好标准的困难任务，且在其中表现出高度的持久力。任何影响选择行为的因素都会显著影响个人的发展方向，因为当决策因素完成了其开创性使命而黯然失色后许久，在选定的环境中发挥作用的社会影响仍继续在提高某些特定的能力、价值、信念和兴趣（Bandura，1986a；Snyder，1987）。因此，看似无关紧要的决定选择的效能因素能开启选择性的人际交往，导致个人重大而持久的变化。吸引个体的社会环境越具包容性，对其的生活道路影响越大（Bandura，1982b）。

161

人们因效能感低而忽视了选择，妨碍了其对自身某些潜力的认识。因此，在阐明由选择过程调节的效能作用时，除关注人们积极追求的长处外，还应关注被忽视了的长处。选择过程同认知、动机和情感过程不同，因为促使人们基于个人无效能摒除某些行为路线时，后几个调节过程从不发挥作用。只有当人们选择从事某一活动后才会调动其努力，产生可能的解决办法和行为策略，为其所作所为而感到兴奋、焦虑或抑郁。

日常生活中，人们不断会面临必须从各种可能的活动中进行选择的情境。许多选择具有短期影响而无持久结果。更为重要的应是以效能为基础，留下更为长远印记甚至改变生活道路的选择。生命形成阶段所做的选择尤为重要，因为其所开启的一系列相互关联的经验，会为理想未来创设前提或是设置障碍。关键的转折时刻所作的选择当时并不显得重要，因为其重要性在于它所开创的引导影响。转折点要在事后的觉悟中才会凸现出来。

职业选择和发展的研究，最为清晰地揭示了效能信念通过选择过程对生活的影响力（Betz & Hackett，1986；Lent & Hackett，1987）。人们的自我效能信念越强，他们认为可能的职业选择越多，从中表现出的兴趣越大，为不同的职业生涯所作的教育准备越好，在所选择的活动中坚持力也越大。除个人效能信念之外，多变量研究还包括许多决定职业选择和预备性成就的可能因素，如能力水平、既往成就和职业兴趣（Lent，Brown & Larkin，1986）。效能感即便最后一个进入等级回归分析，也比其他预测因子能更好地预测个体认真考虑的职业选择范围以及在所作选择上的坚持性和学术成就。

哈克特和贝兹（Hackett & Betz，1981）就以自我效能感为重要中介的职业发展提供了概念分析。大多数职业追求所依赖的认知和社会能力都需要数年时间才能掌握。哈克特和贝兹证明，制度惯例和社会化影响如何以不同方式，通过在儿时所推进的能力和自我信念类型作用于发展道路。这一形成阶段的经历在个人效能上打下烙印，进而通过影响他们所作的职业选择和所取得的成功为未来的生活道路设定方向。

除职业追求外，效能信念还影响人们的社会发展过程。例如，儿童判断自己以攻击获取所需的效能高即意味着他们会采取攻击性行为风格（Perry，Perry & Rasmussen，1986）。那些逐步显示出攻击风格的人倾向于选择同样具有攻击定向的活动和伙伴，又相互强化已有联系（Bandura & Walters，1959；Bullock & Merrill，1980）。因此，发展过程包括双向因果关系。个人效能信念决定对同伴和活动的选择，联系模式又转而塑造效能发展方向。下一章将分析个人效能的终身发展。

/第五章/

自我效能的发展分析

生命的不同阶段，对成功所需的典型能力有不同要求。整个一生中志向抱负、时代观点和社会安排不断变化，改变着人们在生命历程中对自己生活的建构、调节和评价。典型的必需能力随年龄而异，并不意味着每个人都要循此路径，不得逾越。比如，青少年并不一定出现适应混乱，而中年也并不一定存在预定发展序列中所谓的“中年危机”。生活的道路可以很多，每一特定阶段人们如何处理自己在特定社会环境中的特定生活也是千变万化，大相径庭。终此一生，人们对自己通过行为达成结果之能力的信念，是影响自身生活的一个重要的个体因素。

社会认知理论从人类动因终生演进的角度，以自我效能知觉来分析发展变化。从生命历程的角度来看，日新月异的社会中各种影响因素的相互作用共同塑造了人生的道路。人们所处的生存环境并非是注定其生活道路的情境统一体。它是一系列相互作用的生活事件，生活在其中的个体在塑造个人发展道路中也起着作用(Baltes, 1983; Brim & Ryff, 1980; Hultsch & Plemons, 1979)。有些影响事件涉及生物性变化，其他则是规范性社会事件，与人们的年龄地位及其在教育、家庭、职业和其他公共机构系统所扮演的角色相关联。实际上，每个人在发展的特定阶段都会参与后面的这些活动。此外，还有一些是物质环境中不可预测的变故或者非常规的生活事件，如改行、离婚、移居、意外和疾病等。人的一生处在一定的历史时期，在表现出独特的机遇、限制和威胁的社会环境中得到发展。埃尔德(Elder,1994)曾雄辩地证明,人的一生可由其所处时代提供的不同生活经历予以解释。主流社会文化的改变使得生活迥然不同——比如技术革新、经济萧条、军事冲突、文化剧变和政治更迭等都会改变社会特征,从而对生活道路产生巨大影响。人在生命的不同阶段遭遇变化,人生的轨迹也就会不同(Elder, 1981)。

163

无论社会条件如何,个体在任何特定的时间、地点都有多种人生定向。在普遍的社会文化条件下人们如何把握机会、对待限制,使个人的生活道路产生差异。人生也有偶发因素,人们常会因巧遇而改变一生。的确,一些极琐碎的情况往往会使生活发生重大转折。在这些例子中,看上去微不足道的事情对人生有着重大而持久的影响。人们在日常生活中会遇到许多偶然因素,其中大多数对人们没有太大的触动,有一些则作用持久,还有一部分会将人们推向全新的生活轨迹。虽然许多社会遭遇都是偶然发生而非精心安排的,但人们对自己从这些经历中得到什么却可以有所控制。偶然因素对个体改变产生的持久影响力,由个体特性和所处社会情境特征的交互作用所决定(Bandura, 1982b)。特定的生物心理社会变化模式与生活道路上的偶发事件交织在一起,共同影响个体生活的独特性及其延续和终止。

个人动因对生活方向的作用因环境的性质和可改变性而异。有三种不同的环境形式:强迫的、选择的和创设的。不管愿意与否,物质和社会结构环境都影响着人们。人们对它们的存在毫无办法,但他们在如何解释和反应上尚有余地。他们可以根据对其作用如何,把这些环境看作是良好的、中性的或是消极的。

潜在环境和实际环境间存在重大差异。很大程度上,环境只是有得有失的潜在条件,要靠适当的行为来选择和激活后才会发挥作用。潜在环境的哪些部分成为人们实际经历的环境有赖于人们的行为,这构成了被选择的环境。同样的潜在环境中,有些人能得其利而享其益;有些人却身陷其弊,反受其害。

最后还有创设的环境,它不是等待选择或者激活的潜在因素,而是人们创设来对自己的生活施以更大控制的社会系统。环境的可变等级要求提高人们的个人动因水平,从认知解释主体到选择激活主体,再到创造性主体。在对影响其发展道路的环境进行组织、创设和处理时,人们的个人效能信念至关重要。

如前所述,自我能力评价对于功能有效发挥是极为有利和常属必要的。那些对自己能力所及的判断严重失误的人万一陷入错误行为,导致不良结果,他们就可能使自己处于危险的境地。年龄很小的儿童对自身能力和不同行动的要求及潜在风险所知甚少。如果没有他人的指点,他们会反复不断地身陷危险困境。当他们还没有发展出安全处理某些情境的必要技能时,他们会游荡到危险的大路上、跳进很深的水池里或是手中持握锋利的刀具(Sears, Maccoby & Levin, 1957)。成人必须保持警觉和指导,看儿童走过这一早期

164 形成阶段,直至他们获得足够知识,知道自己可以做什么以及不同情境对技能的需要有何不同。随着认知自我反省能力的发展,自我效能判断就越来越取代外部指导。

个体动因感的起源

新生儿降临人世时没有任何自我感。自我必须通过同环境的互动经验来社会性地建构。个人动因感的发展进步历经了三个阶段:从感知事件间的因果关系到通过行为理解因果性,再到最后认识到自己是行为的动因。婴儿甚至在第一个月里就表现出对因果关系的敏感性。比如,当他们看到一只手不接触物体却似乎能够使它移动时,露出惊异的表情(Leslie, 1982; Mandler, 1992)。婴儿最主要是通过对他人以行动导致事情发生的依联事件的重复观察来习得行为因果性的。他们看到如果没有他人的操控,无生命的物体只能保持静止不动(Mandler, 1992)。而且,婴儿个人体验到直接指向自身的行为效果,这更增加了行为因果功能的显著性。比起假定自身行为是发展个人动因感的唯一来源的那些理论,社会认知理论包括了一整套范围更为广阔的发展性影响(Flammer, 1995; Gecas, 1989; Piaget, 1952)。在最初的行为因果感发展中,对行为产生效应的观察学习起着主导性作用。当婴儿开始获得一些行为能力时,对行为结果的观察和直接体验就一同促进他们对动因因果性的理解。

在发展个人动因作用概念时,婴儿必须获得自我认识并知道自己可以导致事情的发生。婴儿在探索经验中看到自己通过行为产生效应,这为从理解行为因果到发展个人动因感的推进提供了最初的基础。但新生儿不能自由活动以及对物理和社会环境有限的行为手段,极大地限制了他们的影响范围。有功于个人动因感发展的最初的动作经验,是同婴儿控制从可操控的客体来的感觉刺激的能力及对周围事物的注意行为相联系的。婴儿以特定的方式行为,就会发生特定的事情:摇动响环能听到预期的声音、用力踢腿蹬脚就会晃动小床、抛出去的物体会随着猛烈的撞击声而跌落、尖叫则会招来成人。

行为产生结果的认识

对个人动因作用的意识,既需要对行动导致结果进行自我观察,也需要认识到行动是自己的一个部分。通过反复观察环境事件的发生与否伴随着行动的有无,婴儿懂得了行动产生效应。最初,婴儿通过伸胳膊蹬腿产生结果。而当他们认识到自己的行动会影响环境,就开始以更多有计划、有意识的行动检验自己的主体感觉了。他们做一件事然后等待预期的效果，他们变化自己的行动然后观察所产生的不同效应。通过这种探索性验证，他们证实了自己的动因能力。现在，他们知道自己可以左右事情的发生。

对婴儿行动反应敏感的环境能够促进因果能动性的发展。成功体验到通过行动控制环境事件的婴儿，比起那些无论做何行为环境事件全都相同的孩子来说，会更注意自己的行为，成为更能干的学习者。效应独立于动作的体验，不仅阻碍婴儿个人动因作用的习得，还会损害将来在行动可以控制结果的情况下发生的学习（Finkelstein & Ramey，1977；Ramey & Finkelstein，1978）。缺乏控制的早期经验会削弱婴儿在能够影响事情发生的情况下动因作用的发挥。这种影响会长期持续，广泛泛化。因此，在家里通过撞击使汽车或是悬挂玩具动起来的孩子，在实验室条件下很快就能学会如何促使事情发生。而在家玩自动发条玩具的婴儿却表现出学习缺陷（Watson，1977）。非依联性事件的发生告诉婴儿他们缺乏控制能力。因此，他们很少花费努力去掌握那些可以使他们对即时环境施以控制的行为。在反复的影响事件的无效能体验中，即便成人也会丧失个人能动感，在有机会实施控制时也无动于衷（Carber & Seligman，1980）。

165

华生（Watson，1977）鉴别出阻碍婴儿控制感的几个因素。其中某些因素涉及日常生活事件间模糊的功能关系，如行动和结果间的延宕、行动和结果间不完备的联系、结果受多因素决定以及对事件可控与否的环境信号的模糊性等。有些个人因素也妨害人们对控制的洞察力。婴儿注意和记忆功能的发展还很不完善；建构行动的能力有限；难以在短时间内重复同样的行动，而这些原本可以增加机会观察到自己可以促使事情的发生。在生命的最初几个月里，对物理环境实施的影响比对社会环境的影响更有助于孩子个人动因感的发展（Gunnar，1980a）。因为在操控物理活动的领域中，个人与结果间因果关系的模糊性要小得多。操控物理对象可以产生快速的、可预测的、重复的和易于观察的效应。不断地摇晃拨浪鼓并聆听由此发出的声音，婴儿必然注意到自己的行动产生了环境效应。行动和结果间极为显著的关联，促进了注意和表征能力尚有局限的婴儿对个人动因的感知。

只有以恰当的方式操作，无生命的物体才能产生声、光、形。卡尼奥尔（Karniol，1989）在描述操控技能的发展顺序时指出，成人可以通过给儿童提供他们能够操控、激活的物品，促进婴儿个人控制感的发展。所以对操控能力很低的婴儿要提供简单的物件；随着他们操控技能的发展，对环境的作用渐增，就应该提供越来越复杂的物件供他们探索掌握。越来越大的挑战性可以扩展他们的可控感。如果父母能以建构婴儿能力的方式和孩子一起摆弄玩具，那么挑战性玩具对能力的增益越大（Parks & Bradley，1991）。

如果发生的时空相隔甚远，即便从行为的明显物理效应中幼小的婴儿也难以进行依联学习。当行动的结果被延迟，干预阶段发生的行为对于孰因孰果会制造一些混淆。要想从行动之后很久才出现的结果中得到收获，个体必须注意无联系的事件，对它们进行符号编码予以记忆，还要进行回忆和建立认知联系。因此，当行为及其直接效应时隔很远时，远端结果往往难以同其行为原因相联系，或者易于被误认为是某个近期发生的无关行为所致。

婴幼儿不仅难以识别自己行为稍后的效应，而且在符号性表征这类动因知识时也存在困难。在生命最初的几个月中，婴儿的注意和记忆能力尚不足以使他们从依联经验中获益很多，哪怕他们的行为效果只是稍有滞后(Millar, 1972; Watson, 1979)。当延迟的行为结果在空间上也有分离时，依联学习问题就复杂了。这表现在米拉(Millar)及其同事关于反映认知能力的注意策略如何通过知觉反馈影响依联学习的研究中。当行为与其产生的声音、景象具有空间上的连续性时，使得婴儿易于注意两组事件，幼小婴儿在依联学习上表现出与较大婴儿一样的熟练性(Millar & Schaffer, 1972)。但如果将结果进行空间移位，幼小婴儿就不能了解行为产生结果。而较大婴儿就可以采用有效的注意策略整合行为和结果：他们操控物体，同时观察出现期望效应的地方。如果给婴儿提供外部线索，告诉他们在哪里寻找自己行为的效果，他们就会比较善于观察周围发生的事情并从中有所收获(Millar, 1974)。这类发现表明，婴儿依联学习的不足往往可能反映了有效运用注意的失败，而不是整合依联信息的认知无能。通过创设条件鼓励婴儿尝试控制行为，通过紧密连接行为及其结果，通过运用外物帮助引导婴儿注意他们所产生的结果以及通过提高结果的显著性和功能价值，可以极大地提高依联经验对于个人动因作用的价值。

166

在更为繁杂的社会依联事件中，因果动因作用更难识别。婴儿行为的社会效应，一如它们取决于他人行为的可利用性和变化莫测，不仅更为滞后和变化多端，而且往往独立于婴儿的行为。也就是说，他人往往注意婴儿并作用于他们，而不管婴儿当时可能做什么。啼哭可能马上招来他人，也可能要呆一会，或者根本就没人理睬。而他人常常在婴儿并不啼哭时出现。行动并不总是产生社会反应，而社会反应又常常通过他人的主动行为而自己产生，从这些混杂的社会经验中很难学到什么(Watson, 1979)。

对家庭互动的微观分析表明，父母常常会组织依联经验，帮助婴儿发现他们的行为具有社会效应(Papousek & Papousek, 1979)。这可以通过几个途径获取。父母与婴儿建立密切的目光接触以保证足够的关注。他们对婴儿的行为作出迅速而灵活的反应以创造高度显著的切近效应，进而为了帮助婴儿感知到行为产生结果，快速地重复行为和结果的相互作用。即便开始时婴儿没有注意到依联事件，还有许多其他机会来认识它们而无需运用微弱的记忆能力。

高水平的成人依联反应性帮助新生儿和婴儿获知他们可以通过行为使事情得以发生。随着婴儿可动性的发展，其行为对于物理环境的即时效应为因果能动性提供明晰的证据。跌落的或者被作为打击乐器的玩具可以产生有趣的声音和景象。婴儿很快高兴地发现自己能通过行为迅速产生结果，特别是如果有父母在场为他们取回扔掉的物品。当行为与其效果联系不太明确时，无论是直接发生的还是由他人行为所揭示的切近的依联经验，都创造一种因果认知定势来寻找事件间的联系。当婴儿开始感觉到自己可以产生效应时，他们从事探索活动，变换行为，观察由此产生的结果。采用带有探索性验证性质的因果认知定势可以促进个人动因感的发展。随着表征能力的发展，婴儿开始能够从个人行为的可能和远期结果中学习。不久以后，对社会环境施以控制在自我效能的早期发展中开始发挥重要作用。导致社会事件发生的经验泛化到非社会事件中（Dunham, Hurshman & Alexander, 1989）。因此，接触过依联社会反应的婴儿会作用于物理环境制造景象和声音，而受到同样多注意但这些注意独立于其行为的婴儿则很少努力改变他们控制之下环境的任何方面。

167

前述讨论证实了自发的动作性经验如何揭示行为产生特定结果的力量。然而，个人动因感的发展并非全部是探索努力的结果。当婴儿发现自己可以对其即时环境的方方面面施以一定控制后，他们运用替代经验扩展和证实自己的个人效能感。他们观察周围的榜样通过适当行为过程获得特定效果。当示范的策略在婴儿能力可及的范围内时，他们就会采用同样的策略获取同样的结果（Kaye, 1982）。而且，以后榜样不在旁边时，他们还会运用曾经看到榜样示范过的新的操控技能（Meltzoff, 1988a, b）。因此，榜样的行为表现不仅逐渐灌输动因因果观点，而且还给婴儿传递技能，提高他们实施控制的成功可能。

还有大量有意识的指导可以培养婴儿的控制（Heckhausen, 1987）。母亲将行为分割成可以操作的亚技能；为婴儿设立刚好超越其现有能力的挑战；调整在控制的不同阶段实施的辅助水平——技能获得早期给予明确的指导，当婴儿自己越来越有能力控制任务时逐渐撤消帮助。这些类型的指导策略在生命的最初几年对个人动因感的发展极为有利。

自我的认识和区分

个人效能感发展不单单需要行为产生效应。那些行为还必需被知觉为自己的一部分，个体必须认识到自己是那些行为的动因。这一理解将动因知觉由行为因果转化为个人因果。将自己同他人区分开是更一般的自我建构过程的产物。有意制造结果创立了初步的自我动因感。源自自我指向行为的个人效应有助于强调感受这些效应的接受者的存在。因此，如果敲打自己导致疼痛，喂饱自己带来舒服，摆弄物件自娱产生快乐，个体就会认识到一个体验着的自我。通过基本不同的经验，自我同他人区别开来。如果打自己带来疼痛，而看到别人打他们自己却没有疼痛，个体的活动就同所有其他人的活动区别开来了。自我和他人最早的区别可能包括具有将自己与他人区别开来的明显身体效应的活动。

当婴儿认识到自己可以使事情发生，并将自己看作身体力行者时，他们获得了一种个人动因感。自我的构建并不全然是对个人经验的一己之反思。当儿童开始成熟并获得语言的时候，周围的人们用个人名字指代他们，把他们当作独立的个体对待。理解语言会促进自我认识和个人动因作用自我觉察的发展。实际上，在18个月左右，婴儿有了自指的言语标识，并且只将它们用于他们自己的照片（Lewis & Brooks-Gunn，1979）。他们在言语标识中清晰地将自己与他人区分开来。随着通过自己的行为可以产生效果的意识日益增强，20个月左右的婴儿在参与活动时，就自发地把自己描述为自己行为的动因（Kagan，1981）。不久以后，他们开始描述伴随其行为的心理状态。基于不断增长的个人和社会经验，他们最终形成自己的符号表征，将自己看成能够导致事情发生的独特的自我。

168 对个体自己效能意识的出现一直关注不多，这诚然在方法论上是一个极困难的挑战。没法要求一个尚不理解语言的婴儿判断他们产生特定结果的能力如何。曾经探讨过的情感和行为指标常常将情感自我反应同能力感知相混淆。对自己能够导致事情发生的了解有别于因为自己的所作所为而体验到的悲伤、幸福、自豪或是痛苦。前者是对产生特定结果的个人动因的判断，后者是对自己已经产生结果的情感性自我反应。情感性自我反应预先假定了对个人动因的自我认识和采用个体行为的评价标准为先决条件。但对自己行为表现感到好还是坏不是能力知觉的一种度量。在言语前发展阶段，面对获取特定结果时所遇到的困难，个体对行为过程的有意选择、自我监控和自我纠正，可能是反映个人动因感的较好指标。

自我效能的家庭来源

在扩展与环境的互动时，儿童必须在越来越广阔的功能领域中获得对自身能力的认识。为了理解和处理日常碰到的诸多情境，他们必须发展、评价和检验自己的身体能力、社会能力、语言能力以及认知能力。感知运动能力的发展极大地拓宽了婴儿可及的环境与作用于环境的手段。这些早期探索和游戏活动，占据着儿童清醒时的大部分时间，并为儿童扩大他们所有的基本技能提供机会。

在最初的阶段发展能力时，婴儿大部分的满足和愉悦必须以成人为中介。新生儿必须依靠他人喂食、穿衣、抚慰、逗乐以及装设玩具供他们操纵探索。由于身体上的这种依赖，婴儿很快学会了如何通过自己的社会和言语行为影响周围他人的活动。诸多互动中包括代理性控制的使用：儿童可以通过成人达成自己想要却又无力实现的结果。实施个人控制时的效能经验是社会和认知能力早期发展的中心。若父母对婴儿的交流行为作出敏感反应，并为他们创设丰富的物理环境，允许他们进行自由探索，并提供多种掌握经验发展其有效行为，那么他们的孩子在社会、语言和认知发展上都相对较快（Ainsworth & Bell，1974；Ruddy & Bornstein，1982；Yarrow，Rubenstein & Pedersen，1975）。

早期掌握经验对社会和认知发展的影响

给父母明确而详细的指导，教他们如何为自己的婴儿提供掌握经验，有关的长期研究更为有力地证实，婴儿期的使能影响能够建立起一种有助于认知发展的动因感。被教会如何引起结果的婴儿比未能从早期掌握经验中获益的婴儿，在幼年时代表现出更强的认知能力（Ramey，McGinness，Gross，Collier & Barrie-Blackley，1982）。教给母亲如何给孩子挑战性任务，鼓励孩子用可以操控的物体开始活动、产生效果，贫困的未婚妈妈的早产儿将会获得巨大的认知发展（Scarr-Salapatek & Williams，1973）。母亲给孩子提供的掌握活动越多，孩子的认知发展越好。

其他方面的研究进一步表明，早期干预对智力残疾高危儿童的能力发展大有助益（Ramey & Ramey，1992）。提供丰富掌握经验的学前特别计划，可以永久性地提高经济贫困、教育水平低的家庭中孩子的智力水平和学业成就。最不利者获益最多，使能计划开始得越早、越彻底，对智力的助益持续越久。未实施使能计划的高危儿童最终智力处于临界状态或是出现智力障碍，可能要不断地留级复读。这些长效结果表明，效能增进计划能够改变智力功能不良的代际模式。 169

对于通常观察到的社会经济背景和儿童认知功能间的关系，家庭环境中提高效能的影响水平可以作出主要解释（Bradley et al.，1989）。单单拥有社会经济方面的优势并不一定会使父母为孩子创设促进认知的家庭环境。父母如何利用他们的优势会使结果大相径庭。因此，控制社会经济水平，父母使孩子能与其环境有效互动地影响，可以预测孩子的认知发展过程；而控制父母使能影响的差异，社会经济水平对认知发展则没有什么独特的作用。

提高效能的影响并非只是一种单向作用。即便是在发展早期，婴儿和环境也在发生着交互作用。父母的使能行为提高了婴儿的探索和认知能力，婴儿的能力在交互因果关系中又引起父母的更大反应（Bradley，Caldwell & Elardo，1979）。不过，父母对婴儿的影响较婴儿对父母的影响更大（Bradley et al.，1989）。婴儿期的掌握经验开启了发展进程。但不论早期家庭环境的质量和稳定性如何，儿童早期父母提供什么类型的使能经验将对孩子未来发展进程的方向产生作用（Bradley，Caldwell & Rock，1988）。显然，早期使能活动的延后效应和近期在更为广泛的社会环境中的掌握经验，共同塑造着儿童的认知发展进程。

语言习得给儿童提供符号手段，用以思考自己的经验和他人告知的有关自己能力的信息。通过反省思维，儿童开始构建自己能做什么、不能做什么的自我认识。一旦儿童能够理解人们所讲的话，父母及他人就会对他们的能力作出判断，指导在未来父母可能不在场的情况下儿童的行为。儿童对自己能力的估计部分地受他人的效能评估所影响，所以父母通过影响孩子是否及如何探讨新任务来影响孩子的个人发展速率。因此，过度保护的父母会对潜在危险表现出过分心神不宁、喋喋不休，限制了他们孩子的能力发展；而比较安心的父母则会迅速认识并鼓励孩子能力的增长（Levy，1943）。在生命的头几年里，母亲的判断比父亲判断对孩子能力自我评估的影响更大（Felson & Reed，1986）。

最初的效能经验集中于家庭，但随着成长中儿童社会世界的迅速扩展，同伴对儿童能力自我认识发展的作用越来越重要。正是在同伴互动的情境中，社会比较过程开始强有力地起作用。首先，最亲密的年龄相当的同伴是兄弟姊妹。每个家庭的子女数不同，其间年龄差距不同，性别比例不同。不同的家庭结构——反映在家庭规模、出生顺序以及兄弟姐妹群的形式——为个人效能的比较评价创设了不同的社会参照。头生和独生子女同有哥哥姐姐的孩子相比，判断自身能力时的基础不同。父母有更多的时间和机会给头生和独生子女，提供更为丰富、大量的使能经验。因此，出生顺序对智力和社会效能的发展会有不同作用（Zajone & Markus，1975）。年龄接近的兄弟姐妹间的效能评价比年龄差距大者具有更强的可比性。同理，同性同胞间的效能评价也必然比异性同胞更具竞争性。因此，年龄差距不大的同性同胞间有利于年长者一方的竞争性比较的可能性最大，年幼一方则发现自己在与年长几岁的哥哥（或姐姐）相比判断能力时处于不利地位。这样看来，年龄上的接近会对年幼一方构成压力，使他们通过发展不同的个性模式、兴趣和职业追求将自己与哥哥姐姐区别开来（Leventhal，1970）。在兄弟姐妹交往中发展起来的自我评价习惯无疑会影响今后对个人能力的评价。基于同胞较量的自我效能，特别可能使个体形成根据他人成就来判断个人效能的过度敏感。

170

自我评定技能的发展

伴随着通过探索经验、示范和指导而发展的认知，儿童的自我评定技能不断提高。运用那些评定技能而获得的自我认识使他们认为，无论在什么情况下，效能都是行为的指导。儿童如何学习运用各种效能信息来源发展稳定而准确的个人效能感是一个相当有趣的问题。能发挥作用的自我评定决非易事。

对个体能力的精确评定，有赖于诸多通过直接和经社会中介的经验发展而来的技能成分。在活动中,儿童必须同时注意由任务性质、有助或有碍行为表现的情境因素及自身的行为特点和行为结果所传递的多种来源的效能信息。由于活动在反复出现的场合中进行,儿童必须要能够超越特殊实例,从跨时间的行为表现涨落中整合效能信息。诸多相互作用的影响因素的存在,对儿童在各种情形之下监控事件的发展,评价行为表现和结果的波动原因,以及表征和保持源自多种既往经验的效能信息的能力提出巨大要求。

元认知技能的发展性研究,不仅探索儿童如何学会思考自身思维的恰当性,而且已经就儿童如何获得关于认知、任务目标及其获取策略的知识进行了探讨(Brown, 1984; Flavell, 1979)。自我认识作为一个行动者的能力比判断仅仅作为一个思考者的能力,需要对多得多的技能进行评定。个人效能的实施需要临时运用多种认知、社会、体力和动机技能。各种活动对认知和记忆技能、运动能力、力量、耐力和压力忍受大体有不同的要求。除了评价自身丰富多样的技能之外,对于情境任务的难度、任务所需能力和执行不同行为过程可能产生的问题类型等,儿童要学习的东西还很多。而且,他们还必须要判断自己承受压力的能力。效能信念和行为的不一致可能源自对任务要求的错误判断和对自己的错误认识。随着经验的扩展,儿童能够越来越好地理解自己和日常环境。这种认识使他们能够更为现实地判断自己在特定功能领域中的效能。

由于认知技能和经验的限制,幼童对自己的认知和行为能力只有粗略的了解。他们难以同时注意多种效能信息来源,难以区分重要和次要的能力指标,难以加工长时间跨度中的效能信息。这样,他们的自我评定便极大地依赖于即时、显著的结果,也就相对不太稳定。

171

随着年龄的增长,儿童的自我评定技能日益精熟,在判断自己能做什么的时候,即时行为成就的重要性不断降低。这种转变伴随着儿童对更为多样、不太突出及序列效能信息越来越多的使用(Parsons, Moses & Yulish-Muszynski, 1977; Parsons & Ruble, 1977)。根据经验,儿童开始理解如何花费努力来补偿能力上的不足(Kun, 1977)。通过在更大范围内使用由不同任务、时间和情境提供的效能信息,大一点的儿童能够更加准确地判断自己的能力和局限。年龄再大一点,儿童加工效能信息时开始使用推理规则或启发式,例如,花费的努力越多、能力越低。

前面提到过,人们在一定程度上通过与他人的行为表现相比较来判断自身的能力。通过社会比较评价个人效能比基于直接经验进行自我评定更为复杂。对效能的比较评价不仅需要评定个体自己的行为,而且还需要认识到别人做得有多好,识别他们行为的非能力决定因素,并能理解正是那些比自己稍胜一筹的人提供了最为丰富的能力比较的社会准则。伴随着成长,儿童使用比较效能信息时越来越有辨别力。莫里斯和内姆塞克(Morris & Nemcek, 1982)所作的发展性分析表明,对自我效能评价的社会比较信息的有效使用，滞后于能力等级感。除了极小的孩子（比如三岁）不能分辨能力差异以外，随着年龄的增长，儿童评定自己和同伴能力的精确性不断提高。但直到六岁左右儿童才意识到，为比较提供最大量信息的是那些和自己类似又略高一筹的人。

将来值得研究的一个问题是要弄清幼童如何习得哪类社会比较信息对效能判断最为有用。有几种方式可以获得这种知识。通过与能力水平不同、特性各异的人们比较形成自我评价，照此行事后的成败经验，无疑是其中之一。儿童不断地观察着自己的行为和他人的成就。从莫里斯和内姆塞克的工作可以知道，儿童至少在某些功能领域很早就开始识别出能力差异。如果儿童能够排定能力等级，他们很快就知道，最有能力同伴的成功或最不熟练同伴的失败都不能很好地说明自己在新的活动中会表现如何。而是那些与自己相似的同伴的成就更能预测自己的操作能力。按照恰当的比较性自我评定做事最可能取得成功。特性相似还可能通过不同经验为比较性能力评价获得信息价值。就相似特性的儿童获得可比成就水平而言，将自己和特性相似的同伴作比较，比起与不相似者作比较，所得的自我评定可能更为准确。

在学习选择相似的他人评价自身能力时，儿童并非单单依靠比较性效能判断的行为结果。他们不时地就各种社会比较合适性接受直接指导。由于经验有限，即便力所不及，幼儿也会马上尝试他们看到过的他人的行为。遵循错误的自我评价会削弱他们发展中的效能感，如果活动有潜在危险就更会带来伤害。为了减少这种结果，父母告诉孩子，在判定自己能力时谁是合适的比较对象。

测量不同年龄儿童效能判断的准确性，可以对儿童自我评定时如何使用不同效能信息来源的发展趋势有所了解。但这类研究对如何获得自我评定的熟练性没有太多揭示。通过旨在提高效能评定技能的实验，可以促进我们对决定因素和自我评定技能如何发展的了解。认知示范为增加儿童对于效能信息相关来源价值的理解提供了一个有效途径。

172

在认知示范中（Meichenbaum & Asarnow，1979），榜样高声说出其形成判断和解决问题时的思维，使得他们隐蔽的思维过程完全可以观察。为将认知示范应用于自我评定技能的发展，榜样在操作不同任务时要识别标志效能的线索，并说出解释与整合效能信息的规则。评价社会比较信息时所用规则可以采用类似方式予以示范，这样他人行为表现就能提供有益的指导和激励，而不是削弱。

旨在建立效能评定技能的研究，不仅提供了对发展过程的了解，而且还有治疗意义。许多儿童由于错误的自我评定而怀疑自己的效能，从而对自己造成严重损害。他们误解所发生的操作困难，很大程度上是将非能力因素全部归为个人缺陷或是因不利的社会比较而削弱努力（Bandura，1990a；Sternberg & Kolligian，1990）。改变使人们妄自菲薄、紧张失望的消极的自我评定偏差系统，可以使人获益匪浅。

克服童年苦难

研究那些不断遭受厄运的儿童的发展轨迹，可以让我们对人类效能的起源和发展有另一种领悟(Masten, Best & Garmezy, 1990; Rutter, 1990; Werner, 1992)。这些儿童生长在长期贫困、终日争吵、身体虐待、离异、父母酗酒或有严重精神疾病的家庭。值得注意的是，有相当多儿童克服了艰难困苦，长大成人后仍然是有效、充满关爱和富有创造力的。这些人的成功使我们更好地了解了决定人们非凡的精神弹性的一些因素。面对重大不幸仍能积极发展——如成人后的社交能力、学业成就、良好的自我感觉、无心理社会病理情况以及成功地扮演必要的角色等，都体现了这种精神弹性。

同一个称职、关切的成人发展稳定的社会关系，对于处理危险和不幸至关重要(Egeland, Carlson & Sroufe, 1993)。这类照料者能够提供情感支持和指导，推进有意义的价值和标准，示范积极的应对风格，并创设大量体验掌握的机会。提供机会的照料可以建立信任、能力及个人效能感。身体魅力和好交往的性情特点有助于获取养育和关照。孩子发展出积极的特性，就会更加惹人喜爱，引人呵护。支持性教师常常对儿童产生重要的影响，使他们能克服生活中的重大不幸。同家庭成员之外各种富有爱心的人之间的社会联系，继续为自我发展提供引导和机会。作为处理日常生活要求的基本工具，智力也一样可以强有力地预测成功的适应。

身处贫困或不正常的家庭生活，弹性强的儿童对塑造其生活道路起着自发作用。他们敏于发现和创设有益于其个人发展的环境；勇于担当职责，替无能为力的父母照料家务、看护弟妹——事实往往的确如此。他们自娱自乐，以免被狂乱的家庭生活所吞噬。弹性不仅体现于抵抗不利环境的能力，还有从混乱的生活道路上重新挺立的本领。混乱的生活道路极难扭转，但通过广泛的支持、鼓励还是可以改变的。那些童年未能幸免厄运的孩子，在步入青年期时如果已经发展了智慧技能，寻求机会获取职业技能，形成稳定的、支持性的同伴关系，加入宗教或其他能给他们支持、赋予其生活以意义的团体，他们就能较好地改变他们的生活(Werner & Smith, 1992)。个人特性和环境帮助相互作用，使个体得以实现生活道路的重大转变。个人和社会资源使他们最终得以摆脱贫困潦倒的生活。

173

有关童年弹性来源的纵向研究，大多集中于多种社会影响，而且启示颇多。下一阶段研究应该确定方方面面的影响如何作用于不同类型的发展变化以及它们促进人类弹性的机制何在。沃纳(Werner, 1992)报告，对自己生活环境的个人控制感对恢复力来说是一个关键因素。童年时的控制信念可以预测一个人成年后较少忧虑，并能为成功适应获取较高的社会支持。一个人不会单单要求通过苦难建立人类的弹性。但苦难同逐渐灌输个人效能和自我价值感、同提供成功之路的社会支持相结合，能够增进高度的弹性。

同伴及自我效能的扩展和证实

儿童的效能经验随着他们逐渐进入更大的团体而发生重大变化。在同伴关系中,他们扩展和细化对于能力的自我认识。对于儿童效能发展,同伴具有几方面的重要作用。活动普遍以年龄分等,所以儿童的大多交往以同龄人为主。那些最为老练和能干的同伴能够提供可以仿效的思维和行为方式(Bandura, 1986a; Perry & Bussey, 1984)。同伴间存在着大量的社会学习。此外,由于年龄和经验相似,同龄人为对照性效能评价和检验提供最合适的参照点。因此,儿童对于自己在有关同伴中的相对位置非常敏感,同他们一起活动决定着自己的威信和受欢迎程度。

同伴既不是同质的,也不是随意选择的。儿童倾向于选择有相同兴趣和价值观的伙伴。有选择的同伴联系将会促使自我效能向彼此感兴趣的方向推进,而使其他潜能得不到发展(Badura & Walters, 1959; Bullock & Merrill, 1980; Ellis & Lane, 1963; Krauss, 1964)。社会影响无疑是双向的——密切关系影响个人效能的发展方向,而自我效能也反过来部分地决定着对同伴和活动的选择。因为同伴是发展和证实自我效能的一种主要力量,因此,破坏或剥夺同伴关系对个人效能的发展会产生不良影响。社会效能感低反过来又给发展良好的同伴关系设置态度和行为障碍(Connolly, 1989; Wheeler & Ladd, 1982)。因此,自认为社会无效能感的儿童表现出社会退缩,感觉到不太被同伴接受,并有较低的自我价值感。对某些行为形式——如强迫行为方式——的高效能感,反而导致社会疏离而不是社会亲密。

发展心理学已经从研究普遍的非情境性特质的个体差异,转向研究不同类型社会情境中调节行为倾向的认知过程的个体差异(Crick & Dodge, 1994)。例如,儿童对模糊性激惹刺激的反应各不相同。有些表现出攻击反应,有些则为避免进一步被侵扰而退缩,还有一些以积极的方式应对这类情境。儿童对自己实施不同解决方案的效能信念,可以预测他们的社会目标以及他们将会如何行为(Erdley & Asher, 1996)。对攻击手段有较高效能的儿童,偏爱表现为报复行为;而那些对亲社会手段有高效能感的儿童则追求友善地解决人际问题。即便儿童将问题归因为他人的敌意,但如果他不相信自己能以攻击手段实施控制的话,也不会作出报复行为。这是归因对行为的影响受效能信念调节的另一例证。对攻击手段有高效能的儿童无需激发就会迅速作出攻击反应。佩里及其同事报告,两个社会认知因素——效能信念和结果期望——协同作用,支持攻击或亲社会行为风格

174

(Perry et al., 1986)。因此,判断自己具有攻击效能,并可以通过攻击手段获取所需的儿童易于在同伴交往中诉诸攻击。虽然强迫性行为风格中个人效能的发展使个体能轻易控制他人,但也使其在可能导致犯罪的生活道路上越走越远。

帕特森及其同事的工作充分证明,强迫品行是出轨和犯罪的一个重要前兆(Patterson, DeBaryshe & Ramsey, 1989; Patterson, Dishion & Bank, 1984)。攻击性行为问题往往产生于那些多彼此讨伐、少积极交往的家庭。这种条件下,孩子变得对抗和敌意。父母靠强迫和惩罚等手段让孩子遵命行事。这导致日益升级的权利斗争,半数时候父母屈服从而强化了孩子的强迫行为;另外一半时候,父母的强迫行为奏效,孩子最终放弃。如此一来,家庭成员学会了以强迫和攻击控制彼此。敌对的强迫性行为风格发展成为身体攻击的应对风格,儿童会把它扩大到同伴和老师。这种品行会引起亲社会同伴的拒绝,这只能激发起他们更加疏离的行为。在违法犯罪之前,同伴拒绝、学业失败以及父母对孩子在外行为的不力监控,会使儿童和不轨同伴相结交。反社会同伴会对违法行为进行示范、教唆和奖赏。

学校是自我效能培养的主体

学校在儿童生命中关键性的形成时期,是认知能力培养和社会验证的场所。学校是儿童发展认知能力、获得有效参与社会所必需的知识和问题解决技能的地方。在学校中,儿童的知识和思维技能不断地接受检验、评估和社会比较。后面的章节将会陈述教育系统在儿童认知效能发展中所起的作用,这里只作简短评论。

随着认知技能的掌握,儿童以后就发展出逐渐增长的智力效能感。除去正式的教学,许多社会因素——如认知技能的同伴示范、与其他学生行为进行的社会比较以及反映着指导者对儿童能力嘉许与否的对其成败的解释方式——也影响儿童对其智力效能的判断(Schunk, 1984a, 1987, 1989a)。强烈的效能感可以激发较高水平的动机、学业成就以及对于学业科目内容的内部兴趣(Bandura & Schunk, 1981; Relich et al., 1986; Schunk, 1984a)。

教育的一个根本目标是使学生具有自我调节能力从而能够进行自我教育。自我指导不仅有助于正规教育的成功,而且可以促进终身学习。自我调节包括计划、组织和管理教育活动等技能;获取资源;调节自己的动机;运用元认知技能评价自己的知识和策略是否适当。较高的自我调节效能感可以通过在相关领域建立认知效能和提高学业抱负,促进学科内容的掌握(Zimmerman, Bandura & Martinez-Pous, 1992)。许多学习发生在正规教育的范围之外。学生的自我教育效能越强,学校以外自己进行的学习就越多(Bergin, 1987)。回头我们将详细分析个体的自我调节效能信念是如何推进认知发展的。

认知和动机均准备良好的学生学得快,适合于现在一般的教育实践。但大量社会评论家认为,对许多孩子来说,学校没能充分履行其目标。它们不仅没能使年轻人为未来作好充分准备,而且还常常削弱了持续自我发展所必需的个人效能感。与低成就学生打交道一再碰到的困难又会侵蚀教师的教育效能感(Bandura, 1993),无效能循环往复。

许多学校惯例,对那些天赋不高和准备不好的学生来说,会使教学经验变为无效能教育。这包括锁定步骤的教学序列,一路上丢弃掉许多不能按照步调要求完成学习的孩子;能力分组则进一步削弱了那些被抛入低水平学业轨道而不抱以任何希望的学生的自我效能感,于是他们学业上不断失败,越落越远;还有以社会性竞争进行评定的常规做法,使教育成为多数人注定失败、少数人高度成功的状况。

班级结构在很大程度上通过相对强调自我比较还是社会比较评价,来影响认知能力的知觉。当大家都学习同样的教材,教师又经常作比较评价时,稍差学生的自我评价最受其害(Rosenholtz & Rosenholtz, 1981)。在这种突出社会比较标准的统一结构中,学生们相当一致地根据能力给自己定位。名声一旦确立便难以更改。在个性化班级结构中,个别化教学随学生的知识和技能而定,使所有学生都可以扩展他们的能力,让削弱士气的社会比较丧失根基。结果,学生在确定自己的进步速度时,就更可能同个人标准而不是同他人成绩进行比较。如若他们要和其他人比较,在选择比较对象时也有更大的余地。个性化教室结构能够比同质结构产生较高的能力感,而且较少受教师和同学观点的左右。

活动的组织形式是合作性还是竞争性的,也影响儿童对自己能力的判断以及对自己和同伴的尊重。比较研究的结果表明,合作性组织中,成员彼此鼓励和指教,普遍比竞争或个体化结构条件下的行为成就有所提高(Johnson, Maruyama, Johnson, Nelson & Skon, 1981)。尤其是才能不强的个体,在成功合作的系统中比在竞争情况下结果要好许多。他们自认为更能干,更值得赞赏,并且更加自我满足。当群体努力运作良好时,这些个人利益并不以极有能力成员的牺牲为代价。熟练者与在竞争系统中一样积极评价自己。然而当合作努力宣告失败,比起如果能独自获益,较熟练者的满意度较低,他们认为那些表现糟糕者不应该获得奖励。能力较差者在这些情况下对自己的感觉也不太好。在竞争系统中,熟练者的成功意味着能力差者的失败。胜者提高自我评价,败者经受自我贬抑。如果不同的人发现自己在不同的事情上有所专长,负面影响就会被减小。不管怎样,几个发现结合起来可以表明,通过组织良好的合作努力,可以获得最佳的行为成就和良好的自我评价。

儿童必须学会面对不愉快的现实——彼此间知识和能力的差距。但是，削弱学生效能感从而降低其将来学业成绩的课堂实践，对这种不愉快的现实起着部分的作用。对教育实践的评估不仅要看它所传递的当下可用的技能和知识，而且还要看它对学生的能力信念有何作用，这将影响到他们的未来走向。对自己的效能发展出强烈信念的学生胸有成竹，在必需独立开拓前进时，能够进行自我教育。

儿童对自己认知效能的信念在其社会性发展和智力增长的过程中都有影响。比起有着智力自我怀疑的沉重负担以致不能投入许多学业努力的儿童，相信自己掌握学业技能和调节自身学习能力的儿童更具亲社会倾向，更能享受受人欢迎的乐趣而较少遭到同伴拒绝（Bandura, 1993）。低认知效能感不仅削弱了积极的同伴关系，而且培养出疏离社会的攻击和犯罪行为。随着儿童年龄的增长以及加入会给他们带来各种麻烦的同伴群体，认知无效能感对社会性发展过程的负面影响越来越强。

一生的健康习惯形成于儿童和少年期。儿童需要学会有营养的饮食方式，为了终生健康的娱乐技能，避免物质滥用、违法和暴力、性病等的自我管理技能（Hamburg, 1992; Millstein, Peterson & Nightingale, 1993）。健康习惯基于家庭训练，但学校在推进一国之健康中扮演重要角色。因为只有学校是所有儿童——无论年龄大小、社会经济地位高低、文化背景或民族如何——都易于到达的地方。可有些教育者并不想额外担负健康促进和疾病防止的责任，或者即便他们愿意承担也是心有余而力不足。而且，学校不愿意投入毒品使用、性问题以及各种对年轻人构成威胁的社会弊端的争论中去。许多教育者辩解说，医治社会弊病并不应该是他们的责任。完成基本的学业使命已经问题重重，够他们伤脑筋的了。

传统的健康教育模式只是给学生提供有关健康的事实资料，并不试图改变形成和调整健康习惯的社会影响。这些来自于家庭成员、同伴、大众传媒以及更广泛社会的影响常常是相互矛盾的。一般来说，学校健康教育长于训导而缺乏个人使能内容。单凭学校的信息途径来改变健康行为收效甚微（Bruvold, 1993）。促进健康生活方式的有效计划，必须提出健康行为的社会性质，教会年轻人如何控制威胁他们健康的不良习惯。这要求采用多方面手段改变相互联系的健康习惯的一般决定因素，而不是对特定行为零敲碎打、各个击破。要采用一种综合手段，因为问题行为通常并非单独出现，而是作为独特生活方式的一部分而来的。这并非推荐模糊的整体论而是要关注形成和支持相互关联的健康习惯群的广泛的心理社会影响网络。针对威胁健康的特定行为的健康项目的分类投资常常由于官僚主义而鼓励分裂。即便较为综合的手段勉强被允许进入学校，也常常因时间限制而只能浅尝辄止，不能发挥其效用。

学校是推进健康和实施早期干预的有利场所，但这并不意味着教育者一定是健康使命的模范承担者。健康推进必须被纳为儿童全面健康政策的一部分,使健康成为一个重要问题,提供培养年轻人健康所需的各学科人员和资源。这就要求创设以学校为基础,家庭、社区和全社会协同作用的新的健康促进模式。光提出健康口号而不配备支持性资源、明确的行动计划和进展监控系统,并不能真正产生健康的社会。个人改变的成功示范常依靠在处理问题情境时指导下的掌握经验,以此作为改变的主要工具。杜绝有害健康的不良习惯,最好的办法是以学校为基础的健康计划与家庭、社区的努力相结合的指导下的掌握(Perry, Kelder, Murray & Klepp, 1992; Telch, Killen, McAlister, Perry & Maccoby, 1982)。这类计划的有效性部分有赖于它们能否灌输和加强个体控制自己健康习惯的个人效能感。

177

青少年的转折经验带来的自我效能增长

发展的每一阶段都有新的能力需求,都给应对效能带来新的挑战。青少年时期是生命历程中的一个重要转折期,面临着大量新的挑战。这是一个关键的形成期,因为几乎在生活的所有方面都必须要开始处理成人的角色。青少年们必须开始严肃地考虑自己一生想要做些什么。在此期间,他们必须掌握成人社会的许多新技能和新方法。他们必须在社会中做这一切,而社会并没有赋予他们许多有意义的角色。当青少年将自己活动的性质范围扩展到更大的社会团体时,他们不得不开始承担越来越多的行为责任,这对于促进或阻碍多种生活途径起着比儿童时代更加特殊和重要的作用。这一阶段,青少年发展和运用其个人效能的方式,在设定生活道路进程中可能会起关键作用。

青春期常被描述为心理社会混乱期。虽然生命没有哪个阶段可以避免麻烦,但与"风暴和压力"的刻板印象不同,大多青少年没有过分烦扰和不适而通过了这一重要转折(Bandura, 1964; Petersen, 1988; Rutter, Graham, Chadwick & Yule, 1976)。在儿童进入青少年时,大多数人采用的价值观念和行为标准与原来在家庭中所学的相一致,这样,外部强制就大可不必(Bandura & Walters, 1959; Elkin & Westley, 1955)。青少年倾向于选择与自己有类似价值系统和行为准则的人做朋友。这样,他们所结交的同伴更可能支持他们的行为标准,而不是制造家庭矛盾。

少年到成人这一阶段则比以往更加危险,特别是对于贫民区中家庭不和或是破碎的青少年尤为如此。物质滥用、无保护措施的性行为以及违法和暴力活动,都会对实现成功发展构成严重威胁。关于人类行为的大多数理论,都过分高估了厄运下心理社会病理的发生率。虽然高危环境中有些青少年被有害的状况所击垮，但值得注意的是大多数人设法通过危险地带，没产生严重的个人问题。这些发现驳斥了那些过于悲观的理论，它们只看到人被不利条件所击败，而没看到人们如何超越困境。只关心生活中的危险无法解释从困境中重新崛起，我们必须注意使个体具有能力的来源。

社会认知理论从能力观的角度将有益于适应的因素解释为赋予能力的因素，而不是像心理病理的流行病学理论典型描述那样，视之为保护或掩护性因素。保护性措施可以使个体远离严峻的现实或是减少其不良影响，而赋予能力则使得个体有办法选择和构建有助于自己成功的环境。这就是积极引导和支持的自发效果与对生活环境只是反应性的适应之间的区别。对弹性的能力观与心理病理学的二元体质—应激模型也不相同。后者认为外部应激源是基于个体的易感性发挥作用的。个体在其自身适应中自发起作用，而非只是环境作用于其天资的被动承担者。成功处理青少年的危险和挑战很大程度上有赖于通过先前掌握经验建构起来的个人效能力量。受无效能感困扰的青年人进入青春期后，面对新的环境要求和发现自己已在经历广泛的生物心理社会变化，也容易感受到压力和产生功能失调。 178

青少年不得不同时处理生物、教育和社会角色的转变。学习如何应对青春期的变化、对伴侣关系的情绪投入和性行为变得相当重要。开始时，青少年必须应对青春期普遍的生理变化（Hamburg，1974）。此间生理上的加速发展加强了青少年对具有不同社会意义的身体状态和体形的关注，在同伴关系中尤其如此。青春期变化对自我效能感的影响更多是通过与心理社会因素的相互作用而非直接的。生物成熟会通过对身体和心理社会功能领域的效能自我图式的显著影响，影响个体在同伴中的身体威力和社会地位。

青春期变化的时间以及个体对此的自我评价和社会反应，极大地决定着这一阶段如何度过。青春期早熟对男孩和女孩的影响不尽相同（Brooks-Gunn，1991；Petersen，1987）。早熟为男孩建构起肌肉组织和力量，这有益于他们的自我评价和社会地位。而发展迟滞对男孩则是一种个人障碍。相反，青春期早熟则更可能给女孩带来一些适应问题。她们不得不控制自己的体重，以防有悖于文化中富有魅力的完美形象，这会使她们贬低自己的身体形象。她们还必须处理经期的身体反应。而且，早熟者更快地被较大的同伴引向约会、性行为和酗酒等活动以及犯罪行为，提高了社会和学业问题的危险性（Magnusson，Stattin & Allen，1985）。提早投入这些问题行为，的确要付出教育抱负和成就上的代价。

青少年不仅必须应对青春期的普遍性变化，而且还有艰难的教育过渡。升入中学后主要的环境改变，加重了个人效能的负担。青少年从拥有熟悉同伴的个人化环境，转入一个非个人的、根据所修课程不同而决定准备升学或是就业等不同道路。在这些新的社会结构安排中，他们必须在扩大了的新的同伴网中，并面对各科轮换的多位教师，重建效能感、社会联系和地位。在这一适应期中,年幼少年感觉个人效能感有所丧失,对自己不太自信,对社会评价更加敏感,自我动机有所降低(Eccles & Midgley, 1989)。但这些初始的不利影响对每一个青少年而言既非普遍的,又非持久不退的。同其他新要求、新挑战一样,学校转换对个人效能增长也是利弊参半的。比如,效能感高的少年在升初中时能冲过无效能教师的局限,而低效能学生则会更加怀疑自己的能力(Midgley, Feldlaufer & Eccles, 1989)。许多青少年通过保持或增加个人胜任感来应对过渡时的应激源(Nottelmann,1987)。如果通过掌握示范指导他们如何控制同伴压力,在升入初中或是高中的艰难转折期中,他们就不太容易求助于毒品使用(Pentz, 1985)。

179 青少年对自己社会和学业领域的效能信念影响其情绪健康与发展。密切的个人联系带来满意,并使得日常压力比较可以承受。确信自己社会效能的青少年比那些陷入自我怀疑的人,能够更好地培养支持性的友谊(Connolly, 1989; Wheeler & Ladd, 1982)。在孤独中度过青少年期——带着青春期的不安,社会和学业的变化——极容易使人丧失勇气。女孩比男孩更易于消沉(Nolen-Hoeksema, 1990)。有关效能信念对青少年抑郁影响的纵向研究表明,无效能感导致失望的影响途径存在性别差异(Pastorelli et al., 1996)。男孩因感到无社会效能而沮丧,又间接通过低学业效能感而心灰意懒,低学业效能感可引发问题行为、低亲社会性以及学业成绩不良,这些又都会引起抑郁。相反,女孩则因学业效能低而抑郁——不管其在校表现如何。而且,学业活动、人际关系、拒绝同伴压力参与有潜在危险的活动的自我调节能力等方面的无效能感会降低亲社会性,这又增加了抑郁倾向。社会无效能感对抑郁的直接影响女孩比男孩更强。因此,女孩在生活的更多方面由于低效能感而抑郁,对人际关系的冲击比男孩更猛烈。

社会效能感对青少年抑郁的调节作用在麦克法兰、贝利盛和诺曼(McFarlane, Bellission & Norman, 1995)的一项研究中得到进一步确证。支持性家庭和同伴关系可以防止抑郁。家庭支持降低抑郁既可以是直接的,也可以通过加强青少年的社会效能信念而发挥作用。支持性同伴则只通过提高社会效能感起作用。像在前述研究中,考虑个人效能的更多方面,可能揭示出效能感对青少年抑郁的更大的调节作用。

性问题的处理

随着生殖成熟——现在较之以往已有所提前——青少年在为人父母之前很久,就必须学会如何处理他们的性行为。大众传媒大肆渲染性行为,特别是未婚伴侣间的轻率的性行为,在很大程度上助长了性愚昧和对性的无准备(Brown, Childers & Waszak, 1990)。与其他大多数活动不同,性方面的无准备不能阻止性冒险。十几岁的少年发生性行为的比率很高,开始的时间也很早(Brooks-Gunn & Furstenberg, 1989)。来自劣势背景的和那些教育抱负低的青少年中，过早的性行为尤为普遍。这些性行为大多没有采用通常的避孕工具。这经常会导致性病传播、意外怀孕、流产或是未婚成为十几岁的父母。

我们的社会总是难以为年轻人提供广泛的性教育和避孕服务。家庭中也同样没有很多性教育(Koch，1991)。由于许多父母对此工作不力，大多年轻人发展到很晚才获取到性信息和大量的错误信息，而且基本上来自同伴，再有一小部分来自媒体和无知的性试验的不良结果。社会导向的性教育常常受到有关社会部门的阻碍，他们积极游说对采取保护措施的性活动在宣传上要保持沉默，否则这类信息会促进杂乱的性行为。他们竭力反对学校中教授避孕方法的性教育计划。即便是能够比较开明地看待性发展的成人，也难以和他们的孩子坦率地谈论性问题，对这个话题也是能回避就回避。他们已经学会讲一大套，但传达了对性关系的焦虑态度。大多父母只有在怀疑孩子已经从其他途径知道得太多的时候，才向他们传授一些性信息(Bandura & Walters，1959)。由于焦虑的逃避和道德上的反对，性教育的努力常常表述些非性特征的有关生殖过程的一般问题，后面留下许多空白点。实际结果就是比起其他开放地表述性发展的信息、态度和人际方面内容并提供方便易得的避孕服务的社会来，我们社会中十几岁少年更严重的性无知和高怀孕率。 180

防止早期性行为不良后果的大多努力，都集中于对十几岁的青少年进行有关性问题和使用避孕工具的教育，鼓励他们推迟性交，并对已有性行为者提供避孕服务。普遍认为，如果给十几岁的青少年提供足够的性信息，他们就会采取合适的自我保护行为。提高危险意识和知识，是自我导向变化的重要前提。不幸的是，单有信息并不一定对性行为产生很大的影响。将性知识转变为有效的性行为自我管理，需要社会和自我调节技能以及对性情境施以控制的个人效能感。正如加农和西蒙(Gagnon & Simon，1973)所正确观察到的，处理性问题包括要处理人际关系。因此，减少性危险要求不能单单针对要改变的特定行为，还要提高人际效能(Bandura，1994)。主要问题不是教十几岁的青少年性准则，这很容易获得，而是要给他们以能力，使其在面对相互矛盾的社会影响时能一贯地将准则付诸实践。困难在于知识、意图常常同人际压力和感情相冲突。在这些人际困境中，飘忽的诱惑、高度的性唤起、渴望社会接受、强迫压力、情境限制、害怕拒绝和个人困窘等都能压倒哪怕是最有学识的判断的影响。实施个人控制的个人效能感越弱，这些社会和情感因素就越可能增加早期或危险的性行为。

处理性问题时，人们必须影响他人也影响自己。这需要引导和激发个体行为的自我调节技能。自我调节通过内部标准、对自己行为的评价性反应、激发自我动机以及其他形式的认知自我指导。因此，自我调节技能就成了完整的性自我操控之一部分，一定程度上决定人们进入的社会情境，度过这些社会情境的情况以及拒绝危险性行为的社会诱因的有效性如何。对可能导致艰难社会困境的行为最初选择易于控制，而当身陷其中后再想解脱则要难很多。因为先行阶段主要涉及易受认知控制的预先激发者；陷入之后则包括更强的社会诱因，使个体卷进无保护的性行为，这是较难控制的。

对因为常进行无保护的性交而容易意外怀孕的十几岁的女孩使用避孕工具情况的研究，表明性行为控制中效能信念的作用（Kasen, Vaughan & Walter, 1992; Levinson, 1986）。这类研究显示，控制性关系的效能感知同避孕工具的有效使用有关。控制人口统计学因素、知识和性经验，这一预测关系仍然存在。对避孕工具持赞成态度会提高使用意愿，但效能信念决定那些意愿是否会付诸实践（Basen-Engquist & Parcel, 1992）。如果缺乏个人效能感，即便一个女性有着丰富的性经验和避孕知识，并因为担心破坏事业计划而有避免怀孕的强烈动机，她也不能持久有效地使用避孕工具（Heinrich, 1993）。性行为时喝酒和使用药物会促发无保护的性交。药物和酒精会降低安全进行性实践的效能感（Kasen et al., 1992）。被迫性交的经验，并非不普遍，也会降低女性对避孕实施控制的效能感（Heinrich, 1993）。

181

存在有促进危险的性活动的社会影响的情况下，低自我调节效能感会招致麻烦。的确，进行无保护性交的十几岁的青少年，其心理社会侧面包括对下列问题进行自我保护性控制的低效能感：投入性事、结交怂恿性交且自身有危险的性行为的同伴、错误认为同龄学生中广泛存在无保护性交等（Walter et al., 1992）。这些心理社会影响的联合作用超过了容易感染上性病及其严重性的信念。效能知觉和同伴影响同样预测，十几岁的青少年是否会在下一年开始性活动、是否会有多个性伙伴以及是否会使用避孕套（Walter et al., 1993）。自己这个年龄投入性事的价值观也会影响行为意愿。是性价值观和标准决定同伴关系还是同伴关系形成性标准尚无定论。有充分的迹象表明，这类影响是双向运行的（Bandura & Walters, 1959）。

吉尔克里斯特和欣克（Gilchrist & Schinke, 1983）运用个人改变的自我调节模型之主要特征，教十几岁的青少年如何对性情境实施自我保护控制。他们接受有关高危性行为和自我保护措施的事实知识。通过示范教会他们如何开诚布公地交流关于性和避孕的问题，如何处理有关性行为的冲突，如何拒绝不愿意的求爱。他们在假设情境中通过角色扮演练习使用这些社会技能并接受指导性反馈。自我调节计划显著增强了处理性问题的效能感和技能。波特文及其同事提供了一个全面的学校计划，教授应对性行为和酒精及药物滥用的社会压力的一般自我调节技能（Botvin & Dusenbury, 1992）。这些个人和社会生活技能，除了拒绝压制不进行有害行为的策略外，还包括问题解决、决策、自我引导和压力应对等的技能。教育抱负延迟性行为的起始。因此，减少早孕的努力也应该包括促进教育的自我发展和抱负。

许多青少年同多个性伴侣发生无保护的性行为，这使得他们有患上性传播疾病——

包括艾滋病——的危险。结合自我调节模型各要素的改变计划大大减少了性行为的危险，且对男女青少年的作用相同(Jemmott, Jemmott & Fong, 1992; Jemmott, Jemmott, Spears, Hewitt & Cruz-Collins, 1992)。比起没接受教育指导或只是接受关于性病的成因、传播和预防的详细信息的人，计划的受益者对传染危险了解更多，更可能运用避孕工具防止性病和意外怀孕。这些研究的发现显示，单传递性知识而不发展自我调节技能和对性关系实施个人控制所需的效能感，对性行为模式的影响甚微。

十几岁就为人父母造成社会经济困难，危害年轻妈妈及其儿女的特定生活道路。早孕者比晚孕者更可能辍学，并且更难确保良好的工作或是稳定的婚姻(Haves, 1987; Hofferth & Hayes, 1987)。尽管对决定生活道路的因素难以分解，但证据表明大多有害效应源自先前存在的社会经济劣势(Furstenberg, 1976)。年轻父母的多重压力及其对自我发展的限制，使这些不幸进一步恶化。

与其他生活适应一样，十几岁做父母的长期后果也不相同(Furstenberg, Brooks-Gunn & Morgan, 1987)。智慧能力和处理以后生活的效能都得到发展的怀孕青少年比未得到发展的怀孕青少年处境要好得多。这些个人资源使他们对自己未来的生活道路能够发挥更大的影响。那些再调整比较成功的个体能完成学业，从而获取保证就业的手段；他们会推迟再要孩子的时间。提供机会继续学业可以最大限度地减少早孕早育的不良影响。虽然十几岁作父母的影响作用被普遍过度概括化，但早孕早育还是限制了人们考虑和追求的生活选择类型。而且，许多妇女不断地受婚姻不稳定的折磨，她们的子女表现出更多的行为问题、学业失败和早孕。

182

十几岁作父母的结果随种族和民族而异。负面效应如果造成教育劣势就更可能持续很久。未成熟前就进入父母角色对教育发展的危害，对拉丁民族比非裔美国人和白人更大(Forste & Tienda, 1992)。非裔十几岁青少年的孕育率比白人和拉丁人更高，但几乎所有非裔美国人和白人都完成了中学教育，而拉丁人则倾向于辍学。非裔美国人和白人母亲所受教育更可能使其女儿读完中学。福斯特和蒂恩达(Forste & Tienda)根据结构支持系统和文化因素解释教育追求的民族和种族差异。非裔美国男性的高失业率，促使其女性伴侣追求学校教育以获得经济上的自给自足。非裔美国人赞成女性工作。在拉丁民族，强调传统家庭价值，不赞成母亲工作，这就不鼓励妇女生育后仍继续学业。

高危活动的处理

随着青春期独立性的增长，一些对危险行为的试验在步出孩童时期以后并非全都不那么普遍(Jessor, 1986)。这些行为包括使用酒精和大麻、吸烟、开车闲逛以及过早的性行为。青少年通过学习如何成功应对不太熟悉、有潜在麻烦的情况以及有利的生活事件，扩展和加强他们的效能感。这种自我效能感增强的最佳途径是通过有指导的掌握经验，给个体提供对危险境况实施充分控制所需的知识和技能(Bandura，1986a)。发展有弹性的自我效能，要求有通过坚持不懈的努力把握困难的体验。处理问题情境所取得的成功，使个体逐渐形成对自己面对困难能保持力量的信念。一直受到庇护、应对技能准备不足的青少年，在遭遇在所难免的人际困境时，极容易感到痛苦和出现行为问题。

大多数有危险行为的青少年会即时刹车，而有一些则越陷越深、越走越远。行为很少是单独发生的，更多是受环境的结构和准则影响而丛生的。有些行为由于诸如聚会要喝酒等社会习俗而混合在一起以及各组行为有不相容的要求，如大量的聚会会损害严肃的学习，因而形成了各个不同的活动群。不同的行为模式也常常由经济地位、性别和同龄人的实际所构成。无论行为模式的来源是什么，经常参加某些问题行为会引发另一些问题行为，导致一种高危的生活方式。这类行为通常包括一组行动，如酗酒、药物滥用、违法行为、过早的性行为以及放弃学业追求(Donovan & Jessor，1985；Elliott，1993)。这种生活方式的反响结果即会危害身体健康和自我发展。一些有害影响会导致生活选择权无可挽回地丧失。

183

试验某些问题行为是防止还是肇始有害生活方式的采用，受到许多因素的影响。早期的投入强度和效果的可逆性是相对值得考虑的因素。带着习惯形成性质的强烈的早期投入，会造成依赖性和个人终身的弱点，难以丢弃。效果良好的试验，与使人处于有害结果危险之中，或是对生活道路产生不可逆转后果的试验完全不同。例如，酒后驾驶造成截瘫会是终生的悲剧。另一个重要因素是个体发展自我调节技能，控制潜在危险行为以及脱离有害行为时，所能得到的社会引导的数量。好的引导可以使将要投入有潜在麻烦的行动转变为发展自我调节技能的机会，避免将来的问题。

参与危险行动对联系网的影响是另一个预测指标。比起深深陷入生活方式不正常的同伴网中的个体，亲社会同伴网中的试验危险较小。青少年在对同伴投入问题行为的程度的认识差别很大，这是对标准的理解不同所致。对同伴投入持夸大观点的青少年，比认为这种参与并不普遍者来说，更可能不断进行冒险行动。最后一个值得考虑的因素，是冒险行为对亲社会发展的侵扰程度。问题行为与亲社会发展的竞争和对其削弱越大，对成功轨道的危害也越大。对智力发展的竞争性侵扰尤为重要，因为智力发展为成功追求亲社会的生活方式提供主要手段。

因此，青少年是放弃危险行为还是慢慢地身陷其中，很大程度上决定于个人能力、自我调节能力以及其生活中主要社会影响的性质间相互作用。那些步入歧途的青少年一般轻视学业方面的自我发展，并严重地受到那些示范和赞同参与问题行为同伴的影响(Jessor，1986)。学业自我发展和对冒险行为上同伴压力的应对，都一定程度上依赖于坚定的自我调节效能感。因此，对其效能不确信的青少年比起有强烈自我调节效能感者来说，不太能够避免或减少参与吸毒、无保护的性行为和违法行为等危害生活过程的活动。

物质滥用进一步削弱抵制导致吸食毒品的人际压力的效能感，这就产生了一个自我弱化的怪圈(Pentz，1985)。贫困、危险的环境呈现出严酷的现实，为文化价值高的追求提供的资源、示范和社会支持少之又少，而对反社会的行为则给予广泛的示范、诱导、社会支持和机会。如何顺利度过青春期而不提前关闭许多有益的生活道路，这类环境极大地加重了身处其中的青少年在这方面的应对效能的负担。危险环境中的大多数青少年都设法克服其不利境况，而不会严重投入自我毁灭活动，这表明了他们及其照料者的弹性。但在这种条件下社会性地建构有益的生活道路，对个人效能设置了沉重的负担。

吉尔克里斯特和欣克开发的典型的自我调节计划，已经被成功拓展到用于防止和减少青少年药物滥用。这类计划告知青少年药物的作用，提供给他们处理来自个人和社会药物滥用压力的人际技能、降低药物使用以及培养作为不使用者的自我概念(Gilchrist，Schinke，Trimble & Cvetkovich，1987)。这些发现来自于对异教徒和少数民族青少年的研究，他们不得不不断同酒精和药物滥用的诱惑作斗争，因此结果更为有意义。自视为一名不使用者，可以通过重建同伴关系和改变所参与活动的类型，产生生活风格的重大改变(Stall & Biernacki，1986)。 184

选择什么作为终生追求的事业，这在青春期也是一个迫在眉睫的任务。这一领域的预备性选择对塑造青少年步入成年的生活道路至关重要。效能信念影响人们认真考虑的事业选择范围、职业准备以及可能追求的职业道路(Betz & Hackett，1986；Lent & Hackett，1987)。学业科目掌握的低效能感预先关闭了许多职业选择之门。当个人在寻求职业时面临工作选择的情况下，会充分体验到无效能感的自我妨碍结果。

成年人的自我效能

从青少年长为成人要发生许多重要角色的转换。成年早期，人们必须学着处理许多新的社会要求，这些要求来自维持恋爱关系、婚姻关系、为人父母、开始职业生涯和管理财务等。这一阶段，个人因素开始与更大范围里的社会结构和经济条件一同起着重要作用。年轻的成人必须同与各种成人角色联系在一起的社会准则以及相伴随的社会经济限制和机会结构作斗争。通往成人之路没有过去那么标志鲜明。家庭模式更加多样，职业追求更加不稳定和不可预测，准则一致性更难达到。由于社会的模糊性和差异越来越大，通过培养能力，选择、塑造和修正所处环境，个体可以在更大范围里决定自己的生活道路。在生活的这个主要过渡阶段中，个人和社会结构因素的互动效应对个人生活道路的组织有重要作用。与早期的掌握性挑战一样，坚定的效能感对个体为自己建构的社会现实有重要作用。那些成年后仍技能平平、受恼人的能力、自我怀疑所困扰的人，发现其成人生活的许多方面都很可恶，充满艰难困苦，压抑而沉闷。

履行职业角色

开启一个富有创造性的职业生涯是成年早期的一个主要的转折性挑战。通过高等教育追求事业的青年遵从一条规范的道路。他们接受广泛的忠告，全面获知大学的入学要求，对必修学科作好了充分的准备，在学期间还得到这样那样的经济支持。事先的学业准备不仅扩展了职业的选择范围，而且通过非正式的社会网络和已经建立的机构联系提供通达之路，使个体从中获益。要求事先准备的职业角色的发展和成功追求将在第十章中表述。从学校向职业生涯的转变，对于不是大学毕业的年轻人来说相当困难，在美国的教育体制下尤为如此。学校几乎没有给他们提供什么职业咨询或职业安排帮助。许多人对现代化工作所需技术缺乏基本的技能准备。有些人喜欢在确定一个特定职业之前先有一段自由探索的时期。然而大多数人发现自己处于一种工作边缘状态，受到初级劳动市场的排斥而非选择。问题并非单单在于年轻人的不足。社会雇用实际以及学校和工作场所缺乏功能联系，造成制度上对就业的阻碍。

185 如何组织由学校向职业的过渡，每个社会各不相同。这些变化基于广泛的文化定位和年轻人发展的概念。在美国社会，对于非大学的年轻人，转折道路是无组织的，大量在于个人主动，这以早期走弯路和转向为标志。发展能力并得到合理指导的年轻人最终可以得到技能性的工作。而那些由于种种原因一直处于教育和职业训练边缘的人，发现自己在生活中位处劣势，不断受失业困扰。身无一技的漂泊者会引发社会问题。有些人看到通过正当途径无法丰衣足食，就会以不法手段实现其生活目标。

罗森鲍姆及其同事比较详尽地分析了就业问题的不同来源（Rosenbaum, Kariya, Settersten & Maier, 1990）。学业成就能够很好地预测开始及长期的职业创造力，但雇主在作雇工决定时并不使用这一信息（Bishop, 1989）。成功的在校表现反映了个体的一组能力，包括动机和自我控制能力及认知技能。自我调节能力的充分发展，可以进一步提高对职业潜力的预测性。一般雇工所要求的就只是一张高中文凭，虽然高中毕业生也往往存在基本技能的严重不足。在校表现好坏并不影响学生开始所谋最低职位和薪水，所以他们没有动力去掌握基本学业技能。如果教育努力和成就不能带给人更好的工作和收入，那么这种体制就剥夺了教师的教育影响，使学生因缺乏学习动力而变得百无聊赖。同伴可能反对学业努力和成就。因为如果学生集体出现学业不良，总不能统统留级，那么只好全部升学。企业雇工的做法使得学业成绩水平无足轻重，某种程度上造就了雇主所抱怨的高中生素质差的现实。其实他们应该对教育动机不足担负一定责任。缺乏对学业准备的激发和引导，对那些已经迈入门槛较低院校的学生也有阻碍。他们大多只读完初级学院就不再追求更高的教育。我们的教育体制主要对那些想上名牌大学的学生提供强烈激励，促进智力发展。

没上大学的学生刚离开学校时，或失业、或打零工、或者最终在零售和服务领域做一些没有出路的简单工作，既无培训又无机会，没法在一条稳定的职业道路上前进。这一阶段跳槽率很高，不足为奇。而且对大多数教育程度低又无一技之长的人来说，并非暂且如此，他们长期陷入一种就业的边缘状态。这一问题在少数民族青年中最为普遍（Hotz & Tienda, in press）。雇主越来越觉得近来的毕业生太不成熟、不可靠，不能投入时间和努力发展他们的职业能力。他们很少雇佣新毕业的中学生。雇主偏爱年龄较大的申请者，因为他们已经度过了假定的试用期，准备安顿下来，开始稳定的职业生涯。因此，离开学校以后，许多青年工人发现自己处于一种延期偿付状态，动动荡荡，做一些不需要什么技能也没什么前途的短期工作（Osterman, 1980）。从离开学校到被认真考虑长期雇佣，这中间长时间的推延，一定程度上可以解释为什么雇主对学业预测职业成功不感兴趣。

如果具备适当的认知技能，许多职业活动所需的专门知识和技术技能的发展，并不需要太长时间，一般的是在工作中习得。虽然对发展较高认知技能的必要性强调很多，但控制自己动机和人际功能的能力，也是极大地决定工作成功的另一套基本技能。因此，在帮助年轻人为工作作准备时，发展自我管理技能至关重要。这也就不奇怪雇主的雇工决定更多基于雇主对工作习惯可靠性的判断而非职业学习的潜力。学生糟糕的教育水平和冷淡的雇工实践，两者联合作用，使由学校到工作的过渡期变得漫长而令人沮丧。就业问题对处境不利的青年尤为严峻。对学校的表面化的商业介入，如捐赠设备、赞助特定学校、提供短期实习、鼓励获取高中文凭而不讲实际能力等，都对情况的改善成效甚微。

186

其他一些国家创设较为正规的社会机制，使得年轻人较早开始宝贵的职业生涯，并鼓励年轻人发展智能。职业技能训练以坚实的学业技能为基础。在日本，学校和雇主结成紧密的伙伴关系，彼此沟通。学校更好地教育学生，商家则在学生毕业后为他们提供就业机会（Rosenbaum & Kariya, 1989）。这种紧密合作不仅为那些没上大学的青年提供了过渡的途径，还为他们重建教育发展的功能价值。大学通过设定入学标准可以促进认知技能的发展，雇工标准通过嘉许学业成就也可以起到同样的作用。雇主根据毕业生的学业技能雇佣他们，并在他们加盟后提供必要的职业技能。学生的学业能力发展越好，找到的工作也越好；如果学校培养的学生不合格，那么就会危害各种合作事宜；如果商家没能提供满意的职业道路，学校就不给他们学生。这种互惠互利的联动，激励学生积极发展自身的能力；发挥学校的教育影响并促使他们培养受过良好教育的学生；雇主则能得到精通高级技能的职务申请人。简言之，各方都有表现良好的强烈动机，因为彼此都可以从中获益。

许多教育制度模仿某些双轨结构形式，其中的学生通过学徒式实习制度，或追寻学业之路，或开始职业生涯。在德国的体制下，工厂和学校共担职业发展之责。通过将学业指导与导致熟练任职的集中学徒式实习相结合，把年轻人与职业轨道将对没上大学的年轻人实施的教育计划和职业生涯联结在一起（Hamilton，1987）。学业成就用优先的实习权加以奖赏。随着技术的革新，许多技术技能过时了，实习计划必须包括一个重要的教育成分，建立多方面更为高级的技能。这些集中培训在高级水平上进行，是职业进步的一个良好手段。埃文斯和海因兹（Evans & Heinz，1991，1993）发现，在制度化的双轨体制中，学生的确有四种不同的道路。一是学术道路导向专业化职业，一是学徒职业道路导向熟练工。除此之外，有些年轻人发现自己处于另外两条轨道上。其一是从学徒期中途退出，没有确定的生活道路。他们中断学徒期，可能因为培训质量在很多方面不尽如人意，或是由于他们在竞争自己选择的见习工种时未能胜出，或是其他个人原因。再有就是有些教育分流的年轻人由于学业成绩上的缺陷，甚至得不到实习的机会，只能在竞争中处于体制的边缘。中途退出和教育分流出的年轻人发现自己受雇于不稳定或低水平的工作，前途渺茫，而且没有改善的希望。在这些轨道——特别是那些根植于较高能力水平的轨道——之内，个人职业生涯模式的变化有赖于个体对职业兴趣的追求是否是有计划的、富有挑战性的或是对起伏不定的市场情况作出反应。如果一个社会赞成学生走单一的教育道路，或者雇主不愿打破工作常规、承担为社会培训人才的费用，那么就难以移植学徒式实习制度（Kempner，Castro & Bas，1993）。大多数国家选择与工作场所配合得并不好的职业培训，或对受雇者提供在职培训。

187

工作中，技术方面不断提高的自动化程度，更突出了可灵活运用、以完成快速变化的职业角色和要求的通用的认知和自我管理技能的重要性。这些更高级的技能使个体能在其整个职业生活中掌握不断变化的技术，因此，在帮助学生为未来的职业角色作准备时，教育系统必须不仅培养特殊技术技能，还应培养一般认知技能，学徒式实习制度比合伙人制度鼓励更早职业专门化。组织良好的过渡系统为通向职业生活提供一段安全的时光，但限制了在这条路上转向的变通余地（Hurrelmann & Roberts，1991）。

关于哪种体制能产生更有才能、更多技艺的劳动力，这没有固定答案，答案可能在于对一般智力和自我管理技能的培训质量，而非职业专门化的时间进程。高度专门化减少职业活动间的流动性，在职业世界迅猛变化时，这会产生问题。无论采用什么制度，都应该提供进行更高水平学习的机会，创造条件使人不断自我更新。由于工作快速变化的特性，这类制度不应事先关闭转换职业以从未来的机会中获益的机会。职业生涯的得益也可能一定程度上源自这些制度为个人发展提供的动机性激励，而非仅仅源自合作安排的形式。过渡制度的某些关键特征——通过与就业机会相联系来激励学业成就动机，对较高级技能的高质量指导及以有组织地加入劳动力的途径等，可以通过一种积极的公众—私人伙伴关系来实行。这种方式可以加强年轻人的职业发展而不需要大规模地推行特定体制。

过渡体制连同对学生的积极鼓励，使得学生能通过发展天资和自我指导能力，而对其职业的未来施以控制。让人们为不确定的职业未来投入大量时间和精力很难，失业的一个主要原因是贫困的社会经济条件（White & Smith，1994）。社会不能仅仅创立过渡计划，将学业活动和职业追求整合起来，而还应做得更多。他们必须创设有助于扩展机会结构的条件；还应该支持在技术变化和经济缩减的情况下，实行转制时公平分摊费用的社会政策。虽然有高水平的教育和技术训练，但仍陷入失业，这会深深挫伤士气。

除非扩大工作人员总数，否则努力提高个体的教育和职业能力，其利益有时会被削弱——因为努力也不过是失业队伍的重新安排（Hamilton，1994）。这类论点基于一个简单假设，即能力发展只能使人们占据现存工作但不会创造新工作。这种一方得益而另一方损失、一人获取就意味着他人丧失的观点，忽视了这样一个事实，即劳动力的素质对一国之经济活动有重要影响。事业的出现不是偶然的，而是人们创造的，一个社会可获取的工作容量和工作类型，很大程度上产生于企业家的想法，而不是制度的法令。海莱特在大萧条期与帕卡兹开始了一项电子冒险，他的讲话很好地概括了这一点——“那时候没有工作，所以我们自己创造出来”，海莱特、帕卡兹、乔博斯和沃兹尼阿克斯并非只在失业线上简单地将人们重新安排，他们凭借自己的创造力和进取心在硅谷创建了大量的电子工厂（Rogers & Larsen，1984）。他们在自己的车库里以小额资金开办了自己的企业。企业家常常要被迫自谋出路，因为他们的观点总是被已建立的公司拒绝。

188

新发明所受的冷遇，进一步证实了革新者的坚持性对创建和扩展工作范围的影响作用。不仅有效能的革新者创建生产率高的工作，而且劳动力素质决定新发明转化为商品的有效性。劳动力及其监工的效能感越高，他们的劳动生产率也越大（Sadri & Robertson，1993）。在整个市场上的竞争优势很大程度上基于劳动力的素质，拥有高效能劳动力的工厂通过在世界经济的竞争市场上取胜而生意兴隆，规模扩大；而劳动力缺乏训练的工厂，则会因没有竞争力而失去份额。技术的高速变化，越来越嘉许能培养有助于创新和生产率的能力类型的教育。人并非像机器人一样只是被简单地塞进工作，他们在创造和扩展工作中极具影响力。

职业追求中，效能信念对事业发展和成功的作用有多种途径。在准备阶级，学生对其效能的信念一定程度上决定作为日后职业生涯之基础的基本社会技能的发展如何(Multon, Brown & Lent, 1991)。在建构职业道路时，创设有利于自我发展的环境和积极诱因起着重要作用。但单有机会，并不能保证人们能利用机会。没有牺牲和辛勤工作，就不能掌握必要的能力。要有高水平的自我调节效能，来增加和维持必要的努力，使自己为特定的职业追求作好充分准备。相反，即便是在劳动市场低靡的情况下，那些具有弹性效能感的个体比那些过早预言努力白费的人，会感觉有更多的受雇机会，在寻找工作上也更为成功。因此，对职业发展和追求的全面理解，必须认识到社会文化因素和个人因素的相互作用。并非所走职业生活道路是由结构因素所支配的，也不是个人因素主要对那些由于心理问题找不到或不能保持工作的青年人才显得重要(Osterman, 1980)。

对自己能力的信念影响职业生活道路(Betz & Hackett, 1986; Lent & Hackett, 1987)，年轻人如果认为自己缺乏效能，不能达到入行条件和职业要求，就会放弃他们视为能提供重要价值和报酬的职业(Wheeler, 1983)。这样，不管机遇和吸引力如何，低效能感会阻碍职业选择的考虑，职业效能信念很大程度上是社会教育经验和普遍文化态度及实践的产物。无论职业的声望水平如何，与低社会经济状况相联系的不良经验都会产生低职业效能感。性别障碍和社会阶层障碍都会削弱效能信念(Hannah & Kahn, 1989)。与过去的环境条件相比，文化变迁已经扩大了妇女的职业选择范围，但实践中根深蒂固的刻板印象改变很慢。妇女们在传统由男性主导的职业中被贬低的效能感，限制她们的职业发展和追求(Betz & Hackett, 1981)。

开始从事一项职业与在其中获得良好的发展，是两码事。大多职业中断更多时候是因为人际和动机问题而不是缺乏技术技能。工作场所的氛围，很大程度上反映了雇员与管理者彼此的双向影响。对他人的工作持无效能观的管理人员给雇员创造的氛围是令人沮丧和敌意的。通过指导下的掌握计划提高管理技能，能增强组织的士气和生产率(Latham & Saari, 1979; Porras et al., 1982)。人们日常经历的人际问题常会干扰他们的工作。有引导的掌握计划教雇员必要的技能，处理在家在单位所遇到的社会问题，控制药物滥用，提高自我动机，使得自我调节效能感持续提高(Frayne & Latham, 1987; Latham & Frayne, 1989)。自我调节效能感越强，工作投入的改善越大。还应当注意，大多数人供职于服务性工作而非生产性工作，在这类活动中，处理服务和人际关系的个人效能对职业成功十分重要。

189

经济萧条、自动化替代以及生产功能在地理位置的重新变换，都会使人们失业。虽然技术革新使一些传统工作消亡，但同时也创造出一些新的工作，需要重新培训和新的适应。现代工厂如此迅猛的变化高度重视较高的一般技能、变通性以及有弹性的个人效能，以便有效对待与工作变换和职业活动重组相伴随的不断变化的要求。几项长期研究证实，效能知觉是失业后再就业的一个重要决定因素(Kanfer & Hulin, 1985; Clifford, 1988)。有一定效能感的失业者，认为自己能找到工作，而且准备充分并会追寻它，比起那些怀疑自己能否成功找到工作的人，前者在寻找工作时更积极，也能更快更好地重新就业，而后者很快放弃尝试。重新就业者在年龄、工作经历、教育程度、抑郁和失业原因上，都与仍未就业者没有区别。失业者面对的是可以轻易将他们彻底击败的艰难现实；但那些凭借信念，认为自己一定程度上可以控制自己能否就业的人则努力坚持，为最终获得成功增添了希望。

运用有关应对和自我效能的知识，密西根社会研究所的研究者设计了一个多方面的计划，帮助暂时被解雇的工人消除失业带来的致弱作用，重建确保能找到好工作的效能(Vinokur, van Ryn, Gramlich & Price, 1991)。通过角色扮演，他们学习并演练如何有效地寻找工作；他们识别出潜在的障碍，发展问题解决策略以产生变通的方法，他们接受恢复力训练，通过预期寻找工作时可能遇到的障碍和挫折，发展应对策略，使自己沮丧时仍能坚持。他们还得到来自工作人员和其他参加者的支持，使他们能继续努力。在计划实施之后随即及几年以后进行的评估中，项目的参与者比那些没接受计划者有较高的觅职效能感，更快找到工作，找到更好的工作，且能挣到更高的薪金。在有关分析中，范赖恩和文康拉(van Ryn & Vinkonr, 1992)发现，再就业计划对觅职行为的影响完全受自我效能感调节。参加者对通过自己所为获得雇佣的效能信念越强，无论从个人还是从一般来看，他们都会更加积极地看待求职努力。自我效能感对觅职行为的决定作用既是直接的，又通过影响精神饱满地寻找工作的态度和意愿而间接地发挥作用。控制年龄、性别、家庭收入、教育水平等因素的影响，可以证实效能信念的中介作用。四个月后所作的评估中，效能信念仍调节着干预对觅职行为的影响，而且其本身也直接与干预相联系。作者推测，这后面出现的联系可能在于干预使参与者间创建了社会网络，这会影响到觅职。

伊登和阿维兰(Eden & Aviran, 1993)进一步证实，高效能感——无论是预先存在还是通过引导性掌握觅职技能而提升的——增强觅职行为，这又转而极大地增加了再就业的可能性。面对失去工作的困难，效能信念不仅影响行为反应，还影响情绪反应(Mittag & Schwarzer, 1993)。失业的压力使效能知觉低的男子大量酗酒，而不会增加那些相信自己能克服生活问题的人的饮酒量。无效能感既影响也受影响于物质滥用，形成一恶性循环。 190

不稳定的就业模式给年轻的家庭造成严重的困难和压力。收入不足以养家的男子不结婚，导致越来越多由母亲支撑的单亲家庭(Wilson, 1987)。这些家庭大多一直受贫困缠绕，难以打破窘境。他们发现自己身陷贫困地区，缺乏资源、机会、好的学校、有益的社交网络和个人进步的成功榜样。贫困中长大的孩子面对的一个难题就是，凭借微薄的资源，如何掌握能力，使他们得以摆脱困境。

履行家庭角色

为人父母的转折，一下子使年轻人身兼父母和配偶二职，父母不仅得应对孩子成长过程中千变万化的挑战，还必须处理家族系统内相互依赖的关系及与大堆家庭之外社会系统的社会互动，包括教育、休闲、医疗及幼儿照顾机构。因此，从夫妻二人转变为三口之家极大地扩展了应对要求的范围和变化(Michaels & Goldberg, 1988)。许多父母设法通过各种途径获取充分的知识和技能，给孩子恰当的指导，使他们顺利通过各个发展阶段，而不出现什么严重问题，或对婚姻关系构成大的压力。但对那些因为童年时缺少有效的父母榜样以及对自己应对扩张开来的家庭要求缺乏安全的个人效能感而对为人父母准备不足的人，这只能是一段尝试期。

为人父母效能感在适应父母角色中起关键作用，威廉姆斯及其同事的长期研究表明了这一点(Williams et al., 1987)。生第一个孩子前测得对自己育儿能力有很强信念的母亲与那些对自己做母亲的能力缺乏信念的相比，产后会体验到更积极的情绪状态，更紧密的母子依恋，并能更好地完成角色调整，而且在孩子开始蹒跚学步时，她们也较少体验到做父母和良好的婚姻关系间有什么冲突。这些结果并非单单反映一个一般性的积极情感。母亲生孩子之前的情绪健康与母婴依恋关系的发展或婚姻关系的质量均没有关系。而且，为人父母的效能感对孩子和婚姻关系的预测力，超过这些关系先前质量的作用。

各个家庭系统为应对家庭压力所提供的社会支持，无论数量还是质量都有所不同。困难气质的婴儿会很快动摇做父母的效能。卡特罗纳和特罗特曼(Cutrona & Troutman, 1986)发现，缺乏社会支持和婴儿的困难气质特性，两者都会削弱为人父母的效能感，这又转而可以预测产后抑郁。奥利奥夫和阿布德(Olift & Aboud, 1991)的一项长期研究进一步证实强烈的为人父母效能感是防止产后抑郁的一个保护性因素。为人父母效能低同样也会引起学步儿童母亲的抑郁(GroConrad, Fogg & Wothke, 1994)。学步儿童困难气质对母亲为人母效能信念存在着微弱但显著的消极影响，低育儿效能感会影响到母亲抑郁的延续。

周期性抑郁发作会削弱母亲依恋，妨碍育儿质量。母亲的消沉常常同优柔寡断、反应迟钝、训练无能和消极反应联系在一起(Gelfand & Teti, 1990)。然而，对临床上抑郁的母亲与孩子间交往的观察研究显示，抑郁对养育行为的不利影响受母亲为人母效能信念的调节(Teti & Gelfand, 1991)。只有当抑郁影响为人父母的效能感时，才会阻碍照料婴儿的方方面面。因此，控制母亲的效能感后抑郁的严重程度及社会和婚姻支持的水平，与

191

母亲能否胜任育儿之职没有关系，但当控制社会和婚姻支持及抑郁时，母亲为人母的效能信念可以预测她们的育儿能力。同样，困难的易怒婴儿通过影响母亲为人母的效能信念而损害对他们的照料。那些对自己为人母能力有坚定信念的母亲，虽然也要与挫败作斗争，但她们在对付气质困难婴儿时特别足智多谋。

孩子一直身体不好，尤其是因此不能料理日常生活时，也会加重父母效能的负担，有些父母能很好地处理，有些则为此痛苦万分。身体状况本身的严重程度不能解释父母功能的变化。而研究显示，低母亲效能感会增加情绪困扰的危险(Silver, Bauman & Ireys, 1995)。控制儿童功能损伤的严重性及教育、种族、母亲就业及经济困难等社会人口特征因素，这种关系依然存在。

建立为人父母的效能可以消除孩子的行为问题，把不良品行扼杀在萌芽状态。格鲁斯、福格和塔克(Gross, Fogg & Tucker, 1995)曾检验过一个基于掌握示范的预防计划。放映关于如何帮孩子学习、同他们一起作游戏、鼓励他们、制定规则及处理过失行为的录像小品，让困难的学龄前幼儿及其父母观看后进行讨论。从该计划获益的母亲提高了为人母的效能感，感受到的家庭压力和孩子的行为问题都较少，与未训练组的母亲有所不同。在家庭观察中，发现效能提高的母亲与其学龄前的孩子互动更积极，而未经训练的母亲在其互动中则始终表现得更加苛刻、更多拒绝。

刚才的评述表明，强烈的父母效能感有益于那些孩子有特殊困难的母亲的情绪健康。如果父母相信自己能在孩子发展中起重要作用并身体力行，他们就会鼓励孩子的潜能，帮孩子建立智力效能及抱负，转而促进其社会关系、情绪健康及学习的发展(Bandura et al., 1996a)。而且，自我有效的父母极力主张孩子在成长阶段，与对其有重要影响的社会机构等交往，后面我们会再提到这个问题。

家庭一直在经历重要的结构变化(Sounth & Tolnay, 1992)。婚姻在衰退，而同居和单亲家庭在上升。这种变化往往被归因于女性日益增长的经济独立性，但也反映了男性试图逃避婚姻的束缚。女性的作用在改变，这对于如何在家庭需要和个人需要的完成间求得平衡提出新的挑战。越来越多女性接受更为广泛的教育，这使得她们的选择范围较以往大大扩展。女性工作是为了自我满足和认同，而不单是经济原因。除家庭生活之外，她们还寻求事业的成就。

阿斯廷(Astin, 1984)曾确定一些影响女性职业抱负的因素。延长的寿命要求人们有目的地有所追求，以便孩子长大成人离开家独立后，能给自己漫长的生活带来满足、赋予意义。出生率大大降低，一个或两个孩子已经很普遍，减少养育孩子的时间使得女性照料家和追求事业更能两不误。女性越来越晚生孩子，直到自己完成了高等教育，踏上职业道路。非传统的生活方式越来越普遍，许多女性选择单身，或结婚但不要孩子，或同居而不

192

结婚。在这些安排中，大多女性追求独立的事业。越来越高的离婚率更激发女性开发一项事业，即便婚姻破裂也还能控制自己的生活。职业成就和赚钱的能力减小女性的经济压力，使她们不必因此还保留不满意的婚姻。立法变革消除了教育和雇工中的性别歧视，这也为女性扩展了职业机会。

人口组成及现代工作场所职业结构的主要人口特征变化，要求女性更多地参加到劳动力里来。大学入学名单表明白人男性的比例降低，而女性和少数民族比例上升。随着现代工作场所中大规模生产企业和服务的自动化和计算机化，大多数职业需要头脑而不是肌肉。我们社会的经济活力和竞争力将日益依赖女性和少数民族的天资与教育进步。最后，女性工作是为了补贴家用或供孩子受高等教育。因此种种，男主外女主内、养几个孩子的传统核心家庭在衰退。

越来越多的已婚女性出于生计所需或个人喜好而参加工作，这种转变的负担落在了女性的肩上，她们发现自己既处理大部分家务，又要扮演好职业角色，但社会生活实践远远滞后于家庭生活的变化，大多数已婚妇女现在在外工作。这种社会变化要求在内家务分工公正，在外就业机会均等。有些变化要求调整工作安排，促进家庭责任分担。如今的家庭需要有更多的社会支持来保护其孩子的未来。

工作女性面对的角色要求类型，工作和家庭要求相互矛盾彼此干扰的程度，照料孩子和家务分担的责任水平，是否能有人代为妥当地照料孩子以及女性在家和单位所体验到的应激源、满意度及成就感的类型等，均有相当大的变化。由于条件千变万化，所以，处理多重角色要求的效应模糊而不一致，也就不足为奇了。即便在类似条件下，个体间也因努力完成各种角色要求时所能获取的应对资源不同而产生不同效应。

很大程度上决定影响的不是工作负担本身，而是个体能对其施以控制的程度。当然，这些过程是在对处理工作负担的能力知觉水平上起作用的，因此，有些女性成功应对挑战，处理好各种角色，而其他人则被击败。除了社会强加的要求之外，女性还必须同自加的要求和标准——她们依此判断自己的持家适当性和工作成就——相抗争。

奥泽(Ozer, 1995)有证据显示，处理多重角色要求不同方面的效能感，影响到这些要求对女性生活的作用。从事专业、管理和技术职业的已婚女性，在头一个孩子出生前测量她们处理家庭和职业生活要求的效能感，等她们恢复工作后，测量她们的身体和心理健康以及双重角色带来的紧张体验。尽管女性在收入上对家庭的贡献几乎占到一半，但她们担负着照料孩子的大部分责任，这是标准的社会模式。家务分工仍落后于夫妻双方都工作这一家庭模式的改变。丈夫在家务和照管孩子上做得很少，所以也没有什么研究关注工作父亲如何平衡双重角色。研究集中于家庭的社会支持如何缓冲他们在单位感受到的压力。

193

家庭收入、职业负责的轻重以及照料孩子的责任分担，对女性的健康或因双重角色感受到的情绪紧张没有直接影响。这些因素通过影响自我效能感而发挥作用，那些有强烈效能感的女性，感觉自己能处理家庭、工作的多重要求，对工作安排可以起一定影响作用，能让丈夫帮忙照料孩子等，这些女性体验到低水平的身体和情绪紧张以及更积极的幸福感。文献中双重角色的影响往往被消极框定，根据是在这种条件下角色冲突导致家庭不和与痛苦以及保护性因素的缓冲作用。难以计数的研究关注工作压力对家庭生活的消极作用，而很少有人研究工作满意感如何提高家庭生活的质量。奥泽的研究表明，处理双重角色的效能感有助于个人幸福，且比单单采取保护措施使个体免受痛苦能带来更大的健康。家庭收入和获取配偶帮助照料孩子的自我效能感，也可以降低对体征的易感性。然而，对自己兼任双重角色的能力总是持怀疑态度的女性，会遭受身体健康问题和情绪紧张。

女性对其身兼职业和家庭双重责任的效能信念，会影响其事业选择和发展。未婚的女大学生表达她们在兼顾传统女性职业和家庭责任上有较高效能感，而在男性主导的职业中则不然(Stickel & Bonett, 1991)。对后一双重角色的低效能感会阻拦想要结婚的女性从事非传统的事业。男人一般怀疑自己成功应对工作和为人父双重要求的效能，大多数就以尽量少参与家务和照料孩子来逃避平衡多重角色的困难。

低收入家庭经历着相当大的经济困难，入不敷出，常常不得不严重削减或出售基本必需品。家庭不仅必须应对生计问题，其所生活的贫困社区也不能为他们孩子发展提供什么积极资源，相反，还严重地处在危险行为的包围之中，这会在生命早期设定一条消极发展的道路。然而，大多数贫困的父母仍想方设法将孩子成功地养大成人。一个令人感兴趣的主要问题在于父母战胜经济困境和社区危险的机制是什么。

埃尔德及其同事阐明了经济困境改变父母效能感，转向又影响其育儿方式的心理社会过程(Elder, Eccles, Ardelt & Lord, 1995)。居住在高犯罪率地区的贫困父母，育儿方面需要实施三种主要的管理(Furstenberg, Eccles, Elder, Cook & Sameroff, in press)。首先，增进孩子能力的父母效能实施。成功的父母特别看重学业发展，参与学校系统保证孩子受到良好教育，给他们报名参加社区计划，培养有益于孩子的同伴关系，鼓励发展业余技能。儿童管理的第二方面要依靠控制孩子不参与高危行为的父母效能，这包括限制孩子的活动范围，了解他们在外的所作所为，阻拦他吸毒、酗酒和过早的性行为。儿童管理的第三方面效能包括父母积极参与有益的社区组织。有效的父母开创有用的小团体，并由此促进孩子同正面的榜样、建设性的活动、支持性社交网以及父母看重的价值观和社会准则等的联系，这些社会联系补偿了地区的贫乏资源，并防止了地区的危险方面。

194

结果发现，客观的经济困难本身对父母的效能感没有直接影响，客观的财务困难引起了主观的经济压力(图 5.1)。感觉被困苦击垮的家庭体验到高度紧张,而那些感觉自己假以时日可以苦尽甘来的家庭则体验到较少的情绪压力。在整个家务中,主观压力通过婚姻不和破坏了父母效能。一个支持性的婚姻关系使父母们能耐得住贫穷,而不因之削弱他们对有能力指导自己孩子发展的信念。的确,在有强烈的积极关系的家庭中,经济穷困反使他们更相依为命且提高了父母指导孩子发展的效能感。

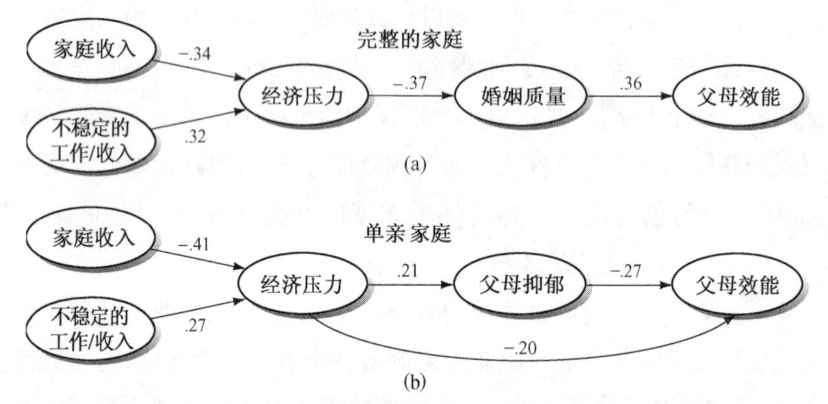

图 5.1　路径分析显示,客观经济困境对父母引导孩子发展的效能感的影响,主要是通过心理社会过程而非直接。婚姻不和在完整家庭中是一个中介因素(a),抑郁对单亲家庭是一个中介(b)(Elder & Ardelt, 1992)。

比起居住在较富裕地区的家庭,经济压力对父母效能感的影响对居住在贫民区的家庭作用更大。在贫穷、罪犯扰乱的地区,父母必须尽力保护自己的孩子并促进他们发展,父母对自己能够影响孩子生活道路的信念,在不利条件下比在有利条件下更强烈地影响着对孩子的有益指导。拥有比较充足的物质资源、社会支持和地区控制的父母,父母效能感低也能过得去。他们要应对的压力不多,却有许多社会支持补充进来,引导他们子女的发展。贫民区中社会生活支离破碎,资源短缺,父母在遇到压力的时候不得不转向家人寻求支持。因此,对单个父母而言,经济压力既直接,又间接通过产生沮丧削弱父母的效能感。无论家庭结构如何,有较高效能感的父母,在家通过激励和保护策略,在外通过与宗教和更大社区中的社会组织的联系,积极促进孩子的能力。简言之,他们不向逆境妥协。然而,当面对资源短缺和令人沮丧的强制时,贫困父母不得不保持非同寻常的努力,作出巨大的个人牺牲,为孩子赢得一个不错的生活道路。

在追踪经济条件通过家族的过程影响父母效能和育儿实践的轨道时,埃尔德及其同事推进了我们对于个人动因如何在广泛的社会结构影响网络中运行的理解。这种因果模式在其他功能领域的支持性研究将在后面评述。

195

在许多社会和家庭结构中,祖父母是其孙辈生活中的一个重要组成部分,通过与孙辈间延续的关系,他们以多种方式影响孙辈的发展。这种情绪支持和引导的来源,可能在早期形成阶段尤其具有影响力，但在探索影响儿童发展道路的因素的研究中被严重忽视了。金和埃尔德(King & Elder，1996)对祖父母效能感的研究填补了这一不足。祖父母对于影响孙辈学业、社会生活和同伴联系的效能信念各不相同。他们的效能感不受社会人口特征影响，但因对其自己祖父的积极印象、宗教及他们与父母联系的质量而提高。与配对组相比，自我有效性的祖父母在其孙辈生活中起着更为活跃的作用。他们与孙辈共渡时光，与他们一起娱乐或参加社交活动，做他们的良师诤友，一起讨论自己的个人问题和对一生的计划。在离婚家庭中，祖父母的效能信念能更好地预测祖孙间的良好关系，他们的才能会有很大助益。

如果一个家庭能持有高效能观点，他们会体验到更大的社会满意和依恋，因为他们相信能使事情越来越好。如果认为经济困境是可以超越的，那么就会降低危害性；相反，如果一个家庭认为他们在社区无力改变自己的生活质量，他们就会对社区心存不满而疏离社区。鲁德金及其同事证实，家庭对其社区的感觉一定程度上受其效能感的调节，而不单单是其在社区中客观经济条件的反映(Rudkin，Hagell，Elder & Conger，1992)。那些相信自己可以控制日常生活的家长对其所在社区有更积极的感受，也较少想要搬离到其他地方去。经济条件本身对社区满意度只有微弱的直接影响，只是间接地影响搬离的愿望，直到艰难岁月引发对社区的不满的地步。

当然，家庭效能感对社区依恋的影响，会因经济困难的程度和公众机构系统对变革的敏感性程度而异。当困苦和对改变的希望很黯淡时，有较高效能感的家庭会搬到其他地方寻求更好的生活。较有效能者选择性的移居，使得一个社区的社会经济生活进一步恶化(Wilson，1987)。但即便是在最凋萎的社区中，总有些有着执着效能感和社会支持的人坚持下来并通过不倦的努力使人们一起行动起来，改善自己的生活状况。

发达国家正经历着大量移民为寻求更好生活而纷至沓来，有些为逃离武装暴力的蹂躏，有些背弃了由独裁制度捏合在一起的分裂的国家。许多处境贫困和绝望的人是被电视里他国的富足所吸引。只要国与国巨大的经济差距存在，移民现象就会继续甚至更严重。富国挖去穷国最有经验、最有才能的人，这只会扩大差距。除了国际移民外，还广泛地存在着国内移民——从农村向城市。家庭牧场因不再能维持生计就逐渐消灭。随着耕作家庭的离去，乡镇衰败了。

在其他地方建设新生活的努力会遭遇无数压力，特别是当移居需要社会文化模式的根本改变、移民的涌入会将其作为外来入侵者而遭强烈反对时尤为如此。杰鲁萨莱姆和米塔格(Jerusalem & Mittag，1995)一个前瞻性的纵向研究揭示，有效的观点会以多种方式影响移居后成功的适应。对自己的应对效能感到确信的移民比那些受新生活障碍威胁的人，更具挑战性。比起那些不相信自己有能力应对生活中各种变化的人，他们也较少体　196

验到压力，并且较健康。在困难的过渡期中，高效能感使他们能经得起与支持性关系的分离和失业的痛苦，而不过分紧张和损坏健康。

人到中年的变化

人到中年，平静的生活方式使其主要功能领域内的效能感稳定下来。流行的文献将中年描写为事业难有发展，年轻时的锐气被磨掉，难以抗拒走向衰退的平静生活的时期。这种令人沮丧的描述错误地将事业和家庭生活的稳定解释为进一步成长和挑战的提早结束。事实上，获得对事业和生活的主要领域活动进行控制的手段，可以使人有更多资源去自由地探索新的感兴趣的活动。生活的状况不会保持静止，人的发展是一个终身的过程，而不是有着随意的始末、且在中年受阻的过程。

技术和社会的迅速变革不断需要适应，要求对个人效能进行自我重估。在职业领域中，中年人感到来自年轻对手的压力。经理们发现后起之秀雄心勃勃，对自己的位置虎视眈眈；老运动员身体技能开始衰退的时候，年轻人就会取而代之。除非个体放弃自己的追求，否则必须为晋升、地位甚至工作本身而竞争的情境，将迫使人们不断通过与年轻竞争者的社会比较评价自身的能力（Suls & Mullen，1982）。

要想在一个组织中获得职业进步，就应该在整个职业生涯中有掌握不同工作任务所要求的新角色、新技能之效能感。而且，组织稳定性的降低也使得所从事的职业不再终生无忧。公司通过占有、合并、剥夺及功能承包等方式进行重组，人们因此而丢掉工作。这种变化通常包括劳动力缩减和管理班子替换。随着生产设备地理位置的重新布局和技术革新，以前的稳定工作也消失了。这些新的组织现实已经使工作生活变得更加不确定，职业变动更为普遍。为了给自己的工作生活成功导航，人们必须发展技能和效能信念，以使自己能够应对工作、公司甚至职业的阶段性变动，完成新工作的新要求和新角色。这增加了个体对他们的工作负有的责任。掌握多种工作和职业的高效能感对于将来在全球化经济的条件下，谋取一稳定和满意的职业生活实属必要。但这并不只是一个个人适应性的问题，社会必须提供组织支持，促进工作生活的再调整，消除人们的压力，减少付出的代价。

人到中年，事业发展的机会一般会减少，大多数人已经得到他们职业中该得到的东西。他们眼见实现长久以来一直支撑着自己抱负的时间和机会匆匆逝去。对缺乏变化的未来的想像以及对新挑战和新成就的期盼会产生压力，特别是对自己现在所作所为的价值心存怀疑的尤其如此。组织等级中，向上升是一个普遍的职业路径，但机会随年龄增长而减少。层级制度的结果之一，就是雇员在缺乏变化、挑战和机会的职位上终其一生，不能充分扩展和发挥他们的能力（Dewhirst，1991）。由于缺乏对职业停滞的预防性方法，达到高原期的雇员就可能会体验到其效能逐渐萎缩的感觉，这不仅有损于其工作的质量，而且还有损于其健康（McAteer-Early，1992）。通过工作轮换和以灵活的结构进行团队活动的途径使工作丰富化，也提供了多样性和新的挑战，这些类型的职业安排有助于维持满意的高生产率的工作环境。确信自己学习效能的雇员比起那些低效能者，更愿意接受增知长技的机会，也从培训计划中获益更多（Gist et al.，1989；Hill & Elias，1990）。处理工作转化的成功，进一步加强了对职业学习的效能信念。

工作的组织方式正在经历着重大变化，对个人效能和自我导向的要求之高前所未有。大多工作领域不再是组成固定的由多层管理者掌控的活动，层级结构正在让位于灵活、扁平的组织结构。其中，以项目为中心安排工作，工人们在其自我管理的团队中承担功能权威的角色，根据获得最佳结果所需的能力从重新调整团队。越来越依靠临时和部分时间工作的雇员、分工、承包，在家远程工作和自由写作者，都更加重视自我有效性、自我指导和持续自我发展。在不断变化的合作模式下成功发挥作用，不仅需要技术效能，还需要高水平的人际效能，新的工作领域给了人们更大的余地去处理自己的职业生涯，但也产生了不确定性和工作不稳定。对自我有效性低的个体而言，这可能是终生压力之源。

生活中，有些职业从业时间不长却要大量的时间和努力，那些生计和自尊主要是基于身体力量的人，如专业运动员，身体熟练性降低或是受伤都会被迫过早地退休，这需要重新调整生活追求，对个人效能提出新的挑战。如果一个人的生活全部投入职业运动，忽视了其他职业所需的能力，那他就难以重新调整方向（McPherson，1980），一旦失业，收入锐减和地位陡降，又身无一技不能另谋他职，会造成沉重的个人压力。对于那些将自己的效能和认同感几乎全部投入竞技活动的运动员，从运动生涯向新生活道路的转换最为困难。甚至对业余竞技运动员也是如此（Werthner & Orlick，1986）。转换期中，自我效能和生活满意感都会降低。那些在竞技岁月里培养其他兴趣和能力的人，在走向新的生活追求时会过得好得多，他们在新生活中重新获得了效能感。

需要调整过分雄心勃勃的目标，对自己生活的意义和道路产生怀疑，这些都决不是中年人所特有的，可这些反应一旦发生在这一发展阶段，就会一下子被理解为中年危机的征兆。所谓危机，更多是存在于大众传媒的华丽文体中，而非人们中年的真实体验，但这一阶段还是被区别开来。“清点存货”并非中年人的专利，较年轻或较年长者也常为之。因为失望在整个一生中都相伴相随，这就唤起人们对自己未来的重新估计。对中年时清点自己的生活有不同的反应方式，有些人不断地在其生活的相关领域中扩展其能力，许多人适当降低他们的抱负，或重新调整目标但不断更新和改进他们的知识和技能，尽己所能地追求他们的行为。在职业竞争中，除了不熟练的手工操作者外，人们如果一直在干同样的工作，就会随着时间的推移提高技能和责任水平，这常归功于技术的进步（Gallie，1991）。

进一步自我发展的机会总是存在的,但许多人发现自己在常规工作中,停止发展能力,敷衍塞责地完成工作,到他处另寻满意。大多数人尽量通过选择不断带来挑战的事情使生活变得有趣(Brim, 1992)。

由于缺乏对中年期心理社会功能的研究,所以纵容了那些危言耸听的描述,将中年看作是中年危机期。在没有对抗性知识的条件下,并非典型的生活方式明显变化的例子就被视作标准模式。对老年人心理社会功能的研究驱散了统一衰退的神话。但人到中年是内心动荡高原期的说法还广为流传。大多数人高效能地度过中年,而有的人则不能。同其他发展阶段一样,中年只是人生轨迹上的一个点,而不是产生什么不同行为方式的独特阶段,对中年生活的适应如何,最好的预测指标是个人特性和生活状况的相互作用,而非一个人的年龄。

198

成年晚期,大多数人开始考虑从主要职位上退下来。由于工作占了日常生活的大部分时间,这一变化构成了生活道路的另一重大转变。随着退休的临近,人们处理退休生活的效能信念决定他们是忧心忡忡、沮丧失望地对待这种转变,还是把它作为可喜的转变,可以发展其他兴趣,或者是作为个人更新的机会(Fretz, Kluge, Ossana, Jones & Merkangas, 1989)。控制社会人口特征、健康状况和退休后收入水平等因素,效能感仍然是这段过渡期里情绪适应的一个重要因素。工作由长年不变的固定角色组成,社会强加以一定的终止年限,而且退休后也没多久好活,这样年代的残余是认为退休就是脱离工作生活的传统观念。组织和个人的重大变化在早期的想法和当下的现实间形成了一个相当的间隔(Riley, Kahn & Foner, 1994)。人们的寿命现在延长许多,大多老人身体和认知都很好,他们正在灵活的组织安排中快速改变自己的工作活动和角色,专断的就业年龄限制已经取消,新教育技术使得人们能够通过自主学习获取更高的知识和能力。如今中年晚期的生活现实,其特点可能是追求的转变和个人的更新而不是从积极的生活中隐退。社会结构滞后引发的问题,在老年人生活中重又出现,甚至更为普遍。

随年龄增长的自我效能再评价

人们寿命的延长强调社会态度和制度习俗应该向有助于健康、有创造力的老年的方向转变。老年人自我效能的问题中心在于对其自己能力的再评价和错误评价。老年的生物概念普遍关注能力的衰退。人们认为随着年龄的增长,体力、感觉功能、智力流畅性、记忆、认知操作的速度等都在走下坡路。的确,人们变老后有许多身体能力会下降,这要求人们重新评估自己在受生物功能显著影响的活动中的效能。但人们有过量的生物储备，一些储备能力随年老而丧失并不一定会破坏心理社会功能水平，因为剩余的功能足以满足所需（Fries & Crapo，1981）。而且，所获得的知识、技能和专业经验可以补偿储备能力的某些丧失。老年的生物心理社会概念强调老年人的适应能力以及他们扩展自己功能水平的潜能。

在崇尚年轻，对老人有消极的刻板印象的文化中，年龄成为自我评价的一个突出维度。一旦实际年龄被认为是非常重要的，那么源自社会文化因素的行为表现随时间产生的变化，很容易被错误归因于生物年龄。智力随年龄而衰退的普遍信念就是一个很好的例证。巴尔特斯及其同事曾就成人和老人的认知功能令人信服地提出一个较有启发性的观点（Baltes，Lindenberger & Staudinger，in press）。他们列举数条证据，反驳人们认为智力遵循单一的轨道发展，最后所有的智慧能力一致衰退的刻板印象。而且，他们表明智力的发展和功能在一生中有不同的变化，表现出一些各不相同的特征。

认知变化的多样性

智力发展是多层面的，包括不同类型的能力。各能力因对注意、记忆、时间分配、信息整合及知识和熟练水平等认知过程的依靠程度不同而异。认知功能是多方向的，不同能力的变化轨迹各不相同，有些随年龄增长而提高，有些保持稳定，有一些则衰退。对功能上限的测试显示出，对信息的认知加工和心理运动技巧的速度与灵活性随年龄增长有一定衰退。但能力有所减弱，并不一定减损日常认知活动的行为表现，因为大多情况下并不要求极度的高限度的认知努力持久地作用。智力的增长和衰退共存。推理、问题解决和才智，这些都极大地有赖于日积月累的熟练知识，在老年时仍会保持稳定或真的可以提高（Baltes & Smith，1990），由于熟练的判断和才智，并不能像认知加工机制那样易于学习，所以，认知功能的这些方面随年龄的增长被忽视了，老年人对一个社会生活质量的贡献几乎无人关注。

传统上，才智被描述为深入的理解力、敏锐的洞察力与合理的判断，但在心理学论述中，才智往往被限定为关于生活的意义和存在问题的深刻思想。当才智被授予形而上学的排除标准时，最终就只有喜欢谈论哲理的人和非宗教专家等一小群人可以拥有它。那些教人洞察生活的顾问看上去也很睿智，即便他们洞察力的独特性往往只是反映了其自身所效忠的理论，可以很容易地从他们的理论关系推测出来（Bandura，1969a）。可以预期，心理分析学家实施的关于人类状况的"才智"不同于荣格或斯金纳的。每个人都宣称他们偏爱的、对生活的洞察独领风骚。自诩的专家，也有资格作为具有才智的人。这样，比较抽象的才智定义提出的不仅仅是排除什么的问题，还有包括什么的问题。有关才智的理论不仅要关注才智所采用的形式，还有如何评价其有用性。除非能证实判断的聪明之处，否则，鼓舞人心的人生说教与对事物和人类事务本质的深入理解享有同样的地位。

才智源自超越抽象深奥的丰富的思考经验，90 岁的酿酒学家安德鲁·查里斯特切夫的例子很好地表明了这一点。他是加利福尼亚葡萄酒醇造方面无人能比的专家。踌躇满志的酿酒学家们向他求师问方，想要弄清楚如何处理酿造过程的每一阶段，最终能酿出至尊极品（Whiting，1991）。他传授给他们大量有关葡萄栽培和葡萄酒酿造的知识，凭他敏锐的味觉给他们的酒样挑刺，并以改革的思考给他们建议。他日复一日地以一名酿酒人颇具感染力的生活热情地做着这些事，一代酿酒人视他为才智的源泉。依据强调有关生活的抽象、深刻的思想的才智标准，一个定期给顾客一些关于生活问题的建议的酒吧侍者将是在展示才智，而像查里斯特切夫一样的大师则不是，即便他所传递的丰富的理解力远远超过葡萄栽培的科技技能。

人类的每个追求都呈现进退两难的境况，都提出一个问题——如何使自己的一生获得一种目的感和成就感。睿智的判断既适用于人们大部分生活所围绕的那些活动，也适用于有关人类生存意义的沉重问题。才智不同程度地存在于人的一生。虽然才智建立在专家知识的基础上，但它所包含的东西要多得多。那些对自己的奋斗领域仅持一种狭隘的技术观点，或将其先进知识用于自私或破坏性目的的专家，不会被视为才智的杰出典范。除了卓越的判断，才智还要求对事物有一个广阔的社会和世俗观，关注人类的幸福。波斯（Balls，in press）对于才智有许多精彩论述，他将才智定义为对于生活的专门知识以及应对生活复杂性与不确定性时的合理判断。才智不必限于处理社会两难问题。好些生活复杂性和不确定性，涉及人类活动的许多非社会方面，比如职业行为也需要睿智的判断。

对才智的解释主要集中于如何就处理生活事务出谋划策。才智不只是口头传授，还应通过榜样对生活中重要问题的处理来传递。那些受人崇敬的智者，不仅言谈睿智，而且在处理自己的生活时也充满才智。既然传递才智往往是通过身体力行而非长篇大论，那么我们除了言语才智以外还需要对生活才智的测量标准。如果对才智的定义脱离普通生活奋斗的存在而采用形而上的标准，那么在描述增龄带来的认知变化时，人类从与年龄俱增的经验中获益的能力就一直会受到忽视。

认知成分的功能比专长、才智和创造性更易于测量和定量，对亚功能的心理计量评估通常与信念系统和所知道的影响智力功能的情境因素没有联系。这样，对脱离情境的成分功能的强调胜过对复杂能力的适应性运用，虽然后一成就是人类认知功能的重要方面，也许维迪、托斯卡尼尼、毕加索、鲁宾斯坦、萧伯纳、玛莎·格雷厄姆、乔治亚·奥基夫、罗素、丘吉尔以及赖特等人，在他们八九十岁时，加工一条信息时有些迟缓了，同时做几件事情时不那么机敏了，但在他们工作中仍然得心应手，这无关紧要，社会是他们晚年卓越成就的获益者。

迄今为止的讨论均将智力功能区分为包含不同类型、遵循不同变化轨迹的能力。第三个有区别的特色就是个体间认知发展和功能水平、模式的根本差异。生活追求不同，培养的认知能力类型不同。伴随不同的角色、生活风格和社会阶层地位，发展的历史阶段的不同经验进一步促成个体间在认知能力的发展和维持上的差异。性别是另一个变化之源，使特定类型的认知能力得到培养而其他则发展不充分。考虑到同年龄水平上巨大的可变性，平均水平掩盖的要比其所揭示的要多很多。

智力功能即便对年迈的老人也是可变的，这是巴尔特斯及其同事所强调的智力变化的另一个特征。教老年人更好地利用他们的认知能力，他们的认知功能水平会得到极大提高(Baltes & Lindenberger, 1988; Willis, 1990)。的确，经历认知随年龄而衰退的老年人还可以在认知功能上所增益，弥补大约二十年的认知衰退。长时间没经历认知衰退的老人通过教育会提高其认知功能，超过他们早些时候的水平。认知功能的改善在更大年纪时也维持得很好。以从容的速度受训的老年人的认知熟练可与青年人一样，但如果在严峻的时间压力下，老年人取得的认知收获就比年轻人少许多。因此，认知功能随年龄衰退一定程度上反映了在认知紧张上限处对潜能的废弃不用和认知效能的下降，将认知发展视为一终身过程的理论家不会忘却随年龄所发生的变化中的一些规律，但认知功能的多样性和可塑性是更令人印象深刻的特征。 201

纵向研究显示，要到很老时，智能才普遍或一般地衰退，但对不同年龄组进行横断面比较显示，年轻人的确要超过老年人(Baltes & Labouvie, 1973; Schaie, 1995)。沙埃(Schaie)持续的纵向研究显示，智力的年龄差异——直到很大年纪——主要在于几代人智力经验的不同而不单的是生物老化。根据沙埃的观点可以认为，即文化也如人一样会老化。对个体一生中所经历的变化已有广泛考察，但对社会历经的变化还缺乏相应的深入评估。当脱离社会变化考察生活过程变化时，功能的年龄倾向特别可能被过高归因为固有的生物老化。许多年龄差异一定程度上是正规教育中社会文化变迁和信息通过新的通讯技术增速传播。并非老年人智力衰退，而是年轻人从比较丰富的智力经验中获益，使他们在更高的认知水平上发挥作用。举一个例子，如今的老人在其成长阶段，计算机还不存在，而如今的年轻人则被教以计算机读写能力，在吸引他们的领域内扩展自己的认知能力。毫不奇怪，同样年龄的成人的认知功能水平一代比一代提高，因此，横断面年龄差异高估了认知功能随年龄的衰退。

智力功能随年龄的变化除了认识能力和文化阶段变化外，还存在个体间差异。个体老化模式的多样性揭示了成功老年的心理社会决定因素。年纪很大时仍保持高水平的智力功能的老人能进行自我教育，从事能激发智力的活动，对中年取得的生活成就表现出灵活性和满意感，并保持有益于身体健康的生活方式（Schaie，1995）。年迈时仍能保持认知功能，反映其成功地走向老年。支持积极生活方式的效能信念可维持认知能力（Seeman，McAvay，Merrill，Albert & Rodin，1996）。在一项对认知上成功的老年人进行的综合纵向分析中，艾伯特及其同事考察了一组潜在的预测因素，包括各种社会人口状况和大量生活方式、心理社会和生理因素（Albert et al.，1995），最后有四个因素突现出来，独立作用于老年时认知功能的保持：影响日常生活事件的效能感、教育水平、活跃的生活方式和肺活量。在表现出智力衰退的老人中进行简短的认知策略训练，会产生认知功能的持久增益（Willis & Schaie，1986）。互联网提供的智力内容为老年人提供了大量的学习机会，他们可以在家里在自己选择的时间里进行学习。这些教育技术使他们对自己的智力功能可以施以更大的控制，这种形式的自我调节学习为促进认知能力提供了一种自然手段。

记忆功能

老年人对自己智能变化的判断，很大程度上会根据自己的记忆表现，这是因为日常生活中记忆的丧失是极为显而易见、具有破坏性的。因此，记忆功能就带有许多诊断上的重要性。年轻人不存在记忆的丧失和困难，老年人因此把这看作智能萎缩的指标。老人运用记忆策略比年轻人少，偏爱靠外物帮助记忆而不是认知帮助。无论身体能力如何，认知努力减少促成了遗忘。老年人对记忆及其随年龄而产生的变化的解释各不相同（Lachman，M.Bandura，Weaver & Elliott，1995），有些人将记忆看作是生物能力，必然随年龄而萎缩，不是个人可以控制的；另有人将记忆看作是一套认知技能，可以通过努力来发展和维持。这些背道而驰的记忆概念对功能质量有不同的影响。与相信记忆是一可控技能相联系的，是对自己改善记忆、解决日常问题、独立生活等能力的自信和低抑郁。与此形成鲜明对照的是，那些相信记忆是日渐萎缩的生物能力的人感到无能力，怀疑自己持久解决问题和独立生活的能力，担心记忆丧失预示着老年痴呆病的发展，并感到抑郁。这些不同的记忆概念也同记忆成绩相关，相信记忆是认知技能会促进记忆成绩，而视之为萎缩的能力则破坏成绩。

202

因为人们极大地依赖记忆成绩作为其认知能力的指标，因此，研究效能感知对记忆的影响尤为重要（Bandura，1989c；Berry，1989）。人类记忆是一个积极的建设性的过程，人们在其中对信息进行语义的整理、转换，并重组为有意义的记忆编码帮助回忆。将记忆视作自己可以改善的认知技能的人，可能会投入认知努力，将经验改变为可回忆的符号形式；那些将记忆视为随生物年龄而萎缩的身体能力的人，则不太会努力对自己的记忆功能施以控制，他们会马上将正常遗忘看成是认知能力衰退的信号。记忆效能感低的老人相信自己的记忆能力有限，且自己对此无能为力，记忆易于受压力破坏并随年龄明显衰退(McDougall, 1994)。控制人口特征因素、健康状况和抑郁之后，这些信念与效能感知的相关仍然存在。老年人对其记忆力越不相信，他们对自己认知能力的使用越糟糕。

对自己的记忆能力有强烈信念的人在记东西时表现出色(Berry et al., 1989; Lachman, Sternberg & Trotter, 1987)，而且，记忆效能感知水平对记忆训练后记忆成绩改善程度的预测，在年轻人和老年人一样(Rebok & Balcerak, 1989)。控制以前的记忆成绩水平，自我效能仍保持其预测性(Bandura, 1989c)，但在记忆辅助短期训练后不久，年轻人更可能比老年人提高记忆效能信念，也更可能运用其他类型记忆任务中所教授的记忆帮助。对老人进行记忆训练要求更有说服力地证明他们能够通过使用认知策略对日常生活记忆施以一定控制。这可以通过证明效能的尝试来获得，让老人在有和没有认知帮助的情况下完成记忆任务，观察当使用帮助时记忆有所改善。示范影响可以被用来证明他人如何通过习惯使用记忆术帮助改善记忆，逐渐灌输有益于运用记忆技能的信念的、有说服力的影响，也可以帮助提高老年人对其记忆能力的信念。

记忆有许多不同类型，它们受增龄过程的影响也各不相同。要求对材料进行积极加工和重组的记忆形式一般都随年龄而衰退，但那些对加工要求不多的记忆则可以完好保持。这类发展轨迹的变化进一步证明了认知的多样性，甚至同一功能领域的不同层面。测量这种多样性的记忆效能量表中等的内在关联显示，它们代表着一个共同的领域但又触及记忆的独特方面(Berry et al., 1989)。因此，致力于提高记忆功能必须不仅要给人们提供一般策略，而且还应有针对特定记忆类型的认知帮助。

203

前面我们了解到，效能信念通过认知、情感和动机过程影响成绩，效能信念能够通过激发更深层次的对经验的认知加工来提高记忆成绩。这些认知记忆帮助可能包括组织策略、心理复述、精细加工和联想编码，通过使新信息同已有熟悉而有意义的东西相联系而增加其可记忆性。老人对其记忆能力的信念越强，他们投入到记忆任务中的认知加工的时间也越多(Berry, 1996)，较大的加工努力转而又产生更好的记忆成绩。在对因果结构的分析中，效能信息对实际记忆成绩的影响既是直接的，又间接通过提高认知努力来发生作用(图 5.2)。韦斯特、贝里和鲍里什塔(West, Berry & Powlishta, 1983)的发现表明，效能信念同样可以通过感情形式作用于记忆功能。许多与年龄联系的心理社会和生理

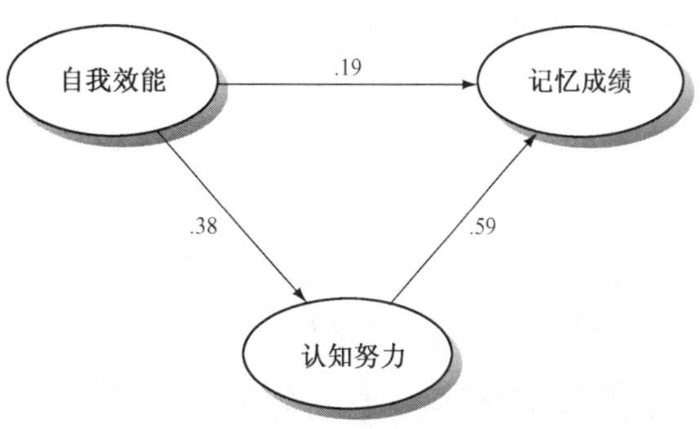

图 5.2 路径分析表明，一个人对自己的记忆信念既直接又通过增强对信息的认知加工来提高记忆成绩(Berry, 1996)。

变化导致一次次沮丧，与抑郁相伴的是微弱的记忆效能感，转而又同记忆成绩不良相联系。与健康损坏相关联的效能感知和智力成绩的衰退（Lachman & Leff，1989），可能更多源自对身体伤害的抑郁而非身体状况本身。

由于效能信念影响成绩的方式多种多样，为提高老年人认知功能所设计的计划，除了传授记忆技能之外，还应旨在提高其认知效能感。与提供机会进行记忆策略练习一道，已经通过纠正错误的记忆信念、示范适应性记忆等使对记忆能力的致弱信念得到修正（Lachman，Weaver，M.Bandura，Elliott & Lewkowicz，1992）。这种联合影响促使将记忆看作是一个可以影响的技能，渐渐树立一种自己可以改善记忆的效能感。训练对孤立的实验室任务的记忆技能提高了被试对那些任务的效能感，但老人并不将增高的自我效能概括到日常认知功能中，他们也没看到所教策略有多少用途（Dittmann-Kohli，Lachman，Kiegl & Baltes，1991）。

概括问题不只存在于记忆功能或是老年人。光有认知训练，而不提供各种机会，让受训者感受到所教功能的适用性，这往往使得新认知技能的概括和保持都很薄弱。为促进概括使用，必须给老年人提供效能证明经验，让他们感到通过运用新认知技能，自己的日常记忆功能可以有良好表现。一旦相信自己有能力对记忆功能施以控制，他们对所用手段就既不会漠然视之，也不会丢弃不用了。获得这种自我说服的最佳途径，是在对个人有意义的活动中，逐渐灌输充分概括的认知效能感，以简化在运用认知技能的每一个情境中作冗长乏味的迁移训练。

与发展早期一样，老年人也运用效能信息的主要来源来重新评估自己的个人效能。在从活动经验判断能力时，他们评价自己的行为成就并将其与自己早些年的功能水平相比较（Suls & Mullen，1982）。他人的成就通过社会比较为个人效能评估提供示范信息。纵向和横向比较所揭示的智力功能的不同年龄倾向，对认知能力的改变在多大程度上会被知觉的影响相当不同。更看重功能的自我比较而非与年轻人的社会比较的老人，同那些广泛使用年轻人作比较性自我评价的老人相比，不太会认为自己的能力在丧失。

204

身体和健康功能

和认知功能一样，对身体和健康功能随年老发生的变化也有错误评估。精力和功能健康状况的衰退过多地被单纯归因于生物老化。其实，某些体力的衰退反映了身体效能信念的衰退。对这一调节机制所进行的实验室研究，通过接触想像上的他人表现卓越而替代性引发出的被试的身体效能感降低，会引起观察者的身体耐力下降（Weinberg et al.，1979；Weinberg et al.，1980）。身体效能感通过妄加的社会比较减少得越多，体力的下降越大。老年人比年轻人更可能将久坐不动的生活方式造成的力量和精力的衰弱归因为生物老化。举世无双的萨特切尔·佩格(Satchel Paige)曾提及年龄等级信念的自我限制效应,他质问:“如果你不知道自己的年龄,又怎么会老?”虽然大多数人身体健康,但晚年生活中疾病总会侵扰心理和身体,个人效能感的损坏绝不能等闲视之。

身体不活动比单单神经肌肉力量和精力的削弱有着更为深远的影响。它弱化生物系统的功能,导致细胞和新陈代谢过程的不良变化,身体瘦弱,心血管衰退以及免疫能力的下降。博兹(Bortz, 1982)曾列举大量证据,表明一般归因于生物老化的许多身体功能下降类似于因身体不活动所产生的下降。老人中一半的死亡源自心血管疾病,而且随着年纪增大这个比率还不断上升,心血管功能随年龄衰退,大部分可以通过有规律的锻炼得以抵消(Bortz, in press; Hagberg, 1994)。

其他由久坐不动生活方式引起的身体机能的功能性衰退,也可以通过积极的身体活动予以逆转或大大减弱。有规律的锻炼为改善健康和延年益寿提供了一个可靠的途径(Winett, 1996)。除了需氧活动和体力锻炼对健康的实际益处之外,自我调节效能感低的成人不能让自己定期锻炼并持之以恒(McAuley, Lox & Duncan, 1993)。大多习惯于久坐不动的老人认为,自己身体能力的衰退是不可避免且不能改变的。第九章回顾了通过加强个体调节自己的动机和健康习惯的效能感推进积极生活的策略。成功老年的一个重要部分就是有规律地锻炼。

第七章中将详细论述个人效能感对促进健康和预防疾病的作用。尽管老年人从健康促进计划中与年轻人同样获益,但老年人接受的预防服务较少。格兰姆鲍斯基及其同事曾考察了各种用以改变老年人各种有害健康的习惯模式的补偿性预防服务对健康的好处(Grembowski et al., 1993)。当提供预防性服务时,对自己调控健康相关行为有强烈自我效能信念的老人可以从中获益,他们减少了威胁健康的因素而获得更好的健康。

有明显的证据显示,在整个社会经济等级中,社会经济水平同长寿和良好的健康有关(Adler et al., 1994)。由于这种联系在较高和较低经济水平下均存在,甚至在全国保健的条件下也会发生,医疗服务的方便易达并不能充分解释健康状况的差异,社会经济水平同健康之间的等级关联的根本机制还远没有弄清楚。在格兰姆鲍斯基对老年人的研究中,较高的社会经济水平同较好的健康状态相联系,但如果去掉效能信念的作用,这种相关的强度就会降低。这些发现表明,自我效能感可以部分地解释社会经济水平和功能健康状况间的关联。 205

逐渐形成对健康习惯可以施以一定控制的个人效能,有益于所有年龄和各种社会经济水平的人。促进健康对老人尤为重要,因为造成功能损伤的健康问题威胁到自主性的丧失,效能信念作为一个保护性因素对抗衰弱的不良影响。随着功能方面的限制随时间而增大,那些个人效能感低的老人放弃自己处理问题的尝试,生活质量降低(Zautra,

Reich & Newsom，1995）。而身体遭受同样损伤，但对自己产生想要的结果和应对压力秉持效能信念的老人却拥有更大的自主性和心理健康。所以，他们的抑郁水平更多是由他们的身体无效能信念而非身体状态所决定的（Davis-Berman，1989）。

大众媒体在塑造现实形象中扮演一个重要角色（Bandura，1986a；Signorielli & Morgan，1989）。电视里播映的有关社会的描述，很少看到老人，似乎人至中年后就对社会生活无所贡献了，即便偶尔出现在电视的象征性世界里，老人也往往是一种滑稽或古怪的角色，而不是过着一种富有创造力的自我实现的生活（Signorielli，1985）。近来电视剧中的老人形象有所好转。在涉及年老所致的身体变化和普通疾病时，电视广告充满了老年人的消极定型：或是一个无所事事的愚人，或者贫困、虚弱，像个药罐子。衰退老人的贬义定型，通过说服的途径，形成了公众对老人的文化期望和无效能评价反应。由于研究者主要研究养护机构中功能低下的成人，而不是那些追求积极的富有创造力的生活的老人，这就强化了对老年人的消极定型。因为疼痛随年龄增大而增多，所以身体状态成了能力的一个重要指示器，老人越来越关注身体状态，越来越倾向于将不舒服的身体状态作为生物老化过程带来的能力丧失，单评定生物因素尚不足以评估功能水平。因此，生物状况相似而效能信念有别的人对其所拥有的能力的运用将会不同。

老化及实施控制

对老化的研究很大程度上局限于认知功能。要想深入理解人们如何适应晚年变化，必须扩大研究领域。即便是在认知领域，有意义的问题也不应只是老人有哪些认识能力，还应有他们如何运用能力构建和应对他们的社会现实。这一扩大的视野中一个关键性的问题就是老人如何保持一种个人能动感，并以赋予其生活以意义和目的的方式运用它们。考虑到他们必须应对的主要生活转变、生物变化以及社会障碍，这决非易事。

保持社会联系也是成功老年的一个重要方面。晚年的主要社会联系变化来自于退休、迁居及丧友、丧偶。这种变化要求有培养新社会关系的人际技能，以促进积极功能和个人健康。低社会效能感增加了老人应激和抑郁的易感性，这种影响既是直接的，又可能通过损坏社会支持的发展而间接产生作用（Holahan & Holahan，1987a，b）。社会支持的益处常常是作为生活压力的缓冲器，但社会支持又不仅仅是环境冲击的一个保护性缓冲物。如前所述，熟人对态度和技能进行示范，诱导参与有益的活动，通过表明只要坚持努力困难是可以克服的，来给人以激励。社会支持的使能功能提高了应对效能知觉（Major et al.，1990）。的确，几个发现结合起来表明，效能信念和社会支持间存在双向关系，强烈的社会效能感促进社会支持关系的发展，社会支持又转而提高效能感。

社会依赖性一般被视作可能是由于身体衰弱的老化过程的伴随物，依赖性的不可避

206

免是对老年定型看法的另一个方面。大多老人可以非常独立地处理日常活动,另外一些人,可能遭受到一些能力的丧失,但也可以在一些支持服务的帮助下独立生活。即便到了老态龙钟的时候,也夸大了生物因素对依赖行为的决定作用。在看护院对人际模式进行微分析的研究中,巴尔特斯(1988)发现,社会因素对老人的依赖行为具有影响作用,社会环境促成居住者的依赖性,而并不支持他们独立性的表现。能够自己做事可得到多种好处,因此,对这类行为的社会阻碍并不会使它消除。即使是依赖也并不是必然表明无助(Baltes, 1996)。在机构环境下,依赖是获得社会联系的一个高度有效的途径,而且随着年纪渐高,日常常规费时更大、更困难,老人们让别人帮一些忙,应当区分开依赖他人与为保持自主性在功能受限制的领域中寻求帮助,这一点很重要。选择性的依赖使老人有空去独立追求其他有特别兴趣的活动。

常常是,为维持机构的效能和经济,机构居住者的生活必须循规蹈矩,受到广泛控制。机构对个人实施控制的限制会损害到心理生物健康。看护院中,有机会对自己日常生活事件实施一定控制的居住者比那些必须依靠看护者的老人,社交更加活跃,更多参与活动,更幸福,健康状况更好,寿命更长(Langer & Rodin, 1976; Rodin & Langer, 1977)。通过发展居住者应对技能提高其控制感的计划,可以降低他们的压力和神经内分泌活动,使他们成为更好的问题解决者(Rodin, 1986)。神经内分泌变化会影响到免疫能力。的确,罗丁(Rodin)证明,提高了的控制感通过减轻心理社会压力对免疫能力的消极影响,可改善老人的健康状况。

个人效能感不仅促进健康,还帮助老人从常碰到的身体及社会伤害如髋骨骨折和冠状动脉手术中恢复过来(Carroll, 1995; Ruiz, 1992; Ruiz, Dibble, Gilliss & Gortner, 1992),通过手术可以提高身体能力,但与之相矛盾的是,提高的身体能力往往并没有伴随有社会、身体、日常娱乐活动中的功能改善(Allen, Becker & Swank, 1990)。相信自己有应对情境要求效能的人,术后能重新开始一种更为积极的生活。控制了身体能力、社会人口统计地位以及术前身体功能状况,这种关系仍然存在。人们在术后生活的积极程度如何,效能信念所起的作用远远高于身体能力。

对日常生活实施更大控制的机会,老人们的反应不一。与年轻人相比,老人一般不太想个人控制(Woodward & Wallston, 1987),但对个人控制的愿望很大程度上由效能感信念决定。老人们在那些自认为可以获得结果的领域中想要加以控制,但在那些怀疑自己有多大影响力的领域中则不想有所控制。当然,某些功能领域比其他领域更易受制于个人控制。在健康功能领域中,有些人认为健康是生物决定的,另有人认为通过心理社会手段是可以改变的,自我效能对个人控制意愿的调节作用尤为明显。控制了效能感的变化,对健康服务和健康信息的个人控制意愿就不存在年龄差异,无论年龄大小,效能感高的人会在其健康保护中设法起主动作用；效能较低者则放弃对健康专业人员的支配。年龄对个人控制日常活动的意愿的影响也在一定程度上受效能信念变化的影响。

对控制意愿进行的横段面研究中表现出来的年龄倾向应谨慎分析，正如伍德沃德和沃尔斯顿（Woodward & Wallston）认识到的，区分老化产生的效应和长期以来文化变化导致的效应决非易事。如今的老人曾成长在一个不特别鼓励积极运用个人控制的年代，而现在的年轻人则常常为如何掌握自己生活的路线而陷入困境。类似地，如今的年轻人反复受到劝告要减少易导致疾患的健康习惯而采用那些有益于增进活力的习惯，而如今大多数的老人在成长过程中却没有树立这样的信念，认为自己能通过心理行为手段对自己的身体健康施以很好的控制。

许多成人进入老年后仍设法维持一种良好的个人效能感（Baltes & Baltes，1986；Lachman，1986），这是一个可令人放心的发现，假如它不是反映个人效能整体测量的不敏感性。一般性测量常常没法揭示年龄差异，而更为敏感的领域关联测量则可以。我们已经看到，人们在不同功能领域中的能力和发展轨迹各不相同，一生中，有些能力在上升，而有一些则在衰退，还有一些保持相对稳定，考虑到功能的不同，对效能信念随年龄发生变化的分析显然要求领域关联性评估。

人们所持信念，不仅事关自己能多好地处理日常生活要求，还有自己能对未来的个人发展和生活道路实施多少控制。布兰特斯塔特尔（Brandtstädter，1989，1992）报告，对个人发展的控制感随年龄逐渐减小。相信自己可以对生活的发展变化实施控制，就可以更健康，智力和职业功能更有效，降低对压力、沮丧和顺从的易感性。结果还揭示，在个人能够改善的行为领域中，人们还寻求重新获得一些对生活方向的控制。为达此目的，他们不仅依靠自己的个人效能感，还靠从配偶那里获取更大的支持。如果在某些功能领域中运用代理效能空出时间和精力提高其他领域的个人效能，那么这就是一个最佳的策略。实施这种双效能并非老人独有。没有谁有时间、精力和不受限制的技能，可以充分应对日常生活的所有适应性要求。最大限度完善自己才智的人，会将自己的努力集中投入兴趣的焦点，而对日常生活必须注意的其他许多活动则让他人帮忙处理。如果难以随年龄增长维持或改善一个人的技能，那么就需要提高代理效能。

社会结构的限制

老化的发生并非孤立的，而是发生在一定的社会背景中，因此，老化的过程受其所处社会结构的限制。给老人安排的角色对认知能力的维持和培养强加了社会文化限制。对那些没体验到自己的主要生活追求随年龄增加而中止的老人，可以轻轻松松地拥有成功的老年。作家继续写作，画家继续作画，指挥仍然指挥，教授仍然讲课，农夫耕种不辍；其他非专业的活动，如果拥有必要的资源就可以长此以往。有些人由于强制性的年龄限制而不得不放弃其终生事业，其中发展了可迁移的技能和专长者，能够建构起新的追求，给自己一种目的感和满意感。但当人们步入老年，大多会遭遇资源、创造性角色和机会及挑战性活动的丧失。单调的环境不需要什么思考或独立判断，削弱了认知功能；有智力挑战性的环境才可以起到加强作用（Schooler，1987）。老人所处环境对他们的限制越多，其社会认知功能衰退越大。 208

对不同社会背景下老化的讨论，常常把个人和情境看作两独立实体，它们联合塑造个人变化的过程。实际上，它们彼此决定，人既是环境的产物，又是环境的制造者，个人效能感不同的个体，在同样的社会结构中会为自己创造不同的社会现实。因此，年迈时所走的生活道路，是个人特性同社会为其老年人提供的机会和限制相互作用的产物（Featherman，Smith & Peterson，1990）。

某些认知功能随年龄的衰退源于环境亚结构对其的社会文化剥夺，而非固有的老化过程。有些文化中，给老人的定位是软弱无力、缺乏目的，对他们也不抱太多期望，这种文化下的老人要想重塑并维持一种富有创造力的生活，需要有一种强的个人效能感。由于人们很少能充分挖掘他们的潜能，所以老人投入必要的时间和努力，可以在比年轻人更高的水平上发挥作用。通过影响对活动的参与水平，个人效能感有助于成人终生维持其认知功能。扩展老人可及的角色和机会的结构性变化，可方便他们终其一生追求完满、富有创造性的活动。

如今人们老化得较以往有效，他们更多地以促成高效长寿的方式控制着自我发展和健康。结果，如今之老人较之前人更健康、更渊博和机敏，有着更积极的生活定向。这些历时的变化产生了不匹配或是“结构滞后”，大部分老人们能更加有效地步入老年，但社会机构和实践在适应老年人扩展了的潜能时却过于缓慢（Riley et al.，1994）。影响创造性生活延续的结构性阻碍包括机构安排、角色期望以及剥夺机会和取消激发老人运用所拥有的能力之诱因的社会准则。这些社会期望和实践触及生活的大多数方面，它们影响到工作机会、退休活动、教育追求以及人们如何度过无组织的休闲时光。因为社会实践没有与境况改善的老化步调一致，所以老年人的问题部分是由于社会没能很好地支持老人所持的个人效能。阻碍性环境产生的功能衰退，常常轻易被人们错误地归因为生物老化。有些阻碍个人效能实施的社会因素正在削弱，工作和教育的构建并不严格地受年龄影响。但机构习俗仍然滞后于老年人的能力。尽管对他们贡献很有社会需要，他们的技能和知识财富尚未被开发。随着社会年龄结构中老年人的增长，如何消除文化排斥和阻碍，继续有目的地生活的社会压力也与之俱增。

能力衰退情况下自我效能的保持

由于效能信念可以通过多种途径提高人类功能，所以，即便能力有所消退但仍保持个人效能感有相当大的适应价值。否则，如果人们表现出一种反映储备能力真实衰退的效能知觉的崩溃，他们就会被宣判为放弃和无用感日益增高。简言之，当个体尽力在布满障碍的活动中作出自我有效性的展望，那么它对老年人的作用不比早些时候小。

209

尽管储备能力有所衰退，老年人还可以通过若干过程维持一种高效能感。过程之一是运用社会比较策略。那些用于作比较性自我评价的能力，对人们的个人效能信念有很强的影响，这又转而影响他们作用的性质（Bandura & Jourden, 1991）。因此，老人和谁作比较对他们的效能感知差异有很大影响。如果老人在特定功能领域中没经受重大衰退，又避免与年轻人作社会比较，那他们就以通过有益的自我比较获得持久的个人效能感，他们所作所为几乎可以一如既往。即便他们经历能力上的衰退，也可以通过忽视年轻人、通过与同龄人作有选择性的社会比较来保持自己的效能感。通过维持或改善在同龄人中的相对位置，他们能面对能力衰退保持一种有效能的看法。趋势可能是向下的，但只要一个人能相对同龄人有所胜出，有益的比较就可以维持个人效能感（Bandura & Jourden, 1991）。

弗雷和鲁布尔（Frey & Ruble, 1990）指出，面对能力改变，老年人可以通过转换自我评估标准，依靠技能发展阶段和与年龄有关的能力变化，维持效能和自我满意感。当技能不断改善的时候，对随时间而发生的变化进行自我比较，最有益于积极的自我评价。渐次的改进保持了高效能感，并源源不断地带来自我满足。但当技能水平已经稳定或能力随年龄增长而衰弱的时候，自我满意和效能知觉更多受益于社会比较标准。即便个人能力不再改善或甚至有所衰退，只要与同龄人相比可以胜出，就有助于积极的自我评价。在一项对年老赛跑者的研究中，弗雷和鲁布尔证明自我评估策略的确随成绩变化的方向而改变，赛跑者的成绩由改进变为从他们能达到的最高水平衰退时，他们的评价标准也由自我比较转变为社会比较。

值得注意的是将这些结果过度泛化到以不同方式构建的活动中。赛跑者可以自由选择在何时何地参与竞赛，除了可选择活动情境之外，竞赛还进行细致的年龄分组，将成绩比较主要限制在同龄人之间。这并非真实世界中事情的发生方式，在日常生活的重要活动中，老人不论愿意与否都不得不同年轻人竞争。在竞争体制下，一个人的成功就意味着另一个人失败，这就迫使人们进行社会比较，除非你放弃活动。在大多活动中，比较性自我评估并不随年龄和技能发展阶段而在社会和自我比较间进行二分法的转换。人们可能更看重或看轻社会和自我标准，但他们通常既考虑自己如何变化，也考虑评估自己能力时如何与他人比较。

弗雷和鲁布尔（Frey & Ruble, 1990）进一步注意到，那些保持技能的老人可以通过利用年龄标准维持高的效能感和自我满足。在这种准则性比较中，他们看上去优于同龄人。这一自我提高的策略对那些超过年龄标准水平的老人大有益处；但对那些技能受损的老人，最好从准则标准上转移目光，除非他们想要唤起自我不满意，以激发一项自我振作计划。可是，即便客观上，个体没有超越其年龄水平，仍可以有一些维度通过准则比较促使自我提高，这是因为人们作比较性评估时通常依据的是印象中的准则，而不是真实准则，而真实准则可能大多数人都不知道。黑克豪森（Heckhausen，1992）在考察运用主观准则评估个人能力时，发现人们相信自己能比其他同龄人更好地对自己的特性实施控制，与衰退作斗争。有利的社会比较，无论其形式如何，都有助于个人效能感的保持。

210

在能力储备的一些衰退中保持自我效能感知的另一个过程，是通过对多侧面效能信息的选择性整合来发挥作用的。在各种活动中运用不同技能的多种体验，为个人效能判断提供了多样的信息基础。因此，人们在自我评价时依据他们对不同的功能领域或功能的不同方面权重之不同而有多种途径。例如，如果他们仍然是解决问题的好手，并将广泛的视野去影响重要问题的判断，那他们就不会因为加工信息的速度有点慢或是体力有所衰退而必然降低自己的个人效能感。看重自己擅长的功能领域，轻视自己认为不重要的领域，这样，在年老后功能的衰退中，人还能保持其效能感。

另一个在年老时保持效能的主要过程是通过选择性地最佳化和补偿（Baltes & Baltes，1990）。随年龄而出现的某些认知减退和精力衰弱，使得改善成绩需要付出更多的时间和努力。通过将努力集中于重要的事情，而放弃那些对他们生活无关大碍的活动，老人可以使其功能水平达到最高。选择使他们在所选活动中维持甚至改进技能。功能储备衰退而行为成绩提高，还可以通过补偿性改变活动的处理方式来获得。知识和策略的优势可以弥补速度或精力的丧失（Salthouse，1987）。外部记忆辅助可以代替认知辅助，用于日常生活中的记忆和调节活动（Kotler-CoperCamp，1990）。随着年迈身体功能的衰退，可以通过简化活动，调整到不至于产生太大负担及重新安排物理环境使之更易管理等，来维持对日常生活的控制。

巴尔特斯给出过一个选择性运用和补偿的鲜明事例，鲁宾斯坦解释自己为何年逾90仍然是一个无与伦比的钢琴家："首先，他减少曲目，只演奏很少一些片断（选择）；第二，他更多地对这些片段加以练习（最佳化）；第三，在快节奏来临之前放慢演奏速度，以产生一对比，快速移动时给人速度提高的印象（补偿）。"在组织功能中，采用可使个体更好地控制沉重的工作负担的补偿性自我调节策略，能提高效能感——虽然特定信息加工技能有所衰退（Birren，1969；Rebok，Offerman，Wirtsz & Montaglione，1986）。

一个维持效能感和积极健康的相关策略是减少个体的活动或采纳新的角色。使自尊依赖于自己缺乏效能的行为成就，就会带来失望（Bandura，1991b）；在技能衰退的活动中，个体作着思想斗争：是坚持追求那些可能力所不及的活动，还是转向更可能获取的活动(Brandtstädter & Baltes-Götz, 1990)。可以通过从个人专长领域转到新的可达成的活动，提高效能感，获取对储备功能丧失的成功适应。以前的运动员成为教练、媒体评论员及运动员代理机构的管理人员，以前的歌剧演员作声乐老师；以前的芭蕾舞演员作舞蹈老师；以前的卡车司机作调度员和货运监工。角色改变提供了新的个人效能来源。

211

虽然最佳化策略在成功老化中扮演至关重要的角色，巴尔特斯强调，这种策略对整个一生的成功作用都很重要(Baltes & Baltes, 1990)。那些最大限度发挥才智的人，围绕一套有选择的、有意义的生活追求建构活动，并在所担当的任务中力争优秀。他们坚持于优先考虑的事，不把时间和精力零碎地消耗在偶尔出现的事情上。年纪大了以后，人们对要培养和维持的社会关系更具选择性(Carstensen, 1991)，他们偏爱已建立的能提供积极情感体验的关系，而不情愿费时费力地探究新的关系，因为结交过程往往要承受一些压力，会产生一些其他消极方面的问题。社会联系随年龄增长而减少，可能反映了社交的选择性，而非脱离情绪投入。

日益衰退的效能感，可能更多基于文化活动的废弃和逐渐损坏，而不是生物老化，它会开动消极的螺旋式行进的自我弱化评估，导致认知和行为功能的削弱。不确信自己的个人效能的人，不仅缩减了活动范围，而且削弱了他们在所承担活动中的努力。自我效能知觉的螺旋形衰弱导致动机、兴趣和技能的逐渐丧失。在一个强调人终身发展潜能而不是随年龄增长心理身体衰退的社会中，老年人过着富有创造性的且有目的的生活。

/第六章/

认知功能

212

文化、技术变迁的历史时期，教育体制也发生了根本性的变化。在农业社会中，教育最初是用来教授低级技能的。当工业取代农业成为主要的经济事业时，教育体制就适应重工业和制造业的需要。大多职业活动只需要机械操作而不要求许多认知技能。日益复杂的技术、社会体制和国际经济呈现出不同的现实，要求新的能力。在现代化的工作场所中，科技的彻底变化使以前许多手工完成的日常事务和活动得以机械化。在当代的生产体系中，人们管理计算机控制的机器来完成大部分的常规工作。我们通过改变计算机软件改进机器生产。我们运用计算机作图法来设计和检测东西而不必构建原型。如今的办公室很大一部分由计算机化的信息处理系统来运作。甚至在服务业中，新技术也取代了传统工作。我们用自动柜员机储蓄，同没有话务员的记录器讲话，从由一个坐在售货亭的人监控的计算机化设备里抽汽油。条形码扫描仪同存货管理系统相连接，可以重新订购商品而不需要点货员和代购商。许多工人被自动操作所取代。

信息时代的到来，并不意味着工作场所现在只关心数据和信息处理，而是信息技术正在管理自动生产和服务系统。电子技术通过组织和操控信息来运行。从工业到信息时代的历史性转变对教育体制寓意深远。过去，受过一点学校教育的年轻人就能有资本进入收入很高的工厂工作，这些工作只需要极少的认知技能。但这种选择面很快就缩减了，新出现的机会需要交流和思维技能，以履行更复杂的职业角色，处理现代生活的复杂要求。 213

教育现在对生产性生活已不可缺少。而且,社会和技术的快速变化,需要人们学习新的能力或者改变已有能力以适应变化的条件,使自己的技能不至于过时。而且,计算机系统为知识建构提供一个唾手可得的工具。因此,教育系统必须教给学生如何终其一生自我教育。他们必须成为可以适应的、熟练的学习者。个人及其所处社会的希望和未来都寄托在他们的自我更新能力上。

忽视对年轻人的教育,社会将付出惨重代价。学校失败常常预示着行为不良、物质滥用、十多岁时怀孕以及其他危害人们生产性和满意生活的高危行为。智力缺陷儿童变成没有稳定谋生手段的处于职业劣势的成人,这严重影响家庭生活模式(Wilson, 1987)。在新的全球经济中,由于公司非常愿意在可以低薪雇工的地方重新部署其发展和生产系统,因此,即便受过较好教育的人也必须同国外受过良好教育的人竞争。如果薪水不能提供家庭经济福利,家庭将无法维系。劳动力教育水平低的社会,在国际市场中没法成功竞争。得到的结果就是降低生活质量标准。

信息时代对教育体制的影响远不只在于职业准备,信息技术正在改变着教育事业本身。电子技术可应用于所有学科组织良好的教学,这创造了广泛的、超越时空的学习机会。学习过程个人化使学生能对自己的教育实施相当的控制。他们可以构筑自己的学习环境,利用大量可获取的教育资源建构知识。这使得人们终其一生都能有力地参与自己发展的塑造。如果人们形成互动网络,就可以通过合作教学相互学习。多方面联系的合作与指导关系能增进困难内容的掌握,构筑新的理解。网络上可以获得的多媒体教育资源同样使得教师能够根据特殊目的创设和编排班级学习环境。

许多学习将在学校之外进行。学生在优秀教师通过互联网采用电子多媒体呈现的指导下进行自我教育。这一教育技术可以极大地扩展资源有限的学校系统中儿童的学习机会。学生们可以学习有才能的教师的远程课程,可以在手头拥有最好的图书馆、指导站和博物馆。电子媒介教学可以在结束正规学校教育后很久仍提供一种获取专门知识的便利工具。人们可以通过选择网上内容,按照自己的时间、地点和步调扩展知识和技能。网络将作为终身学习的主要教学手段。虚拟的机构越来越多地提供多媒体高等教育,既有国内的也有国际性的。

必须要把远程教育放在一个合适的位置上。教育技术只能做那么多工作。儿童可以从计算机终端学到很多东西,但他们需要人类的教师帮助他们树立效能感,培养抱负,并能发现自己追求的意义和方向。早期学校教育的内容容易失效和被长久遗忘,但人际间的和自我发展的效应持久不变。如果学生能充分运用这些机会,就必定可以发展相应能力,调节自己的动机和学习活动;而对运用这种教学系统准备不足或者缺乏机会接受这种教学的人,就很可能面临学业失败。因为资源的有限,劣势群体可能被遗留在这些教育系统之外。所以,除非给穷人们提供家庭计算机,让他们获得在线服务,否则富国贫国之间、一国之内优势群体和劣势群体之间的知识沟壑会更深。信息技术提供教育机会,而自我动机和抱负很大程度上决定人们如何利用那些机会。无论社会经济地位如何,在自我管理教学条件下,不稳定的自我调节者同熟练的自我调节者间的知识差距会扩大。

提供远程教育和资源索引的软件制造商对教育过程的影响与日俱增。同其他技术一样,电化教育在提供便利的同时也要付出社会代价。市场力量和生产伎俩开始支配教育的内容。获取机会上的不平等所致的不同社会影响已经受到人们的重视。自由上网,不仅能使学生研究教育资源,还可以看到父母和学校极力反对的材料。而且,学生可能出于攻击性目的运用互联网(Futoran, Schofield & Eurich-Fulcer, 1995)。因此,父母和教育者不得不同电教系统的副作用作斗争。

对于发展民族智慧的热情大多是由在全球市场竞争中取胜的道德规范所点燃的。并非所有这些生产性都是明智地运用资源或可以改善人类状况。通过高消费追求持续的经济增长要求有限的资源付出巨大的代价以及造成环境退化的广泛蔓延。往往,沉重的工作负担使人们没有多少时间和精力投入家庭、娱乐和公民生活。学校担负着更广泛的教育年轻人的社会责任。良好的学校教育培育有利于职业之外生活质量的心理社会成长。正规教育的主要目标应该是使学生具备其在一生的多种追求中自我教育所需的智力工具、效能信念和内部兴趣。这些个人资源使得个体可以为自己或为了更好的生活而获得新知识,培养新技能。

某种程度上受效能信念控制的各种心理社会过程与认知能力的培养有密切关系。主要的调节者,以前已作过广泛评述,包括认知、动机、情感和选择过程。这些效能调节过程不仅在设定智力发展道路中起关键作用,而且对于运用已形成的认知技能处理日常生活需求有相当大的影响。效能信念主要以三种方式运作,对支配学业成就之认知能力的发展起重要作用:学生对自己掌握不同学业内容的效能的信念,教师对自己激发和促进学生学习的个人效能信念,学校对于自己能取得显著进步的群体效能感。

学生的认知自我效能

对于效能信念在认知能力增长及其在适应和改变环境中的作用,已有长足的研究。最初的研究证实,效能信念知觉并非简单地反映认知技能,而是独立地作用于智力行为。科林斯(Collins,1982)选择三种数学能力水平中自我判断为高效能和低效能的儿童,让他

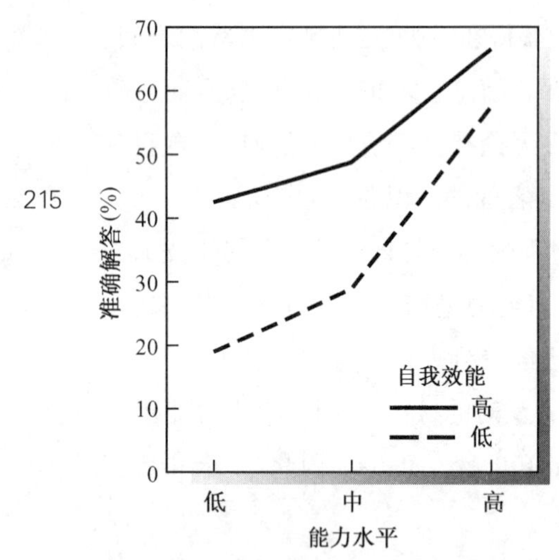

图 6.1 作为数学能力和数学自我效能知觉之函数的学生所取得的数学成绩平均水平(Collins, 1982)。

215

们解答数学难题。在每种能力水平中,有较强效能信念的儿童比起能力相同但怀疑自己效能的儿童,会较快地丢弃错误的策略,解决更多的难题(图 6.1),选择重做那些没做出来的题目,而且做得更准确。学生对自己成败的归因同其数学成绩无关。效能信念可以预测对于数学的兴趣和积极态度,而真实数学能力则不能。如本研究所示,学生行为表现不佳,可能是因为缺乏技能,或者虽拥有技能但缺乏妥为运用的个人效能感。

布法尔-布沙尔、帕伦特和拉里弗(Bouffard-Bouchard, Parent & Larivée, 1991)不仅证明了效能信念对认知行为的独立作用,而且明确了这种作用得以发生的某些自我调节过程。无论学生的认知能力是出类拔萃还是普通无奇,同等能力水平下,高效能感的学生在解决概念问题时,比低效能感者较为成功。每种能力水平下,自我有效性高的学生能够更好地管理自己的时间更加坚持不懈,而且不大会过早地拒绝正确的方案。

在以前引述过的布法尔-布沙尔(Bouffard-Bouchard, 1990)的一项研究中,比较清晰地阐明了效能信念对认知功能的因果作用。学生或高或低的效能信念是通过与假想的同伴准则相比较逐渐获得的,而不论其真实行为表现如何。认知能力相同的情况下,效能感得以提高的学生比自以为缺乏这种能力的人,会为自己设定更高的抱负,在解决问题时表现出更大的策略灵活性,获得较高的智力成就,更准确地评价自己的行为表现质量。效能信念既通过动机,又通过策略思维的支持,对成就发挥作用。

在一系列广泛的研究中,舒恩克及其同事运用一种能提供信息的实验范式,极大地增长了我们对于影响认知效能感的诸多因素及其对学业成绩的作用的认识(Schunk et al., 1989)。他们组织在数学和语言技能方面有严重缺陷的儿童参加自我指导的学习活动,活动中材料的组织方式有利于他们轻松地掌握亚技能。儿童学习基本原理并运用原理做数学练习。自我指导学习还辅以能影响儿童认知效能信念的指导性社会影响。这些影响包括认知操作示范、高级策略指导、运用不同形式的反馈影响能力自我估计以及增加能进一步促进认知技能发展的积极诱因和抱负目标。

这一范式的某些特征有助于因果分析。儿童在将已有技能作为效能知觉的来源方面所知甚少,而要通过长期教学影响的系统变化逐渐形成不同水平的效能感。实验性变化消除了因果来源和方向的模糊性。持续监测认知亚技能的获得,就可以评价在已获得的技能之外,效能信念的独特贡献。最后,这种处理在自然教育环境下形成了一系列复杂的学业技能。这就使得这些结果可以极大地推广到儿童在课堂上必须掌握的学业任务中去。 216

以下部分将回顾运用这一标准化范式进行的研究。在这大量的研究中(Schunk, 1989),对效能信念影响认知行为表现水平的解释是一致的:效能信念受认知技能获得的影响,但并不只是它们的简单反映。认知技能发展水平相同的儿童,智力行为表现因其效能感强度不同而不同。几个因素可以用来解释效能信念比已获技能所具有的预测优势。儿童在如何解释、储存和回忆他们的成败时不尽相同,因此,他们从类似成就中获得的自我效能也各不一样。而且,在判断自身能力时,儿童对作用于效能信念的社会影响的评价是独立于技能的。学业成绩是认知能力通过动机和其他自我调节技能来实现的产物。儿童形成的效能信念影响他们运用所知内容的一致性和有效性。所以,比起单独的技能来说,自我效能感可以更好地预测智力成绩。

本系列中采用路径分析的研究,进一步阐明了效能信念影响智力行为表现的不同路径(Schunk, 1984a)。图 6.2 是因果结构的一个示例。技能发展对学业成绩和儿童的学业效能信念较少直接影响。效能知觉通过直接影响思维的质量和对所获认知技能的妥善使用以及间接加强寻求答案时的坚持性,而对学业行为表现发挥较大的影响。

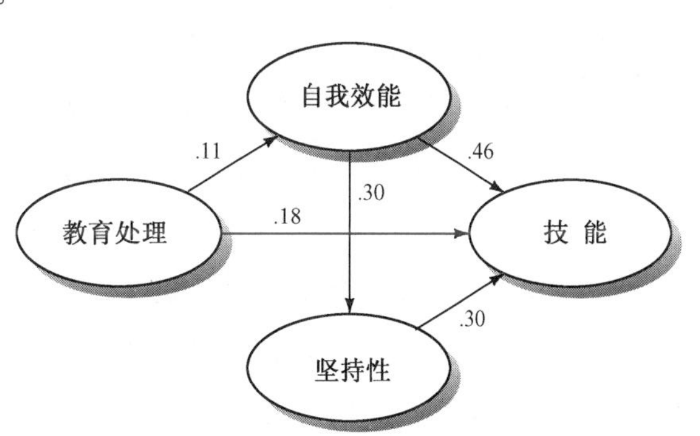

图 6.2 表明通过自我指导教育掌握数学技能中数学自我效能知觉中介作用的路径分析(Schunk, 1984a)。

自我有效的个体一旦发现解决办法手到擒来,他们就没有必要坚持。因此,因果结构中的动机联系最好要用难处理的问题来检验。当成功难以达成,高效能者会坚持不懈而低效能者则半途而废(Bandura & Schunk, 1981)。不改变能力,只是任意改变效能信念,观察个体尝试解决困难的或不可解决的智力问题时能坚持多久,动机联系可以得到更令人信服的表现(Brown & Inouye, 1978; Jacobs et al., 1984; Lyman, Prentice, Dunn, Wilson & Bonfilio, 1984)。效能信念的提高使人们坚持更久。

效能信念在学业成就中起着有影响的中介作用。认知能力水平、以前的教育准备和成就、性别及学业态度等因素对学业行为表现的影响,部分地有赖于它们对效能信念的影响。它们使效能感改变越大,对学业成就影响越大。对各类决定因素间直接和中介调节作用的分析,高度再现了认知效能信念对学业行为表现的独特贡献(Hackett, 1985; Pajares & Kranzler, 1995; Pajares & Miller, 1994a; Pajares, Urdan & Dixon, 1995;

Randhawa，Beamer & Lundberg，1993）。

217 通过抱负发展认知自我效能

认知能力发展需要不断参与活动。这种追求一旦被恰当地建构起来，就可以提供掌握性经验，用以建立所缺少的内部兴趣和认知效能感。获取这类持久的自我激励的最佳途径，是通过能产生效能感和完成操作的自我满足的个人挑战（Bandura，1991b）。个人目标的激励力量部分地决定于人们对未来规划的远近。短期或切近的目标提供即时激励，指导当前追求。远期目标遥不可及，无法成为有效的自我激励源。日常生活中往往有太多不同因素，影响远景目标对当前行为的控制。一味关注遥远的未来，就会把困难活动推延至未来的某个时候。维持自我动机的最佳方式，就是将长期目标同一系列可以达成的亚目标结合起来，前者为个体设定努力的道路，后者则在此过程中指导和维持个体的努力。

近期目标除了可以作为认知激励外，还是发展个人效能感的有效工具。没有测量自身行为表现的标准，人们就无从判断自己做得如何、能力怎样。亚目标的达成表明掌握程度越来越高，有助于形成和证实日益增长的个人效能感。将一个复杂活动分解为一系列可以达成的亚目标，使其简化，这也有助于规避高抱负带来的自我菲薄。同样的成就和近期亚目标相比较可能显示出显著的进步，而同崇高的长期抱负相比则可能微不足道、令人失望。人们可能获取技能但得不到多少自我效能感，因为当前成就同远期标准间有很大的差距。个体越不自信，就越需要明确、切近以及经常性的进步反馈，来反复肯定其能力的增长。

有一项研究揭示了亚目标的效能促进效应。儿童进行自我指导学习，设定掌握不同数学技能的最近亚目标，或到未来某一时候掌握所有技能的远期目标，或是没有任何目标（Bandura & Schunk，1981）。受近期目标激励的儿童很快取得进步，牢固掌握了数学运算，并发展出强烈的数学效能感（图 4.7）。没有证据支持远期目标的效应。只有远期目标或没有目标的儿童仍怀疑自己的能力，通过努力所获甚少。无论目标系统变化如何，儿童效能感提高越多，数学成就越大。单是获取技能本身不足以预测儿童运用其数学知识解决问题的情况如何。

不同学业领域、各种目标类型的研究都表明目标在促进认知发展方面的作用。阅读理解辅导班中，以提高理解成绩或熟练运用理解策略为目标的儿童，比起心目中只有一个一般性目标的儿童获得较高的效能感和阅读成就（Schunk & Rice，1989）。获取知识技能的学习目标通过强调个体取得的进步，比单单关注行为成就在发展个人效能感和熟练性上更为有效（Schunk，1996）。当然，这些目标定向都可以起到赞美的作用。近期学习目标有助于形成达到所期待的成就的途径。

有效的目标系统表现为一个等级结构，近期亚目标调节用以实现远大抱负的动机和行为。但如前所示，近期目标并非只是高远目标简单的附属传输工具。亚目标通过引入自我评价而使活动对个体具有重要意义。在追求较高的远期目标时，不断进步的成就带来的满意感就是对其自身的一种回报（Bandura & Schunk，1981）。

218

有效的自我调节者在能获得自身行为表现的反馈时，就会采用渐进提高的目标，投入到最切近的挑战性活动中去（Bandura，1991b；Bandura & Cervone，1983）；而没设定任何改进目标的人则一无变化，并且落后于那些志在挑战自己、超越过去的人。对于认为自己没有效能，总需要说服性证据反复证明自己具有高成就所需本领的个体，关注阶段性进步而不是最终结果尤为重要。如果指导和信息反馈的重点在于掌握可以使人进步的策略而不是只关注行为成就水平，个人效能信念是很容易逐渐建立的。当一个人知道如何在特定努力下由生手变成行家，就会逐渐形成对自身发展的控制感。

舒恩克和赖斯（Schunk & Rice，1991）证实了策略性能动目标的价值所在。接受阅读辅导的学生中，努力掌握理解策略并就成功运用策略得到反馈者比那些试图获得策略但没有反馈、或是将目标关注点投向成就水平的人，有更高的效能感和更好的行为表现。对于有严重缺陷的儿童，单单策略指导并不能提高他们的效能或认知技能（Schunk & Rice，1992），还需要不断证明他们运用那些策略可以产生特定结果。他们的效能知觉提高越多，越会运用策略指导行为。当所学技能必须要迁移到新情境并长久保持时，将策略训练和个体在策略掌握上取得进步的反馈结合运用，获益尤为明显（Schunk & Swartz，1993）。

如果没有个体的投入，目标不可能起很大的作用。目标投入受个人决定程度的影响。对自己选择的目标，个体在达成过程中会涉入较多；而对外在指定的目标，个体则不一定必须接受或有义务完成。如果只需要有效地使用已有技能，有目标可以使人做得更好。自我设定的目标可以提高满意感，但不一定能比指定目标产生行为上的提高（Locke & Latham，1990；Locke & Schweiger，1979）。技能发展中，目标的自我决定性可能较为重要，对那些怀疑自身能力的个体尤为如此。因此，有严重数学缺陷的儿童，在自我设定目标的情况下，比起被指定相同的目标，或是没有目标要求而进行自我指导学习，对目标达成有更高的初始期望，发展出更强的数学效能感，并取得更高的数学成就（Schunk，1985）。

另一个可以提高个体对活动中认知技能的自我发展性投入，但所受关注不多的方式是将积极奖励同目标达成相联系。在自我指导学习中采用切近目标并在达成目标时给予奖励，比单用目标或奖励更可以提高个体的效能知觉、对目标达成的期望以及学业成绩水平（Schunk，1984c）。提高了的自我效能感伴随着更高的学业成就。

通过发展自我效能培养内在兴趣

人们对于自己喜欢做的大多数事情，最初时都没有什么兴趣。孩子们并非天生就喜219欢唱歌剧咏叹调、演奏低音巴松管、解数学方程、写十四行诗或是推铅球。但当经过恰当的学习以后，几乎所有活动对个体都可能充盈着迷人的个人重要性，虽然对他人也许毫无意义。好的指导在增进技术性技能的同时，还应促进个体对学科问题的兴趣。如果讲授能使学生对所学逐渐建立起兴趣，那就可以培养学生在指导停止后很长一段时间里自发的学习。

人们如何在最初缺乏技能、兴趣和自我效能的活动中发展兴趣，这是一个非常重要的问题。内在兴趣发展中主要的概念和实证问题已在其他地方有所论述（Bandura，1986a），当前的回顾主要分析效能信念对内在兴趣发展的作用。社会认知理论认为内在兴趣的增长是通过有效的自我反应和自我效能机制培养的。人们在自己感觉有效能的活动中行为表现出持久的兴趣，并从中获得自我满足感。这两个自我功能都基于个人标准。在人们获取持久快乐的大多活动中，行为本身或是其自然反馈都并不具有内在的奖赏作用。虽然行为不是它自己的奖赏，但它一旦具有个人重要性它就可以为自己提供奖赏。一旦活动的自我投入同个人标准联系在一起，行为成就的变化就激发起自我满足或是不满。对于登山运动员，在恶劣的天气中辛苦地攀爬陡峭的山崖本身并非一件快事，是征服高峰后的自我满足令人兴奋。如果排除个人挑战，攀岩就是一件相当烦人的事。是人们对其行为表现的情感自我反应构成了赞赏的主要来源。引用一个不太普遍的例子，演奏大号并没有什么固有的满足，但对于一个有抱负的大号演奏者，表演能够达到某个期望的标准会使他感到莫大的满足，这能使他继续演奏。智力、运动和艺术等活动中的进步同样可以激发自我反应，产生一种完成感，一种对于成就的个人激励。人们对自我评价的追求迥然不同，因此，给某个人能带来自我满足的对另一个人可能就意义不大或者根本就不重要。

个人标准至少可以从三方面提高活动兴趣。挑战性标准使人持久地投入到建立能力所需的活动中去。克西克曾米哈依（Csikzentmihalyi，1975，1979）考察了活动中是什么使人们能够在各种类型的生活追求中全神贯注、自得其乐。他发现，几乎所有活动都可以通过选择同个人能力感相匹配的挑战和获得进步的反馈来培养起内在兴趣。一项活动，能够数小时牢牢吸引住人，其最重要的一个结构特征就是它有没有一个个人挑战性目标（Malone，1981）。当人们瞄准并掌握了有价值的操作水平，就会体验到一种满足感（Locke & Latham，1990）。源自目标成就的满足就会建立内在兴趣。标准还可以通过提供证明自己的能力水平和能力增长的标志来促进个人效能的发展。没有标准，能力的自我评估变得含糊不清。在控制任务中拥有个人效能感与缺乏有能力完成任务的效能感相比，较易于激发起兴趣。

亚目标的达成能够使人们对本来受轻视的活动建立内在兴趣，前述的研究中支持了这一点，儿童分别在切近目标、远期目标以及没有任何参照目标的条件下，参加数学自我指导学习（Bandura & Schunk，1981）。所有发展出强效能感和主要有亚目标挑战的儿童，对数学活动具有内在的兴趣。太难太远的挑战降低了适度进步的意义，既不能增进效能感，也不能培养内部兴趣。摩根（Morgan，1985）的一项研究中，使大学生在一个学年中提高自己的学业成就，结果进一步证实了近期亚目标对促进兴趣的意义。比起那些瞄准远期目标的人，为自己设定短期目标的学生不仅成就较高，而且发展出更大的学科兴趣。个人效能感不仅能提高智力活动的兴趣和愉悦，对身体运动也是如此（McAuley，Wraith & Duncan，1991）。 220

有必要对效能感增长同兴趣提高间关系的本质进行系统研究。不重视甚至不喜欢的活动中，新获得的效能信念同兴趣增长间有一段时间上的滞后。在时间滞后模式中，高效能感推进掌握经验，经过一定时间的掌握经验提供有益于兴趣提高的自我满足。事实上，如果兴趣提高经历这样一个时间过程，那么它就不是自我效能感增长的即时结果，而是要稍后才出现。阈限观提出另一种可能的关系。要产生并维持对一项活动的兴趣，起码要有中等程度的效能感，但阈限水平之上效能感的提高并不增加兴趣。的确，极大的自信会使活动没有挑战性，也就失去兴趣。有资料支持阈限观（Bandura & Schunk，1981）。无论儿童追求的目标是什么，中等到高强度的效能信念可以预测高的内部兴趣。哈拉克伊威兹、桑森和马德林克（Harackiewicz，Sansone & Marderlink，1985）曾有类似的发现，自我效能感调节对任务的乐趣，但这些因素不是线性相关。时间迟滞和阈限效应绝非不能相容。事实上，两者在内部兴趣发展中都可能起作用。

大多学业活动都呈现出不断增长的挑战性。无论你获得多少知识和认知技能，仍有很多东西要学习。过去的成就很快就被超越了，人们要在更高的成就中寻求自我满足。因此，在追求卓越中，学生效能信念越高，他们为自己设定的学业挑战性越大，对学业问题的内在兴趣也越浓（Pintrich & DeCroot，1990）。即便排除能力的影响，个人效能信念仍可以预测不同职业追求水平以及特定学科中的兴趣水平（Lent，Larkin & Brown，1989；Lent，Lopez，Bieschke & Socall，1991）。

与其他所有形式的影响一样，目标运用不当也可能造成嫌恶而非滋生兴趣。当个人标准创设挑战并能引导抱负时，可以增进兴趣。但如果由他人指定的目标，对个体强加限制和操作负担，追求就变成令人讨厌的事了。所以，有关目标设定的主张必须要限定它们所采取以及被运用的形式。莫斯霍尔德（Mossholder，1980）报告，目标在呆板的任务中，通过挑战性的激励可提高兴趣，但在本来有趣的任务中却会降低人们的兴趣。如果抱负和挑战性对通常有些趣味的活动起不良作用，就不能很好地服务于自我发展。所幸事实并非如此。有趣的活动，如果优秀的标准越来越高，不断提出新的挑战，就可以增强内在兴趣；而同样的活动若没有挑战性则不能增强兴趣（McMullin & Steffan，1982）。如果一项有趣活动的亚目标由于易于完成而不具什么挑战性，那么，被认为较难达成的远期目标可能会持有较大兴趣（Manderlink & Harackiewicz，1984）。没有相应能力增长的日常生活中的成功并不是特别好的乐趣之源。发现近期目标培养效能感和内在兴趣的有关研究中，每一个近期亚目标都对掌握亚技能提出新的挑战（Bandura & Schunk，1981）。

积极鼓励被广泛应用于提高学业活动兴趣。有些研究者（Deci & Ryan，1985；Lepper & Greene，1978）对此举的明智性提出质疑，因为某人因参与某项活动而获得奖励，更可能降低而不是提高其随后的活动兴趣。他们假定，外在激励由于削弱了能力驱力或将成绩归因从内在动机转变成外部奖励而降低了兴趣。

221 无数研究发现，激励对兴趣的影响比通常所说的要复杂得多：奖励可以提高、降低或者根本不影响活动兴趣（Bandura，1986a；Bates，1979；Kruglanski，1975；Morgan，1984；Ross，1976）。在评价激励对兴趣的影响时，很重要的一点是要区分，激励是用来操控行为的还是培养个人效能的。当外在激励只是用来让人们反复完成兴趣已经极高的活动时，最可能降低兴趣（Lepper，1981）。在这类松散的依随条件下，无论行为表现的水平和质量如何都可以获得奖励。但即便是不加区别地给以奖励，有时也会提高兴趣（Arnold，1976；Davidson & Bucher，1978），有时会增强低兴趣而降低或不影响高兴趣（Calder & Staw，1975；Loveland & Olley，1979；Mcloyd，1979），或是降低低兴趣而对高兴趣无显著影响（Greene，Sternberg & Lepper，1976）。如果某一特定因素影响微弱，其效应易为同时存在的其他影响改变或压倒，就会出现相互冲突的结果。人们已经对许多可能的影响因素作过研究，但结果常常没有定论。这些因素包括：奖励和行为联系的紧密程度；已有的兴趣和能力水平；奖励的大小、显著性和价值；活动类型；对内在兴趣的测量是如何又是何时、何地进行的。不加区别地谴责积极激励，认为它会削弱兴趣，大多反映了信条胜过证据。

对掌握活动的激励有助于兴趣和效能感的增长。正面激励增进行为成就。结果获得的知识技能可以使个体实现个人的价值标准，进而提高个人效能信念。因此，有数学障碍的儿童因掌握亚技能而受到鼓励，就会促进其数学能力的习得和数学效能感的提高。而非依随性的奖励或没有激励的自我指导活动，产生的能力水平和效能感都非常低（Schunk，1983a）。

各方面研究表明，当正面激励提高或是证实个人效能时，就会增进兴趣。无论成人还是儿童，当他们的行为成就获得鼓励时都会维持或是提高活动兴趣；但如果对活动的奖励并不考虑他们的行为表现如何，其兴趣就降低(Boggiano & Ruble，1979；Ross，1976)。对表现能力的行为外部奖励越多，就越是会提高活动兴趣(Enzle & Ross，1978)。当奖励同能力水平相连时，如果能力受到大量的奖励，所产生的对活动的兴趣要比只给以微弱的酬劳时强烈得多(Rosenfield，Folger & Adelman，1980)。当对活动成绩的物质奖励伴随有个体对能力的自我言语表达或是对能力的社会反馈时，儿童和成人都会维持高度的活动兴趣(Pretty & Seligman，1984；Sagotsky & Lewis，1978)。如果参与活动就可以提供有关个人能力的信息，那么即便个体只是由于承担某一任务，并非行为表现良好而受到奖励，也会提高其兴趣(Arnold，1976)。

在所引述的一些研究中，认知调节机制是作为能力知觉而在总体上加以测量的。对行为质量进行奖励可以提高能力知觉，它又转而可以预测内在兴趣。赞成高标准者努力使工作尽善尽美，哪怕所获奖励只是奖励他们完成活动而不考虑质量(Simon，1979b)。因此，有时候就可以用能力感来预测兴趣，而不考虑奖励是针对参与活动还是在活动中行为表现良好(Arnold，1985)。整体的自我概念并不是能力知觉的最敏感的量度。运用微分析测量进行的研究最直接地证明，与优秀标准相联系的激励，一定程度上是通过其对效能信念的影响提高内在兴趣的(Schunk，1983a)。

根据德西和瑞安(Deci & Ryan，1985)的研究，如果奖励起控制作用，就会降低兴趣；而当它传递能力信息时，则会增进兴趣。区分两者是容易的，但实际激励系统通常体现了许多不同特性，因而难以分类。而且，激励的处理通常包括了双向而非单向的影响作用。拥有重要技能的个体认为，是自己的胜任行为表现换来奖励，而不是相反(Karniol & Ross，1976)。他们认为自己不是迫不得已的接受者，而是自身才能应得奖励的控制者。 222

研究激励如何影响兴趣，曾经是以对激励系统的直觉和事后分类为基础的。最初，根据行为成就所给予的奖励被认为比起无行为表现要求的奖励更具控制性，因此，更不利于兴趣。这一假定并没有得到很好的实证，因为不论行为表现如何而奖励个体，虽然明显比要求他们达到某一行为标准较少控制性，但更可能削弱兴趣。于是人们重新认为一般可增强兴趣的针对行为成就给予的奖励是提供信息的。相同类型的刺激是主导控制型的还是信息型的，不同研究的区分不尽一致。这显示了控制性—信息区分的随意性及其作为组织原则的局限。除非有客观准则可依，能将奖励划分为控制性型的、信息型的或是能反映其他相关方面的理论才易于检验。

控制性—信息二分法决没有穷尽论述影响自我效能、兴趣和动机的激励之特性。激励也可以作为挑战。当人们因达成特定标准而获得激励时，就会给自己设定目标。正面激励能在多大程度上提高成就，部分地受它对个体自设挑战水平的调节(Locke & Latham，1990；Wright，1989)。挑战激励人们发展和实施其效能，它们是兴趣的主要决定因素。因此,在评价激励系统时,必须区分某一诱因的报偿和它的挑战性。对装配线上的工人,激励系统有回报但没有挑战性;对有抱负的奥林匹克运动员,对奖牌的渴望是一种挑战,激励他们勤奋拼搏,不断完善运动能力。外在诱因提供的挑战性越大,就越可能发展自我效能和兴趣,并使个体更深地投入活动。就像激励系统并不必然与自我决定相对立,单单能力反馈也并不一定像所说的那样可以建立兴趣,这有赖于能力反馈传达的信息是好是坏。对可怜的进步或能力不足的反馈,会因削弱个人效能感而产生自我决定的内部障碍。

不能将前述讨论误认为是大力提倡外在诱因的运用。有无数的例子可以表明,这种奖励的运用有欠考虑,且更多是出于社会调节的需要而不是为了人发展。应该在必要时运用奖励,而且主要是为了培养能力、个人效能感和持久的兴趣。随着对活动的投入程度及技能的提高,社会的、象征的及自我评价性奖励均可能起到激励作用。可以创造性地组织活动,以捕捉和提高兴趣(Hackman & Lawler, 1971; Malone, 1981; Malone & Lepper, 1985)。使任务具有积极的特征,使其充满乐趣;通过目标设定创设个人挑战性;引入变化避免单调;鼓励对成就的个人责任;提供进步反馈等,都可以达到这个目标。而且,榜样表现出的热情会影响对原来被认为无关紧要的活动的兴趣。那些寻求挑战、乐于工作,而且不因困难而沮丧的指导者,以自己的榜样作用引导他人寻求认同,完成类似的活动。组织和示范的活动越是无趣,人们越可能以外在诱因为动力。

223

运用认知和元认知技能的自我效能

心理学已经就个体如何加工、表征、组织以及回忆信息等问题投以很大的关注。研究已经澄清了认知活动的许多方面。然而,这种孤立的认知主义对于控制人类发展和适应的诸多自我调节过程的确缺乏公正性。有效的智力功能需要的远不只是对事实知识的简单理解和特定活动领域的推理行动,而且还需要组织、监控、评价和调节个体思维过程的元认知技能(Brown, 1984; Flavell, 1978a; Meichenbaum & Asarnow, 1979)。有效的教学的一个组成部分是教学生如何控制自己的学习。元认知包括对自己认知活动的思考,而不只是运用较高级的认知技能。在构建解决问题的方法时,人们必须引导他们的注意、辨认环境任务的要求、运用相关事实和操作知识、估计其技能的适当性和多面性、检测他们的理解以及基于努力的结果评价和修改其计划和策略。操作能力牵涉到多种认知、社会、情感和动机技能的即时运用。

增加元认知技能扩展了认知理论的范围,但仍然忽视了在认知发展和功能中起重要作用的自我参照、情感和动机过程。元认知技能同其有效运用间存在重大差别。知道如何去做只是问题的一部分。智力活动失败往往并非由于缺乏认识,而是由于对认知和元认知技能的错误使用或运用不足(Flavell, 1970; Bandura, 1986a)。人们需要一种效能感来一贯、坚持并熟练地运用他们的所知,特别是当事情进展不顺利或是有缺陷的行为带来消极结果时。假定有了适当的亚技能,成功的行为不仅事关能力,效能感也很重要。不同效能信念的才子在知识和技能运用上表现出的显著差异揭示了这一点(Wood & Bandura, 1989a)。对理论进行评价,不仅可以看它所能够解释的东西,而且也可以看它所忽视了的决定因素和过程。我们将暂时返回到教育性自我指导的理论,对它作一详细分析。

两方面的调查表明了效能信念对认知发展和功能的自我调节的贡献。第一条道路主要关心如何获取、运用以及监控与任务相关的策略,以保证其有效性;第二条道路范围更广,不仅包括任务策略的执行,而且包括人们如何为自己建构有利于学习的环境以及如何调节动机、情感和社会认知技能来实现自己的抱负。本章首先来看策略调节功能,然后将回顾更广泛的自我调节作用。

策略指导对智力行为的作用一定程度上受效能信念的调节,这已经在舒恩克(Schunk, 1989)的一系列研究中得到充分的展示。给在数学和阅读理解方面有缺陷的儿童提供策略知识,并教他们如何监控自己的理解水平以及在需要时作出正确行为。任务策略直接或是通过提高个人效能信念而提高了行为水平(Schunk & Gunn, 1986)。洛克及其同事在控制能力水平的条件下,也发现了策略指导对于创造性的类似的双路径影响(Locke et al., 1984)。

一些有关人类发展的理论极其关注语言的自我调节功能。鲁利亚(Luria,1961)提出三阶段发展过程:最初,儿童行为受他人言语指导的调节;随后,儿童以明显的自我指导引导行动;最终则是隐蔽的自我指导在起作用。在维果斯基(Vygotsky, 1962)的理论中,内部言语也同样作为思维和自我指导的主要工具。梅彻鲍姆(Meichenbaum, 1977, 1984)用以提高人类能力的方法之要义,就在于发展有益的自我指导言语。在应用这类方法时,先描述认知技能,并让示范者大声说出他们解决问题时的思维过程和策略选择;再让个体在指导自己解决问题时练习用语言表达榜样的计划和策略。此外,当出现问题时,他们使用应对自我指导来对抗自我弱化思维模式。有缺陷的和错误的思维习惯在这一外显的自我调节阶段得以纠正。然后个体内隐地练习言语自我指导。当新技能变成常规,就不再需要有意识的指导,除非它没能产生预期结果。

224

言语自我指导提高能力的途径有几种。自我指导言语提高了对所教认知技能的注意和演练,从而促进学习和保持。但受指导的自我指导不仅传递策略信息,就运用策略会产生良好结果而言,它还会证实这些策略的价值。预期的收益引起动机,激励人们去运用能够奏效的认知帮助。此外,成功的自我指导一次次肯定了个人的力量——个体已经有能力控制自己的思维过程和操作了。

已经表明，在通过熟练的人际交流促进自我表达中，自我指导训练可以建立自我效能(Fecteau & Stoppard，1983)。自我指导训练使人们的效能信念提高得越多，他们的行为成就就越大。通过自我指导中的指导，效能信念在学业能力发展中所起的调节作用已得到舒恩克及其同事的支持。在解决问题时用语言表达其认知策略的低成就儿童，比起受过同样的训练但没有进行语言自我指导的儿童来，自我效能感有较大的提高，在数学和阅读理解中有更好的行为表现(Schunk，1982b；Schunk & Rice，1984，1985)。自我指导越广泛，对效能信念和成绩的影响越大(Schunk & Cox，1986)。

有较大语言缺陷的儿童，需要大量有说服力的证据来克服他们对自身的学习能力以及认知策略的指导价值的怀疑。要教这些学生提高阅读理解的策略，练习大声说出策略步骤并将其减弱为内隐的自我指导，而且要不断用反馈证明策略的有用性(Schunk & Rice，1993)。增加内化的言语自我指导的练习及效用反馈，可以增强阅读效能感、增加策略使用和提高阅读理解技能。将语言消退与效用反馈相结合，会使人们更持久地运用阅读策略。儿童的效能提高越多，策略运用也就越多，阅读理解也就越熟练。

有机会进行即时的自我指导，比由他人提供策略的自我指导，传达的是一种更为普遍的个人因果感。对于如何应用各种情境中所教的认知亚技能即便没有太多理解和熟练，个体也可以重复别人告诉自己的东西。相反，即时运用包括个人力量的发挥。当然，在认知技能极度缺乏的情况下，单单大量的即时的自言自语并不能创造出认知技能。但对于认知操作和策略的信息，自我指导比外在指示下的自我指导能产生更高的个人效能感和智力行为(Schunk，1982b)。

先前的研究总是明确地教给人们解决智力问题的策略。许多问题解决活动就方法而言是无穷尽的。它们往往包括多重任务，其中一些有欠明了。可能的解决办法多种多样，有些办法比其他的更好一点。满足于某种解决往往就不再寻求最佳的方法(Schwartz，1982)。适合某些情境的办法在其他情境中却难以奏效，使得问题更为复杂。因为条件的变化，人们常常不得不自己寻找有效的策略。即便是已经建立的策略，也要因地制宜，而不是仪式性地简单使用。在处理这种情境时，人们必须利用可靠的知识基础，有效运用认知技能搜索出相关信息，建构可供选择的项目，并根据决策结果检验和修改其策略性知识。

225

早些时候我们注意到，效能知觉可以促进有利于从事复杂活动的自我生成分析策略(Wood & Bandura，1989a)。好结果难以获得时，高效能感的人仍保持策略性思维，寻求最佳的解决办法；而那些效能感低的人则难以发现良好的探索策略，以反复且无效的努力告终。类似地，贾尼斯和曼(Janis & Mann，1977)也发现，失败后的自我怀疑会促使人转向一个比较差的策略。这包括对可选项目不适当的识别和评价、对结果信息没有充分使用以及对以前努力结果的错误回忆。总的来说，结果表明，效能知觉既促进策略发展，也影响其获得以后的有效运用。

行为反馈对自我效能知觉的影响

在进行教学时，教师反复不断、直接或间接地向学生传递评价信息。作明显评价时，教师评定学生的学业行为表现、评说成败原因，并比较他们在同学中的排名。比较微妙的评价反应的形式多种多样，比如对学生的关注程度的差异、对他们抱什么样的学业期望、为他们设什么样的标准、如何对他们进行教育分组、分派给他们的学业任务的难度水平等等。教师的评价反应会影响学生对其能力和学业表现的判断（Jones，1977；Meyer，1992；Rosenthal，1978）。一点都不奇怪，学生对其学业能力的评定同教师对他们的判断密切相关（Rosenholtz & Simpson，1984）。后面将提到学校实践作为效能信息的传递者的作用方式。现在分析教师的直接评价性反应对效能的影响。

舒恩克及其同事证实了因果评价对学生效能信念的塑造力量。将学生学业任务中的进步归功为能力比将进步归因于努力会产生更大的效能感和成就（Schunk，1983b，1984b）。在相同的自我指导学习中，告知学生他们通过自己的努力获得提高，较没有任何社会反馈更能提高效能感和行为成就（Schunk & Cox，1986）。然而，如果反馈给人的印象是，通过艰苦努力获得的提高意味着个体必定是接近能力的极限了，那么将早期的进步归为能力而后面的进步归为努力就将降低效能感和成绩（Schunk，1984b；Schunk & Rice，1986）。

努力归因隐含的效能意义是积极的还是消极的，部分取决于它们所包含的能力概念。相信自己的能力是通过持续努力而建立的个体，成就的努力归因会提高效能。但那些认为能力是一种固有倾向因而也较少受个人控制的人，当被告知其进步源自努力时会怀疑自己的效能。人们在能力概念以及努力是形成能力还是补偿能力低下方面存在差异（M. Bandura & Dweck，1988；Dweck，1991；Surber，1984）。因此，将成就归因为努力的反馈比归因为个人能力，对效能信念和行为表现会产生更加变化不定的影响。与在其他影响源中一样，随不同类型的归因反馈而变化的效能信念也可以很好地预测学业成就。 226

对全班学生所做的因果评价对他们效能感和数学成绩产生的影响，与对个人进行反馈的结果非常相似（O'Sullivan & Harvey，1993）。被告知进步反映了他们解决学科问题的能力的班级，效能感显著提高，而且比将成就归为高度努力的班级行为表现出色。努力归因对效能感、自我评定的准确性或数学成就的影响不大。的确，引导低能力班级将进步解释为能力日渐增长的标志，最终，他们的自我效能感和数学成就能够达到相当于那些作努力归因的能力强的学生的水平。

努力归因对效能信念及行为表现产生的不一致效应引发一个问题，即对低成就学生进行归因再训练，告诉他们成绩的好坏取决于他们为做得更好而投入多少努力。由于努力是个人可以控制的，可以假定这种反馈能够激励个体取得更大的成就。这在理论上可能不错，但结果却不尽一致。对严重缺乏必需的亚技能的个体，反复不断、转弯抹角地告诉他们应该加倍努力但不教其如何将努力变为成功的方法，最终会削弱他们的士气。他们已经不止一次地听过这样的说教了。也不能一个劲地告诉遭遇极大困难的个体他们是极有才能的。这种条件下，促进效能感的最佳方式，是将失败归因为缺乏可以习得的知识和认知技能，并以最接近的亚目标，运用有指导的掌握来强调个人能力的增长。比起简单地将成绩归因为努力或天赋能力来，关注可习得的掌握手段提供有教益的指导和更具说服力的才智证明。这一迹象也让人们关心归因理论中对努力和能力的通常解释方式——能力是稳定的个性而努力是可变的因素。事实上，人们的能力概念各不相同(M.Bandura & Dweck，1988)。将能力说成是一种固有才能倾向会损害能力的自我发展(Jourden et al.，1991；Wood & Bandura，1989b)。相反，将能力视为可习得的技能则培养人们乐观坚韧的效能感、助长人们确定挑战性的个人抱负、促进分析性思维的精通以及提高行为成就。

强调学业作业的质量是另一种隐含效能信息的教师反馈形式。有关自我调节创造性的研究说明了这一点。研究中，学生能够通过自愿就其所学的内容题材编制调查题目来赢得分数奖励(Tuckman & Sexton，1991)。如果反馈说某人所做的工作是高质量的，会逐渐提高其效能感，这又可以预测随后的成绩。相反，只就某人做了多少工作进行事实反馈而不提及其质量如何则没有提高效能感和创造力水平。

社会认知理论提倡从多方面增进学生成就，来取代归因理论所限定的方式。能力被解释为一种可变的特质，个体可以对其施加一定的控制。有指导的掌握被作为能力培养的主要工具(Bandura，1986a)。这种使能的方式运用认知示范和指导性帮助，循序渐进地传授相关的知识和策略。提供多种机会就什么时候怎样运用策略解决各种问题进行有指导的练习。随着能力的获得，逐渐降低社会指导水平。用确保自我投入动机和持久进步的方式组织行为、激励及个人挑战性。将日趋熟练归因为个人能力的扩展。自我指导的掌握经验被用来加强和概括个人效能感。每种影响模式的建构都是通过让人们建立对探索学习的自我调节能力，强化学生能够对自己的智力发展实施一定的控制的信念来实现的。

227

通过交互建构有助于知识、能力和自我信念增长的环境所进行的有指导的掌握，同维果斯基的由社会引导实现的指导有某些相似之处。但社会认知理论具体说明了促进认知发展的诸多指导方针的动机和自我调节机制。而且，社会认知理论更为关注的是作为个体发展中心的能动发展，而不是关注作为个人自我调节器的社会功能的内化。动因观点致力于人们如何解释、选择和构建学习环境。如本章中所证明的，认知能力的社会起源远远不只是合作性指导。虽然许多学习是社会性的，但当人们发展了自我调节后就会自学很多东西。

当然，认知发展是发生在社会文化发展实践中的。这些影响通过家庭、同伴、教育、邻里、媒体及其他文化子系统交互地产生作用。很长一段时间里，认知发展被认为是内在心理活动而极大地割裂了它的社会根基。不过，宣称人类的发展和活动是处于社会之中的，已经不再具有什么新闻价值了。重大的进展要超越这种不言而喻的道理，转为证实这些丰富多样的社会文化实践是通过怎样的途径发挥影响的。本章后续部分将谈到因果结构。

自我调节的认知发展中的自我效能

自我指导能力的发展，不仅使个体在正规教育之后仍能继续保持智力成长，而且能提高其生活追求的性质和质量。变化的现实需要终生自我指导学习的能力。知识技术日新月异，人们要想在竞争日益激烈的环境中生存并取得成功，能力必须不断提高。而且，人类的寿命越来越长，如何使延长的日子过成自我实现而非索然无味，一定程度上有赖于与年龄俱增的自我发展。现实的变化需要终生的学习者。

随着学生在教育中的进步，他们的学习也应该越来越自我指导，但事实并非总是如此。教师面临着挑战——如何根据学生不同的教育自我指导水平，增强其尚未充分发展的自我调节技能，对他们进行教育(Grow，1991)。对自我调节在知识和认知技能获得中的作用分析，很大程度上曾被限制在使用与任务相关的元认知策略提高学业学习的范围内。这种自我调节方法中，元认知思维常常被归为陈述性或事实性知识以及有关问题解决步骤的程序性知识。可是，拥有知识同能够熟练行动之间有一个重要差异。知识和认知技能对于学业成就可能是必要但不充分的。学生常常知道该做什么，但不能将知识转化为熟练的操作。即便他们能进行熟练的知识转化，但让他们独自完成时往往也做得不好，因为他们难以做出必要的努力以完成困难的任务要求。

终生认知发展研究的一个主要进展关系到自我调节学习的机制。元认知理论者从选择适当的策略、检验个体的知识理解和状态、矫治缺陷以及认识认知策略的效用等方面来论述自我调节的实用问题(Brown，1984；Paris & Newman，1990)。元认知训练有助于学业学习，这种训练由多种成分组成。预期的效用和自我矫正技能对学业成就的独立贡献以及它们向学生要对自己的学习负主要责任的情境的可迁移性，还需得到系统的检验。 228

有充分理由相信,策略指导中加入这些形式的自我管理可以提高学业学习。但认知策略的自我纠正只是人们调节自己认知发展和功能的方式的一小部分。

社会认知理论整合了自我调节的认知、元认知和动机机制(Bandura, 1986a)。这个理论在两个方向上扩展了自我调节概念:首先,它包括了一套更大的控制认知功能的自我调节机制;第二,它不仅包括认知技能,还包括社会和动机技能。正如以前曾简单提到过的,知识结构通过既包括转换性又包括产生式操作的概念匹配过程转化为熟练的操作(Bandura, 1989b)。在学业学习中,这一过程包括将个体所知道的同其所寻求的理解水平作比较,然后获取必要的知识。

人们已经普遍认识到,自我指导学习不仅需要认知和元认知策略,还需要动机。动机是一个包含自我调节机制系统的一般构念。要想解释行为的动机来源,必须详尽阐述控制动机三个主要特征——选择、激活及保持行为指向特定目标——的决定因素和干预机制(Bandura, 1991b)。很多时候,相互联系的动机机制的各个侧面被分裂为出自不同理论的不同构念。构念的混杂呼唤理论的整合。

自我指导学习的动机方面包括许多相互联系的自我参照过程,如自我监控、自我效能评定、个人目标设定、结果期望以及情感自我反应。这些组成活动通过自我系统的投入促进人们对学业活动的专注。而且,认知发展和功能作用还包含于社会关系之中。因此,运用社会资源以及处理学校经验的社会性结果的技能,是自我指导学习的另一个重要方面。稍后将讨论社会方面的各种形式。

齐默尔曼(Zimmerman, 1989, 1990)是扩大的学业自我调节模型的开先河者。在社会认知理论的概念框架内,人们必须发展技能来调节决定其智力功能的动机、情感、社会以及认知因素。这需要对学生学习经验的各个方面发挥自我影响。开始阶段,学生必须学会如何选择和构建有利于学习的环境背景。选择固定的时间和地点更能保证学业活动的开展。其他有助于学习的策略包括压缩释义及综合相关信息以供将来之用等。日常生活中有许多社会和娱乐活动比起努力完成那些常常令人烦扰的学业任务来,吸引力要大得多。由于吸引力不平衡而不喜欢学业问题,这在教育的早期阶段,在那些不以学术追求为使命的年龄大一点的学生中尤为突出。如果学习要胜过其他诱惑,学生就不得不调动和维持他们的学业追求动机。在实施自我指导时(Bandura, 1986a, 1991c),人们监控自己的学习活动、为自己设定目标和行为标准,并按学业任务的完成情况而参与休闲活动,谋取自我鼓励。

由于自我调节涉及暂时对诱人活动的自我抗拒,乍看有点自讨苦吃。不过,在分析个人排列的动机因素对行为的调节时,我们必须区分两种激励来源:其一,为从事特定活动提供指导和切近动力的条件性自我激励;其二,成就带来的比较远期的个人利益,激励个

229

体发挥自我调节性影响。自我激励使人们能够发展日常所需的潜力和能力。随着效能感的增长,学业活动的吸引力和个人成就带来的令人满意的完成感也提高。的确,效能知觉和兴趣的发展,最终可以使学业追求的吸引力超过其他活动。

在处理任务要求时,自我调节能力已经得到发展的个体不仅比较有效地做该做的事,而且还使自己从许多不必要的负担中解放出来。完成学业任务时的失败使得教育活动令人厌烦。没能很好地、即时地完成职业任务使得职业追求压力沉重而缺乏安全感。当缺乏自我调节技能时,人们会把任务拖延到最后一刻,最低限度地完成或是根本就不去完成。只有通过不断努力才能培养的能力得不到发展。而且,当人们拖延所要求的任务时,那些被拖延的事会时不时闯进脑海,削弱他们进行其他活动的乐趣。那些能够调动自己的力量完成任务的人就可以避免这种自我提示的烦扰。这样,自我指导就成为个人的满足、兴趣和健康的重要而持久的源泉。没有抱负和评价参与,人们就没有动力,感觉单调乏味,能力也得不到发展。

成功小说家的写作习惯,最好地说明了自我调节于人类成就的重要作用。如果他们要写很多东西,就必须靠自律,因为没有常驻管理人员发出指令或监督他们每天的写作。正如华莱士和皮尔(Wallace & Pear, 1977)清楚证明的一样,小说家通过每日完成一定字数或者写作一定时间而后从事其他活动来影响每日的写作量。大部分享有盛誉的作家每天有规律地进行几个小时的写作。比如杰克·伦敦,一旦他开始写一部小说,无论有无灵感,一周六天每天写一千个词。海明威密切监控自己每天的写作产物,在垂钓旅行前的几天对自己提出更多要求(Plimpton, 1965)。如这些例子所示,在自我指导活动中,人们要想实现理想必须自律。相当多的研究表明,无论儿童还是成人,实施自我调节影响比没有实施的人的成就高得多(Bandura, 1986a)。

自我指导学习的另一个重点在于那些能使人们更好地理解、回忆和运用学业内容时所需的认知技能。有三种不同形式的策略性技能可用以控制人们的学习和记忆过程。第一种包括识别重要信息,进行转换以增强其意义,把它们组织成易于回忆和概括的形式以及练习所学等方面的信息加工技能(Bauer, 1987; Palincsar & Brown, 1989; Paris, Cross & Lipson, 1984; Weinstein & Mayer, 1986)。除了获取知识的技能外,学生还需要认知操作技能,以明确规定目标及达到这些目标的可能途径方式来组织问题、选择并有效应用适当的策略来解决问题。如何构造问题、形成适当的解决方法并将其转化为行动,有关这些的操作性思维构成了第二种形式的认知指导。与任务有关的策略对学习和认知功能的影响中,效能信念起着调节作用的证据已有回顾(Wood & Bandura, 1989a)。自我调节学业学习的第三个认知方法是运用元认知技能(Brown, 1984; Flavell, 1979)。

由于未能区分认知和元认知,已经产生很多混乱。元认知的传统定义是有关认知加

230 工的一般知识及其有意识控制，但现在已被广泛用于几乎所有的规则和策略。使用过于宽泛，已经使元认知和认知无法从根本上区分，前面的"元"字已经变得多余。在社会认知的框架中，元认知指对自己认知活动的认知评估和控制，亦即对个体自己思维进行恰当性的思考。在元认知的作用下，个体监控自己的调节性思维：评价其解决问题时的适当性；如有必要，还通过组织问题、构建答案并选择执行策略来作纠正性调整。简而言之，运用调节性思维指导行为，同运用反省思维指导调节性思维，代表的是认知控制的不同水平。

不能将自我调节学习的认知方面同动机和自我反应方面分离开来。一个人可能具有认知和元认知技能，但如果不去使用，对行为的影响也不大。通常假定，元认知训练可以广泛改进行为，因为所教授的产生式技能可以被运用到各种情形下的不同任务中去。事实再一次表明，技能的可迁移性并不是很容易解决的。尽管元认知训练有助于学习，但就技能的可迁移性和习惯使用来加以评定，有些难副其实(Deshler，Warner，Schumaker & Alley，1983；Tharp & Gallimore，1985)。习得的认知技能和策略倾向于被应用于其得以发展的任务和情境，而并不一定被自然迁移到不同活动中。元认知训练同样也不能保证其持续运用。人们学习认知技能，但并不总是经常地使用它们。

通常发现，抽象地学习规律很难把学到的规则运用到特定情境(Nisbett，1993；Rosenthal & Zimmerman，1978)。把教授抽象规则与日常实例结合起来比单独进行抽象规则教学或具体运用，都更有利于规则的运用。虽然某些认知技能可以高度概括，但许多是针对特定功能领域的。教学生许多认知加工，而对如何将认知操作运用于特定问题则传授甚少，这样的元认知训练成效不大。有些研究者甚至退回到更加抽象地在元元认知中寻求认知功能的调节因素(Kitchener，1983)——扩大了的"元"家族是以个体对自己调节性思维的自我反省思维之恰当性的认识性思维的形式存在的！但问题并不在于高水平思维是否存在，而是元的增殖性。抑制另一水平的认知监控并不能解决问题中认知控制不足的难题。

为促进认知技能的可迁移性，人们必须反复不断地将知识技能运用于不同情境的不同任务；为确保认知技能和策略能被持久运用，人们必须反复不断地显示其有效性。仅仅教授自我调节过程和策略并不能自动促使它们形成。人们必须学会如何监控其功能及效果、如何建立激励性挑战及自我激励。当成功来之不易时，必须要以能形成强烈的个人效能感的方式来建构各种积极经验以掌握智力任务的要求。

人们并不能完全靠自己来发展知识和认知能力，他们必须不时地向博学的成人和同学寻求学业帮助，获取所缺乏的信息，从而掌握困难的学科内容。社会认知理论承认自我调节发展的社会本质。纽曼(Newman，1991)对为了自我发展而寻求学业帮助和为了完成任务简单地恳请帮助作了区分。有效的自我调节者自我指导地向他人寻求所需的信息以达到更高水平的掌握。这种形式的社会帮助需要有效的自我指导。学生必须监控自己的理解水平和问题解决活动，知晓什么时候进一步的独立努力已无济于事，必须向博学的他人寻求帮助。为扩展能力，他们必须明白自己缺乏哪些信息、应该如何征询意见、向谁寻求帮助。随着学生年级的升高，他们所依赖的帮助源从父母转向教师，高学业效能感的学生尤为如此(Zimmerman & Martinez-Pons, 1990)。因此，自我调节学习的最后一组策略包括确保就疑难问题从他人处获取信息所需的社会技能。

齐默尔曼和马丁内斯・庞斯(Zimmerman & Martinez-Pons, 1986,1988)测量了中学生对于在课堂、在家准备学校作业、学习迎考以及没什么动机等不同情形下学习的多方面自我调节策略的运用范围。学业成就高的人比低成就者更多地使用所有自我调节策略。通过支配自己的学习，好的自我调节者在学业上行为表现得更好。即便去除性别和社会经济地位的影响，自我调节策略也可以解释语言和数学成就的变异。低成就者主要靠死记硬背，这并不能产生多少可以迁移到不同情境的学习(Pintrich & DeGroot,1990)。实验研究证实了自我管理的指导价值(Young, 1996)。当能够自己控制掌握特定学科领域所需信息的数量和类型时，精于自我调节的学生比不太熟练的同伴，能够从计算机提供的指导中学到更多东西。善于支配自己学习活动的儿童，其父母以示范、引导及奖励自我指导等方式培养他们的这种能力(Martinez-Pons, 1996)。父母的这些努力更多是通过使儿童获得自我调节能力而不是直接影响其学业成绩。

拥有自我调节技能是一回事，但在艰难处境中面对没什么趣味或诱人之处的活动时能否坚持却是另外一回事。需要有坚定的效能感来制服这种对自我调节努力的扰乱。齐默尔曼、班杜拉以及马丁内斯・庞斯(Zimmerman, Bandura & Martinez-Pons, 1992)证明了这一点。测量主要是少数民族中学生在实施不同方面自我调节时的个人效能感。这包括建构有利于学习的环境，计划和组织学业活动，运用认知策略以更好地理解和记忆所学材料，获取信息及在需要时获取老师和同学的帮助，激发自己完成学校作业，在限期之内完成学业任务以及抗拒诱惑投入学业活动等的能力。有趣的是，在处理教学内容方面效能最高的学生，在使自己进行学业活动上效能感却很低。的确，当有其他有趣的事情时，他们坚持学业任务的效能感最低。因此，自我指导学习对学业成绩起关键作用的方面——动员、引导及维持指导性努力的能力——被极大地忽视了。学生如果不能让自己从事学业任务，那么，无论是认知加工技能还是元认知技能都没什么大用处。强烈的调节自己动机和指导活动的效能感加强了个体的学业效能信念和抱负。

本研究在广泛的因果结构中考查了自我调节效能知觉对学业成绩的作用，包括以前的学业成绩、父母对孩子学业追求的目标、儿童对自己掌握学科内容的能力的信念以及他们为自己设定的学业目标等。学期初测量这些因素，到学期末求它们同学业成绩的相关。

图 6.3 表明了影响路径。学生自我调节效能越高，他们对掌握学业内容的效能越有信心。232 同其他功能领域的影响模式相一致，效能信念对学业成就的促进既有直接作用，也有通过提高个人目标来间接发生的影响。控制儿童的自我影响作用，他们以前的学业成绩只与父母的目标设定有显著性相关。反过来，父母的抱负只有间接地通过它们对儿童个人目标的影响对学业成就产生作用。本研究的发现使我们更多地理解个体的自我调节信念如何与个人抱负协同作用，促进学业成就。儿童的学业抱负基于父母为他们设定的标准，也基于他们自己的效能信念，这显著表明了父母对教育发展的引导。父母单单给孩子设定学业标准是不够的，除非父母帮助孩子建立起效能感，否则孩子可能认为高标准难以企及而置之不理。

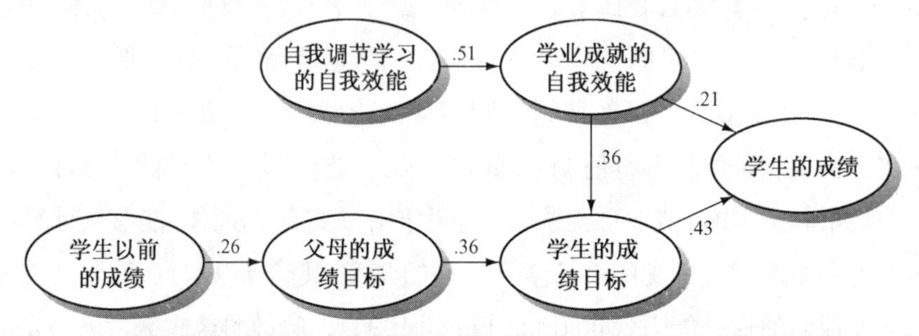

图 6.3　自我效能知觉以及父母和孩子的学业抱负对孩子学业成就的影响的路径分析(Zimmerman, Bandura & Martinez-Pons, 1992)。

陈述观点及书面表达能力对所有学业和职业追求都是重要的。没有活力、令人费解的议论常常毁损甚至戕杀颇有价值的观点。写作向自我调节提出特别挑战(Bandura，1986a；Bereiter & Scardamelia，1987；Wason，1980)。因为写作通常是自定进程、单独操作，而且虽可能无果而终还是要长期坚持创造性的努力。必须不断修改最终作品以满足个人的质量标准。所以，即便专业作家也必须借助各种自律技术来促进其写作活动，这一点不足为奇(Barzon，1964；Gould，1980；Plimpton，1965；Wallace & Pear，1977)。

中介分析证实了效能信念对写作活动的影响。性别和写作习惯对写作质量的影响极大地受效能信念的调节。学生越是相信自己的写作能力，对写作的担心就越少，认为这类技能对个人成就越有用，写得也越好(Pajares & Valiante，in press)。已经证明，写作策略指导和言语自我引导可以提高写作效能感，改进图式结构和作品质量(Graham & Harris，1989a，b；Schunk & Swartz，1993)。

对写作熟练性发展的研究进一步澄清了在掌握这一重要技能时，效能信念是如何同其他自我调节影响协同运作的(Zimmerman & Bandura，1994)。对创造性写作的指导，帮学生建立起创作作品并投入去做的效能感。写一样东西，迈出第一步的效能感最低。

调节写作活动的效能感通过几种路径影响写作成就(图 6.4)。它加强学业活动的效能信念,提高自我满意的写作质量标准。语言才能只是间接地通过提高个人写作标准,进而提高掌握写作技巧的目标来影响写作成就的。提高了的学业效能感既可以直接地,也可以通过提高写作抱负来促进写作成就。

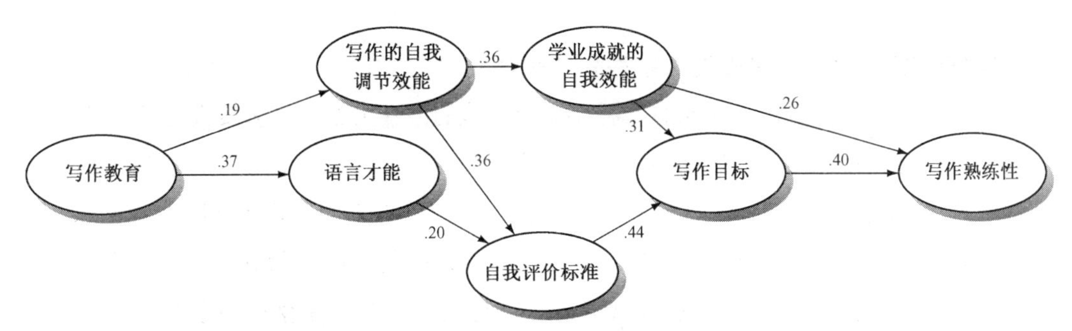

图 6.4 认知自我调节因素调节写作教育对写作熟练性发展之作用的影响模式的路径分析(Zimmerman & Bandura, 1994)。

233

同其他技能一样,如果学生在面临困难、压力及竞争性的诱惑时,不能坚持运用,那么自我调节技能也没有多大作用。在社会认知双向因果的框架中,认知亚技能的获得加强个体的学业效能信念(Bandura & Schunk, 1981)。学业效能和自我调节效能又转而对认知和元认知学习策略产生交互影响。与效能感低者相比,学业效能感高的学生更多地使用认知策略,更好地管理时间和学习环境,更密切地监控和调节自己的学习(Pintrich & Schrauben, 1992)。类似地,高自我效能感伴随着对自我指导学习策略的广泛运用(Zimmerman & Martinez-Pons, 1990)。

认知发展的自我调节有不同的等级。前述分析基本上是关于个体对自己学习学校所教课程内容的管理。这里,尽管有完成学业任务的反复不断的外在压力,也会发生根植于无效能感的自我指导失败。教师给学生提供机会,让学生自愿而不是被要求来从事认知任务,提高学业成绩,这要求具有较高的自我主动性。那些具有强烈效能信念的人通过富有成效地参与辅助性认知活动来利用机会(Tuckman & Sexton, 1990);相反,那些不相信自己效能的人不会努力,也就不会完成什么额外工作。即便增加个人承诺及群体利益分享等诱因也难以压倒他们的自我怀疑(Tuckman, 1990)。

当个体所学既非学校所教,也非社会强加,而是自定的内容时,实施自我调节效能的主动性最大。教育的一个主要目标在于为学生终生持续的自我指导学习作准备。实际上,许多人积极进行自我指导来获取新知识、培养新技能以丰富生活,增进事业。可虽然重要,学校之外的自我指导尚未受到应有的重视(Tough, 1981)。比起掌握由他人建构和指导的活动来说,自我教育需要更大的个人才智。不足为奇,学生对于学校外的自我指导，比对学校里的正式指导的效能感要低得多(Bergin，1987)。不过，学生自我教育的效能信念越强，越是会投入课外的自我指导活动。随着在互联网上可方便地接受基本的教育，学校以外的自我调节学习对学生教育发展的影响日增。自我指导和学校指导交互影响，显然确保了学习的提高。

234

自我效能的社会构建和确认中的同伴影响

同伴可以作为智力自我效能的发展和社会确认的潜在力量。其重要性随儿童成长而增长。同伴通过几种方式影响智力自我效能的社会建构。学生从分等级的练习和教师对其学业成绩的评价中，接受到许多有关自己能力的比较信息(Marshall & Wienstein，1984；Rosenholtz & Simpson，1984)。这些不断进行的能力评价形成了学生彼此的群体评定。即便没有教师评价，学生也可以迅速通过与他人及自己在相似的学业任务上的进步率进行比较，判断自己行为表现如何。结果，同伴对彼此相对能力的知觉高度一致。同伴比较超越了个人知觉。学生们公开地彼此称呼、排名并讨论他们的同学聪明程度如何。共同的社会评价作为有说服力的方式影响个人效能信念。这样，学生对其智慧能力的自我评价与同伴对他的评价密切相关。班级结构给所有学生规定了类似的学业任务，以学业水平对他们进行分组，很少允许他们选择活动来展现自己的特殊才能，这样的班级结构使他们有稳定的能力评定。教育实践越是以这种单向线性的形式构建，学生的能力水平就越是趋同，他们对自己能力的评价就越是与老师、同学对他们的评价相一致(Rosenholtz & Wilson，1980)。

同伴还通过他们的指导作用塑造效能信念。学生们通过直接指导或是学科熟练性示范相互间学到很多东西。对同伴影响的这一侧面进行的正式检验中，让有学业缺陷的儿童观看录像，其中同伴榜样用语言说出其操作学业任务时所用的恰当的认知技能和策略(Schunk & Hanson，1989b)。同伴示范学业技能，提高了学生的学习效能信念、学科内容效能信念及实际成就。一般而言，学生们从不断发展认知技能和自信的同伴榜样处，比从开始就表现出高度熟练性的高明的同伴榜样那里收获更多。但显示前一类榜样具有优势的证据微弱而模糊(Schunk & Hanson，1985，1989b；Schunk et al.，1987)。在寻求获得功能性技能的时候，儿童似乎特别看重同伴榜样的能力而不论其初始技能如何。他们越是感觉自己与同伴榜样能力相似，学习效能信念就越坚定，所获智力成就也越高。

除非观察者注意有关信息并在认识上将其加工为可以回忆和广泛使用的形式，否则榜样影响不传递能力(Bandura，1986a)。假定专业知识有巨大的差距感，儿童可能会认为经验丰富的榜样所示范的技能高不可及，而不愿投入完全掌握这些技能所需的努力。当然，和教师榜样间的差异感觉甚至比与能干的同伴榜样相比还要大得多。所以，同样的认知技能，同伴示范比教师示范更能提高学生的效能感和成就（Schunk & Hanson，1985）。

同伴示范能够独立于任何技能传递而通过影响社会比较来改变效能信念。对社会同辈示范成功的认识，可以提高个体对自己能力的评价；而示范的失败则使他们对自己的前程发生动摇。仅仅由社会比较逐步建立的效能信念能够通过主要的调节过程——通过影响努力、坚持、认知效能、选择偏好以及压力和沮丧水平——来影响行为表现。在验证认知功能中的这些调节机制的研究中，告诉观察者他人行为表现如何但不知道其方法手段（Bandura & Jourden，1991；Brown & Inouye，1978）。这样，社会比较信息是唯一的影响源。比较性效能评价影响儿童对所教认知策略的运用情况。在接受同样认知策略指导的儿童中，那些被引导相信同伴使用策略大获成功者，比那些未被告知同伴成就的儿童表现出更高的效能感和更好的智力成就（Schunk & Gunn，1985）。

235

同伴塑造个人学业追求效能的最后一种方式是通过影响人际联系。与什么样的同伴为伍部分地决定了哪些潜能将得到培养，哪些将被置之不理。对来自穷困环境的儿童在需要克服令人气馁的障碍的情况下继续其大学和职业生涯所进行的研究显示了同伴联系会以什么样的方式影响智力发展的整个过程（Ellis & Lane，1963；Krauss，1964）。在这些家庭中，父母由于本身受教育程度的限制，不能提供必要的资源和准备性学业技能。但是，如果父母一方或者家庭的某个熟人十分看重教育，那他们往往会对儿童的智力发展道路的确定发挥重要作用。那些对学生才能特别感兴趣的老师进一步发展了他们逐渐形成的对教育的评价。这些不断发展的价值偏好，使儿童与志在上大学的同伴相联系，从而通过其兴趣和榜样，促进有利于智力追求的态度、学业标准和社会认知技能。效能信念既是同伴联系的产物，又是其决定因素。本章稍后会分析智力效能感是如何通过作用于人际纽带来影响学业发展的过程的。

自我效能感和学业焦虑

学业活动中常常充满着令人不安的因素。许多父母强加给孩子严格而难以实现的学业要求。未达到标准的结果就受到贬低，而且使得全家不快。学校里也上演着类似的一幕，学业上的缺陷惹老师生气，并使自己的地位和同伴评价降低。更有甚者，对自己要求严格的学生在成绩达不到标准时，不仅要与他人的反应，而且还必须同自责反应相抗争，事实上这样的人很多。

由于成就等级决定未来追求，而这又将影响一个人的生活道路，所以利害关系在高层次教育中尤为突出。学业优秀为事业发展开辟了广泛的选择空间；学业不良则提前阻断了多种生活道路，还在其他道路上设置了难以克服的障碍。学校生活和职业道路中更加激烈的竞争，对更高水平的认知技能有更多要求，都增加了紧张度。一步都不能走错，毫无退路。许多由于学业失败而失去的机会都无以挽回。结果，大多数孩子都比以往任何时候都更早、更强烈地背负起学业成就的社会压力。简言之，学业生活中有许多值得焦虑的事情。

应对学业要求效能感低的学生，尤其容易产生成就焦虑。注意不是集中于如何掌握所教授的知识和认知技能，他们夸大任务的艰巨性和自身的不足，反复思考过去的失败，担心失败的不幸结果，想像事情令人不安的一幕的到来，要不然就想得自己情绪沮丧、行为出差错（Sarason，1975a；Wine，1982）。

数学作为学生忧虑的一个普遍来源，效能信念对学业焦虑的影响作用已经在这方面进行过最为广泛的考察。数学效能感低的学生同时而且长期伴随有高数学焦虑（Betz & Hackeet，1983；Krampen，1988）。过去的数学成绩经验并不直接影响焦虑。过去成败对焦虑的影响全部是以对个人效能信念的作用为中介的（Meece，Wigfield & Eccles，1990）。如果失败削弱了学生的效能感，他们就会对学业要求感到焦虑；但如果失败没能动摇他们的效能信念，他们就会保持泰然自若。沃尔曼及其同事进一步证实了智力活动中自我效能对失败的情绪效应的调节作用（Wortman et al.，1976）。如果归因为个人无能，持续不断的失败就会使人焦虑，而归因为情境因素的学生则不受失败的干扰。虽然女生比男生更加怀疑自己的数学能力，体验更高的焦虑，但效能信念在两性群体中都以同样的方式调节过去学校教育经验对焦虑的影响（Meece et al.，1990）。对大学生而言，应对学业要求和大学生活中人际关系的低效能感伴随着高焦虑水平和同压力有关的身体症状（Solberg，O'Brien，Villareal，Kennel & Davis，1993）。父母和同伴的支持能激发个体应对大学压力的个人效能感。

前述分析中，学业焦虑只是被作为完成学业要求的自我效能感所起的作用来考察的。学业问题上的大多数苦恼都是由于心神不宁的预想而从认知上引起的。考试时，破坏性思维不断侵入并影响学业成绩，更加剧了这种自我烦恼的关注。思维控制效能是焦虑唤起的社会认知理论的一个构成部分。自我效能知觉对学业焦虑的整个影响通过完成学业要求、控制入侵的思想、减少体验到的痛苦以及调节个体的学习活动的效能信念多侧面测量能最好地得到揭示。史密斯、安科夫和赖特（Smith，Arnkoff & Wright，1990）报告，除了不良的学习习惯和心神不宁的思虑之外，应对学习活动和考试压力的低效能感也与学业焦虑有关。不同学习有不等量的个人效能，但对这种决定作用鲜有完整的测量。

第八章将呈现大量证据来表明，在活动中，威胁、焦虑和成绩降低是低应对效能感的共同效应，而并非焦虑引起成绩的降低。学业活动中也重复了这一发现。学生掌握学业内容的效能信念可以预测他们后继的学业行为表现，而他们的学业焦虑水平则同学业成绩关系很小甚至没有关系(Pintrich & DeGroot, 1990; Siegel et al., 1985)。即便焦虑同学业成绩相关,如果去除自我效能感的影响,这种关系就消失或是显著降低了(Pajares, in press; Pajares & Johnson, 1994; Pajares & Valiente, in press)。

这些发现对于如何减轻焦虑有重要含意。减轻这种焦虑的最佳途径不是靠焦虑缓减,而是通过发展认知能力和处理学业要求、自我致弱思维模式以及不良情感状态等的概括性自我调节技能来建立强有力的效能感。前面回顾过的研究,就通过发展认知技能提高学业效能知觉提供了许多治疗策略。能力发展在对有广泛认知缺陷的残障学生的治疗中至关重要。自我调节效能的发展是人们得以提高认知技能、控制自我损害的思维过程和情绪状态的手段(Rsenthal, 1980; Smith, 1980)。

237

由史密斯(Smith, 1980)设计的学业焦虑复合治疗列出了问题的情境、认知、情感和技能等方面。教给学生有效的自我指导技术,如何更好地处理自己的时间和可以获得的学业资源,如何构建有益于学习的环境,如何通过目标设定和有条件地运用自我激励来鼓舞自己等。还教给学生认知应对策略,鼓励他们对学业压力进行较积极的评价,并通过支持性自我指导以及对应对问题情境的策略的认知演练来谋取认知的自我指导。最后,为了改善由压力预期或威胁性情境导致的不良生理唤起,学生要通过想像困难情境掌握压力缓减技术,通过放松和排挤掉紧张思维模式来减轻焦虑反应。对这些概括性的自我调节技能的训练可以提高那些因对学业压力的自弱反应而降低学业成绩的学生的效能知觉(Smith, 1989)。他们的效能感提高越多,焦虑降低就越多,成绩提高也越大。

知自我效能感对发展轨迹的影响

迄今为止的分析,还只限于认知效能知觉对学业抱负、动机、内在兴趣和学业成就水平的作用。儿童的智力发展不能与其植根的社会关系或其人际效应相分离。必须从社会的观点进行分析。可靠的智力和自我调节效能感不仅促进学业成功,而且影响满意、支持性的社会关系的培养以及积极情绪的发展。替同伴考虑周到并被同伴接受的儿童比起行为疏离社会和不断被同伴拒绝的儿童,更可能体验到有助于学习的良好的学校环境。消极的情绪和社会生活会侵蚀智力效能和自我价值感。失望会破坏学业成绩(Nolen-Hoeksema, Girgus & Seligman, 1986)。而且,怀疑自己智力效能的学生倾向于被贬低学业追求的同伴所吸引。不参与学业活动往往意味着从事一大堆的问题行为,危害到未来的成功(Jessor, Donovan & Costa, 1991; Patterson et al., 1984)。

并非所有学业困难的儿童都会表现问题行为模式。在社会化过程中,儿童采用社会和道德标准,引导和威慑行为。儿童的自我约束使行为符合内部标准。不过,自我约束只有被激活才会发挥作用,可以通过多种心理过程使有害行为不受自我克制的约束。将消极行为重新解释为服务于有价值的目的、以责任分散或转移来模糊个人作用、漠视或使个人行为的不利结果最小化、谴责被虐待的人或把他们不看成人类等，选择性地摆脱了个人控制(Bandura，1991d；Bandura，Barbaranell，Caprara & Pastorelli，1996b)。使有害行为和克制性自我约束相分离，增加了学业无效能引起攻击及其他形式的社会不良行为的可能性。

238

社会认知理论在效能信念对认知和社会发展的作用问题上采用一种生态观点。从第一章到第六章，就家庭、教育和同伴对个人效能发展及其多种调节功能各自单独的影响提供了丰富信息。进一步研究应阐明，它们如何多重互动、协同运作影响塑造儿童发展的过程(Bandura，Barbaranell，Caprara & Pastorelli，1996a)。图 6.5 概括了影响模式。错综复杂的影响网与一度统治认知发展领域的与世隔离的认知主义完全相对。

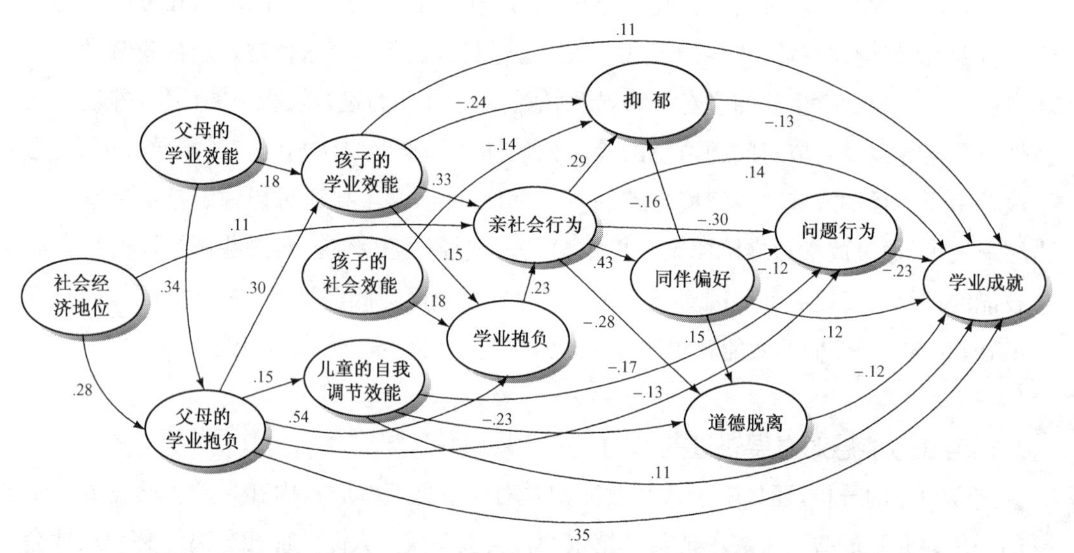

图 6.5　父母和孩子的效能信念及学业抱负在促进孩子学业发展中的影响模式的路径分析。所有路径系数的显著性都在 $p<0.05$ 水平(Bandura et al.，1996a)。

家庭社会经济地位对儿童学业成就的影响仅仅是通过提高父母抱负和儿童的亲社会性间接起作用的。对于影响孩子智力发展具有高效能感的父母，对孩子抱负较高，并提高孩子调节自己学习和学业成就的能力信念。儿童效能信念的不同方面都对其学业成就有贡献，但有趣的是，其影响路径部分地各不相同。学业效能知觉既能直接提高学业成就，也能通过培养学业抱负和亲社会关系，抵制失望来发挥作用。儿童拒绝参与危险勾当的同伴压力的效能信念，可对学业成就有直接贡献，也可通过坚持反对有害行为的自我约束而起作用，这些行为会破坏学业追求。社会效能知觉对学业成就的贡献主要是通过促进学业抱负及降低产生无用和抑郁感的可能性来实现的。另一些影响路径揭示了情绪健康和人际关系对认知发展过程的影响方式。强有力的亲社会联系和同伴欢迎度或直接、或通过减少社会疏离行为促进学业成就。自我效能感的不同方面通过整体测量无法揭示的不同中介路径作用于学业成就，这一事实证明了微分析测量的解释价值。

239

适才讨论的研究结果证明了塑造发展轨迹的各类影响间的相互作用。削弱认知功能、侵蚀抱负、产生失望以及滋生社会疏离性适应等的无效能知觉，导致越来越大的学业缺陷。久而久之，日益增长的对智慧能力的怀疑和认知能力缺陷，即便不是对亲社会生活道路本身，那么也对许多职业生活过程造成阻碍。的确，在不同类型的能力中，学业上的缺陷最可能预示反社会行为的发生（Hinshaw，1992；Rutter，1979）。在这些不同的方式中，认知效能信念对发展轨迹的反响作用远远超出学业领域。

高级认知功能中的自我效能

前述部分主要围绕在教师指导下的正式教学中效能信念对认知能力发展和学业成就的促进。如果有的话，高级认知功能中，活动更复杂且需要更高水平的自我指导，所以效能信念甚至更为重要。日常生活中的大多数问题并非只有一个单一的固定答案，而是有恰当程度不同的多种解决方法。可能的解决办法的范围及其相对效果的不确定性增加了监控和评价个体对问题的理解及提供好的行动方向的个人效能的复杂性。变化着的社会实践和技术革新不断要求新的适应性，使问题更为复杂。而且，许多追求需要持久辛勤的努力而没有获得迅速的胜利。这种条件下的成功需要人们灵活、创造、坚持不懈地发展其知识和认知技能。

大学生必须选择自己的教育方向，对自己的学习负主要责任。比起受自我智慧能力不确定性困扰的个体，高效能感者更能成功调节自己的学习，学业行为表现也更好（Pintrich & Schrauben，1992；Wood & Locke，1987）。马尔顿及其同事运用元分析对大量儿童、成人学业成就的研究结果进行了概括（Multon et al.，1991）。结果一致显示，效能信念对学业成绩有显著贡献。个人效能信念比熟练行为可能带来的个人、社会及职业结果，对学业成绩起大得多的作用（Shell，Murphy & Bruning，1989）。

相当多的研究揭示，学业效能感影响事业选择和发展。它可以预测学业成绩、职业选择的考虑范围以及在所选领域的坚持和成功（Betz & Hackett，1986；Lent & Hackett，1987）。控制过去的学业成就、学业能力和职业兴趣，自我效能感可以解释职业追求中这些不同智力方面的差异（Lent et al.，1986，1987）。但当控制了效能信念差异，能力则不再能解释课程计划、课程选择和学业成绩。这表明学生的学业效能信念是能力和教育追求及成绩间关系的中介（Lent et al.，1993）。通过影响预备性发展和职业选择，效能信念一定程度上塑造着人们的生活道路。

创造性是人类表现的最高形式之一。创新很大程度上是将知识进行重构和综合新的思维和处事方式。推翻已经建立的阻碍探索新观点、寻找新知识的思维方式,需要很多认知技巧。而创新要有一种不可动摇的效能感,在需要长期投入时间和努力、进步慢得让人
240
泄气、结果很不确定或者因与现存方式格格不入而受到社会贬斥等情况下,仍能够坚持创造性努力。

洛克、弗雷德里克、李和鲍伯科(Locke, Frederick, Lee & Bobko, 1984)考察了教给个体创造性思维的认知策略时,认知效能感对创造性思维的影响。认知技能水平和策略指导都可以提高认知创新信念。提高后的效能信念既直接地、也通过激励个人挑战增进创造性思维。学术条件下具有创造性的学识得益于前面回顾过的某些自我调节影响的作用。由于难以将时间计划同可以利用的人、设备和资源协同一致,导致错误的开始或是在所难免的耽搁,所以研究计划常常需要很长的准备时间。如果计划不成功,时间就白白流逝。通过在不同完成阶段几个方案同时工作,随环境进行转换,可以更有成效地部署努力。同时追求几个方案,需要相当大的自我调节效能,而且如果没有个人目标,不能加强创造性努力的投入,人们就会屈服于阻碍,常处于困惑。让自己的劳动成果经受他人挑剔而仔细的检查,并为之接纳,也需要高效能感。泰勒及其同事的研究(Taylor et al., 1984)阐明了效能信念对于学术创造力中这些过程的影响。路径分析结果表明,教授们对于拿出可以发表的研究成果之效能的高度自信,一方面直接通过促进目标设定,另一方面间接通过同时参与多个计划来影响其学术创造力。

即便是在学术事业发展过程中,自我效能知觉也在学术创造力中独领风骚。科研训练对研究生创造力的影响在于对他们效能信念的影响(Brown, Lent, Ryan & McPartiand, 1996)。效能知觉的调节作用对男性比对女性更强。这些研究发现在发展学术事业中,掌握经验、研究策略的示范以及支持性反馈等的组织,应该不仅要能形成技术能力,还要建立强烈的效能感。研究就其本质而言,需要有弹性而坚定的目的感。

事实上,本书不同章节评述的所有功能领域中的人类成就,都部分地有赖于对专门知识和认知技能的有效运用。请回想一下在组织行为的社会管理中效能信念如何控制复杂决策的因果分析(Wood & Bandura, 1989a)。本书稍后一章将更加详细地评述效能信念对复杂决策、企业家职能和创新感受性的贡献。

教师的效能知觉

创设有利于认知能力发展的学习环境,很大程度上有赖于教师的才智和自我效能。

证据表明，教师对自己教育效能的信念，部分地决定着他们如何组织班级学业活动，塑造学生对自己智能的评价。吉布森和登博（Gibson & Dembo，1984）测量了教师激励和教育困难学生、抵消家庭和社区对学生学业发展产生的不良影响等方面的效能信念。教育效能感高的教师相信，只要付出特别努力且运用合适技术，困难学生是可教的；并能够通过有效的教育谋取家庭的支持，克服消极的社区影响。相反，教育效能感低的教师认为，如果学生没有动机，教师也无能为力；教师对学生智力发展的影响，严重地受到家庭及邻里环境的不支持或者对抗性影响的限制。

吉布森和登博就高、低效能感的教师如何管理班级活动进行了一项微分析观察研究。教育效能感高的教师，把更多的班级时间投入学业活动，给遭遇困难的学生提供成功所需的引导，表扬他们所取得的学业成就；相反，效能感低的教师，更多时间花费在非学业性娱乐，易于放弃进步不快的学生，批评他们的失败。因此，对自身促进学习之能力有强烈信念的教师，使学生形成掌握经验；而那些对自身教育效能疑虑重重的教师所构建的班级环境，可能削弱学生对自己能力和认知发展的判断。用于学业指导的时间越少，学生的学业进步就越小（Cohn & Rossmiller，1987）。研究中，效能感较高的教师在介绍课程计划、组织学生讨论以及在后继训练过程中管理班级等方面都做得较好（Saklofske，Michayluk & Randhawa，1988）。

241

教育系统将越来越依赖电子媒体教育。新的现实需要特殊的教师效能类型。技术变化日新月异，需要知识技能不断增长。教师的效能信念影响他们对教育技术的感受性和采用。数学效能感低的教师不相信自己有能力在教学中用好计算机（Olivier，1985）。同样，计算机效能感低的学校管理者拒绝采用计算机进行教育（Jorde-Bloom & Ford，1988）。可以利用电子媒体传递比较传统的教学内容，这使得教师教育效能的重点从机械教育改变为训练如何创造性地思考、如何评价汹涌而至的信息大潮以及如何有成效地运用可以获取的知识。效能问题所关注的是教师对自己在广泛的教育视野中成功整合这些教育实践之能力的信念。

教师的效能信念不仅影响他们的特定教育活动，而且影响他们对教育过程的一般定向。教育效能感低的教师偏向于监督者定位，对学生动机持悲观看法，强调通过严格管制操控班级行为，靠外在诱导和消极处罚让学生学习（Woolfolk & Hoy，1990；Woolfolk，Rosoff & Hoy，1990）。梅尔比（Melby，1995）发现，效能感低的教师受班级问题的困扰，他们不相信自己管理班级的能力；因学生的错误行为而紧张和愤怒；认为自己的工作就是监督；采用纪律约束和处罚模式；更多关注学科问题而非学生发展；而且，如果必须全部重新来过，他们将不再选择教师职业。路径分析表明，无效能感对惩罚式班级管理的影响，是以紧张和愤怒为中介的。过分依赖高压手段做事，助长了他们对他人及其能力水平的贬低(Kipnis, 1974),这又进一步损害学生的学业兴趣和动机。对自己的教育效能有强烈信念的教师,则偏向于运用说服方式而非权威控制,并支持学生内在兴趣和学业自我指导的发展。

前述研究描画了一些班级中的社会过程,教师效能信念由此影响学生的自我概念、抱负和学业学习。阿什顿和韦布(Ashton & Webb, 1986)证明了不同水平的教师效能信念的累加影响。他们研究了经验丰富、专门教授因严重学业缺陷而被安排在基本技能学习班中的学生的教师。控制学生进班时的能力差异后,发现教师的教育效能信念可以预测学生一学年中的数学和语言成绩水平。学生从充满效能感的教师那里比从受自我怀疑困扰的教师那里,可以学到更多的东西。效能感高的教师倾向于认为困难学生是可以影响、可以教化的,认为他们的学习问题是可以通过智慧和多一些努力而克服的;效能感低的教师则倾向于把学生能力低作为学生不可教的理由。

242

学校教育的头几年,是儿童智能概念发展的重要形成期。他们的智力效能信念,很大程度上是一个社会构造物,是以对自己在不同学科上的成绩评定、不断与同伴成就进行社会比较以及分析由老师直接或微妙地间接传递的学业期望和能力评价为基础的。教师的效能感对幼儿的影响可能更大。因为幼儿对自己能力的信念仍相对不稳定,同伴结构也相对非正式,并且幼儿在评价自己能力时很少使用社会比较信息。与此预期相一致,安德森、格林和洛温(Anderson, Greene & Loewen, 1988)报告,教师的教育效能信念对幼儿学业成就的预测力,比对较大儿童更强。

涉及新教师、同学的重新分组以及不同学校结构的社会教育转变,使学生面临适应压力,这必然会动摇他们的效能感。如果受托付的教师怀疑自己能否成功教育学生,就可能加剧学生的适应问题。效能感低的教师对挣扎于学业能力自我怀疑中的学生,比对学业自我调节能力的效能感有牢固基础的学生可能有更大的不良影响。米德格里、费尔德劳弗和艾克尔斯(Midgley, Feldlaufer & Eccles, 1989)进行了一项有关从小学到初中过渡的长期研究,证明了这种差异效应。过渡期间,高成就的学生受教师教育效能感的影响不大;相反,对于低成就的学生,如果两个学校中的教师都是低效能感的,或者从高效能感教师换成低效能感教师,他们的学业期望和对自己学业行为表现的评价都会降低。而如果从低效能感教师换成高效能感教师,则会提高低成就学生的学业期望。

有些教师感到自己身边整日都是些制造混乱、学业无成的学生。最终,他们完成学术要求的无效能感会付出沉重代价。学术界中"精疲力竭"并非少见,包括身体和情绪疲惫、服务对象的失去个性以及缺乏任何个人成就感等长期职业压力所导致的反应综合征(Jackson, Schwab & Shuler, 1986; Kyriacou, 1987; Maslach, 1982)。克瓦里兹、奥尔特梅尔和罗素(Chwalisz, Altmaier & Russell, 1992)弄清了教师应对无效能感同其“精疲力竭”之间的因果路径。当面对学术压力时,效能感高的教师致力于解决问题;相反,不相信自己效能的教师则尽力逃避应对学术问题,尽力缓减内部情绪痛苦。这种退缩的应对模式加强了情绪疲惫、去个性化和日益增长的无用感。

某些逃避性应对手段包括了从教育活动本身中解脱出来。因此,缺乏牢固教育效能感的教师对工作的承诺较少(Evans & Tribble, 1986),对于无效能感的领域中的学科内容用时不多(Enochs & Riggs, 1990),投入学术问题的总的时间也不多(Gibson & Dembo, 1984)。由于社会技术改革使得科学文化和科学能力越来越重要,科学教育中的教师效能感也受到特别关注。在一项多因素研究中,科拉达斯(Coladarci,1992)发现,教师的教育效能感是教育职业投入情况的最佳预测因素,校长得力的教育领导也对教师投入起作用,而协调和相互支持的学校氛围、薪水和执教经验则影响不大。教师的流失率很高。而效能感低的教师最可能离开教育行业(Glickman & Tamashiro, 1982)。第十章将评述阻止和缓减职业流失的策略,这需要个人和组织两方面的改变。

与对其他领域效能信念的调节功能的研究一样,教师自我效能感的评定也应该扩展到对其多侧面性质的评估。教师效能感最早被定义为一个整体结构。一个测量项目是教师对困难的、无动机的学生的教育效能;第二个测量项目是教师克服不良家庭环境对学生学业动机消极影响的一般效能(Berman, McLaughlin, Bass, Pauly & Zellman, 1977)。吉布森和登博(Gibson & Dembo, 1984)改进了评定程序,用多个项目测量这两方面的效能感。多形式测量减少了信度低、某一特定方面不同表现的抽样缺陷和困扰单项目测量和减少变量间关系的分数变化的局限等问题。但克服困难的效能应该根据教师对自己完成相应任务的效能信念而不是一般效能来测量。教师的教育努力更多是受他们相信自己能完成什么所控制,而非他们对于其他教师通过有效教学战胜环境障碍之能力的看法。

多项目测量是对单项目测量的改进,但教师效能量表大部分仍然以一般形式计算,而非针对特定教育功能领域。不同学科教师的教育效能感不一定是统一的,所以,数学或科学教育效能自我判断高的教师可能对于自己的语言教学效能的把握小得多,反之亦然。因此,教师效能量表应该和各知识领域相联系。由于综合测量牺牲了预测力,这种测量可能低估教师效能感对学生学业成就的作用程度。

教师效能感的基础远不只是传播学科内容的能力。教师的有效性还在一定程度上受另一些效能的决定:保持利于学习的课堂秩序、谋取资源和父母对儿童学业活动的参与、对抗干扰学生致力于学业追求的社会影响等。多侧面教师效能量表(Bandura, 1990b)使研究者可以选择与其研究想要阐明的功能领域关系最为密切的那些方面。

集体学校效能

教师并非单枪匹马，而是在一个互动的社会系统中群体运作的。所以，想要通过提高效能促进教育发展，就必须提到教育系统的社会和组织结构。教育组织呈现出大量不同的挑战和压力。学校必须应对的许多不利条件反映了更为广泛的社会、经济弊病。这些负面现实影响学生的可教育性，破坏学校环境。20 世纪 40 年代，教师认为学生最大的纪律问题是吵闹、讲话、在大厅里奔跑、嚼口香糖等；到 80 年代，主要问题包括毒品和酒精滥用、攻击和暴力行为、勒索、怀孕、打群架以及强奸。更为糟糕的是，大量问题是教育行业的通病，其中一些难以服从个人控制。艾什顿和韦布（Ashton & Webb，1986）对此作了很好的证明。这些问题包括：要求经常而密集的相互作用的沉重的工作负担、对教育事业如何运作没什么发言权但却有责任迎合公众的高要求、令人诚惶诚恐的官僚习气、变化无常的行政领导特性、资源不足、缺乏提高机会、相当比例的困难学生、不适当的收入、职业地位低以及公众对其成就的认可不够等。在学校中甚至还存在教什么内容、不教什么学科以及用什么标准评价教育系统有效性等方面的争论。公众要求对学业成就进行客观测量，而教师则一般偏爱比较主观的教育发展指标。简言之，教育系统中散布着易于侵蚀教师效能感和职业满意感的情况。值得注意的是，虽然有诸多妨碍，但仍有那么多学校获得学业成功。

244

关于有效学校的特性已有颇多记述。假定学校内部不同年级不同学科的成就有所差异，且随时间升降起伏，那么学校有效性的确定并非初看上去那么容易。最有益的分析是要控制与学业成就水平有关的背景因素，如学校学生总体的种族和社会经济构成。没有这种控制，学校差异可能只是反映了学生入校前的不同。经济上处于劣势的学生占相当比例的学校，仍能取得高成就，其特征引起人们的特别兴趣。学校有效性一般根据旷课率、行为问题以及标准化测验的学业成绩来测量。高成就学校的教育实践有许多共同特点（Edmonds，1979；Good & Brophy，1986；Levis & Lockheed，1993；Mortimore，1995）。当前的评述不是单单提供有效学校的相关因素一览表，而是关注这些被识别出来的特征如何通过心理运作发挥作用，它们又是如何被建立起来的。使一个学校有效的典型因素有：校长强有力的学术领导，高学业标准并相信学生的达到这些标准的能力，使学生能控制自己的学业成绩的掌握定向的教育，利于学习的良好的课堂行为管理以及父母对孩子学校教育的支持和参与等。

有效学校的特性

在高度有效的学校中，校长除了作为行政长官之外，还是寻求教育改进途径的教育领导者。他们设法绕开阻碍教育创新的令人窒息的政策、法规。而在成就低的学校里，校长更多是作为管理者和纪律维持者。校长娴熟的学术领导能力能建构教师的教育效能感(Colardarci，1992)。

有效的学校环境中到处充满了对学业的高期望和高标准。教师认为自己的学生能够取得高成就，给他们设定挑战性的学业标准并奖励有利于智力发展的行为。除非学习活动的组织和进行可以保证标准的掌握，否则高标准不但无益反而有害。进一步的深入分析可能将揭示出，有效的学校不仅认同高标准，而且会提供有利于掌握的帮助。这类学校中的教师保持着愉快的教育效能感，领受对学生学业进步应负的一份责任。他们不将学生行为表现不良推诿到天生能力差或是家庭背景不良等据称是致使学生不可教育的因素。相反，在低成就学校中，教师对学生不抱太大的学业期望，花费较少时间用于积极教授、监控他们的学业进步，基本上把很多学生作为不可教的而注销掉(Brookover，Beady，Flood，Schweitzer & Wisenbaker，1979)。毫不奇怪，这种学校里的学生有很高的学业无用感。

学生常常被分层为定向不同的学业轨道——职业技术的、普通的、学术的或是成绩优等教育。分班教学制决定了学生所接受的智力挑战水平和职业指导。在有效的学校中，对某一学业技能落后的学生实施的小组教育，其目的是促进其学习以使他们弥补缺陷，融入正常的学校生活。而在低成就学校中，教师用于学业指导的时间较少，作为训导者维持课堂秩序的时间却较多。学业困难的学生——比如许多不利环境中出来的孩子——被另眼相看，安排在“慢生”之列，学业上不抱什么期望。由于他们越来越落后，就永久地处在声名败坏的地位。无论得到什么表扬，对他们的学业都不可能有太大帮助，因为他们受到的奖赏常常是因降低了标准或者单单是针对努力的，对于完成得不好的任务则没有太多的重新指导。

相当比例的能力高但处境不利的少数民族也被错误地安排在低学业者之列，所修课程大打折扣，使得他们没法再接受高层次的教育(Dornbusch，1994)。这种教育实践预先关闭了社会经济地位不利者摆脱贫困生活的职业机会。彼得森(Peterson，1989)证实学业补习小组收效甚微。低成就学生被安排到一项为促进学生发展的计划中，在学业上取得了很大的进步，可是那些被分配到补习计划中的学生在一年中制造了纪律麻烦却没取得多少学业进步。与此相似，有能力的学生被置于较低的教育轨道后也受到学业上的阻碍(Donbusch，1994)。补习助长了学生同对学校教育不感兴趣或是反感的低成就同伴的交往，从而进一步削弱了学业努力。归入低学业之列，不仅使学生产生无效能感，而且最终影响教师的教育效能(Raudenbush, Rowan & Cheong, 1992)。

家庭对儿童的在校成功起着重要作用。人们常说,父母是儿童的第一任教师,家庭是儿童的第一所学校。父母不断影响孩子的学业进步,在儿童入学早期尤其如此。因此,有效学校的另一个显著特征就是使父母作为坚实同盟参与到孩子的教育中。父母以多种方式影响孩子的智力发展。他们为孩子上学作准备,强调教育的重要价值,传达对孩子学业能力的信心,给他们设定标准,养成有规律地完成家庭作业的习惯,在家里对他们进行学业上的帮助,鼓励孩子通过阅读发展语言和理解能力,追踪他们的学业进步,奖励他们付出的努力,支持与学校有关的功能,协助学校的活动,并为了改进学校的工作而参与学校管理或是参加社区支持团体(Epstein, 1990)。在能力相当的孩子们中间,父母对学业活动的引导和鼓励使孩子更可能进入高学业轨道(Dornbusch, 1994)。

受过良好教育的父母常常尽力从社会、认知和动机等方面为孩子的学业学习作准备,他们理直气壮地认为有权为了孩子学业上的进步干预学校实践。除了积极参与孩子的学校教育,父母还以许多课后计划作为孩子正规教育的补充。这些活动不仅促进了孩子的发展,而且在父母和学校团体间建立起有益的社会联系,从而使父母可以为孩子了解到其他的发展机会(Lareau, 1987)。非正式社会网络滋生出许多超出学校范围的学习。社会地位低下的家庭则难以为孩子提供这种丰富的发展经验——除非父母作出很大的自我牺牲,为此献出难以计数的时间、努力和贫弱的资源。

246 通常正是社会地位低下的父母对学校的投入水平低,给孩子的教育指导也微乎其微。许多人不知道家里能干些什么,或者该如何为孩子的学业活动提供帮助,这种知识上的缺乏很容易被误认为是漠不关心。他们常常受学校恫吓,很少主动同学校联系(Lareau, 1987)。他们没多少经济来源可用于丰富孩子的学校教育。可以预见,他们对影响孩子学校学习抱有很低的效能感(Hoover-Dempsey, Bassler & Brissie, 1992)。

具有自我效能的父母认为教育是一项共同分担的责任。他们教育自己孩子的效能感越高,对孩子的引导就越多,也越是积极参与学校生活(Hooer-Dempsey et al., 1992)。相反,对自己帮助孩子学习的效能表示怀疑的父母则把孩子的教育全部推给教师。学校教职员对家长参与学校教育亦喜亦忧,特别是当这种参与使得教师面临百般挑剔和高成就压力时,尤为如此。许多父母——特别是教育程度较低的父母——并不愿意参与孩子的学业活动,基于此,父母参与很容易就被放弃。

教师效能感部分地决定着家长参与孩子学业活动的水平。确信自己能力的教师最有可能引发并支持家长的教育努力。因此,就像教师们所报告的,他们的教育效能感越强,家长越是会寻求同他们的联系,辅助他们的班级工作,按照他们设计的计划提供家庭教育,帮助孩子完成家庭作业并支持教师的努力(Hoover-Dempsey, Bassler & Brissie,

1987，1992)。这些发现很可能反映了一种效能互长过程。具有自我效能的教师提高了家长帮助孩子学习的能力，然后，孩子的学业进步和父母对学校活动的支持又提高了教师的教育效能感。由于家庭教育对孩子学业成功起中心作用，因此，教师效能对家长参与教育活动的影响至关重要。

如果要使家庭参与越来越范围广泛，那么学校就必须对那些没有参与但其孩子又特别需要教育引导的家长提供指导，告诉他们如何促进孩子的学业发展。随着传统家庭结构的减少和不习惯分担学校智力生活责任的多文化学校的增加，建立家校联系显得越来越重要了(Epstein & Scott-Jones，1988)。一个有效的建立效能的计划，不仅要通过录像示范家教技能，还要引导家长进行使用这些技能的练习，还应该给家长示范支持孩子发展的策略。

富有成效的家庭计划的另一个因素，是使家校之间建立一种合作伙伴间的定期交流系统(Brandt，1989)。由于感到无效能和被胁迫而逃避同学校联系的家长，可以得益于由社区中训练有素的家长执行的家访计划(Davies，1991)。他们为孩子提供学校、住房、健康服务以及课外活动计划等信息。他们指导家长如何提高孩子对学业活动的兴趣和参与程度。这些延伸活动使家长树立信心，相信自己可以影响孩子的教育发展。在对低效能学校进行重组时，最初谋取家长介入的努力不会唤起家庭的反应。必须通过锤炼同家长的关系，证实他们对教育成就的重要性以及谋取已经参与进来的家长的帮助以扩大和加强家庭同学校之间的联系，从而促进父母的参与。随着越来越多家庭参与到学校生活的各个方面，父母积极参与的比率也迅速提高(Levin，1991)。为保持这种高参与度，父母必须要看到自己的参与使孩子的教育大为改观。 247

有效学校的另一个显著特性就是以能够促进所有学生个人能力感和学业成就的方式构建学习活动。这类学校一般赞同一种掌握学习的模式，密切监控学生在各教育领域中的进步，当学生碰到困难时迅速给予正确反馈和强化，直到他们掌握了相关的知识和认知技能(Block，Efthim & Burns，1989)。在支持性引导之下，所有学生都能达到较高的掌握水平。有些人只是比别人需要多些时间和帮助。广泛的互动教育使进步较慢的学习者不至于越落越远，挫伤士气。除了通常的讲授以外，学生常常以小组形式，互帮互助完成课业。精心为他们构建学业任务，但也要鼓励他们尽可能支配自己的学习，成为自我指导的学习者。有效的学校中不把学生一刀切地划分为快生和慢生。

有效学校成功地管理课堂行为，且主要是通过对创造性活动的促进、认可和表扬，而非对破坏性行为的惩罚来达成的。这一做法符合奖励建设性行为模式比惩罚有害行为能更好地改变不利发展进程的断言。可是，如果麻烦行为即将失控，就马上予以断然应对。良好的班级管理可以形成有序、安全的学习环境。由于年幼儿童对学校中的社会性虐待比对学业成就更为忧虑，相互尊重和安全尤为重要。

另外，还有一些特征与有效学校有关，但重要性和可重复性都不及前述主要因素。布鲁克奥弗及其同事指出，学校环境的质量对学校间学业成就的差异起很大作用（Brookover et al.，1979）。控制学校社会系统特征的影响作用后，单独可归因为社会经济、种族等因素的差异比例显著降低。不过应该注意到，学生的学业有用感可以解释学校对成就的大部分影响。这既是社会条件的产物，又是学校文化的特征。

集体教育效能

如前所示，学校环境的质量通常是根据一组主要反映有利于学业学习的教师态度和行为维度来描述的。自我效能感作为较高等级的决定因素，对功能的态度、情感、动机和行为等方面产生广泛影响。因此，群体效能感是影响某一个社会系统不同方面的首要特性。在以前引用的吉布森和登博（Gibson & Dembo，1984）的研究中，有强烈教育效能感的教师，通过将大部分时间投入学业活动、传递对学生学业成就的积极期望以及慢慢形成和奖赏学业成功，创设学习的积极氛围。教师个人效能感的这些不同表现，在学校氛围研究中常是被作为环境质量的各自分离的维度。

按照集体效能感描述学校系统的社会环境的另一个好处，在于此构念有一种理论及有关其心理社会决定因素和运作机制的大量知识作为依据。这样就对如何建构干预以改变社会系统提供了明确的方针。在试图描述社会系统的关键功能特性时，目标应该旨在将一串串貌似不同的变量减少为可以解释不同学校学业成就主要差异的少量上位决定因素和调节机制。学校成员集体判断自己对学生学业成功无能为力，就更可能传递出一种群体学业无用感，并弥散到学校生活的方方面面。相反，学校成员集体认为自己在促进学业成功上大有可为，就会使学校洋溢着有利于社会认知发展的积极氛围。

248

在相互依赖的关系中，学校系统位处中间水平。学校包括课程和社会功能的小组规划和一些小组教学。此外，学校系统的作用有赖于对该系统的学业和社会准则的共同责任，并层层依赖学生在以前年级中社会教育准备的充分性。低年级时学业和动机准备不足的学生加重了高年级教师促进学业成就的能力负担。校长的领导质量也影响到教师的工作环境。因此，虽说一个学校获得的学业进步很大程度上反映着每个教师贡献的总和，但这些不同组织的相互依存也影响着教师的教育效能。

有效的学校教育包含有交互因果关系。教师的教育效能感部分地决定了学生可以学到多少东西。转而，学校环境中的许多因素又会改变教师对自己产生学业成就的效能信念。这其中的一些因素源于学生及其家庭背景的特征。父母对学业成就的影响是通过家庭为学业学习提供的资源、引导、示范和激励起作用的。如果学生群体都是由许多低成就或是社会经济背景不良、无论从动机还是认知上都没有为学业进步作好准备的学生组成，那么教师的教育效能感就会逐渐被侵蚀。

教职员工的信念系统也创设出一种组织文化，激发或是挫伤其成员的效能感。认为智力是一种可以习得的特质，并相信学生无论背景优劣都能够获得学业成功的教师，可提高群体效能感。而相信智力是一种天生特质，人们无法克服不利社会环境的消极影响的教师则可能破坏彼此的效能感。领导质量常常对组织氛围的产生和维持起重要作用。教育领域中，强有力的校长在使员工对自己克服障碍获得成就之能力抱有很强的目的感和信念、齐心协力完成工作方面，技高一筹。这类校长对学校的教育成就有很强的责任感，想方设法扩展自己学校的教育功能。由校长提供的人际支持可能有助于学校积极氛围的营造，但其本身并不能建立教师的教育效能感。更准确地说，是那些创设重视学业的学校氛围、倡导为了教师的教育成果而进行管理的校长，扩展了教师的教育效能信念（Hoy & Woolfolk，1993）。信念的相互模仿和教职员工的社会实践，对弥散在学校环境的集体效能感有重要影响。

在一个大的学区进行的一项研究中，测量教师对自己所属学校促进不同水平学业进步的效能信念，揭示出集体学校效能的某些原动力（Bandura，1993）。在学年刚刚开始，教师和自己班级的学生还不熟悉的时候，测量教师对学校促进学业成就的效能信念。这得出了一个预先存在的学校教育效能信念的指标。以学校为单位进行分析，学年开始和结束时，用标准化测验评估学生的阅读和数学成绩。另外还评估了许多同社会教育影响和学生团体社会文化构成有关、且可能增强或削弱教师的集体效能感的因素。 249

处理学校有效性问题时，学校环境往往仿佛是一个毫无差别的庞大实体。实际上，某些教育成就的达成难于其他，学生在教育的不同阶段表现出不同的心理社会能力、动机定向和教育挑战性。在使用学业分组的学校里，教授能力不太强的学生的教师比起教授天才学生的教师，会更多地体验到不同的班级环境。因此，教师是较大的学校背景中微环境的创造者和产物。虽然在许多活动中，一些学校显然比其他学校做得要好，可是，不仅不同学校的教师存在差异，一校之内教师间也不尽相同。集体效能感也同样如此。校际差异大于校内教师间的差异，但集体效能绝非一个整体特征。

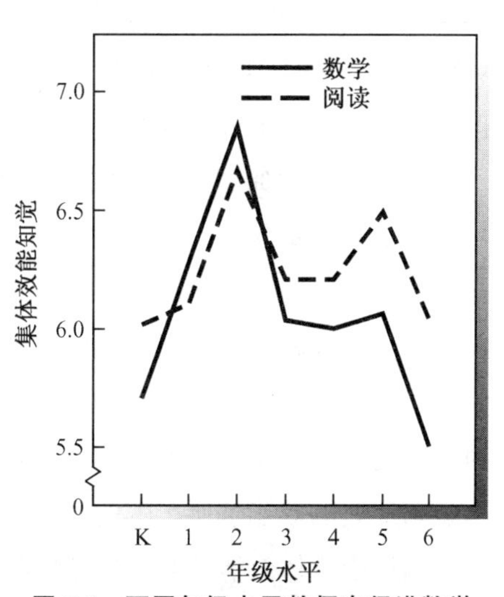

图 6.6 不同年级水平教师在促进数学和阅读能力方面的集体效能知觉的变化（Bandura，1993）。

教师的集体效能感因年级和学科而异（图 6.6）。

无论是教师对自己班级的教育效能信念，还是他们对学校整体的教育效能的信念，都是如此。学生刚入学时，教师促进学生学习的效能感相对较低。由于这时候学校教育要求最低，那么教育效能感低某种程度上反映了教师知觉到学生对于课堂教育准备上的欠缺。中间年级，学生适应了学校常规，学业要求也不太严厉，教师表现出较强的教育学生的信念。但在后继年级中，随着学业要求日益复杂，学校教育的不足就越来越明显，教师认为自己学校的教育效能在衰退。就学科而言，教师判断自己在提高语言技能方面比提高数学技能更具效能。因此，学校效能感的升降在教授数学技能时比教授阅读技能时更为显著。

由于教师效能信念影响学生在学校过渡期的应对，所以高年级教职员工效能信念的下降尤其值得重视(Midgley et al., 1989)。受教于低效能感教师的学生，从小学向初中过渡时，会丧失学业效能感并降低成就期望。如果学生正在为学业苦苦挣扎，他们转投的教师又对自己提高学业成就的能力心存疑虑的话，那么学生的自我怀疑就会加重。

对于学生大多来自社会地位低下背景的学校，在没做特别努力提高学校集体效能的情况下，学生团体的社会经济地位和种族构成，应该能够在很大程度上解释学校间集体效能和成就水平的差异。因为社会经济地位低而集体效能高、成就卓越的学校，或社会地位高却有学业无用感和学业成绩差的学校同样都不是很多。对此通常的解释是，与学生背景相关的因素既形成了学校的心理环境，也造成了学校间教育成就的差异。假定社会经济条件不利和种族地位注定了低教育成就，意味着穷困学生和少数民族学生的学业能力有限。而且如果学生社会经济地位不利，教师也相对无力促使他们学业成功。但几乎完全是社会地位低下的少数民族学生的有效学校取得优异成就的事实却与此相背(Bandura, 1993; Brookver et al., 1979)。无疑，学校激发和教育社会经济条件不利学生的集体效能信念是可以改变的。

分析学生特征和学校环境对学业成就的相对贡献时，常把双向因果关系当成单向作用。由于影响是双向的，对学生入学成绩进行统计控制，会严重歪曲学校对儿童学业发展过程的影响作用。前面已经提到过，教师的教育效能信念影响学生的学业进步，转而又影响教师激发和教育学业困难学生的效能信念。消极的交互因果会降低全体员工的效能以及学生的效能和成就，而积极的双向影响则会使得效能和教育成就相互提高。学生入学时的技能不仅反映了能力，还有以前认知、情感和动机因素的影响，而这些一定程度上是由逐渐形成的效能感所产生的。

为评价集体效能感对学校工作状况的作用，我们对教师和学生团体的特征、集体效能和先前学业成绩水平等已被证实的因素指标，运用路径分析对假定的影响模式进行检验(Bandura, 1993)。集体效能感的测量是根据教师对学校能否促进不同水平学业成就的信念的总和来确定的。集体效能一章中，图 11.1 形象概括了学年开始时所测因素和学年末所测全校阅读和数学成绩间的因果结构。很大程度上折射着社会经济位处劣势的学生人群的不利特征，侵蚀了学校的教育效能感。学生中社会经济地位低的人越多，学生的流失和旷课率就越高，员工获得学业进步的集体效能信念也越弱，学校学生的学业生活就越糟糕。反映民族和民族差异的学生群体特征则对以后学校成就没有直接影响，而是间接通过影响早期学校成就，这转而形成教师对于学生可教育性的集体效能信念。因此，学生群体特征对学校成就的影响，更多是通过改变教职员工的集体教育效能信念，而非直接作用于学校成就。从教时间对学业成就略微有些积极影响，但似乎也致使教师对学校的集体教育效能心存偏向。

全体员工对于他们能够促进高水平学业进步的集体效能感，对学校学业成就水平有显著作用。的确，在控制了学生群体特征、教师特征和学校先前的成就水平之后，集体效能感对学校成就水平的差异有独立的贡献。如果员工们都坚信通过自己的坚决努力，无论学生背景如何都是可以激发、可以教化的，那么，以穷困和少数民族学生为主的学校也可以在达到语言和数学能力的国家标准方面处于最高的百分位等级。 251

增强处境不利青年教育的模式

我们国家的学校并没有很好地为处境不利儿童服务。贫民区学校里的大部分学生在其教育发展中都显露出重大的缺陷。补偿计划的作用有限。同处境优越与处境不利儿童之间巨大而广泛的成就差距相比，任何学习补救的成效都是微不足道的。全国有三分之一的学生处于教育的不利地位，美国黑人和拉美学生的辍学率远远高于白人学生。民族差异日益扩大，无疑对如何教育这些社会规范、价值准则和行为风格迥然各异的学生，提出更大的挑战。这些人口统计上的变化，可能造成越来越多被忽视了的学生。为处境不利青少年提供的教育计划接连失败，突出了对学校环境进行根本调整的必要性。处于教育不利地位的学生更需要运用有助于成功的教育策略的促进教育，而不是补偿教育（Levin, 1987）。教育是摆脱贫困的主要途径。新技术对认知能力的要求越来越高，也使得教育对于成功越来越重要。

面对教育系统长期存在的缺陷，许多人偏向用竞争性市场的方式来解决这个问题。他们想要一个担保系统，使他们能够从所选择的公立或私立学校为孩子买到教育服务。提供选择也许可以产生行为责任和激励因素以提高学校的效力——否则，它们就失去资助。教育选择和差异观点，求助于从授权或企业家市场的角度来看待这个问题的选区居民。可是，市场的方法不能给所有人提供平等机会和更好的教育，它会导致社会两极分化，是一种会引起社会分裂的补救办法。让人忧虑的倒不是公立学校之间因公开招生而展开的竞争，而是私立学校用公众津贴从公立学校中抢走了更有才华的学生。如果担保人不能保证私立学校的全部学费，优势家庭就可以从中获益。而贫困家庭最终只能让孩子待在日趋衰退的公立学校，或是把他们送到学费便宜但教育资源也较少的学校。于是，弱校愈弱，有效的学校则保持其优势。这将导致社会中处境优越和处境不利群体儿童的教育差距日益扩大。

如果优质学校因其要求太高而很快停止招生，公立学校系统的公开招生就并不一定能提供许多选择和竞争的机会。不过，除了公开招生之外，如果父母能够同有效的教育者一道出力，创立能为孩子提供优良教育的公立学校，那么，中等以下的学校很快就会被淘汰出局。但建立新学校并使其成功运作，就将面临难以克服的组织、教育和财政上的挑战。尚无证据表明，在公众契约之下由经营者运作的特许学校比常规公立学校取得的学业成就更高。然而，一个社会选择教育他们儿童的教育，就必定从整体上评定其教育系统的结果。一个社会的经济和社会健康需要对所有学生实施有效的教育，而不是将他们分别划分在有效的学校和制造无知识的下层阶级的低劣学校中。对劣势成员一笔勾销的社会，在社会竞争和未来经济地位上要付出沉重代价。为使社会各部分都能获取有效的教育，人们必需怀有对彼此成功发展和成就的兴趣，一同努力。一个具有生活质量的文明社会，应该认识到人们的相倚相存，并遵循包含其中的道德准则。

252 学校失败反映了更为广泛的社会文化问题(Comer, 1988; Payne, 1991)。许多低收入家庭的孩子，无论从认知、动机还是社会方面，都对正常的教育准备不足。学校里，他们在发展为学业成功所需的动机和技能上得不到什么帮助。学校中的不利经历又导致他们的敌对反应和行为问题。很多教师认为那些对学业兴趣索然的学生是不可教的，对他们也不抱什么学业期望。他们同家长的大部分交流也都围绕着纪律问题和学习缺陷，这种敌对体验助长了家长同学校之间的不信任、疏离和冲突。过去，学校常常是作为邻居或所在社区的一个组成部分，家校之间常有同样的价值观念，并保持密切联系。教师居住在学校附近，日常生活中同学生及其家长经常有许多非正式的接触。而今，特别是在社会经济地位不利的地区，这种联系日益弱化，家庭和社区生活相割裂，造成了父母和学校的疏离。所以，为了学业成功而对学校进行重新调整时，重建学校、家庭和社区之间的联系，形成共同的目的感，分担学校智力生活的责任等，都是很重要的。

人们为了寻求更好的生活而大规模移居，这正在改变着学校人口的地理特征。移民们离开自己的文化而要融入另一个陌生文化中，他们必须学习新的语言、社会准则、价值观念、世界观和不熟悉的生活方式，这其中有许多将与其自身文化相冲突。随着国家中民族的多样化，教育系统将面临艰难的挑战——该如何履行自己的使命，教育这些背景不同、学业准备充分性有别的学生？更为复杂的是，社会中存在的文化和种族冲突同样也出现在教育系统中。前面我们可以看到，许多学校员工对于教育穷困和少数民族学生的效能感很低，对他们没有什么学业期望。学生群体的文化差异越大，员工们对有利于学业学习的计划执行得就越糟糕。

有效学校的特性已经得到广泛的证实，但知道哪些因素能使学校具有学业有效性，与真正创设一个有效的学校之间还存在巨大的差异。偶尔也有一些学校在一位宽厚仁慈的校长的得力领导下，在教职员工全力以赴的努力下，对处境不利的少数民族的教育取得了令人瞩目的结果。在这种并不典型的事例中，成功掌握在特定的教育者手中。加速对处境不利的青少年的教育，需要基础牢固的模式来调整学校系统，将并不典型的学校教育成功推而广之。人们已经设计出了一些诸如此类的学校发展模式。

无效的学校需要调整它们惯常的实践而非零敲碎补。影响重大而深远的变化很大程度上需要学校各方面支持者的共同缔造。康默（Comer，1980，1988）为创设有利于社会认知发展的教育环境而提出的合作计划，提供了一个社会促使教育变化的模型。教师、行政人员、家长和更大的社区，这些支持者通常被割裂开来，如何让他们分担责任、互帮互助、共同促进孩子的社会教育发展，康默的计划详细说明了此中的社会机制。

官员们通常指示学校要开始改革和提高，但很少注意到成功推行过程中所需的技能、资源和结构支持。在主要服务于教育和经济处于不利背景的学生的学校里，教师在处理教育活动时获得的教育支持和帮助越多，他们的教育效能感也就保持得越好（Hannaway，1992）。教育改善有赖于相互信任的伙伴关系的建立、理解、尊重以及对民族、种族和性别差异的敏感性。校内及学校同社区关系的改善，又使得参与者建立起一种集体效能感和责任感，将学业不适变为教育兴趣、挑战和成就。很大程度上，通过集体努力——而不是修补讲授方法或基本教育内容，或是添置贵重的新资源——而产生教育利益的学校调整模型更容易采用。按康默的观点，支持性社区一旦建立，就会创造出有利于学校教育发展的智力和社会条件。如果学校建立了学习的动机条件，并提供教育引导和孩子们可以追求的挑战标准，就能使学生成为好的学习者。

康默模型包括了三个主要的结构成分。关键成分是校长领导下的由各种不同的社会支持者——教师、家长、辅导人员和支持人员的代表——组成的管理小组。这种合作管理小组形成一个覆盖面广的学校计划，涉及到学业和社会计划、建立学校优先权、动员所需资源、促进员工发展、设定清晰的学业标准、传递成就期望以及监控各计划的进展等。少数民族学生要发展各种能力，成功应对来自主流社会及其本种族、本民族的要求，就得承受许多额外的压力。当重要功能领域中的多重要求相互冲突时，获得双文化效能和认同都非易事。除了发展学业技能之外，计划还要培养在主流社会中成功所需的许多社会技能。建立个人效能和自我价值感，又不产生对抗教育的态度，由此可以支持积极的种族和民族认同。对抗教育的态度会妨碍能力的发展，阻断许多主流社会的生活追求。如果种族认同要以牺牲智能发展为代价，学生就会受到蒙骗。

学校的管理团体所采用的决策风格，应该促使其支持者以伙伴关系共同为推进教育发展而工作，而不是守卫他们自己的利益（Anson et al.，1991）。他们的处事方针应该集中于建设性地解决问题，而非推诿责任、彼此抱怨。他们所作决策是众意合一，而非表决的结果。这就避免了分裂、权力操纵、拉帮结派以及胜利者和忿忿不平的失败者之间产生冲突和怨恨。一致性决策促进了合作与相互尊重。小组将他们所讨论的一切问题付诸实际行动，而不只是避重就轻地空谈。最后一点，管理小组与校长共担权力，但并不削弱校长的领导。

该模型的第二个成分是家长参与计划，使家长与其孩子的认知发展相联系，并帮助改善学校的风气。让家长参与学校各层次的活动，作教师的助手，在图书馆、资料中心、自助餐厅和操场上帮忙。他们还开发了一个年度社会计划，促进孩子的教育发展，在家校间建立一种密切联系。这样一来，家长就获得了一种对于学校学业和社会生活的控制感和责任心，当父母感到自己是必要而且重要时，就会越来越深地涉入学校生活，驱散疏离感。

第三个成分是学生服务队伍，包括学校的顾问、看护及其他支持者。他们的主要作用是发展和实行个人化计划，减少某些行为问题以及思考如何改变学校的社会教育实践，以防止问题行为的产生。从他们和家长及教师的伙伴关系中同样可以获得对行为问题的控制。顾问队伍的帮助使教师从维持纪律的角色中解脱出来，而投入到学业追求中。学生如果对学校生活具有浓厚的兴趣，就可能表现出最热烈的反应。因此，当他们在发展中取得进步时，就会对维护自身学校生活的质量发挥更大的作用。

254

非正式评定表明，对处于社会经济劣势的儿童的这种教育方法，可以消除旷课，显著减少行为问题，并提高学业成就（Comer，1985，1988）。但要证实这种调整对存在缺陷的学校效果如何及其在不同时间不同场合能否成功适用，还需要精心控制的研究。模型明确指出该如何创建结构成分并使之协调运行，但对于如何克服采用中遇到的社会障碍，保证其成功实行却所言甚少。同其他学校调整模式一样，只有通过正式检验确定这一方法得到良好实施后可以取得的成功，人们才会毫无保留地接受它。

莱文（Levin，1996）也设计了一个大有可为的模型——促进学校，以提高那些从常规教育中收获甚少的青少年的学习。在现有资源中，通过从社会、动机和教育实践等多侧面对学校进行重新组织来提高学习。促进学校的构建是基于目标统一、群体实现、责任分担和力量聚集等原则之上的。家长、教师和学生作为亲密伙伴，致力于一套共同的学业成就目标。明确的目标给学校设定学业标准，并引导和动员一切努力来实现目标。如果没有不断的进步反馈，目标也不大会达成（Bandura，1991b；Locke & Latham，1990）。在促进学校中,目标是和一套运用学习轨迹监控学业进步的评定系统相联系的。适时反馈为矫正性调节提供基础。一个主要目标是缩小成就差距,以使教育上处于不利地位的儿童能从需要大量学业自我指导的常规教育中获益。

学校运转中运用一个合作决策系统,使对学业实践的控制和责任由中央管理转移到各个学校。学校对结果负责。对应尽职责没有中心监管的地方管理会导致学校不能很好地完成其使命。中央职责部门不能只是学业活动的规定者和调节者,还应该提供支持服务和技术协助。在这种以学校为基础的管理中,课程、教育模式以及资源和人员配置由全体员工作决定。允许员工对学校政策、教育实践、课程及其他工作条件等有一定控制权,会提高他们的教育效能感(Hannaway, 1992; Raudenbush et al., 1992)。由于语言在教育和更高水平的能力发展中作用重要,所以人们很强调交流和言语技能的掌握。教育科目要与儿童日常生活和经验相联系,以加强其意义。教育强调所教概念和分析工具的有用性。

促进学校运用的许多教育策略,对于促进学习、发展自我教育能力颇为有效,同伴辅导员就是其中之一,即年龄较大、知识较为丰富的学生来教比较小的学生。如果组织得当,同伴辅导具有许多理想的特性,例如,它可以提供持续的个人化教育、对学习的社会支持以及在教授学科内容过程中,由于与示范社会认知技能和学习价值的辅导员极其相似而具有的教育优势;在履行教育者职责时,辅导员也可以更好地掌握学业领域的知识,发展社会和交流技能,证实自己的学校教育效能。所以,不仅被辅导者能提高学业,辅导者也可以从中获益(Cohen, 1986)。

合作学习策略——学生一起学习,互帮互助——也在促进学校中广泛运用。合作结构一般比个人或竞争结构更能促进自我评价和学业成就(Ames, 1984; Johnson & Johnson, 1985)。对于由教育上处于劣势和文化多样的学生组成的异质班级,合作学习更为有利。他们在社会地位、学业技能和教育资源的获取上存在差异,但群体学习必须相倚建构,否则,反而会加深既已存在的地位等级和不平等。在松散的合作学习中,高成就者主导学业活动并获得智力上的成功;而低成就者被贬抑到从属地位,经受着学业兴趣、效能感和成就的进一步丧失。这些不利影响又进一步阻碍了参与和学习。位处劣势的少数民族最可能发现自己处于底层。为纠正这一问题,科恩及其同事(Cohen, 1990, 1993)设计了具有智力挑战性的课程,其中的学业任务需要运用多种不同技能和角色分工,必须合作完成。这样,任务、特殊技能和角色建立了相互联系。相倚课程结构使得每个学生对于群体成功都有显著贡献。结果,学生赢得了同伴的接受和对其能力的认同,并获得重大的学业进步。

255

促进学校的另一个显著特征,是强调一切要建立在学生、员工、父母和社区的现有实力之上，儿童所拥有的任何特殊能力都被用来促进学习。而在非促进学校中，员工和父母的才智通常没有得到充分利用。鼓励教师产生推动学生进步的创造性的主意。在学校计划中，鼓励家庭发挥其固有优势，分享其文化和种族的独特性。在一个由共同目标联合不同价值观念的学校氛围里，少数民族不仅不会对智力发展或是普遍的公民责任感构成阻碍，反而会丰富教育过程。

促进学校的一个关键因素是父母对孩子教育的高度参与。家长在管理团体及各种任务定向的委员会中服务，并协助学校的计划。教给家长如何提高孩子对学校内容的投入，设置学业标准、监督并帮助他们完成学业任务。给学生布置作业，帮助他们在自我指导学习中获得技能。学校还利用社区资源，谋取退休者和地方事务所有人员对教师的帮助。

虽然康默和莱文的学校改善模型都将自我管理和广泛的家长参与作为关键因素，但两者存在一些重大差异。康默极大地依赖积极的人际氛围来促进教育成长，而莱文则更多地运用课程变革和许多证实有效的指导策略来达到这一目的。积极的学校氛围如果缺少教育内容和对儿童教育进步的持续、有益的监控，也不一定会培养出高水平的能力。将有利于学习的社会条件和引导学习的教育实践结合起来，学校的调整才能带来最大的智力收益。

同样的处境不利学生、同样的教师，资源也没有增补的情况下，一度失败的学校也能够取得令人震惊的学业长进，减少纪律问题（Levin，1996）。与配对学校的初步比较研究证实了成就的增长。同一时期，促进学校学生的学业成就提高，而控制学校中的则降低。个别学校所取得的这种结果，虽然给人们无限希望，但仍需要更为广泛的控制研究予以证实，包括对实施质量进行连续的评定。这说起来容易做起来难，学校调整要假以时日。可以理解，教育行政官员不愿意在很长一段时间里把自己手下的一些学校置于控制条件之下，拒绝接受他们的自我改善计划。而且，一些被随机选定进行结构调整的学校可能反对强加于他们的改革，从而破坏了对计划的执行。除了控制组设计，学校改革可以通过不同学校在时间上交错实施、实践来进行评价。如果改变是有效的，已经实施的学校就应该比仍在基线条件的学校表现出更大的学业收益。但这种交错设计需要学校的有关特征充分匹配，并且在比较阶段不能引进其他教育变化。一度令人欢欣鼓舞的教育变革，进一步仔细省察后却被淘汰出局。太多时候，出于教育问题的迫切性，一个模型在尚未予以实证之前就被广泛传播了。

256

即便自我授权学校投入很少或者根本不投入新的资源，就能够把处境不利学生的学业失败转化为学业优秀，这也并不意味着社会不需要为教育事业追加投入，或是对许多造成教育事业不景气的条件予以补救。学业成功的获取，需要教师在已经超负荷的工作日程之外继续投入大量没有奖励的时间和努力。必须要给学校成员以足够的时间来理解新的实践并掌握所需技能。要实现这一点，可以通过调整教师的日程，启用经验丰富的代理教师骨干，让教师能够在工作日去接受培训，并给他们提供学期之外的集中在职培训（Levin，1991）。有益资源的提供，结合根植于行为表现评价的责任系统，就会使学校的成功更为普遍和易达。

提高学校质量的实施模式

对教育的弊病没有迅速的确定方法。教育变革碰到的阻碍五花八门、形形色色。着手变革加重了教师原本沉重的工作负担。看到过曾受到鼓吹的教育改革后来成为自己得意主张的牺牲品，许多教师对于所提供的补救办法漠不关心甚至暗中抵抗。教师的效能感是他们是否愿意采用和坚持新的教育实践的最佳预测因素之一（Berman & McLaughlin，1977）。在聚集着失败学生的学校里，教育效能已被侵蚀了的教职员工，会认为新的提高学校成就的努力不过是另一次无谓的尝试罢了。如果对变革缺乏细节计划，那么即便较能接受者也不会改变他们的实践活动，因为他们不知道该如何去做，或者错误领会，结果事与愿违。校长的领导在新的教育实践的采用和贯彻中起重要作用。让校长们分享权力并非易事。有些校长不愿分权，是因为担心这样做只会打造出一副敌对者的枷锁，反受其累。成功尝试可以提供最好的保证，但怀疑态度削弱了认真尝试的努力。那些有疏离感、认为自己没能力处理学校事务的家长，也并不特别渴望学校系统进行调整。所以，方方面面必须学会协同工作，他们需要切实感受到自己能够影响学校的社会教育生活。面对诸多阻碍，员工对上级制定的新的管理模式和学校实践可能拒不执行或者贯彻起来三心二意，这只能注定新举措的失败和迅速废止。

将一个无效学校转变为成功学校，需要时间、努力和强有力的效能感来建立基础广泛的必要支持。最终，所有赞同者均可以受益于学校的改进。教师赢得了一个积极的学校氛围，其中占优势的期望和准则都支持教育的发展。这些变化使得他们致力于教育，而非仅仅管束那些对自己的学习有强烈无用感的学生。校长发现，管理以相互信任、尊重和奉献的伙伴关系为特征的学校更容易，也更值得。家长感觉与学校同为一体，并且因看到孩子获得学业成功而感到相当满意。但是，只有各方共同投入大量时间和努力，才能使差学校改天换地。而且，在人们尚未看到好处之前，大有可为的计划被执行得面目全非或者半途而废，也是常事。特别是当员工们怀疑如果不投入大量新的资源就难以达成所需变化时，更是如此。

257

适才描述的建立有效学校的概念和操作模型与有效学校的标志有许多共同特性。莱文注意到，教育领域并不缺乏好的主意，而是缺乏有效的执行手段。设计有效学校是一回事，成功落实又是另一回事。评定和检验有效的执行模式时，仍需要做的主要工作是创设强烈的集体学校效能感。在教育转变的模型中，这是关键但也是薄弱之处。执行计划常常是想在很少很短的时间内做太多的事情。有益的评价研究需要评定执行的质量，否则，结果不良究竟是由于模型有缺陷，还是模型虽好但应用得不好，就无从知晓。

在康默模型中，校长、行政官员和部分教师、家长、顾问参加一个大型的专题讨论，就儿童的发展规律、模型结构及其在多民族学校中的应用等情况，接受教导和录像教育。可能的采用者还观察关键成分在成功运用模型的学校中是如何运作的。学区中专门有一个人受训作为推进者，负责当地员工培训，并监督计划的执行。

莱文促进学校的执行模型同样以专题讨论作为主要形式，指导学校成员如何创设一所促进学校。在这类学校中，所有教育活动都贯穿着目标一致、以学校为基础的授权和依赖实力的原则。学区内愿意接受的学校首先作为训练试点进行重组，并作为成功样例鼓励那些小心观望的学校。地区训练中心通过电子网络的联系，向人们提供方便易达的有关促进学校各方面的新信息，推动榜样的普及。但简短的教导训练是否足以作为执行的工具仍然是一个重大问题。

执行质量的差异突出了在当地对执行者进行更为集中的培训的必要性。教育系统是在一定的社会政治环境中运行的。就是在干预中，人们施展各种权力关系，而这往往会妨碍变革。一个社区的方方面面的支持者自我利益各不相同，对学校该如何运作也意见不一。所以执行模式必须就人们改变学校管理和社会实践时如何谋取必需的广泛支持进行引导，而不仅仅是说教式的指导。

学校发展的任何模式都必须首先关注执行策略的发展。一个模式，无论其前景多么广阔，如果应用时单凭异想天开，不能结合当地的实际状况，那么也不会产生太大的社会影响力。如前所述，对变革的规范反应掺杂着漠不关心、讥笑挖苦和很容易压倒那些愿意接受的派别的激烈抵抗等。集体效能一章将会讨论一些用以克服顽固的教育实践的策
258 略，这里不再多谈。为推进其采用，一个教育变革模式必须就如何谋取并发展地方领导的支持提供明确的指导方针。这些地方领导能够成为社区计划的有效使者，帮助将宗派间的政治争论转化为改进学校的集体责任感。还必须发展一个交流系统，告诉家长其他学区采用该模式后所获取的教育利益。考虑到普遍存在的漠不关心，倡议者必须想方设法深入社区家庭，而不是等待家长找上门来。其他相关策略还有：如何调停利益冲突，发展普遍的使命感和目的感以及如何调动社区对教育改进的支持。

有效执行模式的另一个非常重要的成分是员工的发展，以确保所需结构和实践能得到成功贯彻。合作性伙伴关系、新的学校管理风格、有助于学习的学校氛围和无组织社区中集体联系的建立等，都非易事，要受到社会的限制。这些实施任务和技能都难以掌握。在形成阶段，学校员工及各方支持者需要通过录像示范、有指导的实践以及纠正性反馈，

就如何将概念化模式转变为所期望的社会实践，进行严密的现场训练。有些教师怀疑自己对缺乏兴趣的学生的影响力，或是对变革将信将疑，对他们的训练除了建立新的学校实践技能外，还必须建立教育效能感。明确的变革子目标并伴随有进步反馈，能够减轻怀疑，帮助恢复集体学校效能感。执行初期，问题在所难免，沮丧也旋即而生，所以提供发展效能的社会支持尤为重要。

如果学校员工对于计划有一种主人翁的感觉，他们就更可能采用并不断运用新的实践方法(Berman & McLaughlin，1977)。他们努力实施变革，又从自己的实施中获取更大的效能感和满意感。因此，学校改进措施的推动者应该帮助员工自助，而不能将新的实践方法强加于他们。一个普遍模式应用到特定地区条件时通常需要经过修改，让员工积极思考如何能将模式的一般原理转化为最适合学校背景的有效实践，可以培养他们的主人翁感。不过，地方修改不能脱离学校发展模式的根本方针，否则，如果自行其是，人们就可能舍本逐末，并没有产生模式规定的基本变化。简言之，模式的主要特色是规定的，但地方改变是要大家合作完成的。当计划的各种要素都各就各位以后，必须定期对执行情况进行评定，以决定各要素自身及彼此间作用如何。对社会系统运作方式的这种探究，可以确定必需的矫正性调节以保证计划执行卓有成效。最后，必需建立有效的社会机制来取代那些虽然实际上提供了帮助，但仍然抵制根本变化的领导和员工。

/第七章/

健康功能

259

近年来，我们已经看到人类健康和疾病的概念发生了巨大的变化。传统的观点以强调感染动因、改进药物和进行身体损伤修复的生物医学模式为基础。较新颖的观点采用范围更宽的生物心理社会模式(Engel, 1971)。从这一观点看来，健康和疾病是社会心理因素和生物因素之间的相互作用的产物。对心理和生理之间的关系所进行的分析揭示出社会心理因素是以损害机体机能和改变对传染动因的易感性的途径影响生物系统的(Ader & Cohen, 1993; Bandura, 1991a; Cohen & Herbert, 1986)。而且，良好的习惯对心理和身体健康的质量具有重要的影响。许多慢性的健康问题部分是非健康的行为和有害的环境条件的积累性产物。正如健康经济学家所指出的那样，药物治疗不能替代有益健康的习惯和环境条件(Fuchs, 1974; Lindsay, 1980)。对有利于健康的习惯所进行的自我管理应该是一剂良药。

健康不仅仅指不存在躯体损伤和疾病。生物心理社会观点不仅强调健康功能的多重决定性，它还强调健康水平的提高和疾病的预防。这一定向是从疾病模型向健康模型的重要转变。谈论活力程度与损害程度一样有意义。因此，举例来说，存在免疫能力、心肌强健力、身体力量、精力、灵活性以及认知功能性质的不同水平。提高健康水平追求的是提高心理生理机能的水平并减慢自然衰老的速度。

在对国内和国际间的死亡率进行的综合分析中，福齐斯(Fuchs, 1974)指出使用药物对期望寿命只有很小的作用。预防性药物和免疫方案的质量的提高已经延长了人类的寿命，然而，除遗传因素外，身体健康主要决定于生活习惯和环境条件。那些遭受躯体损伤的折磨和早夭的人大多是由可以避免的有害习惯所造成的。他们的营养习惯使其更可能患心脏病和某种癌症；久坐会减弱心脏的能力和活力；吸烟是患癌症、呼吸系统疾病和心脏病的主要原因；酒精和药物滥用对身体造成负担；性传播疾病会引起严重的健康后果；暴力和其他充满身体冒险的活动会使人们致残或缩短寿命；对于应激源的失调性应对方式会损伤抵抗疾病的免疫系统的能力。 260

在伤害性的环境条件方面，工业和农业实践将致癌物和有害的污染物质注入到空气、食物和水中，所有这些会对身体造成极大危害。从健康的心理生理学观点来看，改变生活习惯和环境条件对健康极为有益。相对于医疗技术的改善，婴儿早夭率和疾病发病率的下降更大程度上是由于广泛地采用了更为健康的生活方式。通过整个社区一起努力减少损害健康的习惯，健康受益会越来越多(Puska，Nissinen，Salonen & Toumilehto，1983)。社会心理方法已经成为一项重要的公共健康工具。

福里斯和克莱朋(Fries & Crapo，1983)整理了大量证据用以说明人类寿命的上限是由生物特性所固定这一事实。人类具有远远超过他们所需要的器官机能之上的储备。在不断衰老的过程中，他们会经历生理储备的不断减少，这增加了对疾病和衰弱的敏感度。传染性疾病的减少延长了预期寿命，因而不严重的机能失调有较长的一段时间发展成为慢性疾病。图7.1显示了美国不同时期的死亡率曲线。现在人们的寿命延长了，例如，1900年，只有30%的人口活到70岁，而在1980年，达到75%。社会心理因素部分决定着所能实现的潜在寿命的程度和生活的质量。通过对能减慢衰老并阻碍慢性疾病和残疾发展的可改变的行为因素进行控制，人们不但更长寿而且更健康，目的在于使人们能以最小的障碍、疼痛和依赖过完寿命延长的生活。通过延缓机能失调的出现，老年人的身体问题被压缩到生命周期中最后的很短时间内(Butler & Brody，1995)。这样，一个人生命的终结变成是迅速而庄严的。

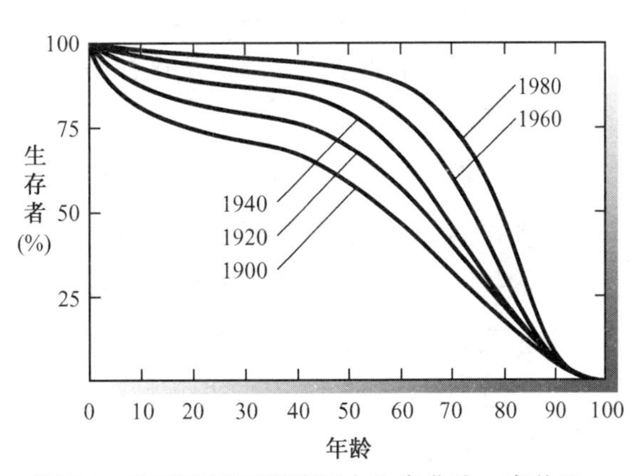

图7.1 美国不同时期的国人生存曲线。在关于一个社会的理想化的生存曲线中，人们对疾病和衰老的可改变方面实行控制，因此，他们在延长了的人生中产生的障碍最小。

生物医学观点非常关注治疗机体的失调，它将注意力放在能在多大程度上对健康作出贡献。疾病定向的服务能减少衰弱的一些有害效果，并使病痛在某种程度上得以缓解。但是医生并不能修复被有害的习惯所损害的部分。随着人类寿命延长，越来越普遍的慢性的、退行性疾病进一步强调了主要为治疗急性病而发展起来的生物医学模式的局限。261 生物医学研究增加了我们对疾病和衰老的生物化学过程的了解。但这些过程受可改变的行为和环境因素的影响极大。因而，需要广义的社会定向途径以提高和保持个体在社会中的身体健康。人的健康部分是掌握在自己而不是医生手中。正如一个喝着烈酒的喜剧演员曾经谈到的："如果我早知道自己会活这么老，我一定会更加善待自己。"为了避免疾病的伤害，人们必须具有必备的知识和技能，以控制那些对健康有害的习惯或环境条件。

健康的社会心理观没有将视野局限在对健康直接起作用的习惯上。具有危害性的微生物正在冲出原本隔离的场所并形成新的疾病，如由行为传播的艾滋病。对于疾病是如何被感染的知识为控制其传播提供了预防性环境和行为计划的基础。事实上，麦克金利夫妇整理的大量证据说明传染性疾病的减少一般归功于各种疫苗，而实际上这种疾病的减少要早于疫苗的正式使用（Mckinkay & Mckinlay，1986）。除了小儿麻痹症之外的主要传染性疾病，情况都是如此。对于所有的疾病来源，非药物治疗是死亡率下降的主要原因。这一发现强调社会心理因素对控制传染性疾病的重要作用。但是，一些毒害性的概念在健康研究领域中蔓延，这种观念将社会心理取向的研究仅仅作为在疫苗和治疗方法没有发现之前的一种权宜之计。从这种态度可以看出，过去对行为传递性疾病的认识是多么的贫乏。

有些病毒已经挫败了我们发展疫苗和抗病毒治疗的努力，例如，诸如淋病和梅毒这样的性传播疾病已经伴随人类多年。快速突变的艾滋病病毒能有效地摧毁我们的高级生物技术。欲打败艾滋病需要能改变病毒种系的新疫苗。甚至是用抗病毒药物减慢疾病的进程或防止疾病发生这样有限的目标都会出现药物依赖的问题。进一步使这一问题复杂化，攻击非抗药性病毒的药物产生出抗药物的更具毒性的病毒种系。有效的治疗方法降低了某种疾病流行的程度，但并不能消灭这种疾病。世界范围的旅行增加了人类接触到极具危险性的病毒的可能性。医学手段会滋生出自满情绪，例如，随着对性病的简易治疗方法的发展，对于社会心理控制计划的支持程度有所下降，这又导致了性病传染率的上升（Cutler & Arnold，1988）。对由行为传播的疾病努力进行控制的历史强调需要将医学方法与社会心理的预防计划结合起来形成多层次的方法。社会心理的预防计划不是因为它在缺乏疫苗和有效的治疗技术时，为防止传染性疾病传播提供了唯一可利用的手段，而有价值；社会心理计划不仅在以前，而且在有效的治疗方法被发现后，仍然构成多种公共健康治疗策略中的不可或缺的部分。在我们努力治疗新出现的病毒性疾病时，来自于过去的行为传播性疾病的经验教训仍是不能忘记的。

在健康功能的社会心理决定因素中有两个水平的研究，其中自我效能知觉起着重要作用。较基本的水平考察了应对效能知觉如何影响作为健康和疾病中介的生理系统。第二个水平研究了对健康和老化速度起作用的可改变的行为和环境因素的直接控制。这一章考察效能知觉的生物化学效应和效能知觉对健康的影响以及它对健康习惯起作用过程中的机能。医学治疗的很大部分主要关注对身体机能失调的诊断和处方治疗。症状预断和治疗活动的心理方面几乎没有受到重视。这一章中的一部分主要分析预断和药物干预如何改变个人的效能信念从而影响健康后果。在社会认知理论框架下的研究已增加进我们对自我调节过程的理解。这些知识为如何建构社会心理计划以产生健康习惯的广泛改变及如何重建医疗服务以提高其有效性和社会影响，提供了明确的指导。为提高健康水平、阻止疾病和重新建立良好的习惯服务的有效的自我调节计划的主要特征也将在本章加以论述。 262

自我效能知觉的生物学效应

效能感能激活各种各样作为人类健康和疾病中介的生物过程。效能信念的许多生物学效应是在应对日常生活中急性和慢性的应激源时产生的。应激，由知觉到的威胁和额外的要求所产生的情绪状态，已被看作是许多躯体机能失调的重要来源(Krantz, Grunberg & Baum, 1985)，主要来自动物实验的结果表明控制力在解释应激的生物效应中是一个关键性的组织原则。面临有能力控制的应激源时，个体不会产生有害的躯体效应；而面临相同的应激源却没有能力控制，则会激活神经激素、儿茶酚胺和内啡肽系统并对免疫系统的机制造成损伤(Bandura, 1991a; Maier, Laudenslager & Ryan, 1985; Shavit & Martin, 1987)。人类应激的强度和长期性主要由对自己生活要求的控制知觉所支配。流行病学和相关研究表明对环境要求缺乏行为和知觉控制增加了对细菌性和病毒性感染的敏感度，这导致了躯体失调的发生及加速了疾病的发展速率(Peterson & Stunkard, 1989; Schneiderman, McCabe & Baum, 1992; Steptoe & Appels, 1989)。

有重要意义的问题在于因果的方向和对应激源控制知觉的缺乏会产生有害健康的后果的机制。这些问题由来自于以下两方面的证据得到最好的说明：一方面的证据来自于控制知觉对支配健康机能的生理系统的影响作用的实验研究；另一方面的证据来自于在对其他可能起作用的因素进行统计学控制条件下，应激性生活事件和健康状况关系的展望性纵向研究。

应对应激源时自我效能知觉的生物化学效应

社会认知理论基本上根据对有害性威胁和过度负荷的环境要求进行控制的低效能感来看待应激反应。正如前文所述，如果人们认为自己能有效应对环境性应激源，他们就不会受它们的困扰；但是如果确信自己不能控制有害的环境，他们就会烦恼并损伤自己的机能水平。我们对处于不可控制的应激源条件下的生物效应的理解主要以涉及不能控制的物理应激源的动物实验为基础。应激源可以采取不同形式作用于个体，并能够产生生理激活的不同模式。这限制了结论在不同种系、应激源和控制模式上的推广度。不可控的物理应激源不仅是有压力的，而且还会造成一些激发复杂生理过程的身体创伤。人类不得不应对的重要应激源都包括心理上的威胁（Lazarus & Folkman，1984）。而且，应激反应主要由应对效能信念来调控而不是直接由威胁和环境要求的客观性质所激发（Bandura，1988c）。感到生活事件压倒了一个人的应对能力，这才成为应激性现实。

263 证明处理应激源的低效能感会损害人类健康的工作，大量都依赖于相关或准实验研究。应激性生活事件的发生率与生理机能的指标或传染性疾病相关联。事实证明接触不可控制的应激源与疾病相关。然而，以上研究在因果关系的来源和方向上留下了一些不确定性。如果忽略了其他潜在影响，就难以评价所观察到的生理效应是应归于应激源还是其他同时发生的无法料想到的因素。控制了潜在因素的研究提供了社会心理因素起作用的更有说服力的证据。时时困扰我们的一般感冒就是一个心理应激增加了对病毒感染的敏感性的例子（Cohen，Tyrrell & Smith，1991）。给报告处于不同生活应激水平的被试的鼻中滴入含有五种呼吸病毒中的一种或中性盐水。而后，他们被隔离并检测感染的可能性，结果他们出现了抗体的增加及感冒症状。生活应激越高，呼吸系统感染的比率越大，越可能出现感冒症状。应激与对感染性疾病的敏感性之间的关系并不会随着其他可能的决定因素的影响被消除而改变。应激会损害免疫功能，而积极的情绪却会使其有所提高。斯通和他的同事考察了在日常生活中的快乐与厌恶体验的波动如何影响对由口中摄入的抗原的保护性抗体反应（Stone et al.，1994），抗体水平在愉快的日子里较高而在厌烦的生活中较低。

当然，通过系统地改变相关的社会心理因素同时评定与健康相关的效应的实验，因果关系会得到最好的证明。在决定因素很难创设或者由于它会对健康产生不利影响而不太人道的情况下，这种研究很难开展。为了克服这些问题，我们设计了一个研究范式，将预先存在的、困扰人们生活的恐惧性应激源与能产生强应对效能感并持久性地消除应激源的掌握性治疗相结合。这一范式使我们能够考察应对效能知觉上的改变在实验室条件下对其他可能的影响来源进行高水平的控制时如何影响生物系统。参加者都应对在强度上可以改变的统一应激源。因为高控制效能感能很快通过指导性掌握经验灌输给每一个人,我们就能够创设出具有和不具有控制效能知觉而接触慢性应激源的条件。在每一研究的最后,每一位参加者的恐惧都要被消除,因而他们都获得了慢性应激源的持续性的解除。这些实验结果表明应对效能知觉是作为生理应激反应的关键性认知中介起作用的。

自主性激活

在对自主激活进行研究的过程中,恐惧症患者的应对效能知觉可以通过示范和掌握经验提高到不同的水平。而后,测量在与恐吓程度不断增加的恐怖威胁相互作用中产生的主观应激和自主激活的水平(Bandura et al., 1982)。在应激反应的测量之后,恐惧症患者经受着引导性掌握经验,直到他们认为自己对先前的应对行动有最大的效能为止。这时,再一次测量他们的自主反应。

图 7.2 显示了在不同的应对效能知觉强度下,心率和血压相对于基线水平的变化。如果以最大的自我效能来对待任务,恐蛇症患者的内脏没有受到搅乱。然而,如果在某项任务上他们对应对效能有中度的怀疑,当他们期待和执行威胁性活动时,心率加速,血压上升。当呈现的应对任务处于低效能知觉范围内,他们迅速拒绝这些任务,因为他们认为这些任务大大超越了应对能力,根本就不去尝试。事实上,只有少数的恐怖症患者能执行这些任务,因而缺乏与活动相联系的激活可用于分析。但是来自期望状态的数据阐明了当人们判断威胁超出自己的应对能力而取消与威胁的接触时自主反应的变动情况。心脏反应迅速下降,而血压继续上升。在应对效能信念增强到最高水平时,任何人在执行这一先前恐惧的任务时都不会出现自主激活的提高。 264

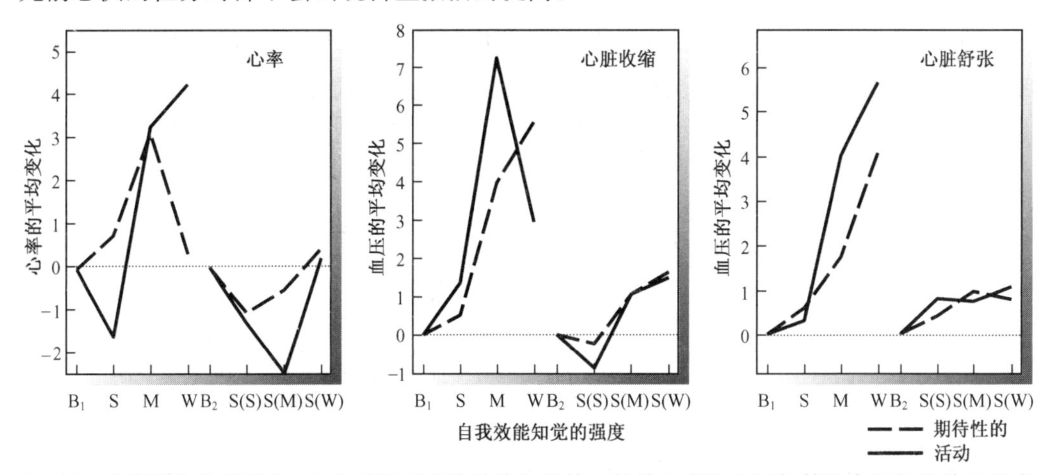

图 7.2　在期待和执行阶段,作为不同强度的效能知觉的函数的心率和血压与基线水平相比的平均变化。 B 指基线水平,S、M 和 W 指强、中和弱效能信念。对于每一个生理度量,各图左边的线表示与不同强度的效能信念相关的自主反应(在弱自我效能知觉水平下的活动觉醒仅仅根据能执行部分活动的很少被试);图中右边的线则表示在效能信念被加强到最大水平时对于同一组任务的自主反应(Bandura, Reese & Adams, 1982)。

取消威胁性任务要求对心率的影响比血压快。这可以解释在低效能知觉水平上的自主反应的不同模式。控制自主活动的儿茶酚胺在遇到外在应激源时（Mefford et al.，1981）以不同的时间模式释放。心率对儿茶酚胺的模式的瞬息变化尤其敏感，快速释放的肾上腺素对心脏活动比对动脉血压产生更大的影响。

盖林和他的同事提供了更进一步的证据来说明应对效能知觉在对认知性应激源作出的心血管反应中的作用（Gerin et al.，1995）。当任务要求是个人可控制时，应对效能知觉在幻觉上被提高的个体与效能信念被降低的个体相比，获得更高水平的作业成绩，血压和心脏反应水平较低。当情境加强了对个体主动性的限制时，支持旨在放松限制的行动过程比与之斗争可从效能感中受益较多。

265

儿茶酚胺激活

对于低效能感的生物化学效应的研究通过将应对效能知觉的强度与儿茶酚胺的分泌相联系进一步得到扩大（Bandura，1985）。儿茶酚胺是一种在脑—躯体机制中和动员躯体系统应对威胁知觉的与应激相联系的激素中具有重要作用的神经递质。剧烈的和长期的生理动员会产生破坏作用。在考察儿茶酚胺激活时，严重的恐怖症患者的应对效能知觉的范围会由于要他们观察到榜样成功地处理恐怖性的威胁而扩大。这种榜样传达了对恐怖对象的特有行动的预期性信息，并且展示了对他们进行控制的有效策略。而后呈现给被试先前已被他们判断为低、中、高效能范围中的应对任务，在这个过程中，通过导管不断收集血样。

图 7.3 显示了效能信念与血浆中儿茶酚胺分泌量的微观关系。儿茶酚胺分泌量基本反映了应对效能信念的强度。当恐怖症患者应对那些他们认为能够控制的威胁时，肾上

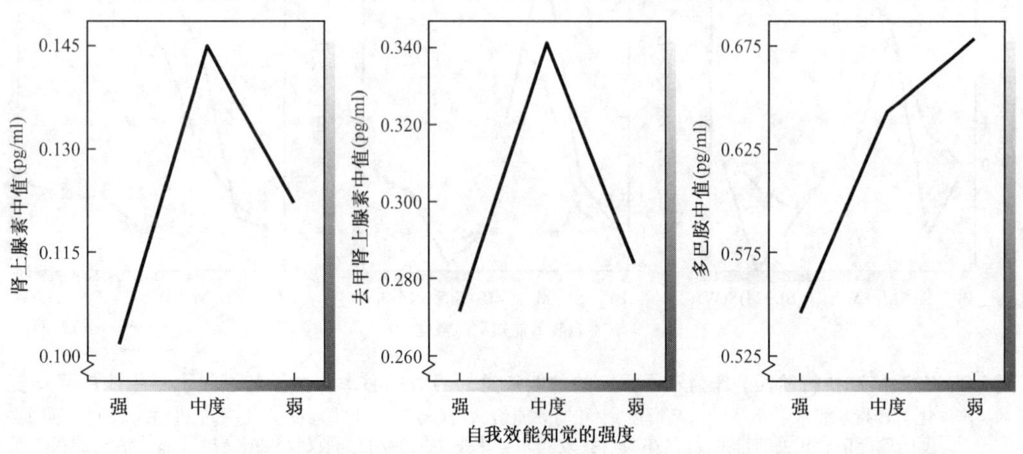

图 7.3　微弱、中度和强应对效能信念与血浆儿茶酚胺分泌水平之间的微观关系。与弱效能感相对应的应对任务被参与者所拒绝，从而去除了威胁（Bandura et al.，1985）。

腺素、去甲肾上腺素以及多巴胺、多巴胺代谢物的水平非常低。应对效能中的自我怀疑则会使这些儿茶酚胺类的递质增加。当呈现的任务超过了人们的应对能力知觉的范围，恐怖症患者会立即拒绝这些任务。随着威胁的去除，儿茶酚胺类递质的浓度急剧下降。

多巴胺反应与其他儿茶类物质的反应显著不同。肾上腺素和去甲肾上腺素在威胁性任务去除后会下降，而多巴胺则会提高到最高水平，即使恐怖症患者并没有应对威胁的意图。多巴胺似乎在仅仅感到环境要求将要超过一个人的应对能力时就可以激发。这些数据说明，在一些条件下，血浆中的多巴胺含量能够反映脑内多巴胺神经元的活动。在应对效能知觉被通过指导性掌握加强到最高水平后，先前威胁性任务的执行不再引出不同的儿茶酚胺分泌物。因此，在最初的测试中观察到的儿茶酚胺分泌物的增多应该是由感到应对能力和任务要求之间的不匹配造成的，而不是来自于应对任务本身所固有的性质。

266

生物激活控制的关键性作用在恐怖症患者通过指导性掌握治疗获得对恐怖性威胁的控制时儿茶酚胺分泌量变化的微观分析中得到进一步体现。图 7.4 显示了在治疗的五个不同阶段中血浆儿茶酚胺的水平。在最初阶段，当恐怖症患者缺乏应对效能感时仅仅是看到、或刚刚接触恐怖性威胁就会激活儿茶酚胺反应；在获得了控制效能后，甚至在最具威胁性的相互作用中，他们的儿茶酚胺反应下降并保持在相对较低水平；当要求被试去除所有控制时，这使他们彻底变得脆弱，儿茶酚胺反应会迅速提高。这一结果模式支持包含控制能力的机制而不支持随时间简单消失或适应的观点。

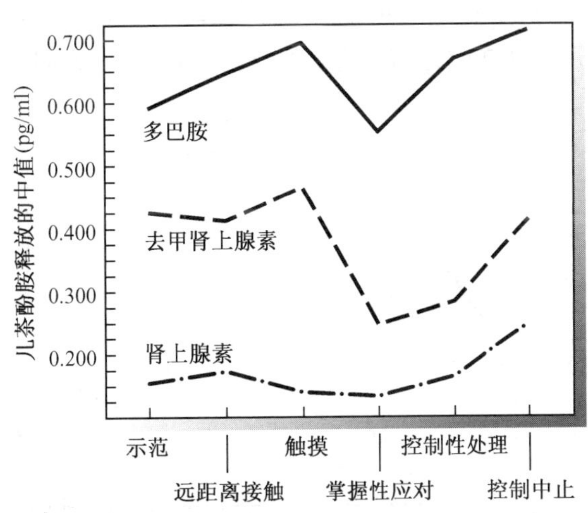

图 7.4　随着恐怖症患者通过指导性掌握治疗掌握了有效的应对技术，儿茶酚胺分泌物的水平发生的改变(Bandura et al., 1985)。

我们在前面的章节中发现对于应激源的自主唤起可以通过个体对应激源产生控制的信念来降低，即使这种控制能力没有运用。选择在某一时间不运用控制但能够在任何需要的时候运用，要与在面对应激源时被剥夺了所有控制方法的放弃性控制相区别。放弃性控制使一个人彻底变得脆弱，而可以自由使用的控制，虽然在某一特定场合没有运用，但使人具有完全的控制能力。总之，通过对处于不同应对效能知觉水平下的各种应激源和应激的生理表现的考察获得了一致性的结果。应对效能信念影响对环境威胁性的知觉。感到应对无能与生理应激反应的提高相伴随，但当应对效能信念加强时，相同的威胁却不会产生应激。

内啡肽激活

躯体会生成自己的止痛药——内啡肽(endorphins)。危险性的刺激物激发机体释放这些类似吗啡的化学物质,它能阻断疼痛冲动的神经传导。内源性的内啡肽在调节痛觉和中介不可控制的应激源对免疫能力的作用上具有重要作用(Kelly, 1986; Shavit & Martin, 1987)。对经受痛觉刺激下的动物进行研究,发现应激能激活阻碍疼痛传导的内源性内啡肽(Fanselow, 1986)。内啡肽卷入可以用对疼痛的不敏感可由麻醉阻断物所减轻来证明。不是躯体上的疼痛刺激本身,而是对疼痛刺激的不可控制的心理应激似乎是内啡肽激活中的关键因素(Maier, 1986)。能够关闭电击刺激的动物没有表现出内啡肽激活,而接受相同的电击刺激但却不能控制电击结束的匹配组动物出现了应激所激活的内啡肽。

在人类的适应中,对压力性环境要求的低应对效能的感受会产生内源性的内啡肽激活(Bandura et al., 1988)。通过使人们对认知要求的速度进行控制或者使相同的要求以用尽认知能力的速度得到外在控制,产生不同水平的应对效能知觉。调控认知负荷的强效能感与低应激相伴随,而低效能感则产生高主观性应激和自主唤起。纳洛酮(naloxone)是一种通过与麻醉感受器相联系的方式阻断内啡肽的止痛行动的物质。为检测内啡肽激活,要求被试服用纳洛酮或中性盐溶液。而后在固定的时间间隔把被试的手放在冰冷的水中,测量被试能忍耐疼痛的时间。高效能的个体,其高控制感使自己保持了较低水平的应激,没有内啡肽激活的证据;他们的痛觉忍受性不受纳洛酮的影响(图 7.5)。相比较而言,低效能知觉的人体验到高应激,有内啡肽调节止痛的证据。他们在盐溶液中表现出高水平的痛觉耐受性,但在纳洛酮引起的内啡肽阻断条件下却很难忍受疼痛。

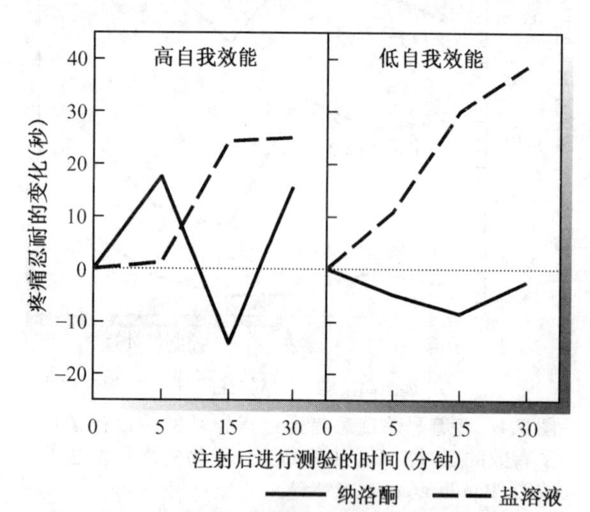

图 7.5 作为(1)对认知要求实行控制的自我效能知觉和(2)人们接受盐溶液或纳洛酮注射的函数的疼痛忍耐的变化(Bandura et al., 1988)。

267

疼痛控制中的内啡肽和认知机制

疼痛是一种受社会心理因素影响的复杂心理生理现象,而不单纯是直接由痛觉感受器所接受的刺激所引起的感觉经验。某一相同强度的痛觉刺激可以根据注意的程度、认知评价、用来调节痛觉的应对策略和观察到他人对痛觉刺激如何反应，产生不同水平的有意识的痛觉（Cioffi，1991a；Craig，1986；Turk，Meichenbaum & Genest，1983）。可以通过不同的机制调节疼痛。我们已经考察了痛感觉可以通过对痛觉冲动的神经传导进行内啡肽阻抑来抵抗。疼痛也可以通过非内啡肽性的脑过程进行调节，其中包括通过如何对痛感觉进行解释而减少痛觉意识或改变对其厌恶程度的注意性和其他认知性活动。

罗斯夫妇（Rosses & Rosses，1984）提供了儿童独自发现的认知性痛觉控制技术的生动例子。其中许多是依赖于注意策略的。一个 11 岁的男孩描述了他如何通过需要注意参与的竞争性思维活动减轻痛体验的："当牙医说'张嘴'，我不得不在允许我思考这一动作之前倒说三遍宣誓向国旗忠诚。一次，他竟然在我还没有发誓完就做好了。"不管儿童发明什么样的方法来应对应激，他们同样可以用来对付疼痛。一个 8 岁男孩描绘了认知性分散技术的多重目的价值："只要有什么可以计数，我都会拿来数——比如牙科医院天花板上的小洞。当我因为有麻烦必须去校长办公室时，我看到校长脸上所有的雀斑。整个时间中，我从他脸的上部开始一直向下数他的雀斑。"

当痛觉很难从意识中被替代，如果其意义改变了，它们就较容易忍受。一个 8 岁女孩有效地运用认知重释应对了耳朵的疼痛："我假装正在一架飞船中，压力正在伤害我的耳朵，而我是唯一一个能使飞船回到地球上的人。"对疼痛情境的认知性改变可以采用更细致的方式，正如下一个孩子所说的："我一坐在牙科诊所的治疗椅上，就假想牙医是一个敌人而我是一个间谍，他折磨我，想获得机密，而如果我发出一丝声音，就会告诉他机密，我决不能这样做。我长大后要成为一个间谍，这是一次很好的锻炼机会。"偶尔，他也会因为幻想的角色扮演而失去自制力。一次牙医要他漱口，令孩子自己也很吃惊的是，他大声吼道，"我不会告诉你任何事的"，这一下把牙医吓呆了。

268

应对效能知觉可以通过几种方法用认知途径减少疼痛。那些认为自己能够减轻疼痛的人寻找各种以前学过的能减痛的改善技能并坚持用自己的努力减少不适；那些认为自己无效能的人在没有快速的缓解疼痛办法时很容易放弃努力。对于慢性疼痛的研究结果支持这一观点（Jensen et al.，1991）。自我调节效能知觉在控制了疼痛严重性和后果期待后，能预测为减轻疼痛而使用的行为和认知策略。意识的能量很有限（Kahneman，1973）。它很难在同一时间使很多事保存在记忆中。如果痛觉在意识中被替代的话，痛觉会减轻些。一直盯着痛觉只能使人更注意，因而更难忍受疼痛。效能知觉可以通过将注意从痛觉转移到竞争性的有趣事件来减轻痛刺激被体验为有意识的痛觉的程度。例如，人们在全神贯注地看电视和读小说时会完全忽视身体上的感觉。

在慢性的临床疼痛中，全神贯注于对注意有要求的有意义活动可以将注意较为持久地从疼痛中转移出来，这比正常的凭幻想吸引注意力的分心思考的效果更好。浅薄的思考只能在短时间内作为分心物，而全神贯注的活动能完全占据人的意识达几小时之久并无需有意努力。活动本身的吸引人之处就可以捕获和抓住注意力。通过全神贯注于兴趣较高的活动控制意识是一种积极的而不是回避性的或抑制性的策略。最后，那些认为自己能对痛觉进行控制的人可能会比那些认为自己无能力减轻痛觉的人更易将不愉快的躯体感觉和状态解释得温和一些(Cioffi，1991a)。关注于疼痛的感觉方面而不是情绪方面也会减少抑郁并提高对疼痛的耐受力(Ahles et al.，1983)。

效能知觉能够作为各种心理过程的止痛效力的中介。里斯(Reese，1983)发现减轻疼痛的认知技术、自我放松和安慰剂都能提高忍受和减轻疼痛的效能知觉。一个人认为自己的自我效能越高，他们在后来的冷压测验中体验到的疼痛越轻，其痛觉阈限和痛觉耐受性越高。给予被试关于他的疼痛忍耐力相对于其他人高或低的假反馈，能改变人们处理疼痛的效能信念，这反过来又会影响他们真实的疼痛忍耐度(Litt，1988)。相信自己效能的人能忍受更高水平的疼痛；而不相信自己的人较难忍耐疼痛。任意地灌输低效能信念甚至在个体有运用个人控制的机会时也会妨碍疼痛应对行为。与此相反，所灌输的效能知觉可压倒对疼痛实行个人控制的外在限制。我们已经明确生物反馈训练的好处更多是源自应对效能知觉的提高而不是肌肉活动本身(Holroyd et al.，1984)。由将自己看作是能控制疼痛的、熟练的放松者的虚假反馈所产生的高效能感能预测紧张性头痛的减轻，而在治疗中的肌肉活动的实际变化与随后的头疼无关。

有几项研究已经比较了调控疼痛的效能知觉与预测疼痛忍耐度水平的疼痛总量的结果期待这两者的相对力量(Williams & Kinney，1991)。通过使用不同的认知性疼痛控制技术进行培训，当控制了结果期待、痛体验的水平和对痛感觉的注意量后，效能信念能预测对由冷产生的痛的耐受度。然而，当控制了效能信念的变动时，所期待的疼痛后果不能独立地影响人们能耐受的痛觉程度。

269

对于对待疼痛的研究主要集中在抵抗和减轻疼痛的效能如何影响忍耐疼痛的能力。莱克纳和他的同事将分析延伸到执行对日常机能很必要的产生疼痛的躯体活动的效能信念上(Lackner et al.，1996)。病人长期受背部疼痛的折磨。这一研究特别重要是因为背部疾病的普遍性和疼痛与机能障碍之间具有微弱关系。由于职业关系受伤的病人判断他们的抬、弯、运、推、拉物体的效能。为测量另外的调节机制，病人们也评定了他们对这些身体活动可能引起疼痛和重新受伤的预期，而后测量了他们能执行这些躯体活动的水平。在控制了疼痛和再受伤的预期后，效能知觉能预测躯体机能。当效能信念的效果被去除后，疼痛强度和再受伤的预期却不能预测躯体机能的水平。这些结果说明疼痛和灾难性伤害的预期很大程度上是效能知觉的产物，而且当效能信念的影响作用去掉时，就不可能独立对预测能产生疼痛的行为作出贡献。

效能知觉能使疼痛更易对待的事实进一步由其他关于急性和慢性临床疼痛的研究所证实(Council, Ahern, Follick & Kline, 1988; Dolce, 1987; Manning & Wright, 1983; Holman & Lorig, 1992)。制服疼痛效能知觉的增长不但减轻了在长期评定中的痛体验的强度,而且提高了对患退化性椎间盘疾病的病人在躯干力量、运动范围和延展运动上所测量到的躯体机能(Altmaier, Russell, Kao, Lehmann & Weinstein, 1993; Kaivanto, Estlander, Moneta & Vanharanta, 1995)。对一个人能对疼痛和自己的身体机能实施一定的控制的信念也与日常活动中较少的疼痛行为、较少的情绪混乱、较好的心理状态和较积极的投入相伴随(Affleck, Tennen, Pfeiffer & Frfield, 1987; Buescher et al., 1991; Buckelew et al., 1994; Jensen & Karoly, 1991)。当控制了疾病的严重程度、人口统计学因素和抑郁后,应对效能知觉能够预测疼痛的水平。对于对待疼痛的强效能感也能预测在心脏冠状动脉手术恢复期中止痛药的使用(Bastone & Kerns, 1995)。在手术前评价的自我效能知觉越强,在术后痛体验越轻,服用的安眠药越少。人口统计学特征和药物、手术都不能解释药物的使用。

正如前面所解释的,效能信念是通过支持性、缓和性的应对活动和坚持这些活动的动机影响疼痛的。林和沃德(Lin & Ward, 1996)提供了效能知觉部分是通过这些过程起作用的证据。人们对自己疼痛处理效能的信念可以直接或通过促进有助于减轻疼痛的认知和行为策略的使用影响背疼的强度和它干扰日常生活的程度。在疼痛处理中,就像在其他行为决定后果的活动中,人们期待的收益依赖于他们能成功地执行所需行动的信念。林和沃德报告说结果期待通过应对努力间接影响疼痛的强度和干扰作用。然而,后一个发现是以对效果(结果期待)先于原因(应对效能)的逆行因果关系的分析为基础的。对于疼痛处理的期待性后果的作用的评价需要建立在对应对行为先于后果期待的前向因果关系的分析的基础之上。

乍一看来,无助理论和自我效能理论在控制效能与疼痛忍耐度如何相关及其中介机制的问题上有不同看法。在无助理论中,对疼痛的忍耐与对应激源缺乏控制有关,但自我效能理论中它却与控制知觉有关。对这一表面上的矛盾有几种可能解释。高应对效能感使得危害性情境的应激性减少,因而产生较少的减轻疼痛的应激激活的内啡肽。这可能说明应对效能必须通过非内啡肽性的认知机制才能提高对疼痛的耐受性。虽然这样可能存在较少的关于疼痛的内啡肽阻断,但用全神贯注于事物来占据意识的个人效能的运用能通过非内啡肽性的认知机制阻断痛感觉的意识。 270

对于矛盾结论的第二种合理解释是在所应用的各种不同类型的应对情境中,控制会产生显著不同的结果。在通常用于动物和人的痛觉研究的情境中,运用控制会产生痛觉刺激的完全不同的条件。这些差异说明内啡肽与高效能知觉有某些关系。在通常的动物实验中，控制迅速终止了痛刺激。相反，在人类情境中，阻断痛感觉进入意识的认知控制的有效运用使人们能忍受高水平的痛刺激。这样，效能知觉更加强了从事能提高痛刺激的水平和持续时间的活动。事实上，强应对效能感常常会增加产生痛觉的活动，从而达到产生应激情境的程度。因此，当患关节炎的高自我效能者刚开始从事强度较大的活动时，会产生疼痛和不适感。活动最终会减少疼痛并使关节肿胀，但在短期内会增加疼痛和苦恼。与之相类似，人们在冷压任务中把手浸在冰水中的时间加长，就会体验到疼痛增加。在后一种情境中，通过认知方式不断运用控制效能最终会使疼痛增加到超过人们的应对能力的水平，这时人们开始将强烈的疼痛刺激体验为不能忍受的强烈疼痛。在应对的以后阶段中，对不断增加的疼痛失去控制所导致的应激会激活内啡肽减痛系统。

在人类应对过程的这个概念系统中，内啡肽和非内啡肽机制在调节疼痛中都起作用，但二者的相对贡献作用的大小则根据控制效能的程度和应对的阶段而不同。非内啡肽性的认知机制有益于疼痛忍受，而认知控制则能有效地克服痛感觉；但内啡肽机制是在控制不足以减轻不断增加的疼痛或将其阻断于意识之外时，才发挥作用。因此，内啡肽激活在认知控制的成功阶段会保持较低水平，而在不能进行认知控制的阶段才提高。运用个人效能可以减少应激的研究，而不是产生出最终压倒应对能力的厌恶感的研究与另外一些认为控制可终止物理应激源的研究结果相似(Bandura et al., 1988)。

通过双重机制进行痛觉控制是由这样的一个研究所证明的，在这个研究中个体学习痛觉控制的认知方法，服用作为止痛药的安慰剂或不接受干预(Bandura, O'Leary, Taylor, Gauthier & Gossard, 1987)。在治疗阶段后，测量被试管理和减轻疼痛的效能知觉以及他们对冷压痛的耐受性。在所有条件下，参与者都注射纳洛酮、内啡肽性阻断剂或中性盐。在固定的间隔时间后，测量他们的痛觉忍耐性。

对认知控制进行训练可以提高忍耐和减轻疼痛的效能信念(图 7.6)。安慰剂对忍耐疼痛的效能知觉和减轻痛觉强度的效能知觉具有不同的影响作用。人们相信他们在建议的减痛药物的帮助下能忍耐疼痛。然而，要想成功地减轻疼痛的体验则要依赖于有效运用减痛技能，而单单用药是不能提供这些技能的。安慰剂不能使人们相信他们能减轻痛觉强度。以上结果强调在为阐明对疼痛进行控制而设计的研究中自我效能知觉的不同方面的价值。效能信念能够预测人们管理疼痛的程度。一个人对自己忍受疼痛的能力的信念越强，他忍耐疼痛的时间就越长，而无论他的效能信念是由认知方式或安慰剂所提高。而且，在控制了疼痛忍耐程度上的最初差别后，忍受疼痛的强效能感可以预测对不断增加的疼痛的耐受性。

271

一些研究已经为内啡肽和非内啡肽机制通过认知手段减少疼痛提供了证据。如图 7.7 所示，被注射了盐溶液的认知应对者提高了忍耐疼痛的能力。与此不同，当减痛性的

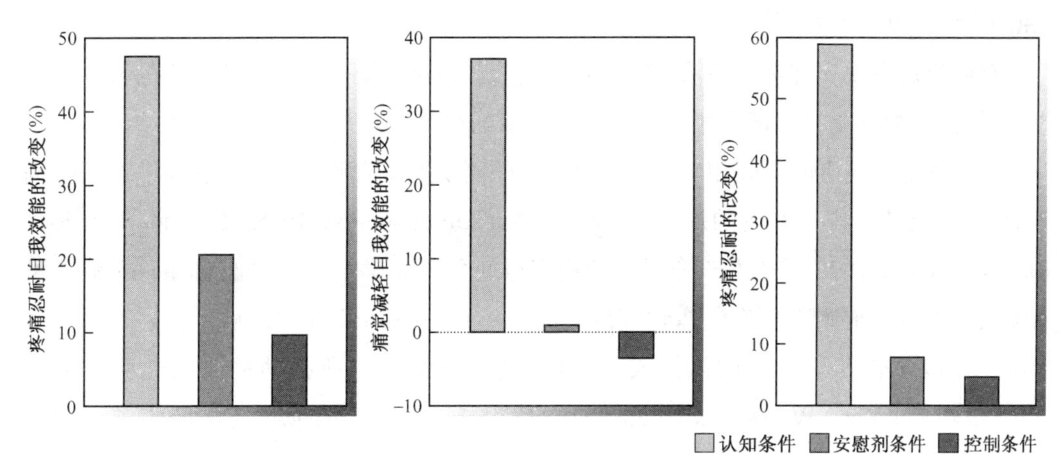

图 7.6 从前测水平到学习了疼痛控制认知技术、服用安慰剂后或在无干预条件下，人们所获得的痛觉减轻和疼痛忍耐的效能知觉的改变(Bandura et al., 1987)。

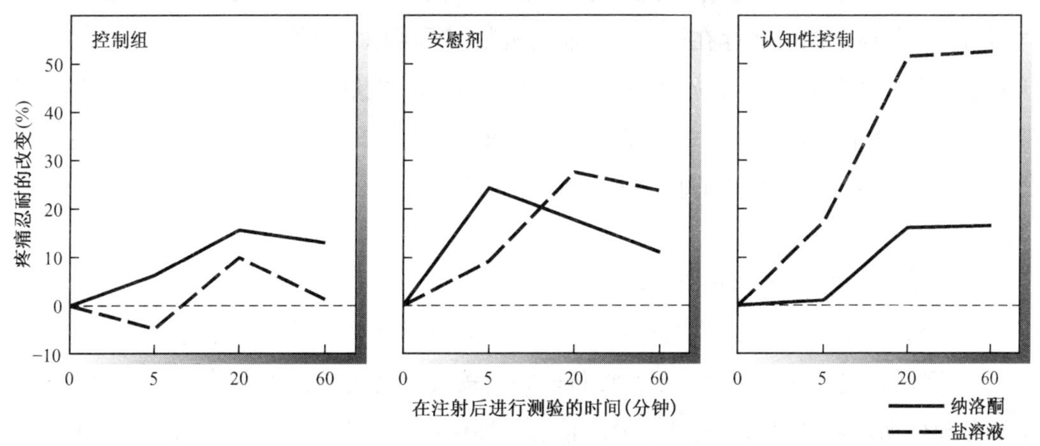

图 7.7 作为治疗类型和人们注射了盐溶液或纳洛酮的函数的疼痛忍耐在注射后三个不同阶段上的改变(Bandura et al., 1987)。

内啡肽由纳洛酮所阻断，认知性应对者忍受疼痛很困难。然而，认知应对者甚至能在内啡肽阻断条件下提高对痛的耐受性，这支持了在运用认知控制过程中也具有非内啡肽成分的观点。由于认知性应对者注射了盐溶液，内啡肽行为和认知控制的联合效应共同提高了疼痛忍耐能力。

相关的结论也进一步阐明了在不同的应对方式条件下，不同形式的效能知觉如何与内啡肽激活相联系。在内啡肽阻断条件下应对强烈的疼痛需要使用一定的策略来缓解疼痛，而不仅仅是克制。高效能的疼痛应对者可能会因为不能最终有效控制疼痛而感到特别沮丧。因而，减轻疼痛的能力知觉能最好地预测内啡肽的激活程度。人们对于减痛的效能知觉越强，内啡肽激活水平越高。当最初忍耐疼痛的能力差异被控制起来后，这种关系的强度会增加。

有研究还发现安慰剂会激活一些内啡肽卷入。当纳洛酮产生对抗性效应的整个时间过去后，使用纳洛酮的被试比那些注射了盐溶液的被试更难耐受疼痛。这些结论与莱温(Levine)和他的同事的研究相一致。莱温和他的同事发现内源性的内啡肽能够由安慰剂激活，从而减轻牙科手术后的疼痛(Levine, Gordon & Fields, 1978; Levine, Gordon, Jones & Fields, 1978)。在告知条件下使用安慰剂会产生麻醉，而在非告知条件下病人没有觉察注射安慰剂则不会产生痛觉麻醉效应(Levine & Gordon, 1984)。安慰剂引发的麻醉不仅包含非内啡肽性的认知成分，也包括可由纳洛酮所抵消的应激性麻醉成分(Gracely, Dubner, Wolskee & Deeter, 1983)。在前面讨论过的对安慰剂和认知性痛觉控制进行比较的研究中，使用安慰剂对忍耐疼痛的效能知觉具有重要影响。因而效能的这种表达能预测内啡肽卷入的程度。

272

迄今为止，我们的讨论集中于由认知压倒痛感觉及由应激所引起的内啡肽激活调节疼痛的自我效能。同时还存在第三种可能的机制值得考虑。效能期待可以独立于应激直接激活中枢神经系统释放阻断痛觉传导的内啡肽。动物能够学会在呈现预示疼痛体验的线索时，预先激活内源性内啡肽系统(Watkins & Mayer, 1982)。上述结论增加了通过习得性的期待产生内啡肽系统的直接中枢激活的可能性。

安慰性麻醉中的痛觉调控效能

安慰剂效应能够使有效力的药物更加有效，并赋予无效的药物以治疗性的潜能。事实上，安慰剂效应广泛存在以至于在评价药物时需要考虑到安慰剂的作用以区别心理行动和药理行动。安慰剂部分是通过效应信念发挥作用的。当劝说人们相信自己具有很高的应对能力后，人们会以产生有益的效果的方式行事。在痛觉管理的情况下，产生安慰剂性麻醉反应的强度可以通过安慰剂如何影响忍受疼痛的效能信念来预测(Bandura et al., 1987)。那些认为自己能有效忍受疼痛的人假如服用安慰剂会成功忍耐疼痛，而不相信自己效能的人即使接受安慰剂治疗也难以忍受痛苦。对自己的效能缺乏信心的人来说，甚至在所谓的止痛药的帮助下也不能解除疼痛，只能进一步证明他们的低应对效能。

273

安慰剂对控制疼痛的效能信念的不同效果最可能反映与积极的药物治疗有关的过去经验。如果依靠与使用药物相联系的效能信念常引起疼痛减轻，人们会认为他们在药物的帮助下能更有效地缓解疼痛。效能信念的调控作用以后会得到把安慰剂作为止痛药使用的帮助。由安慰剂所引发的应对效能感的提高将会激活先前提到的减痛过程。与此不同，那些虽然进行药物治疗但没有体验到疼痛减轻反而疼痛加剧的人，不会因为服用可能会减轻疼痛的安慰剂而减轻痛苦。事实上，控制疼痛的低效能感甚至会通过妨碍认知性帮助的使用而使止痛可能性下降。沃德里斯、派克和科尔曼姆(Voudouris，Peck & Coleman，1985)研究了过去的相关经验如何影响人们对安慰剂的反应。他们任意地将安慰剂与减痛配为一组，把安慰剂和痛觉增加配为一组。那些安慰剂会多次减轻疼痛的人在服用安慰剂后在痛觉刺激作用时疼痛减轻了，而那些以前安慰剂加剧疼痛的人在服安慰剂后发现痛觉刺激引起更强的疼痛。沿着这一研究路线，下一步应该进行的研究是检验积极或消极的相关经验的效应是否是由控制痛觉的应对效能知觉的变化所中介。

将药物与社会心理治疗相结合

药物对效能信念的作用过去没有受到重视，但却引起了对于“治疗”这一概念的争论，即治疗到底是部分还是完全依赖药物。完全依赖于药物帮助的效能知觉在停止服药后将不存在。查布里斯和墨里(Chambliss & Murray，1979a，b)让吸烟者和肥胖症患者服用安慰剂药丸，但却说这种药丸是能帮助他们进行自我控制的药物。当后来停止给药后，那些认为是药物帮助他们进行控制的人很快恢复了旧习惯；而那些被告知使用的是安慰剂因而他们是依靠自己的努力而成功的人会进一步减肥或戒烟。用药物对多动症儿童进行治疗的例子可以生动地说明容易把社会心理因素的改进归因于药物的作用(Whalen，1989)。一个少年生动地描述道：“多动症是由身体里做坏事的细胞引起，它使你的行为变得疯狂。药物是你身体里的小主子，它能够看到身体中甚至是骨头中将要发生的任何事。当你做坏事时，小主子向坏细胞喷射药物，这些细胞就睡着了，而当他们醒来时，就变成好细胞了。”当被问及如果他们停药的话将发生什么时，一些儿童说他们会被社会所排斥而且不能完成学业。事实上，药物能使儿童变得镇静，但是否是药物与设计良好的社会心理方案共同作用提高学业成就，证据还有些不足(Gadow，1985)。

将药物与自我调节技能的发展结合起来发挥作用的方案会对效能信念产生多种影响，这依赖于这两个因素的相对作用在认知上是如何被评价和衡量的。如果药物能有助于创造使人们获得在其他条件下不能形成的一般性自我调节技能的条件，那么药物能提高自我效能知觉。如果在停止给药时技能发展显著，这种情况最有可能发生。如果药物促进了技能发展，同时强调技能成分的贡献，而忽视药物，药物不会产生另外的效果。最后，如果应对成功被归为是药物的帮助而不是能力的提高，药物会破坏技能发展的效能提高价值。克莱格海德、斯汤克德和欧布莱恩(Craighead，Stunkard & O'Brien，1981)的研究表明药物会减损社会心理治疗的效力。压抑食欲、自我管理程序以及这两种治疗方案的结合都能同样减轻体重。然而那些单独使用药物减肥或将药物与自我管理相结合进行减肥的人在停药后很快又将减掉的重量补了回来，而那些单纯通过自我管理减肥成功的人在一年内继续保持着减肥后的体重。

274

对于抑郁的治疗为药物有时不但没有好作用反而还会有消极作用提供了另外的例子(Simons，Murphy，Levine & Wetzel，1986)。社会认知治疗会持续性减轻抑郁程度，而将抗抑郁药物治疗与社会认知治疗相结合会产生很高的复发率。雷腾伯格(Leitenberg，1995)在对贪食症治疗时在认知行为治疗之外增加药物也出现了类似的药物破坏疗效的效应。一些研究得出了独特的结论，即将药物治疗与有效的社会心理治疗相结合时，在用药期间或停药几个月后都没有产生效果，但在更长时间之后会产生很小的收益。很清楚，是药理学之外的什么事物在对这一长期的分离性后果起作用。

应对自我效能知觉与免疫能力

几个方面的研究都指出社会心理因素以影响对疾病的敏感性的方式调节免疫系统(Herbert & Cohen，1993b；Kiecolt-Glaser & Glaser，1988；O'Leary，1990)。免疫调节的影响作用是通过从中枢神经系统到免疫系统之间的神经解剖、神经化学和神经激素联系实现的。生物系统是高度相互依赖的。与应对效能知觉相伴随的各类生理反应——如自主激活、儿茶酚胺和内源性内啡肽——都与免疫系统的调节有关。存在三种自我效能知觉影响免疫功能的方式。它们是应激调节、抑郁调节和期待学习调节。

应激调节。不能对潜在应激源进行控制会通过破坏健康而损伤免疫功能。间歇性地接触应激源而又没有能力进行控制会压抑免疫机能的不同方面的活动。相较而言，遭受同样的应激事件但具有控制效能，就不会对免疫机能产生不良影响(Maier et al.，1985)。虽然这些结果或多或少会随应激源的强度、周期性和长期性而变化，但它们以对遭受不可控的身体应激的动物进行的实验为基础，具有可重复性。因为免疫细胞具有内源性内啡肽感受器，内啡肽会影响免疫过程(Plotnikoff，Faith，Murge & Good，1986)。有证据表明不能控制应激源而产生的一些免疫压抑性效应，如减少自然杀手细胞的细胞毒素是以内源性内啡肽的释放为中介的(Shavit & Martin，1987)。当内啡肽机制为麻醉性的颉颃药所阻断，低应对效能的应激失去免疫性压抑力量。

正如前面提到的，我们对不可控制的应激源对免疫能力的作用的理解主要以动物面对不可控的躯体应激的实验为基础。人类应对包括一个重要的特性，但它在动物实验范式和人类研究中很少被系统地考察过。在动物实验中，控制能力通常是以全或无式的条件进行研究的。动物或者对身体应激源能完全控制或者根本不能控制。相反，人类应对通常包含不断发展及对应对效能再评价的过程，一个人不可能在应激源的不断攻击下总是保持不能改变的低个人效能。大多数人类应激是在学习如何处理环境要求和扩展自己能力的过程中被激活的。对能力的挑战在人的一生中不断改变。因而，对于应激源和新的掌握要求的应对是一个连续的过程。在获得应对效能感时激发起的应激很可能被积极

275

地解释，因而在看到控制感提高时，与在没有指望的艰苦环境中体验的应激具有不同的效果。在对有效适应极为重要的应对能力的发展过程中，经历免疫能力的提高具有巨大的进化上的利益。如果激烈的应激源总是损害免疫功能，就不会对进化有促进作用，因为应激源在日常生活中具有高度的普遍性。如果真是这样的话，人们会对使他们因传染性疾病而久病不起或很快害死他们的感染动因极为脆弱。

相关和准实验研究表明接触应激源常常与免疫系统受损相伴随。这种损伤反映在对分裂素刺激的淋巴细胞增殖反应的减少、T型淋巴细胞和白细胞活动数量的减少、对潜在的疱疹病菌免疫学控制的减弱、干扰素产生降低和在X光照射下淋巴细胞中DNA修复能力变差(Kiecolt-Glaser & Glaser, 1987)。这些研究已经阐明了对应激源的无效控制的一些问题，但仍需进行实验研究以去除关于因果关系方向的不确定性。

当获得了对恐吓性活动的应对控制后，所唤起的应激能提高免疫系统的不同成分，这一现象已经由通过实验性地改变应对效能知觉让被试接触慢性应激源的研究所揭示(Wiedenfeld et al., 1990)。在这个包括极端恐怖症的实验中，我们在三个不同阶段中测量了应对效能知觉的强度、自主和神经递质激活以及免疫系统的不同方面，这三个阶段分别为：没有处于恐怖性应激源条件下的基线控制阶段；恐怖症患者通过指导性掌握使自己对应激源的应对效能感不断提高的效能习得阶段；个体在发展出完全的应对效能感后应对相同的应激源的最大效能感阶段。

控制应激源的强效能感的发展加强了免疫系统的不同成分(图7.8)。然而，一小组个体在效能习得阶段表现出免疫机能的下降。效能习得的速度是面临应激源是提高还是减弱免疫系统机能的良好的预测者。应对效能知觉的快速提高会降低应激，并相伴产生免疫力提高的效应。但应对效能知觉的缓慢提高则与长期处于高应激状态和免疫压抑效应有关。高自主性和神经激素性激活也减弱了免疫系统的一些成分，但影响作用比较微弱。

对应激源进行控制的效能知觉的获得不仅仅产生免疫系统的暂时性改变。免疫能力的增加一般会持续一段时间，因为免疫系统的水平在最大效能感阶段要比基线阶段高很多。最大效能感阶段中的效能知觉的快速提高也预测了免疫提高的保持。以上结论表明对慢性应激源的牢固控制不仅使个体获得了强效能感，而且产生了免受心理性应激源的有害性免疫学影响的防护因素的持久改变。顺畅地获得的个人效能会比在长期应激中费力地获得的效能传递一种更全面的应对能力感。霍夫曼(Hoffman, 1969)指出不可控的躯体应激源会产生脆弱性，这使得甚至在习得的恐惧已通过不断中性地接触应激源而被消除后仍对有害事件很敏感。当然，指导性掌握比提供中性地面对威胁效果更好，同时，它还能使个体获得应对策略和对潜在威胁运用控制的有弹性的效能感。对心理应激源实行控制的效能知觉的快速发展能使个体对有害事件产生持久的防护。

276

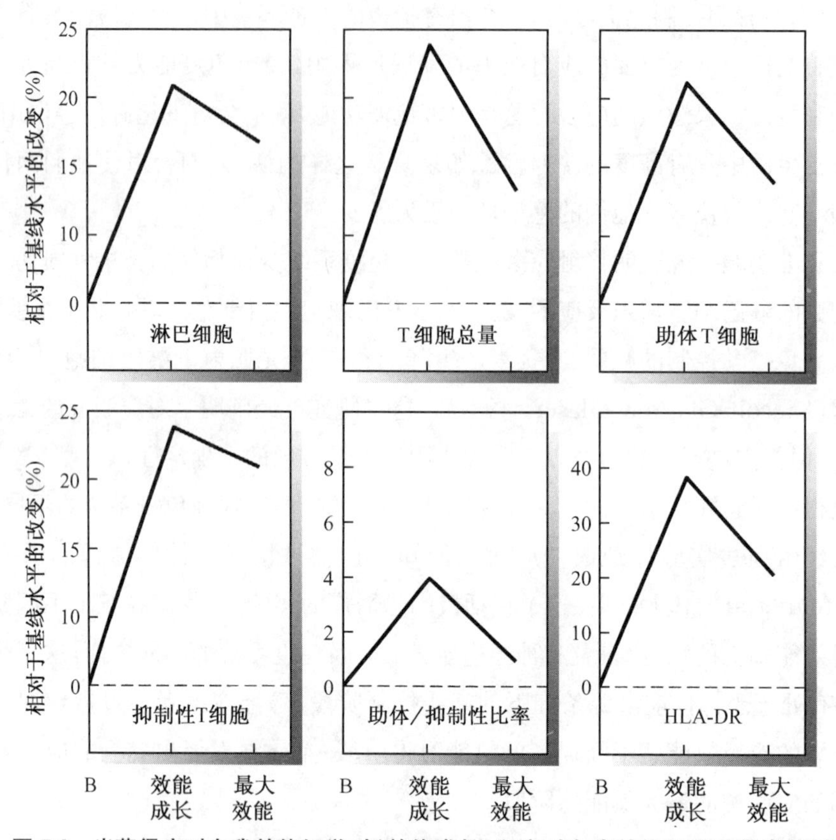

图 7.8 当获得应对自我效能知觉时(效能成长)和应对自我效能知觉已经发展到最高水平(最大效能)时,接触恐怖性应激源期间表现为基线(B)值百分比的免疫系统的成分的改变。不同免疫机能的基线平均值如下:淋巴细胞总数为 1 572;T 型淋巴细胞为 1 124;助体 T 细胞为 721;抑制性 T 细胞为 70;助体/抑制比率为 2.22;HLA-DR 为 216(Wiedenfeld et al., 1990)。

这些结果提供了关于发展处理应激的技能会提高免疫机能的其他证据。应激处理技能降低了健康个体对时常产生的应激源的免疫学脆弱性(Kiecolt-Glazer et al., 1985; Kiecolt-Glase et al., 1986),增强了转移性癌症患者的免疫功能(Gruber, Hall, Hersh & Dubois, 1988),提高了处于血清阳性但无症状阶段的 HIV 感染者的细胞和体液免疫机能。

对健康机能的心理分析非常关注针对应激源的生理衰弱效应。强调成功的机能作用机制的自我效能理论也认识到了控制应激源的生理强化效应。大量涌现的研究提供了成功应对可提高生理强健的经验性支持(Dienstbeir, 1989)。对于健康机能的社会心理调节关注应激源应对的生理强健效应,也关注其衰弱效应的决定因素和机制。

277 **抑郁调节。**抑郁和亲人去世会降低免疫机能并提高对疾病的感受性。抑郁越严重,免疫功能的下降越明显(Ader & Cohen, 1993; Herbert & Cohen, 1993a)。因而,抑郁常常与传染性疾病的发生率提高、恶性肿瘤的发展和扩散以及肿瘤细胞生长速率提高相关联。虽然抑郁影响免疫机能的方式还不甚清楚，有一些证据表明免疫机能的减弱主要由情绪过程中介，而不是通过活动水平或饮食睡眠模式的行为改变来中介。

后一种发现表明低效能感可以通过其他可能的影响作用于免疫，这些可能的影响通过抑郁的中介效应起作用。我们已经发现低个人效能感以几种不同方式对抑郁发生作用。不能实现严格的自我价值标准、不能保证给自己生活带来满足的无能感会导致抑郁(Bandura，1988b；Kanfer & Zeiss，1983)。认为自己没有能力克服沮丧性思考而产生的低效能感决定了抑郁是否复发、其深度和持续时间(Kavanagh & Wilson，1989)。

支持性的人际关系有助于减轻引起抑郁的消极生活事件的恶性影响。当低效能知觉涉及社会关系时，它能直接或间接地通过消减能给人带来满意和缓冲日常的慢性应激源的作用的人际关系而引发抑郁(Cutrona & Troutman，1986；Holahan & Holahan，1987a，b)。欧莱利和她的同事报告了这样的证据，以说明由低效能知觉引起的抑郁是免疫力的中介(O'Leary，Shoor，Lorig & Holman，1988)。对个人健康机能实施控制的低效能感与高水平的抑郁和应激相伴随，反过来，这两者中的每一个都会与免疫系统不同方面的机能降低相联系。

中枢调节。中枢神经系统能够对免疫机能施加调节作用。因而，自我效能知觉影响的第三种可能方式是通过对免疫学反应的中枢期待调节。如果生理反应常常在某一环境线索呈现时被激活，那么这些线索单独也可以获得通过期望学习激活生理反应的能力。阿德和克罕(Ader & Cohen，1993)用动物实验表明免疫机能同样可以由期待学习所影响。在一个中性的环境线索与能延缓免疫性疾病发展的药理动因相匹配后，这个线索单独出现也会阻碍疾病的产生并延长生存时间。

在有关人类的研究中，已经表明引导出的期待会影响对变应原和抗原的身体反应(Fry，Mason & Pearson，1964；Smith & McDaniel，1983)。在对医院环境与化学疗法的免疫性抑制效应重复匹配后，病人在看病时间内表现出期待性免疫抑制，而先前在家里却没有出现(Bovbjerg et al.，1990)。免疫功能的期待性下降的发生与焦虑无关。期待学习不但能损害也能提高免疫机能(Buske-Kirschbaum，Kirschbaum，Stierle，Lehnert & Hellhammer，1992)。当中性线索不断与一种能加强杀伤细胞的活动的物质相联系之后，单独面对中性线索也会提高杀伤细胞的机能。这种细胞能检测并毁掉被感染的细胞或肿瘤细胞。

涉及处理环境要求的成功或失败的经验产生对个人应对效能信念的认知性改变，即使在环境应激源不再存在时，它也对生理产生显著影响(Bandura et al.，1988)。此后，仅仅是对一个人应对效能的思考会使那些效能信念提高的人降低自动激活，但对那些应对效能感降低的人却提高自主反应。以上发现说明情境唤起的应对效能信念会依据其性质可能产生期待性的免疫抑制性或免疫提高性效应。

278

免疫系统包含与其他生理系统复杂地相互联系的多元交互作用的亚系统，所有这些使免疫水平的评价复杂化了。伴随应对效能知觉改变的免疫功能的改变是否足以影响对躯体疾病的易感性还需要进一步考察。虽然情况比较复杂，有证据表明应激引起的免疫机能的损伤足以影响传染性疾病的出现和进程(Cohen et al., 1981)。因为应对效能知觉调节应激，所以它有助于解释谁最易被感染。因此，对于消极性生活事件的有效控制如何影响免疫系统的不同方面的知识，对于最终深入理解社会心理因素如何影响免疫机能，反过来免疫机能又如何影响疾病过程，是极为重要的。

前面的讨论证实了对应激源进行控制的低效能通过多种方式影响调节健康和疾病的机体调节系统。结果也证明了对社会心理应激源的生理反应的长期性有益改变能通过获得强应对效能感来实现。当有害的生理效应来自于对恶性生活事件的无效控制时，机体失调的心理生理机制的自我效能方面是最理想的干预点。教会人们如何有效处理日常生活中的问题，以使他们不再长期处于应激状态。然而，常常是药物的方便性和收益性规定了在生物化学上进行干预。这就是建立人们的应对能力和改变有害的生活条件与用药物治疗人们的苦恼之间的区别。为了便于阐述，考虑最近对胃肠功能失调的心理生理机制理解上的进展，这种病是一种常见的痛苦。应激产生胃部不安，它表现为腹痛、胃灼热、恶心、胃胀气和腹泻。不可控的应激源引发脑中化学物质的产生，从而破坏胃肠机能。生理化学联系的发现导致了能部分阻断由应激源所激发的脑化学物质激活的合成化合物的出现。不久的将来，数以百万计的患有胃部不适的应激个体将会通过服药减轻症状，而不是获得对生活中不断使其胃部骚动的应激源的永久控制。针对胃肠类疾病的社会心理来源进行的治疗，如果很容易处方、不需过多努力、需要不断购买及使用以维持有利润的生产的商业化产品，它很快会处于优先位置。生物技术工业很快将脑的神经化学原理方面的知识与能快速传播的市场型药物相结合。因为行为科学提出的方法是逐渐使自己受到大众认可，而不是依靠商业产品把它作为重大发现的治疗方法占领市场，因而，他们的科学进展不会得到广泛的注意。

与缺乏健康习惯的自我调节的有害效应和对生活中普遍存在的问题所引起的焦虑和沮丧作斗争的努力，不断寻找药物疗法而不是寻找社会心理改变的方法。本来可以通过改变健康习惯改善的条件，通常会给病人服药。例如，一个只吃低脂肪食物和水果蔬菜的人会使血压降低，这与用药物对高血压病人进行的治疗的效果一样。雷德和他的同事研究了用改变病人生活方式代替药物治疗如何影响对病人高血压的长期控制(Reid et al., 1994)。一般的开业医生终止药物并鼓励节食并在自助材料的帮助下尝试改变。多数病人单纯通过改变生活方式已经成功地保持了血压降低。长期服药伴随着危险和副作用的观念强烈地提示病人还是应采用生活方式的改变来进行治疗。不一定依赖药物而对健康进行控制的成功也有提高积极自我评价的额外效果。建立自我调节效能的更为集中的社会心理系统对于提高健康的自我管理能力具有更大的作用，这将在以后加以评论。 279

健康促进行为中的自我效能知觉

我们在前面已经见到生活方式能提高或损害健康。因而，人们能够对健康的活力和质量进行行为控制。社会认知理论区别了个人变化的三个基本过程：采用新的行为方式，在不同的环境中概括性地运用这些行为方式，保持(Bandura，1986a)。效能信念影响个人改变的每一阶段：人们是否考虑改变自己的健康习惯，如果要改变，他们是否利用成功所必须的动机和坚持性，他们在挫折后恢复控制的成功和能在多大程度上保持已取得的改变。这些变化过程将在下面的部分进行讨论。

个人改变的开始

人们对能激发自己并调节自身行为的信念对他们是否考虑改变有害的健康习惯或进行康复活动具有重要作用。保持健康的无效能感常使人们进行健康冒险，如吸烟或肥胖，而实际上人们能对这些行为进行控制。如果人们认为自己不能成功，他们就根本不会进行尝试；如果进行尝试，在没有立竿见影的结果或面临挫折时他们会轻易放弃。因而，判断自己没有能力戒烟的吸烟者甚至不会尝试戒烟(Brod & Hall，1984)。如果他们进行尝试，也会轻易放弃，虽然他们可能会关注吸烟对健康的危害。在对一个尝试自己戒烟的烟鬼进行的纵向研究中，成功的戒烟者在一开始就比复吸者和一直吸烟的人具有更强的效能感(Carey & Carey，1993)。那些认为自己能够成功的人为克服他们的吸烟渴望并打破吸烟习惯付出努力。甚至那些承认他们的习惯会对健康有害的人也没有成功控制自己的行为，除非他们将自己判断为对抵制情境性和情绪煽动有一定的效能(Strecher，Becker，Kirscht，Eraker & Graham-Tomasi，1985)。

笛克莱蒙特和他的同事考察了习惯变化不同阶段中的效能知觉的水平(DiClemente et al.，1991；DiClement，Prochaska & Gilbertini，1985)。他们发现当人们从无视习惯的变化到严肃地思考这一问题，再到开始发生变化而后保持已获得的变化时，效能知觉会提高。复发破坏了对自我调控效能的信念。低效能感的个体会放弃预防行为。如果人们判断自己不能控制疼痛,他们同样会回避正确的治疗(Klepac, Dowling & Hauge, 1982)。

传媒,特别是电视,在为大众提供关于什么对健康有害的信息上具有重要作用。使人们采用阻止疾病的健康行为的努力取决于健康教育运动的有说服力的交流(McGuire, 1984)。这些努力之所以成功,依赖于它知道在保健行动中什么使健康交流更有效。在大多数健康信息中,通过描述疾病的危害及人们对疾病的敏感性来引起恐惧常常被用作推动力,推荐给人们的预防方法则作为行动的指导。过分的恫吓性策略会适得其反。他们冒险性地使人们回避能检出疾病过程的自我诊断行为并使怀疑自己控制健康威胁的能力因而产生困扰的人们丧失勇气(Beck & Frankel, 1981; Kegeles & Lund, 1982; Leventhal, 1997)。恐吓人们使他们采用预防性行为的努力对高低效能知觉的人有不同的效果。当效能知觉提高时,对性传播疾病恐惧水平的提高会增加较安全的性行为方式的采用;但当效能知觉低时,则会减少这种方式的采用(Witte, 1992)。在没有个人控制感的条件下的过于恐惧会使自我保护成为似乎是无效的行为。因而,最好不要采用被看成是个人不可控的威胁。

280

贝克和郎德(Beck & Lund, 1981)研究了牙周疾病的严重程度和对它的敏感性发生变化时健康交流的劝说作用。病人关于坚持必要的卫生习惯的效能信念是他们能否采用预防实践的良好预测者。而恐惧唤起对他们是否采取预防措施没有多少效果。对预防方法的效能信念应该与相信自己能一贯使用这一方法的效能信念相区别。公众服务活动对方法的效能关注越来越多,但忽略了个人效能。这是一种会产生重要结果的忽略。如果人们真正怀疑自己坚持性的效能,他们就不会从事具有潜在益处的活动。塞黛尔、泰尔和威格曼(Seydel, Taal & Weigman, 1990)报告说,通过强调疾病的严重性和个人的对疾病的敏感性来提高危险知觉,对是否采用与癌症相关的预防行为没有或很少有效果。但是相信自己能采取某种行为的个人效能信念和相信自己能查明早期问题的自我保护活动的效能信念则是良好的预测者。

人们需要关于潜在危险的足够知识来保证行动,但他们不必因为吓得要死才采取行动,许多家庭也不是因为恐惧才为房子买防火保险。人们所需要的是关于如何调节自身行为的知识以及坚信自己有能力将关注变为有效的预防行动的牢固的个人效能信念。因而,强调的重心应从恐吓人们关心健康转变为提供给人们对健康习惯实行个人控制的工具。旨在使人们改变健康习惯的干预措施必须要依据人们的效能知觉水平来制定。那些认为自己改变现状的努力是无效的人需要一个"自我使能"(self-enablement)的指导程序,这个程序提供运用个人控制的掌握经验。而对那些具有足够的效能知觉而抱有对生活方式改变的展望的人可以使用不太集中的方法进行劝说。

人们根据潜在的收获和损失来解释冒险行动的信息。他们一般更倾向于追求使自己免受损失的选择而不是带来收益的选择。有些证据表明根据健康损失劝说人们进行疾病检查的健康信息更有说服力，但是为了使人们采取预防行为，根据健康利益进行组织的话，这种信息更具说服力（Rothman，Salovey，Antone，Keough & Martin，1993）。梅尔罗威茨和柴肯（Meyerowitz & Chaiken，1987）发现强调对健康的益处的信息比强调健康损伤的信息对效能信念和进行身体检查的行为的影响作用较小。他们考察了信息的交流改变健康习惯的四种机制：通过真实信息的传播、恐惧唤起、改变危险知觉和提高个人效能感。健康信息主要通过它们对效能信念的作用促使人们采取预防行为。

对大众传媒节目如何改变健康习惯的分析同样表明，预先存在的和改变了的效能信念对健康活动的采用及社会传播具有重要影响作用（Maibach，Flora & Nass，1991；Slater，1989）。预先存在的效能信念越强，传媒节目对人们自我调节效能信念提高越多，他们就越可能按建议的意见行事。甚至多重控制运用于其他可能的影响时这种关系仍然存在。

积极的情绪能提高利用个人成功想法的可能性，而消极情绪则会使个人失败较为突出。这些情绪偏向过程能改变健康信息的影响作用。能激发积极情绪的公众健康信息较之引起恐惧的信息使人们对新的健康行为的益处感到更为有效和乐观（Schooler，1992）。然而，使人仿效提高健康行为的有效策略忽视了消极情绪在采用健康行为上的破坏作用。无论情绪状态如何，效能信念和积极的结果期待的增加都会提高对健康行为的坚持性。

281

有效的健康信息交流必须符合调节任何个体行为的社会心理决定因素。以计算机为基础的技术得以将各关键因素以对个人最为恰当的方式结合起来为个人提供适合的健康信息。斯特里彻（Strecher）和他的同事发现如果是家庭保健医生提出减轻危险的个人化信息，比一般性地要求人们戒烟、采用健康饮食习惯并为癌症进行定期检查的建议更为有效（Campbell et al.，1994；Strecher et al.，1994）。形式上的这些变化影响信息被认知加工的深度。个性化的信息理解得更为彻底，记忆效果更好，比包括大量与个人无关的一般性信息更可能被人遵守（Skinner，Strecher & Hospers，1994）。适合个人情况的指导的有效性可以通过增加提供克服困难的帮助、增强效能知觉和对努力给予支持的简短电话联系进一步提高（Rimmer et al.，1994）。

干预个性化的好处依赖于针对哪一种决定因素。适合弱的决定因素会产生很差的效果。社会认知理论挑选出效能信念的水平、健康目标、后果期待和知觉到的障碍作为在个性化结合的计算机算法中预测健康行为的关键因素。大部分的健康信息交流指向知觉到的危险和利益，有时是知觉到的障碍。健康信息交流主要是在那些相信自己有改变生活习惯的能力的人中取得成功（Maibach et al.，1991；Strencher et al.，1994）。

为了使健康信息的交流更为有效，健康信息应该以使人们具有自己有能力改变健康习惯的信念，并指导他们如何行事的方式组织。明确的这样做的信息交流增加了人们改变有害健康的习惯的决心（Maddux & Rogers，1983）。顽固的习惯很少屈从于单纯的自我调节的努力。成功常常是通过在失败的尝试后重新努力实现的。因而，人类的成功需要有弹性的个人效能感。为了加强自我信念的持久力，健康信息交流应该强调成功需要持续的努力和从暂时的失败中恢复的能力，这样人们的效能感才不会被少许挫折所破坏。

那些能使自己很快开始着手进行自我指向性改变的人会面临他们能否坚持下来的问题。在有关采用阶段坚持有利健康的生活制度的研究中，许多坚持下来的参加者都不定期地执行健康活动并把这些活动进行了大量缩减（Dishman，1982；Meichenbaum & Turk，1987）。需要自我调节效能使个体坚持已采用的健康习惯。例如，规律性的需氧训练会降低患冠状心脏病的危险、降低高血压、减少体重并改善身体健康和心理健康。惯于久坐的人常会劝说自己改变不爱活动的生活方式，但当他们工作繁忙、疲劳、情绪低落、有其他感兴趣的事或天气状况不好时，要坚持下来就有困难。持久的成功需要克服反复出现的障碍。

自我调控效能知觉已被发现是坚持习惯改变计划的显著预测者。那些具有低效能感的人会很快中途退出，那些留下来的人也是偶尔参与者和健康习惯的不规则实践者（McAuley，1991；McAuley & Jacobson，1991；McAuley & Rowney，1990；Mitchell & Stuart，1984）。当然，并不是所有从事自我改变计划的具有动摇的自我效能的参加者一定会不断地受自我怀疑的困扰。快速的成功能够将自我怀疑者变成自信者。相反，最初自信的人也会由于挑战比最初想像的更难以克服而变成自我怀疑者。如果最初作为预测者的效能信念在评定行为坚持的水平时不再起作用，自我效能理论的预测力会被低估。

282

健康行为的概念模型

由各种关于人类行为的社会心理理论所引导的研究增加了我们对于认知和社会因素如何对人类的健康和疾病起作用的理解。然而，近年来，出现了健康行为的概念模型的激增，这些模型是各种不同理论相结合形成的。表 7.1 显示了社会认知理论的主要决定因素及其与一些广泛应用的健康行为模型的交叉区域。这些是社会认知理论中与行为的自我管理特别相关的一些方面。总体上说，除了行动的自我调节外，这个理论还详细说明了调控能力习得的各种因素。

表 7.1　健康行为的社会心理决定因素

理　论	自我效能	后果期待			目　标		阻　碍	
		身体	社会	自我评价	近期	远期	个人和情境	健康系统
社会认知理论	X	X	X	X	X	X	X	X
健康信念模型		X	X				X	X
理性行动理论		X	X		X			
计划行为理论	X	X	X		X			
保护性动机	X	X						

如果人们缺乏对自己的生活习惯如何影响健康的意识，他们没有理由使自己通过单调乏味的方式改变原来所喜欢的不良健康习惯。人们较多是受到训导而不是想要了解他们有坏的健康习惯。各种概念模型都以关于健康危险的充足知识为先决条件，而且发现它是很重要的。知识创造了变化的先决条件。但需要另外的自我影响以克服采用新生活方式时遇到的障碍。个人效能信念在社会认知因果结构中具有重要的调节作用，因为正如以前提到的，这种信念不仅对健康行为本身起作用，而且也作用于对动机和自我调节起作用的其他决定因素。健康行为的大多数概念模型现在都包括使自己采用并坚持健康行为的效能知觉，把它作为一个起作用的因素（Ajzen，1985；Maddux & Rogers，1983；Rosenstock，Strecher & Becker，1988；Schwarzer，1992）。这并没有牺牲解释和预测力。

283

除了效能信念具有调节功能外，对由不同形式的行为所产生的效果的后果预期也对健康行为具有作用。正像在其他各种行为中一样，这些对后果的期待可以采用以下的形式：有害或有益的躯体效应、令人喜欢或有害的社会反应、积极或消极的自我评价反应。在健康行为的各种概念模型中的大多数因素与这些不同类型的后果期待相对应。健康信念模型是各种概念图式的先驱（Becker，1974；Rosenstock，1974）。根据这一模型，保健努力和坚持规定的疗法受四个因素的影响，它们分别是对威胁、利益、障碍和行动线索的知觉。对健康的威胁可以根据对某一健康状态的严重性知觉和对感染的个人敏感性的知觉来测定。躯体威胁的知觉提供了健康行动的动机。对于不同行动的利益的期待和以消极效应与环境限制形式存在的对障碍的知觉影响到底选择什么样的健康行为。体验到的症状、大众传媒和社会鼓励可以作为引发与健康相关行动的决定性过程的线索。

罗杰斯（Rogers，1983）的保护性动机模型包括对严重性知觉和敏感度知觉的躯体性威胁成分，但也增加了两种效能知觉因素：第一种是反应效能，它关注于预防疾病或促进健康手段的有效性的信念；第二种是执行这些方法的个人效能知觉的强度。反应效能知觉应与后果期待相区别。反应效能关注的是某一行动是否能产生特定的成功，后果期待关注的是成功带来的结果。因而,认为对乳房进行自我检查对检验癌症的发展有效的观念是反应效能,而认为生理、社会和自我评价结果是产生于检出肿块则是后果期待。将效能分为动因和手段需要简单讨论一下。人们在按照他们能行的信念行事时,必须求助于一定的手段。如果人们判断自己缺乏对事件产生影响的手段,他们不会认为自己是高效能的。所以,缺乏任何手段的个人效能观点是没有意义的。当然,人们能够具有使用某种方法的高效能,但在产生所想要的结果方面具有低效能,因为实际上这种方法不能对健康行为产生什么控制。例如,酗酒者会认为自己对放松是高效的,但并没有确信自己有能力戒酒的效能,因为他们相信放松法不会影响他们对酒的渴望或影响他们抵制饮酒的社会压力的能力。习惯改变计划中的一些常规方法并无价值。无效手段的效能知觉不会预言成功。

当特定的手段被社会所认可但接受者却对其有用性发生质疑时,个人效能和手段效能的预测性就产生差异。手段可以通过动因努力运用它们而产生行动。如果反应效能知觉能预测个人如何行事,这是因为他们认为自己可以执行这些手段并且这样做会产生一定的效果。否则,他们不会对手段加以关注。简言之,人们在判断他们的效能时,必须将个人动因与手段结合起来。他们按照自己如何能很好地使用手段的信念行事,而无论实际上方法是多么有价值。因此,久坐的人承认规律性的体操是使心血管能力提高的有效方法,但如果他们认为自己不能坚持下来的话,就不会采取行动。而且,人们在判断自己的效能时会考虑其他有帮助的方法,而不仅仅按照别人开给他们的处方。将个人效能与运用效能的方法分离或把对个人效能的判断限制于特定的手段将会低估个人效能对行动的作用。个人动因和手段最好是结合在一起而不是被武断地分离。

284　有人已经对旨在培养各种与健康有关活动的健康计划进行了多变量分析。其中包括对潜在的健康问题进行医疗检查、对疾病的早期检查进行自我诊断性测试、采取一些措施减少得病的危险并提高健康的质量。不同因素的相对贡献通常与采取健康行动的意图联系起来进行评价而很少与实际行为本身相联系。结果非常一致地表明自我效能知觉和反应效能知觉在各个健康行为领域都是健康行动的可靠决定因素。知觉到的威胁的效应,特别是对严重性的知觉的效应很微弱而且一致性很差(Kasen et al., 1992; Maddux & Rogers, 1983; Rippetoe & Rogers, 1987; Stanley & Maddux, 1986; Taal, Seydel & Weigman, 1990; Wurtele & Maddux, 1987)。实际上,对健康的高个人威胁知觉常导致失调性的思维和对保护性行动的回避。在健康信念模型的最初版本中知觉到的障碍是预防行为的很好的预测因素(Janz & Becker, 1984)。但是还不能决定当消极的后果预期和自我效能知觉的影响作用去掉时,是否知觉到的障碍还能说明在健康行为上的变化。

健康信念模型中对健康受损的严重性和敏感性的知觉表示社会认知理论中躯体后果

的期待的有害方面(Ajzen & Fishbein，1980)。对预防行动的健康收益的知觉代表积极的后果期待。在合理行动(Ajzen & Fishbein，1980)和计划行为理论(Ajzen，1985)中，意图决定行为。反过来，意图由指向行为的态度和主观的准则来控制。这两组决定因素的名称和操作化都不同，它们对应于后果期待的不同类别。态度是根据对行为后果的期待和这些后果的价值进行测量的；准则是通过其他人如何对行为作出反应的期待及一个人遵从他人好恶的动机进行测量。

在社会认知理论中，规范性影响通过两个系统调节行为：社会约束和自我约束(Bandura，1986a)。社会准则通过它们提供的社会结果预期影响行为。偏离社会准则的行为会引起社会谴责或其他的惩罚性后果，而符合社会价值准则的行为则受到表扬和赞赏。但是，人们不会单纯按对社会约束的期待行事。他们采用某些行为标准并通过其为自己创造的自我评价性后果来预先调节自己的行动。社会准则也传达行为的标准。采用个人标准产生自我调节系统，它主要通过内在的自我约束发挥作用(Bandura，1991c)。人们以给自己带来自我满足的方式行动，他们回避偏离自己的标准的行为，因为这些行为将带来自我谴责。虽然阿依真和菲舍贝恩的模型中的核心构念称之为态度和社会准则，但这两方面都操作化为对后果的信念。态度性决定因素指的是对行为的投入和回报的期待，准则性因素指的是对社会后果的期待。社会认知理论包括这两种后果期待，同时还包括植根于个人标准和自我约束基础上的有影响作用的第三种类型的后果期待。

阿依真(Ajzen，1985)通过增加行为控制知觉而扩展了理性行动的概念模型。德载沃特斯基(Dzewaltowski，1989)的研究表明对行为控制的知觉基本上测量的是人们的个人效能感。因而，当自我效能知觉被作为预测者，行为控制知觉对行为表现没有独立的贡献。在对照检验中，被称为计划行为理论的扩展理论比没有类似效能的决定因素的原来版本具有更好的预测能力(Ajzen & Madden，1986)。个人效能信念直接或通过影响意图影响行为。如果自我效能知觉影响思维、动机和情绪状态，所有这些都对行为产生作用，这就不奇怪为什么意图不是行为的单一的最直接的决定因素。由意图到行动的转化绝非自动的。其他因素能够影响意图。

285

在社会认知理论中，植根于价值系统的认识到的目标能对健康行为提供进一步的自我促进和指导。目标可以是服务于指向功能的远侧目标，也可以是调节当前努力和指导行动的特定近端目标。意图在本质上等价于近端目标。“我的目的是”和“我想要”指的都是个体计划做什么。目标是通过自我监控、志向标准和情绪性自我反应发挥作用的动机机制的相互联系的一个方面，而不仅仅是被添加进概念模型中的与其他因素分离的预测者。在因果关系结构中，效能信念影响目标设定及低于标准要求的行为表现是激发出更大的努力还是使人沮丧。但是目标对行为表现作出独立的贡献(Bandura，1991b)。

如果不需克服障碍,个人改变是很容易的。因此,知觉到的障碍在健康信念模型(Becker, 1990; Rosenstock, 1974)和这一模型的改进版(Schwarzer, 1992)中是一个重要因素。社会认知理论区别了不同类型的障碍:认知性的、情境性的或结构性的。一些障碍是阻碍执行健康行为本身的条件。这些类型的障碍形成了自我效能评价的一个组成部分。效能信念必须根据挑战的等级或行动的阻碍等级进行测量。例如,在对锻炼效能进行的评价中,个人要判断使自己在面临各种情境、社会和个人障碍时能规则地进行锻炼的能力强度。如果没有要克服的障碍,行为会执行得容易一些,每一个人都是高效率的。健康行为的调控并不单纯是内在心理活动。一些对健康生活的阻碍存在于健康系统中,而不存在于认知或情境障碍中。不能利用健康资源或缺乏对它们的接触是健康行为的第二个重要障碍。这些障碍的根源是健康服务是如何在经济和社会上组织的。因此,在社会认知理论中,障碍知觉的多重构念被分解为三种主要形式:克服采用和保持健康习惯的障碍的无效能知觉、与生活方式改变相联系的消极后果期待、不能利用健康资源。

计划行为理论已经通过一系列用具有效能信念的健康实践代替行为控制知觉的研究得到论证(deVries et al., 1988; deVries, Kok & Dijkstra, 1990; Kok et al., 1991)。效能信念即使在控制了态度和准则的社会影响后也能预测意图和健康行为。它们既能纵向,也能同时发生作用。当在分析中没有强调因果顺序时,效能信念对健康行为的贡献要比其他两个因素大得多。准则因素对健康行为的贡献一般是可忽略的。这就提出了这样的问题,即它是否是不重要的,这似乎不可能,或是否根据社会后果期待所进行的更好的概念化和详细的评价会揭示出它对健康习惯的采用及保持具有一定的作用。

现在我们处在一个自助式理论化的时代,构念取自不同的理论并以各种组合方式结合在一起作为理论整合的各种概念图式。混合模型不断增加,即使它们很少产生什么效益。有关人类行为的全面理论的发展应关注于广泛的综合性构念。自助式的理论化以几种方式增加了多余预测者。类似的因素但具有不同的名称,常常包括在相同的合成模型中,似乎他们是各种不相干的决定因素。这就产生了预测因素间的不必要的冗余性。而且,更高等级的构念中的各个方面有时被作为完全不同的决定因素类型来对待,例如,态度、准则影响和结果期待作为不同的构念包括在混合模型中,这时它们在操作上代表不同类型的结果期待。一些研究者本着越多越好的原则,将一些对健康习惯贡献很小的因素放在其模型中。常常是折中的增加作为整合的理论蒙混过关,似乎它们把各种不同观点的最好方面结合在一起。科学的进步是通过将较为完全地将各种决定因素包括进综合性的理论中来实现的,而不是通过形成各种构念的混合模型实现的,这些构念取自具有冗余性、分离性和理论不完整性等问题的各种不同理论。

286

一些研究者已经对包括在健康行为的各种概念中的因素是否在社会认知因素之外增加

了预测性进行了检验。在几项这样的研究中，社会认知因素包括效能信念、对健康利益的期待和对健康习惯的改变满意与否(Dzewaltowski，1989；Dzewaltowski et al.，1990)。效能信念和对个人进步的情感性自我反应都对健康行为的坚持性具有重要作用。态度和知觉到的社会压力同样能说明健康行为，但将其增加进社会认知决定因素的部分时，它们并没有提高预测性。以上结论说明不同名称的决定因素而不是不相似的决定因素具有冗余性。然而，需要对不同类型的健康行为之间构念冗余性的一般性进行进一步的检验。

大多数的健康行为模型主要关注预测健康习惯，但对如何改变不良习惯却很少提供指导。除了提供一个统一的概念框架外，社会认知理论将社会认知因素植入进能详细分析其来源、产生作用的过程及如何改变它们以提高人类健康的知识体中(Bandura，1986a)。既提供预测又提供作用力量的理论比主要限制于提供预测的理论更有价值。

个人改变的实现

有效的自我调节不是通过有愿望的行动就能实现。它需要自我调节技能的发展。为了建立控制效能感，人们必须发展出调节自己动机和行为的技能。人们必须学会如何监控自己寻求改变的行为，设立短期的可达到的子目标用以激发和指导努力，谋求积极的诱因和社会支持以维持成功所必须的努力(Bandura，1986a)。一旦个体的能力中具有了这些技能和信念，人们就能够更好地采取促进健康的行为，减少对健康有损害作用的行为。他们也会从针对躯体障碍的治疗中更多受益。

将要简要提及的大量事实表明各种治疗干预对健康行为的影响部分是以其对效能信念的作用为中介的。干预使人获得的效能信念越强，人们就越可能调动个体的资源，维持采用和保持健康促进行为所需的努力水平。这已经在各种不同的领域所进行的研究中得到了证明：如慢性阻塞性肺炎病人的肺功能改善；冠状动脉心脏病病人心血管功能的恢复；风湿性关节炎的疼痛和失调的减轻；紧张性头痛的改善；临产和分娩痛的控制；处理慢性背、颈和腿疼和损伤；应激减轻和减肥；贪食症行为的控制；通过节食减少胆固醇；坚持规定的治疗活动；采纳并长期坚持身体锻炼；保持对糖尿病的自我照顾；成功应对痛苦的医疗；有效地处理性强暴和为避免不情愿怀孕而采取避孕措施；流产后的调整；控制引发艾滋病传播的高危险的性行为；控制损害健康的上瘾习惯，如酒精滥用、吸烟和使用安眠药。

个人效能感不但能够提高对躯体失调的自我管理，而且能减轻混乱的情绪效应。当躯体失调的严重性和长期性都相同时，高效能知觉的个体较少感受到应激和抑郁，而且能比低效能知觉的个体更好地运用应对策略(Martin，Holroyd & Rokicki，1993)。通常，自我效能信念会在不同的机能领域间发生很大变化。例如，对过度进食进行控制的效能 287

知觉与控制吸烟的效能知觉之间的相关微弱(r = 0.21)(DiClemente, 1986)。坚持健康饮食的效能信念也与坚持生活规则的效能知觉关系不大(Hofstetter et al., 1990)。效能信念对健康行为的作用通过健康机能的特定领域的效能测量而不是作为一个综合性特质由总括性测验所进行的评定可得到最好的说明。因此,对于健康进行控制的总括性测量不是戒烟失败的良好预测者,而对在不同情境条件下对吸烟的强烈渴望的控制的自我效能知觉的度量则能很好地预测戒烟失败的脆弱性(Walker & Franzini, 1983)。在对照研究中,领域性的效能量表通常比对个人控制知觉(Manning & Wright, 1983)或对一个人健康的个人控制知觉的概括性测量能更好地预测健康行为的改变(Alagna & Reddy, 1984; Beck & Lund, 1981; Brod & Hall, 1984; Kaplan et al., 1984; Walker & Franzini, 1983)。

个人改变的保持

除非人们忍耐着,否则习惯改变一般都没有什么结果。许多损害健康的生活习惯在日常生活中易受强烈鼓动性影响的作用。埋藏在人际关系中并已成为日常活动组织模式一部分的习惯并不容易打破。自我改变者不但要与从事令人满足的活动的社会压力,而且要与这些活动中的内在满足感作斗争。特别是在改变的早期阶段,更加有重新开始有害行为方式的鼓动性压力,健康实践有其艰巨性。习惯改变的保持依赖于自我调节能力和行为的功能价值。自我调节能力的发展不但需要传授技能而且还要形成富于弹性的效能感。对困难情境运用控制的经验可以作为效能的建造者。这是自我管理的重要方面。如果人们不是完全相信自己的个人效能,他们会在困难情境中放弃努力并在遭遇倒退或不能很快成功时放弃学会的技能。多维效能量表不仅仅能揭示患者必须要得到改善以防止不良习惯复发的脆弱性的范围,而且也表明存在使个体不能获得应对某些类型的困难情境的效能知觉治疗上的缺陷(Clark, Abrams, Niaura, Eaton & Rossi, 1991)。除非治疗被加强或扩大,否则病人不会具有处理不同情境的能力。

提高个人效能的各种方法都能帮助个体发展出用于克服时不时会出现的困难的有弹性的效能感。在行动掌握方式中,有弹性的效能感是通过有组织地试验对挑战性不断变大的任务进行控制建立起来的。例如,作为对疼痛的认知性控制策略中的指导的一部分,要关节炎病人进行显示效能的尝试,他们要在有无认知性控制的条件下执行选择性的产生疼痛的活动并评定疼痛的水平(O'Leary et al., 1988)。在认知控制条件下他们的痛体验明显地减轻,这样的证据可说服病人能通过认知策略对疼痛进行控制。自我效能有效性练习不仅可以作为效能感建立者,而且也能检验所传授技术的价值。无效果的技术很容易暴露出来。

在为此目的而使用榜样的过程中，其他病人示范如果产生退步时如何应对和恢复控制；他们也清楚显示成功常常需要不懈的努力。这样的知识能强化与同样问题作斗争的其他人的自我信念。而且，榜样因为坚忍不拔地坚持而取得成功能改变病人对失败经验的诊断。人们会将失败看作部分是由情境性困难所引起的，而不单纯是由于内在的个人限制所造成。困难和挫折会使个体加倍努力而不是产生对自己应对能力的怀疑。例如，痛觉阈限和耐受度受示范性影响的作用（Craig，1983）。当人们自己正处于疼痛中时，以往曾看到他人忍耐疼痛的人比看到他人很快放弃能更有效地忍受疼痛（Turkat & Guise，1983；Turkat，Guise & Carter，1983）。

288

劝说性影响会使人们获得能更好地运用技能的效能信念，它也会有助于坚持力。结果，被告知自己有取得成功的能力而且在治疗过程中取得的成绩证明了自己能力的人，相对于接受相同的治疗但没有效能提高成分的被试而言，前者更可能在较长时间内成功地保持改变了的健康习惯（Blittner，Goldberg & Merbaum，1978；Nick，Remington & MacDonald，1984；Weinberg，Hughes，Critelli，England & Jackson，1984）。如果在对人们的能力进行积极的评价中，社会劝说者对为个体带来成功并避免过早失败的任务进行组织，其影响的作用就可能坚持下来。在病人为自我怀疑所困扰时坚持这样一种高效能观点，即成功是可以实现的，劝说者能够帮助患者在面临困境时保持其应对努力。为提高个体的应对能力，将不幸看作是一个偶然事件会使个体学会用建构性的问题解决思维代替自我弱化的思维。

一些干预措施的目的是改变健康习惯，另一些干预方法则是为了使人们具备管理慢性身体健康状况的技能。在以上两种努力上的长期成功要依赖于坚定的自我调节。不能坚持健康性的活动是一个普遍性的问题。自我效能知觉能很好地预测人们能在多大程度上坚持管理自身健康的行为。例如，在使用自我放松调节高血压时，人们越是相信自己具有自我调节效能，在日常生活中就越多体验到放松，血压下降得越多（Hoelscher，Lichstein & Rosenthal，1986）。同样，效能信念也可以预测能提高心血管机能、帮助心脏病患者避免出现心脏病突发的健康习惯的坚持性（Ewart，1992；Jensen et al.，1993）。在关节炎的自我管理中，低自我调节效能感甚至在控制了疾病活动程度、功能上的无能和疼痛水平后也能预测健康行为坚持性上的困难。没有按照规定服药会对生命产生潜在威胁的条件下，不遵医嘱的问题最显著地暴露出来。效能知觉能提高器官移植的接收者坚持服用免疫抑制药物以阻止排斥反应或移植失败的可能性（DeGeest et al.，in press）。遵医嘱者相对于不服从要求的人来讲产生较少的排斥反应。

在需要连续的自我管理的各种条件中，糖尿病对自我管理的要求最高。糖尿病患者必须通过协调各种自我照管活动包括如饮食、锻炼、对血糖水平的日常自我监控、胰岛素定时自我服用来保持正常的血糖水平。强自我调节效能感与糖尿病生活规则的良好自我管理相联系(Crabtree，1986；Grossman，1987；Hurley & Shea，1992；Padgett，1991)。效能信念能预测对血糖测验、节食和锻炼的坚持性，也能预测对先前的坚持行为、血糖水平、治疗类型、消极情绪状态和大量人口统计学特征进行控制后个体对随后阶段的高血糖的控制水平(Kavanagh，Gooley & Wilson，1993)。在对可能的预测者进行对比中(McCaul，Glasgow & Schafer，1987)，保持高血糖控制的生活规则知识和应对制造困难社会情境的技能都不能预测对糖尿病疗法的坚持性。环境支持有助于血糖水平的自我测验。效能知觉是能对糖尿病生活规则的每一个方面，包括饮食、血糖监控和胰岛素的自我服用的坚持性水平进行预测的唯一因素。

289

复发的预防和处理

效能知觉对保持保健行为的作用通过关于上瘾行为复发的易感性的研究得到了最广泛的检验。玛莱特和高登(Marlett & Gordon，1985)提出了一个复发过程的概念模型。他们确定海洛因上瘾、酒精中毒和吸烟有共同的复发过程。在这个过程中，自我调控效能知觉是一个非常重要的因素。自我调节衰退的共同促成因素包括不能控制如应激、抑郁、孤独、厌烦和不安这样的消极情绪状态；使用毒品的社会压力；人际冲突，例如在争论引起醉酒时。效能评定证明上述条件减弱了抵制毒品使用的效能知觉(Barber，Cooper & Heather，1991；Barrios & Niehaus，1985)。破坏个人效能信念的情绪性和情境性因素在各种文化中极为相似(Sandahl，Lindberg & Rönnberg，1990)。

玛莱特的复发模型强调恢复使用毒品的社会和情绪鼓动因素。一些研究者已经将情境性的诱发物，包括对先前使用毒品的场地和其他提示物增加进模型中(Heather & Stallard，1989)。通过以下几种机制，情境性的提示物会提高复发的可能性。接触情境线索会产生生理和认知上的改变。过去重复使用毒品的情境可以通过期待学习激活最初抵消毒品的药理学效果的期待性生化反应(Siegel，1983)。这些期待性的抵消反应，是畏缩性症状，被体验为厌恶的生理状态。例如，在通过治疗设备解毒后，毒品上瘾者常会发现他们在返回使用毒品的场景中又体验到生化抵消反应。

情境性的提示物也会激起在过去服用毒品时所体验到的愉快效果的积极的后果期待。预期性的愉快及从厌恶的生理化学状态中解脱出来会产生使用毒品的诱导，这些诱导进一步加重了自我调节能力的负担。此外，如果个体处于过去曾对毒品使用具有低控制力的情境中，他会激起过去的失败想法，从而减低个体当前的自我调控效能信念。库内和他的同事们证实了这些认知性变化(Cooney，Gillespie，Baker & Kaplan，1987)。当戒酒的饮酒者闻到所钟爱的酒的香味时，他们的自我效能知觉会降低，虽然他们正在经受不愉快的生理反应，但对酒的愉快效果的期待也会提高，而且饮酒的欲望越来越强烈。

经常性地长期接触毒品而不消费毒品将产生持久性的节制（Jansen，Broekmate & Heymans，1992）。进一步的研究应该阐明中介机制是否包括厌恶的生理反应的消失、愉快的后果期待的减少，或自我调控效能知觉的加强。尽管人们能够成功地自我控制，但对短暂的诱因要非常努力地抵制会动摇效能知觉（Cooney et al.，1987）。在应对诱因的过程中，个体可能把诱因看作比他所想像的还要有力量，或注意到在他们应对方式的某些方面可能存在缺陷。在应对威胁时也是如此（Bandura，1982a）。然而在指导下对高危险性情境的经历提供了检验和实践有效的应对策略的工具。抵抗能力的不断提高加强了自我调节效能感。

对难以改变的不健康习惯进行控制的个人效能不同方面的相对重要性在发展的不同阶段可能发生改变。例如，青少年同辈群体的支配力量特别能消耗抵制同伴影响的个人效能。因此，抵制来自吸烟同伴的社会压力的效能知觉对于预测将来的吸烟状况要比抵制情绪困扰的效能知觉效果好得多（Lawrance & Robinson，1986）。低效能感不但能预测青少年是否会养成吸烟习惯，而且能预测他们是否能够戒烟（deVries，Dijkstra，Grol，Seelen & Kok，1990）。 290

对自我调节效能的挑战的性质在个人改变的不同阶段也不同（Velicer et al.，1990）。当人们开始严肃地考虑克服成瘾习惯时，消极的情绪状态和积极的社会压力会对运用个人控制造成重要障碍。在进行节制的早期阶段，身体畏缩症状和想像使用毒品的满足感对个人控制的运用带来新的威胁。在过渡阶段，能激发期待性满意的情境和情绪事件作为复发因素获得了力量。如果这一艰难的阶段成功地度过，认知上的诱因会减弱从而最终消失。

具有能力并确信自己的自我调节效能的人会动员认知和行为应对策略，从而成功应对高危险性的情境。在问题情境中成功地抵制毒品能进一步加强他们对将来的风险情境运用控制的效能感（Garcia，Schmitz & Doerfler，1990）。与此不同，当由于个体对自己的效能不信任，应对技能发展得不充分且运用不当，在吸毒的唆使者的作用下，很有可能复发。对吸毒的愉快效应而不是有害效果的选择性回忆会进一步限制个体进行自我调节的努力。

行为改变的过程包括提高、稳定、倒退和恢复。甚至对于较易改变的习惯，完美的自我控制也不能轻易实现，更不用说是牢固的习惯了。人们在最终成功之前常常要经历几个掌握和复发的循环。过失会使脆弱性得到暴露，并为人提供从失误中学会如何有效地处理潜在的风险情境的机会。例如，小的失误在控制上瘾行为的斗争中是常见的。当倒退发生时，不是复发本身而是如何看待复发和从中学到了什么将决定它对接下来的个人改变会产生积极的还是消极的影响。个人效能影响着如何对挫折进行解释和处理。个体自身对倒退的重要性判断可以对自我调控的努力起支持或破坏作用。从心理的自我效能框架来看,小的失误是由可以避免或改变的强情境性诱因或自我调节技能中可改进的特定缺陷所产生的暂时倒退。高自我效能的个体能加强他们的努力并提高其恢复控制的策略。相反,那些不相信自己应对能力的人倾向于将失误看作是由自己无能造成的,从而很容易被吸毒的诱因所控制。人们一旦认为自己是无能力的,个体就会放弃进一步的应对努力,结果导致自我控制的全面瓦解。因此,在复发危机关头自我调控效能知觉的强度可以预测谁最可能顺利度过并通过加倍努力进行控制或成功地重新停止而保持节制(OssipKlein et al., in press)。

自我调控效能是通过个体所选择的环境和一旦进入所选环境后的行为而实现的。个体对最初选择有助于毒品使用的情境的行为控制要比在陷入这样的情境后将自己解放出来容易一些。这是因为先前阶段主要涉及可进行认知控制的期待性动机。陷入阶段包括使用毒品的更强诱因,而这一诱因不太容易控制。人们必须发展出一种如何避免那些对自己的自我调节能力具有高破坏性的问题情境的策略。在加强果断性的自我效能的过程中,人们不得不在最终导致高危险情境的一连串决定过程中熟练地识别和中断似乎是无害的先前选择(Carroll, Rounsaville & Keller, 1991)。他们也必须避免由于过早冒险和没有恰当指导地进入高危险情境去检验其自我调节能力而产生的突发性的复发。不成熟的检验比效能断言更可能产生自我调节的失败。

291

对易于改变但很难保持较长时间的行为进行的研究表明低自我效能感增加了复发的可能性。许多研究用吸烟行为说明这一观点,因为它可以采用生物化学方法证实。那些通过各种方法已经戒烟的人对在被看作是唤起吸烟渴望的不同情境中是否能抵制吸烟进行判断(Carey & Carey, 1993; Coelho, 1984; Coletti et al., 1985; Condiotte & Lichtenstein, 1981; Devins & Edwards, 1988; DiClemente, 1981; Haaga, 1989; McIntyre, Lichtenstein & Mermelstein, 1983)。虽然参加者都已停止吸烟,但他们在继续抵制吸烟渴望的效能知觉上各不相同。抵制的自我效能知觉能预测几个月后谁会复发及什么时候会复发。在最严格的测验中,吸烟行为不能预测复发,因为跟踪的评定被限制在已完全停止吸烟的参加者身上。这消除了"过去的行为产生将来行为"的解释。对在治疗结束时仍不同程度吸烟的被试进行分析发现,甚至在最终的吸烟行为水平被控制的条件下,自我调控效能知觉也能预测将来的吸烟率(Baer, Holt & Lichtenstein, 1986; Shadel & Mermelstein, 1993)。当效能知觉的影响被去除后,对最终吸烟比率的预测性就会下降或终止(Kavanagh, Pierce, Lo & Shelley, 1990)。已戒烟的被试处于有助于产生吸烟行为的模拟情境中,要他们自发表达对自我效能的想法,这一自发表达的想法能预测保持克制的成功(Haaga, Davison, McDermut, Hillis & Twomey, 1993)。

不论是人口统计学因素、吸烟历史的长短、过去尝试戒烟的次数、先前保持戒烟的时间长度,还是对尼古丁的生理依赖程度都不能将复吸者与戒掉烟的人区别开,而效能知觉却可以(Barrios, 1985; Haaga, 1989; Killen, Maccoby & Taylor, 1984, Shadel & Mernelstein, 1993; Yates & Thain, 1985)。过去尝试戒烟的次数与效能知觉无关的事实说明效能信念并不单纯反映过去的应对经验(Reynolds, Creer, Holroyd & Tobin, 1982)。

应该注意的是根据"条件性渴望"、"欲望"和其他生动的说法来解释恢复吸毒和酗酒的过程的一些特征是疾病模型的痕迹。"欲望"是以认知为基础的。自我调控效能信念和对毒品带来的愉快效应的后果期待是"欲望"的有力预测者(Shadel & Mermelstein, 1993)。在所有的消费习惯类型中,"重新采用"是一个共同的过程。在对"复发"的多余意义进行评论时,桑德斯和奥索普(Saunders & Allsop, 1989)主张重新采用某一行为并不意味着一个人已经受到病理条件的支配。正如人们决定放弃一种糟糕的习惯一样,他们后来会决定重新采用它。如果他们这样做了,并不意味着他们转回到先前状态。依赖于他们如何解释重新采用和自己从中学到什么,重新采用反映的是努力对物质滥用进行控制的进步而不是一个倒退。

人们努力对威胁自己自我调节能力的物质滥用的鼓动因素进行控制。对某些物质的滥用进行控制要比对其他物质控制容易。戒掉使人上瘾的物质很快能消除讨厌的生物性激励。主要是社会心理动机对物质滥用保持克制或控制进行连续不断的挑战。个人改变的计划必须要形成包含在面对社会、情绪和情境诱因时,抵制药品上瘾的有弹性的应对和自我调控效能感。那些已经习惯于使用毒品的人会发现有节制的生活是令人厌烦的。这本身能驱动他们饮酒和注射毒品。成功的计划必须帮助吸毒者发生巨大变化,使他们认为节制性的生活比处于吸毒状态的生活更有吸引力。

292

过量饮酒的复发是控制酒精中毒的中心问题。一般认为,饮酒者少报了他们的饮酒水平并夸大了他们控制喝酒的能力。但这些看法并没有得到正式测评的经验性支持。酗酒者对他们自己饮酒行为的报告一般与非常了解他们的人的报告相一致(Maisto, Sobell & Sobell, 1979)。在评定自我调控效能感时,酗酒者在各种高风险性的饮酒情境中判断自己抵制饮酒渴望的能力(Annis, 1982; DiClemente, Carbonari, Montgomery & Huges, 1994)。他们的效能知觉在成功地戒酒或使控制性饮酒水平降低的治疗之前或之后被测量。自我调控效能知觉甚至在对酒精依赖的严重程度的效果被控制的条件下,也能够预测在接下来的一段时间对饮酒的控制水平(Sitharthan & Kavanagh, 1990; Solomon & Annis, 1989)。患者对他们停止饮酒或减少饮酒量的后果期待对预测饮酒行为的作用不会比效能感强。

在习惯改变的其他领域，无效能知觉不但对治疗结束后，而且对个人改变的最初阶段的饮酒行为的控制也有破坏作用。斯奇麦尔（Schimmel，1986）在对多种因素进行比较中发现低自我调控效能感是过早终止酗酒治疗的最好预测者之一。严重的自我怀疑会产生治疗是否值得付出努力的问题。如果自我怀疑者获得成功，他们对于自我调节效能的信念必须通过帮助他们能短期运用控制、提供给他们大量社会支持和来自于亲近的同事与自助群体的指导来提高。

已经有人致力于评定在从安眠药上瘾中成功地恢复过程中自我效能感的作用。高索普（Gossop）和他的同事对戒除安眠药的可能决定因素进行分析后发现，社会支持因素、自我调节能力知觉在各个阶段中都是戒除安眠药的较为稳定的预测者（Gossop et al.，1990）。得到来自同伴的支持越多，从事有利于以前的上瘾者不用药物的有益活动越多，对自己运用控制的能力的信念越强，越能成功保持克制。效能知觉和社会支持也能预测恢复使用毒品后的克制恢复情况。虽然许多应对策略在短时期内有帮助作用，但支持性的经验和强个人效能感对远离毒品有着持久的影响。这些结论与先前认为不是策略本身而是一致和持续地在面对困难时运用策略的效能决定成功的研究一致（Schunk & Rice，1987）。没有效能信念的作用，所运用的策略常常会被放弃或效果不佳。

自我调控技能和对自己能力的信念在很大程度上是通过掌握性经验建立的。物质滥用在这一方面提出了特殊的挑战。例如，作为在一次过失后减少完全复发脆弱性的一种方式，玛莱特和高登（Marlett & Gordon，1985）指出在戒毒后使用有计划的复发已获得成功。个体使用物质后在治疗家的指导下恢复控制，从而在自我恢复过程中获得掌握经验。有些人认为计划性的复发有高冒险性。击败失误能加强应对效能知觉，但这样做的过程中，他们通过确信自己总能恢复控制而可能将时常发生的倒退变成旧习惯。一种反对意见是既然大多数人常常在压倒恢复努力的压力情况下会复发，冒险是值得的。在想像的高冒险情境中模拟退步能带来一些好处，而不会出现计划性退步的潜在危险。个体想像自己恢复原有行为并使用衰弱的思维方式。而后，他们练习如何以不同方式思考和行动以达到自我调节成功。

那些克服了药物滥用的人常常会经历克制和复发的不断循环。因为努力戒除不良行为一般伴随着倒退和复发，掌握过程更应用复发处理而不是复发避免的眼光来看待（Curry & McBride，1994）。与其他的技能一样，熟练地进行自我调控是一个在面临挫折时需要不懈努力的艰巨过程。参加者应保持这样一种信念，即如果他们从失误中学习而不是被自己搞得很沮丧，问题是可以解决的。

293

对复发过程的效能分析必须区分运用两种不同形式的行为控制的能力感。一种是为抵挡从事有害行为带来的压力的抵制效能知觉和在挫折后加强控制的恢复效能知觉。在研究控制性复发效应时，库内、科派尔和麦克库恩（Cooney，Kopel & Mckeon，1982）要求处于吸烟终止计划中的被试重新吸烟而后恢复控制，而另一些人由于在复吸后不能控制被告知要回避香烟。控制性的复发加强了失误后恢复控制的效能知觉。劝告要进行节制则降低了人们从失败中恢复过来的效能信念，但已具有高恢复效能感的被试会很快恢复吸烟。黑尔（Hill，1986）用一种更强化的治疗方法对控制性复发的效果进行重新研究，他要求被试恢复吸烟，但是以一种会减弱愉快感的快速吸烟方式吸烟，于是他们重新恢复了控制。这种掌握经验旨在建立恢复技能，同时用来代替恢复吸烟所产生的愉快期待。对计划性的复发恢复控制的经验提高了长期的克制能力。

挑战是要既加强抵制效能又加强恢复效能，这样对每一种能力的自我信念就能为克制的目的服务。这就需要形成强的抵制效能和仅仅是适度的恢复效能，足以在产生过失时抵消完全无效能的判断，但不是强到会使他们更大胆地尝试吸烟。哈根和斯戴沃特（Haaga & Stewart，1992）为这一效应提供了证据。在复发后认为自己具有适中的恢复控制的效能的已戒烟者，与那些不相信自己有恢复能力或高度自信地认为自己能重建控制的人相比，更能成功保持克制。

有效自我调控的生态观

复发预防模型主要关注受折磨的个体，并将其作为努力对药物滥用的恢复进行控制的焦点。使这些人学会处理问题情境的社会技能和问题解决技能以及控制导致复发的自我弱化性思维过程的认知策略。应对技能的训练至少在短期内可以减少复发可能，但不能对复发问题起主要作用（Chaney，O'Leary & Marlatt，1978；Stevens & Hollis，1989）。复发处理和预防需要扩大研究重点。

从三因素交互作用模型的角度看来，三种因果性因素——环境因素、自我系统和行为能力——中的任何一种都对药物滥用的长期控制具有作用。正如我们已经看到的，如果人们缺乏在艰苦条件下坚持下来的自我效能，他们会很快放弃技能和策略的使用。而且预防复发的努力不仅仅是个人改变，而应延伸到社会环境。困难时期的社会支持和指导支持着克制的坚持性（Ossip-Klein et al.，1991）。那些已深深地陷入药物滥用的亚文化圈中的人，如果想要克服上瘾行为的话，不得不重建他们的生活方式。已经恢复正常的吸毒者需要对消除上瘾物质的吸引力的社会性活动、职业性活动和娱乐性活动产生生活满意感。除此之外，当生活事件对他们的自我调节能力产生威胁时，他们还需要社会支持。支持性的社会关系不但减少应激，与药物滥用作斗争，而且通过使人们能努力对逆境进行自我控制而加强自我调节效能。社会帮助的性质是克制行为的预测者（Cohen & 294

Lichtenstein，1990；Gossop，Green，Phillips & Bradley，1990）。环境因素的作用不仅仅是使用社会支持对不坚固的自我调节进行支撑。环境取向的观点会创造出使人们能预先对家庭、职业和娱乐生活进行满意的控制的社会结构（Azrin，1976）。这一扩大的预防复发的社会认知模型将在第八章中详细讨论。

将复发模型扩展到包括环境变化因素并没有减少自我效能的作用，反更将其作用延伸到更广阔的功能空间。环境不只是一个必然影响个体的固定实体。人们在效能信念的基础上可以部分性地选择、建构和处理环境。人们从事的行为可以决定大量的潜在环境中的哪些方面可能起作用及它将采取什么样的形式。人们因此成为自己的生活如何被环境所组织的相互作用的决定者。事实上，在相同的潜在环境结构中，人们根据自己的效能信念创造出对自己有利还是有害的环境（Wood & Randura，1989a）。

培养作为一个无毒瘾者的自我概念的治疗也对保持克制有作用，因为采用无毒瘾者的自我概念能产生生活方式的深刻变化。如果新的自我概念使人们切断了与药物滥用者之间的社会联系，同时充分的社会支持使个体处于非上瘾者的社会网络中，以上的变化更易发生（Stall & Biernacki，1986）。那些以厌烦的生活方式生活的人则会很快使用上瘾物质来进行逃避。他们需要参与一些活动以使他们获得满足感和生活的意义。这些广泛的变化使他们能认识到没有酒和毒品的生活是令人满意的。关注有意义的追求对控制药物滥用起重要作用（Gossop et al.，1990）。有意义的工作提供给人们日常生活的结构、目的感和一套公共关系，它也有助于获得个人认同感。失业和工作单调乏味会引发药物滥用。对于预防复发的多维度研究需要对自我调控效能知觉进行多维测评，它不仅包括处理复发发生的效能强度，而且包括培养和保持有益的社会关系，采用和坚持克服上瘾物质吸引力的行动的效能知觉。

动态的自我调节

使用常规的静态调查程序不能充分解释长期对难以治疗的行为的自我效能性调节。它只是一种方便使用的方法但不具备解释价值。对感兴趣的行为也仅仅是任意地选取几个追踪点进行测量，但在这些时间段中假定调节行为的因素却没有被研究。因而，行为与当前决定因素相脱离，相反却与过去的决定因素相联系。保持过程可以通过对正在进行中的自我调节的微观分析，而不是通过改变行为和仅仅在几星期、几个月和几年后对其进行再评价，能得到最好的阐述（Bandura & Simon，1977）。在这一漫长的时间间隔中，会发生各种各样的变化。有些人保持了稳定的控制，有些人会一时失误但很快恢复，有些人会由失误变为长期的复发，还有一些人在一次或多次复发和克制之间循环。在这一不断波动的动力过程中的任何一点可能或可能不代表自我调节成就。对行为和它的假定性决定因素的协变量的复杂分析阐明了自我调节机制如何起作用及其暂时的或较为持久的机能失调发生的条件。

效能信念系统不是不可改变的特质。要想理解自我调节效能知觉如何对行为的保持起作用，不但需要对它们所影响的行为进行评定，而且要对效能信念的强度变化进行评定。可以说是近期的效能信念而不是那些保持了一年或更长时间的效能信念，调节行为，除非行为在这时期根本没有发生改变。把治疗后的自我效能和相距甚远时的行为状况相联系，通过确定易感性的范围和潜在的产生复发的因素而提供了实际效用的信息。但过分依赖过去的效能信念则会低估它们对行为保持过程的调节作用。如果预期关系的大小随时间推移而减少，这大概是由于过去的效能信念是选择出来的而不是由于自我调节信念神秘地失去了对随后阶段人类动机和行为的影响力量。事实上，当在几个不同时间测量效能知觉时，被评价的效能信念在时间上越接近，它预测下一阶段的吸烟行为的效果越好(Becoña，Frojan & Lista，1988；Nicki et al.，1984)。

295

自我调节效能负担很重的行为中，其退出率会随着各阶段有所增加(McAuley，1991)。如果戒烟者主要是低自我效能的，通常情况是如此，那么，在样本不断变小的群体中的效能知觉的变异会逐渐限制在具有较高效能知觉水平的那些人中。范围的限制降低了相关性。以某一时间并有范围限制的预测者为基础的相关会低估效能信念对行为调节的贡献作用。

促进健康和减少危险的自我调节模型

与健康相关的消费大量增加，它在发达国家的国民生产总值中占据越来越大的比重(Fuchs，1990)。尽管有大量的健康服务费用，但仍有成千上万的人没有得到健康照料，甚至有钱得到照料的人获得来自传统的健康服务系统和保险公司的服务也很不理想。对健康状况的关注成为国家的一个重要问题。随着人类寿命的延长，国家面临一个重要的挑战，即如何使人在一生中保持健康；否则国家将不能承受巨额的健康费用，它将耗尽国家各种计划所需的资源。提供普遍性健康照料的国家不得不不断延迟治疗服务并限定昂贵的药物。很明显，不断增加的健康照料危机需要加强促进健康的努力并重建健康服务系统，使其更富有成效。大量证据表明人们正在采用有利于健康的行为方式，并且较少患病和残疾，寿命较长。可以采取许多保健措施使人们生活得更健康、长寿。

有人主张对健康的促进会由于延长寿命提高健康消费，同时也相伴产生了对健康服务的更多需要，但是证据并没有支持这一观点(Fries et al.，1993)。那些采用健康习惯的人不但长寿而且健康，对医疗服务的需要和要求更少。好像并不是那些具有不利于健康习惯的人会一直保持健康且很快去世。相反，他们的一生中需要昂贵的医疗服务和干预费用。例如,吸烟者一生中的医疗费用比不吸烟者高许多,虽然他们的寿命较短。危险因素越多,一生中用于治病的医疗费用越高。而且,一个人除长寿外,更应关注生活的质量。由身体功能失调所损害的生活招致了严重的个人和社会损失,这是健康促进政策中必须考虑的因素。

促进健康和减少危险的方案常常是高投入、令人厌烦和效果不佳的。由医生提供服务往往在系统中产生瓶颈现象。许多医生不清楚如何改变高危险性行为,即使他们明白,也不会在某一个人身上花大量时间或花掉许多钱做这件事。最终结果是忽视预防,而将大量的钱花在治疗上。减缓老年人健康消费猛增的努力主要针对限制或削减健康服务。

296

建立在自我效能模型基础之上的自我管理方案提高了健康的质量并减少了对药物服务的需求。德巴斯克和他的同事设计了一个以效能为基础的模型,将自我调节原则与促进有助于健康的习惯和减少对健康有损伤作用的习惯的计算机化方法相结合(DeBusk et al., 1994)。这一系统建立在自我调节的主要亚功能的知识基础上,它包括自我监控、近期目标设定、策略发展和自我激励性的诱因。这一计算机化的自我调节系统使参加者获得运用自我指向性改变所需的技能和个人效能。其中包括建立心血管能力的锻炼程序,减少患心脏病和癌症危险的营养计划,减肥计划,停止吸烟计划和应激处理计划。

针对每一种危险因素,提供给个体关于如何改变习惯的详尽指导。参与者要监控自己寻求改变的行为,设立短期的、可达成的亚目标以激励和引导个人努力的方向,接受关于进展的详细反馈作为自我指向性改变的进一步动力。这个系统是以自我激发需要有挑战性目标和成绩反馈的知识为基础的方式建构的。某一个计划执行者,在计算机系统的帮助下,管理大量参与者的行为改变。图 7.9 描述了自我调节系统的结构。在某一个时间内,计算机生成并发送给参加者为他的个人改变定制的个别性指导。这些指导详细说明各种亚目标和参与者向亚目标的进展和每一阶段的改变。参与者接下来要交给执行者数据卡片,报告他们已取得的变化以及在自我指向性改变的下一个阶段中各个领域中的自我效能水平。效能评定帮助确定弱点和困难的领域,并预测可能产生的复发。简单明了的反馈也为克服已确认的困难提供策略建议。计划的执行者与参与者保持电话联络,并可以提供给参与者针对可能遇到的困难的额外指导和支持。执行者也作为参与者与医疗人员之间的联系者,因为有时需要医疗人员的专业知识。

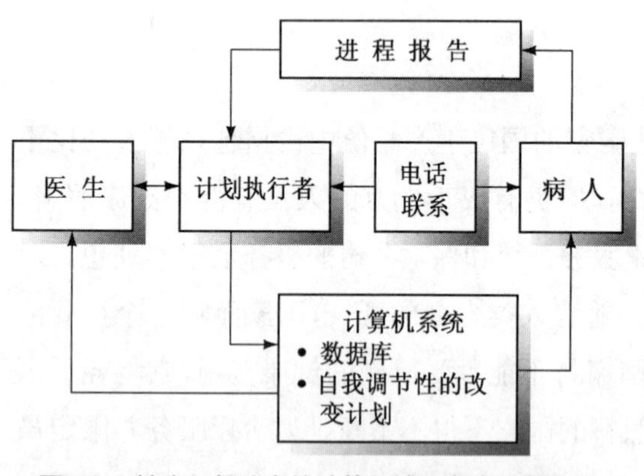

图 7.9 健康习惯改变的计算机辅助自我调节系统。

自我调节操作被计算机化,但参与者不必使用计算机。这一健康递送系统能够轻易地与联网的计算机服务相连接。计算机化的交流极大地扩展了这一系统的应用性和方便性。而且,个性化服务的数量能够很容易地适应参与者的需要。具有良好自我管理能力的人在很少量的直接社会指导下就能减少健康危险(Clark et al., in press)。其他的人同样需要一定的个别化帮助。对自己能否改变健康习惯产生怀疑的人需要更强化的个别性指导以使他能成功运用自我调节系统。

自我调节系统的有效性最初是通过胆固醇降低计划来检验的,这一计划的对象是取自工作现场中的高胆固醇水平的雇员。选择这一危险因素是因为血清胆固醇每下降1%,则会使心脏病发病几率减少2%。通过自我调控性饮食习惯改变,参与者减少了胆固醇与饱和性脂类的摄入量,同时减少了血清中胆固醇含量(图7.10)。营养习惯的改变余地越大,胆固醇减少得越多。如果配偶同时参与计划,效果会更好。这一系统对临床条件下高胆固醇含量病人同样有效(Clark et al., in press)。 297

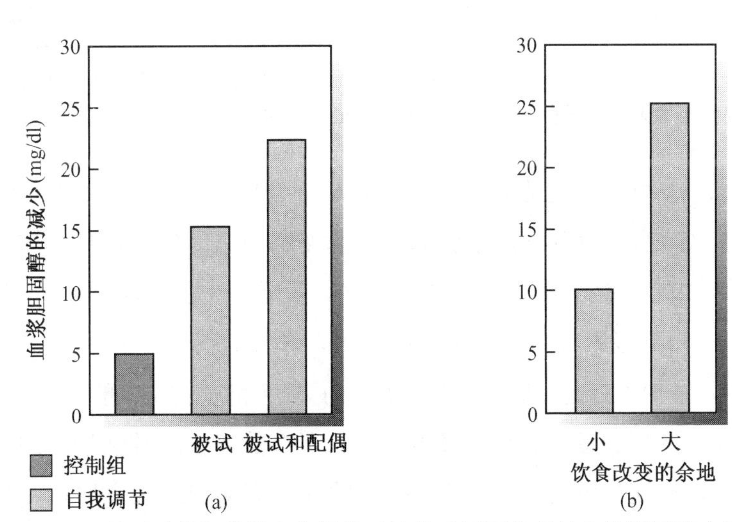

图7.10 伴随计算机化的自我调节系统的采用而出现的血浆胆固醇水平的降低。(a)在工作场所中自己或与配偶一起使用计算机化的自我调节系统使胆固醇平均值降低的水平;没有接受系统治疗的被试则处于基线控制水平。(b)日常的胆固醇或脂肪摄入在计划开始时处于高或相对低水平的被试在自我调节系统作用下引起了胆固醇均值的降低。

大部分患心脏病的病人具有的一些有害习惯也可能使他们患上其他的病。他们在医院中接受集中的治疗,但这对出院后改变能进一步引起冠状动脉疾病的健康习惯没有多大帮助。有研究者对自我调节系统在减少冠状动脉病患者的危险因素上所取得的成功与五家医院中标准的冠状动脉病后照料进行了对照研究(DeBusk et al., 1994)。在减少将来患心脏病的可能性的努力中,挑选出许多危险因素,包括高胆固醇、吸烟和久坐,用计算机辅助管理系统加以改变。从这一系统中受益的心脏病患者通过与之相结合的食疗疗法降低了低密度脂肪蛋白（LDL）性胆固醇，提高了有益健康的高密度脂蛋白（HDL）胆固醇。在戒烟和增强心脏能力上，接受自我调节训练的病人也比接受常规医学护理的人效果好（图 7.11）。通过预防性手段而使健康受益仅需要极少的投入。

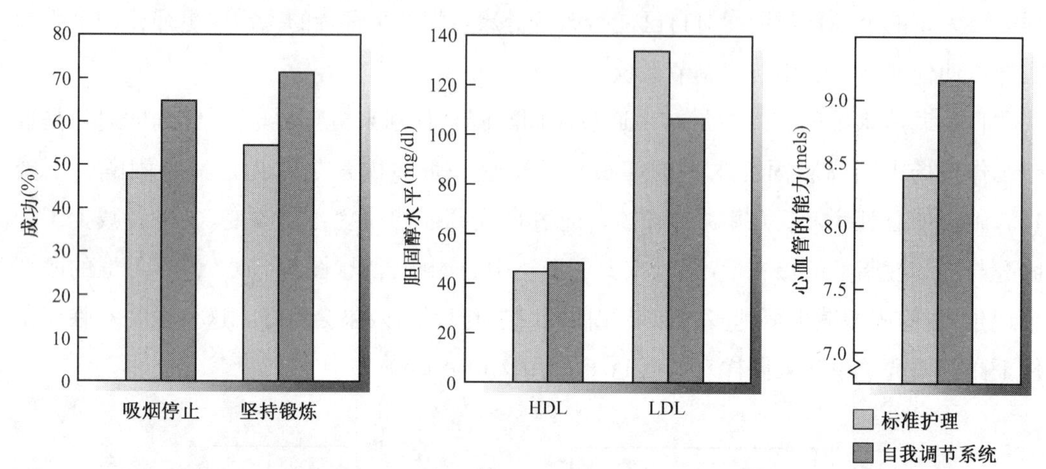

图 7.11　在急性心肌梗塞发病后一年内病人的冠状动脉危险因素随接受一般的药物治疗还是健康习惯的自我管理训练而发生的变化（DeBusk et al., 1994）。

对于患冠状动脉疾病的患者进行的进一步研究发现，这一个别化的减少危险的系统能降低阻止血液流动并引发胸痛或心脏病的动脉变窄的速度（Haskell et al., 1994）。在四年后，那些接受来自医生的常规医学护理的病人没有发生身体状况的改变或身体状况恶化。相比而言，得到健康习惯自我管理训练的人降低了脂肪的摄入量，减了肥，减少了有害胆固醇含量，增加了有益胆固醇含量并增加了锻炼和冠状血管的能力（图 7.12）。这一计划也改变了动脉疾病患者的身体发展。相对于接受医生的常规治疗的人，接受自我调节计划的人得动脉粥样斑的减少了 47%，动脉硬化症逆转的比率增多，较少因冠状动脉的问题上医院或死亡。

自我调节系统能很好地被参加者接受是因为它是根据个人需要定制的；它还会提供给人们连续性的个人化指导及信息性反馈，这使他们能对自己的改变进行相当多的控制；它是一个以家庭为基础的计划，不需要任何像在群体集合时那样特别的设备或照料——这通常有很高的退出率；它的使用不受时间和空间的限制；它能同时为许多人服务。其很大的收益是通过将自我调控与通过个别化的、集中的、高便利性和低廉的方式提供高效的促进健康的服务的计算机技术创新相结合而实现的。

298　由于计算机化的自我调节系统能同时以低价格为大量参与者服务，因而它能起到很好的预防作用。事实上，通过使用这种指导系统，青少年在减肥、饱和性脂肪和胆固醇的

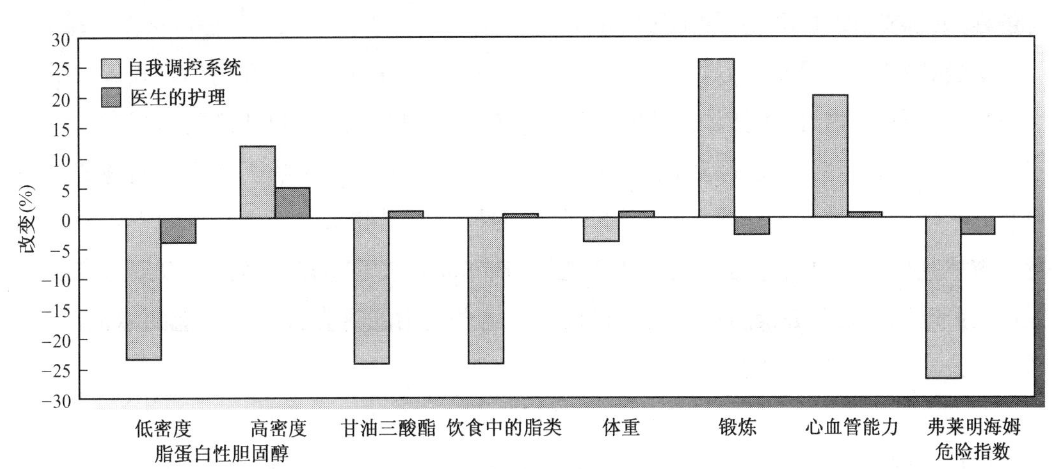

图 7.12 患冠状动脉血管硬化症的病人的多重危险因素依赖于接受医生的常规护理还是健康习惯的自我管理性训练而下降(DeBusk et al., 1994)。

消耗及摄取更多纤维素和复合碳水化合物上比仅仅使用体重处理策略但没有个别化反馈的相同策略效果要好(Butnett, Nagel, Harrington & Taylor, 1989)。

前面的研究已经证实了降低导致残疾和过早死亡的心血管疾病危险的自我调节模型的效能和有效性。这一模型也能作为预防几种主要癌症的有效工具,因为它以致病的危险性行为因素作为对象。大约 60%的癌症患者是营养因素和吸烟的产物(Trichopoulos & Willett, 1996)。分子和细胞生物学使我们对食物如何促进细胞突变和通过改变潜在物质的新陈代谢提供保护有了更好的了解。吸烟是引起包括肺癌、呼吸系统、膀胱、肾和胰腺癌等各种癌症的主要致癌物。锻炼身体影响着有助于避免患结肠癌的生化过程。减少工作场所和生活环境中的致癌物则是另外的预防癌症的行为方法。总之,超过 2/3 的癌症可以通过社会心理方式在行为上加以预防,如帮助人们戒烟、更多锻炼、更健康地饮食。虽然社会心理方法最有希望预防主要疾病,但健康领域的主要资源投入却不在这里。 299

慢性病的自我管理

慢性病已成为疾病的主要形式及残疾的主要原因。由于这些疾病没有引起主要用来治疗急性病症的生物医学研究的重视,因而对其调控没有引起人们的关注。大多数患慢性病的人不是接受可行的指导,而是大量吃药或单纯接受常常不能实现的健康指导。他们不能坚持治疗的问题更多是由于不相信自己具有按处方要求行事的效能,而不是身体虚弱、疼痛或疾病活动(Taal, Rasker, Seydel & Wiegman, 1993)。对慢性病的治疗必须主要关注对日常生活中身体状况的自我控制而不仅是治疗。这就需要减轻痛苦、提高和保持身体能力逐渐丧失者的机能、发展自我调节补偿技能,目的是延缓导致丧失能力的损害进程并提高患慢性病病人的生活质量。

霍曼和罗利格(Holman & Lorig, 1992)设计了一个针对不同慢性病的自我调节的标准模型。自我管理技能包括认知性的疼痛控制技术、自我放松,将自我激励与近期目标设定相结合作为动机力量以提高活动水平,监控和解释一个人健康状况变化的问题解决和自我诊断技能,发现社区资源并管理治疗计划的技能。保健系统对待患者的方式会以支持或破坏其恢复健康的努力方式改变效能感(Bandura, 1992b)。因而,要教给患者如何保持关照健康和处理健康问题的更高积极性。这些能力通过自我管理技能的示范、指导性的掌握实践和信息反馈发展起来。

在管理慢性病过程中,人们不仅必须要减轻或多或少可由个人控制的症状,而且要对医学护理和治疗运用个人控制。对治疗方法的设计施加参与性影响对建立积极情绪和良好机能有重要作用(Affleck et al., 1987)。因而,在自我管理方案中,人们要学会如何对健康护理有更高积极性,并学会如何和医务人员打交道以便使健康收益达到最理想的程度。

这一自我调节方法的有效性已通过关节炎慢性疼痛的改善进行了广泛验证(Holman & Lorig, 1992)。身体损害的程度不能预言机能的性质。一些大面积损伤的人虽然受到限制但仍生活得很积极,而仅受很小损害的人却限制自己的活动并对日益增长的病症抱失望的观念。正式的测验表明机能限制受能力信念的调控比受实际的身体损害程度更大(Baron, Dutil, Berkson, Lander & Becker, 1987)。

300

在疾病活动上的波动传递着这样一种印象,即身体状况既不能进行预测也不能由个人控制。因而,调控效能感的恢复是最重要的。在欧莱利和她的同事进行的一项研究中,患风湿性关节炎的病人在进行了自我管理训练后,其心理生理机能与阅读描述自我管理技术的关节炎辅助治疗书籍并得到鼓励的匹配组相比得到显著提高(O'Leary et al., 1988)。自我管理计划提高了病人减轻疼痛和关节炎所引起的其他衰弱的效能知觉以及使人们继续与潜在的疼痛活动斗争的效能知觉(图 7.13)。活动能通过增加关节软骨的营养和使关节组织稳定性提高来延缓疾病进程。得到治疗的病人减轻了疼痛和关节的炎症,并且较少因关节炎的状态而衰弱。他们的应对效能知觉越高,体验到的疼痛越轻,关节炎所带给他们的不便越少,他们从关节损伤中恢复得越快。效能越高,抑郁和应激也越少,睡眠也就越好。

治疗并不能改变免疫机能,但应对效能知觉与免疫水平之间有显著相关。已有事实证明在关节炎疾病中,免疫系统中压抑性 T 细胞的机能降低。这导致了由助体 T 细胞所帮助的抗体的激增。风湿性关节炎是一种免疫系统产生会破坏关节和周围组织的抗体的自动免疫失调。会抑制抗体产生的压抑性 T 细胞的增加说明在这一疾病中免疫系统的加

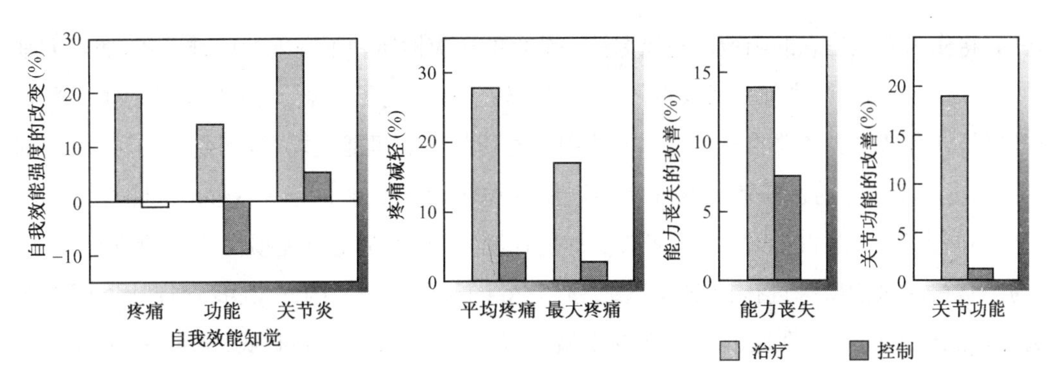

图 7.13　作为自我调控技术训练函数的关节炎病人在自我效能知觉上表现出的改变及疼痛和关节损伤的减少(O'Leary et al., 1988)。

强。应对自我效能知觉与压抑性 T 细胞的增加有关,和助体与压抑性 T 细胞的比率下降有关。

对关节炎病人的自我管理研究已经得到广泛应用。在四年后的一项评估中,从自我管理培训中受益的关节炎患者表现出了自我效能的增加、疼痛的减少、疾病的生物恶化进程减慢的效应(Holman & Lorig, 1992)。他们去医院看病的次数减少了 43%。图 7.14 显示了这一结果。这一持久性的健康受益说明了健康消费的大幅度下降。机能的提高证明了社会心理因素对人们如何忍受慢性病具有影响作用。对于其他中介机制的检测证明,知识的增加和健康行为变化的程度都不是健康功能的良好预测者(Lorig, Chastain, Ung, Shoor & Holman, 1989; Lorig, Seleznick et al., 1989)。效能信念的基线水平和治疗所造成的对关节炎一定控制的效能信念的改变可解释四年后所体验到的疼痛的水平(Lorig, 1990)。当病人的身体衰弱程度相同时,那些相信自己能对关节炎在多大程度上影响他们进行一定控制的病人生活得较积极,体验到较少的疼痛(Shoor & Holman, 1984)。

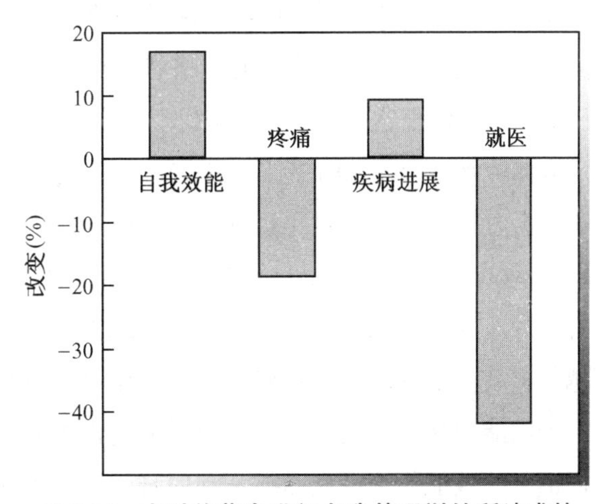

图 7.14　由对关节炎进行自我管理训练所达成的持久性的健康改变,这反映在四年后的评估中。疾病的生理进展为 9%,比人们在四年后所预期的这一年龄组通常会出现 20% 的疾病进展要低一半以上(Lorig, 1990)。

301

无论疼痛水平或疾病的持续时间如何,自我效能知觉同样能预测机能缺陷(Schiaffino & Revenson, 1992; Schiaffino, Revenson & Gibofsky, 1991)。高效能感能促进有效的应对策略,这接下来,又减少了功能缺损。贝克汉姆和他的同事(Beckham,

1994)将作为效能信念的函数的对风湿性关节炎的适应性质和不完善的思维模式,如对灾难性后果的期待和思想停留在消极事件进行了比较。在控制了年龄、性别和疾病的实际严重程度后,具有高效能知觉的病人较少因他们自身的状况而机能衰弱,较少受疼痛、焦虑和抑郁的困扰。不完善的思维是对不同的适应性反应微弱得多的和缺乏一致性的预测者。

不同类型的慢性病表现出许多关于如何控制疼痛、克服由身体损伤产生的障碍、保持自我满意、对医治服务进行控制以得到最佳疗效的相似问题。因此,自我管理计划可以作为能适用于不同的慢性病的一般性的模型。事实上,它对于患心脏病、肺病、中风和关节炎的病人都有相似的作用(Lorig, Sobel, Bandura & Holman, 1993)。除一般性模型外,增加针对某一慢性疾病所特有的问题的特殊掌握成分会对健康具有更大的作用。

对于患慢性病或得过重病的人来说,保证生活质量要面对的最重要挑战是对与身体状况相关的情绪上的困扰进行控制。积极参与有意义的活动是缓解由失望感和无用感所产生的过度烦恼和体验的好办法。除此之外,一些应对策略指向于情绪状态的管理(Lazarus & Folkman, 1984)。这些策略包括对一个人生活状态的较积极的再评价、对生活方式中优先考虑的问题重新排序、控制引发烦恼的想法、通过认知方式缓解应激、寻求社会支持。对生活产生严重威胁的体格状况可引发长期疼痛、情绪烦恼、对生活前景的不确定感。许多癌症是这一状况的典型代表。癌症的诊断和治疗适应有很多种不同的情况。有些病人体验到复杂的无助感且作出失望反应。另一些人认为自己对社会心理功能具有一定控制并努力提高生活质量(Taylor, 1989)。库宁汉姆、洛克伍德和库宁汉姆(Cunningham, Lockwood & Cunningham, 1991)报告说应对效能知觉可以说明适应性变异的主要部分。病人的应对效能知觉由应对技能的训练提高得越多,他们防止焦虑和失望的能力越强,就越能提高生活的质量。在对人口统计学特征和疾病状况进行多重控制后,应对效能知觉的预测能力保持不变。这一结论强调将医药治疗和社会心理治疗结合起来的价值,它能抵消个人效能的衰退从而在不利的身体条件下保持生活质量。

302

病人应用应对技能的程度与他们所获得的成效无关,这与罗利格和同事的发现相似。个人健康状况和机能的改善并不单纯是机械性地应用技术的产物,这可能有几个原因。前面已说过进行控制的能力知觉,无论是想像的还是真实却没有被运用的,都能降低因厌烦的事件产生的情绪困扰。对自己的个人效能的信念本身就会产生效果。除此之外,针对生活中可以进行个人控制方面的积极认知再评价也能提高效能知觉,它能激发出超出干预过程中传授过的应对技能的适应过程。

健康促进活动的社会传播

关于自我指向改变机制的知识详细说明了在社会中提高和保持健康质量的社会定向

性观点的基本成分。使健康实践发生普遍改善的有效方案包括四种主要成分。第一种成分是信息性的,它可以用来增加人们对不同行为模式所带来的健康危险和益处的意识和知识。第二种成分包括将信息性的关注转换为有效的预防行为所需要的社会和自我调节技能的发展。第三种成分主要为了在面临不可避免的困难时建立强大的效能感以支持控制的运用。这是通过为在人们日常生活中可能遇到的具有高危险性的模拟情境中成功应用技能重复地提供指导性实践和纠正性反馈的机会而实现的。最后一种成分包括对所渴望的个人改变提供和创造社会支持。

信息成分。决定因素的第一方面关心的是采用有助于健康的行为方式所需的动机性先决条件。厌恶的体验常常作为个人改变的强迫性诱因。紧张、不舒适和疼痛会驱动人们考虑进行改变以缓解苦恼。不良习惯需要许多年才会对健康产生可辨认的损害。因此,厌恶激励变化的力度太弱以至于不能刺激人们采用有助于健康的习惯或抛弃尚未产生疼痛或明显的有害效果的潜在有害习惯。

不但令人厌恶的激励很弱,而且改变过程本身也会产生暂时的不舒服。许多有害性习惯在短时间内是得到报偿的,而相反的效应在慢慢积累并很迟才出现。对于一个贪吃的人来说,食物的美味很容易超过难以察觉的体重增加效应。对于一根接一根吸烟的人来说,与停止吸烟相伴产生的情绪沮丧和戒烟后若干年才显现出的对健康的益处相比是吸烟的更有力的驱动者。需要一段时间后吸烟的渴望才能减轻,人们才开始感觉较好。因而,必须使用自我激励为自我调节行为提供即时性的动机性诱因,直到健康习惯产生的好处最终显现出来。

在促使自我指向变化时,有必要利用潜在的动机资源并发展出新的动机资源。大众传媒能有效地使大众获知个人习惯如何影响过早产生的疾病对身体所带来的危险及如何改变长期存在的诱发危险的行为(Solomon & Maccoby, 1984)。多媒体运动可唤起人们对健康计划的兴趣,并将有害习惯可能引发的未来身体衰退转变为人们当前关注的事。相对于被看作是危险性很低的仅仅对一些人产生影响的将来的疾病来说,人们更易被行为所带来的即时的对健康的有害效果所推动。因此,健康危险必须是近期的,并且是针对个人提高其动机性影响的。例如,相对于仅仅关注于癌症的长期危险,吸烟妨碍肺的发育和呼吸能力并且损伤其他生理机能以及对健康有长期危害的证据将唤起人们更多的关注。

303

组织有关健康交流的理想方法以前曾被提及,这里就不再论述。如果有关于健康危险和收益的丰富的信息,高效能感的人则会进行努力以获得成功(Carey & Carey, 1993)。一般健康信息的局限部分反映了对重复失败的选择性关注。例如,为了正确地说明事实,应该在自己主动戒烟的四千万吸烟者的曲线上增加戒烟复发曲线。不可否认,对于大多数重度吸烟者,戒烟是一场困难的斗争,常常会伴随使人沮丧的挫折,但那些努力坚持的人最终会胜利。然而,仅仅是事实信息通常对于较顽固的个案没有多大作用。许多人虽然具有很多关于健康危险的知识,但继续进行损伤健康的行为。他们不仅需要改变习惯的理由,还需要改变习惯的方法和坚持下去直到成功的效能感。与自我调节能力相结合的期待性关注比单独的关注更可能激发预防和治疗行动。

自我调节技能。要使人们确信他们应该改变不良的健康习惯是一回事,要使人们按照他们的关注行事并相信他们的努力会产生成功的结果则是另一回事。仅有动机是不够的。与其他的努力一样,对健康行为的有效自我调节需要特定的技能。因而当人们学会了进行自我影响的技能时,动机能促进自我指向性的改变,而如果没有必要的亚技能的话,动机不会产生效果(Bandura & Simon, 1977)。相对于仅仅提供特定疾病的原因和如何预防它的事实信息而言,培养控制健康习惯的技能的社会认知计划使人获得较强的个人效能和采用预防性健康实践的较强意图(Jemmott et al., 1992)。

自我调节是通过三个主要的亚功能进行操作的,这三个功能已成为许多研究的对象(Bandura, 1986a; Kanfer & Gaelick, 1986)。它们包括为达成个人改变而进行的自我监控、目标设定和自我激发。在这一过程的第一步中,人们必须监控他们寻求改变的行为(Kazdin, 1974b)。跟踪行为和促使行为发生的事件有几个目的。观察行为和行为产生的条件之间的共变可以作为确认行为决定因素的自我诊断方法。自我监控也提供为设置现实性的亚目标、评价一个人的进展、增加一个人的自我调节效能感所需要的信息。对一个人如何行事的连续反馈对于保持改变的进程是最基本的。

自我指向性的改变需要激发、引导努力的目标。我们前面已见到自我激励可以通过有助于实现未来更大目标的近期亚目标得到最好的保持。近期的亚目标为行为提供激励和引导,同时亚目标的实现支持自我效能并产生自我满足,这使一个人的实现个人改变的努力得以保持。

自我调节中的第三个成分包括人们为自己行为所创造出的明确的和评价性的自我激励。人们通过为自己安排针对亚目标成功的诱因使自己去做原来延期或回避去做的事。相对于不为自己提供诱因而言,如果他们奖赏自己的成功努力,会取得更大的自我指向性改变(Bandura,1986a)。评价性的自我激励也可作为行为的重要的自我激励和引导。人们会作出必需的努力实现他们所重视的从完成自己设定的目标而得到的满足感。

304

由于忽视大量因为对自己的行为进行调节而获得成功的人而仅仅选择性地考察最难治疗的个案,关于人类自我调节能力的理论很容易受到曲解。下面考虑一下为解释过度进食的顽固性而建构的理论:食物是产生即时的满足感的有力的基本强化物;家里存放了大量的刺激食欲的美味食物;人们每隔一段时间就不得不进食;食物是以最吸引人的方式做广告、展现和准备的；社会风俗不断将食物强加于人；它是剥夺和烦恼的便利的镇定剂。这些有力的条件会强迫人们过度进食，并使人们失去自我调节的努力。如果将这一理论讲给火星人，他们可能会料想所有的地球人一定是过度肥胖的。但大多数人还是身处丰富的美味食物和吃高脂类食物的社会压力之中设法保持苗条的身材。动物研究说明不进行自我调节性控制而无限度进食会引发严重的健康后果。过度进食的老鼠很快胖了起来（Sclafani & Springer，1976）。吸烟是另一种例子，吸烟可能是难以治疗的，因为存在两种类型的依赖：尼古丁依赖，每吸一口烟对大脑都会产生一次强化性的尼古丁刺激；心理依赖，它产生对香烟的渴望。寻求过专业性帮助的吸烟者的高复发率也说明了吸烟难以治疗的性质。事实上，成千上万依靠自己戒烟的人证明了人具有自我调控能力。

对于自我调节机制的完全理解既需要对难以治疗的案例同时也需要对成功的自我调控者的考察。对于自我指向性改变的自然研究表明，成功的自我调节者很善于谋取自我调节各成分亚功能的支持。他们追踪自己的行动路线、为自己设定近期目标、利用各种应对策略而不是仅依赖某一技术、对自己的努力进行积极的激励（Perri，1985；Perri，Richards & Schultheis，1977）。而且，他们比低效率的自我调节者更一致和坚持地应用多方面的自我影响。通过保持自我指向性努力所获得的成功加强了一个人对自己的自我调节能力的信念。当由熟练的自我调节者所发现的方法应用于其他人以改变问题行为时，自然形成的方法比在标准咨询活动中使用的方法效果更好（Heffernan & Richards，1981）。

在麦考比和法克哈（Maccoby & Farquhar，1975）提出的关于健康促进和疾病防治的社区取向的模型中，自我调控的发展占据核心的位置。健康促进计划的成功与否依赖于三个必备的知识来源和社会心理方法，它们分别是：对预测将来健康状况的危险因素进行确认的能力、对危险因素进行评定的能力和持久性地改变它们的能力。麦考比和法克哈设计的模型通过利用流行病学、大众沟通、自我调节机制和社区动员的知识来对每一个问题进行阐释。

居民通过提供减肥，锻炼，戒烟，改变饮食模式以减少饱和性脂肪、盐、胆固醇及酒精消耗的明确指导的自助手册学习自我调节技能；在随后进行的评估中，控制组社区中的居民在导致心血管疾病的危险因素上很少改变；而在两个接收关于自我指向改变的传媒节目的社区中的居民学会了许多关于健康习惯如何对冠状动脉疾病起作用的知识，并使得心血管疾病的危险性减少了20%（Farquhar et al.，1971；Meyer，Nash，McAlister，Maccoby & Farquhar，1980）。具有高危险的参加者有更多的习惯必须改变，他们减少了30%的危险性。危险因素包括吸烟、收缩压、血浆中的胆固醇和体重。在一个治疗社区中，一部分具有心脏病高患病率的居民还接受了健康工作人员对他们使用自我调节技能

305

的示范性和指导性实践所做的个别化指导。个别化指导的增加促进了预防心脏病的方法的信息在社区中的传播(Meyer, Maccoby & Farquhar, 1977),加速了致病因素的减少,并对居民们在随后几年有效保留这些变化有重要作用。个别化影响的另一重要价值在难以改变的习惯上特别明显,如吸烟。随着人们发生改变,他们会成为社区中健康习惯的传播者。可能是出于这个原因,至少某些个别化的指导能在社区中促进改变的长期保持。

儿童期的健康促进。预防性努力特别重要,因为许多对健康具有严重损害作用的行为方式是从青少年阶段就开始了并在成年后一直保留下来。对有害的健康习惯进行预防比在其已被深深地确立为生活方式的一部分后再试图改变要容易得多。由于治疗费用极高而且恢复有一定的限度,预防应该优先考虑,但事实并非如此。慢性疾病治疗费用的提高刺激了经济力量,这比医疗制度更可能提高对预防的重视程度。生理心理社会模型为此目的提供了一个有价值的公众健康工具。

学校是实施预防计划的自然场景,特别是针对同伴拥有的习惯。然而必须要将改变的场所与改变的实施者区分出来。正如前面提到的,学校在从事促进健康的必要资源、培训和激励上以及对危害健康的习惯模式的早期干预上准备并不充分。

与其他的职业相类似,教育者将主要精力放在对他们进行评估的活动上。只要健康促进被看作有点偏离学校的中心任务,它将继续受到忽视。然而,学校能够采用一些能带来有利结果,但不需时间、新资源或重建社会关系的健康促进活动。学校提供的短期健康促进课程,鼓励学生降低午餐中脂肪成分的含量并提高会导致儿童饮食和锻炼习惯的持久改善的身体活动量(Luepker et al., 1996)。

社会有义务使年轻人具有健康的身体,必须提供使这一任务能得以有效进行下去的人员和资源。这就呼唤一种新的、以学校为基础的健康促进模型,并使其与家庭、社区协同发挥作用。这一计划是在学校中实施的但不属于学校。实施者必须进行操作性控制,这是做好这项工作所需要的。否则,预防性努力推行不力而导致它的作用更多是损害社会心理方法的信誉,而不是促进健康。

学校的健康教育提供关于健康的事实信息,但在改变、塑造和调节儿童健康习惯的社会影响上却作用不大。这些努力常常侧重于教学法,而在提高个人能力上却不重视。使人具有能力不仅是教会一套现有的取舍策略,它应包括使学生具备使自己能调节情绪状态并处理人际关系中的有害行为所带来的各种各样压力的技能和效能信念。

大多数学校不愿意花很多时间在这些活动上,同时关于结果的研究很少评价计划实施的质量,所以预防效能模型的结论必须谨慎看待。在没有受到重视、没有对过程进行监控、缺乏与明确实施标准相关联的指导性反馈系统、在实施不力或不一致时没有提供提高活动质量方法的条件下，要想使计划高质量完成是非常困难的。如果实施质量受地方环境变化莫测的影响，以在很好地应用时能取得很好效果的理论为基础的良好模型一般会引起大规模干预中各种不同的结果。社会系统的承诺和效能成为后果的主要决定因素。许多州命令学校进行健康教育，但却在如何有效训练学生或评价这些措施的结果上没有提供什么帮助。教师在这一问题上的指导效能越低，他们花费在这门学科上的时间和努力就越少，对自己的努力是否能有效果越怀疑，认为健康技能的价值越小（Everett, Price, Tellijohann & Durgin, 1996）。

306

更为综合性的探讨提到价值观、标准信念、后果期待和自我调节技能。已经证明对预防药物滥用最有效的计划包括消除物质所产生的有魅力的幻想；使学生知道经常使用对身体具有损害作用的药物对于青少年来说不是规范行为；针对每个人指出药物如何对当前的身体机能产生有害影响并增加长期的健康隐患；为学生提供抵制使用毒品的社会压力的策略示范（Evans et al., 1981; McAlister, Perry, Killen, Slinkard & Maccoby, 1980）。在角色扮演过程中，年长的同伴示范抵制毒品的策略，儿童学习和实践对同伴压力的抗拒。通过这种方法，学生们发展出了抵制强迫性压力的效能感和行动技能。一些预防模型除抵制技能外，还包括问题解决、应激处理和人际沟通等更一般性的自我管理技能（Botvin, 1990）。

包含自我调节掌握模型的基本元素的健康促进计划能预防或减少损害健康的习惯，而那些主要依靠提供健康信息的保健计划的效果相对差一些。提供给个体的行为掌握经验越多，效果越好（Bruvold, 1993; Murray, Pirie, Luepker & Pallonen, 1989）。计划得越细致，实施得越好，影响作用越强（Connell, Turner & Mason, 1985）。健康知识很容易传递，但态度和行为实践上的变化则需要更大的努力。而且将指导性掌握的健康计划与家庭和社区的努力结合起来的综合方法在阻止有害健康习惯的采用上比学校单独行动更为成功（Perry et al., 1992; Telch et al., 1982）。这些效果更令人感兴趣，因为他们是在处于操作限制条件下的早期执行阶段通过短期干预实现的。酒精、药物滥用和其他与健康有关的习惯也可以通过这一方法改变（Botvin & Dusenbury, 1992; Gilchrist et al., 1987; Killen et al., 1989）。

自我调节模型的中心假设是患病危险性的降低常需要个体在人际关系中运用自我保护性控制的个人效能的提高，而不单纯针对某一特定习惯的改变。这在下列事实中得到了充分说明：在青少年中普遍流行无保护措施的性行为，这增加了性传播疾病和不想要怀孕的危险。进行较为安全的性活动的指导很容易，但这些指导不会提供自我保护，除非青少年具有必备的抵制从事高危险性的性活动的同伴压力的社会技能和个人效能感。即使人们承认安全的性行为能减少艾滋病感染的可能，但如果他们认为自己在性关系中不能运用自我控制,就不会采用安全的性行为(Siegel, Mesagno, Chen & Christ, 1989)。对使用避孕方法的控制效能知觉越弱,人际压力和情绪越会增加非保护性的性交往的可能性(Levinson, 1986)。使用安全套的效能知觉预测了青少年期(Kasen et al., 1992; Rosenthal, Moore & Flynn, 1991)和成年期的较安全的性行为(Brafford & Beck, 1991; O'Leary, Goodhart, Jemmott & Boccker-Littimore, 1992)。

吉尔克里斯特和斯金克(Gilchrist & Schinke, 1983)应用自我调节模型教青少年如何对性情境运用自我保护性控制。这一计划包括高危险性的性行为的事实信息和自我保护措施,示范如何公开交流与性有关的事情并保证自我保护性的性活动以及在模拟情境中为管理性活动而发展出人际技能的角色扮演。这一计划显著地提高了调节性活动的效能知觉和技能。凯利的研究也证明了自我调节性计划对减少患艾滋病的危险的巨大价值(Kelly, 1995)。其他的研究也表明为实现自我保护性活动的自我调节计划部分是通过提高对性行为运用控制的自我效能知觉来实现的(Jemmott et al., 1992; Jemmott, Jemmott, Spears et al., 1992)。

基层的保健医生理想上是培养预防性和健康促进习惯的。但并不是很多人都认真进行预防性医疗。这并不单纯是缺乏知识或不愿行动,部分原因在于不相信他们的预防努力会真的有效。医生认为自己能在健康习惯方面进行成功的咨询,但他们对受询者是否采用和坚持使用这些健康习惯上具有低效能感(Hyman, Maibach, Flora & Fortmann, 1992)。提出建议很简单,关键是要坚持到底。但有许多因素阻碍行为的改变。为了保证效果,医生必须评价病人的社会现实条件、提供有效的策略、调控抵抗能力、估计进展状况并相应调整策略、处理人际间的协调、支持病人度过失败和挫折。医生放弃他们认为不能成功的尝试也是没有什么可惊奇的。高自我效能的个体能在临床实践中认真地进行预防治疗。他们认为减少不利健康的习惯是非常重要的,并将其看作是可以改变的,同时帮助其病人采用自我改变计划(Stoffelmayr, 1994)。其他的基层保健服务应在早期的健康促进活动中加以强调。例如,护士进行短期干预,即告诉母亲们关于健康的危险因素的知识并教给她们调节的策略,这会提高她们减少让婴儿处于产生有害的心肺效应的吸烟环境中的效能(Strecher et al., 1993)。

个人改变的社会支持。当人们理解了个人习惯如何威胁健康时,他们会进行自我指向性的改变,学习如何改变自己,相信自己具有付诸努力的能力及运用控制所需的各种资源。然而,个人改变是在社会影响的网络之中发生的。因而,社会影响可以帮助、阻碍或破坏个人改变的努力,这取决于社会影响的性质。对于易受强大的社会规范影响的行为实践尤为如此(Bandura, 1994)。例如,在性传播疾病如艾滋病的案例中,个人处于支持自我保护行为的社会网络中,会获得更多的关于危险行为的知识,并增强控制性关系的个人效能，学会采用较安全的性活动(Fisher，1988；McKusick，Coates，Morin，Pollack & Hoff，1990；Wulfert & Wan，1995)。凯利和他的同事设计了一种改变社区规范影响的想像性方法。他们训练酒吧中受人尊敬和欢迎的主顾使他们采用保护性性行为方式并劝说熟人采用这种方式(Kelly，1992)。这种通过同伴中的执行者使行为方式在社区中传播的努力提高了大众对较为安全的行为方式的社会规范性支持并显著降低了高危险行为的发生。

通过改变亚社区的规范来减少危险也是控制艾滋病在通过静脉注射方式吸毒的人中传播的重要方法，这是因为吸毒常常是一种使用污染的注射器的社会共同活动(Friedman，de Jong & Des Jarlais，1988)。反对共用注射器行为的亚社区规范是静脉注射吸毒者中危险性注射活动减少的良好预测者(Des Jarlais & Friedman，1988a)。简言之，如果健康促进和减少危险的计划要获得成功，必须关注对个人控制的运用有限制作用的社会文化现实。

疾病预防和健康促进的模型已发生四代变化。最初的方法是通过告诉人们有害习惯的严重危险性和健康习惯的好处的方式来恐吓人们。很快我们就发现单纯的健康危险性信息是有局限性的。对于难以治疗的病例，另一种方法是通过将健康习惯与外在奖励和惩罚相结合促使人们采用健康行为方式。由加强激励性控制所产生的改变常常在开始时是中度的而在控制去除后消失。片面的环境决定主义最终为相互作用模型让路，在这一模型中个体是具有自我指向能力的自发动因。这一发展变化关注的是自我调节能力的发展。人们获得了动机性和自我管理技能以及对健康习惯进行控制的有弹性的效能信念。健康促进模型的最后一次发展是将个人改变看作是发生在社会影响网络中的。其中增加了设计用来在个人改变的更大范围内提供社会支持、改变损害健康的社会系统活动并加强促进健康的社会实践活动的社会指向性干预。 308

我们在前面已见到社会规范对人类行为产生调节性影响通过两种约束，社会的和个人的。规范性舆论加强了对个人标准和社会约束功能的示范性影响。由于人际间影响具有接近性、即时性、普遍性和显著性，在个人的即时社会网络中起作用的人际影响会比一般性的规范性约束产生更强的调节作用。一般性规范处于较远端并且只能偶尔应用于某一个体的行为，因为不熟悉他的其他人不在周围对其作出反应。即使他们作出反应，如果一个人即时社会网络中的规范与更大的群体中的规范不一致，如果局外人没有受到重视的话，他们的反应所起作用也不大。

以群体内资源为基础的社会影响比群体外所应用的社会影响产生更大的作用，且保持时间更长。以社区为中介的计划其主要价值在于它们能动员影响的正式和非正式网络的力量来传递知识、培养有益健康的行为方式。以社区为中介的方法在促进个人和社会改变上是有潜力的工具。它为创造改变的动机性前提条件，为必备的技能做示范，为采用和保持良好习惯谋求自然的社会鼓励，为建立作为规范性标准的健康促进实践活动提供有效的方法。有效计划的一般规则在亚社区水平很容易适应所处社会的文化差异。在对新行为方式进行社会传播的过程中，相对于群体外成员，本土采用者常常会作为更有影响力的示范者和劝说者。而且，会产生广泛的健康问题的行为实践需要最好通过社区中介者的努力来实现的群体的解决方式。一些减少患病危险的最彻底的社会变革主要通过具有自我能力的社区组织来实现(Bandura，1994；McKusick，1990)。

法克哈和麦考比在他们的先驱性健康促进计划中主要利用已存在的社区网络传递知识和培养健康行为的有益方式(Farquhar，Maccoby & Solomon，1984)。这一工程为动员社区资源以推广健康信息、传播如何改变难以治疗的健康习惯的明确指导提出了指导方针。通过全社区共同努力改变有害健康习惯的大规模尝试使患心脏病的危险减少了16%，使因各种疾病而死亡的危险减少了15%(Farquhar et al.，1990)。相对于没有采取措施的城市，采用预防计划的城市致病危险出现显著降低。

自我指向性改变计划应该通过在社区中创设自我持续结构的方式加以应用，以促进有助健康的实践。社区所有制可以通过社区执行有效的健康促进计划的方式得到最好的实现。在这一方法中，社区健康教育者和倡导者的骨干要学习如何设计、协调、执行和评价某一特定的疾病预防和健康促进计划(Jackson et al.，1994)。这类专长与如何利用所需资源的知识，使参与者继续能为某一特定社区的需要制定健康计划。通过教授社区成员如何管理自身改变，在社区水平和个人水平都培养出自我指向性。威尼特、金和艾尔特曼(Winett，King & Altman，1989)详细探讨了大众传媒和其他基于社区的通过社区中心学校、购物中心、工作场所和健康指导群体发挥作用的影响如何能与社会系统的方法一起，共同对健康促进和疾病预防起作用。

309

有些研究者号召人们对未来的社区努力予以密切关注以提高其影响力(Luepker et al.，1994；Winkleby，1994)。在这一模型中，大规模的公众健康运动与根据公共政策而设计出的社区计划相结合。通过采用社区内小范围的计划更容易动员、指导、维持成功所需的努力。由于引发疾病的行为类型是在儿童期建立的，因而年轻人的健康促进行为应是社区定向努力的有机组成部分。考虑到社区具有异质特性，健康促进计划必须根据各个亚社区的社会心理特征有针对性地制定。而且，革新性的方法必须是针对传统健康运动常忽略的高危险性群体的。在认真制定的伙伴模型中，健康促进计划是社区所有的而不是由外部强加给社区的。

依靠社区努力减少危险因素的保健计划得到越来越多的应用和验证。最有效的模型将社会心理与政策定向的计划结合起来。花大量时间所进行的研究得到的证据表明社区性的预防努力不仅减少了危险因素，而且减少了发病率和死亡率（Puska et al.，1983；Toumilehto et al.，1986）。相对于没有接受健康促进计划的匹配社区或整个社会，健康习惯发生改变的社区中较少有人死于心血管疾病。在如何执行自我调节知识，争取社区参与，提高政策的作用等方面还有很大的改善空间。推行的改良模型可能会对自我损伤习惯的改变产生更大的作用。

社区改变往往掩盖了各个体健康收益的变异，而这需要进一步解释。麦白克、弗罗拉和纳斯（Maibach，Flora & Nass，1991）考察了个体采用由社区健康运动所促进的健康习惯的效能信念的作用。他们发现人们预先存在的关于自己能对健康习惯进行一些控制的信念和通过各种运动所提高自我调节效能知觉的程度相互独立地对健康的饮食习惯和日常锻炼起作用（图 7.15）。预先存在的效能信念很低时，预测价值很小。当干预产生了显著的改变时，已改变的效能信念是适当的预测者。然而，在健康领域中，预先存在的效能信念也可作为预测者，因为提高健康意识和减少行为性健康危险的普遍性社会努力会使管理健康习惯的效能信念发生变异。

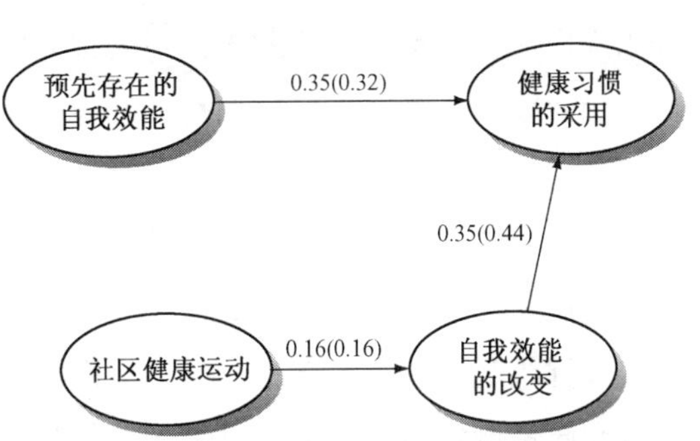

图 7.15　在减少心血管疾病危险的社区计划中自我效能知觉对健康习惯的影响作用的路径分析。在影响路径中的数字是采用健康饮食模式的显著路径系数；在括号中的数字是常规锻炼的路径系数（Maibach et al.，1991）。

310

人们不断受到大众传媒的敦促，要戒烟、减肥、多运动、少饮酒、多吃高纤维的食物、少吃会增加癌症和心脏病危险的高脂肪食物。总的来说，在社区中健康行为的示范越来越多。健康习惯的养成降低了死亡率。因此，在最易发生改变的个案中得到减少危险效果的非正式社会运动之外又增加了正式的社区健康运动。由于公众具有大量的健康信息，在一些研究中控制组社区与接受特殊健康运动的社区一样表现出健康促进活动（Luepker et al.，1994）。有时，在社区范围的研究中被证明是有效的预防程序可以在全国推广（Toumilehto et al.，1986）。正式计划需要更大的力量以产生除了已在整个社会中发生的变化之外的健康行为的改变。随着整个国家的致病率和死亡率下降，正式的健康促进计划必须使致病率和死亡率产生更为快速的下降。

通过健康政策和环境改变提高健康水平

健康的社会模型必须与绝对的健康个人模型相区别。健康习惯并不完全处于个人控制之下，它是个人与社会影响交互作用的产物。因而，一个国家的健康品质是社会现象而不仅仅是一个人的事。健康促进的综合途径需要改变对健康具有广泛的有害效应的社会系统的实践，而不是仅仅改变个人习惯。有些改变需要去除环境和工作场所中的危险条件。一些常常体验到政治上无效的弱势群体，感到自己处于不健康的生活和工作环境中。有一些人致力于改变与健康有关的政策，目的是确保服务系统的安全和为公众消费而制造的产品的安全。还有一些改变包括使生活更健康、增加健康服务的可利用性的社区努力。健康促进的社会途径主要指向资源管理者和政策制定者，他们立法并调节影响公众健康的实践。蓬勃的经济和政策斗争围绕环境健康与安全进行。为驱逐牢固的有害实践并去除由法律制定者为感激大公司的说客而制造的障碍需要大量有组织的社会压力。人们会受效能信念、志向、后果期待和知觉到的障碍的影响，不论他们是个别行动还是团体行动。因此，健康促进的个别和社会结构途径不但包括一般性的调节性影响，还包括在动因单元、干预的范围及改变对象上的差异。

人们关于实现社会改变的群体效能信念在制定关于健康促进和疾病预防的政策与形成公共健康观上有重要作用。健康促进的结构主义途径必须提供给人们影响人类健康的社会和政策制定所需的知识、技能和群体效能感（Bandura, 1986a; Wallack, Dorfman, Jernigan & Themba, 1993）。这种群体努力可以采取各种方式。他们提高对健康危险的公众意识，教育和影响政策制定者和资源管理者，动员公众对政策的支持，监控和保证对现存健康规则的实施。在集体办事时，效能包括从事各种为取得变化所必须活动的联合能力的信念：将不同的个人兴趣结合成共有的议事日程，为群体行动谋取支持者和资源，成功地设计并执行有效的策略，抵抗强有力的对立和令人失去勇气的挫折。为了提高影响力，人们必须与具有相似目的的群体结合成联盟共同行动（Butterfoss, Goodman & Wandersman, 1993）。所有这些需要持久的群体努力。在健康领域我们并不缺乏正确的政策。所缺乏的是实现这些政策的群体效能。如何发展和运用群体效能的知识为我们进一步提高人类健康提供指导。

311

烟草工业提供了一个与调整有害产品作斗争的引人注目的例子。吸烟是一个可以由个人进行预防的死亡原因。每年在美国大约 40 万人死于吸烟，并使数以百万计人的健康状况恶化（McGinnis & Foege, 1993）。每年死于吸烟的人要比因酒精、海洛因、可卡因、艾滋病、自杀、杀人、交通事故和火灾而死亡的总人数还要多。每天大约有 3 000 名儿童开始吸烟，其中 1/3 的人将死于与吸烟有关的疾病。虽然烟草产品是最有毒性的合法产品，他们极少受到控制并且产量还在猛增。每年生产商花费几十亿美元投入广告和推广运动用以吸引年轻人（Lynch & Bonnie, 1994）。如果人们在年轻时没有形成吸烟习惯，成年后很少成为吸烟者。通过提高烟草税，限制青少年接近烟草产品，禁止在公共场所吸烟以减少被动吸烟所产生的健康危险等政策性措施，减少了社会上吸烟者的比率（Lewit, 1989; Woodruff, Rosbrook, Pierce & Glantz, 1993）。调整烟中尼古丁含量使其低于上瘾水平对努力戒烟的人会有帮助。

为减少公众的健康危险制定的政策本身并不能自然而然地保证其被广泛采用。条例有助于对社会认为重要的社会实践进行整理并使其合法化，但仍需要非正式的社会影响以使人们把社会标准当作个人标准采用。倾向于让他人遵守健康法规的人具有肯定性行动的高效能感，对公众行为作积极评价，承认所调节的行为的公众危害性，也有采取行动反对不遵守健康规范的伙伴（Willemsen & deVries，1996）。

环境的恶化、污染、危险的工作环境都对健康有害并损害生活的质量。生产工地上的健康保护主要是通过减少接触有害物质、有危险的设备，降低使身体衰弱的要求等合法的途径来实现。在职业健康和安全标准中可接受的危险的低限是什么有着长期的争论。雇员很少能控制工作的条件，这是各种疾病和情绪失调的原因。不是工作要求本身而是对其缺乏控制，是烦恼和健康受损的主要来源。效能知觉调节工作环境的有害作用，这种工作环境不能对如何组织工作施加个人控制。因而，相信自己能执行职业要求的雇员比不相信自己能力的人较少出现应激和健康问题。

效能知觉不仅仅能提高对高负荷的工作要求的个人控制。确信自己效能的雇员倾向于采取行动改善其工作条件（Parker，1989，1993）。这种效能取向减少了伴随对组织决策缺乏控制而产生的抑郁和健康问题。目前对认知能力有很高要求的技术革新从躯体性职业紧张转向心理性的职业紧张。保护雇员的健康不受职业应激的影响需要重新设计工作条件（Karasek & Theorell，1990）。有益的改变包括权威的分散、参与者共同决策、更大地使雇员发挥主动性并对工作条件进行控制的自由度。

312

社会中一些处于有利地位的部门施加群体影响从而消除了存在危险条件的即时环境。而地位不太好的部门则健康服务有缺陷、卫生设备缺乏，常处于工业污染和其他损害健康的条件之中。大多数人认为他们无力改变生活条件。改善生活条件的基本结构性改造的成功是一个缓慢、艰巨的过程。当人们一致努力进行改造时，他们需要对生活中某些方面获得控制。穷困的社区可以通过促进群体自助的效能定向计划增进健康。努力降低劳苦的拉丁美洲人居住区因缺乏卫生条件而导致的婴儿死亡率是这类社区行动的典型代表（McAlister，Puska，Orlandi，Bye & Zbylot，1991）。社区通过社区中的区域性传媒、教堂、学校、由社区中重要人物召集的邻里会议通告不卫生条件对儿童健康的不良影响。居民要学会如何安装抽水马桶、卫生的排水设备和垃圾存储，他们应学会如何从各种地区和政府资源中得到财政支持。这一可行的自助计划极大地改善了卫生条件并显著降低了婴儿死亡率。

随着城市的无控制扩大，市中心特别是贫穷国家的市中心，不能提供充分的服务。通过社区的力量，人们共同解决所处地区的卫生、安全用水、健康、公众安全问题。然而，如果群体自助要获得成功，许多这样普遍的问题都需要物质资源。否则，单纯要求人们独自处理难以对付的问题是对社会责任的回避。未得到支持的规定区域自助很容易被用作忽视市民的政治托词。由于健康主要依赖行为的、环境的和经济的因素，在贫困国家中生活条件的恶化——正在增加的人口、贫困、营养不良、环境恶化和毒化、土地的荒漠化——将是今后保持健康的主要挑战(Hancock & Garrett，1995)。一些正在增长的危害健康的因素需要国际性的解决办法。例如，使用氟里昂作为制冷剂和烟雾发射剂会破坏对太阳紫外线辐射起保护作用的臭氧层，这将导致皮肤癌和眼病在世界流行。需要国际性的集体行动反对使用这种破坏性的化学物质。第十一章较为详细地介绍了人们如何通过发展和运用群体效能对影响其生活的条件进行控制。

在社区定向的健康促进计划中，并非所有的失败都应归于社会传播策略的缺乏。有些人尽管具备所需的知识和技能但却缺乏对自己健康进行控制的经济资源。在疾病侵袭的环境中为生存而斗争的穷人们不可能奢望生活方式的大幅度改变。一些有办法对健康运用控制的人很少知道个人习惯如何损害自己的健康。甚至对于吸烟，这是一种较普遍的健康危险，人们可能知道吸烟会增加得肺癌的可能性，但他们不清楚吸烟还可能引发动脉粥样硬化、肺气肿、支气管炎并阻碍胎儿发育。指向生活方式的传播性影响不可能单独起作用。那些希望改善健康习惯的人陷于一种难以对付的竞争之中。烟草、制酪业、酒、药物和快餐工业每年花费亿万元于广告、市场营销以加强社区运动企图改变的很不健康的习惯。采用这些物品的比率部分反映了公众消费习惯的竞争性影响因素的普遍性和强度。

健康传播计划为人们提供知识和进行选择的方法而不是命令人们怎样生活。为了人道主义和经济原因而这样做是社会的利益所在。由可预防的、损害性习惯和环境条件所造成的疾病会损害人类生活并增加整个社会的经济负担。许多人不是通过有根据的选择而是因为不知道这些习惯的效果或如何改变自己行为，才养成不健康的习惯。社会地位低下和少数民族群体受知识和方法缺乏的影响最大。传播计划通过提供均等的心理生物学知识，将高社会地位和低社会地位者之间的知识鸿沟填平。大量的资金和医疗服务用于治疗疾病但很少用于预防。预期寿命延长及人们赋予健康照料的社会价值，不管人们是否有能力进行照料，都要求根本重建健康服务设施。教会公众如何对自身健康进行控制不需花费许多。不这样做会降低以后生活的质量并增加社会的经济负担。

313

预后判断和自我效能知觉

健康领域中的许多工作关注从症状群中进行疾病诊断，预计各种干预的可能健康结果，确定最佳的治疗方案。医疗性预后判断涉及从支配某一失调过程各种因素的性质和包容性知识中进行概率性推断。因为社会心理因素会说明健康功能中的一些变化，它们必须被包括在预后图式中以提高其预测能力。预后判断能激起影响健康结果的心理社会过程而不是仅仅作为对即将发生的事件的无反应的预告(Bandura，1992c)。在这一部分中，我们将探讨预后判断和临床干预如何通过影响获得不同健康后果的可能性来改变效能信念。

预后图式的范围

关于预后的一个重要话题是包括在预后图式中的因素的范围。健康机能的水平不仅决定于生物因素，也决定于病人的自我信念和能提高或阻碍进程的社会影响网络。社会心理影响对健康的后果起着不同程度的作用，明确这些因素在预后图式中占的比重会提高其预测能力。没有对其进行注意则会使病人在健康变化过程中产生令人迷惑的变化，使同样躯体受损的个人机能具有未得到解释的差异。例如，一项关于心脏病病人在恢复期提高效能信念的研究表明对自己心脏能力的信念是有可能产生健康后果的过程的心理预示指标。

使病人掌握负荷量不断增加的踏车活动会加强他们对身体能力的信念(Ewart et al.，1983)。一个人的身体效能知觉越强，他们日常生活中就越有活力。而最大程度的踏车成就本身是病人活动水平和持续时间的微弱预测者。因而，踏车体验是间接产生影响的，通过提高病人对身体和心脏能力的信念可以促进恢复。而反过来提高了的效能知觉又会增加对日常活动的更为积极的追求。冠状动脉搭桥手术能提高身体能力，但对一些病人，它却没有什么改善作用，甚至对身体和社会机能产生恶化作用。这一矛盾效应的研究显示对于自己手术前的身体效能的信念是从事日常身体和社会活动的良好预测者，而生理能力、手术前心脏病的严重程度、同时存在的医治问题的数量、通路移植数量、年龄或对努力的知觉并不具有预测力(Allen，Becker & Swank，1990；Oka，Gortner，Stotts & Haskell，1996)。积极生活的自我效能的恢复是心脏病治疗的基本方面。仅对身体恢复有所关注是不够的。 314

艾沃特和他的同事进一步证明病人关于自己身体效能的信念而不是实际的身体能力预测对医生要求的遵从(Ewart et al.，1986)。这证实了原来关于踏车经验对活动水平的效应主要由自我效能知觉的变化来中介的发现。冠状血管重建术后，高效能感的病人相对于怀疑自己能否坚持新的健康习惯的病人来讲，更能在指定的训练和饮食疗法中成功(Jensen et al.，1993)。自我效能知觉也有助于冠状血管重建之后的职业再适应。在就医前就具有高水平身体效能感的病人比具有低效能知觉的人早恢复工作的可能性高两倍，虽然他们都具备实现它的身体能力（Fitzgerald，Becker，Celentano，Swank & Brinker，1989）。身体状况及人口统计学或工作特征都不能独立地对恢复工作起作用。

心脏病发作的心理复原是社会事件而不是个人事件。配偶对伴侣身体能力的判断对冠状心脏病的恢复进程有重要作用。一个设计用来帮助不复杂的冠状病人恢复的计划使用踏车活动来提高病人和其配偶对病人有能力抵挡心血管紧张的能力的信念（Taylor，Bandura，Ewart，Miller & DeBusk 1985）。在男病人心脏病突发后几周测量他们忍耐心脏负荷的信念。而后他们执行一种受症状限制的踏车活动。病人在三种不同的配偶参与程度上掌握不断增加的工作负荷：妻子不参加踏车活动；当病人在不断增加工作负荷条件下踏车时妻子观察丈夫的耐力；或妻子观察丈夫的成绩，同时她自己也进行踏车练习并获得所需身体耐力的第一手体验。我们可以推断要妻子体验任务的紧张度，看到丈夫比得上或超过她，会使她相信丈夫具有强壮的心脏。

在踏车活动后，心脏病学家详细告知夫妻双方关于病人心脏功能的水平及他们在日常生活中恢复活动的能力。如果踏车被看作是孤立的任务，其对心脏和身体能力的知觉的影响作用会受到限制。为了将提高了的效能对各种机能领域的影响作用概括化，踏车的持久力可以作为心血管能力的一般性的指标。病人被告知他们的努力水平超过日常活动对心脏系统的要求，这会鼓舞他们在日常生活中恢复进行一些相对于踏车中的高负荷来说对心脏系统要求较低的活动。在踏车活动前后及医疗咨询后测量病人和其配偶对其身体与心脏能力的信念。

图 7.16 显示了对病人身体和心脏能力的信念在踏车实验的不同阶段随配偶参与程度的变化而变化的模式。踏车活动提高了病人对自己的身体和心脏能力的信念。最初，妻子与其丈夫的信念高度不一致。丈夫们认为自己是适度健壮的，而妻子认为她们丈夫的心脏能力严重受损且不能承担身体和情绪的负担。那些没有参加或仅仅观察丈夫完成踏车活动的妻子继续认为她们丈夫的身体和心脏能力严重受损，甚至是心脏病专家详细的医疗咨询也没有改变她们已形成的对丈夫心脏衰弱的信念。然而，亲身体验到踏车的紧张程度并看到丈夫们和她们一样与超过她们的妻子相信丈夫们的心脏足够强健，可以耐受日常活动的一般强度。结果，相对于心脏衰弱的症状，妻子们更看重心脏强健的指标。有趣的是，效能信念也影响预后信息的接受：妻子们更接受心脏病专家良好的诊断。在医疗咨询后，配偶参加训练的夫妇一致对病人心脏能力具有高水平的信念。

对心脏能力的信念影响从心肌梗塞中恢复的进程。在追踪的评估中，夫妇越相信病人的心脏能力，以六个月后测试病人在踏车练习中最高心率和最大负荷为代表的心血管机能改善得越多。夫妇对病人心脏效能的共同信念是心脏机能水平的最好预测者。当效

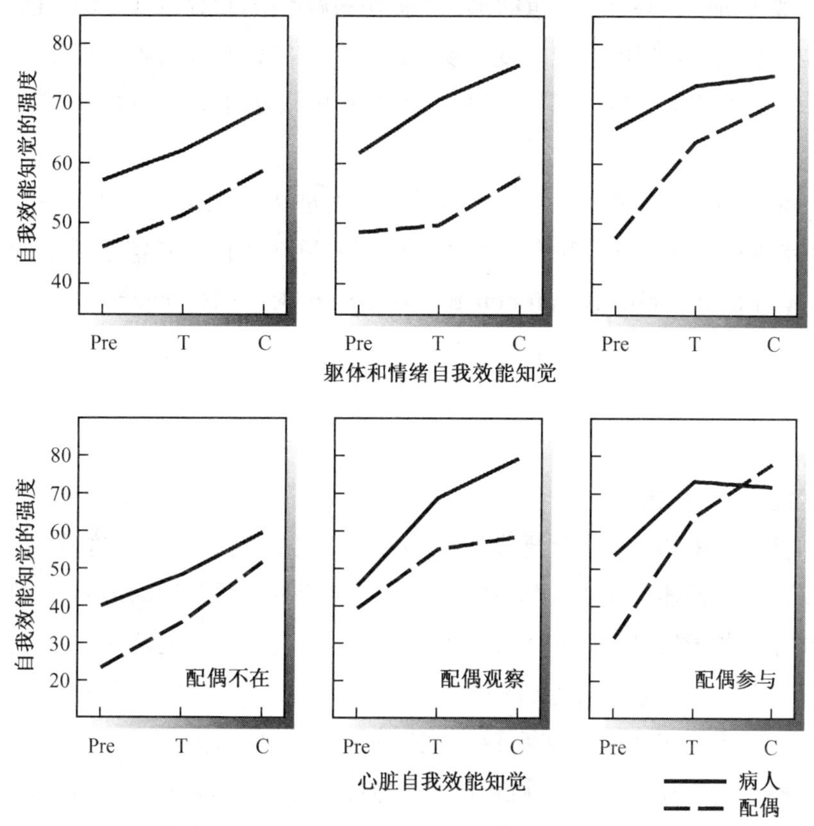

图 7.16　作为配偶参与水平、病人的踏车练习和踏车练习与医疗咨询联合影响的函数的躯体和情绪效能知觉以及心脏效能的改变。 效能知觉在踏车前(Pre)、踏车后(T)和医疗咨询后(C)被测量(Taylor et al., 1985)。

能信念的影响被去除后,最初的踏车成绩不能预测在接下来的评估中的心脏病机能水平。但是心脏效能知觉在最初踏车成绩被控制的条件下,能预测心血管机能的水平。正如这些结果所揭示的,家庭系统中社会支持的方向和可能效果部分决定于对效能的判断。如果她们判断伴侣的心脏受损并有可能进一步受损,配偶可能减少活动;而当她们认为伴侣有健壮的心脏,则会鼓舞其进行运动。追求积极的生活能改善病人的身体能力,使他们能在不对心血管系统制造过度负荷的情况下从事有生气的活动。

预后判断并不单纯是对疾病自然历史的无反应性预测。除了极端病理可能一切都由生理因素决定外,临床后果的性质和进程部分依赖于影响的心理资源。对于一个人能对自己的身体状况运用控制的强烈的效能信念可以作为健康机能的可能水平的心理性预后显示器。身体损伤程度相似的人由于效能信念不同会产生不同的机能后果(Holman & Lorig, 1992; Kaplan et al., 1984; Lorig, Chastain et al., 1989; O'Leary et al., 1988)。例如,许多严重的骨关节炎患者生活得满意、多姿多彩,而另一些程度较轻的疾病患者却 316

感到沮丧且丧失机能。甚至在严重的永久性损伤的病例中，仅仅有部分恢复的可能，社会心理因素也会影响所保留的机能恢复程度。由于预后信息能影响病人的身体效能信念，诊断者不仅可以预言而且可以部分影响病人从疾病中恢复的进程。这一前摄影响将会得到较为详细的考察。

应对效能知觉不但延缓慢性疾病中机能障碍的进展，也能提高病人手术干预后的恢复。例如，社会人口统计因素和客观身体条件不能很好地预测肠穿孔手术的术后调适（Bekkers，van Knippenberg，van den Borne & Van-Berge-Henegonwen，1996）。另一方面，病人在手术几天后所测到的调控身体条件和社会生活的效能知觉能预测其一年后烦恼的水平及家庭、社会和职业机能的质量。

预后信息的传递模式

病人临床管理中的另一个重要课题是预后信息如何传递给病人。这通常是通过对可能后果及其概率的描述实现的。单独的言语预测可能没有所预期的影响，特别是当他们与已存在的信念相矛盾时。如果病人冒很大风险投入规定的恢复活动，甚至对于积极的预测，情况也是如此。例如，在心脏病发病后复原的研究中，妻子并不完全相信医生关于其丈夫具有耐久力的积极预后判断，除非她们具有直接证实性经验。为了增加其劝说的效果，临床学家不得不向他的病人既用语言又通过构建提供自信经验的活动任务，传播积极的预后信息。

诊断程序的心理影响

诊断检验的方式会影响病人的效能信念。对踏车测验中的身体信息的认知加工是其中一个恰当的例子。踏车活动产生许多消极的征兆，如疲劳、疼痛、呼吸短促和其他的由于工作负荷增加而增加的运动后症状。那些关注自己身体耐力的病人在掌握了不断增加强度的工作负荷时，相对于选择性地注意并记住消极身体信号的病人而言，判断自己的心脏系统较为强壮。如果病人在掌握了更重的工作压力时获得来自活动成绩的不断反馈，能力的积极标志可以更显著。对心脏效能的判断将会根据各种症状信息和心脏强健度如何权衡与综合而发生变化。

在一项研究中，一群健康的男女在进入锻炼计划前完成由征兆限制的踏车任务（Juneau et al.，1986）。一半参与者接受他们在踏车任务中所掌握的工作负荷的即时反馈；另一半人在他们完成踏车任务后接受身体成就的反馈，他们的心脏效能知觉在踏车活动前后得到测量。同时，记录他们所回忆的在踏车活动期间所体验到的身体征兆。图7.17表明在有无即时反馈条件下踏车活动如何影响心脏能力的信念。

没有对能力的积极指标的反馈，由运动引发的征兆会在踏车体验的注意和记忆表征中完全占优势。对于一般对自己心脏能力有很强的期待的健康人，没有反馈的高负荷踏车练习不会改变他们对自己具有强健的心脏系统的信念。然而使踏车活动中身体成就更引人注意的积极反馈提高了女性对其心脏能力的信念。在缺乏积极反馈的条件下，女性把与踏车活动上的努力不断增加相伴的不断增长的消极生理感觉，看成为心脏限制的标志，同时她们的心脏效能信念也降低了。女性并不会体验到比男人更多的消极生理感觉。因此，没有积极反馈的踏车经验的有害影响应该来自于对征兆信息的消极认知加工而不是这些征兆的显著性或更大的数量。

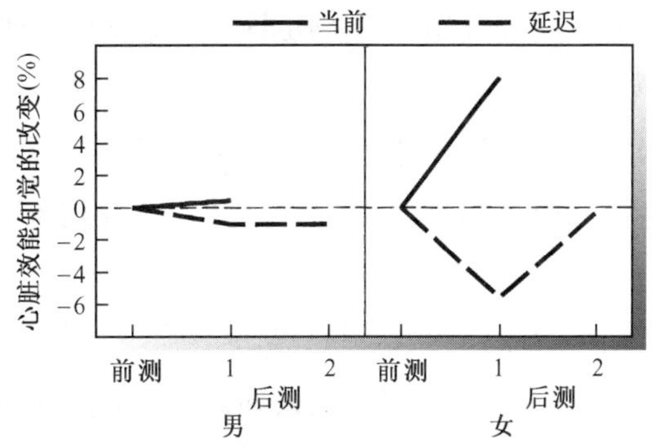

图 7.17 在同时和延迟反馈条件下踏车成绩对心脏效能判断的影响(Juneau et al., 1986)。

先入之见会导致信息权衡和综合的偏向(Bandura，1986a；Nisbett & Ross，1980)。相似的过程表现在女性对于踏车成绩的延缓性积极反馈的反应上。当告知她们取得了显著的身体成功，她们的心脏效能知觉提高到踏车前的水平，但并没有从踏车经验中真正得到收获。一个人的效能概念已经在消极信息明显占优势的条件下已形成，心脏能力的积极信念很难被吸收。冠状心脏病会破坏一个人的心脏效能信念。对于身体损伤很强的先入之见会使对成绩测验的消极生理反应高度突出并能得到回忆。因此，身体耐力的积极反馈将在对抗没有并发症发生的心脏病患者的弱的心脏能力的信念上有特别重要的作用。

用困难程度渐进增加的任务测量损伤和能力的诊断程序在早期会取得成功，而后随着接近能力上限，成绩的难度也增加。选择性地注意和回忆其活动缺陷的病人将其能力判断为低于也关注自己力量的人。正如踏车练习所显示的，产生消极经验的诊断程序对效能信念造成的不利影响可以通过采取突出一个人保留的力量的方式组织测验来减轻或抵消。除了给予病人的言语反馈的类型和时机外，一些事实证明由于难度不断增加的困难而产生大量失败的诊断任务，比为保持成就感而相互混合不同困难水平的任务产生更多的有害影响(Zigler & Butterfield，1968)。诊断程序的结构和个人效能先入之见如何影响注意与认知加工身体和行为信息的分析在临床上是重要的，在理论上是有意义的(Cioffi，1991a)。从这些微观研究得到的知识会极大地增加我们对诊断程序的心理影响的理解。

预后判断的自我证实潜能

健康后果以复杂的、多重决定的和概率性的方式与预测性因素相联系。因此，预后判

318 断包含一定程度的不确定性。某一预后图式的预测性依赖于它所包含的相关预测因素的数量、预测因素的相对有效性和冗余性以及其测量的适当性。期待效应的余地很大,因为预后图式很少包括所有的相关生理和社会心理预测因素,甚至通常被挑选出的预测因素并不具有完美的有效性。因此,诊断者不但预言了恢复的过程,而且会部分影响它。以挑选出的信息资源为基础,诊断学家形成关于疾病的可能进程的期待。他们对其预后图式的有效性越自信,其预后期待越强。

预后期待通过对病人的态度、言语、照料的类型和水平传递给病人。正如前面提到的,预后判断具有自我证实性潜能。期待可以以证明原有期待的方式改变病人的效能信念和行为。有证据表明,自我效能机制作为自我证实性效应的重要中介起作用。实验室研究已清楚地揭示出人们的效能信念可以通过对他们个人能力的伪造信息进行改变。效能信念被提高的人表现出在身体耐力和疼痛管理上的功能性改善,而效能信念降低的人则出现功能下降(Holroyd et al., 1984; Litt, 1988; Weinberg et al., 1979)。

以往对自我证实性过程的分析单纯关注于人们的效能信念和行为如何受别人告诉的关于自己能力的影响。其他证据也表明预后判断会影响如何治疗病人和告知他们什么。在这些实验中,个体被随意地指定形成对他人或高或低的预期。当他们具有了或高或低的期待时,他们会以证明最初的期待的方式对他人进行不同的治疗(Jones, 1977; Jussim, 1986)。虽然在结论上有些差异,一般来讲,结果表明照料者在高期待条件下会比低期待条件下对病人更加关注,提供给病人更多的情绪支持,为自己发展能力创造更多的机会,提供更多的积极反馈。

相对于仅仅传递预后信息的照料,能提高病人个人效能水平、管理健康行为技能的各种照料会对健康功能的起落产生更大的影响。如果言语预断由于缺乏能力而重复地被个人经验证明不能成立,单纯的言语预断效果只能保持很短的时间。然而,以提高了的能力为基础的个人效能感会促进机能成就,这样他们自己的经验就证实了他们的能力。临床交互作用是以双向方式影响变化进程的。病人的进步加强了临床学家的积极期待和对治疗进程给予帮助的效能感。与此不同,引起机能下降的消极期待会引起相互泄气的向下运动。

产生严重的永久性损伤的健康状况会使病人及其家庭产生破坏性的沮丧。病人不得不重新组织他们的观念,从而学习其他重新获得对生活进行控制的方法。他们需要关注于残留的能力而不是强调他们的无能。必须以利用残存能力的方式重建目标。奥泽(Ozer, 1988)阐述了为减少由慢性神经病性损伤所产生的无能而建构目标的有效方法。关注于功能改善而不是组织损伤程度有助于抵消自我沮丧。通过将活动分解为可以实现的各种亚任务有助于避免对复元努力的失望和功能的提高。一些效能感和希望的恢复使受损伤的人能更好地利用他们的能力。

/第八章/

临床功能

心理治疗最大的贡献不是针对特定问题进行的特定治疗，而在于它是有效处理各种情境可能产生的任何问题的社会认知工具。就治疗能够使人们对生活中的事件施加影响而言，它引发了一个自我调节改变的过程。自我使能是通过向人们提供知识、能力与对生活的质量和方向进行一定控制的能力具有弹性的自我信念而达到的。有效的功能需要发展出对破坏与自己及与他人关系的自我弱化思想、情绪困扰和行为模式进行控制的方法。这一章将自我效能知觉作为一般的认知机制加以考察，通过它的作用，不同的治疗方法才能够产生疗效。

焦虑和恐怖性障碍

焦虑和恐怖性障碍是人类烦恼的最普遍形式。大多数人遭受被看作是害羞的社会焦虑。他们常常担心他人如何看待自己，从而受到社会评价焦虑的折磨。大多数人承认自己具有不同程度的恐怖倾向。对应对能力的担忧会使个体产生负担，这使人们出现慢性苦恼，并努力采取防御行为(Bandura，1978)。他们不会做那些自己主观上认为具有威胁的事，即使行动在客观上是安全的，并且能够使他们获得潜在的满意感。用莎士比亚的一句意味深长的话讲:“我们的怀疑是叛徒,它使我们因害怕尝试而失去本应赢得的东西。”人们甚至回避很易于操纵的活动,因为他们认为这些活动会导致产生自己不能充分控制的更具威胁性的事件。结果,他们的生活会因为他们对可能使他们面对威胁的社会、娱乐和职业活动进行防御性回避而受到限制。但是,即使是限制了日常活动,也不能保证使他们解除苦恼。人们常常会受到针对可能发生的灾祸的反复思虑和经常出现的噩梦的折磨。

甚至是表面上受到限制的恐怖症也会对生活的质量产生深远的影响。例如,恐蛇症 320 以各种方式对人类的生活造成限制和痛苦(Bandura et al., 1969; Bandura et al., 1975)。事实上,所有的恐蛇症患者放弃一种或多种娱乐活动,如露营、徒步旅行和在河或湖中游泳。他们因为害怕遇到蛇而不能在草地或树林中散步、不能骑车或在花园中工作。他们拒绝居住在乡村,不愿拜访住在这些地区的朋友。有些人不能从事某些职业,如需要在田野间旅行的生物学家或地理学家,在户外工作的水管工人,负责草原防火的消防员以及需要在可能藏有蛇的电话线空洞中进行修理的电话维修工。有时,恐怖症患者需要他们的配偶检查所有送到家里来的报纸和杂志以删去里面关于爬行动物的内容。有些恐怖症患者甚至会表现一些更为独特的行为。在一个西部前线的真实例子中,一名男性恐怖症患者在试图杀死一只无毒蛇时,颤抖的手竟用枪将自己的脚打伤。一个旧金山的女性在读到一篇文章说一只蛇逃进了远在圣塔巴巴拉城里的排污管中后,竟不敢在浴室中洗澡了,不停地劝说和说明原因根本没有用,甚至是精心的保护也无济于事。大多数恐怖症患者受思虑和噩梦的反复折磨,而且他们对这些思虑和噩梦的控制力很差。对蛇的不安性反复思虑在夏天变得更为突出。

很小的、无毒的蜘蛛也会以任何可能的方式禁锢和折磨恐蛛症患者的生活(Bandura et al., 1985; Bandura et al., 1982)。由于蜘蛛对生存地并没有特别的选择性,因而它们常常会出现在并不喜欢它们的居民的房间中,它们使有恐蛛症的屋主生活在痛苦之中。在一些例子中,如果恐蛛症患者在自己的房间中看到蜘蛛,他们会立即逃走,直到蜘蛛被消灭掉:“我不得不给我的邻居打电话,请他来消灭房间里的蜘蛛。”有些人会被恐怖症所禁锢:“一天,我走进房间,看见墙上有一只蜘蛛,于是我跑到浴室,里面的墙上也有一只,我跑到起居室,那儿也有一只。于是我跑进厨房,坐在房子中央的椅子上大叫,直到有人来杀死它们。”有时,恐怖症会引发婚姻冲突:“因为我一看到蜘蛛就恶心、惊慌,我已经形成习惯,在走进一间房间之前,要先快速检查四壁和天花板上是否有蜘蛛。这个话题已经成为我丈夫恼火的一件事。蜘蛛也是我们争论的基本话题之一。”恐蛛症患者不能走近房间中他曾看到蜘蛛的地方:“如果我在壁橱中看到一只蜘蛛,如果几天内没有人帮助,我是不会再进去的。”有些人去洗衣房或进出放在修车店中的汽车时都是以极快的速度,因为他们认为这些是蜘蛛乐于光顾的地方。另一些人不能走进他曾在其中看到过蜘蛛的房间，甚至不能进入想像其中可能有蜘蛛的房间。偶然遇到蜘蛛，他们会将无害的环境作为令人惊恐的地方："我到了这种地步：我不能洗澡，因为我曾在浴盆中发现了一只蜘蛛。"有时，恐怖症会危及生命。例如，一名女性在驾车时注意到车中有一只蜘蛛，她迅速地跳出汽车。恐怖症患者会放弃可能接触蜘蛛的休闲和娱乐活动："我不去花园、不露营、不旅行，虽然我喜欢这些活动。""我甚至不愿呆在院子里。"

除了恐怖行为之外，恐蛛症患者要经受由于担心而引发的失眠、思维受扰和不断出现的有关蜘蛛的噩梦的折磨："自从我总是提防在房间里看到令人不愉快的蜘蛛后，我就不能在家里看电视、阅读和享受家里的乐趣。"仅仅是看到蜘蛛的图片也会引发强烈的生理反应，如"痉挛性颤抖"、"几小时不停呕吐"、"心跳过速或呼吸急促"。甚至睡眠也变得不规律了，而且不能从由担心引起的失眠中解脱出来："我一夜会醒三至四次，查看天花板上是否有蜘蛛。如果有的话，我会站到梯子上向它喷杀虫剂，将其弄死。如果蜘蛛呆在粗毛地毯上，我会一直醒着看它是否开始向墙上爬。"他们都受反复发作的噩梦折磨："晚上我会做噩梦，惊醒并打开灯，我感到非常恐惧，怕我在开车时，有一只蜘蛛出现在驾驶室中。""在10—15年中，我每星期至少有一次会做关于蜘蛛的噩梦。它们常会在夜晚出现在我的脑海中，我只好打开灯。如果受到蜘蛛的惊吓，我会歇斯底里，于是，我的卧房的灯从来都是开着的。"通过正式的评定，我们发现恐怖症患者应对恐怖对象的效能知觉完全崩溃。后面我们要提到如何利用指导性掌握经验使应对效能感迅速发展起来，从而很快消除这种普遍的恐怖性障碍。

321

人类的一些衰弱性表现与其说更多是源自对环境威胁的控制无能感，倒不如说更多是由控制自己的无效能感或心理机能的暂时失调所造成。在其他方面很有技巧的演员可能会认为自己容易忘记台词，歌手可能会认为自己容易忘记歌词，音乐会的独奏者会认为自己容易忘记一段乐曲。在这些排练好的活动中，低效能者忧虑的是对记忆丧失而不是对活动的熟练执行。一些表演艺术家放弃有前途的职业生涯是因为过分担忧在表演中间记忆缺失的弱点（Zailians，1978）。在其他的活动中，低效能者关注更多的是在行为的注意和身体方面对潜在失误的控制能力而不是瞬间认知上的失败。因此，不相信自己具有能在拥挤的高速公路上避免注意力或动作敏捷性出现失误的能力，将会使他们回避在高峰期的公路上驾驶。

低效能者有时会包括感到个人控制力的完全丧失，而不是功能上的短暂失误。有些人认为他们将丧失意识，不能进行心理整合，或不能制止他们自己以非常不合适的会引起公众为难的方式行事（Beck，Laude & Bohnert，1974）。例如，那些怀疑自己在从高处向下看时无法不向下跳并保持意识的人，将避免到高处去。高空恐怖症患者认为自己在空中飞行时具有分裂性地丧失控制的弱点，他们会留在地面上。几次具有指导性榜样的飞行使他们渐渐相信自己完全能在飞行中进行自我控制，他们开始能乘坐飞机，尽管他们并没有放弃飞机也许会坠毁或紧急迫降的想法。

许多遭受创伤体验的人在受伤很长时间后仍然表现出严重的应激反应。创伤后反应包括在回忆和再次出现的噩梦中重新体验创伤事件、超警醒激活、抑郁、自我贬低、与他人的情绪分离、脱离能给自己提供意义和成就的生活。这些循环出现的反应会严重损伤个体的社会心理功能。创伤性应激源的关键特征是危险性和不可控性。它们会压倒应对能力。无能力的体验会造成个人效能感严重的损失,这又会对成功适应产生持续的阻碍作用。

所罗门(Soloman)和她的同事就创伤性经验对自我效能知觉的作用进行了纵向的研究,她们主要研究战争中精神崩溃的以色列士兵(Soloman, Benbenishty & Mikulincer, 1991; Soloman, Weisenberg, Schwarzwald & Mikulincer, 1988)。创伤严重地破坏了士兵应对战争情境的效能知觉。他们的效能知觉越低,在随后的岁月中出现不安性干扰思维和回避的倾向越强。有趣的是,应对效能信念的预测因素随时间而改变。最初,创伤事件中情绪衰弱的严重程度可预测效能知觉的水平。但是,随着时间的推移,它的重要性下降,战争前的应对能力和对当前应激源的适应能力成为预测者。在受伤后立即接受前线治疗并护送回军营的士兵,在战后比疏散到较远的地方进行治疗并没能再回到战争情境的士兵相比,效能感较高,并且较少出现伤后应激反应。重新在实际上或在认知上面临创伤情境是恢复的重要组成部分。然而,不仅仅是对创伤进行再体验,而且通过对可减轻应激反应与行为损伤的应对能力的重新解释和提高来恢复控制感可减轻应激反应及行为损伤。确实,重新成功地应对剧烈威胁是恢复个人效能感的有效方式。然而,不能排除这样的可能性:不同的治疗效果部分反映将谁送回去、谁留下的选择。

322

这个有启发意义的研究方案仅仅关注于应对战争情境的效能知觉。而就效能信念对创伤的持续后效作用的分析应该扩展到包括控制干扰性思维、减少情绪困扰、处理当前生活中重要领域应激源的效能知觉。重点扩展的好处体现在对患慢性创伤后应激的退伍老兵的治疗上(Freuh, Turner, Beidel, Mirabella & Jones, 1996)。多次在想像中应对创伤性战争情境可以降低应激反应。通过示范、行为训练、支持性反馈来培养社会和情绪技能,不仅能够进一步减少应激反应,而且提高了社会和情绪生活的质量。各种方法结合起来进行治疗能减轻焦虑、回忆、噩梦和自主的反应过度,同时还可以提高全面的社会功能。应该注意的是对战争的恐怖也证明了人类非凡的恢复能力。大多数士兵经受住了战场上的恐怖,并且没有对战争中和之后的平民生活造成致弱性的损伤。但是个体从创伤中恢复的能力还没有受到研究者的关注。

对自然灾害的心理后果的研究进一步证实了低应对效能感增加了创伤后机能失调的可能性。一项这样的研究涉及一场具有破坏性的飓风所留下的广泛破坏后果(Benight et al., 1996)。飓风袭击所造成的破坏程度、对飓风袭击对生命造成的威胁的严重程度的知觉、教育程度和收入都不能说明持久的创伤后应激反应。但是处理由破坏所引起的安全、经济、住所和情绪问题的效能知觉却能够预测到底谁受这些事件的伤害。那些相信自己具有恢复能力的受害者能够逃脱并没有被吓倒，虽然他们经受了许多的伤害。缺乏应对效能知觉也会提高艾滋病病毒感染者的神经递质反应。

在自然灾害中差点失去生命和家庭毁灭是一种长期的创伤体验。墨菲（Murphy，1987）研究了圣海伦山火山喷发后不久以及三年后症状性情绪苦恼的强度及其与灾害损伤的严重程度、应对效能知觉和社会支持的关系。灾害损伤严重度和效能知觉能预测火山喷发后短期内苦恼的严重程度。然而，三年后，灾害损伤不再具有预测作用，而应对效能知觉比以前更能够说明苦恼的变化。社会支持在两个时期都不能对苦恼问题造成影响。只要受害者相信他们能够应付破坏性后果，他们就不会长期被苦恼困扰。鲍姆、科恩和霍尔（Baum，Cohen & Hall，1993）同样发现创伤性事件对产生慢性应激是必要但不是充分条件。具有低控制感的受害者受环境的支配，他们不能去除使自己不安的反复思虑，因而他们在灾难后多年继续体验到不断提高的应激。当人们不能控制不情愿的想法时，他们会再次体验创伤性的经历。

许多创伤性的社会经验涉及身体攻击和性攻击。缺乏对人际间的威胁进行控制的效能感折磨和限制着女性的生活。在模拟的攻击环境中通过重复的控制经验发展起来的自我保护能力需要很长时间才能消除个体的脆弱知觉（Ozer & Bandura，1990）。指导性掌握使人们获得了很强的应对效能感和思维控制效能。个人效能的恢复伴随着个体的脆弱知觉、干扰性思维、回避行为的大幅度降低以及更多地参与能带来日常生活满意感的活动。

社会焦虑是一种使人衰弱的力量较弱但却广泛存在的问题。具有社会焦虑的个体非常关注他人如何看待自己。结果，他们因害羞而远离社会活动，不愿意在公共场合表现自己，在不可避免的社会交往中会感到不舒服。问题并不在于他人判断自己的评价标准。焦虑来源于社会标准知觉与实现这些标准的个人效能知觉之间的不一致（Alden，Bieling & Wallace，1994；Wallace & Alden，1991）。社会焦虑个体认为自己缺乏能达到他人评价标准的社会效能，而非焦虑者相信自己能达到。社会焦虑个体与非焦虑者的区别主要在于无效能信念而不是在于真实的社会技能（Glasgow & Arkowitz，1975）。

短暂的社会成功对社会焦虑的效能知觉的作用很小。积极的异社会经验（heterosocial experience）使他们仍然怀疑自己的社会能力，但却使他们相信他人对他们的期望更多（Wallace & Alden，1995）。在积极反馈下，个人效能信念和社会期望知觉之间不断增加的不一致将产生更多能引起焦虑的原因。与此不同，非焦虑个体在面对社会成功时会提高自身的社会效能信念，他们不会改变他人对自己行为的评价标准的看法。结果，他们相信自己能超越他人对自己的期望，甚至在面对消极社会经验时也保持着自我提高的信念，一旦形成社会效能信念，他们就会根据这些信息解释社会成功和失败（Alden，1986）。当出现对其社会行为的任意反馈时，低效能的人会将成功错误地理解为是由于情境因素造成的，但却接受失败是他们行为表现的真实反映这一观点。高自我效能者表现出相反的解释倾向。他们对社会失败是由自己造成的持怀疑态度，但乐于把成功的反馈作为自己运用自身社会能力的结果。对社会经验的认知加工的解释偏向为先前存在的效能信念提供了自我验证性的支持。

自我效能和焦虑控制理论

多年来，回避行为一直是使用双加工理论进行解释的（Dollard & Miller，1950；Mowrer，1950）。这一理论以不同的形式重复出现。根据这一观点，回避行为是由焦虑驱力所激发的。逃避或回避威胁被假定是通过减少焦虑的方法强化回避的行为模式的。为消除回避行为，有必要消除潜在的焦虑。因而，许多治疗程序的关键是消除焦虑的唤起。

期待性焦虑控制着回避行为的观点已得到广泛的研究但仍存在极大的不足之处（Bandura，1986a；Bolles，1975；Herrnstein，1969；Schwartz，1978）。在一些研究中，自主唤起的反馈，即焦虑驱力的主要指标，要通过手术消除或药物阻断。在另一些研究中，在彻底消除对威胁的焦虑唤起后测量回避行为的出现。还有一些研究发现，焦虑唤起的变化与治疗过程中和之后的回避行为的变化相联系。所有这些各不相同的研究都非常一致地表明回避行为不是由期待性焦虑所控制。

开始时，由于自主反应比回避反应需要更长的时间才能激活，因而后者不能由前者引起。实际上，在实验室研究中，对威胁的防御反应立即发生，甚至出现在自主反应引起之前。原因不能发生在可能产生的效果之后。心理规律不必还原到生理现象，但关于自主唤起和回避行为之间关系的假设性的心理机制不能违反为之服务的生理系统的活动。与两个反应系统所存在的速度差异相一致，常规的回避行为阻止焦虑唤起而不是由焦虑唤起所激发。自主的感觉反馈并不是学习回避行为所必需，也不影响这些行为消除的速度（Rescorla & Solomon，1967；Wynne & Solomon，1955）。回避行为常在没有自动唤起的条件下完成，并在对威胁的自主反应完全消除后维持很长时间（Black，1965；Kescorla & Solomon，1967）。

在对恐怖障碍进行治疗过程中进行的评定显示出在焦虑唤起和恐怖行为的变化之间没有一致性关系（Barlow，Leitenberg，Agras & Wincze，1969）。恐怖行为消失后可以出现自主唤起的增加，或自主唤起的减少或无变化。与治疗相伴出现的自主唤起的变化模式和量与行为变化的程度没有显著的相关（O'Brien & Borkovea，1977；Orenstein & Carr，1975；Schroeder & Rich，1976）。

当使用焦虑的主观指标而不是自主指标时，焦虑控制理论的处境并没有好转（William，1992）。这并不奇怪，因为期待性焦虑反映的是体验为强烈焦虑的具有厌恶感的生理状态，其表现为出汗、心跳加快、紧张、昏厥和呕吐。当期待的效应所植根的身体上的不安不存在时，人们不会期望焦虑的期待来控制行为。焦虑期待不是无根源的。将回避行为归于焦虑性期待只能使问题得不到解决，因为焦虑性期待的来源需要解释。第四章回顾了各种确凿的证据，说明主观焦虑和生理性应激反应主要是对可能有害的事件进行控制缺乏效能的产物。

社会认知理论认为（Bandura，1986a）主要是对应对潜在威胁缺乏效能知觉引起了期待性焦虑和回避行为。人们回避有害的情境和活动不是因为受焦虑的困扰，而是因为他们认为他们不能处理有危险性的问题。认为自己在处理威胁方面高效能的人不会担心也不会回避。认为自己不能有效控制潜在威胁的人设想是他们不适当的应对引发了所有的有害后果，因而他们回避存在潜在威胁的活动而不等待被唤起的内脏告诉他们如此行事。焦虑不能控制行为是一件好事。如果人们逃避正在做的事或每当感到高压力和高焦虑时就停顿下来，生活在许多时候都将是死板的。人类的成就和生存需要效能思想来支配行为调节过程中的内脏唤起。

人们在他们认为有冒险性的情境中表现出的行为是以效能信念为基础的，这也得到了大量经验性的验证。威廉姆斯（Williams，1992）和他的同事使用偏相关对测量得到的效能信念、期待性焦虑和恐怖行为的大量研究数据进行了分析（表8.1）。当期待性焦虑被控制时，效能知觉说明恐怖行为的大量变化，而当效能知觉被控制时，期待性焦虑不能预测恐怖行为。斯科恩伯格、科尔奇和罗森加德（Schoenberger，Kirsch & Rosengard，1991）进一步证明了恐怖行为是由应对效能知觉控制的，期待性焦虑对恐怖性回避没有独立的效应。

表8.1　在控制了期待性焦虑时的自我效能知觉与应对行为之间的关系与控制了自我效能知觉时的期待性焦虑与应对行为之间的关系的比较

	应对行为	
	自我效能控制条件下的期待性焦虑	期待性焦虑控制条件下的自我效能知觉
威廉姆斯和拉波伯特（1983）		
治疗前1[a]	−0.12	0.40*
治疗前2	−0.28	0.59**
治疗后	0.13	0.45*
追踪	0.06	0.45*

（续表）

	应对行为	
	自我效能控制条件下的期待性焦虑	期待性焦虑控制条件下的自我效能知觉
威廉姆斯等(1984)		
治疗前	−0.36*	0.22
治疗后	−0.21	0.59**
威廉姆斯等(1985)		
治疗前	−0.35*	0.28*
治疗后	0.05	0.72**
追踪	−0.12	0.66***
特尔奇等(1985)		
治疗前	−0.56***	−0.28
治疗后	0.15	0.48**
追踪	−0.05	0.42*
凯奇等(1993)		
治疗前	−0.34*	0.54***
治疗后	−0.48**	0.48**
阿诺等		
治疗前	0.17	0.77***
治疗后	−0.08	0.43*
追踪	−0.06	0.88**
威廉姆斯等(1989)		
治疗中	−0.15	0.65***
治疗后	0.02	0.47**
追踪	−0.03	0.71***

[a] 一些实验中的治疗前阶段仅仅包括出现严重恐怖行为的被试。他们一律具有低应对效能感。在上述例子中，自我效能感分数高度限制在一定范围内，这会降低治疗前阶段的相关系数。
* $p<0.05$，** $p<0.01$，*** $p<0.001$。

对于为何广场恐怖症患者的生活范围会变小，比较流行的解释是他们害怕变得焦虑或被惊恐发作所吓倒，或者害怕灾难性的后果降临到他们的身上。然而结果表明在控制了效能信念的影响之后，期待性焦虑、期待性惊恐和危险知觉都不能预测广场恐怖行为。与此不同，当期待性惊恐、期待性焦虑和危险知觉的变化被控制时，效能信念对广场恐怖行为具有高度的预测性（Williams, Turner & Peer, 1985；Williams & Wastons；Williams & 325 Zan, 1989）。这些结果表明治疗应该针对建立人们的应对效能感而不是在忽视引起这些期待的无效能感的同时尝试纠正灾害性的后果期待。惊恐发作的广场恐怖症患者倾向于 326 对身体感觉作灾难性的错误解释。然而不是身体感觉而是缺乏控制的知觉使其惊慌并使他们想像出各种失败性的后果（Sanderson et al., 1989）。

效能信念相比焦虑唤起的预测优势在各种威胁条件中都被证实。自我效能知觉可说明需承担威胁的学业成绩的变化，但焦虑唤起却不能（Meece et al.，1990；Pajares & Johnson，1994；Pajares & Miller，1994a；Pajare et al.，1995；Siegel et al.，1985）。效能信念能预测威胁性运动项目的成绩，焦虑唤起却不能（McAuley，1985）。对一个人问题解决效能的信念可以预测对危险的担心，而焦虑水平不能（Davey et al.，1996）。老年人的身体效能知觉能预测采用积极的生活方式，而对从事强有力运动的安全性的担心却不能（Tinetti，Mendes de Leon，Doucette & Baker，1994）。控制消极思虑的低效能感产生自我弱化的思维方式，这会产生焦虑和回避行为。同样，在冒险环境中的自我保护社会行为是由行为和思维控制效能知觉而不是由焦虑唤起所调控的（Ozer & Bandura，1990）。

各种证据非常一致地表明效能知觉对恐怖行为的作用不是由焦虑唤起调节的。有研究者将焦虑与恐怖行为作相关，而没有将自我效能包括在因果关系的分析中，结果发现在应对效能知觉的影响被控制后，焦虑和恐怖行为之间虚假的言过其实的关系消失了。假设效能信念在因果关系结构中有重要影响作用，他们应被包含进对恐怖性失调和治疗的因果模型的测验中去。

尽管存在大量的反面证据，但是思索为何期待性焦虑控制着行为这一信念牢固地存在于心理学思维中是一件有意思的事。一种可能的解释是人类在对因果关系的判断中存在证实偏向（Nisbett & Ross，1980）。焦虑和回避同时出现，这样的证实性事例在人的头脑中可能具有显著位置。非证实性的例子，如与焦虑同时发生的接近行为或没有焦虑的回避行为不太引人注意，不太容易记住。并不是非证实性的例子缺乏普遍性。恰恰相反，人们虽然有高焦虑，但仍在具有低效能知觉的情况下正常地从事活动，如：即使演员等待上场时高度焦虑，但他们仍然出现在舞台上；运动员虽然有高水平的赛前焦虑但仍参加比赛；学生虽然有有害的期待性焦虑，但还是要参加具有威胁性的考试。与之相似，人们通常采用自我保护行为而不必等待焦虑强迫他们去行动。他们在修理好家电以前切断电源，不必用触电的想像恐吓自己。在判断焦虑与回避行为之间的关系时，各种类型的非证实性例子常被忽略。然而，除了在评定焦虑和活动之间的共变关系中存在偏见之外，还有其他问题。上述对因果关系的研究也可能说明焦虑控制理论的不合理性。忽视效能知觉的决定因素的不完善的理论说明产生假相关，它继续强化焦虑导致回避行为的信念。

治疗策略：刺激暴露和掌握经验

理论会影响治疗实践和干预的重点。焦虑控制理论认为治疗要强调多次使病人处于威胁情境之中直到焦虑消失。根据这一观点，临床医学家所要做的是劝说患者使自己处于没有不利后果的威胁情境之中，并一直坚持到焦虑平息下来（Marks，1987）。如果病人长时间处于这种威胁情境中,恐怖症患者最终会消除焦虑并停止回避行为。在这一方法中,如果恐怖症患者不能使自己面对有威胁的情境,临床医学家的引导所起的作用不大。既然治疗的目的是消除焦虑而不是发展应对能力,一旦患者强迫自己面对威胁,就很少提供关于对威胁进行控制的明确指导。在现实中,当治疗进程很慢或停止时大多数采用这一路线的临床医学家明智地无视无效果的暴露原理,而采用更有效的方法。临床医学家坚持使用由暴露原理所提倡的相对来说不起积极作用的方法因而弱化了治疗,并且不必要地延长了治疗。临床医学家可以通过不仅仅作为要人们进入和处于威胁情境中的激励者来提高治疗的效力并减少威胁情境的应激性。

327

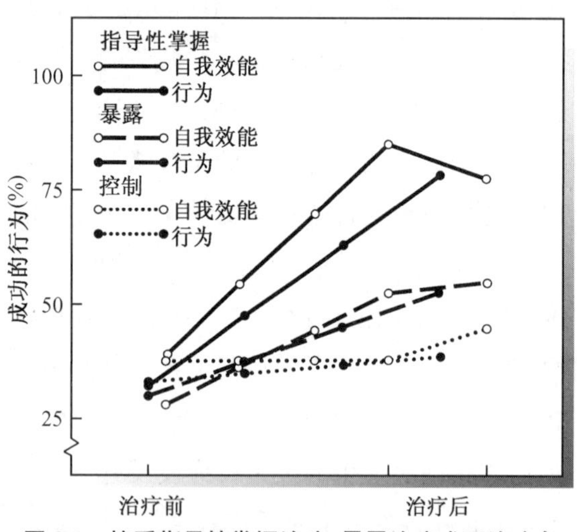

图 8.1 接受指导性掌握治疗、暴露治疗或无治疗条件下广场恐怖症患者的自我效能知觉的平均水平及成功完成应对任务的百分数。在治疗后的行为测验前后分别对效能知觉进行测量(Williams, Dooseman & Kleifield, 1984)。

被假设作为暴露效应基础的机制是习惯化。但习惯化观点的提倡者没有提供对习惯化的独立测量,从而不能对这一观点进行经验性验证。焦虑消失学说的非预测性对与之相类似的习惯化不是一个好的兆头。使用指导性掌握的动作治疗模式应区别于主要依赖暴露任务的方法。指导性掌握对于提高个人效能信念、减轻焦虑和恢复行为的功能来说是较为有力的形式(Bandura, Jeffery & Wright, 1974; Williams, 1992)。图8.1总结了指导性掌握和暴露治疗对广场恐怖症患者恢复成功的应对行为的不同作用。

"暴露"的概念可归结为一个简单的想法,即恐怖行为的改变需要与一些相关的威胁进行接触。然而,它缺乏解释和预测价值,并很少对如何加速改变的进程提供规范性的指导。类推之,说学业学习需要接触教学材料,几乎没有什么解释性和指导性意义。正如焦虑消失观点一样,暴露—习惯化观点经不起仔细的检查。实际上相同暴露条件下的不同治疗方式产生了效能信念上以及相伴而生的应对行为上明显不同的改变。无论治疗的形式如何,自我效能的改变水平可以高度预测行为改变(Bandura et al., 1977; Bandura et al., 1974; Williams, Dooseman & Kleifield, 1984)。

在其他研究中,恐怖症患者暴露于相等的威胁条件但处于具有不同的效能含义的认知环境中。曾暴露在相同的威胁性事件之中的恐怖症患者,处于治疗已经向患者传授所需要的所有应对技能的认知背景中的患者比处于只传授了部分技能的认知背景中的患者，表现出较高的效能信念和应对行为（Laberge & Gauthier，1986）。他们的效能信念被治疗的完善性提高得越多，其行为就越大胆。在相同的暴露时间中执行相同类型的应对任务的恐怖症患者，在应对行为是提高应对技能的治疗的一部分的认知场景下，比在应对行为是评价其已存在的应对技能的诊断过程一部分的认知场景下表现出较高的效能信念（Gauthier，Laberge，Frève & Dufour，1986）。在暴露过程中焦虑唤起的非强化引发的量可能对习惯化和焦虑的消失起支配作用，它对治疗结果却无一致的效应（Emmelkamp & Mersch，1982；Hafner & Marks，1978；Mathaws，Gelder & Johnston，1981）。

328

根据焦虑的消失—习惯化观点，恐怖症患者应该一直处于威胁情境中直到他们的焦虑平息下来。如果他们因焦虑增加而从威胁性情境中退缩出来，回避会导致即时的解脱并仅仅强化他们的回避行为。这是从焦虑控制理论中归纳出来的另一个还没有进行经验性验证的结论。雷切曼（Rachman）和他的同事指导一组广场恐怖症患者应对威胁，但要他们在感到高度焦虑时暂时撤离，进行这样的个人控制后再重试（Rachman，Craske，Tallman & Solyom，1986）。在高焦虑条件下，短暂回避而后继续努力被解释为对一个人的改变进行个人控制而不是无应对效能的标志。第二组被试接受应对威胁的指导但直到焦虑消失之前一直处于这样的情境中。与焦虑控制理论相反，在高焦虑条件下退缩而后重新应对提高了应对效能并减少了焦虑和恐怖行为，其效果与在焦虑平息下来前一直禁欲主义地忍受焦虑相同。在依赖于无助性的暴露的治疗中，短暂地、分布式地接触威胁限制了获得应对效能感的机会，因而产生很少的改变，而延长应对则保证了证实性控制经验，从而取得积极的结果。如果在暴露过程中，鼓励患者对自己的效能进行积极自我评价的话，治疗改变不但更为持久，而且在通过无助性应对治疗后继续增多。如果恐怖症患者经历了行为改变，却没有积极地自我肯定，治疗改变的持久性就较差，在治疗后也不会增加（Marshall，1985）。

正如上述各种研究所阐述的那样，人们是通过自身的行为产生个人改变而不是接触威胁自动地产生习惯化或消除焦虑反应。这就是个人改变的前摄性支配观和回到过去行为主义的反应消失观之间的差别。在动作性治疗的模式中，不仅仅是暴露于威胁而是通过运用个人动因获得的掌握经验提供了变化的基础。前面的章节提供了相当多的证据说明人们是受他人如何评价自己的作业成绩而不是受成绩本身影响的。在依赖行为掌握经验的治疗过程中对自我效能发展的微观分析很好地说明了这一点（Bandura，1982a）。当他们的掌握经验否定了关于他们应对能力的错误信念时，恐怖症患者的应对效能知觉提高了。在巩固他们已改变的能力观之前，他们暂时具有较弱的效能信念，并检验他们新习得的自我知识和技能。如果在完成任务的过程中，他们发现有些事威胁他们正在做的事情或对他们的应对模式产生一定限制，尽管成功了，但自我效能反而会降低。在这种情况下，活动的成功使他们产生自我怀疑而不是使他们更勇敢。

在治疗的替代模式中，不是仅仅接触榜样，而是有效应对策略的范例和能力的社会比较指标构成了关键性的影响。因此，观看录像带中榜样成功应对的恐怖症患者在榜样被宣称是胆怯的而且与他们相似时提高了效能信念和应对行为，他们害怕的体验也减少了。但如果榜样是不胆怯的，与他们不同的，患者们即使观看同一示范也不能从中受益(Prince, 1984)。与患者不同的榜样由于没有提示患者个人能做什么而不予考虑。在影响的劝说模式中，并不是仅仅谈论应对威胁的能力而是社会力量和劝说者的可信度使参与者相信他们有能力采取有效行动。

329

指导性掌握

多年来，人类机能失调的治疗主要依赖于访谈，并将其作为心理改变的主要方法。虽然言语分析和社会劝说能产生一些效果，但单纯通过谈话很难在人类行为上得到重大的一致性的变化。分析和谈论有益的改变是一回事，但在麻烦的现实生活中实现这些改变则是另一回事。行为主义技术也存在缺陷，它将人类当作不能思维的有机体。较早的评论证明行为技术依赖于认知调节的作用(Bandura, 1969a; Brewer, 1974)。因而，与行动相脱离的言语主义和与思维相脱离的行动主义都不能获得良好的结果。

社会认知理论将掌握经验作为个人改变的主要手段(Bandura, 1986a)。当人们努力回避害怕的事物时，他们会与所要逃避的现实失去联系。指导性掌握为恢复现实检验提供了快速有效的方法。它提供了对恐怖信念的否证检验。但更重要的是，构建出来用以发展应对技能的掌握经验提供了有说服力的验证，即一个人能对潜在威胁进行控制。严重的恐怖症患者当然不会做他们厌恶的事。因而，治疗者必须创设适当的环境条件，使无能力的恐怖症患者能够获得成功。创设能够获得成功的条件是预先通过利用各种行为控制的帮助实现的(Bandura et al., 1969; Bandura et al., 1974)。首先，示范害怕行为使人们知道如何有效应对威胁，并否定他们最害怕的事。当必须克服技能缺陷时，培养能力的示范性帮助特别重要。在应用示范消除错误的思维时，治疗者通过设定事件的结果，重复说明恐怖症患者所期待的灾难性的后果实际上不会发生，从而对错误信念进行否定性验证。单独的示范会使自我效能知觉有所提高，但常常需要额外的控制性帮助以实现更难以治疗的病人机能的完全恢复。通过示范传递应对策略和否定错误信念会增加其他控制性帮助的有效性。

困难或威胁性的任务可以被分解为易于解决的亚任务。在任何一个步骤中，要求人们尽最大努力和耐力做能力范围之内的事。一个消除驾驶恐怖的方案可开始于在很少有车辆行驶的僻静街道上进行短距离的驾驶，接下来是在交通较拥挤的繁华道路上较长时间驾驶，而后是在恶劣的天气条件下，在交通繁忙的高速公路上进行长距离行驶。如果恐怖症患者在进行最初的尝试时就失败了，他们会将困难归于内在的能力缺乏。临床医学家则要将困难归于任务要求太难、任务的步伐太大。所以应选择和尝试更易于达到的任务。治疗要一步步地进行直到最难、最具威胁性的活动也能被控制。

与临床医学家一起从事恐吓性活动可以进一步使恐怖症患者尝试原来自己所拒绝的活动。一个参与活动的临床医学家能以几种方式加快改变的速度。仅仅一个熟悉的人的参与也会减少患者在威胁情境中的应激反应并使他勇气大增（Epley，1974；Feist & Rosenthal，1973）。应对能力的自我发展在缺乏破坏性的应激反应时会更容易一些。人们并不总是敏锐地注意在安全场合中示范的应对策略，但在他们应对真实威胁的情境中向其示范有帮助的策略，他们就有高度的警觉，并知道他们在哪儿会成功，在哪儿会犹豫不决。他们从不断修正的特别针对其能力的有问题方面的示范中受益很多。

临床医学家的参与还有其他重要作用。人们常常相信某些实际上没有任何作用的惯例能提高对后果的控制（Langer，1983），这一点在应对威胁中特别正确。例如，广场恐怖症患者只有在包括惯例成分或以受限制方式行事时才能使自己从事令他恐惧的活动（Williams，1990）。一个害怕驾驶的广场恐怖症患者一旦变得能够勇敢地在高速公路上驾驶，就会在有危险的路况中惯例地操作或坚定地靠近更为安全的右侧车道行驶。封闭性的活动限制了成功经验的效能价值的概括化。当应对效能知觉部分地与特定惯例或与一套限制条件相联系时，患者需要进行逐渐灌输效能的练习来劝说他们自己在无须惯例或自我保护性的限制的条件下相信他们有能力成功地执行任务。参与治疗的临床医学家很快就能发现这样一些界定效能的策略，并使控制经验多样化从而对个人效能信念产生概括化的影响。 330

治疗者的参与对改变的进程起加速作用的另外一种方法是使错误思维模式发生自然改变。大多数治疗试图通过解释性的访谈改变思维的机能失调方式。患者报告他们在问题情境或想像情境中习惯产生的想法，而后治疗者帮助他们对事物的有害性解释方式和错误的思维风格进行重建（Beck & Emery，1985；Dryden，1987；Meichenbaum，1977）。然而，回忆和认知模拟常常不能完全掌握在对直接接触威胁时所唤起的一系列混乱思想。而且，患者在有益健康的访谈情境中采用积极的思想而仅仅在面对真实的威胁时才转向错误的思想（Biran & Wilson，1981；Emmelkamp，Kaippers & Eggaraat，1978）。在有参与者的条件下，治疗者要确认和纠正思维的错误模式并为使患者获得成功而对认知策略提出建议（Williams & Rappoport，1987）。

克服患者抵制的另一种方法是逐渐增加时间。如果恐怖症患者不得不忍受长时间的应激的话，他们将拒绝这一危险的任务；但如果时间较短，他们可能会冒这个险。当他们的应对效能提高后，他们从事某一活动的时间会不断变长。最初，幽闭恐怖症患者仅仅能忍耐几秒钟的禁闭；而后，忍耐时间逐渐增加到几分钟或几小时。与之相似，为了克服可怕的污染或令人厌恶的想法而花大量时间清洗自己的强迫症患者能从事接触污物的活动或产生有关肮脏的想法，但越来越长时间地控制自己不进行这种净化的惯例活动，直到他们能平静地坚持更长时间（Meyer，1966；Rachman & Hodgson，1980）。

能减少可能的恐怖后果的保护性帮助可以作为另一种对改变有促进作用的方式。对恐怖症患者来说，开始时大家一起从高处跳下来并有安全性保护措施，他们并不会太害怕。如果限制了自己所害怕的动物的活动范围或为自己提供了保护措施，与动物的接触也会增加。至今所描述的大多数的控制性帮助在威胁处于较高水平的条件下减少了回避行为。如果这些策略不足以对应对行为起激励作用，可以通过降低威胁的严重程度克服患者的抵制行为。任务的等级划分可改变高威胁情境中应对活动的复杂性，威胁的分级可改变进行应对活动时条件的威胁程度。在应对活动的和场景威胁性的分级之间的差别可以用对害怕购物的广场恐怖症的治疗来阐述。活动的不同等级体现在，患者看到一个最有威胁性的商店，先是使他进入这个商店，然后在快速付款处买了一件商品，最后又逐渐购买更多的东西。威胁的不同等级体现在，他们首先在一个小型的无威胁的商店买很多东西，而后又再去一个引起较大恐怖的商店。严重的恐怖症常常需要威胁和活动两方面的分级训练。因而，让一个难以治疗的广场恐怖症患者到一个温和的情境中买一件商品是最初的应对挑战。

331　机能失调的严重程度和类型决定了需要什么样的控制性帮助。最初，需要临床医学家使用许多控制性帮助使病人恢复对应对能力的信念，使他们的机能得以有效运转。随着治疗的进展，取消暂时的帮助以证明应对的进步来自于所改善的个人效能的运用而不是来自于控制性帮助。从归因和自我知觉的理论到个人改变领域的推断常暗示人们如果要使自己确信个人的能力，必须在没有帮助或在不明显的激励下工作（Kopel & Arkowitz，1975）。否则他们会错误地将成功归因于外在的安排。对成功作错误的外部归因的任何可能危险很快会在引导性控制的治疗中被消除，而不会牺牲控制性帮助的大量优点。这仅仅需要在机能恢复后通过给患者提供自我指向性成功的机会就可以实现。他们无须支持性的帮助就能依靠自己获得成功。这些经验会去掉对可能具有的控制潜在威胁的能力的任何踌躇怀疑。在治疗的最后阶段，安排自我指向性控制经验旨在为患者提供应对能力的各种各样的证实性检验，以加强应对效能感并使应对效能感得以概括化（Bandura et al.，1975）。

已经有人分析过指导性掌握治疗的各种成分对效能知觉和应对行为的作用。在必要时利用了大量的掌握性帮助的治疗提高了个人效能知觉和应对行为，而仅利用了有很少量帮助的治疗其疗效却较差(Bandura et al., 1974; Williams et al., 1984)。在图8.2中，将恐怖症患者取得完全的应对成功的百分比作为治疗中提供的掌握性帮助的函数。掌握性帮助很少的条件下，治疗效果较差并产生不必要的烦恼。有选择地使用大量的掌握性帮助，患者产生持久快速的进步，并产生相当少的应激。恐怖性机能失调越严重，越具有一般性，就越需要掌握性经验来保证进步。一些广场恐怖症患者能从事令人恐惧的活动，但是以高焦虑的刻板的自我保护方式进行。指导性掌握能使患者以灵活和流畅的方式从事以上活动(Williams & Zane, 1989)。当他们放弃行为中的防御性策略，并相信自己的能力时，他们的焦虑基本上消失了。包括各种指导性帮助的指导性掌握相对于仅有较少的帮助而言，对消除焦虑者的焦虑更加有效。掌握性帮助使临床医学家得以对治疗的速度和效力进行实质性的控制。治疗可以使每一个人受益。一些人只不过比其他人需要更多的帮助。

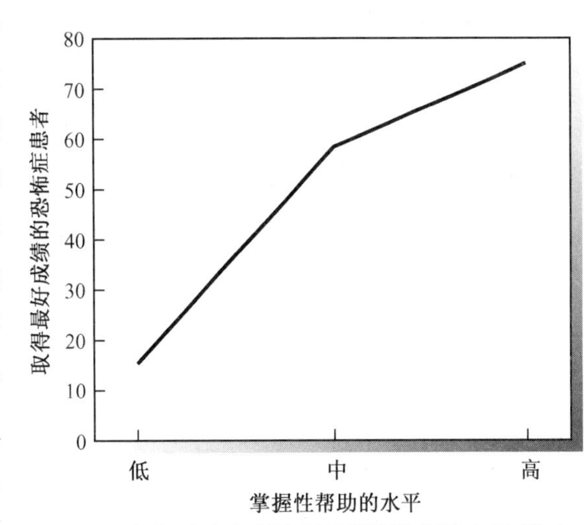

图8.2　根据治疗中所接受的掌握性帮助水平，治疗后评价中成功完成威胁性应对活动的恐怖症患者百分比(Bandura, Jeffery & Wright, 1974)。

虚拟现实的模拟技术为一些恐怖失调的掌握定向的治疗提供了借鉴。并不应对真实的威胁，恐怖症患者可以在计算机设计的环境中应对威胁性不断增加的各个方面(Lamson & Meisner, 1994)。例如，让恐高症患者戴上头盔，通过头盔中的电脑屏幕向他们展示包含危险性因素的模拟环境。他们通过按钮以自己的速度在环境中活动。他们可以缓慢穿过高度不断增加的路，从路边向下看，并且应对模拟出的其他骇人的情境。他们不断进行应对努力直到他们能够掌握为止。一个人可以在模拟环境中或有画外音的伴随时通过引入和逐渐减少掌握性帮助来加速掌握。通过加强现实性和互动性，应用的范围得到扩展，从而使他们的活动可以引起来自个体所处环境的反应。

332

恐怖症患者在模拟性的相互作用中出现情绪反应，这说明模拟场景存在一定的现实感。轶事性的报告声称从虚拟的现实到真实的现实存在广泛性的迁移。然而，热情拥护者的断言在缺乏控制的经验性检验时应该被带有怀疑性地接受。应该对应对模拟条件下所能达到改变的多少加以研究。在一个控制研究中，高恐怖症患者报告他们在掌握不同等级的虚拟威胁后，焦虑、烦恼和回避高处的现象都有所减少，但令人奇怪的是，尚无对恐怖行为的正式评定(Rothbaum et al., 1995)。如果这种方法会产生巨大的成功，它会因其众多的功能成为这一领域中的一项显著的进展。各种环境都可以模拟,但在现实中就很难或不便安排。而且,建构虚拟环境可以对恐怖症患者尝试处理的威胁的严重性进行控制。如果虚拟的掌握仅得以部分迁移,虚拟的治疗可以作为方便的辅助手段,但不能替代真实的掌握经验。

个人改变的各个方面

社会认知理论区分了四种基本的变化过程:心理机能的习得、普遍性、持久性和弹性(Bandura, 1986a)。心理机能的习得包括知识、技能和调控人类思维、情绪与行为的自我信念的发展。普遍性是指获得的能力在多大范围内可以使用。变化的范围可以采取各种形式。其中包括在不同情境间、不同个体间和思维、情感与行为的不同通道间的普遍性。持久性关注的是变化可以保留多长时间。弹性指从有害经验中恢复的能力。

社会认知理论没有根据某一治疗方法是否有效笼统地提出评价性问题,它提出更多分析性的问题:开始产生个人变化的治疗力量是什么?变化是普遍性的,还是限制在某一领域中?变化随时间推移保持的情况如何?治疗是否使人具有从苦难中恢复的能力?产生有限的、暂时变化的治疗没有什么意义。产生普遍性但短期存在的变化的治疗需要保持成分。产生持久但受限制的变化的治疗需要的是迁移成分。研究的目的是创造出一种治疗方法使个人变化的四个方面——习得、普遍性、持久性和弹性都能实现。必须创设适当的条件以保证四个方面的实现,但是它们不必在出现个人变化时同时发生。

前面的证据表明掌握性帮助加速了获得过程并减少了应激性。自我指向性掌握有助于变化的普遍性和持久性,在这种掌握中个体能在有效的机能建立以后应对越来越困难的情境。例如,让已恢复健康的恐车症患者在拥挤的城市街道和高速公路上独自驾车。社交恐怖症患者会执行有威胁性的社会机能以完成掌握任务。选择各种不同的应对任务,它们随着个人效能的发展提供给个体水平越来越高的挑战。挑战的分级保证了自我指向掌握中成功的最理想速率。必须注意的是自我指向掌握指的是在没有帮助的条件下完成挑战性活动,而不是指是谁提出应对任务(O'Brien & Kelley, 1980)。这些独立的成功提高了个人效能信念并进一步提高了行为改变的水平和普遍性(Bandura et al., 1975)。在一个五年期的追踪评定中,个体一直保持着行为的全部自我效能和勇气。

333

行为改变中另一个需要评价的重要方面是治疗如何影响对有害经验的脆弱性。治疗应该以培养弹性的方式进行,弹性反映在能从有害的经验中快速恢复的能力上。有弹性的自我效能不是几次成功就能建立的。它需要个体通过不屈不挠的努力学习如何应对困难和迎接越来越艰苦的挑战。独立的个人成功有助于建立从苦难经验中恢复的弹性,从而减少复发的可能。从机能失调中复原的能力依赖于先前存在的效能信念的力量和性质，新的经验要综合进原有的效能感中，而不单纯是依赖事件的性质。战胜各种困苦挑战而取得的成功可建立起有弹性的效能感，它能抵消不良经验的消极影响。举一个简单的例子来说，恐狗症患者在自我指向的掌握过程中通过与各种狗的控制性遭遇而发展出对自己应对能力的信念，他们不可能因为与某一种狗的消极性遭遇而感受到自我效能的完全崩溃。他们会对这一种狗谨慎，这是具有适应性的，但仍保持对处理其他狗的能力的信念。如果他们在机能建立起来后没有关于狗的进一步掌握经验，在消极的接触后，广泛的自我怀疑会很快出现并恢复了恐怖行为的普遍性模式。各种掌握经验提供的机会可以减少对不良事件的消极效果的脆弱性，通过提供各种掌握经验的机会而得到治愈之后，就会产生一些最重要的治疗效果。

通过应对效能感的恢复去除恐怖性失调并不意味着前恐怖症患者会不顾一切地行动。不再因交通拥挤而恐怖不会使患者义无反顾地冲向拥挤公路上的车流。相反，过去所形成的习惯性回避行为方式由灵活的适应行为所替代，这种适应行为在认知上是由对个人效能的判断和对预期行为的预期后果所控制的。当某一行为是有利的，前恐怖症患者会从事这种行为；如果这样做会使他们处于危险之中，他们就会放弃。

区分改变的机制和方式

一个常见的误解认为治疗的方式必须与失调的方式相匹配：行为失调大约需要行动定向的治疗，情绪的困扰需要情绪定向的治疗，错误思维需要认知定向的治疗。实际上，有效的经验可以在所有功能形式上产生变化——行为、认知和情绪上。例如，不幸被德国猎犬所伤的人会像避瘟神一样地回避猎犬，只要一看见它们就会恶心，出现恐怖思维并厌恶它们。强有力的动作性掌握经验能消除防御行为、心理应激反应和错误的思维模式（Bandura，1988b）。简言之，是治疗的效力而不是治疗进行的方式主要决定改变的性质和范围。

有时，人们认为动作性治疗能减少广场恐怖行为但不能减少惊恐发作，而试图纠正对身体感觉的错误解释的认知治疗，能减少惊恐发作但不能减少广场恐怖。实际上，指导性掌握治疗不仅能减少惊恐发作，而且在提高控制干扰性思维和惊恐反应的效能感上以及减少灾害性的后果期待和减少其他类型的恐惧上都比认知疗法效果好（Williams & Falbo，1996）。甚至是仅仅暴露于威胁的较弱的动作性治疗形式在减少弱化的认知和惊恐反应上也与认知重建一样有效（Bouchard et al.，1996）。这同样适用于社交恐怖症（Feske & Chambless，1995）。威廉姆斯和福尔布（Williams & Falbo）的研究进一步指出对中度广场恐怖症患者的惊恐发作的治疗比高广场恐怖症患者更容易。因而，局限在没有广场恐怖症的惊恐人群治疗后果的研究会产生对治疗效果的夸大性描写，因为它排除 334

了较难治疗的病例。以后所提到的其他研究也指出指导性掌握在减少行为失调和错误思维模式上比认知重构更有效。

对心理改变领域的研究的发展反映了两个不同的倾向：一方面，对心理改变的解释越来越依赖于认知机制；另一方面，通过掌握经验进行的以活动为基础的治疗在认知、情绪、行为改变上被证明具有更好的效果（Bandura，1977；Williams，1992）。认知理论和动作性治疗之间的明显分歧能通过区分过程和手段的方式加以调解。认知过程调节心理改变，但认知事件最容易通过动作性掌握来发展和改变。

共同的中介机制

之所以提出综合性理论，是为了详细说明起作用的基本机制，从而解释各种影响模式在不同功能领域中的作用。假设每一种影响模式或每一种行为都有不同的机制，某一研究领域就不会得到发展，最终的结果是相互之间没有联系的各种解释性因素集合在一起。在社会认知理论中，自我效能知觉作为行为改变的一般机制起作用：各种治疗模式在某种程度上通过形成并加强个人效能信念来改善应对行为。效能感的较高级功能显然对观念性、动机性和情绪性过程产生影响。所以，这些过程对行为的作用部分应归结为效能信念的作用。这一章考察了在人类各种失调和治疗干预中自我效能理论的普遍性；另外一些章节则关注明显不同的情境中、各种显著不同的机能领域中这个理论的概括性问题。

自我效能理论的解释和预测力的普遍性已由几个实验进行了验证，实验是这样的，让严重的恐怖症患者接受由不同种类的治疗所传递的四种主要影响模式中的一种治疗，四种主要影响方式包括：动作的、替代的、认知的、情绪的（Bandura & Adams，1977；Bandura et al.，1977；Bandura et al.，1980）。在每一个研究中，在治疗前后和随后的阶段测量了对恐怖性威胁所进行的各种应对活动的效能信念的水平、强度和概括性。

我们已对采用动作性指导控制作为改变的主要手段的治疗进行了较为详细的描述。在替代性治疗的模式中，恐怖症患者仅仅观察一个榜样对越来越具有威胁性的恐怖性对象进行控制。示范传递着关于威胁的可预测性和可控制性的信息（Bandura et al.，1982）。可预测性可以通过显示恐怖对象如何在不同环境中活动的顺序进行示范。了解在某一环境中将发生什么会减少对预感不确定性的应激，并为形成应对潜在威胁的良好方法提供基础。关于可控制性的示范，榜样表现出对在任何情境中可能出现的恐怖威胁进行控制的应对策略。因而，指导性的榜样可使由无效的思维所产生的可怕东西具有预测性并可以被个人所控制。为加强示范的力量，应将能提高与榜样相似感的因素放在应对的示范中。

在我们所检验的主要利用认知形式的第三种治疗方法（Kazdin，1978）中，恐怖症患者产生一种认知上的情景，在其中他们重复性地面对威胁情境并能对其进行控制。已有研究表明这种认知模拟提高了自信心并减少了恐怖行为的出现（Kazdin，1979；Thase & Moss，1976）。 335

作为对效能理论普遍性的进一步检验，研究者考察了情绪定向的方法。这种情绪脱敏的治疗通过消除焦虑唤起达到减少回避行为的目的（Wolpe，1974）。威胁被分解为想像上遭遇不同等级的威胁。例如，如果一个人不能自信地行事，设想的情境包括对威胁性不断增加的人物表现出果断性。重复地将放松与连续的想像性威胁相匹配，直到大多数威胁物不再使人出现焦虑唤起为止。这种治疗方法的基本原理最初来自针对焦虑线索的条件性放松反应。然而，无论想像的情节是否与放松匹配出现，这种方法都会产生相似的促进作用（Kazdin & Wilcoxon，1976；Wilkins，1971）。这一证据与条件作用机制不一致。事实上，脱敏法传达了几种不同形式的效能信息：首先，对自己能成功应对各种威胁的重复想像会通过自我劝说提高个人效能信念；第二，如果人们很少受威胁的困扰，他们有可能判断自己能更好地处理威胁；第三，自我放松技能的习得可能使人们通过相信自己可以减轻应激而使他们更为自信地接近应激情境。

一系列的研究结果证明不同的治疗方法都提高和加强了应对效能信念（Bandura & Adams，1977；Bandura et al.，1977；Bandura et al.，1980）。在对效能信念和个人应对任务的成绩之间的一致性进行微观分析时发现，无论人们获得应对效能感的方法如何，行为与自我效能知觉的水平密切对应。自我效能知觉的水平越高，行为所获得的成功就越大（图 8.3）。效能信念的力量也可预测行为的变化（Bandura，1977）。效能信念越强，人们越可能从事困难的活动并坚持下来直至成功。 336

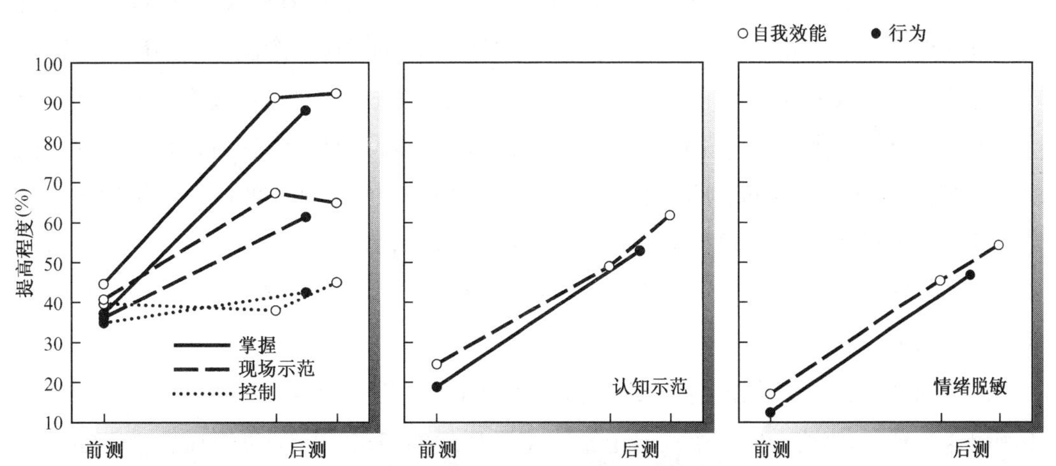

图 8.3　在动作性掌握经验、榜样示范的替代性经验、认知示范和情绪脱敏四种治疗条件下自我效能知觉和应对行为的平均增加值。后测阶段，在应对行为测验前后分别进行效能知觉水平的测量（Bandura & Adams，1977；Bandura，Adams & Beyer，1977；Bandura et al.，1980）。

与自我效能理论相一致，动作性的控制使个人效能出现最高、最强、最具普遍性的提高。它能在较短时间内消除所有病人的恐怖行为和主观上及生理上的焦虑反应，将对恐怖对象的厌恶性态度转化为积极态度，消灭恐怖性思维和噩梦。应对效能感的提高深深地影响做梦活动这一事实是一种极其明显的普遍性影响。在做梦状态中认知活动的这种显著变化表明，通过应对控制比使用对梦的解释性分析更能改变做噩梦。

以动作性指导掌握为基础的治疗的优越性由其他的比较性研究所证实，这些研究表明动作性掌握在提高效能信念和活动成就方面优于言语劝说、情绪和替代性影响（Biran & Wilson, 1981; Feltz et al., 1979; Katz et al., 1983; Williams et al., 1985）。当恐怖症患者只是从劝说性、替代性或情绪治疗中部分受益后，紧接着接受动作性指导掌握治疗，无论其失调有多严重，他们的效能信念都能提高到最高水平，其行为机能可以完全恢复（Bandura & Adams, 1977; Bandura et al., 1977; Bandura et al., 1969; Biran & Wilson, 1981; Thase & Moss, 1976）。这些结果表明在仅产生一定程度改善的治疗中，主要的缺陷在于治疗的方法而不是患者。而通常，由方法所造成的效果不良要归于患者的抗拒。

自我效能理论不但解释最终的后果而且解释在治疗过程中的改变速度（Bandura & Adams, 1977）。在对治疗过程中的进展程度进行的微观分析中，应对任务被等级性地分解为负荷程度和威胁性不断增加的子部分。选择任务系列中失败程度最低的应对任务并使用指导性掌握的方法对恐怖症患者进行治疗，直到他们掌握为止，而后测量他们在成功完成以前不能完成的任务上的效能知觉和成绩。恐怖症患者从相同的行为掌握水平中产生的自我效能大小是不同的。一些人判断自己的效能仅仅比先前高一些并据此行事；还有一些人认为自己的自我效能感提高较多；还有一些人认为自己具有极高的效能，完全能完成所有更高水平的应对任务。在治疗的不同时期形成的效能信念能相当准确地预测恐怖症患者在以前从未做过的任务上的应对成功。在改变过程中对自我效能知觉的评价为治疗提供了重要的指导。它既显示了患者所取得的进步，也使人们看到患者仍然存在的弱点。而且，对效能的探测表明什么是患者可设法处理的应对挑战的最佳时机和水平以及能够使患者得到迅速而连续的进步的各种掌握性帮助的特定结合。最后，正在进行的效能评价能够反映出某一治疗的哪些方面正在发生作用，哪些根本就没有效果（Clarke et al., 1991）。

对恐怖性障碍的性质和结构的理解为如何治疗它提供了指导。广场恐怖症特别适合于阐明这一观点，因为在同一个人身上常有多重形式的表现。广场恐怖症患者不能在商店和超市中购物，因为他们发现购物者排的长队、成群的人对自己来说是一种威胁。公众场所，如戏院和餐厅，会唤起被困于群体中的无助感，因而成为避免出入的危险场所。对电梯、自动扶梯高处的恐怖进一步限制了恐怖症患者的活动空间。不能使用公共交通工具或甚至不敢作为乘客乘坐汽车的人，他们的生活圈子被限制在家周围步行可以到达的范围内。而那些认为没有能力处理日常事务的人活动范围会急剧缩小，他们实际上会变成困在家里的人。如果广场恐怖症是一种整体性失调，消除某一恐怖症状会使所有恐怖症状出现普遍性的消除。然而，如果广场恐怖症仅仅是各个独立恐怖症的集合，每一种恐怖症应被分别对待。

337

威廉姆斯、金尼和福尔布（Williams, Kinney & Falbo, 1989）通过检验对有不同恐怖症状的广场恐怖症患者进行的指导性掌握治疗所产生改变的普遍性来说明这一问题。在每一个个案中，对一种恐怖进行治疗同时测量没有接受治疗的恐怖症状的改善程度。例如，在对一个广场恐怖症患者的开车恐怖进行治疗后，检测他对购物和登高恐怖的恐怖性回避的改善。结果证明广场恐怖既不是整体的失调，也不是相互独立的恐怖症状的集合。对一种恐怖症状的治疗改善了另一个未经治疗的恐怖症状。然而，迁移治疗效果的模式是高度变化的，并且不一定与活动的生理相似性的变化幅度相一致。一个人可能在某些未治疗的恐怖症状上有很大的改善，但在另一个上却变化不大。有时，与所治疗的症状相似的未经治疗的恐怖症状变化不大，而不相似的症状反而有很大提高。因而，恐怖症有一个复杂的结构而不是单一性的或无联系的。

除了自我效能外，威廉姆斯和他的同事还检验了几个通常会被唤起的因素，它们是收益迁移的可能中介因素。效能信念的模式被证明是不同行为功能领域的一般性变化模式的极好预测者（Williams et al., 1989）。无论一般性的领域与被治疗的症状相似与否，对某一类型恐怖的效能信念越高，行为改善越大。在任何情况下，自我效能信念系统的结构反映了应对效能知觉的主观建构而不是威胁因素的客观相似性。而且，效能信念在治疗过程中、治疗后和随后阶段既是被治疗的也是未被治疗的恐怖行为的良好预测者。当期待性惊恐、期待性焦虑、对危险的知觉、治疗的最好效果及伴随行为出现的焦虑的水平被控制后，效能信念仍具有预测力。然而，当个人效能信念被控制后，这些因素则失去了预测力。既然效能知觉是一个重要的迁移机制，下一步的研究应是弄清广场恐怖症患者在重建效能信念时他们在认知上加工成功和困难的特异方式。

前面的分析主要针对依赖掌握经验治疗的相对效果以及对变化的各种机制的经验性验证。认知—行为疗法是另外一种被广泛使用的方法。认知—行为疗法的基本原则是人的问题和情绪苦恼是由错误思维所导致的。因此，建立在这一概念图式基础之上的治疗，试图通过改变错误的思维方式消除恐怖性障碍。虽然思想是干预的主要焦点，但这一方法的支持者们对错误思维采取什么方式持不同观点。一些人强调信念的整体性失调（Ellis & Dryden, 1987），还有一些人强调自我衰弱性的内部对话（Meichenbaum, 1985），还有一些人关注产生和保持消极自我图式的错误思维方式(Beck & Emery, 1985)。

主要依赖对错误思维的言语分析和言语劝说的治疗方法一般被称为认知—行为疗法,这些方法受到来自行为主义者的攻击(Ledwidge, 1978)。行为主义认为认知—行为疗法使脱离肉体的心灵主义的幽魂复活。他们还是将思维看作是言语行为并认为行为不能引起行为,只有来自机体外的影响才能引起行为。他们指出治疗的言语方式不比行为技术有效,而且常常不及行为技术。对上述批评的仔细研究强调需改变问题的狂热形式。思维是脑的活动,不是脱离肉体的心理实体。将思维命名为言语行为是将行为的定义延伸到没有意义的地方去。人们可以在没有言语的时候思考。处于前言语阶段的儿童、聋哑人和失语症患者不是无思想的。人们常在没有说一个词的条件下进行思考。将思维与言语表达等同混淆了思维形式与被评价的认知现象。

338

错误的二分法,即存在纯粹的认知疗法和行为疗法不能很好地为心理改变的领域服务。因为行为主义治疗家通过必须在认知上进行加工的言语手段,建立和执行依随规则、激励系统和社会相互作用,所以一个人很难发现不依赖或至少是部分不依赖于认知的行为治疗方法。也不可能发现一种认知治疗方法像行为去除术那样没有任何外在成分。将影响的言语方式称作是认知的,行动的方式称作是行为的将会混淆改变的手段和机制。人类的思想是通过来自行为的信息性经验和交谈来改变的,确实,即使是皮亚杰的理论,它是认知主义的标志,也几乎完全依赖于探测性行为作为知识和思维技能的基本来源。因为思想可通过话语、行动、榜样的影响来改变,依赖这些不同形式的治疗都是认知性的。恰当的论题应该是它们的相对效力。交谈疗法对认知改变没有特殊的要求。

在三因素交互作用模型中,认知、行为和环境因素相互作用使改变得以发生。具有情绪问题的人通过他们如何行动和对日常生活经历的错误理解产生烦扰性的现实。因而认知的作用最好与行为和环境因素结合起来进行理解。对恐怖症的治疗也恰恰说明了这一点。恐怖症很少能够单纯通过思维分析消除。虽然行为上的成就是有说服力的,但他们不能保证出现普遍性的持久改变。行为成就的影响依赖于对它如何理解。在驾车恐怖症患者中,所有的人都得到他人的帮助,通过相同难度的路线,其中一些人判断自己完全能胜任并能没有任何障碍地开车;还有一些人对自己的能力有些疑惑,只在有限的范围内行驶;还有一些人认为自己的能力只能在掌握的特定路线中行驶,由于缺乏效能知觉而不敢在其他条件下驾驶,尽管他们的行为是成功的(Bandura et al., 1980)。改变的程度和普遍性由来自于活动的效能知觉调节而不是直接由执行的反应所引起。

如果自我指向性思维减弱了行为成功的影响作用,这并不是说动作性控制应被放弃。相反,对于人们如何评价其活动的分析为如何建立掌握经验以使他们更具自我劝说性提供了指导。一旦个体了解了到底是什么使他们相信了自己的应对能力,其效能感能通过帮助他们成功从事对自己具有重要诊断意义的活动得以提高。简言之，掌握性任务的选择和建立主要决定于它们对个人效能信念的潜在影响。那些通过在几项挑战性任务上获得成功就确信自己效能的人不需要重复证明其应对能力。非常缺乏自我效能的驾驶员在他们改变自我信念以前，需要在他们认为最能表现其应对效能的任务上取得更大的成功。难以治疗的患者需要在不同路线、不同环境下的自我肯定经验以及不同领域的人员使他们相信自己的能力。因为思维、情绪、行动间存在相互作用的关系，心理影响并不仅仅是认知或行为上的。治疗的效果不仅仅依赖于增加或减少认知和行为成分，似乎它们是相互独立的影响模块。更确切地说，它们从两个方向塑造改变的进程。

认知行为疗法对各种机能失调都具有改善作用(Hollon & Beck, 1994; Meichenbaum & Jaremko, 1983)。理论上关心的问题不是这些方法起作用与否，特别是是否要用行为任务加以补充，而是单纯通过言语方法进行的认知重建改变行为的效力。治疗效力最好通过将认知重建与已证明是有效的方法相比较进行测定，而不是与无治疗的控制组或较差的治疗方法进行比较。比较也受所选择的结果测量的类型的影响。言语比行为或生理镇定更为容易。与行为机能的实际改善相比，自我报告常夸大了变化的程度(Williams & Rappoport, 1983)。因而，对应对行为和生理反应的测量比对改变的言语报告更能检测出治疗之间的差异(Paul, 1986)。所以对仅依靠自我报告比较研究的结果的接受应有所保留。

比兰和威尔森(Biran & Wilson, 1981)使用动作性指导掌握或包括这一过程的三个主要变量的认知重建的方法治疗恐怖症。在设想的威胁情境中，恐怖症患者通过将思维表达出来对不合理的信念进行修正，教给他们如何通过用应对的自我指导替代自我弱化的观念以及如何重新解释情境以使他们较少受到威胁。动作性掌握实际上使每一个人增强了应对效能感，减少了生理应激反应并消除了恐怖(81%)。单独的认知重建仅产生很弱的或不太实际的应对效能感，不会影响生理应激反应并且只有少数人得到治愈(9%)。当恐怖症患者通过认知重建只获得部分改善时给予动作性掌握，几乎所有人都能被治愈(86%)。

其他的人也已发现动作性掌握不仅在消除恐怖行为上，而且在消除广场恐怖思维上也比各种认知重建法有效得多(Emmelkamp et al., 1978)。当想像威胁情境出现时，恐怖症患者能用大胆的内部对话替代令人害怕的想法，仅仅在遇到真实威胁时才又出现恐怖性思维。与此不同，通过动作性地征服真实威胁，人们获得了强应对效能感，他们没有理由进行恐怖性思维。通过动作性经验改变思维的方法与使用行为变化改变态度的社会心理学方法相一致(Abelson et al., 1968; Festinger, 1957)。

由动作性掌握经验所传递的效能信息很容易取代由言语重建所提供的较弱的多余信

息(Rosenthal & Bandura, 1978)。大概由于这个原因,将认知重建增加到动作性掌握上比单独运用动作性掌握不能更多地促进自我效能和行为改变(Emmelkamp & Mersch, 1982; Emmelkamp, Van der Helm, Van Zangen & Plochg, 1980; Fecteau & Stoppard, 1983; Ladouceur, 1983; Van den Hout, Arntz & Hoekstra, 1984; Williams & Rappoport, 1983)。通过言语方式进行认知重建较可能加强人际失调中动作性治疗方式的效果,在这种失调中,各种事件包括许多模棱两可的情况,这很容易被错误地解释以符合歪曲的现实观。

当然,认知—行为疗法不能单纯依赖于对思维过程的言语分析。不正确的信念和错误的思维习惯可以通过考察支持和反对错误信念的证据进行分析。但对于纠正错误的思维方式,新的行为方式也被认为是这一方法的组成部分。在更偏向活动定向的认知—行为疗法中,不仅讨论新的行为方式而且常常在角色扮演中加以示范和练习,以发展有效的思维和行为方式。在治疗过程中大量时间被用在分析行为任务所产生的影响、改变有问题的方面及设计出新的行为方法中。动作性掌握对成功后果的巨大作用在对言语焦虑的认知行为治疗的自我效能分析中得到了揭示,在这种治疗中病人有时在角色扮演时把他们的说话技能付之实践,有时则没有这种掌握尝试(Fecteau & Stoppard, 1983)。在认知性应对技能和应激处理上的指导提高了自我效能知觉。但增加行为掌握也能提高效能信念,减少期待性和行为焦虑,并提高行为机能。包含更多的认知成分并不能加强治疗,但通过动作性掌握提供证实一个人效能的机会能提高治疗的效果。在治疗的所有变式中,无论是主要用言语或由应对行动所补充,形成的效能信念越强,那么公开的谈话越好,威胁情境中的焦虑会越少。

在使用多种认知程序的治疗中,只使用其中的一些方法与使用全部方法的效果是一样的(Jaremko, 1979)。几个因素可以说明为什么使用更多的方法效果不一定更好。可能是一些表面上不同的认知过程传递着关于有效行为的认知策略的多余信息。后果不会受多余的认知帮助增减的影响。第二种可能原因是人们已经拥有许多必备的认知技能但却利用得很少。确实,机能缺陷更可能是由于不使用某种认知能力而不是缺乏认知能力(Flavell, 1970)。对认知策略的集中指导主要用来提高将已知策略变为行动的动力。当一部分治疗方法与所有方法同时使用效果一样好时,结果的相似性也可归于减少了对扩大的方法的坚持。如果要求人们做许多事,他们可能由于厌烦而放弃大部分。如果没有完全采用并坚持应用扩展的方法,扩展的方法不会产生较好的后果。可能把大多数其他解释都包括在内的最终解释存在于改变的自我效能调节。认知性自我指导有助于确立自我效能。认知过程中的一些因素在提高个人能力上可以与认知过程的全部成分产生一样的效果。

认知—行为治疗家为患者规定在日常生活中应执行的特定行为。这种指定的行为任务是为了形成错误信念和误解的反面证据和个人能力的证实性证据。内梅伊和菲克塞斯(Neimeyer & Feixas，1990)检验了单独的认知治疗及与行为任务结合在一起对失调性思维进行监控，通过矫正活动检查信念的效力，和促进更好的行为方式的有效性。行为任务加强了治疗性改变。患者在认知性自我指导上的技能越熟练，他们越能更好地保持经治疗得到的改变。然而，行为任务有益于治疗的证据，现在还不是结论性的(Edelman & Chambless，1995)。

规定矫正性活动是一回事，而使人们自己能成功执行是另一回事，特别是当他们遇到麻烦或处于威胁之中时。单纯要求受自我怀疑困扰的患者从事那些旨在改变错误思维的行动并不意味着他们都会做而且是前后一致地通过自我劝说去这样做。人们在规定活动的自我应用上表现不同(Primakoff，Epstein & Covi，1986)。因此，行为任务的作用可以通过评定要求患者执行的行动被执行的程度得以揭示。对所规定的行为方式的效能信念及对自己按要求行事的能力的信念能预测随后的坚持水平(Hoelscher et al.，1986)。效能感越高，坚持性越强，实际的治疗效果越好。对所要求的能带来明显效益的行动的坚持可进一步为个人效能提供证据。因此，自我调节效能感促进了矫正行为的采用，反过来，可能这又会加强效能信念。

虽然在认知—行为疗法中重点在于改进行为任务，但构造这方面的指导路线还没有发展起来。选择最合适于能反证错误思想模式的动作性经验主要依赖于直觉。当指导个体追求有益的行动路线但要他们按自己的方法执行时，取得的成功将依赖于各种因素的作用：是否提供给个体有效执行所需的社会认知技能和效能信念？他们是否知道如何在变动的环境中临时作出行为规定以反证错误信念并扩展能力？他们是否能预测到在执行规定的活动和练习策略时可能出现的困难？他们的效能感是否足以克服挫折和失败？他们是否具有充分的积极激励和社会支持用以调动个人改变所需的努力？如果缺乏这些促进因素，治疗学家会感到自己在与对行为任务的公开或隐蔽性抵抗进行搏斗。不相信自己具有产生良好后果效能的人将不会使自己处于困境之中。

341

当受威胁的人不得不自己创造个人变化所必需的条件时，治疗后果具有不确定性。指导性掌握治疗通过提供能带来成功的掌握性帮助阻止抵抗问题的出现。有助于个人改变的条件也可以通过在治疗中寻求重要他人的帮助来获得(Bandura，1988b；Williams，1990)。实际上，当治疗的掌握方法得到很好的发展时，给以适当训练和指导的非专业人员在为寻求个人改变的人创造矫正性经验及有助于发展的掌握性经验方面能与专业人员做得一样好或优于专业人员(Mathews，Teasdale，Munby，Johnson & Show，1977；Moss & Arend，1977)。非专业人员非常适合于在出现问题的场合和恰当时机提供细致的帮助。将言语重建、模仿练习和社会性帮助下的掌握等结合起来的认知取向的治疗比在矫正行为时使用言语指导而在实践时没有指导的条件下效果要好。

以前的证据表明提高认知—行为疗法效力的努力应该最有成效地针对于提高如何在日常生活的交往中建立矫正性的和有助于发展的行为形式的知识。使人们具有能力的方法必须是有效的改善性努力的一个组成部分。如果患者不能将处理现实的新方法转换为行动,他们将不会发生很大的改变。许多认知—行为研究的倡导者不再对挑战性地完成任务和社会结构问题感兴趣,他们正在将研究转移到相反的方向上,寻找无意识动机源与心理动力理论的整合,这些心理动力理论产生了效果和社会效用有限的、麻烦的、长时间的谈话治疗。混合的理论越来越内化到信息加工机制的中心,但对影响生活进程和质量的社会条件却漠不关心。对人类问题进行治疗就好像它仅仅是由个人机能失调产生的。考虑人们必须应对的生活环境交互作用式的生态模型更合适于解释人的适应与改变。

让我们先考虑一下无意识的漫长历程。当人们获得认知技能、行为能力和适应方式时,他们能意识到自己在想什么和做什么。他们不会依赖无意识思维教会自己如何驾飞机、做脑科手术或解决问题。相反,他们运用思维来建构、激发和调节他们的行动。最终,人们通过反复地使用而使思维和行为成为日常习惯,因而其思念和行动时并不需要意识伴随。这一习惯化可以通过几个不同的过程实现,所有的过程中都包括将控制转变为无意识的调节系统(Bandura, 1986a)。结果,人们常以非反思的固定思维方式和无须思维的习惯化行为方式作出反应。无意识的信息加工和思维及行为的习惯化应与无意的有机体的无意识心理相区别,这种无意识心理是这些有机体表现出和谐行为的隐蔽动因。在自动和习惯化反应的证据中,要使控制知觉和行为的隐蔽动因具体化是一种严重的形而上的侵犯。侵入无意识丛林的治疗学家从未提高过预测和治疗效果。

342

许多心理学理论是以激烈的多元论为特征的。构想来自于各种不同的理论,有一些理论甚至在基本假设上都是不一致的。一批构想被包装在一个概念箱中并由假定的因果链连接起来。一个评论家曾将这种理论的自助餐厅方式描述为“箱子学”在胡作非为。一个作者,在将他的由多种来源组成的图式作为综合因果模型时,无意地把它称之为一种非正式的模式,这是一个非常有见识的描述。当前存在一种将社会认知理论和心理动力理论综合起来的呼声。将来自不同理论的元素综合起来是发展某一领域的方法,这一观点更多是一种直觉的呼吁,而没有得到多少经验性的支持(Wachtel, 1977)。统一到底意味着什么?如果统一是概念水平上的,我们如何将基于对人类行为的各种不一致的假设的理论结合起来并保持概念上的连贯性?如果综合意味着不管概念基础,只是从各种来源中吸取方法,这只能是无知的技术折中主义。如果综合是规定了在多种机能领域都起作用的一般性机制,那么这个机制应该以统一的理论框架为基础。

心理学理论是人类现象的概括抽象,但由不同理论家选出来加以关注的特定现象不是这些理论专门拥有的现象。这些现象也不是必须永远由某一特定的概念图式来解释的。当有缺陷的理论声称一些重要现象处于它的管辖范围中,对人类行为理解上的重要进展常受到阻碍。当现象被放在一个较富有成效的理论框架中被重新概念化时,就会有进展出现。我们看到了自居作用的心理分析理论所引起的研究收效甚微,而由关于心理示范的决定因素、机制、各种效果和效力的社会认知理论所引发的研究却非常丰富(Bandura, 1969b, 1986a; Bronfenbrenner, 1958; Roenthal & Zimmerman, 1978)。

当然,一个关于人类机能的全面理论必须包括支配思想、行为和情感的各种因素,无论亚里士多德、孔德、弗洛依德、荣格、米德、孟德斯鸠,或一个人的祖母都可能时不时提到它们中的一些。但各种各样的因素,必须在一个统一的概念框架中加以整合,否则结果就会是不一致的片段式的折中主义。追求理论的完整性有两种完全不同的方式:一种方式通过将所解释的现象的范围扩大使之进入完整的理论之中,另一种方法则是通过将各种理论的构想进行特定结合。重大的进展需要进行理论综合上的努力,它可以扩大具有证明价值的理论的解释力和效力。

基本的人类现象已由古代精神学家进行说明,它们对任何理论来说都不是什么新的东西。我们面临的挑战是提供具有解释力、预测力和效力的概念。对统一社会认知和心理动力理论的普遍要求并没有受到理论杂交的优越性的事实证明。详尽的实证研究不断表明心理动力性的评定对人类行为的预测作用相对较小(Dawes, Faust & Meehl, 1989; Mischel, 1968; Wiggins, 1973)。事实上,将一些社会心理因素结合起来的统计系统在预测人类行为上要比心理动力评定优越。与之相似,在大多数条件下,以广泛的自我知识为基础的自我评价比心理动力评定更有预测力,后者假定是测定人们没有意识到的行为的主要决定因素(Kaplan & Simon, 1990; Osberg & Shrauger, 1990; Shrauger & Osberg, 1982)。对这些理论中的一些原则进行实验室检验的努力已在概念和方法论的困境中挣扎了很久(Erwin, 1996; Eysenck & Wilson, 1973; Gruunbaum, 1984)。已经有证据表明心理动力理论不仅缺乏预测能力而且缺乏改变人的行为的效力。统一者的重担是能用经验来证实心理动力的嫁接能产生出一个具有非凡预测和可操作性的理论。目前还没有这样的证据。教条不能继续替代经验性的证据。

343

抑 郁

抑郁已被看作是社会心理机能的"普通感冒"。日常生活中人们都要遇到不总是容易控制的苦难。因此，没有人会不受周期性的徒劳、沮丧和无目标的经验的影响。当抑郁反应严重且长期存在时，它会严重损害机能。低自我效能感对抑郁起作用的不同途径已在前面章节中作了较为详细的分析。这里关注的主要是为减轻抑郁而发展起来的各种治疗方法通过自我效能知觉的中介联系减轻抑郁和减轻的程度。在回顾关于自我效能机制的证据之前，先对抑郁的性质和治疗方法进行一些广泛的评论。

人们可以因为各种方式使自己变得意志消沉。因此，不存在对所有来源的抑郁都有效的治疗方法。围绕着不同的原因已建立起各种病源学理论和治疗方法，然而大多数理论都强调错误思维在抑郁中起原因作用。一些人患抑郁是因为他们缺乏能力和人际技能来获得满意感并减少生活中的令人反感的经验。莱文森（Lewinsohn）和他的同事将他们的抑郁理论集中于这种技能缺陷，在这一概念体系中，抑郁是由于不能产生愉快经验并阻止反感经验产生而造成的（Lewinsohn et al.，1985）。在令人沮丧的条件下，人们变得情绪低落和冷漠并很难从所做的事中发现快乐。治疗主要是培养社会技能和自我改变技能从而使个体多从事有趣味的活动，减少反感体验或鼓舞人们以减少痛苦的方式解释这些体验（Lewinsohn，Hoberman & Clarke，1989；Lewinsohn，Anutonuccio，Steinmetz & Teri，1984）。提供愉快活动的明确指导、角色扮演练习和活动任务的心理教育途径能达到这一目的。组织一些自我改变的练习使这种途径可以预防性地应用于将出现抑郁的人或已患抑郁的人（Muñoz & Ying，1993）。

人们对生活的满意度、他们的价值感和忍受应激的能力受他们人际关系质量的强烈影响。那些缺乏感情和同伴或受人际不和与严厉的情感关系困扰的人易患抑郁（Coyne，1990）。反过来，沮丧也会使他人变得烦恼并离你而去。虽然开始时亲密的同伴是支持你的，但过一段时间后，他们对你不断表现出的悲观、绝望、冷漠和失望也变得烦恼和不耐烦了（Coyne，1976b；Marcus & Nardone，1992）。由于密友的不接受和拒绝，抑郁行为逐渐升级，这只能使事情变得更糟糕。对于人际模型的提倡者来说，抑郁源自关系问题。他们将婚姻关系的失调作为抑郁的重要来源。如果夫妻双方认为他们能解决问题，他们的婚344 姻问题较少出现苦恼。如果他们发现自己陷入不能获得满足或厌倦的婚姻关系中而且他们感到没有能力改变这种状况时，他们很可能感到无助和失望。以上条件更可能使女性产生抑郁，因为她们受经济依赖和社会角色支配的限制更多（Pretzer，Epstein & Fleming，1991）。强调抑郁的人际关系方面原因的治疗试图提高交往、人际问题的解决、社会功能和相互间对满意关系及社会角色进行协商的技能（Coyne，1988；Gotlib & Colby，1987；Jacobson & Holtzworth-Munroe，1986；Klerman & Weissman，1982）。

一些人由于错误的思维习惯使自己陷入沮丧的状态中。贝克（Beck，1984）根据抑郁基本上是思维紊乱这一观点发展出*自我图式理论*。易患抑郁症的人会对事件进行消极歪曲并作错误解释。他们根据脆弱的证据进行错误的推断;从情境中抽取出事件并赋予错误的意义;因为人们的某一次失败就过分概括一个人的缺陷;将一般的错误和挫折通过放大其严重性而将其看作是灾难性的;将与自己很少有关或根本无关的消极事件归于自己;进行二分法思维,一个人或者是聪明的、或者是愚蠢的,或者是有勇气的、或者是懦弱的,但不会是居于二者之间;他们非常熟练地对自己的成功或积极经验持怀疑态度。以上这些惯例性的错误思维习惯产生了否定性的自我图式,它使人们的注意、解释、记忆过程偏向生活中的不幸方面(Kuiper, Olinger & MacDonald, 1988; Teasdale, 1983)。通过这种对经验的歪曲性认知加工,他们贬低自己的能力,不能在周围世界中发现令他们满意的和有意义的事,对未来持消极的态度。治疗包括两个主要成分:第一个成分包括对已形成惯例的错误思维习惯中的错误假设、推理和结论进行分析;第二个成分包括渐次变化的行为任务,通过这些任务可以否定错误信念,提供掌握性经验从而肯定个人能力,有助于恢复积极的自我评价。

塞里格曼(Seligman)和他的同事也将抑郁看作是思维紊乱,但他们的理论关注的是对好坏后果的有偏向性的因果解释(Peterson & Seligman, 1984)。从他们的观点看来,抑郁来自于*消极的解释风格*。非抑郁个体喜欢自我增强式的解释风格,它们将成功看作是由持久的和一般性的个人特征所决定的,而将失败归于暂时的或外部的因素。相反,抑郁症患者表现出消极的解释风格,将成功看作是由外在因素决定的,但把失败归于个人的一般性的和持久的特质的缺乏。对失败的自我责备似乎是比对成功的自我否定更强的倾向。将一个人的失败归于个人缺陷,这些缺陷渗透在他尝试的每一件事中而且是不能改变的,这反映了个人效能感的极度缺乏。以这一理论为基础的治疗还没有发展出矫正这种错误因果归因的方法,而贝克的治疗方法常常是为了这一目标而制定的。

许多人体验到抑郁不是因为他们的社会能力差,由错误的思维习惯所弱化或由一般化的无助感所困扰,而是因为他们采用不能实现的严格的自我价值标准。所有的人时不时会有浮沉波动,但有沉重行为标准负担的人发现自己很难从自身的所作所为中获得满意感,因为他们很少能达到自己的要求。使事态更糟糕的是,这些标准常伴随着与非凡成就者的比较后的自我贬低。这使我很容易想到这样的一类人——他们无情地要求自己追求不能实现的目标,他们不断提高的标准一直否定其自我实现感。令人啼笑皆非的是那些具有可能实现但实现起来极端困难的高抱负的天才,他们虽然有非凡成就,但尤其容易沮丧。诺贝尔奖的公布使那些被忽视的可能竞争者而非使那些具有较为适度抱负的人感到沮丧。

虽然职位的提升可能使人快乐,但出现突发性的抑郁反应也不是不常见。高职位需要对各种活动负有更大的责任,而这些活动只能通过他人的努力才能得以有效管理。而

345

那些采取苛刻的标准、不擅长领导他人工作或认为只有自己才能把工作做好而不愿将责任下放给他人的人总是尝试自己完成很多工作。问题被对他人达不到确切标准的工作的沉思性自我责备复杂化了。最后的结果是产生了沉重的工作负担，它减少了工作带来的快乐。

苛刻的自我评价标准以更为极端的形式引起慢性抑郁、无价值感和缺乏目的性。实际上，慢性自我贬低是抑郁的主要特征。欧内斯特·海明威死于自杀，他患的就是这种自发性暴虐(Yalom & Yalom, 1971)。在他的一生中，他强加给自己许多不能实现的要求，使自己创造出了非凡的伟绩同时又经常贬低自己的成就。严重抑郁的人自我承受的痛苦和失望的程度可以通过对其生活进行的持久考察生动透彻地显示出来。宾斯旺格(Binswanger, 1958)提供了一个这方面的详细的案例：一个女人一直受对不可实现的标准的无情追求的折磨，任何一点小的失误都是致命性的失败。当她还是一个孩子的时候，如果她没有在所有的孩子中出类拔萃，就会哭上几个小时。但即使是无比的成功也不会给她带来满足，因为她将眼光放在能保证她获得永恒名望的非凡成就上。她的人生信条是"要么成为伟人，要么一事无成"，虽然以其他标准来看她是优秀的，但她将自己的成绩看作是惨痛的失败。她不但对自己苛刻，而且不断以同样严厉的标准严格地看待他人。当令人气馁的绝望开始毁灭她的战斗力时，她深深地沉浸在无价值感和无用感之中。只有死亡能使她从折磨中解脱出来，因此，她曾多次自杀。

抑郁是由*失调性自我评价系统*造成的，这一观点来自里姆(Rehm, 1988)的理论。在第四章中，我们看到在自我评价的每一个子过程中失调如何在抑郁的产生中起作用。易患抑郁的人在他们如何监测自己的成功和失败及他们为自己做了什么上对自己并不宽宏。当别人偶尔超过自己时，他们会出现自我贬低，他们为自己设置的目标是超过自身能力限度的。相对于非抑郁者来说，他们对失败采取更多的自我否定和自我惩罚，对成功则较少采取自我奖赏。具有这种负担沉重的自我评价系统的人在面对不利的生活事件时特别容易出现抑郁(Heiby, 1983a, b; Rehm, 1988)。他们在困难时期缺乏坚持下来的自我支持。

里姆(Rehm, 1981)设计了一种结构良好的治疗方法，目的是治疗自我系统中的失调的各个方面。这一治疗方法产生了一致性的良好效果。他以绕开注意和记忆的歪曲并重视积极经验的方法对经验进行系统的自我记录从而纠正自我监控中的失调。患者自我贬低性的解释偏见通过分析最近事件以减少对做事的过分自我责备并增强对成功的自我信任来改变。通过要求患者为对个人具有重要意义的活动设定明确、可实现的亚目标可以改变自我弱化的目标设置。他们不需要放弃高抱负而是应把他们的努力和自我反应集中于向这些抱负的进步。满足感来自于掌握过程而不是仅仅与一个人努力的长远结果相联系。最后，严厉的和贬低性的自我评价由较为积极的自我评价所替代，这需要患者用有乐趣的活动和对亚目标实现所产生的自我认可对自己进行奖励的结构性任务来实现。

有一些抑郁是由*生物化学失调*造成的。损伤神经传导的神经递质的缺失被看作是主要的决定因素。但是将内源性抑郁和由于适应问题引起的抑郁区分开来的任务并不是件容易的事，因为他们都是从各种重叠的特征中推断出来的。抑郁反应的差异常是强度上的不同而并不是种类的不同。无须惊奇的是，尝试将抑郁反应分为"内源性"和"反应性"的努力还没有多少成功(Free & Oei, 1989)。同样，确定生理化学功能失调到底是抑郁的原因、结果或是与抑郁相伴而生也不是件容易的事。人类的机能是由相互作用的过程而不是二元论式地通过相互分离的生理和心理过程来支配的。生理和心理失调双向起作用。例如，作为神经元之间信号的化学信使，神经递质的损耗会妨碍思维并损害适应行为。动物研究表明对经常出现的应激源的无力控制是使中枢神经递质遭到损耗并产生对随后可控的恶劣条件的无助反应的环境条件(Weiss, 1991)。

346

有研究已表明缺乏处理威胁事件的效能感影响人类神经递质的功能(Bandura et al., 1985)。掌握定向的治疗能使个体具有较强的应对效能感，这可以使神经递质功能正常化。如果抑郁涉及广泛的生理化学失调，估计有10%的抑郁是这种情况，那么，抗抑郁药物有助于治疗(Kessler, 1978)。然而，甚至是在内源性因素对抑郁反应起作用的条件下，沮丧也会通过使社会心理问题一直存在的方式来损伤认知和人际功能。连续用药的效果并不比针对错误信念的短期认知—行为疗法的效果好，有时甚至较差。而且，接受社会认知方式治疗的个体比单纯服用抗抑郁药物的人更好地保持他们的进步，而服药的人较可能在停药后复发(Blackburn, Eunson & Bishop, 1986; Evans et al., 1992; Simons et al., 1986)。社会心理治疗在改变沮丧性思维方面比药物效果好。社会心理治疗改变错误思维越多，将来患抑郁的危险性越低(DeRubeis et al., 1990)。而在认知—行为疗法中增加抑郁药物不能产生进一步的治疗效果。药物的危险性和有害副作用会使一些患者停止治疗。用抑郁来自于生物化学失调的个案比例是否可证明广泛使用药物来治疗人类情绪低落是正当的，这还是一个存在很大争议的问题。

大多数情绪沮丧的人通过提高个人和社会技能使自己发现生活中令人满意之处，改变错误的思维方式，使自己放宽严格的自我评价标准，这样可使他们得到持久的改善。虽然社会心理治疗具有长期的优势，但抗抑郁药物仍然是抑郁最普遍的治疗方法。以下是过度使用药物治疗人类情绪问题的几个原因：制药工业强有力地提倡药物治疗，很多健康计划的付款方式有利于廉价的药物治疗而不是社会心理治疗(Antonuccio, Danton & DeNelsky, 1995)；给患者开药比使人们改善生活环境或更好地应对环境要容易得多。

各种治疗作用的共同机制

大量的对比研究表明不同的抑郁治疗方式都获得了成功(Elkin et al., 1989; Free & Oei, 1989; Rehm, in press; Zeiss, Lewinsohn & Muñoz, 1979)。有几个因素可以说明为何在效果上出现明显相似。其中一个可能是结果反映的是后果测量的缺陷。评价几乎完全依赖于对抑郁调查问卷中症状的自我评定。已有研究表明在区别治疗的效果上自我报告测量没有行为测量敏感。另一个可能的原因是虽然不同的理论概念侧重于不同的过程,但在治疗实践中使用了许多常用的方法。相似的治疗活动产生相似的结果。

347 另一个似乎有道理的解释是明显的类似是有缺陷的实验设计的人为产物。抑郁可能由许多原因造成,它需要各种治疗方法,每一种方法适合于特定的原因。如果不加区别地应用某种治疗方法,只有适合这一方法的个体能从中受益。为了便于说明,假设存在这样的研究,三种治疗方法中的每一种都应用于包括相同数量的三种抑郁亚型的样本中。每一种治疗仅能使患者中的三分之一受益,因为治疗正好与抑郁的根源匹配。这种不顾抑郁不同亚型的设计将传递错误的印象,即各种治疗都是无效的,而实际上,它们在减轻对应的抑郁亚型上是非常成功的,而对不匹配的亚型则是无效的。

黑比(Heiby, 1986)的交叉设计研究证实了针对抑郁源进行匹配治疗的重要性。她选择了两种抑郁亚型:一种类型的抑郁来源于人际技能的缺乏,另一种是由于严格的自我评价。匹配治疗(对社会技能缺乏者提高社会技能,培养低自我评价者的积极自我评价)使抑郁出现明显的稳定的减轻;不匹配的治疗(对低自我评价者培养社会技能,提高社会技能缺乏者的积极自我评价)则没有任何效果。当提供极为匹配的治疗时,抑郁减轻了。里姆和他的同事也证明低自我评价者在接受强调消极自我调节系统的治疗时比接受提高社会技能的治疗时抑郁症状减轻更多(Rehm, Fuchs, Roth, Kornblith & Ramono, 1979)。没有将抑郁的亚型与治疗相匹配的对照研究不但不能提供信息,而且会严重误导结论。

对不同治疗为何产生相似效果最终应根据社会心理变化的自我效能调节进行解释。患抑郁症的人表现出来的行为是各种各样的,但极度缺乏能为一个人带来生活满意的积极后果的个人效能感在抑郁的不同亚过程中是共同的核心因素。缺乏效能感可能涉及所渴望的关系、贪求成功或对一系列绝望思想的控制。当抑郁个体通过倦怠的、无效的行为重复证明他们努力的无价值时,他们就陷入了深深的绝望和无价值感之中。虽然各种治疗重视能力和自我贬低性思维的不同方面,但每一种治疗都企图恢复个人能力感,从而使一个人感到生命有目标并对生活满意。提高社会技能和自我改变技能的治疗方案能提高情绪满意感和社会支持。通过前面的分析,可以回忆起社会效能知觉通过交互的因果关系而减轻抑郁的观点。社会效能感支持积极的人际投入和发展满意的情绪关系,这两方面可以减轻对抑郁的易感性(Holahan & Holahan, 1987a, b; Stanley & Maddux, 1986a)。反过来,支持性关系也提高了应对应激源的自我效能感而不会使人担心和失望(Cutrona & Troutman, 1986; Major et al., 1990)。

在通过消除消极自我图式的方法抵制抑郁的治疗中,许多思维分析和活动任务被设计出来用以劝说抑郁个体,让个体相信自己是有控制能力而不是无助的。治疗抑郁的归因再训练方法同样可以通过将成功归于自己而将失败归于暂时的动机或情景因素的方法提高个体对自己的信念。自我效能感不但影响因果归因(Alden, 1986; McAuley, 1990; Silver et al., 1995),也调节其对个人成就的作用(Schunk & Cox, 1986; Schunk & Gunn, 1986)。

通过纠正自我调节系统中的失调来消除抑郁可以通过自我监控性的矫正来强调个人能力。能带来效能知觉范围内的抱负的目标设定练习可以提供大量掌握经验。对自己能达到挑战性标准的信念可以将由失败引起的消沉变为对行动的全神贯注(Babdura & Abrams, 1986; Kanfer & Zeiss, 1983)。 348

患者对治疗的参与和坚持水平一般可以被看作是治疗动机的反映。*动机*这个词是一个一般性的描述,它并没有过多地涉及与它有关的问题和治疗。在社会认知理论中,治疗中所说的动机是根据包含效能信念、个人目标和后果期待这些可改变因素进行分析的。朗戈、兰特和布朗(Longo, Lent & Brown, 1992)发现患者对执行治疗任务、克服经常参与治疗的障碍并不管病情复发仍坚持治疗的效能信念能说明最初的主要治疗动机中的大部分。对个人问题的苦恼和对治疗结果的预期也对动机产生微弱但很重要的作用。个人效能信念决定患者是否能坚持治疗,但情绪问题和后果期待的水平却不能。这些结果强调应提高患者对治疗活动本身的效能感从而去除前进中的障碍,阻止过早地终止治疗。

成功地治疗抑郁需要人们采取使能性思维方式和参与掌握性活动,这样可以抵消自我贬低和绝望的作用。然而抑郁的治疗提出了独特的挑战,因为极低的效能感甚至扩展到在治疗中所教授的减轻抑郁反应和减少对自我沮丧的易感性的技能上。这些治疗通常包括各种技能,如:如何辨认错误思维并用有益的思维来代替、提高自我奖励活动的水平,并且采取否定错误信念和提供提高个人效能感与加强积极自我评价的成功的行为方式。在治疗开始时,抑郁患者往往受到对能力的自我怀疑的困扰,怀疑自己没有能力从事治疗家劝说他们用以减轻抑郁的行为(Ross & Brown, 1988)。失望越深,学习减轻抑郁的技能的效能感越低。认为努力是无效的,这种观念会破坏对个人改变的积极追求。因而在没有进展之前,治疗者必须改变患者关于自己没有能力完成必要的治疗任务的自我静止观念;否则,他们会不断肯定地认为治疗活动对他们并没有效果(Beck, 1976; Meichenbaum & Gilmore, 1982)。掌握经验在消除无效思想上常常比单纯交谈更有说服力。掌握性经验能为看起来很困难的事可以获得成功提供验证。

自我效能知觉不但影响矫正性治疗任务中的努力，而且影响治疗中抑郁的减少和改善能保持的程度。凯范纳夫和威尔森（Kavanagh & Wilson，1989）通过改变错误的思维方式，提高对快乐的追求，检验了针对抑郁的治疗后果的各种潜在预测因素。控制沮丧性思考的效能感是主要的预测者。思维控制可以阻止暂时情绪低落升级为持久抑郁。因此，治疗越是能加强控制沮丧性思维的效能，抑郁减轻得就越多，在治疗后的一年内抑郁复发的可能性越小。当在治疗结束时抑郁的各种变量保持不变时，对抑郁情绪有影响的思维进行调节的个人效能信念是所获得改善和保持这种改善的独立预测者。

这些发现进一步强调思维控制效能知觉在调节情绪状态中的影响作用。与焦虑唤起的情况相同（Kent & Gibbson，1987；Ozer & Bandura，1990），沮丧的情绪更多地取决于一个人去除沮丧思维的低效能感而不是一个人执行应对技能的效能知觉或仅仅是无用的思维的发生。控制无用思维的无助感令人产生抑郁也使人苦恼。因此，易抑郁的人必需发展出对沮丧性反复思虑进行控制的技能。一些研究者是抑郁的体质—应激模型的倡导者。在这一非动因性的缺陷模型中，人们是天生的易感性载体，在压力性应激源的作用下，就产生抑郁。对信息加工模式的拥护者来说，应激源激活了引起抑郁的不适当的、无价值的自我图式。社会认知理论采用交互作用的动因模型，在这一模型中抑郁与影响一个人的情绪状态的抱负、人际关系、对认知和情绪事件的自我调节相联系。

349

饮 食 失 调

与调节体重有关的问题很普遍。肥胖症不仅提高了生病和过早死亡的危险性，而且它同样会造成严重的心理损伤。因此，大多数人努力使自己保持在标准体重之内。而那些没有保持标准体重的人感到自己会因肥胖而产生许多社会和心理上的负担。肥胖者常被侮辱、受冷落、受歧视并被贬低为不能进行个人控制。社会拒绝使他们易于出现自我贬低。当大众将肥胖看作是随意的自我放纵的结果时，许多专家信奉另一极端的观点，将肥胖看作是生理驱力的产物，认为它是不能受个人控制的。为提供一种快速的解决方法，出版社经营的自助图书生意兴隆，而兴旺的食品工业则许诺不需改变多少健康习惯就可以很快获得减肥成功。

有可能超重的人依赖快速节食和各种流质食物来减轻重量，仅仅是为了在短时内能恢复体重。由于身体对通过消耗热量而减轻体重的反应比较缓慢，所以较少的热量就能增加体重(Leibel，Rosenbaum & Hirsch，1995)。在体重增加条件下身体消耗热量也较快，但有趣的是，研究者们认为身体抵制减重而不抵制增重。当人们反复按规定的饮食要求进食时，身体通过减少能量消耗速度很快学会适应这种能量限制。这些对热量限制的新陈代谢性适应使减重较困难而增重很容易。和在周期性的节食条件下一样，体重的大范围变动提高了冠状心脏病的发病率，同样增加了超重的危险性(Lissner et al.，1991)。

厌食症和贪食症患者的饮食模式最为混乱。这两种病人都表现出对体重控制的极端努力；厌食症患者强行要自己处于半饥饿状态从而使自己消瘦下来，贪食症患者则在限制进食和使用泻药后与再过量进食之间轮流交替。在这两种失调状态中，贪食症更为普遍，特别是在苗条身材受崇尚但美味食品丰富多彩且还没有丧失任何诱惑力的时尚圈子里。

健康领域的研究者区分了饮食障碍和肥胖症。许多人，特别是并不真正超重的女人为了使自己苗条并使体形符合崇尚苗条的文化观念，而通过常年使自己处于饥饿状态来达到目的。当达到极点时，紊乱的饮食行为就变成厌食症和贪食症。如果饮食问题是异质的，治疗必须针对不同问题的性质(Brownell & Wadden，1992)。对于那些为了追求美而保持饥饿的人，限制性的饮食模式和自我贬低是需要治疗的问题。那些仅仅适度超重的人可以通过改变饮食和活动习惯从适度的体重减轻中受益，从而显著改善健康状况。这种变化比大幅度减肥更易实现和保持。健康受益包括减少高血压、减少患糖尿病、心血管疾病和各种癌症的危险。严重超重的人需要更彻底的干预(Wadden & Van Itallie，1992)。 350

肥胖症

很多因素会导致肥胖症，如遗传构成、生长爆发期形成的脂肪细胞的数量、代谢率、热量摄入水平和活动水平(Stunkard，1988)。遗传因素反映在低水平的基础新陈代谢率和脂肪细胞数量上，它使一些人比其他人更容易发胖。然而，遗传的倾向性不能决定是否患肥胖症，遗传只是原因中的一部分。过量进食高热量食物，特别是以无所顾忌的饮食风格进食及因久坐而消耗热量较少，都会使体重增加(Brownell & Wadden，1992)。在过去几十年里，虽然人们的遗传结构没有改变，但肥胖症发病率几乎增加了一倍。肥胖症在那些社会经济地位较低的人之中更为盛行，他们更不可能采用合适和低热量的营养。一个国家中的西方化地区比传统地区有更高的肥胖症发病率。美国的少数民族比在他们原籍国的对照群体更可能成为肥胖者，因为他们吃太多高脂肪食物而运动却很少。这些发现证明了行为因素在肥胖症中的影响作用。对肥胖症进行治疗的综合的社会认知方法既不采用道德教化，也不过分关注于生物学原因。

通过心理学方法治疗肥胖症集中于可在行为上加以控制的两个因素，它们包括减少脂肪热量摄入的饮食习惯的改变和采用消耗热量的运动习惯。许多人不饥饿但过度进食并不是因为强迫的驱力而是因为食物太美味。然而在饮食紊乱是由社会、情绪和自我评价性影响引起的情况下，治疗必须使患者以更为健康的方式对付这些应激源。应该说明的是一些社会情绪问题可能是饮食紊乱的结果而不是饮食失调的原因。对肥胖症的持久控制需要进行生活方式的改变，应该阻止重量增加而不仅仅是断续地减少热量摄入。习惯改变可以对肥胖症起预防和调节作用。在一岁之内和青春期的生长发育激增期中，控制过多进食和积极锻炼能延缓脂肪细胞的增殖（Katch & McArdle，1977），这反过来也会减少热量摄入的生理压力。

有效的自我调节是通过一套能促进和保持习惯改变的心理亚功能起作用的。应用到处理肥胖症问题中时，这些策略包括规则性地对饮食和运动习惯及情境变化进行自我监控，采用可以达到的渐次改变习惯的亚目标而不是快速减重，自我激励以保持努力，改变破坏自我调节努力的关于饮食习惯的失调性思维方式，用其他活动代替进食，重建环境以减少他人对过度进食的鼓动，形成各种策略从而避免危险情境中自我调控的失误及当失误发生时恢复控制（Agras，1987；Brownell & Jeffery，1987；Brownell，Marlatt，Lichtenstein & Wilson，1986；Perri，1985）。

由于脂类的热量比糖类或蛋白质更易转化为体重，营养计划关注于采用平衡的低脂肪饮食习惯。体重控制的第二方面是将久坐的生活方式变为更多身体运动的方式。运动使热量不仅在活动时消耗，而且可以通过在锻炼停止后提高身体消耗热量速率的方式产生遗留效应（Brownell & Stunkard，1980；Thompson，Jarvie，Lahey & Cureton，1982）。通过提高热量限制降低代谢率，锻炼使肥胖症病人减少。然而，这一"消耗"效应是微弱的和易变的。锻炼也促进身体的组成成分从脂肪变为肌肉。因此，饮食习惯的改变与经常的锻炼相结合可以比单纯饮食习惯改变能产生更好、更持久的减肥效果。

351

认知行为计划帮助人们减重，但其中很多计划在防止体重增加上却有困难（Brownell & Jeffery，1987）。第七章对保持过程的分析提出了一个指导方法，在这一方法中保持策略需要延伸到维持很难成功的改变。对肥胖症的长期控制需要连续不断的而不是狂热的自我管理。涉及保持问题的计划不但教会人们调节饮食的习惯和锻炼身体的策略，而且在坚持性这一问题上提供定期的帮助（Perri，Nezu & Wiegener，1992）。从提供治疗后帮助的计划中受益的患者不但真减了肥而且成功地保持体重，但仅仅接受治疗的人后来体重又恢复到原来的水平。

对肥胖症可改变性的评价常常关注于临床治疗个案的体重平均减少量，而从寻求专业帮助的较难治疗的个案到一般群体的概括化问题并没有受到很大的关注。有一些证据表明自己进行减肥的人比寻求治疗的人成功率更高（Brownell & Rodin，1994）。成功的自我改变者比未成功者使用更多的自我调节手段，并更具一致性和坚持性（Perri，1985）。通过治疗计划能减少多少体重和是否能保持体重减少，在这方面存在很大的个人变异性（Brownell & Rodin，1994；Stunkard，1975）。一些人能减少很多体重并能防止反弹，而有一些人减重很多但又恢复了大部分，还有一些三心二意的人减重很少，还有很少一部分人在进行节食控制和过度进食之间波动，实际上会增加一些体重。甚至那些将减去的体重又增加回来的人也比那些没有自我调节而不断增重的人情况要好。部分成功也会支持感到加倍努力可以达到持久变化的效果的效能感。阻止体重开始上升能预防超重的升级（Bandura & Simon，1977）。由于体重随时间变化而波动，需要进行重复评估以全面了解干预如何影响体重。

由于体重减轻在不同人身上有很大差异，平均值不能表述大多数人如何受干预的影响。一个例子是一个不会游泳的统计学家在一条平均深度为三英尺的河中淹死。在体重减轻上差异很大时，完全关注平均值不但掩盖了事实真相，而且阻拦了对成功和失败的过程分析，而这一过程分析可为提高治疗效果提供指导。对人们通过自身努力及专家帮助获得成功进行的信息分析也限制了这样一种观念，即认为人们是受生物驱力驱动而保持热量消耗的某一水平的。热量消耗的速率只是调节减重的各种认知、动机、社会因素中的一个因素。

调节饮食和锻炼习惯中的自我效能

对饮食习惯进行控制的自我效能知觉包括许多方面（Clark et al.，1991），其中包括在各种条件下抵制过度进食的效能知觉，如在体验到消极情绪或身体不适时、当对进食有社会压力时、当从事有趣的活动时、当面对高热量的食物时能抵制过度进食的效能知觉。上述多方面的测量使人能监控治疗的有效性，能识别需要自我调节策略以改变饮食习惯和减少复发可能性的潜在使人烦恼的情境。

越来越多的研究表明，效能知觉可以在饮食和锻炼习惯发生改变的每一阶段预测个体对体重的控制。减肥计划常常有高缩减率。在开始时测量到的相信自己能达到减肥目的的个人效能可以预测肥胖症治疗计划的缩减（Bernier & Avard，1986；Mitchell & Stuart，1984）。最终退出的人在一开始就比坚持下来的人对他们的效能产生更多的自我怀疑，即使他们在治疗的第一个星期与坚持下来的人达到了相似的减肥效果，也会很快放弃。

352

同样，效能信念也能预测在改变饮食习惯的计划中坚持下来的人所达到的减肥效果。调节饮食行为的自我效能一般根据一个人在有社会诱因、有鲜美食物和情绪不安的情境中控制饮食的信念强度进行测量。治疗越能加强人们控制饮食行为的效能信念，他们的减重和在长时间内保持体重就越成功(Bernier & Avard，1986；Desmond & Price，1988；Jeffrey et al.，1984)。控制过度进食的高效能感也与高自尊相伴随(Glynn & Ruderman，1986)。许多人要改变饮食习惯不仅仅为苗条起来或自我感觉更好，而且为了降低血浆胆固醇浓度以减少患冠状心脏病的危险。对高血脂病人进行节食治疗的成功部分决定于治疗在何种程度上加强了一个人调节高饱和脂肪及胆固醇食物消耗的效能信念(McCann et al.，1995)。在消极情绪状态下控制过度进食的自我效能在预测饮食和胆固醇改变上比在节食是不适当的社交条件下控制过度进食的自我效能更为有效。这些关于自我调节效能对饮食习惯开始、采用和保持具有预测性的发现是较为令人感兴趣的，因为寻找减重效果的可靠预测者的努力至今还没有成效(Wilson & Brownell，1980)。

实验室研究进一步证实了个人效能对减肥的作用。那些自我调节效能感通过言语劝说获得提高的人在减肥效果上比效能信念没有改变的个体更为成功(Chambliss & Murray，1979b；Weinbery et al.，1984)。劝说预先相信其能力的人确信自己能控制自己的饮食行为并随后按自我信念行事更容易一些。人们常在情绪上出现烦恼时过度进食。格莱恩和鲁德曼(Glynn & Ruderman，1986)报告消极情绪是通过个人调节效能知觉的中介联系引发过度进食的。他们测量了当个体处于无情绪压力和有情绪压力条件的实验场景下吃了多少食物。情绪上的烦恼本身并不能预测过度进食，但在情绪烦恼条件下，控制进食行为的低效能知觉却能。与这些结论相一致，利昂、斯腾伯格和罗森塔尔(Leon，Sternberg & Rosenthal，1984)指出在治疗开始时的个人效能信念可以长期预测已减下体重的保持，而生活中压力的强度却不能。

沙努(Shannon)和她的同事证实了对自我调节效能的不同方面进行评定的价值，其中不仅仅包括对过度进食进行控制的自我调节效能(Shannon et al.，1990)。热量摄入受购买的食物类型、在准备阶段加入什么和在某一时间内吃多少所影响。不购买高热量、高脂肪食物要比购买它们尔后又尝试避免过度进食更容易控制体重。当自我调节技能不完善时，为了限制体重而适当选择食物的效能知觉能说明治疗前日常热量和脂肪的摄入。然而，在个人调节技能发展起来后，抑制过度进食的效能知觉可保持热量和脂肪摄入的减少，调节将什么食物带回家的效能知觉重要性变小。很显然，只要一个人是适度地进食美味，这就不会出现问题。对减少热量的收益的过分期待可能是不现实的，它会破坏坚持食用低热量食物的努力。来自家庭和朋友的社会支持只能间接通过自我调节效能知觉影响进食行为。

353 常年节食的人一旦他们的控制被很小的违反节食或烦躁情绪所打破，就很容易暴饮暴食(Herman & Polivy，1983；Ruderman，1986)。饮食规律被打破后，他们就放弃节食并无限制地过度进食从而进入一个饥饿与暴饮暴食相互交替的循环中去。然而并不是所有的节食者都会变为过度进食者。大多数人保持了稳定的自我调节模式，体重仅有微小的波动。斯脱兰德、祖罗夫和罗易(Stotland, Zuroff & Roy, 1992)报告说节食者在饮食行为上的变化可以主要由效能信念加以说明。饮食有很大限制的女性在她们已经被一大块巧克力蛋糕打破饮食习惯之后，参加一项所谓的对不同口味饼干的品尝测试。那些具有高自我调节效能感的参与者比不太相信自己自我调节能力的人吃得少。低效能的人缺乏控制的经验进一步破坏了效能感。对其他可能的决定因素的测试表明，焦虑、饮食思维和消极思维方式都不能预测过度进食。在打破严格饮食规律后的大量进食更多是受个人控制感影响不是由失去热量所产生的身体压力造成，波利维和赫尔曼(Polivy & Herman, 1985)进一步指出这一点。节食者大量进食他们认为是低热量的食物，以后吃得很少，而那些认为食物是高热量的并缺少个人控制的人后来吃得更多。

格林和萨恩茨(Green & Saenz, 1995)进一步证明了自我调节效能知觉在节食者控制失败中的中介作用。身体外观是节食者最为关注的。看到其他超重的人会使节食者焦虑并抑郁，同时会动摇他们的效能感，而对智力品质的比较却不会如此。看到他人的苗条身材使节食者镇定不惊。但外形威胁和消极情绪不会直接触发无节制进食。自我调节效能知觉决定是否消极情绪会导致过度进食。以诱发的烦恼情绪和效能信念减弱为基础的这些发现，增加了后面提到的研究的重要性，贪食症患者的情绪自然波动对大吃大喝的影响是通过个人效能信念来起作用的。

规律的需氧运动对健康有益，同样也会有助于减肥。然而，采取并坚持比较积极的生活方式对久坐的人来讲并不容易。效能知觉影响身体活动中习惯改变的每一阶段，这同样适用于饮食习惯。经常锻炼的自我调节效能知觉常根据一个人在面对各种障碍，如疲劳、烦躁情绪、时间限制、竞争性的吸引物和不利的环境条件时，能动员起完成需氧运动所需努力的信念来评定。即使告诉久坐的人增加体育运动对身体有好处，他们并不会产生进行锻炼的意图，如果他们不相信自己能坚持下来的话(McAuley, 1992)。在那些要使自己进行经常锻炼的人中，自我调节效能感不稳定的人还是不能坚持下来(McAuley, 1992; Sallis & Hovell, 1990)。只有具有较强自我调节效能的人才能成为经常的锻炼者，如果因为某些原因暂时停止运动，他们也会重新开始。我们将在第九章详细分析锻炼的自我调节效能的决定作用和机能。

在分析采取积极的生活方式时，必须区分常规性的活动，如很易采用的散步和爬梯，与在某一特定时间内有规律地进行的强有力的需氧运动(Brownell & Stunkard, 1980; Sallis & Hovell, 1990)。正是这些更强有力的需氧运动对自我调节效能产生压力并使更多的人放弃(Sallis et al., 1986)。幸运的是，仅仅通过在日常生活中参加不会产生筋疲力尽的身体活动就能对身体健康有益。对如何提高习惯于久坐生活方式的人养成锻炼习惯

354 的自我效能信念还缺乏系统研究。就大部分而言，各种计划仅仅依赖参加锻炼课和进行日常锻炼的言语指令产生所期待的改变。曾经尝试过的一些社会促进如社会协议、外在的激励、自我监控和来自同班成员的支持会使人们锻炼时间变得更长一些，这些影响是存在的，但它不可能转化成持久的、积极的生活方式，除非在这一过程中身体健康得到高度评价。

前面的一些研究考察了个人干预对减重和锻炼的影响，它是自我调节效能知觉变化的一种功能。效能信念的影响在全民健康运动劝说人们改变饮食和锻炼习惯的机制分析上进一步得到证明。在这些社区范围的努力中，健康习惯的改变通过多方面的大众传媒交流和有组织的及非正式的社会网络的结合得到促进（Farquhar，Maccoby & Wood，1985）。采用健康的饮食和规律的锻炼习惯受到人们预先存在的效能感和加强他们能对健康习惯进行控制的效能信念的多方面活动的成功两者的影响。

贪食症

因为其广泛的发生率，尤其是在大学女生中，贪食症已吸引了大众及科学家们对它的注意。这一饮食障碍以无控制的过度进食及随后由自我引发的为阻止体重增加而进行的药物通便为特征。过度运动也常常作为控制的手段。贪食症在采用鼓励消瘦并贬低肥壮的女性文化标准的女性中最为流行（Striegel-Moore，Silberstein & Rodin，1986）。专注于消瘦已波及到未成年人，导致其成为困扰今后生活的饮食障碍。大约有 1/3 的女孩担心变胖，求助于不健康的节食、轻泻剂或通便的方法，这些都会损害正常身体发展并产生慢性的自我不满情绪。虽然贪食症患者体重过轻或是处于正常体重水平，他们却已形成关于自己是肥胖的不愉快的、歪曲的自我意象。他们的饮食行为中限制饮食和狂饮作乐及通便轮流出现。

以焦虑、抑郁、生气或孤独形式出现的烦躁情绪状态常引发过量食用高热量食物及随后通过自我引发的呕吐或使用利尿剂的清除作为剧烈的控制方式（Mizes，1985）。我们已从格莱恩和鲁德曼（Glynn & Ruderman，1986）的研究中看到不是情绪烦恼本身而是不能处理情绪烦恼的低效能知觉引起无限制的过度进食。施内德、奥莱利和艾格拉斯（Schneider，O'Leary & Agras，1987）将这一发现扩展到贪食症患者中。在一项分析中，自我调节效能感低时候烦躁情绪促使大量进食的可能（69%）是自我调节效能高时（39%）的两倍。洛弗（Love）和她的同事提供的微观分析证明了在整整一周内自我效能调节对贪食行为的作用（Love，Ollendick，Johnson & Schlezinger，1985）。他们考察了各种因素——情绪状态、应激源、效能知觉、思维方式和愉快事件——预测连续的贪食情况出现的程度。处理应激事件的低效能感和抵制大吃大喝的欲望是贪食症的最一致的预测者。

应激事件和烦躁情绪状态的作用是多变的，在某些条件中是预测者而在另一些条件下却不是。效能知觉似乎对调节贪食症行为中烦躁情绪的作用是第一位的。

大吃美味食品的镇静效应之后是内疚感和对缺乏个人控制的自我厌恶。药泻作为应对彻底的自我调节失败后果的方法恢复了一些控制感。事实表明是控制能力感的恢复而不是焦虑的减少维持药泻行为（Leitenberg，Gross，Peterson & Rosen，1984；Wilson，Rossiter，Kleifield & Lindholm，1986）。除了与贪食症行为相联系的社会心理问题外，重复性的呕吐和大量使用泻药与利尿剂产生了各种严重的身体失调。

贪食症不仅仅是饮食问题，而是更大范围的生活管理问题的一部分。贪食症患者的适应性反应是以人际关系的失调、对行为表现的高标准、定型化的性别角色功能和对身体外观自我价值的过度投入为基础的。社会和自我调节的缺陷是大多数适应问题的基础。应激源是日常生活的一部分。与在其他的社会心理失调中一样，治疗的目的是减少主观产生的烦恼并建立用更有效方式应对困难的生活环境的能力。

有研究已证明治疗贪食症的最成功的方法将自我评价的认知重建与处理问题情境和烦躁情绪的自我调节性技能及人际技能的发展结合起来（Agras，1987；Fairburn，1984；Wilson，1986，1989）。认知重建集中于改变歪曲的自我意象、低效率的思维风格和认为体重的轻微增加都预示着马上患肥胖症的信念。贪食症患者主要将自我价值与身体外观相联系。治疗就是要鼓励他们接受自己的体形和体重并根据其他特质及个人的成就判断自我价值。恢复正常饮食模式的努力主要指向于使贪食症患者获得处理日常生活中问题的更佳方式。教会他们建立对人际关系更满意的人际技能，处理不合理要求的维护技能和处理应激的应对策略。为了逐步形成和证实强自我调节效能感，他们也大吃大喝并学会通过认知和行为方式抵制通便，目的是减少由此产生的紧张情绪。有时也使用抗抑郁药物。治疗的最终结果是教导患者如何从丧失控制中得到恢复。

几项研究已考察了认知—行为治疗如何影响自我调节效能知觉和它对大吃大喝与通便的影响。施内德、奥莱利和艾格拉斯（Schneider，O'Leary & Agras，1987）测量了对与贪食症有关的各种机能领域进行控制的效能知觉，其中包括抵制大吃大喝、当消耗高热量食物时抑制无节制进食、用愉快活动代替大吃大喝、在烦躁情绪下抵制大吃、坚持规律的进食模式和抵制高热量快餐、减少大吃大喝的情境性激发因素、处理人际关系和接受标准体形及体重的能力。这些领域中的效能知觉在治疗过程中得到了提高。参与者的自我调节效能信念提高得越多，他们越少服用泻药。效能变化和呕吐的减少都不能由向理想体重的客观改变程度所预测。

威尔逊（Wilson）和他的同事在人们消耗了被认为会使人发胖的食物，并超过了通常引起自我引发的呕吐的量之后，比较了单独的认知重建和与控制通便的掌握性经验结合起来时对自我调节效能知觉和贪食行为的作用(Wilson et al., 1986)。结合性的治疗使个体获得强自我调节效能感并基本上消除了贪食行为,而认知重建单独对效能知觉和行为的作用相对弱一些。治疗有效者和无效者及复发者的效能知觉是不同的。虽然认知—行为疗法一般会产生良好结果,在治疗阶段中大吃后的限制服用泻药的行为治疗的优点尚在争论中(Leitenberg, 1995)。

与其他功能领域一样,治疗的好处不仅仅来自于活动的执行,而且来自于如何解释进356步。考察行为控制如何建构与履行,它如何影响控制效能知觉对解释行为控制练习对多重治疗效果的作用中令人迷惑的变异性大有帮助。不同研究之间关于治疗中控制贪食症患者的饮食行为的练习的频率、长度和时间上的差异使得评价这一因素的价值有些困难。有些证据表明对大吃大喝的诱惑重复控制会比在大吃大喝后控制服用泻药更能持久地减少贪食行为(Jansen et al., 1992)。对于其他的消费习惯,在面对巨大的诱惑时进行成功控制产生持久的行为改变在某种程度上是通过提高效能信念实现的。

对贪食症进行治疗的比较性评价会受到由于失调的性质而使结果的测量存在一些固有的问题以及没有注意到中介机制的阻碍。为了能提供最有效的信息,比较结果的研究应有助于阐明治疗之所以达到效果的机制。研究者主要依靠参加者的大吃大喝和服用泻药这样带有羞愧和自责的行为的报告。由于贪食行为常秘密进行,很难得到关于发生频率的社会证明。对贪食症行为的自我指责反应会使贪食症病人的报告内容失真。

社会定向的作用

时尚和食品工业大力提倡将苗条的身材作为女性吸引力的文化标准。崇尚这一观念的女性变得对体重和体形极为关注。她们为了苗条严格地节食,忍受着长期的饥饿,并且为了重塑身材进行难以负担的锻炼。因此,减少饮食障碍需要个人和社会两方面的改变。在个人水平,正在形成一些无需节食的治疗计划以减少那些由节食文化所引起的对健康造成危险和悲惨事件的发生(Polivy & Herman, 1992)。要使长期节食者意识到由节食行为所引发的健康危机,并教给她们如何通过使用自然的饮食模式代替失调的模式来打破节食习惯。那些从非节食计划中获益的人认为这一计划较为有效,她们不太追求苗条,较少抑郁,更喜欢自己,她们消除了失调性的饮食行为但体重并未增加。这种计划适合于执意要使自己变瘦的人所具有的失调性饮食行为,而不适合于产生严重健康危险的肥胖症。

减少节食和饮食障碍的流行性问题部分应关注于提高群体效能从而改变产生健康问题和低自我评价的关于身体吸引力的社会文化价值标准。社会定向的方法将不健康的社会文化价值作为需要改变的对象。传媒必须对这样的事实敏感,即他们所宣传的苗条榜样对青年女性有严重的压力,使她们试图去遵从这一妇女的理想。社会力量对市场的压力也有助于对将修长身材的榜样作为文化理想的时尚工业产生纠正性的影响。因为具有可观消费收入的中年人增多且女性变得更追求事业的成功，知识、智力、成熟度和智慧成为重要的特质，这样一些人口统计学因素的变化使时尚业不得不改变美的标准。这一社会变化没有被广告人所放过。在时尚模特界，青春期的空虚的厌食模特已正在由更接近现实的成熟女性的中年模特形象所代替。但花费巨大的食品工业仍对保持苗条作为女性文化的理想有兴趣。这些市场力量与提供苗条形象和治疗的媒体联合起来，可能对最近出现贪食症及其继续存在有重要作用。关于不健康节食危害健康的信息还没有被广泛了解，它必须被广泛传播，从而使人们能完全了解他们在不断追求苗条时为自己所带来的危险。

酒精和药物滥用

357

酒精滥用是一个非常普遍的问题，它消耗了大量的个人和社会财产。减少酒精滥用的进展受到阻碍，这是由对酗酒的性质和什么是治疗目的的理论争论所引起的。根据最早由杰里内克(Jellinek，1960)建立的医学模式的倡导者的观点，酗酒是一种以渴望、强迫和很快失去控制为特征的疾病。渴望使人接近酒，而仅仅喝少量的酒也会在代谢上引发完全的失控。疾病模型的支持者，遵从一次喝酒会使人重新陷入不良嗜好这一格言，将永远戒酒看作是治疗的唯一合理目的。为了使饮酒者放弃喝酒，必须使其承认他们对消耗酒精没有控制力。如果假设人们天生不具备调节饮酒行为的能力，保持节制需要长期依赖社会支持，它使人能顺利度过对酒精的渴望阶段。疾病模型的支持者强烈反对酒精滥用者能学会控制自己饮酒行为的观点。

对酒精滥用者的生活历程的研究显示了酒精滥用是在一个漫长的社会饮酒的过程中逐渐发展起来的，而不是疾病模型要我们相信的那样，是突然出现的。在中年人中，大多数饮酒很多的人对酒的消费已变得稳定，而只有一部分人变成无控制的饮酒者。在那些变为酒鬼的人中，相当多的一部分人在老年时放弃饮酒或变为长期适量饮酒，并不需要接受任何治疗(Vaillant，1995)。上述事实对于将饮酒行为作为一种使人们无能力对饮酒进行控制的疾病的理论提出了质疑。在历史上非常有趣的是，在消费行为疾病的社会解释中，酒精滥用被看作是疾病，但尼古丁和其他药物滥用，它们也同样是上瘾却不算疾病。

将酗酒作为某种单一的疾病的流行概念受到采用生物心理社会交互作用模型的理论家的猛烈攻击。从这一观点看来，酒精滥用不是一种需要对所有酒精滥用者使用某种单一的治疗方法的单一状态。相反，酗酒是一种多重决定的行为模式，它的严重性、影响模式和是否受个人控制存在个体差异（Blane & Leonard，1987；Hester & Miller，1995；Marlatt & Gordor，1985；Wilson，1988）。交互作用框架中进行的研究在理解和治疗酗酒上已取得重要进展。

酒精滥用是异质的且它的决定作用是多种多样的，治疗的目的和策略就必须针对某一个案中的特定决定因素群制定。在对由不同原因造成的抑郁的治疗中已表现出治疗匹配的优势。与病因学类型相匹配的治疗能减轻抑郁，而不匹配的治疗却没有任何帮助。为了从与患者相匹配的治疗方法中获益，需要对滥用性饮酒的不同原因和针对这些条件制定的有效治疗方法的发展进行理论上的证明。而长期将酗酒解释为单一的疾病已经阻碍了这类特殊知识的发展。无论选择什么治疗，都必须要提到患者控制饮酒的效能感及他们对结果的期待，这种期待是和他们如何根据断绝与自己的饮食生活方式相联系的活动和友谊所要付出的代价来权衡节酒的收益有关的。最终，与酒精滥用形式相匹配的治疗将对那些生活严重受滥饮损伤的人大有好处。

快速形成身体对酒精依赖的生物遗传学上的敏感性增加了酒精滥用的危险（Goodwin，1985）。然而，许多被认为敏感性高的人没有变成酒鬼，而且具有成为酒精滥用者的遗传倾向的人也没有变成酒鬼。实际上，关于女性中酒精滥用的遗传学影响的证据并不一致，遗传因素似乎对成年后开始过量饮酒的男性也没有什么作用（McGue & Slutske，1996）。当大多数具有遗传敏感性的人没有出现失调而许多缺乏敏感性的人产生失调时，二者之间的联系便很微弱，即使生物遗传性增加了发展成失调的可能性。完全的共变模式强调社会心理影响在产生障碍中的作用。

358

甚至在遗传因素增加了青少年男性发展成酗酒者的易感性时，影响的方式也不会完全通过对酒精的药理性敏感来起作用。遗传因素可以间接通过对个性特征的影响起作用，而这些个性特征使一些年轻人在特定的适当环境的诱发下，不但倾向于过度饮酒而且会出现大范围的问题行为。奇伦（Killen）和他的同事做了一个青少年开始和持续饮酒的研究，与这个问题有关（Killen et al.，1996）。在男孩和女孩中开始饮酒的主要预测因素是酒精提高社会功能这一结果期待，气质、问题行为的程度、自尊和抑郁不能对饮酒的开始起独立的作用。虽然在课题中没有测量效能感，我们很快就会看到它们在饮酒行为中所起的影响作用。

社会文化实践对饮酒模式产生重大影响，这已经被酗酒发生率上的显著差异和酒精如何在不同文化、种族、社会经济和职业群体中影响行为的事实来说明（Bandura，1969a；Pittman & White，1991）。并不是表现出极低酗酒率的犹太人、摩门教人、穆斯林、意大利及其他民族的人的遗传构成和脑功能与在长期酗酒上超过其他民族的爱尔兰人有本质差别。饮酒行为的社会榜样是酒精消费的有力影响因素和调节者。饮酒行为的电视示范加强了支持饮酒的态度,增加了酒精的使用和酒后驾驶的出现(Atkin, 1993; Rychtarik, Fairbank, Allen, Roy & Drabman, 1983)。榜样也是饮酒行为的强有力调节者。在模拟的酒吧情境中,人们的酒精消费量随着与过量饮酒的榜样接触的增多而迅速提高,但通过观察少量饮酒的榜样而减少(Collins & Marlatt, 1981; Garlington & Dericco, 1977)。在酒精饮料作为食物而不是兴奋剂或逃避物的社会中人们不会受饮酒问题的烦扰。

酒精滥用中的自我调节效能

艾里克森和海斯(Ellickson & Hays, 1991)进行的纵向研究证明了社会影响与效能知觉对早期使用酒精、吸烟和吸食大麻的作用。亲毒品的社会影响以接触使用和提供毒品的榜样的形式,与抵制使用毒品的社会压力的低效能感一起,预测青少年卷入吸毒的程度。低抵制效能感在各种不同形式的吸毒中起作用的方式是共同的(Hays & Ellickson, 1990)。人们已把人际技能的缺乏与青少年的毒品滥用相联系。然而韦布和拜厄(Webb & Baer, 1995)认为只有社会技能提高了青少年在不安烦躁或有同伴压力时抵制饮酒的效能信念,社会技能才会影响饮酒。

酒在成年人中被广泛地用作社会促进剂,饮酒通常是社会活动中的重要部分。与这些社会功能相联系的同伴间的友谊、社会压力和各种满足会促进饮酒行为。在社会压力情境中调节饮酒的低效能感是年轻饮酒者中酒精消费量的强有力预测者,并可以将有问题的饮酒者与轻度饮酒者分开(Young, Oei & Crook, 1991)。如果大量饮酒的人要驾御酒精消耗,他们必须对自己在哪儿和与谁一起闲荡进行控制。如果他们经常出入有机会饮酒的社会场景或要参加常会醉酒的场合,最好要形成较强的自我调节效能感。

359

饮酒可以减少应激、厌烦和烦躁情绪。因此,接触应激源一般会增加酒精消耗。然而,酒精本身减少应激的效应,这一证据并不肯定(Cappell & Greeley, 1987; Wilson, 1982)。人们常根据他们的主观认识而不根据客观实际行事。例如,男人们认为酒能提高性能力,而实际上,它损害了生理性的性反应。被广泛认同的观点是酒能减少压力,因此,与饮酒相伴随的应激减少更多是通过认知方式而不是酒精的药理效果起作用。认为酒精可以减少紧张或使人更有效地应对应激情境的信念可以在短期内使人镇静,但如果它导致过量饮酒并出现伤害行为,它却会使问题恶化。那些学会用过量饮酒对付应激和烦躁情绪的人应该学会处理应激源的更有效的方式。

扬、奥易和克鲁克(Young, Oei & Crook, 1991)的结论表明自我调节效能的不同方面的相对重要性根据饮酒问题的不同阶段而变化。年轻人大量饮酒常常是由抵制社会压力的效能感较低引起,而慢性的过量饮酒者大量饮酒则是因为处理有害情绪状态的效能感较低。不相信自己的自我调节效能、期待用酒来产生良好的社会和情绪效果并喜欢采用回避的方式应对应激源的年轻人会过量饮酒并遭受到与酒相关的各种问题(Evans & Dunn, 1995)。

酗酒常常由长期在社交场合中大量饮酒造成。在人们变得对酒精形成身体依赖之后,他们喝大量的酒是为了缓解有害的生理脱瘾反应,也是为了避免再发生这种反应。在过量饮酒的下一个阶段,生物化学因素和社会心理因素都对酒精滥用起作用。由于一个短暂的戒酒阶段可消除有害的脱瘾反应,因而不是脱瘾反应再次引发饮酒。当不再存在脱瘾症状驱使人恢复使用上瘾物质时,人们常常会再度酗酒(Cummings, Gordon & Marlatt, 1980)。主要的挑战是要消除为了取得积极的效果或作为应对现实困难的一种逃避方式的对酒的心理依赖。这需要改变酗酒者的生活方式。

在一个对酗酒者进行治疗的详细回顾中,米勒和他的同事提出了一套使人不安的结论(Miller et al., 1995):在控制良好的研究中,被证明是有效的治疗方法在一般的实践中不常使用,而那些广泛应用的,如顿悟心理治疗法,却缺乏关于有效性的证据。治疗的目的和策略根据个体是没有对酒精产生身体依赖的问题饮酒者还是慢性酗酒者而不同。那些没有身体依赖的过量饮酒者是问题饮酒者的主要部分。多年来,在酗酒是身体疾病还是生理心物社会障碍及节制是否是唯一解决办法的激烈争论中,这些人基本上被忽视了。教会一些大量饮酒者适度饮酒的自我调节技能,还能减少生活中由于周期性酒醉而产生的伤害。在这一方法中,要教会他们如何通过监控自己喝酒的量和设定明确限制阻止过量饮酒;改变酒的成分和饮酒的步调从而使自己喝酒的量不超过这些限制;有效回避或处理有高度喝酒危险的情境;用另外的活动代替饮酒;通过建设性的方式处理应激源和抑郁源(Miller & Muñoz, 1982)。

对酗酒的疾病模型的争论在与强烈抵制适度饮酒训练相比后相形见绌(Peele, 1992)。这一强有力的反对阻碍了对低依赖性的过度饮酒者的治疗的发展,这种治疗可以使他们的饮酒量减少到一定水平,使酒醉对他们自己和他人造成的危害降低,否则这些过度饮酒者将继续采取原来的饮酒模式。设计精良的比较研究表明大约 1/3 的问题饮酒者在学会如何对饮酒行为进行控制后戒掉了酒或适度饮酒(Heather & Robertson, 1981; Miller, Leckman, Delaney & Tinkcom, 1992)。较低的身体依赖程度和社会及职业稳定性可预测控制饮酒成功的可能性(Rosenberg, 1993)。有问题的饮酒者在具有适量饮酒的目的和戒酒目的时可以有同样良好的效果。适度饮酒的目的不会阻碍随后的戒酒目的,如果需要的话。在控制饮酒上的失败有助于劝说一些问题饮酒者戒酒。

360

一个广泛存在的问题是没有对酒精产生身体依赖但常参加定期社交喝酒活动的年轻人会出现危险的生理和社会行为。他们将饮酒看作是正常的社会交际而不是需要注意的问题。虽然他们总的来讲拒绝治疗，但他们将寻求帮助以缓解危险的饮酒。在这些短暂的干预中，教给参与者自我调节技能从而使他们能限制饮酒并能一直保持这种改变（Marlatt，Larimer，Baer & Quigley，1994）。对于不愿放弃饮酒的人来说，甚至在基本保健情境中非常短暂的干预也能持续地减少危险性的饮酒，并促进健康（Bien，Miller & Tonigan，1993）。除此之外，酒精滥用的这些次级预防方法提供了对需要细致帮助的问题饮酒者进行早期确认的手段，否则他们就不会受到注意。

具有严重依赖性的饮酒者需要一个更为广泛的计划来帮助他们发展出更具适应性的应对日常生活中的问题的方式。如果他们选择戒酒作为自己的目标而不是以适度饮酒作为目标，他们更可能成功。但经过一段时间的戒酒后，关于喝酒过失问题的思考中仍充满着"一旦喝酒，就会喝醉"的余悸。已有事实证据对或者完全戒除或完全复发的二分观点提出质疑（Heather，Rollnick & Winton，1983）。事实上，接受治疗的人在治疗后表现出不同的饮酒方式。许多人继续戒酒，一些恢复饮酒但是适度的，一些人大量饮酒但与治疗前相比还是处于较低水平，一些人恢复到原先水平。那些认为自己有能力对自己饮酒量进行控制的人是成功地坚持以适度方式饮酒的人，无论他们原来对酒的生理依赖程度如何。那些低恢复效能感的人远离酒时情况会较好。

已表明能产生较好效果的治疗包括人际技能的训练、如何抵制喝酒的社会压力的训练、处理应激和发展出有效处理婚姻不和谐的方法（Miller et al.，1995；Wilson，1988）。预防性的同伴定向的计划教会青少年为发展积极同伴关系而进行社会交往和自信的技能、应对环境要求的问题解决技能、处理应激源的行为和认知技能以及抵抗使用毒品和酒的同伴压力的自我调节技能。这种计划改变了态度，提高了社会认知能力，减少了酒精和毒品使用，减少了犯罪行为，加强了对学业活动的投入（Tobler，1986）。仅仅传递有关上瘾物质信息的治疗增加了知识但没有什么其他的效果。而那些关注于建立自尊和自我意识以及阐明感情和价值的计划没有什么效果。因而，个人效能感的发展可能培养了自制、自尊、良好的情感、积极的自我意识，而分析感受并尝试劝说人们对自己形成好印象，却没有使他们获得必备的能力，不可能对他们有很大帮助。

大多数预防复发的努力集中于个人回避和应对酗酒鼓动因素的自我调节技能的发展。施加于自我调节上的负担取决于人们生活于其中的社会。从社会认知观来看，除了提高应对技能和改变生活风格外，成功地预防复发需要重构和谋取环境支持，从而在自制的条件下创造满意的、有意义的生活。那些得到不饮酒的社会网络，即家庭、朋友和同事的帮助的酗酒者与在遇到困难时无人帮助或与饮酒的朋友和同事呆在一起的人相比，在保持戒酒方面可获更大的成功（Gordon & Zrull，1991）。因而，使正处在痊愈过程中的酒鬼们建立起为自己选择、创造和保持支持性环境的人际效能将是治疗的重要目的。对持久改变起作用的环境因素在慢性酗酒中特别重要，它常求助于生活方式的改变和社会网络的重建。

由阿茨林(Azrin)和其同事设计的多侧面的社区定向计划强调终身改变的个人和社会资源(Azrin，1976；Hunt & Azrin，1973)。它通过支持节制的方式提高家庭、社会、职业和娱乐的功能。通过角色扮演，教会参与者如何应对原来会导致饮酒的应激性问题；教会他们如何识别和处理饮酒的危险信号，为增加相互间的满意感而接受婚姻治疗，对如何找到有意义的职业进行的训练，学会服用药物以抵消饮酒的生物效果以之作为支持其努力保持自制的协助性措施，开展与饮酒相竞争的愉快的娱乐活动。治疗计划也提供给患者自我控制的社会俱乐部以使患者享受到愉快的夜晚和周末活动，用愉快活动代替与有严重饮酒问题的朋友的接触，并建立起在必要时能帮助自己的朋友圈。这一综合的计划使酗酒大量减少，提高了职业满意感，改善了家庭生活，而匹配控制组却没有什么改变。发生的改变能很好地保持下来。而且，这一计划比住院治疗、嗜酒者互诫协会和产生对酒精形成厌恶的生理反应的药物治疗要优越得多。尽管它具有有前途的效果，但这一多侧面的治疗还没有被广泛采用作为治疗慢性酗酒的方法。

治疗效果中的自我效能机制

酗酒治疗起作用的机制还没有得到广泛关注。然而在社会认知框架中的研究表明效能知觉在饮酒行为发生改变的开始、实现和保持中都是一个重要因素。具有低自我调节效能感的过量饮酒者听任条件的摆布并且甚至不想为他们的饮酒问题做任何努力(DiClemente & Hughes，1990)。那些对自己控制饮酒行为的效能有怀疑的人在治疗中常会遇到问题时就很快终止治疗(Schimmel，1986)。在那些继续治疗的人中，无论他们对酒的依赖性多高，对高危险情境中要饮酒的渴望进行抵制的效能知觉提高得越多，他们在接下来的时间内控制酒量的效果越好(Sitharthan，1989；Sitharthan & Kavanagh，1990；Solomon & Annis，1989)。虽然长期戒酒的人比只在短时间内戒酒的人具有高得多的效能感，但两组在他们能喝一些酒而不喝醉方面的效能感都是最低的(Miller，Ross，Emmerson & Todt，1989)。这些发现说明应避免在能够进行自制后对个人控制进行故意的测试，因为他们具有高复发危险。

在对抵制性的社会技能进行训练后，戒酒者和复发者的抵制饮酒的社会压力的自我效能知觉是不同的，但在这样的情境中预期性的应激却没有区别(Rist & Watzl，1987)。由社会冲突和自我形成的应激源引起的情绪困扰，比来自社会的饮酒压力更可能使人们恢复酗酒(Marlatt & Gordon，1980)。因而，自我效能预测者除了包括处理喝酒的人际压力的能力知觉外，还应包括处理不求助于酒精时的社会和个人内部应激源的能力知觉。

对自我调节效能的较为全面的测量应包括对饮酒的不同类型的诱发因素。

在玛利特(Marlatt)的复发模型中,低效能感通过使个体将再度饮酒归于广泛的个人缺陷而促进了人们无节制的饮酒。柯林斯和莱普(Collins & Lapp,1991)的研究表明低自我效能知觉是直接影响无节制饮酒而不是间接通过因果归因的作用来实现的。低自我调节效能是过度饮酒和与饮酒相关的问题的预测者,而对过度饮酒有害效应的因果归因能预测与饮酒有关的问题,不能预测饮酒行为。西弗曼(Shiffman)进一步指出在恢复吸烟后的自我效能知觉下降不是由因果归因所调节的(Shiffman et al.,1996)。这些结论表明在复发模型中归因成分的调节作用应重新审视。因为具有广泛的低效能感的人将出现的问题归于由内在、持久和一般性的个人缺陷所造成,预测者多余性的问题也出现了。

在努力减少复发可能性的过程中,酒精滥用的社会认知治疗正在用面对酒饮料时抵制性控制练习作为补充。在这个方法中,已治愈的酗酒者要在抵制喝酒时,不断地在想像的危险喝酒情境中看到和闻到他们所喜爱的酒饮料。初步的结论是在面对强诱惑物时练习进行自我控制可加强抵制喝酒的效能(Rohsenow,Niaura,Childress,Abrams & Monti,1990—1991)。

通过重复接触与酒相关的刺激减少复发可能性的机制被条件反射理论家认为是条件性反应的消失,而被社会认知理论家认为是自我调节能力的提高。用生理依赖来解释酗酒对于说明在生理依赖已经被克服后很长时间后的继续酗酒存在困难。情境线索作为条件性诱因被唤起。通过重复地与喝酒相联系,环境线索被认为重新激活毒品的药理效应,这被体验为渴望喝酒。在这一非动因性观点中,人们按驱动他们喝酒的线索行事。重复接触大概消除了由饮酒行为所产生的渴望和肯定效果。

在面对上瘾物质时,以前的使用者并不消极等待接触线索来熄灭被唤起的渴望。相反,他们求助于认知和行为的自我调节策略帮助他们抵制物质依赖。在多侧面的治疗计划中,蒙蒂(Monti)和他的同事在培养抵制喝酒的应对策略时要受训练者接触酒(Monti et al.,1993)。这些策略包括延缓策略中的自我指导,因为喝酒的渴望随时间而减退;使用意象减弱对喝酒的渴望;想像喝酒的消极结果和自制的积极后果;用其他的活动代替喝酒。相对于标准治疗而言,自我调节的训练增加了对应对策略的使用和长时间节制的比率。在治疗计划结束时,应对喝酒的危险情境的效能信念的强度能预测持久的戒酒,而渴望喝酒的频率与随后的喝酒行为无关。效能知觉和抵制性应对的使用在控制了治疗前喝酒行为的水平后能预测戒酒。关于复发者在行为失误后恢复长期的控制这一发现和例子说明接触酒精饮料的好处是通过认知性自我调控机制而不是消除渴望的机制来实现的。

喝酒者期待从喝酒中获益被看作是保持喝酒行为的一个因素。为评价后果预期的调节作用，所罗门和安尼斯(Solomon & Annis, 1989)测量了酗酒者如果改变他们的饮酒行为，他们所预期的收益和代价。长期饮酒者将没有酒的生活看作是既有积极又有消极后果。他们认为减少喝酒可对健康、自尊、改善机能和更好的将来有好处，但他们也认为不再喝酒将通过以下方式导致孤独，如疏远了喝酒的同伴、减少了意味和交际、增加了厌倦、使自己因放弃了酒精的期待性满足而苦恼。罗尔尼克和海尔瑟(Rollnick & Heather, 1982)同样报告以喝酒作为生活方式的人将戒酒看作是一种混合的赐福。

363

阿茨林社区定向的方法大概将大部分的成功归于它培养了新的社会关系和一系列有价值的社会及娱乐活动，这些活动使后果预期的平衡倾向有利于戒酒的一面。仅仅追求消除饮酒行为而没有提供竞争性的追求和相对于由饮酒的同伴带来的满足，这很难产生持久的变化。自助群体如嗜酒者互诫协会，为那些变成不能自拔的人过一种没有酒的新生活提供许多支持。但不幸的是，退出的比率比较高，少有的几个控制性研究都没有发现被介绍作为补充治疗的嗜酒者互诫协会方法的效果(Miller et al., 1995)。然而，假如他们仍然参与这一计划，那么自愿选择参加嗜酒者互诫协会活动的人要比没有参加的人表现得好(Emrick, Tonigan, Montgomery & Little, 1993; Timko, Moos, Finney & Moos, 1994)。但许多没有效果的人的退出产生了自我选择性偏向，这使得评价良好的后果是归于留下者良好的预后特性还是计划的特性有些困难。精神方面和坚定的支持性指导的相对贡献仍是未知的。一些要不然会接受支持性社会网络的酒精滥用者由于他们把自己的酗酒看成是需要改变心灵的精神疾病而可能被拒之门外。由于存在价值取向的多样性，需要另外的支持性亚社区以重建和支持没有酒的生活。

由阿茨林设计的模型为已痊愈的酗酒者和他们的家庭及其客人建立了一个在自然环境中不断进行自我支配的社会群体，目的是执行支持和使能功能。包含在多侧面治疗中并适合参与者需要的自我支配社会系统可能很有效。从这一社会系统中受益的恢复中的过量饮酒者比起没有支持系统的恢复者，他们喝得较少，生理和行为损害大量减少，经历较少的大量饮酒(Mallams, Godley, Hall & Meyer, 1982)。参与得越好，饮酒量减少得越多，饮酒失误越少，生活机能上的改善越大。

在分析饮酒行为的社会心理调节因素时，其相对贡献的顺序必须根据其因果的逻辑来排定。在对社会认知理论的检验中，效能信念应优先于对行为的后果期待。当不管逻辑关系如何，将后果放在调节活动前，低调节效能感和积极的酒精期待对喝酒行为和与酒相关问题都有作用(Aas, Klepp, Laberg & Aaro, 1995; Evans & Dunn, 1995)。所罗门和安尼斯(Solomon & Annis, 1990)比较了在治疗后效能信念和后果期待对保持戒酒的相对贡献。效能信念能预测对喝酒量控制的成功。和在其他机能领域中一样，当个人效能信念保持不变时，后果期待不能说明饮酒行为的变化。当在饮酒的严重程度保持不变时，效能信念是将来饮酒行为的显著预测者。当后果期待作为独立预测者时，他们一般比效能信念对饮酒行为的变化起作用较小（Young et al.，1991）。

自我效能理论不仅阐述了饮酒行为的自我调节问题，而且指导着治疗和抵制复发的策略。安尼斯和戴维斯（Annis & Davis，1989）详细论述了这一点。自我效能评价被用来辨别个人难以控制饮酒行为的情境的种类，而后根据过量饮酒的危险性由低到高对这些情境进行了等级排列。在参与者形成自我调节技能和对行动的灵活计划进行练习后，他们在自然环境中应对危险性越来越大的情境直到他们能不求助于酒精就能控制他们自己。喝酒的减少为治疗残留的脆弱提供了机会。一种控制复发的计划有助于戒酒的保持，这种计划是由对与矫正性掌握经验相联系的应对效能知觉进行的微观分析评定所引导的。除了自我调节技能外，那些在各种情境下都会酗酒的人还需要更广泛的社会支持，使之学会无酒的生活方式。自我调节在这个广泛的机能领域的贡献包括社会、职业和娱乐追求中的个人效能的发展，它们提供了一种不需酒也能令人满意的生活。

364

在其他严重的障碍中，个人效能感能减少苦恼并支持在经过医院治疗后重又回到社区中的积极的适应倾向性（Lent，Lopez，Mikolaitis，Jones & Bieschke，1992）。接受住院治疗计划的严重酗酒者常被安排定期随访以评价他们的情况并支持他们的应对努力。具有高效能感能坚持进行治疗后接触的人，在一年内取得了较高的戒酒率（Rychtarik，Prue，Rapp & King，1992）。对比而言，那些效能知觉较低和治疗后参与较少的人到第三个月时恢复喝酒。在控制了年龄、婚姻和职业状况后，效能信念能预测戒酒的保持。除了效能信念之外，这些因素都不能预测戒酒。在住院治疗结束后及以后的很短时间内，已痊愈的过度饮酒者可能接受大量的支持，这有助于戒酒的保持。当减少特别的关注后，他们就需要依靠自己的应对策略了。当回到习惯的生活中去，高低效能知觉的个体的复发曲线随时间而发生很不相同的变化，高自我效能的人具有更高的戒酒率。

毒品依赖

自我效能知觉在对吸毒控制上的作用还没有受到与对酗酒问题同样的注意。然而，关于这个问题的几项研究表明效能信念在毒品使用中与在其他物质滥用中一样起着调节作用。在认知治疗结束时的自我调节效能知觉部分地调节了在控制了当时使用状况后的一年中大麻使用的变化（Stephens，Wertz & Roffman，1995）。被作为突然复发的条件，如同伴压力和不良的情绪状态，对与海洛因使用有关的自我调节效能知觉有限制作用（Sitharthan，McGrath，Cairns & Saunders，1993）。具有低效能感的海洛因服用者不能抵制吸毒的压力，即使在他们生病或克制住不用具有高感染危险的共用注射器时。治疗所培养的自我调节效能知觉越强，吸毒者越能拒绝毒品（Gossop et al.，1990）。戈索普

(Gossop)和他的同事在短期和长期追踪的时间内检验了使用毒品状况的各种预测因素。对后果具有一致性的显著预测力的两个因素是抑制毒品使用的自我效能知觉和以支持性同伴与投入有目的的职业活动形式出现的保护性因素。积极的社会和职业投入使人们能拥有令人满意的生活,它有助于帮助原先的吸毒者保持戒毒状态。应对策略的数量能预测短期内吸毒状况而不能预测长期状况。在回归分析中,效能信念最后一个进入预测因素中。因此,效能信念能在多元统计控制应用于保护性因素、治疗时间、先前戒毒历史和应对策略的效应后,说明毒品使用状况的变化。

365 美沙酮计划是一种广泛应用的技术,它在解毒阶段或连续地给海洛因滥用者服用合成型麻醉剂。里利(Reilly)和他的同事研究了在美沙酮解毒治疗的不同阶段自我调节效能知觉的变化(Reilly et al., 1995)。抑制吸毒的效能知觉在美沙酮计划开始后增加,在保持用药期间稳定在适度水平上,并随美沙酮用量减少而下降。在治疗中关键时刻的效能信念能预测以后的吸毒。在稳定阶段开始时和剂量减少阶段之前的调节效能信念越强,接下来发生吸毒的可能性就越少。在控制了原来吸毒的水平后,预测关系仍然存在。

大部分寻求医治毒品上瘾的人完成了住院治疗的解毒计划,于是让他们出院,并催促他们寻求社区中的治疗。海勒和克劳斯(Heller & Krauss, 1991)研究了在解毒后参加调养治疗的预测因素。同时使用多种毒品的人重视参加和从事对调养治疗有帮助的行为,如完成解毒计划、安排和坚持调养活动、谋取社会支持及其他形式的自我管理,这不能预测他们是否追求这些调养。但是执行这些活动的效能信念能预测在社区中谁能参加调养治疗。

如果要从毒品上瘾中恢复,严重的毒品上瘾者必须改变其基本的生活方式。开始时,他们不得不纠正自己的信念,即他们能在相同场景与相同的伙伴一起继续从事相同的活动而仅仅是不使用毒品。他们要学会新的生活方式而不仅仅是改变某一种消费行为。麦克奥利弗(McAuliffe)和他的同事生动地证明为了永久地从毒品上瘾得到恢复,在生活的各个方面进行行为、认知、价值观和自我概念的改变的重要性(McAuliffe, Albert, Cordill-London & McGarraghy, 1991)。恢复包括抛弃有害的和采用有益的生活方式的双重任务。正在恢复中的上瘾者必须切断与吸毒的朋友和商人的联系。他们必须重建社会和娱乐活动,因为原来的活动已完全适应与毒品有关的日常生活。他们必须学会永久性地避免可避免的高危险性情境并掌握控制那些不可避免的情境的自我调节技能。他们必须学习对思维方式进行控制,从而不会由于期待性的满足而吸毒。那些缺乏稳定谋生手段的人必须发展职业能力从而规范他们的生活的大部分时间并为其生活赋予新的意义。

在与吸毒决裂的过程中,处于恢复过程中的上瘾者最初面临凄惨、受限制的生活,他们被剥夺了原来生活方式中的社会联系和活动。空闲的周末尤其难以忍受。个人改变过程中的这个困难的过渡阶段最有可能复发。如果正在恢复中的上瘾者要想经受住折磨，当他们采取新的生活方式时，必须要有高度支持性的环境。这些新的生活方式将提供与他们已抛弃的生活方式竞争的满足感。使非致瘾生活的各个方面都得到发展的治疗计划提高了戒毒的成功率（Azrin et al.，1996；McAuliffe et al.，1991）。但甚至在综合治疗后，许多参与者又开始吸毒。高复发率强调需要把阿茨林设计的用以抵制酗酒复发的那类起支持作用的亚社区作为正式治疗计划的一部分（Azrin，1976）。

那些生活在穷困环境中且被吸毒的亚文化所缠绕的严重的上瘾者面临着改变主要生活方式的艰巨任务，他们缺乏个人和社会资源的支持。如果他们放弃吸毒，几乎没有什么东西可使他们保持下去，因为他们总是过着被忽视的生活。如果他们要重建生活的话，他们需要沉浸于能使其成功的环境中。零碎的解决办法不会有什么效果的。旧金山的一个大型德兰西计划是一个自我实现模式的显著例子，在这一计划中难以治疗的吸毒者要学会一定的技能，提供给他们机会使他们能够过一种生产性的亲社会生活，从而改变毒品上瘾者的生活（Hampden-Turner，1976；Silbert，1984）。德兰西这个词代表了纽约的一个区，在那里近年的移民通过依靠自我、自谋生路的尊严和相互帮助，进入他们新社会的主流生活。德兰西是一个自我指导的社区，在那里具有很长坐牢历史的铁杆吸毒者和酗酒者通过自我激励在没有公共基金的帮助下重建生活。他们共同生活在一个亚社区中，通过一套行为规范促进自我发展和消除操纵性的、破坏性的及反社会的行为。过去的苦难不能作为出现上瘾行为的借口。为了克服认知上的缺陷，每一个人接受相当于中学水平的基本学业技能的指导。许多人继续上大学，接受职业训练和从事各种技术性的行业。 366

参与者管理大量的训练所事务，训练基本的职业技能，并为德兰西计划提供资金。经济上的自我依靠为这种自我管理型的社区的发展提供了持久的资源，技术上的自我依靠为职业上的自我发展提供了知识和能力。社区中的行业包括建筑业、印刷和书画刻印艺术、运输和货运生意、商业印刷、服务站和汽车修理店、家具生产和销售、饭店、广告、各种高科技业务。每一个居民必须获得三类职业的大量经验，这三类职业包括生产性工作、行政工作和销售工作。在具备了教育、人际和职业能力后，他们进入过渡阶段，在这一阶段中他们可以在社区中找工作，如果他们仍生活在德兰西社区中，可以提供给他们资金开始自己的生意。如果对新的生活能很好适应，他们就离开社区开创自己的生活。

这一计划的毕业生正在追求没有毒品的成功的亲社会生活。他们在社区中成功致富，做拖拉机手、卡车司机、医药和牙科技术员、计算机操作员、工程师、律师、广告经理、医生甚至副行政长官。他们也用复原的原则测评自己的成功。通过给予参与者能力和社会支持使之脱离“社会沼泽”，但他们应该通过帮助他人来消除这一“沼泽”。德兰西毕业生做社会服务工作并为改善社区中的生活状况的变革而斗争。例如，黛博拉在 12 岁成为海洛因上瘾者，13 岁成为妓女，她常入狱并曾 3 次尝试自杀。她得到了一个商务行政学位并成为一个全国性企业的销售经理。她为有问题的女青少年创立了一个社区辅助专门人员计划并帮助德兰西计划中新来的女性居民。

德兰西计划已积累了数千万美元的房地产证券。在接受了地方公会的培训后，居民们在旧金山附近的滨水区花费二千五百万美元为任一时间内加入的 500 名居民修建了商住复合建筑。这些使人大吃一惊的住地，装潢着凉廊、花框、铁饰、彩砖和滤光玻璃窗，受到建筑学家的称赞。这些多种经营的业务每年都带来成百万的利润。居民们在没有公共资金资助的条件下靠自己的力量使这些成为现实。

这一自我实现性的亚社区方法使反社会的生活方式发生转变并为更美好的未来排除了障碍。在这一环境中，深深地陷入犯罪和吸毒生活的人学会负责、照顾人。他们也得到了重建生活的社会和物质资源。他们没有犯罪记录的负担，不会因犯罪而阻碍合法的追求。他们的能力和个人效能感得到发展从而能实现有尊严的亲社会生活。这种同时强调人多方面问题的自我实现性的社会方法能够获得成功而片段式的个人主义方法却失败了。

367

上瘾习惯中自我效能分析的范围和效用

整个发现提供了一致的证据，即自我调节效能知觉能部分决定在改变有害的上瘾和消费习惯、长时间内坚持改变了的习惯上的成功。预测因素应被建设性地用在根据个人因素设计不同的治疗方法以增加成功的可能性而不是筛选接受治疗的人。大多数形成不良习惯并且寻求解脱的人在进入治疗时并没有高度信任自己具有改变自己生活方式的能力。他们经历过长期遭受失败的努力并指望治疗家来消除靠自己不能改变的习惯。告诉他们治疗学家只能提供指导，他们自己才是引起自身改变的主要动因，这几乎不会使他们开心起来。

对自我效能知觉在上瘾和其他难治疗的习惯中以及在他们持久改变中作用的理解能通过扩大研究范围而得到加强。对自我效能的评定过去几乎只关注在突发的情境中对上瘾行为进行控制的个人调节效能知觉。自我效能知觉的两个其他方面也与对习惯改变的结果和保持的理解有关：第一方面包括相信自己能完成影响个人改变的治疗任务的效能信念，较弱的自我改变效能感阻碍了将改变难以治疗的习惯所需的治疗活动变为现实的努力；第二方面是关于复原自我效能，它涉及一个人在退步和复发后能重建控制信念的力量。自我改变效能对考虑并开始进行习惯改变起作用，而自我调节效能与复原性自我效能对接受和保持习惯改变起作用。

以上这些效能知觉的各个方面基本上关注的是对上瘾行为激发因素的处理。人们是否求助于毒品和酒精是由积极的使能因素与消极的物质滥用激发因素所控制的。例如，有害情绪状态和人际冲突一般会使人突然大量饮酒。通过举例的方法考虑一下一个因果过程，在这个过程中缺乏社会效能知觉产生了沮丧，这又助长了过量饮酒。在这一例子中，缺乏社会效能知觉是远端原因，沮丧的中间状态是直接的激发因素。强社会效能感的发展可以预测饮酒行为的减少，因为它去除了直接的情绪激发因素。滥用性饮酒的决定因素的模式在个体间是不同的。自我效能的最高预测性可通过将自我效能评价与在任何一个情况下物质滥用的决定因素相匹配实现。

自我改变效能知觉的水平对治疗任务的早期建构有重要关系。有几个动机性因素使人们寻求对有害习惯的医治，其中包括由这些习惯引起的令人厌恶的后果、改变它们的社会压力、对自己生活的不满、对消除有害习惯的获益的期待。这些诱因使人们接受治疗但不会使他们坚持很长时间。通过逐渐适应，人们可以忍受许多厌恶事件。单单只是充满希望不会使他们在没有积极结果的条件下无限制地坚持下去。他们能由于半心半意而证实为自己制定的计划不起作用从而轻易地抵挡要改变他们生活道路的社会压力。因而，低自我改变效能感个体接受治疗时需要具有自我说服力的早期成功经验；否则会出现进一步的自我怀疑，破坏成功所需的保持和加强努力的能力。一些人在还没有为从事使生活风格改变所需要的深入工作作好准备时，就被强迫接受治疗。可以作出努力去增加他们接受治疗的动机(Miller & Rollnick，1991)。但如果他们的个人改变的承诺水平仍然较低，可能比较合适的是鼓励他们在以后再考虑治疗，三心二意后的失败只能加强个人改变的努力是无用的信念。 368

在这一章中回顾的各种证据中，自我效能理论能解释自我改变的开始，由不同的治疗方法产生的行为改变的水平，治疗的进程中改变的速率，接受相同治疗的个体所实现的行为改变的差异，它甚至可预测某一个体能成功地执行特定的应对任务，还是会遭受失败。这个理论综合了针对不同类型机能失调的不同治疗方法的效果。它提出了一个调节行为的一般性的认知机制并提供了一个解释社会心理治疗的效果的一般框架。最后，它还为如何建立和执行有效治疗提供了明确的指导路线。

/第九章/

运动功能

369 运动是许多人生活中一个组成部分。他们那般狂热地卷入自己所喜欢的运动队的活动，以至于它的胜败对他们个人产生影响，似乎他们是运动队的一种延伸。运动队的胜利使其着迷者兴高采烈，而其失败则令他们沮丧和愤怒。运动员的竞赛不仅影响一时的情绪状态。热情的体育迷将个人认同与其所接受的运动队联系在一起，甚至根据他们运动队的表现好坏来变化对自己能力的判断(Cialdini et al., 1976; Hirt, Zillmann, Erikson & Kennedy, 1992)，在最受欢迎的世界性运动——足球中，甚至国家本身与其国家队的表现强烈地联系在一起。世界杯赛上，举国上下会因胜利而感受无上的光荣，因失败而悲叹不已。由于对运动强烈的文化关注，许多有志青年深深投入到运动员职业中。人们不仅是运动的旁观者，而且投入大量的时间和努力，将发展运动技能作为其业余休闲生活的一部分。因此，对相当数量的人们来说，运动活动并非只是一种无价值的消遣。

要想在运动竞赛中取得成功，不仅需要身体技能。认知因素在运动员的发展和机能活动中发挥着影响作用，现在已经对此形成了广泛共识。本章考察个人效能认知对运动活动的贡献。由效能信念所激发的心理过程对运动功能的几乎各方各面都有影响。运动员必须付出长期而艰苦的努力来掌握其职业所需的技能，并且能够渡过难关坚持到底。对运动效能的信念决定谁选择运动事业以及他们能从训练计划中获益多少。从竞争激烈的选拔中胜出的运动员，在其所选择的活动中颇具天赋，并且拥有一连数小时经受艰苦而单调的训练以完善运动技能的自我动机。在高水平运动员间的比赛中,注意力、努力或精确度的瞬间失误就会招致成功和失败间的差异,因此,长期以来,坚定的效能感在运动员圈子中已经被作为最佳表现之关键因素也就不足为奇了。要想在紧张的竞赛压力下有效发挥自己业已完善的技能,运动员必须对作为令人精疲力竭的体育运动之一部分的急性应激源起扰乱作用的想法、令人沮丧的消沉和阻碍以及伤痛困扰等有损成绩的因素进行控制。这些自我调节努力的成功,很大程度上有赖于弹性的个人效能感。由于身体活动 370 影响健康质量,对心理学的运用不仅在运动领域,而且也是健康科学的研究者们的一个主要兴趣所在。因此,本章还将考察采用并坚持身体积极活动的生活方式的自我效能。

运动技能的发展

技能发展的认知阶段

运动技能的发展经历包括许多不同心理运动功能在内的若干阶段(Bandura, 1986a)。第一阶段,认知因素发挥着主要作用,形成对技能的认知表征。概念具有若干前摄作用。它具体指明必须如何选择、协调并排列相关亚技能以适应特定目的,并为技能发展提供自我调节的内在标准。如果对如何最好地进行活动无所了解,新手就会对在哪里开始、该做些什么、改变些什么全无所获。认知表征形成的基础是可通过多种方式获得的知识。

最有效的传递信息的途径是通过熟练的示范。支配从示范行为进行观察学习的主要亚功能已在第三章中作了概括,并在其他地方有过相当详细的表述(Bandura, 1986a)。通过观察示范行为,个体获得了有关正在习得之技能的动力结构的知识。反复观察示范活动的机会,能使观察者发现技能的基本特征,组织并澄清自己之所知,且对遗漏的方面给予特别关注(Carroll & Bandura, 1990)。除非人们以表象或语词为中介把示范的技能之基本特征转化为易于记忆的符号代码,否则他们不会从榜样那里学到或记住很多。与单单被动地观察演示相比,能将示范行为转换为代表这些行为的代码的观察者,会形成更加准确的认知表征。符号编码的好处同样反映在行为表现中,将身体活动符号编码为方便易记的词语和形象的工作做得越好,该活动就会学得越好,记得越牢(Carroll & Bandura, 1990; Gerst, 1971)。

一些作者将观察学习的注意亚功能选择出来,作为支配习得过程的互补性表征亚功能之竞争对手(Scully & Newell, 1985)。假定视觉系统可能从示范行为中自动抽取出相关的活动模式，那么按此观点，思维对于学习就属多余了。哦，这种观察学习多简单呀。显然，观察者必须从示范技能所传递的信息中抽取基本的要素。尽管知觉包括某些自动的视觉加工，但其大部分还是由先入之见在认知上引导的。认知定势引导人们寻求什么，从观察中提取什么以及他们如何解释所见所闻。抽取信息对于观察学习而言是必要的，但不是充分的。抽取到相关信息后，观察者必须以某种符号形式将其保存下来，并用以建构行为技能，而且，他们还需要做这一切的动机。人类不仅发展了视觉系统来获取信息，还发展了高级认知系统获取并运用知识来应对不断变化的情境。预先筹划使他们在自己的学习中发挥前摄作用。因此，与没有认知的帮助相比，运用认知帮助可以使人们学得更快，记得更多，运动技能也建构得更好（Bandura，1986a）。在使用示范培养运动技能时，不会规定人们不思不想地坐在那里观看行为演示，以为视觉系统会自动完成所有事情。371 独立于身体行为而对认知表征进行测量的研究，证实了技能学习中认知因素所起的至关重要的调节作用（Carroll & Bandura，1990）。源于示范影响的认知表征越准确，行为表现越好。正如本章通篇将会证明的，身体技能比运动技巧要多得多。自我调节过程对生物机器运转得如何发挥着关键作用。

在评价指导性示范中认知因素的作用时，区分固定技能和生成性技能是很重要的。有些体育活动涉及必须按严格规定的方式来完成的单独行为。如跳水运动员必须在跳下去和入水时将身材调整到指定姿势。这个技能是固定的，情境是可以预测的，认知的作用体现在观察学习的获得阶段以及比赛时对竞争压力的自我调控中。不过，大多数体育活动需要生成性技能，以处理带有许多不确定性和不可预知的因素的赛事。运动员必须研究不断变化的比赛情境，选择有效的策略，预测对手的可能行动，并临时准备相应的行为。这需要一种高水平的认知自我调节。

大多数技能的执行都必须经常变化以适应不断变化的条件。因此，适应性行为需要的是一种生成式的概念，而不是像在一个固定的脚本中，表征和行为是精确的一对一的映射。通过运用生成式概念中所体现的结构规则，可以以多种多样的方式展现技能。比如，当个体获得三角形的概念后，就能产生大小不限的三角形，他们可以用手或脚来勾划三角形，或以合适的方式用物品形成三角形。抽象示范的过程很大程度上有赖于认知运算，观察者由此获得协调运动行为所需的判断技能及可以推广的规则和策略。给出一套规则并不能让运动员获益太多，但将规则与明显的行为示例相结合则会增进理解和技能（Bandura，1986a；Rosenthal & Zimmerman，1978）。

技能学习所需信息可以通过身体演示、图片或只是描述而不展现如何进行特定活动的言语指导来示范。对于运动技能，行为比言语能传递更多的信息。但由于描述有助于人们注意一项活动的有关方面，所以总是将言语指导与行为示范结合起来，作为首选的指导模式。新技术正在改变示范模式以增进其指导力量。计算机辅助录像系统能使人随意观看教学演示，这就为信息性的运动技能示范及对自己行为表现的分析提供了便利的媒介。

在学习的早期认知阶段中，另一个大有可为的示范形式是使用计算机制图来传递及提高运动技能。用最少量的动作线索可以全面描绘行为程序(Johansson, 1973)。这使得示范一项运动技能的要点而不单单依靠观察者从大量细节中抽取关键因素成为可能。某些技能很难学习和完善，因为某些决定性因素不易观察，或瞬间发生来不及注意。学习者不仅难以看清所示范的东西，也难监控自己的执行。当某些——如果不是全部——行为的发生在视野之外时尤其如此。人们用超高速相机来捕捉所示范的行为中不易用肉眼看到的东西(Gustkey, 1979)，然后在计算屏幕上将图像镜头转换成该行为表现的动态系列动作，以使观察者能发现活动中任何时刻最好如何行动。行为反馈的教益也可以同样的方式得到增强。对录下来的行为表现的电子分析，生动而确切指出技能执行中的缺点。

计算机化的对最佳行为的自我示范也被用来完善运动技能(Crayson, 1980)。运用这种手段，可以将个体的行为捕捉到胶片上，并对其进行电子分析以求正确。胶片经过剪辑，只保留完成得很漂亮的行为。学习者一遍一遍地看自己熟练的行为表现，从而掌握活动的理想概念。人们从剪辑好的录像回放中观看自己的最佳表现，已经显示出这种自我示范可以提高个人效能，增进包括游泳、举重、体操、排球和网球等在内的种种运动技能(Dowrick, 1991)。成功的自我示范提高个体的运动成绩，但对自己不足的自我示范则有多种效果，总体上没有获益(Bradley, 1993)。自我示范通过影响效能信念而影响行为表现。 372

人们还可以通过比较初级的基于尝试和错误经验的学习方式发现一项技能的正确形式。通过变化行为并观察其产生的结果，新手可以最终想出如何能最好地执行活动。不过，这是一种缓慢而艰难的获得形式，在学习具有复杂特征的技能的早期尤其如此。一个人可能花费大量单调而枯燥的时间作尝试和错误的努力，以寻求恰当的技能形式，但终无所获。通过示范传递技能的规则结构，然后在体验中改良和完善它，可以加速习得过程。

应该注意到，通过直接经验学习运动技能，即便有也很少仅仅以反应效果为基础。由于完全隐居是罕有的，所以你很难找到什么人所学的运动活动是他从未看到别人进行过的。比如，在孩子抓到一只橄榄球前，他们已经在操场上或电视赛事中看到过反复示范的相关技能了。经验性学习几乎总是无所不在的示范影响的产物，而后者通过传递运动技能的基本结构和规则可缩短探究性的摸索过程。探索过程也不是没头没脑的尝试和错误。对特定运动技能的技术结构进行详细的分析，可获取更好的结果的操作方式。

发展运动技能的最后一种方式是通过创造性地将知识综合成新的策略和形式。在这一习得模式中，进行体育运动的新方式是一个革新过程的产物。跳高是一个与传统决裂的明显例子。许多年来，比赛者都以一种叫做“跨越式”的向前跳的方式跳过栏杆。弗斯巴瑞（Fosbury）将以往的两项技巧——曲线跑和背展——合并起来，创立了背越式（McNab，1980）。这一从背后翻转过杆的创造性革新，使他赢得了一项奥林匹克的头衔。其他运动员迅速采用了这种背式跳高，并继续向更高的记录冲击。运动创新不仅仅局限在个人项目上，有创意的教练也会不时地设计新的团队打法，改革比赛。

革新很少是完全从个体的创造力中涌现出来的，其中通常存在大量的示范。在开始阶段，革新是部分地建立在他人的某些创造之上的。通过提炼预先存在的元素，以新的方法将其综合，并切入一些新的元素，一种新兴的风格就诞生了。将其付诸实践以后，对其的经验又会产生进一步的革命性的改变。新的跳高方式就是这样被创造出来的。由邵格南斯（Shaughnessy）发展的改变橄榄球打法的一种新风格是发展性革新的又一例证。他采用一套其他教练尝试过但少有成功的神秘的进攻系统，并将其转变为与原初不再有太多相似之处的强有力的新系统。

技能发展的转化阶段

除非活动极其简单，否则单是知识不会立即产生熟练的行为。对于娴熟的行为，程序性知识和认知技能是必要的但并不充分。例如，程序性知识本身不会将一名新手变为一个精通的滑雪者或者一位舞姿优美的芭蕾舞演员。对复杂行为模式的解释和熟练完成需要一种从知识结构到娴熟运用的转换机制。在社会认知理论中（Bandura，1986a），从认知到动作的转化机制是通过概念匹配过程发挥作用的。认知表征是熟练动作产生的指导，是获取行为熟练性时进行纠正性调整的内部标准。在行为产生期间，技能通过观念匹配中反复进行的纠正性调整而得以完善（Carroll & Bandura，1985，1987）。有监控的动作是将观念转化为熟练动作的媒介。与动作相伴随的反馈提供检测和纠正概念与动作间错误匹配所需要的信息。这样，根据比较信息，行为得以修正，观念和动作获得密切的匹配。通过这一比较过程，识别出的错误逐渐消失。消除错误所需的外显动作的量有赖于活动的复杂性、反馈提供的信息的丰富性和时机以及所需亚技能的发展程度。

373

在技能发展的转化阶段，动作执行还有助于认知表征的改进。一个人将认知上学到的东西付诸实践，就要求注意技能中表述不清的方面，或引导行动之观念中缺乏的方面。通过揭示个体所不知道的东西，动作执行有助于加强注意并把注意引导到技能中仍需观念化的方面。对缺陷的意识能提高人们的注意力，注意旨在掌握技能之认知表征中尚有疑问的特征的行为演示和言语指导。

使不可观察的成为可观察的信息

通过观念匹配进行的纠错很大程度上有赖于个体对自己动作的监控。人们通过对自己所作所为的见闻感觉来提高和完善其行为表现。运动技能掌握中一个普遍的问题是行为者不能充分观察自身的行为。比如,游泳和打高尔夫球的人都对自己正在进行的行为看不到多少。对只是部分的可以观察的行动进行指导,或识别出使行为与观念一致所需的纠正性调整都是困难的。结果,行为者可能实践着错误的习惯却一直以为自己遵循的是恰当的方式。当行为者了解该做什么,并能充分观察自己的行动时,即便他们不知道自己行为所产生的结果,也能通过行动与标准的匹配来改进其行为表现(Newell, 1976)。他们只是将自己所为与意图相匹配。但当行动只是部分地可以观察的时候,行为者就从其行动的明显结果中推论自己现在所为是错误的。比如,高尔夫球手通过看球右击偏左或左击偏右来试图诊断和纠正自己摆动时的错误。他们对于哪些错误运动产生哪些结果的认识,指明需改进什么。行为者对行动可以观察的越少,他们在试图进行行动和观念的匹配时就越依赖于与反应有关的结果。

增加视觉反馈,运用录像系统使不可观察的变为可以观察的,正被越来越多地用于促进运动熟练的发展。行为反馈的益处将有赖于其时机、具体程度及信息量。行为者如果尚未就某项活动形成恰当的认知表征,那么就不能从对复杂身体技能执行情况的观察中获益。没有一个观念作为标准,他们就不能正确利用视觉反馈。不过,当他们已经将技能结构观念化之后,若能够看到自己在执行那些通常发生在其视野之外的行动,就可以显著促进精确的行为表现的产生(Carroll & Bandura, 1982)。延迟的自我观察使人难以发现并纠正观念和行动间的错误匹配,因为行为者往往专注于其过去的行为表现而不会经常将其与应该如何做的记忆相比较。结果,延迟观察先前行为的回放降低了自我观察的指导价值(Carroll & Bandura, 1985)。如果人们像观察其早些时候的行为表现那样,想像所示范的活动,其观念和行动之间的错误匹配就会更加明显,错误也可以得到纠正。想像可能是补偿延迟性自我观察的一条途径。

像普通的录像回放一样,提供延迟的、无指导的反馈,往往结果很糟糕(Hung & Rosenthal, 1981)。仅仅对某人的行为进行回放,或告知其操作错误或是成功,效果都不可预知。这种无指导的回放不能必然保证观察者会注意到自己做错了什么,或会从其行为中发现所需的矫正性变化。评价性反馈关注行为表现有多好,指导性反馈则关注如何做得正确,这两者应该区别开来。简短的评价可以鉴别个体是否在正确的轨道上,但就改进行为所需的矫正信息传递甚少。没有指导性反馈和循序渐进的子目标将当前的成就置于一个恰当的地位的话,对错误行为表现的自我观察会降低观察者对其能力的判断(Brown,1980)。相反,使注意指向子技能之相关方面的矫正性反馈则有助于熟练性的发展(Del Rey，1971)。

计算机化的录像系统极大地提高了现在可以提供给行为者的反馈的指导作用。随意存取以时间编码信号记录下来的行为表现，使人们能快速有效地回顾运动行动(Franks & Maile，1991)。可以将执行过程分解为一些主要成分，并以慢动作回放来对关键因素进行指导性分析。分屏技术使得运动员可以同时观察其行为与示范标准的匹配情况，这就促进了比较过程。电子技术的进一步发展将增进对运动技能的某些子程序的掌握。这类系统对一项运动活动的关键方面进行电子监控，将其与编程标准进行比较，并就所需矫正的东西提供即时反馈。虚拟现实技术尚处于婴儿时期，但其发展将使得将来的学习者可以通过与计算机生成环境的互动来练习协调自己的技能。在不可见的红外线光网中检测身体运动的显示系统，使得学习者无需穿戴让人难受的装备而在反应性虚拟环境中无拘无束地行动。灵活性提高了此技术在运动技能发展中的可应用性。

特别有助益并能获取很大行为长进的反馈有赖于矫正性示范(Vasta，1976)。在这种代表着有指导的技能获得的途径中——网球、戏剧、小提琴或社会技能等精湛技巧——辨别出某一行为令人头疼的部分，并让那些精于此道的人们示范精当的操作方式。学习者然后运演那些子技能直到掌握为止。就个体行为情况进行定期反馈可以促进目标设定，提高对相关活动的注意卷入程度。结果，信息性的反馈不仅改善特别予以关注的行为，而且可以促进同样背景下新活动的观察学习。约翰・伍登(John Wooden)曾收集了在12年里10次全国篮球冠军的纪录，运用一种辨别示范模式来提供指导性反馈。他示范如何正确完成技能，按选手的错误方式做一遍，然后再示范如何正确完成(Tharp & Gallimore，1926)。无论采取何种形式的行为反馈，都应该以不仅能建构技能，而且能建构个人效能感的方式来进行组织。增进这双重目标的最佳方式，是在纠正子技能中的缺陷的同时，要强调成功和收获。

375

如果行为者一直依赖视觉反馈，那么在执行活动时观察自己并没有多大意义，因为活动最终是要在没有这类反馈的情况下进行的。芭蕾舞演员可以对着镜子训练，但以后必须在没有镜子的情况下表演。最终，必须通过感觉和行动的可观察的相关结果来对执行情况进行监控。这一转化的确要发生(Carroll & Bandura，1982，1985)。当观念成功转化为视觉指导下的动作时，在同时的视觉反馈中止后，活动仍然准确地进行。

技能通过多水平控制系统得以发展和调节。在认知指导下获得精通之后，动作技能就程式化了，不再需要较高的认知控制了。动作技能的执行很大程度上受较低水平的感觉—动作系统的调节。不过，认知在运动行为中继续发挥着影响作用，特别是通过其策略功能。成功的行为表现不仅是动作技能的产物，也是预先决策质量的产物(Chamberlain & Coelho，1993)。运动决策和行为表现的许多方面，必须通过预测性知识与反复练习形成常规，因为大多数行动都要求快速地执行。击球手面对以时速 90 英里飞来的棒球，必须预测可能的投掷距离，从细微的投掷线索迅速作出预测，并在瞬间调节手臂。他们必须预先进行思考，因为活动开始后没有时间再作出慎重考虑。教练将投球手在特定时间、特定情境中针对特定击球手可能如何投球的详细可能性汇总起来，再将此信息转达给自己的击球手。同样地，也给投球手提供详细的预测信息，如他们所面对的击球手的力量与局限、特定情况下对特定击球员该投什么样的球。在整个比赛本身进行详细的交流中，参赛者试图在比赛的每一瞬间预测并利用彼此的策略。简言之，表面上已经程式化的技能中有大量的认知自我调节。

与新手相比较，熟练的选手能更好地从对手的行为中就即将发生的情况捕捉前期的预测线索，并对自己的行动作出相应调整。熟练者对自己的预测性调整也更加自信。近来的发现表明，运动原理的认知方面并非仅是获得预测性知识的问题，而是获得毫不犹豫地执行其自信的问题。由于选手并非总能猜测正确，所以对自己预测能力的怀疑就会快速袭来，并否定其意义，运动员的决策效能感是一个值得考察的领域。

复杂技能自动化包括至少三个主要的过程(Bandura，1986a)。第一个过程是联合，当人们通过理解和反复操作熟悉了活动时，技能的各部分逐渐被联合成较大的技能，直至最终技能成为完全整合的常规，不再需要认知组织和联系了。自动化的第二个过程是产生情境联系。在反复应对同样的情境之后，行为者最终懂得在高度可预测的环境中什么是最好的。行为者将所练习的行为与经常性的背景联系起来，这样就可以对预测性情境线索迅速作出反应，而不需要考虑该做些什么。技能自动化的第三个过程是将关注点从对行动的执行转移至其相关结果。行动产生相互关联的可观察的结果，表示个体在做什么，并表明所需的行为矫正。比如，网球运动员监控自己的发球落在哪里，并作出必要的矫正性调整，而不是注意其行动的细节。他们通过追踪动觉反馈及行为的外部结果，调节自己的行为表现。

认知动作　376

认知模拟中，个体想像自己正确地操作，可以改善动作技能的发展和执行。但收获通常较由身体练习产生的要小(Bandura，1986a；Feltz & Landers，1983)。这些发现由于往往对认知动作的运用不充分而无疑低估了其潜力。只是教个体想像自己在没有或很少指导下进行一项活动以及训练如何最好地使用这一认知帮助。想像是一种必须发展的认知技能。虽然想像技能的测量尚有许多有待改进之处，但证据表明，动作想像良好的人比糟糕的想像者从认知动作中获益更多。不仅只是让行为者自行想像，而且甚至对他们使用此帮助的频率也往往没有评估。与在其他活动中一样，执行成功不仅是技能也是一个自我信念的问题。运动员需要效能确证信息，证明在有认知帮助的情况下，他们能比没有这种帮助时更好地控制自己的行为成就。那些对产生和控制有用的认知动作效能感低的人会放弃练习或只是偶尔用用。

在运动应用中，能坚持想像的人往往很少，并且很大程度上局限在能让自己进行想像的良好自我激励者中（Bull，1991）。在优秀运动员中，那些在比赛中荣升顶极的人比起不太成功的同道，不仅更多地使用认知动作，而且使用得更为生动，对其的控制也更好（Highlen & Bannett，1983）。比较性测验的显著特征，并非是身体动作执行者表现优于认知动作执行者，这是可预料的，而是想像能提高技能发展和发挥。个体进行身体练习时会受到许多限制，但熟练的行为可以在任何时间和地点无需流汗就能反复想像。还有，认知动作最好被用作真实练习的附属而非替代品。

忽视想像的多侧面性质和多种不同功能总的发现，掩盖了决定认知动作有效性的因素。认知动作在行为上的益处有赖于许多因素。对这些决定因素及其运行机制的了解，为促进这种认知帮助对运动发展和功能的影响提供指南。这类练习的内容和时机特别重要。在学习的早期阶段，对熟练活动尚未形成充足的观念之前，认知动作的意义不大。促进技能学习的最好方式是，首先在认知上建构行为，然后通过身体和认知动作来完善它（Carroll & Bandura，1982；Richardson，1967）。

认知动作时人们想像什么影响技能的发展。想像精确的动作提高后继成绩，而想像错误动作则会损毁它们（Murphy & Jowdy，1992）。对所完善的技能越具经验和才能，人们从认知演练中获益越大（Corbin，1972）。形成对熟练活动的观念需要某些先前经验。如果对什么是好的行为没有清晰的认识，个体会对认知运演什么及如何识别错误一片迷茫。事实上，没有完善的观念，很可能对许多错误的习惯进行认知演练。特定活动所需要的亚技能的类型，是影响认知动作对熟练发展的作用的另一个因素。作为一条规律，像大部分复杂的行为表现那样，具有许多认知方面的活动比那些主要涉及体力方面的活动，从认知动作中获益更多也更快（Feltz & Landers，1983；Perry，1939）。

除促进技能的获得和保持之外，预备性的认知动作还能改进程式化技能的执行。想像自己即将进行的活动的人，通常比不使用这种认知帮助的人表现出色（Richardson，1967）。几乎所有优秀运动员在一项赛事之前都会进行想像，以使自己的行为表现达到最优化（Ungerleider & Golding，1991）。有实验证据表明想像者比不想像的人做得更好。要证实想像对熟练的行为表现来说是一个有作用的决定因素而不只是一个伴随物，这类发现是必需的。

认知动作能够通过多种机制有助于技能的获得和执行。机制之一是心理神经肌肉性的。认知动作激活了调节运作行为的感觉—动作脑结构（Decety & Ingvar，1990）。而且，当人们想像自己进行一项活动时，与他们真正进行该活动时所激活的同一肌肉群表现出肌电图变化（Ulrich，1967）。在技能发展中，认知动作所产生的肌肉神经支配可以改善行动模式的心理神经肌肉组织。不过，关于想像时的肌肉神经支配是否能预测行为表现的变化，各种证据是相冲突的。第二个获得机制是认知性的。它对运动技能的符号表征之形成发挥作用。与身体动作提供信息一样，认知动作中明显的缺陷或差距能揭示出个体所不知道的东西。虽然粗略的想像不能填补未知的方面，但却可以指出个体在改进认知表征时尚需寻找的东西。

其他机制通过预备性认知演练对加强熟练活动发挥作用。想像行为的执行为活动启动了合适的认知定势和执行策略。认知模拟增加心跳和呼吸频率的证据表明，它可能也能在生理上进行活动的启动（Decety，Jeannerod，Durozard & Baverel，1993）。认知模拟还可以使个体的注意从在紧张的竞争情境下分心的想法转移到即将进行的常规活动上去。如果能中止自我弱化思维，运动员就不太可能损害自己的行为。而且，让人们想像自己熟练地执行活动，能提升他们将可以表现得更好的效能感。效能感的这种提升会改善行为。不仅是身体技能（Clark，1960；Feltz & Riessinger，1990），应对应激源的技能也是如此。由于对错误行为的预先想像有损于后继行为，所以积极的想像不仅能提高自我效能，而且可以阻断比赛压力下导致选手怀疑自己是否可以与对手相匹敌的消极影响，从而阻止效能侵蚀效应。当积极想像通过效能信念起作用时，信念最有可能通过减少分心想法和调集做好事情所需的努力来改进行为表现。

无论是为完善运动技能，还是为良好地发挥技能，都越来越多地在运动之前在认知上执行这些技能，进行认知活动。预备性的认知动作改善运动行为的证据比比皆是。虽然有控制的研究普遍支持其有益的效应，但下结论还为时尚早。正如休恩（Suinn，1983）所指出的，认知动作只是一个工具而已。要想运用它获得一致的益处，个体还必须知道认知演练什么。运动技能的很多方面可以成为注意的焦点。行为的认知方面包括诸如计划、策略及自我有效性观念。动作方面包括行为模式和相伴随的感觉的调节。情绪方面集中在应激处理和肌肉紧张的缓减。根据技能性质、其发展阶段及竞争应激源的水平不同，技能的这些不同成分对运动行为表现的贡献可能不同。实验室研究证明了认知动作的好处。但这一认知工具在运动应用中的收益，将有赖于对如何在认知动作中发展技能及如何最为有效地使用它的认识。

378

动作学习模式的比较性检验

对不同动作学习模式进行比较并不如所期望的那么普遍。尽管运动技能的规则和结构最初几乎都是通过示范所传递的，但直到最近，在动作学习领域对不同学习模式的比较性评价还相对较少受到关注。这种悖论性的忽视有几方面的原因。人们通过其行为结果来学习,这是此领域研究者们的广泛共识。一般用以证明行为的反馈调节的范式,被狭隘地限定在必须以特定速度进行或到特定终止点的手臂运动。相反,大多数动作技能涉及复杂的结构,必须对多种亚技能进行空间上的组织和时间上的关联以取得想要的结果。如前面所提到的,单单通过反应反馈学会复杂技能的动力结构,要花费的时间非同寻常。通过观看以已经整合过的形式示范的行为比起一步步通过观察自己尝试和错误的努力结果来能更快地建立复杂技能(Bandura, 1986a)。

较晚认识到观察学习在动作的习得和精通中的作用的另一个原因,可能在于心理学研究的特有观念。对示范效应及其调节过程的理论化和分析,曾主要集中于社会和认知技能。可是,观察学习的注意、表征和行为产生等亚功能都同等适用于动作技能(Carroll & Bandura, 1990; McCullagh, 1993)。无论参照标准是否涉及认知,社会或主要是身体成就、熟练性的发展都同样包括相似的观念匹配过程。由于示范理论不是在动作技能传统中发展的,所以直到近期它仍然与之相分离。行为主义的遗风进一步促进了个体只能够通过尝试和错误的结果来学习的观点。

对改变基本的手臂运动中反馈和示范模式的比较,更延迟了对如何能最好地获得技能的广泛观点的采用。这类研究主要集中在一个孤立的手臂运动或者是一个简单的动作——行为者已经可以做,只是通过一些练习可以做得更快或是更好。这类研究关心动作控制而不是动作技能习得。短距离移动手臂很难构成一项技能,个体也不需要示范演示如何移动手臂。事实上,这种任务中没什么要学的。除了动作简单外,任务指导详细描述要进行什么行动,器械设备由于严重制约了选择性而进一步规定了行动。示范在促进技能发展方面的力量,鲜明地显示在对新的、样式复杂的、单靠反应反馈需要付出艰苦努力才能塑造的行为掌握中(Carroll & Bandura, 1982)。

技能发展的综合性概念,不是将反馈和示范两种学习模式视为敌对策略而对立起来,这些模式作用互补,且在学习的不同阶段其重要性各不相同。能手的示范,无论单独的还是伴以观察者革新性的修饰,都相当适合于形成技能的指导性概念。反应反馈是将该知识转化为熟练行为的最好途径。这并不是说示范的助益在学习早期认知阶段有关技能的概念形成之后就停止了。技能习得的综合理论也扩展了反馈影响的范围。在复杂技能的情况下,对错误成分的矫正性示范是最具指导意义的反馈形式之一。因此,例如在教授一名有追求的小提琴手如何成为更好器乐演奏者时,技艺精湛的导师既从技术上也以更大的情绪表现力,来正确示范如何演奏高难的乐段。他们不只是告诉学生要在没精打采的演奏中注入一些生气,而且向他们演示如何去做。

379

由于有关动作技能的研究专执于简单运动,所以对技能发展的反馈和示范模式的比较尚未使人获得教益。对影响示范有效性的因素的研究，让我们更好地领悟到如何通过这种方式促进动作技能的学习（Bandura，1986a）。有些促进因素我们已经作过回顾，另一些会在后面的部分讨论。运动熟练性所包含的远不止对行为模式技巧的掌握。运动技能的发展应该不仅形成技术熟练性，而且要建构忍受竞争性应激源的自我效能。在其他功能领域中也是如此，有指导的掌握示范最好能满足这双重目的。费尔兹、兰德及瑞德（Feltz，Larder & Raeder，1979）比较了不同示范技术在促进背式跳板跳水技能的相对有效性。有指导的掌握，即将示范和有指导的动作相结合，比现场示范或录像示范，能形成更强的效能感和熟练性。后两种示范程序对自我效能感和跳水准确性的助益相当。无论示范模式如何，效能信念越强，后继行为表现越好。

榜样特征对自我效能和行为表现的影响

运动榜样的影响随其特征而变化。在影响因素中，假定的相似性尤为重要。个体看见与自己相似的人完成困难的身体技能，比观察具有卓越运动能力的人，更容易就身体能力说服自己。因此，没什么运动经验的女性在看到一个据称是非运动员的女榜样表现出高度的身体耐力后，其身体效能感和真实体力都会提高（Gould & Weiss，1981）。但观察一个据说是运动员的男性表现同一技能，则无论其效能感还是身体行为表现都不能从中获益。榜样相似性比榜样参与的是积极的还是消极的自我讨论更具影响力。不过，如果榜样在从事艰难行为的同时声明其自信，妇女们更倾向于按照其身体效能信念行事。商业市场的运动录像带忽视了相似性的益处，一般都描画超级明星展示无与伦比的行为。这类录像往往以神经肌肉程序的难理解的语言来表述。与过度的要求相反，如果这类录像中有的东西超过新手通过无数自然观察而已经获得的对技能的了解，那么他们将收益寥寥（McCullagh，Noble & Deakin，1996）。

榜样特征对效能信念和行为表现的影响程度，很大程度上有赖于其与特定任务的关联。相关特征的相似性比与所谈论的活动没什么关系的一种特征上的相似性，倾向于被认为更能表示个体自身的能力。因此，在需要体力的活动中，假定的榜样运动能力比榜样性别具有更大的权重（George et al.，1992）。看过非运动员男性或女性示范的体力比观察被描述为是大学运动员的榜样后，女性新手显示出更强的身体效能和身体忍耐力。特别令人感兴趣的是，假定的优秀运动员榜样的力量对那些不太肯定自己能力的观察者的效能信念和行为表现起损害作用。向上比较会产生有害的评价效应，这对训练具有重要的含义。使用有才能的榜样进行指导应该强调其在改善个体能力时作为运动知识和技能来源的价值。贬低比较性评价功能而强调指导功能，能够建立运动效能感而无削弱的风险。而且，当候补队员相信自己能学会所教技能的效能，并将娴熟的榜样作为心中渴望的

380

良师益友而向他们求助的时候，向上比较的贬损性即使不消失也会减少。

榜样的特征主要通过对偏好的影响而影响观察学习（Bandura，1986a）。若有选择，个体可能选择有同样特性的榜样，而忽视那些与自己没什么共同点的人。如果不相似榜样受到极大的忽视，他们的特定技能就不会被观察和学习。对榜样特征影响作用的检验，在除了观察呈现给他们的榜样外别无选择的强制情况下可能会得出微弱或误导性的结论。比如，如果要求个体观察相似和不相似榜样同样长的时间，就会从两者那里学到同样多的东西。当然，榜样的熟练性有不同。因此，熟练的榜样比不熟练的榜样更值得关注。这样，支配榜样选择的主要因素是其必须要教授的内容的假定功能价值。勒格和费尔兹（Lirgg & Feltz，1991）的研究涉及其中的某些问题。接触一个表现出有用动作技能的榜样会增进观察者的效能信念和身体行为表现；而接触一个不熟练的榜样则会降低自我效能感，产生有缺陷的行为表现。榜样熟练性在促进效能感和熟练性时其作用都超过特征相似性。高效能感伴随有较娴熟的行为表现。

前面部分讲到的发现表明，自我效能感是示范得以改善身体行为的机制之一。这同样适用于自我示范。在编辑过的录像带上观察自己的最佳表现，比传统的指导更能提高效能信念、改善运动行为（Scraba，1990）。的确，冈扎尔斯和多瑞克（Gonzales & Dowrick，1982）的研究揭示，自我示范更多通过其动机功能而非信息功能发挥作用。一组台球运动员在录像上看自己娴熟地将弹子球击入袋中；第二组看自己平庸的击球，但通过拼接出假冒的结果表明球落入桌袋而使其看上去也成功了。后一种自我示范形式就技能而言提供的是错误信息，但就个人能力而言则有说服力。真实和伪造的自我示范同样提高了击球熟练性，而控制组则没有变化。新手有理由怀疑自己的能力，他们可以从成功的自我示范中获益最多——无论这种成功是虚假的还是真实的。

自我效能对动作技能习得的贡献

动作技能习得中的认知方面现在已得到广泛承认。但对认知贡献的基本兴趣很大程度上集中于技能知识如何指导行为熟练性的发展。动作学习和操作所涉及的远不止掌握行为技巧。的确，有无数运动员具有好的身体技能，但在困难的情境面前由于不能处理压力而很快丧失其效用。无论是动作技能的发展，还是在不同情境中它们执行得如何，效能信念都有着影响作用。

开始时，个体对掌握一项复杂身体技能的效能信念决定一项体育活动是否被看重，如果选择了又会投入多少努力以及当进步缓慢或不定时的坚持水平。无效能感很快就会缩小运动范围。在前面回顾过的其他类型的技能中，强烈的学习效能感助长进步，并由此在特定活动领域中建构高水平的效能感及技能。对于复杂的身体技能同样如此。费拉瑞和布法德-布沙尔(Ferrari & Bouffard-Bouchard,1992)考察了专业技能与个体效能信念对学习新的涉及手臂和脚部运动复杂联合的太极风格防御行为的作用。三种技能水平下高、低效能信念的空手道学生,通过录像机在一段固定时期里以其喜欢的任何方式学习复杂示范行为。他们可以重新考察示范行为的全部或特定部分,并改变演示速度以捕捉细微的差异和转承的活动。空手道专家比中级的或新手学到得都多。但当控制了技能水平之后,无论习得行为模式的效能信念还是成功执行它的效能信念,都对更高的行为掌握水平有独立贡献。空手道专家从高学习效能感中获益与新手同样多。当让个体控制他们的技能学习时——日常生活中往往如此,他们有更大的余地按其效能信念行事。个体必须观察榜样表现而不能实行自己的学习策略,这种有限制性接触的研究最可能低估学习效能感在技能发展中的作用。

大多数人认为运动技能很大程度上有赖于天赋能力。能力倾向通过坚持不懈的努力而非先天程序转变为掌握。将身体能力视为固有能力倾向的自我限制效应通过实验得到了很好的证实。学生们在形成心理运动技能可通过练习习得或是天赋才能的反映两种不同信念下,开始完善一项心理运动技能(Jourden et al., 1991)。将心理运动技能解释为一项可习得的技能,可促进个体对自己身体效能信念的增长及心理运动技能的逐步改善(图 9.1)。相信技能发展受个人控制另外还提高个体对自己行为表现的满意度,并形成对活动的兴趣。相反,将身体行为表现作为天赋才能的特征,在初始实践经验形成的自我效能感之外不会有所提高。他们的成绩似乎达到了能力极限。而且,这种观点停止了行为者的效能感的发展,使他们对自己的表现不满意,对活动没兴趣,并且停滞于一个相对较

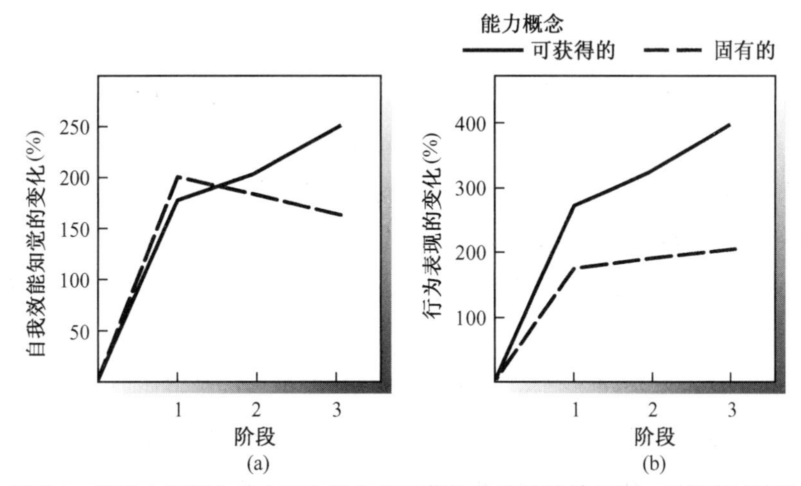

图 9.1 将能力理解为固有倾向性还是可获得的技能的情况下,反复尝试产生的(a) 自我效能知觉的变化及(b) 心理运动技能的改善。每一阶段包括两次尝试。阶段 1 的改善代表最初的实践努力。阶段 2 和 3 描述后继心理运动技能的改善率(Jourden, Bandura & Banfield, 1991)。

低的技能发展水平。

这些不同身体能力概念所起的广泛作用也体现在被试对实验结论的自发评论中。那些把活动作为可习得的技能来对待的人谈论活动挑战性带来的乐趣（“活动很有趣，我很喜欢”）、活动的持续兴趣（“我还愿意尝试更多，我真的越来越擅长”）、提高了胜任感（“我表现得相当好”）以及他对自身行为施以控制的能力（“如果你集中注意，就能习得它”）。相反，那些将同一活动视为其天赋能力的反映的人，较可能表现出沮丧（“我越来越努力，然后我只好放弃，特别当我在尝试开始时就脱离目标”）、声言他们的身体虚弱（“这的确伤着我的胳膊了，这可真累人”）、自我不满（“我不满意”）、任务困难（“这出奇地难”）、无法控制（“我想我应该做得更好，但我不能”）以及对无能为力的特质归因（“我不很擅长此类事情”）。关注能力自我发展的益处，同样在涉及竞争性运动的研究中得到了显示（Duba，1988）。关注自我提高的选手比那些总是根据别人的表现来测量自身能力的人，会更多地参与一项体育运动，并在闲暇时做较多练习。

382

应当注意，自我效能的构念与运动心理学中广泛使用的非正式用语自信是不同的。自信是一个难以描述的术语，它指信念的强度但不一定说明确定性是针对什么。我可以极其相信我会在一次努力中失败。自我效能感指对个体产生特定成就水平的力量的信念。因此，自我效能的评估既包括对能力的确信，也有该信念的强度。自信是运动中的流行口号，而不是根植于某一理论体系中的构念。一个领域中的进步，依靠这样的构念能得以最好实现：这些构念充分反映重要的现象，并根植于具体说明其决定因素、调节过程及多重效应的理论。基于理论的构念可以增进理解和操作性指导。因此，用以说明个人动因作用特征的术语，表现的不仅仅是语词上的偏好。

运动效能感是一个多侧面的信念系统，而非一个整体的人格特质。它也不是一个一般信心特征的产物。自我效能理论使人们认可运动是多种形式的能力，而非一整个实体。无与伦比的迈克尔·乔丹在他获得声誉的篮球场上会对自己的投篮得分感到极为有效能，但在他曾表现糟糕的棒球场上对自己完成本垒打则相对无效能。麦克奥利和吉尔（McAuley & Gill，1983）证实了运动效能整体指标的预测缺陷。体操运动员对自己执行不同体操技巧的效能信念可以预测他们在院校间竞赛中表现如何，但对身体效能感的一般测量则不能。

运动心理学领域把许多力量投入人格特质的测量中。这种特质取向不仅放弃了预测力，而且就如何组织训练以培养运动熟练性所提供的指导很少。作为个性特质的运动竞争性是一个良好例证。在一项对预测性的比较检验中，勒内和洛克（Lerner & Locke，1995）发现，效能信念和个人目标对身体竞争行为有相当大的贡献，而运动的竞争性则是一个比较弱的预测指标。去除效能信念和目标的影响后，运动竞争性丧失了有限的预测力。社会认知决定因素除了预测方面的益处之外，人们还可以瞄准干预措施来增强运动员的效能信念和目标，而关于如何改变个人“特质”则一派迷茫。当效能信念的影响控制后，诸如竞争焦虑和自我动机等其他特质测量，对身体行为的预测力很差。这些发现稍后将会陈述。源自社会认知理论的干预措施，是从对学习、自我动机及自我调节的基本机制的认识中得到的。

运动行为的自我调节

383

运动能力的认知方面

一个通常的错误是，单凭身体技能判断能力而不考虑在处理一直变化的、充满不可预测的和压力性因素的情境中发挥技能的效能。网球超级明星比丽·简·金(Billy Jean King)机敏的观察反映了效能信念在调节运动技能执行中的影响作用，她说：“更多的比赛是内心获胜的而不是外在获胜的。”尊敬的约吉·贝拉(Yogi Berra)同样强调运动行为的认知方面——虽然他的数学还有许多有待改进之处——“棒球90%是身体的，而另一半是心理的”。行为成绩的提高不仅要注意运动员身体上的，还要注意其认知上的所作所为。先前我们看到，竞赛成功要求在先兆线索的基础上提早调节自己的行为。自我确信支持获取成功所需要的策略灵活性。有害的自我怀疑会让最佳技能的发挥大打折扣。成功运动员的一个特征就是他们以毫不动摇的效能感处理竞争压力和挫折的能力。

翻开飞逝而过的运动生涯史料，里面充斥着拥有卓越的身体能力但效能感脆弱的有抱负人。遇到困难他们立即就被击倒。教练在运动员中寻找弹性的自我效能，这在运动圈子中被称作“精神强壮”。例如，斯坦福杰出的棒球教练马克·马奎斯(Mark Marquess)检验自己的掷手如何处理压力，当他们“受到碰撞时怎么办？他们能在有压力的比赛情景中投球吗？他们能在不拥有好的物质材料时获胜吗？”坚定的效能感使人在压力下保持镇静。弹性在团队水平上也是一个关键特性。伟大的团队在由于某种因素表现不是最佳时，有后来居上、赢得比赛的效能。强调面对高度压力时保持坚定，对研究运动行为的自我效能决定因素的实验条件有重要的含意。在没有不确定性和压力的条件下，最好地发挥技能是容易的。压力情境下，最能揭示动摇不定的效能感产生的脆弱性。

比赛不同阶段摔跤行为的决定因素的路径分析中揭示了高压条件下效能感对行为表现所起的关键作用(Kane，Marks，Zaccaro & Blair，1996)。运动员评定自己在诸如放倒对方和逃避被压在下等摔跤的关键性活动中的效能感。预赛中，效能感弱的选手还能胜出较弱的对手,因为能力差异并没构成太多的挑战或威胁。反映在运动水平和先前成绩纪录中的摔跤能力,既可以直接地、也可以通过效能信念和个人目标的调节作用来预测竞赛中的行为表现(图 9.2)。先前成功使运动员的效能感提高得越多,他们为自己设定的目标越高,表现也越好。但在压力重重的加时赛中,情况就完全不同了。选手们势均力敌,一个失误就会导致突然致命的挫败。效能感显露出是加时赛行为的唯一决定因素。

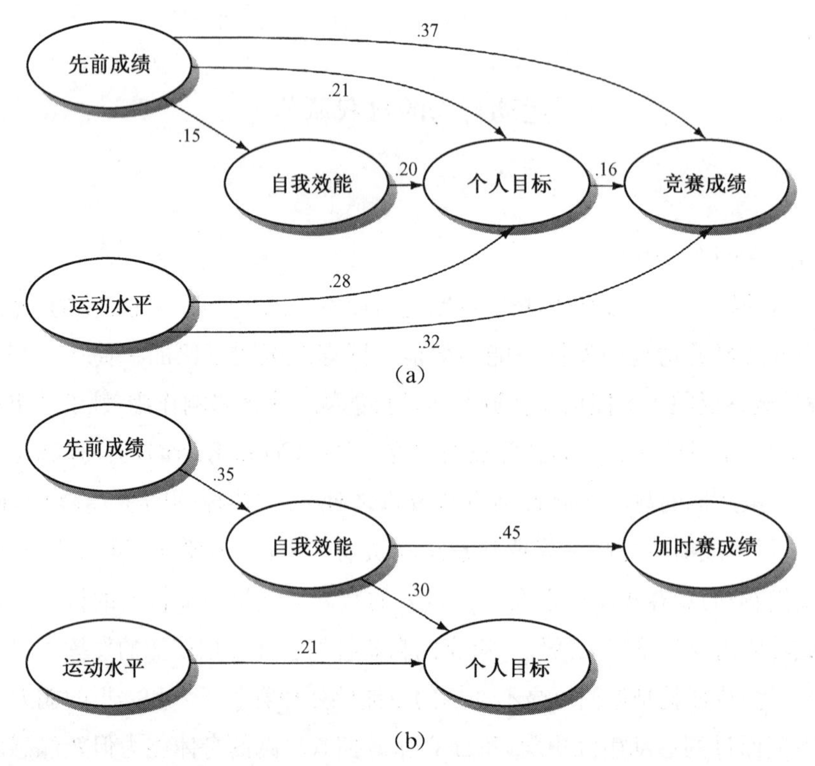

图 9.2 自我效能感在决定竞赛行为的因果结构中的作用:(a) 在预赛中;(b) 在压力重重的加时赛中(Kane et al., 1996)。

这些评论并不意味着效能感能够替代身体才能。重要的问题是对运动行为的共同决定因素。人们必须要考虑身体才能、技能发展及效能信念的弹性,而不是将一类有作用的决定因素与其他的对立。运动成绩是这些不同因素交互作用的产物。由于人类行为是身体才能与由经验发展起来的能力的混合体,所以将决定因素清清楚楚地划分为固有的和习得的两种形式的二分思维,是严重的误导。认为信心的作用不过尔尔的评论家,是将互动的因果关系错误地解释为假定孤立起作用的对立因素。当选手们技能悬殊的时候,即便认知上对技能执行有某种程度的损伤,能力较强者还可能胜过能力较差者。但正如已经注意到的,经过激烈的竞争选拔而幸存下来的运动员,都具备必要的才能,而且通过经年累月的艰苦训练,他们已将其转化为高水平的技能。在运动员行列中你不会找到笨拙者。一场紧张的竞赛中，任何瞬间的心理失误或干扰性入侵都会使一个人败落。

运动技能在开始时不会完美，而是需要长时期的发展和提炼。在这一发展过程中，面对令人沮丧的事情以及太多时候对自己是否有天赋去完成任务的怀疑的判断，踌躇满志者必须坚持不懈，永不放弃。将潜能转化为运动精熟，需要对自己的效能有不屈不挠的信念以维持必要的努力。一个最终成为杰出掷手的棒球运动员，描述自己不得不经受反反复复的社会阻碍时，自我信念持久的动机力量："没什么人觉得我能行，但我一直认为自己行……我认为自己不能在大的联合俱乐部中掷球之日，也是我放弃之时。"当他的同伴在享受重要联赛的胜利时，他被甩在小联赛中奋争，那些年中，除了运动效能信念之外他别无所有。别人的看法没有妨碍他。将成功的幸存者主要归功于身体天赋，是对受效能信念广泛调节的自我选择和自我发展这一复杂过程的肤浅看法。

385

运动技能已经完美之后，对自己效能的信念的重要性并未减弱。能力与其执行同样重要，当每个人都高娴熟时，忍受竞争压力之效能差异能影响执行的熟练性，一决胜负。无论是天赋还是培养起来的亚技能，都不能保证非凡的行为表现。运动员如何利用自己的所知和所有，一定程度上由其个人效能感决定。摔跤时对自己相对能力满腹狐疑是难以有良好表现的。当选手拥有必要的技能，但缺乏打败较高级别对手的效能感时，这一点最为明显。一名蒸蒸日上的年轻网球选手，相当生动地描述他比较性效能评价的变化——从与强劲对手比赛开始时的承认失败到确信自己的竞争优势："我最大的弱点是我的头脑。我开始相信自己能胜过对手，而我先前只期望与他们较量能拿到好分数，现在我想：'扯谈，什么好分数，我能赢'。"他坚定的效能感使以前远离自己的胜利接踵而来。恶战的胜利转而又使个人效能的弹性出现奇迹。

在许多运动中，效能感水平是最为一致地区分成功的和不太成功的优秀运动员的一个心理因素（Highlen & Bennett，1983；Mahoney，1979）。温伯格（Weinberg）及其同事用实验证明了坚定的效能感对竞争有相当大的益处（Weinberg et al.，1979）。这些研究中，无论参加者的实际能力如何，通过预先暗中决定的胜败来改变他们对自己竞争效能的信念。那些在一次身体力量比赛中效能信念被虚假抬高的选手在身体耐力的比赛中胜出对手，而那些效能信念被虚假降低的选手则轻易落败（图 2.3）。虚假形成的身体效能信念越低，新赛事中的竞争耐受力越弱。虚假夸大女性的身体效能信念和虚假降低男性的相关信念，可以消除原先存在的体力上的巨大性别差异，这进一步强调了效能信念对于体力的影响力。

此实验研究的结果还证明了个人效能信念对从失败的负面效应中恢复的贡献。效能信念被虚假提高的竞争者在失败后会重新怀疑自己的努力，而那些效能信念被虚假降低的人则在失败后竞争行为变得更糟。如果比赛继续，自我怀疑者最可能表现得越来越沮丧，而自我信任者则会不断地对受挫作出适应性应对。即便只是看到貌似难对付的对手，就比看上去没什么印象的人更易形成较低的竞争效能信念。正如所预料的，预存的效能信念对开始时的竞争行为影响最大，而由虚假反馈提高或降低的效能信念则影响竞争行为的后继过程（Weinberg, Gould, Yukelson & Jackson, 1981）。

动摇的效能信念最可能在面对面的竞争中让一个人失败。的确，在面对面的竞争中比在背靠背的竞争中，效能信念的作用更强大（Weinberg, Yukelson & Jackson, 1980）。应当注意到，通过虚假行为反馈改变效能信念，非常适合于检验有关自我信念调节力量的理论问题。这类例子中，效能信念对行为的因果影响得到了清晰的证明，因为该信念不是基于实际能力，因此，也不能作为后者的反映而被摒除。不过，在训练实践中，人们不能运用虚假反馈来建立运动熟练性。教练要运用能真正培养技能及坚定的效能感的影响模式。两者都对运动行为质量有益。

能力相当而自信不同的运动员表现水平不同。受自我怀疑烦扰的天才运动员的表现，远未达到其潜能水平，而天赋较低但高度自信的运动员则能胜过虽天赋较高但不相信自己能力的对手。许多事业失败的运动员，如果能在比赛中表现得和训练时一样好，就应该是冠军。能力与成就间的这种不一致强调了效能信念对运动专长的影响作用。竞争运动也揭示了自我效能感的脆弱性。一系列会削弱个人效能信念的失败使职业运动员遭受行为重创。由于自我怀疑，他们没有很好地执行即便业已完善的技能，而其生计恰恰是基于自身的良好表现的。

386

通过目标挑战调节行为表现的效能信念

大多数体育活动中，目标挑战性是到处可见的。在打磨技能时，运动员总是将目光锁定在超越自己先前成就的水平上。在准备比赛时，对手的最高成就成了拼打的标准。由目标设定而产生的个人挑战性以几种重要的方式作用于运动技能的发展和表现（Bandura, 1986a; Locke & Latham, 1990）。挑战性目标与有能力实现它的坚定自信是强大的动机源。此外，追求卓越中子目标的达成会建立运动效能感，并培养对活动的兴趣。采用并实现目标挑战性的动机和效能作用，在杰出运动员的有关报道中得到了很好的说明。比如汤姆·华生（Tom Watson），一位重要的职业高尔夫球手，有一次描述到："我是目标定向的。我不满足于我既已取得的成绩。我想比去年更好。那（英国公开赛胜利）向我显示我能赢得一场重要的比赛。这肯定增强了我的信心。在我赢得英国公开赛前，我表现不佳而这会影响到我。现在，我有信心不让糟糕的回合困扰我。"

运动心理学的显著进步需要对趣闻报道及相关发现中所反映的调节过程进行实验分析。先前引述的相当多的研究对目标设定的有益作用提供了强有力的一致性支持。在将此知识扩展到运动活动的过程中，洛克和莱瑟姆（Locke & Latham，1985）就如何建构目标体系以取得很好结果提供了明确的指导。虽然挑战性标准在其他功能领域有明显的益处，但就身体行为表现对目标理论不同方面进行的实验检验产生了一些混合结果。运动文献给人的印象是，目标在运动行为方面的好处已经得到证明。事实上，凯洛和兰德斯（Kyllo & Landers，1995）所做的一项元分析研究揭示，目标设定促进运动和训练的行为表现。与其他功能领域相同，将近期的与长期的目标结合起来对行为有相当的益处，而单有长期目标则没有影响。中等目标提高行为成就。容易的目标和可能被人拒斥的困难目标，都不会发生任何影响。

洛克（Locke，1991b）识别出一些消除或掩盖指派的目标对运动行为作用的因素。动机和行为受个体为自己设定的个人目标而非他人为他们所持有的目标所调节。有些参与者可能对实验者在研究中所用的身体活动投入甚少，尤其是当好好做会导致疲劳和疼痛，而平庸表现没有什么特别后果时更是如此。当艰苦工作没什么好处而自尊也不受威胁的时候，人们没什么动力去采用需要艰苦工作的目标。与此不同，运动员对自己的行为表现投入大量的个人满意感。自尊是一个有力的自我动机源。誉满全球的接球手吉恩·华盛顿（Gene Washington）不过是运动员如何通过自我评价性愿望激励自己的一个例子："每个赛季前我都为自己设定特定的目标，都很艰巨。如果我达到了，就感觉自己尽力而为了。这给了我很大的满足感。如果社会强加的目标不被接受，它们就与行为表现无关。"

387

当人们进行活动时没有指派的目标，而是接受自己做得如何的反馈，好的自我激励者会自发为自己设定目标挑战（Bandura & Cervone，1983；Weinberg，Bruya，Longino & Jackson，1988）。自我设定的目标越高，行为表现越好（Bandura，1991b）。同样，当被委派以长期目标时，许多行为者会为自己采用短期目标，为当前行为提供更好的激励和指导。当以竞争的方式组织活动时，尤其可能出现自发的目标设定。超越对手的行为水平成为个人为之奋斗的目标。自发的目标设定使被认为无目标的行为者转变为有目标导向的人。因此，当他人设定的标准不符合行为者自身所设标准时，关注社会委派的目标而非个人所采取的目标，将会产生误导的结果和错误的结论，以为目标在运动活动中不是动机源。

在大多未发现目标效应的研究中，并非目标没能预测行为，而是实验者没能阻止行为者在控制条件下自设目标。目标理论适用于行为者寻求实现的个人目标，而不是他人想让他们遵循的目标。如果个人目标与行为表现无关，那么目标理论的有效性就存在问题。按照目标理论，个人目标而非委派的目标才能更好地预测行为成就（Lerner & Locke，1995）。无论被委派以何种类型的目标，竞争对行为的影响广泛地受参赛者的效能信念及他们为自己设定的目标的调节。当诸如竞争或了解他人表现如何等使个体自设目标的外在诱因减少时，委派目标的益处就比较明显了(Hall & Byrne, 1988)。

证实人们自发地为自己设定目标，并不必然意味着他们都能做得好。如果采用挑战性目标，就比采用容易的目标能获得更高的成绩。如果他们好高骛远，就会由于反复的失败而自取沮丧；如果他们只有远景目标而没有子目标的引导，也不可能获取太多。与其他自我管理技能一样，也必须教会运动员如何设定最佳目标及如何根据进步速度重新调整目标，以使自设标准起到激励而非致弱作用。这类训练要求很多，绝不只是简单地指导他们将目光投向自我提高。这要求监控他们的目标设定，且当他们步子太大、太小或太远时，提供正确的反馈。而且，当他的努力达不到所寻求的收益时，还需要帮助他们如何应对沮丧。正是这种时候，运动员最需要有人指导该对自己提出些什么要求。

目标的形式影响其激励的可能性。行为者不太会受模糊、易于实现或遥不可及的目标的激励。高远的目标对于鼓舞人心是好的，但它要不可动摇地投入有等级的使个体通往目标的可达成的各种子目标。在备战奥运会时，约翰·纳贝(John Naber)估计要想获得金牌还需使自己的最好成绩降低四秒。他对自己实现这一巨大挑战的策略作了如下描述："这是块硬骨头，但因为它是一个目标，所以我现在能够确定地指出如何攻下它。"(Locke & Latham, 1985)他将这一时间目标分为小的、可达成的步骤，并由此将自己训练成为金牌得主。渐进地趋近高远目标的优势，在对身体耐力的正式测试中得到了证实(Tenenbaum, Pinchas, Elbaz, Bar-Eli & Weinberg, 1991)。那些追求导向远期目标的近期目标的行为者，比起只关注近期目标、只关注远期目标或只是受到要尽力而为鼓励的人来说，前者取得进步的速度更大。近期的挑战也使比赛中的努力达到最大。越野滑雪是冬季奥运会最严峻的运动。挪威巨星布约克海姆(Bjorkheim)描述他运用近期关注点作为源源不断的自我激励策略："我盯视前方，可能是一个斜坡的顶端，告诉自己那已接近终点了。当我达到这里，我盯视前方并再次树立信念。这往往让我以自己的最佳速度前进。"

388

有目标但不知道自己做得如何，对调节努力或改变策略没多大作用。例如，踌躇满志的棒球手如果看不到自己所击之球到哪里了，就不知道该对自己击球的力量和轨迹作何调整才能实现自己努力的目标。单有目标可能使行为产生一种初始的迸发，但随后就很少或没有收益了(Bandura, 1991b)。相反，目标并伴有相应的反馈可以不断增加行为上的收益，超过由目标或反馈单独产生的结果。这就是为什么当行为模糊不清时运用目标会产生不确定的结果的缘故。

在大部分个人运动中，诸如短跑的速度、跳高的高度或掷标枪的距离等，行为反馈都有明确的标准。这使人们易于将活动编排为数量化的目标。团体运动为目标设定和反馈安排提出了更大的挑战，因为选手们要承担若干相互依赖的功能。团体成绩有赖于选手们执行各自功能及协同作战的情况。因此，团体目标必须既要瞄准共同行为，也要关注每个选手的行为。大家常说，测什么就会提高什么。当目标分别涉及成功所需的关键技能时就能提供最好的指导。比如，卢特·奥尔森（Lute Olson），无论他在哪里执教都会率其篮球队夺冠，每场比赛都从团队胜利所需的个人及协同行为两方面评定每一个队员（Gill，1984）。技能被划分为每场比赛中成功的投篮、罚球及抢篮板球、助攻、受阻投篮、个人犯规、偷袭及转身等的百分数。每个方面都给予其改进的数量化目标。通过个人化的目标设定而使基本行为改进，得到了更多的团体胜利的收获（Anderson，Crowell，Doman & Howard，1988）。

先前我们看到，通过目标抱负对动机和行为进行的自我调节，广泛地依赖支持性自我影响。因此，要想完全理解目标的作用及其工作机制，需要对自我反应性共同决定因素间的相互作用进行分析。在模拟的繁重的身体活动的研究中，有挑战性目标的运动员比没有挑战性目标的获得了更强的身体耐力（Bandura & Cervone，1983，1986）。持续建构自己体力和运动技能的时间越长，目标设定者超过没有目标的配对者越多（Weinberg et al.，1988；Yin，Simons & Callaghan，1989）。实际上，所有有关运动目标设定的研究都集中在个人而非团体目标。李（Lee，1988）报告了一些证据，说明设定明确的挑战性目标的团队比不这样做的团队表现更好。团体目标及选手的效能信念强度，都对团队行为表现有贡献。

当成功易得时，人们也易于坚持目标。但当失败、挫折以及投入长时间的努力却毫无进展等使得这类挑战似乎不可企及时，人们就难以执着于艰苦的目标了。在这种阻碍性条件下，效能信念有助于维持目标的力量。因此，面对失败保持坚定效能信念的人，会加倍努力以实现自我设定的困难目标；而那些对自己的能力怀着日益增长的怀疑的人，则降低眼光、缩减努力（Bandura & Cervone，1986）。当个体获得高度成功，并且必须决定是否要努力追求更高的行为美景时，效能信念和个人目标也作为身体行为表现的共同决定因素起作用。那些高效能者能提高抱负水平及行为成就；中等效能者满足于既有的荣誉；那些怀疑自己能再次获得来之不易的成功者，则会降低抱负和行为动机的水平。

处理竞争压力及高风险的效能感

运动活动涉及许多应激性因素。当然，某些运动有伤害身体的风险，有理由心存忧虑。例如，在平衡木上做后空翻时滑倒，会产生许多身体损伤。选手们对可能的伤害性灾祸考虑多少因人而异。与地位和金钱等结果相联系的激烈竞争是忧虑的不竭之源。许多天才选手为专业水平上的极少数位置而竞争。与队友相比较的行为表现，决定运动员级别上升得多快、是否能达到顶峰、能在上面保持多久以及他们降级的速度。这些地位变化对运动员们实际的生活有重要影响。未达到个人及团体标准的运动表现贬抑了一个人在其队友、教练及他人眼中的社会地位。最后但并非最不重要的，运动员还必须同因表现有缺陷而产生的自我贬低相抗争。吉米·康纳斯(Jimmy Connors)描述在竞争性运动中，自我评价如何既是一个有力的动机源，又是一个潜在的压力源："危机关头，金钱并不是一种非常大的动力，个人荣耀及个人满意是种强得多的动力。因此，我正在备战温布尔顿杯，因为我的荣耀和满足将在于第二次在温布尔顿杯比赛中获胜，在于跻身于拉弗、纽科姆和弗雷德·佩里(Laver, Newcombe & Fred Perry)等二夺温布尔顿杯的特殊选手之列。"关心他人怎么想及自己如何想自己，这会成为一种竞争压力。第八章详细阐述了在哪些条件下，严格的标准通过评价性瞬息万变自我反应成为压力源。

焦虑和运动行为间的关系，是运动心理学中最广为讨论的问题之一，但也是最难确定的(Gould & Krane, 1992)。在概念分析中，开始时作为焦虑的，很快衰减为一般唤起、心理能量或精神警觉，或被分割为预感思维、身体活动及紧张行为。虽然有无以计数的研究，但实证问题还与概念一样没有解决。对运动活动的焦虑往往归结为特质焦虑。竞争情境可能激活个人特质，后者随即唤起焦虑，损害行为。在社会认知理论中，焦虑及受损行为都是达到竞争要求的低效能感的共同结果。自信的运动员往往关注排除自身能力限制该做些什么。他们将风险作为获得卓越成就的一部分代价。相反，不太自信则较倾向于琢磨伤害性风险，对手的可畏及失败的个人和社会代价等。

利兰(Leland, 1983)比较了篮球队员的自我效能感和竞争性特质焦虑在预测竞争前焦虑中的相对力量。测验运动员对运动比赛的特质焦虑及他们对执行活动不同方面的能力感。这些方面包括控球、外围和罚球投篮、抢篮板球、防守、过人及执行不同风格阻挡的能力。此外，研究还涉及许多经验性的和情境性的预测指标：选手的竞赛经验、他们在队里的位置、对手的难对付程度及对比赛的期望、比赛的重要性、先前比赛的结果以及预期的观众规模。在逐步多重回归分析中，自我效能感从众多因素中脱颖而出，作为主要的预测指标，解释赛前焦虑40%的变异。竞赛特质焦虑解释赛前焦虑6%的变异。这些发现进一步证实，人类活动可以更好地由多侧面效能信念而非一个整体人格特质加以预测。

回想第四章提到过的，效能知觉通过对行为思维和情感之个人控制的信念来调节压力和焦虑。在行为定向的途径中，通过发展运动技能而增强竞争能力知觉，可以减轻压力和焦虑。例如，先前研究集中在源自行为无效能感的焦虑。思维定向的途径——将对此做更为简短的讨论——集中在控制侵入的烦扰思维链的认知能力感。运动员会因为控制损害其行为的有害思维之无效能而垂头丧气。通过以行为能力和思维控制为中心的效能信念所进行的压力处理，主要作用是阻止紧张激活。情感定向途径寻求一旦唤起紧张就提高减轻它的效能感。缓释效能反映了个体对自己通过积极地重新评价压力源、肌肉放松、平静的自语、将注意从压力源刺激转向镇定刺激及寻求社会支持等能力的信念，处理压力的效能感低的运动员，有求助于药物及酒精达到放松的危险。

运动心理学中另一个普遍的假设是，焦虑唤起会降低运动成绩。因此，人们投入许多注意来降低焦虑。但几乎没什么能证明这种直接的因果关系。生理唤起有何影响，可能更多地有赖于对它关注多少以及是将其解释为振作精神的还是痛苦忧虑的。费尔兹及其同事对跳水运动员的研究涉及这个问题（Feltz，Albrecht，1986；Feltz & Mugno，1983）。自主唤起水平既与效能信念无关，也与跳水成绩无关。虽然自主唤起感与效能信念相关，但并不能预测行为成绩。就唤起感影响行为成绩而言，它是通过对效能信念的影响而间接起作用的。

对非运动领域中因果关系的检验表明，效能信念既影响焦虑，又影响行为质量，但焦虑通常对行为无独立贡献。麦克奥利（McAuley，1985）指出，运动行为同样如此。他考察了熟练的示范在提高体操成绩时的两种不同机制。体操效能信念是行为表现的重要决定因素，而所体验的焦虑水平则与行为表现无关。同样，长跑运动员的竞赛速度也可以由效能信念而非焦虑水平予以预测。这类结论表明，效能信念主要通过影响动机和思维过程来提高运动成绩。

焦虑的先入为主阻碍了人们对情感在运动功能中所起作用的兴趣。这一领域的文献会使人们认为运动员所体验的只有不良情感。当然，与厉害的对手竞争会产生情绪唤起。但是将唤起解释为激人向上的挑战还是使人虚弱的焦虑很大程度上有赖于达到竞争要求的效能知觉。特雷如、蒙森及考克斯（Treasure，Monson & Cox，1996）指出，运动员还体验到挑战的兴奋性，这对其行为表现有影响作用。相信自己效能的摔跤手在赛前体验到的是积极的情绪反应而非焦虑。效能知觉对竞争行为有相当大的贡献，但积极情绪也有微小的显著贡献。相反，焦虑与竞赛行为无关。

人们常说，长期的压力会造成运动员的精疲力竭。在职业网坛上闪烁上升的年轻人，在紧张的比赛压力下会突然陨灭。一些杰出的选手和教练在事业的巅峰期隐退，因为他们觉得情感上衰竭，无法再从自己的所为中得到乐趣（Dale & Weinberg，1990）。其他运动员则将信将疑，无精打采地干着看。这组症状通常被解释为，在竞赛运动中，各种要求无休止的超载造成长期生理激活，从而产生疲劳效应。一个全面的理论必须既能解释对运动压力源的消极适应，也能解释对其的积极适应。毕竟，许多选手仍在竞争压力下奋发，不断为自己设立新的挑战，并在整个职业生涯中从向自己最佳能力的不断冲击中获得满足。我们已经看到，在其他活动中，效能知觉是预测个体是否容易感受精疲力竭的一个重要指标（Chwalisz et al.，1992）。效能感高的个体找到建设性的方法处理长期的压力源；效能感低的人则诉诸逃避主义的应对方法，而这只能造成更大的压力和痛苦。甚至有迹象表明，长期的运动压力，某种程度上通过应对无效能感造成运动的熄灭。

许多运动项目——如赛车、单独攀岩、峭壁滑雪、低空特技飞行表演及跳伞运动——都对身体而言有高风险，从事此类活动往往归因于寻求感觉或刺激。但如果这单是找刺激，极端冒险者就鲜能幸存。斯兰格和鲁德斯塔姆（Slangen & Rudestan，1996）考查了决定四种运动——攀岩、滑雪、小飞机比赛和特技表演中极端的与普通的冒险的可能因素。他们发现，是自我效能感而非寻求兴奋，将极端冒险者和高冒险者区分开来。极端冒险者对自己成功完成活动有相当安全的效能感，并作好充分的准备，也愿意承受可能的风险。两组之间无论在刺激和风险的追求上、死亡态度上，或是在对威胁的敏感和抑制反应上，都没有差异。正是激情追求的掌握感，而不单是找刺激，才是激励的力量。对生活效能和身体效能的一般度量，也都不能区分极端的和普通的冒险者。运动员根据与领域相关的效能特质而非一般效能特质行动的证据，与这样的日常观察相符：赛车手和试航员在其日常生活中对于如何驾驶相当留意。通过强化训练而建构起来的高度熟练性与毫不动摇的自信相结合，降低了风险水平。对蛮勇的找刺激者的理想性的刻板印象，忽视了在伴有严重身体危险的活动中得以幸存所需要的辛勤而不懈的准备。

处理压力源、失败和重挫时的思想控制效能

实施思想控制的自我效能也是决定运动成绩的一个关键因素。一路过关斩将的完美运动员，有不同寻常的效能去阻止分心，控制扰乱性的消极想法（Hoghlen & Bennett，1983）。一个放松的投球手这样描述当他面临一场处于危险状态的关键比赛回合时，他全部的注意集中在自己即刻的投掷任务上："我尽力不去担心谁在击球，谁在四分之一垒，谁下一个上来，或比分是多少。"而下一次投球控制了他全部的注意。一名卓越的击球手的注意效能提供进一步的例证："我排除一切干扰，只知道自己在准备击球。只有我和投手，我是锁定投手的那个人。"在压力很大的情境中保持如此专注于任务，需要对自己的能力有相当的自信。那些不相信自己的人可能感到自己在考虑什么是胜败攸关的和出问题的严重后果。

运动员必须发展效能以适应性地应付失败，因为失败会常常光顾，毫不仁慈。比如，即便是最熟练的棒球手，击球成功率也比30%高不了多少。这意味着他们70%的努力将以失败告终。善变的球迷期望他们每次击球时都能掌握局势，过关斩将。如果关键时候他们落败，球迷马上和他们反目。不过，大多失败的痛苦是自加的。最优秀的运动员通过严格的自我标准驱使自己成功。就他们将自我评价与卓越表现的标准联系在一起而言，当其成绩在关键场合下未达目标时，他们对自己是最无情的。他们细细思量失败而不是品味成功。

所有选手都会时不时地犯错误。错误和失败造成运动员常常需要与之斗争的认知上

的后遗问题。他们难以使自己摆脱痛苦的想法，于是就把它们带入后继的行为。他们将心理困扰带回家而不是抛之脑后。认知控制的任务是停止对错误或失败的反复沉思，因为那只可能产生更多的错误。如前所述，通过压抑来控制不想要的想法，这种做法会导致事与愿违，因为这种企图只会让人们注意它们或帮助人们记住它们。人们通过将注意集中在手头的任务并产生有益的思想，能够更好地使自己摆脱扰乱性想法。伟大的运动员靠竞争性挑战而成功。比如，乔·蒙塔纳(Joe Mntano)，一名非常泰然自若的四分卫，他在赛事后期的豪言壮语使得东山再起的胜利显得不足为奇，他在紧张的压力情境下只考虑如何将事情做好。当他有条不紊地将对手打得七零八落时，他从未动摇过自己能够获胜的信念。由于竞技紧张的压力，所以自我控制思维过程效能的发展对成功至关重要。

392

老练的运动员有将错误抛在脑后继续前行的效能，好像从未发生过一样。这种时候，他们不让错误折磨自己或损毁自己将来的行为。为在国家队争得一席之地的杰出运动员中，合格者比不合格者对先前所犯错误考虑较少，恢复也较快(Highlen & Bennett, 1983)。实施认知控制的效能微弱，使人们容易对不利事件产生瓦解性的反应。有着动摇自我效能的运动员，在陷入窘境时心灰意冷，沉溺于自己的错误，想像有着种种灾难性结果的事态。低效能感使人在自我怀疑和糟糕行为形成的恶性循环中自食其果。一名很有洞察力的棒球接手曾生动地描述了这种自弱过程，他注意到，一段时间的击球成绩衰退始于一次击球，然后就冲昏头脑，最后是经常的心烦意乱。

即便是那些勇于面对危险的运动员，也不能幸免以成绩的持续崩溃为特征的偶然衰退。无论源于什么，它都会让人产生自我怀疑，这又破坏性地自食其果。通过将行为困难解释为仅仅是不幸出现的失常，效能信念可以作为针对衰退或其延续效应的保护性因素。自我有效的运动员不会因破坏性情绪反应和干扰性思维模式而加重行为问题，而是将每一个新的企图与先前行为区分开来，重新以任务定向为中心对待它。教练们企图通过认知分离，让选手们每次关注一场比赛，将每次尝次都视为一个全新的开始，从而消除失败带来的负面转移效应。这种认知重建将注意从累积的失败转向当前行为的有效策略上。他们试图通过帮助选手将其衰退归为技巧执行时的某些微小错误，这有望说服他们一切还会重归于好，使选手重新获得效能感。另一种恢复策略是放宽行为标准，这样就把向恢复的进步而非完全恢复作为成功。因此，告知击球失败的选手，如果他们很好触球了，即便击球的位置和力量没能使他们上垒，他们也已经在恢复了(Taylor, 1988)。最佳的恢复效能的策略是叮嘱选手进行短暂的休息，以期帮助他们逃脱衰退。除非身体有伤害，短暂休息的好处可能更多地源自于期望的变化，而不是停止活动或暂时排除情境压力。

对衰退进行干预的评价需要严格的实验分析。回归效应可单独预测，好的表现会出现在异常低的成绩之后。由于每件会出问题而损害行为表现的事都不可能在短期之内再次重复，所以没有任何干预，行为表现也会从一次严重的挫败中得以改善。在下滑到最低点时被引进的顾问们，会利用回归效应，并作为衰退的治愈者受到人们的信任。倘若行为有自然向上变化的可能性，那么几乎任何衰退干预都可能提高效能信念，这又转而增强成绩复元的速率和水平。征服衰退并非完全是一个个体的事情。在后面的讨论中，我们将看到，教练员的反应能中和掉衰退的负面影响，但也能使之加深和延长。

对处理竞争压力之效能最严峻的考验发生在奥运会上。在这里，毕生的辛劳只在于在全世界的观众面前，与最强大的竞争对手的瞬间较量的行为表现。使问题更为糟糕的是，奖金被抬高到惊人的水平。竞争者们会使自己及周围人的生活从属于完善一项竞技程序。由于比赛四年才举行一次，所以一个小小失误将会排除许多运动员一生中唯一的机会，对有望复出者也要再付出四年的艰辛准备。奥运选手承载着许许多多的期望。他们不仅有取胜以实现个人、团队和媒体的期望压倒一切的任务，而且还肩负着国家的希望。

393

评价标准已被扭曲到这个地步，任何非金的奖牌都会导致失望的气氛，或说明个人的失败，这会在未来的岁月中一直困扰着运动员。由于金牌是成功的衡量标准，所以奥运会讽刺性地成为大多数天才选手失败的赛事。期望越高，仅仅获得银牌或铜牌所带来的自我贬低和国人失望的代价也越沉重。某些将自己的出众成就视作失败的银牌得主，同伴们也会因为"闪失"而安慰他。的确，奥运铜牌得主，满足于至少得了块奖牌的，通常比那些因只是失去了令人羡慕的金牌而折磨自己的银牌得主更加快乐（Medvec, Madey & Gilovich, 1995），不过，效能信念一定程度上决定着人们对竞争位置的情感反应。一个极有信心获取金牌的人不会为铜牌而欣喜若狂，一个铜牌得主甚至拒绝接受奖牌，对于杰出者中的最杰出者，商业考虑遮蔽了这四年一次的赛事之明晰的目的。银牌和铜牌都不能得到与金牌相伴随的丰厚利益。那些在无情的压力下胜出的人，具有处理竞争行为中心理方面问题的不同寻常的效能感。在压力重重的奥运比赛中，极富人气的世界冠军黯然衰退或产生灾难性的行为表现，也并非罕见。

疼痛的自我处理及从伤痛中康复

前面的讨论集中在对扰乱性侵入思维进行认知控制对行为的益处。对自身意识实施控制还可以以另一种重要方式对竞技成就作出贡献。由于竞技活动所强加给人的身体疲惫和令人痛苦的身体接触，选手们必须带着伤痛行动；否则，他们就得花费大部分时间静卧休养。运动员的疼痛感受器并不比非运动员的少或较不敏感，也不是他们的身体条件使自己不感到疼痛。带着伤痛比赛，这伤痛可以说是任何紧张身体运动的基本组成部分。他们必须学会忍住疲惫和疼痛而从事活动。这并不意味着无视严重的疼痛信号，而是要一直想着身体不适会损毁有效的行为。一位受腿腱伤痛困扰的掷手谈论他在一场杰出的冠军赛中的投球说明了疼痛与集中注意于任务要求间的竞争，他说："疼痛很好地停止了，我能够集中注意在我需要做的事情而不是我的腿上了。"他开始抱着试试看的态度，但当全神贯注于关键的比赛挑战时，他忘记了自己的腿腱。

缓减疼痛，一方面可以通过激活内源性鸦片类物质阻断痛冲动的中枢传导，也可以通过认知活动，将痛觉转移到意识之外或改变其可恶程度。高竞争的运动所共有的压力，会激活镇静系统。由压力激活的镇静剂可能降低痛觉，但不会消除它（Bandura et al., 1988; Janal, Colt, Clark & Glusman, 1984）。如果厌恶感在意识中被取代或者得到无害的解释（Cioffi, 1991a），他们就较少被注意到，也较少令人痛苦的干扰。先前回顾过的研究表明，相信疼痛某种程度上是可控的，可以使之较容易对付（Bandura, 1991a）。许多技术有助于缓减疼痛，包括肌肉放松、积极的想像、认知性地将注意从痛觉重新集中在感兴趣的事上以及对身体感觉的不同考虑等。这些疼痛控制技术的改善作用，部分是通过改变自我效能感而发挥的（Bandura et al., 1987; Dolce, 1987; Holman & Lorig, 1992）。已形成的应对效能感越强，耐痛性越好，疼痛造成的失调越少。 394

效能信念还进入到从身体损伤中康复的其他方面。在逐渐变化的活动计划中经历受伤后的功能恢复需要一段辛苦的时间。在这期间，个体必须忍受沉闷、疼痛以及因进步缓慢而产生的沮丧。因此，处理康复过程需要设定阶段性目标，使运动员满足于不断取得的进步，继续前行。心太急或太贪都只会招致挫折和失望。后面将呈现大量证据表明，那些有强烈的自我调节效能感的人能很好地坚持康复进程。良好的自我控制有助于改善，但康复并不只是身体健康。从暂时受伤中康复还产生出效能恢复问题。技能会因不用而迅速衰退。身体损伤好了，但对存在的能力的困扰性自我怀疑，在身体功能已经全面恢复之后很大一段时间里仍会继续损坏行为。

疼痛对行为的影响决不只限于经受疼痛的个体。他们的反应也能影响周围人对疼痛的应对。在对疼痛自我控制的示范影响的研究中，榜样在体验疼痛时所表现出的痛苦程度，会影响观察者对疼痛的敏感性和耐受性（Craig, 1978, 1973）。接触忍耐型榜样的观察者，感觉到疼痛之前能耐受很高水平的不良刺激；而对接触低耐痛型榜样的观察者，即便很弱的不良刺激也使他们感到很疼。对疼痛事件敏感性的改变在榜样影响结束后很久仍会保持。在不适的生理指标上，观察忍耐型榜样的人与观察易于痛苦的榜样的人相比，能够受不良刺激更多的增强而不遭受较大的内脏不适（Craig & Neidermayer, 1974）。克雷格（Craig）研究的联合发现表明，示范不仅影响对疼痛的主观体验，而且还影响对痛刺激的感觉灵敏性以及疼痛所涉及的生理系统。

所示范的耐痛性也影响疼痛情况下完成高要求任务的能力。看到榜样带痛坚持的人比看到榜样很快放弃的人，前者在自己遭受疼痛时，能工作更久，也更富有成效（Turkat & Guise，1983；Turkat et al，1983）。处理疼痛的风格可能有早期的起源。儿童应对长期临床疼痛的能力，是由父母所示范的疼痛应对风格所塑造的（Turkat，1982）。

竞技领域中，大多数选手都受到这种或那种形式疼痛的折磨，始终在向他们呈现处理疼痛的示范。实际上，有些团队看上去像轻伤员。队员们常常徘徊在保护自身健康与带痛为团队效力之间。由于疼痛很少有客观指标，所以某选手在某一时间感受到疼痛的严重程度都有很大的主观性。对那些被判断为是诈病，或因为身体马上就寻求免赛的人，队友们不会客气。另一个是在康复的狂热的竞争者，他们过早地坚持已经康复，尤其是如果对他们的复出非常看好。媒体评论颂扬运动员在面对高度疼痛时表现出来的坚忍，好像这是一种美德而非造成更严重损伤的冒险。

自我效能提高运动成绩

395 在证明个体水平上效能信念与各类运动成绩的关系方面已经取得了一些进展。这些研究涵盖了各种各样的体育活动，包括网球、体操、跳水、棒球及长跑（Barling & Abel，1983；Feltz，1988a；Feltz & Albrecht，1985；Martin & Gill，1991；McAuley & Gill，1983；Morelli & Martin，1982）。与活动领域的高效能感相伴随的，是较低的竞赛前压力和很高的运动成绩。实验研究中，实验性地提高或降低效能信念，证实了竞争条件（Weinberg，1986；Weinberg et al.，1979；Weinberg et al.，1981；Weinberg et al.，1980）及非竞争条件下（Gould & Weiss，1981；McAuley，1985）效能信念对运动成绩的因果作用。逐渐形成的高效能感提高了运动成绩也降低了失利的负面效应。

有理由对因果分析中过去行为表现的问题进行简短的评论。研究中，个体快速地连续进行同样的规程，效能信念对行为表现有独立的贡献，但加入先前行为表现提高了对后继行为的预测性（Feltz，1982，1988a）。运动领域中实验研究的目的在于澄清支配运动成绩的决定因素。它屡次证明，行为表现并非行为表现的原因。当不同情形下行为表现决定因素是相同的，行为表现间才彼此相关。只要基本决定因素是非特指的，那么知道先前行为预测后继行为，并不能对因果关系有任何说明。要想进一步理解对竞技行为有所贡献的心理社会因素，需系统分析其多重决定因素。通过从支配行为表现的一组混合物里抽取各种社会认知决定因素，并评估其相对贡献，可以完成这种分析。这些决定因素包括自我效能知觉、目标抱负、结果期望、限制感等等。从混合物中消除的因素越多，作为越来越少残留因素代表的过去行为表现的预测性减少得越多。简言之，因果关系的分析需要将注意从行为表现作为其自身的决定因素，转移到真正的行为表现决定因素。

在某些情况下，先前行为表现是其自身的一个被夸大了的预测指标。其中一个条件是当一个已知的对行为表现有所贡献的非能力因素，在多变量分析中未从其所属的一组决定因素中被抽取出来。例如，效能信念影响人们在开始时做得如何。当先前行为表现中的变异得到统计上的控制，而没有消除可归因于效能信念的那部分变异的时候，就可以人为降低效能信念对后继行为的贡献。在这种分析中，控制的不仅是大量未测量的行为决定因素，而且还控制了自我效能自身的影响。

同一运动程序在同一阶段不变的条件下，在与社会隔离的情形中反复进行时，先前行为表现的预测性也会被夸大。这类范式往往在初次尝试之外不能再揭示什么令人感兴趣的东西。由于情境没任何变化，习得甚少，无竞争压力动摇行为者的自我确信，也无任何事分散他们的注意焦点，行为表现很快就稳定下来，因此会毫不稀奇地发现，先前行为实际上与后继行为有极好的相关。这些类型的研究对于我们理解支配竞技成就的因素无甚意义。日常生活中运动竞赛的各种现实是完全不同的。运动员们不得不在不同时间、不同地点，在各种天气状况下，在不同身体和情绪状态下，在不同观众面前与各种竞争对手比赛。竞争条件的种种变化，促使人们重新评定个人效能；这种重新评定，依其不同性质，促进或是妨碍竞赛成绩。因此，在竞争性变化的条件下，过去行为表现的预测力衰退，而效能信念则维持其预测力（Lee，1986）。在可变的团队竞赛条件下，这种不同的预测力尤为明显。在判断自己将会如何执行其角色时，选手们考虑大量的情境因素，并非只是即将遭遇的对手最难对付的是什么。乔治（George，1994）对棒球运动员在一个有九场赛事的赛季里的击球行为进行了路径分析，发现效能感能预测后继的击球行为，而先前行为则不能。 396

对卓越成就的效能信念

在追求卓越成就的过程中，进一步显示了个人能力信念对运动成就的贡献。自我信念障碍会阻止甚至最具有天赋的运动员认识到自己的潜能。多少年来，每种竞技活动都有一个被普遍认为是身体界限的行为成绩水平，似乎除了大力神外，都是不可达到的。比如，年复一年，即便最轻捷的脚步也不能真正征服四分钟跑完一英里的纪录。罗格・班尼斯特（Roger Bannister）认为这一令人生畏的界限是可以逾越的。继他竭尽全力以历史性成绩打破界限后，中学生正在打破四分钟的目标，凯普・基诺（Kip Keino）则没费太大力气就有 50 多次超此成绩。随着赛跑运动员不断地降低指标，新的纪录再也不是永久不变的了。对打破优秀纪录的效应的分析，提示了一个普遍的模式。无论何种竞技活动，一个界限被打破之后，旋即就会被其他人迅速超越。因此，一旦有人表明超常成绩是做得到

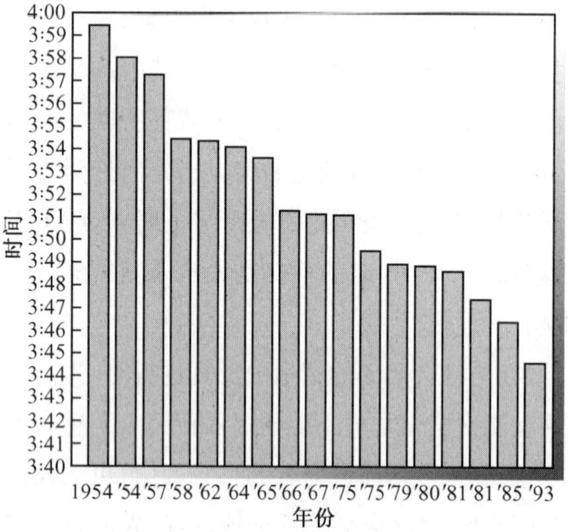

的，它们就变成平常之事了。图 9.3 显示，纪录的打破不是以小而均匀的逐渐变化的方式进行的，而是呈阶梯样的成功，且彼此间有高原期存在。正当一项纪录似乎接近人类行为的极限时，就有一个充满效能的竞争者把纪录提高一大步。比如，在近期的一场竞赛中，马赛利（Marceli）以 28 年来最大的幅度，打破了一英里跑的纪录。

图 9.3 继班尼斯特历史性地打破四分钟界限，使其他赛跑运动员相信这是可为的之后，一英里赛跑的纪录不断变化。

证实一件事能行会迅速使非常的事情变为普通的事情，跳远纪录是这种观点的一个有趣的反例，这是保持最久的纪录之一。比蒙（Beamon）以其惊人的一跃，在 1968 年墨西哥城奥运会上，以近乎两英尺之多打破了世界跳远纪录。由于这个成绩太异乎寻常，运动员们将其大部分归因于墨西哥城高海拔降低了空气阻力。他们认为不可能再次重现。例如，在创下一直以来第二个最好的跳远纪录之后，东德的杰曼·多姆布朗期基（Dombrowsk）说："我认为比蒙的纪录永远不会被打破。"破界限者必须是有效的思考者。卡尔·刘易斯（Carl Lewis），这个永远不会因对自己的能力不确定而受困扰的人，开始以言语和竞技行为坚持，比蒙不可打破的纪录是可以打破的。这改变了该纪录无法企及的心理定势。虽然比蒙的历史性纪录难倒了刘易斯，但鲍威尔（Powell）（与之相竞争之人）在乌云密布、大雨将至的晚上，在闷热的条件下，在海平面打破了 23 年的纪录。这些远非是最佳的物理条件。既然确保非凡成绩的是个人能力而非空气状况，那么就无需再用 25 年的时间去打破它。佩德罗索（Pedroso）完全相信自己可以创立一个新标准，四年后在雾蒙蒙的天气里，超越了鲍威尔的跳远纪录，却因有人不当心站到了风力计前面而使成绩无效。

赢得国家或世界冠军的杰出运动员面临着捍卫其称号的威胁性任务，对他们中间的许多人来说，捍卫称号比开始时赢得它更为费力（Gould, Jackson & Finch, 1993）。优胜者的感受，揭示了高处生活的诸多不利方面：他们成了被纠缠的人而不是追求者，背负着所有伴随的压力；无法减轻使他们到过巅峰的令人精疲力竭的训练和竞争障碍；必须不断延缓其运动生活之外有价值的生活追求；他人对他们的期望越来越大、越来越高。但最为不利的压力来自于运动员自我强加的标准，他们要求自己表现完美以无愧于冠军的形象。与通常的认识相反，赢得冠军后动机强度的降低，更多是由于筋疲力尽而非丧失了竞争渴望。胜利者心甘情愿继续付出代价，不仅为了名誉和财富，而且为证明自己是名副其实的冠军。

当然，任何效能感动摇的人，都会被紧张的竞争压力所击倒。使竞争者到达巅峰的弹性，使得他们能克服前进道路上的无数阻碍，不断胜利。但并非所有的生活都如此美好。有关人们必须付出非凡努力才可以成功的研究，涉及对难以赢取的成功的不同反应（Bandura & Ceuvone，1986）。大多数成功者提高了效能感、抱负及动机强度。但另外一些成功者则怀疑自己重复该成绩的效能，降低抱负，放松努力。古尔德（Gould）及其同事报告，某些国家冠军会对自己是否能保持名列前茅表示自我怀疑和信心消逝。他们在维持称号的努力中最易遭受失败。

教练对发展和维持自我效能的影响

运动领导的性质，在不同程度上影响团队的士气和行为表现。这一领域的许多研究都关注一般的领导风格，即专制的、参与的或授权的。领导只是物质和情境相互作用之产物的观点，最终取代了领导只是个人特质之产物的看法。社会认知理论采用相互作用的观点而非关注整体特质。事实上，有效的教练在风格上存在广泛的差异，但他们的共同点在于其作为指导者和动机激发者的非凡效能。他们擅长发挥队员们的天资，使他们自信，并使其在事态糟糕或是良好的时候都能表现最好的成绩。这就要求运动领导的一种相互作用模型，其中，教练必须使自己的策略适应于选手的特定天资和价值以及他们所面对的情境挑战。领导策略的功能性适应并不意味着放弃优秀的标准。由于改变会威胁到地位，并要努力去掌握新方法，所以它会令人相当为难。理所当然，许多选手希望很快固定下来，使事情一如平常。因此，他们偏爱的教练类型可能是和睦的，但使未充分发挥潜力的运动员也能得到满意的成绩。将长期失败转变为优胜的教练，使自己的策略适应于选手的天资，但又使他们遵循通向成功的准则。

发展运动员有弹性的自我效能的任务，很大程度上基于教练员的管理效能。这不单单是一种激励性的报告或鼓励，还是在很大程度上通过精心依序安排的掌握经验而获得的。通过强调自我提高而冲淡胜败的重要性，可以减弱对竞争困难的丧失信心。进步是个人可控的而胜利不完全掌握在自己手中。关注选手个人可控的东西，能为如何获得熟练提供积极的指导。有效的教练还通过示范对选手最终可达到熟练的信心以及就如何提高成绩的积极的纠正性的反馈，而非对失败的指责，来进一步指导运动效能的发展。对表现不佳的反馈与赋予能力的重新指导是紧密关系在一起的（Tharp & Gallimore，1976）。强调积极并不意味着降低期望或对不达标的行为予以奖励。有效的教练对其队员寄予很高的运动期望，并能给予他们所需的支持和指导，使其循序渐进地达到目标。成功的效能

398

建构者不仅以带来成功的方式组织任务，而且还会避免在时机不成熟时让队员处于可能失败的情境(Walsh & Dickey，1990)。有效的教练让队员进入比赛情境，当有良好成功机会的时候让他们参与比赛，直到选手们获得了自我确信及其队友的信任为止。让新手置身于诸如小组败落这样压力重重的情境中，面对狂热观众的厉声叫嚣，这是破坏队员的效能感及团队对其信任的好办法。

在队员们发展对自身能力的信心时，他们需要逐渐地被安排在难以发挥最佳水平的压力情境中工作。在建构有弹性的自我效能时，运动员必须学会如何应对失败。有效的教练不会在队员陷入困境时放弃他们，相反，会给予他们支持以及使其有机会学会如何摆脱麻烦情境。通过维持对队员们做事能力的信心，教练员帮助他们在紧张情境下缓释某些破坏性压力。当然，只有当教练员不在时机尚未成熟前将队员们置于没有结果的奋斗且很快动摇的情境之中，指导的耐心才能发挥很好的作用。

如果运动员陷入困境时就贸然将他们撤离，也会削弱他们的效能感，并剥夺他们学会如何战胜困难的机会。这增加了压力之下自我毁灭的可能性。弹性训练的一个基本方面是学会如何从失败中恢复。运动员必须学会将错误置之脑后，以使自己不受侵入性认知遗留影响的困扰，损害后继的行为。发展恢复技能的策略不能被错误地解释为鼓励对失败的自满。要教给运动员不能被过失打败，这样，当再次碰到的时候就能更好地处理困难情境，而不是被其征服。

教练员通过言行传递给运动员的能力评价会影响选手们的效能发展过程。当队员们与困难或失败作斗争时，仍能对他们能力保持信心的教练员，会削弱反复失败对个人效能信念的消极影响。要考虑的不是困难本身，而是以什么方式解释它及能从中学到些什么。困难导致教练员对队员们丧失信心，这又对运动员的个人效能具有破坏性影响。如一个选手所描述的："他不担忧，我也不担忧，他知道我能做什么。"这同样适用于团队水平。榜样的影响胜过说教(Bandura，1986a)。当团队征战时，一个教练任务定向的镇静，可以帮助队员们全神贯注于如何重新获得对比赛的控制。当一切顺利时，教练员表现对其团队的信任是容易的。正是当团队经历困境时，教练员必须付出最艰难的努力。真正检验教练效能的，是使团队从令人沮丧的失败中恢复的能力。主要的激励工作是要在失败之后而非比赛前夕。

399 以坐冷板凳的方式表明对一个运动员丧失信心会损伤其自我效能："当你不参赛时，头脑中就开始产生大量怀疑。你怀疑自己怎么了，或自己是否还能做以前经常做的事。"特别是在才能发展需要很长一段时间的运动中，教练的支持性耐心尤为重要。例如，大部分掷手巨星在其事业早期都经历过一段时间的失利，直到他们发展了投掷的全部技能，并掌握了投掷的认知策略。有些教练对身经百战的老队员做得很好，但对年轻队员却因太早放弃而没有使他们得到发展。教练的目标并非总与队员的相协调。自身稳定的教练寻求胜利,因为他们的工作有赖于胜利纪录的累积,而选手更加定向于提高其运动熟练性。因获取短期胜利而产生的紧张压力,常常通过起支持作用的运动员发展而危害长期胜利的获取。

不时地有年轻运动员在羽翼未丰时就被推为众所瞩目的焦点,结果只能无功而返,被退回较低级别的比赛。这种经历对个人效能信念的影响,可能部分地受选手们对这种降低的解释所决定的——是先天不足的症候,还是要进一步发展可以习得的技能。根据进一步熟练的可习得性来解释挫折,能促进同挫折抗争的弹性个人效能,这明显地体现在一名降级的接球新人的陈述中:“我还会回去的。没什么大不了的,我不能失望,因为我还在学习呢。”他执着的自我效能的确很快变为现实,最终成功地返回职业棒球大联盟。

当他人评判职业运动员的能力时,也会产生固有天赋与可获得技能的问题。运动评论家喜欢将超级巨星的卓越表现归为他们的“自然天赋”,好像运动技能预定地产生自生物遗传一样。例如,体育报道员总是以单调的、一成不变的语言,评论一位棒球巨星为竞争全国击球冠军而“自然地挥动”。他们没有认识到为了完善所谓的自然挥动所花费的无以计数的单调时间。这个选手极易由于未击中已成为其强敌的投掷而出局。在失意阶段,他每天练习大约 400 次击球,日复一日,来掌握自己的弱项。他的队友们称他为∮BK 联谊会会员,因为他无休止地看掷手策略的录像带。托尼·格威(Tony Gwynn)这名长期的棒球击球冠军,使轮班的投手和击球机器都筋疲力尽,赛前赛后都会练习如何击回不同类型的投球以及根据不同的比赛情境调整自己的挥动(Will, 1990)。显然,运动成就一定程度上有赖于身体天赋。但复杂的运动技能不是天生的,必定是通过紧张的训练培养出来的,并通过有效能的自我信念的协调。在研究杰出运动员与其不太著名的对手间的特性差异时,很少考虑所需要的惊人的自律练习。

能力概念以影响认知能力信念(Wood & Bandura, 1989a)同样的方式影响身体能力信念,这样的证据扩展了这种认知影响形式的一般性。能力概念影响人们是把行为困难视为天赋不足的标志,还是改进能力的指导。按实践的说法,那些指导他人运动能力的人,不仅应该注意特定活动及与此有关的思考,还应注意个体对待运动技能发展的较为一般的精神状态。实验结果表明,强调运动熟练之可获得性的积极趋向,对推动技能获得和对体育活动的兴趣都是最为有益的。

创造性的教练,不仅通过熟练地组织掌握经验,而且通过形成利用其选手之独特优势的运动风格,来控制效能发展过程。通过将天资与运动风格结合赋予团队能力的最富有戏剧性的例子,是邵夫南希(Shaughnessy)1940 年使斯坦福橄榄球队瞬间变化一事(Fimrite, 1977)。在前一年,斯坦福队仅赢了一场比赛,被贬为该校运动史上最糟糕选手

400 的组合。年轻的四分后卫弗兰开・阿尔伯特(Frankie Albert)像另一所中学所预期的那样,自贬为缺乏在大学级别中获胜所需能力之人。邵夫南希到了斯坦福之后,创造了一种新的比赛体系,选用T形排列,很有眼光地将选手们重新安排在利用其所长而避免其所短的位置上。在初次与队员们见面时,他宣称自己有一套新的攻击体系,如果他们能学好的话,就可以带他们进军玫瑰体育场(进行决赛——译者注)。大家将这一宣言看作滑稽的狂想。新的打法以速度和迷惑术代替体力,在一场结果不确定的比赛中采用令人难以捉摸的持球、善变的奔跑、快速的开局以及选手快速奔到前场让过接球手或圈套。进攻性打法的速度弥补了薄弱防线不能长时间防御之不足。力量不够但善于伪装的先前垂头丧气的四分后卫的天赋被发挥到极至。这一运动绝技按照极精确的时间安排,通过大量练习,得以实现。

在该赛季开始之前,体育作家忽视或是嘲笑斯坦福在运动重振方面所做的努力。头场比赛的几次较量后,四分卫飞奔回来进行战术磋商时呼喊道:"嘿,这法子真管用!"先前不为所知的天赋在这新体系下得以兴旺成长。这种可变通性每周都产生新的英雄。邵夫南希曾设计了一个当T形排列动摇时的备择进攻法,但他没有泄露或是练习,怕会削弱队员们对新打法的信心。对方完全被这种难以捉摸而变化多端的策略搞迷糊了。那个赛季,斯坦福无往而不胜,以其不寻常的变化在玫瑰体育场取得了胜利。获得如此惊人的转变但对选手人员没有真正变动,而是重新组织打法以适应现有选手的能力。这一划时代的冒险不仅改变了一个队,还带来了橄榄球界的革命。事实上,每个队都迅速采用了这种打法,这令球迷们大为高兴。

沃尔什(Walsh)使原本运气不佳的旧金山橄榄球队复活,是另一个通过采用适合选手们最佳水平的打法、建构团体效能的令人震惊的例子(Walsh & Dickey, 1990)。该队的后卫跑动较慢,但拥有敏捷的接球手和机动灵活的四分后卫。许多打法都适应于四分后卫蒙塔纳(Montana)的特殊天赋,他虽然在长期比赛中并不引人注意,但却不同寻常地擅长于在前场通过诈术,为其快速的接球者搜索良机争取时间。沃尔什创造了短传球策略来保持控球和得分。短传球给敏捷的接球手产生长效的收益或令人渴望的攻方持球得分。

有效运用存在的才能并弥补缺陷的最佳配合,有助于培养团体效能。前面的例子生动地证明,创造性地使行为风格与队员的特定天赋相适应的教练,即使短时间内队员没有什么变化,也可以将长期的失败者转化为自我有效的胜利者。你可以指出一些成功的教练,他们让选手符合自己偏好的打法,而非让其风格符合队员们的特定才能。这类例子中,成功的获得很大程度上是通过自我选择以及招募技能与团体打法协调一致的队员。成功的风格,往往诞生于即时之所需,但通过将来选择技能适配的教练员和队员,就使其保持下来,成为持久的团队特征了。因此,某些橄榄球队传统地通过向前传球的进攻方式寻求成功，而另外一些则当场以可预测的规律性苦心地获取成功。教练接受失败者并使其转败为胜比靠选择能够遵循他们所设方式行事的队员，能更好地揭示教练的创造性。通过发展队员们的才能所取得的胜利，与换入经验丰富的选手创设好的成功组合而取得的成功是有区别的。

关于教练员用来促进竞技效能的策略，几乎没有什么系统性的研究。奥运会和国家队的杰出教练曾经评定他们对可用以建立运动员效能感的技术的喜爱程度（Gould, Hodge, Peterson & Giannini, 1989）。这些教练都特别强调通过启发性训练后运动员的个人发展；建立维持通场比赛高度努力所需之体力的强壮的身体；在其队员中示范信心；提供支持性反馈；当事情不顺利时，鼓励有助于行为表现并抵抗自我贬低的积极的自言自语。他们还倾向于设立特定的行为目标，并关注技能的发展而轻视胜败。教练们不太倾向于使用放松训练、积极的想像以及将紧张和失败重新归因为无重大影响的或是个人可控的因素。其他提高竞技效能的有影响的策略，如极具洞察力地将队员与团队子功能相匹配以及使打法与队员们的特定天资相适合等，没被列入评定因素，应该加入今后对教练实践的研究中去。

401

调查是进入教练领域的第一条可获取丰富资料的途径，但它不能区分教练所说的和他们真正所做的，或是评价他们对各种教练策略使用得如何。所有教练都报告广泛使用效能建构策略（Weinberg & Jackson, 1990）。如果他们的报告是准确的，那么成功教练和不太成功的教练间的区别，就必定在于他们如何运用策略，或是在于他们利用队员们的特定天资组织打法时的创造性。区分因素应该是使用特定策略的质量而非频率。组织和执行指导策略的方式比其使用的频率，对选手们的效能信念有更大的影响。例如，如果队员们被错误地搭配，或无效的策略成为例行常规，训练就不能建构起效能。同样地，积极的反馈可以是肤浅地施与，或是包含在有益的形式之内——使个体注意做得对的方面，然后示范或解释如何改进有问题的方面，并传递熟练性可以通过勤勉的练习而获得的确信（Feltz & Weiss, 1982）。考虑到有关效能提高模式的大量知识，研究工作的逻辑延伸是测量实际的指导实践，队员们如何认识自己以及策略如何影响运动员的自我效能和行为表现。这类观察研究应该对教练员在练习阶段和比赛当中的所作所为都进行考察。要进一步弄清楚教练员对队员们的影响，还需要对有益于运动员竞技熟练性及竞争恢复力发展的指导实践进行系统的实验研究。

指导效能的范围超越了队员们的发展及指导个人事务、处理运动生涯性质所特有的行为问题的动机。有天赋的希望之星很早就被吸收到了运动事业之中。在发展阶段，日常训练占去一个运动员的大量时间。一生几乎都用来完善一项特定的运动技能，就没有什么时间来培养广泛的兴趣和才能了。当选手们进入职业行列后，团队的全体工作人员控制着运动员生活的许多方面。他们的旅行、住宿、膳食及医疗服务都是有人安排的。他们有禁宵令和严格规定的活动时间表。而且，获奖的选手在年轻时就得到大笔的钱，这使他们有许多机会陷入麻烦。

他们不仅被削弱了对日常现实许多方面的个人控制，而且还常常得到庇护使其免受违规行为结果之累，因为他们是团队胜利的所必不可少的重要人物。依赖的保护性破坏了个人责任的发展。天赋极高而又广泛赢得公众关注的选手，尤其被置于特殊的位置，他们可利用有利的地位，却不会因其令人恼怒的工作习惯而受到惩罚。允许选手们在一段短时间后去别处的合同条款，提供了进一步反控制的力量。一项对教练员的调查揭示，队员的无礼和激励他们时的无能为力，是教练员主要的压力来源（Kroll，1982）。棘手的大牌明星能把教练员变为恼怒的监护人和社会工作者。因此种种，体育运动不是寻找民族行为榜样的最好地方。能有效控制这类选手而不引起队内意见分歧及破坏性精神涣散风险的教练，可以容纳这类选手在自己的队里；而处理“头脑问题”效能较低的教练则对棘手的队员退避三舍。虽获胜利但仍能接受指导的天才选手，会不断发展自己的潜能，享有更长、更为多产的运动生涯。

402

有才能的职业运动员，往往比其教练拥有更长的团队供职的期限、庞大得多的收入以及更大的公众赞誉。为避免运动员对教练采取“我们是”的态度——在你之前、在你之后我们在这里怎样——需要做些工作。这些是独特的权力关系和组织结构，并非传统群体动力理论的主要成分。运动队是一类特殊的群体，因此，运动心理学必须创立和改变——而非简单地借鉴——群体动力学的原理。如果教练员想让队员们听他的并获得好的团体结果，教练员就必须通过表明如何在不利情况下保持任务定向的效能、树立一个好的榜样来赢得队员们的尊重，而非简单地实施管理者的权威。

教练员的动机和运动战术技能受到了重视。但在分析成功的运动领导时，却很少提及招募效能的重要性，更不用说研究了。教练员评价队员和找出未充分发展之天赋的评估效能以及他们征募成功所需的恰当组合的说服效能，决定着他们必须与之共事的队员们的才干。对指导成功的多重因果分析应该从选手评定和征募开始，而不应该从一个已经组织好的团队开始。前途光明的候选人受到角逐他们的教练员的热情赞誉。自我有效的教练员预期自己的努力会取得成功，并想出办法以有利于他们的方式改变思考。那些效能低的教练员则找出种种理由表明，极受追捧的队员可能会花落别家，也就不认真努力地去进行招募。教练员设法调集的有才能者的质量，是计算其成功的一个主要因素。

迄今为止的讨论，主要集中在个体效能的弹性信息在对竞技成功的曲折追求中的功能作用。然而，无所畏惧的自我效能在其事业的衰退期，会成为运动员的重负。有些巨星拒绝承认光辉岁月结束了。在技能已经衰退之后很久，他们还继续坚持对自己运动能力的信念。不是从容地隐退，而是令人难堪地紧抓不放。讽刺性的是，曾经使他们升到巅峰并在残酷的竞争中胜出的不可动摇的效能信念，现在阻碍他们认识到自己已不再胜任这项工作了。教练员必须善于处理运动生涯正在终结的先前的大牌明星们扩大了的效能感。

集体团队效能

建立运动员的个人效能是一回事；由个人集合体锻造一种坚定不移的群体效能感，并在面对挫折和失败时仍能维持则是另一回事。有关效能信念在竞技行为中的作用研究，很大程度上被局限在个体的水平。在大多数体育活动中，运动员是作为相互依赖的团队成员，而非独立的竞争者在行动。因此，这一方面的研究需要扩展到分析团队作为一个整体的效能感是如何主导其行为水平的。集体效能感可能影响队员们一起付出多少努力，在团队的奋斗阶段坚持不懈和保持任务定向的能力及其从令人痛苦的失败中迅速恢复力量的能力。运动员对运动压力源的想法和反应，往往能提供信息丰富的资料。某些运动分析家，如格伦·迪基(Glenn Dickey)，就主导个人和团队行为的心理社会因素，提供了特别具有洞察力的分析。

非正式的观察显示，成功的团队具有强有力的群体效能感和恢复力。他们坚定地相信自己具有成功所需的一切，从不做任何退让。在落后时不会崩溃或惶恐。相反，他们总是在压力重重的比赛结束阶段，上演通过坚定的努力重获成功的一幕。与之相反，平庸的和那些受矛盾困扰的团队，好像大部分时间都在一种无效能的心境下做事。他们对自己作为一个团队没有太多期望，结果所有事都做得不好。一个从未到达较高级别的职业橄榄球队的四分后卫，在一次表演赛后评论说，第一次，他所在的队感觉自己将要赢得任何一场比赛。这一说明问题的评论揭示，在过去，该队在队员连场还没上就基本上认输了。这类团队通过士气低落的比赛以及在越来越大的压力面前具有虚弱的耐久力而帮人家打败了自己。弹性的团队效能感不一定保证成功，但一个不相信能力的团队则可能证实其自身会得到令人沮丧的结果。

403

经常，一整个团队会陷入长期的失败。行为表现的困难可通过几种方式传染开来。一种可能的解释是示范作用对自我效能感的扩散影响。我们知道，掌握性示范提高他人的效能信念，这又转而提高他们的身体行为(Corbin, Laurie, Gruger & Smiley, 1984; Feltz et al., 1979; Gould & Eeiss, 1981; McAuley, 1985)。而且，提高了的效能感可以泛化到其他相关活动中(Brody et al., 1988; Holloway et al., 1988)。某些队员表现出不确定的无效能，是否会削弱队友们的效能感，还有待将来的研究。在其他活动领域，看到能力相同的他人反复遭遇失败，会逐渐削弱观察者的效能感和动机（Brown & Inouye，1978）。无效能的样例——特别是来自大牌明星们——也会通过对对手不可抗拒性的夸大而降低团队的行为水平。最后，感染性的无效能使得每一个人以破坏技能、滋生错误及让队员们贬低自己的方式，开始紧张。失去一位巨星后，运动队也会经历一次效能危机，特别是当他们把自己的大部分成功归为离开的队友时，更是如此。他们可能陷入长时间的消沉，直到他们确信自己的竞争效能。

集体效能和系统依存

不同竞技活动产生好的结果所需团队成员间相互协调的程度不同。如体操队代表较低程度的相互依赖，团队成就是每一个队员独立获得的成绩总和；相反，篮球或足球队需要错综复杂的配合，团队成就很大程度上依赖于其成员共同活动的情况。这种相互依赖中，联系得不好会招致灾难。由于同样原因，在一种相互依赖的运动中，一名处于关键位置的极具天赋的选手可以提高普通队友们的团队效能感。一个曲棍球队的集体效能感说明了这一点。队员们集体判断其团队效能，比他们自身效能之和要高得多，因为他们能够极大地影响一个团队的集体效能感。一个大牌云集、但都各自追求自我提高的集体，会逐渐销蚀掉任何群体效能感。不需要许多自我夸大的队员就能滋生团队内的分歧。这种团队中单个队员看起来都很了不起，但集体来讲则脾气暴躁而潜力也得不到充分发挥。他们会被才能较低但配合很好的队击败。

有两种集体效能形式可用于测量团队效能感：个人方式是选手们对其自身效能判断的总计；群体方式是选手们对其团队作为一个整体的效能判断的总计。这两种集体效能指标的相对预测力，会随产生团队成就时的相互依赖程度而变化。当团队成就需要高度相互依存的努力时，团队效能特别有关；而当团队成就很大程度上代表个体成员贡献的总和时，使用个人效能感总计可能是恰当的。

404

霍奇斯和卡伦（Hodges & Carron，1992）以实验证明了集体效能感对团队行为的因果作用。他们通过竞争中有关身体力量的虚假反馈，提高或降低所创设的不同团队的集体效能感。虽然真实力量相当，但团队间由于对其集体效能形成的信念不同，对随后身体耐力竞争中预先安排的失败之反应有显著的差异（图 9.4）。集体效能被任意提高的团队，在竞争性失败后改善了他们的团队行为。集体效能感被削弱的团队，团队行为水平大为降低。这些发现非常有趣，因为改变的是与竞争活动不同的身体活动的集体效能。注意到另一点也很有趣，即集体效能感使团队免受竞争失败的不利影响的方式，与其在选手个体竞争中的作用相当类似。

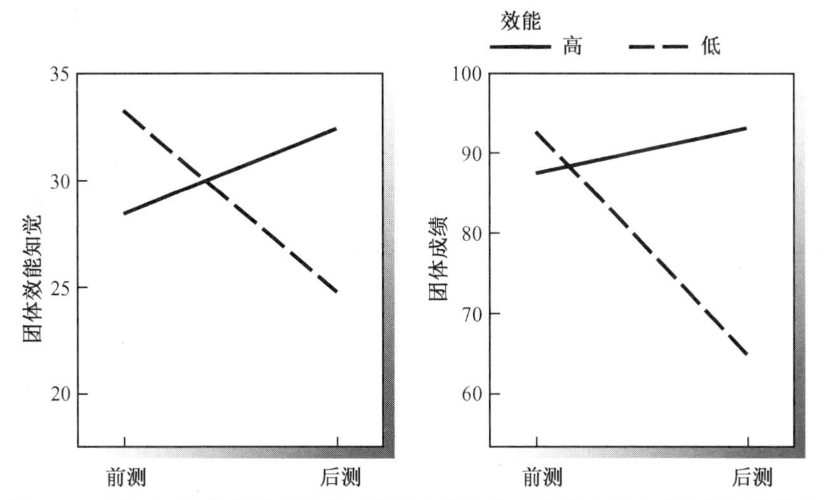

图 9.4　以比对手身体强壮或身体虚弱的虚假比较反馈随意提高或降低团体效能知觉后，团体竞赛成绩水平的变化。在团队的效能知觉被改变之前（前测）及之后（后测）他们的群体效能知觉水平和竞赛成绩。数据总共来自 50 个队（Hodges & Carron，1992）。

团队的成效常常被归因于群体凝聚力。在凝聚力强的团队中，选手们团结一致，志同道合，有强烈的集体认同感。群体凝聚力主要反映了队员们的集体效能感和共同的目标规则。我们知道这些因素通过激发和调节努力及策略性思维而促进运动成绩。如果团队成员们没有共同奋斗的想法，而且他们着手比赛时受其对自身能力的怀疑所阻碍，那么他们就难以保持社会凝聚力。如果要在历经艰难后仍能保持团结，他们就必须相信自己通过联合的团体活动而提高成就的潜能。

群体凝聚力既包括一种人际要素，如有好感和相互联系，也包括一种愿望要素，包括群体效能感和共同的目标。证据显示，强烈地致力于共同的志向，并坚定地相信群体实现志向的能力，是群体凝聚力对团队成绩产生影响的主要承担者（Carron，1984；Mullen & Copper，1994）。追求集体渴望之目标的一致性，如团体冠军，并不一定意味着队员间有强烈的友情联系。人际吸引力或群体荣誉，都对群体行为表现没有很多的影响。团队凝聚力的影响也非单向的。有效的协同工作带来胜利，胜利又转而提高能加强团队团结的群体效能和志向。集体效能感在一段时间过程中上下波动。因此，团队联合的力量有一定变化，而非固定不变。

斯平克（Spink，1990）证明，集体效能感不仅与行为成就有关，而且与群体过程有关。有强烈集体效能感的团队有高度的凝聚力，而那些群体效能低的团队则会经历更多的派别之争。在高群体凝聚力的团队中，选手们使自我利益服从于团队的成功，使自己的努力与灵活的团队工作相协调。在杰出的排球队中，赛前所测选手们对其团队竞争效能的信念,能预测他们在比赛中的行为成功。

准备效能和执行效能

在社会认知理论中,获得技能和发挥已经发展了的技能的最佳效能信念强度是不同的(Bandura, 1986a)。在对待学习任务时,感觉自己能力高度有效的运动员,没什么动力在枯燥单调的准备练习中投入太多努力。一定程度的不确定性显然有益于准备。但在竞赛中执行其已经获得的技能时,对自己效能的强烈信念,则在激发打败强硬对手或实行东山再起所需的持久努力和关注焦点中,是必需的。因此,一定程度的自我怀疑为完善运动技能提供驱动力,却妨碍比赛中对已发展的技能的执行。受自我怀疑困扰的选手在严峻的竞争压力下易于自毁。

教练员总是试图协调最为有利的准备和执行效能。在准备即将到来的比赛时,为了激发队员们改善尚存疑虑的技能和竞争策略,教练员夸大其对手的能力,强调自己团队的薄弱之处,不造成虚张声势的自我评价。但在比赛的时候,教练员则试图建立一种坚定的竞争效能感,使选手们作出最佳表现。他们不会在被灌输一脑子自我怀疑后被派上场。

教练员还必须消除另一种形式的自满。当一个队经历了一个成功的赛季之后,教练员和队员们都可能成为许多线性推测失误——下一次他们会做得同样甚至更好——的受害者。一个团队所不能控制的许多外在因素会影响其成功记录,但队员们可能会不恰当地将成功归因于自己团队的能力。这些相互作用的因素变化着,所以不同寻常的好运或厄运都不会在短时间内重复出现。因此,行为成就是不完全相关的。仅回归效应就可以预测,异常高的获胜记录之后,将会是较低的成绩(Gilovich, 1984)。如果对胜利不合理的阐释滋生了膨胀的自我确信,选手们就没什么动机投入维持为改善其竞争能力所需努力中去了。

拥有一段时间的辉煌而下一年就被超越的团队,在历史上比比皆是。机敏的棒球总教练托尼·拉·罗沙(Tony La Russa)给他的队员们的印象是,每一年都会有全新的挑战,团队必须能够证明自己有能力重复先前的成绩或是做得更好。不能因为过去的表现就认为将来的成功理所当然。为了减少自满,教练员们创设了提高团队效能所需的激励性条件。同样的过程在个体水平上运行。在辉煌一年之后,不认真比赛的队员将看到自己的成效下降。因此,要让选手们重新适应挑战性的个人目标,而不允许他们随荣誉而滑落。

当对手显然优于自己,而且必须在对方不友好的情况下竞赛时,如何在比赛中加强其队员们的恢复力、维持他们的动机,教练员面对着特别严峻的挑战。这种情况下,无须太多失败,队员们就会开始怀疑自己,随着压力增大,他们或是土崩瓦解,或是相信自己的努力只是徒劳而放弃尝试。鼓舞士气的谈话被认为是不可实现的白日梦而不予理会。中和迅速被对手抛在后面之破坏效应的一个策略，是形成一种坚定的信念，认为起死回生是做得到的。沃尔什在斯坦福对圣玛利亚一场橄榄球赛中，就运用这一策略取得很好的效果。作为其准备工作的一部分，给队员们放映了田纳西州队从31比7尾随圣玛利亚队、并以戏剧性的起死回生击败对方的片段剪辑。拍摄下来的证据比言语的大肆宣传信息更丰富，也更具说服力。在比赛开始时，失球、传球失误使斯坦福大为失分，通常这是灾难性的。但队员们从未丧失沉着冷静或是自己可以成功地恢复元气的信念。随着比赛的进展，他们控制了比赛，并击败爱尔兰人，取得了不同寻常的胜利。

如果东山再起显然是难以达到的，那么教练面临的问题就是如何防止队员们甘拜下风，并倒退到无精打采和溃不成军。教练的效能反映在当比赛失利时，能使他们的运动员继续努力拼打的能力上。一个有意义的策略，是将注意焦点从成败转移到利用剩余的比赛时间作为学习的机会上来。取胜目标让位给学习目标。这一策略提供一个机会让队员们铭记，影响其后继行为的，不是竞技失败而是自己可以从中习得什么。重整旗鼓的努力探究在失败的比赛中改进自己策略的方法。这一探索途径不仅能改善团队打法的方方面面，还提供机会以发展对压力之下的障碍性思维进行自我管理的技能。通过使得队员们成为保持任务定向的坚持者而不作意气消沉的逃兵，这一策略建立起认知技能，让人们重新集中于目标并考虑如何做该做的事，而不是在困难情境中念念不忘失败。通过在残酷竞争的自然环境中实施集中于行为表现的策略，比在场下进行"心理韧性"练习，能更有效地教授认知控制效能。在其他功能领域中，当面对真实威胁时，可能很容易放弃在安全的模拟情境中发展和操练的认知应对策略（Biran & Wilson，1981）。

效能感是一种动态波动的属性，而非静态特性。比赛的最初阶段，对于团队重新评价自己的竞争效能尤为关键。如果一个较弱的对手有一个极好的开端，该团队就可能开始相信它会赢，而且怀着一种可能产生颠覆性胜利的自信的紧张进行比赛。开始时大量的领先，还可能迫使对方放弃其偏爱的打法而陷入一种不太有效且易被击败的模式。一些强大的橄榄球队原来适应于持球跑动进攻，但被迫采用他们的效能感和技能都很不可靠的向前传球的进攻打法，结果成绩就突然下降。一个落后团队在一次暂停之后，当即产生的控制局面的行为表现，会强烈地促进其反败为胜的效能信念。因此，各队在比赛开始时就要奋力制服对手，让他们相信最糟糕的疑虑是有理由的。满足于遥遥领先而使对手开始反扑，也会将对手的效能感提高到难以停止的程度。困难会动摇团队就是否值得作出特别努力所持有的信念，此时，教练员要设法保持自我有效性思维。

通常把比赛中连续一段时间的成功形容成是势头的转移。称连续一段时间的取胜为势头是描述性的，而不是解释性的。这一比喻回避了什么主宰这种一连串胜利的问题实质。由事件的积极转折所激起的效能确证，会激发认知和动机过程以提高行为的强度和水平。林斯利、布拉斯和托马斯（Lindsley, Brass & Thomas, 1995）就有助于阐明称之为势头的交互过程之扩大性质，提供了深刻的效能分析。在当效能感和行为成绩在一个上升周期中彼此建构时，势头发生。早期获胜的规模和比率越大，产生上升周期的可能性就越大。小的胜利会被作为随机波动而不加理会。相反，在一个下行的螺旋结构中，自我怀疑与受损行为表现的交互影响导致越来越大的失败。这会导致一个对手日益增长的消沉或是崩溃。这里将简短地讨论一些教练员可以用来阻止或是逆转下降周期的策略。虽然有关竞赛内的"热倾向"的证据尚不确定，但比赛内的势头较相继的各次比赛间的更加明显（Gilovich, Vallone & Tversky, 1985; Miller & Weinberg, 1991）。在需要高度的团体恢复力以迎接最后决赛的锦标赛中，团队们更可能在失败而非胜利后，通过自我矫正性调整获胜（Nahinsky, 1991）。事实上，一场比赛中各阶段间的变化，可能与相继比赛间的周期性变化，并非差别那么大。

407

"一事成则事事成"的古谚，没有考虑竞争情境中行为动机的社会认知动力学。成功往往在高效能选手中引起满足，这会导致失败。相反，失败会促进有效的参赛者改变策略，加倍努力，重新获得对比赛的控制。两种现象——轻松成功后的松懈和失败后的加劲——都是竞争拼搏中常见的。当在一场比赛中有一个好的开局后，或是在一系列比赛中取得了决定性的胜利后，选手们会放松努力。有恢复力的对手会利用这种失误控制比赛。这一挑战，又转而会激起对方的恢复，造成竞技比赛中的潮起潮落。

本章回顾的各种论据，都强调了社会认知因素在竞技行为中的中心地位。在社会认知观看来，称作势头的个体或团队行为的连续波动，一定程度上受制于竞争效能感的变化、重新获得控制时所采用的即时策略和小目标、对不合格行为的自我评价性反应以及对可能结果的担忧等。效能感不仅涉及对身体行为的控制，还涉及对破坏性思维和感情状态的控制。连续成功的倾向是交互的而非单向因果的产物。在竞技比赛中形成势头需要两个方面。看上去像是激动人心的成功的倾向，可能只是对手的暂时失误。将势头具体化为竞技成就的一个原因，使人们的注意离开了相互作用的一系列行为表现的因果分析。

身体锻炼的心理生物效果

通过锻炼促进健康已经成为一个相当令人感兴趣的问题了。身体锻炼产生的实质性的生物学和心理学收益，可以增进健康，延长寿命（Bortz，1982；Hagberg，1994）。就生物学效应来讲，身体锻炼可以改善大部分身体功能。它加强了心肺系统，使其更多地吸纳并更为有效地传送氧气，为新陈代谢提供燃料。锻炼还不仅改变激素和免疫功能，且影响为生命过程提供能量的新陈代谢活动的速度。而且，锻炼还是对抗几种主要慢性疾病的保护性因素。它提高高密度胆固醇，这有助于防止动脉硬化；它降低血压，减少动脉破裂所致的中风危险；它还改善碳水化合物代谢中细胞对糖的吸收，因此，降低糖尿病及其并发的视力、肾脏和神经功能等方面损伤的危险。

此外，经常的身体活动还可以通过阻止肌肉组织和骨钙的流失及改善关节和肌肉弹性，以增强肌肉骨骼系统。定期锻炼者比习惯久坐的同龄人、甚至年龄较小但身体不活动的个体，在多种身体能力和需氧生理机能上较年轻。通过经常锻炼，至少可以使随年龄增长而出现的心血管功能衰退的速度降低一半（Bortz，in press）。缺乏锻炼对一个人的健康是有害的。因此，身体活动为增进健康、延缓老化提供了一种有效的手段。所幸的是，可以通过经常锻炼计划来扭转身体不活动所造成的多种有害的生物学效应。如博兹（Bortz，1982）所正确指出的，生命力的普遍改善能够从行为上产生，而药理学或医学的手段不能完成。如果医疗科学创造一种药片，能够提供这大量的健康效益，那将是令人雀跃的人类健康领域的巨大突破。

408

假定身体活动有诸多结构和功能上的益处，那么通过长期锻炼保持身体健康，降低包括冠心病、高血压、糖尿病、肥胖、放射性骨坏死等在内的身体机能失调的可能性，也就不足为奇了。在心理学领域，人们一般报告在锻炼之后感觉较好。参与身体活动不会解决工作或家庭生活中的问题，但有助于缓和不良的情绪状态，特别是应激（Tuscon & Sinyor，1994）。由于专注于非锻炼活动也可以产生类似的宁静效应，所以，应激减小可能主要由于阻断了使人心烦的干扰观念。锻炼的应激缓释效应可能主要是以认知为基础的，而身体健康影响人们对应激源的生理反应的强度。身体健康者与那些低需氧健康者相比，在面对应激源时，心血管焦虑不安较少，康复也较快（Holmes，1993）。

太多时候，身体锻炼被等同于单调、费劲的努力。若是到无聊的踏车和自行车测力计中寻找锻炼的心理益处，研究者们恐怕是找错了地方。当人们通过参与有趣的业余活动而过着积极的生活时，他们不仅获得了生物学上的益处，还有心理健康的收获。他们将锻炼作为一种令人愉快的习惯。鉴于身体不活动的普遍性及其对各种疾病的作用，久坐的生活方式显然是一个主要的公众健康问题。

对身体锻炼的阻碍

尽管身体锻炼有多种益处，但大部分人过着惯于久坐的生活，当他们步入中年和老年时更是如此。在那些试图让自己经常锻炼的人中,虽然计划极好,但大部分人在短时间之后就半途而废。对于锻炼,存在许多抑制和阻碍。因此,如果人们要获得保持身体活动的益处,就需要积极的诱因和高度的自我调节效能水平,来压倒锻炼中劳累的方面。大多数人可能有一个一般的认识,即保持身体活动是有益于健康的,但并不真正了解它对生物和心理功能的全部影响。对健康益处的清楚认识,能为开始经常锻炼提供一些诱因(Sallis et al., 1986)。不过,和其他生活方式一样,大多数人不准备单因知识就流很多汗。事实上,甚至是大部分冠状动脉患者也在短期之内不再进行规定的活动,即使他们完全知道身体活动会加强他们的心血管功能,降低将来有生命危险的冠状动脉病变的风险。

坚持锻炼的某些阻碍来自于身体活动的性质及其组织方式。保持身体健康有两种途径:一是通过在特定时间和地点有规律地进行有力的需氧锻炼,如慢跑、骑车、消遣运动、健美操、需氧舞或者在体锻设备上运动;第二类锻炼仅仅涉及增加个体常规身体活动的数量和水平,这包括快走、爬楼梯而不是乘电梯或自动扶梯、园艺活动以及通过令人愉快的休闲活动锻炼。后一类活动使得锻炼成为个体日常生活的习惯部分。如果把锻炼包含在习惯常规和愉快的活动中,而不是在特定时间和地点与日常活动相分离,人们就较可能保持身体活动(Epstein, Wing, Koeske, Osske, Ossip & Beck, 1982)。除非一个人高度自409律,否则,数不清的竞争性活动很容易闯入。

身体活动强度是有损坚持性的另一个因素。为取得健康效益,必须经常进行有一定活动水平的身体活动。长时期的剧烈锻炼会是吃力而单调的。因此,对适度活动的坚持性高于对猛烈活动的坚持性(Sallis et al., 1986)。许多锻炼的倡导者在"不劳而无获"的格言的无情驱使下,以传教士般的热情进行锻炼。只有高度激烈的锻炼才具有健康效益的错误信息,阻碍大多数人采纳活动的习惯,能产生有益健康之结果的最小身体活动量和活动强度,尚需确定。不过,证据显示,即便每周进行几次适中的活动,也能获得明显的健康益处(Paffenbarger et al., 1993; Haskell, Montoye & Orenstein, 1985)。适度的身体锻炼增进健康,产生抵制疾病的身体变化,但比较剧烈的锻炼在延长寿命方面还要好些。即便身体状态从不健康到健康的变化,也可以使各年龄层次的人增进健康,降低死亡危险(Blair et al., 1995)。

经常的需氧活动不仅降低死亡率,而且延缓能力丧失的进程(Fries et al., 1994)。让惯于久坐的人适度活动,比让他们成为精力充沛的锻炼者要容易一些。而且,不同形式的身体活动可能具有不同的保护功能(Harris, Caspersen, DeFriese & Estes 1989)。剧烈的活动通过改善心肺健康可防止冠心病;负重活动能提高骨密度,防止骨质疏松症;任何身体活动都能通过燃烧卡路里来减轻体重,而全神专注于身体活动可通过改善健康、释放应激,有助于心理健康。

锻炼必须经常进行以保持健康效益。除非个体在活动中投入了个人价值，并使其变为自己生活方式中根深蒂固的习惯部分，否则，任何要求不断自我调节的需要努力的活动都负有坚持的重担。难以使人们执着于一种一旦放弃其收益也就中止的健康习惯，而且，它产生的效益只有少量是持久的。当然，惯于久坐的生活方式增加了虚弱的风险，这成为一个恒久的问题。不过，我们曾在第七章看到，将健康习惯视为避免损失会促进对该习惯的采纳，但其维持更多地有赖于预期的收益(Rothman et al., 1993)。

采纳和坚持锻炼的自我效能决定因素

研究的大部分都集中在有组织的需氧锻炼上。这一努力大多旨在确定能促进采纳和坚持锻炼制度的心理社会因素。如果人们要改变其惯于久坐的生活方式，他们必须相信自己有能力将锻炼作为长期的习惯。为让人们长期锻炼而设计的干预，必须适应其效能感水平。那些相信提高其活动水平的任何努力都无济于事的惯于久坐者，需要一种有指导的自我使能计划来说服他们可以过较活跃的生活；而那些自信能让自己长期锻炼的人，单靠信息途径就比较容易被说服。假定处于高自我效能的准备状态，那么即便是通常相对较弱的信息途径，也能让人们进行锻炼。打算依然如故的不锻炼的人，还将锻炼视为比较麻烦而非有益。如果他们要变得较活跃就需要一些鼓励。

被吸收到正在进行的锻炼计划的惯于久坐的成年人，如果对激励自己锻炼只有微弱的效能感而对参与这类活动又急功近利，最可能半途而废(Desharnais, Bouillon & Godin, 1986)。效能感虚弱而又期望太多太快，将导致努力逐渐衰退，并很快抑制成为一名热诚的锻炼者的动机。不容易实现的夸大的结果期望，同样会削弱自我控制体重的努力(Shannon et al., 1990)。

410

效能信念在经常锻炼坚持性中所起的作用，已经广受关注。效能知觉最有意义的方面，并非个体能否执行身体技能——这是易于掌握的，而是面对各种各样的人、社会和情境的阻碍，个体动员自己长期进行锻炼的自我调节效能(Sallis et al., 1988)。不相信自己自我调节效能的人在坚持有组织的锻炼计划上表现不良。他们不经常参加锻炼；难以让自己的锻炼具有获取健康益处所需的强度和持久性，而且他们很快会退出锻炼(McAuley, 1992, 1993)。对那些选择独自地而不是参加有指导的计划进行锻炼的人，同样如此。他们的自我调节效能感越高，就越能够成功地使自己在有益健康的水平上习惯性地进行锻炼。

老龄化的人口，强调采用积极的生活方式对生命历程中维持健康和幸福日渐增长的重要性。通过逐渐加强的活动计划，可以帮助惯于久坐的老年人采用具有健康益处的锻炼习惯。通过长期锻炼，他们改善了心肺功能、增强了体力、并降低了血浆胆固醇、血压和体重(McAuley Courneya & Lettunich，1991)。锻炼计划前的身体效能感越强，源自它的生理效益越大。随着时间的流逝，参与者感受到其身体功能有一定的衰退。但那些效能感高的人，在保持他们的锻炼习惯和心肺能力方面更加成功(McAuley et al.，1993)。

有关锻炼坚持性的研究，大多限定在有指导的需氧锻炼计划上，这种研究阐明了主导锻炼习惯的自我管理的某些决定因素和心理机制。然而，不方便的时间和地点限制及被迫与常规相一致，对坚持性造成阻碍。某些退出者可能自己锻炼——虽然可能不如忠实的坚持者那么集中和一贯。因其更大的方便性、灵活性而且自然，家庭活动比家庭之外有指导的锻炼制度，更可能让人们保持身体活动(Garcia & King，1991)。在随机化的有控制的研究中，变化锻炼强度及人们是否在家或在有组织的计划中锻炼，最为清晰地揭示了效能信念在长期坚持中的作用(King et al.，in press)。在从社区中随机抽取的惯于久坐的男性和女性中，那些自我调节效能感高并在家锻炼的人，两年后仍是很好的坚持者。因此，有关身体健康促进的研究，应该更多关注将某些适合个人且高兴去做的有活力的活动整合进生活方式中去的策略。如果这类活动被并入经常性的活动中去，就不会破坏每日常规。萨里斯(Sallis)及其同事发现，即使控制了先前的锻炼水平、年龄、性别、教育和收入，也在与有组织需氧锻炼中一样，效能信念可以预测个体自己从事的生活活动模式的持久变化(Sallis et al.，1986；Sallis，Hovell，Hofstetter & Barrington，1992)。这种确实的证据证明了效能决定因素的普遍性。

对变化过程的分析，区别了新行为方式的采用、其在不同环境下的泛化使用和它随时间推移的保持(Bandura，1986a)。在复杂活动中，某种程度上，决定采用的因素与主导维持的因素是不同的。采用有赖于那些能促进知识获得、所需亚技能及生成能力等获得的因素，而维持则很大程度上基于激发自己习惯地应用所学的能力。不过，各变化过程的决定因素有某些交迭，因为动机和情感的自我调节对获得和保持都有贡献，而保持可能经常需要在新的情境限制或要求下，创造性地采用技能。与大多健康习惯一样，锻炼涉及相对简单的行为技能，这些技能人们已经了解如何去执行或能很快学会。成功地进行长期锻炼，很大程度上有赖于自我调节效能。在健康促进计划中，所谓的采用和保持阶段涉及的内容差不多：在计划进行过程中或在其停止后一段时间内，按规定的频次、强度及持久持续时间坚持进行某些锻炼常规。

411

尽管效能信念与身体锻炼的采用和保持间的关系已经得到充分的证明，但与锻炼间的关系大小会随着长时间的推移而衰退。这并不必然意味着效能信念减少了其对活动习惯的影响。随着时间的流逝，健康习惯的自我管理会发生变动，有时是广泛的变动(Bandura & Simon，1977)。在这艰难的征途中，生活事件不时地会发生，挑战着自我调节能力，加强、弱化或是破坏个人效能信念。因此，对健康习惯的自我调节是涉及个人、行为和情境影响间交互作用的一场奋斗。无论是饮食还是锻炼习惯，人们都会有一段时间坚持得很好，然后经历下降，他们又加倍努力重新获得控制。在此过程中，有些人对自己将控制能力重建并保持到放弃时的水平失去了信心。后继的相关作为一个整体表明，那些怀着强有力的效能感开始过一种更加积极的生活的个体，能更好地经受挑战，从挫折中恢复。

如果在某一个后继阶段发挥作用的效能信念，与那些一年或两年前所持有的效能信念不同，那么远期信念与当前行为关系不大，因此预测性也较差。如果因果贡献是兴趣之所在，那么，关联最大的是当前而非过去的效能信念。在靠近恢复期时进行的测量，效能信念在越来越长的后继间隔期内，仍保持其预测力（Gulliver, Hughes, Solomon & Dey, 1995）。

通过对效能信念与身体活动间共变波动作进行性的分析，能最好地捕捉保持过程的动态本质。就效能信念随时间而发生变化而言，如果仅在将来的某一时刻评估锻炼水平，就会低估效能信念的影响作用。越来越长的时间内日益增长的人员自然缩减（McAuley, 1992），是另一个会严重曲解远期的效能信念的预测力的因素。在尽力让自己进行长期锻炼的人们中，那些效能感弱的人不能很好坚持。如果在后继评估中，无效能的个体选择性地退出，那么，一个人的终止后留下的就是比较成功的人。对自我效能感和身体锻炼水平范围的限制，会缩减相关的大小。

比较性理论分析

人们已经就各种理论对参与锻炼促进计划后身体活动坚持性的相对预测力，进行了比较性检验。情境性的自我调节效能信念可预测身体锻炼的坚持性，而对自我动机的特质测量则不能预测谁会继续锻炼，谁会恢复一种惯于久坐的生活方式（Garica & King, 1991; McAuley & Jacobsen, 1991）。在减轻体重的有关研究中，通过说服手段有计划地提高个人效能信念，进一步支持了效能信念相比自我动机特质的预测优势（Weinberg et al., 1984）。预先存在的和改变了的效能信念都有助于成功，自我动机则不然。在涉及个体对自身健康有一定控制还是健康由超出个体影响力的因素所决定的一般化信念的比较中，也出现了类似的差异。效能信念预测锻炼坚持性，有关健康控制点的一般信念同参与身体锻炼间没有一致性的关系（Kaplan et al., 1984; Sallis et al., 1988）。

理论比较应该注意到，在社会认知理论的因果结构中，自我效能知觉是健康行为虽非唯一但是重要的决定因素。其他一些有影响的决定因素包括：人们对于生活方式如何损害和促进健康的了解，他们为自己设定的健康目标，他们参与不同生活方式的代价和收益，他们赋予这些结果的价值以及他们在日常生活中进行健康活动时所碰到的环境促进 412

和限制因素等。德热瓦尔托沃斯基(Dzewaltowski)评价了菲什拜因(Fishbein)和阿基赞(Ajzen)理论中的决定因素,是否在整合的社会认知理论中一组决定因素对锻炼坚持性的预测力之外,还增加了预测力(Dzewaltowski, 1989; Dzewaltowski et al., 1990)。社会认知决定因素包括效能信念、锻炼的预期益处以及对已达到的身体活动水平满意与否。对个人进步的效能信念和情感自我反应,都会影响对锻炼的投入。对锻炼的态度及感受到的要变得较为积极的社会压力,同样能说明对锻炼的投入——尽管在一个较低的水平上。但当把社会认知决定因素之外的其他因素加入到社会认知决定因素中后,不能提高预测力。约迪和伦特(Yordy & Lent, 1993)的发现表明,当控制了社会认知决定因素的影响之后,态度可能有一种残差效应,但该研究测量的是锻炼意图而非行为的决定因素。主要挑战是解释锻炼行为,而非锻炼意图。前面回顾过的研究显示,效能信念既直接地也通过提高意图来影响健康习惯。

身体效能信念和因果归因影响参与锻炼的进步之途径,也已经得到研究。高效能知觉的个体,倾向于将其锻炼进步归因为个人可控的因素(McAuley, 1991)。感到锻炼是一种积极体验的人比感到它令人厌恶的人,更可能坚持锻炼。由强有力的效能信念推进的身体健康方面的成就,能够带来个人满意,改善身体健康。的确,对自己身体效能的信念,既直接地也通过促进把成功归因于个人控制,影响对锻炼的积极反应。效能信念不仅培养积极的主观体验,而且降低对强烈锻炼的生理应激反应。在控制了习惯活动水平和基本肾上腺皮质素水平及需氧能力之后,对自己身体效能的信心可以预测单调的跑步测试中的肾上腺皮质水平(Rodolph & McAuley, 1995)。

活动习惯的采用,还根据普罗查斯卡和迪克莱门特(Prochaska & Diclemente, 1992)提出的行为改变的阶段模型进行了考察。根据这一观点,在采用新的行为模式时,人们经过一系列的阶段:从无改变意图的前静观者,到有意改变的静观者,再到采取行为但非经常的行动者,到经常进行的保持者。有些采用者稍后故态萌发,又回转到老习惯。阶段理论将人引入重重问题中。人类活动有太多层面、太多决定因素,所以不能被归为几个分离的阶段。因此,阶段理论在心理学理论化中已经不再流行(Flavell, 1978b)。人们不是整齐地符合固定的各个阶段。可以预见,必须创建亚阶段或过渡阶段来包含人类的多样性。因此,在改变的阶段图式中,在参与行为之前已经插入一个准备活动的过渡阶段。

一个真正的阶段理论具有三个基本的定义属性:阶段间的性质转化、固定的变化序列及不可逆性。现在所讨论的阶段模型中的划分是随意的虚假阶段。在一个真正的阶段理论中,一个阶段的个人属性按照固定的序列,被转化为下一阶段中性质不同的个人属性。比如,在生物变化的阶段发展中,毛毛虫变为蝴蝶。在皮亚杰有关心理变化的阶段发展中,前运算思维转变为性质不同的运算思维。但这里所讨论的阶段模型,将在一个连续

413

体中变化的因素随意划分为离散的类别，称为阶段。头两个阶段的意图程度不同。前静观者没有改变的意图，静观者有一些改变的意图。随后的阶段，仅仅是行为采用之经常性或持久性等级，而非是真正的阶段理论所要求的类别差异。这些等级被任意二分为一个离散的行动阶段——在一短段时间内进行行为操作以及一个保持阶段——即长期的或在很长一段时间内进行行为操作。从这一阶段观点的较高水平来看，个体可以持续做同一件事情，但仅仅凭时间的推移而被从一个阶段(行动)推进到另一个阶段(保持)。

在评定变化阶段时，研究者们试图防止由于要求进行全或无的意图判断以及将行动任意分为长或短持续时间或分为经常或不经常等类别，而将在某一连续体上变化的一个因素进行两分所产生的问题。当阶段间是等级而非类别差异时，阶段发展的观点就被剥夺了意义，或变为一种合乎逻辑的必然性。因此，如果在过去六个月中的定期锻炼是行动阶段，而在六个月后的经常锻炼是保持阶段(Marcus, Selby, Niaura & Rossi, 1992)，那么后者只是前者的一种延续而非其性质上的一种变化。以六个月将行为连续体划分为不同阶段是任意的，而非基于个人的转换性变化。人们可以在任何时间点将正在进行的同一行为进行分割。当阶段间是等级而非类别差异时，阶段发展的观点就剥夺了意义，或仅仅是承认短时间的采用先于较长时间的采用这一合乎逻辑的必然性。

在一个真正的阶段理论中，阶段构成一个人人必经的固定的变化序列，阶段不能被跳过。例如，蝴蝶首先必须是毛毛虫，一个人不先经过前运算就不会成为具有运算思维的人。而对突然停止抽烟保持戒烟的人，阶段间则没有进展，他们绕过了阶段。大多数参与者经过这一假定的序列后没有表现出稳定的进展(Sutton, 1996)。真正的阶段发展也不允许阶段间循环。蝴蝶不会恢复为毛毛虫，运算思维者也不会重新退回到较低的思维模式。因此，仔细的考察说明，变化阶段模式违背了作为一个阶段理论的每一个主要要求：不可改变的序列，性质上的转变以及不可逆性。它以一成不变代替了对行为的多重因果的分析。一些研究者现在采用其他连续变量，如对锻炼的兴趣程度；将其转换成分离的虚假阶段；然后将效果归因为具体化了的“阶段”而非一分为二的因素(Armstrong, Sallis, Hovell & Hofstetter, 1993)。这种用难以归类的阶段名称，对有意义称呼的因素进行随意的转换和重新命名，模糊了对因果关系的分析。

现在所讨论的阶段模式以一种分类方法代替了人类适应和变化的过程模型。与其主张相反，从一种描述性的意图种类转变为另一种，或从一种行为持续时间转变为另一种，并没有使阶段观点成为一种动态的过程模型。即便是一种真正的阶段理论，也至多是一种描述性的而非解释性的手段。例如，将个体划分为“前静观者”不能解释他们为什么不考虑作出对自己有益的改变。他们不愿意改变，可能是因为他们不知道自己当前习惯的风险性或是替代习惯的益处。他们可能了解潜在的风险和益处，但确信自己缺乏效能去克服反复出现的障碍。或者,他们没什么改变的动力,因为他们认为当前习惯的益处大于其可能的损害。决定不活动的各种各样因素——风险知觉、效能信念及结果期望——要求运用不同策略使"非静观者"改变他们有害的习惯。人们不会经过各阶段循环往复。他们对自己的健康行为实施控制的努力起伏变动。他们的成就是个人因素、行为及环境影响等交互因果关系的产物。在某些健康领域中会很快发生的这些行为波动,由于人们的自我调节控制各不相同,因而不经历重复的转换变动。

414

阶段思维会限制促进变化的干预范围。例如,在吸烟行为中,"前静观者"对使自己戒烟抱有低效能感,倘若自己戒烟了,也有着消极的结果预期,并不期望自己的努力能获得什么社会支持(deVries & Backbier, 1994)。但改变的期限规定强调需要转变他们有关吸烟的结果期望。就实际而言,有效的干预不仅必须使前"静观者"相信戒烟的益处,而且必须逐步建立起他们有能力获得成功,并谋取社会支持使自己渡过难关的信念。与分类观点不同,过程模型详细说明了主导不同变化侧面的决定因素和干预机制。

个人改变的基本过程已经得到确定,其决定因素也得到了广泛的研究(Bandura, 1986a; O'Leary & Wilson, 1987)。它包括新行为方式的采用、泛化、复发和恢复及保持。阶段模式将这些基本的变化过程转变成脱离其广泛的知识基础的、分离的描述性类别。这些知识就如何组织有效的干预来发起、泛化和保持习惯改变提供了指导方针。以经常性和持续时间来划分行为,对有助于选择恰当的干预措施的决定因素没有任何说明。该阶段模式所增加的,只是提示有些人没兴趣改变他们的健康习惯。其他人则比较有改变的准备。这种常识几乎不需要背负阶段理论的包袱。

阶段模型产生出大量干预措施,这些干预措施是从关于它们在病因学上可能互不相容,但在行为改变上却协调一致的假定上各不相同的理论中抽取出来的。实际上,行为主义、心理动力学及存在主义等理论,这一"跨理论"集合就是从这些理论中形成的,就如何改变人类行为提出了彼此矛盾的处方。一大堆干预措施并不是跨理论的,这隐含着对表面上的差异进行了过度的整合。它与理论无关。例如,这些不同观点的各自支持者,会认为抗条件反射作用和改变错误信念是不相容的策略。事实上,条件反射理论者拒绝将信念作为行为的原因,所以认为改变它是没有意义的。而认知学者则认为,条件反射作用是形成起动机激发作用的结果期待的一种费力的方式,而非自动的反应移植。既然这些阶段主要描述行为而非详细说明决定因素,那么,干预与阶段间的关联就不是从阶段可以明确地推论出来的,而是相当松散和可以争辩的。一个自我调节模型是与明确的干预措施相联系的过程模型。适应个人特质和进步速度的个体化的干预,比统一的干预更加有效。但有效的干预必须把支配健康习惯的决定因素群,而非人为的阶段,作为自己的目标。

两组决定因素——自我效能知觉和锻炼的预期得失——可以区分各种阶段的个体

(Lechner & deVries, 1995; Marcus & Owen, 1992; Marcus et al., 1992)。无意成为身体积极活动的人,比惯于久坐的有意者效能感低,而后者又比那些最近已经成为身体积极活动者,表现出的效能信念要低。好的坚持者个人效能感最高。对锻炼的个人和社会结果期望,同样可以区分不同阶段的个体。对非意愿者,预期的不利远远超过预期的益处;对意愿者,不利与益处大致相当;而对那些已经采取并坚持锻炼的人,预期的益处则超过不利。

假使设计出一种真正的阶段理论,有意义的问题应该是,当一整套社会认知决定因素的影响被排除以后,阶段状态是否还存在任何可预测性。不过,变化模型的阶段,正是根据所要解释的行为来定义大部分阶段的,这造成解释和预测的循环性。当问及高阶段状态是否预示着持久的变化时,其实在问好的保持者(保持阶段)是不是好的保持者。

415

促进积极生活方式的策略

对于大多数惯于久坐的人,采用和保持活跃的生活方式需要发展自我调节能力。有效的自我使能计划包括许多层面。开始时,必须全面告知参与者身体活跃的多种健康益处以及保持久坐习惯的腐蚀效应。否则,他们没什么理由不断驱使自己筋疲力尽。将锻炼知识与健康价值联系起来,为人们身体变得更加活跃提供了一定的诱因。不过,如果人们要想将健康兴趣转化为活跃的生活方式,必须学会如何克服长期锻炼碰到的诸多阻碍。剧烈锻炼所固有的不良效应——如肌肉紧张、疲劳及不适——即刻就可以被感觉到,而健康益处则是慢慢累积,而且并不总是易于察觉。锻炼的另一大阻碍是,通常有许多更加有趣或更为紧迫的事要做。缺乏明确的时间管理,锻炼很容易成为其他竞争活动的牺牲品。

发展为身体锻炼所需的效能和动机支持的一个主要策略,来自于有关自我调节的知识。此策略涉及对身体活动进行自我监控的指导,导向更强有力的活动的最切近的目标设定以及支持性反馈。亚目标的达成建立起一种身体效能感,效能信念转而决定投入锻炼及在面对否定影响时坚定不移的程度。要想获得好的结果,必须谋取自我调节各要素的共同支持,而不能零打碎敲。因此,当人们拥有目标和关于进步的反馈时,他们会维持一种活跃的身体活动水平;而有目标无反馈或有反馈无任何目标,则收效甚微。当面对缓慢的进步或挫折时,低效能者缩减或放弃努力,而那些高效能者则会加倍努力。

惯于久坐的人们,在开始时不会进行剧烈的活动或是长时间坚持。自我效能知觉可以预测对剧烈活动的短时间采纳,且可以预测对适度活动的长期维持(Sallis et al., 1986)。为使锻炼成为习惯而设计的计划,应该为活动提供亚目标诱因,开始时是中等水平的努力,然后逐渐提高身体活动的频率、持续时间和强度。

人们需要支持性反馈来维持努力,尤其是在采取锻炼的早期阶段,因为要为身体健康投入艰巨的努力但益处却难以发现。有些即时的身体收益可以被增大和强调,作为动机。例如,当身体努力使人疲劳和疼痛时,新近加入锻炼的人不会为远期危险降低的美景所动,但他们会被心血管功能改善的事实所激发,去忍受不便和身体不适。通过监控自己的脉搏和呼吸水平,他们看到自己能够在心率较低、心脏恢复较快的情况下进行剧烈的活动。现在,小型化了的记录装置,使人们能监控其心血管系统的力量和效能变化。活动增加方面的进步和一般身体状况的改善等事实,提供了有助于个体保持动机的另一种诱因。渐进掌握也加强了对身体能力的信念。无论身体健康水平如何,效能知觉越强以及个人成就感越高,对身体活动的兴趣和乐趣也越大(McAuley et al., 1991)。

身体活动产生的情感反应,依其本质不同,会赋予锻炼积极或消极的价值。对情感调节的大部分兴趣集中在身体锻炼降低压力和抑郁的能力方面。不过,锻炼不仅可以缓减不良状态,还可以产生积极的情感状态。麦考利和考尼雅(McAuley & Courneya, 1992)的研究表明,效能信念影响对身体锻炼的情感反应性。当在与其能力相同的水平上锻炼时,效能感高的个体比效能知觉低的个体,感觉自己所需的努力较少,并发现活动更令人愉快。锻炼中将情感体验为积极的感情状态,又转而会加强身体效能信念(McAuley, Shaffer & Rudolph, 1995)。控制了年龄、先前存在的自我效能以及心肺健康程度之后,这种效应仍然存在。

416

不仅个人决定因素,还有社会决定因素也有助于人们坚持活跃的生活方式。家庭成员及朋友们对积极生活方式的社会支持和示范,有助于保持身体积极活动的自我调节效能知觉(Hofstetter, Hovell & Sallis, 1990)。的确,良好的坚持者通过在需氧和娱乐活动中征召锻炼同伴而为自己建立环境支持。在锻炼的早期阶段,当不适远远超过任何明显益处的时候,接受到阶段性支持和指导的新参加锻炼的人,比那些没有这些的人,更多地改善了其活动能力(King, Taylor, Haskell & DeBusk, 1988)。

社会影响很大程度上通过它们对个人决定因素的影响来产生行为效应。先前的分析表明,在对情感状态的调节中,社会支持通过提高应对效能知觉,降低抑郁。邓肯和麦考利(DunCan & McAuley, 1993)进一步证实了效能信念的中介作用。社会支持通过影响效能信念而非直接影响对锻炼的坚持性。有关作用机制的知识,为如何使社会网络的益处最优化提供指导。社会支持应该突出个人能力的增长,而非促进其对群体的依赖。如果将成功解释为很大程度上是受社会控制的,那么,对锻炼的坚持性就可能随着社会支持的波动或减少而降低。

麦考利及其同事寻求通过谋取四种效能发展方式来提高惯于久坐的成年人的锻炼坚持性(McAuley, Courneya, Rudolph & Lox, 1994)。在活动方式中,参与者追踪其在锻炼活动中的进步及其心脏能力的改善。在替代方式中,他们观看录像带,其中和自己相似的个体，通过采取活跃的生活方式变得更加强壮、健康和灵活。在社会说服方式中，他们形成一个同伴系统，一起锻炼，并在困难的时候相互鼓励。在生理方式中，得到安慰说身体的不适是身体对更为健康状态的自然适应。从这一计划中得益的成人，比起控制组中带着大量关注和健康信息参与锻炼活动但没有效能增强的配对者来说，能更好地坚持锻炼活动。随着时间的推移，当控制组的人很快恢复其惯于久坐的生活方式，活动习惯的差异增加了。最初的效能知觉在引入处理时就已经评估过了，所以不会受处理太多影响。最初的效能信念——可能反映了预存的效能知觉水平——及后继的效能信念，支持锻炼的坚持性，在最好的意图遭到失败的那段时间里更是如此。当人们让自己共同参加锻炼的时候，他们的集体效能能带动动摇者可能比其个体水平的效能知觉，能更好地预测锻炼坚持性。

鉴于从惯于久坐的生活方式到一种活跃的生活方式的过程中，常常受到挫折和尝试失败的折磨，所以，有效的干预必须包括对处理失效和重新开始长期锻炼的策略指导。关于复发处理的训练，包括采用认知趋向，认为闪失是获得掌握的过程中一个自然的组成部分，而非对身体无能力的进一步证实。这种功能性的思维方式，促进人们在受到干扰后重新开始活动，并防止将暂时的失误变为长久的复发。为起到预防作用，个体必须确定锻炼的主要障碍，并学会如何进行克服它们所需的准备活动。此外，他们还需要学习一旦陷入不活动后，如何对自己的锻炼行为恢复控制的技能。恢复策略包括：监控恢复久坐的习惯后身体和心血管健康状况的下降以及重新采用一种比较积极的生活方式后健康状况的提高；重申锻炼和健康目标，并恢复积极的自我激励来支持长期的锻炼方式；在时间处理上减少锻炼活动的不便性，因为时间限制是锻炼最主要的障碍。最后，人们需要就如何为其行为方式建构支持性环境提供指导。模拟性恢复久坐习惯能为参与者提供机会，演练如何使用不同策略使自己恢复锻炼。处理复发技能的训练有助于维持活动习惯——尽管收益的规模和方向留有很大的改善余地（Belisle，Roskies & Levesque，1987；King & Frederiksen，1984；Marcus & Stanton，1993）。为促进人们更好地坚持锻炼，需要加强其自我管理过程，或者需要扩展计划以谋取对锻炼活动的社会支持，或者两者都要做。

417

通过采用积极的生活方式促进健康，要求一种广泛的公众健康观点，而非仅仅试图将惯于久坐的成人转变为积极的锻炼者。在这一努力中，学校发挥着根本性的作用，因为体育是教育体系中的一个常规部分。不过，这类活动大多致力于团体运动而非能为终生健康服务的休闲活动。儿童期参与有组织的运动，并不建立起一种可以带入成年期的身体效能感和锻炼习惯（Hofstetter et al.，1990）。这更可能产生对于运动的热心观众，而非活跃的成人。如果教育体系将为年轻人过一种积极的生活作准备，应该提高可以迁移到成年期的身体健康和锻炼习惯的价值。中学阶段是从儿童期向成人活动方式的转变开始形成的时期,这时调整体育制度尤为恰当。在促进儿童身体健康的过程中,还需要将家庭作为积极的伙伴。

身体损害二级预防中的锻炼效能

迄今为止,分析主要集中在效能信念对进行旨在提高健康水平及预防主要健康问题的经常性锻炼的作用上。因为一种惯于久坐的生活方式对许多身体功能都有不利影响,身体锻炼也常常被建议来防止已经出现的健康问题使身体进一步受损。自我调节效能知觉在对阻止疾病的恶化的二级预防中所起的作用,非常类似于其在疾病发生的初级阶段所起的作用。

冠心病是最主要的死亡杀手。在某些类型的休闲活动中强有力的锻炼,可以降低心脏病的最初征兆和致命的心脏病发作的发生率(Morris, Everitt, Pollard, Chave & Semmence, 1980; Paffenbarger et al., 1993)。心脏病发作的发生率在身体积极活动的个体中随年龄增长而缓慢上升,但在惯于久坐的个体中则随年龄而急剧增长。当考虑到其他影响心脏病发作的已知因素时,身体活动的预防功能仍非常显著。鉴于久坐习惯的普遍性以及不活动者死于心血管疾病的可能是活动者的两倍等事实(Berlin & Colditz, 1990),身体不活动是一个严重的健康风险因素。

即使可能降低进一步发病或死亡的危险,但进行体育锻炼的建议却并非一定能被病人们长期采用。与来自社区的无症状的参与者一样,对调节自身健康习惯效能感低的心脏病人,偶尔采取锻炼生活方式,不能很好地坚持。因此,锻炼建议必须与能使病人建立对其自我调节能力的信念的心理社会计划相结合。旨在加强冠心病后病人心血管系统功能的干预措施,具有这一效能定向观点的特征。

418

经历过心肌梗塞的半数病人病情不复杂,没什么残留的损害(DeBusk, Kraemer & Nash, 1983)。心脏很快痊愈,病人身体上有能力恢复一种积极的生活。不过,对那些认为自己有一颗长期虚弱的心脏的病人来说,心理和身体的恢复是缓慢的。他们避免在身体上费力,害怕自己不能处理职业和社会生活中的紧张压力。他们缓慢地重返工作,或只做短时间的工作,或干脆放弃工作,这又带来经济上的困难。他们放弃积极的娱乐活动。他们害怕性生活让自己疲劳而减少了性生活。康复问题更多地来自于病人对其心脏功能已经遭受永久性损伤的信念,而非身体衰弱。

康复的任务是让病人相信自己拥有十分强有力的心血管系统,可以过充实、多产的生活。四种效能影响模式中的每一个,都能够用来增强病人对其心脏能力的信念。掌握了繁重的身体活动而没有任何不恰当的效应,令人信服地证实了心脏能力。示范影响中,病友示范其所过的积极生活,能够加强对恢复心脏功能能力的信念。医师们运用其专长和威信使病人相信自己的身体能力。他们还矫正病人对其生理系统的误解倾向,即将由其他原因引起的身体功能波动错误地归因为受损的心脏。

有些研究曾经考察了活动性掌握和说服性医疗咨询在建立身体和心脏效能信念中的力量(Ewart et al., 1983)。在活动性模式中,病人们进行一项受症状限制的单调的工作,其中他们掌握越来越重的工作负荷,以相信自己有着强有力的心脏系统。在社会说服模式中,医疗人员给病人解释他们的心脏能力,并鼓励他们在医疗安全的水平上,恢复日常生活中的活动。成功完成负荷日益增长的工作,加强了病人对其身体效能的信念。说服性咨询对经受包括性活动在内的各类身体紧张的效能知觉,仅有很小的附加作用。预存的效能信念可以预测病人在以前未曾进行过的单调工作中的工作负荷成就。干预使病人效能信念提高得越多,他们的日常生活就会变得越活跃。实际上,如在单调工作成就中所测得的,效能信念比身体能力更能预测活动方式。

通过短时期内坚持每周几次激烈的身体活动,可以获得健康益处。通常建议心脏病后的病人,在其在单调工作中最大心率的70%到85%的范围内进行锻炼。在一项对预测因素的比较性评价中,埃瓦特(Ewart)及其同事发现,维持锻炼的效能知觉是坚持所规定的心率范围的良好的预测指标,而实际身体能力则不是(Ewart et al., 1986)。即使控制了单调工作上先前的行为成就,效能信念仍然是一个显著的预测指标。有高效能感的病人倾向于过度锻炼。那些怀疑自己身体效能的人,则锻炼不足,对心血管无甚益处。A型个性、抑郁、婚姻调整或医疗状态,不能预测对规定锻炼水平的坚持。

这些发现对心脏病后的恢复有着重要的临床意义。病人的身体活动更多地是由其能力知觉而非其真实身体能力所决定的。不考虑病人对自己身体能力的信念而做的锻炼规定,可能使高估者由于过度投入而遭受不必要的风险,而使低估者进行对其健康没什么好处的没精打采的锻炼。不同身体活动要求不同的技能和体力水平。因此,与领域有关的效能信念比整体性的效能信念,能更好地预测和指导活动习惯(Ewart et al., 1986)。自我效能评估应该适应所规定的锻炼类型。坚定地认为自己有一颗衰弱的心脏的心脏病人,可能需要一组锻炼活动,来恢复对其身体能力的一般信念。通过提高对规定的恢复活动之恰当强度的效能信念,病人享有安全、有效、他们有可能坚持的锻炼计划所带来的益处。

已经对一些影响方式在心脏病患者恢复身体能力感中的力量进行评价,以使他们能够恢复积极的生活,而不必常常担心遭受另一次心脏病发作。完成的单调工作负荷的要求就是一种令人信服的说服信息,这一点已被证明。如果将明显的体力作为心血管能力的一个一般指标加以强调,它就能够对心脏和身体效能信念产生普遍化的影响。第七章中我们曾看到，妻子在丈夫心脏病后过着积极的还是限制性的生活中，发挥着影响作用(Taylor et al., 1985)。如果妻子们相信丈夫的心脏和体力是虚弱的，那么，保证她们的丈夫能够安全恢复正常的活动，丝毫不能使她们信服。显然，单单事实性的信息是不够的。但直接体验单调工作的紧张，并目睹丈夫经受沉重的工作负荷，两方面的联合影响能使她们相信丈夫有一颗有力的心脏。一旦她们的效能信念得以改变，妻子们就更能够接受医疗人员所提供的有关心脏能力的事实信息。

对心脏效能的信念，可以将对身体活动的危险解释转变为良性或有益的信念。对再次遭受心脏病发作的焦虑，源自于心血管衰退的信念。相信自己有一颗有力的心脏的患者，在心脏病后不会将身体活动理解为一种威胁或由此产生焦虑。当然，夫妻间彼此影响并一起做事。因此，心脏病后积极生活方式的恢复，是相互而非个人决定的。根据其性质，效能信念能够助长过度保护或促进积极生活——以一种防止心脏病复发而加强心血管系统功能的方式。

对家庭效能信念系统的分析，证实了心脏病后康复的社会动力学(Taylor et al., 1985)。病人及其妻子对病人心脏和身体能力的信念，都能预测心血管功能的康复水平。不过，夫妻对病人身体能力的联合信念比他们的个人信念，更能预测后继的心血管功能。当消除效能信念的作用后，实际能力不会预测心血管康复的程度，而当消除实际能力后，效能信念则仍保持其预测性。有趣的是，心血管康复与对心脏经受紧张之力量的信念间的联系，比与对身体能力的信念间的联系更强烈。认为心脏虚弱，在身体活动的调节中举足轻重。一个全面的恢复计划，不仅包含冠心病的医疗方面，还必须包含社会和心理方面。

使病人过有助于防止冠心病复发的积极生活的另一种方式，是通过目标系统的动机功能谋取自我调节影响。在这种途径中，病人监控他们寻求改变的健康习惯，设定可以达成的亚目标以激励和指引自己的努力，并接受支持性的反馈来维持成功所需的努力。身体活动水平要适合心血管能力，并随着心脏的增强而逐渐提高。定期自我效能评估对康复计划起着指导作用。心脏病后通常的医疗照顾对降低可能影响未来心脏病发作的有害的健康习惯作用不大。在第七章中回顾过的这类自我调节系统，提供了一种个人化的案例处理系统，而这易于被整合进标准的医疗照顾中，减少冠心病的多种危险因素(DeBusk et al., 1994)。与接受标准的心脏病后照顾的患者相比，那些已经从自我调节系统获益的人进行更多的锻炼，锻炼坚持得更好，并在功能性心血管能力上有更大收益。

420

影响的说服模式也已经被用于通过效能增长促进心脏病后的康复。高尔特纳和詹金斯(Gortner & Jenkins, 1990)提供过一个例子，涉及冠状动脉支管移植或瓣膜置换的心脏手术的恢复。病人在医院中，就症状解释、锻炼、营养及家庭应对逐渐康复中的身体和情绪方面的策略等，接受指导。出院后，他们接受每周一次的电话联系，监控他们的康复情况，并对他们碰到的困难提供进一步的指导和支持。这种干预提高了病人对其身体效能的信念，促进了他们正常身体活动的恢复。在对人口统计学特征、手术类型及基本活动和功能状态等，进行多重控制后，效能信念可以预测后继的活动水平。在康复阶段，心情状态与身体活动没有关系，但却能够通过影响效能信念而间接影响康复过程。因此，对于经历冠状动脉血管成形术的病人，积极的心情提高效能信念，而效能信念又转而预测能够改善心血管功能的生活方式变化(Jensen et al.，1993)。

与对心脏疾病一样，效能信念还会影响对慢性呼吸疾病的个人控制。医学上这些机能失调包括慢性支气管炎、肺气肿及哮喘。患有梗阻性肺部疾病的人们，能够通过身体活动加强其心肺系统，从而改善其功能水平。由于不相信自己在某些情境下或当进行可能需要身体努力或情绪唤起的活动时，处理呼吸困难的效能，所以他们中的许多人过着限制性的生活(Wigal，Creer & Kotses，1991)。卡普兰、阿特金森及莱因希(Kapulan，Atkins & Reinsch，1984)检验了用于增加经历肺功能衰退的病人经常性锻炼的不同类型的干预措施：一种干预将目标设定与积极的锻炼诱因结合起来；第二种干预集中在消除对锻炼风险的错误信念并代之以积极的自我指导；第三种干预将前两种相结合。所有三种干预都提高对身体能力的信念，但事实证明活动比单纯的认知重建更为有效。身体效能感越高，病人对所规定的锻炼的坚持、肺功能的改善以及进行身体努力的能力和幸福感的提高也越明显。对于健康控制点的一般信念，与身体或肺功能的改变都没有关系。

身体锻炼在糖尿病的控制中也发挥着影响作用。通过对代谢功能的影响，不活动提高了对葡萄糖的过敏反应，这对糖类代谢是至关重要的。这种机能失调，会因久坐的习惯和肥胖而恶化，但能够通过身体活动来减弱。通过身体锻炼对氧消耗的改善越大，受胰岛素调节的葡萄糖利用越好(Sonam，Kovivisto，Deibert，Felig & DeFronzo，1979)。通过锻炼和体重控制，能够延缓或防止成年期开始的糖尿病。甚至早期开始的糖尿病也可以从身体活动中获益。对胰岛素依赖型糖尿病的自我控制，需要对个体日常生活的许多方面进行严格的时间调整。为获得最佳的代谢控制，糖尿病人必须监控葡萄糖水平，并通过合理膳食和锻炼平衡胰岛素的剂量。

在自己能够对饮食、锻炼以及自我照顾生活方式中的自我治疗方面实施恰当控制的效能信念方面，糖尿病人各有不同。那些效能感高的人能更好地控制其健康行为，其中，锻炼是一个重要的部分。当包括人口统计学特征、糖尿病的类型和严重性、先前的坚持水平、心情状态、有关健康行为对糖尿病的影响的了解以及处理麻烦情境的技能等大量可能因素被控制后，效能信念预测坚持性的变化(Crabtree，1986；Hurley & Shea，1992；Kavanagh，Gooley & Wilson，1993；McCaul et al.，1987)。这些发现具有显著的临床意义。用来促进对糖尿病自我控制的干预措施，必须以建立坚持艰苦的生活方式所需的效能信念的方式进行组织。前面的回顾充分证明，在多种丧失能力条件下，经常锻炼是在最高的可能水平上恢复和保持功能的重要手段。个人效能信念在使锻炼变成既为提高健康、也为改善功能损害的习惯中，具有影响作用。

对胰岛素依赖性糖尿病、哮喘及其他慢性疾病的自我控制，对幼儿提出了特殊的挑战。互动视频游戏系统，为提高儿童的效能感以及使他们能通过采用有益的自我照顾习惯而控制自身健康，提供了一种大有希望的传播手段（Lieberman & Brown，1995）。例如，在一个为糖尿病人设计的视频角色扮演游戏中，根据游戏者对糖尿病状况的理解及对超级英雄的饮食、胰岛素及血糖水平的控制情况，决定他们的得分。他们对超级英雄的糖尿病状况控制得越好，对敌方力量的胜出也越多。促进健康的游戏形式是一种非常吸引人的途径，它能反复提供练习与健康有关的行为的机会，并对所采用的决定和行动进行快速的结果反馈。对患糖尿病的儿童，健康定向的视频游戏在促进其自我照顾效能知觉、对自己糖尿病状况的自发讨论以及采用饮食和有关胰岛素的习惯控制血糖水平等方面，都超过作为对照的视频游戏（Browm et al.，in press）。而且，以游戏方式练习糖尿病自我照顾的儿童，由于糖尿病突发而看急诊的降低了 75%，而控制组的急诊量则增加了 7%。这种行动冒险形式，同样就避免哮喘发作和使用紧急药物增进了患者哮喘儿童的知识，提高了他们的效能感（Lieberman，in press）。在创造性地运用交互视频技术推进儿童和青少年健康方面，这只是一个开始。在线网络，如互联网，为实现健康的自我控制提供了大量的机会。

/第十章/

组织功能

人们将生活的主要部分用在了职业活动上。职业不仅仅为我们提供收入，还构成人们现实中日常生活的大部分，而且是为我们提供个人认同和自我价值感的主要来源。我们所从事的工作决定了我们的实际生活是令人厌烦的、艰难的和使人痛苦的，还是不断具有挑战性的和自我实现的。工作不完全是一个人的私事。它是一种相互依存的活动，并且构成了人们社会关系的主要部分。工作的另一方面是社会联系性，它影响人们的幸福。这一章阐述自我效能知觉在人们选择什么作为职业、他们自己为工作所做的准备如何及他们在日常的工作中获得成功的水平等方面所扮演的角色。大多数的职业活动是与其他人合作完成而非独立进行。因此，人们的群体效能感决定了他们的幸福及作为一个群体他们完成了什么。

职业发展和追求

人们在发展的形成阶段所做的选择影响生活的道路。这些选择决定了他们培养自己的哪一类潜能，在整个生活进程中他们排斥或保留哪些类型的选择及他们追求什么样的生活方式。在影响生活道路的选择中，那些在职业选择和发展中处于核心地位的选择由于已经提到的原因而特别地重要。选择职业道路的过程并非易事，在进行职业决策的过程中，人们必须把握他们能力中的不确定性、兴趣的稳定性、其他职业的当前状况和前景、潜在职业的可接近性及他们试图为自己建构的身份类型。

423

职业选择与发展

大量研究表明个人效能信念在职业发展和追求上具有关键作用。完成教育要求和工作职责的效能知觉越高，人们认真考虑所从事职业的选择范围越广，他们对其兴趣越大(Betz & Hackett，1981；Lent et al.，1986；Matsui，Ikeda & Ohnishi，1989)。效能信念使人们能确定认真考虑哪些职业选择。人们能在效能知觉的基础上很快地排除某几类职业，不管这些职业有什么益处。当实际能力、先前的学业成就水平和职业兴趣被控制起来时，效能信念能预测人们认为自己能胜任的职业选择的范围。由于数学是从事科学和技术工作的基本技能，低数学效能感就成为需要量化技能的许多职业的障碍。实际上，数学效能知觉比中学阶段的数学准备程度、数学能力的水平、过去的成绩和数学活动中的焦虑对使用量化技能的教育和职业选择起更大的作用(Hackett & Betz，1989)。数学效能知觉不仅影响职业选择，而且影响学生在提供必备技能的数学课中的表现。正如这些研究所揭示的，不是经验或技能本身而是从这些经验中建构出的个人效能信念影响学业成绩和职业选择。

在对职业选择的效能所进行的许多研究中，人们判断自己所感到的在不同职业上的能力。一些研究者曾建议职业效能知觉应与职业所需要的技能类型联系起来进行测量。这一传统假设职业决策依赖于关于各种职业所需的实际能力的正确知识。实际上，人们一般在他们或者正确或者奇异的职业观念基础上考虑某些职业追求并对其他一些职业追求保持清晰的认识。他们按照他们的职业概念行事，尽管这些概念可能包括对职业所需技能的错误信念。例如：许多人由于具有计算机技能要求有高级的数学能力的错误信念，因而不选择需要计算机技术的职业。将个人效能的对象指向职业所需的亚技能会降低效能信念对人们所选择职业的预测性。我们以前就发现不是对各种独立的亚技能的效能知觉，而是在多变的要求下运用这些亚技能的效能知觉预测了人们的选择和他们的活动成绩。

已经有人研究了在从事各种分离的活动和完成同时包括这些活动的各种工作任务的效能知觉上是否具有性别差异。结论证实了职业追求中文化性的性别定型化在职业选择中的影响作用。女性一般判断自己在科学工作上比男性效能低。然而，当女性判断她们从事科学家在日常活动而不是在科学职业情境中所从事的同样一些活动的效能时，性别差异消失了(Matsui & Tsukamoto, 1991)。与之类似的是,女性一般在需要数量技能的工作上,表现出较低的效能感;而当她们执行印象中应由女性完成的任务时,完成相同的数量活动的效能与男性没有区别或超过男性(Betz & Hackett, 1983; Junge & Dretzke, 1995)。这些结果表明与性别相联系的效能所起的阻碍作用不是由具体的技能本身引起而是由于它们与刻板的男性职业相联系。表明能力较差的职业性别刻板印象减低了对所需技能的个人效能的判断。不同类型的效能测量为不同的解释和预期目的服务。对完成工作任务的效能评定非常适合于对解释职业追求的选择。对基本技能领域的效能进行评定为职业指导和培训提供了有价值的信息。

424

人们按照他们的职业效能信念和关于可能选择的职业的知识行事。掌握科学知识的效能知觉可预测人们在学术工作中的成功和在科学研究工作上的坚持性(Lent, Brown & Larkin, 1984)。具有低效能感的学生表现得不太好而且很可能中途退出学术领域。缺乏效能的知觉同样可预测其他职业领域中的退缩(Harvey & McMurray, 1994)。职业发展包括在职业道路上一系列成功的里程碑。除了相信自己能掌握特定领域的能力外,克服主要障碍的强个人效能信念是对成功和保持现有水平起作用的另一方面的效能(Lent et al., 1986)。在某一行动中包括了效能信念的各个方面,会提高效能信念的预测力。如果在其他个人效能成分中增加了调节一个人学习活动和处理应激的效能知觉,这一扩展了的效能信念毫无疑问能说明职业发展中更多的变化。因而,仅仅对调节某一领域中动机和活动的效能信念进行测量的研究低估了其对人类成就所作出的贡献。在决定职业时,效能知觉不仅仅是真实能力的反映。效能信念能说明超越学生真实能力和职业兴趣的学业成就和对所学领域的坚定性。

效能信念对成绩变化的贡献也由于过分控制了能力水平或过去的成就而被低估了。在多元回归分析中,效能知觉通常是在控制了能力、过去的成就和中学准备的作用后被评价的。我们在第六章中看到效能信念对智力的发展和学业成就具有很大的作用。效能信念不是好像在早期发展阶段神秘地保持不活跃状态,而在大学时期突然成为认知技能发展和成就的决定因素。由于效能信念影响过去认知的技能发展、学业成就、活动中兴趣的水平,在多元分析中将上述因素作为优先因素,而不去掉由个人效能信念所说明的这些预测因素的变异数,这只能对效能信念对职业发展的独特贡献提供保守的估计。

效能知觉也可以通过对兴趣的发展起作用而对职业选择作出贡献。第六章分析了效能信念建立各种活动中的持久兴趣的各种过程。兰特和他的同事证实了职业兴趣中的这种关系(Lent et al., 1989)。完成各种科学和工程领域的教育要求的效能知觉越高,用标准化职业兴趣调查问卷测量到的对这些职业的兴趣越强。效能信念有选择地与某些兴趣相联系而不是无分辨地与所有兴趣有关。这一证据增加了结论的重要性。因而,工程专业高效能感与技术活动中的兴趣相伴随，而科学专业的高效能知觉与对更具理论性的抽象活动的兴趣相伴随。个人效能信念可以说明不同职业选择中的共同兴趣（Lapan，Boggs & Morrill，1989；Lent et al.，1991）和在某一职业选择中的特定兴趣（Bieschke，Bishop & Garcia，1996）。

社会认知理论假定效能知觉和职业兴趣之间是一种交互作用的非对称关系，其中效能信念具有更大的决定作用。正如已论述过的，那些怀疑自己效能的人不但在对应的领域中回避一些职业，而且不能保持实现成功所需要的努力。回避和失败都不会为职业兴趣的发展提供机会。效能知觉通过全神贯注于活动和由于完成导致逐渐掌握职业活动的个人挑战而衍生出的自我满意而产生兴趣。反过来，兴趣促进了对活动的参与，这进一步提高了个人效能。

425

有一些事实说明效能知觉可能通过不同的过程影响职业追求的不同方面。效能信念通过它们对职业兴趣的作用影响职业选择（Lent et al.，1991，1993）。选择一个职业领域是一回事，而当成功道路受到无数困难阻碍时坚持并掌握它是另一回事。效能知觉有可能通过动机、认知和情绪三种过程提高对职业和高成就的坚持。因而效能知觉对坚持和成就作出贡献，但职业兴趣却不能（Lent et al.，1986）。

先前的研究主要集中在青年人的职业选择和发展上。针对儿童关于自己的职业效能信念和对不同职业选择进行思考的社会结构决定因素的研究表明了自我效能知觉在塑造职业道路上的影响作用（Bandura，Barbaranelli，Caprara & Pastorelli，1997）。社会经济地位对职业效能或职业生涯思考没有直接的作用。但是，它通过影响父母对提高孩子的教育发展的效能信念和他们对孩子所抱有的期望间接发生作用。父母的效能和抱负提高了儿童的学业抱负水平和学业、社会与自我调节效能感。

儿童的效能知觉的模式影响他们认为自己能从事的职业活动的类型，反过来，它又与最终所选择的职业种类相联系。例如，具有高学术效能知觉的儿童具有高教育抱负和对科学、教育、文化和医药类职业的高效能感。他们偏爱需要高教育程度的职业。具有高社会效能知觉的儿童认为自己主要在服务领域具有较高效能并且可能将公共服务、看护和其他的养育活动作为一生所从事的工作。父母的低效能和抱负水平、儿童的低抱负水平与对人类服务职业的低效能的结合是导致儿童认为自己应从事体力劳动的社会心理力量。在职业形成阶段，他们实际的学业成就不是职业效能知觉或较喜爱的职业生活选择的决定因素。简言之，儿童期待的职业选择符合他们的个人和职业效能知觉的类型。

自我效能知觉也可作为社会经济和家庭对儿童的职业目标的准备过程起作用的关键性中介因素，卡尔、莫泰莫、李和丹尼海（Call，Mortimer，Lee & Dennehy，1993）进行了这方面的研究。社会经济地位和父母的支持通过对儿童形成自己职业前途和生活的效能信念的影响间接影响儿童的学业成就和对进入大学的准备。他们的效能信念越高，其学业成绩越好，接受更高教育的预备努力越多。不同背景的儿童在职业抱负上差别不大，但高效能知觉的人是针对自己教育目标采取具体准备步骤的人；而那些怀疑自己对职业前途进行个人控制的人，努力并没有什么价值。

对职业选择理论的比较验证

另外一个关注于效能信念对职业选择和发展影响的研究路线，涉及对几种可选择的理论的比较检验。兰特和他的同事比较了职业发展和机能的另外两种理论的预测力及自我效能知觉的预测力（Lent，Brown & Larkin，1987）。根据霍兰德（Holland，1985）的研究，令人满意的职业选择和成就依赖于个人的职业兴趣和职业环境的良好匹配。艺术类型的人寻找艺术气息的环境，技术类型的人寻找技术性工作环境。在杰尼斯和曼（Jenis & Mann，1977）提出的决策理论中，进行最终决策前对行为的不同进程的潜在结果的思考，特别是对不利条件的思考，使人能抵制随后出现的各种困难，因为他们已预见到了。对消极方面的预先思考加强了对所作决策的信奉，从而使人在遇到挫折时能保持对职业追求的坚持性。 426

研究者通过对从事科学和工程职业的学生进行研究检验了各种预测因素的解释力。效能知觉相对于能力和过去的学业成绩而言，对学生科学课程的成绩、对科学专业的坚定性以及在科学和工程领域中认真地思考可以选择的职业的范围具有更重要的作用。个人与环境之间的适合度和期待性的结果思考都不能预测学业成就或职业的坚持性。如果人们怀疑自己具有在自己有兴趣的职业上取得成功的必要条件，单纯的匹配性在人们面临困难时并不能激发和支持个体。一致性仅仅与职业思考和职业决策的范围相联系。与之相似，对困难的预期不一定在出现对自己克服困难的能力自我怀疑时加强坚持性。

惠勒（Wheeler，1983）比较了自我效能和预期价值理论对于职业偏好的相对预测能力。人们判断自己完成不同职业要求的能力。他们也对这些职业提供的结果类型和这些结果的价值进行判断。结果的范围包括收入、安全、社会地位、表现首创性的自由和运用自己的特殊能力的自由、工作任务的种类、学习新能力的机会、升职和做领导的机会、情趣相投的同事、特殊工作的社会津贴。这些归属于工具性价值概念中的各种益处代表了社会认知理论中的结果期待，结果表明被认为可以通过不同职业获得的结果和效能知觉两者都与职业偏好相关联。然而，效能信念对职业偏好的作用更大。对于女性这一点特别适用，她们更多将职业喜好基于自己的效能知觉而不是依据工作所带来的潜在利益的诱惑。

正如前面提到的，在社会认知理论中，效能知觉是人类思想、动机和行为的决定因素之一。兰特、洛佩兹和贝施克（Lent，Lopez & Bieschke，1993）检验了效能信念和结果期待对各种职业所必须的数学技能发展的相对影响程度。数学效能知觉在控制了数学能力的影响后对预测数学兴趣、选修数学和科学课程的意向和上述课程的成功具有预测作用。个人效能信念可以直接或通过对兴趣的作用影响课程的分数。结果期待能够预测兴趣和选修的意向，但却不能预测学科的分数。

先前的分析关注于从各种可能的选择中进行职业选择的决定因素。效能信念对职业道路的影响作用在进行职业选择的文化环境的选择上得到进一步证实。辛格（Singer，1993）考察了在西方国家求学的亚裔学生是愿意回国还是在旅居国开始新的职业生涯这一问题。那些回国工作的人在祖国文化中具有更强的处理自己职业生涯的效能感并认为能在祖国获得更理想的结果。相对而言，那些留下来的人更相信自己具有在新文化环境中能获得事业成功的效能，不论他们进行职业追求的文化环境如何，都期待同样的结果。427 然而，当把效能信念和结果期待的作用合起来分析考虑二者之间的关系时，只有效能信念可以预测人们选择何处作为事业发展的场所。

不同的研究路线的结论一致表明效能知觉对职业生涯具有强大的作用。它能预测认真考虑的职业选择的范围、职业兴趣和偏好、提供各种职业所需要的知识和技能的课程学习的注册人数、困难领域的坚持性、在所选领域的学业成就，甚至对开展职业生涯的文化环境的选择。在控制了实际能力、先前准备和成绩及兴趣水平后，严格的经验性检验证明效能信念具有独立的作用。

探索性决策和职业角色的实现

前面的讨论分析了效能感对职业选择和发展的作用。人们常因为职业选择的不确定和结果的长期性而回避对职业的选择。许多人发现自己常优柔寡断并拖延时间直到环境迫使他们选择一个工作。一些人由于不能探索可能的选择，不能承担某个职业领域的责任而对所从事的工作持放任态度。职业决策不仅仅是选择某一特定工作，而是在情况不易预测的条件下发展解决问题的能力。它也不仅仅是学习问题解决的技能。对自己的判断缺乏信心的人存在决策困难并很难坚持下来，即使教给他们决策和坚持的策略。

在高速发展的技术革新时代，当代工作场所中的职业活动快速发生改变。雇员不仅经常变换工作，而且不得不学会适应新兴工业的新技能。随着职业结构的快速变化，人们必须不断进行职业决策而不是决定一个职业后一直从事这个职业。因此，做出正确选择的效能在实现令人满意的职业生涯上的重要性越来越大。

对进行决策性思维所需的各种亚技能的效能知觉影响职业选择的果断性和对决定正确性的事后思考。这些决定性的亚技能包括收集不同职业的信息、对能力和兴趣的自我评价、选择确定合适职业的生活方式目标、为实现所选择目标而对行动的连贯进程进行计划、对在任何职业选择中不可避免要遇到的问题的处理策略进行设计(Crites，1974)。完成这些职业决定所需的探索和计划活动的效能知觉越低，职业决策越是优柔寡断(Betz, Klein & Taylor，1996；Taylor & Betz，1983)。人们不可能将很多精力投入到对职业选择和对它们的含义的探究上，除非他们相信他们具有作出正确决定的能力。所以，决策效能知觉越强，用来帮助进行职业选择和计划的探索性活动的水平越高(Blustein，1989；Urekami，1996)。

男性和女性作为两个不同群体，对各种职业的能力知觉存在差异，但在决定选择什么职业的能力知觉上没有差别。这并不奇怪，因为职业选择的内容和过程涉及大不相同的能力。男性认为自己在许多职业上是有能力的，但对选择合适职业的效能还缺乏信心。同样，女性对于在传统上由男性占优势的职业上不会进行认真的思考，但在余下的职业中决定选择哪一种职业的效能上仍缺乏信心。因而，对于职业和进行职业决策的效能信念上的性别差异的不同不应解释为是相互矛盾的。 428

泰勒和波普玛(Taylor & Popma，1990)比较了不能做出职业决策的多种预测因素，其中包括控制点、认真考虑的职业范围、职业的重要性和满足进入各种职业所需的教育与培训要求的效能知觉。其中只有决策效能知觉是不能做出职业决策的显著预测者。这一结果不仅支持了决策效能知觉的预测价值，而且表明它反映了个人效能的一个独特的方面而不单纯是一般意义的职业效能或高职业兴趣。

如果学生们不能确定一生要做什么，他们是难以具有教育追求的。那些不相信自己有能力进行正确决策的人不但不能确定自己的职业生涯，而且不知道选什么专业(Bergeron & Romano，1994)。进入中学以后的学生不能确认自己的职业方向并且仅仅勉强作学业准备，他们尤其容易中途退学并不再返回。彼德逊(Peterson，1993)的研究强调找到职业方向的效能知觉对准备不足的大学生的社会性和智力发展的重要作用。学生关于自己决定从事什么职业的效能信念越高，他们融进教育环境的社会和学业生活中的可能性越大。学业目标虽然作用不大，但也对学业投入程度起作用；过去的学业成绩的作用处于边缘状态，但学生的社会统计学特征与参与学业活动的水平无关。因而，在职业发展中最初的一种重要目标是使学生建立发现自己关于职业的内心倾向的效能，这为他们的教育追求提供了结构和意义。

计算机化的职业指导方案越来越多地用于职业规划和决策。交互作用的计算机系统指导对兴趣、价值观、能力的自我评价，并提供大量关于职业和他们所需培训类型的信息。这些帮助使使用者能够确认最合适自己兴趣和能力知觉的工作。计算机辅助职业指导显著地增强了进行职业决策所需的效能知觉并减少了对选择什么职业的优柔寡断

(Fukuyama, Probert, Neimeyer, Nevill & Metzler, 1988)。计算机化的指导为建立决策自我效能提供了方便的工具。但有人可能会对使用计算机技术作为唯一的职业指导模式提出质疑。贬低自己能力的人可能将自己锁定在低水平的职业上,这与他们的低效能感相匹配。他们需要得到帮助从而使他们认识到自己能做到的要比他们认为自己所能做到的更好。将对能力的错误自我评价进行纠正的个人指导与职业匹配的计算机指导系统相结合的职业探索方案对人们最有帮助。

从事男性占主导的工作的女性在晋升过程中,会比男性同事遇到更多的障碍和干扰。相对于那些判断自己不能进行决策且在社交上不自信的女性而言,那些相信自己能进行职业决策并坚信自己能处理工作场所中的冲突的女性比较愿意选择非传统性的职业(Nevill & Schlecker, 1988)。无决策效能知觉培养出了优柔寡断进而影响最终给予认真考虑的职业类型,同样也阻碍对任何职业的决策。

个人效能信念在招收新成员阶段的职业决策中也起作用(Saks, Wiesner & Summers, 1994)。在招收新成员时,组织常使用现实工作的预演作为对可能会退出的应征者进行自我选择的筛选方法,因为他们的价值观与工作特点不匹配。传统的工作预演强调工作的积极特征。现实性预演不但提供了职业选择机会而且还提供了成功所需的挑战、竞争和沉重的工作要求。人们的效能信念影响了他们对不同的招聘方法的反应。现实性的工作预演通过自我选择产生比传统工作预演较低的工作接受率。挑战和障碍的预先体验吸引了具有高效能知觉的求职者但吓倒了那些不自信的人。在控制了价值取向的匹配程度之后,效能信念影响工作申请的接受度。应进一步进行关于对招聘策略作出反应的自我选择如何影响职业道路的研究。现实性预演可以通过不匹配减少工作流动,但这也可能断送了一些在职业生涯开始时有些自我怀疑的有才干的求职者的大好前途。

429

对受聘和再次受聘的效能知觉

对于大多数职业,人们要在人才市场中面临激烈的竞争。许多因素对能否被聘用起作用。其中较为重要的是找工作的人是否具有有效地寻找工作的能力和是否能给雇主留下自己有能力和有信誉的良好印象。不善于找工作的人很少获得聘任合同。在面试中的自我介绍效果不好很可能使自己的能力被否定。因而,效能知觉在找工作的过程中是一个影响因素。特雷西和亚当斯(Tracy & Adams, 1984)通过讨论会和录像中的示范教给大学毕业生在面试中如何交往及如何在面试中很好地展现自己的策略。大多数空缺职位是由朋友、熟人和同事发现的(Jones & Azrin, 1973)。因而,利用非正式社会网络帮助的效能是找工作过程中的关键部分。对找工作技能的培训支持着在充满竞争的人才市场中顺利通过的效能感。然而效能信念转化为提供工作的程度需要正式的评估。

几项纵向研究提供了这样的事实，效能感能预测在衰退期失业后能否重新成功地找到工作。凯恩佛和赫林（Kanfer & Hulin，1985）测量了受雇者对找工作的各个不同方面的效能知觉。对重新成功地找到工作起作用的其他因素也被考察。其中包括受雇人的年龄、婚姻状况、工作年限、工作绩效性质、抑郁和对被再次雇用的障碍感。在这些因素中，效能知觉是再次受聘的唯一显著预测者。效能知觉越高，工作寻找行为越广泛，再次被雇用的可能性越大。克里弗德（Clifford，1988）同样发现相信自己的工作寻找效能的失业者更可能再次找到工作，而终止工作的原因和一般性的个性特征都对再次找到工作没有任何影响。

获得雇用机会是一回事，真正被雇用完全是另一回事。凯恩佛和赫林（1985）发现在不同的工作要求下，效能知觉提高了找到工作的能力，这种作用超过对寻找行为的作用。在效能信念被控制起来后，寻找行为对重新获得工作没有作用，而在寻找行为的程度控制起来时，效能信念可预测再次求职的成功。假如可获得的工作有一定的限制，相信自己具有找到工作能力的人在处理工作问题时能够找到工作机会并表现得足够好以获得工作。人才市场中的各种限制与由无效能知觉所引起的自我障碍相结合可能导致沮丧和无能感。在前面提到的，特别有意义的是通过指导性控制方案建立或恢复被解雇工人的效能感的研究（Eden & Aviram，1993；Vinokur et al.，1991）。效能的提高增加了工作寻找活动和被重新雇用的可能性。

职业追求不仅仅需要本行业的专门知识和技术技能。事业成功部分依靠于处理工作情境中的社会现实的自我效能，这也是职业角色中的重要方面。贝兹和哈克特已确认了一些实现这一广泛功能所需的技能（Betz & Hackett，1987；Hackett，Betz & Doty，1985）。这些技能包括良好的沟通能力、与他人进行有效联系、对工作要求的计划和处理、进行领导和有效应对应激源。以上是使人们创造并利用职业自我发展中的机会所需的各类技能。除了一个人所掌握的技能外，对这些技能的个人效能感的强度会对晋升起帮助和阻碍作用。事实上，人际和自我调节技能对事业成功的作用要比职业技能大得多。技术工作的技能很容易学会，而社会心理技能的开发较为困难，而且一旦它们发生失调，常常更难改变。 430

职业自我效能中的性别差异

在职业抱负和追求上存在广泛的性别差异。虽然女性构成了劳动力总体大约一半，但她们中不是很多人选择从事科学和技术领域工作，还有其他在传统上是由男性占主导的工作。女性主要从事办公室、服务和销售工作。这些专门性工作传统上主要由女性从事。劝阻性社会标准和习俗继续滞后于女性地位的改变和越来越多地加入劳动力大军中的状况。结果，女性的潜能和对社会的生产和经济生活的贡献大部分仍然未被认识。少数民族也存在同样的问题，当女性和少数民族回避从事科学和技术性工作时，人口统计学的趋势表明在大学中白人男生的比例在减少。这一统计数字的改变表明我们的社会将不得不越来越多地依赖于有天分的女性和少数民族学生以保持其科学、技术和经济的生存能力。社会必须对职业社会化行为和成功所需人力资源之间的不一致进行协调。不能发展所有青年人能力的社会会使社会和经济进步受到危困。

女性对自己能力和职业抱负的信念主要受家庭、教育系统、大众传媒和文化的影响（Hackelt & Betz，1981）。父母对孩子能力的信念和他们所持有的对孩子的成就的期待常常因孩子性别而不同。菲利浦斯和齐莫曼（Phillips & Zimmerman，1990）报告了儿童能力和他们的能力知觉之间不一致上的发展性的性别差异。男孩试图抬高自己的能力感而女孩则一般贬低自己的能力。这种自我评价模式上的差异部分因为父母对儿童能力的信念与性别有关。父母判断，相对于男孩，学校学习对女孩来讲更困难，尽管男女生在实际的学业成绩上并无差别。女孩认为她们的母亲对自己的成绩期待和成就标准低于男孩。女孩的刻板女性性别角色认同越强，她们越低估自己的能力。

在纵向的研究中，埃克里斯（Eccles，1989）发现虽然男孩和女孩的数学成绩相同，但父母一般还是赞同文化刻板印象，认定女孩的数学天分没有男孩好。父母越是刻板地将数学自然而然地作为男性擅长的领域，他们越可能低估女儿的数学能力，过分估计她们学习中的困难，将其成功归于努力并且不愿鼓励她们从事计算机和数学活动。并不吃惊的是，女孩对自己数学活动能力的评价比男孩低，尽管她们在这一科目上与男孩表现得一样好。虽然男孩和女孩最初在数学能力知觉上无差别，但当她们进入中学时，女孩开始失去对数学能力的信心，并且与男孩的差别越来越大。女性不仅失去了对数学能力的信心，而且不断降低数量技能在她们将来职业追求中的用途。回避数学活动最终产生了父母最初认为存在的性别差异。

性别偏见不但出现在家里同时也出现在学校里。教师常以许多微妙的方式表达出他们对女生学业的期待较少。这特别表现在他们选择什么来批评男孩和女孩以及他们对学业成绩不佳的原因提供什么反馈。教师倾向于将批评集中于男孩的破坏性社会行为并将男孩的学业失败归于努力不足，而倾向于批评女孩学业活动的智力方面并将失败更多地归于能力的缺陷而不是动机水平低下（Dweck，Davidson，Nelson & Enna，1978）。在教师强调量化技能的重要性和有用性、鼓励合作或个别学习而反对竞争性学习、将对学生能力的社会比较性评价降到最低限度的班级中，女孩具有较高的对数学的自我评价和评价（Eccles，1989）。这些教育措施培养出了对能力的较高的自我评价。甚至是没有性别偏见的教师，除非他们积极提供男女生相同的学习科学和数学的机会，否则更有能力的男生将主导这些教学活动，这进一步加强了数量能力的分化性发展。我们需要共同努力抵消刻板的性别角色社会化及其长期存在的个人效应。

学校咨询人员会鼓励和支持男孩在科学领域的兴趣，但他们倾向于降低女孩的抱负并使她们的兴趣从数量领域转到低于她们能力水平的职业道路上去（Betz & Fitzgerald, 1987; Fitzgerald & Crites, 1980）。一些咨询人员不但妨碍女性追求非传统职业而且对已婚妇女工作的观点持消极态度。他们认为女性的职业生涯与家庭主妇的角色不相容，并将女性对由男性占主导的工作感兴趣作为离经叛道的信号。这一与男性相区别的对待方式降低了女性的能力信念并限制了她们的职业抱负。当然，父母和老师所进行的社会化实践是不同的。虽然性别偏见是广泛存在的，但也没有普及到所有的家庭和学校。我们将探讨一些在职业效能知觉的发展中对性别差异有作用的因素。

同伴系统是对儿童的自我概念具有影响作用的另一个动因。早在学前阶段，儿童们已经形成了关于他们适合从事男性还是女性工作的成见（Gettys & Cann, 1981）。而且，学前儿童也赞同男孩比女孩具有更高的智力能力的观点（Crandall, 1978）。通过对男孩的智力发展更有帮助的行为，同伴使不同能力的性别刻板印象得到了进一步的验证。甚至儿童与性别职业刻板印象不一致的角色扮演记忆也会被歪曲以符合刻板印象。因此，看到一个女性医生与一个男护士一起工作，儿童会产生刻板印象性的歪曲回忆，在回忆中男性变成医生而女性成为护士（Cordua, McGraw & Drabman, 1979; Signorella & Liben, 1984）。

其他主要的社会影响是普遍性的性别角色刻板印象的文化榜样。不论它是社会角色的电视中的代表、儿童的故事书和教学材料，还是周围的社会榜样，儿童见到的女性总是受限制的无成就角色（Courtney & Whipple, 1974; Jacklin & Mischel, 1973; Kortenhaus & Demarest, 1993; McArthur & Eisen, 1976; Signorielli, 1990）。男性一般被描述为有目标的、富于冒险的、有进取心、追求吸引人的职业和娱乐活动。相对而言，女性常扮演从属性角色，或者料理家务或从事较低地位的工作，否则就是以依赖性、无雄心和情绪性的方式行事。看电视多的人比很少看电视的人表现出更多的刻板性性别角色概念（McGhee & Frueh, 1980）。女性被描述为以与传统的刻板印象相对立的方式行事的研究证明榜样在性别角色概念上的影响。非刻板印象性的榜样扩展了儿童的抱负和他们认为适合自己性别的角色选择的范围（Ashby & Wittmaier, 1978; O'Bryant & Corder-Bolz, 1978）。男性和女性所追求的平等主义角色的重复的象征性榜样能持久地削弱年幼儿童的性别角色刻板印象（Flerx, Fidler & Rogers, 1976）。 432

榜样在整个职业发展和晋升的过程中扮演着重要的角色。由于女性不愿选择在传统观念上看由男性占主导的科学和技术职业，这些职业中缺少女性角色榜样用来鼓舞和激励女性选择这些职业。甚至当女性从事先前回避的职业的人越来越多，她们缺乏更高职位的现实也抑制了女性在这些较少传统性的职业上的兴趣。这些劝阻性和破坏性影响的各种来源的积累效应对女性的自我概念和抱负造成了沉重负担。

大量的证据也一致表明了女性职业兴趣和追求受到掌握传统上由男性职业所必备的技能的无效能感所限制(Bentz & Hackett，1981)。男性大学生在传统上由男性占主导和女性占主导的工作上都有高效能感，与此不同的是，女性学生判断她们在传统上由女性从事的工作上具有较高效能而对掌握由男性主导的工作的教育要求和工作功能的效能感较弱。个人效能上的这些不同信念特别显著，因为群体之间在标准测验中的言语和数量能力上没有区别。自我限制常由无效能知觉引起而不是真正的无能。最近的证据表明职业性别刻板印象可能在弱化。对刚刚完成中学课程的学生的研究表明男女学生在关于自己在各类事业中获得成功的效能信念上差别较小(Post-Kammer & Smith，1985)。限制进入由男性主导的行业中的管理职位的社会约束越来越少，但女性在组织中居于较低地位的性别歧视的残余仍是女性求职和晋升的障碍(Jacobs，1989)。

由于当代技术已使数量技能在职业选择和晋升中越来越重要，数学效能知觉已引起特别关注。数学效能知觉是数学学科学习中的兴趣和成绩的重要认知中介(Randhawa et al.，1993)。帕杰尔斯和米勒(Pajares & Miller，1994a)为个人效能信念的中介作用提供了进一步的证据。原来的数学经验和性别主要通过其对效能信念的作用影响数学成绩，数学效能知觉也决定数量技能有用性的知觉。缺乏对数学学科的准备阻碍人们进入科学和技术行业，因为数学是一个重要的前提条件。因此，数学领域中自我效能的障碍会通过排除许多职业前途而进行自我限制和起有害作用。因为数学被性别定型化为男性的活动，甚至男女在实际的数学能力上无差别时，女性仍比男性的数学效能感低(Betz & Hackett，1983；Matsui et al.，1988)。在天才学生身上女性低估、男孩高估自己数学效能的倾向更为明显(Pajares，in press)。学生们越不相信自己的数学能力，他们越不愿为数学课做准备工作，越不可能选择以科学为基础的学科进行学习。

哈克特(Hackett，1985)分析了各种相关因素影响对需要利用数学技能的专业进行选择的路径。结果表明性别通过中学的数学准备、数学成绩和男性性别角色定向影响数学效能知觉(图 10.1)。男性的性别角色定向和数学学业水平通过其对数学效能知觉的作用而不是直接地形成与数学相关的教育和职业选择。数学效能知觉直接或间接地通过降低对数学活动的焦虑易感性而促进对以数学为定向的教育和职业追求的选择。性别和原来的数学准备也对选择专业有直接作用。

433

刚刚讨论过的研究为效能知觉是核心中介者提供了证据，通过它社会化实践和过去经验影响教育和职业选择。而效能知觉对社会化实践本身和儿童的教育准备的原因性作

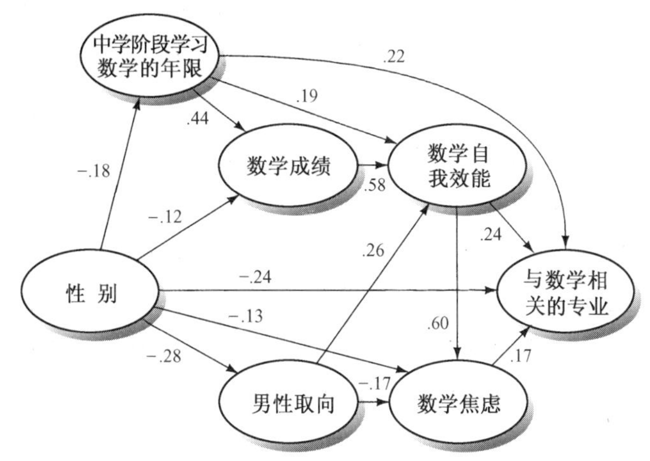

图 10.1　预测影响大学中选择与数学有关专业的各因素间因果关系的路径分析(Hackett, 1985)。

用仍然是未来通过纵向分析的研究要解决的重要问题。父母自身的职业效能感可能通过示范和表达出的期待与愿望,影响他们为自己后代所考虑的可行的职业选择范围。他们的孩子对自己能力和职业抱负的信念也将影响他们选择的课程类型和在中学教育准备期间的成功。

马特修(Matsui)和他的同事进一步阐述了性别角色社会化与示范对女性完成在传统上是男性职业的教育要求和工作要求的效能知觉的影响(Matsui et al., 1989)。由男性主导和由女性主导的职业的效能知觉上的不一致在认为自己极为女性化的女性身上最为明显,她们怀疑自己的数量能力并相信在传统上以男性为主导的工作中很少有女性成功的榜样。在刻板印象中的男性特质(如攻击和竞争性)被认为是某些工作成功的基础,那些没有这些特征的女性在上述领域中表现出较低的效能感(Matsui & Onglatco, 1991)。甚至对于不需技术和数量技能的职业这一点也同样适用。许多人不是为金钱、权利和地位而竞争,他们重新定义成功,将其看作是做自己喜爱的事(即使它意味着赚钱较少),关心劳动者的福利及在工作和家庭之间找到平衡。

施尔和吉尔罗伊(Scheye & Gilroy, 1994)的报告指出教育环境中的性别构成影响女性在传统上由男性主导的职业追求中的效能知觉。然而,这一作用不是简单或直接的。女校中指出男教师对她们影响最大的学生,在女性非传统性职业上的效能感高于男女混合学校中的女生。研究者为从男女支持中受益提供了如下解释。经常与基本上是女性管理者和教师的接触为各种职业追求提供了多重成功榜样。选择在女校中做教师的男性信奉平等主义的价值取向并为女性主动提供各种抱负和角色选择的支持。但是研究者还提出了另一种可能,效能感的扩展反映的是自我选择而不是教育环境的影响作用。可能是

434

已经有选择非传统职业倾向的女性选择女校并在为她们将要面对的职业现实做准备时选择男性榜样。

先前的研究检验了效能知觉对课程和职业选择中性别差异的中介作用。莱潘、伯格斯和莫里尔(Lapan, Boggs & Morrill, 1989)的一个类似的路径分析证明了效能信念同样在对科学和技术的兴趣水平上调节性别差异。他们发现性别以两种途径影响职业兴趣:第一,女孩在高中阶段对数学的准备较差,这限制了她们的数学成绩,并降低了她们在与数学相关领域的兴趣;第二,女孩对自己的数学效能没有信心,这使她们完成科学和技术活动的效能感降低,因而也降低了在这些职业上的兴趣。效能信念的中介作用比数学成绩要强。性别对兴趣的作用完全通过这两种影响途径来调节。因此,当数学成绩和效能信念上的差别被控制起来后,性别对职业兴趣没有独立的贡献。低数学效能感唤起了数学活动中的焦虑,但焦虑对职业兴趣没有独立的作用。正如在其他机能领域中一样,焦虑主要是缺乏效能知觉的协同效应而不是原因性因素。

当然,女性的低数学效能感是可以改变的。舒恩克和莱利(Schunk & Lilly,1984)要女学生在她们判断自己为学习能力远不如男生的新数学活动中进行自我定向的指导。学业指导是以这样的方式建立的,一定要用明确的成功反馈使学生确信能力的发展。通过数学运算的掌握,女学生提高了数学效能知觉和数学技能并达到了男生的水平。各种数学运算的掌握将最终创造出一般性的数学效能感。

计算机系统通过提供自我指向学习的简捷方式来改变教育的基本结构。计算机技能的不同能产生教育发展上的差异。除此之外,计算机水平在职业发展和晋升中也越来越重要。微型计算机在现代工作中已成为主要的信息管理和决策工具。计算机信息系统已被广泛用于确认倾向性、发现问题、计划、预测、预算、与工作场所内外的工人交流和指导组织活动。计算机也已变成销售和服务行业的不可缺少的部分。除此之外,制造系统越来越依赖于由计算机操作的机器生产产品。制造机器很容易通过改变计算机软件进行重新编程,无须长时间和昂贵的机器改组就能生产出新的商品。因此,计算机技能对多种职业都是必要的。雇员越来越多地与自动化的计算机系统一起工作。男性比女性更多地从这一技术进步中受益(Gallie, 1991)。

435 乐于采用各种技术依赖于人们对复杂性的知觉(Rogers & Schoemaker, 1971; Tornatzky & Klein, 1982)。复杂性并非单纯是技术所固有的特性。它反映了所需技术与个人能力之间的关系。因此,技术对于缺乏满足任务要求的能力的人来讲是复杂的,但对那些能轻易完成任务要求的人却很简单。对于低效能感的人来讲,技术是一种威胁。在对计算机技能发展的研究中,西尔、史密斯和曼(Hill, Smith & Mann, 1989)证实了这一点。对自己掌握计算机的效能信念可以预测是否学习计算机课程,这独立于知道如何使用计算机会受益的信念。原先关于计算机的经验本身并不能影响以后扩展计算机能力的努力。过去经验只能在提高个人效能知觉这点上对以后的努力起作用。

通过与数学和电子学的联系，计算机也变得男性化了。结果，从很小年龄开始，男孩变得更喜欢玩计算机，这是社会助长的产物而不仅仅是自发的现象。男孩在家里和学校里比女孩接受更多的关于要熟练使用计算机的鼓励。在大众传媒的刻板性描述中，男性可以成为经理和专家，而女性在计算机工作站中只能作为行政人员或仅仅是计算机工作站的引人注意的服务人员（Ware & Stuck，1985）。男孩比女孩更可能掌握计算机，在课外使用它并认为计算机对其将来很重要（Hess & Miura，1985；Lockheed，1985）。性别差异同样也会出现在如何应用计算机上。他们发现男性更多将计算机作为编程、信息管理和决策的工具，而女性只用计算机进行文字处理。

缺乏计算机效能知觉的有害作用也已扩展到职业发展和晋升之外。许多科目上的基本指导越来越多地通过计算机来执行。与互联网相连的计算机为自我指导和自我培养能力提供了新的不受限制的形式。计算机网络使人们以交互作用的方式获得大量的文字和图片信息，它们涉及自己感兴趣的任何科目。这一交互式的指导系统超越了时间、空间、活动限制的障碍。处理计算机程序的无效能感会妨碍工作中的计算机辅助教育，在工作场所中，职工通过交互式自我指导进行工作。

计算机效能知觉上的性别差异很难克服。甚至在年龄很小时，女孩也不相信自己在编程和操作计算机方面的效能，即使为使她们获得这些技能，学校已经提供给她们详细的指导和积极的鼓励（Miura，1987a）。计算机活动中的效能知觉越低，获得计算机能力的兴趣越小。学校中的计算机经验不一定能建立起计算机效能感或减少性别差异。必修的计算机文化课进一步强化了性别偏见，提高了男孩使用计算机的自我效能但降低了女孩对计算机的自我效能和兴趣（Collis，1985）。计算机效能知觉上的性别差异一直扩展到大学水平，男性判断自己更有能力掌握计算机技能，特别是较高水平的技能（Murphy，Coover & Owen，1989）。无论性别如何，缺乏计算机效能感的大学生回避计算机。他们对计算机表现出较少的兴趣，倾向于不选修与计算机有关的课，较少将计算机能力与将来的职业联系在一起（Miura，1987b）。从事管理工作的女性对计算机表现出较为偏好的态度。

应注意的是性别内部的变异性比性别之间的要大。因此，不同性别群体的效能信念的特征不应归于每一性别群体中的所有成员。而且，以生理特质为基础的性别差异应与反映和文化有关的性别差异相区别。虽然生理特征形成了性别差异的某些方面的基础，但与男性和女性性别相关联的大多数社会心理特征是社会所赋予的而不是由生物性所决定的。关于不同职业和职业决策的效能知觉中的性别差异是以什么为基础的研究揭示了 436

是性别角色定向而不是性别本身是关键性因素（Abdalla，1995；Matsui et al.，1989；Matsui & Onglatco，1991）。具有高度刻板性女性定向的女性才具有对自己能否胜任非传统性职业能力的自我怀疑。那些对女性角色持较为平等的观念的人表现出对传统男性职业的较高效能感并较有可能从事这些职业。她们为自己建立起与他人不同的认同和前途。因而，关于性别角色定向对效能信念的影响作用的知识对理解职业追求中的性别差异很重要。

在关注效能信念在职业抱负和追求上的性别差异的作用时，不能忘记文化限制、不公允的激励系统、不完全的机会结构也对塑造女性的职业发展有影响作用这样的事实。这些社会现实形成了三因素因果作用模型的一部分。然而，自我效能理论不仅仅是确认对职业生涯起作用的因素。它还提供了一定方法使对自己职业机能进行控制的个人资源得以加强。吉斯特、施沃尔和罗森（Gist，Schwoerer & Rosen，1989）探索了建立使用适合于各种企业活动的金融软件的自我效能和技能的不同方法。大多数参与者是女性。那些受益于帮助性示范、指导性练习和纠正性反馈的人获得了高计算机效能感，无论他们最初学习这些技能时的效能信念如何。一般性的指导训练能使那些相信自己能学会计算机技能的参与者的效能知觉有所提高，但对那些对自己的学习效能持怀疑态度的人却不能。相对于个别指导性的训练而言，参与者的榜样作用在产生较强的效能感的同时还使计算机熟练程度有所提高。效能感越高，操作电脑熟练程度越高。

传递对女性较低的成就期待、提供定型化的性别角色榜样、限制职业抱负的性别定型和限制机会结构的文化实践需要女性具有追求非传统职业的强效能感。甚至在社会赞许行为中，自我怀疑也常常难以被克服，当非传统职业很少受到支持或为许多人所嫌弃时情况尤其如此。使女性更少获得低于能力水平的工作机会的刻板印象和歧视性的常规产生了额外的障碍（Fitzgerald & Crites，1980）。职业上的进展需要相当持久的努力以产生有利于晋升和个人实现的结果。当女性不得不满足由职业和家庭的双重负荷带来的沉重要求时，这一努力很难实现。女性对其处理家庭和职业中的多重要求的效能信念影响她们的职业选择与发展（Stickel & Bonett，1991）。

民族和职业自我效能

先前的讨论主要集中在女性在科学与技术领域中的天资没有得到充分发展和充分利用上。少数民族在科学和工程领域中的人数比例也严重不足，非亚裔少数民族学生进入这些职业领域的比例也在下降。与职业效能知觉的性别差异的广泛研究不同的是，对少数民族的研究相对稀少。被贬低的民族常与经济上的艰辛相伴。对少数民族的职业追求的研究常将民族与低社会经济地位相混淆。这一混淆使得从民族的效应中分解出贫困的作用较为困难。有益的研究已经分清了民族如何影响职业选择和发展，而不是单纯将某一民族群体与另一民族相比较。这些分析也必须认识到民族内的多样性。例如，在拉丁美洲人中，西班牙、墨西哥、古巴、波多黎各和中南美洲出身的人在经济、教育、社会与文化上都有差异。

民族关系描述了区分不同文化群体的特质，但它没有解释民族认同如何影响社会心理功能。民族关系通过几种方式产生作用。它通过风俗和社会实践对价值观与行为标准产生影响。除此之外，它还提供了社会网络以形成和调节生活的主要方面。与社会的和象征性的民族环境的交往有助于提高群体认同感。通过某一群体像什么的社会刻板印象，民族特征的内涵部分地影响人们如何知觉与对待归属为某一种族的人。民族关系不仅仅是属于某一文化群体。一个民族群体中的成员在民族认同的强度和文化适应的程度上会有所不同。一些人用主流文化对自己的民族出身不予重视或拒绝。另一些人将自己的身份与本民族文化紧密相连并且很少留意或拒绝主流文化。还有一些人发展出双重文化取向，他们既同化了主流文化，同时也保持了坚定的民族认同。其他的相关因素是在不同文化群体间价值、态度、风俗、语言、行为方式之间的一致性程度。由于具有这些复杂性，单纯将人们分配到不同的民族群体中可能产生极为不同的结果，即便不是误导性的发现的话。在有价值观冲突的地方，需要很强的双元文化效能感来处理不同亚文化间的冲突。那些追求双元文化认同的人必须不断应付疏远本民族文化和受主流文化的拒绝的威胁。

民族群体间的态度和行为的相关会由于不同的亚文化经验而有所不同，但社会结构影响的效应和产生这些效应的机制是概括性的。个人效能感的多种好处在各性别、民族和社会阶层间具有类似的机制。例如，优越的白人大学生的效能信念对职业选择和发展所起的作用与在教育经历、年龄、社会经济地位和地域流动性上显著不同的少数民族大学生极为相似。鲍利斯-兰格尔和他的同事们研究了移居美国的没有高中文凭的做季节性农活的家庭中的拉丁美洲学生(Bores-Range，Church，Szendre & Reeves，1990)。在这一处于经济和教育不利条件的少数民族群体中，儿童对自己学业的效能信念越强，他们的教育抱负和相当于中学证书考试的成绩越高，甚至在控制了原先的学业水平后效能知觉仍对学业成绩有重要作用。而且，具有高职业效能感的学生，都对职业活动有广泛的考虑，不论这些职业活动所要求的教育水平如何，并比那些对自己能力自我怀疑的学生表现出更强的兴趣。无论民族或适应水平如何，效能信念同样可以预测少数民族学生思考的职业范围(Church，Teresa，Rosebrook & Szendre，1992；Lauver & Jones，1991)。关于性别差异，少数民族学生同样表现出对他们性别主导的职业的较强效能信念。

与其他少数民族的对比研究进一步证明了效能作用的一般性。少数民族学生一般对需要数量技能的科学和技术职业具有低效能感，并且许多人在数学和物理科学课程上没有进行充分的准备，并且如果可以选择的话，他们不愿意从事科学和技术领域的研究并坚持下来。低学业期待、在学校中科学抱负的降低、缺乏学业准备、缺乏职业角色榜样和科学技术领域工作追求的支持系统、机会结构中的社会障碍，这些因素的结合将同样限制少数民族和非少数民族学生的职业效能知觉。确实，对于女性和少数民族的社会结构障碍相似，所以他们的职业效能知觉模式很相同。提供社会经济资源减少了对职业期望的一些障碍。因此，相对于低社会经济地位的女性而言，来自于高社会经济地位家庭中的女性青年较有可能考虑男性占主导的工作（Hannah & Kahn，1989）。我们可预期社会经济地位的改善能对少数民族学生的职业抱负同样产生广泛的影响。

438

对民族如何对职业选择和发展产生影响的理解不是由将不同民族群体的职业效能知觉进行简单比较，而是由将社会结构决定因素、中介性心理机制和职业追求联系起来的过程分析而被极大地推进了。过程分析不仅证明了民族的独特作用，而且有助于解释在相同民族群体中的成员间职业追求上的广泛差别。与性别差异相同，民族群体内的差异比民族群体间的差异更大。因为一些发展经验是独特的并对某一少数民族来讲是特有的，因此，对于职业追求的民族类型研究非常有趣。而且，不同少数民族成员会面临限制职业发展和职业选择的各种不同的社会与制度障碍。但是对少数民族的研究不应使我们不关注不同民族背景的个体之间的共性。

职业自我效能的提高

从交互作用理论家的观点看，要想解决抱负和职业追求的受限制问题，不仅需要个人补救，还需要社会补救。个人和社会因素的相对贡献因人而异，但职业道路是这两方面影响的产物。在个体水平，建立个人效能感的不同方式能通过惯例性的实践以消除已经根深蒂固的自我限制性障碍，并形成控制一个人的职业前途的方法。控制定向的指导是一种动作性方式，通过它可以发展出各种职业所需要的基本入门技能，并劝说人们相信他们拥有在许多职业中获得成功的潜能和学习能力。既然技能必须通过教育水平提高和技术改革加以扩展和重构，因此，一个人的学习效能信念在乐于冒险尝试新的职业上有特别的影响作用。

一项使少数民族学生上大学的方案阐述了通过提供个人掌握的样本经验的方法对一个人的效能进行自我劝说如何提高了职业抱负并影响生涯计划（Cannon，1988）。只有少数从主要为来自低社会经济背景的拉丁美洲学生服务的高中毕业的学生能进入大学，他们的自我意象中不包括大学教育。在地区性大学中所需要的批判性思维课程在高中由大学教师讲授，目的是劝说学生相信自己有成功的能力。他们能很好地学习这个课程。

通过证明高水平的学业效能，这一方案增加了少数民族学生上大学的数量。一个学生很好地总结了它对少数民族学生效能信念的影响："以前我想到大学时，我认为它太难了，因此，大学似乎是令人提心吊胆的。现在我知道我能胜任。"效能知觉的改变产生了行为方式的改变："我不再总是看电视，而是将时间花在课程学习上。"

当学生对自己和自身能力的认识扩展到包括更高水平的教育时，他们就开始为上大学而刻苦学习。这时，学校又改变课程安排并给学生提供培养新的抱负的额外指导。随着时间推移，学习大学课程的学生人数不断增多，这产生了过去显著缺乏的学术群体标准和期待。因为这一方案易于采用，其他学校系统也可以使用它。这一连锁效应阐述了效能知觉的变化如何导致行为改变，从而改变了相互促进的群体标准或其他环境变化。

439

另一种扩展职业自我效能范围的方法是提供在相似情境中成功扮演职业角色的榜样。例如，在刚刚描述的方案中，先前进入地区大学的高中学生可以作为榜样。看到与自己存在相似性的榜样在职业追求上取得了超出自己能力的成功，会增加了学生对自己职业潜能的信心。在高级工作中不断增加少数民族榜样提高了具有相似背景的学生的效能知觉和抱负。指导者的鼓励和积极反馈的社会支持提高了少数民族学生科学追求的效能知觉(Hackett, Betz, Casas & Rocha-Singh, 1992)。伴随强效能知觉而来的是优秀的学业成绩。对职业生涯决策技能的培训也可用于挖掘能扩大人们职业思考范围的个人潜能(Mitchell & Krumboltz, 1984)。

扩展职业抱负的最后一种方法的目的在于消除对能力自我评价和对个人成就的解释中的自我贬低偏向。例如，在面对相同水平的数学活动失败时，相对于男性，女性判断自己更无能并更为严厉地对待自己(Campbell & Hackett, 1986)。女性比男性更不可能将数学上的成功归于能力。对成功和失败经验进行自我贬低的习惯能通过涉及个人效能的自我评价和评估的标准思维过程与信念系统的认知重构来改变(Goldfried & Robins, 1982)。

对职业抱负和发展的惯例性障碍需要社会性补救。这些障碍可以以多种形式体现。我们已看到性别偏见如何在主要社会系统中起作用以削弱女性的个人效能和抱负。在少数民族的情况中，惯例性偏见的有害效果常与逆境相混合。许多少数民族学生来自于教育和经济条件不利的家庭。财政上的艰苦产生经济上的障碍，从而产生了贫困和不利条件的循环。教育系统中的消极偏见使高学业抱负减低，并侵蚀发展个人潜能所需的个人效能感(Arbona, 1990)。处于不利条件中的少数民族常参与一般性的或职业性的方案而不是大学预备课程。加上种族和民族烙印的歧视性文化实践限制了职业机会和生涯进展。对教育和职业抱负的真实与知觉上的障碍使许多处于不利地位的少数民族群体不能打破原有状况。社会水平的补救强调家庭、学校、大众传媒和工厂中的期待、信念系统和社会实践。如果人们要充分发挥自己才能的话，各种各样的不利文化实践需要改变。

职业角色的掌握

到现在为止，这一章中的大部分内容集中在效能知觉对职业生涯的进入和准备阶段的影响作用。预备性的训练提供了能为不同职业类型服务的一般知识和较高级的认知技能。人们也需要掌握为其所选择职业所需的专业技能与对于执行职业角色及成功处理职业生活非常重要的一般性的人际和自我调节能力。每年有几亿元用于职业培训，但很少有关于方法有效性的可靠证据。大多数培训计划甚至没有虚假地要对其有效性进行经验验证。建立在社会认知理论基础上的培训方法的成功是通过经验性测量来评价的，而不是根据主观的声明。

440

通过掌握性示范发展能力

传统的心理学理论强调通过自己行为的效果进行学习。如果知识和技能只能通过直接经验来发展的话，能力的获得会严重迟滞，更不用说过分的乏味和危险了。在技能发展的早期阶段常常会出现错误，有些错误甚至是代价高昂的。获得技能的过程必须免遭人们不必要的厌烦和时间精力的浪费。在组织培训中广泛使用的指导方法不能很好地为这一目的服务。

人类已经进化出观察学习的高级能力，它使人们在由示范性影响所传递的信息基础上扩展知识和技能。确实，实质上所有来自于直接经验的学习都可以通过观察他人的行为及后果模式替代性地习得(Bandura，1986a；Rosenthal & Zimmerman，1978)。许多社会学习可以有意地也可以是无意地通过观察他人的实际行为和结果而发生。然而，关于人类的价值、思维方式、行为的大量信息是通过用符号描述的榜样获得的。

第三章提供了对调节观察学习的四种成分亚功能的分析：注意所示范的技能的关键特征；抽取作为技能基础的一般规则；将象征性的概念转变成适当的行为；调动动机从事这些习得的认知活动并将学会的技能加以应用。在复杂能力的发展过程中，榜样包括知识和技能的习得，而不仅仅是行为的模仿。应该区分两种技能：固定的和产生性的。固定的技能详细地描述了执行某一行为的理想方式，很少或不允许改变。例如，如果一个人要安全到达某一目的地，开汽车需要一套活动模式，不能有任何偏差的余地。固定技能基本上采用与榜样示范相同的形式。

另一方面，在许多活动中，技能必须随时改变以适应变化的环境。产生性技能中的适当亚技能根据特定情境的要求灵活变动。在培养产生性技能时，为了传递产生性和创新性行为的规则，通过在不同环境中示范以不同的方法应用同一规则的方式，使榜样产生影响。例如，一个榜样可以表现如何处理那些使用相同的指导规则和策略而在内容和条件上广泛不同的谈判情境。或者，一个榜样可能在商业交往中遇到不同类型的道德两难处境，但可通过应用相同的道德标准解决。在这种抽象榜样的形式中，观察者能抽取出调控特定的判断或行为的规则。一旦学会规则，他们就能够使用它们进行决策并且在他们遇到从没看到或听到过的新情境时产生行为。产生性技能为适应性和创新性提供工具。

掌握性示范广泛被用于发展智力、社会和行为的能力，具有良好的效果（Bandura，1986a）。它是使人类具有能力的最有效方式之一。能产生最佳结果的方法包括三个主要元素：第一，示范适当的职业技能以传递基本的规则和策略；第二，学习者在模仿条件下，接受指导性练习从而完成技能；第三，在工作情境中以使他们成功的方式帮助他们应用新学会的技术。下面来考察掌握性示范的这些不同方面。 441

指导性示范

示范是发展能力的第一步。复杂的技能被分解为亚技能，亚技能以易掌握的步调在录像中进行示范。将复杂技能分解为亚技能比一次教会所有东西能产生更好的学习效果。通过将注意放在技能成分上很容易集中注意和学习。在通过这一方式学会亚技能后，它们能被结合成复杂的策略以服务于不同的目的。有效的示范教授的是处理不同情境的一般规则和策略，而不只是特定反应或原封不动地照搬。当他们接受示范时，通过话外音描述帮助接受培训者理解规则和策略。提供规则的简短总结能促进习得和保持，从而加速技能的发展和提高对技能的一般性应用水平（Decker & Nathan，1985）。

人们学会规则但常很少应用，是因为他们没有认识到规则如何能运用到他们所遇到的各种情境中去。受训者需要学习如何在各种环境下与执行相关任务的他人一起应用规则。通过展示规则与策略如何能广泛应用并适应于变化的条件，教授包含各种简短例子的抽象规则能提高所学技能的概括性。单个的长例子可以教会如何在特定情境中应用规则，但并没有提供如何在各种情境中适应性地运用的指导。

如果人们不相信自己成功完成某件事的能力，他们在应用自己所学的东西时也会失败或仅仅三心二意地应用。因此，示范的影响必须不仅传递有关规则和策略的知识，而且要用来建立个人效能感。示范在个人能力信念上的影响由于与榜样相似的知觉而显著提高。受训者在他们看到与自己相似的人使用示范的策略成功地解决问题的条件下，比他们把榜样看作与他们完全不同时更乐于采用所示范的方式。榜样的特征，如年龄、性别、地位、所处理问题的类型和他们应用技能的情境，应设计得与受训者的条件相似。

多年来，组织培训几乎完全依赖于传统的讲课方式，而掌握性示范比讲授法效果更好(Burke & Day，1986)。随着计算机的出现，谈话项目被提供程序性指导、结构化练习和正确率反馈的教学性磁盘所代替。吉斯特、罗森和施沃尔（Gist，Rosen & Schwoerer，1988)将掌握性示范与教会雇员如何操作制表程序并使用它来解决企业问题的交互式指导相比较。自定步调的指导为渐进的交互式指导提供了适当的作业反馈。掌握性示范提供相同信息和练习计算机技能的机会，但却是使用榜样录像介绍如何执行计算机任务。示范的方法在将技能教给年龄较小或较大的培训者时都要比计算机指导方法效果好。

掌握性示范的优点在其他培训方法的有效性被看作是受训者原先存在的效能知觉水平的函数时更为明显(Gist et al.，1989)。录像中的掌握性示范使人们都获得了学习计算机软件技能的高效能感，无论管理者开始训练时对自己的计算机能力自我确信还是自我怀疑(图 10.2)。计算机指导对效能信念产生较弱的作用，并且对不信任自己计算机效能的管理者来讲效果更差。掌握性示范也能将计算机技能提高到高水平。预先存在的和逐渐形成的效能信念越高，能力发展得越好。在将教育水平和以前的计算机经验的效果去掉时，效能信念对计算机成绩的影响仍存在。掌握性示范的好处不仅仅是技术技能的发展。与导师培训相比，掌握示范是较有效的工作方式，在训练中产生较少的消极影响及对培训计划较高的满意度。

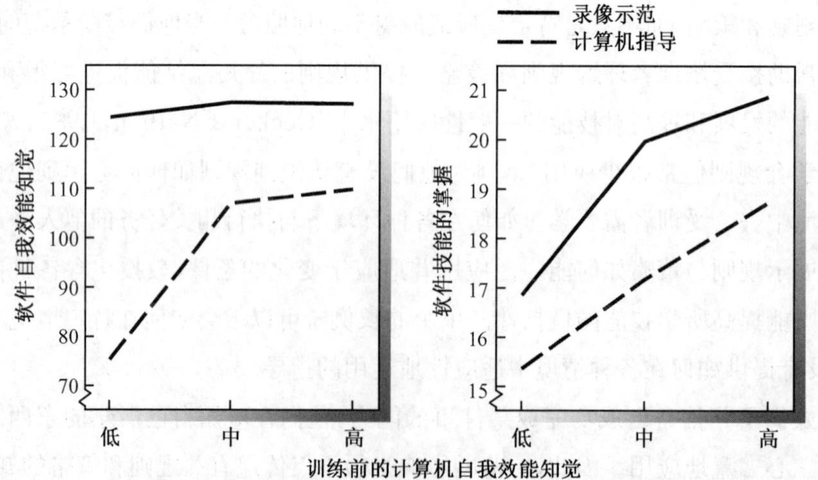

图 10.2 通过录像示范和交互作用式的计算机指导对具有高低计算机效能信念的管理者和行政人员进行训练的两种计划对效能知觉和计算机软件操作产生不同的影响(Gist et al.，1989)。

大量的职业涉及通过利用一个人的知识和应用决策规则进行判断与问题解决。问题解决技能需要在如何寻找及使用信息以解决问题的思维技能上有所发展。人们通过观察榜样如何使用决策规则及推理策略以解决问题来学习思维技能与如何应用这些技能。通过言语示范教授推理技能时，榜样将他们进行问题解决活动中的思维策略大声报告出来(Meichenbaum, 1984)。于是，引导他们决策和行动的思维就可以被观察到。在言语示范过程中，当榜样评价问题、寻找相关信息、产生另外的解决办法、评价不同解决办法的可能后果、选择解决问题的最佳办法时，榜样将思维过程用言语表达出来。他们还将解决困难、如何从错误中恢复及如何激励自己的策略都表达出来。

吉斯特(Gist, 1989)通过为管理者提供创新性地解决问题的指导方针和实践机会教会管理者如何提高组织机能和对顾客的服务质量的办法。榜样将产生想法的策略用言语表达出来的认知示范与仅使用传统的讲授方式提供相同的指导相比，前者更具有优势。从认知示范中受益的管理者表现出较高的效能感并产生相当多的想法且想法有不同的种类。无论指导的形式如何，效能信念越高，产生的想法越多，越有变化。

将思维技能和行动策略共同示范能在几方面有助于推理能力的发展。观察榜样在解决问题时将想法表达出来能保持注意，而在单纯进行解释的条件下很难保持很长时间。在执行行动策略时听到关于规则的描述会比只告诉规则或只看到示范行动学习得更快(Bandura, 1986a)。示范还提供演示如何解决问题的丰富情境。当通过使用不同例子保持观察者的兴趣时，推理的规则和策略常常以不同的形式加以重复，这也是发展产生性思维技能所需要的。推理策略在不同条件下的应用增加了对这些策略的理解。观察榜样报告他们如何使用自己的认知技能解决问题突出了对自己思维过程的控制能力，这除了能使观察者了解所传达的策略信息，还能提高观察者的效能感。最后，示范如何处理失败和挫折能培养从困难中恢复的能力。因此，认知示范能比言语指导产生更高的效能知觉和成绩，甚至在两种训练方法传递相同的信息并产生相同水平的策略学习时(Gist, 1989)。

使技能熟练的指导

在受训者理解了新的技能以后，他们需要有如何将抽象规则转化为具体行为的指导和完善他们的技能的机会。熟练需要广泛的练习。在一个古老的笑话里，一个问如何步入卡耐基音乐厅的人被告知“练习，练习，再练习”。开始时，受训练的人在模仿情境中检验他们新学会的技能，这时他们不必担心出错或表现不适当。通过角色练习可以取得很好的成绩，在角色练习中他们要练习处理在工作环境中要处理的各种情境。技能的掌握可以通过将认知与行为练习结合起来得以促进(Bandura, 1986a; Corbin, 1972; Feltz &

Landers，1983）。在认知练习中，人们对如何将策略转换为在处理某一情境时说什么和做什么而进行心理练习。

在完善他们的技能时，人们需要关于他们做得如何的信息反馈。在使用一个人的知识完成技能性任务时要遇到的一个普遍问题是人们不能完全观察他们自己的行为。信息反馈使他们能够进行正确的调整以使他们的行为符合其想法。录像重放被广泛用于这一目的。但仅仅要人们观看自己行为的重放常产生混合效应（Hung & Rosenthal，1981）。如果成绩反馈要产生良好效果，必须使注意集中在需要进行的纠正变化上。要建立对自己能力的信心就应以这种方式进行反馈。这是通过注意成功和进步并以支持性与建构性方式纠正缺陷而不是批评性评价而达到的。并不是所有成绩反馈的益处都应归于技能的提高。一些与信息反馈相伴而生的收益来自于人们效能信念的提高（Holman & Dowrick，1991）。通过反馈告诉人们他们具有成功的能力，可以更有效地使用自己已学会的技能。

提供最富信息并能取得最大提高的反馈采取的是纠正性示范的形式（Vasta，1976）。在这一方法中，确定还没有充分学会的亚技能，并由那些已经能熟练运用这些能力的人示范执行这些亚技能的有效方式。训练者而后练习这些亚技能直到他们掌握为止。模仿练习一直继续下去直到训练者能熟练和自动地执行这些技能。

有效的机能需要的不仅是学习如何应用应对某些类型的情境规则和策略。职业生活中充满了障碍、不调和与应激。职业机能中的许多问题反映的是高负荷环境中的自我管理失败而不是知识和技能的缺乏。因而，职业角色发展的重要方面包括训练从困难中恢复的能力。这需要认知性自我指导、自我激励的技能和抵制能轻易使人错乱的对困难的自我衰弱化反应。吉斯特、巴维塔和史蒂文斯（Gist，Bavetta & Stevens，1990）增加了一个用自我管理成分进行协商的指导性示范的训练。在后一阶段，教授受训练者如何对潜在应激源进行预期、如何设计克服应激源的方法、如何监控应对方法的适当性及如何用自我激励以保持努力。从辅助性的自我管理训练中获益的受训者在存在冲突和威胁成分的新情境中，能更好地应用已学会的协商技能，并比没有受到训练的人协商出更有利的结果。自我管理者能灵活地使用已经学习过的策略，而对照组在遇到反对性反应时较可能仅仅坚持使用很少的策略。

444

通过自我指导的成功进行迁移训练

模拟条件下的示范和练习非常适合于形成能力。但是新的技能不可能长期使用，除非它们在工作情境中实施时被证明是有用的。人们必须在使用所学会的技能时体验到充分的成功以相信自己和新方法的价值。使用迁移方案可以最好地达到这一效果，在这一方案中，新习得的技能首先在可能产生良好结果的工作中尝试使用。给受训者指派一定的问题，这些问题在日常情境中常常遇到。而后要他们讨论自己的成功及在进一步的指导性训练中他们会在何处遇到困难。当受训者在应对较容易的情境时获得了技能和信心，他们逐渐会承担更困难的问题。如果人们没有充分的实践来使自己确信新效能，他们就会不充分且不一致地应用已学得的技能。当他们不能很快得到结果或体验到困难时，他们会很快放弃。

掌握性示范现在被越来越多地用于发展能力。但如果训练方案没有提供充分的练习使所示范的技能达到熟练水平的话，或者如果缺乏足够的迁移方案以帮助人们体验到新技术在自然环境中带来的成功的话，掌握性示范的潜能就不会完全体现出来。这样的方案很少包括通过如何应对挫折和失败的练习对恢复能力进行训练。当指导性示范与指导性角色练习和指导性迁移方案相结合时，这一组织训练的方式常能产生非凡的效果。因为受训人在与日常生活相似的条件下能学会并熟练使用处理任务要求的有效方式，将新技能迁移到日常生活中的问题就显著减少了。

现在让我们来看看一些例子，其中指导性掌握示范已充分用于促进组织发展并且在工作组织中对其有效性已有严格的评价。管理者对组织的士气和生产能力有重要影响。但他们常常是因为技术能力和与工作相关的知识被选上的，而他们在管理工作上的成功主要依赖于指导和激励他们所管理的员工的人际技能。已设计出掌握性示范方案用以教授管理者有效工作所需的人际技能。

拉塞姆和萨里（Latham & Saari，1979）提供了一个设计精良的现场研究例子。他们使用录像示范教管理者如何处理对他们管理角色的要求。教给他们如何提高动机、给予认可、纠正不良工作习惯、讨论潜在纪律问题、减少旷工、处理员工的抱怨并克服对工作变动的抵制（Goldstein & Sorcher，1974）。确定被示范的规则和策略中的关键步骤的总结性指导有助于学习和记忆。管理者群体进行讨论并在角色扮演中使用原来在工作中不得不处理的事件来练习技能。他们收到指导性的反馈以帮助其提高和完善自己的技能。

为促进管理技能从训练情境向工作环境的迁移，在每一段时间结束时，管理者会收到指导的复印件。在下一个星期中要求他们使用已学会的技能与一个或多个职工一起工作，而后他们要报告应用技能过程中的成功和失败。如果他们遇到问题，这些事件要重新制定，管理者通过对如何处理这一情境的指导性示范和角色练习进行进一步的训练。控制组的管理者也被提供相同的指导但没有掌握性示范。

445

管理者处理问题的能力在三个月后的角色扮演情境中得到测试，并以训练结束一年后的工作成绩的评定进行评价。接受了掌握性示范训练的管理者在角色扮演情境和工作中比没接受训练的管理者表现得更熟练。由于技能被证明是高度起作用的，所以管理者会坚持下去；而差的训练方案由于主要依赖于热情的劝说，当最初的热情因不能产生良好结果而渐渐减弱时，其效果会快速地消失。仅仅向控制组的管理者解释如何处理工作中的问题的规则和策略而没有示范与指导性角色练习，不能提高其管理技能。为提高他们的能力，管理者需要指导性示范、具有纠正性反馈的指导性练习和将技能迁移到工作情境中去的帮助。实际上，当控制条件下的管理者后来接受了掌握性示范的训练，他们的管理技能也提高到原来接受过训练的管理者的水平。因为这一方法为管理者提供了解决所面临问题的工具，所以他们表现出良好的反应。

波拉斯(Porras)和他的同事的进一步研究论证了掌握性示范所培养出的管理技能提高了组织的士气和生产能力(Porras & Anderson, 1981; Porras et al., 1982)。在一个制造工厂中，一线管理者参加能提高他们管理技能的掌握性示范计划，这与拉塞姆和萨里使用的方法相似。来自相同的生产组织的其他两个厂没有接受这一训练。从掌握性示范计划中受益的管理者提高并保持了他们的问题解决技能，这是在六个月期间由职工评定的。职工判断他们的管理者较能够瞄准问题，解释变化的需要，获取关于原因和可能的解决办法的观念，采用一致同意的解决办法，对成绩的提高能够给予表扬。应用示范计划的工厂的缺席率较低，职工的流动较少，在六个月中每月的生产力水平提高17%，这些都超过控制组工厂的生产力。

与在生产领域中一样，掌握性示范也会使销售获得多重利益(Meyer & Raich, 1983)。连锁店中一个店的销售人员在录像的示范下学习和练习销售的不同方法，而在匹配组商店中却没有。与控制组商店平均收入下降3%相比，示范方案使得平均收入增加7%。在随后的一年中，控制组商店中22%的营业员辞去了工作，而在接受示范的商店中只有7%的人辞职。如果没有流动率的不同，两个商店之间销售成绩上的差异可能会更大，因为工作不成功的人最容易离职。无论如何，示范训练不仅提高了销售，而且通过减少人员流动而节约组织成本。

职业社会化中的自我效能

新职员要经历为他们即将从事的职业作准备的训练计划。他们不仅要发展技能，而且不得不学习其职业角色的性质和范围；对他们的期望是什么；如何处理自己的工作负担，时间压力和其他与工作相关的应激；如何有效地与同事合作。新成员所具有的和在职业生涯开始阶段的职业训练过程中进一步发展的效能感对成功地进行社会化具有重要作用。原来具有稳固效能感的新人在训练中比仅有低效能感的其他人学得更多并做得更好。

446

针对职工的效能知觉制定的训练策略促进了职业能力的获得。它也缓解了新来的人对组织生活的不确定性而产生的焦虑。塞克斯(Saks, 1994, 1995)在对不同会计事务所中新雇用的会计师的一项纵向现场研究中对新手的职业发展和机能进行了广泛的分析。他们的技术、教育和人际效能感越低,在进入组织机构时的焦虑越高。对于那些具有低效能知觉的人来说,对如何管理组织活动进行结构性指导能使他们平静下来,而自我学习式的个别指导似乎使其更为焦虑。那些具有高效能知觉的人无论指导是正式构造的还是自我处理的,仍然保持镇定不惊。训练对职业自我效能的发展具有作用。为新职员提供掌握经验、成功的同事榜样和鼓励性的成绩反馈的组织提高了新职员的组织效能感,这又可预测若干个月后的职业成功和对工作的满意。在进公司时具有高效能感的新人能更好地处理情境要求,并能更为成功地解决工作中的技术、人际和专业方面的问题。培训后的效能信念具有更广范围的工作相关效应,与具有低效能知觉的职员相比,具有高效能感的职员不但能较好地应对事件,而且对工作较为满意,对他们的职业和组织具有较强的承诺,较不愿放弃专业或工作;实际上,他们中较少有人离开公司。

艾尔根(Ilgen, 1994)在他对职业功能的分析中对完成特定的工作任务和执行职业角色进行了区分。在角色采纳中,个体可以通过将革新性的成分或新的机能增加进惯例性的工作职责中,在一定程度上重建工作。因此,一个人可以平淡无奇地执行某一角色,而另一个人可以富有创意地执行这一角色。各种工作在任务成分、角色成分和允许创新性角色修饰的程度上各有不同。一些革新旨在促进工作执行的进程。相信自己具有产生想法和积极定向的效能的职员会产生有助于改进工作过程的观念(Frese, Tang & Cees, 1996)。随着全球化市场环境的快速变化,当代工厂需要的是具有多重能力的高度适应性的雇员,他们能完成许多不同的功能,而不仅仅是重复一小块工作(Lawler, 1994)。由于工作具有自我建构的性质,成功的职业功能是一个动力过程,而不仅仅是将个人特质投入到特定工作要求中。高效能感的职员可能创造性地执行职业角色,而低效能知觉的人倾向于不进行个人修饰地按惯例执行职业角色。效能知觉对角色建构的性质的影响在职业生涯追求的最初阶段就起作用。

刚刚进入组织中的人要适应组织环境,发展自己的职业角色。不同组织在如何着手促进组织学习的方法上是不同的。这可以通过正式培训也可以通过在工作中非正式地教授角色的方法来进行。它们可以规定角色如何执行也可以鼓励新来的人对工作角色提出自己的方法。琼斯(Jones, 1986)提供了一个纵向的证据,即新来者在进公司时的效能知觉影响对不同培训方法的敏感性。低效能知觉的个体最易受规定的训练的影响,这使得他们易于采纳传统上建构的职业角色。高效能知觉的人对要他们革新性地执行职业角色的训练最敏感。然而,具有自我效能的新手会由于自我定向付出一定的个人代价。他们所具有的同工作有关的观点与已建立起来的实践和现有工人的偏好可能发生冲突。因而，在职者常不得不与同事商谈他们角色中出现的要素。随着经验的增加，个体可以将出现的其他角色要素加入到工作中，这需要不断地商讨。角色的自我建构因为它所包含的不确定性和危险性而更具应激性，这与仅仅采用已建立的角色定义和实践完全不同。

当今职业活动的变化非常迅速，这需要高个人效能感和多面性。这些职业变化由各种影响所驱动。当然，许多雇员通过不断晋升到更高的职位来改变自己的工作角色。当很少有晋升机会的时候，通过提供多样性和各种新挑战的工作变换而使工作经验丰富起来现已广泛用于保持工作兴趣和职业的投入程度。团队工作方法常用于这一目的。不是将工作分为始终由个人单独完成的相互分离的各个部分，整个工作应由自我管理的团队成员完成。在以团队为基础的项目和生产系统中，每一个成员要学会工作的每一方面，并在不同的亚任务间轮换。这种类型的组织结构产生了一种使人兴奋的工作环境，它适合于造就高技术、灵活的劳动力。工作可以变得多彩和富有挑战性并通过自我管理而进行更多的个人控制。

竞争性的经济力量正在删除官僚主义的管理等级。操作上的决定权和管理功能正在越来越多地交给工人，目的是提高生产力并使职工满意。给完成项目的人以操作控制权，通过这样的方式来构造工作可以去除官僚主义对积极性、创造性的障碍并使工作得以完成。团队成员自己决定如何更好地完成工作、建构工作任务、更好地利用辅助的技能并处理动机和人事问题。团队完全控制团队自身的运作但必须负有对生产力的责任。否则，一个群体的自我利益可以超越生产活动。一个人对工作的拥有感会获得自我评价性的鼓励，个人化的责任会增加做好工作的社会诱因。

让工人自我管理改变了监督式的管理模式。管理者必须善于减少业务上的控制，相反要作为为使团队有效工作提供资源、启发性引导和支持的促进者（Stewart & Manz, 1995）。有趣的是，工作环境中的使能结构建立了管理者作为生产性团队促进者的效能感（Laschinger & Shamian, 1994）。在工作中的使能经验会影响生活中其他方面的效能知觉。职工通过自我管理系统控制自己工作的工作单位提高了政治效能感和在政治活动中的社会参与（Elder, 1981）。

具有低领导效能感的管理者可能产生虚假控制的令人不安的工作，在这一工作状况中，工作团队对自己的活动负责但管理者继续通过微妙的方式进行实际的控制。对自我管理性工作结构的承诺必须在组织的各个水平上是真诚的和相互支持的。群体的自我管理并不必然自然而然地使工作更为有趣或产生较良好的后果。虽然自我管理的团队活动一般会提高生产力和工作质量（Cohen, 1994），无效的自我管理群体并不是不常见。效果上的差异需要解释。无效的自我管理群体很多。群体自主的好处与损害许多管理者的责任而一起出现。保持高生产力并成功处理工作中的许多社会心理方面的问题并不是一件

448

容易的事,因而,有效的团队活动不仅需要多方面的技术效能,而且需要具有将群体变为有活力的生产性的劳动力的自我调节和人际效能。群体成员要想在一起合作愉快,这些重要的自我管理技能必须在缺乏时能发展起来。事实证明群体效能知觉是影响自我管理性团队活动成功的关键机制。坎贝恩、梅德斯克和希格斯(Campion, Medsker & Higgs, 1993)考察了工作群体有效性的各种过程和预测因素。他们的报告指出由其称为潜能的群体效能知觉与群体自我管理、工作任务的灵活性和多样性、共同的目的和对工作的责任感、与同事的良好沟通、管理支持、相互支持和工作负荷的共享有肯定联系。群体效能知觉是职工满意感和生产力的最有力的预测因素。潜能将群体效能作为由几个总体条目所评定的对群体有效性的一般信念(Guzzo, 1986)。适合于相关领域的团队效能知觉与通过潜能来表示的一般团队效能有正相关(Lindsley, Mathieu, Heffner & Brass, 1994)。然而这两个决定因素在预测性上有所不同。团队效能知觉相对于潜能来讲,更能预测以后的群体成绩。这与总体性牺牲了预测性的一般发现相一致。

在工作过程中,一些职工升职做了领导。如同在职业发展的其他方面一样,个人效能信念影响做领导的抱负。辛格(Singer, 1991)研究了不同类型组织中做中层管理的职工。领导抱负可由新来的职工对高职位的利益期待来预测,而对已在组织中工作较长时间的人来讲则由完成领导要求的效能知觉来预测。对于女性管理者来讲,甚至新来的人也会将其领导抱负建立在效能信念和希望得到领导报酬的基础上。

有效的适应性

工作的轮换和调动、晋升和地区性重新安置需要职工发展出一种本身所缺乏的适应新的工作要求的技能(Dewhirst, 1991)。已具有多种才能的职工比只在很少方面具有技能的职工能更好地处理工作上的变动。但不幸的是,在职业生涯中的随后时间里,职业生活被划分为层次结构系统的雇员感受到能促进职业生涯发展的挑战性位置和担当丰富的工作任务的机会在减少。这些组织实践会逐渐消除个人效能感,这又减少了工作投入的水平并导致职业荒废。除了这些职业改变的一般形式外,随着资历的增加,越来越多的人通过从原来工作退休后从事第二职业的方式选择生活中的多样性和挑战。

当前技术变革的步伐非常快,以至于知识和技术很快就过时了,除非他们不断更新以适应新的技术。有效的适应适用于劳动力水平同时也应用于工业水平。现在的组织不得不变成一个快速学习者和迅速变革者,以保证未来的成功。整个新工业崛起和已有工业的衰落是技术过时的结果。已建立的公司必须不断革新以在快速变革的市场中生存和发展。但这种适应不是易于完成的。它不仅仅需要大量的前瞻性思维,公司常常必须在成功的高度为变革做一些发展性的基础性工作。他们面临着在成功条件下进行变革的悖论。繁荣滋生自满，阻碍进行革新性更新的兴趣，并刺激阻碍变动的内在社会事件。存在449于生产发展中相同的惯性过程在增加市场份额的销售策略中也起作用。长期的成功加强了管理者以传统方式做生意的效能信念，使人们对不喜欢的信息无兴趣并不予考虑，不顾市场中的重大变化引起了营业利润的减少而仍坚持老的方法（Audia，1995）。那些非常自信的人存在忽略使他们成功的要素的问题。快速的变化使人们对适应性的深谋远虑和处理成功的惰性的技能越来越关注。不方便的决策系统使及早就利用新的倾向来获得工业中的未来领导权有些困难。未被证实的技术赢利的不确定性和不同既得利益的组织派别之间的竞争构成了抵制变革的进一步的来源。

缓慢的变革可能造成巨大的损失。常常，具有短浅眼光的一次繁荣的公司成为成功的牺牲品——它们封闭在使其成功的技术和产品中，且不能快速改变技术以顺应时代的变化。生产循环越来越短，这需要更快的变化。在计算机工业中，如因为制造了大型计算机系统而成功的公司败在生产微型计算机的公司手下，随之，生产微机的公司由于没有注意微机和工作站的技术变革也导致了营收的急剧下降。随着新一代计算机技术的出现，他们很快衰落并大量裁员。企业性公司能更快地利用快速变化。因此，好冒险的企业家，不受难以控制的组织系统和公司惯性的障碍，常创造出能领导新技术浪潮的新公司。

存在三种决定组织发展和有效性的变革，它需要不同形式的效能（Binks & Vale，1990）：第一种涉及认识影响产品和服务市场中的变革并对之快速作出反应的能力，反应效能需要对市场上的潮流进行密切的监视并检验可能赢得大众偏好的市场的变化；第二种变化是更为积极的，它依赖于逐渐改进现存的产品或服务的效能，这些改进是通过不断实验和大量对竞争者的成功产品或实践的即时仿照而实现的；第三种变革包括创造性革新，它能制造出新产品、新服务或生产系统。在这一变化水平中，组织创造市场的要求而不仅仅去适应它。与组织变革的生态观不同，在社会认知理论中，组织在填补活动范围的同时也创造活动范围。在革新效能中，知识被综合进思维和行为的新方式中。高效能感培养出革新性（Locke et al.，1984）。在努力提高革新性和对市场趋向的敏感性的同时，一些较大的组织给予经营单位更大的自主性以充分发挥它们的才能；另一些组织激进地进行重组将组织分为小的实体，使其对运营有更完善的控制。组织变革受执行管理角色的个体行为的影响很大。管理者效能知觉对组织有效性的影响在下面将做简要介绍。

由于提到的多种原因，人们在工作生涯中不论在某一工作内还是在不同工作间都体验到高变革速率。无论转移位置的原因是什么，他们不得不不断更新知识和技能，学习新知识和技能以跟上技术进步。为达到这一目的，他们必须利用自己的自我发展能力。当人们不得不学习新的思维和行为方式时，他们对自己学习能力的无把握感被重新激活。

无效能的知觉是产生职业过渡问题的一个影响因素。指导性掌握方案通过提高效能信念和促进技能发展为促进向新职业角色和能力水平的转变提供了有效的方法。

组织决策中的自我效能

450

与生活的其他方面相同，主持组织活动的人会不断遇到选择的问题。根据人类思维的理性模型，人们会彻底地探索各种各样的可能选择，计算其利弊而后选择能得到最大期待收益的行为。这一良好决策的理性模型以具有各种选择和可能结果的广泛知识为前提条件。它还假定存在植根于和谐的个人价值之中的偏好的稳定排序。然而在日常生活的决策中，人们并不按完全理性的效益最大化的方式行事。充其量，他们只表现出有限的理性。对代价—收益的思考只是选择的部分基础，并且甚至是对这些因素的权衡也常不能有效进行(Behling & Starke，1973；Brandt，1979；Simon，1978)。进一步说，在人们所做的许多决策中，他们仿效他们所见到的他人产生良好结果的行动过程而不会经过精细的计算，似乎缺乏关于各种选择的相对效用的社会线索(Bandura，1986a)。如果具有充足的效能知觉和资源，他们会偏好成功的示范选择并躲避不适当的选择。

人们进行的搜索是高度选择性的。人们很少具有充分的信息以产生所有可行选择。他们也不会对他们所考虑的选择的所有可能结果进行详细的思考。确实，它需要过多的时间。对于复杂的事件，各种选择并不总是界定准确，后果常是不易预见的。大多数行动会产生混合效果，它需要权衡性的思考。一般来说，人们从有限的可能选择中选用一种看似满意的行为进程而不是刻苦地搜索最理想的。相反，有时他们在如何对各种选择排序有不一致的看法，对不同类型的后果进行相对权重的衡量有困难，让后果的吸引人之处影响了他们关于达到后果是否容易的判断，由于能较快地获得而选择了较差的结果。当面对许多选择和可能后果时，他们会使用一些简单化的决策策略以作出选择，如果他们像利益最大化模型所假定的那样，对各种因素进行权衡和排序，那么他们是不会作出这样的选择的(Kahneman et al.，1982)。所有这些都需要良好的权衡和计算能力。

决策既不是不带偏见的过程，也不是主要由快乐主义术语中所描述的单纯由得到最大化的自我利益的愿望所驱动。喜欢和排斥某一选择的情绪因素和群体标准会影响作出的选择(Etzioni，1988)。人们不仅仅寻求自己选择的效益。他们采用的个人标准是与在决策计算中主要考虑的自我评价性后果相联系的。因为他们不得不接受自己，所以他们倾向于选择能给自己带来自我满意和自我价值感的行动而拒绝带来自我贬低的行为。当某一选择的自我评价性效应与物质上的收获相矛盾，人们常常接受边际效益的选择或甚至牺牲物质上的报偿以保持自己积极的自我尊重(Bandura & Perloff，1967；Simon，1979b)。他们以伤害自己的物质利益的方式行动，或者如果被社会同情所感动，他们会为其他人的福利牺牲自我利益。评价性自我调节是控制选择行为的主要机制(Bandura，1986a)。在这一宽泛的观点中，自我尊重和社会效益变成一个人自我兴趣的主要方面。

在人们所面对的大部分重要的选择问题中，没有一组预先决定的选择项目。全面的决策理论一定要详细说明选择项目是从哪里来的。我们发现，在职业决策的过程中，效能信念决定着所考虑的各种选择。人们不会将无效能知觉领域中的选择项目看成值得思考，无论他们可以得到什么利益。从大量选择中进行排除是在自我效能基础上并很少思考投入和回报而快速进行的。效能知觉不仅设定所考虑的选择项目而且影响决策的其他方面。它影响收集什么信息，信息如何解释，如何转变为处理情境挑战的方法。最后，人们必须充分确信他们的效能以保持决策中的任务定向，特别是当情境有误时。

451

如果理想的决策很难在个体水平获得，在组织水平就更加困难。组织追求的是并不能完全相融的多重目标。例如，带来短期成功的决定会危害长期的发展。组织中的不同部门对不同选择的优点和它们的可能后果有不同看法(March，1981；Pfeffer，1981)。偏好上的冲突很常见，且它们并不容易解决。组织决策因而是既追求个人利益又追求公众利益的部门利益间妥协的产物。有效的组织决策不但需要分析性思维上的高管理效能感，而且需要社会劝说、权利冲突管理和建立联盟的高效能感。

管理决策

在主持管理工作过程中，管理者不断进行决策并组织他人的努力以获取期待的结果(Kotter，1982；Mintzberg，1973；Stewart，1967)。他们必须理解自己的决定如何影响他人的动机和成绩，并了解如何最大限度地利用他们所管理的人员。这些管理决策必须在连续的活动中，在包括不确定性和模棱两可的各种信息来源的基础上进行。许多信息可能受收集和解释信息的人的偏见的影响(March，1982)。决策适当性的反馈常被延缓并很少不受不明确或混合性后果的影响，使问题更为复杂。而且，在某一时间所做的决策影响以后选择和决策的效果。在这一决策情境中，管理者必须不断将短期目标与较长期的组织目标结合起来。

控制一个组织生产力的许多关键性决策规则必须通过搜索方式发现。环境越新奇和越复杂，越需要检验不同选择并评价这些选择在发现一个人如何能更好地对系统施加影响上的效果。在复杂和动态环境中有效的决策需要创始能力，其中各种认知技能应用于搜索信息、解释和综合反馈、检测和修正知识、执行所选定的行为。管理者不得不接受判断错误和错误决策的后果。

虽然事实表明管理者所做的许多事都涉及在复杂和不确定性的环境中做决策，但对于管理决策过程的系统分析还没受到应有的关注（Schweiger, Anderson & Locke, 1985）。认知心理学框架中的决策研究对我们理解知觉与认知操作如何影响决策有重要作用。然而对于人类决策的大多数研究仅包括在无负担条件的静态环境中的简单判断。在自然环境中，多重决定必须是在时间限制和具有社会及自我评价后果的基础上从正在进行的活动所产生的大量信息中做出的。而且，组织决策需要协调、监控和管理群体的努力。对决策的认知研究途径进一步受到这样一些限制，即这种研究途径常忽略情绪、动机和自我调节对信息的收集、评价、综合和使用的影响。管理者并不仅仅对为他们限定好的决策系统进行反应。他们创建自己的决策支持系统并有选择地加工由被建构的环境所产生的信息（George, 1980; March, 1982）。管理决策需要在以层次性、对劳动力的划分和专门化为特征的组织情境中通过他人而起作用。 452

由于组织结果必须通过与其他人共同努力才能获得，某些最重要的管理决策涉及如何运用人的才能及如何引导与激发个人的努力，这不是一个不带感情的过程。在执行这一任务时，管理者不得不应对大量具有使人不安的自我评价性涵义和社会后果的障碍、失败和挫折。这些影响因素以损害良好使用决策技能的方式破坏自我评价和动机。有效的决策不仅仅包括对存在的知识应用一套认知操作以产生所期待的后果。自我调节性影响对认知加工系统的运作具有相当大的作用。

要想在面对许多刚刚提到的组织上的复杂事物时调动认知资源并保持任务定向需要强效能感。有效的分析性思维需要在所选择的行为过程产生不适当的结果时对一个人自己的思维过程进行控制，并充分相信自己具有对选择进行系统检测的能力。判断自己在处理环境要求时无效能的人倾向于变得较为自我定向而不是任务定向（M. Bandura & Dweck, 1988）。自我指向的干扰性思维通过将注意从如何更好地解决问题转移到关注个人的缺陷和可能的消极后果而产生应激并破坏能力的有效运用。结果，管理者使自己反复无常和自我保护性地思维而不是策略性地进行思维。相反，非常相信自己的问题解决能力的人在复杂的决策情境中进行分析性思维时仍然能保持高效率。反过来，分析思维的质量促进了活动上的成功。

当研究动机机制时，人们常使用相对简单的任务，对于这些任务人们已经具有了知识和处理任务要求的方法，而且仅需要加强努力就可以得到更高水平的成绩。在复杂的活动中，增加努力并不一定会使生产能力有所提高，除非发展出有效的策略使这种努力富有成效（Wood & Locke, 1990）。简单任务将结论的应用限制在作业成功必须通过群体努力才能达到时的管理决策上。一个恰当的事例是目标设定，这是一个研究最广并且是工作动机的有效理论(Locke & Latham, 1990)。直到最近,在许多目标设定的研究中,都是人们独自执行基本的任务(Wood et al., 1987)。与此不同的是,要达到组织目标需要创造适当的生产功能,并将人们分配到这些功能上去,不断使组织活动适应可利用的资源、情景性环境和群体努力后果的变化(Kotter, 1982; Mintzberg, 1973)。这些活动的有效管理要求高水平的动机和有效的策略以便卓有成效地组织群体努力。

管理活动的多侧面性质及他们与组织机能的扑朔迷离的联系造成了管理者目的和组织成就之间关系的复杂性。与他人一起工作的复杂性为使个人目标转化为群体成就制造了障碍。一个人越是根据对他人个人特质的敏感性来任命和指导人,通过目标设定提高群体成绩的困难越大(Wood, Bandura & Bailey, 1990)。纯粹的管理努力自身不能确保群体目标的实现。如果策略的构想很差的话,引导性努力不可能使一个群体很好地工作。
453
而且,提高组织机能水平的努力常常需要在社会系统的特定方面和社会资源分配方式上有组成成分的改变。对这些操作性亚目标的系统追求有利于最终的成功,但不一定在短期内对组织活动带来相当大的利益。实际上,短期的收益常不得不为所期待的远期收益作出牺牲。

需要复杂决策的组织环境中,管理者必须想出能使他们对群体努力进行预测和施加影响的组织规则。预测性组织规则的识别需要对不明确和不确定的多重信息进行有效的认知加工。决策规则通过分析性策略的系统应用来发现。最初,管理者必须利用现存的知识建构各种动机性因素如何影响群体成绩的临时性复合规则。各种预测性因素的理想价值必须通过系统改变它们和评价它们如何影响群体成绩进行检验。不太熟练的决策者形成较模糊的复合规则;倾向于同时改变许多因素,这使得找出是什么原因造成这一结果较为困难;并且他们较少有效利用信息性后果反馈(Bourne, 1965; Bruner, Goodnow & Austin, 1956)。

控制管理者决策的决定因素和机制对真实的组织场景中的实验分析并无帮助。这种情境包括大量难以确认的交互影响,更不必说实验控制了。对对决策起作用的机制的理解能通过对在模拟的组织环境中进行的复杂决策的实验分析来加强,这种模拟的环境是在广泛观察真实的组织机能的基础上形成的。现实的模拟组织允许理论上的相关因素有系统变化,也允许它们对组织绩效的影响进行精确的评定以及对通过其达到结果的心理机制进行精确的分析。

在实验中用来考察自我调节机制的模拟性管理系统把前面部分所提到的复杂性和动力性特征的大部分结合起来(Wood & Bailey, 1985)。在执行管理任务时,为了在理想的时间内完成工作任务,管理者不得不将花名册上的职工分配到不同的生产职能部门。通过正确地将职工与工作需要进行匹配,管理者可以达到比没有进行良好匹配的管理者更高的组织绩效。为帮助他们完成决策任务，管理者接受到每一生产职能部门所需的技能、努力和每一职工的特征的说明。这种信息描述了每一职工的特定技能、经验、专长、动机水平、偏好常规还是挑战性工作任务以及工作质量的标准。模拟的各个方面通过将工作和专业进行区分提出了以社会为中介的组织机能的需要。

除了将职工分配到各种工作中外，管理者必须决定如何使用目标、监督反馈和社会激励以指导和激发受监督者。为发现这些动机因素的规则，管理者必须检验供选择的项目，在认知上加工决策的结果，并不断以反映理想的管理规则的方式应用分析性策略。动机因素涉及特别难学的非线性的和复杂的规则，这使问题进一步复杂化。例如，呈现适度挑战性的目标与容易的目标或太难不能达到的目标相比能产生更好的绩效。社会赞许不但必须要适合职工的成就，而且给予他人的赞赏要公正，因而它需要使用复杂规则。在发现了规则后，管理者必须找出将它们综合进连贯和公平的管理努力之中的最佳方式。

了解了管理规则并不能保证对它们的最适宜的执行。管理者也必须增加针对个别职工的特征调整自己监督行为的熟练性。重复多次错误地管理员工会损害职工工作的质量。包括多重生产的任务，使检查决策好坏的累积效应成为可能。对管理者管理效能知觉的定期评价，他们对正在监视的组织的抱负以及其分析性思维的质量为这些正在发生改变的自我调节因素如何对组织机能作出贡献提供了洞察力。 454

社会认知理论用三元交互原因关系来解释人类的机能。在这一因果模型中，认知和其他个人因素、行为和环境事件都双向彼此影响。动态的模拟环境使得对这一交互作用的因果结构如何运作和随时间而发生变化进行详细分析成为可能。在认知、行为和环境这一三元因果结构中的每一个主要因素都作为组织过程中的重要成分起作用。认知因素由管理效能感、个人目标设置和分析性思维的性质代表。实际执行的管理抉择构成了行为因素。组织环境的客观性质、挑战的水平和职工对管理干预的反应代表环境因素。

第四章对在模拟组织的某些特征发生改变、提高和损害管理者管理效能信念的信念系统逐渐形成的条件下的管理决策进行了详细的分析（Bandura & Jourden，1991；Bandura & Wood，1989；Jourden，1991；Wood & Bandura，1989b）。否则有才能的管理者如果相信了复杂决策是天生的能力倾向，组织是难以控制的，其他管理者比他们做得更好，并且接受到强调他们的不足的反馈，他们的管理绩效会表现出渐进性的退化。他们在遇到问题时会被越来越多的对管理效能的自我怀疑所困扰。他们的分析性思维会越来越反常。他们会降低组织抱负。他们对所管理的组织的贡献会越来越少。组织绩效上的失败进一步破坏了组织效能知觉。与上述极为不同的是，相信复杂决策是习得的技能、组织是可控制的，强调管理者的对比能力和他们所取得的成绩进步的反馈都会促进组织生产力。在这些自我提高的信念系统下运作的管理者在指定的生产标准难以达到时，也表现出了有弹性的效能感。他们为自己设置越来越具有挑战性的组织目标。并且他们使用良好的分析性思维来发现管理规则。这种自我效能定向使他们在高组织生产力中获益。总的来说，这些研究阐明了一些使组织机能提高、保持和下降的动力是管理自我效能知觉的结果。

在组织环境中，实现所期望结果的低效能感通常会导致将过错的责任归因于他人的缺陷。例如，低教学效能感的教师倾向于将问题学生看作是缺乏能力和不可教育的，而具有高教学效能信念的教师则将学生的问题看作是通过额外的努力和教育方法的改变可以克服的（Ashton & Webb，1986）。与之相似，在当前研究中的许多缺乏管理效能感的管理者在对待职工时是非常严厉的。他们将一些职工看作是无法激励的和不值得付出努力的并认为他们应立即被解雇。如果存在这一选择权，低效能感的管理者有可能通过大量解雇他们不能管理的职工对人力进行管理。

455

管理者的自我效能会对职业成功产生影响作用，这方面的现场研究结论与有效管理的实验室研究相一致。奥格拉托（Onglato）和她的同事测量了管理者执行技术、人际关系、行政和概念管理功能的效能信念（Onglato，Yuen，Leong & Lee，1993）。管理者的效能感越高，与同伴相比，通过对晋升概率、工资水平、事业成功感所测量到的管理成功越明显。甚至在控制了执行关键性管理任务的重要性时，效能信念也可说明管理成功的变化。

对机会和风险的评价及对限制的处理

新的商业冒险和已经建立的公司的复兴主要依赖革新与企业家。由于存在许多有实力的竞争者，生存需要连续不断的创造力。在公司中，管理者会不断面对包括两难抉择和冒险的决策。一些管理者将这种情境看作是机会，而另一些人则将上述情境看作是威胁。克鲁格和迪克逊（Krueger & Dickson，1993，1994）提供证据说明了管理者的决策效能信念会影响其评价倾向。效能感提高了的管理者会关注值得去追求的机会，而效能感降低的人则停留在如何避免危险。决策效能知觉通过对机会和威胁的知觉影响风险承担。这些结论与赫斯和特沃斯基（Heath & Tversky，1991）的结论相一致，都表明能力知觉提高了在不确定条件下冒险的愿望。

受新的风险驱动的企业家，在很大程度上依赖于经受革新追求所具有的压力和阻拦的强效能感。关于自己能产生效果的强效能信念能减少阻碍成功的不利知觉。实际上，企业家效能知觉在久战商场的人身上较高，这些人倾向于开始新的冒险（Krueger，1994）。而且，他们判断自己比其他冒险者更有能力与困难作斗争。有证据表明企业效能有家族根源、企业家父母，特别是成功的企业家父母，会提高孩子开始并管理自己事务的效能知觉（Scherer，Adams，Carley & Wiebe，1989）。企业效能知觉越强，接受教育和培训的抱负越高，对从事企业生涯的期望也越高。

鲍姆(Baum，1994)将这一研究扩展到建筑工业中的几百个公司的真实冒险上。他研究了或是公司的创立者或是所购买公司的改革者的企业家。企业成功根据四年内的销售额、雇员数量和利润的增长来测量。一般性的人格特质与成功的企业活动之间没有多大关系。得到高度发展的冒险者具有希望自己获得怎样成功的洞察力，具有实现这一希望、设定挑战性发展目标的强效能信念，具有熟练的技术技能并努力提出革新性的产品和市场策略。

夸大的个人效能感会使人们看不到将遇到的困难和风险。由于追求没有结果的工作，他们会尝试通过投入更多的资源、进行更大的冒险来补偿自己的损失。他们的决定由过去的投资而不是由对某一行为和投入收益的充分思考所支配。一旦要在诸多损失中作出选择的决定，人们才可能终止行动。正如谚语所说的那样，人们会因为想补偿损失反而损失得更多。在实验室实验中，决策效能知觉有所提高的投资工程管理者易于增加对先前投资的承诺去努力挽救失败的冒险行为。那些效能知觉降低的人则很快会放弃招致早期损失的失败性冒险(Whyte，Sakes & Hook，in press)。高效能感同样能预测在徒劳冒险中技术专家的更大投入，如石油地理学家会在没有石油的地方继续探测原油(Whyte & Sake，1995)。 456

陷入过去的困境中应与相信自己能在将来打破困苦的局面相区别。在后一种情况中，一个人从早期的失败中学习如何提高成功的可能性。诊断“现实主义”的原因，并估量其效果并不是一件容易的事。告诉自我高效管理者纠正不可能解决的问题有利于将早期的放弃作为机能性选择。如果继续投资最终使人受益，早期的放弃就是一次错误的选择。但过早放弃的代价很少得到关注，因为没有实现的将来很难研究。革新的历史生动地说明由于早期的失败和挫折而带来的过早放弃有利的冒险将使社会丧失生活每一方面的重要进展。正是爱迪生不可动摇的发明效能信念照亮了我们的环境并引发了录音和电影工业，这仅仅是他非凡创造中的一小部分。正如他常说的，“其他发明家的苦恼在于他们尝试得很少而且放弃了。我绝不会放弃直到我得到要得到的东西”(Josephson，1959)。我们是多么地幸运，因为他不担忧失败。在大多数的人类努力中，不是问题不可解决，而是难以处理的问题表现得过分困难。大多数人不会将过多时间和精力投入到追求成功上。必须要提到的是高效能的“不现实的人”，他们坚持革新的努力，最终会产生很大的收益，尽管要有相当大的代价。

管理效能知觉的益处特别体现在当许多外部的限制强加在执行管理角色过程中时(Jenkins，1994a)。具有高效能感的行政长官不论对限制有高度觉察还是不太觉察，都会努力设法达到良好的组织机能；而由低效能感的管理者所管理的组织在高限制感条件下工作效果较差，但在没有什么障碍需要克服的条件下表现得较好。低效能知觉的管理者不仅较少取得组织上的成功，而且会把对他们的组织绩效的外部评价指责为有偏见的和不公平的(Jenkins, 1994b)。

同样，强个人效能感在对职工有组织限制的条件下也有很高的功能价值，可用斯贝尔和弗雷斯(Speier & Frese, in press)在东德社会制度历史转型过程中对工人的一项纵向研究对此加以说明。他们考察了个人主动性的变化，这反映在职工不仅完成工作的规定责任，而且改善工作过程并自己主动进行再教育。职工的效能信念不但对组织限制在职工主动性水平改变上的效应起部分的中介作用，而且会缓解这种效应。高自我效能的职工表现出较高主动性，无论他们对工作活动的控制程度如何，而低效能的人在低可控条件下表现出很小的主动性，但如果他们在如何从事工作上有很大的余地时就会较有事业心。

提高对管理压力的弹性

管理者角色常受到高压力、不断的评价性威胁和潜在的使人弱化的社会性比较的困扰。不管怎样，信念系统能通过效能机制很显著地影响管理机能的质量。这一事实决定了保持对组织压力的强弹性效能感的方法。第一种策略涉及能力概念。将管理能力解释为固有的才能加强了作为任何复杂活动的自然组成部分的过失的威胁性意义，457 并将注意转移到对一个人机智的公众形象的自我保护，抑制创造性的冒险。与此不同的是，将管理能力解释为习得的技能会消除把错误断定为固有人格缺陷的威胁，促进潜能的发展，将威胁转换为挑战并将破坏机能性质的自我保护性偏见减至最小。因此，相信决策能力的不同概念的管理者对相同水平的管理成绩有非常不同的理解(Wood & Bandura, 1989b)。他们的信念使其如何对成功和失败进行认知加工出现偏向。持有内在才能观的管理者将低于标准的成绩看作是个人缺陷的指标，并在遇到进一步困难时被对自己的管理效能不断增强的怀疑所困扰。持技能习得观的管理者将低于标准的成绩看作是对改进他们管理能力的有益指导，并在面临会导致组织成功的困难时保持自我有效能的看法。

根据习得技能观理解管理能力不仅会减少受由于错误而产生的不良影响的可能性，而且会减少不利的社会比较的弱化效应。管理者不断面对比较性评价，不论他们自己是否要进行这种评价，特别是在竞争性的结构系统中。既然他们不想放弃竞争性追求，他们必须将社会比较的破坏效应减至最小，并将其作为自我发展的动力和指导。如果能力被看作是先天才能的反映，其他人超过自己则会具有自己缺乏基本智能的威胁性诊断含义。但如果能力被解释为习得的技能，被他人超过就没有什么诊断含义，因为它是可以改变的。一个人常通过获得更多知识和完善自己的技能，而使自己与他人的成就相当或者甚至胜过他人。自我改进减少了与他人成绩上的不一致，这一事实加强了管理者的效能知觉，与此相伴随的是组织机能也从中受益(Bandura & Jourden, 1991)。

社会比较的弱化效应也可通过依据自我改善的个人标准对个人成就进行判断而不是依据与他人成绩的比较来判断而降低。通过采用自我比较的方法，个体从个人挑战中获益，而且不会受他人表现的纠缠和让自己退步。然而只关注自我比较并不是绝对可以获益。自我改善从来不会是一个统一的、一直上升的过程，它是以突然的改善、挫折、停滞和进步率发生变化为特征。因而，自我比较可以是自我混乱性的，也可以是自我提高性的，这依赖于个体总是想着自己的不足，还是着重于自己的成就。甚至在组织标准设定在几乎不能达到的水平时以突出获得进步的方式构建成绩反馈，也会提高管理效能信念和组织成就(Jourden, 1991)，但成绩上的提高不能保证效能的提高。成绩可以用破坏或加强效能信念的方式来解释。在大多数企业中，人们的改善在获得熟练的开始阶段很快，但随着技能的精细化并达到可能成就的上限时就减慢了。为了在各种变化中保持效能感，人们必须把改善中消极的波动和改善速率的下降看作是掌握任何复杂活动所固有的，而不是个人缺陷的标志。

个人效能总是在特定环境机会和限制中运用的。有意义的问题包括受挫折的抱负，也包括未实现的机会。对环境控制能力的信念部分决定潜在机会被实现和防止产生限制的程度。因此，对控制能力的信念是产生具有弹性的管理效能的另一个方法。将一个组织看成是可以改变的会增加一个人管理它的效能知觉，而将组织看成相对而言不能被影响的则会破坏管理效能信念(Bandura & Wood, 1989)。确实，甚至在生产力标准很易达到因而可高速度实现组织目标的条件下，如果带有组织的改变存在严重的限制这样的观念看待组织，必然使人具有低个人效能感。具有这样的认知心向，失败被看作是组织难处理的证据。一个人无能力影响变化的信念是自我妨碍性的，而甚至在生产力标准难以实现时，将组织环境看作是自己可以影响的会提高自我效能的弹性。如果具有障碍是可以克服的信念，低于标准的成就使人加强努力并找寻更有成效的解决方法。因此，假如在相同的模拟组织中，认为组织是可以改变的管理者会产生出越来越具有生产能力的组织，而认为组织改变难以实现的管理者则会产生出越来越恶化的组织。组织的各种各样的道路主要由不同的组织效能信念所推动。

458

政策制定中的自我效能和对革新的接受

管理者必须做的许多重大决策不但包括对人事的管理，还包括政策和组织任务问题。为了达到这些目的，他们必须收集关于各种行为选择的利弊的相关信息，评价信息的可靠性，并决定如何在进行政策决策时综合与权衡它们。信息常常为政策和自我保护目的而收集，而不是单纯为了说明投入和收益。而且，决策者收集和使用信息的方式部分受他们个人效能感的影响。

杰图里斯和纽曼（Jatulis & Newman，1991）考察了在模拟条件下，卫生领域中的计划管理者的效能感、潜在风险、时间压力对搜寻关于是否实行某一卫生保健计划的评价信息的影响。当面临时间压力和来自管理部门的混合性支持时，低效能感的计划管理者比高效能感的管理者寻找更多的信息，花费更多的时间与他人商谈，并在决策时拖延更长的时间。很显然，那些不相信自己能作出正确决策并且保护和坚持已作出决策能力的管理者会主要为自我保护性花很多时间收集信息。无自我效能的管理者不仅仅是速度慢的决策者。当管理部门是支持性的，并有充足时间可以利用，管理者不会对评价性计划信息进行长期搜索。

有效的领导需要具有对能提高组织品质和生产能力的革新的接受力。虽然利益可以通过革新实现，但许多因素是革新的障碍。革新涉及对潜在得失的不确定、对被不同部门所竞争的有限财政资源的承担、已建立的结构和业务的暂时性混乱和为重新训练工人使用新技术而出现的争论（Bandura，1986a）。在包括相互竞争部门的组织中，增加一个部门权力的革新会受到将改变理解为分散他们影响力的竞争部门的抵制（Zaltman & Wallendorf，1979）。如果革新不能达到预期效果，发起者会付出沉重的个人代价。很显然，需要高水平自我确信来克服许多影响采取决策的障碍。

459

学校管理者使用微机的效能信念将引入与没有引入计算机的人区分开来（Jorde-Bloom & Ford，1988）。然而，效能知觉影响决策的程度根据计算机是出于管理目的还是出于教学目的而采用有所不同。在仅仅将计算机作为打字和信息管理工具的较为有限的使用中，管理者的计算机知识和经验、职业地位、效能信念和数学科学背景可以作为决策的决定因素，各因素的重要性按上述顺序排列。将微型计算机作为教学工具涉及许多教师，他们常对应如何教学生和谁对计算机的态度动摇不定具有不同的看法。管理者执行技术的效能信念是决定使用计算机的基本决定因素，其他的因素依次是职业地位、性别、计算机知识和经验。革新不是一种人格特质。例如，计算机的快速采用者并不一定是新服装时尚的快速追随者。无须吃惊的是，革新的特质不能对在组织中哪一个管理者引入计算机进行预测。

效能信念不仅影响管理者对技术革新的接受力，而且影响职员进行革新的准备性（Hill，Smith & Mann，1987）。效能信念增加了对技术革新的接受力，这一事实得到了实验的证实。计算机效能感很低的商务专业的学生在执行工作任务时抵制计算机的帮助（Ellen，1988）。与此不同，效能知觉提高的学生放弃了手工而使用计算机辅助方法。支持性的组织环境促进了财政和咨询公司的管理者对计算机技术的采用（Compeau &

Higgins，1995）。来自使用计算机系统同事的鼓舞和示范提高了管理者掌握技术的效能知觉。反过来，高效能知觉伴随着使用计算机工作的较低焦虑和较大乐趣，对生产力和工作业绩质量的更大期待和更广泛地使用计算机技术。然而对于硬软件困难的技术帮助对管理者的效能知觉和后果期待具有消极的影响。这些结论强调了以使人们认为自己有能力的方式提供技术帮助的重要性，而不是使工人对能力具有更多怀疑和依赖性的方式解决问题。

新技术通过改变劳动密集性经营的方式被定期介绍到工厂中以提高生产力。在这些例子中，职工必须采用先进的技术，无论他们是否愿意。这些改变需要职工掌握新技术并使其适合于工作过程中的机械化。麦克唐纳和西尔高（McDonald & Siegall，1992）考察了在某一领域的技术人员不得不学习通过与主机而不是与操作员联系，来管理日常工作活动的转换期中技术学习的效能知觉如何影响电信公司的适应性变化。对自己的学习效能充满自我确信的职工与以自我怀疑的态度看待转变中的困扰的职工相比，前者较满意自己的工作，较愿意承担组织任务，在工作中较少停留在不相关的事物，工作表现较好。当工作机会有限时，低效能感会表现为回避行为，如不情愿工作和旷工，而不是放弃工作。在重新计划工作时，培训者必须不仅关注传授知识和技能，而且关注使职工具有效能信念，这是从指导中受益并在一旦获得技能后就执行技能所必需的。

技术革新包含在组织的网络结构和权力关系中。因而，革新的采用可以造成社会结构的反响。有益技术的早期采用者不仅提高了生产力，而且以改变组织结构模式的方式扩大了影响。伯克哈特和布雷斯（Burkhardt & Brass，1990）报告的一项纵向研究表明，效能信念促进了对新技术的采用，这又改变了组织网络结构。他们在计算机化系统的机构中追踪信息的传播，该系统执行先前承担的数据管理和传送的各种功能。掌握计算机的个人效能信念能预测早期是否采用计算机系统。早期的采用者比后采用者获得更大的影响并在组织中处于中心地位。处于结构中的效能能清楚地产生普遍效应，这可以扩大到个人生产力之外。

460

个人效能知觉影响家务和闲暇活动中新技术的使用，这与工厂中的情形相同（Stern & Kipnis，1993）。人们越不信任自己的效能，就会越远离需要更高级认知技能的活动和产物。那些认为自己在购买新产品上具有充分效能的人必须与难以理解的产品操作说明书较量。正如大多数读者所证明的，一般的说明书形式实际上减弱了适当使用产品的效能知觉（Celuch，Lust & Showers，1995）。关于新技术和新产品的效能信念在购买前后的两个阶段上都起作用。在市场中做买卖的人一般会吹捧自己产品的性质和用途，但忽略了他们推销努力中的自我效能因素。效能信念影响购买行为的知识在有事业心的广告人身上不会很长时间不产生效果。

职业角色扮演中的自我效能

在接受职业角色的训练后，雇员实践其知识和技能并继续发展它们。自我效能知觉影响着他们是否能处理职业追求中的要求和挑战。关于效能信念的作用的证据来自于各种各样的职业领域。

关于职工期待扮演的角色的清晰程度和其角色活动如何被评价在各种工作上是不同的。对于职业角色模糊性的许多研究关注压力效应。麦克恩鲁(McEnrue, 1984)考察了职业角色模糊知觉如何影响高低效能知觉的管理者处理大型公共事业的工作要求的成绩。在这一问题上存在相互冲突的观点：一些理论家认为当工作角色不清楚时，较有能力的职工表现得比较低能力的职工好；另一些人认为有能力的职工在知道他们要做什么时将能力最理想地发挥出来，但如果职业角色模糊的话，他们就不会发挥得很好。事实表明角色模糊阻碍了个人能力的使用。因此，当高低效能知觉的管理者在自己的角色模糊的情况下，成绩不存在差异；而当角色期待和成绩标准清楚时，高效能感的管理者表现出成绩的显著提高而低效能知觉的人提高得很少。这些结论说明对组织生产力低应有不同的补救办法。高自我效能的管理者需要角色澄清，而低效能感者不但需要角色澄清，而且需要建立管理效能感的指导性掌握经验。

通过目标设定提高管理中的自我效能

组织常使用目标设定作为提高生产力的办法。目标以几种方式提高机能水平。由领导所设定的难以达到的长期目标常被作为追求的梦想。这些目标提供了目的感和组织工作的方向。然而，除非梦想被转化为具体目标和实现它的策略，否则它仅仅是一个无效的空想。过渡的目标有助于使组织向成功进发。有些证据表明由领导传达的梦想不会直接影响他人的成绩。它可以提高生产力到一定的程度，从而鼓舞其他人采用梦想中包含的挑战性目标并加强实现它们的效能感(Kirkpatrick & Locke, 1996)。为如何实现梦想提供具体的策略进一步帮助群体成功。我们已经看到目标具有强大的动机效应。通过提供挑战，目标提高并保持了成功所需要的努力水平(Locke & Latham, 1990)。当人们还不清楚他们要做什么时，他们的动机会降低，努力没有方向。目标不仅引导活动并为活动提供动机，也有助于建立和加强个人与群体效能感。达到挑战性目标的成功提高了人们的能力信念(Bandura & Schunk, 1981)。实现渴望的目标也产生了自我满意并提高了人们对正在做的事的兴趣(Bandura, 1986a; Locke, Cartledge & Knerr, 1970; Morgan, 1984b)。

目标在作为挑战时具有上述有益的作用。动机通过抱负提供了方向、个人效能、兴趣和满意的来源。没有抱负和积极投入所做的事情,人们就会缺乏动机、厌烦和对能力具有不确定感。如果仅提供一般性的组织目标,这些目标常是不清晰的和遥远的以至于不能产生一致性的结果。既不具体指出期待什么结果,也不提供关于进步的清楚的时间表的一般性目标,没有为改善绩效提供基础。为了激发和引导努力,目标系统必须是明确的,必须分解为指向长期目标的、可达到的、渐进式的亚目标,必须提供活动的良好反馈。在这种条件下,人们知道自己的目标是什么,知道如何去做,并能确认达到成功所必须的纠正性变化。

洛克和拉塞姆(Locke & Latham, 1984)提出了一个详细的指导方针,指出为提高组织绩效如何设计和使用目的系统。普里特查特(Pritchard)和他的同事详细说明了如何为这一目的设计反馈系统的具体指导方案(Pritchard, Roth, Jones, Galgay & Watson, 1988)。一个高质量的反馈系统需要对工作的不同方面的成绩进行很好的测量。它应该包括工人所控制工作的各方面。它应不仅提供组织生产力的总体指标,而且应区分出组织的各个不同部分如何达到各自的目标。分离的评价可确认系统在哪儿运行得很好,在哪里需要改善。单位的工人应对处于他们的控制之下的工作负有责任。反馈应在规则的基础上,并与绩效水平如何随时间变化的信息一起提供。

目标系统在提高每一层次的职工在每一类型活动中的组织绩效上都有效(Locke & Latham, 1990)。当然,目标系统将不会提高组织生产力,如果这种目标是作为命令强加给组织的话。如果上述目标系统仅仅是增加了工作负担而没有改善工作状况或职工的生活,这些系统会遭到抵制和暗中破坏。为使目标系统得到高度接受和认同,职工应对它们的发展和执行有表达意见的机会。目标应是一种挑战而不是可接受的最低水平的成绩。目标系统应该促进能力的发展,使职工表现得更好并从工作中获得自豪。如果目标系统改善了职工的工作或他们能从提高了的生产能力中有所收益,职工会赞同它。在全球市场的竞争不断加剧的情况下,他们的生活可能要依赖于这些改善了的生产能力。

前面评述的实验分析表明效能知觉是一种重要的机制,通过它目标可以影响动机和绩效。人们的效能信念决定他们采用的目标和其对目标的承诺强度。低于标准的成绩会减弱对自身能力有怀疑的个体的努力,而使自我确信的个体加倍努力。目标设定在组织中的应用证实了效能信念对生产力水平的作用。

厄尔利(Earley, 1986)比较了目标设定、策略训练和训练者是管理者还是工会的代表对英美轮胎产品的影响。职工对指定的目标的接受度、对这些目标的承诺、他们为自己设定的目标以及效能知觉都加以测量。学习了改进产品策略的职工提高了效能信念,并为自己设定了更高的目标,他们更多地承担义务并提高生产能力。由工会代表进行训练比

462

由管理者训练，特别是在存在更多劳资对抗的英国，产生了更高的目标接受度和成绩。目标接受和效能信念都能提高生产力。自我效能知觉可以直接也可间接通过培养目标接受来提高生产力。

参与性目标设定

不同的组织在职工对工作进程和资源分配进行控制的程度上是不同的。这些管理实践上的差异部分反映了组织所处的文化系统的差别（Erez & Earley，1993；Tannenbaum，Kavcic，Rosner，Vianello & Wieser，1974）。在集体主义的文化中，组织决策比在高度个人主义的文化中更广泛地被工人分享。参与性管理的效果已根据组织目标设定进行过最系统的评价。这一方向的研究已经延伸到对中介性心理机制的分析，这对完全理解参与系统非常重要。参与目标设定能通过促进对群体目标的接受和加强对成就的责任影响群体成绩。当人们在所选的目标上有表达意见的机会时，他们就会对完成任务负责，从而将自我评价性动机参与到活动中去。当目标是由他人强加的，个人不一定接受它们或感到有责任实现它。当活动标准是由他人制定的，实现目标的自我评价性诱因可能较弱。已经有人对由他人设定的目标和合作设定目标的效果与工作成绩联系起来进行过多方面研究（Locke & Latham，1990；Wagner & Gooding，1987）。人们在有目标时做得较好。虽然参与性目标设定提高了满意度，但它对于成绩没有一致性的作用。几个因素可以解释为什么让人们参与决定自己的目标不能提高成绩。

人们很少能将全部心思放在任何一个主题上，而且群体的协商很少能达成一致。对于自己的偏好与普遍的看法不同的成员来说，参与性决策不会为他们带来个人决定感的增加。正如洛克和斯奇（Locke & Schweiger，1979）指出的那样，群体可以非常独裁，他们的旨意非常限制人。而且，参与群体决策的机会并不一定意味着大多数成员对群体目标的形成都有作用。只有少数有影响力的成员通常决定所作出的决定。下级成员可能同意他们的决定而并没有感到应对决策负有个人责任。因而，除非存在以群体目标形式存在的高水平的参与，参与性和指导性决策之间的差别实际上并非如想像中那么大。

当管理者设定目标并提供评价性反馈时，他们对成绩的提高产生了很强的组织压力。关注他人对工作的评价和同事的示范生产力能克服目标如何设定的影响（White，Mitchell & Bell，1977）。一旦人们专心从事某一种活动，目标本身变得比它如何设定更突出。环境的约束和限制越少，从个人责任中越有可能产生自我评价性动机并发挥作用。

合作性决策不仅仅涉及主要作为动机手段的目标设定。在群体事务中，成员们共享如何更好地完成工作的知识。改善的计划和策略能提高群体努力的质量和生产性。参与的认知收益在很大程度上依赖于谁能提供最好的主意。当成员比管理者的想法更好时，

463

合作性决策产生很好的结果，而事实常常是这样的，因为他们对任务更加熟悉。拉赛姆、温特斯和莱克（Latham, Winters & Lacke, 1994）发现参与决策的益处来自观点的交流而不是目标如何设定。合作产生良好的策略，提高成员的效能感并提高成绩。对中介过程的检测表明，参与决策完全是通过其对任务策略和个人效能知觉的发展的作用而提高成绩的。正是这些过程大概可以说明自我管理团队的有效性。自我效能知觉也有助于解释参与性目标设定对成绩所发生作用的差异（Latham, Erez & Locke, 1988）。当对合作的鼓励伴随着能提高成员个体效能感的劝说性评论时，通过参与设定的目标被证明优于指定的目标。当效能信念上的差异去掉后，目标如何设定之间的差异会消失或显著下降。

当个人对群体成绩的贡献不是个别地确定时，人们一起工作比单独工作的工作水平低。生产能力的某些下降可能源自激励性动机的下降。如果人们不论工作努力与否，却都能从群体成功中受益，一些人就会减少努力。当同事们看到群体的其他成员从群体的劳动中受益，而没有作出相应的贡献，他们会感到自己在受剥削。多产的工人放松了自己的努力，虽然这减少了自己的收入和群体的收入，但他们不会因此感到受剥削（Kerr, 1983）。甚至在相对贡献没有很大差别时，这也可能滋生出来，虽然只是程度较轻的。罗斯（Ross, 1981）指出人们对自己对群体的贡献观察和回忆得比同事的多。结果，他们更信任群体成功而不是同事对他们的承认。由于在评价个人贡献时普遍存在自我关注的偏向，群体冒险很容易引起受剥削或自己没被充分认识的感受。

激励因素可能是事情的一部分，但它们没有解释为什么没有一个人越来越陷入懒散或为什么人们连续地不充分发挥作用，尽管同事不是对游手好闲的人很友善。群体的努力创造出涉及不同权利、地位和对个人能力的比较性评价的社会动力。仅仅是高度自信个人的存在或充当从属的角色也会减少常规技能的有效运用（Langer, 1979）。对于很容易受到社会威胁的人来说，这些社会因素能通过破坏群体努力的效能知觉来破坏成绩。

个人主义并不一定完全起促进作用，集体主义也不注定完全起阻碍作用。协同工作是否比独自工作产生较好或较坏的成绩依赖于成员的效能知觉、他们对自己对群体成绩的贡献的确认和他们如何期待对自己工作的社会评价。高效能感的成员期待他们的努力产生积极的后果，结果他们的工作在个别评价时比与融入群体成绩时好。另一方面，低效能知觉的成员料想自己工作上的缺陷会遭受冷遇，当他们单独工作时比他们的贡献作为团队努力一部分时工作效果更差。正如这些结果和下面要报告的结论所揭示的，自我效能理论有助于解释单独工作和一起工作为何对生产力产生不同的影响。

自我效能对创造性生产力的作用

学术界的成功非常依赖于研究能力。科学发现的过程常常是一个无确定性后果的曲

464 折过程。很显然，研究不是一个能轻易规定个人命运的活动。它需要相当的创造力、持久的力量和能获得产生社会影响的新知识的偶然成分。研究者必须具有相信自己努力最终会获得成功的强个人效能感。的确，对一个人研究效能的高度确信在控制了经历、学术等级和学科归属后仍能说明研究的创造能力(Vasil, 1992)。泰勒和她的同事考察了自我效能知觉与其他因素一起决定教员的研究创造能力的方式(Taylor et al., 1984)。他们发现效能知觉以直接或间接的方式通过影响学者们为自己设定的学术目标或通过使他们适应性地同时在各个研究和写作项目上工作的方式对创造力发生作用。高创造力能获得专业刊物的引用与优厚的收入和晋升。

发表论著和过分强调研究性论著在决定学术进展与工资水平上的作用的制度压力常受人抱怨。人们可能不把对学术成就的争论看成是发表与否的问题，而是为学术界对新知识的追求需要社会强制而感到困惑。斯克恩和威纳卡(Schoen & Winocar, 1988)对这一现象进行了部分解释。教师们对研究的效能信念比教学和管理效能信念弱。教学比研究活动更易获得个人控制，研究活动必须的资金难以得到保证、研究努力的结果不能确定、稿件常常被拒绝、曾设法从折磨人的发表过程中逃脱的论文在期刊上布满了批评。而另一方面，熟练的教学活动会立即带来满意。总之，研究在学术领域不是最容易从事的活动。尽管有制度上的要求，人们通常还是会回避自己认为无能力完成的事。单纯命令性的创造力不一定会得到提高。

职业应激和失调

前面部分的研究结果主要关注职业效能的发展和它对生产能力与工作满意感的影响。完成职业要求的自我效能知觉也影响职工的应激水平和身体健康(McAteer-Early, 1992)。低效能感的人出现焦虑、健康问题和有损健康的习惯，如过度吸烟和睡眠困扰。职业应激不仅仅是职工的问题。一定的组织条件能破坏职工对自己职业能力的信念并加剧低应对效能感的有害作用。其中包括加速技术要求而导致的沉重工作负担、为阻止技术过时而不断发展的机会受到限制、对升职缺乏展望、对工作和个人生活之间不平衡的不满。一些职业活动是以一种不允许有除工作之外的个人生活的高要求的狂热速度进行的。

职业应激是一种由个人和组织两方面因素造成的普遍问题。工作场所常滋生冲突和产生对在可利用资源限度内执行角色要求的阻碍。工作的过度负荷和单调会产生情绪问题。许多工作现在都由计算机技术驱动。计算机化的工作可以连续地追踪雇员的活动。这些信息可以用来组织工作过程、调整工作负荷和管理资源。然而，当计算机被作为管理控制的强制方法时，计算机监控会对工作的质量产生有害影响。在自动监视的形式下，计算机代替了管理者，这就产生了监督机能的去人格化和与同事的社会分离。电子定速和监视系统施加了很重的工作负荷，但对工作过程很少控制使工厂变成了完成程式化工作的剥削人血汗的电子工厂和进行更高水平的密切监视的玻璃鱼缸式环境。去除工厂中的两个重要的应激减弱器，控制知觉和社会支持，会产生削弱工作满意感的应激性环境。在全球化市场中提高国际竞争力要求产品具有更短的发展周期并进一步加强对工作生产力的控制。由于公司重组、紧缩、接管、企业合并和国际化所带来的工作不安全性在所有组织水平上都是主要的应激源。

465

在相互作用模型中，效能信念影响评价并将组织应激源的影响施加于职工的身体健康和情绪生活。过去一直主要根据任务要求来看待人的应激，这些任务要求使人感到有负担，并超过了处理它们的能力知觉。的确，这就是情绪紧张的最一般来源。然而，当人们发现他们陷于低于自己能力的工作(Osipow & Davis, 1988)或在他们的生涯中达到了一种几乎没有机会完全利用自己的技能或提高技能的稳定状态时，职业应激也会产生。在这些条件下，应激是由于不能更好地利用自己的天分而产生的自我贬低和由于没有得到晋升遭到社会指责而产生的，并不是由于不能处理高负荷的工作负担所造成的期待性消极后果而产生的。将什么体验为职业应激部分依赖于自我效能知觉的水平(Matsui & Onglatco, 1992)，低效能感的职工承受沉重的工作要求和角色责任的压力，高效能感的职工则由于缺乏充分发挥其天分的机会而感到挫折和压迫。这一过程同样在群体效能水平上起作用。信任其所在部门能干得很好的职工比认为本部门具有低群体效能的职工会更多地由于组织限制及限制性规则和程序而感到挫折(Jex & Gudanowski, 1992)。

有些证据表明个人和群体效能信念对不同形式的由组织限制、角色模糊和工作负荷引起的职业应激产生作用(Jex & Gudanowski, 1992)。完成工作要求的低个人效能感唤起焦虑，而对所在部门顺利完成工作的低群体效能感则会产生对工作的不满和放弃当前工作的意图。组织上的限制主要通过对群体效能知觉起作用而影响满意感和放弃工作的意图。前面的研究只是关注于进行行为控制的效能感对职业应激的影响。更早以前我们就发现效能信念不仅通过行为控制知觉，而且通过处理起扰乱作用的思想和情绪状态的能力知觉影响应激反应。因而，应激的自我效能理论的综合测试应包括控制性效能感的所有三个方面。

做服务性工作的人不得不日复一日地处理人们的要求和问题。这非常容易将服务常规化并失去个性，并将人作为无表情的对象。当提供重要利益的效能知觉下降时，厌烦和冷漠就产生了。在有情绪负担的职业中，慢性应激源能引起被称为“衰竭”的反映征候群(Maslach, 1982)。症候群的去个性化方面是人的服务行业所独有的，但另外两个方面——情绪上的筋疲力尽和缺乏个人成功的感受——在人们面对不停的工作负荷和将他们所做的事既不看作有价值的也不认真做的任何职业中时都会发生。对于不涉及人类服务的职业来说,逃避工作则以对工作玩世不恭的方式而不是以使顾客失去个性化的方式出现(Leiter & Schanfeli, 1996)。这种困乏的最后效应表现在成绩的下降、士气的降低、旷工和人员流动(Jackson et al., 1986; Maslach & Jackson, 1982)。而且,这些职业困难倾向于演变为人们生活中的物质滥用、健康问题和婚姻冲突。

人们求助于行为或认知努力以处理或应对应激源。应对厌恶的组织要求可采取不同的形式。职工可以尝试重建工作情境、增长自己的知识和技能,并找出更好地处理自己工作要求的方法,或者他们可以通过敷衍地工作和向内转向以减少情绪困扰。个人效能知觉是预测对情绪上高负荷工作的适应应采取何种形式的一个因素。克威里孜、艾尔特麦尔和鲁赛尔(Chwalisz, Altmaier & Russell, 1992)研究了教师对工作应激和处理应激源的效能知觉影响他们的应对风格和不同类型衰竭反应的程度。图 10.3 总结了各种关系的范型。虽然个人因果性信念与效能信念相关,但对工作应激原因的信念、持久性以及它的可改变性都与应对策略或衰竭反应无关。然而,职业上的无效能知觉是衰竭的核心调节者。高效能感的人求助于旨在改善自己工作情境的解决问题应对。与此不同,那些认为自己不能改变工作的应激性方面的人则求助于失调性的应对方式以减少应激。

466

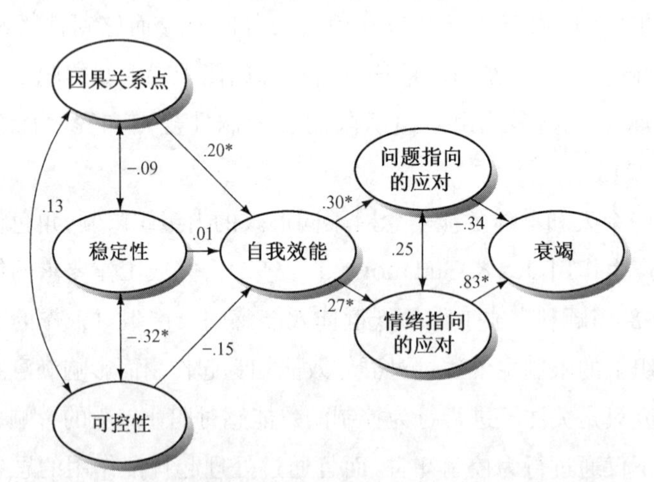

图 10.3 通过身体和情绪上的疲惫、去个性化和低个人成就感来测量的关于教师衰竭的因果归因、应对效能知觉、应对策略的因果关系的分析。(Chwalisz et al., 1992)带星号的路径系数在.05 水平上显著。

某些减少应激的策略依赖于对情境的认知性重新评价以使他们较少受到伤害(Lazarus & Folkman, 1984)。这些评价包括将问题看作是能改善一个人的技能的挑战和诱因、关注于消极情境的积极方面、考虑事情怎么会这么糟、把小问题置于较大的视野之中、重新审视一个人的优先权并从他人处寻求安慰。另外一些减少应激的策略表现得更加逃避主义，如通过转移注意力使问题处于意识之外，求助于饮酒、使用毒品或过度进食以减轻紧张和退缩、不参加工作。低效能感促进了逃避主义的应对，这又易于使职业生活更糟。这一类型的应对与高度的情绪消耗和对个人成就的无意义感有关(Chwalisz et al., 1992; Leiter, 1991)。问题解决应对有助于职工更好地处理工作环境，从而阻止以衰竭为特征的有害作用(Leiter, 1991)。应对方式和衰竭之间的关系毫无疑问是双向的，对慢性工作应激源的逃避反应会使衰竭产生，而有害的衰竭体验又会促发逃避反应。当然，有些人在寻找能给他们带来成功和满足的职业时离开了他们当前的工作。

阻止和减少职业应激既需要个人又需要组织上的矫正措施。在个人水平，职工需要通过提供给他们工作中的成功感和自豪感的方式发展出他们工作所需的自我效能和技能。不能避开消极工作经验带来的烦扰性思虑的无能力感常比工作负荷本身更使人出现自我弱化。因此，职工需要学会如何通过不把与工作有关的问题以家庭作业的形式或反复思虑的形式带回家的方式，从有情绪负担的工作中获得恢复性的休息。这可以通过发展在业余时间对工作的厌恶思虑进行控制的效能感和通过在日常生活中参加放松与恢复活动的方式实现。这些改变不单纯由社会条例所产生。受折磨的人常具有低的转移注意力效能感，因而他们很快使自己相信他们在筋疲力尽的一天结束时不但不能抽出时间，也没有精力从事有兴趣的享受性活动(Rosenthal & Rosenthal, 1985)。他们需要指导性掌握程序以帮助自己恢复享受生活中的愉快的休闲活动。他们可能很熟悉这样的格言：没有一个临终的人会为没有将更多的时间用在工作上而感到后悔。

衰竭的组织来源包括工作的性质和结构与工作所处的社会环境的性质(Maslach & Jackson, 1982)。在被确定为对衰竭起作用的组织因素中，包括长时深入接触处于各种难以克服的问题之中的人们，很少有减少情绪负担的非个人性工作的休息，使人们不能充分运用自己技能的不变的工作程式，缺乏对工作环境的政策和实践的个人控制，缺乏关于个体如何从事工作的反馈，缺乏来自同事的社会支持以减轻来自工作中一些方面的负荷。接触同事的低效率和玩世不恭的观点会通过有感染力的示范加速这一过程。

在组织水平上减少对职业应激和衰竭的易感性的努力必须要提到制度惯例破坏职工效能的各种方式。职工需要对影响他们工作的事件进行控制并为他们提供对所生产产品的拥有感。他们的工作应该根据自己能控制什么来进行评价。不能对工作如何组织进行控制但要对结果负有责任使人气恼并会引起应激。职工需要从发展和改善他们的技能的方案中获益，他们同时需要帮助性的反馈系统以使其得到更高的效能感并取得工作中的成功(Leiter, 1992)。对工作进行重新组织使其变成富有变化、挑战性的活动并有实现首创性的机会能对抗应激性停滞。最后，应提供给人们来自同事的社会支持系统，同时还要有能创造出使命感和目的感的高效领导。

职工的缺勤是一个长期问题，它每年通过破坏工作进度和降低生产力招致高达数亿美元的损失。缺勤不仅是一个对工作不满意的问题。职工们揭露了使他们远离工作的各种原因。其中包括家庭问题、与领导和同事的冲突、交通困难、工作应激、酒和毒品引起的个人问题、厌倦工作、医疗约定和疾病、将工作以外的一些时间看作是个人特权(Latham & Frayne，1989)。经常性的缺勤只能加剧困难，从而导致将组织制裁从正式的警告升级为留用查看以至解雇。

弗莱恩和莱塞姆(Frayne & Latham，1987)设计了一个有效的方案通过发展自我调节效能减少旷工。对于旷工者的组织威胁和惩罚以及积极鼓励其参加工作都不能缓解旷工问题。在群体中教会那些常旷工的职工如何更有效地管理他们的动机和行为。他们监控自己的工作出勤率。让他们分析干扰自己出勤的个人和社会问题并教会他们克服这些障碍的策略。为自己设定提高出勤率的亚目标并对达到目标给予奖励。为建立恢复能力，他们分析了可能引起重新旷工的条件并发展出为处理这些条件的应对策略。控制组职工不接受自我调节方案。

468

自我调节上的训练提高了职工克服导致他们缺勤的障碍的效能信念，而且他们的自我调节效能感随时间继续增强(图 10.4)。他们不仅增加了工作出勤，而且在 9 个月内保持了这一变化(Latham & Frayne，1989)。方案提高职工的个人调节效能信念越多，他们的出勤率就越好。在训练结束时的个人调节效能知觉能预测 9 个月后的工作出勤率。在保密性的自我报告中，职工承认在进行自我管理训练之前，他们常以生病为由缺勤，而这实际上有其他的个人和社会原因。在他们获得了管理自己生活中问题的效能感后，他们

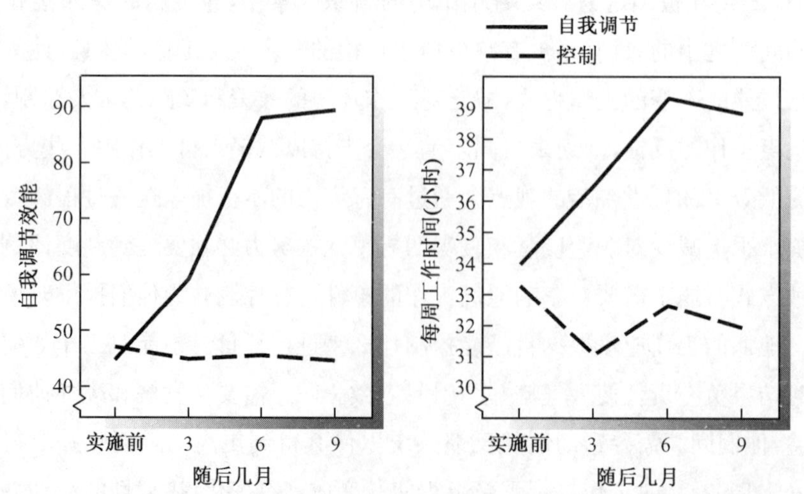

图 10.4　从自我调节计划中受益或未受益的职工缺勤率的变化(After Frayne & Latham，1987)。

仅仅会因为生病或预约去医院才会离开工作，并且在以后的阶段中因生病而缺勤有所下降。职工对培训方案表现出很强的积极态度。通过增加工作参与，他们不需要令人反感的组织约束并使自己得到来自个人和组织方面的好处。

集体组织效能

大多数职业活动指向于在组织结构中通过群体努力而获得的群体目标。有效的集体行动比个人自我指向性的活动涉及更复杂的社会中介的影响途径。人们不得不相互依赖才能完成任务和执行互补性的角色。群体成功需要在任务、技能和角色之间具有有效的相互依赖联系。群体成员不仅必须将自己正在做的工作与他人的工作进行协调，而且还受同事的信念、动机和活动的性质的影响。这些交互作用使集体效能变成一种必然出现的群体特征。虽然集体效能知觉被广泛地认为对完全理解组织功能极为重要，但对它的研究还很少。集体效能知觉在整体上与社会系统的活动能力有关。集体效能信念影响使命感和一个系统的目的、对所追求的事物的一般信奉的强度、成员是否很好地共同工作及在面临困难时的群体弹性。

在一些组织中，亚系统和活动必须紧密结合；而在另一些组织中，它们仅松散地结合。在需要较低的系统相互依赖的活动中，群体成员需要将他们的努力相互协调并相互支持，但群体的成就水平是独立产生的结果的总和。在需要高系统相互依赖的努力中，成员们必须协同工作以获取群体成果。成员对他们自己效能的信念的合计在群体成果主要是组织结构中各成员独立工作的贡献总和时是最重要的。成员的群体效能信念总和在群体成果是通过高度依赖的努力而获得时较为重要。

虽然个人和群体效能知觉在概念上有很清晰的分别，但在现实中他们常共同起作用，因为人们至少在某种程度上在完成任务时依赖于他人。在群体结构中独立工作的人并不是完全不受周围其他人的影响。他们的效能感可能在通常失败的群体中比通常优胜的群体中更低。而且，由某一系统所提供的资源、障碍和机会部分决定了各人的效率，即使他们的工作只是松散结合的。相反，当人们相互依赖地工作，他们的群体效能感主要依赖于其成员的个人效能。结果，个人和群体效能知觉可能在组织相互依赖的各种水平上有各种程度的相关。

大多数情况下，组织绩效的决定因素和机制必须在它们在现实世界起作用时而非通过影响因素的系统变化进行评价。对集体效能的分析必须区分社会制度功能的动态和稳定阶段。集体效能知觉对群体绩效的影响在社会系统正在经受重要变化时进行分析最容易被证明。群体的集体效能感的增加完全转变为令人注目的组织成就需要时间。当系统处于一个变化的动态阶段时，时滞效应会消除因果来源及方向方面的某些模糊，当组织处于相对稳定的状态时对于因果作用的评定是较复杂的。举个例子来说，我们来看一个能使原来失败的人变成一个长期优胜者的激发型教练和一个将一个原来的优胜者变为长期的失败者的使士气低落的教练。各团队现在经常处于显著不同的水平。如果在统计上去除团队活动成就上的差别，事实上当这些团队的成绩主要是团队不断变化时由教练所逐渐灌输的运动员的集体信念的产物时，教练的质量将对各团队的成功程度的差别没有什么作用。如果效能知觉的作用从先前成绩的指标中去掉，过度纠正的问题就会减少。

对集体效能知觉的分析在这里是有限的，因为它在下一章将得到详细的阐述。前面引用的作为社会系统的学校的创造力的研究提供了一个集体效能知觉对组织绩效起作用的例子(Bandura，1993)。教师的集体效能信念对控制了学生的社会经济和种族条件、教师的经验水平和原来的学校平均成绩水平之后，对学校的学术成就有重要贡献。教师有高集体效能感的学校学术繁荣，而教师对自己的集体效能感有严重怀疑的学校的学术水平则取得很少进步或有所下降。

470 大多数组织活动需要高水平的协作以达成良好的效果。成功主要依赖于熟练配合的自我管理性团队尤其是这样。团队成员不但必须相互依赖地完成任务，而且必须管理他们工作的指导、动机、人际和操作方面。工作团队在管理这些多重功能的有效性上各不相同。里特尔和麦迪甘(Little & Madigan，1994)提供了一些证据说明集体效能知觉在群体水平上影响自我管理型团队如何执行他们的工作。在执行生产活动的能力知觉上团队间存在差异，但在团队内是一致的。集体效能感越高，团队成绩越好。正如在个体水平上那样，团队效能知觉并不是一个静态的群体特征。它随成员间的相互关系和外部现实压力的不断变化而起伏。

个人主义与集体主义效能

不同社会在社会实践是以个人主义还是以集体主义为基础的程度上有所不同。个人主义的制度为个人发展、鼓舞自我积极性及对个人成功进行奖励上提供了广泛的机会。相对而言，偏向集体主义伦理的社会要求自我利益要服从于群体的幸福并提倡强的共同责任感。个人利益和满意与群体成就相联系。这些不同的社会化经验将培养出独自工作的个人主义效能感和群体共同工作的集体主义效能感。管理活动的研究表明情况确实如此。然而，集体主义定向对效能信念和生产力的作用不像集体主义者在群体里工作较独自工作出色的绝对观点那么简单。

厄尔利(Early, 1993)比较了个人主义与集体主义管理者在独自工作或作为群体成员工作时的效能知觉和生产力。他们执行的模拟任务包括如下活动：备忘录、完成申请表格、评定工作申请人和评价生产计划。美国管理者代表个人主义的文化，以色列和中国管理者则代表集体主义文化。为了评价集体主义定向本身的作用，群体成员既可以是来自同类种族的也可以是来自不同种族的。

美国管理者在个人管理制度下表现出最高水平的效能知觉并工作得最好，而他们在集体管理制度下认为自己效能最低、生产能力最低。来自集体主义文化的管理者则出现了相反的模式。他们判断自己作为相同种族的管理者团队的成员时效率最高且工作最多产，作为独立的管理者或在管理者的团队中的成员来自其他文化背景时，自我效率和生产能力最低。有趣的是，集体主义者并没有把自己看成是在所有的群体制度中都表现出高效率的，而仅仅在成员来自相同文化背景的条件下才有高的效能。集体主义者在来自异质文化的成员组成的群体中表现出个人和群体效能感的下降和生产能力的减弱。

个人主义者对自己执行独立性工作比在群体中工作的自我评价和其他结果有较好的期待；而集体主义者预料自己在群体内团队中的成就比单独工作或在群体外的团队中工作时有较好的结果。在个人和群体管理制度下的生产力的变动主要反映了由不同文化实践所培养出的效能知觉的不同模式。个人和群体效能信念可说明管理活动中的大部分变异。当效能信念和期待性后果的作用被控制时，国家来源只能解释成绩中5%的变异。

实验分析进一步深化了对效能信念如何在不同文化中起作用和发生改变的理解。厄尔利(Early, 1994)检验了个人或群体定向的劝说效能以何种方式影响个人与集体主义文化中的管理者的效能信念、动机、生产能力。预先提供给管理者是他们个人还是他们的群体拥有为执行某一管理活动所需特质的诊断信息。图10.5表明当提高效能的影响是个人主义定向的，来自个人主义文化的管理者表现出较高的效能信念和生产能力的提高；而来自于集体主义文化的管理者则在相同的提高效能感的影响是在群体定向的条件下，效能知觉和生产能力有较快的提高。在中国和美国的电信公司中以个别方式或集体地以一个工作单位的方式指导部门代表，文化情境同样也调节训练对他们效能知觉和成绩的影响。

由于在文化内部也存在变异，理解文化背景如何影响效能信念和机能需要对个人取向与占优势的文化取向进行分析。无论文化背景如何，在职工的训练与他们的个人取向相一致时比不一致时，其个人效能感和生产能力的增加较多。在分析的文化和个人水平，强效能感都能产生高努力和生产能力。个人主义或集体主义取向的效果及训练人们关注于成绩获得的效果是以效能信念和它们的动机效应为中介的。这些结论强调努力提高个人幸福与成就必须根据个人的价值观和特质来制定这一一般原则，不论它们是由占优势的文化影响所形成还是由某一文化内的各种影响所形成。

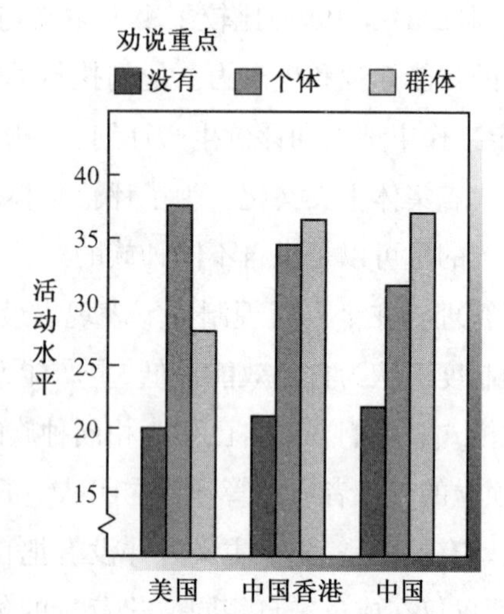

图 10.5 提高效能的影响对个人主义和集体主义文化中的管理人员效能知觉和生产力的不同作用取决于社会影响是个体定向的还是群体定向(Earley, 1994)。

在工作中并不需要高相互依赖性的职业角色中,兴趣更多集中在个人成绩而非群体成绩。销售工作需要大量的努力、机智和耐心。巴灵和比泰(Barling & Beattie, 1983)研究了在其他因素中,效能信念和后果期待对保险销售的相对贡献。有助于成功的人际和交往技能包括自我效能知觉。后果期待根据好成绩会产生的各种各样可能的社会、金融和职业生涯发展的得益进行评价。高效能感的销售人员比低效能知觉的人员签订更多的销售合同并卖出更多的保险,在一年内比低效能感的推销员创造更高的总价值。后果期待和销售经验都不能影响销售成绩的这些方面。

472

组织学习

在低相互依赖的条件下,组织主要对个人成绩施加情境性影响。当个体不得不相互依赖地工作以获取成果时,个体和组织有效性之间的关系具有特殊的重要性。理论上感兴趣的问题在于组织如何学习和改变以及个体与组织学习之间的关系如何。组织通过个体行为发生改变。因而社会结构因素对组织成绩的影响是以个人水平的动机和学习机制为中介的。学习是通过几个相互联系的亚功能实现的。这一过程的第一个阶段需要监控与解释环境的机会、限制、偏好和要求。形成相关环境的观念可提出适应或改变环境所需要的行动过程。下一个阶段包括策略选择或解决办法的建构。在第三阶段,对有可能被选择的解决办法进行检验和修改。解决办法最初通过象征性地探索为产生它们所需要的能力和它们可能产生的结果而进行检验。从这种认知模拟中出现的,考虑到效能知觉、后果期待和现实的限制的最好的解决办法就加以执行。被选定的行动进程根据它产生的后果被采用、改动或丢弃。当然仔细的考虑不总是先于行动,它也不总是最理想的。但人们如果在进入不确定的情境中之前进行思考,就能比较成功地实现他们的目标。

虽然学习的一般过程是相同的,但由于亚功能的差异及其之间的相互作用,个别学习和组织学习之间存在根本的差别。在个体水平,同一个人执行每一个关键亚机能。在组织水平,这些不同的亚机能不得不因为组织活动的大量和复杂性不同而在很大程度上被分开并被分配到不同亚组去执行。这并不是说组织学习和革新的亚机能是刻板地分为几个部分,而是每一亚机能需要大量的专门知识,没有哪一部分的人有时间和专长把每一件事都做得好。虽然机能必须有一些专门化,但学习是一个组织水平的活动,组织中的每一个成员都可以贡献新想法。亚机能之间的相互联系需要在不同的部门之间进行观念的交流。使问题更为复杂的是,亚机能的划分激活了社会动力,它能促进、延缓或阻断组织学习和改变。从社会认知理论的观点看来,组织学习是通过相互作用的社会心理过程而不是通过独立于个体行为而起作用的具体组织特征来实现的。隐蔽的议程、偏向和不适当的理解都会损坏组织革新努力的合理性(Shoemaker & Marias, in press)。

看一看基本的亚机能如何在组织中执行。在环境监控或诊断功能中,组织中的一个亚系统被分配主要负责对市场中的偏好、需要和趋向进行评价。那些专门研究环境监控的人员进行调查,为搜索新出现技术的信息浏览期刊和电子网络,参加工商业展示和专业协会的会议以保持与改革同步,分析市场趋向和新产品的机会(Dafe & Huber, 1987)。除此之外,监控人员还要密切关注成功的竞争者在做什么并探索组织外有见地的建议者的观点。监控的亚功能需要发展收集、解释和传播信息的系统,从而提高对消费者环境的理解。组织运作所处的广泛的社会、政治和经济环境也必须给予紧密监控,因为社会的价值观和调控结构在塑造组织生活上有影响作用(Powell, 1990)。随着产品和全球市场的快速变化,环境变得更复杂、更不稳定、更难预测。那些怀疑自己对市场环境的诊断和预测能力的信息探求者会减少他们的监控努力(Boyd & Fulk, 1996)。成功人士不会被问题的复杂性所阻止。高效率的公司比低行动能力的对手在制定他们的行动进程时有更好的监控实践。对组织能否在设想的选择上获得成功的能力的判断在引导决策的模拟中是一个影响因素。控制选择和对环境信息的认知加工的心理机制是相似的,无论人们是独自还是在组织中行动,但将某一亚功能进行划分则产生了一定程度上决定这一活动执行得如何的社会方面的问题。而且,组织水平的学习是集体的努力,其中成员通过与他人分享知识和与他人相互作用产生新的观点。这为集体学习增加了另一个社会过程。使用组件的计算机技术使个人能通过脱离时间和空间限制的在线讨论集体解决问题(Wang, 1996)。

473

在诊断情境和决定变化的适合方向后,目标必须转换为旨在实现目标的组织活动。

激进的改革在产品开发中会遇到更多的问题，因而需要比在已存在的商品或过程中进行改进有更多的组织支持。组织必须不断变革以求生存与发展。发展新产品或服务的改革性亚功能被委派给另一个亚系统。失误是对新观念进行实验的一部分。因而，从失败中学习是需要进行创造性工作的组织学习的关键部分（Frese & Van Dyck，in press；Sitken，1992）。常规的动机产生了在坚持现在所做的和发展将来能做得更好之间的张力。满足于成功会成为创造更好的解决办法的阻碍。改革性的组织建立起特殊的操作结构和激励系统，它们极有助于产生新的观点并将其转换为有前途的改革（Galbraith，1982）。这些安排不仅促进了变革，而且保护了改革者不再受对不适合现存模式的观点的组织性抵制。变革可以通过三个主要过程产生。一些改革是探索性实验的产物。富于创造性的发明家，托马斯·爱迪生大概通过顽强的实验保持了发明记录。例如，他在发现一种适合做电灯的材料之前对1 600种不同灯丝进行实验，并通过对6 000多种新材料的测验找到最好的灯丝。

很少有改革完全是新的。第二种创造主要包括将已有的知识综合进思维和行动的新方式中。实际上许多改革是通过仿照实现的。组织进行大量的对竞争者成功实践和产品的选择性仿照。仿照不仅仅是相互复制的过程，它是将有用的成分从各种来源中选出来并综合进新的形式中去（Bandura，1986a）。通过分解和改善竞争者的产品而进行的仿照是在"倒序制造"这一委婉语条件下进行的广泛的组织实践（Eells & Nehemkis，1984）。474 波尔顿（Bolton，1993）建立了一个有力的个案说明选择性仿照是竞争的必然产物，因为存在与全新的产品相联系的高研发费用和技术及市场的不确定性。组织没有时间和金钱去不断重复发明良好产品、服务和制度的核心特征。

创造的第三个过程是偶然的运气。它会时不时带来改革（Austin，1978）。用凯特林（Kettering）精辟的话讲："继续向前走，机会就在你产生困惑的地方。"新产品和有时甚至是一些重要工业出自偶然。例如，凯洛格兄弟管理一个用来消除他们所看到的食肉和饮酒的灾祸的健康疗养院（Sinclair，1981）。一天，当他们准备为疗养院的食物增加一个品种而正在煮面团时，他们被叫走了。当他们在几小时后回来时，决定用钢碾子压面，令他们吃惊的是，他们得到的是麦片，而不是要的饼干。这一偶然的延误产生了早餐谷类食物工业。偶然事件在许多科学发现中也有重要作用。诺贝尔奖获得者亚历山大·弗莱明发现了盘尼西林的杀菌作用是因为他没有按时清理旧培养器皿使盘尼西林霉菌获得充足的时间生长。组织的创造力是这三种变革方式的产物。

对组织学习很关键的最后一种亚功能包括对产品销售进行检验，并设计销售和推销的策略。来自消费者市场的反馈为产品的进一步发展提供指导。如果组织失去了与消费市场的接触，他们就会面临严重的麻烦。这需要高效率的管理以协调不同亚功能的专长。

组织学习不但区分了不同亚系统之间的亚机能，而且激活了作为组织学习和改变的阻碍者或促进者的有影响作用的群体过程。如果成员很好地利用他们的互补性知识和专长，组织功能会促进组织学习和活动；但如果他们将计划进行的变化看成对他们的利益造成威胁并以相反方式行事，破坏组织努力，那么组织功能会阻碍组织学习和活动。在学习的任何重要亚功能上或在他们的社会协调中的缺陷或失败都将破坏组织的创新能力及利用市场机会的能力。组织学习的基本亚功能可能在不同的情境中以不同的方式相互协调，但无论组织是以集中的层次结构还是以去中心化的结构起作用，它们都是成功所必备的要素。

评定组织学习的效能知觉应测量成员关于组织亚系统如何执行他们的各种功能和他们如何协调工作的信念。效能亚功能包括分辨市场机会和将来趋向、产生革新性想法、将它们变为优秀产品或服务、为国内和全球市场设计有效的策略等组织能力。管理者起重要的协调作用。我们已经看到管理者的决策效能信念在组织机能性质上的影响作用。除了测量亚系统和协调效能知觉外，参与者在作为一个整体的革新以及获得不同水平的财政收入方面的组织效能信念也应被评定。

组织文化

集体效能知觉也与组织文化的论题有关。这一方面的探究关注组织中形成其正式和非正式行为的共同价值观和信念系统（Martin，1992；Schein，1985）。组织的价值观反映在礼节、规范和组织优先考虑什么，其奖励和惩罚的行为风格以及被作为榜样的态度和行为的类型等方面。组织文化不仅通过社会化实践，而且通过选择性地吸收适应占优势的体制的人而使组织文化永远保持下来。组织文化的观点在直觉上是吸引人的，但却充满困难。开始时，到底什么是组织文化并不完全清楚。包含许多不同事物的定义不清的现象很难详细说明。组织没有统一的特征，这使问题进一步复杂化。他们会信奉一套统一的价值观和观点，但在实践中却由亚文化所支配，每个亚文化各自都具有如何行事的不同观点（Martin & Siehl，1983）。在一个组织中的各个部门，无论存在互补性还是部分冲突的都有自己的社会联系、规范标准、身份和地位（Young，1989）。然而，关系的特定模式可以根据关注点不同而发生转换。领导的周期性变化使与新旧组织实践相关联的成员之间存在冲突。缺乏一个文化的不同侧面如何影响组织机能的明确理论和缺乏测量群体文化的方法进一步阻碍了这一领域的研究。描述一个组织当前文化特征上的困难在努力重建它的历史时被扩大了。在这些回顾中存在许多虚构。

支持组织文化的许多证据大多以有关财政上成功的公司的轶事形式存在。许多将组织文化与财政成绩联系起来的更为系统的经验性工作在结果上含糊不清或不相一致（Siehl &

Martin，1990）。组织文化的许多支持者不考虑量化方法。他们对能比较组织的核心因素的标准化测量的适当性提出质疑并偏好对某一组织所特有的社会气候进行现象学的分析。这一论点并不是不存在问题。成功的组织必定有一些共同的普遍性特征，它们能可靠地加以测量。如果使组织成功的因素是每一组织所特有的，对成功组织的文化研究可能很少具备一般性价值。如果他们之间没有概括性的话，除了美学原因之外，为什么浪费时间研究成功？依赖于面谈和现场观察的定性方法为归纳性的理论化和建构分析性的经验研究的测量提供了必要的洞察力。他们为描述组织文化特征的各因素提供量化数据。没有量化分析很难评价不同因素的相对贡献以及与组织成功之间的交互作用。

在工厂文化的研究中，一些后现代主义理论家把不存在事件的确切表征而仅仅存在观点的不同这种观点推向虚无主义的极端。当然，没有一个外部世界的表征是完全与解释无关的，但同时也没有任何解释完全独立于外部世界中事件的真实状态。生活中充满对现实的检验，在随之发生的事件中，它会对由错误判断而引起的愚蠢行为进行无情的袭击。引用一个简单的例子，以对重力的错误解释为基础的跳高将使人住进医院的特护病房。如果解释错误的话，在行为与后果之间存在的社会相倚关系同样也是无情的。对现实的一些说明比其他的说明更具解释性、预测性和影响力。然而对激进的后现代主义者来说没有一个现实比另一个较好。这种论点具有自我否定性质，因为它使支持者自己的观点仅仅成为另一种没有任何特定真实价值的特异形式。后现代主义的这种激进观点导致了陷入自我中心主义的困境。的确，看到激进派后现代主义者论证他们没有一个正确的观点的观点的正确性是一件有趣的事。

组织因素与有效性之间的联系不单单是认识论的问题。在全球市场激烈竞争条件下什么能使组织成功和适应快速变化的市场要求的知识对组织的生存与进步起很大作用。毕竟，研究组织的主要目的是获得能对组织实践有价值的知识而不仅仅是讲一个关于讲故事者的自我中心分析的故事。对组织机能的理解可通过将功能主义和现象学观点互补而不是对立的方式而得到提高（Denison & Mishra，1995）。然而，文化这一术语的模糊性会妨碍对组织功能的量化分析。验证对组织成功有帮助的结构和过程的努力转变为所研究的特定核心因素群是否真正代表文化的争论。理解组织生活的进展可受益于重新组织争论的问题，它不是以混乱的文化术语，而是以提供更多有价值的研究方向的社会结构术语来进行的。

476

对功能主义观点的抵制常掩盖在对结果测量的范围和充分性的批评中。结果的选择比认识论问题更有价值。组织实践的结果可以以经济、人文、生态学和社会的方式进行测量。依赖于财政成绩而忽略工作中的其他方面，如职工的士气、健康和人员流动，为组织提供的是组织功能的狭窄的观点。而且，公众认为公司要比为股东利润服务负有更多的社会责任。很清楚,对组织成功的测量方法应该扩大,但财政成绩必须仍作为重要的标准。毕竟,如果一个公司不能获得利润,它很快就要倒闭。最后,对组织价值和实践的理论命题的验证需要文化影响组织绩效的纵向证明,而不是仅仅需要在某一时间进行测量时与文化和组织成绩有关系的横断证据。

组织实践显然影响工作的质量和组织绩效的水平。这一领域的进展需要对组织实践的各个方面和产生组织成果的机制进行详细说明。对组织文化的分析不仅要关注如何行事的传统,而且要关注组织进行改革和创造性活动能力的共有信念。由于组织效能的各种影响,产生结果的组织效能信念无疑是起作用的文化的重要特征。组织效能信念通过各种方法形成和传递,包括社会示范、激励系统、人员选择、职工发展活动、工作组织的方式、市场中的相对成功。对组织效能知觉的决定因素的分析能对理解组织绩效起有价值的作用。

/第十一章/

477

集体效能

前几章的分析主要着重于个人效能知觉在个人活动中的作用，但人的生活不是与社会隔离的，人也不能完全依靠自己来控制生活的各个主要方面。对生活的许多挑战集中于一些共同问题，需要人们用集体力量共同努力，使人们的生活变得更美好。家庭、社区、组织、社会机构，甚至国家的力量一定程度上在于人们能解决他们面临的问题和通过共同努力改进他们生活的集体效能感。为了共同利益，他们的行动必须通过团体和组织。现在人们的生活越来越受传统机构之外和跨越国界的各种作用的强有力的影响。广泛的技术变化和经济全球化形成了国家间的相互依存，它越来越重视集体的作用以确保个人对生活进程进行一定程度的控制。

许多谈论中把“赋权”(empowerment)当作改善个人生活的工具。这是一个严重被误用的构念，它充满着宣传的欺骗、幼稚的沾沾自喜以及实际上是各种各样的政治辞令。赋权不是通过命令所给予的，它通过个人效能的发展而获得，个人效能使人能利用各种机会并消除受得益者保护的各种环境制约。实施权威和控制的人们并不自愿承认他人在行动中对资源的权力和权利。一部分收益和控制必须通过共同努力，常常是通过长期的斗争，加以处理。社会认知理论按照使能(enablement)的观点来看待人类动因作用的加强。不论它是以个体的形式还是集体的形式，赋予人们的坚定的信念，相信他们能通过集体行动产生有价值的结果，并为他们提供这样做的手段是使能过程中的一个关键成分。

集体效能知觉的定义是：群体对它具有组织和实行为达到一定成就水平所需的行动过程的联合能力之共同信念。集体信念着重于群体的操作能力。群体功能是其成员的相互作用和相互协调的动力学之产物。相互作用的动力学产生一个新出现的超过各个个体属性总和的特性。大量因素对相互作用效应起着作用。有些因素是群体中知识和胜任力的混合，群体如何组织和其活动如何协调，它得到怎样的引导，它采用的策略，其成员是以互相促进还是以互相破坏的方式彼此相互作用。相同的一些参加者可得到不同的结果，这取决于他们的技能与努力协调和引导得如何。群体作为一个整体的行为能力在不同的相互作用动力关系条件下可有很大变动，因此，集体效能知觉是一个新出现的群体水平的特征，而不仅仅是其成员个人效能知觉的总和。

478

个人和集体效能知觉在动因的单位上是不同的，但两者的效能信念有相似的来源，具有相似的功能，并通过相似的过程发挥作用。虽然成员们集体行动，但他们的行动受第十章详细分析过的心理社会过程的调节。因此，人们的集体效能信念影响人们企图达到哪一种未来，人们如何处理资源，他们构建什么样的计划和策略，他们对群体事业投入多少努力，当集体努力不能产生立竿见影的结果和遇到强有力的反对时他们的持久力以及他们容易产生沮丧的程度。这些由共同的效能信念激起的过程影响到群体成员共同活动得如何和他们集体完成多少任务。本章考察共同的效能信念在不同活动和不同的集体规模条件下的作用。

集体效能的测量

对集体效能的决定因素、机制和结果的进一步了解要求广泛而全面的研究。这一领域研究的进展需要发展出测量达到各种各样水平结果的群体共同效能信念的合适工具。缺乏良好的测量会在方法学上阻碍研究的进行。如果把集体效能多侧面的测量和群体行为表现的有效指标联系起来，那么在对集体效能的发展、下降和恢复以及它如何影响群体功能的解释方面就会有很大的进展。

我们可以区分出两种在群体功能中集体效能知觉测量和评价的途径：第一种涉及群体成员对他们在群体中执行特定功能的个人能力评价的总和，第二条途径涉及成员对作为一个整体的群体能力评价之总和。后一种整体性判断包含在群体内起作用的协调和相互作用影响。虽然集体效能知觉的这两种指标给个体因素和社会相互作用因素的相对权重不同，但它们并不像乍一看来那样似乎有明显的差异，个人效能信念并不是与成员在其中发挥作用的社会系统分离的。在评价他们的个人效能时，个体必然会考虑加强或阻碍他们努力的群体过程。例如：在判断个人效能时，橄榄球的四分卫显然要考虑他的进攻线的性质、他的持球跑后卫的敏捷性、他的接球手的灵巧性以及他们的活动配合得如何。相反，在判断作为一个整体的团队的效能时，成员们肯定考虑关键队友的任务完成得如何。根据是优秀的还是一个无经验的预备队员在起领导作用，团队成员对他们团队效能的判断会有很大的不同。因此，当参与者在判断群体活动的效能知觉时，他们不是在探究各个成员彼此分离的抽象群体的心理状态，因此，把在个体水平上评定的效能和群体水平上的行为表现联系起来并不必然代表跨水平的关系。集中于个体水平的评定与群体内的各种过程不可分离。集中于群体水平也不是完全不思考对集体努力作出贡献的个体。毫不奇怪，集体效能的两个指标至少是中度相关的。

479

个人和群体效能判断的相互依赖产生了对验证新出现的特性分析上的挑战。普遍认为如果在统计上控制了群体内的个别差异后各个群体仍存在差异，那么新出现的特性是发挥作用的。由群体社会动力关系产生的属性可能是群体效应的原因。相反，如果当控制了群体内个人特征的差异时，群体间的差异消失了，那么加在一起的各个个体而不是群体的某些特有的或新出现的特征可以解释群体效应。这个分析逻辑是不错的，但这样统计分析的发现可能起误导作用。如同刚才解释的那样，个体效能判断充满着群体特有的动力关系。因此，个体水平的控制可非故意地消除大部分新出现的社会特性。

我们也可通过使群体成员共同进行判断来测量集体效能。然而这种途径有严重的局限，群体的多个成员极少在评价只具有一种想法。因此，一个群体的信念最好用其各个成员信念的代表性价值和围绕这个中心信念的变异或一致性程度加以描述。通过群体讨论形成对群体效能的一致性判断要受到社会信念变化莫测的影响和遵从的压力。少数几个有影响的个体特别是那些具有威望或身居高位的人能使群体倾向于作出并不正确代表大多数成员观点的判断。因此，勉强的一致可以使人产生严重的误解。而且通过群体评议的集体效能评定可提高或降低被测的信念，这取决于讨论采取的达到一致性判断的方向。如果反应效果是短时期的，这种方法可能产生群体效能感的非代表性指标。在人们对遵从压力的反应各不相同时，像他们在跨文化中那样（Bond & Smith，1996），审议的评定方法可以在集体效能的比较研究中产生严重的混淆。即使群体判断提供集体效能的良好指标，这种评定程序也难以处理大群体。

效能信念的共同性并不意味着每一成员在群体功能的每一个方面都具有完全相同的观点。在能力、兴趣、角色和地位必然各不相同的各个个体的混合体中，完全一致极为少见。实际上群体生活很少是平静的，在各个相互依存的亚单位之间，在亚单位内以及在群体结构的多个层次水平间不时会有争论。某些冲突起机能障碍作用。这往往会吸引在分析群体功能时的大部分注意。但其他的不一致在设置挑战性的群体目标、设计实现这些目标的适当策略以及建立一致的社会意见以维持为成功所必需的努力水平等方面有助于目的的达到。

集体效能知觉不是一个整体的群体特性。例如：在学校体系内，不同年级的教师面临着在是否易受个人控制方面各不相同的挑战，低年级学生的学业问题比高年级的容易克服，在高年级学生中许多问题可能伴随着明显的学业缺陷和对学业活动的无效感，如果不是对学业活动抱对抗态度的话。因此，在同一社会体系内占不同位置或起不同作用的个体在他们如何看待他们群体的集体效能上会有些不同(Bandura，1993)。使问题更为复杂的是，任一群体的集体效能水平在不同活动领域可能不同。虽然一个群体内效能信念的完全一致是少见的，但群体间效能信念的差异应该大于群体内的差异。在群体内效能信念差异和群体间一样大时，群体作为一个整体就没有共同的效能特性了。要注意，一个共同信念的主要标准是群体内的一致性而不是群体间的差异。例如：各个不同群体的成员可能对他们群体的效能都有一个同样的高一致性信念。各群体间缺少差异并不代表这些群体没有一个共同的信念。它们有，但是都同样高。

基于个体和整体信念总和的集体效能知觉指标的相对预测力，在很大程度上取决于为产生群体结果所要求的相互依赖的努力程度。在包含低相互依赖的活动中，群体成员为完成工作不必彼此依赖，即使他们具有共同的目标和相互提供社会支持。群体的成就水平是个体产生的结果之总和。在低相互依赖条件下，个体效能的总计会有预测价值。在包含高相互依赖的活动中，为得到群体结果，成员们必须很好地共同协作。这样的活动需要角色和策略的密切协调、有效的交流、合作的目标以及行为的彼此相互调整(Saavedra，Earley & Van Dyne，1993)。群体效能整体判断的总计对通过相互依赖行动而达到的群体行为表现有较好的预测价值。群体相互依赖水平的变化在运动团队中可得以很好的说明。体操队的成绩是各个体操运动员独立得到的结果之总和。与此不同，足球或橄榄球个人的成绩是运动员共同活动的产物。他们为赢得有效的成绩而彼此依赖。亚系统中任何一个失败都会对群体成绩有重大的影响。吉布森(Gibson，1995)提供了一些证据说明集体效能信念类型和系统相互依赖水平间的符合在预测方面的作用。整体效能知觉在要求成员协调努力的活动中比在成员不必有多少相互依赖就能做得很好的活动中，能更好地预测群体行为表现。

当然，集体效能源自自我效能。一个由积习很深的自我怀疑者组成的集体不容易形成集体效力。而且，如同前面指出的，群体情境中的个人效能判断不能脱离影响个别成员能力的群体协调和相互作用过程。然而在某些条件下集体效能的个人和群体判断的总计可能是背离的。在一个必须相互依赖完成的活动中薄弱环节可招致群体失败，即使其他成员高度有效。相似地，非常有效的个体组成的集体可能作为一个整体表现很差，如果这些成员没有好好地协调活动。这两个例子中，个人效能的总计都会过度预测群体行为表现水平，在群体成功的一个关键功能由一个高度有效的个体完成时，成员对他们群体能力的评价会高于对他们自己个体能力的评价。一个杰出的足球守门员，提高了一个普通球队的竞争能力就是一个例子，当成功主要依靠在关键位置上的少数几个极其有效的成员时，个人效能总计会过低预测群体成绩。

集体效能知觉的研究证实，它是作为群体的属性而存在的。而且，集体效能信念可预测群体的行为表现水平（Bandura，1993；Hodges & Carron，1992；Little & Madigan，1995）。人们对他们集体的能力所持信念越强，他们的成绩越好。不论群体效能感是自然发展起来的还是通过实验形成的，都是如此。集体效能知觉对群体行为表现的作用在各种不同的社会系统中，包括学校、组织和运动队，都得到了重复验证。

学业领域特别适合于研究集体效能知觉对组织成就的影响。每个学区包括由中心管481 理的多种学校，它们执行相同的使命，它们的工作效果在同样时间定期用标准化的工具加以评定。此外，学校系统为评价教职员和学生的各种各样的特征对学校水平成绩之相对作用提供统一的尺度。在一个分析集体效能知觉的研究项目中，把一个大学区内 79 所小学作为分析单位进行了研究（Bandura，1993）。

这一研究的发现澄清了对学校效应大小问题的长期争论。某些研究者认为学校学生的社会经济地位和种族构成的差异可解释学校成绩的大部分差异，而学校系统本身的特征的影响相对较小。图 11.1 显示，虽然学生特征对学校成绩有某些直接影响，但它们大部分是通过改变教职员对激发和教育他们学生的集体效能信念而影响学校成绩的。教职员对他们教学效能的共同信念越强，他们学校的学业成绩越好。控制了教职员集体效能信念的变异后，学生特征和学校成绩之间的关系有很大削弱。学校系统含有一个中间水平的相互依存关系，因此，群体成就既是教职员独立活动又是他们集体活动的产物。教师对自己效能的信念的总和与教师对他们学校作为一个整体的效能信念的总和同样可预测学校成绩。

普鲁西亚和基尼基（Prussia & Kinicki，1996）进一步支持把社会认知理论扩展到集体水平。他们用实验方法考察了集体效能知觉如何与其他社会认知决定因素——如群体目标和情感评价反应——一起在决定群体效力中发挥作用。81 个群体参加对各种不同类型的问题形成适宜的解决方法的头脑风暴活动。他们接受头脑风暴策略的录像指导，指导或采用讲课形式或通过观察一个群体在行为上和认知上示范相同的那些策略。群体482 接受关于他们行为成绩的正确反馈，但先行安排比较性反馈，使他们相信他们群体的成绩高于或低于一般标准。然后测量各种社会认知因素并把它们和随后采取策略过程和形成新的解决方法的成功联系起来。图 11.2 表示影响的范式。

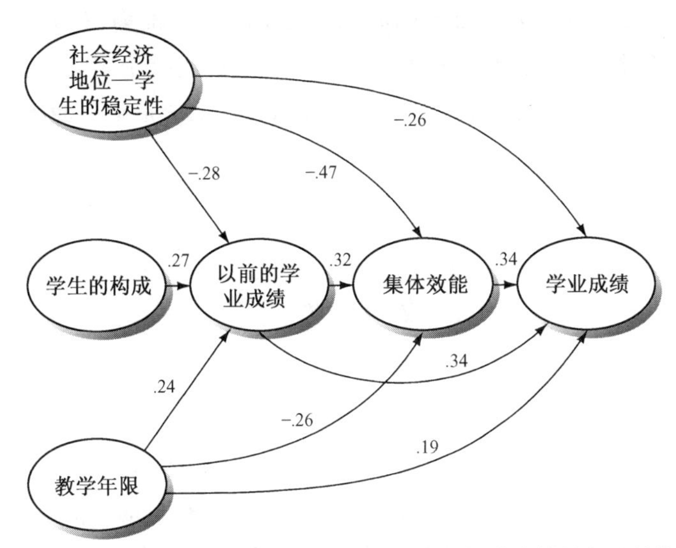

图 11.1 路径分析表明在学校水平的阅读和数学成绩的因果结构中，学校教职员集体效能知觉的中介作用。在学年开始时测量学生的社会人口统计学特征、教职员经验水平和集体效能知觉。以前的学业成绩是上一年末学校水平的成绩，下一年末评定所预测的学校水平的学业成绩(Bandura，1993)。

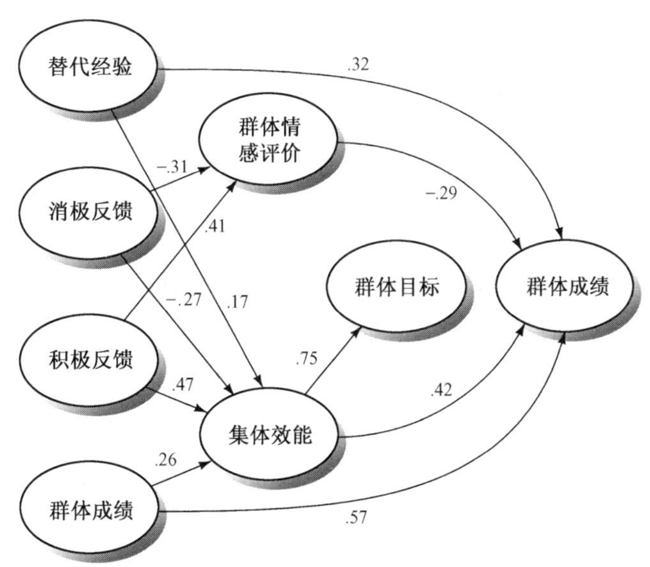

图 11.2 路径分析表明示范和反馈对群体解决问题的影响大部分通过情感评价反应和集体效能知觉的中介作用(Prussia & Kinicki，1996)。

行为表现反馈对群体成绩的影响完全通过它对情感反应和集体效能知觉的影响而发生作用。对不达标准的成绩之不满和强集体效能知觉相结合促进群体活动的效率。集体效能知觉还完全中介反馈对群体为自己设定的目标之影响，并部分中介指导性示范对群体力量的作用。示范既直接又通过提高成员对他们集体的能力之信念来加强群体的力量。集体效能知觉对群体抱负的强烈影响使群体目标成为一个多余的预测因素，不再进一步增加预测力。整个发现证明，社会认知决定因素在集体水平上起作用的途径和在个体水平上相同。

政治效能

在社会中生活的质量部分依赖政治文化和政府实践。由于生活的经济、技术和社会现实日益复杂，政府机构执行着许多以前由其他社会系统执行的功能。因此，如果人们要掌握他们的生活，他们必须对政治过程实施影响。那些怀疑他们能有任何影响的人看不到试图影响立法行动有多少意义。不参与政治的人把影响让给政治上有效能的有关人员，这些人员乐意使用政府系统作为加强他们狭隘利益的力量。低水平的政治参与不仅产生个人结果，也会产生系统的结果，它滋生公众对政治系统的日益不满和玩世不恭。缺乏公民信任和支持的玩世不恭的民众是不易统治的。如果对政治系统公平性的信任受严重削弱，政府工作人员就不能获得对改革的支持，这些改革需要为长期收益作出短期的牺牲。在这些不利条件下，许多政府官员不仅逃避难以对待的社会问题，而且常使它们更为恶化。

483

政治效能知觉包含人们能影响政治系统的信念。实施控制有两个方面，与通过政治努力进行社会改变特别有关(Bandura，1986a；Gurin & Brim，1984)：第一个方面是通过努力和熟练地运用能力和资源而产生结果所需要的个人效能水平；第二个方面是有责任的社会系统如何通过个人和集体影响而发生变化。这个方面包括由社会系统提供的实施个人效能和进取精神的机会结构，利用这些机会结构的难易以及这个系统对实施个人效能施加的制约水平和对策类型。社会系统的这些特性决定这些系统对社会行动的反应性如何和它们变化的难度。

政府系统的反应性和可改变性既不是一个固定的特征，也并非与个人效能无关。有影响的选民影响政府功能的形式和官员们对哪些人的活动最易作出反应。人类行为多半受个人效能信念和对社会系统的控制力信念的支配，而不仅仅受他们客观特性的支配。因此，相信自己是无效能的人甚至对提供许多潜在机会的社会系统也不会引起什么变化(Bandura & Wood，1989)。相反，那些对自己效能具有坚定信念的人通过智谋和坚持，想方设法对只有有限的机会和有许多制约的社会系统进行某种程度的控制。假定一个社会环境有许多障碍，与面对困难就迅速放弃的自我怀疑者相比，具有高效能感的人把这样的环境看成是可变的，并能对它进行较多的控制。

人们关于他能通过个人手段对某一个社会系统产生多少影响的信念影响着他如何认识自己的个人效能和他改变社会环境的程度。前面引用过的研究明显地揭示了这一点，在这个研究中，个体形成了一个模拟的组织系统易于控制或不易控制的信念，在这样的条件下他们管理这个组织（Bandara & Wood, 1989）。把一个社会系统看成是难以对付的会削弱个人效能感，这又反过来会破坏群体功能，即使在想要的社会结果可以达到的时候也是如此。不可控的信念对个人和社会来说都起阻碍作用。而且，一个社会系统可以改变的信念会促进在面对反复的失望和挫折时自我效能的恢复。

测量政治效能信念的研究直接针对这些信念如何影响参与政治活动的问题，不幸的是在这个领域所使用的关于政治效能知觉的某些测量并非真正测定政治效能信念。政治效能知觉应该按照人们能通过政治行动而产生影响的信念来加以测量。但某些测量评定的是政治效能的一些行为结果，如选举和社区事务的参与水平，而不是影响政治过程的能力信念（Zurcher & Monts, 1972）。其他一些则评定政治知识而不是能影响政治事务的信念（Paige, 1971）。许多研究者运用一个四项目的量表，旨在发掘两个可能影响参加选举的政治效能知觉的因素（Campbell, Gurin & Miller, 1954）：第一个是个人效能，用人们关于他对政府所作所为有发言权，他只能通过选举来影响政府行为，他能了解政府系统如何工作的信念加以表示；第二个因素是人们对这个社会系统的反应性的观念，这个因素根据政治系统对人们的需要没有反应和政府工作人员不关心人的判断加以测定。其他研究者使用这两个主题或其中之一的变式。

484

这些意欲测量个人效能知觉的调查项目实际上没有这样做或只是做了一部分。感到对政府的所作所为没有发言权，多半与认为政府系统无反应有关。个人效能知觉涉及产生效果的力量，而不只是了解政治过程的能力。一个人能完全了解政府系统的图谋，但缺乏影响它们的效能感。除了选举外还有许多影响政府活动的途径。政治效能还可通过党派和候选人的竞选活动、资金募集、选民登记和动员、请愿、游说以及抗议而不只是通过选举来加以实施。由于这些测量政治效能知觉方法的局限性，对研究结果的解释必须非常谨慎。尽管认识到有这些局限性（Balch, 1974; Mcpherson, Welch & Clark, 1977），很奇怪，许多研究者继续使用这些测量而不是代之以有较大解释和预测价值的测量。靠坚持使用一种有缺陷的测量来保持研究的连续性和累积性不能得到可靠的知识。

其他研究者强调政治效能的替代来源，其中他人的成败逐渐形成集体行动有效或有害的信念（Muller, 1972）。在理性选择模型中，人们可能权衡某个政治行动过程的得失并作出相应的行动。因此，政治行动的这种理性模型中决定因素局限在对不同类型的政治策略的期望结果上。假定某一政治手段的效用可评定这些手段的效能知觉。如同前面讨论过的期望—价值模型，行动是所期望的结果和某一手段产生这些结果的可能性的产物。没有区分手段效能和个人效能是这些模型的主要局限。某一手段可能在产生所想要的结果方面被判断为有效，但人们是否能有效运用这个手段是另一个问题。因此，人们可能完全相信强制的策略可最终引起变化，但感到无效能去进行和保持为面临当局威胁时所需的强制性努力。人们并不承担他们坚定地相信、但没有力量去做的事情。在判断他们可能获得的收益和由于他们的行动而遭受的损失时，他们认真考虑自己战胜对抗的集体效能知觉。因此，效能知觉不仅应包括在行动的理性选择模型中，而且应该把它作为因果关系中的原因。已经充分证明，理性选择模型注重于结果期望而忽视执行产生这些结果的手段的效能知觉，会牺牲其预测力。

另外有一些重要的决定因素为政治行动的期望价值模型所忽略。参与政治活动如不考虑目标志向就不能得到充分了解。大部分政治活动是由把共同利益联合成共同目标的各群体中的成员引导的。隶属关系可包括政党、特殊利益的联盟、正式和非正式的社会压力集团，或为深切关心其成员而奋斗的特定鼓吹组织。群体把某些变化作为目标，然后通过调动各种资源和成员的努力，争取实现这些变化。政治上不活跃的人缺少这种群体联系，而对政治活动感兴趣的人和参与政治行动的渠道联系起来（Wolfsfend，1986）。然而关键因素不是组织的成员本身而是解决问题的集体动员。一个无目标的群体不会有什么成就。有抱负的目标激励和引导人们的政治活动，并为判断他们努力是否成功提供基础。一定水平的进步可以是令人沮丧的，也可以是非常满意的，强化着参与政治，这取决于评定进步所依据的目标。

485 概念模型必须掌握住政治行动决定因素的丰富性。如同在其他功能领域一样，从社会认知观点出发的关于政治行动的全面理论要包括动因效能信念而不仅仅是手段效能；表现在三种主要的结果期望中的各种行动过程的预期得失；短时和长期目标；感知到的社会结构障碍。这种理论需要有对决定因素的良好测量方法，而不是基于有争议的假设的替代性指标。

关于政治积极性的大部分研究依赖于用少数几个一般项目评定的个人效能知觉的总体指标。总体性指标在揭示效能信念对政治和社会变化的作用方面是有局限的，像我们已见到的那样，效能信念是多侧面的倾向，而不是总体性的。个人效能信念在各活动领域、情境条件和功能作用中各不相同。因此，对理论进行能提供丰富信息的经验性检验需要有特殊化的、多侧面的测量，测定人们对形成良好策略，并以改变社会条件所需的顽强精神执行这些策略的能力信念。当个人效能信念和其他因素组合成控制知觉的单一指标时，解释问题就变为复杂了（Balch，1974）。由各个成分组成的指标模糊了哪些组成因素对观察到的结果起作用,它们作用的大小以及它们是独立还是交互地起作用的。

政治效能知觉领域除了有一些方法学问题之外,还产生了一些重要的概念性问题。个人效能和系统的反应性不是在静止的二元论中一般所描绘的那样是整体的、自我包含的实体。两者都在动力的相互作用中发挥作用。系统反应性并非与在它发生作用的社会影响种类无关。有些公共机构的政策和实践比其他的较有影响力。政府工作人员可能对某些种类的社会压力较为敏感。与情境脱离的个人效能知觉测量只具有有限的预测价值。人们对影响各种不同的政府政策,对执行不同的政治策略以及影响不同的政府官员的政治效能信念各不相同。能提供丰富信息的政治效能测量必须反映这个多样性。根据人们相信他们能克服什么样的障碍,政治效能知觉能得到最好的测量。政治效能微弱的人把中等障碍看成是不可克服的,而具有坚定效能感的改革者,如甘地和曼德拉之类的人物则把最不妥协的政治制度看成是可通过集体行动而改变的。下面几节将呈现与这些问题有关的经验性证据。

政治效能信念的结构

政治生活有各种不同的方面,它们的可变性有很大差异。社会认知理论认为,与立法活动和公共机构实际活动有关的特殊化的效能信念比一般生活效能的总体测量能更好地解释和预测政治活动。规定实施影响的领域有益于预测得到了很好的证明。政治效能知觉比一般生活效能能较好地预测政治活动,一般生活效能与政治活动没有什么重要的关系(Gootnick, 1974)。在涉及各种不同类型的政治活动的相对预测性检验中,控制点不能预测政治行动;广泛使用的政治效能知觉一般测量从有微弱预测力到没有预测力之间变动;特殊化的政治效能信念最有预测力(Fox & Schofield, 1989; Wollman & Stouder, 1981)。不仅总体测量不能预测政治积极性,它们还对令人失望的政治失败缺乏敏感(Huebner & Lipsey, 1981)。这些发现表明一般的效能测量可能低估,甚至歪曲效能信念对政治行为的作用。

特殊化的效能知觉测量对不同政治策略的预测价值在威格曼、塔尔、鲍加特和格特林(Wiegman, Taal, Van den Bogaard & Gutteling, 1992)的研究中得到了进一步阐明。他们测定人们抗议一个会造成环境危害的化工厂设立在他们社区内的意愿。他们越是坚信能使自己采用各种不同的抗议策略——诸如请愿、对地方政府施加压力、进行法律诉讼以及参加群众示威,他们采取强制行动的意图越坚定。抗议效能知觉与严重灾害的结果预期相结合对抗议意图起很大作用。这些因素也同样激励人们去反对核武器威胁(Wolf, Gregory & Stephan, 1986)。想像可能产生的灾难性后果并抱着能阻止它发生的信念能加强参加政治活动以促进核裁军的意愿。 486

政治努力失败不会动摇坚定活动家的效能知觉，这在一个研究中得到了显示。这个研究考察的是在提高核电力工厂安全标准的投票复决中遭到失败后的反应（Huebner & Lipsey，1981）。参加者积极参与的政治倡议的失败没有降低他们影响生态政策的能力信念，但他们把反对者看成比原先认为的更为难以对付。这种看法会促使人们进行更大的努力，寻找更好的策略，而不是泄气。政治上不积极的人没有什么理由去参加政治活动，不仅因为他们感到自己无效能，而且因为他们把对方看成控制力强大的政治势力。甚至成功的政治行动也并非必然提高对政府系统反应性的信心。成功地和政府工作人员打交道会提高个人效能知觉，但不会改变对政府反应性的看法；而失败的遭遇使效能知觉保持不动，但形成政府系统反应性更低的观点（Madson，1987）。面对系统的不妥协而保持个人效能的某些方面有助于坚持参与政府事务。否则，政治行动是无关紧要的信念会产生疏离政治的结果。

一些研究者考察过效能知觉在核威胁领域中所起的作用。这是一个特别有意义的问题，因为在这个威胁的毁灭性危害和缺少阻止国际上生产扩散核武器的群众性政治行动之间有明显不一致。大部分人民认识到核威胁的残暴，相信核战争在他们的有生之年可能发生，相信他们不会幸免于难（Fox & Schofield，1989）。但只有相对较少的人参加旨在促进全球核裁军的活动。其余的人只是担忧但不活动。

核时代宣告了恐怖危险的到来，这种危险产生了一些重要的悖论和道义上的责任，核报复威胁被用来阻止核攻击。然而报复性威胁没有威慑效果，除非有坚决的意图对用核力量进行的进攻作出反应。如果制止失败而发动反击将是一个报复性的恐怖行动，它会对敌人、朋友和复仇者进行同样的打击和生态破坏。核交战以后幸存者会发现自己处于基本上不能居住的环境之中，放射性粉尘将布及整个人类，生态破坏将不加区别地发生在全世界各地。由于反击的自我毁灭后果，核威慑信条自相矛盾地企图用报复威胁得到一个制止效果，这种报复没有一个思维正常的人认为会真的使用。

没有一个技术系统永远绝对安全。只要核武器存在，就会有这样一些连续不断的危险，由于导弹监测系统的故障或人的失误而可能在某一天意外爆炸，或者被一个激怒的惊惶失措的或自取灭亡的领导在极端危急时有意投射。美国曾有四次进入核战争警戒状态，只是最后一分钟才发现是计算机警报系统的故障或错误（Falk，1983）。核扩散和缩短了决定时间的快速导弹系统提高了危险水平。由于不加区分的核破坏范围广、力量强，所以传统的支持自卫以防止严重灾难的正义战争原则不适用于核武器（Bandura，1991d；Karka，1988；Lackey，1985）。

487

核时代的人类自下而上需要各国居民向核武器军事信条和对核武器辩护进行挑战，并促使多边采取逐渐降级的步骤来消灭核武器装备。尽管存在灾难性的危险，许多人还是被政治巧辩哄骗，由于按照常规武器进行思维而放松警惕，产生了虚假的安全感。大部分人感到对核武器储存和扩散无能为力。但不是所有的人把试图在核领域中影响政策看成是无希望的。

选择要参与核裁军活动的人比不积极的人具有较高的效能感（Edwards & Oskamp，1992；Fox & Schofield，1989；Tyler & McGraw，1983）。弹性信念提供对沮丧必要的预防。政治积极性的其他预测因素包括对核灾难可能性的深切担忧，对自己和家庭的毁灭性威胁的具体化，对防止核破坏的个人道义责任感。当各种各样的结果期望和能产生影响的效能信念结合起来时，这些结果期望就为政治行动提供了激发和保持的力量。全球裁军的成功是艰苦的长期奋斗的结果。现在甚至这方面发展的迹象也很稀少，为维持努力，活动家们必须依靠相互的社会支持和道德的自我约束。来自和平工作者同伴，而不是其他来源的社会支持，有助于维持政治上的努力。

政治效能是在公共情境中运用的。各地区在社区水平和公民责任义务方面各不相同，而且居民的社会地位和与他们所居住的地区的联系强度也有差异。在人们相互支持的紧密结合的社区内比在人们感到相互之间和与社会系统之间没有联系或疏远的社区中，动员和实施集体影响要较为容易。关于居民影响他们地方政府的效能知觉的研究为我们提供了对社会地位和团结在政治效能中所起作用的深入了解（Steinberger，1981）。与预期相符，用教育和财产测量的社会地位高的居民相信他们能影响政府政策及活动，而地位低的人则感到没有力量。然而，社区与政治效能知觉的关系较为复杂。公共联系的强度用居民和居住在他们地区的其他人的积极关系程度，他们和父母住在那里多长时间，他们在经济上是依靠社区还是到其他地方上班等等来加以评定。地位低的居民不论公共团结性水平如何都感到政治上无效能。仅有社会联系不足以使人们产生政治效能感。需要有效能的个体组织选区居民，使他们活动起来。因此，地位高的个体如果有强的公共联系，就会提高他们的政治效能感。

政治进程由于人们共同活动而不是由于个体行动而发生变化。在政治舞台上，效能知觉反映在参与者对通过政治行动完成社会变革的集体能力的信念。为了进行变革，他们必须要能把各种各样的自我利益转化成共同的目的。他们必须谋求支持者和必要的资源以及形成联合，如果还必需加强他们的影响。他们必须设计和执行行动的适当策略。因为致力于重要社会变革的努力通常会引起有力的抵抗，所以改革者必须经受得起失败、挫折和报复。因此，应对既得利益集团反对的效能信念，对坚持改革起非常重要的作用。集体政治效能的全面评定要针对集体努力的每一个重要方面。这样的测量在推进我们对获得立法成功的理解之外，还会推进我们对有效的政治行动过程的理解。

488

集体行动的分享两难

发动集体努力以促进共同利益的实现会产生参与者分享的两难问题。这在大规模的事业中特别明显。人们能很容易相信，在一个庞大的集体努力中，他们必须提供的实际上并不重要。集体越大，个人努力似乎越不重要(Kerr, 1996)。涉及收益非全部分配给参与者的社会变革自然不倾向于激励大家参与。只要足够数量的人进行集体活动以期得到想要的改变，不积极的人也不能不给他分享收益。例如，通过集体压力颁布了一个禁止性别和种族歧视的法律，积极分子和非积极分子都同样受益。人们可能会根据理性模型认为如果一个人能通过他人的劳动而获得收益和避免付出代价就没有什么理由去参加集体事业，特别是在威胁条件下。如果可以免费搭车为什么要付钱？身负重担者的剥削感能进一步抑制个人卷入集体事业。感到不公平，甚至在积极分子中也会产生。随着人们所起的作用不同，有些成员承受着不成比例的负担，但没有得到较多的收益。在免费搭车条件下是什么激励和维持参与集体行动是一个很有意义的问题。

考虑到重要的社会变革一般由负有重大责任的少数人作为先锋，因此，不是不劳而获者而是付出代价的人提出解释要求。参加集体事业的动机不仅各不相同，而且会在社会事件的整个过程中发生变化。并且，社会活动是一个动态事件，不是静止的。最初的发动者共同具有他们能通过群体压力产生结果的信念和承诺，一般人数很少。他们依靠这样一个共同信念：他们的人数会随着官员们拒绝合理的要求或采用极度的对抗手段作出过强的反作用而逐渐增加。同情者会为发动者的申诉所感动和为他们受到严重的虐待而激怒。实际上，有些对付策略的目的是激发官员们的过度反应，这会赢得人们对发起者事业的支持(Bandura, 1973；King, 1958；Searle, 1968)。

当然，集体的成功会给参加者带来利益。有些人希望得到集体获胜的好处，并具有他们的贡献会提高群体成功几率的强效能感。这些人有参加到改革者行动中去的与自我有关的原因。他们可能还不喜欢为不积极活动的受益者去承担额外的负担和付出个人代价，但如果他们相信自己的行动会起作用，相信若有助于产生有价值的结果，他们的境况会比不做任何事情好，他们也会有参加活动的动机。参加者不仅受期望的共同利益的吸引，而且也为无行动要付出连续不断的代价所推动。有些人认为如果他们不去帮助改善生活条件，生活条件就不会改变或每况愈下，结果他们及其家庭将会继续遭受不公平、侮辱和艰难困苦。仅仅是因为群体中的某些成员在集体努力中没有完成他应完成的那份任务，有效能的个体就陷入一种顺从的状态，使自己仍继续过悲惨的生活，这是不合逻辑的。

能有助于改善不利条件的信念是参加集体行动的另一个与自我有关的原因。人们参加集体行动其经济状况会比不参加的好。群体调动为成功所需的参与水平的效能信念越强，预期的共同利益越大，参与成就就越高(Kerr, 1996)。在通过集体行动引起社会变革的某些途径中，把各种不同的自我利益联合成一个共同目标是一个关键的动机手段(Alinsky, 1971)。参与的人越多，战胜对方力量的效能感越强。力量感和安全感可增强对可能获得的利益的信念，降低对可能付出的代价的估计。

489

人们不单受考虑物质利益的驱使。源自公平和公正的个人标准的自我评价也是强有力的动机激发因素。人们在向违反道德标准的社会实践进行挑战中形成自尊。他们怀着愤慨，对有害活动作出反应，并为默认残暴行为而自责。屈服要承担自我贬低的代价。具有坚定的公民道德的人愿意为他们从坚持道德信仰和抗议不公正及非人道中赢得的自尊而忍受大量艰难和惩罚。像甘地、金和曼德拉这样一些改革的领袖们为以他们的个人正直和道德信仰为基础的政治异议而忍受了重大代价。有些人为他们的信仰牺牲了生命。强集体自我价值感能有助于支持为改进社会而进行的艰苦斗争。致力于生态事业的群体，把他们的时间、精力和钱财投入到旨在拯救并不触及他们生活的不相干地区的濒危物种和栖息地的活动中去。这样的集体努力得到的是自尊的内在报偿，而不是物质利益的支持。

集体事业的参加者通常团结在触及生活许多方面的有内聚力的社团中。他们发展密切的个人关系，就事业的正当性和有效策略进行自我教育，在达到目标的奋斗中提供相互帮助和支持。在社会变革的明显收益可能要在很长时间后才能到来时，强的情谊感提供持久的人际报偿。群体不仅奖偿对正义事业作出贡献的人，而且谴责通过他人劳动而获利的人。做好自己应做的一份工作，这样根深蒂固的准则形成了要有助于实现变革的集体斗争的社会压力(Goldstone, 1994)。一个个体的幸福和认同与群体联系得越紧，相互帮助的社会责任感就越强。社会和自我评价动机必须在长时期的结果不确定期间成为改革努力的主要支持力量。

得益于社会改革的大部分人不是产生变革的积极参与者。一些因素使人们保持政治上的不积极。像已经指出的那样，不积极的成员能享受到改革者的劳动果实，这样的分配条件特别不利于人们的广泛参与。然而，许多人回避集体行动，不是因为他们不付出参加的代价也能得到好处，而是因为他们严重怀疑群体在任何情况下都能保证获利的效能。他们以为采取无效的行动不会有什么成效，这些行动只会使人遭受烦恼而没有什么获利的希望。改变处于牢固地位的制度习俗的无效能感特别会滋生悲观的结果期望。被看成是集体无法对付的报复性威胁进一步抑制了改革的努力。长期努力而无甚成效的厌倦和压力更加破坏了集体效能感和失去继续参加集体活动的信心。

集体效能信念依赖于社会改革通过关键的积极分子主体的努力而不需要普遍的参与就能完成的期望。如果社会变革要依赖所有人的参与，那么它得到尝试的机会就极少，因为没有多少人相信能动员起大量的民众。事实上，社会改革一般是投身于塑造美好未来的、有效能的、有高度责任感的少数人的产物。他们是社会变革的推动力量。他们能引起变革和相互支持的信念使自己远离沮丧。

政治活动家用这样的信念来解决免费搭车者的两难问题：和足够的他人一致地按照一个人的个人效能行事会把集体行动的集体效能知觉提高到可能成功地产生有价值的物质、社会和自我评价结果的水平。芬克尔、米勒和奥普（Finkel, Muller & Opp, 1989）报告的发现与这个观点相符。人们越是坚信他们的行动对群体成功会起作用，联合的努力是必要的，越是坚信他们有道义上的责任完成自己的一份工作，那么他们越会去参与集体政治行动以改变对他们的生活质量产生不利影响的政府政策。

490

效能和对系统的信任对政治积极性的联合影响

按照加姆森（Gamson, 1968）的意见，当人们感到有政治效能但不信任他们的领导和政府时，他们会采取政治行动。检验这个命题的研究得到了一些混合的结果。相信能有助于达到期望的人会按照这个信念行动，不论他们是否尊重这个政治系统。实际上有政治效能的人如果信任他们的政府系统要比对之玩世不恭的较易于采取行动（Hawkins, Marando & Taylor, 1971; Fraser, 1970）。社会变革有不同的道路和动机。人们除了对有限的机会反应性地通过传统的手段来产生变化外，还自发地从事政治活动以期望得到所想要的改变。相互矛盾的结果强调需要考虑政治积极性的形式和旨在变革的政府操作水平。而且，预料统治集团对改革作出反应时采取什么对策会影响政治活动的形式。强制的或严重惩罚性的对抗会使人们继续不断地在压制条件下进行激进的活动。

确信自己的政治效能并认为他们的政府系统对居民的要求会作出反应的人表现出对常规的政治行动方式的高度投入（Craig, 1979; Finkes, 1985; Pollock, 1983; Zimmerman & Rappaport, 1988）。他们代表政党或候选人活动。向他们捐助钱财，参加竞选活动，试图影响他人的投票，向政治家和其他官员发表意见使他们在有关问题上转向自己的主张，并使用投票影响。因为他们相信立法改变可通过合法手段达到，所以他们不宽恕异端的政治活动。与此不同，相信自己能引起社会变革但对当权者和他们管辖的系统采取愤世嫉俗态度的人不会陷入政治的被动状态。他们偏爱传统的政治渠道之外的比较对抗的、强制性的策略。政治上有效能的观点因此能支持大量活动，即使它们的形式各不相同，政治信任水平有高有低。因为行动基于有能力实施行动的信念，所以效能信念比单纯的信任能更好地预测政治活动。

仅测量政治行为的常规形式——如竞选活动、请愿、与议员联系、社团活动和投票选举——的研究很适合于证实效能信念和政治上有效能的、有信任心的居民的积极性之间的关系。但是只测量合法的政治活动形式会对否认政府活动的权威、把政治家看成是蓄意阻挠必要的社会改革的、认为达到社会变革目的的常规手段是无效的这样有效能的人产生使人误解的结果。他们的活动较有可能采取抗议、示威、抵制、反抗,甚至政治暴力的形式(Seligson, 1980)。对这样的群体而言,政治效能和政治积极性之间的微弱联系是缺少测量比较对抗性的活动形式的产物。芬克尔和他的同事表明人们常采取他们感到自己最有效的政治影响形式(Finkel et al., 1989)。通过合法手段实施影响的效能知觉能较好地预测常规政治活动,而通过对抗策略产生变革的效能知觉则能较好地预测不合法的抗议活动形式。

沃尔夫斯费尔德(Wolfsfeld, 1986)的研究进一步强调需要区分不同形式的政治效能信念和它们与不同的活动形式间的选择性联系。不参加政治活动的人政治效能感低,把所有方式的政治活动视为无效。在政治系统内积极活动的人相信他们能影响政治系统。他们表现出对常规的政治活动形式的高效能和认同,但对抗议的活动方式表现出低效能和不赞同。持不同政见者也对他们实施政治影响有坚定的效能信念,但他们把常规策略看成是无效的,而抗议是有效的影响方式。既喜欢常规又喜欢对抗策略的实用主义者对所有政治行动形式都表现出高度认可和效能。

491

对效能信念在政治过程中所起作用的完全了解要求评定在政府系统的各种不同水平上的政治参与。许多人变得对由于相互竞争的特殊利益集团而瘫痪了的中央政府是否能解决复杂的社会问题表示怀疑。政治效能低的居民感到对改变任何水平的政府活动都无能为力。相信自己能设法使社会实现某些变革的人加强自己的努力,以期改变他们能对之实施较多控制的地区和地方机构的政策和实践。因此,政治效能的研究必须不仅评定多侧面的效能信念系统,而且要评定不同水平政府系统的不同形式的政治活动。特别有问题的研究依赖的是很简单的一般性量度或替代性指标,它们有正确术语的修饰,但是否对所研究的各个决定因素都同等对待却值得怀疑。这些分析性问题在为其他目的而收集的材料的次级分析中很普遍。常见的是所测的各个因素不是所检验理论中各个因素的很好的替代。有缺陷的替代会产生令人误解的结果。

政治效能和对系统信任的发展

能影响政治系统的信念和政府机构及官员们是值得信任的信念在生命早期就开始发展了。儿童既无许多政治知识又不参与政治活动,因此,他们对自己政治效能和政治系统的评价必须通过其他影响来源形成。儿童对政治系统的信念和他们在其他生活领域中的信念,发展方式完全相同。在成年前很久,他们就发展了关于成人作用和制度惯例的信念。对政治生活现实的某些信念可通过示范而不是直接经验获得。儿童有大量机会观察他周围的成人和大众媒体中关于影响政治系统的能力及选出的官员是否值得依赖的生动评论。儿童关于自己影响政府功能的信念也可能部分地从他们在必须处理的教育和其他公共机构环境中试图影响成人的经验中概括出来。与产生人们影响当局的无效能感的经验相比,使儿童具有效能感的公共机构经验较能使人慢慢形成政治系统也是能引起反应的和可影响的信念。

关于政治效能知觉发展变化的许多研究曾集中于年轻人的种族差异而不是这些信念系统如何获得与它们在发展进程中如何变化的纵向分析。从小学到中学,儿童的政治活动效能信念增强了,但他们对政府和政府管理者的愤世嫉俗的态度也增强了。研究一般表明,非裔美国青年比白人青年的政治效能感低,而政治上的愤世嫉俗比白人强(Lyons, 1970 ; Rodgers, 1974)。然而,控制了社会经济地位,这些差异就缩小了。社会经济地位低的青年不论是什么种族,都感到政治上无效能,对政治系统不满。种族差别出现在高社会经济水平上,这个水平上的非裔美国青年比相应的白人青年表现出较低的政治效能和较强的愤世嫉俗。影响政治进程的效能知觉尤为如此。然而,对群体一般情况的解释必须谨慎。因为一般性常掩盖了种族和民族群体内部的巨大差异。例如,学业上有成就的非裔美国学生,不论他们是生活在有利还是不利的环境中,随着受教育年限的增加,他们感到政治上的效能增强,但对政治系统的愤世嫉俗没有减弱。因此,对高成就者来说,政治行动效能知觉的种族差异消失了,但政治上愤世嫉俗的种族差异依然保留。少数民族青年在学业上对政治系统学得越多,他们对政治系统的愤世嫉俗变得越是强烈。知道这个系统应该如何为公众利益工作只能强化对它实际上如何工作的不满。每天在新闻媒体中传播的政治图谋也不能激发成人对政府作用完善的信心。虽然充分利用新闻媒体可提高个人效能信念,但它也产生对政治系统的不满(Newhagen, 1994b)。

492

另一种因果分析表明种族差异基本上是由于影响政治系统的机会结构比较有限和政治系统对少数民族关心的问题没有反应所引起的。由于减少对政治过程的投入,政治上无效能和愤世嫉俗形成与政治越来越疏远的循环。政治冷漠进一步削弱了影响能改进生活条件的立法的能力,并通过丧失对选举的影响力量而导致更不容易引起政府机构的反应。

社会阻碍和社会实践可能也是政治效能知觉性别差异的重要作用因素。在童年期没有观察到这种差异,但成人女性比男性的政治效能低(Campbell et al., 1954; Easton & Dennis, 1967)。需要对当前持有的效能信念进行研究以确定妇女参与政治和立法活动的增加是否在减少影响政治系统的效能知觉的性别差异。政治效能上的性别变异性,在许多方面都比无特点的群体一般性情况具有更丰富的信息。主张扩大参政权者的效能不可动摇,他们不怕公众嘲笑,不怕对他们保护妇女选举权的努力进行强烈的攻击。全国有大量参加者的妇女选举人联盟的成员们见闻非常之广，自我效能很强，政治上很积极。越来越多的妇女成为议员、政治领导人和政策制定者。用流行的民歌中的词来说显然她们正在改变时代。

电子竞选活动和政治过程

大众媒体在政治领域采用的方式正在经历改变着政治和管理过程的重大变化。政治热线制度，即政治上的候选人在电台或电视上回答来电者的问题，已经成为实施政治影响的新的互动手段。此外，政府官员也谋求具有相似的思想信仰的访谈节目主持人来发动公众对他们立法倡议的支持和对他们不喜欢的倡议的反对。我们正在进入一个通过电视进行管理和对政府政策进行宣传战的时代。在谈话中提供关于变革的错误信息并使群众感到害怕的 30 秒宣传可削弱公众对改革法律的支持。用电视宣传实施影响的特殊利益在领导集团的指导下以关心人的名义进行伪装。简言之，有很大财政力量的政党和商业集团在传媒频道中日益和立法活动结合起来。为争取对政策的公众支持而进行的政治战斗在频道上精心制作的宣传节目中比在议院中进行得更为灵巧。

广播谈话节目容易接近广大听众。在这种互动系统中，来电者为他们的政治事项对候选人和其他听众进行游说。具有高政治效能感的人比低效能感的人较多使用热线政治电视节目（Nwhagen，1994a）。在考虑了政治经济地位、种族和观看新闻和阅读报纸的量之后，效能信念还能预测听众利用媒体影响他人的程度，对政治系统的信任和对领导者的信任都不影响政治上对媒体的运用。这一发现进一步强调与依靠他们对政治系统的信任而采取政治行动相比，他们更多是依靠自己影响系统的能力信念。政治效能知觉和参与广播政治活动具有双向效应。自我效能运用广播媒体，而听见政治观点相似的人痛斥对手和颂扬他们支持的政策和官员的优点又增强了参加者自己的政治行动的效能信念（Newhagen，1994b）。从事广播政治活动比阅读报纸和观看新闻节目更能加强政治效能知觉。

493

发展中的电视系统技术可能会改变政治经济地位不同的人所采用的政治影响方式。热线容易为手段有限的人使用，因为它们不需要特殊的资源。与之不同，条件比较有利的选民则漫游于互联网。通过计算机网络的互动系统更加使得效能知觉在政治影响过程中发挥作用。这里要克服的社会制约较少，因为互动者是匿名的。政治效能和信心强的使用者现在在争论政治问题时可超越时间、地区和国家界限。他们在互联网上表达的观点很快会传遍全世界。举一个例子，一个有声望的大学出版社，由于害怕报复而拒绝一份容易引起民族主义冲突的稿件。愤慨的学术界人物立即在互联网上向全世界发出一份抗议。他们敦促同行们抵制这个出版社，辞去编辑顾问的职务，拒绝为这个出版社评审稿件。通过互联网发动集体影响力量是快速的、广泛的，并不受机构的制约。由于容易使用，互联网将越来越用作为谋求社会力量支持与形成策略和战略的工具。

有限的公众有使用媒体的机会是参与政治的一个主要障碍。在政治竞选运动期间，金钱利益使电波充斥着花言巧语的形象化宣传，它实际上回避着和国家的社会和经济生活有重要关系的问题的严肃讨论。某些批评家认为，随着媒体所有权集中于少数人手中和使用媒体的代价增加，言论自由正在变成言论有利可图。公众因见到退化为策划出来的画面、录音片断和连续不断的个人攻击的选举过程而感到愤怒。选举运动的媒体报导重点已从实质性的政治问题转向竞争的动力和策略(Patterson, 1993)。即时的赌注确定谁是获胜者、失败者以及力量的变化，好像选举是体育比赛。新闻广播利用迷人的戏剧的主要特征。它们突出派系之间冲突，加强戏剧性的情绪性言语和激起敌意的反对(Abel, 1981)。迅速决定复杂问题的要求养成了对持久的社会纷争的一种短浅的观点。

事情的这种消极状态驱使着灰心丧气的选民藐视电视政治中的操纵性画面，而在他们自己之间进行信息共享，交换观点，开展对政治问题的争论，并通过互联网建立联合。当然，政治家不愿放弃他们在这种影响广泛的媒体中对政治交往的控制。议员和政党现在已采用互联网上的政治活动。他们通过在自己互联网站上的演说、新闻稿、立场声明和摄像剪辑来发表他们对问题的观点和倾向。政治家们除了在其他场所还必须在互联网上监视对手和对手战斗。

任何人都可以不经过挑选地、容易地使用这个系统不可避免会产生某些扰乱性言论。自由撰稿人在非官方的网站上常嘲弄人、揭露人，表示对他们不尊重的政治人物的不信任。人们保卫和提倡他们赞同的言论，但试图控制或压制他们不赞同的言论。人们能以保护公众不受危险的、恶意的和粗俗的材料的影响为由而努力控制计算机上的交流。已确定的法律认同的原则会发展成煽动性言论，它可能煽动起由网络空间使用者指挥的指向他人的伤害性行动、扰乱性行动和其他有害行动。主要的法律上的战斗将针对有争议的言论，这种言论某些人是反对的，而另一些人则并不反对。然而，无政府主义地无边无际地容易使用无国家界限制约的计算机网络使人们不能对出现在世界范围的互联网上的信息进行切实可行的控制。唯一可行的解决办法是让使用者进行控制。软件过滤器可让使用者能消除互联网中不适合他们感受的部分。

494

计算机化的政治活动为参与性谈话提供了广阔的机会，但它不能强制规定谈话的性质。人们在计算机网络上的表现和面对面交流中的表现很不相同。这是因为在直接的社会关系中调节人们如何相互对待的社会影响在计算机交往中要微弱得多并缺乏即时性。克斯勒，西格尔和麦克格尔(Kiesler, Siegel & McGuire, 1984)引证了交往的去个体化改变人们相互说些什么的许多方面。地位和威望的力量削弱了。因此，各个个体较为平等地参与计算机媒介系统的活动。在匿名进行交流时参与者的行为无拘无束的表达在面对面交流时永远不会表达的意见和感受。因此,高速公路很容易充斥错误的信息、骗人的指责、粗俗的评论以及许多难以理解的胡言乱语。人们如何筛选和评价可靠性各不相同的大量信息仍需加以考察。虽然所有人都能使用政治交流系统极大地扩展了对政治过程的参与,但它能产生政治活动中最有害的事情,而且规模巨大,因为不仅广告宣传机构听命于金钱利益,而且任何愿意的人都可以是一个自由职业身份的骗子。计算机化的政治活动改变了战斗的地点,但不能拯救政治的腐败。

美国选举人参与选举的数量连续不断地在下降,以至于40%的选民对投票选举感到厌倦。投票者多为老年人、富有者和非少数民族。政党忠诚的逐步衰退和公众对政治系统反应性的玩世不恭两者的联合效应是选民参与程度下降的主要原因(Abramson & Aldrich, 1982)。许多不满产生于对社会问题是反映个人失败还是社会系统失败看法上的两极分化(Miller, 1974)。社会问题的各党派解决办法都不满意。他们不赞同对方党派提出的治疗方法,但也不满意自己党派的治疗方法。因为它们在他们所希望的方向上走得还不够远。越来越多逐步脱离政治的无党派人士在各政党之间看不到有什么区别。政党联系的削弱和计算机化的政治活动已经改变了选举过程。

在这个电子竞选运动时代,由民意调查者、计算机程序设计员和熟练的形象设计者安排协调的形象政治已经成为影响选民的重要工具。通过描绘有利的个人特征形成候选人的形象比试图通过果断地处理重要问题容易影响选民。正像一个老练的议员简明地说:"买一个形象要比通过行动博得人们对他的印象容易。"大部分候选人竭力避免提出必要的但不受欢迎的医治越来越多的社会问题的建议。通过经策划的媒体描绘比通过在公众前露面能更为有效地完成形象处理。专业的形象设计人很大程度上依靠大众媒体加强候选人对投票人的吸引力(Nimmo, 1976)。民意调查者探查公众喜爱什么、厌恶什么、害怕什么、关注什么和有什么希望。运用这些信息和从中心群体获得的信息,政治管理人员通过使用电视宣传、无线电广播和针对由计算机确定的特定类别选民的个人邮件等面向大众的技术,使他们的候选人具有适合市场信息的积极形象,而使其对手具有消极形象。政治管理人员成为媒体中的名人,他们和在竞选活动中寻找感兴趣的事情的记者联合起来,把许多新闻报导引向政治竞争的策略特征。许多著名的新闻广播员和政治评论员用有影响的进行疏通活动的集团支付的慷慨酬金在巡回演说中美化自己。选举人越是依赖电视获得信息,他们的投票决定越是受候选人的形象特征而不是受他们对问题的观点的影响(Mcleod, Glynn & Mcdonald, 1983)。

495

电子竞选活动除了极大地改变了媒体信息的内容之外,还极大地改变了候选人如何从事他们的政治活动。候选人必须花费许多时间准备电视宣传、无线电广播,策划可能在新闻中报导的媒体活动，筹集大量资金以购买昂贵的媒体时间。这些投票操作方式和政治的新工具在胜利者工作期间继续使用以保证以后的选举成功。

政治家受命于为他们竞选提供资金的人。烟草生产的调整既说明钱财的政治力量，又说明当公众通过回避政府官员设置的障碍维护自己的影响时转移控制的动力。尽管烟草产品是最有毒性的合法化的物质，并每年要杀害千千万万的群众，但法律制定者还是让尼古丁免受控制毒品法案的制裁。而且他们还用禁止州政府和地方政府调整烟草生产和广告宣传这样的先发制人的法律把控制置于联邦政府权力之下（Lynch & Bonnle, 1994）。图 11.3 表明烟草财富对联邦法律制定者行为的影响力。他们从烟草行业得到的竞选资金越多，他们越可能抵制调整烟草生产的方法。大部分提出的法律在委员会中被私下否决了。这种法律行为以国民健康的沉重代价保护了法律制定者的重新当选。

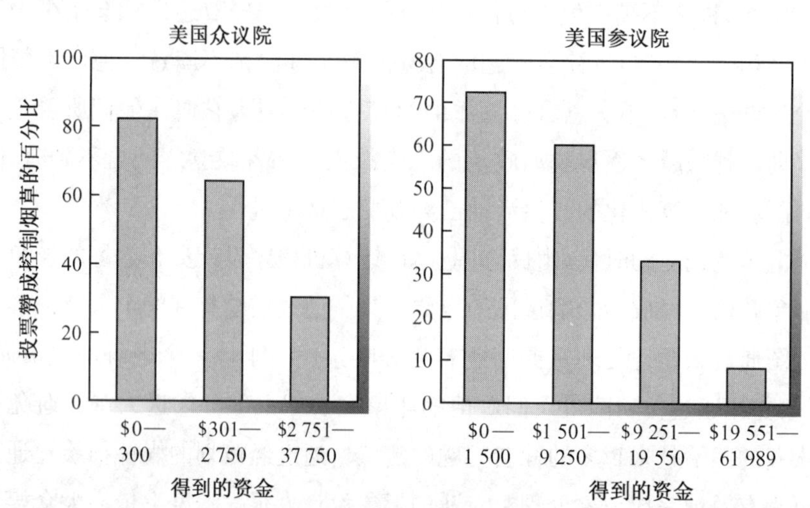

图 11.3 议员从烟草工业得到的竞选资金量和他们投票反对控制烟草生产法律的可能性之间的关系（公民健康研究组，1993）。

加德纳（Gardner, 1972），一位著名的、强有力的公众利益提倡者，创建了“公共事业”，一个全国性的公民组织以抑制已牢固树立的钱财的强大力量，并使政府系统恢复为公众意愿的服务工具。牢固的控制削弱了政府从内部对自己进行改革的能力。这个公民组织的某些努力目的在于引起议会的改革以纠正管理系统中使它很容易忽视公众利益的组织结构上的缺陷。这些改革包括通过使委员会公开投票而终止秘密地进行立法活动，防止政府官员在对他们有利害关系的法律问题上投票时的公私利益冲突，削弱委员会主席的过度权力，这种权力使他能转移政府机构的公民职能，废除按任职时间长短而不是按才能赋予对国会活动控制权的资历制度。这里只举一个例子：“公共事业”成功地支持一个法律，要求揭露政治耗费，以便使公众能了解支持各个政治候选人的财经势力和多少资

496

金用于什么目的。

增加接近政府系统的机会是不够的。需要有效的公众拥护以形成各种政策和防止或纠正看起来很好但实际上却破坏预期的公众目的的错误法律。必须监控管理机构以保证它们充分地执行法律,因为如果特殊利益集团不能在立法活动阶段阻止政策的提出,它们能在执行阶段使已颁布的法令不起作用或削弱其实施而否定这些政策。因此,除了要进行结构改革,使政府系统更为关心公众意愿外,这个公民组织还对立法活动实施影响,支持对各种各样错综复杂的社会问题的新解决方法。教育、卫生、就业、提供住房、消费者保护和环境保护等都是熟悉的社会议事日程中的项目。在其中某些领域中,对处于不利地位的人群产生有害影响的不公平做法完全有利于大部分人,得到普遍的支持。"公共事业"为组织起来的公民力量提供一个方便的工具以改进和活跃公众活动,达到共同的目的。

当人们对中央政府变得玩世不恭时,他们就力求通过他们有较大影响力的地方和地区性结合重新取得控制。他们通过自己的集体行动,而不是通过负有保护国民健康责任的政府机构来得到无烟工地、无烟饭店和无烟航线等等。当地方努力获得成功时,富有的利益集团就挤进来夺取地方控制权。由烟草工业大力资助的骗人的投票措施引入到了加利福尼亚,在严格进行烟草控制的幌子下,废除所有地方性烟草法令,并代之以限制性较小的全州法令。争夺地方控制权的这个尝试被一个强有力的公众对抗力量所击败。相同的政治事态在其他法律领域也得到重演。当联邦政府的控制侵犯了议员的利益时,他们就竭力要消除联邦的控制,但他们却奋力争取保护他们利益的联邦控制。当有一次向一个州议会的领导问及他名扬四海的权力经纪人政治时,他回答:"有时你不得不超出原则。"随着中央系统中充满了政治对峙,关于立法治疗的社会斗争日益转移到地方水平。许多旨在处理一些共同社会问题的改革和实验方案,正在州和地方水平上进行。

党派联系的减弱使议员们能作为政治上独立行动者的一个集体而起作用。这就难以超越个人利益以服务于国家目的以及难以谋求为实现国家目的所需的集体支持。存在着强烈的个人动机,使改选时首先考虑到他们,要议员们宣扬他们选区的地方利益,虽然许多计划可能并不对国家最为有利。经常遇到微弱反对的议员在统治系统中获得高职位,具有他们的选区选民提供巨大资助的权力。由于具有把巨大利益从政府中带给家乡的权力,所以任期成为自我延长的。特殊利益集团把资金投入议员竞选活动。这些议员由于职位高而获得政治权力。地方选民一般喜欢他们的现任议员,经常重选他们,但又认为政府系统和议员对人民的利益不加关心,并与他们没有联系,这应该不值得惊奇。这种自我矛盾的一个最引人发笑的表现发生在加利福尼亚的一个选区,那里的投票人最终重新选举所有的现任议员,而同时压倒多数的投票决定限制议员的任期!由于企图让他们自己的地区得到相当大的一部分好处，公众也提倡会恶化国家财政和管理问题的经纪人政治。选区选民对政府系统有相互矛盾的要求。他们希望自己的代表花钱为他们的地方利益服务，但同时又投票要限制税收和消费，强烈反对为笼络地方民心提供政治拨款。他们希望政治统治少些，但保持或提高服务、津贴、补助和资助的水平。政府工作得如何是选区地方利益、相互竞争的势力集团和政治领袖的追求目标和承诺之间相互作用的产物。

常常是，良好的公众政策对立法者来说是自我危害性的。结果，受疏通活动严重影响的立法者要设法通过有利于为他们提供竞选财政经费的特殊利益集团的政策提案。为了要得到连任，许多候选人采取简短录音片断的办法。在30秒的宣传中他们用简单的方法来解决难以解决的社会问题，这些方法抽象地是受到欢迎的，但如果具体地说明，许多人都不会同意。熟练的语词大师用概括方式来表达法律解决办法，这种方式有效地回避了公众关注的问题。某些鼓舞人心的宣传和有技巧的夸耀进一步为生动的描绘增色。

政治候选人不仅能通过发动支持者投票，而且能通过劝阻对手不参加投票而提高他获胜的可能性。随着政治上玩世不恭的流行，有效能的政治党派开始利用玩世不恭作为一个选举策略。政治策略家通常试图在不可能得到选票的选民中提倡玩世不恭。即使有的话，也很少见到说客和社会上层集团人物在电视上宣布把投票选举作为一种无效的活动，而地位较低的人很容易发泄他们对政府的玩世不恭和不愿参加投票选举。不参加投票的人很少以法律根据表达自己的意见。由于不施加他们的政治影响，对政府不满的人因此成为不给自己权力的同谋。投票的出席人数少、组织得很好的政治党派就能以相对少的人数获胜。对政治冷漠的人因此把影响力让与积极的党派成员，并埋怨他们的政府。

显然，电子政治活动正在改变政治过程的形式和内容。它也通过对候选人自我选择的影响而塑造政治系统。政治生活的现实优先考虑漫无止境的资金筹集。候选人不可避免地通过电波上的宣传战而被拉到政治的阴暗面中。多年以来，政治空战越来越险恶(West，1983)。对感情容易被挫伤的人来说，政治不应是一种职业，人们难以在这个过程中保持完善和维护尊严。在判断自己具有经受折磨人的选举要求和政治过程的卑下方面的效能的人中，大部分都受到规劝，不要通过在媒体上详细查阅候选人个人生活情况而寻找官职。有关政治效能的研究已经使我们能较好地了解选区居民、政府官员和政府系统复杂的相互作用如何决定政府行为和对它的满意水平。正在改变的政治生活现实如何影响人们成为这个戏剧中政治演员的意愿，仍是一个具有重要意义的尚未探索的问题。

集体效能和激进的社会行动

社会变革任务从来就不容易，即使在代议制政治系统中。试图改变不公平制度惯例的人遭遇到得利于该制度并利用权力把它保留在适当位置的权力掌控者和利益集团的顽强反对。受益者把他们的特权、权利体现在保护性的法律程序和机构结构之中(Gardner，1972)。当社会中很大一部分人也受益于不平等的社会安排时，这部分人就支持使现状永久维持下 498 去。他们为社会控制辩护，但不同意社会变革的主张(Blumenthal，Kahn，Andrews & Head，1972)。制度的障碍和压制性威胁阻挡了企图改变对人类生活有不利影响的社会条件。

权力主义政治集团通过残忍的暴力实施控制。他们竭尽全力压制反对者发动集体行动。专制的统治者紧紧地掌握着大众媒体和其他表达工具。他们禁止公开的联盟，渗透进秘密的联盟，开动精心建立的监视系统以阻挠人们组织起来成为强有力的反对力量。这些压制活动造成了人们之间的怀疑和距离。压制性政治制度会扼杀通过群体成就建立集体效能感的机会。因此，反对者不得不主要通过其他人在相似的情况下靠群众的集体行动推翻专制政权的示范性成功形成击溃压迫者的集体能力信念。

有正当理由的社会改革有时会被权力统治阻挡，但其巨额代价是对抗活动的扩大。由于严厉的条件和粗暴地对待加强了反抗活动，权力持有者会发现实施社会控制越来越难，他们最终被迫作出微小的让步，努力安抚公众的要求。在这样做的时候，他们暴露了自己的脆弱性。让步提高了反对者强力推进重要改革的集体效能感。曾认为集体行动是无效的人会受到示范性成功的鼓励而参加到反对者的行动之中。伴随着集体效能知觉增强的是获益期望的提高和遭受损失的危险感的削弱。

人们常说绝望产生激进的社会行动，但事实证据对这种观点提出质疑。在生活于不平等和低劣条件下的人们中，相对很少有人采取激烈的措施，用强力推行想要得到的社会变革(Bowen，Bowen，Gawser & Masotti.1968；Sears & McConahay，1969)。事实上与激进的行动相比，严重的贫困较有可能产生绝望的感受和宿命的顺从。具有挑战性的问题不是为什么有些受到粗暴对待的人对阴暗的生活条件提出抗议，而是为什么其中大部分人默认这种条件。惩罚性制裁的威胁能扑灭抗议和暴力行动，但这只是情况的一部分。贫困和低劣条件下的政治积极性已经按照贫困的相对程度而不是不利条件的客观水平重新加以解释。例如，戴维斯(Davies，1969)报告，当逐渐使期望提高的社会和经济改善时期之后生活条件剧烈逆转时，最容易发生革命。仅仅是贫困水平，不论是绝对还是相对的，都只是激进行动的微弱预测者(Mcphail，1971)。

既然感到相对比较贫困的大部分人并不诉诸暴力手段，所以令人厌恶的贫困本身不是集体行动的充分原因。另外的一些因素决定不满是否会采取对抗的形式或某些其他的行为表现。前面我们看到对抗行动受目的感、面对危险时进行抗议活动的效能感以及这样的行动过程最终会引起有意义的改变的期望这样一些因素的支配。格尔(Guir，1970)运用对激烈行动的多重决定因素研究途径考察了西方国家中随三组因素而变化的社会动乱的强度。第一组是由经济衰退、压制性限制和社会不平等产生的社会不满水平。第二个是传统对用强制力量达到社会改变目的的接受程度。某些社会不承认激进策略，而其他有些社会认为群众抗议和改变是改革的合法手段。第三组因素是政府系统和反对者之间强制力的平衡程度，这种力量是用双方领导人在能动用的军事、警察、工业、劳力、外国支持的总量来衡量的。拥有强制性力量能提高人们有办法迫使改变发生的信念。分析揭示出在所采用的策略被认为是可接受的和反对者拥有强制性力量时，为了在社会系统中产生所想要的变化，他们使用不很极端的集体抗议形式，这不需要很大的不满。然而革命暴力需要有反对者的普遍不满和强大的强制性力量，而策略传统不很重要。

499

人们不是由外力机械地拖着行走的空白容器。有结构的社会条件通过执行行动的个体的心理社会过程而起作用。戈尔德斯顿(Goldstone, 1994)把助长集体激进行动的结构性条件放入理性过程模型之中。当群体认为抗议行动的收益会超过惩罚时他们就求助于抗议。随着政权力量的削弱，社会的实力部门撤消他们的支持以及反对者的数量增加和团结加强，社会动力把期望向有利于抗议行动的方面转化。这些都是在反对者身上逐渐形成他们有力量迫使社会发生变化的强烈信念之社会条件。否则，他们就没有什么理由期望群体抗议会奏效。政治行动的任何理性模型都应包含效能信念，在这类模型应用于其他问题时，已经表明效能信念能增强解释力和预测力。

与效能理论相一致，激进行动研究表明不利条件并不激发丧失希望者的集体抗议，而是激发那些改善社会和经济的努力至少得到某些成功、比较有效能的社会成员的抗议(Bandura, 1973)。因此，他们有理由相信，社会系统或它们活动的改变能通过强有力的集体行动而引起。在不同政见团体的成员中，反对社会不公和粗暴行为的人与不积极的成员相比，一般受过较为良好的教育，有较强的自尊，具有较强的有能力影响生命中各种事件的信念，必要时偏爱采取强制措施改善他们的生活条件(Caplan, 1970; Crawford & Naditch, 1970)。在大部分国家，大学学生而不是社会中地位严重低下的人们是政治行动的先锋(Lipset, 1966)。他们最可能发起最终迫使社会进行改革和推翻暴虐政权的抗议运动。比较性研究的结果表明最倾向于社会行动的人的家庭背景一般曾得到过实施社会影响的示范，这些社会影响受到过奖赏(Kiniston, 1968; Rosenhan, 1970)。然而，作为社会传播重要工具的成功示范能极大改变社会积极性的个人和社会关联。发起集体行动的人可能比以后采取社会行动人具有更强烈的完成社会改革的效能信念。后采取行动的人需要有他们能成功地推行强制性策略并通过它可以得到某些收获的更强的信念。经过一段时间示范的能力和效用能给最初缺乏信心的人以能力和胆量。

现在媒体系统是政治和社会改变的一个重要工具。电视上即时展示有效的集体行动加快了改变的速度。东欧共产党政权以空前的速度被颠覆的事例明显地说明了这一点。

生活在高压统治下的人们在电视上看到东德人推倒柏林墙并通过群众的集体行动推翻独断统治者。成功的群众行动策略立即被专制政权下的人们采纳。德国的反对者除了在德国还在英国、法国和西班牙等国举起标语牌以期获得世界范围的支持。他们选择能说英语并能在简短录音中谈话的领导人。他们以惊人速度改变社会政治秩序。这使全世界包括政治专家都感到惊叹。

分散发生相似的活动并不必然反映榜样的作用。共同的环境能在不同地区产生相似的行为而在他们之间没有进行过任何交流。榜样的使能过程有几个标准(Bandura，1986a)。首先，榜样活动和他处发生的活动之间的关键特征非常相似。当榜样活动包括各个成分新的组合时来源问题非常清楚，因为独特的相似性，出现在这么许多地方完全靠巧合的可能性极小。第二，榜样活动和其他地方发生的活动在时间上很接近，起源性活动出现在先。第三，传播遵循一个分化性的空间范式——相似的活动出现在新行为得到明显展示的地点而不在新行为没有受到多少注意或没有得到展现的地方。第四，榜样影响可激起相似活动的加速增长，因为广泛采取新行为会形成对进一步发生新行为的越来越强的支持。最后，采取新行为的速度随已知的促进或阻止榜样活动的因素而变化。

500

用相似的群众集体行动策略迅速颠覆各个共产党政权说明榜样起了作用，而不是同时产生了几个独立的发明。社会不满是很普遍的，但正如布雷什威特(Braithwaite，1994)所证实的那样，结构条件很不相同的国家采用了相同的集体策略。它们在压制程度、经济活力、种族多样性、国家大小、统治集团的力量、从中央计划经济到市场经济演变程度等方面都各不相同。结构条件显然只是问题的一部分。布雷什威特认为实现政治目的的榜样理论比结构理论对消灭政权的集体行动的时机和形式作出了较好的解释。集体策略得到迅速传播，因为它显示出能得到成功的结果。权力争夺中电视的影响除了能促进社会变化外还能加强社会控制。中国的持不同政见者也相似地受到反对压制性政权的强烈集体行动榜样获得成功的鼓励。但引起公众注意的反对力量的反应不同。中国公民在有线新闻电视网(CNN)上观看到正在发生军队破门而入并逮捕学生活动分子。

建立社会变革的社区效能

通过真正的制度改变塑造社会未来是一个长期艰巨的过程，然而期间人们能采取许多步骤通过对与他们有关的局部生活条件进行控制以改善其生活。艰难的工作是在那些认为他们生活中许多令人厌恶的方面是不能控制的人们中建立和发动社区范围的效能感。在社区组织者中，阿林斯基(Alinsky)设计了一个最有深刻见解的把社会冷漠转化为社区效能的原则和策略(Alinsky，1969，1971；Reitzes & Reitzes，1984)。

阿林斯基是一个熟练的社区组织者和策略家，但其尖刻和浮夸风格使他没有受到学者、政治激进者或政治工作人员的喜爱。他认为战斗性强的活动家是发表激烈的攻击言论而不产生任何实际结果的"浮夸的激进分子"。他把大规模的为处于不利地位人群而开展的联邦计划看成是保护自我维持的官僚主义,而不是使这些人能对他们的生活实施较好控制的手段和自我信念的工具。他关于具体效能的观点建立在自我依赖的基本原则之上:"绝不要为自己能做的人做任何事情。"

对大规模官僚化计划不抱幻想不是对人们为自己设计良好未来的能力抱悲观态度的根据。社会干预的历史证实了最好的计划是促进自我帮助的计划。对许多大规模的政府计划不抱幻想已经把重点从为人们做事转移至找到通过发展他们的才能和为他们提供支持使他们能为自己做事的途径。

在阿林斯基的使能模型中,社会变革是通过权力的实施而实现的。他认为公平的服务和对待不是权力拥有者的施舍行动而必须通过一致的努力从他们那里索取。社会权力以三种形式存在:政治权力、金钱权力和数量权力。处于不利地位的人缺乏政治力量和经济力量。但如果他们的努力得到很好的组织和引导,他们有数量权力。社区集体行动为产生所想要的变革提供工具。

501

社区组织者的作用不是为人们解决他们的问题,而是帮助发展他们的能力,作为一种持续不断地改善他们的生活与支持自我价值感和尊严感的强大力量而发挥作用的能力。组织者的作用是为社区提供条件而不是行动计划的执行,最初的任务是搜寻能为共同事业团结全社区人的地方领导人。社区如果要得到共同的利益,就必须建立一个组织形成集体努力。人们必须形成组织机制以确定关键问题,选择共同目的,设计和运用集体行动策略。处于不利地位的社区之忧郁和分散特性阻碍着集体联合行动,因此,重要的任务是构建一个团结、激励居民,为居民提供条件的自我指导的社区。让他们认识到自己的许多个人问题是只有通过共同努力才能缓解的共同社会问题。一旦发动起来,他们就有改进他们的社会和经济生活的方法。

社区中多个不相同的小集团通过对他们自我利益的吸引力而融合成一个联合的力量。没有一个小集团有可能依靠自己得到它所想要的东西,但是通过互相支持,他们就能实现各自特别关注的目标。这绝不是一个容易的任务。自我利益越是多样,在集体行动中团结人们越是困难。维持各种自我利益的联合需要寻找解决烦扰社区的各种问题的办法。居民们围绕着共同的问题而团结起来。这些问题包括市政和卫生服务的缺陷,学校的失败,房东和商人的剥削以及缺少工作机会。代表各个不同社会集团的委员会起着谈判机构的作用。共同努力的成功有助于建立一个互相帮助的准则。

使能模型在其最有效的形式中,谋取动机目标的支持。目标应该是与人们日常生活有关的、明显的,而不是抽象的。它们应该通过一致努力而实现。它们应该是有组织的,能提供进步的明确证据。在社区领导人没有对付统治集团的经验，大部分参加者对使统治官员作出让步的集体能力抱怀疑态度时，最初挑选出来要加以改善的生活问题、目标的精心组织特别重要。早期的成功会建立起领导的信心，证实社区具有能引起改变的力量。一旦通过行动建立起社区采取统一行动的可信性，仅仅是集体行动的威胁，不必真正实行，就能产生效果。力量感足以刺激协商的进行。

为社区提供社会变革的可能条件产生了在面对巨大障碍时许多实质性胜利（Horwitt，1989）。然而，社区效能感不是一个长期的特性。社区的社会构成随时间发生变化。而且，改变社会现实会出现新问题，要求有在不同的力量关系中加以协商的新的解决方法。因此，社区集体效能需要定期更新领导和使由支持性指导力量组织和引导的社区责任得到新的活力。社区组织的持久性力量，当然很大程度上依赖于连续不断地产生明显结果的成功。感到没有力量的问题不再局限在城市贫民身上。正在缩小的中产阶级成员同样也越来越感到无力控制他们的经济生活和城市生活的恶化。许多人把未来看得更无保障，更为不安。他们中越来越多的人正在丧失对他们的政府系统按自己的利益行动的正直和能力的信心。最终结果是社会日渐分裂以及公民和政治的日益分离。发动中产阶级参与有效的公民行动是阿林斯基的社会改变集体使能模型中一个新出现的兴趣点（Nordon，1972）。 502

如何形成有才能的社区组织者是阿林斯基为社区使能领域留下的一个重要遗产（Horwitt，1989；Reitzes & Reitzes，1984）。如果一个起作用的模型在领导改变之后仍继续成功地发挥作用，那么它的内在力量就得到最好的表现。显然，社区使能计划非常有活力，非常兴旺。它不仅在全国传播，而且其范围和社会影响也在扩展。新的门生在人们和政府系统日益疏远的时候，正在全国越来越多的社区建立进行有效的集体行动的选区。阿林斯基模型的许多成分源自社会变革的正确原则，因此，是关于集体使能的任何有效观点的重要组成部分。然而，这个模型的新版本已经摆脱了对抗策略和刺耳的强权政治语言。对抗方式已经为协商方式所替代。努力的重点已经从以引起争论的问题为中心激励社区转到发展人们的能力，提高对能力的信心和为达到共同目标建立强有力的公共联系。由于按照他们的集体效能信念行动，人们正在通过集体的自我帮助，使生活的许多方面得到改善。

这不是说在改变社会系统和它们的活动中，实施群体的强制力量现在已经过时，相反，即使是甘地（Gandni，1942）和金（Jing，1958）所采用的非暴力策略途径从社会上与道义上说，也是强制性武器，是以有原则性的方式通过群众的势力改变力量关系和违反人类基本价值的压制活动的武器。人们所追求的许多改革不经过奋斗是不能达到的，因为那些牢固的权力集团要坚决维持他们既得利益的秩序。社区使能模型的现代版本改变了如何行使群体压力的方式。一旦为得到认可而进行的斗争获得胜利，社区代表就可以按照改变了的力量关系以比较有礼貌的方式进行谈判。此外，现代版本更致力于建立人们的效能和公共联系，把它们作为产生社会变革的集体力量的源泉。

社区面对的许多社会和经济问题起源于地区和国家。因此，改进生活质量的努力必须超出社区的局限，扩大至地区和国家的立法活动。为此目的，地方力量正在与地区联盟结合起来(Greider, 1992)。例如，科蒂斯(Cortes)，阿林斯基的一个杰出门生，管理着得克萨斯组织起来的选民的越来越大的网络，召集过全州 150 个社区组织者和他们的代表讨论似乎难以处理的教育问题的解决办法。他们提出关于地方计划的进展报告，这个计划旨在加强父母对教育过程的投入、提高学生的学业成绩、筹集企业社团的奖学基金、减少对学校的侵犯、促进以学校为基础的管理。通过对成功计划的信息共享，人们能免遭尝试错误的失败，并较快地产生想要得到的变化。他们还草拟学校改革的行动议程。政治候选人不参加这种集会，但邀请他们来听取参加者的意见，而不是来发表按要求预备的为自己服务的言论。联盟召集了大规模的全州范围代表大会。选举人的力量左右着政治注意力并加强社会的影响。

仿效集体使能的其他选民联盟正在其他地方形成(Horwitt, 1989)。这些努力在影响着公共改革。例如，这样的一个计划，在各派政治和财政力量支持下，把纽约布鲁克林的一个荒芜地区改变成低收入家庭的几千所新住宅。联邦法规已经改变，鼓励类似的由社会和私人财政支持的住房计划。建立有效能社区的这些影响广泛的努力说明了地方水平的参与性政治如何能形成一个强大的社会变革的全国力量。社会变革有不同的途径(Goldston, 1994)。在集中化途径中，改革尝试在国家水平上进行指导。在分散途径中，通过使地方力量基础扩大到能对中央政府系统实施巨大影响而最终达到国家的变革。它们是相互补充的，而不是不相容的社会变革策略。

503

改变社会现实要求集体使能模型有另外一些改变，以改善人们的生活质量。金融和市场力量的国际化对各个社会的经济和社会生活产生着强大的影响。通过错综复杂的全球网远距离实施的控制影响不是轻易地可以更改的。因为它们在国家之外进行，所以人们必须依靠国家领导人作为谈判代表人为了他们的利益与跨国系统发生关系。简言之，在试图对自己生活进行某些方面的控制时，人们必须不仅把他们的努力指向地方地区和国家系统的活动，而且也要指向国际系统，后面我们会再回到这个问题。

前面的集体使能模型力求社会影响达到广阔的范围。有些人集体地追求更好地利用和控制他们的生活环境特有的服务和资源。他们的努力范围较为有限，但对他们的生活并非不重要。社会中许多处于不利地位或地位下降的那部分人，他们缺少资源，见不到改善他们境况的机会。他们的许多努力都消耗在为生存而进行的日夜奋斗。这种恶劣的社会条件使个人和社会要付出沉重的代价。需要集中于预防人类问题的产生而不是高代价的补救或社会控制，这已经得到广泛的认同，但这方面的实践并不多。预防观点的一些拥护者把它置于比较广阔的社会系统视野之中，即不仅促进个人的变化，使他们能比较有效地应付环境，而且为社区集体提供条件使它们能改变阻碍人类发展和产生功能失调的环境条件（Rappaport，1987；Rappaport & Seidman，in press）。

在这些通常用促进自我实现的语言表达的群体使能计划中，教人们如何对影响其幸福的社区活动实施影响。在这建立效能的过程中，他们需要产生明显结果的早期经验，使自己相信他们具有改变生活环境的能力。得到了一些成功之后，他们就会相信自己能解决更为艰难的问题。有许多用成功的轶事来谈论集体赋权的报告。但缺乏有关这些干预如何发生作用的经验性证据，它们确实成功时，其效应是如何产生的证据则更少。综合性术语"赋权"的模糊性——它常常作为行动策略、心理状态、可能的结果以及应用的情境的混合而出现——阻碍了这个领域的进展。少数几项验证有效性的努力一般依靠时间连续设计，评定随着群体使能干预的引入而出现的变化（Fawcett，Seekins，Whang，Muiu & Balcazar，1984）。在集体使能模型的基本组成部分没有明确说明时，如何把它们用之于实践和传播那些起作用的模型就无法确定了。

集体使能计划有不同的形式，但共同的假定是它们是部分通过加强人们引起他们生活变化的效能感而起作用的。评定这一中介过程的研究提供了一些证据，证明群体辩护技能训练能提高个人和集体效能以及增加旨在引起所想要的变化的行动（Yeich & Levine，1994）。实际上，有良好领导者的群体能具有相当的应变力，能通过改进日常生活的集体倡议而改变社区改革和实践活动（Balcazar，Mathews，Francisco，Fawcett & Seekins，1994）。然而，一个群体单独行动，即使重复努力，取得法律变化的成功也不多。影响立法者需要通过与具有合作伙伴关系的多种选民群体的联合而获取更大的力量。

504

在大部分应用中，教群体如何集体地同代理人进行协商以增加使用社会资源的机会和改进社会服务。有一些自助群体，人们组织起来帮助自己通过形成自己的亚社区和资源来解决难以对付的问题。在集体效能的这种比较一般的形式中，人们建立一个自我管理的社区，他们教育自己，处理自己的事务，建立自己的企业为自我发展提供机会与资源。适应问题可能包括严重的吸毒成瘾、酗酒或心理社会功能失调。这些自我管理的社区从一个与专业服务系统不同的视角来处理困难的生活问题（Riessman & Carroll，1995）。后者倾向于把这种困难看成是基础性的病理变化或固有缺陷的症状。主要集中于个体的补救办法，着重在症状处理、药物、用能经受环境要求的应对技能来防御个体脆弱性。集体使能途径定向于社会，依赖长处而不是停留在缺点，在人类问题的来源和补救办法中包括了社会结构因素（Azrin，1976；Fairweather，Sanders，Cressler & Maynard，1969；

Silbert, 1984)。通过相互帮助,社区成员们发展他们的能力,加强对他们能力的信念,获取需要的资源以改进他们的生活。他们不仅通过改变自己,而且通过创造消除障碍和扩大机会的生活环境来达到这个目的。公共联系、社会支持和关于如何对他们的生活进行较好的控制的指导逐渐形成了目的感和希望感。

自助群体通常并不以服务系统自居。因此,他们不系统地测评损耗率、结果和以后的成功率。然而,没有疑问,他们经常在重建缺少资源和过去从专业服务系统中得不到什么帮助的人们的生活中取得成功,而且,少数几个可以见到的比较研究证实了按集体使能模型操作的途径具有效能(Azrin, 1976; Fairweather et al., 1969)。自我管理的社区在使人们生活向好的方向改变方面比专业服务更为成功。

媒体影响方式的使能作用

无知的公众,如果不是冷漠的也是无能的。大众媒体为引起公众注意社会关注的问题提供了一个公开讨论的重要场所。而且,媒体通过它们组织问题的方式影响人们如何思考这些问题。社会争论采取各种不同的形式,这取决于人们面临的共同问题是按公共政策解决方法,还是按个体补救的方法加以构建。人类问题需要个体化以引起公众的兴趣和支持,但然后关注点应该转到政策的考虑。必须向公众提供信息和激励,必须对他们的集体努力进行引导以促进理想政策的颁布并保证政策的实施。因此,有效地使用媒体是影响政策制定者、议员与经营管理和服务机构的人们集体努力中一个组成部分。广播媒体能同时影响数以万计的群众,而且,媒体引起的交谈能增强他们的努力。

505

使用媒体以取得政策主动权

一般群众既无经济资源又无政治权力,难以方便地使用广播媒体。由于有这些障碍,进入媒体交流和使有关问题引人注目并能发动公众起来行动,需要有大量的智谋。华莱克(Wallack)和他的同事整理出许多使用媒体的原则与有效策略以影响能改进人们生活的公共政策(Wallack et al., 1993)。作者提醒我们,媒体宣传所涉及的远非只是如何进入媒体市场和为了产生巨大社会影响如何构建问题的策略。

媒体对公众利益的关心程度部分取决于公众舆论的力量。因此,相当一部分媒体宣传致力于建立联盟和教社区群体如何通过各种各样的媒体渠道提高他们对政策的主动精神。宣传者必须培育和新闻评论员及记者的关系,把它作为关于问题的观点和背景信息的可靠资源。为了客观和生动，媒体常发表对问题的两方面意见，为宣传者提供许多宽松的新闻报导。实际上，在新闻广播中呈现一个人的信息，不论它是对新闻事件的反应，还是为产生吸引公众注意的有新闻价值的事件，都被认为是媒体宣传的中心。

科学在形成公共政策中起着有影响力的作用。公共宣传需利用可靠资料以增强政策的力量和进行改革介绍。例如，被动吸烟有害健康的证据使大部分人为了自己的利益而支持在工作地点和各种公共场所禁止吸烟。宣传者必须知道如何把科学证据转化成大众能够理解的语言和如何反击对资料真实性的怀疑。烟草工业一般加强公共关系运动，进行猛烈的游说以挫败公众的提议。为了取胜，需要经过持久的努力，这一般依靠具有共同目的进行共同活动的各群体联盟。缔造具有自己工作议程的各种利益集团的工作联盟要求有高水平的协调效能知觉。协调者必须使群体的努力集中于共同目的，并协商一致以最佳的方式来追求这个目的以及获得必要的资源和技术帮助。电子网络使建立关系、交流计划和策略以及监控地方和全国的宣传活动变得更加容易。联盟不会长期坚持，特别是面临威胁性反抗时，除非它们强烈地追求共同的目的并坚定相信他们能通力合作达到目的。

社会变革中的娱乐性媒体

广播媒体中虚构的戏剧表演是使人们能达到具有广泛社会影响的变革目的的另一种手段。控制全球人口增长是一个例子。人口迅速增长是首要的和显然是最迫切的全球性问题。它产生的环境恶化日益威胁着地球的可居住性。环境恶化受人口总量、消费水平和由提供消费性产品的技术所引起的生态系统的破坏之影响(Ehrlich, Ehrlich & Daily, 1995)。全球生态系统不能供养迅速增长的人口，不能经受有限资源的高度消耗。

地球的维持能力是有限度的。高人口出生率、越来越长的寿命和受到强烈的营销与连续的经济增长刺激的消费欲望阻挠着生态上的可持续发展，即在不破坏环境条件下提高经济能力。在没有灾难性的生态后果时，经济力量一般优先于对环境的关心。可持续性不仅关注生态和经济条件，而且也关注社会生活的质量。抑制人口增长已经成为为了生存的一项紧迫任务。挑战在于把后代的人数减少到或低于上一代的水平。发展中国家普遍的贫困加剧了这种危机。反过来，由于大量增加的人口耗尽了由经济发展产生的资源，因而使生活标准降低。改变消费方式、保持持续性发展是预防全球条件越来越恶化的另一个艰难巨大任务。而且，人们需要为他们过一种能使环境具有持续能力的生活而提供指导、激励和社会支持。 506

产生大家庭有许多因素。儿童可作为用劳动力的来源，并在父母年老时帮助父母。男性拒绝避孕，把生育看成男性精力充沛的象征，这也使家庭人数增加。把妇女降到附属地位,她们在家庭问题上没有多少发言权和限制她们受教育的机会,这使她们过着很早就养育孩子的生活。因此,阻挡人口激增的高潮不仅需要改善经济,而且需要改变社会准则和人们的信息系统及社会关系。人们必须理解过多养育孩子如何殃及他们及其子孙的生活。除非他们认为计划生育能增进幸福,他们不会有计划生育的动力。只是提供避孕服务是不够的。创造性地使用媒体以激励人们控制生育是说明能使人们限制家庭规模的一个例子。不同于引起种族反对的强制性的侵犯人权的或不顾妇女幸福的法律途径,这种途径有利于生育儿童的个人选择。

现在已在全世界采用的这种方式,最初是由萨比多(Sabido, 1981)为了通过系列剧的电视示范促进社会变革而发展起来的。在吸引人的戏剧中,多个情节描绘人们的日常生活,其中有些人生活在灾难性的生活轨道上,而另一些人则富有活力地为改善他们的生活质量而奋斗。这种方式创造性地建立在基本的社会认知原理基础之上,这些原理认为有效能的示范是告知人们、激励人们,使人们能为自己建立一个较美好的生活的主要手段(Bandura, 1986a)。系列剧是示范计划生育、妇女平等、良好的健康习俗以及家庭职业、社区关系中各种各样有效的生活技能的极好工具。它的第一个特征是利用社会榜样的力量去改变态度、价值观和生活方式。积极的榜样描绘有益的生活方式,消极的榜样描绘有害的生活方式,过渡性的榜样通过放弃有害的行为方式和采取有益的生活方式表现生活的转变。在系列剧中最受欢迎的肥皂剧演员扮演导师角色,利用有声望的榜样的有吸引力、有抱负的价值观。

最初的计划针对墨西哥的文盲问题。为了减少人数众多的文盲,政府发起了一个全国性的自我教学计划。要求能阅读的人组织自习小组。在小组中他们用为此目的特地编写的教材教他人如何阅读。然而,这一全国性的呼吁得到的是令人失望的社会反应。萨比多选择了有广大忠实追随者的系列肥皂作为影响、激励人们处理文盲问题的最佳方式。系列剧中主要故事线索集中于吸引人的能提供信息的自我教学小组的经验。

第二个特征在于榜样的相似性,以说明观众他们也具有掌握所示范的技能的能力。扮演学习者角色的演员代表有文盲问题的各种不同的人群。自习小组包括青少年、年轻人、中年人和老年人。另一个特征旨在获得和保持对系列广播剧的注意投入。夸张的修饰和情绪性的音乐加强了情节的戏剧性以保证观众的高度注意。

507

第三个特征是提供从事自我教育计划的替代动机。系列剧描述识字对个人发展和国家效能及自豪的巨大益处。替代性影响的力量可通过对比性示范而得到加强。功能性生活方式的益处通过剧中不同角色与功能失调生活方式的苦难相对比而显现。另外的角色通过采用功能性的价值观和生活方式把实现生活变化的榜样体现在自己身上。由于生活环境的相似感,观察者特别容易从这样发生转变的榜样身上获取灵感,并认同这样的榜样。看到与自己相似的榜样改变生活不仅传递了如何改变的策略，而且提高了观众也能成功的效能感。

还有一个特征在于增加示范事件的可记忆性。增加总结信息的尾声以帮助记忆表象的信息编码。如果不提供实现改变的适当指导、资源和环境支持，那么激发人们去改变是没有多少价值的。谋求和创立环境支持是另一个对扩大和坚持受到媒体鼓励的社会变化特别有帮助的特征。为促进变化，所有教学材料都由教育机构很容易地提供。此外，系列剧常用现实生活场景表现演员从一个真实的发行中心得到教学材料，最终在一个真实毕业庆典上毕业。尾声使观众了解这个全国性自我教育计划，鼓励他们利用这个计划。尾声的作用是一个便利的工具，向机构和自助小组介绍何处可得到有用的信息与他们需要的服务。

先前一个访谈研究，揭示了劝阻人们不参加国家计划的一种普遍的自我无效能障碍。某些人相信只有年轻时才可习得阅读技能。因为他们已过了关键期，他们不再能学会阅读。其他许多人相信他们个人缺乏掌握如此复杂的技能的能力。还有些人感到他们不值得要一个受过教育的人为他们花费时间。这些自我妨碍的错误信念由演员模仿，并由导师加以纠正，这个导师说服他们使其相信自己具有成功的能力。系列剧包括幽默、冲突和对所阅读的材料的引人入胜的讨论。情节表现榜样在学习开始阶段的奋斗，然后是得到的进步和对他们取得的成就的自豪。

数以百万计的观众忠实地观看了此剧。实际上，观众人数超过了一般肥皂剧的观众。在效果评定中，与非观众相比，观众对国家扫盲计划的了解多得多，对互助学习表现出较为积极的态度。参加国家自我教学计划的人数在电视剧播出以前这一年为 99 000，而在播出这一年为 840 000，随着人们形成能对他们的生活实施更好控制的自我概念和技能，他们就成为其他人的榜样、鼓舞者甚至导师。这种相伴的社会影响能极大地扩大电视示范的直接影响。在系列剧播出的次一年，另外又有 400 000 人参加了自我教学计划。

编制了一个相类似的电视示范系列片以促进全社会的计划生育，减少全国人口的迅速增长。在系列播出以前，制片人以集中于计划生育而不是促进特定的避孕措施的办法，谋求天主教堂领导人的赞同。对比性示范描绘计划生育的过程和益处。妻子在计划生育指导中心工作的小家庭的积极家庭生活与有大家庭重担、伴随着贫困和苦恼的已婚女子的家庭生活相对照。剧中大部分集中描写来自大家庭的女儿，她开始感受到严重的婚姻冲突和对迅速扩大的家庭的烦恼。与大妈商量是示范大量信息的途径，这些信息包括如何处理婚姻不和与大男子行为、如何对待男子拒绝避孕和抵制计划生育、如何避免由于孩子负担过重而产生的许多问题。作为转变榜样的年轻夫妇得到了对他们家庭生活的控制，并在计划生育中心帮助下得益。一个强调需要负责任地实行计划生育的牧师，在剧中

508

偶尔出现。在某些节目的最后，告诉观众已经有促进变化的计划生育服务中心。

计划生育中心的记录显示避孕者比系列片播出前新增了 32%。人们报告电视上的描绘成为向中心咨询的动力。前两年全国避孕人数增加 4%到 7%，而在节目播出的那年增加 23%。几年来系列剧的播出带来了出生率降低 34%。

降低人口增长率的努力必须不仅提出计划生育的策略和益处，而且还必须涉及把妇女作为附属品对待的社会中妇女的作用和地位问题。这是印度电视中播出的肥皂剧中的双重信息。社会认知原则是可概括的，但它们必须适合于产生大家庭的文化环境和社会实践。在有些社会中，地位问题源自大男子主义的统治；还有一些社会中，来自青春期开始时的结婚和怀孕，没有选择丈夫或决定孩子数量及间隔的发言权；另有一些社会中则来自一夫多妻的婚姻。在某些社会中，妇女受压制到这种地步，她们经常挨打甚至不许开家里的收音机。印度的示范系列片除了提倡小家庭外，还为了提高妇女的地位。戏剧的中心是居住在一起的一个低中产阶级家庭中的三代人(Singhal & Rogers, 1989)。戏剧的情节提出了在广泛的社会准则和惯例背景下有关家庭生活的各种主题。次级主题特别关注家庭成员间差异的协调，家庭生活中妇女地位的提高和她们的社会福利、平等的受教育机会、儿童扶养中的性别偏向、配偶选择、少年婚姻和少年父母、社会待遇平等和限制家庭规模的计划生育。有些演员表演性别平等的正面角色榜样，另一些演员拥护传统的妇女从属地位。还有一些是转变的榜样。一个著名的印度电影演员在结尾中强化了示范的信息。

这个传奇的系列片非常受欢迎，得到了最高的电视收视率，引发出千万封读者来信，对角色提出建议，表示支持。一个对观众随机样本的研究显示电视示范加强了支持性别平等和限制家庭规模的态度。特别是观众报告他们从节目中学到了妇女应该具有平等的机会和影响她们生活的发言权，促进妇女幸福的节目应该受到鼓励，文化多样性应该得到尊重，家庭规模应该受到限制。观众越是意识到示范的信息，他们对妇女在影响她们的事务中具有选择的自由，对小家庭计划的支持越是强烈(Brown & Cody, 1991)。

有效的榜样其社会影响常受到限制，因为他们缺少社会传播的适当机制。缺少专长和资源产生了低效能感，这成为采用行动的一个障碍。国际人口通讯系统(Population Communications International)，作为使用电视剧以提高家庭生活质量和妇女地位以及促进计划生育的全球传播机构，消除了这个障碍(Ryerson, 1994)。这个中心的作用是充当政府、非政府机构和私人部门间联系者以取得摄制的基金。此外，它还提供技术帮助，训练能使戏剧适合于自己文化环境的电视制作者和作家。通过全球努力，系列剧现在在全世界普遍采用。中心还提倡关心人口、环境和健康问题的非政府组织间的合作。联盟通过发动人们，使人们的努力集中于改进他们自己和其孩子的生活质量而增加成功的机会。此外,中心还与媒体人士共同努力以增强在播出和他们创作的故事情节中对人口增长与环境恶化问题的敏感性。这些努力是否成功主要按家庭人数的减少和使用避孕措施的增加来加以测评。

多方面应用产生了一致的结果。系列剧是在很长一段时期内影响大量人群的一个非常有效的工具。观众深深地投入到电视中各个角色的生活之中。这些系列片是属于电视中最受欢迎的系列片。每个都吸引着数以百万计的观众。电视系列片的广播可影响大量农村人口。电视系列片播出后总是一个国家接着一个国家的出生率明显减少。例如,墨西哥每个妇女生育降低34%,巴西是23%,在肯尼亚使用避孕措施增加达58%,出生率降低24%,这类改变对经济发展是减少生育率的前提条件这样广为流传的信念提出了质疑。我们不必等到人们富裕后才使出生率下降。

当然,对采用系列剧后的变化进行解释必须谨慎,因为某些变化可能是由于同时起作用的其他社会影响的作用。在每个国家,采用系列剧后出生率的降低这样的事实都增强了他们与变化有某些关系的信心。如果在前几年出生率上升,情况尤其如此。上升基线以后的下降比稳定的基线后的下降更具说服力,但在下降基线条件下,继续下降的原因就可疑了,除非采用系列剧加快了下降的速度。鉴于各国是由于人口快速增长而使用系列剧的,所以有理由假定生育率的变化轨道是上升而非下降。随着时间推移,大家庭的后代一般会以几何级数增加。

解释系列剧和出生率之间关系的先决条件是有关生殖行为和出生率变化的时间间隔方面的知识。系列剧至少播出一年,有些则重播或有新的续集播出。决定避孕或少生孩子能影响播出期间或播出后很短一段时间的出生率。所以时间间隔可以是短的。另一个次级效果的时间间隔——观众生活方式的改变影响他们同事的生活方式——可以长也可以短。随时间推移出生率的变化既反映第一级影响,也反映第二级影响。次级效果出现的时间间隔在实用上并不需要关注,因为电视示范的积极影响越多越好。但这些效果确实使见到的变化有多少是直接单纯由系列剧引起的评价复杂化了。与观众面谈他们决定避孕和希望有多少孩子和孩子的时间分布问题可使我们搞清楚时间间隔应该是多少。面谈也能确定限制家庭人数的决定是由于系列剧的作用,是由于受系列剧影响的观众生活方式的改变,还是由于其他原因。

因此,系列剧影响的评定需要进行时间系列分析,根据前几年的出生率轨道来评定社会中采用戏剧方式后改变的方向和速度,而且,需要多重统计方法控制能影响出生率的政府政策、激励和资源。如果电视示范作为一种手段,把人们引入社区环境和支持群体,为人们提供实现个人改变所需要的广泛指导和不断激励,那么电视示范会产生巨大影响。例如,萨比多的目的在于通过自我教育而提高文化程度的计划明显地把媒体示范和社区

510

教育服务联系起來。和国家努力相结合的示范协同效应赢得了许多参加者，而单纯的国家努力只能招募到相对很少的人员。

其他把戏剧形式应用于计划生育的发现比较直接指向因果问题。在肯尼亚，接触系列片越多对出生率和生殖行为的效果越强（Westit & Rodrigutz，1995）。特别是演播增强了妇女限制家庭人数和加长各次生育的时间间隔的欲望。接触媒体较多也增加了对新避孕方法的使用和使用的一贯性。在控制了生命周期状况和一组如种族、宗教、教育和居住在城市还是乡村等社会经济因素后，这些效果依然存在。评价性调查的分析显示媒体影响是提高限制出生率和采取避孕措施的动机之重要因素。

包含有独立发射机地区的国家是一个自然的控制组。在这个条件下，系列剧可以在一个地区播放而把另一地区作为控制组。在正式评定后，系列剧可在控制地区播放并测量其效果。如果各个地区最初在人口特征、可影响出生率的政府政策，或以前出生率变化轨道上没有区别，那么这类比较检验就最具信息性。如只有两个地区，随机干预哪一个地区不能保证开始时两个地区是相似的。如果开始时它们有区别，可以进行统计上的调整。

在塔桑尼亚进行过控制研究，比较广播系列剧的地区和不广播地区避孕情况的变化（Vaughan，Rogers & Swalehe，1995）。这个计划针对的是计划生育与增加感染艾滋病毒可能性的性活动和毒品注射。这个研究说明了若干问题。虽然最初就相当好地把有关避孕和预防艾滋病的知识告诉人们，并使他们倾向于从事这些活动，但他们没有把这些态度转化为行动。问题不在于信息，也不在于态度，而在于动机。系列剧提供了行动的动力。与控制地区相比，收听广播系列剧明显地增加了避孕方法的采用、计划生育的服务和艾滋病的预防活动。和在肯尼亚进行的研究那样，各地区收听率越高，效果越好。自我效能知觉成为调节生殖和风险行为的一个重要因素。系列广播增强了听众能对家庭人数实施控制的信念。经常听的听众既增强了效能知觉，又增加了预防艾滋病感染的活动。这个研究还提供了次级影响的证据，收听广播的人越多，他们同朋友和配偶谈论计划生育越多。

戏剧形式的进一步提炼需要在评定结果之外，还评定中介过程。这种分析考察示范的情节如何组织，社会上如何感受这些情节以及它们形成哪些效能和结果信念。这样的认识为如何使预期的积极效果增至最强、使不想要的消极效果降至最小提供了指导。反面榜样必须谨慎地组织。例如，在印度的系列剧播放后某些赞同角色的文化陈规的观众最后与剧中的陈规站在一起，把它作为想望的榜样（Singhal & Rogers，1989）。有两种方法可削弱这种不想要的效果：一种策略是强调失调的生活方式的有害后果；第二种策略是使这些对比性的反面榜样开始对他们的生活观点表示某些自我怀疑，并承认，虽然是不情愿地，妇女对她们生活有很大发言权的合法性。

511

表现榜样冲破从属地位和违反文化规范需要有某些消极的反应，以反映社会现实。但这些不协调的情节应该展现出成功地处理这些事件的有效策略。因此，观众最后相信他们能通过坚持不懈地使用相似的手段改进他们生活的质量。这要求在相互作用的情节中结合进许多加强效能的成分。偶尔提及为提高妇女地位而奋斗的世界妇女领袖能成为抱负和支持的另一个来源。在妇女大量受抑制的文化中，改变牢固的文化准则是一个缓慢的逐渐的过程，是一条漫长的道路。在性别关系中存在巨大的权力差异时，所示范的策略必须是明智的，而不是公然对抗的——这在现实生活中可能会造成危险。

如同任何干预一样，使用电视促进社会发展也会产生伦理问题。如何评价这样的努力取决于所提倡的变化类型、变化的动因、使用的手段以及接触影响因素的选择权和自愿性。宣传社会改变的系列剧并不把影响因素引入到以前不存在影响的地方。它们通常取代白天的系列片，这些系列片着重于在充满不协调、欺骗和无礼的社会中人类事务的阴暗面。与此不同，鼓励有文化、计划生育、性别平等与社会和谐及尊严的系列片中的新社会信息是为了个人和社会的改进。除了坚持人类基本价值，广播工作中还必须包含防护措施以保证其新社会功能不被曲解。当人们有观看什么的选择权而不是由一个巨大的系统强制人接受什么信息时，误用的可能性就少。因此，谋取广播媒体支持社会变革要求对新社会系列片引入其中的社会结构具有敏感性以保证所提倡的变革能改善人们的生活。

为社会文化变革提供条件

在为改进生活质量作出努力时，社会不断地面临着改变某些传统制度和社会惯例的压力。如果不取代某些牢固的习俗和采取新的社会组织及技术，相关收益就不能获得。因此，变革要承担一些社会代价。支配在一个社会内新事物传播的基本原则与新观点和新习俗的文化间传播是相似的。但在这些原则如何转化为功能系统和如何实行方面有明显差异。外来的习俗很少能不加改变地完全地采用。输入的各个成分通常以本土的方式改造和综合成适合于本文化的新形式。在大部分情况下，采取的是功能等价物而不是外来方式的确切复本。此外，除非借用来的成分受到高度评价，新习俗的拥护者把新习俗从一个文化传播至另一个文化比在同一文化中传播可能会遇到更强烈的抵制。

社会变革的障碍

采用新制度和新习俗开始时有某些消极效果，阻碍变革。其中有些是习得过程本身

512 所固有的，特别是在早期的过渡阶段。新习俗通常威胁到现存的地位和权力关系。此外，采用者必须放弃安全的日常惯例，学习处事的新方式。许多人不情愿经历掌握新能力的冗长乏味的过程。那些具有不稳定的效能感的人受到新要求和失败前景的威胁。采用涉及不易习得的复杂技能的革新措施是缓慢的(Rogers & Shoemaker，1971)。

除要求有新能力外，不熟悉习俗的效果的不确定性也会产生忧虑。如果新习俗立即有收益，变革会受到欢迎。但社会和物质技术不可能不经改变与实验而从一个环境移植到另一个环境。初步应用常常会受到问题和暂时挫折的困扰。只有在纠正性调整以后才可能在新情境中获得成功。甚至在新方式已经适应于地方条件和需要后，革新的优点在尝试一段时间后，通常才会变得明显。不习惯的活动的所允诺结果不是推动不确定的公众行动的力量。结果越延缓越不明显，那么对行为的激励越微弱，需要有一些活动把抽象的未来转化为具体的当前动机。

判断革新的收益和代价由于社会功能是相互依赖的这一事实而更加复杂了。一个功能领域的一个有利的变革可以在另一生活领域产生意料之外的有害效果。社会的有些部门可能从革新中得益，另一些则可能遭受损失。因为革新具有混合的效果，倡导者对它们的价值又言过其实，所以人们谨慎从事，不轻易为了可能是比较好的、但不能确定是否有收益的新习俗而放弃已确定有效用的旧习俗。经济条件不佳或地位不可靠的人才经受得起风险。结果，大部分人坚持传统方式直至他们见到革新为比较勇敢的人带来利益。

各种革新与流行的价值观和社会习俗的不一致程度各不相同。与已有习俗冲突的革新，采用和传播的过程中遇到的障碍更多。有些习俗受到预示新习俗会带来灾害性后果的信念和道德准则的支持。信念对行为的影响部分来自社会和道德约束，它们反对强烈地违反所持信念系统的行动。

特权集团可以对社会文化变革设置更大障碍，这些集团得益于现存社会秩序，因此，保持现存社会秩序对他们会有强大的利益。他们支持有利于自己的变化，但反对危及他们社会和经济地位的变革。他们通过对从改革中获利最多因此最接受改革的人施加强制性压力而进行反影响。在这些条件下，不会产生多少变革，除非保护变革者使他们不受压制，同时新习俗为所有相关的人都提供某些利益。这要求作出相互依赖的安排，把人们的利益与向共同目标的进展联系起来。通过相互信赖，人们变得相互接受。

如果少数特权者继续破坏或阻挠改革，那么要得到任何变革就必须运用制度制裁。但特权是不容易违犯的。实施变革的先决条件是实施机构具有提供给社区和它们领导的资源，掌握施加制裁的权力和有充分的群众支持以对抗特权集团的政治反响。常常是，这些社会机构是由官员们经管的，这些官员受惠于反对变革的既得利益集团。地方既得利益集团由于具有充分的控制影响力，能很容易地利用有利于自己的计划。企图完成重要

社会变革的人，必须具备能克服艰难困苦的弹性集体效能感。 513

有效传播模式的特征

许多时间和努力用在发展有效的社会变革模式上，但关于如何促进广泛的社会变革的研究很少。仅仅创建有效的模式不能保证对社会变革的接受和传播。恰恰相反，新计划常常由于许多已指出的原因而引起抵制。如果传播有效计划的活动要获得成功，人们必须具备技能、个人效能感和动力，才能克服与采用新方式有关的不利条件。一个成功的社会传播模式有四个主要阶段：(1) 选择一个引入革新的最佳地点；(2) 创建变革必要的前提条件；(3) 实施一个明显有效的变革计划；(4) 利用成功例子的力量把新事物传播到其他地方。传播模式每个阶段的基本特点在以下各段中说明。

关于地点选择，社会的某些部分比其他部分较能接受新方式。把新习俗强加给反对新习俗的部门，损害多于利益。如果新习俗强加给不愿意的部门，它们会不好好执行而导致失败。失败的尝试进一步消除变革的压力。这样不仅浪费精力和资源，得到令人泄气的结果，而且当以后条件可能比较有利于变革时，还阻碍以后的变革。革新最好开始时引入到人们愿意尝试、至少暂时尝试的地方。对拒绝革新的人，成功可以作为证明性示范，因为他们不能肯定革新的可行性和结果如何。成功者所获得的明显利益所具有的力量大于克服抑制的规劝性谈话。

增强人们对革新的性质和潜在利益的意识可用以创造变革的前提条件。人们需要提供关于新习俗的目的，它们的相对优势和采用它们可能以何种方式改善生活的信息。直接和通过媒体呈现这些信息都可使人了解新习俗和引起对新习俗的兴趣。不能使有关革新的信息适合于将要成为新事物采用者的特定兴趣和能力会在开始时阻碍传播(Rogers & Adhikarya, 1979)。

社会变革计划常遭失败，因为它们不能超越目的在于让人们了解革新和改变人们对革新的态度的事前准备阶段。集中于态度的改变作为促进革新的主要手段假定态度决定行为。这种观点没有得到明显的成功。关于是态度影响行为还是行为改变态度，有许多争论，证据表明态度和行为改变两者都能通过创造促进期望的行为的条件而得到最好的实现。在人们以新方式行事后，他们的态度就与行动相适应(Abelsonetal, 1968)。然而，可能认为，使人们以与牢固建立的态度矛盾的方式行事是极其困难的。这样的观点假定态度和行为间有紧密的关系。事实上，不同类型的行为可以解释为与相同的态度相一致。如果新习俗高度有益，那么采用者或改变态度以符合他们新行为或者以与传统信念相一致的方式理解行为。

社会认知理论不把变革的动机作为态度问题，而是从调节动机和行动的外显认知因

素方面来提出变革的动机问题(Bandura，1986a)。这些因素包括效能信念、各种形式的
514 结果期待、抱负和知觉到的障碍，这些是努力激励人们采用能增进他们的幸福的新社会习俗必须提及的因素。

在采用阶段必须谋求各种各样的支持性帮助，仅仅社会劝说不足以促成采用。为增加接受性，还必须创造学习新方式的最佳条件，为采用新方式提供资源和积极的鼓励，在社会系统中建立支持力量以维持新方式的采用。当实施变革依赖于生活受到影响的人们的赞同时，广泛使用社会劝说和积极的鼓励作为动机力量。在独裁社会中，主要采用强制手段作为控制权力的人所寻求的变革的诱因。通过强制实行的变革是以严格统治为代价而得到的，也还有其他的代价。由于引起反对，强制的变革如没有连续的社会监督和对不顺从的惩罚性法令，就难以维持。常常是，权力享有者一群顾问的观点非常相似，舆论一致的压力太强以至不能保证他们的集体判断能保持与社会现实密切联系。当中央集权系统不考虑外人对它的批评性评价时，就会有产生灾难性社会后果的错误判断的高度危险(Barnett，1967；Janis，1972)。

执行一个社会变革计划需要把知识和新能力传递给可能采取革新措施的人。当变革需要掌握新技术和新的思维及办事方式，而不是仅仅修补现存习俗时，这是变革过程中的一个特别重要的方面。当新习俗与牢固的传统习俗相冲突时(实际情况往往如此)就要求特别有动机援助和社会支持。如果要习得新行为模式，必须为变革措施的可能采取者提供示范以传授必要的知识、价值观和技能。这些示范，必须确认采取者具有掌握新方式的能力。实施示范原则有许多方式，其中有些比较有效。三步途径——示范所要的能力，指导下从事建立熟练性的动作和证实其功能价值的新方式的概括化应用——产生最令人难忘的结果(Goldstein，1973；Latham & Saari，1979；Rosenthal & Bandura，1978)。

新习俗——如果要得到广泛的接受，就必须产生效益。可惜，许多革新的收益要到它们应用了一段时间后才明显起来。这样的时间间隔会产生特别的动机问题。提倡变革的人常常面临这样的任务：使怀疑者在他们获得令人信服的证据证明改革计划确实产生所想要的结果以前，长时间地采用和坚持新的习俗。正如埃拉斯默斯(Erasmus，1961)指出的，当革新立即产生明显的收益，新习俗和有利的结果之间的因果关系容易得到证实时，人们最容易接受革新。

如果从革新得到的利益延迟一段出现，就有必要提供当前的激励以维持采取的行为直至它固有的价值明显起来。暂时的替代性激励可包括经济收益、特殊权利、社会承认和其他给予地位的奖励。把抱负转化为可达到的过渡目标，这些目标可传递一种进步感，也能成为有助于坚持努力以实现变革希望的动机力量(Bandura，1991；Locke & latham，1990)。传播上许多失败归因于由不相容的信念而产生的抵制，其真实原因可能是对采取

不习惯的新习俗指导得不够充分和动机不足。

社会文化变革传播阶段的开始可大大受益于替代性动机力量的帮助。最有说服力的是见到在使用有效的习俗。最初的使用者通过革新得到的成功可用以鼓励他人自己尝试新的方式。得到证明的收益越大,样例的传播力越强(Ostlund, 1974; Rogers & Shoemaker, 1971)。这适用于技术革新,也适用于社会革新。为解决社会问题提供改进方法的新政策会在全国范围内传播(Cray, 1973; Poel, 1976)。广泛地示范有益的革新措施有助于削弱采用新方式的各种社会障碍(Manslield, 1986)。

在传播的早期阶段,通讯媒体在通过激发对新习俗的兴趣、教授新技能和宣传结果而促进改革方面可起重要作用。积极的激励可加速新事物的传播。例如,中国在努力用生产力较高的农业习惯取代繁重的农业习惯时,挑选出示范乡村与在新知识和新技能上超群的人员,由他们履行把新习惯传播到其他地区的任务(Munro, 1975)。如果见到新习惯采用者获得收益的替代性激励不足以克服阻碍,直接的激励能推动传播过程。奥西玛(Oshima, 1967)说明了在日本如何通过为愿意作为示范点的乡村提供津贴而加速先进的农业和生产技术的采用。在美国,给州和地方以联邦基金作为对采用新政策和新计划的激励。对采用新事物进行经济激励的政策传播到各州比没有经济激励的政策要快(Welch & Thompson, 1980)。

言语劝说不仅不足以使人采取革新措施,而且不足以使革新措施传播,即使这些新措施能使人们的生活改善。促进已证实有价值的计划得到广泛的社会传播需要有一个有效的机制。它必须为将来的采取者提供有益的指导,基本的资源和进行变革的激励。这一点在费尔韦特(Fairweather)和他同事的研究中得到了说明(Fairweather et al., 1969)。他们比较了精神病人居住问题处理模式的三种传播策略。这种模式比现存的方法较为人道,花费较少和在恢复功能方面较为有效。鼓励几百所精神病院以三种方式统一采用这种模式:信息策略是医院收到一个报告描述这种模式以及它的多重优点;社会说明策略是传播者举办一个关于如何实施这个模式的现场讨论会并提供其收益的文献资料;使能策略是教医院的员工如何实施这个模式并提供支持性的指导。信息策略的采用率为1%,说服策略是16%,使能策略是29%。显然,官僚主义服务不容易产生影响,但支持性的使能方法效果最好。这个研究强调需要以发展所要传播的模式那样的谨慎与严格来考察各种传播方式的效能。

从内部改变社会系统的习俗是困难的,即使那些习俗只有微弱的效果。管理这些系统的人保持现存秩序可保持既得利益,他们对尝试新方法谨慎小心。他们缺乏动机,特别是如果改革的收益没有受到公众的注意而变革的失败却得到广泛宣传,社会反响可危及其地位和职业时。从内部发生的变革常常是用新版本来代替现存的程序和组织安排。这种新版本基本上以老的方式来处理系统的功能。

社会计划常由政府在尚未充分检验其有效性和意料之外的有害后果时就在全国范围内确定。未经检验的计划不会有高的功能有效性。一旦制定了这样的计划，工作依赖于计划连续性的人和特殊利益受益人就有强大的既得利益要保持这些计划(Gardner, 1972)。如果没有适当的成绩评价和责任解释系统，且重要的变动带有危险性时，即使有较好的系统可加利用，功能不良的系统也会存留下来。在这样情况下，通过设计规模较小的在传统结构之外的计划可较快地改变和替代职能机构。有关官员可能愿意冒险进行一次尝试，但他们拒绝代价和收益不确定的大规模的革新变动。示范性成功之后，优越的方式可作为社会传播的工具。如果官员对他们计划的结果负有责任，那么无效的习俗在新的习俗已经得到尝试并证明其有效后，就不能再长久受到保护。在使能的传播模式中，传播者为在不同的社会条件中修改新系统提供指导和支持。

516

如果作为一个一般性政策，有规律地把某些资源分配给发展和检验革新措施，那么就可能大大加速社会系统的改进步伐。提供发展基金是生产工业的一个重要特征，如果它们要生存，就必须改进它们的产品。竞争是革新的强大激励力量。在垄断某些专业服务的公共机构中，逐渐形成的许多习惯做法可能较多是为机构的员工服务而不是为了这些机构要服务的那些人的最大利益。这是因为为他人提供较好的服务常常意味着员工要做较多的工作，但没有增加报酬。由各个不同的系统对工作表现良好进行奖励比由单一系统对工作表现不佳进行批评可较快达到改进服务机构工作的目的。提供选择为组织机构改进服务质量产生刺激，否则，它们会丧失顾客。

革新的社会影响

重要的革新能对整个社会产生深刻影响。它产生新工业，改变制度习俗，重新组织人们的生活。其收益的获得常以某些不良的社会后果为代价，这些后果不是全都能事先预料到的。革新的混合效果和它们引起的有争论的价值问题在其他地方已有详细的分析。这里只进行简短的讨论(Bandura, 1986a)。革新的社会效应从旨在使用西方技术使所谓不发达社会"发展"和"现代化"的计划中得到了最大的注意。常常是，现代化的定义主要是城市化和工业化，忽视适合本土条件的社区自我发展(Mcphail, 1981; Rogers & Adhikarya, 1979)。

当引入新技术而没有考虑控制对它们使用的社会条件时，事实上，为了公众幸福的发展计划可能加剧社会问题。必须区分作为一项革新一部分的不良效果和主要来自引入革新的社会结构的不良效果。高茨切(Gotsch, 1972)说明了相同的革新在不同的社会结构中产生明显不同的利益分配。管井的革新使农民在干旱的夏季能利用灌溉种植第二熟庄稼。在巴基斯坦社会制度中，拥有少量土地的农民间的宗派意见不一致阻碍了革新资源的合作联营。发展机构给安装灌溉系统产生有利结果的较大的土地所有者补助信贷。实际上没有一个小量土地所有者这样做。在孟加拉比较合作的制度中，小农庄的所有者形成联合以合伙关系安置他们个人负担不起而利益近倍的这种新技术。因此，相同的技术在一个社会中扩大了社会和经济阶级间的差距，而在另一社会中则产生了利益的共享。

高斯（Goss，1979）认为传播计划在按总体效益评价之外，还应按利益的社会分配评价，这产生了公正问题。革新价值的裁定最终要依据价值系统。相同的利益分配可以看成是有利的，也可以看成是不利的，这取决于判断根据的是功利观点还是公正观点。从功利考虑，把最大量的利益带给最大多数的人可能要损害这个系统中有些人的生活。例如，驱使小农离开他们的土地到城市中寻找工作的农业技术（Havens & Flinn，1975）可以被功利主义者根据用肥料和农药的大规模机械化耕种会为大量消费者生产出丰富及廉价的庄稼认为是正确的。当用公正的观点来看革新时，挑战在于要形成使所有人都能共享革新的收益这样的社会约定。前面引用的平等分配利益的灌溉系统的文化传播是这方面的一个好例子。

自我效能理论按照创造利用革新的公平机会来对待利益的公平分配问题。通过培养才能，加强掌握技术的能力信念，用必需的资源帮助人们去获取成功等等，把共享技术革新收益的机会扩大到社会中处境较为不利的成员。鲁林和他的同事们的工作是这种途径的典型代表（Roling，Ascrolt & Chege，1976）。通常创建发展机构来促进社会中的技术革新。它们的地点和运行程序决定使用革新技术的难易与革新会扩展到什么地方（Brown，1981）。这样的机构通常为境况较好的人提供最多的帮助，因为他们比较有见识，具有一些资本，掌握得到优惠待遇的社会权力。在努力想要产生比较公平的利益时，鲁林要指导发展机构确定那些一贯拒绝农业革新的处境不太好的农民。这些机构试图劝阻研究者放弃要把新机构长期的拒绝者转化为急切的采用者这种似乎无意义的追求。在教会这些农民革新技术和给以贷款之后，实际上他们全部不仅采用了革新的技术，而且把它传给其他人。他们以前的“不妥协”反映的是使用障碍，而不是个人对革新的抵制。

应该把社会机构的组织以保证机会的利用看成和物质技术一样是革新的一部分。否则，革新的开发者会变成仅供雇用的技术专家，不多考虑他们活动的社会后果。寻求高利润的金融资本国际化增加了引入社会的许多革新对外人的利益大于对本国居民的利益的可能性。传播模式中的社会成分常常以彻底的方式加以处理，要求改变整个社会制度。一个社会可能很需要重要变革。但因为开发者把直接的社会变革看成是他们范围之外的事，因此，整体的处理办法为逃避要不然可实现的变革提供了一些容易辩解的理由，这些变革影响谁享受收益和谁为技术革新付出代价。

通讯革新与观点和习俗的社会传播

互补的通讯技术的结合扩大了社会传播的范围,加快了社会传播的速度。摄像系统可描绘和影响生活的几乎所有方面。光纤可同时传送几千条信息,大储存能量的计算机系统提供对所有种类的信息和服务的快捷互动使用。卫星通讯系统可立即分递信息至全国或各国。这些技术提供了具有巨大的通知、教授和处理能力的互动通讯系统。它们已转化成社会传播过程。

518 社会认知理论根据三个过程成分和支配它们的心理社会因素来分析观点、价值和社会习俗的社会传播(Bandura, 1986a)。它们包括关于新习俗和它们的功能价值的知识的获得,这些行为习俗的采用和通过各种社会网络的传播。

象征性示范的作用是革新措施传送至广泛地区的主要传送者。它在传播的早期阶段起特别的影响作用,印刷媒介、无线电、电视让人们了解新习俗和它们可能的危险和收益。因此,早期采用者是这样一些人,他们容易接近提供革新信息的媒体(Robertson, 1971)。前面已评述过的示范的心理社会决定因素和机制支配着革新措施获得的速度。大众通讯理论一般假定示范影响通过两步传播过程发生作用。观念领导者们从媒体获得新观点并通过个人影响传给他们追随者。传播完全是一个过滤过程的观点受到有关示范影响的大量证据的反对。媒体能直接或通过采用者逐渐灌输变革的观点。人类判断、价值观和行为常常由于电视示范而发生改变,不必等待一个有影响的中介采用和示范新的方式。

特定革新所需的知识、技能和资源的差异产生获得速度的变异,难以理解和使用的革新受到的关注比简单的少(Rogers, 1983; Tornatzky & Klein, 1982)。个人效能知觉大体上决定事情看起来的复杂程度。超过能力知觉的活动似乎是复杂的,而在能力知觉范围之内的活动则被看成是做得到的。对大众媒体如何影响变革的分析揭示了先前存在的和引发出的自我效能知觉水平两者都在行为习惯的采用和社会传播中起影响作用(Maibach et al., 1991; Slater, 1989)。人们先前存在的效能知觉越强和媒体信息使他们的能力信息提高得越多,他们就越可能采用有利的习俗。

当电视实际上在每一户的荧屏上示范新习俗时,各地的人们都能学到这些新习俗。然而,不是所有的革新都通过大众媒体上的示范而得到宣传的。有些革新是通过非正式的个人渠道传播的。在这种情况下,人们活动的圈子决定会反复观察到和详尽学到哪些革新。个人的传播模式所及范围要小得多,但它能比较有效,因为有人际影响在起作用。

关于革新的知识和技能的获得对革新的正式采用是必要的,但非充分。若干因素决定人们是否把所学到的东西付诸实践。环境诱因是一组调节因素。采用行为也高度易受动机的影响。某些动机激励因素来自采用行为的内在效用。一项革新的实际收益越大,采用它的动机力量越强(Downs & Mohr, 1979; Ostlund, 1974; Rogers & Shoemaker,

1971)。但在新习俗试用前，收益是不能经历到的。因此，提倡者竭力通过改变人们对可能结果的偏爱和信念，主要通过谋求替代性动机力量的支持使人们采用新习俗。新观念和新技术的提倡者形成革新比已有解决方法好的结果期待。益处的示范增强了采用的决定。当然，示范影响可促进也可阻碍传播过程(Midgley, 1976)。对某一革新的令人失望的反应进行示范会劝阻人们不要去进行尝试。甚至示范对一项革新的漠不关心在缺乏任何个人经验情况下，也会降低人们的兴趣。许多革新成为获得社会承认和地位的工具。采用行为也部分受对自己行为的自我评价反应的控制。人们采取他们尊重的行为，但拒绝违反他们的社会和道德标准的或与他们自我概念冲突的革新。一项革新同盛行的社会规范和个人价值越是一致，它的可采用性越大(Rogers & Shoemaker, 1971)。

一项革新是否易于接受简短试验是影响它是否易于采用的另一个重要特征。能在有限的基础上进行试验的革新比必须用很大努力和代价大规模地试验的革新容易得到采用。最后，即使人们很倾向于采用革新措施，但如果缺乏需要的附加资源，他们也不会采用。革新需要的资源越多，它们的采用可能性越小。

不是任何革新都是有益的，拒绝革新也不必然会使机能失调(Zaltman & Wallendorf, 1979)。引入有缺陷的革新的数量超过真正有收益可能的革新的数量。个人和社会幸福都得益于最初对无事实根据的夸大宣扬的新习俗的谨慎小心。早期采用者的"冒险"和后来采用者的"落后"名称可能适用于有前途的革新。然而当人们由于诱人的吸引力而对尝试有缺陷的革新入迷时，早期采用者比较合适的名称是"受骗上当"，拒绝者是"精明"。罗杰斯(Rogers, 1983)批评过从提供者角度形成社会传播概念的普遍倾向。这会把寻求非采用行为的解释限制在非采用者的消极特性上。

影响社会传播的第三个重要因素涉及社会网络的结构。人们卷入关系网络之中，包括亲属、友谊、职业上的同事和组织成员的关系等等。它们不仅直接由个人关系联系。因为交往关系与不同的网络群交叉重叠，所以许多人间接地通过各种关系而相互联系，这样关于新观点和新习俗的信息常通过各种社会群的联系而传递(Rogers & Kincaid, 1981)。一个人更可能通过与各种偶然相识的人交替接触，而不是通过与同一圈子中的同事密切接触学习新观点新习俗。这种影响途径产生了似乎是自相矛盾的效应：革新是通过微弱的社会关系而广泛地传给有凝聚力的群体的(Granovetter, 1983)。

有许多社会联系的人比与他人联系很少的人易于采用革新措施(Rogers & Kincaid, 1981)。而且，采用率随个人网络中越来越多的人采用一项新事物而提高。社会联系能通过几种过程增加采用行为。有各方面联系的关系可通过各种示范传递更多的信息(Bardura, 1986a)。它们可调动较强的社会影响。紧密联系的人们比与社会关系疏远的人较易接受新观点。见到同伴采用革新措施产生有益的结果加强个人效能并逐步形成积极的结果期待这两者都促进革新性。

在一个社区中不会有一个单一的社会网络，为所有目的服务。不同的革新涉及不同的网络，例如，控制人口和农业革新在同一社区内通过不同的网络传播（Marshall, 1971）。有助于发动一项革新的社会网络与在以后各阶段传播它的网络可能不同（Coleman, Katz & Menzel, 1966）。有益于某一项革新的网络比较为一般的通讯网络可更好地预测采用率。

互动的计算机网络正在形成一个新的社会结构，这个社会结构能超越时空障碍，把分散在各地的人们联系在一起（Hiltz & Turoff, 1978）。通过这种互动的电子形式，人们交流信息，共享新的观点，参与各种活动。计算机网络化为形成传播结构，扩大其成员，在地区上扩展结构以及在它们已无用时解除它们提供一个快捷的工具。

520 虽然社会联系提供可能的传播途径，但心理社会因素主要决定通过这些途径传播的结果。换言之，是社会关系内发生的相互作用而不是联系本身可解释采用行为。通过决定采用行为的各心理社会因素间的相互作用，促进或阻碍采用的革新本身的特征和提供社会途径的网络结构，最能了解社会传播的过程。因此，采用行为的结构和心理决定因素应该作为补充因素，包括在全面的社会传播理论中，而不是作为与革新传播对立的理论。

集体效能的破坏因素

当今社会在正经历剧烈的社会和技术变革，它为我们提供独特的机会、挑战和限制。扰乱生活的社会变革在历史上不是新东西，新的是信息和技术变化的加速和人类相互依赖的广泛全球化。计算机化的技术和全球市场力量正在重新组织和安置人们生活依赖的活动。这些转化正在形成社会、经济和政治剧变。国家不再作为一个自治实体的集合，而是作为全球影响系统中的一个互相关联的领域在起作用。这些新的跨国现实对生活路程实行某种程度的控制的集体效能提出了越来越高的要求。人类许多活动破坏着生活质量并在全球范围内恶化为保持适于居住的地球环境所需的互相关联的生态系统。具有深远后果的新变化要求对共同目的和社会问题的广泛解决方法有强烈的责任。需要的变革只有通过具有技能、集体效能感和形成未来生活环境的动机力量的人们联合努力才能取得。随着有效的群体行动的需要增长，集体无能力感也在增长。

许多因素可破坏集体效能的发展。现今社会中的生活越来越受跨国依靠和国际资本力量的影响（Keohane & Nye, 1977）。世界一个部分发生的经济和政治事件可影响其他地区广大人群的幸福。人类生活跨国联系的增强对社会适应和变化提出了新的挑战。世界经济的跨国力量——这影响着各国劳动生活的可靠性、就业水平、工资，甚至国家货币值——较为遥远，难以清理清楚，不用说是控制。财政资本的日益国际化向政府系统对国家经济和国家生活实施决定性影响的效能提出了挑战。没有现成的社会机制或全球机构——通过它们人们能形成和调节影响他们日常生活的跨国实践。在各国与控制影响的弱化作斗争时，他们感受到他们的领导人和制度是否能为改善其生活而努力的信心危机。已经定期地进行全国性调查，调查人们的一般政治效能感、他们对社会制度的信心以及他们如何看待领导者的能力。虽然这样一些综合性的测量还有许多不足，但它们还是提供了社会制度解决人们问题的效能知觉逐渐削弱的证据（Guest，1974；Lipset，1985）。人们把领导和管理的无效能看成是他们自己社会制度所特有的，而问题是全世界的。

对一般群众来说，政府系统似乎不能在国家经济生活中起主要作用。政治机会主义者从事活跃的包治百病的业务。由于灵丹妙药不能提供治疗方法，所以人们对他们的领导和集中制度表现出越来越强的失望与愤世嫉俗。在这样的条件下，人们竭力通过企图改善他们能有某些控制的地方环境而重新取得对他们生活的控制。某些努力的目标是修复过去而不是塑造与变化着的时代相协调的更有前途的社会未来。地方影响可使个人效能得到证实。毫不奇怪，人们的个人效能感高于制度效能感。对领导的主要挑战是形成、利用全球化机会同时把向地方文化索取的代价降至最低的国家效能感。常常是对全球金融市场中有影响的人物的短时物质利益会产生地方文化的长期社会损失。这些新的现实形成了对人们控制他们生活方向和质量的能力的障碍与挑战。

退避到由公众对他们国家系统失望所引起的地方主义，讽刺性地产生于要求强有力的国家领导以应付来自国外的强大影响和对国家自己命运实行某种程度控制的时候。为了增强国内效力，国家必须扩大对其他各国和国际机构行动的影响。除非有巨大的权力不平衡，各国必须通过协商而不是依靠强权达成互相有利的协议。自相矛盾的是为了得到国际控制各国不得不议定互惠的对如何实施国家事务有某些制约的条约（Keohane，1983），例如，贸易协定一般对各国惯例施加一定限制。因此，获得国际控制要以丧失某些国家自主为代价。

在国际控制越来越强的新现实条件下，国家试图通过融入较大的功能单位而加强他们的控制力量。例如，西欧各国形成欧洲联盟，对它们的经济生活进行较多的控制。其他国家也相似地不得不结合成较大的集团；否则，它们在跨国关系中就缺乏与人谈判的力量。然而，同各个国家中的情况不一样，地区联姻不会没有代价。它们也需要放弃某些国家主权和以某些交易的方式作些变化。例如，为了把成员国的农业补贴减少到共同水平，欧盟降低了法国政府可以提供给他们农民的津贴。增补收入的减少驱使个体农民离开土地从而会改变法国郊区的生活方式。地区控制要社会某些部门付出代价,而通过全球市场竞争性的增加而使其他部门受益。施加的限制产生了受协议有害影响和得益于协议的人们之间的内部争论。地区联合的经济优势是否转化为生活质量的提高是另一个问题。对市场经纪人有利的某些经济实践可能不都对国家有利。如果金融权力持有者不太效忠于国家,榨取利益会激起许多社会不和与不满。

现代生活越来越受复杂物质技术的调节,这些技术大部分人既不了解,又不相信可加以影响。普遍地依靠支配生活各个重要方面的技术要依靠专业技术人员。人们创造的控制生活环境的技术可变成反过来控制人们思想和行动的制约力量。这种矛盾后果的一个例子是,能量主要依靠核工厂的国家居民感到无力消除他们生活中潜在的灾难性危害,即使他们认识到这种核系统是不安全的。灾祸的破坏性后果并不考虑国家的界线。国际后果产生国际解决的责任。

522 社会机构的挑战性也不小。大部分社会系统的功能是很官僚化的。在做任何重要的事时,人们必须艰难地通过错综复杂的由各级权力机关管辖的规章制度。有些规章制度是为了保持系统的公正性,另一些是分散对不得人心的决定的责任,还有一些则是保护现状的强制手段。而且许多规则更多是为了社会系统的管理者受益而不是为了群众。各层官僚组织阻挠着有效的社会行动。社会变革的集体努力主要得到其他改革者的示范性成功和向目标前进的事实的支持。当奋斗是令人厌倦的且官僚习惯不断阻挠变革时,就难以保持对成功的期待。甚至是不易受阻挡的比较有效能的个体,也感到自己的努力由于分散和模糊责任的混乱的组织机构而削弱了。使自己不断地与官僚斗争最终需要代价。大部分人不是形成塑造自己未来的手段,而是在不愿意地放弃对技术专家和官员的控制。

社会变革的有效行动需要把多种多样的自我利益结合起来支持共同的核心价值和目标。与所关注的问题有个人利害关系的不同选民间的不一致是成功的集体行动的另一个障碍。领导日益面临着既允许选民社区自主处理自己的事务,又要通过共同价值和目的而保持统一这样管理上的挑战(Esteve, 1992)。为狭小利益的呼声一般比集体责任的呼声强得多。电子活动使形成围绕特殊利益的党派偏见更为容易,需要有效的和能鼓舞人的领导来形成多样性内互利的统一。

近年来已经见到社会分裂发展成多个特殊利益集团,各自行使自己的小集团权力。那些追求地方统治的人认为国家统治系统太集中、太官僚和停滞,而且太浪费无效。反之,国家主义者认为各地方利益必须由完成共同目的而加以平衡。如果走得太远,地方主义会滋生分裂和社会分离。政府系统的功能不良和追求个人利益而不顾共同利益两者都会使人们挑战中央政府侵扰他们生活的合法性(Hobsbawn, 1996)。疏远政府系统会破坏它们完成公民功能的效能。计算机邮件系统为形成狭隘利益的压力集团提供了一个方便的工具,这种集团由互不相识的人们组成。邮件为促进他们重视的事业反对他们不赞同的事业征集资金。多元论采取的是对抗性的宗派活动形式。结果,使人们阻碍行动进程比把他们结合成社会变革的统一力量较为容易。一致是以集体厌恶的事物为中心形成的。无约束的宗派活动会削弱社会联结并损害为找到共同生活问题的解决方法所需的集体效能。

在更为极端的社会分裂形式中,国家正在彻底地根据民族、宗教、种族而被摧毁。在许多地区,排除专制统治会引起军事国家主义的复活,而不是统一的民主国家。从有多种文化和种族同一性的贫困地区涌进人们而产生的社会变革对政府系统影响国家生活进程形成进一步压力。这些社会现实对在人类生活日益相互依赖条件下如何保持集体同一性和地方控制提出了越来越大的挑战。

有些力量正在产生社会分裂,而另一些力量正在破除国家同一性。先进的电信技术正在以前所未有的速度跨国传播各种观点、价值观和行为方式。通过通讯卫星传送的虚拟环境正在取代国家文化和集体意识。全世界人民也在通过全球计算机网络获得信息和对感兴趣的问题互相作用。在这个全球电子通讯中,人们寻找超越他们国界的观念并试图影响全世界人们。随着电信技术进一步发展,人们将变得越来越包含于全球虚拟环境之中。此外,主要受贫困和国家间巨大的经济不平衡驱使的大量移民正在改变着文化景象。随着移民改变了人口的种族构成,文化独特性变得不明显。全球市场力量正在重组国家经济和塑造社会生活。这些不同的影响超越国家界线。人们日益围绕着功能联系而不是国家的关系形成集体同一性。这种以有利于地方主义的效忠和控制为中心的改变在北意大利的伦巴第人联盟发言人的言论中作了最好的概括:“我们首先关心我们是伦巴第人,其次才是欧洲人。意大利对我们毫无意义。”

523

除了谋取共同目的和集体努力的困难之外,制度作为改变的对象也在加强自己的有力对策。由于有许多相互矛盾的力量在起作用,企图产生有重要社会意义的变化不会立即成功。即使所要进行的改革被官方采纳,其执行也会受到失败部门的预先阻止,利用合法的手段努力恢复已失去的权力和特权。行动和明显结果间的长时间间隔使许多拥护者泄气,即使有长期重要意义的变化最终会发生。当存在巨大的制度上的反对和群体努力的结果很迟才能获得以至结果的来源很模糊时,集体效能感难以发展和维持。

试图引起社会重要变革的人需要具有弹性效能感,经受得住对他们努力的阻碍。他们必须依靠自己的支持系统以支撑他们度过艰难时光。这些支持采取多种形式,社会改革家必须具有对他们正在从事的事业的价值的坚强信念。由于坚决履行重要的原则,改革家只从行动的正义性取得满意感和自我尊重。其他参与集体努力的人也提供相互支持,坚定的群体感是一种强大的支持力量。此外,改革家在通过坚定努力塑造社会未来的他人成功中找到灵感和鼓励。防止失望不仅需要产生变化的强大的集体效能感，而且需要有长期眼光。弹性的改革家按逐渐进步而不是巨大胜利来判断成功。虽然可以为集体行动谋求多种支持，但除非团体充分相信不论阻碍如何强大都能影响社会变化，否则他们在追求他们的愿望时，不会有很大的坚持力量。

人类问题的范围和大小也影响发现有效的解决方法的效能知觉。人口迅速增长、资源减少、臭氧缺失和环境破坏的加剧等深刻的全球变化正在破坏维持生命的互相依赖的生态系统。这些变化正在产生需要跨国补救的新问题。日益众多和复杂的世界性问题逐渐形成麻痹感，一种很少有人能对这样大量的问题产生重要影响的感觉。集体越大，人们能发动自己完成需要的变革的效能感越弱(Kerr，1996)。国家的自我利益和担心主权受到侵犯进一步形成发展跨国变革机制的阻碍。有效的补救和预防措施要求在地方、国家和跨国水平上有一致的行动。全球效应是地方完成活动的产物。因此，每一个人在解决方法中都可起一份作用。"放眼全球，从局部做起"策略是恢复人们能起重要作用效能感的一种努力。年度金奖常授予富有献身精神的人，他们具有不可动摇的效能信念和激动人心的远见，常常在面对巨大的反对和严重的个人威胁时，动员人们在他们的地区保护生态资源。

524

小集团效能和社会主动性的停滞

"社会系统"不是一个整块，它由许多选区组成，每个选区都为自己利益而竞争权力，进行游说。在这种不断的相互影响中，同一个小集团可以从系统的挑战者嬗变为系统中有影响的同伙，反对与之对立的小集团。因此，例如，农业、工商业在联邦努力控制食品产物的经营和加工中与系统斗争，但他们成为与挑战者努力削减联邦对自己的补贴作斗争的"系统"。人们是否需要政府进入或离开他们的生活取决于特定的利益，当政府补助和保护其利益时，他们积极为政府进行疏通活动，但是当政府的公民功能对自己不利时，他们就把政府看成是一种侵扰的力量。

狭隘利益集团的产生并不与越来越强的冷漠和无助感相一致。显然，存在着需要解释的矛盾。从效能观点来看，在缺少共同责任情况下，越来越强的小集团效能破坏集体效能的实施。小集团主动性，常常是分裂的和对立的，形成计划和管理的超负荷，对官员强加一些制造不和的问题，弱化他们满意地处理复杂问题的能力，并使国家目的感模糊(Atkin，1980；Barton，1980；Fiorina，1980)。因此，人们在实施较多的小集团影响但集体的成绩较少，而且他们越来越不满足。把官员变成受惠于小集团利益不能使人们面临的社会问题消失。结果他们对通过可利用的制度手段使经济生活方式发生重要改变的前景大失所望。

社会影响的双向性

在分析对人类活动的障碍时，很容易看不到这样的事实：人的影响，不论是个人的还是集体的，是一个双向过程而不是单方面进行的。交互性程度在活动的各个领域可能不同，但社会交往很少是单方面的。社会力量的不平衡程度部分取决于人们实施他们影响的程度。他们对影响自己生活的条件施加的影响越少，他们让与他人的控制越多。

由集体无能为力信念产生的心理障碍特别有害，因为它们比外部障碍更为使人泄气。具有集体效能感的人拒绝让他们的生活受有害的制度习俗支配。他们动员自己的力量和资源以克服对他们所追求的变革设置的外部障碍。用社会分析者的隐喻性语言来说，社会进步必须以寸而不是以里来测量。即使成就可能未达到目标，人们得到的变革逐渐增加也是胜利。进步的事实证明他们努力的正确性，并有助于他人相信他们有能力使生活变得更好。相信他们的集体无能为力的人们，甚至在通过坚持不懈的集体努力可以得到改变时也停止尝试。他们见不到试图改变他们生活环境的意义。 525

集体效能的成就需要把小集团利益和共同目的联系起来的强有力手段。统一的目的必须明确并可通过一致的努力而达到。不存在一个单一的改变牢固的社会习俗的宏大计划。因为成功要求有长时期的持久努力，需要近期的亚目标提供按照这条道路前进的激励和证据，作为一个社会，我们享受到集体地与非人道进行斗争并为争取美好生活的社会改革而奋斗的前人留下的财富。我们自己的集体效能将影响以后的世世代代如何生活。时代要求社会进取心，它能建立人们的集体效能感以影响塑造人们生活和未来世代生活的条件。

参考文献

Aas, H., Klepp, K., Laberg, J. C., & Aaro, L. E. (1995). Predicting adolescents' intentions to drink alcohol: Outcome expectancies and self-efficacy. *Journal of Studies on Alcohol*, 56, 293-299.

Abdalla, I. A. (1995). Sex, sex-role selfconcepts and career decision-making self efficacy among Arab students. *Social Behavior and Personality*, 23, 389-402.

Abel, E. (Ed.). (1981). *What's news: The media in American society*. San Francisco: Institute for Contemporary Studies.

Abelson, R. P., Aronson, E., McGuire, W. J., Newcomb, T. M., Rosenberg, M. J., & Tannenbaum, P. H. (1968). *Theories of cognitive consistency: A sourcebook*. Chicago: Rand McNally.

Abramson, P. R., & Aldrich, J. H. (1982). The decline of electoral participation in America. *The American Political Science Review*, 76, 502-521.

Ader, R., & Cohen, N. (1993). Psychoneuroimmuniology: Conditioning and stress. In L. W. Porter & M. R. Rosenzweig (Eds.), *Annual Review of Psychology*, 44, 53-85.

Adler, A. (1956). (H. C. Ansbacher & R. R. Ansbacher, Eds.). *The individual psychology of Alfred Adler*. New York: Harper & Row.

Adler, N. E., Boyce, T., Chesney, M. A., Cohen, S., Folkman, S., Kahn, R. L., & Syme, S. L. (1994). Socioeconomic status and health: The challenge of the gradient. *American Psychologist*, 49, 15-24.

Affleck, G., Tennen, H., Pfeiffer, C., & Fifield, J. (1987). Appraisals of control and predictability in adapting to a chronic disease. *Journal of Personality and Social Psychology*, 53, 273-279.

Agnew, R., & Jones, D. H. (1988). Adapting to deprivation: An examination of inflated educational expectations. *The Sociological Quarterly*, 29, 315-337.

Agras, W. S. (1987). *Eating disorders: Management of obesity, bulimia and anorexia nervosa*. Elmsford, N. Y.: Pergamon.

Ahles, T. A., Blanchard, E. B., & Leventhal, H. (1983). Cognitive control of pain: Attention to the sensory aspects of the cold pressor stimulus. *Cognitive Therapy and Research*, 7, 159 - 178.

Ainsworth, M. D. S., & Bell, S. M. (1974). Mother-infant interaction and the development of competence. In K. Connolly & J. Bruner (Eds.), *The growth of competence* (pp. 97 - 118). London: Academic.

Ajzen, I. (1985). From intentions to actions: A theory of planned behavior. In J. Kuhl & J. Beckman (Eds.), *Action-control: From cognition to behavior* (pp.11 - 39). Heidelberg: Springer.

Ajzen, I., & Fishbein, M. (1980). *Understanding attitudes and predicting social behavior*. Englewood Cliffs, N. J.: Prentice-Hall.

Ajzen, I., & Madden, T. J. (1986). Prediction of goal-directed behavior: Attitudes, intentions, and perceived behavioral control. *Journal of Experimental Social Psychology*, 22, 453 - 474.

Alagna, S. W., & Reddy, D. M. (1984). Predictors of proficient technique and successful lesion detection in breast self-examination. *Health Psychology*, 3, 113 - 127.

Albert, M. S., Savage, C. R., Blazer, D., Jones, K., Berkman, L., Seeman, T., & Rowe, J. W. (1995). Predictors of cognitive change in older persons: MacArthur studies of successful aging. *Psychology and Aging*, 10, 578 - 589.

Alden, L. (1986). Self-efficacy and causal attributions for social feedback. *Journal of Research in Personality*, 20, 460 - 473.

Alden, L. (1987). Attributional responses of anxious individuals to different patterns of social feedback: Nothing succeeds like improvement. *Journal of Personality and Social Psychology*, 52, 100 - 106.

Alden, L. E., Bieling, P. J., & Wallace, S. T. (1994). Perfectionism in an interpersonal context: A self-regulation analysis of dysphoria and social anxiety. *Cognitive Therapy and Research*, 18, 297 - 316.

Alinsky, S. D. (1969). *Reveille for radicals*. New York: Vintage Books.

Alinsky, S. D. (1971). *Rules for radicals*. New York: Random House.

Allen, J. K., Becker, D. M., & Swank, R. T. (1990). Factors related to functional status after coronary artery bypass surgery. *Heart Lung*, 19, 337 - 343.

Allen, J. P., Leadbeater, B. J., & Aber, J. L. (1990). The relationship of adolescent's expectations and values to delinquency, hard drug use and unprotected sexual intercourse. *Development and Psychopathology*, 2, 85 - 98.

Alloy, L. B., & Abramson, L. Y. (1988). Depressive realism: Four theoretical perspectives. In L. B. Alloy (Ed.), *Cognitive processes in depression* (pp.223 - 265). New York: Guilford.

Alloy, L. B., & Clements, C. M. (1992). Illusion of control: Invulnerability to negative affect and depressive symptoms after laboratory and natural stressors. *Journal of Abnormal Psychology*, 101, 234 - 245.

Alloy, L. B., Abramson, L. Y., & Viscusi, D. (1981). Induced mood and the illusion of control, *Journal of Personality and Social Psychology*, 41, 1129 - 1140.

Alloy, L. B., Clements, C. M., & Koenig, L. J. (1993). Perceptions of control: Determinants and mechanisms. In G. Weary, F. Gleicher, & K. L. Marsh (Eds.), *Control motivation and social cognition* (pp. 33 - 73). New York: Springer-Verlag.

Altmaier, E. M., Russell, D. W., Kao, C. F., Lehmann, T. R., & Weinstein, J. N. (1993). Role of self-efficacy in rehabilitation outcome among chronic low back pain patients. *Journal of Counseling Psychology*, 40, 1 - 5.

Ames, C. (1984). Competitive, cooperative, and individualistic goal structures: A cognitive-motivational analysis. In R. E. Ames & C. Ames (Eds.), *Research on motivation in education*,

Student motivation (Vol.1, pp.177 - 207). New York: Academic.

Anderson, C. A., & Jennings, D. L. (1980). When experiences of failure promote expectations of success: The impact of attributing failure to ineffective strategies. *Journal of Personality*, 48, 393 - 407.

Anderson, D. C., Crowell, C. R., Doman, M., & Howard, G. S. (1988). Performance posting, goal setting, and activity-contingent praise as applied to a university hockey team. *Journal of Applied Psychology*, 73, 87 - 95.

Anderson, J. R. (1980). *Cognitive psychology and its implications*. San Francisco: W. H. Freeman.

Anderson, N. H. (1981). *Foundations of information integration theory*. New York: Academic.

Anderson, R. B., & McMillion, P. Y. (1995). Effects of similar and diversified modeling on African American women's efficacy expectations and intentions to perform breast self-examination. *Health Communication*, 7, 327 - 343.

Anderson, R. N., Greene, M. L., & Loewen, P. S. (1988). Relationships among teachers' and students' thinking skills, sense of efficacy, and student achievement. *The Alberta Journal of Educational Research*, 34, 148 - 165.

Annis, H. M. (1982). Situational confidence questionnaire ((C) A. R. F.). Toronto: Addiction Research Foundation.

Annis, H. M., & Davis, C. S. (1989). Relapse prevention. In R. K. Hester & W. R. Miller (Eds.), *Handbook of alcoholism treatment approaches: Effective alternatives* (pp. 170 - 182). New York: Pergamon.

Anson, A. R., Cook, T.D., Habib, F., Grady, M. K., Haynes, N., & Comer, J. P. (1991). The Comer school development program: A theoretical analysis. *Urban Education*, 26, 56 - 82.

Antoni, M. H., Schneiderman, N., Fletcher, M. A., Goldstein, D. A., Ironson, G., & Laperriere, A. (1990). Psychoneuroimmunology and HIV-1. *Journal of Consulting and Clinical Psychology*, 58, 38 - 49.

Antonuccio, D., Danton, W. G., & DeNelsky, G. Y. (1995). Psychotherapy vs. medication for depression: Challenging the conventional wisdom. *Professional Psychology*, 26, 574.

Appley, M. H. (1991). Motivation, equilibration, and stress. In R. A. Dienstbier (Ed.), *Perspectives on motivation: Nebraska symposium on motivation* (Vol.38, pp.1 - 67). Lincoln: University of Nebraska Press.

Arbona, C. (1990). Career counseling research and Hispanics: A review of the literature. *The Counseling Psychologist*, 18, 300 - 323.

Arch, E. C. (1992a). Affective control efficacy as a factor in willingness to participate in a public performance situation. *Psychological Reports*, 71, 1247 - 1250.

Arch, E. C. (1992b). Sex differences in the effect of self-efficacy on willingness to participate in a performance situation. *Psychological Reports*, 70, 3 - 9.

Arisohn, B., Bruch, M. A., & Heimberg, R. G. (1988). Influence of assessment methods on self-efficacy and outcome expectancy ratings of assertive behavior. *Journal of Counseling Psychology*, 35, 336 - 341.

Armstrong, C. A., Sallis, J. F., Hovell, M. F., & Hofstetter, C. R. (1993). Stages of change, self-efficacy, and the adoption of vigorous exercise: A prospective analysis. *Journal of Sport and Exercise Psychology*, 15, 390 - 402.

Arnold, H. J. (1976). Effects of performance feedback and extrinsic reward upon high intrinsic motivation. *Organizational Behavior and Human Performance*, 17, 275 - 288.

Ashby, M. S., & Wittmaier, B. C. (1978). Attitude changes in children after exposure to stories about women in traditional or nontraditional occupations. *Journal of Educational Psychology*, 70, 945 - 949.

Ashton, P. T., & Webb, R. B. (1986). *Making a difference: Teachers' sense of efficacy and student achievement*. White Plains, N. Y.: Longman, Inc.

Astin, H. S. (1984). The meaning of work in women's lives: A sociopsychological model of career choice and work behavior. *The Counseling Psychologist*, 12, 117 - 126.

Atkin, C. K. (1993). Effects of media alcohol messages on adolescent audiences. *Adolescent Medicine*, 4, 527 - 542.

Atkin, J. M. (1980). The government in the classroom. *Daedalus*, 109, 85 - 89.

Atkinson, J. W. (1964). *An introduction to motivation*. Princeton, N. J.: Van Nostrand.

Audia, G. (1995). The effect of organizations' and individuals' past success on strategic persistence in changing environments. Ph. D. diss., University of Maryland.

Austin, J. H. (1978). *Chase, chance, and creativity: The lucky art of novelty*. New York: Columbia University Press.

Averill, J. R. (1973). Personal control over aversive stimuli and its relationship to stress. *Psychological Bulletin*, 80, 286 - 303.

Azrin, N. H. (1976). Improvements in the community-reinforcement approach to alcoholism. *Behaviour Research and Therapy*, 14, 339 - 348.

Azrin, N. H., Acierno, R., Kogan, E. S., Donohue, B., Besalel, V. A., & McMahon, P. T. (1996). Follow-up results of supportive versus behavioral therapy for illicit drug use. *Behaviour Research and Therapy*, 34, 41 - 46.

Baer, J. S., Holt, C. S., & Lichtenstein, E. (1986). Self-efficacy and smoking reexamined: Construct validity and clinical utility. *Journal of Consulting and Clinical Psychology*, 54, 846 - 852.

Balcazar, F. E., Mathews, R. M., Francisco, V. T., Fawcett, S. B., & Seekins, T. (1994). The empowerment process in four advocacy organizations of people with disabilities. *Rehabilitation Psychology*, 39, 189 - 203.

Balch, G. I. (1974). Multiple indicators in survey research: The concept "sense of political efficacy". *Political Methodology*, 1, 1 - 43.

Baltes, M. M. (1988). The etiology and maintenance of dependency in the elderly: Three phases of operant research. *Behavior Therapy*, 19, 301 - 319.

Baltes, M. M. (1996). *The many faces of dependency in old age*. New York: Cambridge University Press.

Baltes, M. M., & Baltes, P. B. (Eds.). (1986). *The psychology of control and aging*. Hillsdale, N. J.: Erlbaum.

Baltes, M. M., & Wahl, H. (1991). The behavioral and social world of the institutionalized elderly: Implications for health and optimal development. In M. G. Ory & R. P. Abeles (Eds.), *Aging, health, and behavior* (pp.83 - 108). Newbury Park, Calif.: Sage.

Baltes, P. B. (1983). Life-span developmental psychology: Observations on history and theory revisited. In R. M. Lerner (Ed.), *Developmental psychology: Historical and philosophical perspectives* (pp.79 - 111). Hillsdale, N. J.: Erlbaum.

Baltes, P. B. (in press). *Wisdom*. Boston: Blackwell.

Baltes, P. B., & Baltes, M. M. (Eds.). (1990). *Successful aging: Perspectives from the behavioral sciences*. Cambridge: Cambridge University Press.

Baltes, P. B., & Labouvie, G. V. (1973). Adult development of intellectual performance: Description, explanation, and modification. In C. Eisdorfer & M. P. Lawton (Eds.), *The psychology of adult development and aging* (pp.157 - 219). Washington, D. C.: American Psychological Association.

Baltes, P. B., & Lindenberger, U. (1988). On the range of cognitive plasticity in old age as a function of experience: 15 years of intervention research. *Behavior Therapy*, 19, 283 - 300.

Baltes, P. B., Lindenberger, U., & Staudinger, U. M. (in press). Life-span theory in development psychology. In R. M. Lerner (Ed.), *Handbook of child psychology* (Vol.1, 5th ed., Theoretical models of human development.). New York: Wiley.

Baltes, P. B., & Smith, J. (1990). Toward a psychology of wisdom and its ontogenesis. In R. J. Sternberg (Ed.), *Wisdom: Its nature, origins, and development* (pp.87 - 120). New York: Cambridge University Press.

Bandura, A. (1964). The stormy decade: Fact or fiction? *Psychology in the Schools*, 1, 224 - 231.

Bandura, A. (1969a). *Principles of behavior modification*. New York: Holt, Rinehart & Winston.

Bandura, A. (1969b). Social-learning theory of identificatory processes. In D. A. Goslin (Ed.), *Handbook of socialization theory and research* (pp.213 - 262). Chicago: Rand McNally.

Bandura, A. (1973). *Aggression: A social learning analysis*. Englewood Cliffs, N. J.: Prentice-Hall.

Bandura, A. (1977). Self-efficacy: Toward a unifying theory of behavioral change. *Psychological Review*, 84, 191 - 215.

Bandura, A. (1978). Reflections on self-efficacy. In S. Rachman (Ed.), *Advances in behaviour research and therapy* (Vol.1., pp.237 - 269). Oxford: Pergamon.

Bandura, A. (1982a). Self-efficacy mechanism in human agency. *American Psychologist*, 37, 122 - 147.

Bandura, A. (1982b). The psychology of chance encounters and life paths. *American Psychologist*, 37, 747 - 755.

Bandura, A. (1983). Self-efficacy determinants of anticipated fears and calamities. *Journal of Personality and Social Psychology*, 45, 464 - 469.

Bandura, A. (1984). Recycling misconceptions of perceived self-efficacy. *Cognitive Therapy and Research*, 8, 231 - 255.

Bandura, A. (1986a). *Social foundations of thought and action: A social cognitive theory*. Englewood Cliffs, N. J.: Prentice-Hall.

Bandura, A. (1986b). The explanatory and predictive scope of self-efficacy theory. *Journal of Clinical and Social Psychology*, 4, 359 - 373.

Bandura, A. (1988a). Self-regulation of motivation and action through goal systems. In V. Hamilton, G. H. Bower, & N. H. Frijda (Eds.), *Cognitive perspectives on emotion and motivation* (pp.37 - 61). Dordrecht, the Netherlands: Kluwer Academic Publishers.

Bandura, A. (1988b). Perceived self-efficacy: Exercise of control through self-belief. In J. P. Dauwalder, M. Perrez, & V. Hobi (Eds.), *Annual series of European research in behavior therapy* (Vol.2, pp.27 - 59). Amsterdam/Lisse, Nether- lands: Swets & Zeitlinger.

Bandura, A. (1988c). Self-efficacy conception of anxiety. *Anxiety Research*, 1, 77 - 98.

Bandura, A. (1989a). Regulation of cognitive processes through perceived self-efficacy. *Developmental Psychology*, 25, 729 - 735.

Bandura, A. (1989b). A social cognitive theory of action. In J. P. Forgas & M. J. Innes (Eds.), *Recent advances in social psychology: An international perspective* (pp.127 - 138). North Holland: Elsevier.

Bandura, A. (1990a). Reflections on nonability determinants of competence. In R. J. Sternberg & J. Kolligian, Jr. (Eds.), *Competence considered* (pp. 315 - 362). New Haven, Conn.: Yale University Press, 1990.

Bandura, A. (1990b). *Multidimensional scales of perceived academic efficacy*. Stanford University, Stanford, Calif.

Bandura, A. (1991a). Self-efficacy mechanism in physiological activation and health-promoting behavior. In J. Madden, IV (Ed.), *Neurobiology of learning, emotion and affect* (pp. 229 - 270). New York: Raven, 1991.

Bandura, A. (1991b). Self-regulation of motivation through anticipatory and self-regulatory mechanisms. In R. A. Dienstbier (Ed.), *Perspectives on motivation: Nebraska symposium on motivation* (Vol.38, pp.69 - 164). Lincoln: University of Nebraska Press.

Bandura, A. (1991c). Social cognitive theory of self-regulation. *Organizational Behavior and Human Decision Processes*, 50, 248 - 287.

Bandura, A. (1991d). Social cognitive theory of moral thought and action. In W. M. Kurtines & J. L. Gewirtz (Eds.), *Handbook of moral behavior and development: Theory, research and applications* (Vol.1, pp.71 - 129). Hillsdale, N. J.: Erlbaum.

Bandura, A. (1991e). Human agency: The rhetoric and the reality. *American Psychologist*, 46, 157 - 162.

Bandura, A. (1992a). Exercise of personal agency through the self-efficacy mechanism. In R. Schwarzer (Ed.), *Self-efficacy: Thought control of action* (pp. 3 - 38). Washington, D. C.: Hemisphere.

Bandura, A. (1992b). Self-efficacy mechanism in psychobiologic functioning. In R. Schwarzer (Ed.), *Self-efficacy: Thought control of action* (pp.355 - 394). Washington, D. C.: Hemisphere.

Bandura, A. (1992c). Psychological aspects of prognostic judgments. In R. W. Evans, D. S. Baskin, & F. M. Yatsu (Eds.), *Prognosis of neurological disorders* (pp.13 - 28). New York: Oxford University Press.

Bandura, A. (1993). Perceived self-efficacy in cognitive development and functioning. *Educational Psychologist*, 28, 117 - 148.

Bandura, A. (1994). Social cognitive theory and exercise of control over HIV infection. In R. DiClemente and J. Peterson (Eds.), *Preventing AIDS: Theories and methods of behavioral interventions* (pp.25 - 59). New York: Plenum.

Bandura, A. (1995a). On rectifying conceptual ecumenism. In J. E. Maddux (Ed.), *Self-efficacy, adaptation, and adjustment: Theory, research and application* (pp.347 - 375). New York: Plenum.

Bandura, A. (1995b). Comments on the crusade against the causal efficacy of human thought. *Journal of Behavior Therapy and Experimental Psychiatry*, 26, 179 - 190.

Bandura, A. (1995c). Manual for the construction of self-efficacy scales. Available from Albert Bandura, Department of Psychology, Stanford University, Stanford, CA 94305 - 2130.

Bandura, A. (1996). Ontological and epistemological terrains revisited. *Journal of Behavior Therapy and Experimental Psychiatry*, 27, 323 - 345.

Bandura, A., & Abrams, K. (1986). *Self-regulatory mechanisms in motivating, apathetic, and despondent reactions to unfulfilled standards*. Manuscript, Stanford University, Stanford, Calif.

Bandura, A., & Adams, N. E. (1977). Analysis of self-efficacy theory of behavioral change. *Cognitive Therapy and Research*, 1, 287 - 308.

Bandura, A., Adams, N. E., & Beyer, J. (1977). Cognitive processes mediating behavioral change. *Journal of Personality and Social Psychology*, 35, 125 - 139.

Bandura, A., Adams, N. E., Hardy, A. B., & Howells, G. N. (1980). Tests of the generality of self-efficacy theory. *Cognitive Therapy and Research*, 4, 39 - 66.

Bandura, A., Barbaranelli, C., Caprara, G. V., & Pastorelli, C. (1996a). Multifaceted impact of self-efficacy beliefs on academic functioning. *Child Development*, 67, 1206 - 1222.

Bandura, A., Barbaranelli, C., Caprara, G. V., & Pastorelli, C. (1996b). Mechanisms of moral disengagement in the exercise of moral agency. *Journal of Personality and Social Psychology*, 71, 364 - 374.

Bandura, A., Barbaranelli, C., Caprara, G. V., & Pastorelli, C. (1997). *Efficacy beliefs as shapers of aspirations and occupational trajectories*. In preparation.

Bandura, A., Blanchard, E. B., & Ritter, B. (1969). Relative efficacy of desensitization and modeling approaches for inducing behavioral, affective, and attitudinal changes. *Journal of Personality and Social Psychology*, 13, 173 - 199.

Bandura, A., & Cervone, D. (1983). Selfevaluative and self-efficacy mechanisms governing the motivational effects of goal systems. *Journal of Personality and Social Psychology*, 45, 1017 - 1028.

Bandura, A., & Cervone, D. (1986). Differential engagement of self-reactive influences in cognitive motivation. *Organizational Behavior and Human Decision Processes*, 38, 92 - 113.

Bandura, A., Cioffi, D., Taylor, C. B., & Brouillard, M. E. (1988). Perceived self-efficacy in coping with cognitive stressors and opioid activation. *Journal of Personality and Social Psychology*, 55, 479 - 488.

Bandura, A., Jeffery, R. W., & Gajdos, E. (1975). Generalizing change through participant modeling with self-directed mastery. *Behaviour Research and Therapy*, 13, 141 - 152.

Bandura, A., Jeffery, R. W., & Wright, C. L. (1974). Efficacy of participant modeling as a function of response induction aids. *Journal of Abnormal Psychology*, 83, 56 - 64.

Bandura, A., & Jourden, F. J. (1991). Selfregulatory mechanisms governing the impact of social comparison on complex decision making. *Journal of Personality and Social Psychology*, 60, 941 - 951.

Bandura, A., & Menlove, F. L. (1968). Factors determining vicarious extinction of avoidance behavior through symbolic modeling. *Journal of Personality and Social Psychology*, 8, 99 - 108.

Bandura, A., O'Leary, A., Taylor, C. B., Gauthier, J., & Gossard, D. (1987). Perceived self-efficacy and pain control: Opioid and nonopioid mechanisms. *Journal of Personality and Social Psychology*, 53, 563 - 571.

Bandura, A., & Perloff, B. (1967). Relative efficacy of self-monitored and externally imposed reinforcement systems. *Journal of Personality and Social Psychology*, 7, 111 - 116.

Bandura, A., Reese, L., & Adams, N. E. (1982). Microanalysis of action and fear arousal as a function of differential levels of perceived self-efficacy. *Journal of Personality and Social Psychology*, 43, 5 - 21.

Bandura, A., & Schunk, D. H. (1981). Cultivating competence, self-efficacy and intrinsic interest through proximal self-motivation. *Journal of Personality and Social Psychology*, 41, 586 - 598.

Bandura, A., & Simon, K. M. (1977). The role of proximal intentions in self-regulation of refractory behavior. *Cognitive Therapy and Research*, 1, 177 - 193.

Bandura, A., Taylor, C. B., Williams, S. L. Mefford, I. N., & Barchas, J. D. (1985). Catecholamine secretion as a function of perceived coping self-efficacy. *Journal of Consulting and Clinical Psychology*, 53, 406 - 414.

Bandura, A., & Walters, R. H. (1959). *Adolescent aggression*. New York: Ronald Press.

Bandura, A., & Wood, R. E. (1989). Effect of perceived controllability and performance standards on self-regulation of complex decision-making. *Journal of Personality and Social Psychology*, 56, 805 - 814.

Bandura, M. M., & Dweck, C. S. (1988). The relationship of conceptions of intelligence and achievement goals to achievement-related cognition, affect and behavior. Manuscript, Harvard University.

Barling, J., & Abel, M. (1983). Self-efficacy beliefs and tennis performance. *Cognitive Therapy and Research*, 7, 265 - 272.

Barling, J., & Beattie, R. (1983)., Self-efficacy beliefs and sales performance. *Journal of Organizational Behavior Management*, 5, 41 - 51.

Barlow, D. H. (1986). A psychological model of panic. In Shaw, B. F., Segal, Z. V., Vallis, T. M., & Cashman, F. E. (Eds.), *Anxiety disorders. Psychological and biological perspectives* (pp.93 - 114). New York: Plenum.

Barlow, D. H., Leitenberg, H., Agras, W. S., & Wincze, J. P. (1969). The transfer gap in systematic desensitization: An analogue study. *Behaviour Research and Therapy*, 7, 191 - 196.

Barnett, A. D. (1967). A note on communication and development in communist China. In D. Lerner & W. Schramm (Eds.), *Communication and change in the developing countries* (pp.231 - 234). Honolulu: East-West Center Press.

Baron, M., Dutil, E., Berkson, L., Lander, P., & Becker, R. (1987). Hand function in the elderly: Relation to osteoarthritis. *Journal of Rheumatology*, 14, 815 - 819.

Baron, R. A. (1988). Negative effects of destructive criticism: Impact on conflict, self-efficacy, and task performance. *Journal of Applied Psychology*, 73, 199 - 207.

Barrios, F. X. (1985). A comparison of global and specific estimates of self-control. *Cognitive Therapy and Research*, 9, 455 - 469.

Barrios, F. X., & Niehaus, J. C. (1985). The influence of smoker status, smoking history, sex, and situational variables on smokers' self-efficacy. *Addictive Behaviors*, 10, 425 - 430.

Barton, A. H. (1980). Fault lines in American elite consensus. *Daedalus*, 109, 1 - 24.

Barzon, J. (1964). Calamaphobia, or hints towards a writer's discipline. In H. Hull (Ed.), *The writer's book* (pp. 84 - 96). New York: Barnes & Noble.

Basen-Engquist, K., & Parcel, G. S. (1992). Attitudes, norms and self- efficacy: A model of adolescents' HIV-related sexual risk behavior. *Health Education Quarterly*, 19, 263 - 277.

Bastone, E. C., & Kerns, R. D. (1995). Effects of self-efficacy and perceived social support on recovery-related behaviors after coronary artery bypass graft surgery. *Annals of Behavioral Medicine*, 17, 324 - 330.

Bates, J. A. (1979). Extrinsic reward and intrinsic motivation: A review with implications for the classroom. *Review of Educational Research*, 49, 557.

Bauer, R. H. (1987). Control processes as a way of understanding, diagnosing, and remediating learning disabilities. In H. L. Swanson (Ed.), *Memory and learning disabilities. Advances in learning and behavioral disabilities* (Suppl. 2, 41 - 81). Greenwich, Conn.: JAI.

Baum, A., Cohen, L., & Hall, M. (1993). Control and intrusive memories as possible determinants of chronic stress. *Psychosomatic Medicine*, 55, 274 - 286.

Baum, J. R. (1994). The relation of traits, competencies, vision, motivation, and strategy to venture growth. Ph. D. diss., University of Maryland.

Beach, L. R., Barnes, V. E., & Christensen-Szalanski, J. J. J. (1986). Beyond heuristics and biases: A contingency model of judgmental forecasting. *Journal of Forecasting*, 5, 143 - 157.

Beck, A. T. (1973). *The diagnosis and management of depression*. Philadelphia: University of Pennsylvania Press.

Beck, A. T. (1976). *Cognitive therapy and the emotional disorders*. New York: International Universities Press.

Beck, A. T. (1984). Cognitive therapy of depression: New perspectives. In P. Clayton & J. E. Barnett (Eds.), *Treatment of depression: Old controversies and new approaches* (pp. 265 - 284). New York: Raven.

Beck, A. T., & Emery, G. (1985). *Anxiety disorders and phobias*. New York: Basic Books.

Beck, A. T., Laude, R., & Bohnert, M. (1974). Ideational components of anxiety neurosis. *Archives of General Psychiatry*, 31, 319 - 325.

Beck, K. H., & Frankel, A. (1981). A conceptualization of threat communications and protective health behavior. *Social Psychology Quarterly*, 44, 204 - 217.

Beck, K. H., & Lund, A. K. (1981). The effects of health threat seriousness and personal efficacy upon intentions and behavior. *Journal of Applied Social Psychology*, 11, 401 - 415.

Becker, L. J. (1978). Joint effect of feedback and goal setting on performance: A field study of residential energy conservation. *Journal of Applied Psychology*, 63, 428 - 433.

Becker, M. H. (1990). Theoretical models of adherence and strategies for improving adherence. In S. A. Shumaker, E. B. Schron, & J. K. Ockene (Eds.), *The handbook of health behavior change* (pp.5 - 43). New York: Springer.

Becker, M. H. (Ed.). (1974). The health belief model and personal health behavior. *Health Education Monographs*, 2, 324 - 473.

Beckham, J. C., Rice, J. R., Talton, S. L., Helms, M. J., & Young, L. D. (1994). Relationship of cognitive constructs to adjustment in rheumatoid arthritis patients. *Cognitive Therapy and Research*, 18, 479 - 496.

Becoña, E., Frojan, M. J., & Lista, M. J. (1988). Comparison between two self-efficacy scales in maintenance of smoking cessation. *Psychological Reports*, 62, 359 - 362.

Behling, O., & Starke, F. A. (1973). The postulates of expectancy theory. *Academy of Management Journal*, 16, 373 - 388.

Bekkers, M. J. T. M., van Knippenberg, F. C. E., van den Borne, H. W., & van-Berge-Henegouwen, G. P. (1996). Prospective evaluation of psychosocial adaptation to stoma surgery: The role of self-efficacy. *Psychosomatic Medicine*, 58, 183 - 191.

Bélisle, M., Roskies, E., & Lévesque, J. (1987). Improving adherence to physical activity. *Health Psychology*, 6, 159 - 162.

Benight, C. C., Antoni, M. H., Kilbourn, K., Ironson, G., Kumar, M. A., Schneiderman-Redwine, L., Baum, A., & Schneiderman, N. (1996). *Coping self-efficacy predicts less psychological and physiological disturbances following a natural disaster*. Manuscript, University of Colorado at Colorado Springs.

Bereiter, C., & Scardamelia, M. (1987). *The psychology of written composition*. Hillsdale, N. J.: Erlbaum.

Bergeron, L. M., & Romano, J. L. (1994). The relationships among career decisionmaking self-efficacy, educational indecision, vocational indecision, and gender. *Journal of College Student Development*, 35, 19 - 24.

Bergin, D. A. (1987). *Intrinsic motivation for learning, out-of-school activities, and achievement*. Ph. D. diss., Stanford University, Stanford, Calif.

Berlin, J. A., & Colditz, G. A. (1990). A meta-analysis of physical activity in the prevention of coronary heart disease. *American Journal of Epidemiology*, 132, 253 - 287.

Berlyne, D. E. (1960). *Conflict, arousal, and curiosity*. New York: McGraw-Hill.

Berman, P., & McLaughlin, M. W. (1977). *Federal programs supporting educational change*. Vol. 7, *Factors affecting implementation and continuation* (R-.1589/7HEW). Santa Monica, Calif.: Rand Corporation.

Berman, P., McLaughlin, M., Bass, G., Pauly, E., & Zellman, G. (1977). *Federal programs supporting educational change*. Vol.7, *Factors affecting implementation and continuation*. Santa Monica, Calif.: Rand Corporation.

Bernier, M., & Avard, J. (1986). Self-efficacy, outcome and attrition in a weight reduction program. *Cognitive Therapy and Research*, 10, 319 - 338.

Berry, J. M. (1996). A self-efficacy model of memory function in adulthood. Submitted for publication.

Berry, J. M. (Ed.). (1989). Cognitive efficacy: A life span development perspective (Special issue). *Developmental Psychology*, 35, 683 - 735.

Berry, J. M., West, R. L., & Dennehey, D. (1989). Reliability and validity of the memory self-efficacy questionnaire. *Developmental*

Psychology, 25, 701 - 713.

Betz, N. E., & Fitzgerald, L. F. (1987). *The career psychology of women*. Orlando, Fla.: Academic.

Betz, N. E., & Hackett, G. (1981). The relationship of career-related self-efficacy expectations to perceived career options in college women and men. *Journal of Counseling Psychology*, 28, 399 - 410.

Betz, N. E., & Hackett, G. (1983). The relationship of mathematics self-efficacy expectations to the selection of sciencebased college majors. *Journal of Vocational Behavior*, 23, 329 - 345.

Betz, N. E., & Hackett, G. (1986). Applications of self-efficacy theory to understanding career choice behavior. *Journal of Social and Clinical Psychology*, 4, 279 - 289.

Betz, N. E., & Haekctt, G. (1987). Concept of agency in educational and career development. *Journal of Counseling Psychology*, 34, 299 - 308.

Betz, N. E., Klein, K. L., & Taylor, K. M. (1996). Evaluation of a short form of the career decision making self-efficacy scale. *Journal of Career Assessment*, 4, 47 - 58.

Bien, T. H., Miller, W. R., & Tonigan, J. S. (1993). Brief interventions for alcohol problems: A review. *Addiction*, 88, 315 - 336.

Bieschke, K. J., Bishop, R. M., & Garcia, V. L. (1996). The utility of the research self-efficacy scale. *Journal of Career Assessment*, 4, 59 - 75.

Binks, M., & Vale, P. (1990). *Entrepreneurship and economic change*. London: McGraw-Hill.

Binswanger, L. (1958). The case of Ellen West. In R. May, E. Angel, & H. F. Ellenberger (Eds.), *Existence: A new dimension in psychiatry and psychology* (pp.237 - 264). New York: Basic Books.

Biran, M., & Wilson, G. T. (1981). Treatment of phobic disorders using cognitive and exposure methods: A self-efficacy analysis. *Journal of Counseling and Clinical Psychology*, 49, 886 - 899.

Birren, J. E. (1969). Age and decision strategies. *Interdisciplinary Topics in Gerontology*, 4, 23 - 36.

Bishop, J. H. (1989). Why the apathy in American high schools? *Educational Researcher*, 18, 6 - 10.

Black, A. H. (1965). Cardiac conditioning in curarized dogs: The relationship between heart rate and skeletal behaviour. In W. F. Prokasy (Ed.), *Classical conditioning: A symposium* (pp.20 - 47). New York: Appleton-Century-Crofts.

Blackburn, I. M., Eunson, K. M., & Bishop, S. (1986). A two-year naturalistic follow-up of depressed patients treated with cognitive therapy, pharmacotherapy, and a combination of both. *JournaI of Affective Disorders*, 10, 67 - 75.

Blair, S. N., Kohl, H. W., III, Barlow, C. E., Paffenbarger, R. S., Gibbons, L. W., & Macera, C. A. (1995). Changes in physical fitness and all-cause mortality: A prospective study of health and unhealthy men. *Journal of the American Medical Association*, 273, 1093 - 1098.

Blane, H. T., & Leonard, K. E. (Eds.). (1987). *Psychological theories of drinking and alcoholism* (pp.1 - 11). New York: Guilford.

Blittner, M., Goldberg, J., & Merbaum, M. (1978). Cognitive self-control factors in the reduction of smoking behavior. *Behavior Therapy*, 9, 553 - 561.

Block; J. H., Efthim, H. E., & Burns, R. B. (1989). *Building effective mastery learning schools*. White Plains, N.Y.: Longman.

Bloom, B. S., Madaus, G. F., & Hastings, J. T. (1981). *Evaluation to improve learning*. New York: McGraw-Hill.

Bloom, C. P., Yates, B. T., & Brosvic, G. M. (1984). Self-efficacy reporting, sex-role stereotyping, and sex differences in susceptibility to depression. Manuscript, The American University, Washington, D.C.

Blumenthal, M., Kahn, R. L., Andrews, F. M., & Head, K. B. (1972). *Justifying violence: The attitudes of American men*. Ann Arbor, Mich.: Institute for Social Research.

Blustein, D. L. (1989). The role of goal instability and career self-efficacy in the career exploration process. *Journal of Vocational Behavior*, 35, 194 - 203.

Boggiano, A. K., & Ruble, D. N. (1979). Competence and the overjustification effect: A developmental study, *Journal of Personality and Social Psychology*, 37, 1462 - 1468.

Bok, S. (1980). The self deceived. *Social Science Information*, 19, 923 - 936.

Bolles, R. C. (1975a). *Theory of motivation* (2nd ed.). New York: Harper & Row.

Bolles, R. C. (1975b). *Learning theory*. New York: Holt, Rinehart, & Winston.

Bolton, M. K. (1993). Imitation versus innovation: Lessons to be learned from the Japanese. *Organizational Dynamics*, 30 - 45.

Bond, R., & Smith, P. B. (1996). Culture and conformity: A meta-analysis of studies using Asch's (1952b, 1956) line judgment task. *Psychological Bulletin*, 119, 111 - 137.

Bootzin, R. R., Herman, C. P., & Nicassio, P. (1976). The power of suggestion: Another examination of misattribution and insomnia. *Journal of Personality and Social Psychology*, 34, 673 - 679.

Bores-Rangel, E., Church, A. T., Szendre, D., & Reeves, C. (1990). Self-efficacy in relation to occupational consideration and academic performance in high school equivalency students. *Journal of Counseling Psychology*, 37, 407 - 418.

Boring, E. G. (1957). When is human behavior predetermined? *The Scientific Monthly*, 84, 189 - 196.

Borkovec, T. D., Wilkinson, L., Follensbee, R., & Lerman, C. (1983). Stimulus control applications to the treatment of worry. *Behaviour Research and Therapy*, 21, 247 - 251.

Bortz, W. M. (in press). *Human aging, normal and abnormal*. In R. Schrier & D. Jahnigen (Eds.), Geriatric medicine. Cambridge: Blackwell Scientific.

Bortz, W. M., II (1982). Disuse and aging. *Journal of the American Medical Association*, 248, 1203 - 1208.

Botvin, G. (1990). Substance abuse prevention: Theory, practice and effectiveness. In M. Tonry & J. Q. Wilson (Eds.), *Drugs and crime* (pp.461 - 519). Chicago, Ill.: University of Chicago Press.

Botvin, G. J., & Dusenbury, L. (1992). Substance abuse prevention: Implications for reducing risk of HIV infection. *Psychology of Addictive Behaviors*, 6, 70 - 80.

Bouchard, S., Gauthier, J., LaBerge, B., French, D., Pelletier, M., & Godbout, C. (1996). Exposure versus cognitive restructuring in the treatment of panic disorder with agoraphobia. *Behaviour Research and Therapy*, 34, 213 - 224.

Bouffard-Bouchard, T. (1990). Influence of self-efficacy on performance in a cognitive task. *Journal of Social Psychology*, 130, 353 - 363.

Bouffard-Bouchard, T., Parent, S., & Larivée, S. (1991). Influence of self-efficacy on self-regulation and performance among junior and senior high-school age students. *International Journal of Behavioral Development*, 14, 153 - 164.

Bourne, L. E., Jr. (1965). Hypotheses and hypothesis shifts in classification learning. *The Journal of General Psychology*, 72, 251 - 262.

Bovbjerg, D. H., Redd, W. H., Maier, L. A., et al. (1990). Anticipatory immune suppression and nausea in women receiving cyclic chemotherapy for ovarian cancer. *Journal of Consulting and Clinical Psychology*, 58, 153 - 157.

Bowen, D. R., Bowen, E. R., Gawser, S. R., & Masotti, L. H. (1968). Deprivation, mobility, and orientation toward protest of the urban poor. *American Behavioral Scientist*, 11, 20–24.

Bower, G. H. (1981). Mood and memory. *American Psychologist*, 36, 129–148.

Bower, G. H. (1983). Affect and cognition. *Philosophical Transactions of the Royal Society of London* (Series B), 302, 387–402.

Boyd, B. K., & Fulk, J. (1996). Executive scanning and perceived uncertainty: A multidimensional model. *Journal of Management*, 22, 1–21.

Bradley, R. D. (1993). *The use of goal-setting and positive self-modeling to enhance self-efficacy and performance for the basketball free-throw shot*. Ph. D. diss., University of Maryland.

Bradley, R. H., Caldwell, B. M., & Elardo, R. (1979). Home environment and cognitive development in the first two years: A cross-lagged panel analysis. *Developmental Psychology*, 15, 246–250.

Bradley, R. H., Caldwell, B. M., & Rock, S. L. (1988). Home environment and school performance: A ten-year follow-up and examination of three models of environmental action. *Child Development*, 59, 852–867.

Bradley, R. H., Caldwell, B. M., Rock, S. L., Barnard, K. E., Gray, C., Hammond, M. A., Mitchell, S., Siegel, L., Ramey, C. T., Gottfried, A. W., & Johnson, D. L. (1989). Home environment and cognitive development in the first 3 years of life: A collaborative study involving six sites and three ethnic groups in North America. *Developmental Psychology*, 25, 217–235.

Brafford, L. J., & Beck, K. H. (1991). Development and validation of a condom self-efficacy scale for college students. *Journal of American College Health*, 39, 219–225.

Braithwaite, J. (1994). A sociology of modelling and the politics of empowerment. *British Journal of Sociology*, 45, 445–479.

Brandt, R. (1989). On parents and schools: A conversation with Joyce Epstein. *Educational Leadership*, October, 24–27.

Brandt, R. B. (1979). *A theory of the good and the right*. Oxford: Clarendon.

Brandtstädter, J. (1989). Personal self-regulation of development: Cross-sequential analyses of development-related control beliefs and emotions. *Developmental Psychology*, 25, 96–108.

Brandtstädter, J. (1992). Personal control over development: Implications of self-efficacy. In R. Schwarzer (Ed.), *Self-efficacy: Thought control of action* (pp.127–145). Washington, D.C.: Hemisphere.

Brandtstädter, J., & Baltes-Götz, B. (1990). Personal control over development and quality of life perspectives in adulthood. In P. B. Baltes & M. M. Baltes (Eds.), *Successful aging: Perspectives from the behavioral sciences* (pp.197–224). Cambridge: Cambridge University Press.

Brehmer, B. (1980). In one word: Not from experience. *Acta Psychologica*, 45, 223–241.

Brehmer, B., Hagafors, R., & Johansson, R. (1980). Cognitive skills in judgment: Subject's ability to use information about weights, function forms, and organizing principles. *Organization and Human Performance*, 26, 373–385.

Brehmer, B., & Joyce, C. R. B. (Eds.) (1988). *Human judgment: The SJT view*. Amsterdam: North-Holland.

Brewer, W. F. (1974). There is no convincing evidence for operant or classical conditioning in adult humans. In W. B. Weimer & D. S. Palermo (Eds.), *Cognition and the symbolic processes* (pp.1–42). Hillsdale, N.J.: Erlbaum.

Brim, B. (1992). *Ambition: How we manage success and failure throughout our lives*. New York: Basic Books.

Brim, O. G. Jr., & Ryff, C. D. (1980). On the

properties of life events. In P. B. Baltes & O. G. Brim, Jr. (Eds.), *Life-span development and behavior* (Vol.3, pp.367 - 388). New York: Academic.

Brod, M. I., & Hall, S. M. (1984). Joiners and nonjoiners in smoking treatment: A comparison of psychosocial variables. *Addictive Behaviors*, 9, 217 - 221.

Brody, E. B., Hatfield, B. D., & Spalding, T. W. (1988). Generalization of self-efficacy to a continuum of stressors upon mastery of a high-risk sport skill. *Journal of Sport and Exercise Psychology*, 10, 32 - 44.

Bronfenbrenner, U. (1958). The study of identification through interpersonal perception. In R. Tagiuri & L. Petrullo (Eds.), *Person, perception and interpersonal behavior* (pp.110 - 130). Stanford, Calif.: Stanford University Press.

Brookover, W. B., Beady, C., Flood, P., Schweitzer, J., & Wisenbaker, J. (1979). *School social systems and student achievement: Schools make a difference*. New York: Praeger.

Brooks-Gunn, J. (1991). Consequences of maturational timing variations in adolescent girls. In R. M. Lerner, A. C. Petersen, & J. Brooks-Gunn (Eds.), *Encyclopedia of adolescence* (Vol.2, pp.614 - 618). New York: Garland.

Brooks-Gunn, J., & Furstenberg, F. F. Jr. (1989). Adolescent sexual behavior. *American Psychologist*, 44, 249 - 257.

Brown, A. L. (1984). Metacognition, executive control, self-regulation, and other even more mysterious mechanisms. In F. E. Weinert & R. H. Kluwe (Eds.), *Metacognition, motivation, and learning* (pp. 60 - 108). Stuttgart, West Germany: Kuhlhammer.

Brown, I., Jr., & Inouye, D. K. (1978). Learned helplessness through modeling: The role of perceived similarity in competence. *Journal of Personality and Social Psychology*, 36, 900 - 908.

Brown, J. D., Childers, K. W., & Waszak, C. S. (1990). Television and adolescent sexuality. *Journal of Adolescent Health Care*, 11, 62 - 70.

Brown, J. S. (1953). Comments on Professor Harlow's paper. In *Current theory and research on motivation: A symposium* (pp. 49 - 55). Lincoln: University of Nebraska Press.

Brown, L. A. (1981). *Innovation diffusion: A new perspective*. New York: Methuen.

Brown, S. D. (1980). Videotape feedback: Effects on assertive performance and subjects' perceived competence and satisfaction. *Psychological Reports*, 47, 455 - 461.

Brown, S. D., Lent, R. W., Ryan, N. E., & McPartland, E. B. (1996). Self-efficacy as an intervening mechanism between research training environments and scholarly productivity: A theoretical and methodological extension. *The Counseling Psychologist*, 24, 535 - 544.

Brown, S. J., Lieberman, D. A., Gemeny, B. A., Fan, Y. C., Wilson, D. M., & Pasta, D. J. (in press). Educational video game for juvenile diabetes care: Results of a controlled trial. *Medical Informatics*.

Brown, W. J., & Cody, M. J. (1991). Effects of a prosocial television soap opera in promoting women's status. *Human Communication Research*, 18, 114 - 142.

Brownell, K. D., & Jeffery, R. W. (1987). Improving long-term weight loss: Pushing the limits of treatment. *Behavior Therapy*, 18, 353 - 374.

Brownell, K. D., Marlatt, G. A., Lichtenstein, E., & Wilson, G. T. (1986). Understanding and preventing relapse. *American Psychologist*, 41, 765 - 782.

Brownell, K. D., & Rodin, J. (1994). The dieting maelstrom: Is it possible and advisable to lose weight? *American Psychologist*, 49, 781 - 791.

Brownell, K. D., & Stunkard, A. J. (1980). Physical activity in the development and control of obesity. In A. J. Stunkard (Ed.), *Obesity* (pp.300 - 324). Philadelphia: W. B. Saunders

Co.

Brownell, K. D., & Wadden, T. A. (1992). Etiology and treatment of obesity: Understanding a serious, prevalent, and refractory disorder. *Journal of Consulting and Clinical Psychology*, 60, 505 - 517.

Bruner, J. S., Goodnow, J., & Austin, G. A. (1956). *A study of thinking*. New York: Wiley.

Brunswik, E. (1952). *The conceptual framework of psychology*. Chicago: University of Chicago Press.

Bruvold, W. H. (1993). A meta-analysis of adolescent smoking prevention programs. *American Journal of Public Health*, 83, 872 - 880.

Bryan, J. F., & Locke, E. A. (1967). Goalsetting as a means of increasing motivation. *Journal of Applied Psychology*, 51, 274 - 277.

Buckelew, S. P., Parker, J. C., Keefe, F. J., Deuser, W. E., Crews, T. M., Conway, R., Kay, D. R., & Hewett, J. E. (1994). Self-efficacy and pain behavior among subjects with fibromyalgia. *Pain*, 59, 377 - 384.

Buescher, K. L., Johnston, J. A., Parker, J. C., Smarr, K. L., Buckelew, S. P., Anderson, S. K., & Walker, S. E. (1991). Relationship of self-efficacy to pain behavior. *Journal of Rheumatology*, 18, 968 - 972.

Bull, S. J. (1991). Personal and situational influences on adherence to mental skills training. *Journal of Sport and Exercise Psychology*, 13, 121 - 132.

Bullock, D., & Merrill, L. (1980). The impact of personal preference on consistency through time: The case of childhood aggression. *Child Development*, 51, 808 - 814.

Bunge, M. (1977). Emergence and the mind. *Neuroscience*, 2, 501 - 509.

Bunge, M. (1980). *The mind-body problem: A psychological approach*. Oxford: Pergamon.

Burke, M. J., & Day, R. R. (1986). A cumulative study of the effectiveness of management training. *Journal of Applied Psychology*, 71, 232 - 245.

Burkhardt, M. E., & Brass, D. J. (1990). Changing patterns or patterns of change: The effects of a change in technology on social network structure and power. *Administrative Science Quarterly*, 35, 104 - 127.

Burnett, K. F., Nagel, P. E., Harrington, S., & Taylor, C. B. (1989). Computer-assisted behavioral health counseling for high school students. *Journal of Counseling Psychology*, 36, 63 - 67.

Burns, T. R., & Dietz, T. (in press). Human agency and evolutionary processes: Institutional dynamics and social revolution. In B. Wittrock (Ed.), *Agency in social theory*. Thousand Oaks, Calif.: Sage.

Buske-Kirschbaum, A., Kirschbaum, C., Stierle, H., Lehnert, H., & Hellhammer, K. (1992). Conditioned increase of natural killer cell activity (NKCA) in humans. *Psychosomatic Medicine*, 54, 123 - 132.

Butler, R. N., & Brody, J. A. (1995). *Delaying the onset of late-life dysfunction*. New York: Springer.

Butterfoss, F. D., Goodman, R. M., & Wandersman, A. (1993). Community coalitions for prevention and health promotion. *Health Education Research*, 8, 315 - 330.

Calder, B. J., & Staw, B. M. (1975). Self-perception of intrinsic and extrinsic motivation. *Journal of Personality and Social Psychology*, 31, 599 - 605.

Call, K. T., Mortimer, J. T., Lee, C., & Dennehy, K. (1993). High risk youth and the attainment process. Manuscript, University of Minnesota.

Campbell, A., Gurin, G., & Miller, W. E. (1954). *The voter decides*. Evanston, Ill.: Row, Peterson.

Campbell, M. K., DeVellis, B. M., Strecher, V. J., Ammerman, A. S., DeVellis, R. F., &

Sandler, R. S. (1994). Improving dietary behavior: The effectiveness of tailored messages in primary care settings. *American Journal of Public Health*, 84, 783 - 787.

Campbell, N. K., & Hackett, G. (1986). The effects of mathematics task performance on math self-efficacy and task interest. *Journal of Vocational Behavior*, 28, 149 - 162.

Campion, M. A., & Lord, R. G. (1982). A control systems conceptualization of the goal-setting and changing process. *Organizational Behavior and Human Performance*, 30, 265 - 287.

Campion, M. A., Medsker, G. J., & Higgs, C. (1993). Relations between work group characteristics and effectiveness: Implications for designing effective work groups. *Personnel Psychology*, 46, 823 - 850.

Cannon, A. (1988, February 13). Getting minorities into college. *San Francisco Chronicle*, p. A2.

Cantor, N., & Harlow, R. E. (1994). Personality, strategic behavior and daily life problem-solving. *Current Directions in Psychological Science*, 3, 169 - 172.

Caplan, N. (1970). The new ghetto man: A review of recent empirical studies. *Journal of Social Issues*, 26, 59 - 73.

Cappell, H., & Greeley, J. (1987). Alcohol and tension reduction: An update on research and theory. In H. T. Blance & K. E. Leonard (Eds.), *Psychological theories of drinking and alcoholism* (pp.15 - 54). New York: Guilford.

Carey, K. B., & Carey, M. P. (1993). Changes in self-efficacy resulting from unaided attempts to quit smoking. *Psychology of Addictive Behaviors*, 7, 219 - 224.

Carey, M. P., Kalra, D. L., Carey, K. B., Halperin, S., & Richards, C. S. (1993). Stress and unaided smoking cessation: A Prospective investigation. *Journal of Consulting and Clinical Psychology*, 61, 831 - 838.

Carroll, D. L. (1995). The importance of self-efficacy expectations in elderly patients recovering from coronary artery bypass surgery. *Heart and Lung*, 24, 50 - 59.

Carroll, K. M., Rounsaville, B. J., & Keller, D. S. (1991). Relapse prevention strategies for the treatment of cocaine abuse. *American Journal of Drug and Alcohol Abuse*, 17, 249 - 265.

Carroll, W. R., & Bandura, A. (1982). The role of visual monitoring in observational learning of action patterns: Making the unobservable observable, *Journal of Motor Behavior*, 14, 153 - 167.

Carroll, W. R., & Bandura, A. (1985). Role of timing of visual monitoring and motor rehearsal in observational learning of action patterns. *Journal of Motor Behavior*, 17, 269 - 281.

Carroll, W. R., & Bandura, A. (1987). Translating cognition into action: The role of visual guidance in observational learning. *Journal of Motor Behavior*, 19, 385 - 398.

Carroll, W. R., & Bandura, A. (1990). Representational guidance of action production in observational learning: A causal analysis. *Journal of Motor Behavior*, 22, 85 - 97.

Carron, A. V. (1984). Cohesion in sport teams. In J. M. Silva, III & R. S. Weinberg (Eds.), *Psychological foundations of sport* (pp. 340 - 351). Champaign, Ill.: Human Kinetics Publ.

Carstensen, L. L. (1992). Selectivity theory: Social activity in life-span context. In K. W. Schaie (Ed.), *Annual review of gerontology and geriatrics* (Vol.11, pp.195 - 217). New York: Springer.

Carver, C. S., & Scheier, M. F. (1981). *Attention and self-regulation: A control-theory approach to human behavior*. New York: Springer-Verlag.

Celuch, K. G., Lust, J. A., & Showers, L. S. (1995). An investigation of the relationship between self-efficacy and the communication effectiveness of product manual formats. *Journal of Business and Psychology*, 9, 241 - 252.

Cervone, D. (1985). Randomization test to determine significance levels for microanalytic congruences between self-efficacy and behavior. *Cognitive Therapy and Research*, 9, 357 - 365.

Cervone, D. (1989). Effects of envisioning future activities on self-efficacy judgments and motivation: An availability heuristic interpretation. *Cognitive Therapy and Research*, 13, 247 - 261.

Cervone, D., & Palmer, B. W. (1990). Anchoring biases and the perseverance of self-efficacy beliefs. *Cognitive Therapy and Research*, 14, 401 - 416.

Cervone, D., & Peake, P. K. (1986). Anchoring, efficacy, and action: The influence of judgmental heuristics on self-efficacy judgments and behavior. *Journal of Personality, and Social Psychology*, 50, 492 - 501.

Cervone, D., Jiwani, N., & Wood, R. (1991). Goal-setting and the differential influence of self-regulatory processes on complex decision-making performance. *Journal of Personality and Social Psychology*, 61, 257 - 266.

Chamberlain, C. J., & Coelho, A. J. (1993). The perceptual side of action: Decisionmaking in sport. In J. L. Starkes & F. Allard (Eds.), *Cognitive issues in motor expertise* (pp. 135 - 157). North-Holland: Elsevier Science Publishers B. V.

Chambliss, C. A., & Murray, E. J. (1979a). Cognitive procedures for smoking reduction: Symptom attribution versus efficacy attribution. *Cognitive Therapy and Research*, 3, 91 - 96.

Chambliss, C. A., & Murray, E. J. (1979b). Efficacy attribution, locus of control, and weight loss. *Cognitive Therapy and Research*, 3, 349 - 354.

Champlin, T. S. (1977). Self-deception: A reflexive dilemma. *Philosophy*, 52, 281 - 299.

Chaney, E. F., O'Leary, M. R., & Marlatt, G. A. (1978). Skill training with alcoholics. *Journal of Consulting and Clinical Psychology*, 46, 1092 - 1104.

Chapman, M., Skinner, E. A., & Baltes, P. B. (1990). Interpreting correlations between children's perceived control and cognitive performance: Control, agency, or meansends beliefs? *Developmental Psychology*, 26, 246 - 253.

Church, A. T., Teresa, J. S., Rosebrook, R, & Szendre, D. (1992). Self-efficacy for careers and occupational consideration in minority high school equivalency students. *Journal of Counseling Psychology*, 39, 498 - 508.

Churchill, A. C. (1991). *Metacognitive self-efficacy and intrusive thought*. Ph. D. diss., University of Melbourne.

Churchill, A. C., & McMurray, N. E. (1989). *Self-efficacy and unpleasant intrusive thought*. Manuscript, University of Melbourne.

Chwalisz, K. D., Altmaier, E. M., & Russell, D. W. (1992). Causal attributions, self-efficacy cognitions, and coping with stress. *Journal of Social and Clinical Psychology*, 11, 377 - 400.

Cialdini, R. B., Borden, R. J., Thorne, A., Walker, M. R., Freeman, S., & Sloan, L. R. (1976). Basking in reflected glory: Three (football) field studies. *Journal of Personality and Social Psychology*, 34, 366 - 375.

Ciminero, A. R., & Steingarten, K. A. (1978). The effects of performance standards on self-evaluation and self-reinforcement in depressed and nondepressed individuals. *Cognitive Therapy and Research*, 2, 179 - 182.

Cioffi, D. (1991a). Beyond attentional strategies: A cognitive-perceptual model of somatic interpretation. *Psychological Bulletin*, 109, 25 - 41.

Cioffi, D. (1991b). Sensory awareness versus sensory impression: Affect and attention interact to produce somatic meaning. *Cognition and Emotion*, 5, 275 - 294.

Cioffi, D. (1993). Sensate body, directive mind: Physical sensations and mental control. In D. M. Wegner & J. W. Pennebaker (Eds.), *The handbook of mental control* (pp. 410 - 442). Englewood Cliffs, N.J.: Prentice-Hall.

Clance, P. R. (1985). *The impostor phenomenon*. Atlanta, Ga.: Peachtree.

Clark, D. M. (1988). A cognitive model of panic attacks. In S. Rachman & J. D. Maser (Eds.), *Panic: Psychological perspectives* (pp.71 - 90). Hillsdale, N.J.: Erlbaum.

Clark, L. V. (1960). Effect of mental practice on the development of a certain motor skill. *Research Quarterly*, 31, 560 - 569.

Clark, M., Ghandour, G., Miller, N. H., Taylor, C. B., Bandura, A., & DeBusk, R. F. (in press). Development and evaluation of a computer-based system for dietary management of hyperlipidemia. *Journal of the American Dietetic Association*.

Clark, M. M., Abrams, D. B., Niaura, R. S., Eaton, C. A., & Rossi, J. S. (1991). Self-efficacy in weight management. *Journal of Consulting and Clinical Psychology*, 59, 739 - 744.

Clifford, S. A. (1988). *Cause of termination and self-efficacy expectations as related to reemployment status*. Ph. D. diss., University of Toledo, Ohio.

Coelho, R. J. (1984). Self-efficacy and cessation of smoking. *Psychological Reports*, 54, 309 - 310.

Cohen, E. G. (1990). Teaching in multiculturally heterogeneous classrooms: Findings from a model program. *McGill Journal of Education*, 26, 7 - 22.

Cohen, E. G. (1993). From theory to practice: The development of an applied research program. In J. Berger & M. Zelditch (Eds.), *Theoretical research programs: Studies in the growth of theory* (pp. 385 - 415). Stanford, Calif.: Stanford University Press.

Cohen, J. (1986). Theoretical considerations of peer tutoring. *Psychology in the Schools*, 23, 175 - 185.

Cohen, S., & Herbert, T. B. (1996). Health psychology: Psychological factors and physical disease from the perspective of human psychoneuroimmunology. In J. T. Spence, J. M. Darley, & D. J. Foss (Eds.), *Annual Review of Psychology*, 47, 113 - 142.

Cohen, S., & Lichtenstein, E. (1990). Partner behaviors that support quitting smoking. *Journal of Consulting and Clinical Psychology*, 58, 304 - 309.

Cohen, S., Tyrrell, D. A. J., & Smith, A. P. (1991). Psychological stress and susceptibility to the common cold. *New England Journal of Medicine*, 325, 606 - 612.

Cohen, S. G. (1994). Designing effective self-managing work teams. In M. M. Beyerlein & D. A. Johnson (Eds), *Advances in interdisciplinary studies of work teams* (Vol. 1, pp.67 - 102). Greenwich, Conn.: JAI.

Cohn, E., & Rossmiller, R. (1987). Research on effective schools: Implications for less developed countries. *Comparative Education Review*, 31, 377 - 399.

Coladarci, T. (1992). Teachers' sense of efficacy and commitment to teaching. *Journal of Experimental Education*, 60, 323 - 337.

Coleman, J. S., Katz, E., & Menzel, H. (1966). *Medical innovation: A diffusion study*. New York: Bobbs-Merrill.

Coletti, G., Supnick, J. A., & Payne, T. J. (1985). The smoking self-efficacy questionnaire (SSEQ): Preliminary scale development and validation. *Behavioral Assessment*, 7, 249 - 260.

Collins, J. L. (1982, March). *Self-efficacy and ability in achievement behavior*. Paper presented at the annual meeting of the American Educational Research Association, New York.

Collins, R. L., & Lapp, W. M. (1991). Restraint and attributions: Evidence of the abstinence violation effect in alcohol consumption. *Cognitive Therapy and Research*, 15, 69 - 84.

Collins, R. L., & Marlatt, G. A. (1981). Social

modeling as a determinant of drinking behavior: Implications for prevention and treatment. *Addictive Behaviors*, 6, 233 - 239.

Collis, B. (1985). Psychosocial implications of sex differences in attitudes toward computers: Results of a survey. *International Journal of Women's Studies*, 8, 207 - 213.

Comer, J. P. (1980). *School power*. New York: Free Press.

Comer, J. P. (1985). The Yale-New Haven primary prevention project: A follow-up study. *Journal of the American Academy of Child Psychiatry*, 24, 154 - 160.

Comer, J. P. (1988). Educating poor minority children. *Scientific American*, 259, 42 - 48.

Compeau, D. R., & Higgins, C. A. (1995). Computer self-efficacy: Development of a measure and initial test. *MIS Quarterly*, 19, 189 - 212.

Condiotte, M. M., & Lichtenstein, E. (1981). Self-efficacy and relapse in smoking cessation programs. *Journal of Consulting and Clinical Psychology*, 49, 648 - 658.

Connell, D. B., Turner, R. R., & Mason, E. F. (1985). Summary of findings of the school health education evaluation: Health promotion effectiveness, implementation, and costs. *Journal of School Health*, 55, 316 - 321.

Connolly, J. (1989). Social self-efficacy in adolescence: Relations with self-concept, social adjustment, and mental health. *Canadian Journal of Behavioural Science*, 21, 258 - 269.

Cooley, E. J., & Klinger, C. R. (1990). Academic attributions and coping with tests. *Journal of Social and Clinical Psychology*, 8, 359 - 367.

Cooney, N. L., Gillespie, R. A., Baker, L. H., & Kaplan, R. F. (1987). Cognitive changes after alcohol cue exposure. *Journal of Consulting and Clinical Psychology*, 55, 150 - 155.

Cooney, N. L., Kopel, S. A., & McKeon, P. (1982). *Controlled relapse training and self-efficacy in ex-smokers*. Paper presented at the annual meeting of the American Psychological Association, Washington, D.C.

Coopersmith, S. (1967). *The antecedents of self-esteem*. San Francisco: W. H. Freeman.

Corbin, C. (1972). Mental practice. In W. Morgan (Ed.), *Ergogenic aids and muscu lar performance* (pp. 93 - 118). New York: Academic.

Corbin, C. B., Laurie, D. R., Gruger, C., & Smiley, B. (1984). Vicarious success experience as a factor influencing self-confidence, attitudes, and physical activity of adult women. *Journal of Teaching in Physical Education*, 4, 17 - 23.

Cordua, G. D., McGraw, K. O., & Drabman, R. S. (1979). Doctor or nurse: Children's perceptions of sex-typed occupations. *Child Development*, 50, 590 - 593.

Council, J. R., Ahern, D. K., Follick, M. J., & Kline, C. L. (1988). Expectancies and functional impairment in chronic low back pain. *Pain*, 33, 323 - 331.

Courneya, K. S., & McAuley, E. (1993). Efficacy, attributional, affective responses of older adults following an acute bout of exercise. *Journal of Social Behavior and Personality*, 8, 729 - 742.

Courtney, A. E., & Whipple, T. W. (1974). Women in TV commercials. *The Journal of Communication*, 24, 110 - 118.

Covington, M. V., & Omelich, C. L. (1979). Are causal attributions causal? A path analysis of the cognitive model of achievement motivation. *Journal of Personality and Social Psychology*, 37, 1487 - 1504.

Coyne, J. C. (1976b). Toward an interactional description of depression. *Psychiatry*, 39, 28 - 40.

Coyne, J. C. (1988). Strategic therapy with couples having a depressed spouse. In G. Haas, I. Glick, & J. Clarkin (Eds.), *Family intervention in affective illness* (pp.89 - 114).

New York：Guilford.

Coyne，J. C.（1990）. Interpersonal processes in depression. In G. I. Keitner（Ed.），*Depression and families: Impact and treatment*（pp. 33 – 53）. Washington，D.C.：American Psychiatric Press.

Coyne，J. C.（Ed.）.（1985）. *Essential papers on depression*. New York：New York University Press.

Cozzarelli，C.（1993）. Personality and selfefficacy as predictors of coping with abortion. *Journal of Personality and Social Psychology*，65，1224 – 1236.

Crabtree，M. K.（1986）. *Self-efficacy beliefs and social support as predictors of diabetic self-care*. Ph. D. diss.，University of California，San Francisco.

Craig，K. D.（1978）. Social modeling influences on pain. In R. A. Sternbach（Ed.），*The psychology of pain*（pp. 73 – 109）. New York：Raven.

Craig，K. D.（1983）. A social learning perspective on pain experience. In M. Rosenbaum，C. M. Franks，& Y. Jaffe（Eds.），*Perspectives on behavior therapy in the eighties*（pp.311 – 327）. New York：Springer.

Craig，K. D.（1986）. Social modeling influences. In R. A. Sternbach（Ed.），*The Psychology of pain*（2nd ed.，pp.73 – 109）. New York：Raven.

Craig，K. D.，& Neidermayer，H.（1974）. Autonomic correlates of pain thresholds influenced by social modeling. *Journal of Personality and Social Psychology*，29，246 – 252.

Craig，S. C.（1979）. Efficacy，trust，and political behavior：An attempt to resolve a lingering conceptual dilemma. *American Politics Quarterly*，7，225 – 239.

Craighead，L. W.，Stunkard，A. J.，& O'Brien，R. M.（1981）. Behavior therapy and pharmacotherapy for obesity. *Archives of General Psychiatry*，38，763 – 768.

Crandall，V. C.（1978，August）. Expecting sex differences and sex differences in expectancies：A developmental analysis. *In Role of belief systems in the production of sex differences*. Symposium presented at the meeting of the American Psychological Association，Toronto.

Crawford，T.，& Naditch，M.（1970）. Relative deprivation，powerlessness，and militancy：The psychology of social protest. *Psychiatry*，33，208 – 223.

Creer，T. L.，& Miklich，D. R.（1970）. The application of a self-modeling procedure to modify an inappropriate behavior. *Behavior Research and Therapy*，8，91 – 92.

Crick，N. R.，& Dodge，K. A.（1994）. A review and reformulation of social information-processing mechanisms in children's social adjustment. *Psychological Bulletin*，115，74 – 101.

Crites，J. O.（1974）. Career development processes：A model of vocational maturity. In E. L. Herr（Ed.），*Vocational guidance and human development*（pp.296 – 320）. Boston：Houghton Mifflin.

Crundall，I.，& Foddy，M.（1981）. Vicarious exposure to a task as a basis of evaluative competence. *Social Psychology Quarterly*，44，331 – 338.

Csikszentmihalyi，M.（1975）. *Beyond boredom and anxiety*. San Francisco：JoseyBass.

Csikszentmihalyi，M.（1979）. Intrinsic rewards and emergent motivation. In M. R. Lepper & D. Greene（Eds.），*The hidden costs of reward*.（pp.205– 216）. Morristown，N.J.：Erlbaum.

Cummings，C.，Gordon，J. R.，& Marlatt，G. A.（1980）. Relapse：Strategies of prevention and prediction. In W. R. Miller（Ed.），*The addictive behaviors: Treatment of alcoholism，drug abuse，smoking and obesity*（pp.291 – 321）. Oxford：Pergamon.

Cunningham，A. J.，Lockwood，G. A.，& Cunningham，J. A.（1991）. A relationship between perceived self-efficacy and quality of life in cancer patients. *Patient Education and*

Counseling, 17, 71 - 78.

Curry, S. J., & McBride, C. M. (1994). Relapse prevention for smoking cessation: Review and evaluation of concepts and interventions. *Annual Review of Public Health*, 15, 345 - 366.

Cutler, J. C., & Arnold, R. C. (1988). Venereal disease control by health departments in the past: Lessons for the present. *American Journal of Public Health*, 78, 372 - 376.

Cutrona, C. E., & Troutman, B. R. (1986). Social support, infant temperament, and parenting self-efficacy: A mediational model of postpartum depression. *Child Development*, 57, 1507 - 1518.

Daft, R. L., & Huber, G. P. (1987). How organizations learn: A communication framework. In S. B. Bacharach (Ed.) & N. DiTomaso (Guest Ed.), *Research in the sociology of organizations* (Vol.5, pp.1 - 36). Greenwich, Conn.: JAI.

Dale, J., & Weinberg, R. (1990). Burnout in sport: A review and critique. *Applied Sport Psychology*, 2, 67 - 83.

Danehower, C. (1988). An empirical examination of the relationship between self-efficacy and expectancy. In D. F. Ray (Ed.), *Southern Management Association Proceedings* (pp.128 - 130). Mississippi State: Southern Management Association.

Davey, G. C. L., Jubb, M., & Cameron, C. (1996). Catastrophic worrying as a function of changes in problem-solving confidence. *Cognitive Therapy and Research*, 20, 333 - 344.

Davidson, D. (1971). Agency. In R. Binkley, R. Bronaugh, & A. Marras (Eds.), *Agent, action, and reason* (pp.3 - 37). University of Toronto Press.

Davidson, P., & Bucher, B. (1978). Intrinsic interest and extrinsic reward: The effects of a continuing token program on continuing nonconstrained preference. *Behavior Therapy*, 9, 222 - 234.

Davies, D. (1991). Schools reaching out: Family, school, and community partnerships for student success. *Phi Delta Kappan*, January, 376 - 382.

Davies, J. C. (1969). The J-curve of rising and declining satisfactions as a cause of some great revolutions and a contained rebellion. In H. D. Graham & T. R. Gurr (Eds.), *Violence in America: Historical and comparative perspectives* (Vol.2, pp.547 - 576). Washington, D.C.: U.S. Government Printing Office.

Davis, F. W., & Yates, B. T. (1982). Self-efficacy expectancies versus outcome expectancies as determinants of performance deficits and depressive affect. *Cognitive Therapy and Research*, 6, 23 - 35.

Davis-Berman, J. (1989). Physical self-efficacy, perceived physical status, and depressive symptomatology in older adults. *The Journal of Psychology*, 124, 207 - 215.

Dawes, R. M., Faust, D., & Meehl, P. E. (1989). Clinical versus actuarial judgment. *Science*, 31, 1668 - 1674.

DeBusk, R. F., Kraemer, H. C., & Nash, E. (1983). Stepwise risk stratification soon after acute myocardial infarction. *The American Journal of Cardiology*, 12, 1161 - 1166.

DeBusk, R. F., Miller, N. H., Superko, H. R., Dennis, C. A., Thomas, R. J., Lew, H. T., Berger Ⅲ, W. E., Heller, R. S., Rompf, J., Gee, D., Kraemer, H. C., Bandura, A., Ghandour, G., Clark, M., Shah, R. V., Fisher, L., & Taylor, C. B. (1994). A casemanagement system for coronary risk factor modification after acute myocardial infarction. *Annals of Internal Medicine*, 120, 721 - 729.

Decety, J., & Ingvar, D. H. (1990). Brain structures participating in mental simulation of motor behavior: A neuropsychological interpretation. *Acta Psychologica*, 73, 13 - 34.

Decety, J., Jeannerod, M., Durozard, D., & Baverel, G. (1993). Central activation of autonomic effectors during mental simulation of motor actions in man. *Journal of Physiology*, 461, 549 - 563.

DeCharms, R. (1968). *Personal causation: The internal affective determinants of behavior*. New York: Academic.

Deci, E. L., & Ryan, R. M. (1985). *Intrinsic motivation and self-determination in human behavior*. New York: Plenum.

Decker, P. J., & Nathan, B. R. (1985). *Behavior modeling training: Principles and applications*. New York: Praeger.

DeGeest, S., Borgermans, L., Gemoets, H., Abraham, I., Vlaminck, H., Evers, G., & Vanrenterghem, Y. (1995). Incidence, determinants, and consequences of subclinical noncompliance with immunosuppressive therapy in renal transplant recipients. *Transplantation*, 59, 340 - 346.

Del Rey, P. (1971). The effects of videotaped feedback on form, accuracy, and latency in an open and closed environment. *Journal of Motor Behavior*, 3, 281 - 287.

DeMonbreun, B. G., & Craighead, W. E. (1977). Distortion of perception and recall of positive and neutral feedback in depression. *Cognitive Therapy and Research*, 4, 311 - 329.

Denison, D. R., & Mishra, A. K. (1995). Toward a theory of organizational culture and effectiveness. *Organization Science*, 6, 204 - 223.

DeRubeis, R. J., Evans, M. D., Hollon, S. D., Garvey, M. J., Grove, W. M., & Tuason, V. B. (1990). How does cognitive therapy work? Cognitive change and symptom change in cognitive therapy and pharmacotherapy for depression. *Journal of Consulting and Clinical Psychology*, 58, 862 - 869.

Desharnais, R., Bouillon, J., & Godin, G. (1986). Self-efficacy and outcome expectations as determinants of exercise adherence. *Psychological Reports*, 59, 1155 - 1159.

Deshler, D. D., Warner, M. M., Schumaker, J. B., & Alley, G. R. (1983). Learning strategies intervention model: Key components and current status. In J. D. McKinney & L. Feagans (Eds.), *Current topics in learning disabilities* (Vol.1, pp.245 - 279). Norwood, N.J.: Ablex.

Des Jarlais, D. C., & Friedman, S. R. (1988a). The psychology of preventing AIDS among intravenous drug users: A social learning conceptualization. *American Psychologist*, 43, 865 - 870.

Desmond, S. M., & Price, J. H. (1988). Selfefficacy and weight control. *Health Education*, 19, 12 - 18.

Devins, G. M., Binik, Y. M., Gorman, P., Dattel, M., McCloskey, B., Oscar, G., & Briggs, J. (1982). Perceived self-efficacy, outcome expectations, and negative mood states in end-stage renal disease. *Journal of Abnormal Psychology*, 91, 241 - 244.

Devins, G. M., & Edwards, P. J. (1988). Self-efficacy and smoking reduction in chronic obstructive pulmonary disease. *Behaviour Research Therapy*, 26, 127 - 135.

deVries, H., & Backbier, M. P. H. (1994). Self-efficacy as an important determinant of quitting among pregnant women who smoke: The Ø-pattern. *Preventive Medicine*, 23, 167 - 174.

deVries, H., Dijkstra, M., Grol, M., Seelen, S., & Kok, G. (April, 1990). *Predictors of smoking onset and cessation in adolescents*. Paper presented at the 7th World Conference on Tobacco and Health, Perth, Australia.

deVries, H., Dijkstra, M., & Kuhlman, P. (1988). Self-efficacy: The third factor besides attitude and subjective norm as a predictor of behavioural intentions. *Health Education Research*, 3, 273 - 282.

deVries, H., Kok, G., & Dijkstra, M. (1990). Self-efficacy as a determinant of the onset of smoking and interventions to prevent smoking in adolescents. In R. J. Takens, et al. (Eds.), *European perspectives in psychology* (Vol. 2, pp.209- 224). London: Wiley.

Dewhirst, H. D. (1991). Career patterns: Mobility, specialization, and related career issues. In R. F. Morrison & J. Adams (Eds.), *Contemporary career development issues* (pp.73 - 107). Hillsdale, N.J.: Erlbaum.

DiClemente, C. C. (1981). Self-efficacy and smoking cessation maintenance: A preliminary report. *Cognitive Therapy and Research*, 5, 175 - 187.

DiClemente, C. C. (1986). Self-efficacy and the addictive behaviors. *Journal of Social and Clinical Psychology*, 4, 302 - 315.

DiClemente, C. C., Carbonari, J. P., Montgomery, R. P. G., & Huges, S. O. (1994). The alcohol abstinence self-efficacy scale. *Journal of Studies on Alcohol*, 55, 141 - 148.

DiClemente, C. C., Fairhurst, S. K., & Piotrowski, N. A. (1995). Self-efficacy and addictive behaviors. In J. E. Maddux (Ed.), *Self-efficacy, adaptation, and adjustment: Theory, research and application* (pp. 109 - 141). New York: Plenum.

DiClemente, C. C., & Hughes, S. O. (1990). Stages of change profiles in outpatient alcoholism treatment. *Journal of Substance Abuse*, 2, 217 - 235.

DiClemente, C. C., Prochaska, J. O., Fairhurst, S. K., Velicer, W. F., Velasquez, M. M., & Rossi, J. S. (1991). The process of smoking cessation: An analysis of precontemplation, contemplation, and preparation stages of change. *Journal of Consulting and Clinical Psychology*, 59, 295 - 304.

DiClemente, C. C., Prochaska, J. O., & Gilbertini, M. (1985). Self-efficacy and the stages of self-change of smoking. *Cognitive Therapy and Research*, 9, 181 - 200.

Dienstbier, R. A. (1989). Arousal and physiological toughness: Implications for mental and physical health. *Psychological Review*, 96, 84 - 100.

Dishman, R. K. (1982). Compliance/adherence in health-related exercise. *Health Psychology*, 1, 237 - 267.

Dittmann-Kohli, F., Lachman, M. E., Kliegl, R., & Baltes, P. B. (1991). Effects of cognitive training and testing on intellectual efficacy beliefs in elderly adults. *Journal of Gerontology: Psychological Sciences*, 46, 162 - 164.

Dobson, K. S., & Pusch, D. (1995). A test of the depressive realism hypothesis in clinically depressed subjects. *Cognitive Therapy and Research*, 19, 179 - 194.

Dolce, J. J. (1987). Self-efficacy and disability beliefs in behavioral treatment of pain. *Behaviour Research and Therapy*, 25, 289 - 300.

Dollard, J., & Miller, N. E. (1950). *Personality and psychotherapy*. New York: McGraw-Hill.

Donovan, J. E., & Jessor, R. (1985). Structure of problem behavior in adolescence and young adulthood. *Journal of Consulting and Clinical Psychology*, 53, 890 - 904.

Dornbusch, S. M. (February, 1994). *Off the track*. Presidential Address to the Society for Research on Adolescence, San Diego, Calif.

Downs, G. W., Jr., & Mohr, L. B. (1979). Toward a theory of innovation. *Administration and Society*, 10, 379 - 408.

Dowrick, P. W. (1983). Self modelling. In P. W. Dowrick & S. J. Biggs (Eds.), *Using video: Psychological and social applications* (pp.105 - 124). London: Wiley.

Dowrick, P. W. (1986). *Social survival for children: A trainer's resource book*. New York: Brunner/Mazel.

Dowrick, P. W. (1991). *Practical guide to using video in the behavioral sciences*. New York: Wiley.

Dowrick, P. W., Holman, L., & Kleinke, C. L. (1993). *Video feedforward: Promoting self-efficacy in swimming*. Submitted for publication.

Dowrick, P. W., & Jesdale, D. C. (1990). Effects on emotion of structured video replay: Implications for therapy. *Bulletin de Psychologie*, 43, 512 - 517.

Drummond, D. C., & Glautier, S. (1994). A controlled trial of cue exposure treatment in alcohol dependence. *Journal of Consulting and Clinical Psychology*, 62, 809 - 817.

Duda (1988). The relationship between goal perspectives, persistence and behavioral intensity among male and female recreational sport participants. *Leisure Sciences*, 10, 95 - 106.

Duncan, T. E., & McAuley, E. (1993). Social support and efficacy cognitions in exercise adherence: A latent growth curve analysis. *Journal of Behavioral Medicine*, 16, 199 - 218.

Dunham, P., Dunham, F., Hurshman, A., & Alexander, T. (1989). Social contingency effects on subsequent perceptual-cognitive tasks in young infants. *Child Development*, 60, 1486 - 1496.

Dunning, D. (1995). Trait importance and modifiability as factors influencing selfassessment and self-enhancement motives. *Personality and Social Psychology Bulletin*, 21, 1297 - 1306.

Duval, S., & Wicklund, R. (1972). *A theory of self-awareness*. New York: Academic.

Dweck, C. S. (1991). Self-theories and goals: Their role in motivation, personality, and development. In R. A. Dienstbier (Ed.), *Nebraska symposium on motivation, 1990: Perspectives on motivation* (Vol.38, pp.199 - 235). Lincoln: University of Nebraska Press.

Dweck, C. S., Davidson, W., Nelson, S., & Enna, B. (1978). Sex differences in learned helplessness: Ⅱ. The contingencies of evaluative feedback in the classroom; Ⅲ. An experimental analysis. *Developmental Psychology*, 14, 268 - 276.

Dweck, C. S., & Elliott, E. S. (1983). Achievement motivation. In P. H. Mussen (General Ed.) & E. M. Heatherington (Vol. Eds.), *Handbook of child psychology: Socialization, personality & social development* (4th ed., Vol.4, pp.644 - 691). New York: Wiley.

Dweck, C. S., & Leggett, E. L. (1988). A social-cognitive approach to motivation and personality. *Psychological Review*, 95, 256 - 273.

Dzewaltowski, D. A. (1989). Towards a model of exercise motivation. *Journal of Sport and Exercise Psychology*, 11, 251 - 269.

Dzewaltowski, D. A., Noble, J. M., & Shaw, J. M. (1990). Physical activity participation: Social cognitive theory versus the theories of reasoned action and planned behavior. *Journal of Sport and Exercise Psychology*, 12, 388 - 405.

Earley, P. C. (1986). Supervisors and shop stewards as sources of contextual information in goal setting: A comparison of the United States with England. *Journal of Applied Psychology*, 71, 111 - 117.

Earley, P. C. (1993). East meets West meets Mideast: Further explorations of collectivistic and individualistic work groups. *Academy of Management Journal*, 36, 319 - 348.

Earley, P. C. (1994). Self or group? Cultural effects of training on self-efficacy and performance. *Administrative Science Quarterly*, 39, 89 - 117.

Earley, P. C., Connolly, T., & Ekegren, C. (1989). Goals, strategy development and task performance: Some limits on the efficacy of goal-setting. *Journal of Applied Psychology*, 74, 24 - 33.

Earley, P. C., Connolly, T., & Lee, C. (1989). Task strategy interventions in goal setting: The importance of search in strategy development. *Journal of Management*, 15, 589 - 602.

Earley, P. C., & Lituchy, T. R. (1991). Delineating goal and efficacy effects: A test of three models. *Journal of Applied Psychology*, 76, 81 - 98.

Eastman, C., & Marzillier, J. S. (1984). Theoretical and methodological difficulties in Bandura's self-efficacy theory. *Cognitive Therapy and Research*, 8, 213 – 230.

Easton, D., & Dennis, J. (1967). The child's acquisition of regime norms: Political efficacy. *The American Political Science Review*, 35, 25 – 38.

Eaton, C. A., & Rossi, J. S. (1991). Self-efficacy in weight management. *Journal of Consulting and Clinical Psychology*, 59, 739 – 744.

Ebbesen, E. B., & Konecni, V. J. (1975). Decision making and information integration in the courts: The setting of bail. *Journal of Personality and Social Psychology*, 32, 805 – 821.

Eccles, J. S. (1989). Bringing young women to math and science. In M. Crawford & M. Gentry (Eds.), *Gender and thought* (pp.36 – 58). New York: Springer-Verlag.

Eccles, J. S., & Midgley, C. (1989). State-environment fit: Developmentally appropriate classrooms for young adolescents. In R. Ames & C. Ames (Eds.), *Research on motivation in education*. Vol.3, *Goals and cognitions* (pp.139 – 186). New York: Academic.

Edelman, R. E., & Chambless, D. L. (1995). Adherence during sessions and homework in cognitive-behavioral group treatment of social phobia. *Behaviour Research and Therapy*, 33, 573 – 577.

Eden, D. (1988). Pygmalion, goal setting, and expectancy: Compatible ways to boost productivity. *Academy of Management Review*, 13, 639 – 652.

Eden, D., & Aviram, A. (1993). Self-efficacy training to speed reemployment: Helping people to help themselves. *Journal of Applied Psychology*, 78, 352 – 360.

Eden, D., & Zuk, Y. (1995). Seasickness as a self-fulfilling prophecy: Raising self-efficacy to boost performance at sea. *Journal of Applied Psychology*, 80, 628 – 635.

Edmonds, R. (1979). Effective schools for the urban poor. *Educational Leadership*, 37, 15 – 24.

Edwards, S., & Dickerson, M. (1987). On the similarity of positive and negative intrusions. *Behaviour, Research and Therapy*, 25, 207 – 211.

Edwards, T. C., & Oskamp. S. (1992). Components of antinuclear war activism. *Basic and Applied Social Psychology*, 13, 217 – 230.

Eells, R., & Nehemkis, P. (1984). *Corporate intelligence and espionage: A blueprint for executive decision making*. New York: MacMillan.

Egeland, B., Carlson, E., & Sroufe, L. A. (1993). Resilience as process. *Development and Psychopathology*, 5, 517 – 528.

Ehlers, A., Margraf, J., Roth, W. T., Taylor, C. B., & Birbaumer, N. (1988). Anxiety induced by false heart rate feedback in patients with panic disorder. *Behaviour Research and Therapy*, 26, 1 – 11.

Ehrlich, P. R., Ehrlich, A. H., & Daily, G. C. (1995). *The stork and the plow: The equity answer to the human dilemma*. New York: Putnam.

Eich, E. (1995). Searching for mood dependent memory. *Psychological Science*, 6, 67 – 75.

Elden, J. M. (1981). Political efficacy at work: The connection between more autonomous forms of workplace organization and a more participatory politics. *The American Political Science Review*, 75, 43 – 58.

Elder, G. H., Jr. (1981). History and the life course. In D. Bertaux (Ed.), *Biography and society: The life history approach in the social sciences* (pp.77 – 115). Beverly Hills, Calif.: Sage.

Elder, G. H., Jr. (1994). Time, human agency, and social change: Perspectives on the life course. *Social Psychology Quarterly*, 57, 4 – 15.

Elder, G. H., Jr. (1995). Life trajectories in changing societies. In A. Bandura (Ed.), *Self-efficacy in changing societies* (pp.46 – 68). New York: Cambridge University Press.

Elder, G. H., Jr. & Ardelt, M. (March 18 – 20, 1992). *Families adapting to economic pressure: Some consequences for parents and adolescents*. Paper presented at the Society for Research on Adolescence, Washington, D.C.

Elder, G. H., Jr., Eccles, J. S., Ardelt, M., & Lord, S. (1995). Inner city parents under economic pressure: Perspectives on the strategies of parenting. *The Journal of Marriage and the Family*, 57, 771 – 784.

Elder, G. H., Jr., & Liker, J. K. (1982). Hard times in women's lives: Historical influences across forty years. *American Journal of Sociology*, 88, 241 – 269.

Elkin, F., & Westley, W. A. (1955). The myth of adolescent culture. *American Sociological Review*, 20, 680 – 684.

Elkin, I., Shea, M. T., Watkins, J. T., Imber, S. D., Sotsky, S. M., Collins, J. F., Glass, D. R., Pilkonis, P. A., et al. (1989). National Institute of Mental Health treatment of depression collaborative research program: General effectiveness of treatments. *Archives of General Psychiatry*, 46, 971 – 983.

Ellen, P. S. (1988). The impact of self-efficacy and performance satisfaction on resistance to change. *Dissertation Abstracts International*, 48, 2106 – 2107A. University of South Carolina.

Ellickson, P. L., & Hays, R. D. (1990 – 1991). Beliefs about resistance self-efficacy and drug prevalence: Do they really affect drug use? *The International Journal of the Addictions*, 25, 1353 – 1378.

Elliott, D. S. (1993). Health-enhancing and health compromising lifestyles. In S. G. Millstein, A. C. Petersen, & E. O. Nightingale (Eds.), *Promoting the health of adolescents: New directions for the twenty-first century* (pp.119 – 145). New York: Oxford University Press.

Ellis, A., & Dryden, W. (1987). *The practice of rational-emotive therapy* (RET). New York: Springer.

Ellis, R. A., & Lane, W. C. (1963). Structural supports for upward mobility. *American Sociological Review*, 28, 743 – 756.

Emmelkamp, P. M. G., Kuippers, A. C. M., & Eggaraat, J. B. (1978). Cognitive modification versus prolonged exposure in vivo: Comparison with agoraphobics as subjects. *Behavior Research and Therapy*, 16, 33 – 42.

Emmelkamp, P. M. G., & Mersch, P. P. (1982). Cognition and exposure in vivo in the treatment of agoraphobia: Short-term and delayed effects. *Cognitive Therapy and Research*, 6, 77 – 90.

Emmelkamp, P. M. G., van der Helm, M., van Zangen, B. L., & Plochg, I. (1980). Treatment of obsessive compulsive patients: The contribution of self-instructional training to the effectiveness of exposure. *Behaviour Research and Therapy*, 18, 61 – 66.

Emrick, C. D., Tonigan, J. S., Montgomery, H., & Little, L. (1993). Alcoholics anonymous: What is currently known? In B. S. McCrady & W. R. Miller (Eds.), *Research on Alcoholics Anonymous: Opportunities and alternatives* (pp.41 – 76). New Brunswick, N. J.: Rutgers Center of Alcohol Studies.

Endler, N. S., & Magnusson, D. (Eds.). (1976). *Interactional psychology and personality*. Washington, D.C.: Hemisphere.

Engel, G. L. (1977). The need for a new medical model: A challenge for biomedicine. *Science*, 196, 129 – 136.

England, S. L., & Dickerson, M. (1988). Intrusive thoughts: Unpleasantness not the major cause of uncontrollability. *Behaviour Research and Therapy*, 26, 279 – 282.

Enochs, L. G., & Riggs, I. M. (1990). Further development of an elementary science teaching efficacy belief instrument: A preservice elementary scale. *School Science and Mathematics*, 90, 694 – 706.

Enzle, M. E., & Ross, J. M. (1978). Increasing and decreasing intrinsic interest with contingent rewards: A test of cognitive evaluation theory. *Journal of Experimental Social Psychology*, 14, 588 - 597.

Epley, S. W. (1974). Reduction of the behavioral effects of aversive stimulation by the presence of companions. *Psychological Bulletin*, 81, 271 - 283.

Epstein, J. L. (1990). School and family connections: Theory, research, and implications for integrating sociologies of education and family. In D. G. Unger & M. B. Sussman, *Families in community settings: Interdisciplinary perspectives* (pp.99 - 126). New York: Haworth.

Epstein, J. L., & Scott-Jones, D. (1988, November). *School, family, community connections for accelerating student progress in elementary and middle grades*. Paper presented at the Conference on Accelerated Schools, Stanford University, Stanford, Calif.

Epstein, L. H., Wing, R. R., Koeske, R., Ossip, D., & Beck, S. (1982). A comparison of lifestyle change and programmed aerobic exercise on weight and fitness changes in obese children. *Behaviour Therapy*, 13, 651 - 665.

Erasmus, C. J. (1961). *Man takes control*. Minneapolis: University of Minnesota Press.

Erdley, C. A., &Asher, S. R. (1996). Children's social goals and self-efficacy perceptions as influences on their responses to ambiguous provocation. *Child Development*, 67, 1329 - 1344.

Erez, M., & P. C. Earley (1993). *Culture, self-identity, and work*. Oxford: Oxford University Press.

Erez, M., & Zidon, I. (1984). Effect of goal acceptance on the relationship of goal difficulty to performance. *Journal of Applied Psychology*, 69, 69 - 78.

Eriksen, C. W. (1958). Unconscious processes. In M. R. Jones (Ed.), *Nebraska symposium on motivation* (pp.169 - 227). Lincoln: University of Nebraska Press.

Eriksen, C. W. (1960). Discrimination and learning without awareness: A methodological survey and evaluation. *Psychological Review*, 67, 279 - 300.

Erwin, E. (1996). *A final accounting: Philosophical and empirical issues in Freudian psychology*. Cambridge, Mass.: MIT Press.

Esteve, J. M. (1992). Multicultural education in Spain: The autonomous communities face the challenge of European unity. *Educational Review*, 44, 255 - 272.

Etzioni, A. (1988). Normative-affective factors: Toward a new decision-making model. *Journal of Economic Psychology*, 9, 125 - 150.

Evans, D. M., & Dunn, N. J. (1995). Alcohol expectancies, coping responses and self-efficacy judgments: A replication and extension of Cooper et al.'s 1988 study in a college sample. *Journal of Studies on Alcohol*, 56, 186 - 193.

Evans, E. D., & Tribble, M. (1986). Perceived teaching problems, self-efficacy, and commitment to teaching among preservice teachers. *Journal of Educational Research*, 80, 81 - 85.

Evans, K., & Heinz, W. (1993). Studying forms of transition: Methodological innovation in a cross-national study of youth transition and labour market entry in England and Germany. *Comparative Education*, 29, 145 - 158.

Evans, K., & Heinz, W. R. (1991). Career trajectories in Britain and Germany. In J. Bynner & K. Roberts (Eds.), *Youth and work: Transition to employment in England and Germany* (pp. 205 - 228). London: Anglo-German Foundation.

Evans, M. D., Hollon, S. D., DeRubeis, R. J., Piasecki, J. M., Grove, W. M., Garvey, M. J., & Tuason, V. B. (1992). Differential relapse following cognitive therapy and pharmacotherapy for depression. *Archives of General Psychiatry*, 49, 802 - 808.

Evans, R. I., Rozelle, R. M., Maxwell, S. E., Raines, B. E., Dill, C. A., Guthrie, T. J.,

Henderson, A. H., & Hill, P. C. (1981). Social modeling films to deter smoking in adolescents: Results of a three-year field investigation. *Journal of Applied Psychology*, 66, 399 - 414.

Everett, S. A., Price, J. H., Tellijohann, S. K., & Durgin, J. (1996). The elementary health teaching self-efficacy scale. *American Journal of Health Behavior*, 20, 90 - 97.

Ewart, C. K. (1992). Role of physical self-efficacy in recovery from heart attack. In R. Schwarzer (Ed.), *Self-efficacy: Thought control of action* (pp.287 - 304). Washington, D.C.: Hemisphere.

Ewart, C. K., Stewart, K. J., Gillilan, R. E., & Kelemen, M. H. (1986). Self-efficacy mediates strength gains during circuit weight training in men with coronary artery disease. *Medicine and Science in Sports and Exercise*, 18, 531 - 540.

Ewart, C. K., Taylor, C. B., Reese, L. B., & DeBusk, R. F. (1983). Effects of early postmyocardial infarction exercise testing on self-perception and subsequent physical activity. *American Journal of Cardiology*, 51, 1076 - 1080.

Eysenck, H. J., & Wilson, G. D. (1973). *The experimental study of Freudian theories*. London: Methuen.

Fairburn, C. G. (1984). Cognitive-behavioral treatment for bulimia. In D. M. Garner and P. E. Garfinkel (Eds.), *Handbook of psychotherapy for anorexia nervosa and bulimia* (pp.160 - 192). New York: Guilford.

Fairweather, G. W., Sanders, D. H., Cressler, D. L., & Maynard, H. (1969). *Community life for the mentally ill: An alternative to institutional care*. Chicago: Aldine.

Falk, J. (1983). *Taking Australia off the map*. New York: Penguin Books.

Fanselow, M. S. (1986). Conditioned fearinduced opiate analgesia: A competing motivational state theory of stress analgesia. In D. D. Kelly (Ed.), Stress-induced analgesia. *Annals of the New York Academy of Sciences* (Vol.467, pp.40 - 54). New York: New York Academy of Sciences.

Farquhar, J. W., Fortmann, S. P., Flora, J. A., Taylor, C. B., Haskell, W. L., Williams, P. T., Maccoby, N., & Wood, P. D. (1990). Effects of communitywide education on cardiovascular disease risk factors: The Stanford five-city project. *Journal of the American Medical Association*, 264, 359 - 365.

Farquhar, J. W., Maccoby, N., & Solomon, D. S. (1984). Community applications of behavioral medicine. In W. D. Gentry (Ed.), *Handbook of behavioral medicine*. (pp. 437 - 478). New York: Guilford.

Farquhar, J. W., Maccoby, N., Wood, P. D., et al. (1977, June). Community education for cardiovascular health. *Lancet*, 1192 - 1195.

Farquhar, J. W., Maccoby, N., & Wood, P. D. (1985). Education and communication studies. In W. W. Holland, R. Detels, & G. Knox (Eds.), *Oxford textbook of public health* (Vol.3, pp.207 - 221). Oxford, London: Oxford University Press.

Fawcett, S. B., Seekins, T., Whang, P. L., Muiu, C., & Balcazar, Y. S. (1984). Creating and using social technologies for community empowerment. *Prevention in the Human Services*, 3, 145 - 171.

Feather, N. T. (Ed.) (1982). *Expectations and actions: Expectancy-value models in psychology*. Hillsdale, N.J.: Erlbaum.

Featherman, D. L., Smith, J., & Peterson, J. G. (1990). Successful aging in a postretired society. In P. B. Baltes & M. M. Baltes (Eds.), *Successful aging: Perspectives from the behavioral sciences* (pp.50 - 93). Cambridge: Cambridge University Press.

Fecteau, G. W., & Stoppard, M. M. (1983, December). *The generalization of self-efficacy to a cognitive-behavioural treatment for speech anxiety and the verbal persuasion source of efficacy information*. Paper presented at the annual meeting of the American Association of Behavior Therapy, Washington, D.C.

Feist, J. R., & Rosenthal, T. L. (1973). Serpent versus surrogate and other determinants of runway fear differences. *Behaviour Research and Therapy*, 11, 483 - 489.

Felson, R. B., & Reed, M. (1986). The effect of parents on the self-appraisals of children. *Social Psychology Quarterly*, 49, 302 - 308.

Feltz, D. L. (1982). Path analysis of the causal elements in Bandura's theory of self-efficacy and all anxiety-based model of avoidance behavior. *Journal of Personality and Social Psychology*, 42, 764 - 781.

Feltz, D. L. (1988a). Self-confidence and sports performance. In K. B. Pandolf (Ed.), *Exercise and sport sciences reviews* (pp.423 - 457). New York: Macmillan.

Feltz, D. L. (1988b). Gender differences in the causal elements of self-efficacy on a high avoidance motor task. *Journal of Sport and Exercise Psychology*, 10, 151 - 166.

Feltz, D. L., & Albrecht, R. R. (1986). The influence of self-efficacy on the approach/avoidance of a high-avoidance motor task. In J. H. Humphrey & L. Vander Velden (Eds.), *Psychology and sociology of sport* (pp.3 - 25). New York: AMS Press.

Feltz, D. L., & Landers, D. M. (1983). Effects of mental practice on motor skill learning and performance: A meta-analysis. *Journal of Sport Psychology*, 5, 25 - 57.

Feltz, D. L., Landers, D. M., & Raeder, U. (1979). Enhancing self-efficacy in high avoidance motor tasks: A comparison of modeling techniques. *Journal of Sport Psychology*, 1, 112 - 122.

Feltz, D. L., & Mugno, D. A. (1983). A replication of the path analysis of the causal elements in Bandura's theory of self-efficacy and the influence of autonomic perception. *Journal of Sport Psychology*, 5, 263 - 277.

Feltz, D. L., & Riessinger, C. A. (1990). Effects of in vivo emotive imagery and performance feedback on self-efficacy and muscular endurance. *Journal of Sport and Exercise Psychology*, 12, 132 - 143.

Feltz, D. L., & Weiss, M. R. (1982). Developing self-efficacy through sport. *Journal of Physical Education, Recreation and Dance*, 53, 24 - 26.

Fenichel, O. (1945). *The psychoanalytic theory of neurosis*. New York: Norton.

Ferrari, M., & Bouffard-Bouchard, T. (1992, June). *Self-efficacy and expertise in motor learning and performance*. Paper presented at the annual meeting of the Canadian Psychological Association, Quebec City.

Feske, U., & Chambless, D. L. (1995). Cognitive behavioral versus exposure only treatment for social phobia: A metaanalysis. *Behavior Therapy*, 26, 695 - 720.

Festinger, L. (1942). A theoretical interpretation of shifts in level of aspiration. *Psychological Review*, 49, 235 - 250.

Festinger, L. (1954). A theory of social comparison processes. *Human Relations*, 7, 117 - 140.

Festinger, L. (1957). *A theory of cognitive dissonance*. Evanston, Ill.: Row, Peterson.

Fimrite, R. (1977). A melding of men all suited to a T. *Sports Illustrated*, September, 91 - 100.

Finkel, S. E. (1985). Reciprocal effects of participation and political efficacy: A panel analysis. *American Journal of Political Science*, 29, 891 - 913.

Finkel, S. E., Muller, E. N., & Opp, K. (1989). Personal influence, collective rationality, and mass political action. *American Political Science Review*, 83, 885 - 903.

Finkelstein, N. W., & Ramey, C. T. (1977). Learning to control the environment in infancy. *Child Development*, 48, 806 - 819.

Fiorina, M. P. (1980). The decline of collective responsibility in American politics. *Daedalus*, 109, 25 - 45.

Fisher, J. D. (1988). Possible effects of reference group-based social influence on AIDS-risk behavior and AIDS prevention. *American Psychologist*, 43, 914 - 920.

Fitzgerald, L. F., & Crites, J. O. (1980). Toward a career psychology of women: What do we know? What do we need to know? *Journal of Counseling Psychology*, 27, 44 - 62.

Fitzgerald, S. T., Becker, D. M., Celantaro, D. D., Swank, R., & Brinker, J. (1989). Return to work after percutaneous translumina coronary angioplasty. *American Journal of Cardiology*, 64, 1108 - 1112.

Flammer, A. (1995). Developmental analysis of control beliefs. In A. Bandura (Ed.), *Self-efficacy in changing societies* (pp.69 - 113). New York: Cambridge University Press.

Flavell, J. H. (1970). Developmental studies of mediated memory. In H. W. Reese & L. P. Lipsitt (Eds.), *Advances in child development and behavior* (Vol.5, pp.181 - 211). New York: Academic.

Flavell, J. H. (1978a). Metacognitive development. In J. M. Scandura & C. J. Brainerd (Eds.), *Structural-process theories of complex human behavior* (pp. 213 - 245). Alphen a. d. Rijn, Netherlands: Sijithoff and Noordhoff.

Flavell, J. H. (1978b). Developmental stage: Explanans or explanadum? *The Behavioral and Brain Sciences*, 2, 187 - 188.

Flavell, J. H. (1979). Metacognition and cognitive monitoring: A new area of cognitivedevelopmental inquiry. *American Psychologist*, 34, 906 - 911.

Flerx, V. C., Fidler, D. S., & Rogers, R. W. (1976). Sex role stereotypes: Developmental aspects and early intervention. *Child Development*, 47, 998 - 1007.

Forgas, J. P., Bower, G. H., & Moylan, S. J. (1990). Praise or blame? Affective influences on attributions for achievement. *Journal of Personality and Social Psychology*, 59, 809 - 819.

Forste, R., & Tienda, M. (1992). Race and ethnic variation in the schooling consequences of female adolescent sexual activity. *Social Science Quarterly*, 73, 12 - 30.

Forward, J. R., & Williams, J. R. (1970). Internal-external control and black militancy. *Journal of Social Issues*, 26, 75 - 92.

Fowler, H. (1971). Implications of sensory reinforcement. In R. Glaser (Ed.), *The nature of reinforcement* (pp. 151 - 195). New York: Academic.

Fox, D. L., & Schofield, J. W. (1989). Issue salience, perceived efficacy and perceived risk: A study of the origins of anti-nuclear war activity. *Journal of Applied Social Psychology*, 19, 805 - 827.

Frankenhaeuser, M. (1975). Experimental approaches to the study of catecholamines and emotion. In L. Levi (Ed.), *Emotions: Their parameters and measurement* (pp. 209 - 234). New York: Raven.

Franks, I. M., & Maile, L. J. (1991). The use of video in sport skill acquisition. In P. W. Dowrick (Ed.), *Practical guide to using video in the behavioral sciences* (pp.231 - 243). New York: Wiley.

Fraser, J. (1970). The mistrustful-efficacious hypothesis and political participation. *Journal of Politics*, 32, 444 - 449.

Frayne, C. A., & Latham, G. P. (1987). Application of social learning theory to employee self-management of attendance. *Journal of Applied Psychology*, 72, 387 - 392.

Free, M. L., & Oei, T. P. S. (1989). Biological and psychological processes in the treatment and maintenance of depression. *Clinical Psychology Review*, 9, 653 - 688.

Frese, M., Teng, E., & Cees, J. D. (1996). *Helping to improve suggestion systems: Psychological predictors of giving suggestions in a Dutch company*. Manuscript, University of Amsterdam.

Frese, M., & van Dyck, C. (1995). *Error*

management: Learning from errors and organizational design. Manuscript, Department of Psychology, University of Amsterdam.

Fretz, B. R., Kluge, N. A., Ossana, S. M., Jones, S. M., & Merikangas, M. W. (1989). Intervention targets for reducing preretirement anxiety and depression. *Journal of Counseling Psychology*, 36, 301 - 307.

Freuh, B. C., Turner, S. M., Beidel, D. C., Mirabella, R. F., & Jones, W. J. (1996). Trauma management therapy: A preliminary evaluation of a multicomponent behavioral treatment for chronic combatrelated PTSD. *Behaviour Research and Therapy*, 34, 533 - 543.

Frey, K. S., & Ruble, D. N. (1990). Strategies for comparative evaluation: Maintaining a sense of competence across the lifespan. In R. J. Sternberg & J. Kolligian, Jr. (Eds.), *Competence considered* (pp. 167 - 189). New Haven, Conn.: Yale University Press.

Friedman, S. R., de Jong, W. M., & Des Jarlais, D. C. (1988). Problems and dynamics of organizing intravenous drug users for AIDS prevention. *Health Education Research*, 3, 49 - 57.

Fries, J. F. (1989). *Aging well*. Menlo Park, Calif.: Addison-Wesley.

Fries, J. F., & Crapo, L. M. (1981). *Vitality and aging: Implications of the rectangular curve*. San Francisco: W. H. Freeman.

Fries, J. F., Koop, C. E., Beadle, C. E., Cooper, P. P., England, M. J., Greaves, R. F., Sokolov, J. J., Wright, D., & the Health Project Consortium (1993). Reducing health care costs by reducing the need and demand for medical services. *New England Journal of Medicine*, 329, 321 - 325.

Fries, J. F., Singh, C., Morfeld, D., Hubert, H., Lane, N. E., & Brown, B. W., Jr. (1994). Running and the development of disability with age. *American College of Physicians*, 121, 502 - 509.

Frieze, I. H. (1980). Beliefs about success and failure in the classroom. In J. H. McMillan (Ed.), *The social psychology of school learning* (pp.39 - 78). New York: Academic.

Fry, L., Mason, A. A., & Pearson, R. S. B. (1964). Effect of hypnosis on allergic skin responses in asthma and hay fever. *British Medical Journal*, 5391, 1145 - 1148.

Fuchs, V. (1974). *Who shall live? Health, economics, and social choice*. New York: Basic Books.

Fuchs, V. R. (1990). The health sector's share of the gross national product. *Science*, 247, 534 - 538.

Fukuyama, M. A., Probert, B. S., Neimeyer, G. J., Nevill, D. D., & Metzler, A. E. (1988). Effects of DISCOVER on career self-efficacy and decision making of undergraduates. *The Career Development Quarterly*, 37, 56 - 62.

Furstenberg, F. F. Jr. (1976). *Unplanned parenthood: The social consequences of teenage childbearing*. New York: Free Press.

Furstenberg, F. F., Jr., Brooks-Gunn, J., & Morgan, S. P. (1987). *Adolescent mothers in later life*. New York: Cambridge University Press.

Furstenberg, F. F., Eccles, J., Elder, G. H., Jr., Cook, T., & Sameroff, A. (in press). *Urban families and adolescent success*. Chicago: University of Chicago Press.

Futoran, G. C., Schofield, J. W., & Eurich-Fulcer, R. (1995). The Internet as a K - 12 educational resource: Emerging issues of information access and freedom. *Computers Education*, 24, 229 - 236.

Gadow, K. D. (1985). Relative efficacy of pharmacological, behavioral, and combination treatments for enhancing academic performance. *Clinical Psychology Review*, 5, 513 - 533.

Gagnon, J., & Simon, W. (1973). *Sexual conduct, the social sources of human sexuality*. Chicago: Aldine.

Galbraith, J. R. (1982). Designing the innovating organization. *Organizational Dynamics*, Winter, 5 - 25.

Gallie, D. (1991). Patterns of skill change: Upskilling, deskilling or the polarization of skills? *Work, Employment and Society*, 5, 319 - 351.

Gamson, W. A. (1968). *Power and discontent*. Homewood, Ill.: Dorsey.

Gandhi, M. K. (1942). *Nonviolence in peace and war*. Ahmedabad, India: Navajivan.

Gans, J. S., & Shepherd, G. B. (1994). How are the mighty fallen: Rejected classic articles by leading economists. *Journal of Economic Perspectives*, 8, 165 - 179.

Garber, J., Hollon, S. D., & Silverman, V. (1979, December). *Evaluation and reward of self vs. others in depression*. Paper presented at the meeting of the Association for the Advancement of Behavior Therapy, San Francisco.

Garber, J., & Seligman, M. E. P. (Eds.). (1980). *Human helplessness: Theory and applications*. New York: Academic.

Garcia, A. W., & King, A. C. (1991). Predicting long-term adherence to aerobic exercise: A comparison of two models. *Journal of Sport and Exercise Psychology*, 13, 394 - 410.

Garcia, M. E., Schmitz, J. M., & Doerfler, L. A. (1990). A fine-grained analysis of the role of self-efficacy in self-initiated attempts to quit smoking. *Journal of Consulting and Clinical Psychology*, 58, 317 - 322.

Gardner, J. W. (1972). *In common cause*. New York: W. W. Norton.

Garland, H. (1983). Influence of ability, assigned goals, and normative information on personal goals and performance: A challenge to the goal attainability assumption. *Journal of Applied Psychology*, 68, 20 - 30.

Garland, H. (1985). A cognitive mediation theory of task goals and human performance. *Motivation and Emotion*, 9, 345 - 367.

Garlington, W. K., & Dericco, D. A. (1977). The effect of modeling on drinking rate. *Journal of Applied Behavior Analysis*, 10, 207 - 212.

Gattuso, S. M., Litt, M. D., & Fitzgerald, T. E. (1992). Coping with gastrointestinal endoscopy: Self-efficacy enhancement and coping style. *Journal of Consulting and Clinical Psychology*, 60, 133 - 139.

Gaupp, L. A., Stern, R. M., & Galbraith, G. G. (1972). False heart-rate feedback and reciprocal inhibition by aversion relief in the treatment of snake avoidance behavior. *Behavior Therapy*, 3, 7 - 20.

Gauthier, J., Laberge, B., Fréve, A., & Dufour, L. (1986, June). *The behavioural treatment of dental phobia: Interaction between therapeutic expectancies and exposure*. Paper presented at the 47th Annual Meeting of the Canadian Psychological Association, Toronto.

Gauthier, J., & Ladouceur, R. (1981). The influence of self-efficacy reports on performance. *Behavior Therapy*, 12, 436 - 439.

Gecas, V. (1989). The social psychology of self-efficacy. *Annual Review of Sociology*, 15, 291 - 316.

Geer, J. H., Davison, G. C., & Gatchel, R. I. (1970). Reduction of stress in humans through nonveridical perceived control of aversive stimulation. *Journal of Personality and Social Psychology*, 16, 731 - 738.

Gelfand, D. M., & Teti, D. M. (1990). The effects of maternal depression on children. *Clinical Psychology Review*, 10, 329 - 353.

Gellatly, I. R., & Meyer, J. P. (1992). The effects of goal difficulty on physiological arousal, cognition, and task performance. *Journal of Applied Psychology*, 77, 694 - 704.

George, A. L. (1980). *Presidential decision-making in foreign policy*. Boulder, Colo.: Westview Press.

George, T. R. (1994). Self-confidence and

baseball performance: A causal examination of self-efficacy theory. *Journal of Sport and Exercise Psychology*, 16, 381 - 399.

George, T. R., Feltz, D. L., & Chase, M. A. (1992). Effects of model similarity on self-efficacy and muscular endurance: A second look. *Journal of Sport and Exercise Psychology*, 14, 237 - 248.

Gerin, W., Litt, M. D., Deich, J., & Pickering, T. G. (1995). Self-efficacy as a moderator of perceived control effects on cardiovascular reactivity: Is enhanced control always beneficial? *Psychosomatic Medicine*, 57, 390 - 397.

Gerin, W., Litt, M. D., Deich, J., & Pickering, T. G. (1996). Self-efficacy as a component of active coping effects on cardiovascular reactivity. *Journal of Psychosomatic Research*, 40, 485 - 494.

Gerst, M. S. (1971). Symbolic coding processes in observational learning. *Journal of Personality and Social Psychology*, 19, 7 - 17.

Gettys, L. D., & Cann, A. (1981). Children's perceptions of occupational sex stereotypes. *Sex Roles*, 7, 301 - 308.

Gibson, C. B. (1995). *Determinants and consequences of group-efficacy beliefs in work organizations in U. S., Hong Kong, and Indonesia*. Ph.D. diss., University of California, Irvine.

Gibson, S., & Dembo, M. H. (1984). Teacher efficacy: A construct validation. *Journal of Educational Psychology*, 76, 569 - 582.

Giddens, A. (1984). *The constitution of society: Outline of the theory of structuration*. Cambridge: Polity Press; Berkeley: University of California Press.

Gilchrist, L. D., & Schinke, S. P. (1983). Coping with contraception: Cognitive and behavioral methods with adolescents. *Cognitive Therapy and Research*, 7, 379 - 388.

Gilchrist, L. D., & Schinke, S. P. (Eds.). (1985). *Preventing social and health problems through life skills training*. Seattle: University of Washington Press.

Gilchrist, L. D., Schinke, S. P., Trimble, J. E., & Cvetkovich, G. T. (1987). Skills enhancement to prevent substance abuse among American Indian adolescents. *International Journal of the Addictions*, 22, 869 - 879.

Gill, D. L. (1984). Individual and group performance in sport. In J. M. Silva & R. S. Weinberg (Eds.), *Psychological foundations of sport* (pp.315 - 328). Champaign, IL: Human Kinetics.

Gilovich, T. (1984). Judgmental biases in the world of sports. In W. F. Straub & J. M. Williams (Eds.), *Cognitive sport psychology* (pp.31 - 41). Lansing, N. Y.: Sport Science Associates.

Gilovich, T., Kerr, M., & Medvec, V. H. (1993). Effect of temporal perspective on subjective confidence. *Journal of Personality and Social Psychology*, 64, 552 - 560.

Gilovich, T., Vallone, R., & Tversky, A. (1985). The hot hand in basketball: On the misperception of random sequences. *Cognitive Psychology*, 17, 295 - 314.

Gist, M. E. (1989). The influence of training method on self-efficacy and idea generation among managers. *Personnel Psychology*, 42, 787 - 805.

Gist, M. E., Bavetta, A. G., & Stevens, C. K. (1990). Transfer training method: Its influence on skill generalization, skill repetition, and performance level. *Personnel Psychology*, 43, 501 - 523.

Gist, M. E., Schwoerer, C., & Rosen, B. (1989). Effects of alternative training methods on self-efficacy and performance in computer software training. *Journal of Applied Psychology*, 74, 884 - 891.

Gist, M., Rosen, B., & Schwoerer, C. (1988). The influence of training method and trainee age on the acquisition of computer skills. *Personnel Psychology*, 41, 255 - 265.

Glasgow, R. E., & Arkowitz, H. (1975). The behavioral assessment of male and female social competence in dyadic heterosexual interactions. *Behavior Therapy*, 6, 488 - 498.

Glass, D. C., & Carver, C. S. (1980). Helplessness and the coronary-prone personality. In J. Carber& M. E. P. Seligman (Eds.), *Human helplessness: Theory and applications* (pp.223 - 243). New York: Academic.

Glass, D. C., Reim, B., & Singer, J. (1971). Behavioral consequences of adaptation to controllable and uncontrollable noise. *Journal of Experimental Social Psychology*, 7, 244 - 257.

Glass, D. C., Singer, J. E., Leonard, H. S., Krantz, D., & Cummings, H. (1973). Perceived control of aversive stimulation and the reduction of stress responses. *Journal of Personality*, 41, 577 - 595.

Glickman, C. D., & Tamashiro, R. T. (1982). A comparison of first-year, fifthyear, and former teachers on efficacy, ego development, and problem solving. *Psychology in the Schools*, 19, 558 - 562.

Glynn, S. M., & Ruderman, A. J. (1986). The development and validation of an eating self-efficacy scale. *Cognitive Therapy and Research*, 10, 403 - 420.

Godding, P. R., & Glasgow, R. E. (1985). Self-efficacy and outcome expectations as predictors of controlled smoking status. *Cognitive Therapy and Research*, 9, 583 - 590.

Goethals, G. R., & Darley, J. M. (1977). Social comparison theory: Attributional approach. In J. M. Suls & R. L. Miller (Eds.), *Social comparison processes: Theoretical and empirical perspectives* (pp.259 - 278). Washington, D.C.: Hemisphere.

Goldfried, M. R., & Robins, C. (1982). On the facilitation of self-efficacy. *Cognitive Therapy and Research*, 6, 361 - 379.

Goldstein, A. P. (1973). *Structured learning therapy*. New York: Academic.

Goldstein, A. P., & Sorcher, M. (1974). *Changing supervisor behavior*. New York: Pergamon.

Goldstone, J. A. (1994). Is revolution individually rational? *Rationality and Society*, 6, 139 - 166.

Golin, S., & Terrill, F. (1977). Motivational and associative aspects of mild depression in skill and chance tasks. *Journal of Abnormal Psychology*, 86, 389 - 401.

Gonzales, F. P., & Dowrick, P. W. (1982, November). *The mechanism of self-modeling: Skills acquisition versus raised self-efficacy*. Paper presented at 16th annual convention of the Association for Advancement of Behavior Therapy, Los Angeles.

Good, T. L., & Brophy, J. E. (1986). School effects. In M. C. Wittrock (Ed.), *Handbook of research on teaching* (3rd ed., pp.570 - 602). New York: MacMillan.

Goodwin, D. W. (1985). Genetic determinants of alcoholism. In J. H. Mendelson & N. K. Mello (Eds.), *The diagnosis and treatment of alcoholism* (pp.65 - 88). New York: McGraw-Hill.

Gootnick, A. T. (1974). Locus of control and political participation of college students: A comparison of unidimensional and multidimensional approaches. *Journal of Consulting and Clinical Psychology*, 42, 54 - 58.

Gordon, A. J., & Zrull, M. (1991). Social networks and recovery: One year after inpatient treatment. *Journal of Substance Abuse Treatment*, 8, 143 - 152.

Gorrell, J., & Capron, E. (1990). Cognitive modeling and self-efficacy: Effects on preservice teachers' learning of teaching strategies. *Journal of Teacher Education*, 41, 15 - 22.

Gortner, S. R., & Jenkins, L. S. (1990). Self-efficacy and activity level following cardiac surgery. *Journal of Advanced Nursing*, 15,

1132 - 1138.

Goss, K. F. (1979). Consequences of diffusion of innovations. *Rural Sociology*, 44, 754 - 772.

Gossop, M., Green, L., Phillips, G., & Bradley, B. (1990). Factors predicting outcome among opiate addicts after treatment. *British Journal of Clinical Psychology*, 29, 209 - 216.

Gotlib, I. H. (1981). Self-reinforcement and recall: Differential deficits in depressed and nondepressed psychiatric inpatients. *Journal of Abnormal Psychology*, 90, 521 - 530.

Gotlib, I. H., & Colby, C. A. (1987). *Treatment of depression: An interpersonal systems approach*. Elmsford, N.Y.: Pergamon.

Gotsch, C. H. (1972). Technical change and the distribution of income in rural areas. *American Journal of Agricultural Economics*, 54, 326 - 341.

Gould, D., & Krane, V. (1992). The arousalathletic performance relationship: Current status and future directions. In T. S. Horn (Ed.), *Advances in sport psychology* (pp. 119 - 141). Champaign, Ill.: Human Kinetics Publ.

Gould, D., Hodge, K., Peterson, K., & Giannini, J. (1989). An exploratory examination of strategies used by elite coaches to enhance self-efficacy in athletes. *Journal of Sport and Exercise Psychology*, 11, 128 - 140.

Gould, D., Jackson, S. A., & Finch, L. M. (1993). Life at the top: The experiences of U.S. national champion figure skaters. *The Sport Psychologist*, 7, 354 - 374.

Gould, D., & Weiss, M. (1981). Effect of model similarity and model self-talk on self-efficacy in muscular endurance. *Journal of Sport Psychology*, 3, 17 - 29.

Gould, J. D. (1980). Experiments on composing letters: Some facts, some myths, and some observations. In L. Gregg & E. Steinberg (Eds.), *Cognitive processes in writing* (pp. 97 - 127). Hillsdale, N.J.: Erlbaum.

Gracely, R. H., Dubner, R., Wolskee, P. J., & Deeter, W. R. (1983). Placebo and naloxone can alter postsurgical pain by separate mechanisms. *Nature*, 306, 264 - 265.

Graham, S., & Harris, K. R. (1989a). Components analysis of cognitive strategy instruction: Effects on learning disabled students' compositions and self-efficacy. *Journal of Educational Psychology*, 81, 353 - 361.

Graham, S., & Harris, K. R. (1989b). Improving learning disabled students' skills at composing essays: Self-instructional strategy training. *Exceptional Children*, 56, 210 - 214.

Granovetter, M. (1983). The strength of weak ties: A network theory revisited. In R. Collins (Ed.), *Sociological theory 1983* (pp.201 - 233). San Francisco: Jossey-Bass.

Gray, V. (1973). Innovation in the States: A diffusion study. *The American Political Science Review*, 4, 1174 - 1185.

Grayson, G. (1980, November 20). "Coding" athletes to win. *St. Louis Post-Dispatch*, pp.1, 4.

Green, B. L., & Saenz, D. S. (1995). Tests of a mediational model of restrained eating: The role of dieting self-efficacy and social comparisons. *Journal of Social and Clinical Psychology*, 14, 1 - 22.

Greene, D., Sternberg, B., & Lepper, M. R. (1976). Overjustification in a token economy. *Journal of Personality and Social Psychology*, 34, 1219 - 1234.

Greider, W. (1992). *Who will tell the people: The betrayal of American democracy*. New York: Simon & Schuster.

Grembowski, D., Patrick, D., Diehr, P., Durham, M., Beresford, S., Kay, E., & Hecht, J. (1993). Self-efficacy and health behavior among older adults. *Journal of Health and Social Behavior*, 34, 89 - 104.

Gresham, F. M., Evans, S., & Eliott, S. N. (1988). Academic and social self-efficacy scale: Development and initial validation. *Journal of Psychoeducational Assessment*, 6, 125 - 138.

Gross, D., Conrad, B., Fogg, L., & Wothke, W. (1994). A longitudinal model of maternal self-efficacy, depression, and difficult temperament during toddlerhood. *Research in Nursing and Health*, 17, 207 - 215.

Gross, D., Fogg, L., & Tucker, S. (1995). The efficacy of parent training for promoting positive parent-toddler relationships. *Research in Nursing and Health*, 18, 489 - 499.

Grossman, H. Y., Brink, S., & Hauser, S. T. (1987). Self-efficacy in adolescent girls and boys with insulin-dependent diabetes mellitus. *Diabetes Care*, 10, 324 - 329.

Grove, J. R. (1993). Attributional correlates of cessation self-efficacy among smokers. *Addictive Behaviors*, 18, 311 - 320.

Grow, G. O. (1991). Teaching learners to be self-directed. *Adult Education Quarterly*, 41, 125 - 149.

Gruber, B., Hall, N. R., Hersh, S. P., & Dubois, P. (1988). Immune system and psychologic changes in metastatic cancer patients using relaxation and guided im agery: A pilot study. *Scandinavian Journal of Behaviour Therapy*, 17, 25 - 46.

Grünbaum, A. (1984). *The foundations of psychoanalysis: A philosophical critique*. Berkeley: University of California Press.

Guest, A. M. (1974). Subjective powerlessness in the United States: Some longitudinal trends. *Social Science Quarterly*, 54, 827 - 842.

Gulliver, S. B., Hughes, J. R., Solomon, L. J., & Dey, A. N. (1995). An investigation of self-efficacy, partner support and daily stresses as predictors of relapse to smoking in self-quitters. *Addiction*, 90, 767 - 772.

Gunnar, M. R. (1980a). Contingent stimulation: A review of its role in early development. In S. Levine & H. Ursin (Eds.), *Coping and health* (pp.101 - 119). New York: Plenum.

Gunnar, M. R. (1980b). Control, warning signals, and distress in infancy. *Developmental Psychology*, 16, 281 - 289.

Gunnar-von Gnechten, M. R. (1978). Changing a frightening toy into a pleasant toy by allowing the infant to control its actions. *Developmental Psychology*, 14, 147 - 152.

Gurin, P., & Brim, O. G., Jr. (1984). Change in self in adulthood: The example of sense of control. In P. B. Baltes & O. G. Brim, Jr. (Eds.), *Life-span development and behavior* (Vol.6, pp.281 - 334). New York: Academic.

Gurin, P., Gurin, G., & Morrison, B. M. (1978). Personal and ideological aspects of internal and external control. *Social Psychology*, 41, 275 - 296.

Gurr, R. T. (1970). Sources of rebellion in Western societies: Some quantitative evidence. *Annals of the American Academy of Political and Social Science*, 391, 128 - 144.

Gustkey, E. (1979, December 21). The computerized athlete is here. *San Francisco Chronicle*, pp.67, 70.

Guzzo, R. A. (1986). Group decision making and group effectiveness in organizations. In P. S. Goodman (Ed.), *Designing effective work groups* (pp.34 - 71). San Francisco: Jossey-Bass.

Haaga, D. A. F. (1989). Articulated thoughts and endorsement procedures for cognitive assessment in the prediction of smoking relapse. *Psychological Assessment*, 1, 112 - 117.

Haaga, D. A. F., Davison, G. C., McDermut, W., Hillis, S. L., & Twomey, H. B. (1993). "States-of-mind" analysis of the articulated thoughts of exsmokers. *Cognitive Therapy and Research*, 17, 427 - 439.

Haaga, D. A. F., & Stewart, B. L. (1992). Self-efficacy for recovery from a lapse after smoking cessation. *Journal of Consulting and Clinical Psychology*, 60, 24 - 28.

Hackett, G. (1985). The role of mathematics self-efficacy in the choice of math-related majors of college women and men: A path analysis. *Journal of Counseling Psychology*, 32, 47 - 56.

Hackett, G., & Betz, N. E. (1981). A self-efficacy approach to the career development of women. *Journal of Vocational Behavior*, 18, 326 - 339.

Hackett, G., & Betz, N. E. (1989). An exploration of the mathematics self-efficacy/mathematics performance correspondence. *Journal of Research in Mathematics Education*, 20, 261 - 273.

Hackett, G., Betz, N. E., Casas, J. M., & Rocha-Singh, I. A. (1992). Gender, ethnicity, and social cognitive factors predicting the academic achievement of students in engineering. *Journal of Counseling Psychology*, 39, 527 - 538.

Hackett, G., Betz, N. E., & Doty, M. S. (1985). The development of a taxonomy of career competencies for professional women. *Sex Roles*, 12, 393 - 409.

Hackman, J. R., & Lawler, E. E. Ⅲ. (1971). Employee reactions to job characteristics. *Journal of Applied Psychology* (Monograph), 55, 259 - 286.

Hafner, R. J., & Marks, I. M. (1976). Exposure in vivo of agoraphobics: Contributions of diazepam, group exposure, and anxiety evocation. *Psychological Medicine*, 6, 71 - 88.

Hagberg, J. M. (1994). Physical activity, fitness, health, and aging. In C. Bouchard, R. J. Shephard, & T. Stephens (Eds.), *Physical activity, fitness, and health: International proceedings and consensus statement* (pp.993 - 1005). Champaign, Ill.: Human Kinetics Publ.

Haight, M. R. (1980). *A study of self deception*. Atlantic Highlands, N.J.: Humanities Press.

Hall, H. K., & Byrne, A. T. J. (1988). Goal setting in sport: Clarifying recent anomalies. *Journal of Sport and Exercise Psychology*, 10, 184 - 198.

Hallie, P. P. (1971). Justification and rebellion. In N. Sanford & C. Comstock (Eds.), *Sanctions for evil* (pp.247 - 263). San Francisco: Jossey-Bass.

Halter, L. L., & Walker, H. (1983). *The use of self-modeling and feedback procedures to improve the basketball performance of an NBA athlete*. Manuscript, Sport Science Associates, Portland, Oregon.

Hamburg, B. A. (1974). Early adolescence: A specific and stressful stage of the life cycle. In G. V. Coelho, D. A. Hamburg, & J. E. Adams (Eds.), *Coping and adaptation* (pp.101 - 124). New York: Basic Books.

Hamburg, D. A. (1992). *Today's children: Creating a future for a generation in crisis*. New York: Times Books.

Hamilton, S. F. (1987). Apprenticeship as a transition to adulthood in West Germany. *American Journal of Education*, 95, 314 - 345.

Hamilton, S. F. (1994). Social roles for youth: Interventions in unemployment. In A. C. Peterson & J. T. Mortimer (Eds.), *Youth unemployment and society* (pp. 248 - 269). London: Cambridge University Press.

Hammond, K. R., McClelland, G. H., & Mumpower, J. (1980). *Human judgment and decision making*. New York: Praeger.

Hampden-Turner, C. (1976). *Sane asylum*. San Francisco: San Francisco Book Co.

Hancock, T., & Garrett, M. (1995). Beyond medicine: Health challenges and strategies in the 21st century. *Futures*, 27, 935 - 951.

Hannah, J. S., & Kahn, S. E. (1989). The relationship of socioeconomic status and gender to the occupational choices of grade 12 students. *Journal of Vocational Behavior*, 34, 161 - 178.

Hannaway, J. (1992). *Breaking the cycle: Instructional efficacy and teachers of "at risk" students*. Manuscript, Stanford University, Stanford, Calif.

Harackiewicz, J. M., Sansone, C., & Manderlink, G. (1985). Competence, achievement orientation, and intrinsic motivation: A process analysis. *Journal of Personality and Social Psychology*, 48, 493 - 508.

Harlow, H. F. (1953). Motivation as a factor in

the acquisition of new responses. *In Current theory and research in motivation: A symposium* (pp.24 - 49). Lincoln: University of Nebraska Press.

Harré, R., & Gillet, G. (1994). *The discursive mind*. Thousand Oaks, Calif.: Sage.

Harris, P. L. (1989). *Children and emotion: The development of psychological understanding*. Oxford: Basil Blackwell.

Harris, S. S., Caspersen, C. J., DeFriese, G. H., & Estes, E. H. (1989). Physical activity counseling for healthy adults as a primary preventive intervention in the clinical setting. *Journal of the American Medical Association*, 261, 3590 - 3598.

Harter, S. (1981). A model of mastery motivation in children: Individual differences and developmental change. In W. A. Collins (Ed.), *Aspects of the development of competence: Minnesota Symposia on child psychology* (Vol. 14, pp.215 - 255). Hillsdale, N.J.: Erlbaum.

Harter, S. (1990). Causes, correlates, and the functional role of global self-worth: A lifespan perspective. In R. J. Sternberg & J. Kolligian, Jr. (Eds.), *Competence considered* (pp.67 - 97). New Haven, Conn.: Yale University Press.

Harvey, V., & McMurray, N. (1994). SelfEfficacy: A means of identifying problems in nursing education and career progress. *International Journal of Nursing Studies*, 31, 471 - 485.

Haskell, W. L., Alderman, E. L., Fair, J. M., Maron, D. J., Mackey, S. F., Superko, H. R., Williams, P. T., Johnstone, I. M., Champagne, M. A., Krauss, R. M., & Farquhar, J. W. (1994). Effects of intensive multiple risk factor reduction on coronary atherosclerosis and clinical cardiac events in men and women with coronary artery disease. *Circulation*, 89, 975 - 990.

Haskell, W. L., Montoye, H. J., & Orenstein, D. (1985). Physical activity and exercise to achieve health-related physical fitness components. *Public Health Reports*, 100, 202 - 212.

Hattiangadi, N., Medvec, V. H., & Gilovich, T. (1995). Failing to act: Regrets of Terman's geniuses. *International Journal of Aging and Human Development*, 40, 175 - 185.

Havens, A. E., & Flinn, W. (1975). Green revolution technology and community development: The limits of action programs. *Economic Development and Cultural Change*, 23, 469 - 481.

Hawkins, B. W., Marando, V. L., & Taylor, G. A. (1971). Efficacy, mistrust, and political participation: Findings from additional data and indicators. *Journal of Politics*, 33, 1130 - 1136.

Hayes, C. D. (Ed.) (1987). *Risking the future: Adolescent sexuality, pregnancy and childbearing*. (Vol. 1). Washington, D. C.: National Academy Press.

Hays, R. D., & Ellickson, P. L. (1990). How generalizable are adolescents' beliefs about pro-drug pressures and resistance self-efficacy? *Journal of Applied Social Psychology*, 20, 321 - 340.

Heath, C., & Tversky, A. (1991). Performance and belief: Ambiguity and competence in choice under uncertainty. *Journal of Risk and Uncertainty*, 4, 5 - 28.

Heather, N., & Robertson, I. (1981). *Controlled drinking. London: Methuen*.

Heather, N., Rollnick, S., & Winton, M.(1983). A comparison of objective and subjective measures of alcohol dependence as predictors of relapse following treatment. *British Journal of Clinical Psychology*, 22, 11 - 17.

Heather, N., & Stallard, A. (1989). Does the Marlatt model underestimate the importance of conditioned craving in the relapse process? In M. Gossop (Ed.), *Relapse and addictive behaviour* (pp.180 - 208). London: Tavistock/Routledge.

Heckhausen, J. (1987). Balancing for weaknesses

and challenging developmental potential: A longitudinal study of mother-infant dyads in apprenticeship interactions. *Developmental Psychology*, 23, 762 - 770.

Heckhausen, J. (1992). Adults expectancies about development and its controllability: Enhancing self-efficacy by social comparison. In R. Schwarzer (Ed.), *Self-efficacy: Thought control of action* (pp. 107 - 126). Washington, D.C.: Hemisphere.

Heffernan, T., & Richards, S. (1981). Selfcontrol of study behavior: Identification and evaluation of natural methods. *Journal of Counseling Psychology*, 28, 361 - 364.

Heiby, E. M. (1983a). Depression as a function of the interaction of self-and environmentally controlled reinforcement. *Behavior Therapy*, 14, 430 - 433.

Heiby, E. M. (1983b). Toward the prediction of mood change. *Behavior Therapy*, 14, 110 - 115.

Heiby, E. M. (1986). Social versus selfcontrol skills deficits in four cases of depression. *Behavior Therapy*, 17, 158 - 169.

Heinrich, L. B. (1993). Contraceptive self-efficacy in college women. *Journal of Adolescent Health*, 14, 269 - 276.

Heller, M. C., & Krauss, H. H. (1991). Perceived self-efficacy as a predictor of aftercare treatment entry by the detoxification patient. *Psychological Reports*, 68, 1047 - 1052.

Herbert, T. B., & Cohen, S. (1993a). Depression and immunity: A meta-analytic review. *Psychological Bulletin*, 113, 472 - 486.

Herbert, T. B., & Cohen, S. (1993b). Stress and immunity in humans: A meta-analytic review. *Psychosomatic Medicine*, 55, 364 - 379.

Herman, C. P., & Polivy, J. (1983). A boundary model for the regulation of eating. In A. B. Stunkard & E. Stellar (Eds.), *Eating and its disorders* (pp.141 - 156). New York: Raven.

Herrnstein, R. J. (1969). Method and theory in the study of avoidance. *Psychological Review*, 76, 49 - 69.

Hess, R. D., & Miura, I. T. (1985). Gender differences in enrollment in computer camps and classes. *Sex Roles*, 13, 193 - 203.

Hester, R. K., & Miller, W. R. (Eds.). (1995). *Handbook of alcoholism treatment approaches: Effective alternatives* (2nd Ed.). Boston: Allyn & Bacon.

Highlen, P. S., & Bennett, B. B. (1983). Elite divers and wrestlers: A comparison between open-and closed-skill athletes. *Journal of Sport Psychology*, 5, 390 - 409.

Hill, G. J. (1989). An unwillingness to act: Behavioral appropriateness, situational constraint, and self-efficacy in shyness. *Journal of Personality*, 57, 871 - 890.

Hill, L. A., & Elias, J. (1990). Retraining midcareer managers: Career history and self-efficacy beliefs. *Human Resources Management*, 29, 197 - 217.

Hill, R. D. (1986). Prescribing relapse as a relapse prevention aid to enhance the maintenance of nonsmoking treatment gains. Ph. D. diss., Stanford University, Stanford, Calif.

Hill, T., Smith, N. D., & Mann, M. F. (1987). Role of efficacy expectations in predicting the decision to use advanced technologies: The case of computers. *Journal of Applied Psychology*, 72, 307 - 313.

Hiltz, S. R., & Turoff, M. (1978). *The network nation: Human communication via computer*. Reading, Mass.: Addison-Wesley.

Hineline, P. N. (1977). Negative reinforcement and avoidance. In W. K. Honing & J. E. R. Staddon (Eds.) *Handbook of operant behavior* (pp. 364 - 414). Englewood Cliffs, N. J.: Prentice Hall, Inc.

Hinshaw, S. P. (1992). Externalizing behavior problems and academic underachievement in childhood and adolescence: Causal relationships and underlying mechanisms. *Psychological*

Bulletin, 111, 127 - 155.

Hirt, E. R., Zillmann, D., Erickson, G. A., & Kennedy, C. (1992). Costs and benefits of allegiance: Changes in fans' self-ascribed competencies after team victory versus defeat. *Journal of Personality and Social Psychology*, 63, 724 - 738.

Hobsbawm, E. J. (1996). The future of the state. *Development and Change*, 27, 267 - 278.

Hodges, L., & Carron, A. V. (1992). Collective efficacy and group performance. *International Journal of Sport Psychology*, 23, 48 - 59.

Hoelscher, T. J., Lichstein, K. L., & Rosenthal, T. L. (1986). Home relaxation practice in hypertension treatment: Objective assessment and compliance induction. *Journal of Consulting and Clinical Psychology*, 54, 217 - 221.

Hofferth, S. L., & Hayes, C. D. (Eds.). (1987). *Risking the future* (Vol.2). Washington, D.C.: National Academy Press.

Hoffman, H. S. (1969). Stimulus factors in conditioned suppression. In B. A. Camp bell & R. M. Church (Eds.) *Punishment and aversive behavior* (pp.185 - 234). New York: Appleton-Century-Crofts.

Hofstetter, C. R., Hovell, M. F., & Sallis, J. F. (1990). Social learning correlates of exercise self-efficacy: Early experiences with physical activity. *Social Science Medicine*, 31, 1169 - 1176.

Hofstetter, C. R., Sallis, J. F., & Hovell, M. F. (1990). Some health dimensions of self-efficacy: Analysis of theoretical specificity. *Social Science Medicine*, 31, 1051 - 1056.

Hogarth, R. (1981). Beyond discrete biases: Functional and dysfunctional aspects of judgmental heuristics. *Psychological Bulletin*, 90, 197 - 217.

Holahan, C. K., & Holahan, C. J. (1987a). Self-efficacy, social support, and depression in aging: A longitudinal analysis. *Jourhal of Gerontology*, 42, 65 - 68.

Holahan, C. K., & Holahan, C. J. (1987b). Life stress, hassles, and self-efficacy in aging: A replication and extension. *Journal of Applied Social Psychology*, 17, 574 - 592.

Holden, G. (1991). The relationship of self-efficacy appraisals to subsequent health related outcomes: A meta-analysis. *Social Work in Health Care*, 16, 53 - 93.

Holden, G., Moncher, M. S., Schinke, S. P., & Barker, K. M. (1990). Self-efficacy of children and adolescents: A meta-analysis. *Psychological Reports*, 66, 1044 - 1046.

Holland, J. L. (1985). *Making vocational choices: A theory of vocational personalities and work environments* (2nd ed.). Englewood Cliffs, N. J.: Prentice-Hall.

Hollandsworth, J. G., Jr., Glazeski, R. C., Kirkland, K., Jones, G. E., & van Norman, L. R. (1979). An analysis of the nature and effects of test anxiety: Cognitive, behavioral, and physiological components. *Cognitive Therapy and Research*, 3, 165 - 180.

Hollon, S. D., & Beck, A. T. (1994). Cognitive and cognitive-behavioral therapies. In A. E. Bergin & S. L. Garfield (Eds.), *Handbook of psychotherapy and behavior change* (3rd. Ed., pp.443 - 482). New York: Wiley.

Holloway, J. B., Beuter, A., & Duda, J. L. (1988). Self-efficacy and training for strength in adolescent girls. *Journal of Applied Social Psychology*, 18, 699 - 719.

Holman, H., & Lorig, K. (1992). Perceived self-efficacy in self-management of chronic disease. In R. Schwarzer (Ed.), *Self-efficacy: Thought control of action* (pp.305 - 323). Washington, D.C.: Hemisphere.

Holmes, D. S. (1993). Aerobic fitness and the response to psychological stress. In P. Seraganian (Ed.), *Exercise psychology: The influence of physical exercise on psychological processes*. New York: Wiley.

Holroyd, K. A., Penzien, D. B., Hursey, K. G.,

Tobin, D. L., Rogers, L., Holm, J. E., Marcille, P. J., Hall, J. R., & Chila, A. G. (1984). Change mechanisms in EMG biofeedback training: Cognitive changes underlying improvements in tension headache. *Journal of Consulting and Clinical Psychology*, 52, 1039 - 1053.

Hoover-Dempsey, K. V., Bassler, O. C., & Brissie, J. S. (1987). Parent involvement: Contributions of teacher efficacy, school socioeconomic status, and other school characteristics. *American Educational Research Journal*, 24, 417 - 435.

Hoover-Dempsey, K. V., Bassler, O. C., & Brissie, J. S. (1992). Parent efficacy, teacher efficacy, and parent involvement: Explorations in parent-school relations. *Journal of Educational Research*, 85, 287 - 294.

Horwitt, S. D. (1989). *Let them call me rebel: Saul Alinsky: His life and legacy*. New York: Knopf.

Hotz, V. J., & Tienda, M. (in press). Education and employment in a diverse society: Generating inequality through the school-to-work transition. In N. Denton and S. Tolnay (Eds.), *American diversity: A demographic challenge for the twenty-first century*. Albany, N. Y.: SUNY Press.

Hoy, W. K., & Woolfolk, A. E. (1993). Teacher's sense of efficacy and the organizational health of schools. *The Elementary School Journal*, 93, 355 - 372.

Huebner, R. B., & Lipsey, M. W. (1981). The relationship of three measures of locus of control to environmental activism. *Basic and Applied Social Psychology*, 2, 45 - 58.

Hull, C. L. (1943). *Principles of behavior*. New York: Appleton-Century-Crofts.

Hultsch, D. F., & Plemons, J. K. (1979). Life events and life-span development. In P. B. Baltes & O. G. Brim, Jr. (Eds.), *Life-span development and behavior* (Vol.2, pp.1 - 36). New York: Academic.

Hung, J. H., & Rosenthal, T. L. (1981). Therapeutic videotaped playback. In J. L. Fryrear & R. Fleshman (Eds.), *Videotherapy in mental health* (pp.5 - 46). Spring-field, Ill.: Thomas.

Hunt, G. M., & Azrin, N. H. (1973). A community-reinforcement approach to alcoholism. *Behaviour Research and Therapy*, 11, 91 - 104.

Hunt, J. McV., Cole, M. W., & Reis, E. E. S. (1958). Situational cues distinguishing anger, fear, and sorrow. *American Journal of Psychology*, 71, 136 - 151.

Hurley, C. C., & Shea, C. A. (1992). Self-efficacy: Strategy for enhancing diabetes self-care. *The Diabetes Educator*, 18, 146 - 150.

Hurrelmann, K., & Roberts, K. (1991). Problems and solutions. In J. Bynner & K. Roberts (Eds.), *Youth and work: Transition to employment in England and Germany* (pp.229 - 250). London: Anglo-German Foundation.

Hyman, D. J., Maibach, E. W., Flora, J. A., & Fortmann, S. P. (1992). Cholesterol treatment practices of primary care physicians. *Public Health Reports*, 107, 441 - 448.

Ilgen, D. R. (1994). Jobs and roles: Accepting and coping with the changing structure of organizations. In M. G. Rumsey, C. B. Walker, & J. H. Harris (Eds.), *Personnel selection and classification* (pp. 13 - 32). Hillsdale, N. J.: Erlbaum.

Irwin, F. W. (1971). *Intentional behavior and motivation: A cognitive view*. Philadelphia: Lippincott.

Isen, A. M. (1987). Positive affect, cognitive processes, and social behavior. In L. Berkowitz (Ed.), *Advances in experimental social psychology* (Vol.20). New York: Academic.

Jacklin, C. N., & Mischel, H. N. (1973). As the twig is bent: Sex role stereotyping in early readers. *The School Psychology Digest*, 2, 30 - 38.

Jackson, B. (1972). Treatment of depression by self-reinforcement. *Behavior Therapy*, 3, 298–307.

Jackson, C., Fortmann, S. P., Flora, J. A., Melton, R. J., Snider, J. P., & Littlefield, D. (1994). The capacity-building approach to intervention maintenance implemented by the Stanford five-city project. *Health Education Research*, 9, 385–396.

Jackson, S. E., Schwab, R. L., & Schuler, R. S. (1986). Toward an understanding of the burnout phenomenon. *Journal of Applied Psychology*, 71, 630–640.

Jacobs, B., Prentice-Dunn, S., & Rogers, R. W. (1984). Understanding persistence: An interface of control theory and self-efficacy theory. *Basic and Applied Social Psychology*, 5, 333–347.

Jacobs, J. A. (1989). *Revolving doors: Sex segregation and women's careers*. Stanford, Calif.: Stanford University Press.

Jacobson, N. S., Holtzworth-Munroe, A. (1986). Marital therapy: A social learning-cognitive perspective. In N. S. Jacobson & A. S. Gurman (Eds.), *Clinical handbook of marital therapy* (pp.29–70). New York: Guilford.

Janal, M. N., Colt, E. W. D., Clark, W. C., & Glusman, M. (1984). Pain sensitivity, mood and plasma endocrine levels in man following long-distance running: Effects of naloxone. *Pain*, 19, 13–25.

Janis, I. L. (1972). *Victims of groupthink: A psychological study of foreign-policy decisions and fiascoes*. Boston: Houghton Mifflin.

Janis, I. L., & Mann, L. (1977). *Decision making*. New York: Free Press.

Jansen, A., Broekmate, J., & Heymans, M. (1992). Cue-exposure vs. self-control in the treatment of binge eating: A pilot study. *Behavior Research Therapy*, 30, 235–241.

Janz, N. K., & Becker, M. H. (1984). The health belief model: A decade later. *Health Education Quarterly*, 11, 1–47.

Jaremko, M. E. (1979). A component analysis of stress inoculation: Review and prospectus. *Cognitive Therapy and Research*, 3, 35–48.

Jatulis, L. L., & Newman, D. L. (1991). The role of contextual variables in evaluation decision making: Perceptions of potential loss, time, and self-efficacy on nurse managers' need for information. *Evaluation Review*, 15, 364–377.

Jeffrey, R. W., Bjornson-Benson, W. M., Rosenthal, B. S., Lindquist, R. A., Kurth, C. L., & Johnson, S. L. (1984). Correlates of weight loss and its maintenance over two years of follow-up among middle-aged men, *Preventive Medicine*, 13, 155–168.

Jellinek, E. M. (1960). *The disease concept of alcoholism*. Highland Park, N. J.: Hillhouse Press.

Jemmott, J. B. Ⅲ, Jemmott, L. S., & Fong, G. T. (1992). Reductions in HIV risk-associated sexual behaviors among black male adolescents: Effects of an AIDS prevention intervention. *American Journal of Public Health*, 82, 372–377.

Jemmott, J. B. Ⅲ, Jemmott, L. S., Spears, H., Hewitt, N., & Cruz-Collins, M. (1992). Self-efficacy, hedonistic expectancies, and condom-use intentions among inner-city black adolescent women: A social cognitive approach to AIDS risk behavior. *Journal of Adolescent Health*, 13, 512–519.

Jenkins, A. L. (1994a). The role of managerial self-efficacy in corporate compliance with the law. *Law and Human Behavior*, 18, 71–88.

Jenkins, A. L. (1994b, April), *Self-efficacy and the assessment environment: Bandura's social cognitive theory on work performance and appraisal*. Paper presented at the 23rd Meeting of Australian Social Psychologists, Cairns, Queensland.

Jensen, K., Banwart, L., Venhaus, R., Popkess-Vawter, S., & Perkins, S. B. (1993). Advanced rehabilitation nursing care of coronary angioplasty patients using self-efficacy theory. *Journal of Advanced Nursing*, 18, 926–931.

Jensen, M. P., & Karoly, P. (1991). Control beliefs, coping efforts, and adjustment to chronic pain. *Journal of Consulting and Clinical Psychology*, 59, 431–438.

Jensen, M. P., Turner, J. A., & Romano, J. M. (1991). Self-efficacy and outcome expectancies: Relationship to chronic pain coping strategies and adjustment. *Pain*, 44, 263–269.

Jerusalem, M., & Mittag, W. (1995). Self-efficacy in stressful life transitions. In A. Bandura (Ed.), *Self-efficacy in changing societies* (pp.177–201). New York: Cambridge University Press.

Jessor, R. (1986). Adolescent problem drinking: Psychosocial aspects and developmental outcomes. In R. K. Silbereisen et al. (Eds.), *Development as action in context* (pp.241–264). Berlin: Springer-Verlag.

Jessor, R., Donovan, J. E., & Costa, F. M. (1991). *Beyond adolescence: Problem behavior and young adult development*. Cambridge: Cambridge University Press.

Jex, S. M., & Gudanowski, D. M. (1992). Efficacy beliefs and work stress: An exploratory study. *Journal of Organizational Behavior*, 13, 509–517.

Jobe, L. D. (1984). *Effects of proximity and specificity of goals on performance*. Ph.D. diss., Murdoch University, Western Australia.

Johansson, G. (1973). Visual perception of biological motion and a model for its analysis. *Perception and Psychophysics*, 14, 201–211.

Johnson, D. W., & Johnson, R. T. (1985). Motivational processes in cooperative, competitive, and individualistic learning situations. In C. Ames & R. Ames (Eds.), *Research on motivation in education. Vol.2, The classroom milieu* (pp.249–277). New York: Academic.

Johnson, D. W., Maruyama, G., Johnson, R., Nelson, D., & Skon, L. (1981). Effects of cooperative, competitive, and individualistic goal structures on achievement: A meta-analysis. *Psychological Bulletin*, 89, 47–62.

Joiner, T. E., Jr. (1994). Contagious depression: Existence, specificity to depressed symptoms, and the role of reassurance seeking. *Journal of Personality and Social Psychology*, 67, 287–296.

Jones, G. R. (1986). Socialization tactics, self-efficacy, and newcomers' adjustments to organizations. *Academy of Management Journal*, 29, 262–279.

Jones, R. A. (1977). *Self-fulfilling prophesies: Social, psychological, and physiological effects of experiences*. Hillsdale, N.J.: Erlbaum.

Jones, R. J., & Azrin, N. H. (1973). An experimental application of a social reinforcement approach to the problem of job-finding. *Journal of Applied Behavior Analysis*, 6, 345–353.

Jorde-Bloom, P., & Ford, M. (1988). Factors influencing early childhood administrators' decisions regarding the adoption of computer technology. *Journal of Educational Computing Research*, 4, 31–47.

Josephson, M. (1959). *Edison*. New York: McGraw-Hill.

Joss, J. E., Spira, J. L., & Speigel, D. S. (1994). *The Stanford cancer self-efficacy scale: Development and validation of a self-efficacy scale for patients living with cancer*. Manuscript, Stanford University, Stanford, California.

Jourden, F. (1991). *The influence of feedback framing on the self-regulatory mechanisms governing complex decision making*. Ph. D. diss., Stanford University, Stanford, Calif.

Jourden, F. J., Bandura, A., & Banfield, J. T. (1991). The impact of conceptions of ability on self-regulatory factors and motor skill acquisition. *Journal of Sport and Exercise Psychology*, 8, 213–226.

Judd, C. M., & Kenny, D. A. (1981). Process analysis: Estimating mediation in treatment evaluations. *Evaluation Reviews*, 5, 602–619.

Juneau, M., Rogers, F., Bandura, A., Taylor, C. B., & DeBusk, R. (1986). *Cognitive processing of treadmill experiences and self-appraisal of cardiac capabilities*. Manuscript, Stanford University, Stanford, Calif.

Junge, M. E., & Dretzke, B. J. (1995). Mathematical self-efficacy gender differences in gifted/talented adolescents. *Gifted Child Quarterly*, 39, 22-26.

Jussim, L. (1986). Self-fulfilling prophecies: A theoretical and integrative review. *Psychological Review*, 93, 429-445.

Kagan, J. (1981). *The second year: The emergence of self-awareness*. Cambridge, Mass.: Harvard University Press.

Kahn, J. S., Kehle, T. J., Jenson, W. R., & Clark, E. (1990). Comparison of cognitive-behavioral, relaxation, and self-modeling interventions for depression among middle-school students. *School Psychology Review*, 19, 196-211.

Kahn, R. L., Wolfe, D. M., Quinn, R. P., & Snoek, J. D. (1964). *Organizational stress: Studies in role conflict and ambiguity*. New York: Wiley.

Kahneman, E. (1973). *Attention and effort*. Englewood Cliffs, N.J.: Prentice-Hall.

Kahneman, E., Slovic, P., & Tversky, A. (Eds.). (1982). *Judgment under uncertainty: Heuristics and biases*. New York: Cambridge University Press.

Kaivanto, K. K., Estlander, A. M., Moneta, G. B., & Vanharanta, H. (1995). Isokinetic performance in low back pain patients: The predictive power of the self-efficacy scale. *Journal of Occupational Rehabilitation*, 5, 87-99.

Kane, T. D., Marks, M. A., Zaccaro, S. J., & Blair, V. (1996). Self-efficacy, personal goals, and wrestlers' self-regulation. *Journal of Sport and Exercise Psychology*, 18, 36-48.

Kanfer, F. H., & Gaelick, L. (1986). Self-management methods. In F. H. Kanfer & A. P. Goldstein (Eds.), *Helping people change* (pp.283-345). New York: Pergamon.

Kanfer, F. H., & Hagerman, S. (1981). The role of self-regulation. In L. P. Rehm (Ed.), *Behavior therapy for depression: Present status and future directions* (pp.143-180). New York: Academic.

Kanfer, R., & Hulin, C. L. (1985). Individual differences in successful job searches following lay-off. *Journal of Vocational Behavior*, 38, 835-847.

Kanfer, R., & Zeiss, A. M. (1983). Depression, interpersonal standard-setting, and judgments of self-efficacy, *Journal of Abnormal Psychology*, 92, 319-329.

Kaplan, R. M., Atkins, C. J., & Reinsch, S. (1984). Specific efficacy expectations mediate exercise compliance in patients with COPD. *Health Psychology*, 3, 223-242.

Kaplan, R. M., & Simon, H. J. (1990). Compliance in medical care: Reconsideration of self-predictions. *Annals of Behavioral Medicine*, 12, 66-71.

Karasek, R., & Theorell, T. (1990). *Healthy work: Stress, productivity, and the reconstruction of working life*. New York: Basic Books.

Karniol, R. (1989). The role of manual manipulative stages in the infant's acquisition of perceived control over objects. *Developmental Review*, 9, 205-233.

Karniol, R., & Ross, M. (1976). The development of causal attributions in social perception, *Journal of Personality and Social Psychology*, 34, 455-464.

Kasen, S., Vaughan, R. D., & Walter, H. J. (1992). Self-efficacy for AIDS preventive behaviors among tenth grade students. *Health Education Quarterly*, 19, 187-202.

Katch, F. I., & McArdle, W. D. (1977). *Nutrition, weight control, and exercise*. Boston: Houghton Mifflin.

Kato, M., & Fukushima, O. (1977). The effects of covert modeling in reducing avoidance behavior. *Japanese Psychological Research*, 19, 199 - 203.

Katz, R. C., Stout, A., Taylor, C. B., Horne, M., & Agras, W. S. (1983). The contribution of arousal and performance in reducing spider avoidance. *Behavioural Psychotherapy*, 11, 127 - 138.

Kavanagh, D. J. (1983). *Mood and self-efficacy*. Ph. D. diss., Stanford University, Stanford, Calif.

Kavanagh, D. J., & Bower, O. H. (1985). Mood and self-efficacy: Impact of joy and sadness on perceived capabilities. *Cognitive Therapy and Research*, 9, 507 - 525.

Kavanagh, D. J., Gooley, S., & Wilson, P. H. (1993). Prediction of adherence and control in diabetes. *Journal of Behavioral Medicine*, 16, 509 - 522.

Kavanagh, D. J., Pierce, J., Lo, S. K., & Shelley, J. (1993). Self-efficacy and social support as predictors of smoking after a quit attempt. *Psychology and Health*, 8, 231 - 242.

Kavanagh, D. J., & Wilson, P. H. (1989). Prediction of outcome with a group version of cognitive therapy for depression. *Behaviour Research and Therapy*, 27, 333 - 347.

Kavka, G. S. (1988). *Moral paradoxes of nuclear deterrence*. New York: Cambridge.

Kaye, K. (1982). *The mental and social life of babies: How parents create persons*. Chicago: University of Chicago Press.

Kazdin, A. E. (1973). Covert modeling and the reduction of avoidance behavior. *Journal of Abnormal Psychology*, 81, 87 - 95.

Kazdin, A. E. (1974a). Comparative effects of some variations of covert modeling. *Journal of Behavior Therapy and Experimental Psychiatry*, 5, 225 - 232.

Kazdin, A. E. (1974b). Self-monitoring and behavior change. In M. J. Mahoney & C. E. Thoresen (Eds.), *Self-control: Power to the person* (pp. 218 - 246). Monterey, Calif.: Brooks-Cole.

Kazdin, A. E. (1974c). Covert modeling, model similarity, and reduction of avoidance behavior. *Behavior Therapy*, 5, 325 - 340.

Kazdin, A. E. (1974d). The effect of model identity and fear-relevant similarity on covert modeling. *Behavior Therapy*, 5, 624 - 635.

Kazdin, A. E. (1975). Covert modeling, imagery assessment, and assertive behavior. *Journal of Consulting and Clinical Psychology*, 43, 716 - 724.

Kazdin, A. E. (1976). Effects of covert modeling, multiple models, and model reinforcement on assertive behavior. *Behavior Therapy*, 7, 211 - 222.

Kazdin, A. E. (1978). Covert modeling: The therapeutic application of imagined rehearsal. In J. L. Singer & K. S. Pope (Eds.), *The power of human imagination: New methods in psychotherapy. Emotions, personality, and psychotherapy* (pp.255 -278). New York: Plenum.

Kazdin, A. E. (1979). Imagery elaboration and self-efficacy in the covert modeling treatment of unassertive behavior. *Journal of Consulting and Clinical Psychology*, 47, 725 - 733.

Kazdin, A. E., & Wilcoxon, L. A. (1976). Systematic desensitization and nonspecific treatment effects: A methodological evaluation. *Psychological Bulletin*, 83, 729 - 758.

Kegeles, S. S., & Lund, A. K. (1982). Adolescents' health beliefs and acceptance of a novel preventive dental activity: Replication and extension. *Health Education Quarterly*, 9, 192 - 208.

Kelley, D. D. (Ed.). (1986). Stress-induced analgesia. *Annals of the New York Academy of Sciences* (Vol. 467). New York: New York Academy of Sciences.

Kellogg, R., & Baron, R. S. (1975). Attribution theory, insomnia, and the reverse placebo effect: A reversal of Storms and Nisbett's findings. *Journal of Personality and Social Psychology*, 32, 231 - 236.

Kelly, J. A. (1995). *Changing HIV risk behavior: Practical strategies*. New York: Guilford.

Kelly, J. A., St. Lawrence, J. S., Stevenson, L. Y., Houth, A. C., Kuliehman, S. C., Diaz, Y. E., Brasfield, T. L., Koob, J. J., & Morgan, M. G. (1992). Community AIDS/HIV risk reduction: The effects of endorsements by popular people in three cities. *American Journal of Public Health*, 82, 1483 - 1489.

Kempner, K., Castro, C. D., & Bas, D. (1993). Apprenticeship: The perilous journey from Germany to Togo. *International Review of Education*, 39, 373 - 390.

Keniston, K. (1968). *Young radicals*. New York: Harcourt, Brace, & World.

Kent, G. (1987). Self-efficacious control over reported physiological, cognitive and behavioural symptoms of dental anxiety. *Behaviour Research and Therapy*, 25, 341 - 347.

Kent, G., & Gibbons, R. (1987). Self-efficacy and the control of anxious cognitions. *Journal of Behavior Therapy and Experimental Psychiatry*, 18, 33 - 40.

Kent, G., & Jambunathan, P. (1989). A longitudinal study of the intrusiveness of cognitions in test anxiety. *Behaviour Research and Therapy*, 27, 43 - 50.

Kent, R. N., Wilson, G. T., & Nelson, R. (1972). Effects of false heart-rate feedback on avoidance behavior: An investigation of "cognitive desensitization". *Behavior Therapy*, 3, 1 - 6.

Keohane, R. O. (1993). Sovereignty, interdependence and international institutions. In L. Miller & M. Smith (Eds.), *Ideas and ideals: Essays on politics in honor of Stanley Hoffman* (pp. 91 - 107). Boulder, Colo.: Westview Press.

Keohane, R. O., & Nye, J. S. (1977). *Power and interdependence: World politics in transition*. Boston: Little, Brown.

Kerr, N. L. (1983). Motivation losses in small groups: A social dilemma analysis. *Journal of Personality and Social Psychology*, 45, 819 - 828.

Kerr, N. L. (1996). Does my contribution really matter?: Efficacy in social dilemmas. In W. Stroebe & M. Hewstone (Eds.), *European Review of Social Psychology* (Vol. 7) (pp. 209 - 240). Chichester, England: Wiley.

Kessler, K. A. (1978). Tricyclic anti-depressants: Mode of action and clinical use. In M. A. Lipton, A. DiMascio, & K. F. Killam (Eds.), *Psychopharmacology: A generation of progress* (pp. 1289 - 1302). New York: Raven.

Kiecolt-Glaser, J. K., & Glaser, R. (1988). Behavioral influence on immune function: Evidence for the interplay between stress and health. In T. Field, P. McCabe, & N. Schneiderman (Eds.), *Stress and coping* (Vol. 2, pp. 189 - 206). Hillsdale, N.J.: Erlbaum.

Kiecolt-Glaser, J. K., Glaser, R., Strain, E. C., Stout, J. C., Tarr, K. L., Holliday, J. E., & Speicher, C. E. (1986). Modulation of cellular immunity in medical students. *Journal of Behavioral Medicine*, 9, 5 - 21.

Kiecolt-Glaser, J. K., Glaser, R., Williger, D., Stout, J., Messick, G., Sheppard, S., Ricker, D., Romisher, S. C., Briner, W., Bonnell, G., & Donnerberg, R. (1985). Psychosocial enhancement of immunocompetence in a geriatric population. *Health Psychology*, 4, 25 - 41.

Kiesler, S., Siegel, J., & McGuire, T. W. (1984). Social psychological aspects of computer-mediated communication. *American Psychologist*, 39, 1123 - 1134.

Killen, J. D., Hayward, C., Wilson, D. M., Haydel, K. F., Robinson, T. N., Taylor, C. B., Hammer, L. D., & Varady, A. (1996). Predicting onset of drinking in a community sample of adolescents: The role of expectancy and temperament. *Addictive Behaviors*, 21,

473 - 480.

Killen, J. D., Maccoby, N., & Taylor, C. B. (1984). Nicotine gum and self-regulation training in smoking relapse prevention. *Behavior Therapy*, 15, 234 - 248.

Killen, J. D., Robinson, T. N., et al. (1989). The Stanford adolescent heart health program. *Health Education Quarterly*, 16, 263 - 283.

Kim, U., Triandis, H. D., Kâğitçibasi, C., Choi, S., & Yoon, G. (1994). *Individualism and collectivism: Theory, method, and applications*. Thousand Oaks, Calif.: Sage.

King, A. C., & Frederiksen, L. W. (1984). Low-cost strategies for increasing exercise behavior: Relapse preparation training and social support. *Behavior Modification*, 8, 3 - 21.

King, A. C., Kiernan, M., Oman, R. F., Kraemer, H. C., Hull, M., & Ahn, D. (in press). Towards a biobehavioral approach for predicting physical activity adherence across time: Applications of signal detection methodology. *Health Psychology*.

King, A. C., Taylor, C. B., Haskell, W. L., & DeBusk, R. F. (1988). Strategies for increasing early adherence to and long-term maintenance of home-based exercise training in healthy middle-aged men and women. *American Journal of Cardiology*, 61, 628 - 632.

King, M. L. (1958). *Stride toward freedom*. New York: Ballantine Books.

King, V., & Elder, G. H., Jr. (1996). *Self-efficacy and grandparenthood*. Submitted for publication.

Kipnis, D. (1974). The powerholders. In J. T. Tedeschi (Ed.), *Perspectives on social power* (pp.82 - 122). Chicago: Aldine.

Kirkpatrick, S. A., & Locke, E. A. (1996). Direct and indirect effects of three core charismatic leadership components on performance and attitudes. *Journal of Applied Psychology*, 81, 36 - 51.

Kirsch, I. (1982). Efficacy expectations as response predictors: The meaning of efficacy ratings as a function of task characteristics. *Journal of Personality and Social Psychology*, 42, 132 - 136.

Kirsch, I. (1990). *Expectancy modification: A key to effective therapy*. Belmont, Calif.: Brooks-Cole.

Kirsch, I. (1995). Self-efficacy and outcome expectancy. In J. E. Maddux (Ed.), *Self-efficacy, adaptation, and adjustment: Theory, research and application* (pp.331 - 345). New York: Plenum.

Kitchener, K. S. (1983). Cognition, metacognition, and epistemic cognition: A threelevel model of cognitive processing. *Human Development*, 26, 222 - 232.

Klepac, R. K., Dowling, J., & Hauge, G. (1982). Characteristics of clients seeking therapy for the reduction of dental avoidance: Reactions to pain. *Journal of Behaviour Therapy and Experimental Psychiatry*, 13, 293 - 300.

Klerman, G. L., & Weissman, M. M. (1982). Interpersonal psychotherapy: Theory and research. In A. J. Rush (Ed.), *Short-term psychotherapies for depression* (pp.88 - 106) New York: Guilford Press.

Klorman, R., Hilpert, P. L., Michael, R., LaGana, C., & Sveen, O. B. (1980). Effects of coping and mastery modeling on experienced and inexperienced pedodontic patients' disruptiveness. *Behavior Therapy*, 11, 156 - 168.

Koch, P. B. (1991). Sex education. In R. M. Lerner, A. C. Petersen, & J. Brooks-Gunn (Eds.), *Encyclopedia of adolescence* (Vol. 2, pp.1004 - 1006). New York: Garland.

Kok, G., deVries, H., Mudde, A. N., & Strecher, V. J. (1991). Planned health education and the role of self-efficacy: Dutch research. *Health Education Research*, 6, 231 - 238.

Kopel, S., & Arkowitz, H. (1975). The role of attribution and self-perception in behavior change: Implications for behavior therapy. *Genetic Psychology Monographs*, 92, 175 - 212.

Kortenhaus, C. M., & Demarest, J. (1993). Gender role stereotyping in children's literature: An update. *Sex Roles*, 28, 219 - 232.

Kotler-Cope, S., & Camp, C. J. (1990). Memory interventions in aging populations. In E. A. Lovelace (Ed.), *Aging and cognition: Mental processes, self awareness and interventions* (pp.263 -280). NorthHolland: Elsevier Science Publishers B. V.

Kotter, J. P. (1982). What effective general managers really do. *Harvard Business Review*, 60, 156 - 167.

Krampen, G. (1988). Competence and control orientations as predictors of test anxiety in students: Longitudinal results. *Anxiety Research*, 1, 185 - 197.

Krantz, D. S., Grunberg, N. E., & Baum, A. (1985). Health psychology. *Annual Reviews in Psychology*, 36, 349 - 383.

Krantz, S. E. (1985). When depressive cognitions reflect negative realities. *Cognitive Therapy and Research*, 9, 595 - 610.

Krauss, I. (1964). Sources of educational aspirations among working-class youth. *American Sociological Review*, 29, 867 - 879.

Kroll, W. (1982). Competitive athletic stress factors in athletes and coaches. In L. D. Zaichkowsky & W. E. Sime (Eds.), *Stress management for sport* (pp.1 - 10). Reston, Va.: AAHPERD.

Krueger, N. F. (1994). *Strategic optimism: Antecedents of perceived success probabilities of new ventures*. Paper presented at the meeting of the Academy of Management, Dallas, Texas.

Krueger, N. F. Jr., & Dickson, P. R. (1993). Self-efficacy and perceptions of opportunities and threats. *Psychological Reports*, 72, 1235 - 1240.

Krueger, N. Jr., & Dickson, P. R. (1994). How believing in ourselves increases risk taking: Perceived self-efficacy and opportunity recognition. *Decision Sciences*, 25, 385 - 400.

Kruglanski, A. W. (1975). The endogenousexogenous partition in attribution theory. *Psychological Review*, 82, 387 - 406.

Kuiper, N., & Higgins, E. T. (Eds.). (1985). Social cognition and depression [Special Issue]. *Social Cognition*, 3, 1 - 15.

Kuiper, N. A., & Olinger, L. J. (1986). Dysfunctional attitudes and a self-worth contingency model of depression. In P. C. Kendall (Ed.), *Advances in cognitive-behavioral research and therapy* (Vol.5, pp.115 - 142). New York: Academic.

Kuiper, N. A., Olinger, L. J., & MacDonald, M. R. (1988). Depressive schemata and the processing of personal and social information. In L. B. Alloy (Ed.), *Cognitive processes in depression* (pp.289 - 309). New York: Guilford.

Kun, A. (1977). Development of the magnitude-covariation and compensation schemata in ability and effort attributions of performance. *Child Development*, 48, 862 - 873.

Kun, A. (1978, August). *Perceived additivity of intrinsic and extrinsic motivation in young children*. Paper presented at the meeting of the American Psychological Association, Toronto.

Kupfersmid, J. H. & Wonderly, D. M. (1982). Disequilibrium as a hypothetical construct in Kholbergian moral development. *Child Study Journal*, 12, 171 - 185.

Kyllo, L. B., & Landers, D. M. (1995). Goal setting in sport and exercise: A research synthesis to resolve the controversy. *Journal of Sport and Exercise Psychology*, 17, 117 - 137.

Kyriacou, C. (1987). Teacher stress and burnout: an international review. *Educational Research*, 29, 146 - 152.

Laberge, B., & Gauthier, J. (1986). *The interaction between deadlines, therapeutic expectancies, perceived self-efficacy and phobic behaviour*. Manuscript, Laval University, Ste-Foy, Quebec.

Lacey, H. M. (1979a). Control, perceived control and the methodological role of cognitive constructs. In L. C. Perlmuter & R. A. Monty (Eds.), *Choice and perceived control* (pp.5 - 16). Hillsdale, N.J.: Erlbaum.

Lacey, J. I. (1967). Somatic response patterning and stress: Some revisions of activation theory. In M. H. Appley & R. Trumbull (Eds.), *Psychological stress: Issues in research* (pp.14 - 42). New York: Appleton-Century-Crofts.

Lachman, M. E. (1986). Personal control in later life: Stability, change, and cognitive correlates. In M. M. Baltes & P. B. Baltes (Eds.), *The psychology of control and aging* (pp.207 - 236). Hillsdale, N.J.: Erlbaum.

Lachman, M., Bandura, M., Weaver, S. L., & Elliott, E. (1995). Assessing memory control beliefs: The memory controllability inventory. *Aging and Cognition*, 2, 67 - 84.

Lachman, M. E., & Leff, R. (1989). Perceived control and intellectual functioning in the elderly: A 5-year longitudinal study. *Developmental Psychology*, 25, 722 - 728.

Lachman, M. E., Steinberg, E. S., & Trotter, S. D. (1987). Effects of control beliefs and attributions on memory self-assessments and performance. *Psychology and Aging*, 2, 266 - 271.

Lachman, M. E., Weaver, S. L., Bandura, M. M., Elliott, E., & Lewkowicz, C. J. (1992). Improving memory and control beliefs through cognitive restructuring and self-generated strategics. *Journal of Gerontology: Psychological Sciences*, 47, 293 - 299.

Lackey, D. P. (1985). Immoral risks: A deontological critique of nuclear deterrence. *Social Philosophy and Policy*, 3, 154 - 175.

Lackner, J. M., Carosella, A. M., & Feuerstein, M. (1996). Pain expectancies. pain, and functional self-efficacy expectancies as determinants of disability in patients with chronic low back disorders, *Journal of Consulting and Counseling Psychology*, 64, 212 - 220.

Ladouceur, R. (1983). Participant modeling with or without cognitive treatment of phobias. *Journal of Consulting and Clinical Psychology*, 51, 942 - 944.

LaGuardia, R., & Labbé, E. E. (1993). Self-efficacy and anxiety and their relationship to training and race performance. *Perceptual and Motor Skills*, 77, 27 - 34.

Lamson, R. J., & Meisner, M. (1994, June 8 - 10). *The effects of virtual reality immersion in the treatment of anxiety, panic, & phobia of heights*. Paper presented at the Second Annual International Conference on Virtual Reality and Persons with Disabilities, California State University, Northridge.

Lang, P. J. (1977). Physiological assessment of anxiety and fear. In J. D. Cone & R. P. Hawkins (Eds.), *Behavioral assessment: New directions in clinical psychology* (pp. 178 - 195). New York: Brunner/Mazel.

Lang, P. J. (1985). The cognitive psychophysiology of emotion: Fear and anxiety. In A. H. Tuma & J. D. Maser (Eds.), *Anxiety and the anxiety disorders* (pp. 131 - 170). Hillsdale, N. J.: Erlbaum.

Langer, E. J. (1975). The illusion of control. *Journal of Personality and Social Psychology*, 32, 311 - 328.

Langer, E. J. (1979). The illusion of incompetence. In L. C. Perlmuter & R. A. Monty (Eds.), *Choice and perceived control* (pp.301 - 313). Hillsdale, N.J.: Erlbaum.

Langer, E. J. (1983). *The psychology of control*. Beverly Hills, Calif.: Sage.

Langer, E. J., & Park, K. (1990). Incompetence: A conceptual reconsideration. In R. J. Sternberg & J. Kolligian, Jr. (Eds.), *Competence considered* (pp. 149 - 166). New Haven, Conn.: Yale University Press.

Langer, E. J., & Rodin, J. (1976). The effects of choice and enhanced personal responsibility for the aged: A field experiment in an institutional setting. *Journal of Personality and Social Psychology*, 34, 191 - 198.

Lapan, R. T., Boggs, K. R., & Morrill, W. H. (1989). Self-efficacy as a mediator of investigative and realistic general occupational themes on the Strong-Campbell interest inventory. *Journal of Counseling Psychology*, 36, 176 - 182.

Lareau, A. (1987). Social class differences in family-school relationships: The importance of cultural capital. *Sociology of Education*, 60, 73 - 85.

Laschinger, H. K. S., & Shamian, J. (1994). Staff nurses' and nurse managers' perceptions of job-related empowerment and managerial self-efficacy. *Journal of Nursing Administration*, 24, 38 - 47.

Latham, G. P., Erez, M., & Locke, E. A. (1988). Resolving scientific disputes by the joint design of crucial experiments by the antagonists: Application to the Erez-Latham dispute regarding participation in goal setting. *Journal of Applied Psychology* (Monograph), 73, 753 - 772.

Latham, G. P., & Frayne, C. A. (1989). Self-management training for increasing job attendance: A follow-up and a replication. *Journal of Applied Psychology*, 74, 411 - 416.

Latham, G. P., & Saari, L. M. (1979). Application of social learning theory to training supervisors through behavioral modeling. *Journal of Applied Psychology*, 64, 239 - 246.

Latham, G. P., & Seijts, G. H. (1995). *The effects of proximal and distal goals on performance on a moderately complex task*. Manuscript, University of Toronto.

Latham, G. P., Winters, D. C., & Locke, E. A. (1994). Cognitive and motivational effects of participation: A mediator study. *Journal of Organizational Behavior*, 15, 49 - 63.

Lauver, P. J., & Jones, R. M. (1991). Factors associated with perceived career options in American Indian, White, & Hispanic rural high school students. *Journal of Counseling Psychology*, 38, 159 - 166.

Lawler, E. E. Ⅲ (1994). From job-based to competency-based organizations. *Journal of Organizational Behavior*, 15, 3 - 15.

Lawrance, L., & Rubinson, L. (1986). Self-efficacy as a predictor of smoking behavior in young adolescents. *Addictive Behaviors*, 11, 367 - 382.

Lawrence, C. P. (1988). *The perseverance of discredited judgments of self-efficacy: Possible cognitive mediators*. Ph. D. diss., Stanford University, Stanford, Calif.

Lazarus, R. S., & Folkman, S. (1984). *Stress, appraisal, and coping*. New York: Springer.

Leary, M. R., & Atherton, S. C. (1986). Self-efficacy, social anxiety, and inhibition in interpersonal encounters. *Journal of Social and Clinical Psychology*, 4, 256 - 267.

Lechner, L., & deVries, H. (1995). Starting participation in an employee fitness program: Attitudes, social influence, and self-efficacy. *Preventive Medicine*, 24, 627 - 633.

Ledwidge, B. (1978). Cognitive behavior modification: A step in the wrong direction? *Psychological Bulletin*, 85, 353 - 375.

Lee, C. (1984a). Accuracy of efficacy and outcome expectations in predicting performance in a simulated assertiveness task. *Cognitive Therapy and Research*, 8, 37 - 48.

Lee, C. (1984b). Efficacy expectations and outcome expectations as predictors of performance in a snake-handling task. *Cognitive Therapy and Research*, 8, 509 - 516.

Lee, C. (1986). Efficacy expectations, training performance, and competitive performance in women's artistic gymnastics. *Behaviour Change*, 3, 100 - 104.

Lee, C. (1988). The relationship between goal setting, self-efficacy, and female field hockey team performance. *International Journal of*

Sport Psychology, 20, 147 - 161.

Lee, C., & Bobko, P. (1994). Self-efficacy beliefs: Comparison of five measures. *Journal of Applied Psychology*, 79, 364 - 369.

Lee, T. W., Locke, E. A., & Phan, S. H. (in press). Explaining the assigned goal-incentive interaction: The role of self-efficacy and personal goals. *Journal of Management*.

Lefcourt, H. M. (1976). *Locus of control: Current trends in theory and research*. Hillsdale, N.J.: Erlbaum.

Leibel, R. L., Rosenbaum, M., & Hirsch, J. (1995). Changes in energy expenditure resuiting from altered body weight. *The New England Journal of Medicine*, 332, 621 - 628.

Leitenberg, H. (1995). Cognitive-behavioural treatment of bulimia nervosa. *Behaviour Change*, 12, 81 - 97.

Leitenberg, H., Gross, J., Peterson, J., & Rosen, J. C. (1984). Analysis of an anxiety model and the process of change during exposure plus response prevention treatment of bulimia nervosa. *Behavior Therapy*, 15, 3 - 20.

Leiter, M. P. (1991). Coping patterns as predictors of burnout: The function of control and escapist coping patterns. *Journal of Organizational Behaviour*, 12, 123 - 144.

Leiter, M. P. (1992). Burnout as a crisis in self-efficacy: Conceptual and practical implications. *Work and Stress*, 6, 107 - 115.

Leiter, M. P., & Schaufeli, W. B. (1996). Consistency of the burnout construct across occupations. *Anxiety, Stress, and Coping*, 9, 229 - 243.

Leland, E. I. (1983). Self-efficacy and other variables as they relate to precompetitive anxiety among male interscholastic basketball players. Ph.D. diss. Stanford University, 1983. *Dissertation Abstracts International*, 44, 1376A.

Lent, R. W., Brown, S. D., & Hackett, G. (1994). Toward a unifying social cognitive theory of career and academic interest, choice, and performance. *Journal of Vocational Behavior*, 45, 79 - 122.

Lent, R. W., Brown, S. D., & Larkin, K. C. (1984). Relation of self-efficacy expectations to academic achievement and persistence. *Journal of Counseling Psychology*, 31, 356 - 362.

Lent, R. W., Brown, S. D., & Larkin, K. C. (1986). Self-efficacy in the prediction of academic performance and perceived career options. *Journal of Counseling Psychology*, 33, 265 - 269.

Lent, R. W., Brown, S. D., & Larkin, K. C. (1987). Comparison of three theoretically derived variables in predicting career and academic behavior: Self-efficacy, interest congruence, and consequence thinking. *Journal of Counseling Psychology*, 34, 293 - 298.

Lent, R. W., & Hackett, G. (1987). Career self-efficacy: Empirical status and future directions. *Journal of Vocational Behavior*, 30, 347 - 382.

Lent, R. W., Larkin, K. C., & Brown, S. D. (1989). Relation of self-efficacy to inventoried vocational interests. *Journal of Vocational Behavior*, 34, 279 - 288.

Lent, R. W., Lopez, F. G., & Bieschke, K. J. (1991). Mathematics self-efficacy: Sources and relation to science-based career choice. *Journal of Counseling Psychology*, 38, 424 - 430.

Lent, R. W., Lopez, F. G., & Bieschke, K. J. (1993). Predicting mathematics-related choice and success behaviors: Test of an expanded social cognitive model. *Journal of Vocational Behavior*, 42, 223 - 236.

Lent, R. W., Lopez, F. G., Bieschke, K. J., & Socall, D. W. (1991). Mathematics self-efficacy: Sources of relations to science-based career choice. *Journal of Counseling Psychology*, 38, 424 - 431.

Lent, R. W., Lopez, F. G., Mikolaitis, N. L., Jones, L., & Bieschke, K. J. (1992). Social cognitive mechanisms in the client recovery process: Revisiting hygiology. *Journal of Mental*

Health Counseling, 14, 196 - 207.

Leon, G. R., Sternberg, B., & Rosenthal, B. S. (1984). Prognostic indicators of success or relapse in weight reduction. *International Journal of Eating Disorders*, 3, 15 - 24.

Lepper, M. R. (1981). Intrinsic and extrinsic motivation in children: Detrimental effects of superfluous social controls. In W. A. Collins (Ed.), *Minnesota symposium on child psychology* (Vol. 14, pp. 155 - 214). Hillsdale, N. J.: Erlbaum.

Lepper, M. R., & Greene, D. (1978). Overjustification research and beyond: Toward a means-end analysis of intrinsic and extrinsic motivation. In M. R. Lepper & D. Greene (Eds.), *The hidden costs of reward: New perspectives on the psychology of human motivation* (pp. 109 - 148). Hillsdale, N.J.: Erlbaum.

Lerner, B. S., & Locke, E. A. (1995). The effects of goal setting, self-efficacy, competition and personal traits on the performance of an endurance task. *Journal of Sport and Exercise Psychology*, 17, 138 - 152.

Leslie, A. M. (1982). The perception of causality in infants. *Perception*, 11, 173 - 186.

Leventhal, H. (1970). Findings and theory in the study of fear communications. In L. Berkowitz (Ed.), *Advances in experimental social psychology* (Vol.5, pp.119 - 186). New York: Academic.

Leventhal, H., & Mosbach, P. A. (1983). The perceptual-motor theory of emotion. In J. T. Cacioppo & R. E. Petty (Eds.), *Social psychophysiology* (pp. 353 - 388). New York: Guilford.

Levi, L. (Ed.) (1972). Stress and distress in response to psychosocial stimuli. *Acta Medica Scandinavica*, 191, Supplement No.528.

Levin, H. M. (1987). New schools for the disadvantaged. *Teacher Education Quarterly*, 14, 60 - 83.

Levin, H. M. (1991). *Learning from accelerated schools*. *Policy perspectives*. Philadelphia: The Pew Higher Education Research Program.

Levin, H. M. (1993). *Accelerated schools in the United States: Do they have relevance for developing countries?* In H. M.

Levin & M. E. Lockheed, *Effective schools in developing countries* (pp.158 - 172). London and Washington, D.C.: Falmer.

Levin, H. M. (1996). Accelerated schools after eight years. In R. Glaser and L. Schauble (Eds.), *Innovations in learning: New environments in education* (pp. 329 - 352). Mahway, N. J.: Lawrence Erlbaum.

Levin, H. M., & Lockheed, M. E. (1993). Creating effective schools. In H. M. Levin & M. E. Lockheed (Eds.), *Effective schools in developing countries* (pp. 1 - 20). London and Washington, D.C.: Falmer.

Levine, D. U. (1991). Creating effective schools: Findings and implications from research and practice. *Phi Delta Kappan*, January, 389 - 393.

Levine, J. D., & Gordon, N. C. (1984). Influence of the method of drug administration on analgesic response. *Nature*, 312, 755 - 756.

Levine, J. D., Gordon, N. C., & Fields, H. L. (1978, September 23). The mechanism of placebo analgesia. *Lancet*, 654 - 657.

Levine, J. D., Gordon, N. C., Jones, R. T., & Fields, H. L. (1978). The narcotic antagonist naloxone enhances clinical pain. *Nature*, 272, 826 - 827.

Levine, S., & Ursin, H. (Eds.) (1980). *Coping and health*. New York: Plenum.

Levinson, R. A. (1986). Contraceptive self-efficacy: A perspective on teenage girls' contraceptive behavior. *Journal of Sex Research*, 22, 347 - 369.

Levy, D. M. (1943). *Maternal overprotection*. New York: Columbia University Press.

Lewinsohn, P. M., Antonuccio, D. O., Steinmetz, J. L., & Teri, L. (1984). *The coping with depression course*. Eugene, Oregon: Castalia.

Lewinsohn, P. M., Hoberman, H. M., & Clarke,

G. N. (1989). The coping with depression course: Review and future directions. *Canadian Journal of Behavioural Science*, 21, 470 - 493.

Lewinsohn, P. M., Hoberman, H. M., Teri, L., & Hautzinger, M. (1985). An integrative theory of depression. In S. Reiss & R. Bootzin (Eds.), *Theoretical issues in behaviour therapy* (pp.331 - 359). New York: Academic.

Lewinsohn, P. M., Mischel, W., Chaplin, W., & Barton, R. (1980). Social competence and depression: The role of illusory self-perceptions. *Journal of Abnormal Psychology*, 89, 203 - 212.

Lewis, M., & Brooks-Gunn, J. (1979). *Social cognition and the acquisition of self*. New York: Plenum.

Lewit, E. M. (1989). U. S. tobacco taxes: Behavioral effects and policy implications. *British Journal of Addiction*, 84, 1217 - 1235.

Lieberman, D. A. (in press). Interactive video games for health promotion: Effects on knowledge, self-efficacy, social support, and health. In R. L. Street, W. R. Gold, & T. Manning (Eds.), *Health promotion and interactive technology: Theoretical applications and future directions*. Hillsdale, N.J.: Lawrence Erlbaum.

Lieberman, D. A., & Brown, S. J. (1995). Designing interactive video games for children's health education. In K. Morgan, R. M. Satava, H. B. Sieburg, R. Mattheus, & J. P. Christensen (Eds.), *Interactive technology and the new paradigm for healthcare* (pp. 201 - 210). Amsterdam: IOS Press and Ohmsha.

Lin, C., & Ward, S. E. (1996). Perceived self-efficacy and outcome expectancies in coping with chronic low back pain. *Research in Nursing & Health*, 19, 299 - 310.

Lindsay, C. M. (Ed.) (1980). *New directions in public health care* (3rd Ed.). San Francisco: Institute for Contemporary Studies.

Lindsley, D. H., Brass, D. J., & Thomas, J. B. (1995). Efficacy-performance spirals: A multilevel perspective. *Academy of Management Review*, 20, 645 - 678.

Lindsley, D. H., Mathieu, J. E., Heffner, T. S., & Brass, D. J. (1994, April). *Team efficacy, potency, and performance: A longitudinal examination of reciprocal processes*. Paper presented at the Society of Industrial-Organizational Psychology, Nashville, Tenn.

Lipset, S. M. (1966). University students and politics in underdeveloped countries. *Comparative Education Review*, 10, 132 - 162.

Lipset, S. M. (1985). Feeling better: Measuring the nation's confidence. *Public Opinion*, 2, 6 - 9, 56 - 58.

Lipset, S. M., & Schneider, W. (1983). *The confidence gap: Business, labor and government in the public mind*. New York: Free Press.

Lirgg, C. D., & Feltz, D. L. (1991). Teacher versus peer models revisited: Effects on motor performance and self-efficacy. *Research Quarterly for Exercise and Sport*, 62, 217 - 224.

Lissner, L., Odell, P. M., D'Agostino, R. B., Stokes, J. Ⅲ, Kreger, B. E., Belanger, A. J., & Brownell, K. D. (1991). Variability of body weight and health outcomes in the Framingham population. *New England Journal of Medicine*, 324, 1839 - 1844.

Litt, M. D. (1988). Self-efficacy and perceived control: Cognitive mediators of pain tolerance. *Journal of Personality and Social Psychology*, 54, 149 - 160.

Litt, M. D., Nye, C., & Shafer, D. (1993). Coping with oral surgery by self-efficacy enhancement and perceptions of control. *Journal of Dental Research*, 72, 1237 - 1243.

Litt, M. D., Nye, C., & Shater, D. (1995). Preparation for oral surgery: Evaluating elements of coping. *Journal of Behavioral Medicine*, 18, 435 - 459.

Little, B. L., & Madigan, R. M. (1994, August). *Motivation in work teams: A test of the construct of collective efficacy*. Paper presented at the annual meeting of the Academy of Management, Houston, Texas.

Little, T. D., Lopez, D. F., Oettingen, G., & Baltes, P. B. (1995). *A comparative-longitudinal study of action-control beliefs and school performance: Their reciprocal nature and the role of context*. Submitted for publication.

Little, T. D., Oettingen, G., Stetsenko, A. & Baltes, P. B. (1995). Children's action-control beliefs about school performance: How do American children compare with German and Russian children? *Journal of Personality and Social Psychology*, 69, 686 - 700.

Lloyd, C. (1980). Life events and depressive disorder reviewed: II. Events as precipitating factors. *Archives of General Psychiatry*, 37, 541 - 548.

Lobitz, W. C., & Post, R. D. (1979). Parameters of self-reinforcement and depression. *Journal of Abnormal Psychology*, 81, 33 - 41.

Locke, E. A. (1991a). Goal theory vs. control theory: Contrasting approaches to understanding work motivation. *Motivation and Emotion*, 15, 9 - 28.

Locke, E. A. (1991b). Problems with goalsetting research in sports and their solution. *Journal of Sport and Exercise Psychology*, 8, 311 - 316.

Locke, E. A. (1994). The emperor is naked. *Applied Psychology: An International Review*, 43, 367 - 370.

Locke, E. A., Cartledge, N., & Knerr, C. S. (1970). Studies of the relationship between satisfaction, goal setting, and performance. *Organizational Behavior and Human Performance*, 5, 135 - 158.

Locke, E. A., Frederick, E., Lee, C., & Bobko, P. (1984). Effect of self-efficacy, goals, and task strategies on task performance. *Journal of Applied Psychology*, 69, 241 - 251.

Locke, E. A., & Latham, G. P. (1984). *Goalsetting: A motivational technique that works*. Englewood Cliffs, N.J.: Prentice-Hall.

Locke, E. A., & Latham, G. P. (1985). The application of goal setting to sports. *Journal of Sport Psychology*, 7, 205 - 222.

Locke, E. A., & Latham, G. P. (1990). *A theory of goal setting and task performance*. Englewood Cliffs, N.J.: Prentice-Hall.

Locke, E. A., & Schweiger, D. M. (1979). Participation in decision-making: One more look. In B. M. Staw (Ed.), *Research in organizational behavior* (Vol.1, pp.265 - 339). Greenwich, Conn.: JAI.

Locke, E. A., Zubritzky, E., Cousins, E., & Bobko, P. (1984). Effect of previously assigned goals on self-set goals and performance. *Journal of Applied Psychology*, 69, 694 - 699.

Lockheed, M. E. (1985). Women, girls, and computers: A first look at the evidence. *Sex Roles*, 13, 115 - 122.

Loeb, A., Beck, A. T., Diggory, J. C., & Tuthill, R. (1967). Expectancy, level of aspiration, performance, and self-evaluation in depression. *Proceedings of the 75th Annual Convention of the American Psychological Association*, 2, 193 - 194.

Longo, D. A., Lent, R. W., & Brown, S. D. (1992). Social cognitive variables in the prediction of client motivation and attrition. *Journal of Counseling Psychology*, 39, 447 - 452.

Lord, C. G., Umezaki, K., & Darley, J. M. (1990). Developmental differences in decoding the meanings of the appraisal actions of teachers. *Child Development*, 61, 191 - 200.

Lord, R. G., & Hanges, P. J. (1987). A control system model of organizational motivation: Theoretical development and applied implications. *Behavioral Science*, 32, 161 - 178.

Lord, R. G., & Levy, P. E. (1994). Moving from cognition to action: A control theory perspective. *Applied Psychology: An International Review*, 43, 335 - 398.

Lorig, K., (1990, April). *Self-efficacy: Its contributions to the four year beneficial outcome of the arthritis self-management course*. Paper presented at the meeting of the Society for Behavioral Medicine, Chicago.

Lorig, K., Chastain, R. L., Ung, E., Shoor, S., & Holman, H. (1989). Development and evaluation of a scale to measure perceived self-efficacy in people with arthritis. *Arthritis and Rheumatism*, 32, 37 - 44.

Lorig, K., Seleznick, M., Lubeck, D., Ung, E., Chastain, R. L., & Holman, H. R. (1989). The beneficial outcomes of the arthritis self-management course are not adequately explained by behavior change. *Arthritis and Rheumatism*, 32, 91 - 95.

Lorig, K., Sobel, D., Bandura, A., & Holman, H. (1993). Chronic disease self-management: Preliminary behavioral, health status, and health care utilization outcomes. Manuscript, Stanford University, Stanford, Calif.

Love, S. Q., Ollendick, T. H., Johnson, C., & Schlezinger, S. E. (1985). A preliminary report of the prediction of bulimic behavior: A social learning analysis. *Bulletin of the Society of Psychologists in Addictive Behavior*, 4, 93 - 101.

Loveland, K. K., & Olley, J. G. (1979). The effect of external reward on interest and quality of task performance in children of high and low intrinsic motivation. *Child Development*, 50, 1207 - 1210.

Luepker, R. V., et al. (1994). Community education for cardiovascular disease prevention: Risk factor changes in the Minnesota Hearth Health Program. *American Journal of Public Health*, 84, 1383 - 1393.

Luepker, R. V., et al. (1996). Outcomes of a field trial to improve children's dietary patterns and physical activitiy: The child and adolescent trial for cardiovascular health (CATCH). *Journal of the American Medical Association*, 275, 768 - 776.

Luria, A. (1961). *The role of speech in the regulation of normal and abnormal behavior*. New York: Liveright.

Lyman, R. D., Prentice-Dunn, S., Wilson, D. R., & Bonfilio, S. A. (1984). The effect of success or failure on self-efficacy and task persistence of conduct-disordered children. *Psychology in the Schools*, 21, 516 - 519.

Lynch, B. S., & Bonnie, R. J. (Eds.) (1994). *Growing up tobacco free: Preventing nicotine addiction in children and youths*. Washington, D.C.: National Academy Press.

Lyons, B., Harrell, E., & Blair, S. (1990). *Predicting exercise adherence: A test of the self-efficacy model*. Manuscript, North Texas State University.

Lyons, S. R. (1970). The political socialization of ghetto children: Efficacy and cynicism. *Journal of Politics*, 32, 288 - 304.

Lyubomirsky, S., & Nolen-Hoeksema, S. (1994). Self-perpetuating properties of dysphoric rumination. *Journal of Personality and Social Psychology*, 65, 339 - 349.

Maccoby, N., & Farquhar, J. W. (1975). Communication for health: Unselling heart disease. *Journal of Communication*, 25, 114 - 126.

Maddux, J. E., & Rogers, R. W. (1983). Protection motivation and self-efficacy: A revised theory of fear appeals and attitude change. *Journal of Experimental Social Psychology*, 19, 469 - 479.

Madsen, D. (1987). Political self-efficacy tested. *American Political Science Review*, 81, 571 - 581.

Magnusson, D., Stattin, H., & Allen, V. L. (1985). Biological maturation and social development: A longitudinal study of some adjustment processes from midadolescence to adulthood. *Journal of Youth and Adolescence*, 14, 267 - 283.

Mahoney, M. J. (1979). Cognitive skills and athletic performance. In P.C. Kendall & S. D. Hollen (Eds.), *Cognitive-behavioral interventions:*

Theory, research, and procedures (pp. 423 – 443). New York: Academic.

Maibach, E. W., & Flora, J. A. (1993). Symbolic modeling and cognitive rehearsal: Using video to promote AIDS prevention self-efficacy. *Communication Research*, 20, 517 – 545.

Maibach, E., Flora, J., & Nass, C. (1991). Changes in self-efficacy and health behavior in response to a minimal contact community health campaign. *Health Communication*, 3, 1 – 15.

Maier, S. F. (1986). Stressor controllability and stress-induced analgesia. In D. D. Kelly (Ed.), Stress-induced analgesia. *Annals of the New York Academy of Sciences* (Vol.467, pp.55 – 72). New York: New York Academy of Sciences.

Maier, S. F., Laudenslager, M. L., & Ryan, S. M. (1985). Stressor controllability, immune function, and endogenous opiates. In F. R. Brush & J. B. Overmier (Eds.), *Affect, conditioning, and cognition: Essays on the determinants of behavior* (pp.183 – 201). Hillsdale, N.J.: Erlbaum.

Maisto, S. A., Sobell, L. C., & Sobell, M. B. (1979). Comparison of alcoholics' self-reports of drinking behavior with reports of collateral informants. *Journal of Consulting and Clinical Psychology*, 47, 106 – 112.

Major, B., Cozzarelli, C., Sciacchitano, A. M., Cooper, M. L., Testa, M., & Mueller, P. M. (1990). Perceived social support, self-efficacy, and adjustment to abortion. *Journal of Personality and Social Psychology*, 59, 452 – 463.

Major, B., Mueller, P., & Hildebrandt, K. (1985). Attributions, expectations, and coping with abortion. *Journal of Personality and Social Psychology*, 48, 585 – 599.

Mallams, J. H., Godley, M. D., Hall, G. M., & Meyers, R. J. (1982). A social-systems approach to resocializing alcoholics in the community. *Journal of Studies on Alcohol*, 43, 1115 – 1123.

Malone, T. W. (1981). Toward a theory of intrinsically motivating instruction. *Cognitive Science*, 5, 333 – 370.

Malone, T. W., & Lepper, M. R. (1987). Making learning fun: A taxonomy of intrinsic motivations for learning. In R. E. Snow & M. J. Farr (Eds.), *Aptitude, learning, and instruction: Ⅲ Cognitive and affective process analysis* (pp.223 – 253). Hillsdale, N.J.: Erlbaum.

Mandel, B. (1993, July 25). Barbeque: The link to success. *San Francisco Examiner*, pp. B1 – B2.

Manderlink, G., & Harackiewicz, J. M. (1984). Proximal versus distal goal setting and intrinsic motivation. *Journal of Personality and Social Psychology*, 47, 918 – 928.

Mandler, G. (1975). *Mind and emotion*. New York: Wiley.

Mandler, J. M. (1992). How to build a baby: Ⅱ. Conceptual primitives. *Psychological Review*, 99, 587 – 604.

Manning, M. M., & Wright, T. L. (1983). Self-efficacy expectancies, outcome expectancies, and the persistence of pain control in childbirth. *Journal of Personality and Social Psychology*, 45, 421 – 431.

Mansfield, E. (1968). *Industrial research and technological innovation: An econometric analysis*. New York: Norton.

March, J. G. (1981). Decisions in organizations and theories of choice. In A. Van de Ven & W. Joyce (Eds.), *Perspectives on organization design and behavior* (pp.205 – 244). New York: Wiley.

March, J. G. (1982). Theories of choice and making decisions. *Transaction: Social Science and Modern Society*, 20, 29 – 39.

Marcus, B. H., & Owen, N. (1992). Motivational readiness, self-efficacy and decisionmaking for exercise. *Journal of Applied Social Psychology*, 22, 3 – 16.

Marcus, B. H., Selby, V. C., Niaura, R. S., & Rossi, J. S. (1992). Self-efficacy and the stages of exercise behavior change. *Research Quarterly for Exercise and Sport*, 63, 60 – 66.

Marcus, B. H., & Stanton, A. L. (1993). Evaluation of relapse prevention and reinforcement interventions to promote exercise adherence in sedentary females. *Research Quarterly for Exercise and Sport*, 64, 447 - 452.

Marcus, D. K., & Nardone, M. E. (1992). Depression and interpersonal rejection. *Clinical Psychology Review*, 12, 433 - 449.

Marks, I. (1987). Benefits of behavioural psychotherapy. In J. P. Dauwalder, M. Perrez & V. Hobi (Eds.), *Annual series of European research in behavior therapy, Vol.2, Controversial issues in behavior modification* (pp.77 - 85). Amsterdam: Swets & Zeitlinger.

Markus, H., Cross, S., & Wurf, E. (1990). The role of the self-system in competence. In R. J. Sternberg & J. Kolligian, Jr. (Eds.), *Competence considered* (pp. 205 - 225). New Haven, Conn.: Yale University Press.

Markus, H., & Nurius, P. (1986). Possible selves. *American Psychologist*, 41, 954 - 969.

Marlatt, G. A., & Gordon, J. R. (1980). Determinants of relapse: Implications for the maintenance of behavior change. In P. O. Davidson & S. M. Davidson (Eds.), *Behavioral medicine: Changing health lifestyles* (pp. 410 - 452). New York: Brunner/Mazel.

Marlatt, G. A., & Gordon, J. R. (1985). *Relapse prevention: Maintenance strategies in the treatment of addictive behaviors*. New York: Guilford.

Marlatt, G. A., Lartimer, M. E., Baer, J. S., & Quigley, L. A. (1993). Harm reduction for alcohol problems: Moving beyond the controlled drinking controversy. *Behavior Therapy*, 24, 461 - 504.

Marsh, A. (1977). *Protest and political consciousness*. Beverly Hills, Calif.: Sage.

Marshall, G. D., & Zimbardo, P. G. (1979). Affective consequences of inadequately explained physiological arousal. *Journal of Personality and Social Psychology*, 37, 970 - 988.

Marshall, G. N., & Lang, E. L. (1990). Optimism, self-mastery, and symptoms of depression in women professionals. *Journal of Personality and Social Psychology*, 59, 132 - 139.

Marshall, H. H., & Wienstein, R. S. (1984). Classroom factors affecting students' self-evaluations: An interactional model. *Review of Educational Research*, 54, 301 - 325.

Marshall, J. F. (1971). Topics and networks in intravillage communication. In S. Polgar (Ed.), *Culture and population: A collection of current studies* (pp.160 - 166).

Marshall, W. L. (1985). The effects of variable exposure in flooding therapy. *Behavior Therapy*, 16, 117 - 135.

Martin, D. J., Abramson, L. Y., & Alloy, L. B. (1984). Illusion of control for self and others in depressed and nondepressed college students. *Journal of Personality and Social Psychology*, 46, 125 - 136.

Martin, J. (1992). *Cultures in organizations: Three perspectives*. New York: Oxford University Press.

Martin, J., & Siehl, C. (1983). Organizational culture and counterculture: An uneasy symbiosis. *Organizational Dynamics*, *Autumn*, 52 - 64.

Martin, J. J., & Gill, D. L. (1991). The relationships among competitive orientation, sport-confidence, self-efficacy, anxiety, and performance. *Journal of Sport and Exercise Psychology*, 13, 149 - 159.

Martin, N. J., Holroyd, K. A., & Rokicki, L. A. (1993). The headache self-efficacy scale: Adaptation to recurrent headaches. *Headache Journal*, 33, 244 - 248.

Martinez-Pons, M. (1996). Test of a model of parental inducement of academic self-regulation. *Journal of Experimental Education*, 64, 213 - 227.

Maslach, C. (1979). Negative emotional biasing of unexplained arousal. *Journal of Personality and Social Psychology*, 37, 953 - 969.

Maslach, C. (1982). *Burnout: The cost of caring*. Englewood Cliffs, N.J.: Prentice-Hall.

Maslach, C., & Jackson, S. E. (1982). Burnout in health professions: A social psychological analysis. In G. S. Sanders & J. Suls (Eds.). *Social psychology of health and illness* (pp.227 - 251). Hillsdale, N.J.: Erlbaum.

Masten, A. S., Best, K. M., & Garmezy, N. (1990). Resilience and development: Contributions from the study of children who overcome adversity. *Development and Psychopathology*, 2, 425 - 444.

Mathews, A., & Milroy, R. (1994). Effects of priming and suppression of worry. *Behaviour Research and Therapy*, 32, 843 - 850.

Mathews, A., Teasdale, J., Munby, M., Johnson, D., & Shaw, P. (1977). A home-based treatment program for agoraphobia. *Behavior Therapy*, 8, 915 - 924.

Mathews, A. M., Gelder, M., & Johnston, D. (1981). *Agoraphobia: Nature and treatment*. New York: Guilford.

Matsui, T., Ikeda, H., & Ohnishi, R. (1989). Relations of sex-typed socializations to career self-efficacy expectations of college students. *Journal of Vocational Behavior*, 35, 1 - 16.

Matsui, T., Konishi, H., Onglatco, M. L. U., Matsuda, Y., & Ohnishi, R. (1988). Self-efficacy and perceived exerted effort as potential cues for success-failure attributions. *Surugadai University Studies*, 1, 89 - 98.

Matsui, T., & Onglatco, M. L. (1991). Instrumentality, expressiveness, and self-efficacy in career activities among Japanese working women. *Journal of Vocational Behavior*, 39, 241 - 250.

Matsui, T., & Onglatco, M. L. (1992). Career self-efficacy as a moderator of the relation between occupational stress and strain. *Journal of Vocational Behavior*, 41, 79 - 88.

Matsui, T., & Tsukamoto, S. (1991). Relation between career self-efficacy measures based on occupational titles and Holland codes and model environments: A methodological contribution. *Journal of Vocational Behavior*, 38, 78 - 91.

McAlister, A., Perry, C., Killen, J., Slinkard, L. A., & Maccoby, N. (1980). Pilot study of smoking, alcohol and drug abuse prevention. *American Journal of Public Health*, 70, 719 - 721.

McAlister, A., Puska, P., Orlandi, M., Bye, L. L., & Zbylot, P. (1991). Behaviour modification: Principles and illustrations. In W. W. Holland, R. Detels, & E. G. Knox (Eds.), *Oxford textbook of public health* (2nd Ed.). *Vol.3*, *Applications in Public Health* (pp.3 - 16). Oxford: Oxford University Press.

McArthur, L. Z., & Eisen, S. V. (1976). Achievements of male and female storybook characters as determinants of achievement behavior by boys and girls. *Journal of Personality and Social Psychology*, 33, 467 - 473.

McAteer-Early, T. (1992, August). *The impact of career self-efficacy on the relationship between career development and health-related complaints*. Paper presented at the Academy of Management Meeting, Las Vegas, Nev.

McAuley, E. (1985). Modeling and self-efficacy: A test of Bandura's model. *Journal of Sport Psychology*, 7, 283 - 295.

McAuley, E. (1990, June). *Attributions, affect, and self-efficacy: Predicting exercise behavior in aging individuals*. Paper presented at the American Psychological Society Meeting, Dallas.

McAuley, E. (1991). Efficacy, attributional, and affective responses to exercise participation. *Journal of Sport and Exercise Psychology*, 13, 382 - 393.

McAuley, E. (1992). Understanding exercise behavior: A self-efficacy perspective. In G. C. Roberts (Ed.), *Motivation in sport and exercise*. (pp.107 - 127). Champaign, Ill.: Human Kinetics.

McAuley, E. (1993). Self-efficacy, physical activity, and aging. In J. R. Kelly (Ed.), *Activity and aging: Staying involved in later life* (pp. 187 -

206). Newbury Park, Calif.: Sage.

McAuley, E., & Courneya, K. S. (1992). Self-efficacy relationships with affective and exertion responses to exercise. *Journal of Applied Social Psychology*, 22, 312 - 326.

McAuley, E., Courneya, K. S., & Lettunich, J. (1991). Effects of acute and long-term exercise on self-efficacy responses in sedentary, middle-aged males and females. *The Gerontologist*, 31, 534 - 542.

McAuley, E., Courneya, K. S., Rudolph, D. L., & Lox, C. L. (1994). Enhancing exercise adherence in middle-aged males and females. *Preventive Medicine*, 23, 498 - 506.

McAuley, E., Duncan, T. E., & McElroy, M. (1989). Self-efficacy cognitions and causal attributions for children's motor performance: An exploratory investigation. *The Journal of Genetic Psychology*, 150, 65 - 73.

McAuley, E., & Gill, D. (1983). Reliability and validity of the physical self-efficacy scale in a competitive sport setting. *Journal of Sport Psychology*, 5, 410 - 418.

McAuley, E., & Jacobson, L. (1991). Self-efficacy and exercise participation in sedentary adult females. *American Journal of Health Promotion*, 5, 185 - 207.

McAuley, E., Lox, C., & Duncan, T. E. (1993). Long-term maintenance of exercise, self-efficacy, and physiological change in older adults. *Journal of Gerontology: Psychological Sciences*, 48, 218 - 224.

McAuley, E., & Rowney, T. (1990). Exercise behavior and intentions: The mediating role of self-efficacy cognitions. In L. V. Velden and J. H. Humphrey (Eds.), *Psychology and sociology of sport* (Vol.2, pp.3 - 15). New York: AMS Press.

McAuley, E., Shaffer, S. M., & Rudolph, D. (1995). Affective responses to acute exercise in elderly impaired males: The moderating effects of self-efficacy and age. *International Journal of Aging and Human Development*, 41, 13 - 35.

McAuley, E., Wraith, S., & Duncan, T. E. (1991). Self-efficacy, perceptions of success, and intrinsic motivation for exercise. *Journal of Applied Social Psychology*, 21, 139 - 155.

McAuliffe, W. E., Albert, J., Cordill-London, G., & McGarraghy, T. K., (1991). Contributors to a social conditioning model of cocaine recovery. *International Journal of the Addictions*, 25, 1141 - 1177.

McCann, B. S., Bovbjerg, V. E., Brief, D. J., Turner, C., Follette, W. C., Fitzpatrick, V., Dowdy, A., Retzlaff, B., Walden, C. E., & Knopp, R. H. (1995). Relationship of self-efficacy to cholesterol lowering and dietary change in hyperlipidemia. *Annals of Behavioral Medicine*, 17, 221 - 226.

McCarthy, P., Meier, S., & Rinderer, R. (1985). Self-efficacy and writing: A different view of self-evaluation. *College Composition and Communication*, 36, 465 - 471.

McCaul, K. D., Glasgow, R. E., & Schafer, L. C. (1987). Diabetes regimen behaviors: Predicting adherence. *Medical Care*, 25, 868 - 881.

McCaul, K. D., O'Neill, K., & Glasgow, R. E. (1988). Predicting the performance of dental hygiene behaviors: An examination of the Fishbein and Ajzen model and self-efficacy expectations. *Journal of Applied Social Psychology*, 18, 114 - 128.

McCaul, K. D., Sandgren, A. K., O'Neill, H. K., & Hinsz, V. B. (1993). The value of the theory of planned behavior, perceived control, and self-efficacy expectations for predicting health-protective behaviors. *Basic and Applied Social Psychology*, 14, 231 - 252.

McCullagh, P. (1993). Modeling: Learning, developmental, and social psychological considerations. In R. N. Singer, M. Murphey, & L. K. Tennant, (Eds.), *Handbook of research on sport psychology* (pp.106 - 126). New York: MacMillan.

McCullagh, P., Noble, J. M., & Deakin, J. (1996). *An examination of a commercial video as an observational learning tool*. Submitted for publication.

McDonald, T., & Siegall, M. (1992). The effects of technological self-efficacy and job focus on job performance, attitudes, and withdrawal behaviors. *The Journal of Psychology*, 126, 465 - 475.

McDougall, G. J. (1994). Predictors of metamemory in older adults. *Nursing Research*, 43, 212 - 218.

McEnrue, M. P. (1984). Perceived competence as a moderator of the relationship between role clarity and iob performance: A test of two hypotheses. *Organizational Behavior and Human Performance*, 34, 379 - 386.

McFarlane, A. H., Bellissimo, A., & Norman, G. R. (1995). The role of family and peers in social self-efficacy: Links to depression in adolescence. *American Journal of Orthopsychiatry*, 65, 402 - 410.

McGhee, P. E., & Frueh, T. (1980). Television viewing and the learning of sex-role stereotypes. *Sex Roles*, 6, 179 - 188.

McGinnis, J. M., & Foege, W. H. (1993). Actual causes of death in the United States. *Journal of the American Medical Association*, 270, 2207 - 2212.

McGue, M., & Slutske, M. (1996). The inheritance of alcoholism in women. In J. M. Howard, S. E. Martin, P. D. Mail, M. E. Hilton, & E. D. Taylor (Eds.). *Women and alcohol*: *Issues for prevention research* (pp.65 - 91). National Institute on Alcohol Abuse and Alcoholism Research Monograph # 32, NIH Publication # 96 - 3817, Washington, D.C.: NIAAA.

McGuire, W. J. (1984). Public communication as a strategy for inducing healthpromoting behavioral change. *Preventive Medicine*, 13, 299 - 319.

McIntyre, K. O., Lichtenstein, E., & Mermelstein, R. J. (1983). Self-efficacy and relapse in smoking cessation: A replication and extension. *Journal of Consulting and Clinical Psychology*, 51, 632 - 633.

McKinlay, J. B., & McKinlay, S. M. (1986). Medical measures and the decline of mortality. In P. Conrad & R. Kern (Eds.), *The sociology of health and illness: Critical perspectives* (2nd Ed., pp.10 - 23). New York: St. Martin's.

McKusick, L., Coates, T. J., Morin, S. F., Pollack, L., & Hoff, C. (1990). Longitudinal predictors of reductions in unprotected anal intercourse among gay men in San Francisco: The AIDS behavioral research project. *American Journal of Public Health*, 80, 978 - 983.

McLeod, J. M., Glynn, C. J., & McDonald, D. G. (1983). Issues and images: The influence of media reliance in voting decisions. *Communication Research*, 10, 37 - 58.

McLoyd, V. C. (1979). The effects of extrinsic rewards of differential value on high and low intrinsic interest. *Child Development*, 50, 1010 - 1019.

McMullin, D. J., & Steffen, J. J. (1982). Intrinsic motivation and performance standards. *Social Behavior and Personality*, 10, 47 - 56.

McNab, T. (1980). *The complete book of track & field*. New York: Exeter Books.

McPhail, C. (1971). Civil disorder participation: A critical examination of recent research. *American Sociological Review*, 36, 1058 - 1072.

McPhail, T. L. (1981). *Electronic colonialism: The future of international broadcasting and communication*. Beverly Hills, Calif.: Sage.

McPherson, B. D. (1980). Retirement from professional sport: The process and problems of occupational and psychological adjustment. *Sociological Symposium*, 30, 126 - 143.

McPherson, J. M., Welch, S., & Clark, C. (1977). The stability and reliability of political efficacy: Using path analysis to test alternative models. *The American Political Science Review*, 71, 509 - 521.

Medvec, V. H., Madey, S. F., & Gilovich, T. (1995). When less is more: Counterfactual thinking and satisfaction among Olympic medalists. *Journal of Personality and Social Psychology*, 69, 603 - 610.

Meece, J. L., Wigfield, A., & Eccles, J. S. (1990). Predictors of math anxiety and its influence on young adolescents' course enrollment intentions and performance in mathematics. *Journal of Educational Psychology*, 82, 60 - 70.

Mefford, I. N., Ward, M. M., Miles, L., Taylor, B., Chesney, M. A., Keegan, D. L., & Barchas, J. D. (1981). Determination of plasma catecholamines and free 3, 4-dihydroxyphenylacetic acid in continuously collected human plasma by high performance liquid chromatography with electrochemical detection. *Life Sciences*, 28, 447 - 483.

Meharg, S. S., & Woltersdorf, M. A. (1990). Therapeutic use of videotape self-modeling: A review. *Advances in Behaviour Research and Therapy*, 12, 85 - 99.

Meichenbaum, D. (1984). Teaching thinking: A cognitive-behavioral perspective. In R. Glaser, S. Chipman, & J. Segal (Eds.), *Thinking and learning skills. Vol. 2, Research and open questions* (pp. 407 - 426). Hillsdale, N. J.: Erlbaum.

Meichenbaum, D. (1985). *Stress inoculation training*. Oxford: Pergamon.

Meichenbaum, D. H. (1971). Examination of model characteristics in reducing avoidance behavior. *Journal of Personality and Social Psychology*, 17, 298 - 307.

Meichenbaum, D. H. (1977). *Cognitivebehavior modification: An integrative approach*. New York: Plenum.

Meichenbaum, D., & Asarnow, J. (1979). Cognitive-behavioral modification and metacognitive development: Implications for the classroom. In P. C. Kendall & S. D. Hollon (Eds.), *Cognitive-behavioral interventions: Theory, research, and procedures* (pp.11 - 35). New York: Academic.

Meichenbaum, D., & Cameron, R. (1983). Stress inoculation training: Toward a general paradigm for training coping skills. In D. Meichenbaum & M. E. Jaremko (Eds.), *Stress reduction and prevention* (pp.115 - 154). New York: Plenum.

Meichenbaum, D., & Gilmore, J. B. (1982). Resistance from a cognitive-behavioral perspective. In P. L. Wachtel (Ed.), *Resistance: Psychodynamic and behavioral approaches* (pp. 133 - 156). New York: Plenum.

Meichenbaum, D., & Jaremko, M. E. (Eds.). (1983). *Stress reduction and prevention*. New York: Plenum.

Meichenbaum, D. H., & Turk, D. (1976). The cognitive-behavioral management of anxiety, anger and pain. In P. Davidson (Ed.) *Behavioral management of anxiety, depression and pain* (pp. 1 - 34). New York: Brunner/Mazel.

Meichenbaum, D., & Turk, D. C. (1987). *Facilitating treatment adherence: A practitioner's guidebook*. New York: Plenum.

Melby, L. C. (1995). *Teacher efficacy and classroom management: A study of teacher cognition, emotion, and strategy usage associated with externalizing student behavior*. Ph.D. diss., University of California, Los Angeles.

Meltzoff, A. N. (1988a). Imitation of televised models by infants. *Child Development*, 59, 1221 - 1229.

Meltzoff, A. N. (1988b). Infant imitation after a 1-week delay: Long-term memory for novel acts and multiple stimuli. *Developmental Psychology*, 24, 470 - 476.

Meltzoff, A. N., & Moore, M. K. (1983). The

origins of imitation in infancy: Paradigm, phenomena, and theories. In L. P. Lipsitt & C. K. Rovee-Collier (Eds.), *Advances in infancy research* (Vol.2., pp.266 – 301). Norwood, N. J.: Ablex Publishing.

Mento, A. J., Steel, R. P., & Karren, R. J. (1987). A meta-analytic study of the effects of goal setting on task performance: 1966 – 1984. *Organizational Behavior and Human Decision Processes*, 39, 52 – 83.

Meyer, A. J., Maccoby, N., & Farquhar, J. W. (1977). The role of opinion leadership in a cardiovascular health education campaign. In B. D. Ruben (Ed.), *Communication yearbook I* (pp. 579 – 591). New Brunswick, N. J.: Transaction Books.

Meyer, A. J., Nash, J. D., McAlister, A. L., Maccoby, N., & Farquhar, J. W. (1980). Skills training in a cardiovascular health education campaign. *Journal of Consulting and Clinical Psychology*, 48, 129 – 142.

Meyer, H. H., & Raich, M. S. (1983). An objective evaluation of a behavior modeling training program. *Personnel Psychology*, 36, 755 – 761.

Meyer, V. (1966). Modification of expectations in cases with obsessional rituals. *Behaviour Research and Therapy*, 4, 273 – 280.

Meyer, W. (1982). Indirect communications about perceived ability estimates. *Journal of Educational Psychology*, 74, 259 – 268.

Meyer, W. (1992). Paradoxical effects of praise and blame on perceived ability. In W. Stroebe & M. Hewstone (Eds.), *European review of social psychology*. (Vol.3, pp.259 – 283). Chichester, England: Wiley.

Meyer, W. U. (1987). Perceived ability and achievement-related behavior. In F. Halisch & J. Kuhl (Eds.), *Motivation, intention and volition* (pp. 73 – 86). Berlin, Germany: Springer-Verlag.

Meyerowitz, B. E., & Chaiken, S. (1987). The effect of message framing on breast self-examination attitudes, intentions, and behavior. *Journal of Personality and Social Psychology*, 52, 500 – 510.

Michaels, G. Y., & Goldberg, W. A. (Eds.). (1988). *The transition to parenthood: Current theory and research*. New York: Cambridge University Press.

Midgley, C., Feldlaufer, H., & Eccles, J. S. (1989). Change in teacher efficacy and student self-and task-related beliefs in mathematics during the transition to junior high school. *Journal of Educational Psychology*, 81, 247 – 258.

Midgley, D. F. (1976). A simple mathematical theory of innovative behavior. *Journal of Consumer Research*, 3, 31 – 41.

Millar, W. S. (1972). A study of operant conditioning under delayed reinforcement in early infancy. Monographs of the Society for Research in *Child Development*, 37 (2, Serial No. 147).

Millar, W. S. (1974). The role of visual-holding cues and the simultanizing strategy in infant operant learning. *British Journal of Psychology*, 65, 505 – 518.

Millar, W. S., & Schaffer, H. R. (1972). The influence of spatially displaced feedback on infant operant conditioning. *Journal of Experimental Child Psychology*, 14, 442 – 453.

Miller, A. H. (1974). Political issues and trust in government: 1964 – 1970. *American Political Science Review*, 68, 951 – 972.

Miller, G. A., Galanter, E., & Pribram, K. H. (1960). *Plans and the structure of behavior*. New York: Holt.

Miller, P. J., Ross, S. M., Emmerson, R. Y., & Todt, E. H. (1989). Self-efficacy in alcoholics: Clinical validation of the situational confidence questionnaire. *Addictive Behaviors*, 14, 217 – 224.

Miller, S. M. (1979). Controllability and human

stress: Method, evidence and theory. *Behaviour Research and Therapy*, 17, 287-304.

Miller, S. M. (1980). Why having control reduces stress: If I can stop the rollercoaster I don't want to get off. In J. Garber & M. E. P. Seligman (Eds.), *Human helplessness: Theory and applications* (pp. 71-95). New York: Academic.

Miller, S. M. (1981). Predictability and human stress: Towards a clarification of evidence and theory. In. L. Berkowitz (Ed.), *Advances in experimental social psychology* (Vol.14, pp.204-256). New York: Academic.

Miller, S. M., Lack, E. R., & Asroff, S. (1985). Preference for control and the coronary-prone behavior pattern: "I'd rather do it myself." *Journal of Personality and Social Psychology*, 49, 492-499.

Miller, S., & Weinberg, R. (1991). Perceptions of psychological momentum and their relationship to performance. *The Sport Psychologist*, 5, 211-222.

Miller, W. R., Brown, J. M., Simpson, T. L., Handmaker, N. S., Bien, T. H., Luckie, L. F., Montgomery, H. A., Hester, R. K., & Tonigan, J. S. (1995). What works? A methodological analysis of the alcohol treatment outcome literature. In R. K. Hester, & W. R. Miller (Eds.), *Handbook of alcoholism treatment approaches: Effective alternatives* (2nd Ed., pp.12-44). Boston: Allyn & Bacon.

Miller, W. R., Leckman, A. L., Delaney, H. D., & Tinkcom, M. (1992). Long-term follow-up of behavioral self-control training. *Journal of Studies on Alcohol*, 53, 249-261.

Miller, W. R., & Muñoz, R. F. (1982). *How to control your drinking* (2nd Ed.). Albuquerque: University of New Mexico.

Miller, W. R., & Rollnick, S. (1991). *Motivational interviewing: Preparing people to change addictive behavior*. New York: Guilford.

Millstein, S. G., Petersen, A. C., & Nightingale, E. O. (Eds.). (1993). *Promoting the health of adolescents: New directions for the twenty-first century*. New York: Oxford University Press.

Mineka, S., Gunnar, M., & Champoux, M. (1986). Control and early socioemotional development: Infant rhesus monkeys reared in controllable versus uncontrollable environments. *Child Development*, 57, 1241-1256.

Mintzberg, H. (1973). *The nature of managerial work*. Englewood Cliffs, N.J.: Prentice-Hall.

Mischel, W. (1968). *Personality and assessment*. New York: Wiley.

Mitchell, C., & Stuart, R. B. (1984). Effect of self-efficacy on dropout from obesity treatment. *Journal of Consulting and Clinical Psychology*, 52, 1100-1101.

Mitchell, L. K., & Krumboltz, J. D. (1984). Research on human decision making: Implications for career decision making and counseling. In S. D. Brown & R. W. Lent (Eds.), *Handbook of counseling psychology* (pp.238-280). New York: Wiley.

Mitchell, T. R. (1974). Expectancy models of job satisfaction, methodological, and empirical appraisal. *Psychological Bulletin*, 81, 1053-1077.

Mittag, W., & Schwarzer, R. (1993). Interaction of employment status and self-efficacy on alcohol consumption: A two-wave study on stressful life transitions. *Psychology and Health*, 8, 77-87.

Miura, I. T. (1987a). A multivariate study of school-aged children's computer interest and use. In M. E. Ford & D. H. Ford (Eds.), *Humans as self-constructing living systems: Putting the framework to work* (pp.177-197). Hillsdale, N.J.: Erlbaum.

Miura, I. T. (1987b). The relationship of computer self-efficacy expectations to computer interest and course enrollment in college. *Sex Roles*, 16, 303-311.

Mizes, J. S. (1985). Bulimia: A review of its

symptomatology and treatment. *Advances in Behaviour Research and Therapy*, 7, 91 - 142.

Mone, M. A. (1994). Comparative validity of two measures of self-efficacy in predicting academic goals and performance. *Educational and Psychological Measurement*, 54, 516 - 529.

Mone, M. A., Baker, D. D., & Jeffries, F. (1995). Predictive validity and time dependency of self-efficacy, self-esteem, personal goals, and academic performance. *Educational and Psychological Measurement*, 55, 716 - 727.

Monti, P. M., Rohsenow, D. J., Rubonis, A. V., Niaura, R. S., Sirota, A. D., Colby, S. M., Goddard, P., & Abrams, D. B. (1993). Cue exposure with coping skills treatment for male alcoholics: A preliminary investigation. *Journal of Consulting and Clinical Psychology*, 61, 1011 - 1019.

Morelli, E. A., & Martin, J. (1982). *Self-efficacy and athletic performance of 800 meter runners*. Manuscript, Simon Fraser University, Vancouver, B.C.

Morgan, M. (1981). The overjustification effect: A developmental test of self-perception interpretations. *Journal of Personality and Social Psychology*, 40, 809 - 821.

Morgan, M. (1984). Reward-induced decrements and increments in intrinsic motivation. *Review of Educational Research*, 54, 5 - 30.

Morgan, M. (1985). Self-monitoring of attained subgoals in private study. *Journal of Educational Psychology*, 77, 623 - 630.

Morgan, W., & Pollock, M. (1977). Psychologic characterization of the elite distance runner. *Annals of the New York Academy of Sciences*, 301, 382 - 403.

Morris, J. N., Everitt, M. G., Pollard, R., Chave, S. P. W., & Semmence, A. M. (1980). Vigorous exercise in leisure-time: Protection against coronary heart disease. *Lancet*, 2, 1207 - 1210.

Morris, W. N., & Nemcek, D. Jr. (1982). The development of social comparison motivation among preschoolers: Evidence of a stepwise progression. *Merrill-Palmer Quarterly of Behavior and Development*, 28, 413 - 425.

Mortimore, P. (1995). The positive effects of schooling. In M. Rutter (Ed.), *Psychosocial disturbances in young people* (pp. 333 - 363). New York: Cambridge University.

Moss, M. K., & Arend, R. A. (1977). Self-directed contact desensitization. *Journal of Consulting and Clinical Psychology*, 45, 730 - 738.

Mossholder, K. W. (1980). Effects of externally mediated goal setting on intrinsic motivation: A laboratory experiment. *Journal of Applied Psychology*, 65, 202 - 210.

Mowrer, O. H. (1950). *Learning theory and personality dynamics*. New York: Ronald Press.

Mowrer, O. H. (1960). *Learning theory and behavior*. New York: Wiley.

Mueller, P., & Major, B. (1989). Self-blame, self-efficacy, and adjustment to abortion. *Journal of Personality and Social Psychology*, 57, 1059 - 1068.

Mullen, B., & Copper, C. (1994). The relation between group cohesiveness and performance: An integration. *Psychological Bulletin*, 115, 210 - 227.

Muller, E. N. (1972). A test of a partial theory of potential for political violence. *The American Political Science Review*, 66, 928 - 959.

Muller, E. N. (1979). *Aggressive political participation*. Princeton, N.J.: Princeton University Press.

Multon, K. D., Brown, S. D., & Lent, R. W. (1991). Relation of self-efficacy beliefs to academic outcomes: A meta-analytic investigation. *Journal of Counseling Psychology*, 38, 30 - 38.

Muñoz, R. F., & Ying, Y. (1993). *The prevention of depression: Research and practice*. Baltimore: The Johns Hopkins University Press.

Munro, D. J. (1975). The Chinese view of modeling. *Human Development*, 18, 333 - 352.

Murphy, C. A., Coover, D., & Owen, S. V. (1989). Development and validation of the computer self-efficacy scale. *Educational and Psychological Measurement*, 49, 893 - 899.

Murphy, S. A. (1987). Self-efficacy and social support mediators of stress on mental health following a natural disaster. *Western Journal of Nursing Research*, 9, 58 - 86.

Murphy, S. M., & Jowdy, D. P. (1992). Imagery and mental practice. In T. S. Horn (Ed.), *Advances in sport psychology* (pp. 221 - 250). Champaign, Ill.: Human Kinetics Publ.

Murray, D. M., Pirie, P., Luepker, R. V., & Pallonen, U. (1989). Five-and six-year follow-up results from four seventh-grade smoking prevention strategies. *Journal of Behavioral Medicine*, 12, 207 - 218.

Myers, D. G. (1990). *Social psychology* (3rd Ed.). New York: McGraw-Hill.

Nahinsky, I. D. (1991). Bouncing back in the World Series. *Bulletin of the Psychonomic Society*, 29, 131 - 132.

Neimeyer, R. A., & Feixas, G. (1990). The role of homework and skill acquisition in the outcome of group cognitive therapy for depression. *Behavior Therapy*, 21, 281 - 292.

Nelson, R. E., & Craighead, W. E. (1977). Selective recall of positive and negative feedback, self-control behaviors, and depression. *Journal of Abnormal Psychology*, 86, 379 - 388.

Nevill, D. D., & Schlecker, D. I. (1988). The relation of self-efficacy and assertiveness to willingness to engage in traditional/nontraditional career activities. *Psychology of Women Quarterly*, 12, 91 - 98.

Newell, K. M. (1976). Motor learning without knowledge of results through the development of a response recognition mechanism. *Journal of Motor Behavior*, 8, 209 - 217.

Newhagen, J. E. (1994a). Self-efficacy and call-in political television show use. *Communication Research*, 21, 366 - 379.

Newhagen, J. E. (1994b). Media use and political efficacy: The suburbanization of race and class. *Journal of the American Society for Information Science*, 45, 386 - 394.

Newman, C., & Goldfried, M. R. (1987). Disabusing negative self-efficacy expectations via experience, feedback, and discrediting. *Cognitive Therapy and Research*, 11, 401 - 417.

Newman, R. S. (1991). Goals and self-regulated learning: What motivates children to seek academic help? In M. L. Maehr & P. R. Pintrich (Eds.), *Advances in motivation and achievement: A research annual* (Vol.7, pp.151 - 183). Greenwich, Conn.: JAI.

Nicholls, J. G. (1984). Achievement motivation: Conceptions of ability, subjective experience, task choice, and performance. *Psychological Review*, 91, 328 - 346.

Nicholls, J. G. (1990). What is ability and why are we mindful of it? A developmental perspective. In R. J. Sternberg & J. Kolligian, Jr. (Eds.), *Competence considered* (pp.11 - 40). New Haven, Conn.: Yale University Press.

Nicholls, J. G., & Miller, A. T. (1984). Development and its discontents: The differentiation of the concept of ability. In J. G. Nicholls (Ed.), *Advances in motivation and achievement*. Vol. 3, *The development of achievement motivation* (pp. 185 - 218). Greenwich, Conn.: JAI.

Nicki, R. M., Remington, R. E., & MacDonald, G. A. (1984). Self-efficacy, nicotine-fading/self-monitoring and ciga- rette-smoking behaviour. *Behavior Research Therapy*, 22, 477 - 485.

Nimmo, D. (1976). Political image makers and the mass media. *The Annals of the American Academy of Political and Social Science*, 427, 33 - 44.

Nisbett, R., & Ross, L. (1980). *Human inference: Strategies and shortcomings of social judgment*. Englewood Cliffs, N.J.: Prentice-Hall.

Nisbett, R. E. (Ed.). (1993). *Rules for reasoning*.

Hillsdale, N.J.: Erlbaum.

Nisbett, R. E., & Wilson, T. D. (1977). Telling more than we can know: Verbal reports on mental processes. *Psychological Review*, 84, 231 - 259.

Nolen-Hoeksema, S. (1990). *Sex differences in depression*. Stanford, Calif.: Stanford University Press.

Nolen-Hoeksema, S. (1991). Responses to depression and their effects on the duration of depressive episodes. *Journal of Abnormal Psychology*, 100, 569 - 582.

Nolen-Hoeksema, S., Girgus, J. S., & Seligman, M. E. P. (1986). Learned helplessness in children: A longitudinal study of depression, achievement, and explanatory style. *Journal of Personality and Social Psychology*, 51, 435 - 442.

Nordon, E. (1972). Saul Alinsky: A candid conversation with the feisty radical organizer. *Playboy*, March, 59.

Norem, J. K., & Cantor, N. (1990). Cognitive strategies, coping, and perceptions of competence. In R. J. Sternberg & J. Kolligian, Jr. (Eds.), *Competence considered* (pp. 190 - 204). New Haven, Conn.: Yale University Press.

Nottelmann, E. D. (1987). Competence and self-esteem during transition from childhood to adolescence. *Developmental Psychology*, 23, 441 - 450.

Notterman, J. M., Schoenfeld, W. N., & Bersh, P. J. (1952). A comparison of three extinction procedures following heart rate conditioning. *Journal of Abnormal and Social Psychology*, 47, 674 - 677.

Novaco, R. W. (1979). The cognitive regulation of anger and stress. In P. Kendall & S. Hollon (Eds.), *Cognitive-behavioral interventions: Theory, research and procedures* (pp.241 - 285). New York: Academic.

Oatley, K., & Bolton, W. (1985). A socialcognitive theory of depression in reaction to life events. *Psychological Review*, 92, 372 - 388.

O'Brien, G. T., & Borkovec, T. D. (1977). The role of relaxation in systematic desensitization: Revisiting an unresolved issue. *Journal of Behavior Therapy and Experimental Psychiatry*, 8, 359 - 364.

O'Brien, T. P., & Kelley, J. E. (1980). A comparison of self-directed and therapist-directed practice for fear reduction. *Behaviour Research and Therapy*, 18, 573 - 579.

O'Bryant, S. L., & Corder-Bolz, C. R. (1978). The effects of television on children's stereotyping of women's work roles. *Journal of Vocational Behavior*, 12, 233 - 244.

Oettingen, G. (1995). Cross-cultural perspectives on self-efficacy. In A. Bandura (Ed.), *Self-efficacy in changing societies* (pp. 149 - 176). New York: Cambridge University Press.

Ogbu, J. U. (1990). Cultural model, identity, and literacy. In J. W. Stigler, R. A. Shweder, & G. H. Herdt (Eds.), *Cultural psychology: Essays on comparative human development* (pp.520 - 541). New York: Cambridge University Press.

Oka, R. K., Gortner, S. R., Stotts, N. A., & Haskell, W. L. (1996). Predictors of physical activity in patients with chronic heart failure secondary to either ischemic or idiopathic dilated cardiomyopathy. *American Journal of Cardiology*, 77, 159 - 163.

O'Leary, A. (1990). Stress, emotion, and human immune function. *Psychological Bulletin*, 108, 363 - 382.

O'Leary, A., Goodhart, F., Jemmott, L. S., & Boccher-Lattimore, D. (1992). Predictors of safer sexual behavior on the college campus: A social cognitive theory analysis. *Journal of American College Health*, 40, 254 - 263.

O'Leary, A., Shoort, S., Lorig, K., & Holman, H. R. (1988). A cognitive-behavioral treatment for rheumatoid arthritis. *Health Psychology*, 7, 527 - 544.

O'Leary, K. D., & Wilson, G. T. (1987). *Behavior therapy: Application and outcome* (2nd Ed.). Englewood Cliffs, N.J.: Prentice-Hall.

Olioff, M., & Aboud, F. E. (1991). Predicting postpartum dysphoria in primiparous mothers: Roles of perceived parenting self-efficacy and self-esteem. *Journal of Cognitive Psychotherapy*, 5, 3 - 14.

Olioff, M., Bryson, S. E., & Wadden, N. P. (1989). Predictive relation of automatic thoughts and student efficacy to depressive symptoms in undergraduates. *Canadian Journal of Behavioural Science*, 21, 353 - 363.

Olivier, T. E. (1985). The relationship of selected teacher variables with self-efficacy for utilizing the computer for programming and instruction. Ph.D. diss., University of Houston. *Dissertation Abstracts International*, 46, 1501 - A.

Onglatco, M., Yuen, E. C., Leong, C. C., & Lee, G. (1993). Managerial self-efficacy and managerial success in Singapore. *International Journal of Management*, 10, 14 - 21.

Orenstein, H., & Carr, J. (1975). Implosion therapy by tape-recording. *Behaviour Research and Therapy*, 13, 177 - 182.

Osberg, T. M., & Shrauger, J. S. (1990). The role of self-prediction in psychological assessment. In J. N. Butcher & C. D. Spielberger (Eds.), *Advances in personality assessment* (Vol. 8, pp.97 - 120). Hillsdale, N.J.: Erlbaum.

Oshima, H. T. (1967). The strategy of selective growth and the role of communications. In D. Lerner & W. Schramm (Eds.), *Communication and change in the developing countries* (pp.76 - 91). Honolulu: East-West Center.

Osipow, S. H., & Davis, A. S. (1988). The relationship of coping resources to occupational stress and strain. *Journal of Vocational Behavior*, 32, 1 - 15.

Ossip-Klein, D. J., Emont, S. L., Giovino, G. A., Shulman, E., LaVigne, M. B., Black, P. M., Stiggins, J., Shapiro, R., & Krusch, D. A. (in press). Predictors of smoking abstinence following a relapse crisis.

Ossip-Klein, D. J., Giovino, G. A., Megahed, N., Black, P. M., Emont, S. L., Stiggins, J., Shulman, E., & Moore, L. (1991). Effects of a smokers' hotline: Results of a 10-county self-help trial. *Journal of Consulting and Clinical Psychology*, 59, 325 - 332.

Osterman, P. (1980). *Getting started: The youth labor market*. Cambridge, Mass.: MIT Press.

Ostlund, L. E. (1974). Perceived innovation attributes as predictors of innovativeness. *Journal of Consumer Research*, 1, 23 - 29.

O'Sullivan, F., & Harvey, C. B. (1993). *The effect of feedback given to groups of normal fifth-grade students*. Manuscript, University of Victoria.

Ozer, E. M. (1995). The impact of childcare responsibility and self-efficacy on the psychological health of working mothers. *Psychology of Women Quarterly*, 19, 315 - 336.

Ozer, E. M., & Bandura, A. (1990). Mechanisms governing empowerment effects: A self-efficacy analysis. *Journal of Personality and Social Psychology*, 58, 472 - 486.

Ozer, M. N. (1988). *The management of persons with spinal cord injury*. New York: Demos.

Padgett, D. K. (1991). Correlates of self-efficacy beliefs among patients with non-insulin dependent diabetes mellitus in Zagreb, Yugoslavia. *Patient Education and Counseling*, 18, 139 - 147.

Paffenbarger, R. S., Hyde, R. T., Wing, A. L., Lee, I., Jung, D. L., & Kampert, J. B. (1993). The association of changes in physical-activity level and other lifestyle characteristics with mortality among men. *The New England Journal of Medicine*, 328, 538 - 545.

Paige, J. M. (1971). Political orientation and riot participation. *American Sociological Review*, 36, 810 - 820.

Pajares, F. (1996). Self-efficacy beliefs and mathematical problem-solving of gifted students. *Contemporary Educational Psychology*, 21, 325 - 344.

Paiares, F., & Johnson, M. J. (1994). Confidence and competence in writing: The role of self-efficacy, outcome expectancy, and apprehension. *Research in the Teaching of English*, 28, 316 - 331.

Pajares, F., & Johnson, M. J. (1996). Self-efficacy beliefs and the writing performance of entering high school students. *Psychology in the Schools*, 33, 163 - 175.

Pajares, F., & Kranzler, J. (1995). Self-efficacy beliefs and general mental ability in mathematical problem-solving. *Contemporary Educational Psychology*, 20, 426 - 443.

Pajares, F., & Miller, M. D. (1994a). Role of self-efficacy and self-concept beliefs in mathematical problem solving: A path analysis. *Journal of Educational Psychology*, 86, 193 - 203.

Pajares, F., & Miller, M. D. (1994b). Mathematics self-efficacy and mathematical problem-solving: Implications for using varying forms of assessment. *Florida Educational Research Council*, 26, 33 - 56.

Pajares, F., Urdan, T. C., & Dixon, D. (1995). *Mathematics self-efficacy and performance attainments of mainstreamed regular, special education, and gifted students*. Submitted for publication.

Pajares, F., & Valiante, G. (in press). The predictive and mediational roles of the writing self-efficacy beliefs of elementary students. *Journal of Educational Research*.

Palincsar, A. S., & Brown, A. L. (1989). Instruction for self-regulated reading. In L. B. Resnick, & L. E. Klopfer (Eds.), *Toward the thinking curriculum: Current cognitive research* (pp.19 - 39). Alexandria, Va.: ASCD.

Papousek, H., & Papousek, M. (1979). Early ontogeny of human social interaction: Its biological roots and social dimensions. In M. von Cranach, K. Foppa, W. LePenies, & D. Ploog (Eds.), *Human ethology: Claims and limits of a new discipline* (pp. 456 - 478). Cambridge, England: Cambridge University Press.

Paris, S. G., Cross, D. R., & Lipson, M. Y. (1984). Informed strategies for learning: A program to improve children's reading awareness and comprehension. *Journal of Educational Psychology*, 76, 1239 - 1252.

Paris, S. G., & Newman, R. S. (1990). Developmental aspects of self-regulated learning. *Educational Psychologist*, 25, 87 - 102.

Parker, L. (1989). *Perceived control at the workplace: Relationship with health and attitudes towards work*. Ph. D. diss., Stanford University, Stanford, Calif.

Parker, L. (1993). When to fix it and when to leave: Relationships among perceived control, self-efficacy, dissent, and exit. *Journal of Applied Psychology*, 78, 949 - 959.

Parks, P. L., & Bradley, R. H. (1991). The interaction of home environment features and their relation to infant competence. *Infant Mental Health Journal*, 12, 3 - 16.

Parsons, J. E., Moses, L., & Yulish-Muszynski, S. (1977). *The development of attributions, expectancies, and persistence*. Symposium presented at the meeting of the American Psychological Association, San Francisco.

Parsons, J. E., & Ruble, D. N. (1977). The development of achievement-related expectancies. *Child Development*, 48, 1075 - 1079.

Pastorelli, C., Barbaranelli, C., Bandura, A., & Caprara, G. V. (1996). *Impact of multifaceted self-efficacy beliefs on childhood depression*. Submitted for publication.

Patkai, P. (1971). Catecholamine excretion in pleasant and unpleasant situations. *Acta Psychologica*, 35, 352 - 363.

Patterson, G. R., DeBaryshe, B. D., & Ramsey, E. (1989). A developmental perspective on antisocial behavior. *American Psychologist*, 44, 329 - 335.

Patterson, G. R., Dishion, T. J., & Bank, L. (1984). Family interaction: A process model of deviancy training. *Aggressive Behavior*, 10, 253 - 267.

Patterson, T. E. (1993). *Out of order: How the decline of the political parties and the growing power of the news media undermine the American way of electing presidents*. New York: Knopf.

Paul, G. L. (1986). Can pregnancy be a placebo effect?: Terminology, designs, and conclusions in the study of psychosocial and pharmacological treatments of behavior disorders. *Journal of Behavior Therapy and Experimental Psychiatry*, 17, 61 - 81.

Payne, C. (1991). The Comer intervention model and school reform in Chicago: Implications of two models of change. *Urban Education*, 26, 8 - 24.

Peake, P. K., & Cervone, D. (1989). Sequence anchoring and self-efficacy: Primacy effects in the consideration of possibilities. *Social Cognition*, 7, 31 - 50.

Pearlin, L. I., & Schooler, C. (1978). The structure of coping. *Journal of Health and Social Behavior*, 19, 2 - 21.

Peele, S. (1992). Alcoholism, politics, and bureaucracy: The consensus against controlled-drinking therapy in America. *Addictive Behaviors*, 17, 49 - 62.

Pennebaker, J. W., Gonder-Frederick, L., Cox, D. J., & Hoover, C. W. (1985). The perception of general vs. specific visceral activity and the regulation of health-related behavior. In E. S. Katkin & S. B. Manuck (Eds.), *Advances in behavioral medicine: A research annual* (Vol.1, pp.165 - 198). Greenwich, Conn.: JAI.

Pennebaker, J. W., & Lightnet, M. (1980). Competition of internal and external information in an exercise setting, *Journal of Personality and Social Psychology*, 39, 165 - 174.

Pentz, M. A. (1985). Social competence and self-efficacy as determinants of substance abuse in adolescence. In T. A. Wills & S. Shiffman (Eds.), *Coping and substance use* (pp. 117 - 142). New York: Academic.

Perri, M. G. (1985). Self-change strategies for the control of smoking, obesity, and problem drinking. In T. A. Wills & S. Shiffman (Eds.), *Coping and substance use* (pp.295 - 317). New York: Academic.

Perri, M. G., McAllister, D. A., Gange, J. J., Jordan, R. C., McAdoo, W. G., & Nezu, A. M. (1988). Effects of four maintenance programs on the long-term management of obesity, *Journal of Consulting and Clinical Psychology*, 56, 529 - 534.

Perri, M. G., Nezu, A. M., & Wiegener, B. J. (1992). *Improving the long-term management of obesity: Theory, research, and clinical guidelines*. New York: Wiley.

Perri, M. G., Richards, C. S., & Schultheis, K. R. (1977). Behavioral self-control and smoking reduction: A study of self-initiated attempts to reduce smoking. *Behavior Therapy*, 8, 360 - 365.

Perry, C. L., Kelder, S. H., Murray, D. M., & Klepp, K. (1992). Communitywide smoking prevention: Long-term outcomes of the Minnesota heart health program and the class of 1989 study. *American Journal of Public Health*, 82, 1210 - 1216.

Perry, D. G., & Bussey, K. (1979). The social learning theory of sex differences: Imitation is alive and well. *Journal of Personality and Social Psychology*, 37, 1699 - 1712.

Perry, D. G., & Bussey, K. (1984). *Social development*. Englewood Cliffs, N.J.: Prentice-Hall.

Perry, D. G., Perry, L. C., & Rasmussen, P. (1986). Cognitive social learning mediators of aggression. *Child Development*, 57, 700 - 711.

Perry, H. M. (1939). The relative efficiency of

actual and "imaginary" practice in five selected tasks. *Archives of Psychology*, 34 (No. 243).

Pervin, L. A., & Lewis, M. (Eds.). (1978). *Perspectives in interactional psychology*. New York: Plenum.

Petersen, A. C. (1987). The nature of biological-psychosocial interactions: The sample case of early adolescence. In R. M. Lerner & T. T. Foch (Eds.), *Biological-psychological interactions in early adolescence* (pp.35 - 61). Hillsdale, N.J.: Erlbaum.

Petersen, A. C. (1988). Adolescent development. In M. R. Rosenzweig & L. W. Porter (Eds.), *Annual review of psychology* (pp. 583 - 607). Palo Alto, Calif.: Annual Reviews.

Peterson, C., & Seligman, M. E. P. (1984). Casual explanations as a risk factor for depression: Theory and evidence. *Psychological Review*, 91, 347 - 374.

Peterson, C., & Stunkard, A. J. (1989). Personal control and health promotion. *Social Science Medicine*, 28, 819 - 828.

Peterson, J. M. (1989). Remediation is no remedy. *Educational Leadership*, March, 24 - 25.

Peterson, S. L. (1993). Career decision-making self-efficacy and institutional integration of underprepared college students. *Research in Higher Education*, 34, 659 - 685.

Pfeffer, J. (1981). *Power in organizations*. Cambridge, Mass.: Ballinger.

Phares, E. J. (1976). *Locus of control in personality*. Morristown, N. J.: General Learning Press.

Phillips, D. A., & Zimmerman, M. (1990). The developmental course of perceived competence and incompetence among competent children. In R. J. Sternberg & J. Kolligian, Jr. (Eds.), *Competence considered* (pp. 41 - 66). New Haven, Conn.: Yale University Press.

Piaget, J. (1952). *The origins of intelligence in children*. New York: International Universities Press. (Originally published in French, 1936).

Piaget, J. (1960). Equilibration and the development of logical structures. In J. M. Tanner & B. Inhelder (Eds.), *Discussions on child development* (Vol.4, pp.98 - 115). New York: International Universities Press.

Piaget, J. (1970). Piaget's theory. In P. H. Mussen (General Ed.), W. Kessen (Vol. Ed.), *Handbook of child psychology* (4th Ed., Vol.1, pp.103 - 128). New York: Wiley.

Pintrich, P. R., & DeGroot, E. V. (1990, April). *Quantitative and qualitative perspectives on student motivational beliefs and self-regulated learning*. Paper presented at the annual American Educational Research Association convention, Boston.

Pintrich, P. R., & Schrauben, B. (1992). Students' motivational beliefs and their cognitive engagement in classroom academic tasks. In D. Schunk & J. Meece (Eds.), *Student perceptions in the classroom: Causes and consequences* (pp.149 - 183). Hillsdale, N.J.: Erlbaum.

Pittman, D. J., & White, H. R. (Eds.). (1991). *Society, culture, and drinking patterns reexamined*. New Brunswick, N. J.: Rutgers Center of Alcohol Studies.

Plimpton, G. (1965). Ernest Hemingway. In G. Plimpton (Ed.), *Writers at work: The Paris Review interviews* (2nd series). New York: Viking.

Plotnikoff, N. P., Faith, R. E., Murgo, A. J., & Good, R. A. (Eds.). (1986). *Enkephalins and endorphins: Stress and the immune system*. New York: Plenum.

Poag-DuCharme, K. A., & Brawley, L. R. (1993). Self-efficacy theory: Use in the prediction of exercise behavior in the community setting. *Journal of Applied Sport Psychology*, 5, 178 - 194.

Poel, D. H. (1976). The diffusion of legislation among the Canadian provinces: A statistical analysis. *Canadian Journal of Political Science*,

9, 605 - 626.

Polivy, J., & Herman, C. P. (1985). Dieting and binging: A causal analysis. *American Psychologist*, 40, 193 - 201.

Polivy, J., & Herman, C. P. (1992). Undieting: A program to help people stop dieting. *International Journal of Eating Disorders*, 11, 261 - 268.

Pollock, P. H. (1983). The participatory consequences of internal and external political efficacy. *Western Political Quarterly*, 36, 400 - 409.

Pond, S. B. Ⅲ, & Hay, M. S. (1989). The impact of task preview information as a function of recipient self-efficacy. *Journal of Vocational Behavior*, 35, 17 - 29.

Porras, J. I., & Anderson, B. (1981). Improving managerial effectiveness through modeling-based training. *Organizational Dynamics*, Spring, 60 - 77.

Porras, J. I., Hargis, K., Patterson, K. J., Maxfield, D. G., Roberts, N., & Bies, R. J. (1982). Modeling-based organizational development: A longitudinal assessment. *Journal of Applied Behavioral Science*, 18, 433 - 446.

Post-Kammer, P., & Smith, P. (1985). Sex differences in career self-efficacy, consideration, and interests of eighth and ninth graders. *Journal of Counseling Psychology*, 32, 551 - 559.

Powell, G. E. (1973). Negative and positive mental practice in motor skill acquisition, *Perceptual and Motor Skills*, 37, 312.

Powell, W. W. (1990). The transformation of organizational forms: How useful is organization theory in accounting for social change? In R. Friedland & A. F. Robertson (Eds.), *Beyond the marketplace: Rethinking economy and society* (pp.310 - 329). New York: Aldine.

Powers, W. T. (1973). *Behavior: The control of perception*. Chicago: Aldine.

Pretty, G. H., & Seligman, C. (1984). Affect and the overjustification effect. *Journal of Personality and Social Psychology*, 46, 1241 - 1253.

Pretzer, J., Epstein, N., & Fleming, B. (1991). Marital attitude survey: A measure of dysfunctional attributions and expectancies. *Journal of Cognitive Psychotherapy*, 5, 131 - 148.

Primakoff, L., Epstein, N., & Covi, L. (1986). Homework compliance: An uncontrolled variable in cognitive therapy outcome research. *Behavior Therapy*, 17, 433 - 446.

Prince, J. S. (1984). *The effects of the manipulation of perceived self-efficacy on fearavoidant behavior*. Ph. D. diss., Northern Illinois University, De Kalb.

Pritchard, R. D., Roth, P. L., Jones, S. D., Galgay, P. J., & Watson, M. D. (1988). Designing a goal-setting system to enhance performance: A practical guide. *Organizational Dynamics*, *Summer*, 69 - 78.

Prochaska, J. O., & DiClemente, C. C. (1992). Stages of change in the modification of problem behaviors. In M. Hersen, R. M. Eisler, & P. M. Miller (Eds.), *Progress in behavior modification* (Vol.28, pp.184 - 218). Terre Haute, Ind.: Sycamore.

Prussia, G. E., & Kinicki, A. J. (1996). A motivational investigation of group effectiveness using social cognitive theory. *Journal of Applied Psychology*, 81, 187 - 198.

Public Citizen Health Research Group (1993). The influence of tobacco money on the U.S. Congress. *Health Letter*, 9, (No. 11), 1 - 7.

Puska, P., Nissinen, A., Salonen, J. T., & Toumilehto, J. (1983). Ten years of the North Karelia project: Results with community-based prevention of coronary heart disease. *Scandinavian Journal of Social Medicine*, 11, 65 - 68.

Rachman, S., Craske, M., Tallman, K., & Solyom, C. (1986). Does escape behavior strengthen agoraphobic avoidance? *Behavior*

Therapy, 17, 366 - 384.

Rachman, S., & Hodgson, R. J. (1980). *Obsessions and compulsions*. Englewood Cliffs, N.J.: Prentice-Hall.

Rachman, S. J., & Wilson, G. T. (1980). *The effects of psychological therapy* (2nd Ed.). Oxford: Pergamon.

Ramey, C. T., & Finkelstein, N. W. (1978). Contingent stimulation and infant competence. *Journal of Pediatric Psychology*, 3, 89 - 96.

Ramey, C. T., McGinness, G. D., Cross, L., Collier, A. M., & Barrie-Blackley, S. (1982). The Abecedarian approach to social competence: Cognitive and linguistic intervention for disadvantaged preschoolers. In K. Borman (Ed.), *The social life of children in a changing society* (pp. 145 - 174). Hillsdale, N. J.: Erlbaum.

Ramey, C. T., & Ramey, S. L. (1992). *At risk does not mean doomed*. National Health/Education Consortium Occasional Paper No. 4. National Commission to Prevent Infant Mortality, Institute for Educational Leadership, Washington D.C.

Randhawa, B. S., Beamer, J. E., & Lundberg, I. (1993). Role of mathematics self-efficacy in the structural model of mathematics achievement. *Journal of Educational Psychology*, 85, 41 - 48.

Rappaport, J. (1987). Terms of empowerment/exemplars of prevention: Toward a theory for community psychology. *American Journal of Community Psychology*, 15, 121 - 148.

Rappaport, J., & Seidman, E. (Eds.). (in press). *The handbook of community psychology*. New York: Plenum.

Raudenbush, S. W., Rowan, B., Cheong, Y. F. (1992). Contextual effects on the self-perceived efficacy of high school teachers. *Sociology of Education*, 65, 150 - 167.

Rebok, G. W., & Balcerak, L. J. (1989). Memory self-efficacy and performance differences in young and old adults: The effect of mnemonic training. *Developmental Psychology*, 25, 714 - 721.

Rebok, G. W., Offermann, L. R., Wirtz, P. W., & Montaglione, C. J. (1986). Work and intellectual aging: The psychological concomitants of social-organizational conditions. *Educational Gerontology*, 12, 359 - 374.

Reese, L. (1983). *Coping with pain: The role of perceived self-efficacy*. Ph. D. diss., Stanford University, Stanford, Calif.

Rehm, L. P. (1981). A self-control therapy program for treatment of depression. In J. F. Clarkin & H. Glazer (Eds.), *Depression: Behavioral and directive treatment strategies* (pp.68 - 110). New York: Garland Press.

Rehm, L. P. (1982). Self-management in depression. In P. Karoly & F. H. Kanfer (Eds.), *Self-management and behavior change: From theory to practice* (pp.522 - 567). New York: Pergamon.

Rehm, L. P. (1988). Self-management and cognitive processes in depression. In L. B. Alloy (Ed.), *Cognitive processes in depression* (pp.143 - 176). New York: Guilford.

Rehm, L. P. (1995). Psychotherapies for depression. In K. S. Dobson & K. D. Craig (Eds.), *Anxiety and depression in adults and children* (pp.183 - 208). Thousand Oaks, Calif.: Sage.

Rehm, L. P., Fuchs, C. Z., Roth, D. M., Kornblith, S. J., & Ramono, J. M. (1979). A comparison of self-control and assertion skills treatments of depression. *Behavior Therapy*, 10, 429 - 442.

Reid, C. M., Murphy, B., Murphy, M., Maher, T., Ruth, D., & Jennings, G. (1994). Prescribing medication versus promoting behavioural change: A trial of the use of lifestyle management to replace drug treatment of hypertension in general practice. *Behaviour Change*, 11, 77 - 185.

Reilly, P. M., Sees, K. L., Shopshire, M. S.,

Hall, S. M., Delucchi, K. L., Tusel, D. J., Banys, P., Clark, H. W., & Piotrowski, N. A. (1995). Self-efficacy and illicit opioid use in a 180-day methadone detoxification treatment. *Journal of Consulting and Clinical Psychology*, 63, 158 - 162.

Reitzes, D. C., & Reitzes, D. C. (1984). Alinsky's legacy: Current applications and extensions of his principles and strategies. In R. E. Ratcliff (Ed.), *Research in social movements, conflicts and change* (Vol.6, pp.31 - 56). Greenwich, Conn.: JAI.

Relich, J. D., Debus, R. L., & Walker, R. (1986). The mediating role of attribution and self-efficacy variables for treatment effects on achievement outcomes. *Contemporary Educational Psychology*, 11, 195 - 216.

Rescorla, R. A., & Solomon, R. L. (1967). Two-process learning theory: Relationships between Pavlovian conditioning and instrumental learning. *Psychological Review*, 74, 141 - 182.

Reynolds, R., Creer, T. L., Holroyd, K. A., & Tobin, D. L. (1982, November). *Assessment in the treatment of cigarette smoking: The development of the smokers' self-efficacy scale*. Paper presented at the meeting of the Association of Behavior Therapy, Los Angeles.

Richardson, A. (1967). Mental practice: A review and discussion. Part Ⅰ. *Research Quarterly*, 38, 95 - 107.

Riessman, F., & Carroll, D. (1995). *Redefining self-help: Policy and practice*. San Francisco: Jossey-Bass.

Riley, M. W., Kahn, R. L., & Foner, A. (Eds.). (1994). *Age and structural lag*. New York: Wiley.

Rimer, B. K., Orleans, C. T., Fleisher, L., Cristinzio, S., Resch, N., Telepchak, J., & Keintz, M. K. (1994). Does tailoring matter? The impact of a tailored guide on ratings and short-term smoking-related outcomes for older smokers. *Health Education Research*, 9, 69 - 84.

Rippetoe, P. A., & Rogers, R. W. (1987). Effects of components of protection-motivation theory on adaptive and maladaptive coping with a health threat. *Journal of Personality and Social Psychology*, 52, 596 - 604.

Rist, F., & Watzl, H. (1983). Self assessment of relapse risk and assertiveness in relation to treatment outcome of female alcoholics. *Addictive Behaviors*, 8, 121 - 127.

Rizley, R. (1978). Depression and distortion in the attribution of causality. *Journal of Abnormal Psychology*, 87, 32 - 48.

Robertson, D., & Keller, C. (1992). Relationships among health beliefs, self-efficacy, and exercise adherence in patients with coronary artery disease. *Heart & Lung*, 21, 56 - 63.

Robertson, T. S. (1971). *Innovative behavior and communication*. New York: Holt, Rinehart, & Winston.

Rodgers, H. R. (1974). Toward explanation of the political efficacy and political cynicism of black adolescents: An exploratory study. *American Journal of Political Science*, 18, 257 - 282.

Rodin, J. (1986). Health, control, and aging. In M. M. Baltes & P. B. Baltes (Eds.), *The psychology of control and aging* (pp.139 - 165). Hillsdale, N.J.: Erlbaum.

Rodin, J., & Langer, E. J. (1977). Long-term effects of a control-relevant intervention with the institutionalized aged. *Journal of Personality and Social Psychology*, 35, 897 - 902.

Rodin, J., Rennert, K., & Solomon, S. K. (1980). Intrinsic motivation for control: Fact or fiction. In A. Baum & J. E. Singer (Eds.), *Advances in environmental psychology* (Vol.2, pp.131 - 148). Hillsdale, N.J.: Erlbaum.

Roemer, L., & Borkovec, T. D. (1994). Effects of suppressing thoughts about emotional material. *Journal of Abnormal Psychology*, 103, 467 - 474.

Rogers, C. R. (1959). A theory of therapy,

personality, and interpersonal relationships, as developed in the client-centered framework. In S. Koch (Ed.), *Psychology: A study of a science. Vol. 3, Formulations of the person and the social context* (pp. 184 - 256). New York: McGrawHill.

Rogers, E. M., & Adhikarya, R. (1979). Diffusion of innovations: Up-to-date review and commentary. In D. Nimmo (Ed.), *Communication Yearbook 3* (pp.67 - 81). New Brunswick, N.J.: Transaction Books.

Rogers, E. M., & Kincaid, D. L. (1981). *Communication networks: Toward a new paradigm for research*. New York: Free Press.

Rogers, E. M., & Larsen, J. K. (1984). *Silicon valley fever: Growth of high-technology culture*. New York: Basic Books.

Rogers, E. M., & Shoemaker, F. (1971). *Communication of innovations: A cross-cultural approach* (2nd Ed.). New York: Free Press.

Rogers, R. W. (1983). Cognitive and physiological processes in fear appeals and attitude change: A revised theory of protection motivation. In J. T. Cacioppo & R. E. Petty (Eds.), *Social psychophysiology* (pp. 153 - 176). New York: Guilford.

Rohsenow, D. J., Niaura, R. S., Childress, A. R., Abrams, D. B., & Monti, P. M. (1990 - 1991). Cue reactivity in addictive behaviors: Theoretical and treatment implications. *The International Journal of the Addictions*, 25, 957 - 993.

Roling, N. G., Ascroft, J., & Chege, F. W. (1976). The diffusion of innovations and the issue of equity in rural development. In E. M. Rogers (Ed.), *Communication and development* (pp.63 - 79). Beverly Hills, Calif.: Sage.

Rollnick, S., & Heather, N. (1982). The application of Bandura's self-efficacy theory to abstinence-oriented alcoholism treatment. *Addictive Behaviors*, 7, 243 - 250.

Rooney, R. A., & Osipow, S. H. (1992). Taskspecific occupational self-efficacy scale: The development and validation of a prototype. *Journal of Vocational Behavior*, 40, 14 - 32.

Rosen, G. J., Rosen, E., & Reid, J. B. (1972). Cognitive desensitization and avoidance behavior: A reevaluation. *Journal of Abnormal Psychology*, 80, 176 - 182.

Rosenbaum, J. E. (1978). The structure of opportunity in school. *Social Forces*, 57, 236 - 256.

Rosenbaum, J. E., & Kariya, T. (1989). From high school to work: Market and institutional mechanisms in Japan. *American Journal of Sociology*, 94, 1334 - 1365.

Rosenbaum, J. E., Kariya, T., Settersten, R., & Maier, T. (1990). Market and network theories of the transition from high school to work: Their application to industrialized societies. *Annual Review of Sociology*, 16, 263 - 299.

Rosenbaum, M., & Hadari, D. (1985). Personal efficacy, external locus of control, and perceived contingency of parental reinforcement among depressed, paranoid, and normal subjects. *Journal of Personality and Social Psychology*, 49, 539 - 547.

Rosenberg, H. (1993). Prediction of controlled drinking by alcoholics and problem drinkers. *Psychological Bulletin*, 113, 129 - 139.

Rosenfield, D., Folger, R., & Adelman, H. F. (1980). When rewards reflect competence: A qualification of the overjustification effect. *Journal of Personality and Social Psychology*, 39, 368 - 378.

Rosenhan, D. L. (1970). The natural socialization of altruistic autonomy. In J. Macaulay & L. Berkowitz (Eds.), *Altruism and helping behavior: Social psychological studies of some antecedents and consequences* (pp. 251 - 268). New York: Academic.

Rosenholtz, S. J., & Rosenholtz, S. H. (1981). Classroom organization and the perception of ability. *Sociology of Education*, 54, 132 - 140.

Rosenholtz, S. J., & Simpson, C. (1984). The formation of ability conceptions: Developmental trend or social construction? *Review of Educational Research*, 54, 31 - 63.

Rosenholtz, S. J., & Wilson, B. (1980). The effect of classroom structure on shared perceptions of ability. *American Educational Research Journal*, 17, 75 - 82.

Rosenstock, I. M. (1974). Historical origins of the health belief model. *Health Education Monographs*, 2, 328 - 335.

Rosenstock, I. M., Strecher, V. J., & Becker, M. H. (1988). Social learning theory and the health belief model. *Health Education Quarterly*, 15, 175 - 183.

Rosenthal, D., Moore, S., & Flynn, I. (1991). Adolescent self-efficacy, self-esteem, and sexual risk-taking. *Journal of Community and Applied Social Psychology*, 1, 77 - 88.

Rosenthal, R. (1978). Interpersonal expectancy effects: The first 345 studies. *Behavioral and Brain Sciences*, 1, 377 - 415.

Rosenthal, T. L. (1980). Modeling approaches to test anxiety and related performance problems. In I. G. Sarason (Ed.), *Test anxiety* (pp.245 - 270). Hillsdale, N.J.: Erlbaum.

Rosenthal, T. L. (1993). To soothe the savage breast. *Behaviour Research and Therapy*, 31, 439 - 462.

Rosenthal, T. L., & Bandura, A. (1978). Psychological modeling: Theory and practice. In S. L. Garfield & A. E. Bergin (Eds.), *Handbook of psychotherapy and behavior change: An empirical analysis* (2nd Ed., pp.621 - 658). New York: Wiley.

Rosenthal, T. L., Edwards, N. B., & Ackerman, B. J. (1987). Students' self-ratings of subjective stress across 30 months of medical school. *Behaviour Research Therapy*, 25, 155 - 158.

Rosenthal, T. L., & Rosenthal, R. H. (1985). Clinical stress management. In D. Barlow (Ed.), *Clinical handbook of psychological disorders* (pp.145 - 205). New York: Guilford.

Rosenthal, T. L., & Steffek, B. D. (1991). Modeling applications. In F. H. Kanfer & A. P. Goldstein (Eds.), *Helping people change* (4th Ed., pp.70 - 121). New York: Pergamon.

Rosenthal, T. L., & Zimmerman, B. J. (1978). *Social learning and cognition*. New York: Academic.

Ross, D. M., & Ross, S. A. (1984). Childhood pain: The school-aged child's view. *Pain*, 20, 179 - 191.

Ross, L., Lepper, M. R., & Hubbard, M. (1975). Perseverance in self-perception and social perception: Biased attributional processes in the debriefing paradigm. *Journal of Personality and Social Psychology*, 32, 880 - 892.

Ross, M. (1976). The self-perception of intrinsic motivation. In J. H. Harvey, W. J. Ickes, & R. F. Kidd (Eds.), *New directions in attribution research* (Vol.1, pp.121 - 141). Hillsdale, N.J.: Erlbaum.

Ross, M. (1981). Self-centered biases in attributions of responsibility: Antecedents and consequences. In E. T. Higgins, C. P. Herman, & M. P. Zanna (Eds.), *Social cognition: The Ontario symposium* (Vol.1, pp.305 - 321). Hillsdale, N. J.: Erlbaum.

Ross, S. M., & Brown, J. (1988). *A scale to measure anticipatory self-efficacy in treatment of depression*. Paper presented at the Annual Meeting of the American Psychological Association, Atlanta.

Rothbaum, B. O., Hodges, L. F., Kooper, R., Opdyke, D., Williford, J. S., & North, M. (1995). Effectiveness of computer-generated (virtual reality) graded exposure in the treatment of acrophobia. *American Journal of Psychiatry*, 152, 626 - 628.

Rothbaum, F., Weisz, J. R., & Snyder, S. S. (1982). Changing the world and changing the self: A two-process model of perceived control. *Journal of Personality and Social Psychology*,

42, 5 - 37.

Rothman, A. J., Salovey, P., Antone, C., Keough, K., & Martin, C. (1993). The influence of message framing on health behavior. *Journal of Experimental Social Psychology*, 29, 408 - 433.

Rothstein, A. L., & Arnold, R. K. (1976). Bridging the gap: Application of research on videotape feedback and bowling. *Motor Skills: Theory into Practice*, 1, 35 - 62.

Rotter, J. B. (1966). Generalized expectancies for internal versus external control of reinforcement. *Psychological Monographs*, 80 (1, Whole No. 609).

Rotter, J. B. (1982). Social learning theory. In N. T. Feather (Ed.), *Expectations and actions: Expectancy-value models in psychology* (pp.241 - 260). Hillsdale, N.J.: Erlbaum.

Rotter, J. B., Chance, J. E., & Phares, E. J. (1972). *Applications of a social learning theory of personality*. New York: Holt, Rinehart & Winston.

Rottschaefer, W. A. (1985). Evading conceptual self-annihilation: Some implications of Albert Bandura's theory of the self-system for the status of psychology. *New Ideas Psychology*, 2, 223 - 230.

Ruble, D. N. (1983). The development of social-comparison processes and their role in achievement-related self-socialization. In E. T. Higgins, D. N. Ruble, & W. W. Hartup (Eds.), *Social cognition and social development* (pp.134 - 157). New York: Cambridge University Press.

Ruble, D. N., & Frey, K. S. (1991). Changing patterns of comparative behavior as skills are acquired: A functional model of self-evaluation. In J. Suls & T. A. Wills (Eds.), *Social comparison: Contemporary theory and research* (pp.79 - 113). Hillsdale, N.J.: Erlbaum.

Ruddy, M. G., & Bornstein, M. H. (1982). Cognitive correlates of infant attention and maternal stimulation over the first year of life. *Child Development*, 53, 183 - 188.

Ruderman, A. J. (1986). Dietary restraint: A theoretical and empirical review. *Psychological Bulletin*, 99, 247 - 262.

Rudkin, L., Hagell, A., Elder, G. H., & Conger, R. (1992). Perceptions of community well-being and the desire to move elsewhere. Manuscript, University of North Carolina at Chapel Hill.

Rudolph, D. L., & McAuley, E. (1995). Self-efficacy and salivary cortisol responses to acute exercise in physically active and less active adults. *Journal of Sport and Exercise Psychology*, 17, 206 - 214.

Rudolph, D. L., & McAuley, E. (1996). Self-efficacy and perceptions of effort: A reciprocal relationship. *Journal of Sport and Exercise Psychology*, 18, 216 - 223.

Ruiz, B. A. A. (1992). Hip fracture recovery in older women: The influence of self-efficacy, depressive symptoms and state anxiety. Ph. D. diss., University of California, San Francisco. *Dissertation Abstracts International*, 54 - 03B, 1337.

Ruiz, B. A., Dibble, S. L., Gilliss, C. L., & Gortner, S. R. (1992). Predictors of general activity 8 weeks after cardiac surgery. *Applied Nursing Research*, 5, 59 - 65.

Rutter, M. (1979). Protective factors in children's responses to stress and disadvantage. In M. W. Kent & E. J. Rolf (Eds.), *Primary prevention of psychopathology. Vol. 3, Social competence in children* (pp. 49 - 74). Hanover, N. H.: University of New England Press.

Rutter, M. (1990). Psychosocial resilience and protective mechanisms. In J. Rolf, A. S. Masten, D. Cicchetti, K. H. Nuechterlein, & S. Weintraub (Eds.), *Risk and protective factors in the development of psychopathology* (pp. 181 - 214). New York: Cambridge University Press.

Rutter, M., Graham, P., Chadwick, O. F. D., & Yule, W. (1976). Adolescent turmoil: Fact or fiction? *Journal of Child Psychology and Psychiatry*, 17, 35 - 56.

Ryan, T. A. (1970). *Intentional behavior*. New York: Ronald Press.

Rychtarik, R. G., Fairbank, J. A., Allen, C. M., Roy, D. W., & Drabman, R. S. (1983). Alcohol use in television programming: Effects on children's behavior. *Addictive Behaviors*, 8, 19 - 22.

Rychtarik, R. G., Prue, D. M., Rapp, S. R., & King, A. C. (1992). Self-efficacy, aftercare and relapse in a treatment program for alcoholics. *Journal of Studies on Alcohol*, 53, 435 - 440.

Ryckman, R. M., Robbins, M. A., Thornton, B., & Cantrell, P. (1982). Development and validation of a physical self-efficacy scale. *Journal of Personality and Social Psychology*, 42, 891 - 900.

Ryerson, W. N. (1994). Population Communications International: Its role in family planning soap operas. *Population and Environment: A Journal of Interdisciplinary Studies*, 15, 255 - 264.

Saavedra, R., Earley, P. C., & Van Dyne, L. (1993). Complex interdependence in task-performing groups. *Journal of Applied Psychology*, 78, 61 - 72.

Sabido, M. (1981). *Towards the social use of soap operas*. Mexico City, Mexico: Institute for Communication Research.

Sadri, G., & Robertson, I. T. (1993). Self-efficacy and work-related behaviour: A review and meta-analysis. *Applied Psychology: An International Review*, 42, 139 - 152.

Sagotsky, G., & Lewis, A. (1978, August). *Extrinsic reward, positive verbalizations, and subsequent intrinsic interest*. Paper presented at the meeting of the American Psychological Association, Toronto.

Saklofske, D. H., Michayluk, J. O., & Randhawa, B. S. (1988). Teachers' efficacy and teaching behaviors. *Psychological Reports*, 63, 407 - 414.

Saks, A. M. (1994). Moderating effects of self-efficacy for the relationship between training method and anxiety and stress reactions of newcomers. *Journal of Organizational Behavior*, 15, 639 - 654.

Saks, A. M. (1995). Longitudinal field investigation of the moderating and mediating effects of self-efficacy on the relationship between training and newcomer adjustment. *Journal of Applied Psychology*, 80, 211 - 225.

Saks, A. M., Wiesner, W. H., & Summers, R. J. (1994). Effects of job previews on self-selection and job choice. *Journal of Vocational Behavior*, 44, 297 - 316.

Salkovskis, P. M., & Clark, D. M. (1990). Affective responses to hyperventilation: A test of the cognitive model of panic. *Behavior Research Therapy*, 28, 51 - 61.

Salkovskis, P. M., & Harrison, J. (1984). Abnormal and normal obsessions: A replication. *Behaviour Research and Therapy*, 22, 549 - 552.

Sallis, J. F., Haskell, W. L., Fortmann, S. P., Vranizan, M. S., Taylor, C. B., & Solomon, D. S. (1986). Predictors of adoption and maintenance of physical activity in a community sample. *Preventive Medicine*, 15, 331 - 341.

Sallis, J. F., & Hovell, M. F. (1990). Determinants of exercise behavior. In J. O. Holloszy & K. B. Pandolf (Eds.), *Exercise and sport sciences reviews* (Vol.18, pp.307 - 330). Baltimore: Williams & Wilkins.

Sallis, J. F., Hovell, M. F., Hofstetter, C. R., & Barrington, E. (1992). Explanation of vigorous physical activity during two years using social learning variables. *Social Science Medicine*, 34, 25 - 32.

Sallis, J. F., Pinski, R. B., Grossman, R. M., Patterson, T. L., & Nader, P. R. (1988). The development of self-efficacy scales for health-related diet and exercise behaviors. *Health Education Research*, 3, 283 - 292.

Salomon, G. (1984). Television is "easy" and print is "tough": The differential investment of mental effort in learning as a function of perceptions and attributions. *Journal of Educational Psychology*, 76, 647 - 658.

Salovey, P., & Birnbaum, D. (1989). Influence of mood on health-relevant cognitions. *Journal of Personality and Social Psychology*, 57, 539 - 551.

Salthouse, T. A. (1987). Age, experience, and compensation. In C. Schooler & K. W. Schaie (Eds.), *Cognitive functioning and social structure over the life course* (pp.142 - 157). Norwood, N. J.: Ablex.

Sandahl, C., Lindberg, S., & Rönnberg, S. (1990). Efficacy expectations among alcohol-dependent patients: A Swedish version of the situational confidence questionnaire. *Alcohol and Alcoholism*, 25, 67 - 73.

Sanderson, W. C., Rapee, R. M., & Barlow, D. H. (1989). The influence of an illusion of control on panic attacks induced via inhalation of 5.5% carbon dioxide-enriched air. *Archives of General Psychiatry*, 46, 157 - 162.

Sanna, L. J. (1992). Self-efficacy theory: Implications for social facilitation and social loafing. *Journal of Personality and Social Psychology*, 62, 774 - 786.

Sarason, I. G. (1975a). Anxiety and self-preoccupation. In I. G. Sarason & D. C. Spielberger (Eds.), *Stress and anxiety* (Vol.2, pp.27 - 44). Washington, D.C.: Hemisphere.

Sarason, I. G., (1975b). Test anxiety and the self-disclosing coping model. *Journal of Consulting and Clinical Psychology*, 43, 148 - 153.

Saunders, B., & Allsop, S. (1989). Relapse: A critique. In M. Gossop (Ed.), *Relapse and addictive behaviour* (pp. 249 - 277). London: Tavistock/Routledge.

Savard, C. J., & Rogers, R. W. (1992). A self-efficacy and subjective expected utility theory analysis of the selection and use of influence strategies. *Journal of Social Behavior and Personality*, 7, 273 - 292.

Scarr-Salapatek, S., & Williams, M. L. (1973). The effects of early stimulation on low-birth-weight infants. *Child Development*, 44, 94 - 101.

Schachter, S. (1964). The interaction of cognitive and physiological determinants of emotional state. In L. Berkowitz (Ed.), *Advances in experimental social psychology* (Vol.1, pp.49 - 80). New York: Academic.

Schachter, S., & Singer, J. E. (1962). Cognitive, social, and physiological determinants of emotional state. *Psychological Review*, 69, 379 - 399.

Schachter, S., & Singer, J. E. (1979). Comments on the Maslach and Marshall-Zimbardo experiments. *Journal of Personality and Social Psychology*, 37, 989 - 995.

Schaie, K. W. (1995). *Intellectual development in adulthood: The Seattle longitudinal study*. New York: Cambridge University Press.

Scheier, M. F., Carver, C. S., & Matthews, K. A. (1983). Attentional factors in the perception of bodily states. In J. T. Cacioppo & R. E. Petty (Eds.), *Social psychophysiology* (pp.510 - 542). New York: Guilford.

Schein, E. (1985). *Organizational culture and leadership*. San Francisco: Jossey-Bass.

Scherer, R. F., Adams, J. S., Carley, S. S., & Wiebe, F. A. (1989). Role model performance effects on development of entrepreneurial career preference. *Entrepreneurship Theory and Practice*, Spring, 53 - 71.

Scheye, P. A., & Gilroy, F. D. (1994). College women's career self-efficacy and educational environments. *The Career Development Quarterly*, 42, 244 - 251.

Schiaffino, K. M., & Revenson, T. A. (1992). The role of perceived self-efficacy, perceived control, and causal attributions in adaptation to rheumatoid arthritis: Distinguishing mediator from moderator effects. *Personality and Social Psychology Bulletin*, 18, 709 - 718.

Schiaffino, K. M., Revenson, T. A., & Gibofsky, A. (1991). Assessing the impact of self-efficacy beliefs on adaptation to rheumatoid arthritis. *Arthritis Care and Research*, 4, 150 – 157.

Schifter, D. E., & Ajzen, I. (1985). Intention, perceived control, and weight loss: An application of the theory of planned behavior. *Journal of Personality and Social Psychology*, 49, 843 – 851.

Schimmel, G. T. (1986). Prediction of premature termination from inpatient alcoholism treatment: An application of multidimensional measurement concepts and self-efficacy ratings. Ph. D. diss., University of Delaware, 1985. *Dissertation Abstracts International*, 46, 4028B.

Schneider, J. A., O'Leary, A., & Agras, W. S. (1987). The role of perceived self-efficacy in recovery from bulimia: A preliminary examination. *Behaviour Research and Therapy*, 25, 429 – 432.

Schneiderman, N., McCabe, P. M., & Baum, A. (Eds.). (1992). *Stress and disease processes: Perspectives in behavioral medicine*. Hillsdale, N. J.: Erlbaum.

Schoemaker, P. J. H., & Marais, M. L. (in press). Technological innovation and large firm inertia. In G. Dosi & F. Malerba (Eds.), *Organization and strategy in the evolution of the enterprise*. London: McMillan.

Schoen, L. G., & Winocur, S. (1988). An investigation of the self-efficacy of male and female academics. *Journal of Vocational Behavior*, 32, 307 – 320.

Schoenberger, N. E., Kirsch, I., & Rosengard, C. (1991). Cognitive theories of human fear: An empirically derived integration. *Anxiety Research*, 4, 1 – 13.

Schooler, C. (1987). Psychological effects of complex environments during the life span: A review and theory. In C. Schooler & K. W. Schaie (Eds.), *Cognitive functioning and social structure over the life course* (pp. 24 – 49). Norwood, N.J.: Ablex.

Schooler, C. (1990). Individualism and the historical and social-structural determinants of people's concerns over self-directedness and efficacy. In J. Rodin, C. Schooler, & K. W. Schaie (Eds.), *Self-directedness: Cause and effects throughout the life course* (pp.19 – 58). Hillsdale, N.J.: Erlbaum.

Schooler, C. (1992). *Enhancing cognitive and behavioral responses to televised health messages: The role of positive appeals*. Ph. D. diss., Stanford University, Stanford, Calif.

Schroeder, H. E., & Rich, A. R. (1976). The process of fear reduction through systematic desensitization. *Journal of Consulting and Clinical Psychology*, 44, 191 – 199.

Schunk, D. H. (1981). Modeling and attributional effects on children's achievement: A self-efficacy analysis. *Journal of Educational Psychology*, 73, 93 – 105.

Schunk, D. H. (1982a). Effects of effort attributional feedback on children's perceived self-efficacy and achievement. *Journal of Educational Psychology*, 74, 548 – 556.

Schunk, D. H. (1982b). Verbal self-regulation as a facilitator of children's achievement and self-efficacy. *Human Learning*, 1, 265 – 277.

Schunk, D. H. (1983a). Reward contingencies and the development of children's skills and self-efficacy. *Journal of Educational Psychology*, 75, 511 – 518.

Schunk, D. H. (1983b). Ability versus effort attributional feedback: Differential effects on self-efficacy and achievement. *Journal of Educational Psychology*, 75, 848 – 856.

Schunk, D. H. (1984a). Self-efficacy perspective on achievement behavior. *Educational Psychologist*, 19, 48 – 58.

Schunk, D. H. (1984b). Sequential attributional feedback and children's achievement behaviors. *Journal of Educational Psychology*, 76, 1159 – 1169.

Schunk, D. H. (1984c). Enhancing self-efficacy and achievement through rewards and goals:

Motivational and informational effects. *Journal of Educational Research*, 78, 29 - 34.

Schunk, D. H. (1985). Participation in goal setting: Effects on self-efficacy and skills of learning-disabled children. *Journal of Special Education*, 19, 307 - 317.

Schunk, D. H. (1987). Peer models and children's behavioral change. *Review of Educational Research*, 57, 149 - 174.

Schunk, D. H. (1989). Self-efficacy and cognitive skill learning. In C. Ames and R. Ames (Eds.), *Research on motivation in education*. Vol. 3, *Goals and cognitions* (pp.13 - 44). San Diego: Academic.

Schunk, D. H. (1991). Goal setting and self-evaluation: A social cognitive perspective on self-regulation. In M. L. Maehr & P. R. Pintrich (Eds.), *Advances in motivation and achievement* (Vol.7, pp.85 - 113). Greenwich, Conn.: JAI.

Schunk, D. H. (1995). Self-efficacy and education and instruction. In J. E. Maddux (Ed.), *Self-efficacy, adaptation, and adjustment: Theory, research, and application* (pp.281 - 303). New York: Plenum.

Schunk, D. H. (1996). Goal and self-evaluative influences during children's cognitive skill learning. *American Educational Research Journal*, 33, 359 - 382.

Schunk, D. H., & Cox, P. D. (1986). Strategy training and attributional feedback with learning disabled students. *Journal of Educational Psychology*, 78, 201 - 209.

Schunk, D. H., & Cunn, T. P. (1985). Modeled importance of task strategies and achievement beliefs: Effect on self-efficacy and skill development. *Journal of Early Adolescence*, 5, 247 - 258.

Schunk, D. H., & Gunn, T. P. (1986). Self-efficacy and skill development: Influence of task strategies and attributions. *Journal of Educational Research*, 79, 238 - 244.

Schunk, D. H., & Hanson, A. R. (1985). Peer models: Influence on children's self-efficacy and achievement. *Journal of Educational Psychology*, 77, 313 - 322.

Schunk, D. H., & Hanson, A. R. (1989a). Self-modeling and children's cognitive skill learning. *Journal of Educational Psychology*, 81, 155 - 163.

Schunk, D. H., & Hanson, A. R. (1989b). Influence of peer-model attributes on children's beliefs and learning. *Journal of Educational Psychology*, 81, 431 - 434.

Schunk, D. H., Hanson, A. R., & Cox, P. D. (1987). Peer-model attributes and children's achievement behaviors. *Journal of Educational Psychology*, 79, 54 - 61.

Schunk, D. H., & Lilly, M. W. (1984). Sex differences in self-efficacy and attributions: Influence of performance feedback. *JournaI of Early Adolescence*, 4, 203 - 213.

Schunk, D. H., & Rice, J. M. (1984). Strategy self-verbalization during remedial listening comprehension instruction. *Journal of Experimental Education*, 53, 49 - 54.

Schunk, D. H., & Rice, J. M. (1985). Verbalization of comprehension strategies: Effects on children's achievement outcomes. *Human Learning*, 4, 1 - 10.

Schunk, D. H., & Rice, J. M. (1986). Extended attributional feedback: Sequence effects during remedial reading instruction. *Journal of Early Adolescence*, 6, 55 - 66.

Schunk, D. H., & Rice, J. M. (1987). Enhancing comprehension skill and self-efficacy with strategy value information. *Journat of Reading Behavior*, 19, 285 - 302.

Schunk, D. H., & Rice, J. M. (1989). Learning goals and children's reading comprehension. *Journal of Reading Behavior*, 21, 279 - 293.

Schunk, D. H., & Rice, J. M. (1991). Learning goals and progress feedback during reading comprehension instruction. *Journal of Reading Behavior*, 23, 351 - 364.

Schunk, D. H., & Rice, J. M. (1992). Influence of reading-comprehension strategy information on children's achievement outcomes. *Learning Disability Quarterly*, 15, 51 - 64.

Schunk, D. H., & Rice, J. M. (1993). Strategy fading and progress feedback: Effects on self-efficacy and comprehension among students receiving remedial reading services. *Journal of Special Education*, 27, 257 - 276.

Schunk, D. H., & Swartz, C. W. (1993). Writing strategy instruction with gifted students: Effects of goals and feedback on self-efficacy and skills. *Roeper Review*, 15, 225 - 230.

Schwab, D. P., Olian-Gottlieb, J. D., & Heneman, H. G. Ⅲ (1979). Between-subjects expectancy theory research: A statistical review of studies predicting effort and performance. *Psychological Bulletin*, 86, 139 - 147.

Schwartz, B. (1978). *Psychology of learning and behavior*. New York: Norton.

Schwartz, B. (1982). Reinforcement-induced behavioral stereotype: How not to teach people to discover rules. *Journal of Experimental Psychology*, 111, 23 - 59.

Schwartz, G. E. (1971). Cardiac responses to self-induced thoughts. *Psychophysiology*, 8, 462 - 467.

Schwartz, G. E., Weinberger, D. A., & Singer, J. A. (1981). Cardiovascular differentiation of happiness, sadness, anger, and fear following imagery and exercise. *Psychosomatic Medicine*, 43, 343 - 364.

Schwartz, J. L. (1974). Relationship between goal discrepancy and depression. *Journal of Consulting and Clinical Psychology*, 42, 309.

Schwartz, N., & Clore, G. L. (1988). How do I feel about it? The informative function of affective states. In K. Fiedler & J. Forgas (Eds.), *Affect, cognition and social behavior: New evidence and integrative attempts* (pp.44 - 62). Toronto: C. J. Hogrefe.

Schwartz, R. M., & Gottman, J, M. (1976). Toward a task analysis of assertive behavior. *Journal of Consulting and Clinical Psychology*, 44, 910 - 920.

Schwarzer, R. (1992). Self-efficacy in the adoption and maintenance of health behaviors: Theoretical approaches and a new model. In R. Schwarzer (Ed.), *Self-efficacy: Thought control of action* (pp.217 - 243). Washington, D.C.: Hemisphere.

Schweiger, D., Anderson, C., & Locke, E. (1985). Complex decision-making: A longitudinal study of process and performance. *Organizational Behavior and Human Decision Processes*, 36, 245 - 272.

Sclafani, A., & Springer, D. (1976). Dietary obesity in rats: Body weight and fat accretion in seven strains of rats. *Physiology and Behavior*, 17, 461 - 471.

Scraba, P. J. (1990). Self-modeling for teaching swimming to persons with physical disabilities. Ph.D. diss., University of Connecticut, 1989. *Dissertation Abstracts International*, 50, 2830A.

Scully, D. M., & Newell, K. M. (1985). Observational learning and the acquisition of motor skills: Toward a visual perception perspective. *Journal of Human Movement Studies*, 11, 169 - 186.

Searle, J. R. (1968, December 29). A foolproof scenario for student revolts. *The New York Times Magazine*, p.4.

Sears, D. O., & McConahay, J. B. (1969). Participation in the Los Angeles riot. *Social Problems*, 17, 3 - 20.

Sears, R. R., Maccoby, E. E., & Levin, H. (1957). *Patterns of child rearing*. Evanston, Ill.: Row, Peterson.

Seeman, T., McAvay, G., Merrill, S., Albert, M., & Rodin, I. (1996). Self-efficacy beliefs and change in cognitive performance: MacArthur studies of successful aging. *Psychology and Aging*, 11, 538 - 551.

Seligman, M. E. P. (1975). *Helplessness: On*

depression, development, and death. San Francisco: W. H. Freeman.

Seligman, M. E. P. (1990). Why is there so much depression today? The waxing of the individual and the waning of the commons. In R. E. Ingram (Ed.), *Contemporary psychological approaches to depression: Theory, research, and treatment* (pp.1 - 9). New York: Plenum.

Seligson, M. A. (1980). Trust, efficacy and modes of political participation: A study of Costa Rican peasants. *British Journal of Political Science*, 10, 75 - 98.

Seltenreich, J. J. Ⅲ. (1990). The multivariate analyses of self-efficacy factors in a drunken driving population. Ph.D. diss., University of Oregon, 1989. *Dissertation Abstracts International*, 50, 4786B.

Seydel, E., Taal, E., & Wiegman, O. (1990). Risk-appraisal, outcome and self-efficacy expectancies: Cognitive factors in preventive behaviour related to cancer. *Psychology and Health*, 4, 99 - 109.

Shadel, W. G., & Mermelstein, R. J. (1993). Cigarette smoking under stress: The role of coping expectancies among smokers in a clinic-based smoking cessation program. *Health Psychology*, 12, 443 - 450.

Shannon, B., Bagby, R., Wang, M. Q., & Trenkner, L. (1990). Self-efficacy: A contributor to the explanation of eating behavior. *Health Education Research*, 5, 395 - 407.

Shavit, Y., & Martin, F. C. (1987). Opiates, stress, and immunity: Animal studies. *Annals of Behavioral Medicine*, 9, 11 - 20.

Shell, D. F., Murphy, C. C., & Bruning, R. H. (1989). Self-efficacy and outcome expectancy mechanisms in reading and writing achievement. *Journal of Educational Psychology*, 81, 91 - 100.

Shepherd, G. (Ed.). (1995). *Rejected: Leading economists ponder the publication process*. Sun Lakes, Ariz.: Thomas Horton.

Sherer, M., Maddux, J. E., Mercandante, B., Prentice-Dunn, S., Jacobs, B., & Rogers, R. W. (1982). The self-efficacy scale: Construction and validation. *Psychological Reports*, 51, 663 - 671.

Shiffman, S., Hickcox, M., Paty, J. A., Gnys, M., Kassel, J. D., & Richard, T. J. (1996). *The abstinence violation effect following smoking lapses and temptations*. Submitted for publication.

Shoor, S. M., & Holman, H. R. (1984). Development of an instrument to explore psychological mediators of outcome in chronic arthritis. *Transactions of the Association of American Physicians*, 97, 325 - 331.

Short, J. F., & Wolfgang, M. E. (1972). *Collective violence*. Chicago: Aldine- Atherton.

Shrauger, J. S., & Osberg, T. M. (1982). Self-awareness: The ability to predict one's future behavior. In G. Underwood & R. Stevens (Eds.), *Aspects of consciousness. Vol. 3, Awareness and self-awareness* (pp.267 - 330). New York: Academic.

Siegel, K., Mesagno, F. P., Chen, J., & Christ, G. (1989). Factors distinguishing homosexual males practicing risky and safer sex. *Social Science Medicine*, 28, 561 - 569.

Siegel, R. G., Galassi, J. P., & Ware, W. B. (1985). A comparison of two models for predicting mathematics performance: Social learning versus math aptitude-anxiety. *Journal of Counseling Psychology*, 32, 531 - 538.

Siegel, S. (1983). Classical conditioning, drug tolerance, and drug dependence. In R. G. Smart, F. B. Glaser, Y. Israel, H. Kalant, R. E. Popham, & W. Schmidt (Eds.), *Research advances in alcohol and drug problems* (Vol.7, pp.207 - 246). New York: Plenum.

Siehl, C., & Martin, J. (1990). Organizational culture: A key to financial performance? In B. Schneider (Ed.), *Organizational climate and culture* (pp.241 - 281). San Francisco: Jossey-Bass.

Signorella, M. L., & Liben, L. S. (1984). Recall and reconstruction of gender-related pictures: Effects of attitude, task difficulty, and age. *Child Development*, 55, 393 - 405.

Signorielli, N. (1985). *Role portrayal on television: An annotated bibliography of studies relating to women, minorities, aging, sexual behavior, health, and handicaps*. Westport, Conn.: Greenwood Press.

Signorielli, N. (1990). Children, television, and gender roles: Messages and impact. *Journal of Adolescent Health Care*, 11, 50 - 58.

Signorielli, N., & Morgan, M. (Eds.). (1989). *Cultivation analysis: New directions in media effects research*. Newbury Park, Calif.: Sage.

Silbert, M. H. (1984). Delancy Street Foundation: Process of mutual restitution. In F. Riessman (Ed.), *Community psychology series* (Vol. 10, pp. 41 - 52). New York: Human Sciences Press.

Silver, E. J., Bauman, L. J., & Ireys, H. T. (1995). Relationships of self-esteem and efficacy to psychological distress in mothers of children with chronic physical illnesses. *Health Psychology*, 14, 333 - 340.

Silver, W. S., Mitchell, T. R., & Gist, M. E. (1995). Responses to successful and unsuccessful performance: The moderating effect of self-efficacy on the relationship between performance and attributions. *Organizational Behavior and Human Decision Processes*, 62, 286 - 299.

Simon, H. A. (1976). *Administrative behavior: A study of decision-making processes in administrative organization* (3rd Ed.). New York: Free Press.

Simon, H. A. (1978). Rational decision making in business organizations. *American Economics Review*, 69, 493 - 514.

Simon, K. M. (1979a). Effects of self comparison, social comparison, and depression on goal setting and self-evaluative reactions. Manuscript, Stanford University, Stanford, Calif.

Simon, K. M. (1979b). *Relative influence of personal standards and external incentives on complex performance*. Ph. D. diss., Stanford University, Stanford, Calif.

Simon, K. M. (1979c). Self-evaluative reactions: The role of personal valuation of the activity. *Cognitive Therapy and Research*, 3, 111 - 116.

Simons, A. D., Murphy, G. E., Levine, J. L., & Wetzel, R. D. (1986). Cognitive therapy and pharmacotherapy for depression: Sustained improvement over one year. *Archives of General Psychiatry*, 43, 43 - 48.

Sinclair, W. (1981, July 26). The empire built on corn flakes. *San Francisco Chronicle*, p.5.

Singer, M. (1991). The relationship between employee sex, length of service and leadership aspirations: A study from valence, self-efficacy and attribution perspectives. *Applied Psychology: An International Review*, 40, 417 - 436.

Singer, M. S. (1993). Starting a career: An intercultural choice among overseas Asian students. *International Journal of Intercultural Relations*, 17, 73 - 88.

Singerman, K. S., Borkovec, T. D., & Baron, R. S. (1976). Failure of a "misattribution therapy" with a clinically relevant target behavior. *Behavior Therapy*, 7, 306 - 313.

Singhal, A., & Rogers, E. M. (1989). Pro-social television for development in India. In R. E. Rice & C. K. Atkin (Eds.), *Public communication campaigns* (2nd Ed., pp. 331 - 350). Newbury Park, Calif.: Sage.

Sitharthan, T. (1989). The role of efficacy expectations in the treatment of drug and alcohol problems. *National Drug and Alcohol Research Center*, *Monograph* 7, 37 - 45.

Sitharthan, T., & Kavanagh, D. J. (1990). Role of self-efficacy in predicting outcomes from a programme for controlled drinking. *Drug and Alcohol Dependence*, 27, 87 - 94.

Sitharthan, T., McGrath, D., Cairns, D., & Saunders, J. B. (1993). *Heroin use precipitant inventory (HUPI): Development of a scale assessing the situations leading to opiate use*. Manuscript, Royal Prince Alfred Hospital, N.S.W., Australia.

Sitkin, S. (1992). Learning through failure: The strategy of small losses. *Research in Organizational Behavior*, 14, 231–266.

Skelton, J. A., & Pennebaker, J. W. (1982). The psychology of physical symptoms and sensations. In G. Sanders & J. Suls (Eds.), *Social psychology of health and illness* (pp.99–128). Hillsdale, N.J.: Erlbaum.

Skinner, B. F. (1971). *Beyond freedom and, dignity*. New York: Knopf.

Skinner, B. F. (1974). *About behaviorism*. New York: Alfred A. Knopf.

Skinner, C. S., Strecher, V. J., & Hospers, H. (1994). Physicians' recommendations for mammography: Do tailored messages make a difference? *American Journal of Public Health*, 84, 43–49.

Skinner, E. A. (1991). Development and perceived control: A dynamic model of action in context. In M. Gunnar & L. A. Sroufe (Eds.), *Minnesota symposium on child psychology* (Vol.23, pp.167–216). Minneapolis: University of Minnesota Press.

Skinner, E. A. (1995). *Perceived control, motivation, & coping*. Thousand Oaks, Calif.: Sage.

Skinner, E. A., Chapman, M., & Baltes, P. B. (1988). Control, means-ends, and agency beliefs: A new conceptualization and its measurement during childhood. *Journal of Personality and Social Psychology*, 54, 117–133.

Slanger, E., & Rudestam, K. E. (1996). Factors of motivation and disinhibition in participation in high risk sports. Manuscript, The Fielding Institute, Santa Barbara, Calif..

Slater, M. D. (1989). Social influences and cognitive control as predictors of self-efficacy and eating behavior. *Cognitive Therapy and Research*, 13, 231–245.

Slovic, P., Fischhoff, B., & Lichtenstein, S. (1977). Behavioral decision theory. In M. R. Rosenzweig & L. W. Porter (Eds.), *Annual review of psychology* (Vol.28, pp.1–39). Palo Alto, Calif.: Annual Reviews.

Smith, G. R., & McDaniel, S. M. (1983). Psychologically mediated effect on the delayed hypersensitivity reaction to tuberculin in humans. *Psychosomatic Medicine*, 45, 65–70.

Smith, R. E. (1980). Development of an integrated coping response through cognitive-affective stress management training. In I. G. Sarason & C. D. Spielberger (Eds.), *Stress and anxiety* (Vol.7, pp.265–280). Washington, D.C.: Hemisphere.

Smith, R. E. (1989). Effects of coping skills training on generalized self-efficacy and locus of control. *Journal of Personality and Social Psychology*, 56, 228–233.

Smith, R. J., Arnkoff, D. B., & Wright, T. L. (1990). Test anxiety and academic competence: A comparison of alternative models. *Journal of Counseling Psychology*, 37, 313–321.

Snyder, M. (1987). *Public appearances/private realities: The psychology of self-monitoring*. New York: W. H. Freeman.

Solberg, V. S., O'Brien, K., Villareal, P., Kennel, R., & Davis, B. (1993). Self-efficacy and Hispanic college students: Validation of the college self-efficacy instrument. *Hispanic Journal of Behavioral Sciences*, 15, 80–95.

Solomon, D. S., & Maccoby, N. (1984). Communication as a model for health enhancement. In J. D. Matarazzo, N. E. Miller, S. M. Weiss, J. A. Herd, & S. M. Weiss (Eds.), *Behavioral Health: A handbook of health enhancement and disease prevention* (pp.209–221). Silver Spring, Md.: Wiley.

Solomon, K. E., & Annis, H. M. (1989). Development of a scale to measure outcome expectancy in alcoholics. *Cognitive Therapy and Research*, 13, 409–421.

Solomon, K. E., & Annis, H. M. (1990). Outcome and efficacy expectancy in the prediction of posttreatment drinking behaviour. *British Journal of Addiction*, 85, 659 - 666.

Solomon, R. P. (1992). *Black resistance in high school*. Albany, N.Y.: State University of New York Press.

Solomon, Z. (1993). *Combat stress reaction: The enduring toll of war*. New York: Plenum.

Solomon, Z., Benbenishty, R., & Mikulincer, M. (1991). The contribution of wartime, prewar and postwar factors to self-efficacy: A longitudinal study of combat stress reaction. *Journal of Traumatic Stress*, 4, 345 - 361.

Solomon, Z., Weisenberg, M., Schwarzwald, J., & Mikulincer, M. (1988). Combat stress reaction and posttraumatic stress disorder as determinants of perceived self-efficacy in battle. *Journal of Social and Clinical Psychology*, 6, 356 - 370.

Soman, V. R., Koivisto, V. A., Deibert, D., Felig, P., & DeFronzo, R. A. (1979). *New England Journal of Medicine*, 301, 1200 - 1204.

South, S. J., & Tolnay, S. E. (Eds.). (1992). *The changing American family: Sociological and demographic perspectives*. Boulder, Colo.: Westview Press.

Speier, C., & Frese, M. (in press). Self-efficacy as a mediator and moderator between resources at work and personal initiative: A longitudinal field study in East Germany. *Human Performance*.

Spence, K. W. (1956). *Behavior theory and conditioning*. New Haven, Conn.: Yale University Press.

Sperry, R. W. (1993). The impact and promise of the cognitive revolution. *American Psychologist*, 48, 878 - 885.

Spink, K. S. (1990). Group cohesion and collective efficacy of volleyball teams. *Journal of Sport Exercise Psychology*, 12, 301 - 311.

Spink, K. S. (1992). Group cohesion and starting status in successful and less successful elite volleyball teams. *Journal of Sports Sciences*, 10, 379 - 388.

Stall, R., & Biernacki, P. (1986). Spontaneous remission from the problematic use of substances: An inductive model derived from a comparative analysis of the alcohol, opiate, tobacco, and food/obesity literatures. *International Journal of the Addictions*, 21, 1 - 23.

Stanley, M. A., & Maddux, J. E. (1986). Cognitive processes in health enhancement: Investigation of a combined protection motivation and self-efficacy model. *Basic and Applied Social Psychology*, 7, 101 - 113.

Stanley, M. A., & Maddux, J. E. (1986a). Self-efficacy expectancy and depressed mood: An investigation of causal relationships. *Journal of Social Behavior and Personality*, 1, 575 - 586.

Steele, C. M. (in press). A threat in the air: How stereotypes shape the intellectual identities and performance of women and African-Americans. *American Psychologist*.

Steinberger, P. J. (1981). Social context and political efficacy. *Sociology and Social Research*, 65, 129 - 141.

Stephens, R. S., Wertz, J. S., & Roffman, R. A. (1995). Self-efficacy and marijuana cessation: A construct validity analysis. *Journal of Consulting and Clinical Psychology*, 63, 1022 - 1031.

Steptoe, A., & Appels, A. (Eds.). (1989). *Stress, personal control and health*. New York: Wiley.

Steptoe, A., & Vögele, C. (1992). Individual differences in the perception of bodily sensations: The role of trait anxiety and coping style. *Behaviour Research Therapy*, 30, 597 - 607.

Stern, S. E., & Kipnis, D. (1993). Technology in everyday life and perceptions of competence. *Journal of Applied Social Psychology*, 23, 1892 - 1902.

Sternberg, R. J., & Kolligian, J., Jr. (Eds.). (1990). *Competence considered*. New Haven, Conn.: Yale University Press.

Stevens, C. K., Bavetta, A. G., Gist, M. E. (1993). Gender differences in the acquisition of salary negotiation skills: The role of goals, self-efficacy, and perceived control. *Journal of Applied Psychology*, 78, 723 - 735.

Stevens, V. J., & Hollis, J. F. (1989). Preventing smoking relapse, using an individually tailored skills-training technique, *Journal of Consulting and Clinical Psychology*, 57, 420 - 424.

Stewart, G. L., & Manz, C. C. (1995). Leadership for self-managing work teams: A typology and integrative model. *Human Relations*, 48, 747 - 770.

Stewart, R. (1967). *Managers and their jobs*. London: Macmillan.

Stickel, S. A., & Bonett, R. M. (1991). Gender differences in career self-efficacy: Combining a career with home and family. *Journal of College Student Development*, 32, 297 - 301.

Stock, J., & Cervone, D. (1990). Proximal goal-setting and self-regulatory processes. *Cognitive Therapy and Research*, 14, 483 - 498.

Stoffelmayr, A. S. (1994). Physician self-efficacy in the treatment of obesity. Ph. D. diss., Michigan State University, 1994. *Dissertation Abstracts International*, 55 - 12A, 3751.

Stone, A. A., Neale, J. M., Cox, D. S., Napoli, A., Valdimarsdottir, H., & Kennedy-Moore, E. (1994). Daily events are associated with a secretory immune response to an oral antigen in men. *Health Psychology*, 13, 440 - 446.

Stotland, S., & Zuroff, D. C. (1991). Relations between multiple measures of dieting self-efficacy and weight change in a behavioral weight control program. *Behavior Therapy*, 22, 47 - 59.

Stotland, S., Zuroff, D. C., & Roy, M. (1991). Situational dieting self-efficacy and short-term regulation of eating. *Appetite*, 17, 81 - 90.

Strang, H. R., Lawrence, E. C., & Fowler, P. C. (1978). Effects of assigned goal level and knowledge of results on arithmetic computation: Laboratory study. *Journal of Applied Psychology*, 63, 446 - 450.

Strecher, V. J., Bauman, K. E., Boat, B., Fowler, M. G., Greenberg, R., & Stedman, H. (1993). The role of outcome and efficacy expectations in an intervention designed to reduce infants' exposure to environmental tobacco smoke. *Health Education Research*, 8, 137 - 143.

Strecher, V. J., Becket, M. H., Kirscht, J. P., Eraker, S. A., & Graham-Tomasi, R. P. (1985). Psychosocial aspects of changes in cigarette-smoking behavior. *Patient Education and Counseling*, 7, 249 - 262.

Strecher, V. J., Kreuter, M., Den Boer, D.-J., Kobrin, S., Hospers, H. J., & Skinner, C. S. (1994). The effects of computer-tailored smoking cessation messages in family practice settings. *Journal of Family Practice*, 39, 262 - 268.

Streiner, D. L., & Norman, G. R. (1989). *Health measurement scales: A practical guide to their development and use*. Oxford: Oxford University Press.

Striegel-Moore, R. H., Silberstein, L. R., & Rodin, J. (1986). Toward an understanding of risk factors in bulimta. *American Psychologist*, 41, 246 - 263.

Stunkard, A. J. (1975). From explanation to action in psychosomatic medicine: The case of obesity. *Psychosomatic Medicine*, 37, 195 - 236.

Stunkard, A. J. (1988, Nov.). Some perspectives on human obesity: Its causes. *Bulletin of the New York Academy of Medicine*, 64, 902 - 923.

Suinn, R. M. (1983). Imagery and sports. In A. A. Sheikh (Ed.), *Imagery: Current theonry, research, and applications* (pp.507 - 534). New York: Wiley.

Suls, J. M., & Miller, R. L. (1977). *Social comparison processes: Theoretical and empirical perspectives*. Washington, D.C.: Hemisphere.

Suls, J., & Mullen, B. (1982). From the cradle to

the grave: Comparison and self-evaluation across the life-span. In J. Suls (Ed.), *Psychological perspectives on the self* (Vol. 1, pp.97-125). Hillsdale, N.J.: Erlbaum.

Surber, C. F. (1984). The development of achievement-related judgment processes. In J. Nicholls (Ed.), *Advances in motivation and achievement: The development of achievement motivation* (Vol.3, pp.137-184). Greenwich, Conn.: JAI.

Surber, C. F. (1985). Applications of information integration to children's social cognitions. In J. B. Pryor & J. D. Day (Eds.), *The development of social cognition* (pp. 59-94). New York: Springer-Verlag.

Sushinsky, L. W., & Bootzin, R. R. (1970). Cognitive desensitization as a model of systematic desensitization. *Behaviour Research and Therapy*, 8, 29-33.

Sutton, S. (1996). Can "stages of change" provide guidance in the treatment of addictions?: A critical examination of Prochaska and DiClemente's model. In G. Edwards & C. Dare (Eds.), *Psychotherapy, psychological treatments and the addictions* (pp. 189-205). Cambridge: Cambridge University Press.

Swallow, S. R., & Kuiper, N. A. (1993). Social comparison in dysphoria and nondysphoria: Differences in target similarity and specificity. *Cognitive Therapy and Research*, 17, 103-122.

Taal, E., Rasker, J. J., Seydel, E. R., & Wiegman, O. (1993). Health status, adherence with health recommendations, self-efficacy and social support in patients with rheumatoid arthritis. *Patient Education and Counseling*, 20, 63-76.

Taal, E., Seydel, E., & Wiegman, O. (1990). Self-efficacy, protection motivation and health behaviour. In L. R. Schmidt, P. Schwenkmezger, J. Weinman, & S. Maes (Eds.), *Theoretical and applied aspects of health psychology* (pp. 113-120). Chur: Harwood Academic Publishers.

Takata, C., & Takata, T. (1976). The influence of models in the evaluation of ability: Two functions of social comparison processes. *Japanese Journal of Psychology*, 47, 74-84.

Tannenbaum, P. H., Kavcic, B., Rosner, M., Vianello, M., & Wieser, G. (1974). *Hierarchy in organizations*. San Francisco: Jossey-Bass.

Taylor, C. B., Bandura, A., Ewart, C. K., Miller, N. H., & DeBusk, R. F. (1985). Exercise testing to enhance wives' confidence in their husbands' cardiac capabilities soon after clinically uncomplicated acute myocardial infarction. *American Journal of Cardiology*, 55, 635-638.

Taylor, J. (1988). Slumpbusting: A systematic analysis of slumps in sports. *The Sport Psychologist*, 2, 39-48.

Taylor, K. M., & Betz, N. E. (1983). Applications of self-efficacy theory to the understanding and treatment of career indecision. *Journal of Vocational Behavior*, 22, 63-81.

Taylor, K. M., & Popma, J. (1990). An examination of the relationships among career decision-making self-efficacy, career salience, locus of control, and vocational indecision. *Journal of Vocational Behavior*, 37, 17-31.

Taylor, M. S., Locke, E. A., Lee, C., & Gist, M. E. (1984). Type A behavior and faculty research productivity: What are the mechanisms? *Organizational Behavior and Human Performance*, 34, 402-418.

Taylor, S. E. (1989). *Positive illusions: Creative self-deception and the healthy mind*. New York: Basic Books.

Taylor, S. E., & Brown, J. D. (1988). Illusion and well-being: A social psychological perspective on mental health. *Psychological Bulletin*, 103, 193-210.

Teasdale, J. D. (1983). Negative thinking in depression: Cause, effect, or reciprocal relationship? *Advances in Behaviour Research and Therapy*, 5, 3 - 25.

Teasdale, J. D. (1988). Cognitive vulnerability to persistent depression. *Cognition and Emotion*, 2, 247 - 274.

Telch, M. J., Bandura, A., Vinciguerra, P., Agras, A., & Stout, A. L. (1982). Social demand for consistency and congruence between self-efficacy and performance. *Behavior Therapy*, 13, 694 - 701.

Telch, M. J., Killen, J. D., McAlister, A. L., Perry, C. L., & Maccoby, N. (1982). Long-term follow-up of a pilot project on smoking prevention with adolescents. *Journal of Behavioral Medicine*, 5, 1 - 8.

Tenenbaum, G., Pinchas, S., Elbaz, G., BarEli, M., & Weinberg, R. (1991). Effect of goal proximity and goal specificity on muscular endurance performance: A replication and extension. *Journal of Sport and Exercise Psychology*, 13, 174 - 187.

Terry, D. J., & O'Leary, J. E. (1995). The theory of planned behaviour: The effects of perceived behavioural control and self-efficacy. *British Journal of Social Psychology*, 34, 199 - 220.

Testa, M., & Major, B. (1990). The impact of social comparisons after failure: The moderating effects of perceived control. *Basic and Applied Social Psychology*, 11, 205 - 218.

Teti, D. M., & Gelfand, D. M. (1991). Behavioral competence among mothers of infants in the first year: The mediational role of maternal self-efficacy. *Child Development*, 62, 918 - 929.

Thalberg, I. (1972). *Enigmas of agency: Studies in the philosophy of human action*. New York: Humanities Press.

Tharp, R. G., & Gallimore, R. (1985). The logical status of metacognitive training. *Journal of Abnormal Child Psychology*, 13, 455 - 466.

Tharp, R. G., Gallimore, R. (1976). What a coach can teach a teacher. *Psychology Today*, 9, 74 - 78.

Thase, M. E., & Moss, M. K. (1976). The relative efficacy of covert modeling procedures and guided participant modeling on the reduction of avoidance behavior. *Journal of Behavior Therapy and Experimental Psychiatry*, 7, 7 - 12.

Thomas, J. P. (1993). Cardiac inpatient education: The impact of educational technology on self-efficacy. *Journal of Cardiopulmonary Rehabilitation*, 13, 398 - 405.

Thompson, J. K., Jarvie, G. J., Lahey, B. B., & Cureton, K. J. (1982). Exercise and obesity: Etiology, physiology, and intervention. *Psychological Bulletin*, 91, 55 - 79.

Timko, C., Moos, R. H., Finney, J. W., & Moos, B. S. (1994). Outcome of treatment for alcohol abuse and involvement in Alcoholics Anonymous among previously untreated problem drinkers. *Journal of Mental Health Administration*, 21, 145 - 160.

Tinetti, M. E., Mendes de Leon, C. F., Doucette, J. T., & Baker, D. I. (1994). Fear of falling and fall-related efficacy in relationship to functioning among community-living elders. *Journal of Gerontology: Medical Sciences*, 49, M140 - M147.

Tobler, N. S. (1986). Meta-analysis of 143 adolescent drug prevention programs: Quantitative outcome results of program participants compared to a control or comparison group. *Journal of Drug Issues*, 16, 537 - 567.

Tolman, E. C. (1932). *Purposive behavior in animals and men*. New York: Century.

Tolman, E. C. (1951). *Collected papers in psychology. Reprinted as Behavior and psychological man*. Berkeley: University of California Press.

Tomatzky, L. G., & Klein, K. J. (1982). Innovation characteristics and innovation adoption-implementation: A meta-analysis of findings. *IEEE Transactions of Engineering and Management*, EM-29, 28 - 45.

Tough, A. M. (1981). *Learning without a teacher*

(Research Series No. 3). Toronto: The Ontario Institute for Studies in Education.

Toumilehto, J., Geboers, J., Salonen, J. T., Nissinen, A., Kuulasmaa, K., & Puska, P. (1986). Decline in cardiovascular mortality in North Karelia and other parts of Finland. *British Medical Journal*, 293, 1068 – 1071.

Tracy, D. C., & Adams, P. H. (1984, February). Self-efficacy: A crucial factor in the job-search process. *Dickinson Magazine*, 8 – 9.

Treasure, D. C., Monson, J., & Cox, C. L. (1996). Relationship between self-efficacy, wrestling performance, and affect prior to competition. *The Sport Psychologist*, 10, 73 – 83.

Triandis, H. C. (1995). *Individualism and collectivism*. Boulder, Colo.: Westview Press.

Trichopoulos, D., & Willett, W. C. (1996). Harvard report on cancer prevention. *Cancer Causes and Control*, 7, S3 – S17, S55 – S58.

Trope, Y. (1983). Self-assessment in achievement behavior. In. J. Suls & A. G. Greenwald (Eds.), *Psychological perspectives on the self* (Vol. 2, pp.93 – 121). Hillsdale, N.J.: Erlbaum.

Tuckman, B. W. (1990). Group versus goalsetting effects on the self-regulated performance of students differing in self-efficacy. *Journal of Experimental Education*, 58, 291 – 298.

Tuckman, B. W., & Sexton, T. L. (1990). The relation between self-beliefs and selfregulated performance. *Journal of Social Behavior and Personality*, 5, 465 – 472.

Tuckman, B. W., & Sexton, T. L. (1991). The effect of teacher encouragement on student self-efficacy and motivation for self-regulated performance. *Journal of Social Behavior and Personality*, 6, 137 – 146.

Turk, D., Meichenbaum, D., & Genest, M. (1983). *Cognitive therapy of pain*. New York: Guilford.

Turkat, I. D. (1982). An investigation of parental modeling in the etiology of diabetic illness behavior. *Behavior Research and Therapy*, 20, 547 – 552.

Turkat, I. D., & Guise, B. J. (1983). The effects of vicarious experience and stimulus intensity of pain termination and work avoidance. *Behavior Research and Therapy*, 21, 241 – 245.

Turkat, I. D., Guise, B. J., & Carter, K. M. (1983). The effects of vicarious experience on pain termination and work avoidance: A replication. *Behaviour Research and Therapy*, 21, 491 – 493.

Tuscon, K. M., & Sinyor, D. (1993). On the affective benefits of acute aerobic exercise: Taking stock after twenty years of research. In P. Seraganian (Ed.), *Exercise psychology: The influence of physical exercise on psychological processes*. New York: Wiley.

Tversky, A., & Kahneman, D. (1974). Judgment under uncertainty: Heuristics and biases. *Science*, 185, 1124 – 1131.

Tversky, A., & Kahneman, D. (1981). The framing of decisions and the psychology of choice. *Science*, 211, 453 – 458.

Tyler, T. R., & McGraw, K. M. (1983). The threat of nuclear war: Risk interpretation and behavioral response. *Journal of Social Issues*, 39, 25 – 40.

Ulrich, E. (1967). Some experiments on the function of mental training in the acquisition of motor skills. *Ergonomics*, 10, 411 – 419.

Ungerleider, S., & Golding, J. M. (1991). Mental practice among Olympic athletes. *Perceptual and Motor Skills*, 72, 1007 – 1017.

Urakami, M. (1996). Career exploration processes in women's junior college students: An examination of the relationships among career decision-making self-efficacy, vocational exploration activity and self-concept crystallization. *Japanese Journal of Educational Psychology*, 44, 195 – 203.

Vaillant, G. E. (1995). *The natural history of alcoholism revisited*. Cambridge, Mass.: Harvard University Press.

van den Hout, M., Arntz, A., & Hoekstra, R. (1994). Exposure reduced agoraphobia but not panic, and cognitive therapy reduced panic but not agoraphobia. *Behaviour Research Therapy*, 32, 447-451.

van Ryn, M., & Vinokur, A. D. (1992). How did it work? An examination of the mechanisms through which an intervention for the unemployed promoted job-search behavior. *American Journal of Community Psychology*, 20, 577-597.

Vasil, L. (1992). Self-efficacy expectations and causal attributions for achievement among male and female university faculty. *Journal of Vocational Behavior*, 41, 259-269.

Vasta, R. (1976). Feedback and fidelity: Effects of contingent consequences on accuracy of imitation. *Journal of Experimental Child Psychology*, 21, 98-108.

Vaughan, P. W., Rogers, E. M., & Swalehe, R. M. A. (1995). *The effects of "Twende Na Wakati," an entertainment-education radio soap opera for family planning and HIV/AIDS prevention in Tanzania*. Manuscript, University of New Mexico, Albuquerque.

Velicer, W. F., DiClemente, C. C., Rossi, J. S., & Prochaska, J. O. (1990). Relapse situations and self-efficacy: An integrative model. *Addictive Behaviors*, 15, 271-283.

Vinokur, A. D., van Ryn, M., Gramlich, E. M., & Price, R. H. (1991). Long-term follow-up and benefit-cost analysis of the jobs program: A preventive intervention for the unemployed. *Journal of Applied Psychology*, 76, 213-219.

Voudouris, N. J., Peck, C. L., & Coleman, G. (1985). Conditioned placebo responses. *Journal of Personality and Social Psychology*, 48, 47-53.

Vroom, V. H. (1964). *Work and motivation*. New York: Wiley.

Vygotsky, L. (1962). *Thought and language*. Cambridge, Mass.: MIT Press.

Wachtel, P. L. (1977). *Psychoanalysis and behavior therapy*. New York: Basic Books.

Wadden, T. A., & VanItallie, T. B. (1992). *Treatment of the seriously obese patient*. New York: Guilford.

Wagner, J. (1987). *The search for signs of intelligent life in the universe*. New York: Harper & Row.

Wagner, J. A., & Gooding, R. Z. (1987). Shared influence and organizational behavior: A meta-analysis of situational variables expected to moderate participation-outcome relationships. *Academy of Management Journal*, 30, 524-541.

Wahler, R. G., Berland, R. M., & Coe, T. D. (1979). Generalization processes in child behavior change. In B. B. Lahey & A. E. Kazdin (Eds.), *Advances in clinical child psychology* (Vol.2, pp.35-69). New York: Plenum.

Walker, W. B., & Franzini, L. R. (1983, April). *Self-efficacy and low-risk aversive group treatments for smoking cessation*. Paper presented at the annual convention of the Western Psychological Association, San Francisco.

Wallace, I., & Pear, J. J. (1977). Self-control techniques of famous novelists, *Journal of Applied Behavior Analysis*, 10, 515-525.

Wallace, S. T., & Alden, L. E. (1991). A comparison of social standards and perceived ability in anxious and nonanxious men. *Cognitive Therapy and Research*, 15, 237-254.

Wallace, S. T., & Alden, L. E. (1995). Social anxiety and standard setting following social success or failure. *Cognitive Therapy and Research*, 19, 613-631.

Wallack, L., Dorfman, L., Jernigan, D., & Themba, M. (1993). *Media advocacy and public health: Power for prevention*. Newbury Park, Calif.: Sage.

Wallston, K. A., Wallston, B. S., & DeVellis, M. R. (1978). Development of a multidimensional health locus of control (MHLC) scale. *Health Education Monographs*, 6, 160-170.

Walsh, B., & Dickey, G. (1990). *Building a*

champion: On football and the making of the 49ers. New York: St. Martin's Press.

Walter, H. J., Vaughn, R. D., Gladis, M. M., Ragin, D. F., Kasen, S., and Cohall, A. T. (1992). Factors associated with AIDS risk behaviors among high school students in an AIDS epicenter. *American Journal of Public Health*, 82, 528-532.

Walter, H. J., Vaughn, R. D., Gladis, M. M., Ragin, D. F., Kasen, S., and Cohall, A. T. (1993). Factors associated with AIDS-related behavioral intentions among high school students in an AIDS epicenter. *Health Education Quarterly*, 20, 409-420.

Wang, F. (1996) *Constructing a learning organization using groupware through cognitive apprenticeship and case-based learning*. Unpublished manuscript, University of Indiana, Bloomington, IN.

Ware, M. C., & Stuck, M. F. (1985). Sex-role messages vis-à-vis microcomputer use: A look at pictures. *Sex Roles*, 13, 205-214.

Wason, P. C. (1980). Specific thoughts on the writing process. In L. W. Gregg & E. R. Steinberg (Eds.), *Cognitive processes in writing* (pp.1229-1237). Hillsdale, N.J.: Erlbaum.

Watkins, L. R., & Mayer, D. J. (1982). Organization of endogenous opiate and nonopiate pain control systems. *Science*, 216, 1185-1192.

Watson, J. S. (1977). Depression and the perception of control in early childhood. In J. G. Schulterbrandt & A. Raskin (Eds.), *Depression in childhood: Diagnosis, treatment, and conceptual models* (pp. 129-139). New York: Raven.

Watson, J. S. (1979). Perception of contingency as a determinant of social responsiveness. In E. B. Thoman (Ed.), *Origins of the infant's social responsiveness* (Vol.1, pp.33-64). New York: Halsted.

Webb, J. A., & Baer, P. E. (1995). Influence of family disharmony and parental alcohol use on adolescent social skills, self-efficacy, and alcohol use. *Addictive Behaviors*, 20, 127-135.

Webster, M., Jr., & Sobieszek, 13. (1974). *Sources of self-evaluation: A formal theory of significant others and social influence*. New York: Wiley.

Wegner, D. M. (1994). Ironic processes of mental control. *Psychological Review*, 101, 34-52.

Wegner, L. D. M. (1989). *White bears and other unwanted thoughts*. New York: Viking Press.

Weinberg, R. (1986). Relationship between self-efficacy and cognitive strategies in enhancing endurance performance. *International Journal of Sport Psychology*, 17, 280-293.

Weinberg, R., Bruya, L., Longino, J., & Jackson, A. (1988). Effect of goal proximity and specificity on endurance performance of primary-grade children. *Journal of Sport and Exercise Psychology*, 10, 81-91.

Weinberg, R., & Jackson, A. (1990). Building self-efficacy in tennis players: A coach's perspective. *Applied Sport Psychology*, 2, 164-174.

Weinberg, R. S., Gould, D., & Jackson, A. (1979). Expectations and performance: An empirical test of Bandura's self-efficacy theory. *Journal of Sport Psychology*, 1, 320-331.

Weinberg, R. S., Gould, D., Yukelson, D., & Jackson, A. (1981). The effect of preexisting and manipulated self-efficacy on a competitive muscular endurance task. *Journal of Sport Psychology*, 4, 345-354.

Weinberg, R. S., Hughes, H. H., Critelli, J. W., England, R., & Jackson, A. (1984). Effects of preexisting and manipulated self-efficacy on weight loss in a self-control program. *Journal of Research in Personality*, 18, 352-358.

Weinberg, R. S., Yukelson, D., & Jackson, A. (1980). Effect of public and private efficacy expectations on competitive performance. *Journal of Sport Psychology*, 2, 340-349.

Weiner, B. (1985). An attributional theory of achievement motivation and emotion. *Psychological Review*, 92, 548 - 573.

Weiner, B. (1986). *An attributional theory of motivation and emotion*. New York: Springer-Verlag.

Weinstein, C. E., & Mayer, R. E. (1986). The teaching of learning strategies. In M. C. Wittrock (Ed.), *Handbook of research on teaching* (3rd Ed., pp.315 - 327). New York: Macmillan.

Weiss, J. M. (1991). Stress-induced depression: Critical neurochemical and electrophysiological changes. In J. Madden, Ⅳ (Ed.), *Neurobiology of learning, emotion and affect* (pp.123 - 154). New York: Raven.

Weisz, J. R., & Cameron, A. M. (1985). Individual differences in the student's sense of control. In R. Ames & C. Ames (Eds.), *Research on motivation in education. Vol. 2, The classroom milieu* (pp.93 - 140). Orlando, Fla.: Academic.

Welch, S., & Thompson, K. (1980). The impact of federal incentives on state policy innovation. *American Journal of Political Science*, 24, 715 - 729.

Wener, A. E., & Rehm, L. P. (1975). Depressive affect: A test of behavioral hypotheses. *Journal of Abnormal Psychology*, 84, 221 - 227.

Wenzlaff, R. M., Wegner, D. M., & Roper, D. W. (1988). Depression and mental control: The resurgence of unwanted negative thoughts. *Journal of Personality and Social Psychology*, 55, 882 - 892.

Werner, E. E. (1992). The children of Kauai: Resiliency and recovery in adolescence and adulthood. *Journal of Adolescent Health*, 13, 262 - 268.

Werner, E. E., & Smith, R. S. (1992). *Overcoming the odds: High risk children from birth to adulthood*. *Ithaca*, N. Y.: Cornell University Press.

Werthner, P., & Orlick, T. (1986). Retirement experiences of successful Olympic athletes. *International Journal of Sport Psychology*, 17, 337 - 363.

West, D. M. (1993). *Air wars*. Washington, D.C.: Congressional Quarterly.

West, R. L., Berry, J. M., & Powlishta, K. K. (1983). *Self-efficacy and prediction of memory task performance*. Manuscript, Washington University, St. Louis, Mo.

Westling, B. E., & Ost, L. (1995). Cognitive bias in panic disorder patients and changes after cognitive-behavioral treatments. *Behaviour Research and Therapy*, 33, 585 - 588.

Westoff, C. F., & Rodriguez, G. (1995). The mass media and family planning in Kenya. *International Family Planning Perspectives*, 21, 26 - 31, 36.

Whalen, C. K. (1989). Attention deficit and hyperactivity disorders. In T. H. Ollendick & M. Hersen (Eds.), *Handbook of child psychopathology* (2nd Ed., pp.131 - 169). New York: Plenum.

Wheeler, K. G. (1983). Comparisons of self-efficacy and expectancy models of occupational preferences for college males and females. *Journal of Occupational Psychology*, 56, 73 - 78.

Wheeler, V. A., & Ladd, G. W. (1982). Assessment of children's self-efficacy for social interactions with peers. *Developmental Psychology*, 18, 795 - 805.

White, J. (1982). Rejection. Reading, Mass.: Addison-Wesley.

White, M., & Smith, D. J. (1994). The causes of persistently high unemployment. In A. C. Peterson & J. T. Mortimer (Eds.), *Youth unemployment and society* (pp. 95 - 114). London: Cambridge University Press.

White, R. W. (1959). Motivation reconsidered: The concept of competence. *Psychological Review*, 66, 297 - 333.

White, R. W. (1960). Competence and the psychosexual stages of development. In M. R.

Jones (Ed.), *Nebraska symposium on motivation* (Vol.8, pp.97 - 141). Lincoln: University of Nebraska Press.

White, S. E., Mitchell, T. R., & Bell, C. H. (1977). Goal setting, evaluation apprehension, and social cues as determinants of job performance and job satisfaction in a simulated organization. *Journal of Applied Psychology*, 62, 665 - 673.

Whiting, S. (1991, June 20). Return of a master vintner. *San Francisco Chronicle*, pp. B3 - B4.

Whyte, G., & Saks, A. (1995). *Expert decision making in escalation situations: The role of self-efficacy*. Submitted for publication.

Whyte, G., Saks, A., & Hook, S. (in press). When success breeds failure: The role of perceived self-efficacy in escalating commitment to a losing course of action. *Journal of Organizational Behavior*.

Wiedenfeld, S. A., O'Leary, A., Bandura, A., Brown, S., Levine, S., & Raska, K. (1990). Impact of perceived self-efficacy in coping with stressors on components of the immune system. *Journal of Personality and Social Psychology*, 59, 1082 - 1094.

Wiegman, O., Taal, E., Van den Bogaard, J., & Gutteling, J. M. (1992). Protection motivation theory variables as predictors of behavioural intentions in three domains of risk management. In J. A. M. Winnubst & S. Maes (Eds.), *Lifestyles, stress and health: New developments in health psychology* (pp. 55 - 70). Leiden: DSWO Press, Leiden University.

Wigal, J. K., Creer, T. L., & Kotses, H. (1991). The COPD self-efficacy scale. *Chest*, 99, 1193 - 1196.

Wiggins, J. S. (1973). *Personality and prediction: Principles of personality assessment*. Reading, Mass.: Addison-Wesley.

Wilkins, W. (1971). Desensitization: Social and cognitive factors underlying the effectiveness of Wolpe's procedure. *Psychological Bulletin*, 76, 311 - 317.

Will, G. F. (1990). *Men at work*. New York: Macmillan.

Willemsen, M. A., & DeVries, H. (1996). Saying "no" to environmental tobacco smoke: Determinants of assertiveness among nonsmoking employees. *Preventive Medicine*, 25, 575 - 582.

Williams, S. L. (1987). On anxiety and phobia. *Journal of Anxiety Disorders*, 1, 161 - 180.

Williams, S. L. (1990). Guided mastery treatment of agoraphobia: Beyond stimulus exposure. In M. Hersen, R. M. Eisler, & P. M. Miller (Eds.), *Progress in behavior modification* (Vol.26, pp.89 - 121). Newbury Park, Calif.: Sage.

Williams, S. L. (1992). Perceived self-efficacy and phobic disability. In R. Schwarzer (Ed.), *Self-efficacy: Thought control of action* (pp.149 - 176). Washington, D.C.: Hemisphere.

Williams, S. L. (1996). Overcoming phobia: Unconscious bioinformational deconditioning or conscious cognitive reappraisal? In R. M. Rapee (Ed.), *Current controversies in the anxiety disorders* (pp.373 - 376). New York: Guilford.

Williams, S. L., Dooseman, G., & Kleifield, E. (1984). Comparative power of guided mastery and exposure treatments for intractable phobias. *Journal of Consulting and Clinical Psychology*, 52, 505 - 518.

Williams, S. L., & Falbo, J. (1996). Cognitive and performance-based treatments for panic attacks in people with varying degrees of agoraphobic disability. *Behaviour Research and Therapy*, 34, 253 - 264.

Williams, S. L., & Kinney, P. J. (1991). Performance and nonperformance strategies for coping with acute pain: The role of perceived self-efficacy, expected outcomes, and attention. *Cognitive Therapy and Research*, 15, 1 - 19.

Williams, S. L., Kinney, P. J., & Falbo, J. (1989). Generalization of therapeutic changes in agoraphobia: The role of perceived self-efficacy. *Journal of Consulting and Clinical*

Psychology, 57, 436 - 442.

Williams, S. L., & Rappoport, A. (1983). Cognitive treatment in the natural environment for agoraphobics. *Behavior Therapy*, 14, 299 - 313.

Williams, S. L., Turner, S. M., & Peer, D. F. (1985). Guided mastery and performance desensitization treatments for severe acrophobia. *Journal of Consulting and Clinical Psychology*, 53, 237 - 247.

Williams, S. L., & Watson, N. (1985). Perceived danger and perceived self-efficacy as cognitive mediators of acrophobic behavior. *Behavior Therapy*, 16, 136 - 146.

Williams, S. L., & Zane, G. (1989). Guided mastery and stimulus exposure treatments for severe performance anxiety in agoraphobics. *Behaviour Research Therapy*, 27, 238 - 245.

Williams, T. M., Joy, L. A., Travis, L., Gotowiec, A., Blum-Steele, M., Aiken, L. S., Painter, S. L., & Davidson, S. M. (1987). Transition to motherhood: A longitudinal study. *Infant Mental Health Journal*, 8, 251 - 265.

Willis, S. L. (1990). Current issues in cognitive training research. In E. A. Lovelace (Ed.), *Aging and cognition: Mental processes, self awareness and interventions* (pp. 263 - 280). North-Holland: Elsevier Science Publishers B. V.

Willis, S. L., & Schaie, K. W. (1986). Training the elderly on the ability factors of spatial orientation and inductive reasoning. *Psychology and Aging*, 1, 239 - 247.

Wilson, D. K., Wallston, K. A., & King, J. E. (1990). Effects of contract framing, motivation to quit, and self-efficacy on smoking reduction. *Journal of Applied Social Psychology*, 20, 531 - 547.

Wilson, G. T. (1982). Alcohol and anxiety: Recent evidence on the tension reduction theory of alcohol use and abuse. In J. Polivy & K. Blankstein (Eds.), *Self control of emotional behavior* (pp.742 - 775). New York: Plenum.

Wilson, G. T. (1986). Cognitive-behavioral and pharmacological therapies for bulimia. In K. D. Brownell & J. Foreyt (Eds.), *Physiology, psychology, and treatment of eating disorders* (pp.450 - 475). New York: Basic Books.

Wilson, G. T. (1988). Alcohol use and abuse: A social learning analysis. In A. Wilkinson & D. Chandron (Eds.), *Theories of alcoholism* (pp.239 - 287). Toronto: Addiction Research Foundation.

Wilson, G. T. (1989). The treatment of bulimia nervosa: A cognitive-social learning analysis. In A. J. Stunkard & A. Baum (Eds.), *Eating, sleep and sexual disorders* (pp.73 - 98). New York: Erlbaum.

Wilson, G. T., & Brownell, K. D. (1980). Behavior therapy for obesity: An evaluation of treatment outcome. *Advances in Behavior Research and Therapy*, 3, 49 - 86.

Wilson, G. T., Rossiter, E., Kleifield, E. I., & Lindholm, L. (1986). Cognitive-behavioral treatment of bulimia nervosa: A controlled evaluation. *Behavior Research and Therapy*, 24, 277 - 288.

Wilson, J. W. (1987). *The truly disadvantaged: The inner city, the underclass, and public policy*. Chicago: University of Chicago Press.

Wine, J. D. (1982). Evaluation anxiety: A cognitive-attentional construct. In H. W. Krohne & L. Laux (Eds.), *Achievement, stress, and anxiety* (pp.207 - 219). Washington, D.C.: Hemisphere.

Winett, R. A. (1996). *Activity and exercise guidelines: Questions concerning their scientific basis and health outcome efficacy*. Submitted for publication.

Winett, R. A., King, A. C., & Altman, D. G. (1989). *Health psychology and public health: An integrative approach*. Elmsford, New York: Pergamon.

Winkleby, M. A. (1994). The future of

community-based cardiovascular disease intervention studies. *American Journal of Public Health*, 84, 1369 - 1373.

Witte, K. (1992). The role of threat and efficacy in AIDS prevention. *International Quarterly of Community Health Education*, 12, 225 - 249.

Wolf, S., Gregory, W. L., & Stephan, W. G. (1986). Protection motivation theory: Prediction of intentions to engage in anti-nuclear war behaviors. *Journal of Applied Social Psychology*, 16, 310 - 321.

Wolfsfeld, G. (1986). Evaluational origins of political action: The case of Israel. *Political Psychology*, 7, 767 - 788.

Wollman, N., & Stouder, R. (1991). Believed efficacy and political activity: A test of the specificity hypothesis. *Journal of Social Psychology*, 131, 557 - 566.

Wolpe, J. (1974). *The practice of behavior therapy*. New York: Pergamon.

Wood, J. V. (1989). Theory and research concerning social comparisons of personal attributes. *Psychological Bulletin*, 106, 231 - 248.

Wood, R. E., & Bailey, T. (1985). Some unanswered questions about goal effects: A recommended change in research methods. *Australian Journal of Management*, 10, 61 - 73.

Wood, R. E., & Bandura, A. (1989a). Social cognitive theory of organizational management. *Academy of Management Review*, 14, 361 - 384.

Wood, R. E., & Bandura, A. (1989b). Impact of conceptions of ability on self-regulatory mechanisms and complex decision making. *Journal of Personality and Social Psychology*, 56, 407 - 415.

Wood, R. E., Bandura, A., & Bailey, T. (1990). Mechanisms governing organizational performance in complex decisionmaking environments. *Organizational Behavior and Human Decision Processes*, 46, 181 - 201.

Wood, R. E., & Locke, E. A. (1987). The relation of self-efficacy and grade goals to academic performance. *Educational and Psychological Measurement*, 47, 1013 - 1024.

Wood, R. E., & Locke, E. A. (1990). Goalsetting and strategy effects on complex tasks. In B. M. Staw & L. L. Cummings (Eds.), *Research in organizational behavior* (Vol.12, pp.73 - 109). Greenwich, Conn.: JAI.

Wood, R. E., Mento, A. J., & Locke, E. A. (1987). Task complexity as a moderator of goal effects: A meta-analysis. *Journal of Applied Psychology*, 72, 416 - 425.

Woodruff, T. J., Rosbrook, B., Pierce, J., & Glantz, S. A. (1993). Lower levels of cigarette consumption found in smoke-free workplaces in California. *Archives of Internal Medicine*, 153, 1485 - 1493.

Woodward, N. J., & Wallston, B. S. (1987). Age and health care beliefs: Self-efficacy as a mediator of low desire for control. *Psychology and Aging*, 2, 3 - 8.

Woolfolk, A. E., & Hoy, W. K. (1990). Prospective teachers' sense of efficacy and belief about control. *Journal of Educational Psychology*, 82, 81 - 91.

Woolfolk, A. E., Rosoff, B., & Hoy, W. K. (1990). Teachers' sense of efficacy and their beliefs about managing students. *Teaching and Teacher Education*, 6, 137 - 148.

Wortman, C. B., Panciera, L., Shusterman, L., & Hibscher, J. (1976). Attributions of causality and reactions to uncontrollable outcomes. *Journal of Experimental Social Psychology*, 12, 301 - 316.

Wright, J., & Mischel, W. (1982). Influence of affect on cognitive social learning person variables. *Journal of Personality and Social Psychology*, 43, 901 - 914.

Wright, P. M. (1989). Test of the mediating role of goals in the incentive-performance relationship. *Journal of Applied Psychology*, 74, 699 - 705.

Wulfert, E., & Wan, C. K. (1993). Condom use:

A self-efficacy model. *Health Psychology*, 12, 346 - 389.

Wulfert, E., & Wan, C. K. (1995). Safe sex intentions and condom use viewed from a health belief, reasoned action, and social cognitive perspective. *Journal of Sex Research*, 32, 299 - 311.

Wurtele, S. K., & Maddux, J. E. (1987). Relative contributions of protection motivation theory components in predicting exercise intentions and behavior. *Health Psychology*, 6, 453 - 466.

Wylie, R. C. (1974). *The self-concept: A review of methodological considerations and measuring instruments* (Rev. Ed.). Lincoln: University of Nebraska Press.

Wynne, L. C., & Solomon, R. L. (1955). Traumatic avoidance learning: Acquisition and extinction in dogs deprived of normal peripheral autonomic function. *Genetic Psychology Monographs*, 52, 241 - 284.

Yalom, I. D., & Yalom, M. (1971). Ernest Hemingway: A psychiatric view. *Archives of General Psychiatry*, 24, 485 - 494.

Yamagishi, T. (1988). The provision of a sanctioning system in the United States and Japan. *Social Psychology Quarterly*, 51, 265 - 271.

Yarrow, L. J., McQuiston, S., MacTurk, R. H., McCarthy, M. E., Klein, R. P., & Vietze, P. M. (1983). Assessment of mastery motivation during the first year of life: Contemporaneous and cross-age relationships. *Developmental Psychology*, 19, 159 - 171.

Yarrow, L. J., Rubenstein, J. L., & Pedersen, F. A. (1975). *Infant and environment: Early cognitive and motivational development*. New York: Halsted.

Yates, A. J., & Thain, J. (1985). Self-efficacy as a predictor of relapse following voluntary cessation of smoking. *Addictive Behaviors*, 10, 291 - 298.

Yeich, S., & Levine, R. (1994). Political efficacy: enhancing the construct and its relationship to mobilization of people. *Journal of Community Psychology*, 22, 259 - 271.

Yin, Z., Simons, J., & Callaghan, J. (1989). *The application of goal-setting in physical activity: A field study*. Paper presented at the meeting of the Association for the Advancement of Applied Sport Psychology, Seattle.

Yordy, G. A., & Lent, R. W. (1993). Predicting aerobic exercise participation: Social cognitive, reasoned action, and planned behavior models. *Journal of Sport and Exercise Psychology*, 15, 363 - 374.

Young, E. (1989). On the naming of the rose: Interests and multiple meanings as elements of organizational culture. *Organization Studies*, 10, 187 - 206.

Young, J. D. (1996). The effect of self-regulated learning strategies on performance in learner controlled computer-based instruction. *Educational Technology Research and Development*, 44, 17 - 27.

Young, R. M., Oei, T. P. S., & Crook, G. M. (1991). Development of a drinking self-efficacy questionnaire. *Journal of Psychopathology and Behavioral Assessment*, 13, 1 - 15.

Zailian, M. (1978, April 30). Interview with Victor Borge: "If I were not a humorist, I'd be a pianist." *San Francisco Chronicle*, p.22.

Zajonc, R. B., & Markus, G. B. (1975). Birth order and intellectual development. *Psychological Review*, 82, 74 - 88.

Zaltman, G., & Wallendorf, M. (1979). *Consumer behavior: Basic findings and management implications*. New York: Wiley.

Zane, G., & Williams, S. L. (1993). Performance-related anxiety in agoraphobia: Treatment procedures and cognitive mechanisms of change. *Behavior Therapy*, 24, 625 - 643.

Zautra, A. J., Reich, J. W., & Newsom, J. T. (1995). Autonomy and sense of control among older adults: An examination of their effects on mental health. In L. Bond, S. Culter, & A.

Grams (Eds.), *Promoting successful and productive aging*. Newbury Park, Calif.: Sage Publications.

Zeiss, A. M., Lewinsohn, P. M., & Muñoz, R. F. (1979). Nonspecific improvement effects in depression using interpersonal skills training, pleasant activity schedules, or cognitive training. *Journal of Consulting and Clinical Psychology*, 47, 427 - 439.

Zigler, E., & Butterfield, E. C. (1968). Motivational aspects of changes in IQ test performance of culturally deprived nursery school children. *Child Development*, 39, 1 - 14.

Zillmann, D. (1983). Transfer of excitation in emotional behavior. In J. T. Cacioppo & R. E. Petty (Eds.), *Social psychophysiology* (pp.215 - 240). New York: Guilford.

Zimbardo, P. G. (1977). *Shyness: What it is, what to do about it*. Reading, Mass.: Addison-Wesley.

Zimmerman, B. J. (1989). A social cognitive view of self-regulated academic learning. *Journal of Educational Psychology*, 81, 329 - 339.

Zimmerman, B. J. (1990). Self-regulating academic learning and achievement: The emergence of a social cognitive perspective. *Educational Psychology Review*, 2, 173 - 201.

Zimmerman, B. J., & Bandura, A. (1994). Impact of self-regulatory influences on writing course attainment. *American Educational Research Journal*, 31, 845 - 862.

Zimmerman, B. J., Bandura, A., & Martinez-Pons, M. (1992). Self-motivation for academic attainment: The role of self-efficacy beliefs and personal goal-setting. *American Educational Research Journal*, 29, 663 - 676.

Zimmerman, B. J., & Martinez-Pons, M. (1986). Development of a structured interview for assessing student use of self-regulated learning strategies. *American Educational Research Journal*, 23, 614 - 628.

Zimmerman, B. J., & Martinez-Pons, M. (1988). Construct validation of a strategy model of student self-regulated learning. *Journal of Educational Psychology*, 80, 284 - 290.

Zimmerman, B. J., & Martinez-Pons, M. (1990). Student differences in self-regulated learning: Relating grade, sex, and giftedness to self-efficacy and strategy use. *Journal of Educational Psychology*, 82, 51 - 59.

Zimmerman, B. J., & Ringle, J. (1981). Effects of model persistence and statements of confidence on children's self-efficacy and problem solving. *Journal of Educational Psychology*, 73, 485 - 493.

Zimmerman, M. A., & Rappaport, J. (1988). Citizen participation, perceived control, and psychological empowerment. *American Journal of Community Psychology*, 16, 725 - 750.

Zubin, J., Eron, L. D., & Schumer, F. (1965). *An experimental approach to projective techniques*. New York: Wiley.

Zurcher, L. A., & Monts, J. K. (1972). Political efficacy, political trust, and antipornography crusading: A research note. *Sociology and Social Research*, 56, 211 - 220.

主题索引*

A

* 本索引中页码均指英文版原著页码,请按中文版边码检索。

B

C

D

E

F

H

I

J

K

L

M

P

R

S

U

V

W